GÖLDNER/HOLZWEISSIG

Leitfaden der Technischen Mechanik

Statik · Festigkeitslehre · Kinematik · Dynamik

LEITFADEN DER TECHNISCHEN MECHANIK

Statik · Festigkeitslehre · Kinematik · Dynamik

für Studenten an Technischen Hochschulen und Fachhochschulen

Prof. Dr.-Ing. habil. Hans Göldner
Prof. Dr.-Ing. habil. Franz Holzweißig

10. Auflage · Mit 602 Bildern

Steinkopff Verlag Darmstadt

CIP-Kurztitelaufnahme der Deutschen Bibliothek

Göldner, Hans:

Leitfaden der technischen Mechanik :
Statik, Festigkeitslehre, Kinematik,
Dynamik ; für Studenten an Techn. Hochsch.
u. Fachhochsch. / Hans Göldner ; Franz
Holzweissig. – 10. Aufl., (Nachdr. d. 9.,
neubearb. Aufl.). – Darmstadt :
Steinkopff, 1988
ISBN 3-7985-0757-0

NE: Holzweissig, Franz:

Lizenzausgabe für den Dr. Dietrich Steinkopff Verlag, Darmstadt
10. Auflage (Nachdruck der 9., neubearbeiteten Auflage)
Printed in the German Democratic Republic
Satz: VEB Druckhaus Köthen
Fotomechanischer Nachdruck: Grafische Werke Zwickau
Redaktionsschluß: 30. 6. 1987

INHALTSVERZEICHNIS

durch die Rücksichtnahme auf den Stand der mathematischen Ausbildung und den Parallellauf mit konstruktiven Fächern bestimmt. So stehen am Anfang die Statik und die Festigkeitslehre, während Kinematik und Dynamik, die — zur besseren Abgrenzung gegenüber der Statik — auch Kinetik genannt wird, den Schluß des Buches bilden.

Die Mechanik ist der älteste Teil des Wissenschaftszweiges Physik. Ihre Entwicklung läßt sich, vor allem in den Anfängen, nur im Rahmen des gesamten Wissenschaftsgebietes sehen.

So kann man drei relativ streng begrenzte Abschnitte angeben, die antike, die klassische und die moderne Physik.

Die antike Physik fängt mit *Thales von Milet* (600 v. u. Z.) an, wobei die naturwissenschaftlichen Anschauungen noch engstens mit philosophischen Ansichten verbunden sind und von diesen geprägt werden. Sie entwickelt sich in dieser Form bis zur Auflösung der letzten Schule der antiken Philosophie in Athen durch Kaiser *Justinianus* im Jahre 529 u. Z.

Die Menschheit hat allerdings lange vor dieser Zeit die objektiv-real existierenden mechanischen Naturgesetze ausgenutzt. Schon um 200 v. u. Z. verwendeten die Ägypter und Babylonier die schiefe Ebene, den Hebel und die Waage.

Im Mittelalter ruht die Entwicklung auf diesem Gebiet in Europa, während im Orient, besonders in Syrien, die Erkenntnisse der Antike assimiliert werden und es zu einer hohen Blüte der Wissenschaft, vor allem auf dem Gebiet der Mathematik, kommt. So wurde bereits im neunten Jahrhundert von *al-Huwarczmi* aus griechischen und indischen Quellen eine arabische Mathematik zusammengestellt, die die heute noch gebräuchliche Ziffernschrift enthält, in der Begriffe der Algebra auftreten und auch die goniometrischen Funktionen Sinus und Tangens gebraucht werden.

Erst im 15. Jahrhundert setzte die Entwicklung in Europa wieder ein, und in der relativ kurzen Zeit von zwei Jahrhunderten konnte sich eine Naturwissenschaft von der Naturphilosophie lösen. Dieser Prozeß wurde erstmalig in der Mechanik deutlich, er findet seinen Niederschlag in dem im Jahre 1687 in London erschienenen Werk von *Isaac Newton* „Philosophiae naturalis principia mathematica", in dem die Grundlagen der klassischen Mechanik zusammengefaßt werden. Die darauf aufbauende Entwicklungsepoche bezeichnet man als klassische Physik. Sie reicht bis ins Jahr 1900, in dem *Max Planck* den Quantenbegriff einführte, und geht dann als Sonderfall in die allgemeineren Erkenntnisse der sich nun entwickelnden modernen Physik ein.

Der Übergang zwischen den einzelnen Epochen vollzieht sich in wissenschaftlichen Revolutionen. Dieser Ausdruck ist am besten zu verstehen, wenn man sich das Verhältnis von Physik und Mechanik in der antiken und klassischen Physik ansieht.

Die auf Sklavenarbeit beruhende antike Produktionsweise bedurfte der feineren technischen Geräte nicht, weil die Produktivität der Sklaven ohne Geräte beziehungsweise mit gröberen Geräten den gesellschaftlichen und ökonomischen Interessen der Sklavenhalter entsprach. Deshalb beschäftigte sich die Physik hauptsächlich mit philosophischen Betrachtungen über Raum, Zeit, Bewegung, Kausalität, Kontinuität und ähnliches. Sie sah dabei die Natur als Ablauf natürlicher Vorgänge an und versuchte daraus das Wesen der Dinge, zum Teil als Analogie zu den Lebewesen, zu erkennen. Die Mechanik wurde nicht in diesen Komplex ein-

EINFÜHRUNG UND GESCHICHTLICHER ÜBERBLICK

Die Mechanik, als Teil der Physik, ist die Lehre von den Bewegungen materieller Körper und den Kräften, die Bewegungen verursachen. Man unterteilt sie in die Kinematik, in der die Art der Bewegung, ohne Beachtung ihrer Ursache, untersucht wird, und die Dynamik, die nach der Ursache der Bewegung fragt.

In der Kinematik werden also die Bewegungen und Bewegungsmöglichkeiten materieller Körper unter alleiniger Benutzung der Grundbegriffe Raum und Zeit untersucht. Kinematik bedeutet Bewegungslehre nach dem griechischen Wort *τό κίνημα*, die Bewegung. Die Dynamik, nach dem griechischen Wort *ἡ δύναμις*, die Kraft, benannt, beschäftigt sich mit der Bewegung materieller Systeme unter dem Einfluß von Kräften. Faßt man den Ruhezustand als Sonderfall der Bewegung auf, so kann man die Lehre vom Gleichgewicht der Kräfte im Ruhestand, die Statik, als Sonderfall der Dynamik bezeichnen.

Die Statik, abgeleitet vom lateinischen Wort *status*, das Stehen, benötigt also allein den Kraftbegriff. In ihr werden Größe, Richtung und Lage von Kräften und ihr Wirken in Kraftsystemen untersucht.

Nach der Art der materiellen Körper, deren Bewegung untersucht wird, spricht man bei der Mechanik starrer Körper von Stereomechanik. Das Verhalten elastischer Körper, bei denen sich unmittelbar nach der Entlastung der ursprüngliche Zustand wieder einstellt, fällt in das Gebiet der Elastomechanik, die dafür aufgestellten Theorien faßt man unter dem Begriff Elastizitätstheorie zusammen. Werden Körper mit bleibenden Verformungen behandelt, so findet die Plastizitätstheorie Anwendung. Bei Hochpolymeren oder Metallbauteilen, die einer erhöhten Temperatur ausgesetzt sind, kriecht das Material, d. h., es verändert seine Form bei konstanter Belastung im Laufe der Zeit. Derartige Betrachtungen gehören in das Gebiet der Viskoelastizitätstheorie. Die Mechanik flüssiger und gasförmiger Körper nennt man Hydro- bzw. Aeromechanik.

Das vorliegende Buch soll einen Einblick in die „Technische Mechanik" geben. Sie umfaßt die technische Anwendung der Stereo-Elasto-Visko- und Plastomechanik und bezieht Fragen der Werkstoffwissenschaft, wie sie zur ingenieurgemäßen Behandlung von Festigkeitsproblemen benötigt werden, ein. Es wird also das Kräftespiel in Baugruppen und -elementen und ihre Bewegung untersucht mit dem Ziel, Tragwerke, Maschinen und Apparate funktionstüchtig, betriebssicher und ökonomisch zu gestalten.

Die Gliederung des Buches entspricht den Lehrplänen der Hochschulen und wird bezogen, sie gehörte zu den Künsten, die in freie und mechanische Künste eingeteilt wurden.

Zu den freien Künsten rechnete man Grammatik, Logik und Rhetorik sowie die mathematischen Künste: Geometrie, Arithmetik, Astronomie und Musiktheorie. Sie waren des freien Mannes würdig und folgten dem Wesen der Natur.

Im Gegensatz dazu standen die mechanischen Künste, die von Sklaven oder den ihnen gleichgestellten freien Handwerkern ausgeführt wurden. Sie hatten zum Ziel, die Natur durch den Bau verschiedener Maschinen und Geräte zu überlisten, so daß beispielsweise ein Stein nicht mehr „naturgemäß" von oben nach unten fällt, sondern mit einer Wurfmaschine auf eine „unnatürliche" Wurfbahn gebracht wird. (Das griechische Wort *ἡ μηχανή* hat den Doppelsinn: Vorrichtung, Werkzeug und Kunstgriff, List.)

Auf Grund dieser krassen sozialen und weltanschaulichen Trennung war es für einen Physiker der Antike undenkbar, ein reales Experiment, zu dem stets Vorrichtungen und Werkzeuge gehören, durchzuführen. Als *Archimedes* zur Bestätigung seiner Berechnung an Hand von Modellen nachwies, daß die Volumina eines Kreiszylinders vom Durchmesser D und der Höhe D, einer Kugel vom Durchmesser D und eines Kreiskegels mit Grundflächendurchmesser D und Höhe D sich wie $3:2:1$ verhalten, stellte man Antrag auf Ausweisung aus der Akademie, weil er die Wissenschaft mit Materie vermengt habe. Selbst in den Lehrbüchern der Physik im 16. Jahrhundert findet man nur Spekulationen. Die uns heute geläufigen und auch damals bekannten physikalischen Experimente (mechanische, pneumatische, hydrostatische, optische usw.) gehörten in die Bücher der „natürlichen Magie".

In der antiken Physik fehlt somit das Experiment als ein den theoretischen Überlegungen gleichgestelltes Arbeitsmittel vollständig.

(Es ist interessant, daß sich diese geistesgeschichtlichen Gegensätze bis in die jüngste Vergangenheit erhalten haben. Dies wurde in der gesellschaftlichen Unterbewertung des Ingenieurs durch „Akademiker" deutlich.)

Die klassenbedingten Gegensätze konnten erst überwunden werden, als in der Renaissance das Bürgertum beide Zweige, die freien Künste und die mechanischen Künste ausübte und so die sozialen Schranken nicht mehr vorlagen.

Entscheidenden Aufschwung erfuhr die Mechanik in der frühbürgerlichen Entwicklung des 15. bis 17. Jahrhunderts, die gekennzeichnet ist zunächst durch die Entwicklung des Kaufmannskapitals und dann durch die Manufaktur als einer Form der kapitalistischen Produktionsweise. Die von der entstehenden kapitalistischen Produktionsweise ausgehenden Bedürfnisse naturwissenschaftlicher und technischer Art bildeten den stärksten Impuls für die Entstehung der neueren Naturwissenschaft.

Die Vorbereitungsphase der neueren Naturwissenschaft umfaßt etwa die Zeitspanne von 180 Jahren (1440 bis 1620). Sie beginnt mit *Nikolaus von Kues* (1401 bis 1464), der vor allem die Universalität der Mathematik begründet, führt über *Kopernikus* (1473 bis 1543), der das Weltbild antiklerikal umstülpt, über *Giordano Bruno* (1548 bis 1600), der das progressive geistige Erbe aufnimmt, fortführt und dafür von der katholischen Reaktion auf dem Scheiterhaufen verbrannt wird, und endet bei *Kepler* (1571 bis 1630), der die Planetengesetze formuliert.

In diese Periode gehören aber auch die wissenschaftlich-literarische Entdeckung der Produktion, das Beschreiben des Produktionsprozesses und das Zusammenstellen von empfehlenswerten Erfahrungen.

Neben *Leon Battista Alberti* (1404 bis 1471) ist hier vor allem *Georg Agricola* (1494 bis 1555) zu nennen. Auf einer höheren Stufe wissenschaftlicher Durchdringung der Produktion finden wir *Leonardo da Vinci* (1452 bis 1519). Als hervorragendster Repräsentant der italienischen Gruppe der Artefici, der Künstler, seiner Zeit malt und zeichnet er nicht nur, sondern war in viel stärkerem Maße als Ingenieur tätig. Dabei beginnt er mathematische Methoden auf die Lösung mechanischer Probleme anzuwenden.

Die Entstehung der klassischen Mechanik, die identisch ist mit dem Entstehen der neueren Naturwissenschaft überhaupt, ist mit dem Namen *Galileo Galilei* (1564 bis 1642) verbunden. Er vollzog die Wende, indem er den Sinn und die Fähigkeit wissenschaftlichen Denkens unlösbar mit der Aufgeschlossenheit für Beobachtungstatsachen und Experimentalergebnisse verband. Er stieß dabei zwangsläufig auf die von seinem Zeitgenossen *Francis Bacon* (1561 bis 1626) aufgestellte These, daß nur ein Zerlegen des physikalischen Gesamtvorganges in Einzelwirkungen zum Ziele führt (disseca naturam, zerschneide die Natur). *Galilei* vollzog in seiner und durch seine Person die Synthese von Theorie und Praxis. Bei ihm wurde das praktische Problem zum Objekt *wissenschaftlicher* Untersuchung, die empirische Erfahrung zum *wissenschaftlichen* Versuch und die Spekulation zur *mathematischen* Ableitung. *Galilei* wurde damit zum Begründer der ersten Einzelwissenschaft. Er konnte dies nur werden, weil er sich konsequent der aristotelischen Lehre, insbesondere der peripatetischen Naturlehre, entgegenstellte und nicht mehr nach dem Sinn, sondern nach den wirklichen Ursachen und quantitativen Abläufen der Naturerscheinungen fragte. Diese neue Naturanschauung erwies ihren wissenschaftlich überlegenen und revolutionären Charakter in der scharfen weltanschaulichen Auseinandersetzung mit der religiösen Ideologie. Es ist wohl das größte Verdienst von *Galilei*, daß er durch die Verbindung von logischem Denken mit gezielter experimenteller Arbeit die wissenschaftliche Arbeitsweise, die auch noch heute angewandt wird, begründete.

Durch dieses Vorgehen war die Mechanik wieder Teil der Physik geworden. Da in ihr die Verbindung von Experiment und Theorie am einfachsten herzustellen war, entwickelte sie sich so schnell, daß man versuchte, diese Arbeitsweise und auch die damit gefundenen Gesetzmäßigkeiten auf andere Wissenschaftsgebiete zu übertragen. Die wissenschaftliche Revolution hatte also zur Folge, daß aus dem organischen Weltbild der Antike ein mechanisches Weltbild entstand, dessen Sprache die Mathematik bilden sollte. So findet man in der Epoche der klassischen Physik eine ständige Parallelentwicklung zwischen Mechanik und Mathematik, in deren Verlauf es gelang, für nahezu alle Probleme der Mechanik eine mathematische Beschreibung, meist in Form eines Systems von Differentialgleichungen, anzugeben. Es zeigte sich jedoch, daß mit den rein mathematischen Methoden eine Lösung nur in wenigen Fällen möglich war. Mit der Entwicklung der Technik konnte man aber auf eine Lösung der Probleme nicht mehr verzichten, so daß sich ein Widerspruch ergab, der erst in der wissenschaftlich-technischen Revolution durch Einführung der elektronischen Datenverarbeitung ausgeglichen werden konnte. In diesem Prozeß befindet sich die moderne Technik heute.

Die Technische Mechanik fußt auf der klassischen Mechanik und benutzt die Erkenntnisse der modernen Mathematik und der Rechentechnik zum Lösen ihrer nach technischen Fragestellungen mathematisch formulierten Probleme.

Es soll deshalb auf die Grundlagen der klassischen Mechanik, wie sie *Newton* an den Anfang seines Buches „Philosophiae Naturalis Principia Mathematica" (1687) stellt, kurz eingegangen werden. *Newton* macht dabei den Versuch, in der Sprache seiner Zeit die Erkenntnisse auf dem Gebiet der Mechanik in Axiomen zusammenzufassen. Dabei wird unter Axiom eine Aussage verstanden, die ohne mathematischen Beweis als richtig angesehen wird, wenn alle ihre Folgerungen durch die Erfahrung bestätigt werden. Ohne auf die wörtliche Formulierung, auf ihre Entstehung und die umfangreichen Diskussionen über sie einzugehen, kann man ihren Sinn folgendermaßen beschreiben:

1. Axiom: Jeder Körper verharrt in seinem Zustand der Ruhe oder der gleichförmigen, geradlinigen Bewegung, wenn er nicht durch äußeren Einfluß gezwungen wird, diesen Zustand zu ändern (Trägheitsgesetz).

Dieses Axiom ist nicht selbstverständlich, sondern stellt eine Extrapolation vieler Erfahrungen auf einen Grenzfall dar. Eine experimentelle Überprüfung ist nicht möglich, da ein Körper nicht völlig den äußeren Einwirkungen entzogen werden kann. Das Axiom hat auch nur dann einen Sinn, wenn das Bezugssystem, in dem die Bewegung beschrieben wird, bekannt ist. Wenn das Axiom in einem Bezugssystem gilt, so muß das in einem anderen nicht zutreffen. Man verwendet es deshalb zur Definition von Bezugssystemen. Ein System, in dem das 1. Axiom gilt, wird *Inertialsystem* genannt. Alle Gesetze der Mechanik werden auf dieses bezogen. Ein im Fixsternhimmel befestigtes System kann als Inertialsystem angesehen werden. Da jedes System, das sich relativ zum Inertialsystem gleichförmig geradlinig bewegt, wieder ein Inertialsystem ist, kann für kleine Bewegungen ein in der Erde verankertes System in vielen Fällen, vor allem der Technischen Mechanik, als Inertialsystem gelten.

2. Axiom: Die zeitliche Änderung der Bewegungsgröße ist der einwirkenden bewegenden Kraft proportional und geschieht in Richtung der Kraft.

Dieses Axiom nennt man das Dynamische Grundgesetz. Dabei versteht man unter Bewegungsgröße das Produkt aus Masse m und Geschwindigkeit $\boldsymbol{v}$. Die mathematische Formulierung würde also lauten:

$$\boldsymbol{F} = \frac{\mathrm{d}(m\boldsymbol{v})}{\mathrm{d}t}$$

oder bei konstanter Masse

$$\boldsymbol{F} = m\boldsymbol{a}$$

Der Vektor $\boldsymbol{a}$ gibt die Beschleunigung an. Dieses Dynamische Grundgesetz wird der ganzen Dynamik zugrunde gelegt. Eine ausführliche Beschreibung erfolgt im Abschn. 1., Dynamik.

3. Axiom: Die Wirkung ist stets der Gegenwirkung gleich, oder die Wirkungen zweier Körper aufeinander sind stets gleich und von entgegengesetzter Richtung.

Dieses Axiom wird Wechselwirkungsgesetz oder Reaktionsprinzip genannt. Unter Wirkungen werden dabei die Kräfte verstanden. Das Axiom hat in der Statik und in der Dynamik von Punkthaufen große Bedeutung.

4. Axiom: Wirken auf eine Masse gleichzeitig mehrere Kräfte, so ist die Gesamtwirkung völlig gleichwertig der Summe der Wirkungen der Einzelkräfte.

Dieses Axiom, das nicht unmittelbar zu den *Newton*schen „tres leges" gehört, geht auf *Stevin* (1605) zurück. Es wird als Superpositionsprinzip der Kraftwirkungen bezeichnet.

Auf der Grundlage dieser vier Axiome hat sich die klassische Mechanik entwickelt. An dieser Entwicklung sind Physiker und Mathematiker beteiligt gewesen, da die Mechanik in vielen Fällen Anstoß zur Entwicklung der Mathematik und Prüfstein ihrer Resultate war.

> Die Mechanik ist das Paradies der mathematischen Wissenschaften, weil man mit ihr zur schönsten Frucht des mathematischen Wissens gelangt.
>
> *Leonardo da Vinci* (1452 bis 1519)

Die folgende kleine Zeittafel nennt einige Namen.

Etwa 600 v. u. Z. *Thales von Milet.* Erster griechischer Philosoph. Als Ursprung aller Dinge sah er das Wasser an. Die Dinge beschreiben mit Entstehen und Vergehen einen Kreislauf. Astronomische und mathematische Kenntnisse (Voraussage der Sonnenfinsternis 585 v. u. Z.).

384 bis 322 v. u. Z. *Aristoteles* von Stagira. Griechischer Philosoph, wirkte in Athen, Schüler *Platons,* Erzieher Alexanders des Großen, Begründer der peripatetischen Schule. Schuf das universellste System der antiken Philosophie, das neben objektiv-idealistischen Gedanken auch materialistische und dialektische Elemente enthält. Er stellte dem Heliozentrismus der Pythagoreer seinen Geozentrismus entgegen.

287 bis 212 v. u. Z. *Archimedes.* Griechischer Mathematiker, wirkte in Alexandrien und Syrakus. Leistete Beiträge zur Mathematik, die erst im 16. Jahrhundert überboten wurden. Kreis- und Kugelberechnung, Theorie des Hebels, Auftrieb, Konstruktion der Schnecke. Er wendete seine Kenntnisse praktisch an (Wurfmaschine).

1452 bis 1519 *Leonardo da Vinci.* Bildhauer, Baumeister, Maler, Mathematiker, Schriftsteller in Florenz, Mailand und Frankreich. Konstruktion von Flugmaschinen, „Abhandlung über die Malerei", Studien der Anatomie.

1548 bis 1620 *Stevin, Simon.* Physiker, Generalquartiermeister der holländischen Armee in Leiden. Benutzte als erster experimentelle Forschung, Satz vom Parallelogramm der Kräfte, Bewegung auf schiefer Ebene.

1564 bis 1642 *Galilei, Galileo,* Physiker, Prof. an den Universitäten in Pisa und Padua. Schöpfer der modernen naturwissenschaftlichen Betrachtungsweise und Experimentalphysik. Er entdeckte das Trägheitsgesetz, die Gesetze des freien Falles und der Wurfbewegung, Prinzip der virtuellen Arbeit. Konstruktion eines Fernrohres, astronomische Entdeckungen. Als Gegner der Lehre von *Aristoteles* setzte er sich für die Lehre von *Kopernikus* ein.

1571 bis 1630 *Kepler, Johannes.* Mathematiker, Astronom. Arbeitete unter anderem in Graz, Prag, Linz. Aufbauend auf den Marsbeobachtungen von *Tycho de Brahe* versuchte er als erster eine dynamische Erklärung für die Planetenbewegung (*Kepler*sche

Gesetze sind die ersten mathematisch formulierten Naturgesetze), Erfinder des astronomischen Fernrohres.

1602 bis 1684 *v. Guericke, Otto.* Physiker, Ingenieur, wirkte in Magdeburg und Erfurt. Wie *Galilei* führte er experimentelle Methoden in die Wissenschaft ein. Erfinder der Luftpumpe, er entdeckte die Körperlichkeit der Luft, ihr Gewicht, Ausdehnung usw., Konstruktion der ersten Elektrisiermaschine.

1629 bis 1695 *Huygens, Christian.* Physiker, Mathematiker, Holländer, Mitglied der Royal Society London, Akademie der Wissenschaften Paris. Wellentheorie des Lichtes, Gesetze des elastischen Stoßes, Erfinder der Pendeluhr, Schwingungsmittelpunkt des physikalischen Pendels, astronomische Entdeckungen.

1635 bis 1703 *Hooke, Robert.* Physiker, Ingenieur, Prof. am Gresham College in London. Erfand Federunruhe für Taschenuhr, optischen Telegraphen, Spiegelfernrohr, Kreisteilmaschine, Zahnradsirene, Mikroskop. Stellte *Hooke*sches Gesetz auf, nach dem die Ausdehnung einer Feder proportional der Belastung ist.

1643 bis 1727 *Newton, Isaac.* Physiker, Mathematiker, Prof. in Cambridge, Präsident der Royal Society in London. Begründer der klassischen Physik, Gravitationsgesetz, Berechnung der Masse des Mondes und der Planeten, Ausbau der bestehenden Anfänge der Differential- und Integralrechnung, Begründer der Akustik, Arbeiten auf allen Gebieten der Physik und Mathematik.

1646 bis 1716 *Leibniz, Gottfried Wilhelm.* Philosoph, Mathematiker, Physiker, Jurist, Geschichts- und Sprachforscher. Wirkte hauptsächlich in Hannover. Gründer der Akademie der Wissenschaften in Berlin. Entwicklung der Differential- und Integralrechnung, Formulierung Energiesatz, erste Rechenmaschine.

1655 bis 1705 *Bernoulli, Jacob*

1667 bis 1748 *Bernoulli, Johann*

1700 bis 1782 *Bernoulli, Daniel.* Mathematiker, stammen aus Schweizer Gelehrtenfamilie. Anwendung der neuen Infinitesimalrechnung, Wahrscheinlichkeitsrechnung, Variationsrechnung, Hydrodynamik, Prinzip der virtuellen Verschiebung.

1707 bis 1783 *Euler, Leonhard.* Mathematiker, Physiker. Wirkte an der Petersburger und der Berliner Akademie der Wissenschaften. Äußerst vielfältige mathematische Arbeiten. Auf dem Gebiet der Mechanik schuf er Grundlagen der Theorie des Kreisels, Begründer der Hydromechanik.

1717 bis 1783 *d'Alembert, Jean.* Mathematiker, Naturwissenschaftler, Philosoph. Mitglied der Akademien in Paris und Petersburg. Entwicklung der Infinitesimalrechnung, Differentialgleichungen; das *d'Alembertsche Prinzip der Mechanik* führt das dynamische Problem formal auf ein statisches zurück.

1736 bis 1813 *Lagrange, Joseph Louis.* Mathematiker, Prof. in Turin, Paris, Akademie der Wissenschaften Berlin. Stellte das Prinzip der virtuellen Verschiebung an die Spitze der Mechanik, Hauptprinzipe der Mechanik, Variationsrechnung, Theorie algebraischer Gleichungen, Zahlentheorie.

1736 bis 1806 *Coulomb, Charles Augustin de.* Französischer Ingenieur und Physiker, lebte in Paris. Er befaßte sich mit Elektrizitätslehre, Torsion, Reibung und Kraftumwandlung.

1777 bis 1859 *Poinsot, Louis.* Mathematiker, Prof. an der École polytechnique Paris. Führte Begriff des Kräftepaares ein, Arbeiten über Geometrie, Statik, Kinematik des starren Körpers (Trägheitsellipsoid).

1781 bis 1840 *Poisson, Simeon Denis.* Physiker und Mathematiker, Prof. an der Faculté des sciences in Paris. Förderte Ausbau der theoretischen Physik, Potentialtheorie, Elastizitätstheorie, Akustik, Wärmeleitung, Wahrscheinlichkeitsrechnung.

1785 bis 1836 *Navier, Louis Marie Henri.* Ingenieur, Prof. an der Polytechnischen Hochschule Paris. Begründer der wissenschaftlichen Elastizitätslehre und Baumechanik.

1788 bis 1867 *Poncelet, Jean Victor.* Ingenieur und Physiker, wirkte in Paris auf dem Gebiet der Technischen Mechanik, Hydraulik, Konstruktion von Wasserturbinen.

1797 bis 1886 *de Saint-Venant, Adhemar Jan Claude Barré.* Physiker, wirkte in Paris. Arbeiten zur Theorie der Balkenbiegung, Torsion, Stabschwingungen, Verteilung der Elastizität um einen Punkt, Spannungsbestimmung an teilweise plastischen Körpern.

1801 bis 1862 *Ostrogradski, Michail Wassiljewitsch.* Mathematiker, wirkte in Petersburg. Entwicklung der Integralrechnung (mehrfache Integrale), Variationsrechnung, Theorie der Wärmeleitung, Elastizitätstheorie.

1805 bis 1865 *Hamilton, William Rowan.* Mathematiker, Astronom. Prof. an der Dubliner Universität. Einführung des Potentialbegriffes in die Dynamik. Grundlegende Arbeiten zur Optik, analytischen Mechanik, Vektorrechnung, Variationsrechnung. Formulierte das wichtigste Integralprinzip der klassischen Mechanik, das *Hamilton*sche Prinzip.

1824 bis 1887 *Kirchhoff, Gustav Robert.* Physiker, Prof. in Breslau, Heidelberg, Berlin. Er arbeitete auf vielen Gebieten der Physik: Thermodynamik, Elektrizitätstheorie, Stabschwingungen, Plattentheorie, Spektralanalyse, Lichtausbreitung.

1826 bis 1908 *Ritter, Georg Dietrich.* Ingenieur, Prof. an der Polytechnischen Schule Aachen. Lehrbücher über Technische Mechanik, Einführung der Schnittmethode in der Theorie der Fachwerke.

1835 bis 1918 *Mohr, Christian Otto.* Statiker und Bauingenieur, Prof. an der Technischen Hochschule Dresden. Arbeiten über Festigkeitslehre, graphostatische Behandlung von Konstruktionsaufgaben.

1847 bis 1884 *Castigliano, Alberto.* Benutzte Energiebetrachtungen zur Berechnung von Kräften und Verformungen an statisch bestimmten und unbestimmten Systemen.

1850 bis 1905 *Tetmajer, Ludwig v.* Als Ingenieur in der Schweiz und in Österreich tätig. Arbeiten über Stabilitätsprobleme.

1854 bis 1924 *Föppl, August.* Ingenieur, Prof. an der TH München, Ausbau der Technischen Mechanik, vor allem Probleme der Elastizitätstheorie, Festigkeitslehre, experimentelle Arbeiten.

Einen umfassenden Abriß der Geschichte der Mechanik, der von den Anfängen bis in die Neuzeit reicht, findet man in den von der Akademie der Wissenschaften der UdSSR herausgegebenen beiden Bänden:

Григорьян А. Т., Погребысский И. Б. (ред.)

История механики с древнейших времен до конца XVIII века. ,,Наука'', Москва. 1971.[1])

История механики с конца XVIII века до середины XX века. ,,Наука'', Москва. 1972.[2])

---

[1]) Geschichte der Mechanik von den Anfängen bis zum Ende des 18. Jahrhunderts

[2]) Geschichte der Mechanik vom Ende des 18. Jahrhunderts bis zur Mitte des 20. Jahrhunderts

STATIK

1. GRUNDBEGRIFFE

Statik ist die Lehre vom Kräftegleichgewicht am ruhenden oder gleichförmig bewegten starren Körper oder an Teilen davon.
Mit diesem Satz ist das Lehrgebiet „Statik" abgesteckt. Die zur Definition verwendeten Begriffe sind aus der Physik bekannt, so daß hier eine knappe Zusammenstellung ausreicht.

1.1. Die Kraft

Die Kraft begegnet uns in ihrer ursprünglichen Form als Volumen- oder Gewichtskraft. Infolge der Erdanziehung wirkt von jedem Körper zum Erdmittelpunkt hin die Kraft $\varrho g V$ (in N). Die Größe ϱg (in N mm^{-3}) ist die Kraft je Volumeneinheit, V (in mm^3) ist das Volumen des Körpers. Betrachten wir die Schneelast auf Dächern oder den Innendruck in Gefäßen, so kommen wir zum Begriff Kraft je Flächeneinheit oder auch Flächenlast bzw. Druck p (in N mm^{-2} bzw. MPa). Rauhreif auf

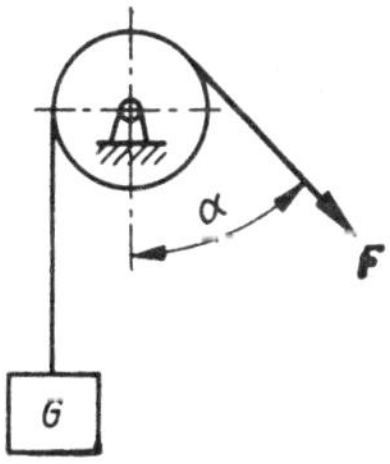

Bild S 1.1.1

Drähten z. B. kann als Kraft je Längeneinheit oder Linienlast q (in N mm^{-1}) angesehen werden. Wird eine Kraft in ein Bauteil über eine sehr kleine Fläche eingetragen, so können wir diesen Belastungsfall idealisieren und damit rechnen, daß die Last in einem Punkt angreift. Dadurch kommen wir zur Einzellast F (in N), mit der wir uns vorerst beschäftigen wollen.
Befestigen wir beispielsweise einen Klotz vom Gewicht G (Bild S 1.1.1) an einem Seil, so kann die Volumenkraft G im Seil als Einzellast F dargestellt werden. Führen wir

das (als masselos angenommene) Seil über eine (reibungsfrei gelagerte) Rolle, so können wir die Kraft in jede beliebige Richtung umlenken. Die Kraftgröße (*Betrag*) bleibt erhalten, und es gilt $F = G$. Bild S 1.1.2 zeigt eine Abspannvorrichtung, bei

Bild S 1.1.2

der das Prinzip der Kraftumlenkung benutzt wird. Aus der Erfahrung hat sich ferner bestätigt, daß eine Verschiebung einer Einzelkraft auf ihrer Wirkungslinie keinen Einfluß auf das Gleichgewicht des gesamten Körpers hat. Die Kraft $\boldsymbol{F}$ darf also (Bild S 1.2), längs der Linie *WL* wirkend, an jedem beliebigen Punkte *B*, *C* oder *D* des starren Körpers angreifen.

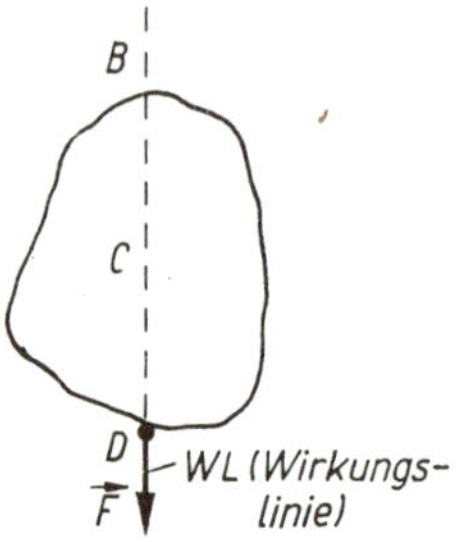

Bild S 1.2

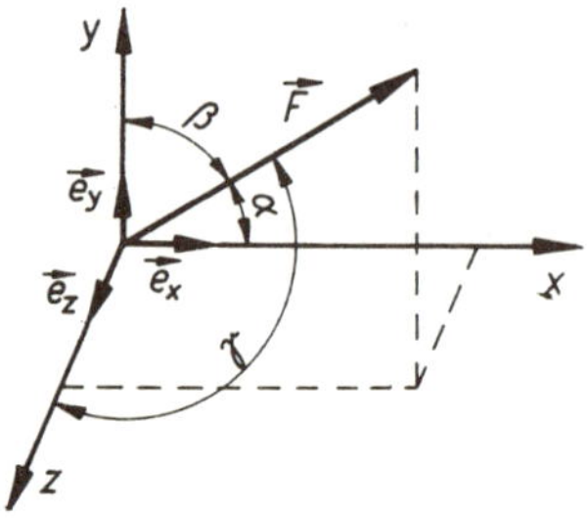

Bild S 1.3

Mit den Erkenntnissen aus der Praxis stellen wir zusammen:

Die Kraft ist bestimmt durch ihre Größe (Betrag) und durch ihre Richtung, sie darf auf ihrer Wirkungslinie verschoben werden.

Mathematisch formulieren wir:

Die Kraft $\boldsymbol{F}$ ist ein linienflüchtiger gebundener Vektor.

Nach den Regeln der Vektorrechnung läßt sich die Kraft wie folgt darstellen (Bild S 1.3)

$$\boldsymbol{F} = F_x \boldsymbol{e}_x + F_y \boldsymbol{e}_y + F_z \boldsymbol{e}_z = \{F_x, F_y, F_z\} \tag{1.1}$$

Mit $\boldsymbol{F} \cdot \boldsymbol{F} = F^2$ erhalten wir den Betrag der Kraft

$$F = \sqrt{F_x^2 + F_y^2 + F_z^2} \tag{1.2}$$

Die Richtung der Kraft folgt aus

$$\begin{aligned} \boldsymbol{F} \cdot \boldsymbol{e}_x &= F_x = F \cos \alpha \\ \boldsymbol{F} \cdot \boldsymbol{e}_y &= F_y = F \cos \beta \\ \boldsymbol{F} \cdot \boldsymbol{e}_z &= F_z = F \cos \gamma \end{aligned} \tag{1.3}$$

woraus dann nochmals (1.2) in anderer Form bestätigt wird

$$\frac{F_x^2 + F_y^2 + F_z^2}{F^2} = \cos^2 \alpha + \cos^2 \beta + \cos^2 \gamma = 1 \tag{1.4}$$

Wir unterscheiden äußere und innere Kräfte. Mit den inneren Kräften werden wir uns in 3.3. und 1.3. des Teiles Festigkeitslehre beschäftigen. Die äußeren Kräfte unterteilen wir in die eingeprägten bekannten Kräfte und in die Reaktions- oder Zwangskräfte. Die Reaktionskräfte entstehen durch eine entsprechende Lagerung des Bauteiles.

1.2. Das Gleichgewicht

Ein Körper ist im Gleichgewicht, wenn die eingeprägten bekannten Kräfte und die *Reaktionskräfte* eine Bewegung des Körpers verhindern. Zur Bestimmung dieser Reaktionskräfte muß man das Tragwerk von der Lagerung „befreien" und am Bauteil der Lagerung entsprechende Kräfte anbringen.[1]) Man spricht hierbei vom *Freischneiden* oder *Befreiungsprinzip.* Wir stellen bei diesem Freischneiden fest, daß sowohl vom Körper zum Lager als auch vom Lager zum Körper eine Kraft ausgeübt wird, und erkennen, daß gemäß diesem Wechselwirkungsgesetz Kräfte immer paarweise auftreten. Befreien wir beispielsweise in der im Bild S 1.1.1 skizzierten Anordnung den Körper mit dem Gewicht G vom Seil (Lager), so erkennen wir das in Bild S 1.4 skizzierte Schema. Daraus leiten wir folgendes Axiom ab:

> Zwei Kräfte, die an einem Punkt angreifen, sind im Gleichgewicht, wenn sie
> 1. gleich groß sind (den gleichen Betrag haben),
> 2. auf einer Wirkungslinie liegen und
> 3. entgegengesetzt gerichtet sind.

Vektoriell hätten wir zu schreiben

$$\boldsymbol{F}_1 + \boldsymbol{F}_2 = 0 \tag{1.5}$$

[1]) Siehe 3.1.2.

Die zur Bestimmung der Reaktionskräfte benötigten Gleichungen nennt man Gleichgewichtsbedingungen. Ihre Anzahl ist identisch mit der Zahl der Freiheitsgrade des betrachteten Körpers. Ein Körper im Raum hat sechs Freiheitsgrade,

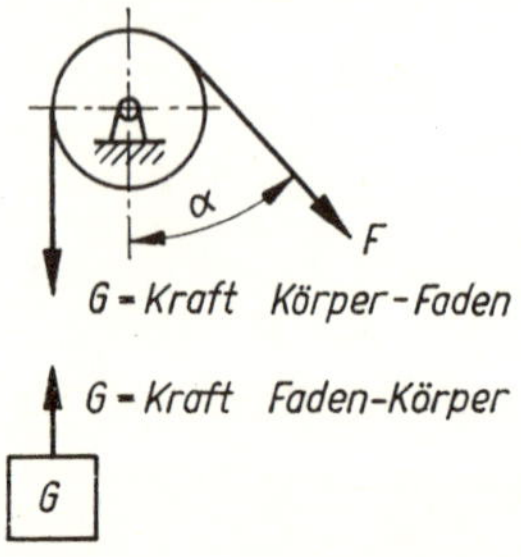

Bild S 1.4

drei der Translation (Verschiebung) und drei der Rotation (Drehung), so daß bei beliebiger Belastung eines Körpers sechs Gleichgewichtsbedingungen zur Verfügung stehen. Für ebene Probleme kann man drei voneinander unabhängige Gleichgewichtsbedingungen aufstellen.

1.3. Der starre Körper

Der starre Körper ist die Idealvorstellung eines Körpers, der unter Krafteinwirkung keine Verformung erfährt. Im Sinne einer Beschränkung auf das Wesentliche ist in der Statik diese Idealisierung zulässig. Wir werden in der Festigkeitslehre Verformungen verschiedener Bauteile berechnen, müssen dabei allerdings das Materialverhalten (Stoffgesetz) berücksichtigen. Rein statische Betrachtungen gelten stets unabhängig vom Werkstoff.

2. DAS EBENE KRAFTSYSTEM

Wir betrachten in diesem Abschnitt nur Kräfte in einer Ebene (x,y-Ebene), eine Kraftkomponente F_z sei nicht vorhanden.

2.1. Ebene Kräftegruppen, deren Wirkungslinien durch einen Punkt gehen (Das zentrale ebene Kraftsystem)

Kräfte sind linienflüchtige Vektoren. Wenn sich sämtliche Kraftwirkungslinien in einem Punkt schneiden, können wir diese Kräfte also auch mit gemeinsamem Angriffspunkt eintragen (Bild S 2.1).

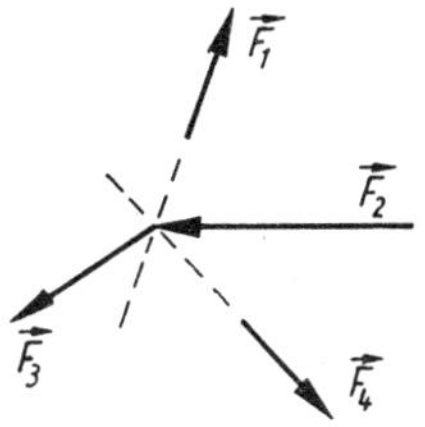

Bild S 2.1

2.1.1. Zusammensetzung von Kräften

Kräfte sind linienflüchtige Vektoren, und es können auf sie die Regeln der Vektorrechnung angewendet werden.
Analytisch kann für die Zusammensetzung von n Kräften geschrieben werden

$$\boldsymbol{F}_1 + \boldsymbol{F}_2 + \cdots + \boldsymbol{F}_i + \cdots + \boldsymbol{F}_{n-1} + \boldsymbol{F}_n = \sum_{i=1}^{n} \boldsymbol{F}_i = \boldsymbol{F}_{\text{Res}} \tag{2.1}$$

$\boldsymbol{F}_{\text{Res}}$ nennt man Resultierende oder Resultante der Einzelkräfte.
In Komponentenschreibweise gilt

$$\boldsymbol{F}_{\text{Res}} = \sum_{i=1}^{n} (F_{ix}\boldsymbol{e}_x + F_{iy}\boldsymbol{e}_y) = F_{\text{Res}x}\boldsymbol{e}_x + F_{\text{Res}y}\boldsymbol{e}_y$$

mit

$$F_{\text{Res}x} = \sum_{i=1}^{n} F_{ix} \quad \text{und} \quad F_{\text{Res}y} = \sum_{i=1}^{n} F_{iy} \tag{2.2}$$

Sind Kräfte nicht als Vektoren, sondern mit Betrag und Winkel gegeben, so kann man ganz formal die Komponenten der Resultierenden ($F_{\text{Res}x}$, $F_{\text{Res}y}$) ermitteln, wenn man sämtliche Kräfte vom Knotenpunkt weg wirken läßt und die Winkel zu den Kraftwirkungslinien von der positiven x-Achse mathematisch positiv (im Gegenuhrzeigersinn) zählt (Bild S 2.2).

$$F_{\text{Res}x} = \sum_{i=1}^{n} F_i \cos \alpha_i$$

$$F_{\text{Res}y} = \sum_{i=1}^{n} F_i \sin \alpha_i$$

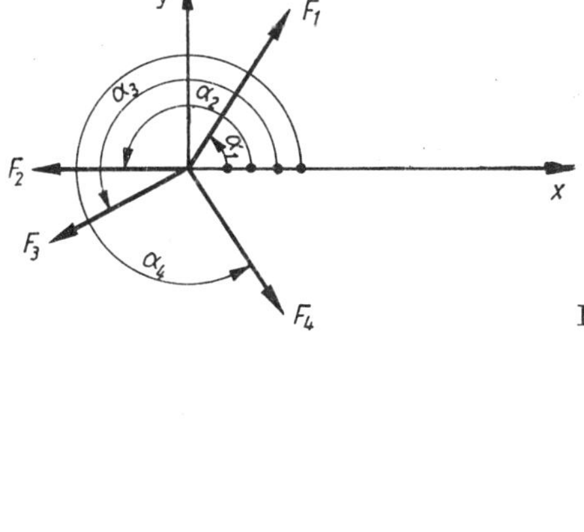

Bild S 2.2

Den Betrag der Resultierenden erhalten wir entsprechend (1.2) zu

$$F_{\text{Res}} = \sqrt{F^2_{\text{Res}x} + F^2_{\text{Res}y}} \tag{2.3}$$

und ihre Richtung folgt entsprechend (1.3) aus

$$F_{\text{Res}x} = F_{\text{Res}} \cos \alpha_{\text{Res}}$$

$$F_{\text{Res}y} = F_{\text{Res}} \sin \alpha_{\text{Res}}$$

zu

$$\tan \alpha_{\text{Res}} = \frac{F_{\text{Res}y}}{F_{\text{Res}x}} \tag{2.4}$$

Für praktische Belange ist es allerdings besser, die jeweils kleinsten Winkel zwischen einer Kraft und einer Achse zu messen und alle Kraftkomponenten in positiver Achsrichtung positiv zu definieren (Bild S 2.3).

$$F_{\text{Res}x} = F_1 \sin \beta_1 - F_2 - F_3 \cos \beta_3 + F_4 \sin \beta_4$$

$$F_{\text{Res}y} = F_1 \cos \beta_1 - F_3 \sin \beta_3 - F_4 \cos \beta_4$$

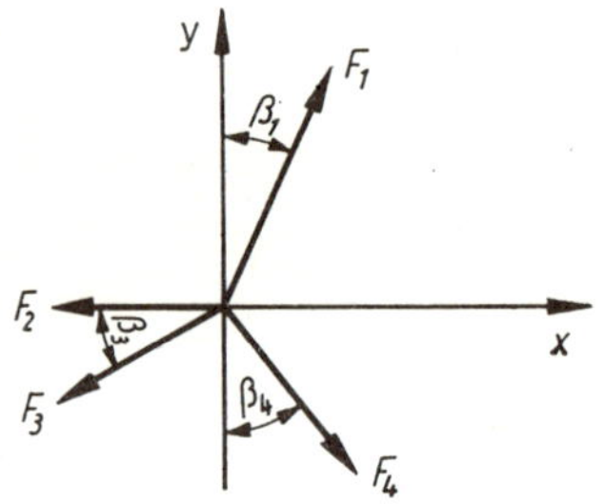

Bild S 2.3

Bei der *grafischen Ermittlung* der Resultierenden gehen wir vom Kräfteparallelogramm aus. Dieses Axiom besagt:
Spannt man mit den Kräften $\boldsymbol{F}_1$ und $\boldsymbol{F}_2$ als „Seiten" ein Parallelogramm auf, so ist die „Diagonale" $\boldsymbol{F}_{\text{Res}}$ den Kräften $\boldsymbol{F}_1$ und $\boldsymbol{F}_2$ in ihrer statischen Wirkung äquivalent (Bild S 2.4). Für mehrere Kräfte ist diese Methode, wie Sie selbst überprüfen sollten, ungeeignet. Wir können aber die Kräfte wegen ihrer Vektoreigenschaft „geometrisch addieren", d. h., wir tragen die Kräfte $\boldsymbol{F}_1$ und $\boldsymbol{F}_2$ entsprechend Betrag und Richtung

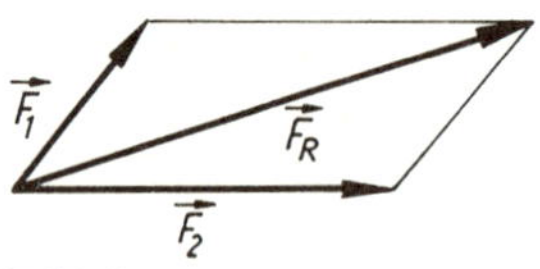

Bild S 2.4

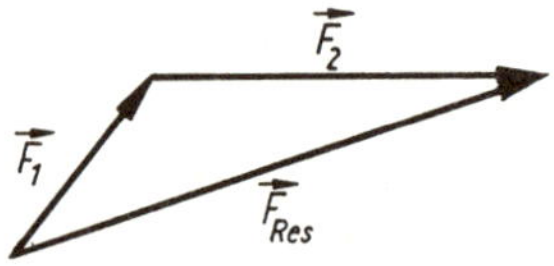

Bild S 2.5

nacheinander an und erhalten als Verbindungslinie vom Anfangspunkt der Kraft *1* zum Endpunkt der Kraft *2* die den beiden Kräften äquivalente Resultierende (Bild S 2.5). Diese Darstellung nennen wir Kräfteplan oder Krafteck. Sie läßt ohne Schwierigkeiten eine Erweiterung auf beliebig viele Kräfte zu.
Greifen an einem Punkt mehrere Kräfte an, die im *Lageplan* (Bild S 2.6) nach Größe und Richtung gegeben sind, so kann die Resultierende mit Hilfe des Kräfteplanes (Bild S 2.7) ermittelt werden. Die Kräfte werden unter Verwendung eines zweckmäßig zu wählenden Kräftemaßstabes (1 cm $\triangleq$ $\varkappa$ N) in Strecken umgerechnet und entsprechend Bild S 2.7 angetragen. Dabei ergibt $\boldsymbol{F}_1 + \boldsymbol{F}_2$ die Resultierende $\boldsymbol{F}_{\text{Res}1/2}$, $\boldsymbol{F}_{\text{Res}1/2} + \boldsymbol{F}_3$ die Resultierende $\boldsymbol{F}_{\text{Res}1/2/3}$ usw. Die Verbindungslinie vom Anfangspunkt der ersten Kraft zum Endpunkt der letzten Kraft stellt somit die Resultierende $\boldsymbol{F}_{\text{Res}}$ aller am Punkt angreifenden Kräfte dar.

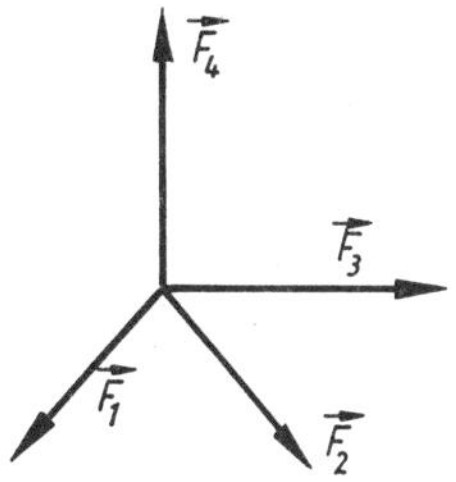

Bild S 2.6

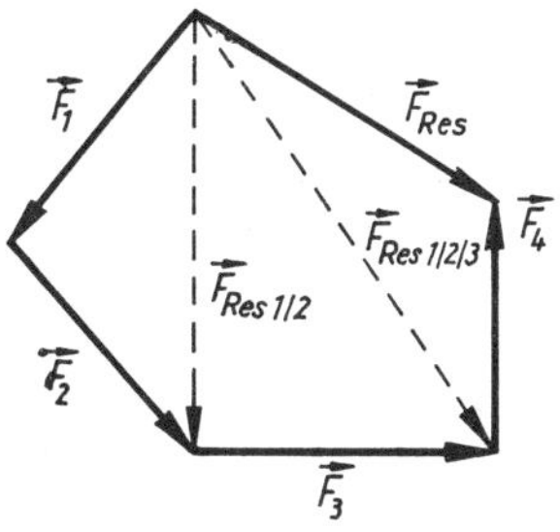

Bild S 2.7

Bei der Vektoraddition ist die Reihenfolge der Summanden ohne Einfluß auf das Ergebnis, d. h.

$$\boldsymbol{F}_{\text{Res}} = \boldsymbol{F}_1 + \boldsymbol{F}_2 + \boldsymbol{F}_3 + \boldsymbol{F}_4 = \boldsymbol{F}_1 + \boldsymbol{F}_3 + \boldsymbol{F}_2 + \boldsymbol{F}_4 \quad \text{usw.}$$

und auch die Reihenfolge der Kräfteantragung im Kraftplan ist beliebig. Es gilt das kommutative Gesetz.

2.1.2. Kraftzerlegung

Die Kraft $\boldsymbol{F}$ sei zu zerlegen in die Richtungen 1 und 2 (Bild S 2.8). *Grafisch* können wir Bild S 2.8 als Lageplan auffassen, wozu der entsprechende Kräfteplan zu zeichnen ist (Bild S 2.9).
Aus dieser grafischen Lösung erkennen wir, daß bei gegebenem $\boldsymbol{F}$ eine eindeutige Zerlegung nur nach zwei Richtungen möglich ist. Eine dritte Richtung läßt beliebig viele Kraftecke zu.

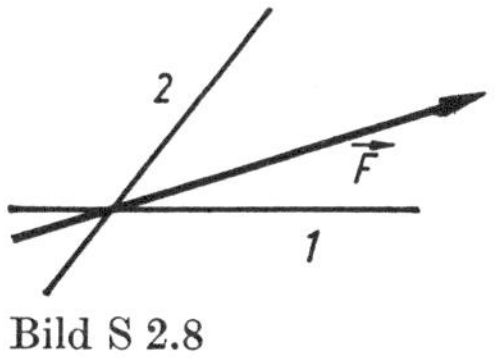

Bild S 2.8

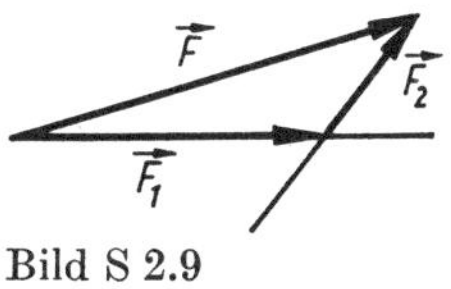

Bild S 2.9

Erkenntnis: Eine Kraft kann in einem Punkt in der Ebene eindeutig nur nach zwei Richtungen zerlegt werden.

Bei einer *analytischen* Lösung gehen wir am einfachsten über die Komponenten in einem kartesischen Koordinatensystem.
Aus Bild S 2.10 erkennen wir

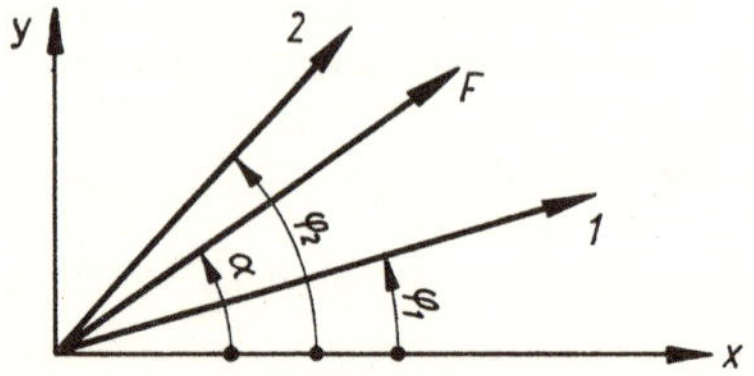

$$F_x = F\cos\alpha = F_1\cos\varphi_1 + F_2\cos\varphi_2$$
$$F_y = F\sin\alpha = F_1\sin\varphi_1 + F_2\sin\varphi_2$$

Bild S 2.10

Nach Auflösung dieses Gleichungssystems erhalten wir

$$F_1 = \frac{\begin{vmatrix}\cos\alpha & \cos\varphi_2\\ \sin\alpha & \sin\varphi_2\end{vmatrix}}{\begin{vmatrix}\cos\varphi_1 & \cos\varphi_2\\ \sin\varphi_1 & \sin\varphi_2\end{vmatrix}}F \quad \text{und} \quad F_2 = \frac{\begin{vmatrix}\cos\varphi_1 & \cos\alpha\\ \sin\varphi_1 & \sin\alpha\end{vmatrix}}{\begin{vmatrix}\cos\varphi_1 & \cos\varphi_2\\ \sin\varphi_1 & \sin\varphi_2\end{vmatrix}}F \tag{2.5}$$

$$F_1 = \frac{\sin(\varphi_2 - \alpha)}{\sin(\varphi_2 - \varphi_1)}F \qquad F_2 = \frac{\sin(\alpha - \varphi_1)}{\sin(\varphi_2 - \varphi_1)}F$$

Die vektorielle Lösung sei gleichfalls noch vorgestellt:

$$\begin{aligned}\boldsymbol{F} &= F_x\boldsymbol{e}_x + F_y\boldsymbol{e}_y = F_1\boldsymbol{e}_1 + F_2\boldsymbol{e}_2\\ &= F_1[\cos(1,x)\,\boldsymbol{e}_x + \cos(1,y)\,\boldsymbol{e}_y] + F_2[\cos(2,x)\,\boldsymbol{e}_x + \cos(2,y)\,\boldsymbol{e}_y]\\ &= F_1(c_{1x}\boldsymbol{e}_x + c_{1y}\boldsymbol{e}_y) + F_2(c_{2x}\boldsymbol{e}_x + c_{2y}\boldsymbol{e}_y)\end{aligned}$$

Mit

$$c_{1x} = \cos(1,x)\ \ldots\ c_{2y} = \cos(2,y)$$

als Richtungscosinus. Aus dem Koeffizientenvergleich erhalten wir

$$\boldsymbol{e}_x\colon\quad F_x = F_1c_{1x} + F_2c_{2x} = F\cos\alpha$$
$$\boldsymbol{e}_y\colon\quad F_y = F_1c_{1y} + F_2c_{2y} = F\sin\alpha$$

und damit

$$F_1 = \frac{\begin{vmatrix}\cos\alpha & c_{2x}\\ \sin\alpha & c_{2y}\end{vmatrix}}{\begin{vmatrix}c_{1x} & c_{2x}\\ c_{1y} & c_{2y}\end{vmatrix}}F \quad \text{und} \quad F_2 = \frac{\begin{vmatrix}c_{1x} & \cos\alpha\\ c_{1y} & \sin\alpha\end{vmatrix}}{\begin{vmatrix}c_{1x} & c_{2x}\\ c_{1y} & c_{2y}\end{vmatrix}}F \tag{2.6}$$

[Beim Vergleich von (2.5) mit (2.6) beachte man $\cos\varphi = \sin\left(\frac{\pi}{2} - \varphi\right)$.]

2.1.3. Gleichgewicht

Aus 2.1.1. ist bekannt, daß in der Ebene beliebig viele Kräfte $\boldsymbol{F}_i$, deren Wirkungslinien sich in einem Punkte B schneiden, eindeutig zu einer Resultierenden $\boldsymbol{F}_{\text{Res}}$ zusammengefaßt werden können, deren Wirkungslinie gleichfalls durch B geht. Wir haben damit die $\boldsymbol{F}_i$ auf eine Kraft $\boldsymbol{F}_{\text{Res}}$ zurückgeführt, können damit die für zwei Kräfte in 1.2. gegebene Formulierung für das Gleichgewicht auch auf mehrere Kräfte übertragen und schreiben:

Kräfte, deren Wirkungslinien sich in einem Punkte schneiden, sind im Gleichgewicht, wenn gilt

$$\sum_{i=1}^{n} \boldsymbol{F}_i = 0 \tag{2.7}$$

Aus dieser einen Vektorgleichung gewinnen wir in der Ebene mit der Komponentenschreibweise die beiden Gleichungen

$$\sum_{i=1}^{n} F_{ix} = 0 \quad \text{und} \quad \sum_{i=1}^{n} F_{iy} = 0 \tag{2.8}$$

Bei einer grafischen Betrachtung gilt analog:

Kräfte, deren Wirkungslinien sich in einem Punkte schneiden, sind im Gleichgewicht, wenn sich das Krafteck schließt.

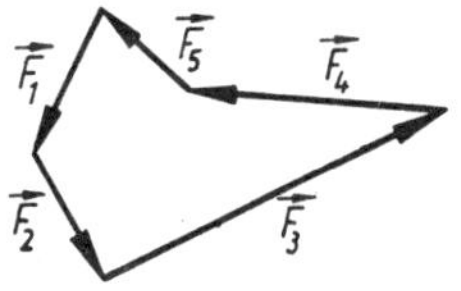

Bild S 2.11

2.2. Das allgemeine, ebene Kraftsystem

Im folgenden wollen wir ebene Kräftegruppen behandeln, deren Wirkungslinien sich *nicht* in einem Punkte schneiden.

2.2.1. Grafische Ermittlung der Resultierenden

Die Resultierende mehrerer Kräfte, deren Wirkungslinien sich nicht in einem Punkte schneiden, können wir durch aufeinanderfolgende Addition von jeweils zwei Kräften hinsichtlich Betrag, Richtung und Lage der Wirkungslinie ermitteln. Entsprechend Bild S 2.12 können wir zunächst $\boldsymbol{F}_1$ und $\boldsymbol{F}_2$ zur Teilresultierenden $\boldsymbol{F}_{\text{Res}1/2}$ und dann $\boldsymbol{F}_{\text{Res}1/2}$ mit $\boldsymbol{F}_3$ zu $\boldsymbol{F}_{\text{Res}}$ zusammenfassen, wobei wir beachten, daß die Kräfte linienflüchtige Vektoren sind und auf ihren Wirkungslinien verschoben werden dürfen.

Bei einer großen Anzahl von Kräften wird dieses Verfahren unübersichtlich. Außerdem können bei nahezu parallelen Kräften die Schnittpunkte außerhalb der Zeichenfläche liegen. Für diese Kräftegruppen kann die Lage der Resultierenden mit der Konstruktion des Seileckes bzw. Seilpolygons ermittelt werden. Im Lageplan

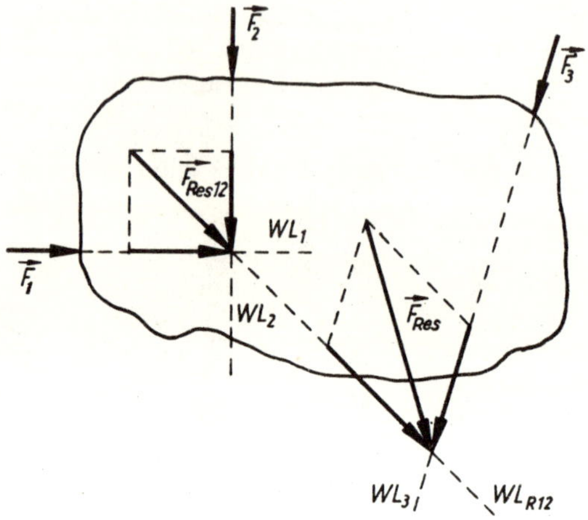

Bild S 2.12

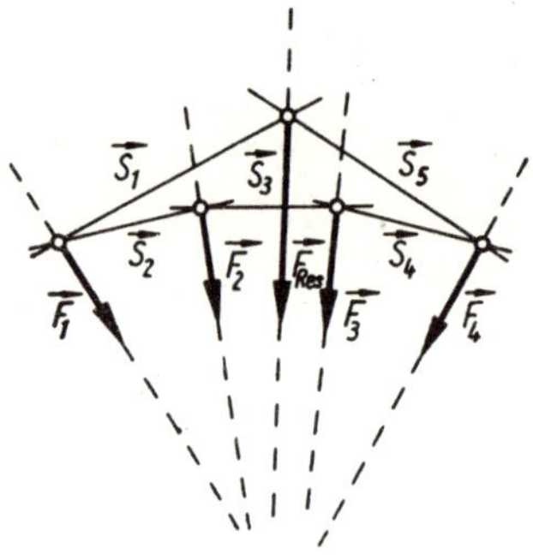

Lageplan

Bild S 2.13

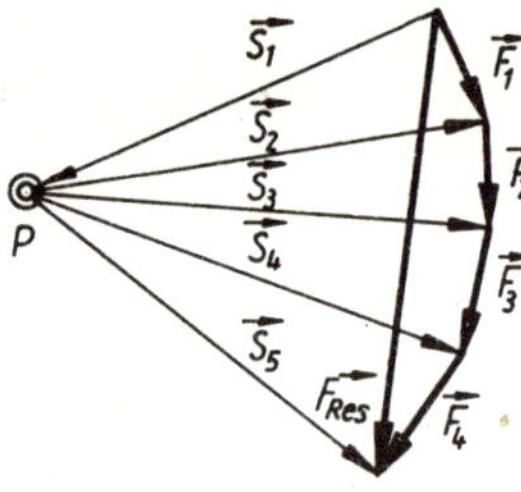

Kräfteplan

Bild S 2.14

(Bild S 2.13) werden die Wirkungslinien der Kräfte im entsprechenden Abstand (Längenmaßstab 1 cm = λ cm) eingezeichnet. Dann werden diese Kräfte im *Kräfteplan* (Bild S 2.14) im entsprechenden Kräftemaßstab (1 cm = $\varkappa$ N) aufgetragen und ergeben die *Größe und Richtung* der Resultierenden $\boldsymbol{F}_{\text{Res}}$. Die *Lage* der Resultierenden muß noch mit Hilfe des Seileckes ermittelt werden. Im Kräfteplan wird ein beliebiger Pol P gewählt, und die Polstrahlen $\boldsymbol{S}_1$ bis $\boldsymbol{S}_5$ werden eingezeichnet. Parallel zu diesen Strahlen wird im Lageplan, beginnend auf einem beliebigen Punkt der Wirkungslinie der entsprechenden Kraft, das sogenannte Seileck gezeichnet. Dabei ist folgendes zu beachten: Je zwei Polstrahlen begrenzen eine Kraft im Kräfteplan (z. B. Polstrahlen *1* und *2* die Kraft $\boldsymbol{F}_1$). Die Polstrahlen müssen sich auf der Wirkungslinie

der gleichen Kraft im Lageplan kreuzen. Anders formuliert: Ein Polygon im Kräfteplan entspricht einem Punkt im Lageplan. Der Schnittpunkt des ersten und letzten Polstrahles ergibt die Lage der Wirkungslinie der Resultierenden (diese Polstrahlen begrenzen im Kräfteplan die Resultierende $\boldsymbol{F}_{\text{Res}}$). Durch die beliebige Wahl des Pols und des Anfangspunktes des Seilecks gibt es zu jedem Kräftesystem unendlich viele Seilecke.
Zum Beweis der Richtigkeit der Seileckkonstruktion dient die folgende Überlegung: Die Kräfte $\boldsymbol{F}_1 \ldots \boldsymbol{F}_4$ werden aus zeichentechnischen Gründen in die Kräfte $\boldsymbol{S}_1 \ldots \boldsymbol{S}_5$ zerlegt. Zunächst ersetzt man $\boldsymbol{F}_1$ durch $\boldsymbol{S}_1$ und $\boldsymbol{S}_2$, dann faßt man $\boldsymbol{F}_2$ und $\boldsymbol{S}_2$ zu $\boldsymbol{S}_3$, $\boldsymbol{F}_3$ und $\boldsymbol{S}_3$ zu $\boldsymbol{S}_4$ und schließlich $\boldsymbol{F}_4$ und $\boldsymbol{S}_4$ zu $\boldsymbol{S}_5$ zusammen. Damit sind die vier Kräfte $\boldsymbol{F}_1 \ldots \boldsymbol{F}_4$ auf die beiden Kräfte $\boldsymbol{S}_1$ und $\boldsymbol{S}_5$ zurückgeführt worden. Durch den Schnittpunkt der Wirkungslinien von $\boldsymbol{S}_1$ und $\boldsymbol{S}_5$ muß nun auch die Resultierende $\boldsymbol{F}_{\text{Res}}$ gehen. Damit ist die Lage der Resultierenden $\boldsymbol{F}_{\text{Res}}$ aus dem Lageplan bestimmt, während Größe und Richtung bereits aus dem Kräfteplan ermittelt wurden.

$$\boldsymbol{F}_1 + \boldsymbol{F}_2 + \boldsymbol{F}_3 + \boldsymbol{F}_4 = \boldsymbol{S}_1 + \boldsymbol{S}_5 = \boldsymbol{F}_{\text{Res}}$$

Sind die Kräfte parallel, so läßt sich die gleiche Seilkonstruktion anwenden. (Bei Anwendung des Seileckverfahrens wird häufig an Stelle $\boldsymbol{S}_1$, $\boldsymbol{S}_2$ usw. einfach 1, 2 usw. geschrieben.)

2.2.2. Kräftepaar und Moment

2.2.2.1. Kräftepaar

Das oben erwähnte Verfahren versagt, wenn zwei gleich große, entgegengesetzt gerichtete, parallele Kräfte zu einer Resultierenden zusammengefaßt werden.
Die beiden Kräfte $\boldsymbol{F}$ ergeben die Kraftresultierende Null.

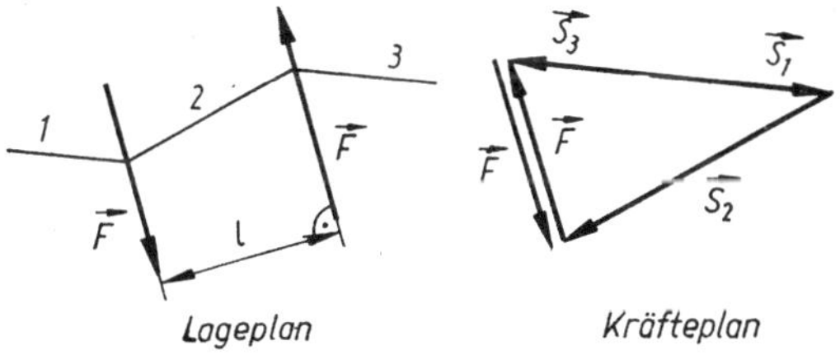

Bild S 2.15

$\boldsymbol{S}_1$ und $\boldsymbol{S}_3$ liegen im Kräfteplan aufeinander und verlaufen damit im Lageplan parallel (Bild S 2.15). Wir nennen zwei gleich große, entgegengesetzt gerichtete parallele Kräfte ein Kräftepaar oder ein Moment. Dieses Kräftepaar versucht, dem starren Körper eine Drehung mit einem bestimmten Drehsinn zu erteilen. Als Maß für dieses Kräftepaar gilt das Produkt aus dem Betrag einer Kraft und dem senkrechten Abstand beider Kräfte, und wir schreiben

$$M = Fl \text{ (in Nm)} \quad \text{oder} \quad M = lF \text{ (in Nm)}$$

Dieses Kräftepaar läßt sich nicht auf eine Einzelkraft reduzieren und wir fassen M neben F als neue Grundgröße auf.
Die neue Grundgröße läßt sich vektoriell (Bild S 2.16) in der Form darstellen: $\boldsymbol{M} = \boldsymbol{r} \times \boldsymbol{F}$. $\boldsymbol{r}$ ist dabei ein Ortsvektor von einem beliebigen Punkt der einen Kraftwirkungslinie zu einem beliebigen Punkt der anderen Kraftwirkungslinie. $\boldsymbol{r}$ und $\boldsymbol{F}$ schließen den Winkel α ein. Der Drehsinn des Kräftepaares wird festgelegt durch das von $\boldsymbol{r}$, $\boldsymbol{F}$ und $\boldsymbol{M}$ gebildete Rechtssystem (Schraubenregel), und der Betrag folgt aus

$$|\boldsymbol{M}| = M = |\boldsymbol{r}|\,|\boldsymbol{F}| \sin \alpha = |\boldsymbol{F}|\,|\boldsymbol{r}| \sin \alpha = Fl$$

M kann unter Beachtung des Drehsinns durch beliebig viele äquivalente Kräftepaare ersetzt werden, wofern nur gilt

$$M = F_1 l_1 = F_2 l_2 = F_3 l_3 = \cdots = F_i l_i$$

Da Kräfte aber linienflüchtige Vektoren sind, können gleichwertige Kräftepaare in der Ebene beliebig verschoben werden, ohne daß sich ihre statische Wirkung ändert (Bild S 2.17).

Im Gegensatz zum gebundenen Kraftvektor ist das Moment ein freier Vektor.

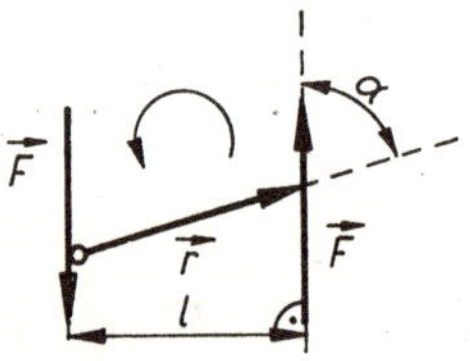

Bild S 2.16

Bild S 2.17

2.2.2.2. Moment einer Kraft in bezug auf eine Achse

Bei weiteren Betrachtungen in der Statik spielt die Wirkung einer Kraft in bezug auf eine Achse eine große Rolle.
Ordnen wir analog 2.2.2.1. dem Kraftvektor $\boldsymbol{F}_i$ einen vom Koordinatenursprung zu einem beliebigen Punkt der Kraftwirkungslinie weisenden Vektor $\boldsymbol{r}_i$ zu, wobei sich

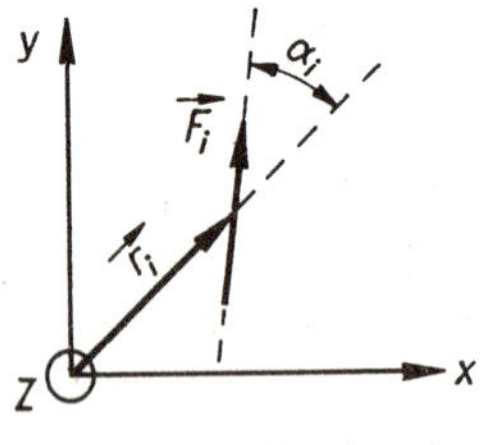

Bild S 2.18

die Wirkungslinie von $\boldsymbol{F}_i$ und $\boldsymbol{r}_i$ unter einem Winkel α_i schneiden, so erkennen wir anschaulich als Wirkung der Kraft $\boldsymbol{F}$ um die z-Achse, die aus der Zeichenebene herauskommt, den Betrag $M_{iz} = |\boldsymbol{F}_i|\,|\boldsymbol{r}_i| \sin \alpha_i$.

[Wir können uns dabei vorstellen, daß entweder $|\boldsymbol{r}_i|$ senkrecht auf die Kraftwirkungslinie projiziert wurde ($|\boldsymbol{r}_i|\sin\alpha_i$) oder daß $|\boldsymbol{F}_i|$ senkrecht auf $\boldsymbol{r}_i$ projiziert wurde ($|\boldsymbol{F}_i|\sin\alpha_i$) (Bild S 2.19).]
Die Kraftwirkung läßt sich auch über ihre Komponenten darstellen (Bild S 2.20).

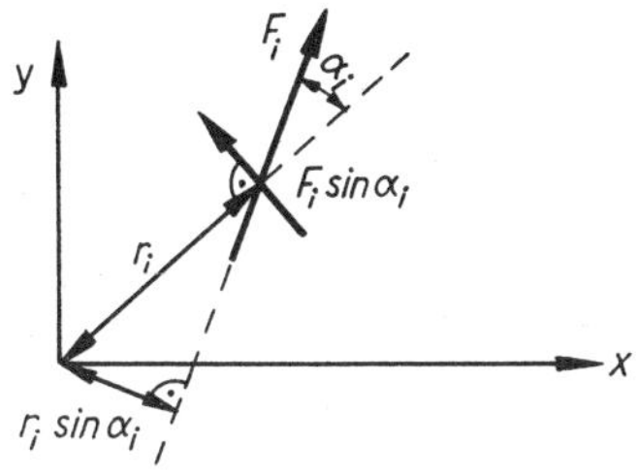

Bild S 2.19

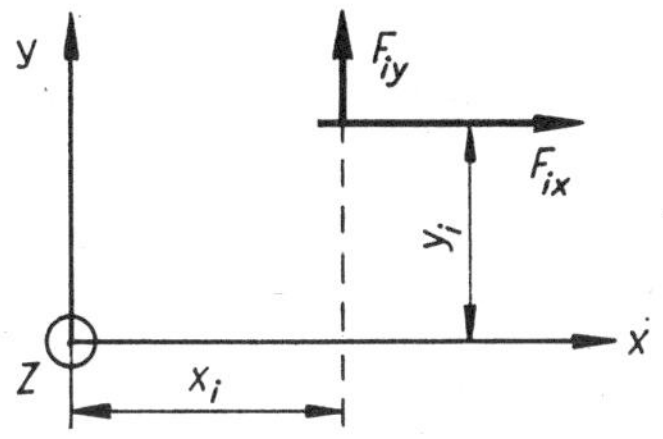

Bild S 2.20

Wir erhalten $M_{iz} = x_iF_{iy} - y_iF_{ix}$. Dabei fassen wir in einem Rechtssystem den Gegenuhrzeigerdrehsinn als mathematisch positiv auf. (M_{iz} ist positiv, wenn es entsprechend einer Rechtsschraube um die positive z-Achse dreht.) Mit der Vektorrechnung finden wir auf sehr einfache Weise die gleichen Ergebnisse, wenn wir das äußere oder Kreuzprodukt von $\boldsymbol{r}_i$ und $\boldsymbol{F}_i$ bilden.

$$\boldsymbol{M}_i = \boldsymbol{r}_i \times \boldsymbol{F}_i = (x_i\boldsymbol{e}_x + y_i\boldsymbol{e}_y) \times (F_{ix}\boldsymbol{e}_x + F_{iy}\boldsymbol{e}_y)$$

$$= \begin{vmatrix} \boldsymbol{e}_x & \boldsymbol{e}_y & \boldsymbol{e}_z \\ x_i & y_i & 0 \\ F_{ix} & F_{iy} & 0 \end{vmatrix} = \boldsymbol{e}_z(x_iF_{iy} - y_iF_{ix}) \tag{2.9}$$

$$|\boldsymbol{M}_i| = x_iF_{iy} - y_iF_{ix} = |\boldsymbol{r}_i|\,|\boldsymbol{F}_i|\sin\alpha_i = M_{iz}$$

2.2.2.3. Versetzungsmoment

Kräfte sind linienflüchtige Vektoren. Ihre statische Wirkung auf einen starren Körper ändert sich bei Verschiebung der Kraft auf ihrer Wirkungslinie nicht. Mit den in 2.2.2.1. und 2.2.2.2. gewonnenen Erkenntnissen wollen wir nun das *Problem der Parallelverschiebung* einer Kraft behandeln.
Wird eine Kraft $\boldsymbol{F}$ parallel zu ihrer Wirkungslinie verschoben, so ändert sich ihre statische Wirkung auf das System nicht, wenn man entsprechend Bild S 2.22 ein Kräftepaar $\bar{\boldsymbol{r}} \times \bar{\boldsymbol{F}}$ anbringt, wobei gilt

$$|\boldsymbol{F}| = |\bar{\boldsymbol{F}}|$$

Aus den Beträgen von $\boldsymbol{M}$ bzw. den Komponenten M_z kann man folgendes erkennen:
Bild S 2.21 $M_z = Fl$
Bild S 2.22 $M_z = F(l + \bar{l}) - F\bar{l} = Fl$
Die Größe $F\bar{l}$ nennt man Versetzungsmoment.

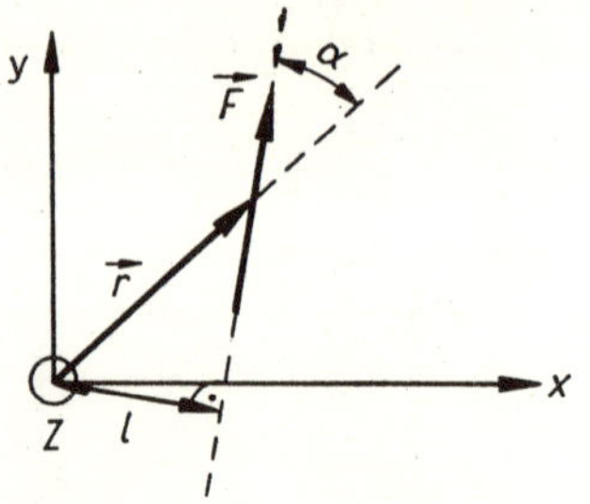

Bild S 2.21

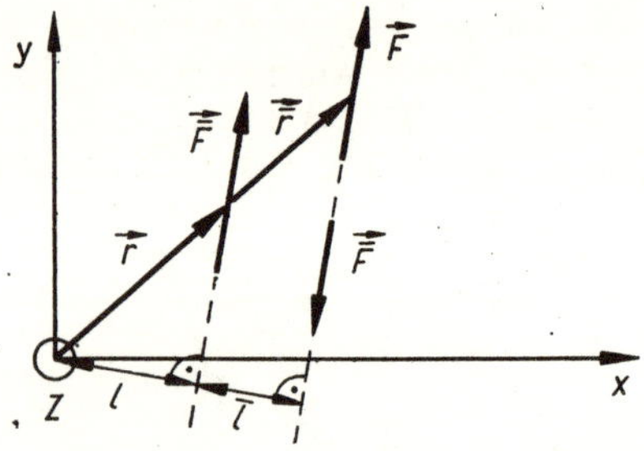

Bild S 2.22

Der Drehsinn des Versetzungsmomentes kann entweder unmittelbar aus der Anschauung oder aber formal durch konsequente Anwendung der Vektoroperationen gewonnen werden, wobei für das Gesamtmoment gilt

$$\boldsymbol{M} = \boldsymbol{r} \times \boldsymbol{F} = (\boldsymbol{r} + \bar{\boldsymbol{r}}) \times \boldsymbol{F} + \bar{\boldsymbol{r}} \times \bar{\boldsymbol{F}} \qquad (2.10)$$

Mit dem Versetzungsmoment können wir jede ebene Kräftegruppe auf eine resultierende Kraft $\boldsymbol{F}_{\text{Res}}$ durch einen beliebigen Punkt und ein Kräftepaar mit dem Momentenvektor $\boldsymbol{M}_{\text{Res}}$ reduzieren.
Eine weitere Reduktion ist durch Parallelverschiebung der Kraft möglich.

2.2.3. Analytische Ermittlung der Resultierenden

Zur Bestimmung der Resultierenden $\boldsymbol{F}_{\text{Res}}$ eines allgemeinen, ebenen Kräftesystems gehören folgende Aufgaben:

1. Betrag der Resultierenden $|\boldsymbol{F}_{\text{Res}}| = F_{\text{Res}}$
2. Richtung der Resultierenden
3. Lage der Wirkungslinie der Resultierenden

Betrag und Richtung der Resultierenden erhalten wir in Anlehnung an 2.1.1. und 2.2.1. aus

$$\boldsymbol{F}_{\text{Res}} = \sum_{i=1}^{n} \boldsymbol{F}_i = \sum_{i=1}^{n} (F_{ix}\boldsymbol{e}_x + F_{iy}\boldsymbol{e}_y) = F_{\text{Res}x}\boldsymbol{e}_x + F_{\text{Res}y}\boldsymbol{e}_y$$

und

$$\tan \alpha_{\text{Res}} = \frac{F_{\text{Res}y}}{F_{\text{Res}x}} \quad \text{(Vorzeichen der Komponenten beachten!)} \qquad (2.11)$$

Die Momente der Kräfte in bezug auf die z-Achse können wir zu einem resultierenden Moment zusammenfassen.

$$\boldsymbol{M}_{\text{Res}} = \sum_{i=1}^{n} \boldsymbol{r}_i \times \boldsymbol{F}_i$$

Damit ist die ebene Kräftegruppe aus Bild S 2.23 auf die Darstellung in Bild S 2.24 reduziert.

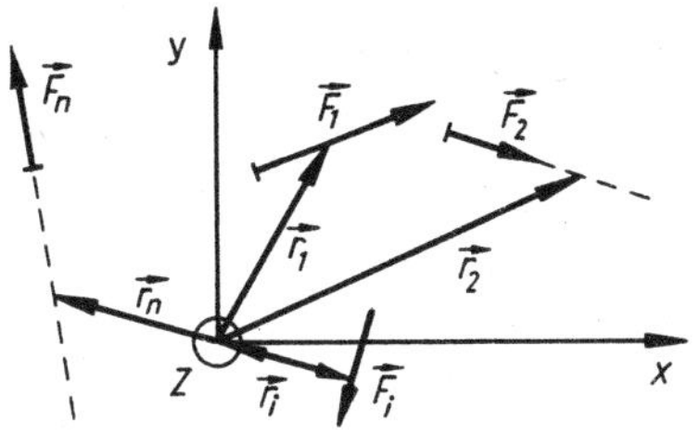

Bild S 2.23

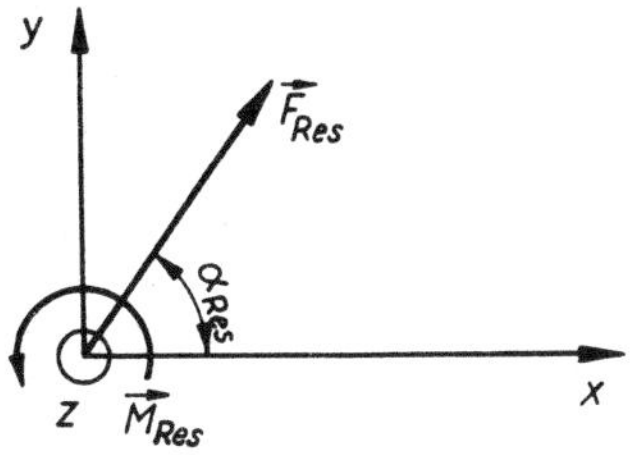

Bild S 2.24

(Falls $\boldsymbol{F}_{\text{Res}} = 0$, so bildet die ebene Kräftegruppe ein Kräftepaar.)
Setzen wir nun noch $\boldsymbol{M}_{\text{Res}} = \boldsymbol{r}_{\text{Res}} \times \boldsymbol{F}_{\text{Res}}$ bzw. $M_{\text{Res}} = F_{\text{Res}} l_{\text{Res}}$ und verschieben die Kraft $\boldsymbol{F}_{\text{Res}}$ unter Beachtung des Drehsinns von $\boldsymbol{M}_{\text{Res}}$ parallel um die zur Kraftwirkungslinie senkrechte Strecke $l_{\text{Res}} = \dfrac{M_{\text{Res}}}{F_{\text{Res}}}$, so haben wir das System der n Kräfte F_i zurückgeführt auf eine Einzelkraft (Bild S 2.25). Damit ist die Resultierende nach Betrag, Lage und Richtung bestimmt!

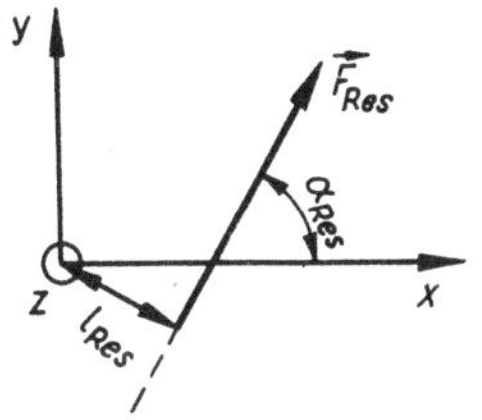

Bild S 2.25

2.2.4. Gleichgewichtsbedingungen

Gleichgewicht an einem starren Körper ist vorhanden, wenn die Summe aller äußeren Kräfte (eingeprägte Kräfte und Reaktionskräfte) verschwindet und wenn die Summe aller Momente um eine beliebige Achse verschwindet.

$$\sum_{i=1}^{n} \boldsymbol{F}_i = 0 \qquad \sum_{i=1}^{n} \boldsymbol{r}_i \times \boldsymbol{F}_i = 0 \tag{2.12}$$

Für den ebenen Fall reduzieren sich die beiden Vektorgleichungen (sechs Komponentengleichungen) auf die drei skalaren Komponentengleichungen

$$\sum_{i=1}^{n} F_{ix} = 0 \qquad \sum_{i=1}^{n} F_{iy} = 0$$

$$\sum_{i=1}^{n} M_{iz} = \sum_{i=1}^{n} (x_i F_{iy} - y_i F_{ix}) = 0 \tag{2.13}$$

Diese drei Gleichungen sind voneinander unabhängig und gestatten die Ermittlung von drei unbekannten Auflagerreaktionen.

Wegen des Freiheitsgrades 3 eines starren Körpers in der Ebene (zwei der Translation und einer der Rotation) sind diese drei Lagerreaktionen notwendig und hinreichend zur eindeutigen Fixierung des Körpers in der Ebene.
An Stelle der Formulierungen (2.13) werden für die Gleichgewichtsbedingungen die folgenden Symbole verwendet:

$$\sum_{i=1}^{n} F_{ix} = 0 \triangleq \rightarrow: \qquad \sum_{i=1}^{n} F_{iy} = 0 \triangleq \uparrow: \qquad \sum_{i=1}^{n} M_{iz} = 0 \triangleq \circlearrowleft:$$

wobei in der Momentenbilanz noch anzugeben ist, um welche Achse das Moment aufgestellt wird.
Um die mit dem Koordinatensystem x, y verbundene Vorzeichenfestlegung zu umgehen, werden wir beim ebenen Kraftsystem oft auch die Begriffe Horizontalkraft F_{h} und Vertikalkraft F_{v} verwenden.

2.3. Beispiele

1. An einem Punkt (Bild S. 2.26) greifen die skizzierten Kräfte an.

$F_1 = 400$ N $\quad \alpha = 30°$

$F_2 = 300$ N $\quad \beta = 45°$

$F_3 = 300$ N $\quad \gamma = 30°$

$F_4 = 200$ N

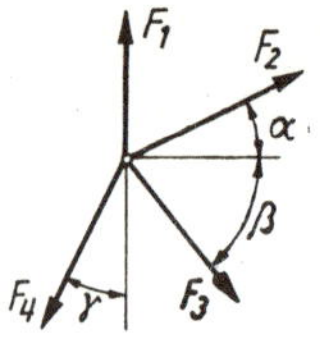

Bild S 2.26

Man bestimme die Resultierende.

Die Äquivalenzbetrachtungen ergeben

$$F_{\mathrm{Res}x} = F_2 \cos\alpha + F_3 \cos\beta - F_4 \sin\gamma$$

$$= 300\,\frac{\sqrt{3}}{2} + 300\,\frac{\sqrt{2}}{2} - 200\cdot\frac{1}{2} = 371{,}94\ \mathrm{N}$$

$$F_{\mathrm{Res}y} = F_1 + F_2 \sin\alpha - F_3 \sin\beta - F_4 \cos\gamma$$

$$= 400 + 300\cdot\frac{1}{2} - 300\,\frac{\sqrt{2}}{2} - 200\,\frac{\sqrt{3}}{2} = 164{,}66\ \mathrm{N}$$

$$F_{\mathrm{Res}} = \sqrt{F_{\mathrm{Res}x}^2 + F_{\mathrm{Res}y}^2} = 406{,}76\ \mathrm{N}$$

$$\tan\alpha_{\mathrm{Res}} = \frac{F_{\mathrm{Res}y}}{F_{\mathrm{Res}x}} = 0{,}443 \qquad \alpha_{\mathrm{Res}} = 23{,}9°$$

2. Für ein ebenes Kraftsystem sind bekannt

$$\boldsymbol{F}_1 = 3F\boldsymbol{e}_x + 4F\boldsymbol{e}_y \qquad \boldsymbol{r}_1 = a\boldsymbol{e}_x + 2a\boldsymbol{e}_y$$

$$\boldsymbol{F}_2 = -2F\boldsymbol{e}_x + 5F\boldsymbol{e}_y \qquad \boldsymbol{r}_2 = -2a\boldsymbol{e}_x + a\boldsymbol{e}_y$$

$$\boldsymbol{F}_3 = 4F\boldsymbol{e}_x - 2F\boldsymbol{e}_y \qquad \boldsymbol{r}_3 = 2a\boldsymbol{e}_x + 3a\boldsymbol{e}_y$$

Zu bestimmen ist die resultierende Kraft $\boldsymbol{F}_{\text{Res}}$.

Betrag und Richtung:

$$\boldsymbol{F}_{\text{Res}} = \boldsymbol{F}_1 + \boldsymbol{F}_2 + \boldsymbol{F}_3 = 5F\boldsymbol{e}_x + 7F\boldsymbol{e}_y$$

$$F_{\text{Res}} = \sqrt{74}\,F \approx 8{,}60\text{ F} \qquad \tan\alpha_{\text{Res}} = \frac{7}{5} \qquad \alpha_{\text{Res}} = 54{,}5°$$

Lage:

$$\boldsymbol{M}_{\text{Res}} = \boldsymbol{r}_{\text{Res}} \times \boldsymbol{F}_{\text{Res}} = \boldsymbol{r}_1 \times \boldsymbol{F}_1 + \boldsymbol{r}_2 \times \boldsymbol{F}_2 + \boldsymbol{r}_3 \times \boldsymbol{F}_3$$

$$= \begin{vmatrix} \boldsymbol{e}_x & \boldsymbol{e}_y & \boldsymbol{e}_z \\ a & 2a & 0 \\ 3F & 4F & 0 \end{vmatrix} + \begin{vmatrix} \boldsymbol{e}_x & \boldsymbol{e}_y & \boldsymbol{e}_z \\ -2a & a & 0 \\ -2F & 5F & 0 \end{vmatrix} + \begin{vmatrix} \boldsymbol{e}_x & \boldsymbol{e}_y & \boldsymbol{e}_z \\ 2a & 3a & 0 \\ 4F & -2F & 0 \end{vmatrix}$$

$$= Fa\boldsymbol{e}_z(4 - 6 - 10 + 2 - 4 - 12) = -26Fa\boldsymbol{e}_z = \begin{vmatrix} \boldsymbol{e}_x & \boldsymbol{e}_y & \boldsymbol{e}_z \\ x_{\text{Res}} & y_{\text{Res}} & 0 \\ 5F & 7F & 0 \end{vmatrix}$$

$$= (x_{\text{Res}}7F - y_{\text{Res}}5F)\,\boldsymbol{e}_z$$

$$y_{\text{Res}} = \frac{7}{5}x_{\text{Res}} + \frac{26}{5}a$$

Die Wirkungslinie von $\boldsymbol{F}_{\text{Res}}$ schneidet also bei

$x_{\text{Res}} = -\frac{26}{7}a$ die Abszisse und bei

$y_{\text{Res}} = \frac{26}{5}a$ die Ordinate (Bild S 2.27)

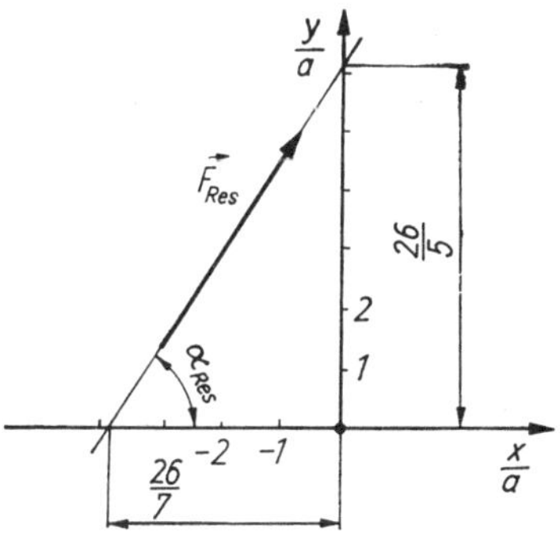

Bild S 2.27

3. EBENE TRAGWERKE

3.1. Grundbegriffe

Die in technischen Konstruktionen verwendeten Bauelemente werden in der technischen Mechanik durch Grundelemente dargestellt. Lagerungen und Verbindungsglieder werden definiert und durch Symbole gekennzeichnet.
In diesem Abschnitt wollen wir uns mit der Bestimmung der Auflagerreaktionen ebener Tragwerke beschäftigen. Wir wollen ferner die Kräfte an klar definierten Verbindungsstellen von Grundelementen ermitteln sowie das Kräftespiel in den Grundelementen (Schnittgrößen) verfolgen.

3.1.1. Grundelemente der Tragwerke

Die Grundelemente werden von der Geometrie her eingeteilt in Linientragwerke (Abmessung in einer Richtung ist wesentlich *größer* als in den beiden anderen Richtungen) und Flächentragwerke (Abmessung in einer Richtung ist wesentlich *kleiner* als in den beiden anderen Richtungen).

Linientragwerke sind Seile und Stäbe (Balken, Träger). Seile können nur Zugkräfte übertragen. Stäbe können gerade oder gebogen sein, und sie können prinzipiell Kräfte in beliebiger Richtung weiterleiten. Es ist aber häufig auch üblich, einen Stab im Sinne der Kräfteübertragung als ein gerades schlankes Bauelement, welches an seinen Enden gelenkig gelagert ist und zwischen den Gelenken keine Querbelastung erfährt, aufzufassen. Dieser so definierte Stab (Fachwerkstab) kann nur Kräfte längs seiner Achse (Längskräfte) übertragen (Bild S 3.1).
Beliebig belastete Linientragwerke nennt man Balken oder Träger (Bild S 3.2). Bei den *Flächentragwerken* unterscheidet man Scheiben, Platten und Schalen und definiert wie folgt:

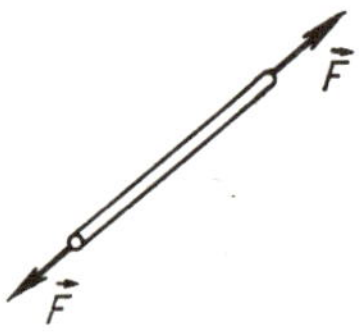

Bild S 3.1

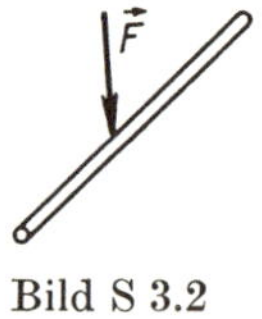

Bild S 3.2

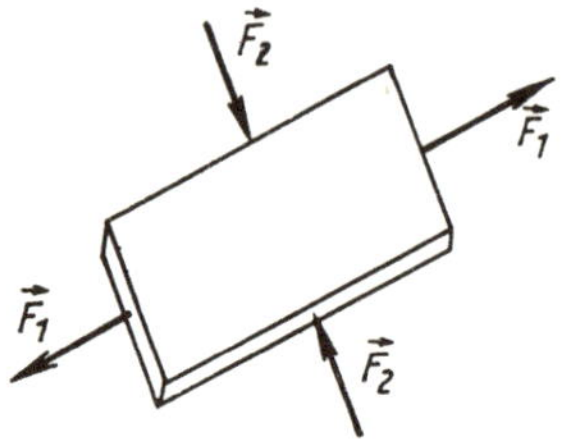

Bild S 3.3

Eine Scheibe ist ein ebenes Flächentragwerk, welches nur Kräfte in seiner Ebene zu übertragen hat (Bild S 3.3). Eine Verbindung von Stäben (Bild S 3.4) nennt man in der Statik starrer Körper ebenfalls Scheibe.
Eine Platte ist gleichfalls eben, die Kräfte wirken aber senkrecht zu dieser Ebene (Bild S 3.5).

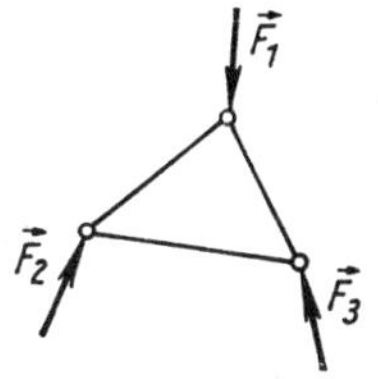

Bild S 3.4

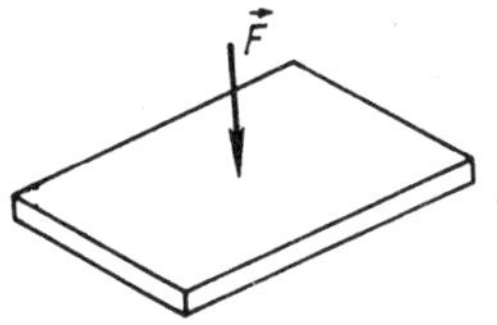

Bild S 3.5

Bild S 3.6

Eine Schale ist ein einfach oder doppelt gekrümmtes Flächentragwerk, welches beliebige Kräfte übertragen kann (Bild 3.6).

3.1.2. Lager und Verbindungen

Die technischen Lager werden in der Statik auf drei Grundtypen reduziert:
Loslager (Rollenlager), Festlager (Gelenk), Einspannung.
Das Rollenlager (Bild S 3.7.1) steht für alle Lagerarten, bei denen zwischen Bauteil und Fundament die Kraftübertragung nur in einer ausgezeichneten Richtung erfolgen kann. Durch ein solches Lager wird die Translation (Verschiebung) nur in einer Richtung senkrecht zur Unterlage verhindert, eine Translation und die Rotation (Drehung) sind noch möglich. Von den drei Freiheitsgraden eines starren Körpers in der Ebene wird durch ein Rollenlager nur einer gebunden. Ein Rollenlager kann durch eine Pendelstütze ersetzt werden (Bild S 3.7.2).

Bild S 3.7.1

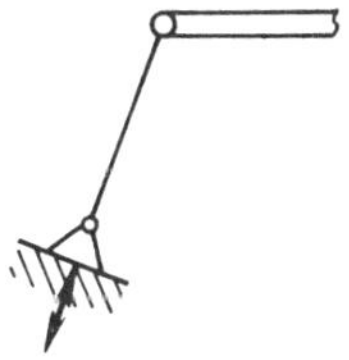

Bild S 3.7.2

Bild S 3.8

In Bild S 3.8 ist ein Rollenlager zu erkennen. Es handelt sich um das Loslager einer Brücke, welches Längenänderungen, die durch Temperaturunterschiede hervorgerufen werden, zuläßt.
Ein Festlager (Gelenk) (Bild S 3.9.1) kann eine Kraft in beliebiger Richtung (oder zwei Komponenten) übertragen. Es bleibt noch ein Freiheitsgrad (Drehung) übrig. Ein Gelenk kann durch die in Bild S 3.9.2 skizzierte Stabverbindung (Zweischlag) ersetzt werden. Das Gegenlager zu Bild S 3.8 ist als Festlager ausgebildet (Bild S 3.10).

Eine Einspannung bindet alle drei Freiheitsgrade in der Ebene (Bild S 3.11).
Ein starrer Körper, der in der Ebene belastet wird, ist eindeutig gelagert, wenn seine Beweglichkeit gerade unterbunden wird. Der Wertigkeit der einzelnen Lager entsprechend sind demnach folgende Lagerungen denkbar. (Pendelstütze und Rollenlager sowie Gelenk und Zweischlag sind gleichwertig.) (Bild S 3.12)

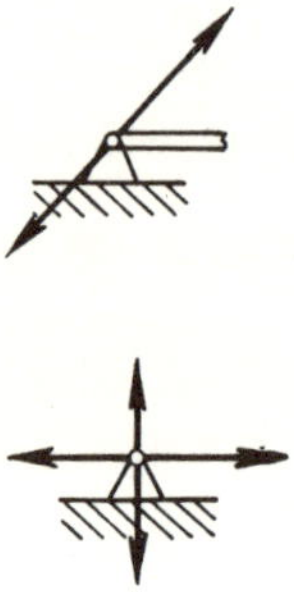

Bild S 3.9.1

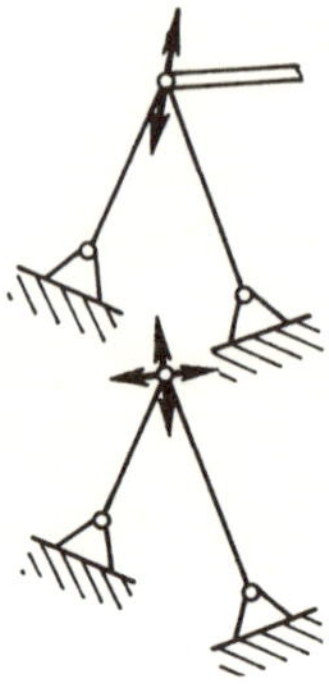

Bild S 3.9.2

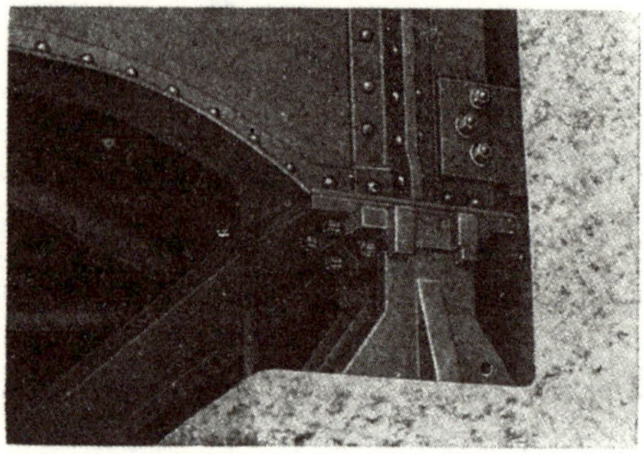

Bild S 3.10

Die in den Bildern S 3.12 dargestellten Lagerungen nennt man statisch bestimmt, weil die Lagerreaktionen aus den statischen Gleichgewichtsbedingungen ermittelt werden können. Fehlt eine Bindung, so ist das Problem statisch unterbestimmt, und es entsteht ein Mechanismus. Sind n ($n > 3$) Bindungen vorhanden, so spricht man von einer ($n - 3$)-fach statisch unbestimmten Lagerung.

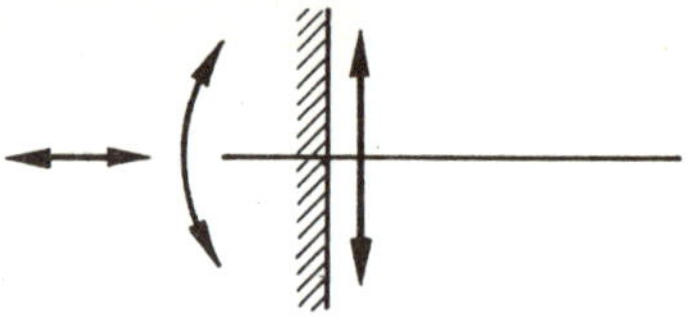

Bild S 3.11

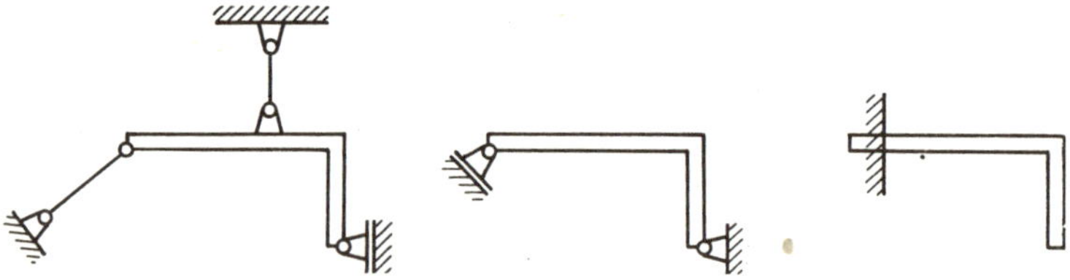

Bild S 3.12

Zur Lösung dieser Probleme muß die Annahme des starren Körpers aufgegeben werden. Die Gleichgewichtsbedingungen sind am unverformten Tragwerk aufzustellen, aber die Verformung des Bauteils muß mit berücksichtigt werden. Lösungen dieser Probleme sind der Festigkeitslehre vorbehalten.

Eine Lagerung durch drei Pendelstützen ist ebenfalls mit den Gleichgewichtsbedingungen der Statik nicht möglich, falls sich die Wirkungslinien der Pendelstützen in einem Punkt schneiden, wozu auch der Sonderfall paralleler Pendelstützen gehört (Bild S 3.13.1).
Mit unseren bisherigen Kenntnissen ist auch das in Bild S 3.13.2 skizzierte Problem nicht lösbar. Zur Lösung der in den Bildern S 3.13 dargestellten Probleme müssen bereits die Gleichgewichtsbedingungen am verformten Bauteil hergeleitet werden.

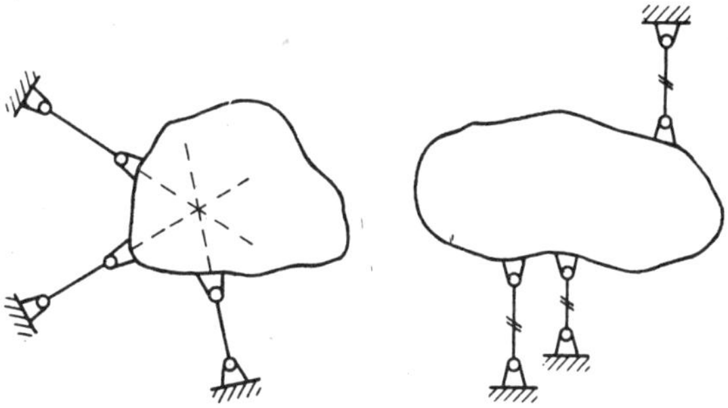

Bild S 3.13.1

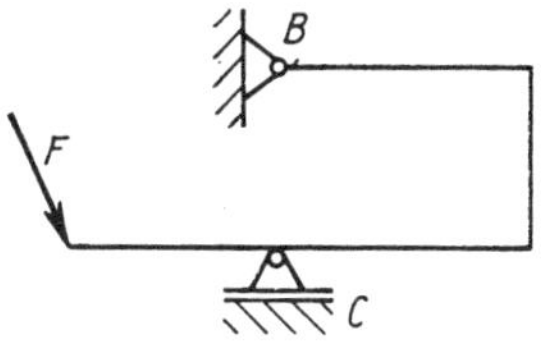

Bild S 3.13.2

Neben diesen Grundtypen der Lagerung lassen sich auch noch folgende Darstellungen anschreiben:

Bild S 3.14

Als Verbindungselemente kommen in Frage:

Das Gelenk — es kann eine Kraft in beliebiger Richtung aufnehmen (Bild S 3.15);

die Gleithülse mit Gelenk — sie kann eine Kraft senkrecht zur Gleitbahn aufnehmen (Bild S 3.16);

die Gleithülse ohne Gelenk — sie kann eine Kraft senkrecht zur Gleitbahn und ein Moment aufnehmen (Bild S 3.17).

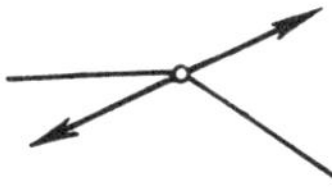

Bild S 3.15

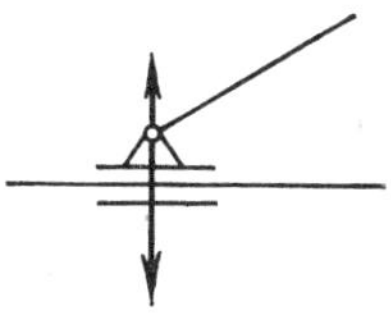

Bild S 3.16

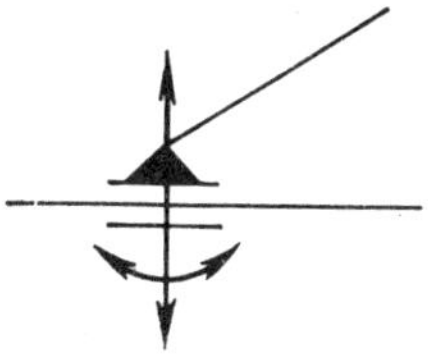

Bild S 3.17

3.2. Bestimmung der Auflagergrößen einfacher Tragwerke

Unter einem einfachen Tragwerk wollen wir hier ein Tragwerk verstehen, welches sich nur aus einem Grundelement aufbaut. Zur Bestimmung der Auflagerreaktionen werden die Gleichgewichtsbedingungen entsprechend 2.2.4. verwendet.
Der analytischen Lösung soll zunächst immer die grafische Lösung zur Seite gestellt werden.

3.2.1. Stützung eines Trägers durch ein Festlager (Gelenk) und ein Loslager (Rollenlager)

Aufgabenstellung:

Gegeben: F, b, c, α, β
Gesucht: Auflagerreaktionen

Analytische Lösung:

1. Freischneiden des Trägers

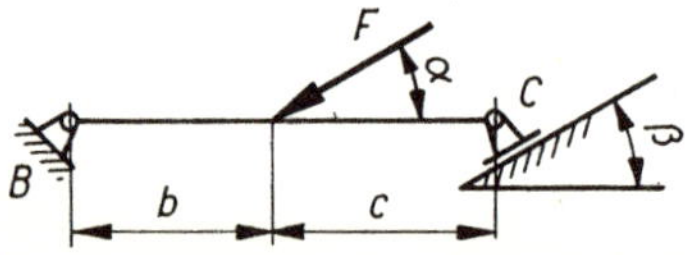

Bild S 3.18

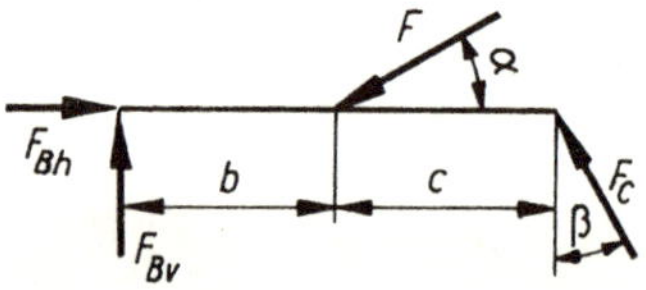

Bild S 3.19

2. Aufstellen der Gleichgewichtsbedingungen

$$\rightarrow: F_{Bh} - F_C \sin\beta - F\cos\alpha = 0 \tag{1}$$

$$\uparrow: F_{Bv} + F_C \cos\beta - F\sin\alpha = 0 \tag{2}$$

$$\curvearrowleft B: F_C \cos\beta(b + c) - F\sin\alpha b = 0 \tag{3}$$

Ergebnis:

(3) $$\Rightarrow F_C = \frac{F\sin\alpha b}{\cos\beta(b+c)}$$

(2) $$\Rightarrow F_{Bv} = F\sin\alpha - F_C\cos\beta = \frac{F\sin\alpha c}{b+c}$$

(1) $$\Rightarrow F_{Bh} = F_C\sin\beta + F\cos\alpha = \frac{b\sin\alpha\sin\beta + (b+c)\cos\alpha\cos\beta}{(b+c)\cos\beta}F$$

Grafische Lösung:

1. Freischneiden des Trägers — Lageplan zeichnen

Wirkungslinien von F und F_B schneiden sich in I. Durch diesen Punkt muß die dritte Kraft F_B ebenfalls gehen, so daß γ schon aus dem Lageplan ermittelt werden kann.

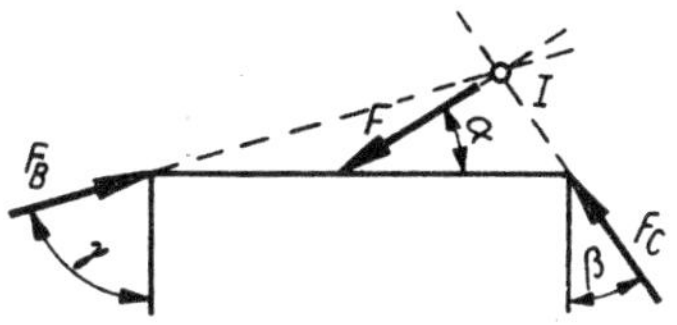

Bild S 3.20

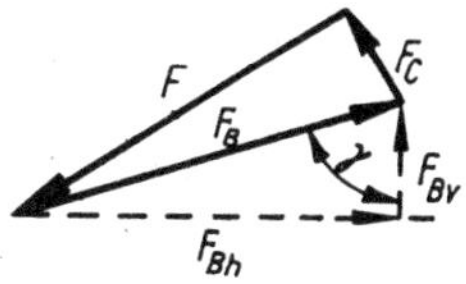

Bild S 3.21

2. Kräfteplan zeichnen unter Beachtung des Kräftemaßstabes.
Beträge von F_B und F_C ablesen. Zerlegung in Komponenten F_{Bh} und F_{Bv} ist möglich.

3.2.2. Stützung einer Scheibe durch drei Pendelstützen (Rollenlager)

Aufgabenstellung:

Gegeben: F, a, $\alpha = 60°$, $\beta = 30°$, $\gamma = 45°$
Gesucht: Auflagerreaktionen

Analytische Lösung:

1. Freischneiden der Scheibe
(Stabkräfte immer als Zugkräfte einführen!)

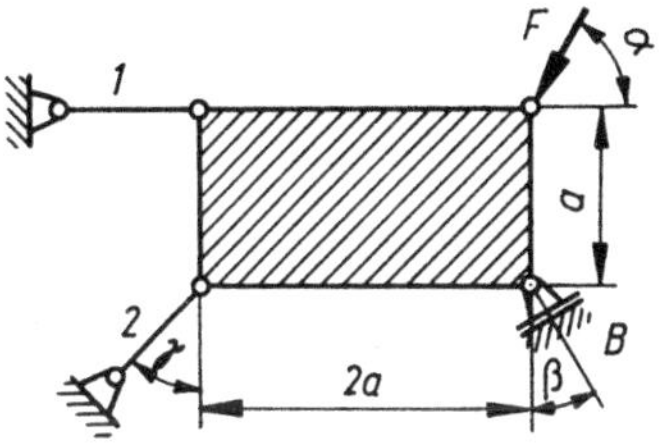

Bild S 3.22

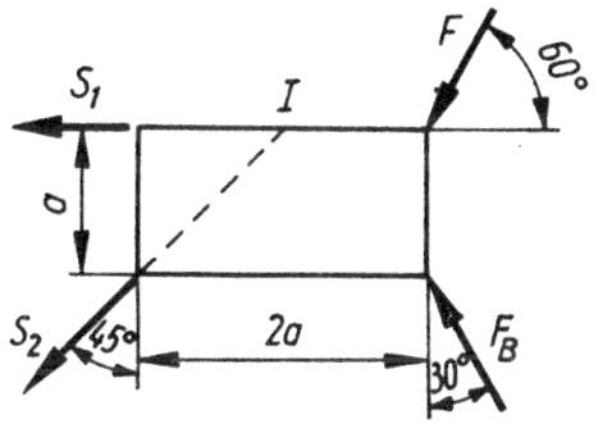

Bild S 3.23

2. Aufstellen der Gleichgewichtsbedingungen

$$\rightarrow: -S_1 - S_2 \sin 45° - F_B \sin 30° - F \cos 60°$$

$$= -S_1 - S_2 \frac{\sqrt{2}}{2} - F_B \frac{1}{2} - F \frac{1}{2} = 0 \tag{1}$$

$$\uparrow: -S_2 \cos 45° + F_B \cos 30° - F \sin 60°$$

$$= -S_2 \frac{\sqrt{2}}{2} + F_B \frac{\sqrt{3}}{2} - F \frac{\sqrt{3}}{2} = 0 \tag{2}$$

Die Momentengleichgewichtsbedingung darf um jede beliebige Achse aufgestellt werden. Um in dieser Gleichung nur eine Unbekannte zu haben, wählen wir eine Achse, die durch den Schnittpunkt der beiden Wirkungslinien von S_1 und S_2 geht (I).

$$\curvearrowleft I: F_B \cos 30° \, a - F_B \sin 30° \, a - F \sin 60° \, a$$

$$= F_B \frac{\sqrt{3}}{2} a - F_B \frac{1}{2} a - F \frac{\sqrt{3}}{2} a = 0 \tag{3}$$

Ergebnis:

(3) $$\Rightarrow F_B = \frac{\sqrt{3}}{\sqrt{3}-1} F = \frac{3+\sqrt{3}}{2} F = 2{,}366F$$

(2) $$\Rightarrow S_2 = \frac{\sqrt{2}}{2} \left(\sqrt{3}\, F_B - \sqrt{3}\, F\right) = \frac{\sqrt{2}}{4} \left(3 + \sqrt{3}\right) F = 1{,}673F$$

(1) $$\Rightarrow S_1 = \frac{1}{2} \left(-S_2 \sqrt{2} - F_B - F\right) = -\frac{4+\sqrt{3}}{2} F = -2{,}866F$$

Grafische Lösung:

1. Freischneiden der Scheibe — Lageplan zeichnen

Im Lageplan können wir die Wirkungslinien von S_1 und S_2 in *I* und von F und F_B in *II* zum Schnitt bringen.
Durch *I* muß dann auch die Resultierende von S_1 und S_2 F_{R12} und durch *II* die Resultierende von F und F_B F_{RFB} gehen. Damit sind die vier Kräfte F, F_B, S_1 und S_2 auf die beiden Kräfte F_{R12} und F_{RFB} zurückgeführt. Diese beiden Kräfte sind aber nur dann im Gleichgewicht, wenn sie auf einer Wirkungslinie liegen, gleich groß und entgegengesetzt gerichtet sind. Die gemeinsame Wirkungslinie muß demnach auf der Verbindungslinie *I—II* liegen.

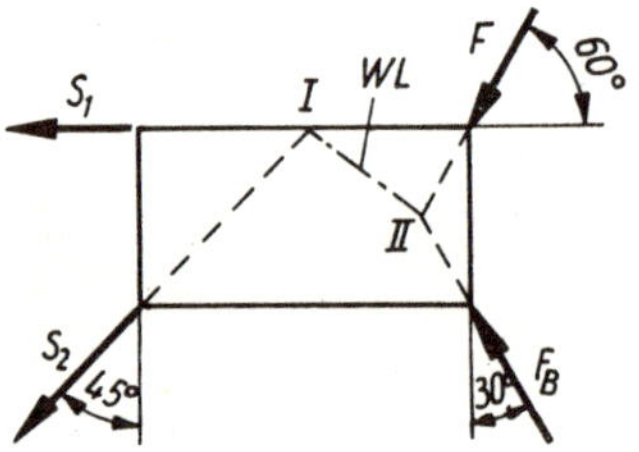

Bild S 3.24

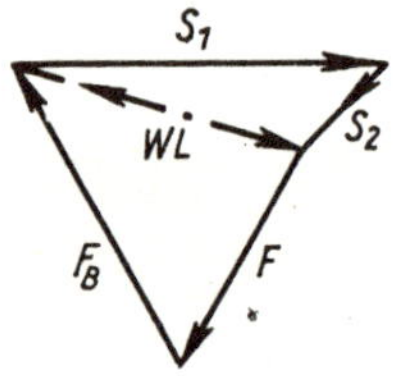

Bild S 3.25

2. Kräfteplan zeichnen unter Beachtung des Maßstabes.

Am Knoten *II* kann die nach Größe und Richtung bekannte Kraft F in die Richtungen F_B und *WL* zerlegt werden, anschließend dann *WL* in die Richtungen *1* und *2*.
Der linke obere Pfeil an *WL* gilt für F_{RFB}, der rechte untere für F_{R12}. F, F_B, S_1 und S_2 ergeben ein geschlossenes Krafteck, so daß die Kräftegleichgewichtsbedingung erfüllt ist. Die Pfeile S_1 und S_2 werden unter Beachtung des Umlaufsinns dort angebracht, wo die Stäbe mit der Scheibe verbunden sind. Daraus erkennen wir S_1 als einen Druckstab und S_2 als einen Zugstab.

3.2.3. Der einseitig eingespannte Träger

Aufgabenstellung:

Gegeben: F_1, F_2, q_0, a, b, c
Gesucht: Auflagerreaktionen

q_0 (in N mm^{-1}) ist die maximale Intensität einer über c linear veränderlichen, vertikal nach unten gerichteten Last je Längeneinheit. (Die Pfeile werden oft weggelassen, wenn die Kraftrichtung eindeutig nach unten geht.)

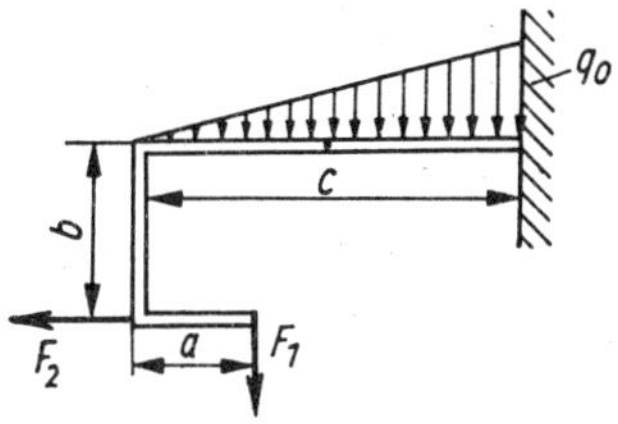

Bild S 3.26

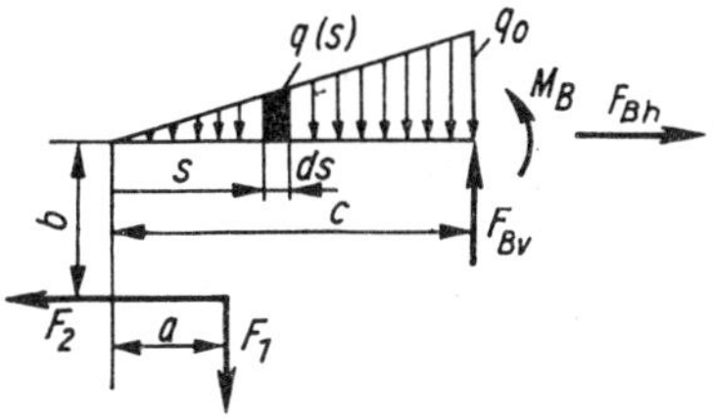

Bild S 3.27

Analytische Lösung:

1. Freischneiden

Die Streckenlast an einer Stelle s ($0 \leqq s \leqq c$), $q(s)$ wird zur Kraft $q(s)\,\mathrm{d}s$. Wegen der linearen Verteilung können wir ansetzen

$$q(s) = a_0 + a_1 s$$

wobei zu beachten ist

$$q(s = 0) = 0 = a_0$$

und

$$q(s = c) = q_0 = a_0 + a_1 c$$

Daraus folgt $a_0 = 0$ und $a_1 = \dfrac{q_0}{c}$, so daß gilt $q(s) = q_0 \dfrac{s}{c}$.

2. Aufstellen der Gleichgewichtsbedingungen

$$\rightarrow: F_{Bh} - F_2 = 0 \tag{1}$$

$$\uparrow\ : F_{Bv} - F_1 - \int_0^c q(s)\,ds = 0 \tag{2}$$

$$\curvearrowleft B: M_B + F_1(c - a) - F_2 b + \int_0^c q(s)\,(c - s)\,\mathrm{d}s = 0 \tag{3}$$

Wir wollen zunächst die in (2) und (3) auftretenden Integrale lösen

$$\int_0^c q(s)\,\mathrm{d}s = \int_0^c q_0 \frac{s}{c}\,\mathrm{d}s = \frac{q_0 c}{2} \tag{4}$$

$$\int_0^c q(s)\,(c - s)\,\mathrm{d}s = \int_0^c q_0 \frac{s}{c}\,(c - s)\,\mathrm{d}s = \frac{q_0 c^2}{6} \tag{5}$$

(4) erkennen wir als Formel für den Flächeninhalt eines Dreiecks mit c als Grundlinie und q_0 als „Höhe". (5) können wir zerlegen in $\dfrac{q_0 c^2}{6} = \dfrac{q_0 c}{2} \cdot \dfrac{c}{3}$. Wir erkennen $\dfrac{q_0 c}{2}$ als die durch die Streckenlast hervorgerufene Gesamtlast und $\dfrac{c}{3}$ als von B gemessenen Abstand des Schwerpunktes der „Dreiecksfläche".

Ohne Beweis sei hier festgestellt, daß zur Ermittlung der Gleichgewichtsbedingungen am gesamten Tragwerk stets eine Streckenlast zu einer Einzellast im Schwerpunkt der „Lastfläche" zusammengefaßt werden kann.

3. Ergebnis:

(1) $\Rightarrow F_{Bh} = F_2$

(2) $\Rightarrow F_{Bv} = F_1 + \frac{q_0 c}{2}$

(3) $\Rightarrow M_B = -F_1(c - a) + F_2 b - \frac{q_0 c^2}{6}$

3.3. Schnittgrößen eines Trägers

Die eingeprägten äußeren Kräfte (Belastungen) werden durch die Elemente des Tragwerks zu den Auflagern geleitet und rufen dort Lagerreaktionen hervor, die wir für statisch bestimmte ebene Tragwerke aus den drei Gleichgewichtsbedingungen bestimmen können. In diesem Abschnitt wollen wir die an einer beliebigen Stelle des Tragwerkes durch die Weiterleitung hervorgerufenen inneren Kräfte und Momente berechnen.

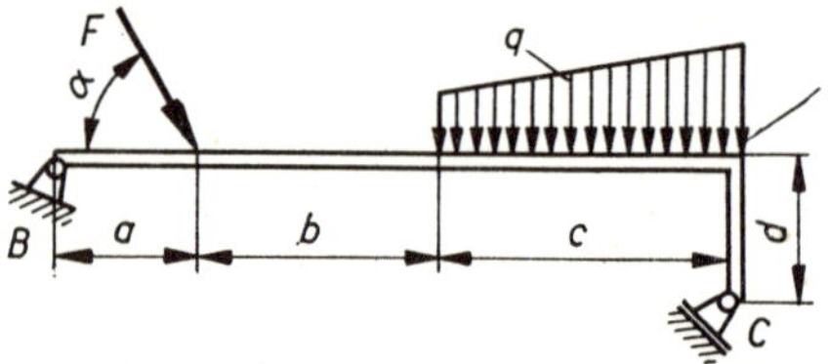

Bild S 3.28

Wir führen deshalb an einer beliebigen Stelle, die wir durch eine Koordinate s fixieren (gedanklich), einen Schnitt und trennen in einen linken und einen rechten Teil. Diese Schnittstelle können wir als Einspannung auffassen, weil rechts und links vom Schnitt auftretende Verschiebungen und Neigungen relativ zueinander verschwinden. Demnach dürfen wir auch an dieser Stelle die Reaktionen einer Einspannstelle ansetzen.

Wir wählen eine Kraft in Balkenlängsrichtung positiv vom Schnitt weg und nennen sie Längskraft F_L. Die zweite Kraft sei quer zum Balken orientiert (Querkraft F_Q). Sie zähle positiv nach unten an einem Balkenteil links vom Schnitt. Das Moment nennen wir Biegemoment M_b und definieren es an einem Balkenteil links vom Schnitt im Gegenuhrzeigersinn positiv (Bild S 3.29).

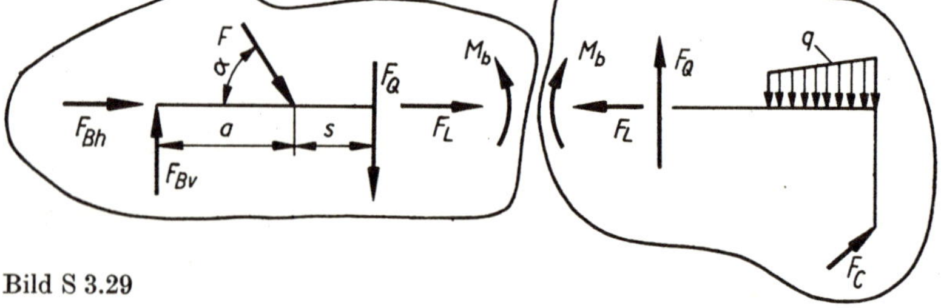

Bild S 3.29

Wegen des Wechselwirkungsgesetzes sind F_L, F_Q und M_b am anderen Schnittufer entgegengesetzt orientiert.
F_Q, F_L, M_b lassen sich aus den drei Gleichgewichtsbedingungen am Träger bestimmen. Sie sind von der Koordinate s abhängig.
Als Momentenbezugspunkt wählen wir zweckmäßigerweise die Schnittstelle selbst.

$$\begin{aligned} \uparrow &: -F_Q(s) + F_{Bv} - F \sin \alpha = 0 \\ \rightarrow &: F_L(s) + F_{Bh} + F \cos \alpha = 0 \\ \circlearrowleft &: M_b(s) - F_{Bh}(a + s) + F \sin \alpha \cdot s = 0 \end{aligned} \tag{3.1}$$

Die in (3.1) angeschriebenen Beziehungen gelten nur im Bereich $0 \leqq s \leqq b$, denn für $s > b$ muß die Streckenlast mit berücksichtigt werden.
Einen Zusammenhang der Schnittgrößen $q(s)$, $F_Q(s)$ und $M_b(s)$ untereinander erkennen wir, wenn wir aus einem durch eine Streckenlast $q(s)$ belasteten Balkenteil ein Stück der Länge ds freischneiden (Bild S 3.30) und die entsprechenden Schnittgrößen anbringen, wobei wir annehmen, daß s von links nach rechts laufen möge. Beim Übergang von einer Schnittstelle s zu einer Schnittstelle s + ds ändern sich die Schnittgrößen um differentielle Beträge.

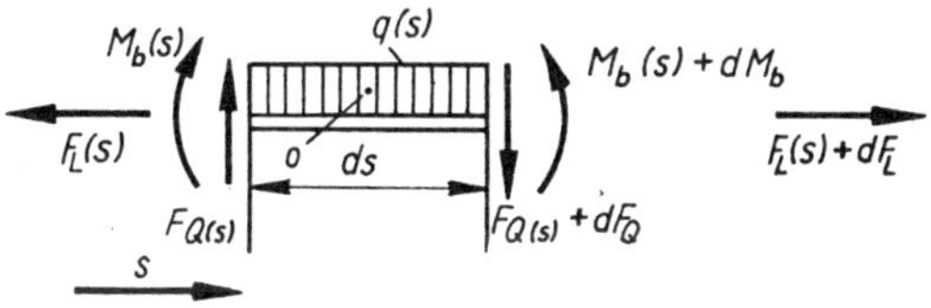

Bild S 3.30

Die Gleichgewichtsbedingungen für dieses Element lauten wie folgt:

$$\rightarrow: -F_L(s) + F_L(s) + \mathrm{d}F_L = 0 \tag{1}$$

$$\uparrow : +F_Q(s) - F_Q(s) - \mathrm{d}F_Q - q(s)\,\mathrm{d}s = 0 \tag{2}$$

$$\circlearrowleft 0: -M_b(s) + M_b(s) + \mathrm{d}M_b - F_Q(s)\frac{\mathrm{d}s}{2} - F_Q(s)\frac{\mathrm{d}s}{2} - \mathrm{d}F_Q\frac{\mathrm{d}s}{2} = 0 \tag{3}$$

Unter Vernachlässigung des Gliedes großer Kleinheit $\mathrm{d}F_Q \frac{\mathrm{d}s}{2}$ in (3) erhält man daraus

$$\begin{aligned} F_L &= \text{konst.} \\ \frac{dF_Q}{\mathrm{d}s} &= -q(s) \\ \frac{\mathrm{d}M_b}{\mathrm{d}s} &= F_Q(s) \end{aligned} \tag{3.2}$$

Die Beziehungen (3.2) sind für die Diskussion der Verläufe bei der grafischen Darstellung der Schnittgrößen sehr nützlich. Die Aussage: „Querkraft ist Anstieg des Momentenverlaufes“ wird zur Bestimmung des Ortes für das relative Momentenmaximum benutzt. Ob dieses gleichzeitig auch das absolute Maximum innerhalb eines Bereiches ist, muß durch die M_b-Ermittlung an den Bereichsgrenzen festgestellt werden.
Es ist notwendig, den Balken in verschiedene Bereiche aufzugliedern und an jeder Unstetigkeitsstelle eine neue Koordinate s_i einzuführen. Unter Unstetigkeitsstelle verstehen wir hier Lager, Einzelkräfte bzw. -momente, Beginn einer Streckenlast oder aber Knicke oder Verzweigungen des Trägers. s_i läuft dann jeweils zwischen zwei Unstetigkeitsstellen. Bei Beachtung der Vorzeichenfestlegung können wir die s_i von rechts oder (und) von links laufen lassen.
Läuft s_i von rechts nach links, so erhalten wir aber unter Beibehaltung der Vorzeichenfestlegung für F_L, F_Q, M_b an Stelle von (3.2)

$$F_L = \text{konst.}$$

$$\frac{dF_Q}{ds} = q(s) \tag{3.2.1}$$

$$\frac{dM_b}{ds} = -F_Q(s)$$

Erstreckt sich ein Trägerabschnitt in vertikaler Richtung, so betrachte man ihn wie eine technische Zeichnung (von rechts) und wende die o. e. Vorzeichenfestlegung an.
Die Schnittgrößen spiegeln die Beanspruchung des Balkens wider, und es ist üblich, die ermittelten F_L, F_Q, M_b über der Balkenachse grafisch darzustellen. Die positive Ordinate (F_L, F_Q, M_b) zeigt dabei nach unten bzw. rechts (Bilder S 3.34, S 3.38, S 3.41.6). Aus der Anschauung erkennen wir dabei, daß wir das Biegemoment M_b auf der Zugseite des Balkens antragen.
An drei Beispielen soll die Ermittlung der Schnittgrößen gezeigt werden.

3.3.1. Gerader Träger mit Einzellasten

Aufgabenstellung:

Gegeben: F, a
Gesucht: Auflagerreaktionen, Schnittgrößen

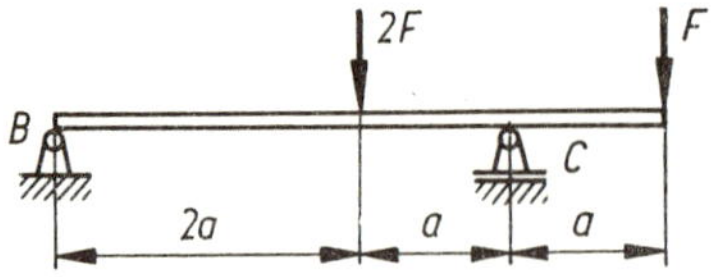

Bild S 3.31

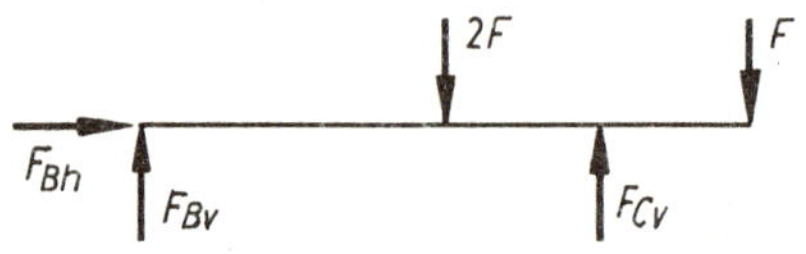

Bild S 3.32

Lösung:

1. Freischneiden und Lagerkräfte ermitteln.

$$\rightarrow: F_{Bh} = 0 \tag{1}$$

$$\uparrow \;: F_{Bv} + F_{Cv} - 2F - F = 0 \tag{2}$$

$$\circlearrowleft B\colon F_{Cv} \cdot 3a - 2F \cdot 2a - F \cdot 4a = 0 \tag{3}$$

(3) $\Rightarrow F_{Cv} = \dfrac{8}{3} F$

(2) $\Rightarrow F_{Bv} = \dfrac{1}{3} F$

2. Balken in drei Bereiche einteilen, Koordinaten s_i einführen, freischneiden und Gleichgewichtsbedingungen anschreiben.

Bereich 1

$$\rightarrow: F_{L1} = 0 \tag{4}$$

$$\uparrow \;: -F_{Q1} + F_{Bv} = 0 \tag{5}$$

$$\circlearrowleft I\colon M_{b1} - F_{Bv} s_1 = 0 \tag{6}$$

(5) $\Rightarrow F_{Q1} = F_{Bv} = \dfrac{1}{3} F$

(6) $\Rightarrow M_{b1} = F_{Bv} s_1 = \dfrac{1}{3} F s_1 \qquad (0 \leqq s_1 \leqq 2a)$

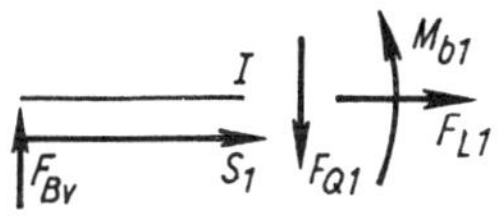

Bild S 3.33.1

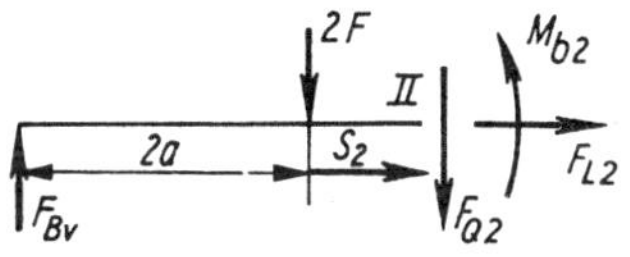

Bild S 3.33.2

Bereich 2

$$\rightarrow \;: F_{L2} = 0 \tag{7}$$

$$\uparrow \;: -F_{Q2} + F_{Bv} - 2F = 0 \tag{8}$$

$$\circlearrowleft II\colon M_{b2} - F_{Bv}(2a + s_2) + 2F s_2 = 0 \tag{9}$$

(8) $\Rightarrow F_{Q2} = F_{Bv} - 2F = -\dfrac{5}{3} F$

(9) $\Rightarrow M_{b2} = F_{Bv}(2a + s_2) - 2F s_2 = \dfrac{2}{3} Fa - \dfrac{5}{3} F s_2 \qquad (0 \leqq s_2 \leqq a)$

Bereich 3

$$\rightarrow \;: F_{L3} = 0 \tag{10}$$

$$\uparrow \;: -F_{Q3} + F_{Bv} - 2F + F_{Cv} = 0 \tag{11}$$

$$\circlearrowleft III\colon M_{b3} - F_{Bv}(3a + s_3) + 2F(a + s_3) - F_{Cv} s_3 = 0 \tag{12}$$

(11) $\Rightarrow F_{Q3} = F_{Bv} - 2F + F_{Cv} = F$

(12) $\Rightarrow M_{b3} = F_{Bv}(3a + s_2) - 2F(a + s_3) + F_{Cv}s_3 = -Fa + Fs_3 \qquad (0 \leqq s_3 \leqq a)$

Für Bereich 3 ist es günstiger, die Koordinaten von rechts laufen zu lassen (Bild S 3.33.4). Man erhält dann

$\rightarrow \quad : F_{L3} = 0$ (13)

$\uparrow \quad : F_{Q3} - F = 0$ (14)

$\curvearrowleft III: -M_{b3} - F\bar{s}_3 = 0$ (15)

(14) $\Rightarrow F_{Q3} = F \qquad (0 \leqq \bar{s}_3 \leqq a)$

(15) $\Rightarrow M_{b3} = -F\bar{s}_3$

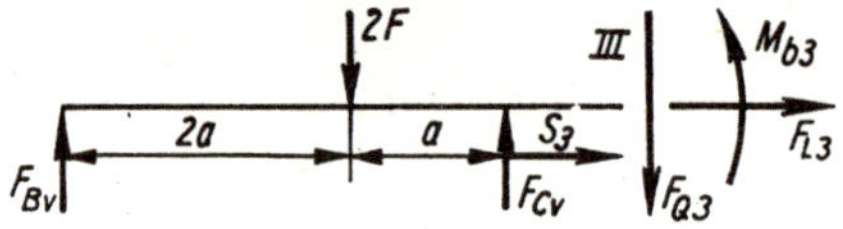

Bild S 3.33.3

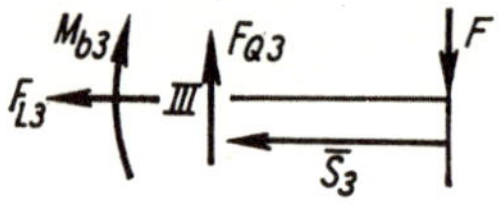

Bild S 3.33.4

3. Grafische Darstellung über der Stabachse

(Es ist eine dimensionslose Darstellung üblich)
Querkraftsprünge bringen Knicke im M_b-Verlauf. Der Ort für $M_{b2} = 0$ folgt aus (9)

$$s_2 = \frac{2F_{Bv}a}{2F - F_{Bv}} = \frac{2}{5}\,a$$

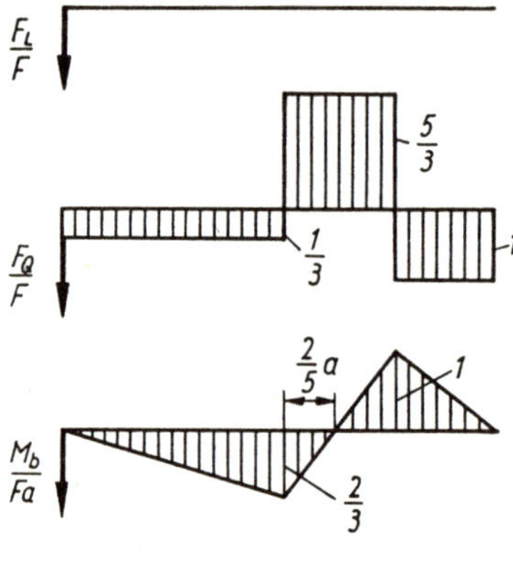

Bild S 3.34

3.3.2. Träger auf zwei Stützen mit Dreieckslast

Aufgabenstellung:

Gegeben: q_0, l
Gesucht: Auflagerreaktionen, Schnittgrößen

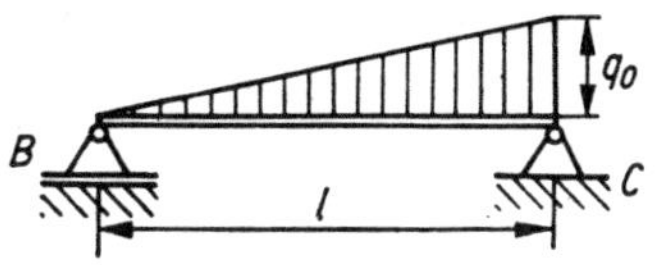

Bild S 3.35

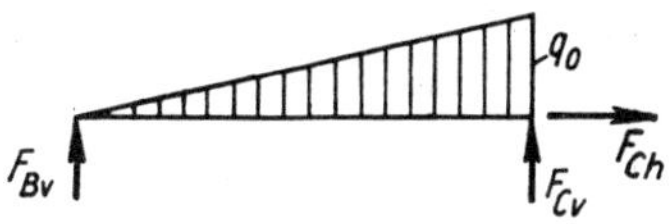

Bild S 3.36

Lösung:

1. Freischneiden und Lagerkräfte ermitteln:

$$\rightarrow: F_{Ch} = 0 \tag{1}$$

$$\uparrow\ : F_{Bv} + F_{Cv} - \frac{q_0 l}{2} = 0 \tag{2}$$

$$\curvearrowleft C: -F_{Bv} l + \frac{q_0 l}{2} \cdot \frac{l}{3} = 0 \tag{3}$$

(3) $\Rightarrow F_{Bv} = \dfrac{q_0 l}{6}$

(2) $\Rightarrow F_{Cv} = \dfrac{q_0 l}{3}$

2. Zur Bestimmung der Schnittgrößen werden zwei Wege vorgeschlagen.

2.1. Freischneiden des Trägers an der Stelle s und Anschreiben der Gleichgewichtsbedingungen.

$$\rightarrow: F_L = 0 \tag{4}$$

$$\uparrow\ : -F_Q + \frac{q_0 l}{6} - \frac{q(s)\, s}{2} = 0 \tag{5}$$

$$\curvearrowleft I: M_b - \frac{q_0 l}{6} s + \frac{q(s)\, s^2}{2 \cdot 3} = 0 \tag{6}$$

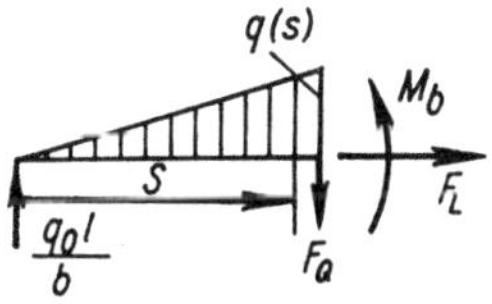

Bild S 3.37

Mit $q(s) = \dfrac{q_0 s}{l}$ folgt aus

(5) $F_Q = \dfrac{q_0 l}{6} - q_0 \dfrac{s^2}{2l}$

(6) $M_b = \dfrac{q_0 l}{6} s - q_0 \dfrac{s^3}{6l}$

Mit $F_Q = 0$ erhalten wir den Ort des maximalen Momentes M_b [siehe (3.2)]

$$s = \frac{\sqrt{3}}{3}\, l \approx 0{,}577l$$

und daraus

$$M_b\left(\frac{\sqrt{3}}{3}\, l\right) = \frac{\sqrt{3}}{27}\, q_0 l^2$$

2.2. Verwendung der Beziehungen zwischen Streckenlast, Querkraft und Biegemoment (3.2).

$$F_Q(s) = -\int q(s)\, ds = -\int q_0 \frac{s}{l}\, ds = -q_0 \frac{s^2}{2l} + C_1 \tag{3.3}$$

$$M_b(s) = \int F_Q(s)\, ds = -q_0 \frac{s^3}{6l} + C_1 s + C_2 \tag{3.4}$$

Die Integrationskonstanten C_1 und C_2 bestimmen wir aus den Bedingungen, daß an den Lagern $s = 0$ und $s = l$ das Biegemoment verschwindet.

$$M_b(0) = 0 = C_2 \Rightarrow C_2 = 0$$

$$M_b(l) = 0 = -q_0 \frac{l^2}{6} + C_1 l + C_2 \Rightarrow C_1 = q_0 \frac{l}{6}$$

Damit folgt endgültig

$$F_Q(s) = q_0 \left(\frac{l}{6} - \frac{s^2}{2l}\right)$$

$$M_b(s) = \frac{q_0}{6}\left(ls - \frac{s^3}{l}\right)$$

Unter Beachtung der Vorzeichendefinition für die Querkraft erkennen wir

$$F_Q(0) = \frac{q_0 l}{6} = F_{Bv}$$

$$F_Q(l) = -\frac{q_0 l}{3} = -F_{Cv}$$

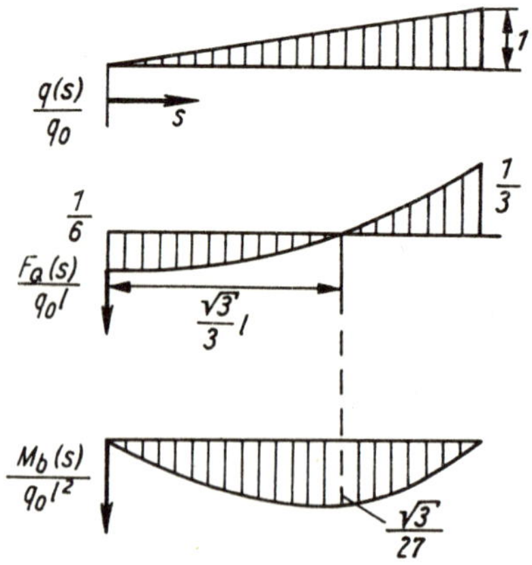

Bild S 3.38

Diese beiden Wege führen gleich schnell zum Ergebnis. Der zweite Weg muß beschritten werden, falls die Schwerpunktlage der Streckenlast nicht einfach ermittelt werden kann.

3. Grafische Auftragung über der Stabachse (dimensionslos)
Aus den Bildern erkennt man nochmals die Beziehungen der Schnittgrößen untereinander. $q(s)$ ist eine lineare Funktion, $F_Q(s)$ muß eine Ordnung höher sein, und $M_b(s)$ ist dann von dritter Ordnung in s. $q(s)$ ist für $s = 0$ Null, so daß $F_Q(s)$ mit einer horizontalen Tangente beginnt. Am Nulldurchgang von $F_Q(s)$ wechselt der Anstieg von $M_b(s)$ das Vorzeichen.

3.3.3. Abgewinkelter Träger mit Verzweigung

Aufgabenstellung:

Gegeben: $F = qa$, a, $\alpha = 30°$
Gesucht: Auflagerkräfte, Schnittgrößenverläufe

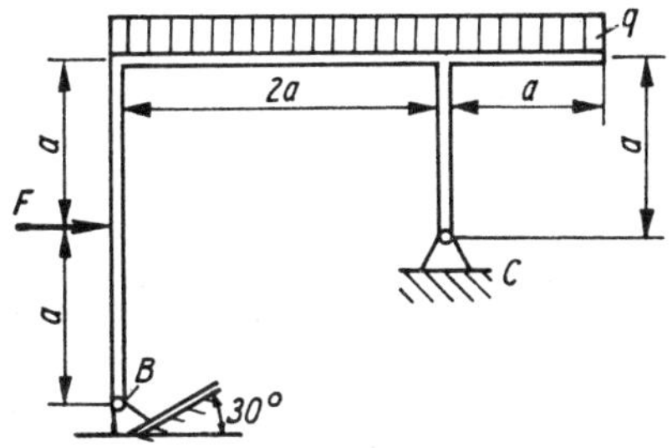

Bild S 3.39

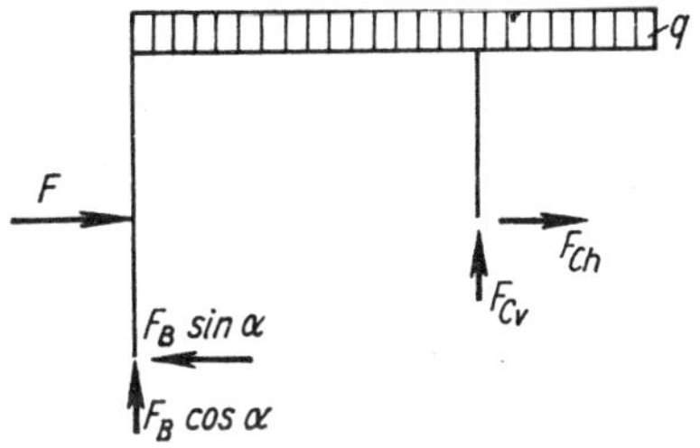

Bild S 3.40

Lösung:

1. Freischneiden des Trägers — Auflagerbestimmung.

$$\rightarrow: \; -F_B \sin\alpha + F_{Ch} + F = 0 \qquad (1)$$

$$\uparrow: \; F_B \cos\alpha + F_{Cv} \quad q \cdot 3a - 0 \qquad (2)$$

$$\curvearrowleft C: \; -F_B \cos\alpha \cdot 2a - F_B \sin\alpha \cdot a + q \cdot 3a \frac{a}{2} = 0 \qquad (3)$$

(3) $$\Rightarrow F_B = \frac{3qa}{2\sqrt{3} + 1} = \frac{3\left(2\sqrt{3} - 1\right)}{11} qa \approx 0{,}672F$$

(1) $$\Rightarrow F_{Ch} = F_B \sin\alpha - F = \frac{3\left(2\sqrt{3} - 1\right)}{22} qa - F \approx -0{,}664F$$

(2) $$\Rightarrow F_{Cv} = -F_B \cos\alpha + 3qa = \frac{3\left(16 + \sqrt{3}\right)}{22} qa \approx 2{,}418F$$

2. Balken in 5 Bereiche einteilen, Koordinaten s_i einführen, freischneiden und Gleichgewichtsbedingungen anschreiben.

Bereich 1

$(0 \leqq s_1 \leqq a)$

$\rightarrow: F_{Q1} - F_B \sin\alpha = 0$

$\uparrow\ : F_{L1} + F_B \cos\alpha = 0$

$\curvearrowleft I: M_{b1} - F_B \sin\alpha s_1 = 0$

Bereich 2

$(0 \leqq s_2 \leqq a)$

$\rightarrow\ : F_{Q2} + F - F_B \sin\alpha = 0$

$\uparrow\ : F_{L2} + F_B \cos\alpha = 0$

$\curvearrowleft II: M_{b2} - F_B \sin\alpha\,(a + s_2) + F s_2 = 0$

Bereich 3

$(0 \leqq s_3 \leqq 2a)$

$\rightarrow\ : F_{L3} - F_B \sin\alpha + F = 0$

$\uparrow\ : -F_{Q3} + F_B \cos\alpha - q s_3 = 0$

$\curvearrowleft III: M_{b3} - F_B \sin\alpha\, 2a - F_B \cos\alpha s_3 + Fa + \dfrac{q s_3^2}{2} = 0$

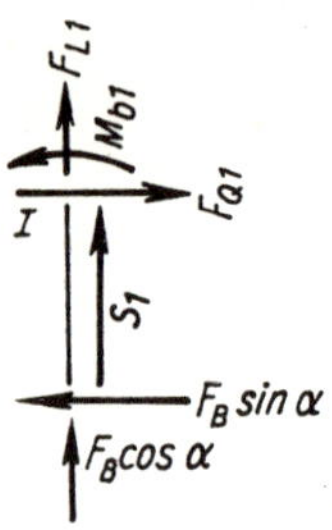

Bild S 3.41.1

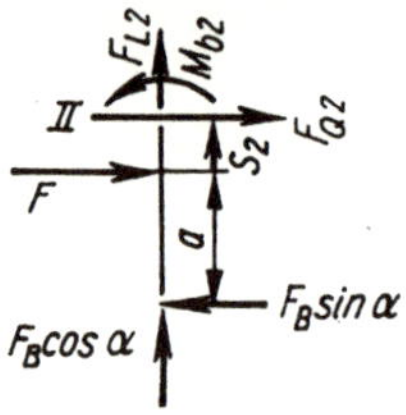

Bild S 3.41.2

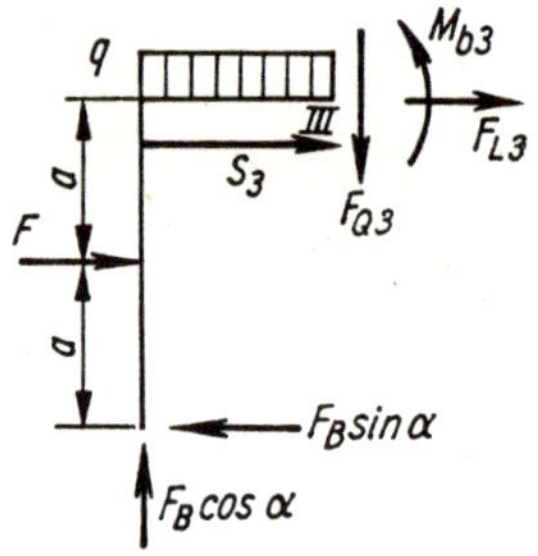

Bild S 3.41.3

Bereich 4

$(0 \leqq s_4 \leqq a)$

$\rightarrow\ : -F_{L4} = 0$

$\uparrow\ : F_{Q4} - q s_4 = 0$

$\curvearrowleft IV: -M_{b4} - \dfrac{q s_4^2}{2} = 0$

Bereich 5

$(0 \leqq s_5 \leqq a)$

$\rightarrow: F_{Q5} + F_{Ch} = 0$

$\uparrow\ : F_{L5} + F_{Cv} = 0$

$\curvearrowleft V: M_{b5} + F_{Ch} s_5 = 0$

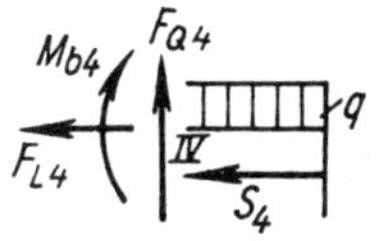

Bild S 3.41.4

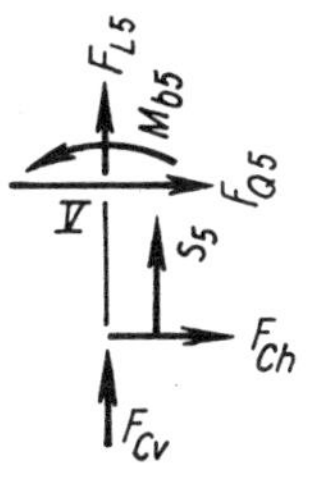

Bild S 3.41.5

3. Analytische Ergebnisse grafisch darstellen

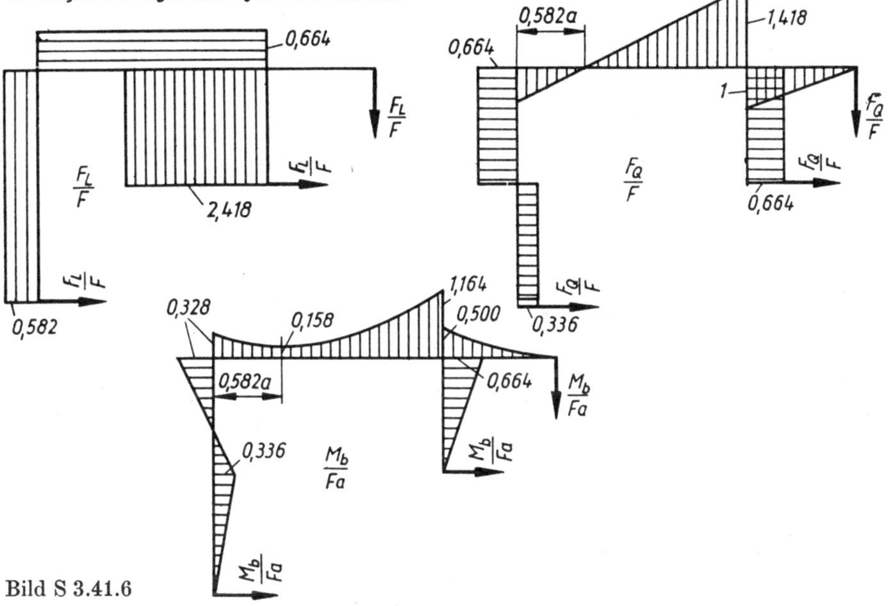

Bild S 3.41.6

3.4. Ebene Statik der Systeme starrer Körper

3.4.1. Einteilung der Tragwerke

Systeme starrer Körper sind Tragwerke, die sich aus mehreren Grundelementen (Stäben, Scheiben) aufbauen, die untereinander durch reibungsfreie Gelenke oder Gleithülsen verbunden sind. Das System liege in der Zeichenebene, und alle Kräfte wirken in dieser Ebene. Sind die Abmessungen der Bauelemente in einer Richtung groß, verglichen mit den beiden anderen Richtungen, so spricht man häufig auch von *Stabsystemen*, die man dann wieder in *Fachwerke* und *Stabwerke* unterteilt, wobei auch Kombinationen möglich sind.
Bei den *Fachwerken* (Bild S 3.42.1) sind die Grundelemente stets gerade Stäbe, die an ihren Enden untereinander durch reibungsfrei-idealisierte Gelenke verbun-

den sind. Die Last wird nur an diesen Gelenkpunkten (Knotenpunkten) eingeleitet, so daß die Stäbe nur Zug- bzw. Druckbelastung zu übertragen haben.
Stabwerke können aus geraden, gekrümmten oder abgewinkelten Grundelementen bestehen. Die Verbindungselemente sind meist Gelenke. Die Lasten können an beliebigen Stellen eingeleitet werden (Bild S 3.42.2).

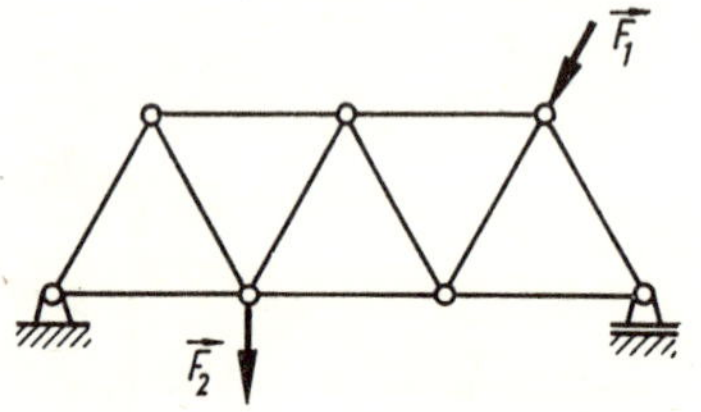

Bild S 3.42.1

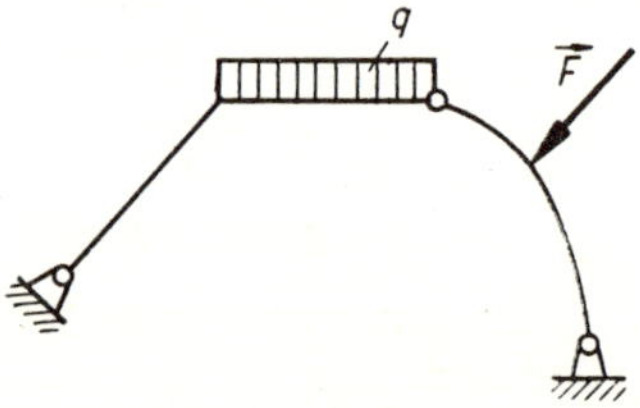

Bild S 3.42.2

Zu den Systemen starrer Körper wollen wir auch die Ketten und Seile zählen. Man kann sie sich durch Aneinanderreihen von sehr vielen kurzen Stäben entstanden denken. Wir werden hier nur Seile behandeln, die wir als undehnbar und völlig biegsam annehmen, so daß sie nur Zugkräfte übertragen können.

3.4.2. Diskussion der getroffenen Annahmen

In Wirklichkeit sind die Bauelemente nicht starr. Da man bei den Betrachtungen (auch später in der Festigkeitslehre) nur kleine Verformungen zuläßt, ändern sich Lage und Richtung der äußeren Kräfte am deformierten Tragwerk unwesentlich gegenüber den Verhältnissen am unverformten. Aus diesem Grunde können Träger bei der Herleitung der Gleichgewichtsbedingungen als starr angesehen werden. Die darauf aufgebaute Theorie wird als *Theorie erster Ordnung* bezeichnet. Von einigen Sonderfällen abgesehen (s. 3.1.2.), genügen die damit gewonnenen Ergebnisse den praktischen Anforderungen. Selbst wenn die Bauelemente in der Praxis durch Gelenke verbunden werden, sind die Gelenke nicht immer frei von Reibung. Die Fachwerkstäbe werden sogar fast immer fest miteinander vernietet oder verschweißt. Sie können also in Wirklichkeit auch Querkräfte und Biegemomente übertragen. Bei Voraussetzung von schlanken Stäben zeigt jedoch eine Abschätzung mit Hilfe einer verfeinerten Theorie oder auch eine experimentelle Überprüfung, daß der Unterschied zwischen den größten Beanspruchungen in einem System mit festen Knoten und einem System mit reibungsfreien Gelenken gering ist. Das Bild S 3.43.1 zeigt einen Fachwerkverband, und in den Bildern S 3.43.2 und S 3.43.3 sind mögliche Anschlüsse dargestellt.
Von den äußeren Kräften greifen die Stabgewichte nicht, wie gefordert, in den Fachwerkknoten an. Bei Berücksichtigung dieser Kräfte müssen sie für jeden Stab nach dem Hebelgesetz durch zwei äquivalente, in den beiden Gelenken wirkende Kräfte ersetzt werden. Dadurch wird zwar die Wirkung des betreffenden Stabes auf die anderen nicht verfälscht, wohl aber das Bild der inneren Beanspruchung desselben Stabes. Auch die Achsen der Fachwerkstäbe schneiden sich nicht immer in

einem Punkt. Bei genaueren Berechnungen werden solche Exzentrizitäten nicht vernachlässigt.
Die in der Praxis verwendeten Stahlseile sind weder undehnbar noch biegeschlaff. Bei großen Seillängen und nicht zu flachen Seilkurven beeinflussen die beiden Faktoren das Ergebnis kaum.

Bild S 3.43.1

Bild S 3.43.2

Bild S 3.43.3

3.4.3. Statische Bestimmtheit der Tragwerke

Ohne Kenntnis der Verformungen von Tragwerken, also allein mit Hilfe der Gleichgewichtsbedingungen, lassen sich nur statisch bestimmte Systeme berechnen. Der Ausgangspunkt für die Herleitung einer Abzählbedingung, nach der man den Grad der statischen Unbestimmtheit eines *Stabwerkes* bestimmen kann, ist folgender Satz:

> Ein Stabwerk ist im Gleichgewicht, wenn jedes Element für sich im Gleichgewicht ist.

Da an p Elementen zur Ermittlung von t Stützstäben und r Verbindungsstäben $3p$ Gleichgewichtsbedingungen zur Verfügung stehen, ist der Grad der statischen Unbestimmtheit

$$n = t + r - 3p \tag{3.5}$$

Darin bedeuten

$$n > 0 \quad n\text{-fach statisch unbestimmt}$$
$$n = 0 \quad \text{statisch bestimmt} \qquad (3.6)$$
$$n < 0 \quad n\text{-fach verschieblich}$$

Für den Dreigelenkträger in Bild S 3.42.2 ergibt sich mit $t = 4$, $r = 2$ und $p = 2$ folgendes: $n = 4 + 2 - 3 \cdot 2 = 0$. Ebenfalls bestimmt ist das Stabwerk in Bild S 3.44,

$$n = 3 + 18 - 3 \cdot 7 = 0$$

weil ein Gelenk, das q Elemente verbindet,

$$r = 2(q - 1) \qquad (3.7)$$

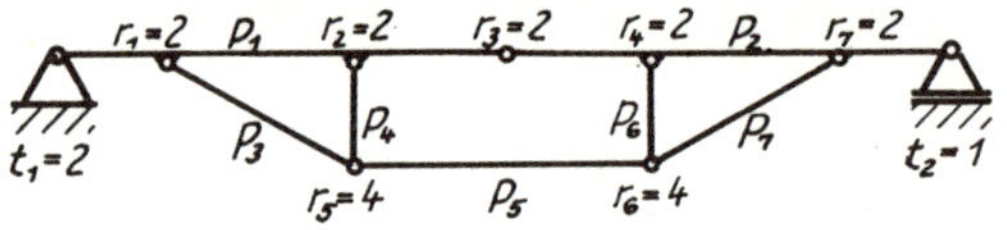

Bild S 3.44

Verbindungskräfte aufnehmen kann. Verschiebliche Systeme (Mechanismen) haben für die Statik keine Bedeutung, da sie zur Aufnahme von Kräften ungeeignet sind (Bild S 3.45). Ebenso unbrauchbar ist das in Bild S 3.46 dargestellte Tragwerk, obwohl die Abzählbedingung es als statisch bestimmt ausweist. Praktisch bewegt sich der Gelenkpunkt G, auch wenn man die Definition des starren Körpers beibehält, um eine sehr kleine Strecke nach unten, und die Längskräfte in den Stäben werden sehr groß. Daraus sieht man, daß die Abzählbedingung zwar eine notwendige, aber keine hinreichende Bedingung ist. Die Rahmenkonstruktion in Bild S 3.47 ist sechsfach statisch unbestimmt. Da das Tragwerk keine Verbundgelenke besitzt, durch deren Auflösung es in statisch bestimmte Einzelteile zerfällt, müssen biegesteife Stäbe geschnitten werden. Dabei müssen je drei Verbindungskräfte angesetzt werden, denn die Schnittstelle kann neben der Quer- und der Längskraft noch ein Biegemoment übertragen.

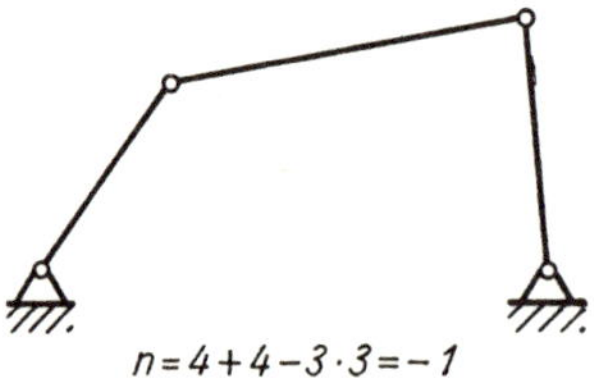

Bild S 3.45

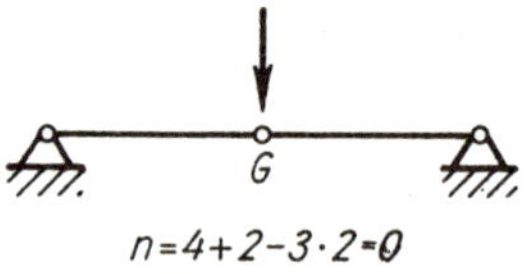

Bild S 3.46

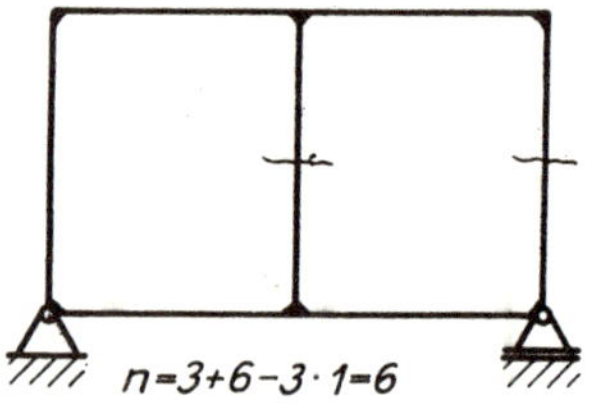

Bild S 3.47

Nach (3.5) bis (3.7) ließe sich auch die statische Bestimmtheit von *Fachwerken* überprüfen. Das Verfahren vereinfacht sich, wenn beachtet wird, daß Fachwerkstäbe nur Längskräfte übertragen können. Wir formulieren:

Ein Fachwerk befindet sich im Gleichgewicht, wenn an jedem Gelenk Gleichgewicht herrscht,

und aus (3.5) wird

$$n = t + s - 2g \tag{3.8}$$

wobei s die Anzahl der Fachwerkstäbe und

g die Anzahl der Gelenke

ist, und (3.6) gilt. Das Fachwerk in Bild S 3.42.1 ist demnach statisch bestimmt:

$$n = 3 + 11 - 2 \cdot 7 = 0$$

Oft wird auch die Bedingung für statisch bestimmte Fachwerke einfach mit

$$s = 2g$$

angegeben. Hierbei werden in s die Fachwerkstäbe und möglichen Stützstäbe zusammengefaßt. Ein Festlager kann man sich durch zwei und ein Loslager durch einen Stab ersetzt denken. Für das Fachwerk in Bild S 3.42.1 gilt also $3 + 11 = 2 \cdot 7$.

3.4.4. Ermittlung der Auflagerreaktionen, Gelenkkräfte und Schnittgrößen von Stabwerken

3.4.4.1. Systeme gerader Träger — Lager und Verbundgelenke liegen auf einer Geraden (Gerber-Träger)

Der statisch bestimmte Durchlaufträger, der durch ein Festlager und i Rollenlager gestützt wird, muß $(i - 1)$ Gelenke enthalten. Dabei dürfen sich zwischen zwei Auflagern nicht mehr als zwei Gelenke und an einem Teilbalken nicht mehr als zwei Auflager befinden.

Beispiel 1:

Für den in Bild S 3.48 dargestellten Gelenkträger sind die Auflager- und Gelenkkräfte, die Biegemomenten-, Querkraft- und Längskraftverläufe gesucht. Gegeben sind

$F_1 = 3{,}0 \cdot 10^4$ N $\quad \alpha = 30°$ $\quad l_2 = 3$ m $\quad l_4 = 1$ m

$F_2 = 4{,}0 \cdot 10^4$ N $\quad l_1 = 2$ m $\quad l_3 = 4$ m $\quad l_5 = 2$ m

Die Auflager- und Gelenkkräfte sind rechnerisch und grafisch zu bestimmen.

Lösung:

1. Teilsysteme freischneiden und Gleichgewichtsbedingungen aufschreiben.

$\uparrow : F_{Av} - F_1 + F_B + F_{Gv} = 0 \qquad \uparrow : -F_{Gv} + F_C - F_{2v} = 0$

$\rightarrow : F_{Ah} - F_{Gh} = 0 \qquad \rightarrow : F_{Gh} - F_{2h} = 0$

$\curvearrowleft A: F_{Gv} l_3 + F_B l_2 - F_1 l_1 = 0 \qquad \curvearrowleft G: F_C l_4 - F_{2v} l_5 = 0$

Bild S 3.48.1

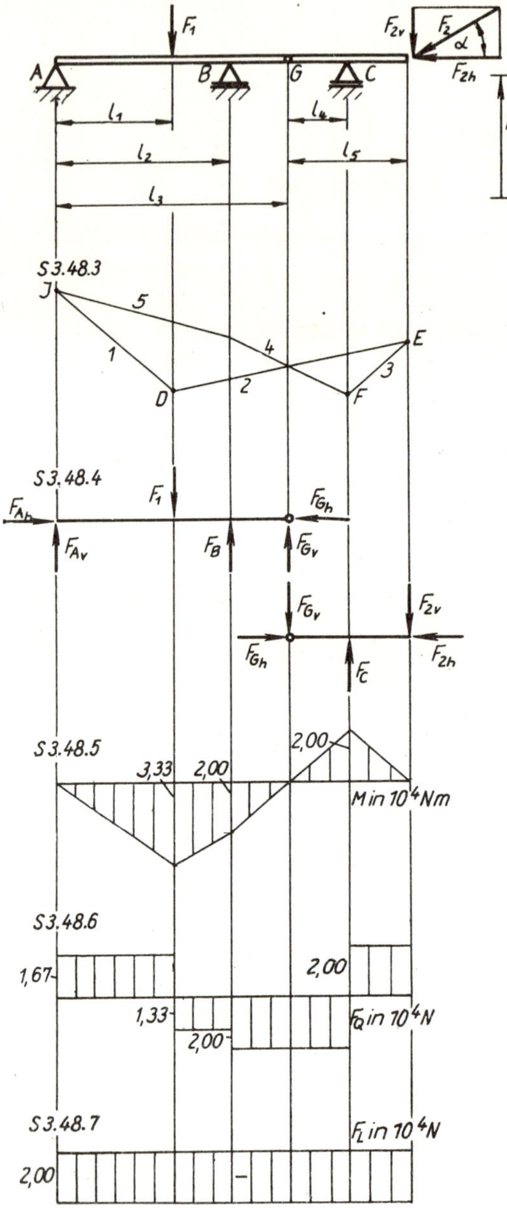

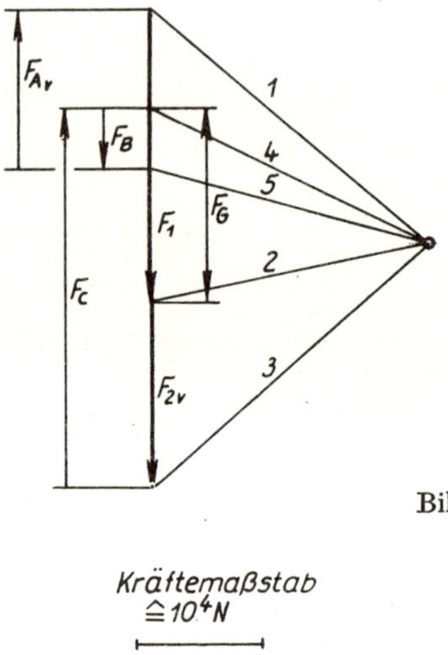

Bild S 3.48.2

Bild S 3.48

2. Gleichungssystem lösen.

$$F_{Ah} = F_{2h} = 3{,}46 \cdot 10^4\ \text{N}$$

$$F_{Av} = \left(1 - \frac{l_1}{l_2}\right) F_1 + \left(\frac{l_3}{l_2} - 1\right)\left(\frac{l_5}{l_4} - 1\right) F_{2v} = 1{,}67 \cdot 10^4\ \text{N}$$

$$F_B = \frac{l_1}{l_2} F_1 - \frac{l_3}{l_2}\left(\frac{l_5}{l_4} - 1\right) F_{2v} = -0{,}667 \cdot 10^4\ \text{N}$$

$$F_{Gh} = F_{2h} = 3{,}46 \cdot 10^4\ \text{N}$$

$$F_{Gv} = \left(\frac{l_5}{l_4} - 1\right) F_{2v} = 2{,}0 \cdot 10^4\ \text{N}$$

$$F_C = \frac{l_5}{l_4} F_{2v} = 4{,}0 \cdot 10^4\ \text{N}$$

Als Probe können die Gleichgewichtsbedingungen am gesamten Träger benutzt werden.

$$\uparrow\ : F_{Av} - F_1 + F_B + F_C - F_{2v} = 0$$

$$\rightarrow : F_{Ah} - F_{2h} = 0$$

$$\curvearrowleft A: -F_1 l_1 + F_B l_2 + F_C(l_3 + l_4) - F_{2v}(l_3 + l_5) = 0$$

Die *grafische Lösung* fußt auf dem Seileckverfahren (Bild S. 3.48.2 und Linienzug *IDEF* in Bild S. 3.48.3). Da das Biegemoment in G Null ist, muß der Strahl 4 unter G den Strahl 2 schneiden. Unter B knickt der Strahl 2 nicht ab. Also müssen die Strahlen 4 und 5 den wegen der Einzelkrafteintragung notwendigen Knick im Biegemomentenverlauf erzeugen. Die Strahlen 1 und 5 schneiden sich in I, um die Forderung „Biegemoment in A gleich Null" zu erfüllen.
Die *Schnittreaktionen* werden an Hand von Bild S 3.48.4 nach den bekannten Verfahren ermittelt (Bilder S. 3.48.5, S 3.48.6 und S 3.48.7).

Beispiel 2:

Ein Schleusentor der Breite b wird durch den Wasserdruck belastet (Bild S 3.49.1).

Gegeben: l, b, h, Wichte γ des Wassers
Gesucht: Auflagerreaktionen in A und B als Funktion der Höhe h.

Der Druck auf das Tor kann als Dreiecklast aufgefaßt werden. Die größte Belastungsintensität ist für $y = h$, $q_0 = \gamma h$

Lösung:

1. Fall: $h \geqq l$

Gleichgewichtsbedingungen:

$$\curvearrowleft G: -2F_A l + \frac{1}{2}\,\frac{(h - l)^2}{h}\, q_0\, \frac{1}{3}\,(h - l)\, b = 0$$

$$\rightarrow : F_A + F_B - \frac{1}{2}\, q_0 h b = 0$$

$$\curvearrowleft B: -M_B - 3F_A l + \frac{1}{2}\, q_0 h\, \frac{1}{3}\, h b = 0$$

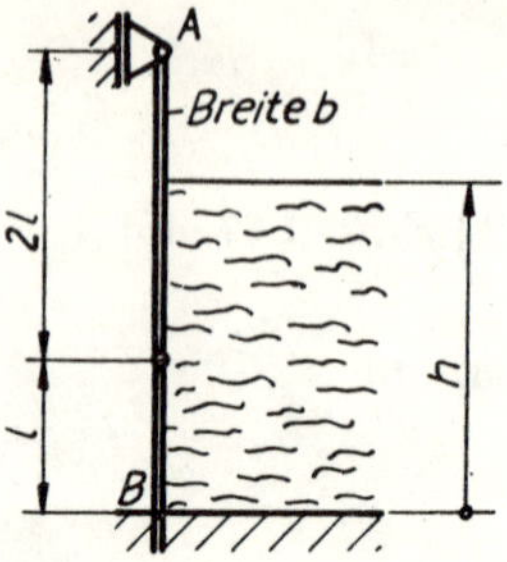

Bild S 3.49.1

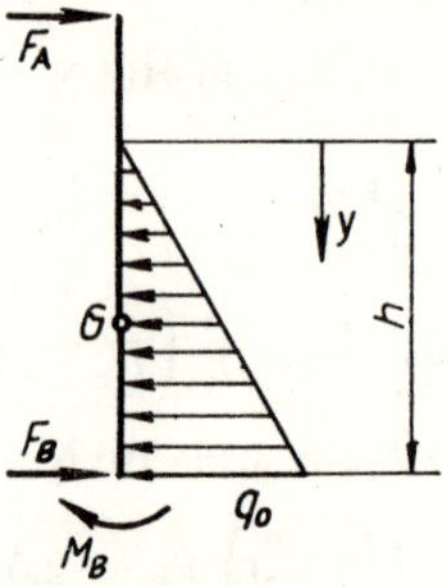

Bild S 3.49.2

Auflager:

$$F_A = \frac{1}{12}\frac{b}{l}(h-l)^3\gamma \qquad F_B = \frac{1}{2}bh^2\gamma - F_A$$

$$M_B = \frac{1}{6}bh^3\gamma - 3F_Al$$

2. Fall: $h \leqq l$

Gleichgewichtsbedingungen:

$$\curvearrowleft G\colon -2F_Al = 0$$

$$\rightarrow\colon F_A + F_B - \frac{1}{2}q_0hb = 0$$

$$\curvearrowleft B\colon -M_B - 3F_Al + \frac{1}{2}q_0h\frac{1}{3}hb = 0$$

Auflager:

$$F_A = 0 \qquad F_B = \frac{1}{2}bh^2\gamma \qquad M_B = \frac{1}{6}bh^3\gamma$$

3.4.4.2. Gerade, gekrümmte oder abgewinkelte Träger — Lager und Verbundgelenke liegen nicht auf einer Geraden (Dreigelenkträger)

Beispiel 1:

Für den Dreigelenkbogen in Bild S 3.50.1 sind die Auflager- und Gelenkkräfte rechnerisch und grafisch gesucht. Gegeben sind die Resultierenden

$$F_{R1} = 6{,}0 \cdot 10^4\ \text{N} \qquad F_{R2} = 5{,}0 \cdot 10^4\ \text{N}$$

aller eingeprägten Kräfte, die an der linken bzw. rechten Scheibe angreifen, weiterhin

$\alpha = 30°$	$l_3 = 2$ m	$l_6 = 2$ m
$l_1 = 2$ m	$l_4 = 5{,}5$ m	$l_7 = 2$ m
$l_2 = 3{,}5$ m	$l_5 = 1{,}5$ m	$l_8 = 3{,}5$ m

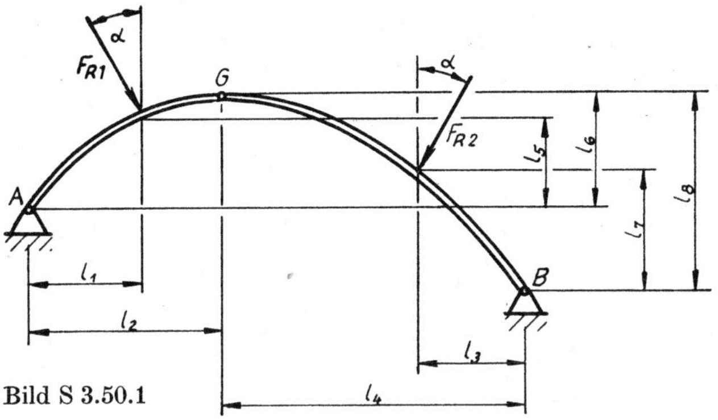

Bild S 3.50.1

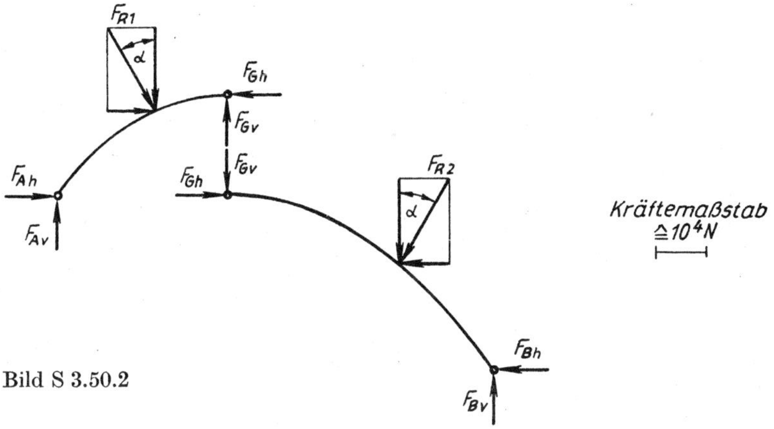

Bild S 3.50.2

Lösung:

Zur *rechnerischen* Lösung werden die Gleichgewichtsbedingungen für die Teile gemäß Bild S 3.50.2 angeschrieben:

$$\uparrow \; : F_{Av} - F_{R1} \cos \alpha + F_{Gv} = 0$$

$$\rightarrow : F_{Ah} + F_{R1} \sin \alpha - F_{Gh} = 0$$

$$\curvearrowleft A: -F_{R1} l_5 \sin \alpha - F_{R1} l_1 \cos \alpha + F_{Gh} l_6 + F_{Gv} l_2 = 0$$

$$\uparrow \; : -F_{Gv} - F_{R2} \cos \alpha + F_{Bv} = 0$$

$$\rightarrow : F_{Gh} - F_{R2} \sin \alpha - F_{Bh} = 0$$

$$\curvearrowleft B: F_{R2} l_7 \sin \alpha + F_{R2} l_3 \cos \alpha + F_{Gv} l_4 - F_{Gh} l_8 = 0$$

Ergebnis:

$F_{Ah} = 2{,}48 \cdot 10^4$ N $\quad F_{Bh} = 3{,}08 \cdot 10^4$ N $\quad F_{Gh} = 5{,}58 \cdot 10^4$ N

$F_{Av} = 4{,}13 \cdot 10^4$ N $\quad F_{Bv} = 5{,}40 \cdot 10^4$ N $\quad F_{Gv} = 1{,}07 \cdot 10^4$ N

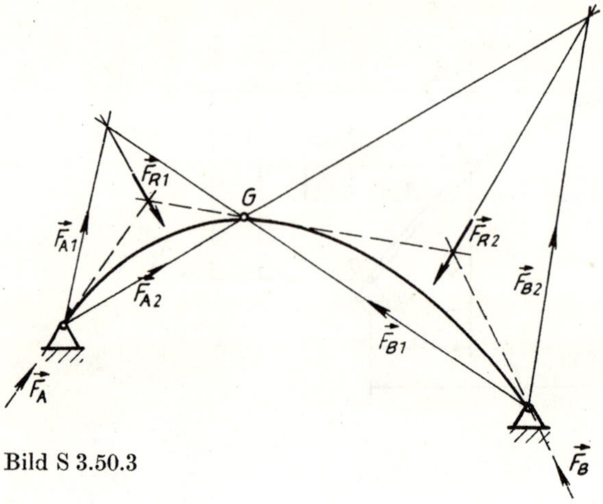

Bild S 3.50.3

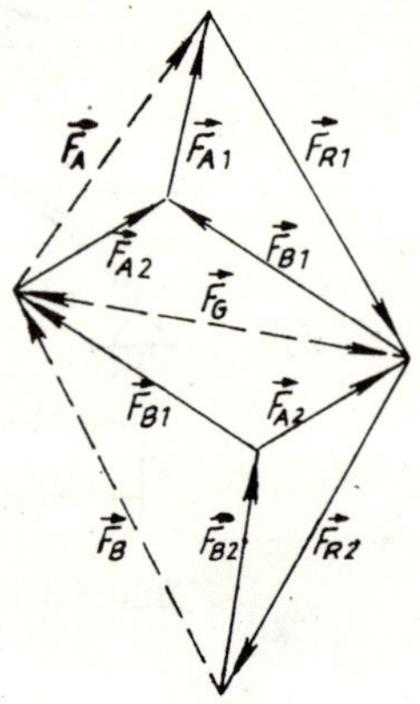

Bild S 3.50.4

Als notwendige Probe können die Gleichgewichtsbedingungen wieder am gesamten Tragwerk aufgestellt werden.

Bei der *grafischen* Lösung wird zunächst angenommen, daß der Dreigelenkbogen allein durch $\boldsymbol{F}_{R1}$ belastet wird ($\boldsymbol{F}_{R2} = 0$). Die Wirkungslinie der Auflagerkraft $\boldsymbol{F}_{B1}$ muß demnach auf der Verbindungslinie $\overline{BG}$ liegen (Bild S 3.50.3). Durch den Schnittpunkt der Wirkungslinie von $\boldsymbol{F}_{B1}$ mit der von $\boldsymbol{F}_{R1}$ muß auch die Wirkungslinie von $\boldsymbol{F}_{A1}$ gehen. Den dazugehörigen Kräfteplan liefert Bild S 3.50.4. Daraufhin denkt man sich den Träger allein durch $\boldsymbol{F}_{R2}$ belastet. Dann entspricht der linke Teil des Tragwerkes einem die Gelenke A und G verbindenden Stabe, der nur eine Kraft $\boldsymbol{F}_{A2}$ in Richtung der Verbindungsgeraden von A und G übertragen kann. Damit sind die Wirkungslinien der in B auftretenden Gelenkkraft sowie Größe und Richtung von $\boldsymbol{F}_{A2}$ und $\boldsymbol{F}_{B2}$ ermittelbar. Die endgültigen Auflagerkräfte sind zu errechnen aus

$$\boldsymbol{F}_A = \boldsymbol{F}_{A1} + \boldsymbol{F}_{A2} \qquad \boldsymbol{F}_B = \boldsymbol{F}_{B1} + \boldsymbol{F}_{B2}$$

Wenn die beiden Kraftecke $\boldsymbol{F}_{R1}$, $\boldsymbol{F}_{B1}$, $\boldsymbol{F}_{A1}$ und $\boldsymbol{F}_{R2}$, $\boldsymbol{F}_{B2}$, $\boldsymbol{F}_{A2}$ so angeordnet worden sind, daß $\boldsymbol{F}_{R1}$ und $\boldsymbol{F}_{R2}$ einen Vektorenzug bilden, brauchen zur Verwirklichung der Addition nur noch einmal die Kräfte $\boldsymbol{F}_{B1}$ und $\boldsymbol{F}_{A2}$ parallel verschoben zu werden.

Probe: $\boldsymbol{F}_A$, $\boldsymbol{F}_G$, $\boldsymbol{F}_{R1}$ und $\boldsymbol{F}_B$, $\boldsymbol{F}_G$, $\boldsymbol{F}_{R2}$ bilden geschlossene Kraftecke. Also müssen sie im Lageplan durch je einen Punkt gehen. Überträgt man aus dem Kräfteplan die Wirkungslinien von $\boldsymbol{F}_A$, $\boldsymbol{F}_B$, $\boldsymbol{F}_G$ parallel in den Lageplan, so müssen sie sich mit der Wirkungslinie von $\boldsymbol{F}_{R1}$ bzw. mit der von $\boldsymbol{F}_{R2}$ in einem Punkt schneiden (gestrichelt in Bild S 3.50.3 eingezeichnet).

Beispiel 2:

Gegeben: F, l (Bild 3.51.1). Rollendurchmesser vernachlässigbar klein
Gesucht: Auflagerkräfte, Gelenkkraft, Schnittreaktionen

Lösung:

Gleichgewichtsbedingungen für die Teilsysteme (Bild S 3.51.2)

$$\uparrow\ : -F_{Av} + F_{Gv} - \frac{4}{5}F - F = 0$$

$$\rightarrow : F_{Ah} + F_{Gh} - \frac{3}{5}F = 0$$

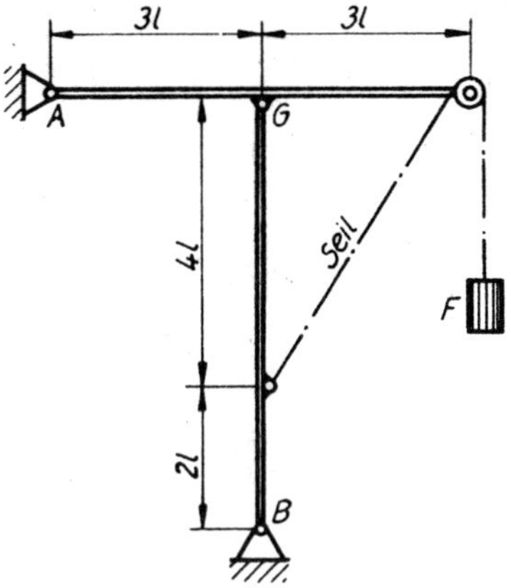

Bild S 3.51.1

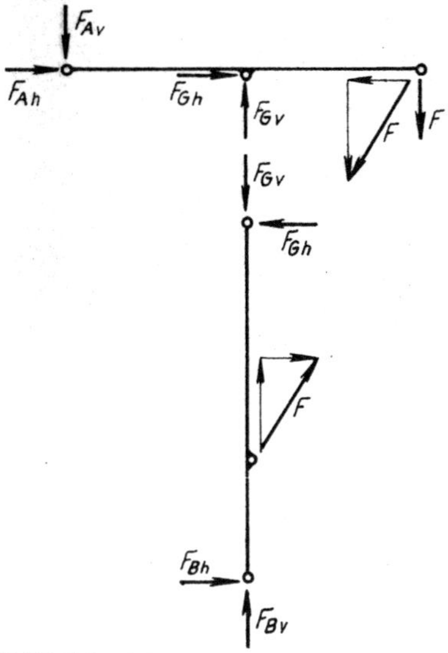

Bild S 3.51.2

$\curvearrowleft G\colon 3F_{Av}l - 3\left(\frac{4}{5} + 1\right) Fl = 0$

$\uparrow\ : -F_{\mathrm{Gv}} + \frac{4}{5} F + F_{B\mathrm{v}} = 0$

$\rightarrow : -F_{\mathrm{Gh}} + \frac{3}{5} F + F_{B\mathrm{h}} = 0$

$\curvearrowleft G\colon \frac{3}{5} F \cdot 4l + 6F_{B\mathrm{v}}l = 0$

Ergebnis:

$F_{A\mathrm{h}} = \frac{2}{5} F \qquad F_{B\mathrm{h}} = -\frac{2}{5} F \qquad F_{\mathrm{Gh}} = \frac{1}{5} F$

$F_{A\mathrm{v}} = \frac{9}{5} F \qquad F_{B\mathrm{v}} = \frac{14}{5} F \qquad F_{\mathrm{Gv}} = \frac{18}{5} F$

Schnittgrößen siehe Bilder S 3.51.3, S 3.51.4 und S 3.51.5

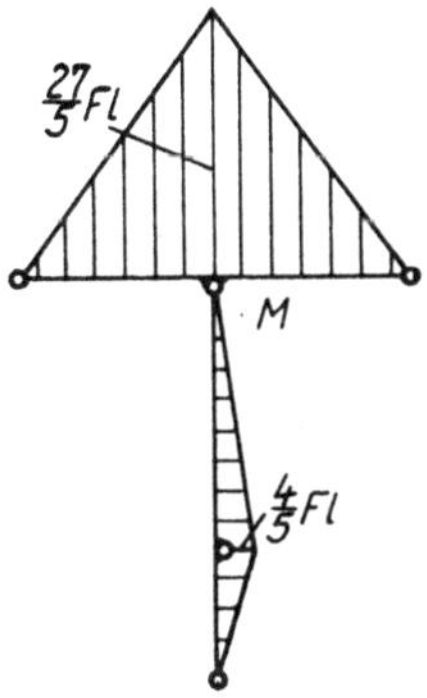

Bild S 3.51.3

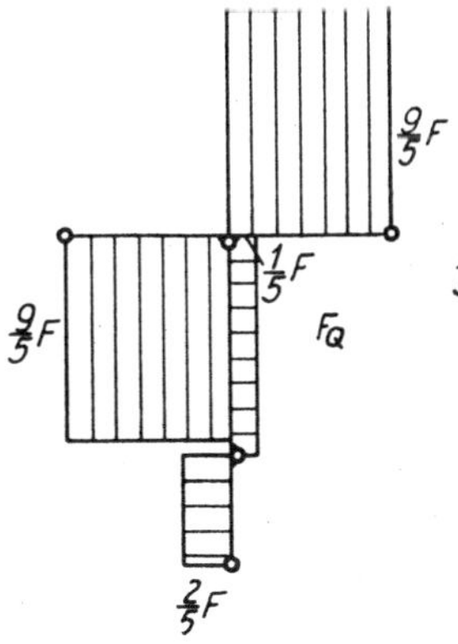

Bild S 3.51.4

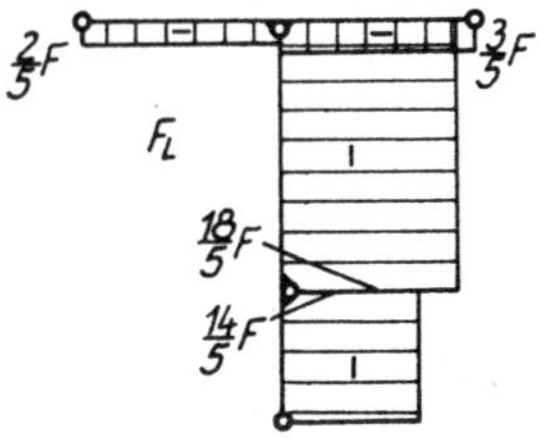

Bild S 3.51.5

3.4.4.3. Sprengwerk

Für das Sprengwerk in Bild S 3.52.1 sind gegeben

$$F, l, 12ql = F$$

Gesucht sind die Auflagerkräfte F_A und F_B, die Verbundgelenkkraft F_G und die Kräfte in den Stäben 1, 2, 3, 4, 5.

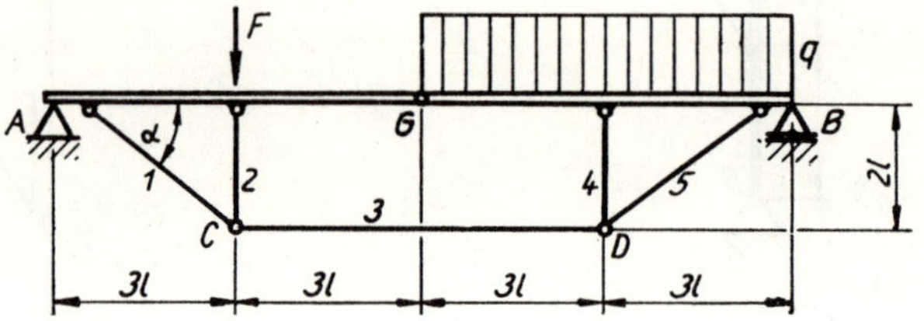

Bild S 3.52.1

Lösung:

Die Auflagerkräfte können aus den Gleichgewichtsbedingungen am Gesamtsystem sofort ermittelt werden (Bild S 3.52.2).

$$\uparrow\ : F_A - F - 6ql + F_B = 0$$

$$\circlearrowleft A: -3Fl - 6ql \cdot 9l + 12F_B l = 0$$

Wir erhalten

$$F_A = \frac{7}{8}\,F \qquad F_B = \frac{5}{8}\,F$$

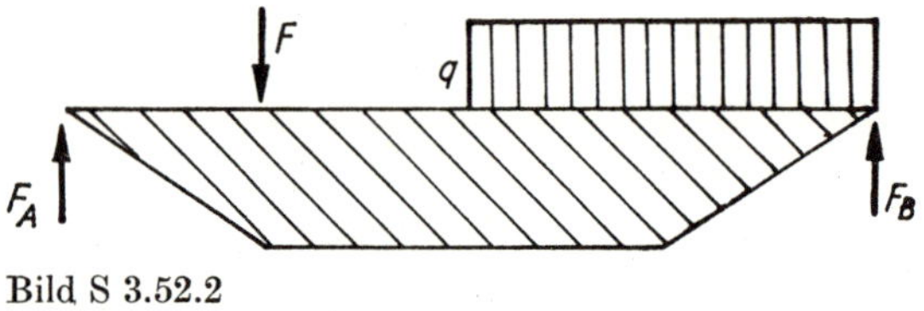

Bild S 3.52.2

Die Gelenkkraftkomponenten und die Stabkräfte erhält man durch Freischneiden von Teilsystemen. Ein geschlossener Schnitt durch das Gelenk und den Stab 3 setzt die Kräfte F_{Gv}, F_{Gh} und F_{S3} frei (Bild S 3.52.3), und aus den drei Gleichgewichtsbedingungen

$$\uparrow\ : F_A - F - F_{Gv} = 0$$

$$\rightarrow : F_{S3} + F_{Gh} = 0$$

$$\circlearrowleft G: -6F_A l + 3Fl + 2F_{S3} l = 0$$

erhalten wir

$$F_{Gh} = \frac{-9}{8}\,F \qquad F_{Gv} = -\frac{1}{8}\,F \qquad F_{S3} = \frac{9}{8}\,F$$

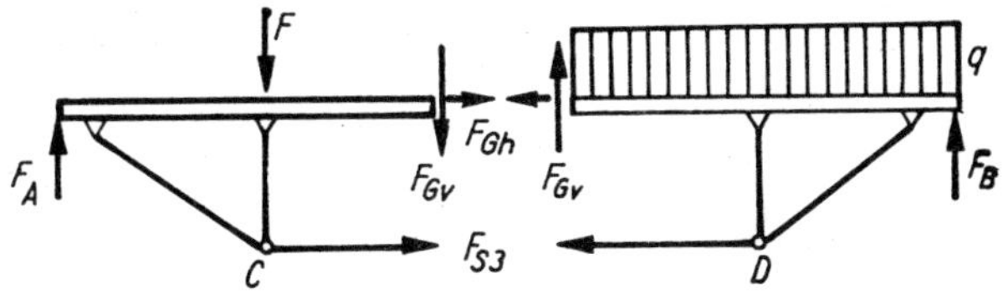

Bild S 3.52.3

Die Stabkräfte F_{S1}, F_{S2} bzw. F_{S4}, F_{S5} erhält man aus einer Kräftezerlegung an den Knotenpunkten C bzw. D (Bild S 3.52.4)

$$\uparrow \; : F_{S2} + F_{S1v} = 0$$

$$\rightarrow : F_{S3} - F_{S1h} = 0$$

Daraus folgt $F_{S1h} = F_{S3} = \dfrac{9}{8} F$

und mit der geometrischen Beziehung

$$\tan \varphi = \frac{2l}{3l} = \frac{F_{S1v}}{F_{S1h}}$$

$$F_{S1v} = \frac{2}{3} F_{S1h} = \frac{3}{4} F = -F_{S2}$$

Aus Symmetriegründen gilt

$$F_{S1} = F_{S5} = \sqrt{117} \frac{F}{8} \approx 1{,}35 \, F$$

$$F_{S2} = F_{S4} = -\frac{3}{4} F$$

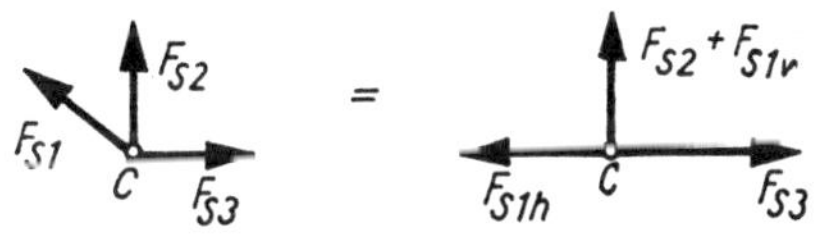

Bild S 3.52.4

3.4.5. Fachwerke

3.4.5.1. Bildungsgesetze für Fachwerke — Ausnahmefachwerke

Statisch bestimmte Fachwerke kann man auf folgende Arten erhalten:
1. Die Grundfigur des Fachwerkes ist das Dreieck (Bild S 3.53.1). Schließt man in zwei Knoten, z. B. in II und III, einen weiteren Knoten IV durch zwei Stäbe an, so ändert sich an der statischen Bestimmtheit nichts (Bild S 3.53.2). (Das gleiche gilt, wenn die Figur, von der man ausgeht, ein beliebiges stabiles Fachwerk ist.) So fortfahrend, kann das statisch bestimmte Fachwerk beliebig vergrößert werden.

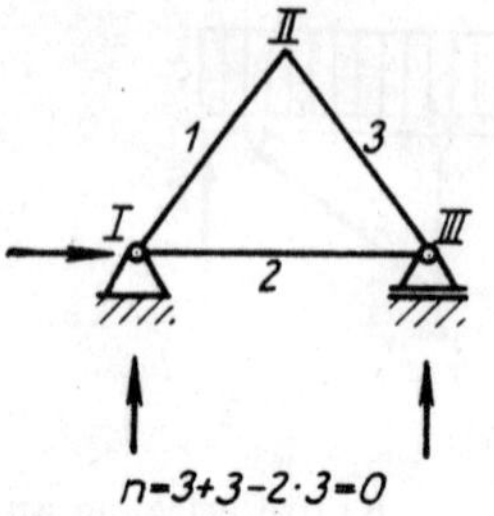

Bild S 3.53.1

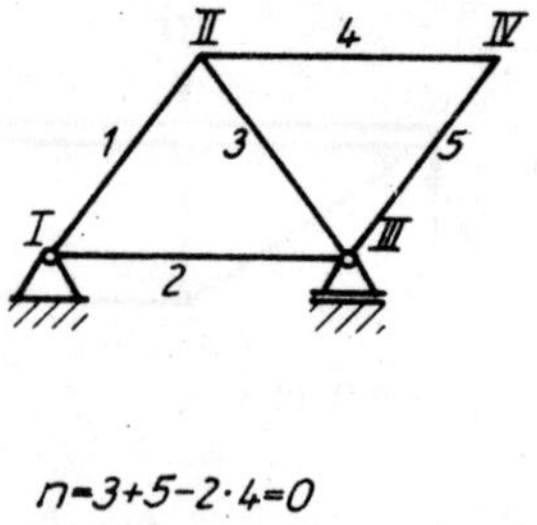

Bild S 3.53.2

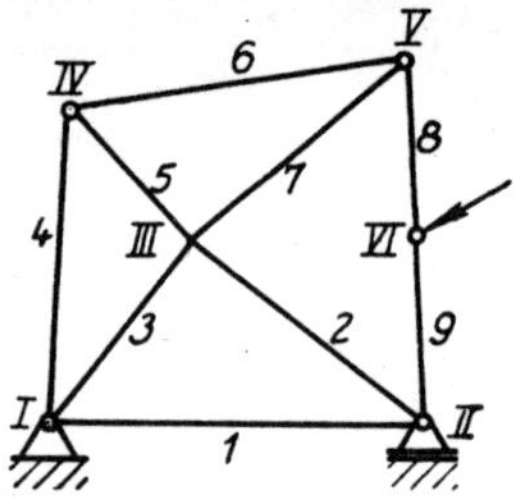

Bild S 3.54.1

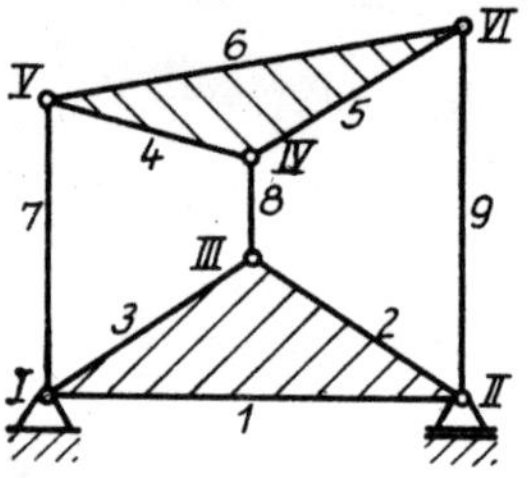

Bild S 3.54.2

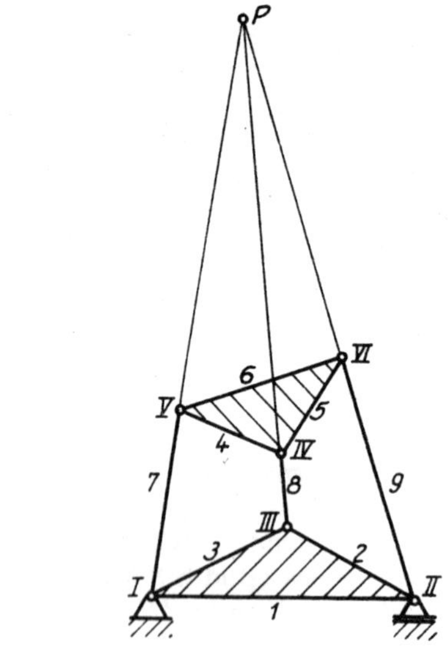

Bild S 3.54.3

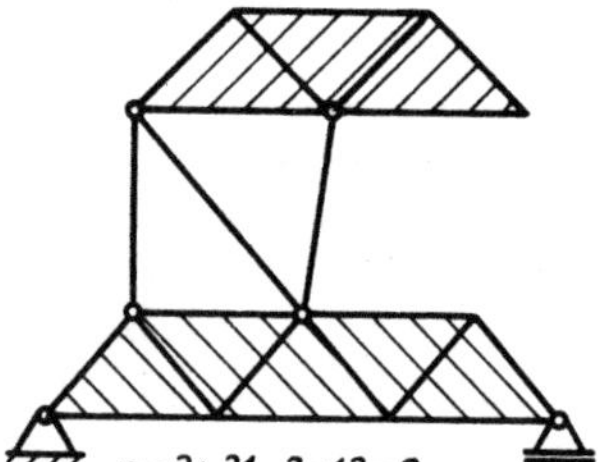

Bild S 3.54.4

Beachte: Wenn der neu anzuschließende Knoten, z. B. *VI* in Bild S 3.54.1, auf die Verbindungsgerade der beiden Knotenpunkte fällt, an die er angeschlossen werden soll, ist das Fachwerk im allgemeinen wegen der unendlich kleinen Beweglichkeit und der sehr großen Stabkräfte für praktische Zwecke unbrauchbar (vgl. Bild S 3.46). Die Fachwerke, bei denen die Abzählbedingung versagt, nennt man *Ausnahmefachwerke*.

2. Liegen zwei starre Scheiben vor, die durch Stäbe miteinander verbunden werden sollen, so sind nach Bild S 3.54.4 drei Stäbe zur Herstellung einer stabilen Verbindung nötig.

Beachte: Ausnahmefachwerke erhält man, wenn die drei Stäbe parallel sind oder ihre verlängerten Achsen in einem Punkt zusammenlaufen (Bilder S 3.54.2 und S 3.54.3). Die oberen Stabdreiecke können sich dabei um kleine Winkel um den „Pol“ *P* drehen (für Bild S 3.54.2 liegt der Pol im Unendlichen).

3. Entfernt man aus einem statisch bestimmten Fachwerk irgendeinen Stab, so wird das Fachwerk beweglich (Bild S 3.55). Es wird wieder stabil, wenn der Stab durch einen anderen, zwischen zwei beliebigen anderen Knoten liegenden ersetzt wird.

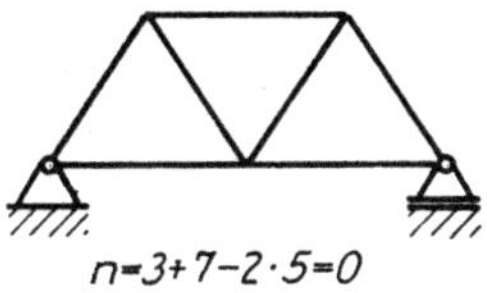

Bild S 3.55.1

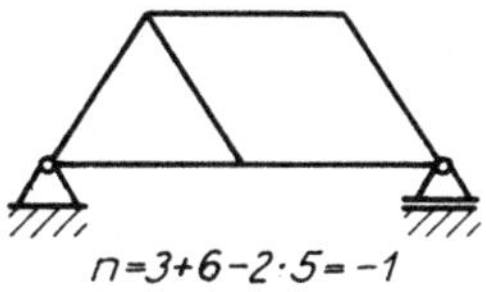

Bild S 3.55.2

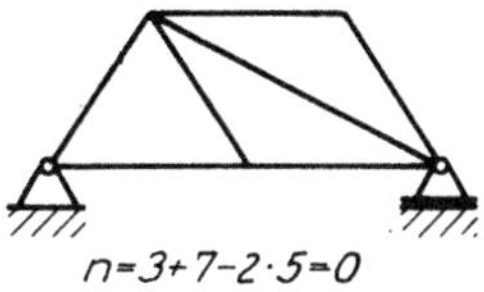

Bild S 3.55.3

Beachte: Der Ersatzstab darf nicht mit einem schon vorhandenen Stab zusammenfallen und dieselben Knoten verbinden. Außerdem darf er nicht so einbezogen werden, daß ein Ausnahmefachwerk oder ein statisch unbestimmtes Teilfachwerk entsteht.

3.4.5.2. Rechnerische Bestimmung der Stabkräfte (Schnittverfahren)

Beispiel 1:

Für das Fachwerk in Bild S 3.56.1, für das l und F gegeben sind, sollen die Kräfte in den Stäben 2, 3, 6, 9, 10, 11 und 13 bestimmt werden.

Lösung:

Zunächst wird das Fachwerk als starre Scheibe aufgefaßt (Bild S 3.56.2). Das Kräftegleichgewicht lautet:

$$\uparrow: \; F_A - 3F + F_B = 0$$

Da die eingeprägten Kräfte symmetrisch zur Achse $III-VI$ angreifen, müssen die Reaktionskräfte auch symmetrisch dazu sein, d. h., daß

$$F_A = F_B$$

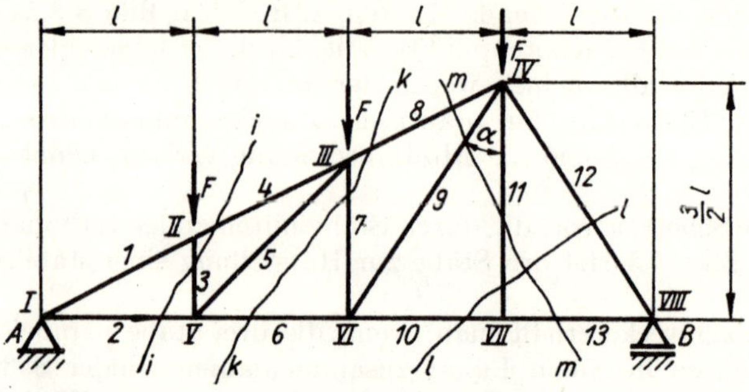

Bild S 3.56.1

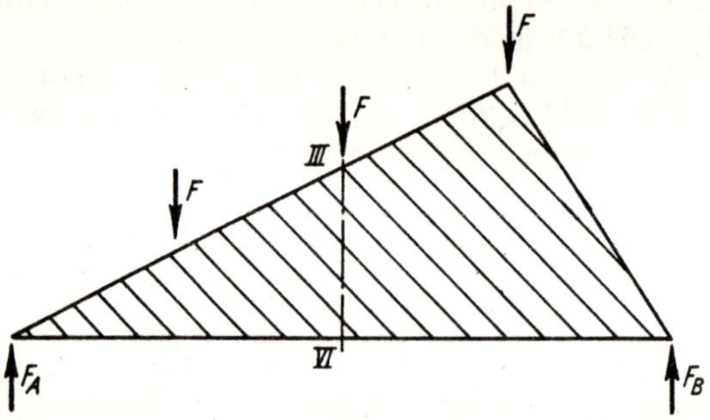

Bild S 3.56.2

ist. Aus diesen beiden Gleichungen erhält man

$$F_A = F_B = \frac{3}{2}\,F$$

Das Schnittverfahren ist analog 3.3. anzuwenden: Durch einen Schnitt zerlegt man das Fachwerk in zwei Teile. Dabei werden drei Stäbe, von denen höchstens zwei parallel sein oder in einem Knoten zusammenlaufen dürfen, geschnitten. Die Kräfte in diesen Stäben kann man mit Hilfe der Gleichgewichtsbetrachtungen an dem einen oder dem anderen abgeschnittenen Teil ermitteln. Aus dem Momentengleichgewicht um den Schnittpunkt der Wirkungslinien zweier Stabkräfte folgt sofort die dritte Stabkraft.

Schnitt i—i (Bilder S 3.56.1 und S 3.56.3):

$$\curvearrowleft II\colon -F_A l + \frac{1}{2}\,F_{S2} l = 0 \qquad F_{S2} = 3F$$

$$\curvearrowleft I\colon -Fl - F_{S3} l = 0 \qquad F_{S3} = -F$$

Schnitt k—k (Bilder S 3.56.1 und S 3.56.4):

$$\curvearrowleft III\colon -F_{S6} l - Fl + 2F_B l = 0 \qquad F_{S6} = 2F$$

Schnitt l—l (Bilder S 3.56.1 und S 3.56.5):

$$\curvearrowleft IV\colon -\frac{3}{2}\,F_{S10} l + F_B l = 0 \qquad \curvearrowleft VIII\colon -F_{S11} l = 0$$

$$F_{S10} = F \qquad F_{S11} = 0$$

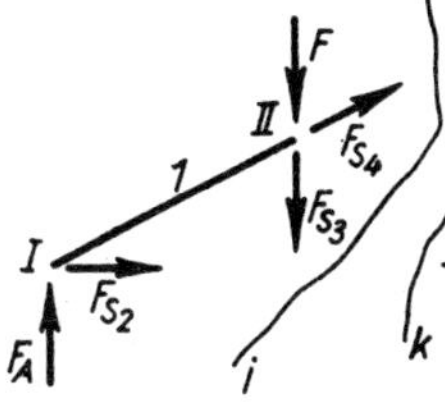

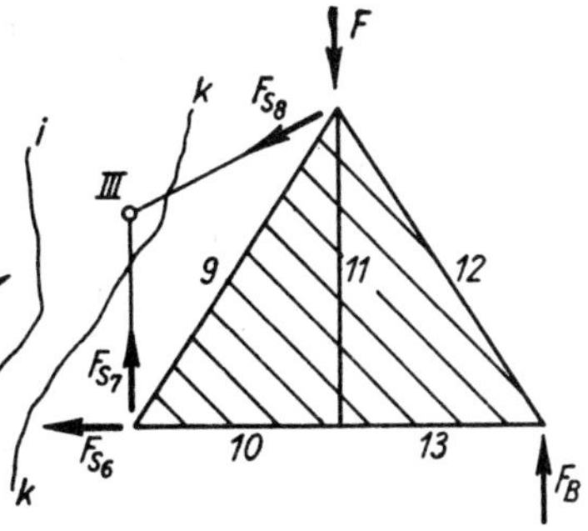

Bild S 3.56.3 Bild S 3.56.4

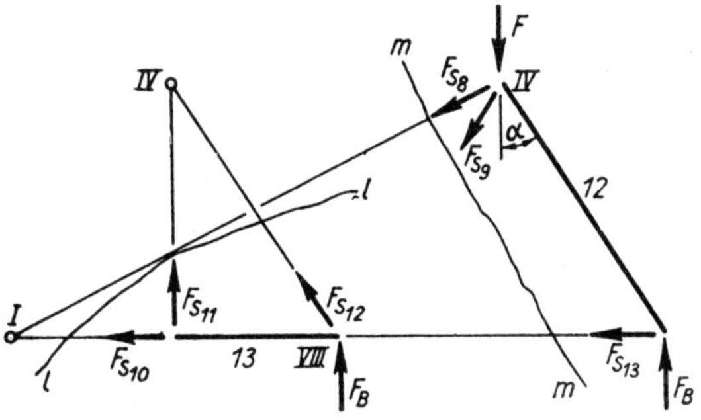

Bild S 3.56.5

Schnitt $m-m$ (Bilder S 3.56.1 und S 3.56.5):

$$\curvearrowleft I: \frac{3}{2} F_{S9h}l - 3Fl - 3F_{S9v}l + 4F_Bl = 0$$

mit

$$\sin\alpha = \frac{F_{S9h}}{F_{S9}} = \frac{l}{\frac{1}{2}\sqrt{13}\,l}$$

$$\cos\alpha = \frac{F_{S9v}}{F_{S9}} = \frac{\frac{3}{2}\,l}{\frac{1}{2}\sqrt{13}\,l}$$

$$F_{S9} = \frac{1}{2}\sqrt{13}\,F$$

$$\curvearrowleft IV: -\frac{3}{2} F_{S13}l + F_Bl = 0 \Rightarrow F_{S13} = F$$

Der Stab 11 ist ein *Nullstab*. Das kann ohne vorherige Rechnung sofort gesehen werden: Löst man den Knoten *VII* aus dem Fachwerk in Bild S 3.56.1 durch einen Rundschnitt heraus (Bild S 3.57), so liefert die Bedingung für das Gleichgewicht der vertikalen Kräfte $F_{S11} = 0$.

Allgemein gilt: Wird an zwei fluchtenden Stäben ein dritter Stab in einem von Null verschiedenen Winkel zur Fluchtlinie angeschlossen, dann ist dieser Stab bei einem von äußeren Kräften freien Knoten ein Nullstab.

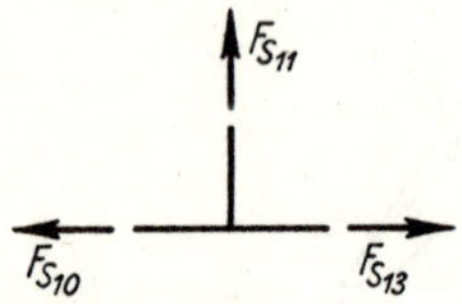

Bild S 3.57

Beispiel 2:

Gegeben: F, l (Bild S 3.58.1)
Gesucht: Auflagerkräfte, Stabkräfte (Der Durchmesser der Rollen ist zu vernachlässigen)

Lösung:

Gleichgewichtsbedingungen am starren Gesamtsystem (Bild S 3.58.2):

$$\uparrow\ : F_{A\text{v}} - \frac{1}{2}\sqrt{3}\,F - F = 0$$

$$\rightarrow : F_{A\text{h}} - F_{S6} - \frac{1}{2}\,F + F - F = 0$$

$$\curvearrowleft A: \left(F_{S6} + \frac{1}{2}\,F\right)\left(1 + \sqrt{3}\right) l - F\left(1 + \sqrt{3}\right) l = 0$$

Auflager:

$$F_{A\text{h}} = F \qquad F_{A\text{v}} = \left(1 + \frac{1}{2}\sqrt{3}\right) F \qquad F_{S6} = \frac{1}{2}\,F$$

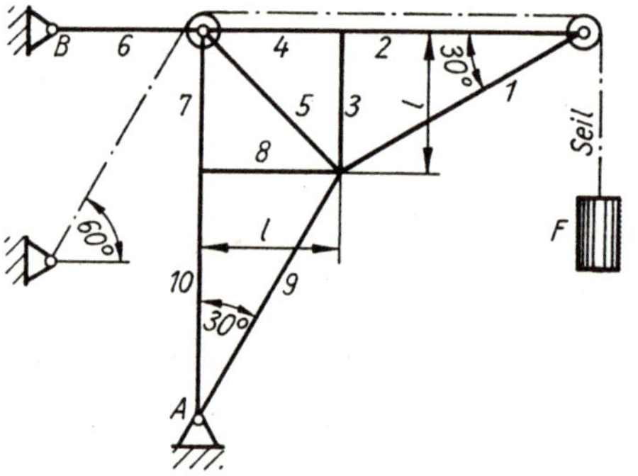

Bild S 3.58.1

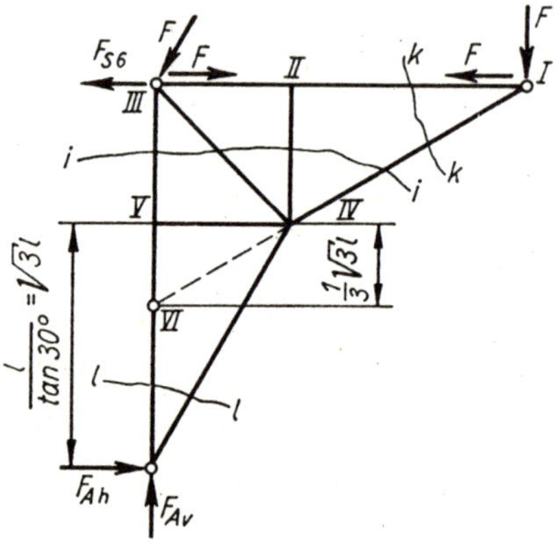

Bild S 3.58.2

Nullstäbe:

$$F_{S3} = F_{S8} = 0$$

folgt aus Kräftegleichgewicht an den unbelasteten Knoten *II* und *V*

Damit:

$$F_{S2} = F_{S4} \qquad F_{S6} = F_{S10}$$

Schnitt *i—i*:

$$\curvearrowleft IV: \sqrt{3}\, F_{Ah} l - F_{Av} l - F_{S7} l = 0$$

$$\curvearrowleft III: F_{Ah}(1 + \sqrt{3})\, l + \frac{1}{2} F_{S1} l + \frac{1}{2} \sqrt{3}\, F_{S1} l = 0$$

$$\curvearrowleft VI: \frac{2}{3} \sqrt{3}\, F_{Ah} l + \frac{1}{2} \sqrt{2}\, F_{S5} l + \frac{1}{2} \sqrt{2}\, F_{S5} \frac{1}{3} \sqrt{3}\, l = 0$$

$$F_{S7} = -\left(1 - \frac{1}{2}\sqrt{3}\right) F \qquad F_{S1} = -2F \qquad F_{S5} = -\sqrt{2}\left(\sqrt{3} - 1\right) F$$

Schnitt *k—k*:

$$\curvearrowleft IV: Fl - \sqrt{3}\, Fl + F_{S2} l = 0$$

$$F_{S2} = \left(\sqrt{3} - 1\right) F$$

Schnitt *l—l*:

$$\curvearrowleft V: \sqrt{3}\, F_{Ah} l + \frac{1}{2} \sqrt{3}\, F_{S9} l = 0$$

$$F_{S9} = -2F$$

3.4.5.3. Grafische Bestimmung der Stabkräfte (Cremona-Plan)

Für jeden Fachwerkknoten werden Gleichgewichtsbetrachtungen angestellt. Dabei können beliebig viele an einem Knoten angreifende Stabkräfte bekannt, aber höchstens zwei unbekannt sein. Wenn man alle Knoten im Lageplan in dem gleichen Sinn umläuft (es wird der Uhrzeigersinn gewählt) und in der Reihenfolge der dabei berührten Stäbe die entsprechenden Stabkräfte im Kräfteplan anträgt, vereinigen sich alle Knotenkraftecke zu einem einzigen Kräfteplan, dem *Cremona*-Plan.
Greift eine eingeprägte Kraft an einem Knoten an, in dem nur zwei Stäbe zusammenlaufen, so wird die *Cremona*-Konstruktion sofort in diesem Knoten begonnen. Ist das nicht der Fall, wirkt aber eine Auflagerkraft auf einen zweistäbigen Fachwerkknoten, so bildet dieser Knoten den Ausgangspunkt des *Cremona*-Planes. Dazu müssen die Auflagerkräfte vorher analytisch oder grafisch ermittelt werden. Sind alle von äußeren Kräften belasteten Knoten drei- oder mehrstäbig oder kommt man mit der *Cremona*-Konstruktion im Innern des Fachwerks plötzlich nicht weiter,

weil an allen folgenden Knoten jeweils mehr als zwei Stabkräfte unbekannt sind, so muß man mit Hilfe des Schnittverfahrens eine für die Fortsetzung der Konstruktion günstige Stabkraft bestimmen. Ob man mit der *Cremona*-Konstruktion durch ein Fachwerk *hindurchkommt*, überlegt man sich aber, bevor man mit der Konstruktion beginnt.

Beispiel 1:

Für das Fachwerk aus zwei gleichseitigen Dreiecken in Bild S 3.59.1 ist F gegeben. Gesucht sind die Auflager- und Stabkräfte.
In der Knotenreihenfolge $II-I-III-IV$ oder $II-I-IV-III$ kommt man durch das Fachwerk hindurch. Die Kraft F wird in einem beliebigen Maßstab gezeichnet (Bild S 3.59.3). Die Stabkräfte F_{S5}, F_{S4} in dieser Reihenfolge an F angetragen, müssen das Krafteck schließen. Da die Kräfte F, F_{S5}, F_{S4} am Knoten II im Gleichgewicht stehen, müssen sie im Krafteck den gleichen Umlaufsinn ergeben. Daraus ergeben sich die mit * bezeichneten Pfeilspitzen von F_{S5}, F_{S4} und damit ihre Richtungen (z. B. entspricht die „Strecke 5“ im Kräfteplan dem „Stab 5“ im Lageplan. Da der Stab 5 mit seinem rechten oberen Ende am Knoten II angeschlossen ist, wird die zu „5“ gehörende Pfeilspitze mit * auch am rechten oberen Ende der Linie 5 im Kräfteplan eingetragen). Die Pfeilspitzen werden in den Lageplan (Bild S 3.59.2) übertragen. Nach dem Wechselwirkungsgesetz sind die Richtungen der Stabkräfte an den anderen Knoten (I bzw. IV) im Lageplan und damit an den anderen Enden der Linien im Kräfteplan umzukehren (Pfeilspitzen ohne *). Auf diese Weise entstehen die Symbole für Zug- und Druckkräfte. Der weitere Verlauf der Konstruktion ist aus Bild S 3.59 zu ersehen. Die äußeren Kräfte bilden ein gemeinsames Krafteck.

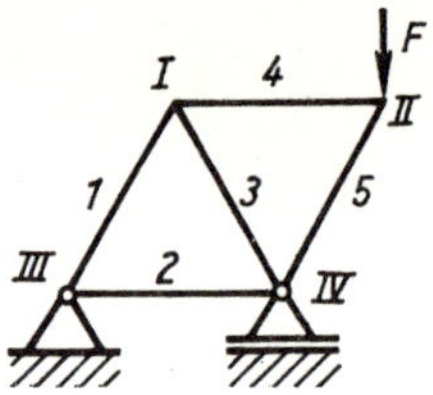

Bild S 3.59.1

Ergebnisse:

$$F_{S1} = 0{,}625F \qquad F_{S4} = 0{,}750F \qquad F_A = 0{,}500F$$

$$F_{S2} = -0{,}375F \qquad F_{S5} = -1{,}250F \qquad F_B = 1{,}500F$$

$$F_{S3} = -0{,}625F$$

Kontrolle:

Zwischen Trägersystem, dazu sollen auch die Wirkungslinien der am Fachwerk angreifenden äußeren Kräfte gerechnet werden, und Kräfteplan bestehen geometrische Zusammenhänge:

a) Zu jeder Linie des Trägersystems gehört eine ihr parallele im Kräfteplan und umgekehrt.
b) Jedem Knotenpunkt des Fachwerks entspricht ein Polygon (Krafteck) im Kräfteplan und umgekehrt, jedem Eckpunkt im Kräfteplan ein Polygon im Trägersystem. Das ist auch bei den Eckpunkten des Kräfteplanes der Fall, in denen zwei äußere Kräfte und eine oder mehrere Stabkräfte zusammentreffen. Das Polygon im Lageplan besteht dann aus den Wirkungslinien der betreffenden äußeren Kräfte und den zwischen ihnen liegenden Stabachsen. Das Polygon

kann man sich dadurch, daß man die Wirkungslinien der äußeren Kräfte bis zum Schnitt verlängert, geschlossen denken.
Zwei Figuren, die zueinander in einem derartigen geometrischen Verhältnis stehen, bezeichnet man als *reziprok*.
Im Bild S 3.59 entsprechen die Eckpunkte *a, b, c, d, e* im Kräfteplan den Polygonen *a, b, c, d* bzw. *e* im Lageplan. Dies kann man als Kontrolle benutzen.

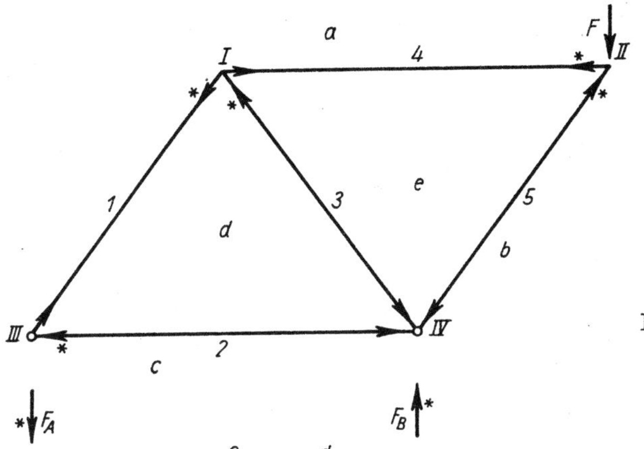

Bild S 3.59.2

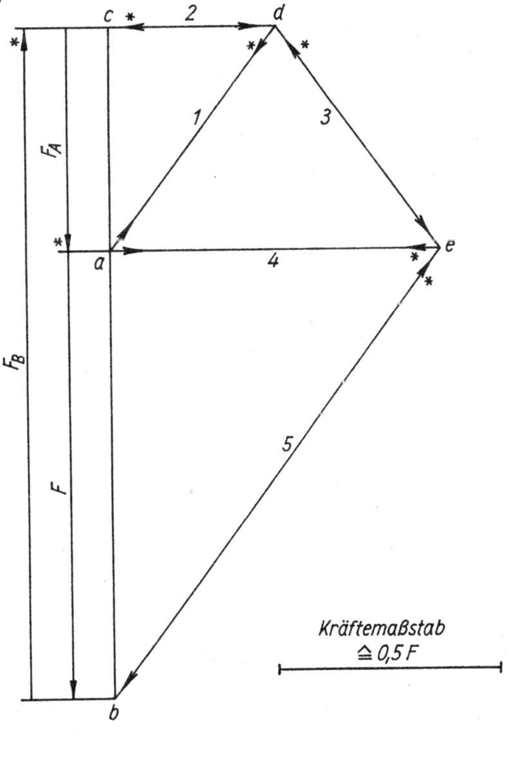

Bild S 3.59.3

Beispiel 2:

Das *Cremona*-Verfahren kann für das Fachwerk in Bild S 3.60.1 nur angewendet werden, wenn vorher eine Stabkraft z. B. nach dem Schnittverfahren ermittelt wird. Dazu benötigt man die Auflagerkräfte. Die Gleichgewichtsbedingungen für Bild S 3.60.2

$$\uparrow\ : -F_{Av} + F_B = 0$$

$$\rightarrow : -F_{Ah} + 2F + F = 0$$

$$\curvearrowleft A: -4Fl - 3Fl + 4F_B l = 0$$

liefern

$$F_{Ah} = 3F \qquad F_{Av} = \frac{7}{4}\,F \qquad F_B = \frac{7}{4}\,F$$

Aus Bild S 3.60.3 erhält man für das durch den Schnitt i—i (Bild S 3.60.1) rechts abgeschnittene Teil

$$\curvearrowleft V: F_{S8}l + 2F_B l = 0$$

und daraus

$$F_{S8} = -\frac{7}{2}\,F$$

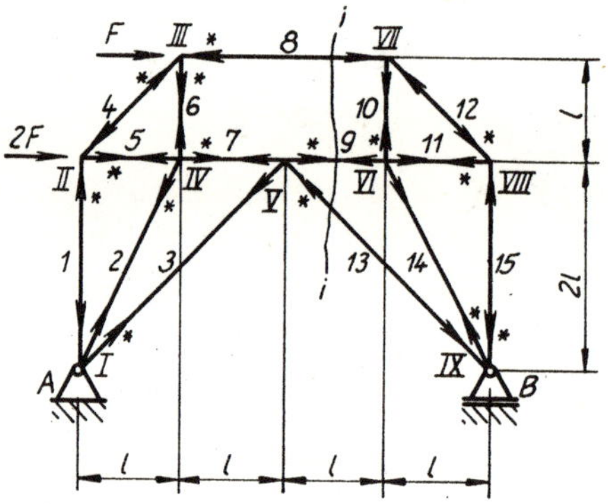

Bild S 3.60.1

Mit der *Cremona*-Konstruktion kann jetzt z. B. am Knoten

III: Krafteck F, 8*, 6*, 4* (Bild S 3.60.4)

begonnen und über die Knoten

II: Krafteck $2F$, 4, 5*, 1*
IV: Krafteck 5, 6, 7*, 2*
I: Krafteck F_{Av}, F_{Ah}, 1, 2, 3*
V: Krafteck 3, 7, 9*, 13*
IX: Krafteck F_B, 13, 14*, 15*
VIII: Krafteck 15, 11*, 12*
VI: Krafteck 11, 14, 9, 10*
VII: Krafteck 12, 10, 8

gegangen werden.

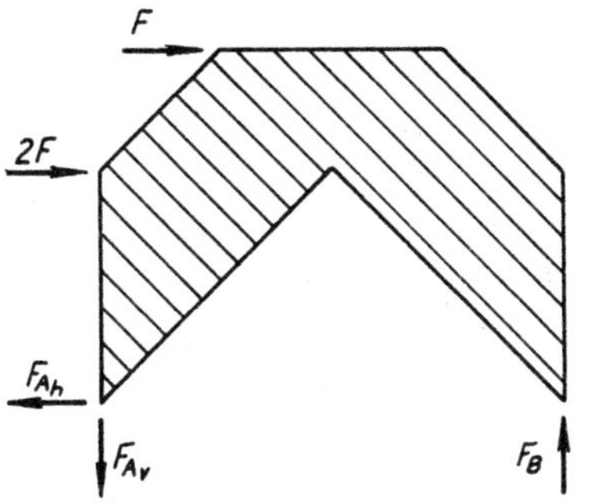

Bild S 3.60.2

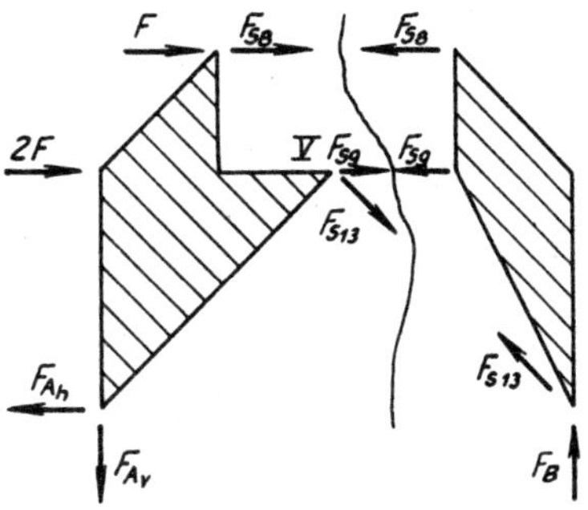

Bild S 3.60.3

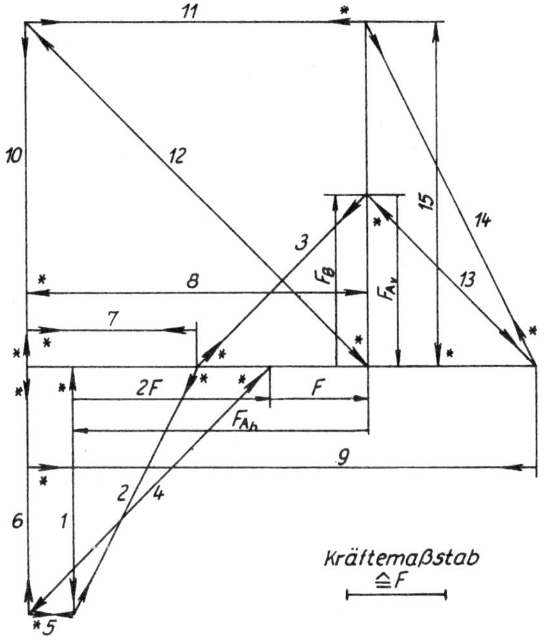

Bild S 3.60.4

Ergebnis:

$F_{S1} = -2{,}50F$	$F_{S5} = 0{,}50F$	$F_{S10} = 3{,}50F$	$F_{S14} = 3{,}91F$
$F_{S2} = 2{,}79F$	$F_{S6} = 2{,}50F$	$F_{S11} = 3{,}50F$	$F_{S15} = -3{,}50F$
$F_{S3} = 2{,}47F$	$F_{S7} = 1{,}75F$	$F_{S12} = -4{,}95F$	
$F_{S4} = -3{,}53F$	$F_{S9} = 5{,}25F$	$F_{S13} = -2{,}47F$	

3.4.5.4.* Weitere Lösungsverfahren

Fachwerke, bei denen der *Cremona*-Plan erst gezeichnet werden kann, nachdem vorher die Auflagerkräfte oder auch einzelne Stabkräfte mit einem anderen Verfahren bestimmt worden sind, nennt man auch Fachwerke mit nicht einfachem Aufbau. Nun gibt es auch (statisch bestimmte) *Fachwerke mit nicht einfachem Aufbau,* bei denen die unter 3.4.5.2. und 3.4.5.3. aufgeführten Lösungsverfahren versagen (Bild S 3.61.1).

Gegeben: $F = 10^4$ N
$\alpha = 30°$
l

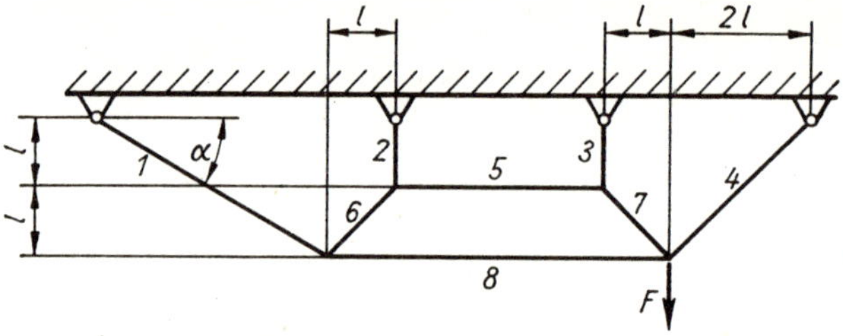

Bild S 3.61.1

3.4.5.4.1. Methode der Stabvertauschung

Ein Kräfteplan kann weder durch Zerlegung der Kraft F noch von den (unbekannten) Auflagern aus gezeichnet werden. Man nimmt deshalb einen Stab heraus und setzt den „Ersatzstab" so wieder ein, daß ein statisch bestimmtes Fachwerk entsteht, für das sich ein *Cremona*-Plan zeichnen läßt. Dann nimmt man die äußere Last (F) weg, bringt für den herausgenommenen Stab eine Kraft auf und zeichnet einen weiteren *Cremona*-Plan. Beide Pläne überlagert man so, daß die „Ersatzstabkraft" Null wird.

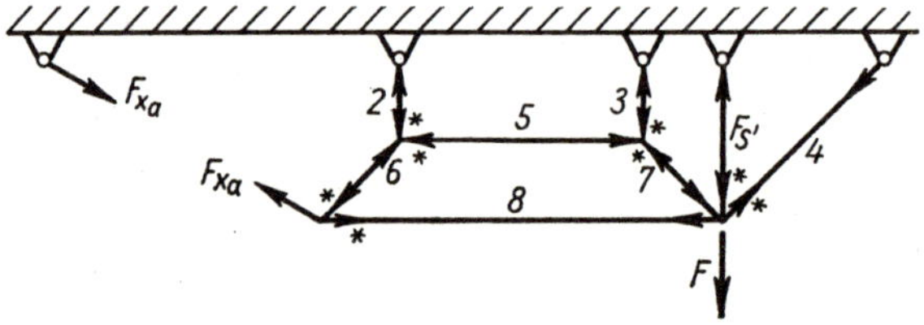

Bild S 3.61.2

Der Stab 1 wird z. B. entfernt. Dafür wird der Ersatzstab $F_{S'}$, z. B. an der in Bild S 3.61.2 angegebenen Stelle, eingezogen. Nun werden für eine Belastung des neuen Fachwerks nur durch F ($F_{xa} = 0$) die Stabkräfte F_{S0i} und für eine Belastung nur durch $F_{xa} = 10^4$ N ($F = 0$) die Stabkräfte F_{Sai} ermittelt (Bild S 3.61.3 und Tabelle).

Die wirklichen Stabkräfte folgen zu

$$F_{Si} = F_{S0i} + xF_{Sai} \tag{3.9}$$

Die unbekannte Größe x erhält man aus der Bedingung

$$F_{S'} = 0 = F_{S0'} + xF_{Sa'} = F - 0{,}366x$$

zu

$$x = \frac{F}{0{,}366} = 2{,}732F$$

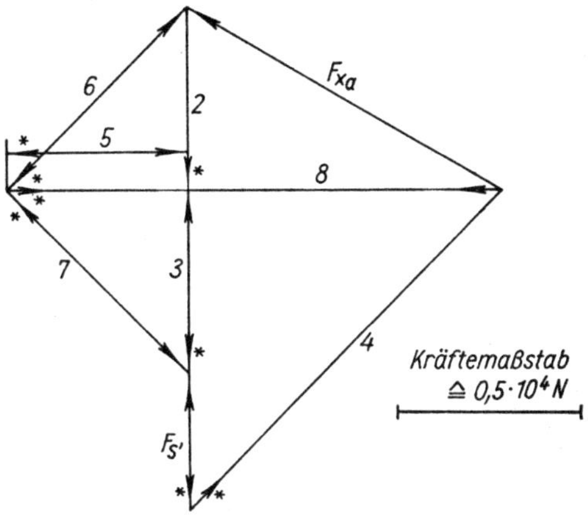

Bild S 3.61.3

i	Stabkräfte F_{S0i} in 10^4 N bei Belastung durch $F = 10^4$ N	F_{Sai} in 10^4 N bei Belastung durch $F_{xa} = 10^4$ N	F_{Si} in 10^4 N
1	0	1,000	2,732
2	0	−0,500	−1,366
3	0	−0,500	−1,366
4	0	1,225	3,346
5	0	−0,500	−1,366
6	0	−0,707	−1,932
7	0	−0,707	−1,932
8	0	1,366	3,732
S′	1	−0,366	0

3.4.5.4.2. Verfahren des unbestimmten Maßstabes

Das Problem wird von innen gelöst. Man beginnt den *Cremona*-Plan mit einer (unbekannten) Stabkraft zu zeichnen und bestimmt am Schluß den Kräftemaßstab.

Man beginnt z. B. mit Stab 5 und zeichnet den *Cremona*-Plan (Bilder S 3.62.1 und S 3.62.2). Am Schluß der Konstruktion wird die Strecke $F_a = 10^4$ N (gegeben $F = 10^4$ N) gesetzt und damit der Kräftemaßstab festgelegt. Außerdem müssen alle Stabkräfte ihr Vorzeichen wechseln, weil die wirkliche Kraft F anders gerichtet ist.

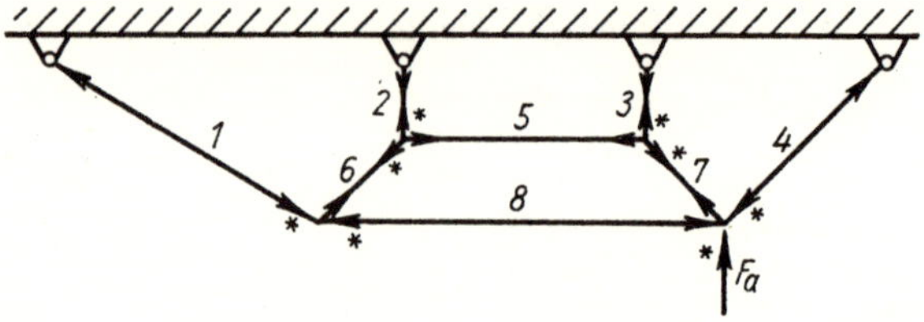

Bild S 3.62.1

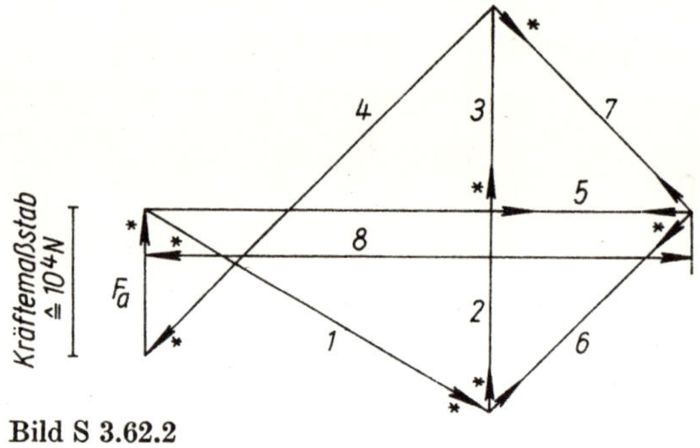

Bild S 3.62.2

i	F_{Si} in 10^4 N
1	2,732
2	–1,366
3	–1,366
4	3,346
5	–1,366
6	–1,932
7	–1,932
8	3,732

3.4.5.4.3. Doppelschnittverfahren

Durch die Schnitte i—i und k—k (Bild S 3.63.1) entstehen zwei Scheiben, an denen sechs unbekannte Stabkräfte angreifen (Bild S 3.63.2). Für jede Scheibe können drei Gleichgewichtsbedingungen aufgestellt werden, so daß die Aufgabe gelöst werden kann.

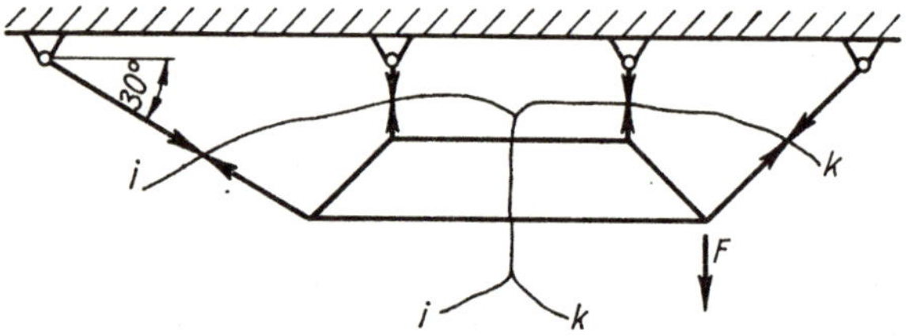

Bild S 3.63.1

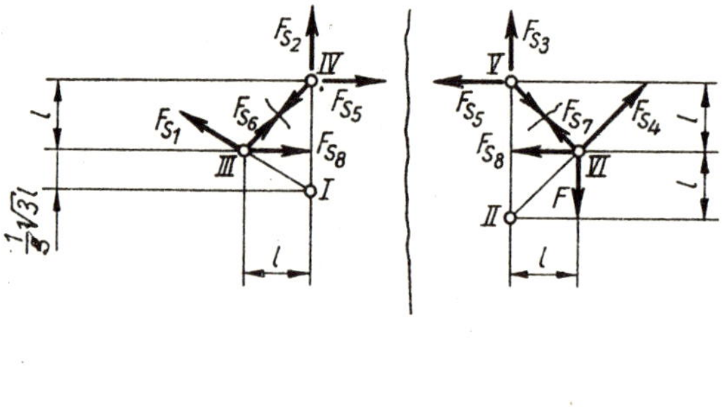

Bild S 3.63.2

$$\curvearrowleft I \; : -F_{S5}\left(1 + \frac{1}{3}\sqrt{3}\right) l - F_{S8}\,\frac{1}{3}\sqrt{3}\,l = 0$$

$$\curvearrowleft II \; : F_{S5}2l + F_{S8}l - Fl = 0$$

$$F_{S5} = -\frac{1}{2}\left(1 + \sqrt{3}\right) F = -1{,}366 \cdot 10^4 \text{ N}$$

$$F_{S8} = \left(2 + \sqrt{3}\right) F = 3{,}732 \cdot 10^4 \text{ N}$$

$$\curvearrowleft III: -F_{S5}l + F_{S2}l = 0$$

$$\curvearrowleft IV \; : F_{S8}l - \frac{1}{2}\,F_{S1}l - \frac{1}{2}\sqrt{3}\,F_{S1}l = 0$$

$$\curvearrowleft V \; : -F_{S8}l - Fl + F_{S4}\sqrt{2}l = 0$$

$$\curvearrowleft VI \; : F_{S5}l - F_{S3}l = 0$$

$$IV\rightarrow: F_{S5} - \frac{1}{2}\sqrt{2}\,F_{S6} = 0$$

$$V\rightarrow: -F_{S5} + \frac{1}{2}\sqrt{2}\,F_{S7} = 0$$

$$F_{S1} = \left(1 + \sqrt{3}\right) F = 2{,}732 \cdot 10^4 \text{ N}$$

$$F_{S2} = -\frac{1}{2}\left(1 + \sqrt{3}\right) F = -1{,}366 \cdot 10^4 \text{ N}$$

$$F_{S3} = -\frac{1}{2}\left(1 + \sqrt{3}\right) F = -1{,}366 \cdot 10^4 \text{ N}$$

$$F_{S4} = \frac{1}{2}\sqrt{2}\left(3 + \sqrt{3}\right) F = 3{,}346 \cdot 10^4 \text{ N}$$

$$F_{S6} = -\frac{1}{2}\sqrt{2}\left(1 + \sqrt{3}\right) F = -1{,}932 \cdot 10^4 \text{ N}$$

$$F_{S7} = -\frac{1}{2}\sqrt{2}\left(1 + \sqrt{3}\right) F = -1{,}932 \cdot 10^4 \text{ N}$$

3.4.6.* Seile und Ketten

Seile und Ketten sind biegeschlaffe Tragelemente, die nur in ihrer Längsrichtung Kräfte übertragen können. Für ein Seil, das nur durch sein Eigengewicht (q in N/mm) belastet ist, sollen die Kräfte im Seil und der Seildurchhang berechnet werden.

Aus einem Seil der Länge L, das zwischen den Punkten *1* und *2* (Bild S 3.64.1) befestigt ist, schneiden wir ein kleines Element der Länge ds heraus und schreiben das Kräftegleichgewicht an (Bild S 3.65).

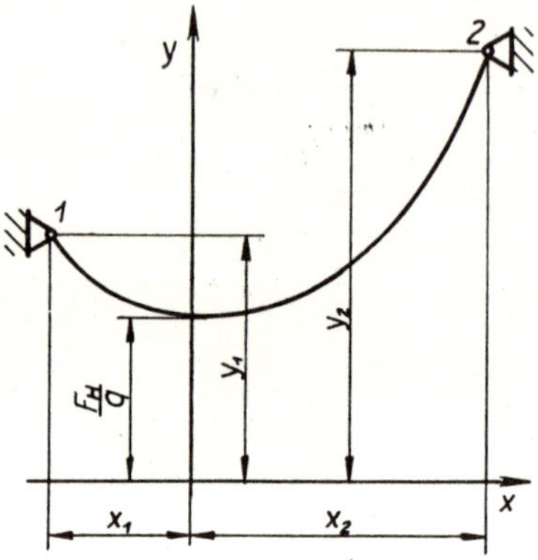

Bild S 3.64.1

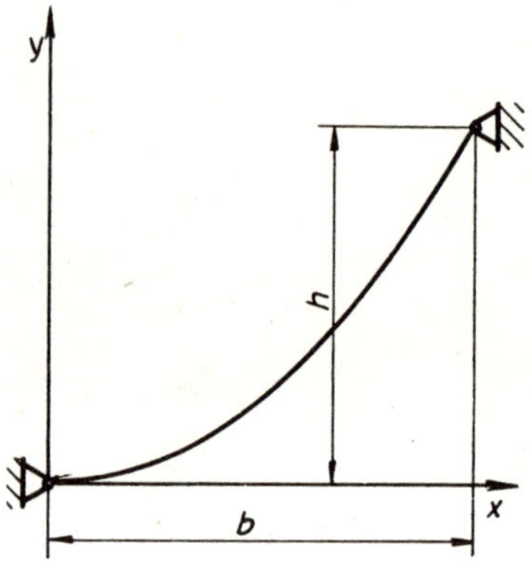

Bild S 3.64.2

(Während wir bisher die Gleichgewichtsbedingungen am gesamten Tragwerk oder aber zumindest an endlichen Teilen aufgestellt haben, müssen wir hier zum differentiell kleinen Element übergehen, weil wir den Verlauf der Seilkurve [$y(x)$] und damit die Lastverteilung nicht kennen [s. a. S. 51].)

$$\uparrow\ : -F_V - q\,ds + F_V + dF_V = 0$$

$$\rightarrow: -F_H + F_H + dF_H = 0 \tag{3.10}$$

Hieraus ergibt sich

$$F_H = \text{konst.} \qquad \frac{dF_V}{ds} = q \tag{3.11}$$

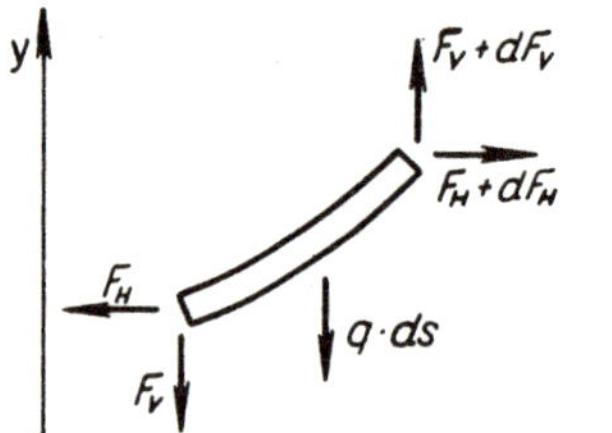

Bild S 3.65

Zwischen der Vertikalkraft F_V, der Horizontalkraft F_H und der Seilkraft F_S einerseits und den Längenelementen dy, dx und ds andererseits existieren die Beziehungen

$$\frac{F_V}{F_H} = \frac{dy}{dx} = \tan\varphi = y' \qquad F_S = \sqrt{F_H^2 + F_V^2} = F_H\sqrt{1 + y'^2}$$

$$ds = \sqrt{dx^2 + dy^2} = dx\sqrt{1 + y'^2} \tag{3.12}$$

Mit (3.11) und (3.12) ergibt sich

$$\frac{\mathrm{d}F_{\mathrm{V}}}{\mathrm{d}x} = q\sqrt{1 + y'^2} = F_{\mathrm{H}}y'' \tag{3.13}$$

Zur Bestimmung des Durchhanges erhalten wir somit die folgende nichtlineare Differentialgleichung 2. Ordnung:

$$y'' = \frac{q}{F_{\mathrm{H}}}\sqrt{1 + y'^2} \tag{3.14}$$

Zur Lösung führt man ein $y' = p$ und $y'' = p' = \frac{\mathrm{d}p}{\mathrm{d}x}$, so daß (3.14) übergeht in

$$\frac{q}{F_{\mathrm{H}}}\,\mathrm{d}x = \frac{\mathrm{d}p}{\sqrt{1 + p^2}} \tag{3.15}$$

Nach der Integration erhält man

$$\frac{q}{F_{\mathrm{H}}}(x - x_0) = \operatorname{arsinh} p$$

bzw.

$$p = \sinh \frac{q}{F_{\mathrm{H}}}(x - x_0) = y' = \frac{\mathrm{d}y}{\mathrm{d}x} \tag{3.16}$$

und schließlich nach nochmaliger Integration

$$y - y_0 = \frac{F_{\mathrm{H}}}{q}\cosh \frac{q}{F_{\mathrm{H}}}(x - x_0) \tag{3.17}$$

Die Integrationskonstanten x_0 und y_0 hängen von der Lage des Koordinatensystems ab. Es ist zweckmäßig, die Ordinate durch den tiefsten Punkt der Seilkurve zu legen, so daß dort gilt $y' = 0$. Daraus folgt aber $x_0 = 0$. Setzt man noch $y_0 = 0$, so ergibt sich anstelle (3.17)

$$y = \frac{F_{\mathrm{H}}}{q}\cosh \frac{q}{F_{\mathrm{H}}}x \tag{3.18}$$

Das Seil liegt am tiefsten Punkt in der Höhe $\frac{F_{\mathrm{H}}}{q}$ über der x-Achse. Aus (3.12) ergibt sich dann mit (3.18)

$$F_{\mathrm{V}} = F_{\mathrm{H}}\sinh \frac{q}{F_{\mathrm{H}}}x \qquad \mathrm{d}s = \mathrm{d}x\cosh \frac{q}{F_{\mathrm{H}}}x \tag{3.19}$$

$$F_{\mathrm{S}} = F_{\mathrm{H}}\cosh \frac{q}{F_{\mathrm{H}}}x \qquad L = \frac{F_{\mathrm{H}}}{q}\left[\sinh \frac{q}{F_{\mathrm{H}}}x_2 + \sinh\left(-\frac{q}{F_{\mathrm{H}}}x_1\right)\right]$$

wobei x_1, x_2 die Abszissen der Befestigungspunkte sind (Bild S 3.64.1). Mit diesen Beziehungen ist das Problem als gelöst zu betrachten. Zu bemerken ist noch, daß

das Seil als undehnbar angesehen wird, tatsächlich aber eine Verlängerung erfährt, die bei vorgegebenen L, q, x_1, x_2, y_1, y_2 den Horizontalzug herabsetzt.
Für Seile mit geringem Durchhang kann man eine Näherungslösung folgendermaßen anschreiben:
Wir nehmen die Vertikalprojektion der Längeneinheit als konstant an und setzen $\frac{q}{\cos\varphi} \approx \bar{q}$ mit $\cos\varphi = \frac{b}{l} = \frac{b}{\sqrt{h^2 + b^2}}$ (Bild S 3.64.2). Den Ursprung des x,y-Systems legen wir in den linken unteren Befestigungspunkt und erhalten

$$q\,\mathrm{d}s = \bar{q}\,\mathrm{d}x = \mathrm{d}F_V = F_H y''\,\mathrm{d}x \tag{3.20}$$

Die Integration liefert

$$y' = \frac{\bar{q}}{F_H} x + C_1$$

$$y = \frac{\bar{q}}{F_H}\frac{x^2}{2} + C_1 x + C_2$$

$$y(0) = 0 \qquad y(b) = h \tag{3.21}$$

Nach Erfüllung der Randbedingungen können wir schreiben

$$y = \frac{\bar{q}}{2F_H} x(x - b) + \frac{h}{b} x = \eta + \frac{h}{b} x \tag{3.22}$$

Wenn wir als Durchhang η die Abweichung von der Geraden $\frac{h}{b} x$ bezeichnen, so erhalten wir

$$\eta_{max} = \eta\left(x = \frac{b}{2}\right) = \frac{\bar{q}b^2}{8F_H}$$

Die Seilneigung, die ursprünglich als konstant angenommen wurde, beträgt

$$y' = \frac{\bar{q}}{2F_H}(2x - b) + \frac{h}{b} = \eta' + \frac{h}{b}$$

$$y'(0) = \frac{h}{b} - \frac{\bar{q}b}{2F_H}$$

$$y'(b) = \frac{h}{b} + \frac{\bar{q}b}{2F_H} \tag{3.23}$$

Die Seillänge läßt sich errechnen aus

$$L = \int \mathrm{d}s = \int_0^b \sqrt{1 + y'^2}\,\mathrm{d}x \tag{3.24}$$

Mit (3.23) folgt

$$L = \int_0^b \sqrt{1 + \left(\frac{h}{b}\right)^2 + 2\,\frac{h}{b}\,\eta' + \eta'^2}\,\mathrm{d}x$$

$$= \frac{l}{b} \int_0^b \sqrt{1 + 2\eta'\,\frac{bh}{l^2} + \eta'^2\,\frac{b^2}{l^2}}\,\mathrm{d}x$$

$$L \approx \frac{l}{b} \int_0^b \left(1 + \eta'\,\frac{bh}{l^2} + \frac{1}{2}\,\eta'^2 \left(\frac{b}{l}\right)^2 - \frac{1}{2}\,\eta'^2\,\frac{(bh)^2}{l^4}\right) \mathrm{d}x$$

$$L \approx l + \left(\frac{\bar{q}}{F_{\mathrm{H}}}\right)^2 \frac{b^6}{24 l^3} \tag{3.25}$$

4. DAS RÄUMLICHE KRAFTSYSTEM

4.1. Kräfte im Raum, deren Wirkungslinien sich in einem Punkt schneiden (Das zentrale räumliche Kraftsystem)

4.1.1. Kraftkomponenten

Eine Kraft $\boldsymbol{F}$ läßt sich in einem räumlichen kartesischen x,y,z-Koordinatensystem in Komponenten folgendermaßen anschreiben (s. a. 1.1.)

$$\boldsymbol{F} = F_x \boldsymbol{e}_x + F_y \boldsymbol{e}_y + F_z \boldsymbol{e}_z$$

oder kurz

$$\boldsymbol{F} = \{F_x, F_y, F_z\}$$

Darin sind $\boldsymbol{e}_x$, $\boldsymbol{e}_y$, $\boldsymbol{e}_z$ Einheitsvektoren. F_x, F_y, F_z nennt man die Beträge der Komponenten des Vektors $\boldsymbol{F}$.
Sind nach Bild S 4.1

$$\alpha = \sphericalangle(\boldsymbol{F}, \boldsymbol{e}_x) \qquad \beta = \sphericalangle(\boldsymbol{F}, \boldsymbol{e}_y) \qquad \gamma = \sphericalangle(\boldsymbol{F}, \boldsymbol{e}_z) \tag{4.1}$$

wobei gilt

$$\cos^2\alpha + \cos^2\beta + \cos^2\gamma = 1$$

so folgen die Komponenten von $\boldsymbol{F}$ zu

$$F_x = F\cos\alpha \qquad F_y = F\cos\beta \qquad F_z = F\cos\gamma \tag{4.2}$$

$F = |\boldsymbol{F}|$ ist der absolute Betrag des Kraftvektors. Umgekehrt läßt sich auch der Betrag der Kraft aus den Komponenten berechnen:

$$F = \sqrt{F_x^2 + F_y^2 + F_z^2} \tag{4.3}$$

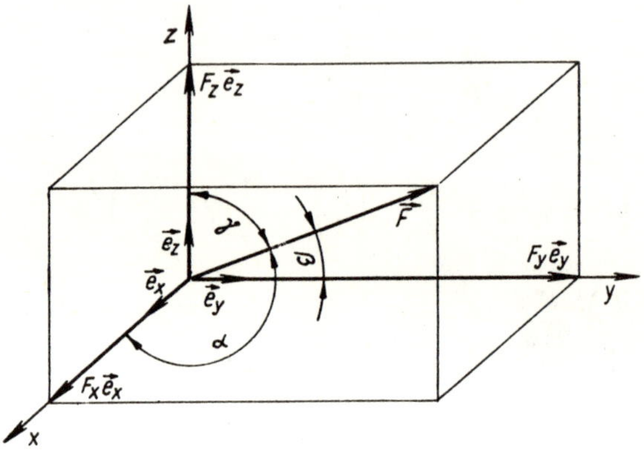

Bild S 4.1

4.1.2. Gleichgewichtsbedingungen

Die an einem Punkt angreifenden n Kräfte $\boldsymbol{F}_1, \ldots, \boldsymbol{F}_i, \ldots, \boldsymbol{F}_n$ können durch eine ebenfalls in diesem Punkt wirkende resultierende Kraft $\boldsymbol{F}_{\mathrm{Res}}$ ersetzt werden. Die Resultierende $\boldsymbol{F}_{\mathrm{Res}}$ ist dann der Kräftegruppe äquivalent, wenn die $\boldsymbol{F}_x$-Komponente $\boldsymbol{F}_{\mathrm{R}x}$ von $\boldsymbol{F}_{\mathrm{Res}}$ der Summe der Komponenten F_{ix} der n Kräfte gleich ist,

$$F_{\mathrm{R}x} = \sum_{i=1}^{n} F_{ix} \tag{4.4}$$

und entsprechend

$$F_{\mathrm{R}y} = \sum_{i=1}^{n} F_{iy} \qquad F_{\mathrm{R}z} = \sum_{i=1}^{n} F_{iz}$$

Nach (4.3) ist der absolute Betrag der Resultierenden

$$F_{\mathrm{Res}} = |\boldsymbol{F}_{\mathrm{Res}}| = \sqrt{F_{\mathrm{R}x}^2 + F_{\mathrm{R}y}^2 + F_{\mathrm{R}z}^2} \tag{4.5}$$

Die Lage der Resultierenden im Raum wird gemäß (4.1) und (4.2) durch die Winkel $\alpha_{\mathrm{Res}}, \beta_{\mathrm{Res}}, \gamma_{\mathrm{Res}}$ festgelegt

$$\cos \alpha_{\mathrm{Res}} = \frac{F_{\mathrm{R}x}}{F_{\mathrm{Res}}} \qquad \cos \beta_{\mathrm{Res}} = \frac{F_{\mathrm{R}y}}{F_{\mathrm{Res}}} \qquad \cos \gamma_{\mathrm{Res}} = \frac{F_{\mathrm{R}z}}{F_{\mathrm{Res}}} \tag{4.6}$$

Gleichgewicht herrscht unter den Kräften $\boldsymbol{F}_i$, wenn ihre Resultierende Null ist. Da ein Vektor nur Null sein kann, wenn seine Komponenten Null sind, ergeben sich die Gleichgewichtsbedingungen

$$\sum_{i=1}^{n} F_{ix} = 0 \qquad \sum_{i=1}^{n} F_{iy} = 0 \qquad \sum_{i=1}^{n} F_{iz} = 0 \tag{4.7}$$

4.1.3. Bockgerüst

Bild S 4.2 zeigt ein Bockgerüst, das aus drei Stäben besteht, deren Achsen nicht in einer Ebene liegen. Die Stäbe 1, 2, 3 mit den Längen l_1, l_2, l_3 stützen sich in den Fußpunkten

$$I(x_1, y_1, z_1) \qquad II(x_2, y_2, z_2) \qquad III(x_3, y_3, z_3)$$

allseitig gelenkig ab und laufen im Knotenpunkt A, der ebenfalls eine allseitig gelenkige Lagerung darstellt, zusammen. In A greifen die belastende Kraft $\boldsymbol{F}$ mit ihren Komponenten F_x, F_y, F_z und die inneren Reaktionskräfte, die Stabkräfte F_{S1}, F_{S2}, F_{S3} an. (Infolge der gelenkigen Lagerung können die Stäbe nur Längskräfte übertragen.) Die Gleichgewichtsbedingungen (4.7) lauten für den Knotenpunkt A bei angenommenen Zug-Stabkräften

$$\uparrow x: F_x + F_{S1} \cos \alpha_1 + F_{S2} \cos \alpha_2 + F_{S3} \cos \alpha_3 = 0$$

$$\uparrow y: F_y + F_{S1} \cos \beta_1 + F_{S2} \cos \beta_2 + F_{S3} \cos \beta_3 = 0$$

$$\uparrow z: F_z + F_{S1} \cos \gamma_1 + F_{S2} \cos \gamma_2 + F_{S3} \cos \gamma_3 = 0$$

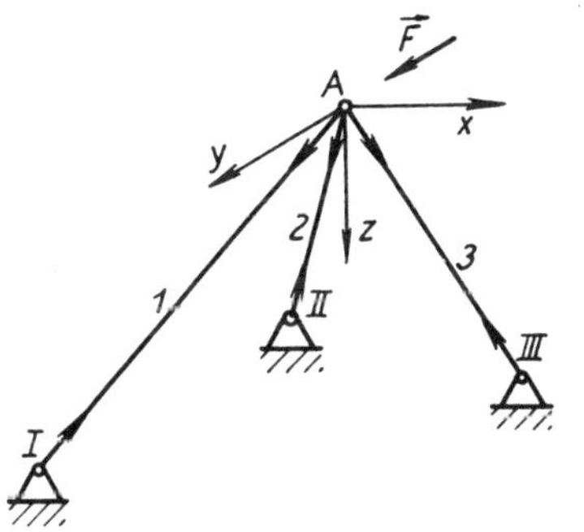

Bild S 4.2

Darin bedeutet z. B. $F_{S1} \cos \alpha_1$ die x-Komponente der Stabkraft F_{S1}. Die Lastkomponenten F_x, F_y, F_z und die cos-Glieder können positive und negative Vorzeichen haben. Mit

$$\cos \alpha_i = \frac{x_i}{l_i} \qquad \cos \beta_i = \frac{y_i}{l_i} \qquad \cos \gamma_i = \frac{z_i}{l_i} \qquad (i = 1, 2, 3)$$

nimmt das Gleichungssystem, aus dem die Stabkräfte mit richtigen Vorzeichen folgen, die Form an:

$$F_x + x_1 \frac{F_{S1}}{l_1} + x_2 \frac{F_{S2}}{l_2} + x_3 \frac{F_{S3}}{l_3} = 0$$

$$F_y + y_1 \frac{F_{S1}}{l_1} + y_2 \frac{F_{S2}}{l_2} + y_3 \frac{F_{S3}}{l_3} = 0$$

$$F_z + z_1 \frac{F_{S1}}{l_1} + z_2 \frac{F_{S2}}{l_2} + z_3 \frac{F_{S3}}{l_3} = 0 \qquad (4.8)$$

4.2. Kräfte im Raum, deren Wirkungslinien sich nicht in einem Punkt schneiden (Das allgemeine räumliche Kraftsystem)

4.2.1. Moment

Ist

$$\boldsymbol{r} = \{r_x, r_y, r_z\}$$

der Ortsvektor des willkürlich auf dem Kraftvektor $\boldsymbol{F}$ gewählten Punktes A in bezug auf den Koordinatenursprung O (Bild S 4.3), dann ist

$$\boldsymbol{M} = \boldsymbol{r} \times \boldsymbol{F} = \begin{vmatrix} \boldsymbol{e}_x & \boldsymbol{e}_y & \boldsymbol{e}_z \\ r_x & r_y & r_z \\ F_x & F_y & F_z \end{vmatrix}$$

$$= \boldsymbol{e}_x(r_yF_z - r_zF_y) + \boldsymbol{e}_y(r_zF_x - r_xF_z) + \boldsymbol{e}_z(r_xF_y - r_yF_x) \qquad (4.9)$$

das Moment von $\boldsymbol{F}$ in bezug auf O. Richtung und Richtungssinn des Momentenvektors $\boldsymbol{M}$ sind dadurch festgelegt, daß $\boldsymbol{M}$ senkrecht auf $\boldsymbol{r}$ und $\boldsymbol{F}$ steht und $\boldsymbol{r}$, $\boldsymbol{F}$ und $\boldsymbol{M}$ in dieser Reihenfolge ein Rechtssystem bilden. Die Komponenten des Momentenvektors sind

$$\begin{aligned} M_x &= r_yF_z - r_zF_y \\ M_y &= r_zF_x - r_xF_z \\ M_z &= r_xF_y - r_yF_x \end{aligned} \qquad (4.10)$$

und wir können auch schreiben

$$\boldsymbol{M} = M_x\boldsymbol{e}_x + M_y\boldsymbol{e}_y + M_z\boldsymbol{e}_z$$

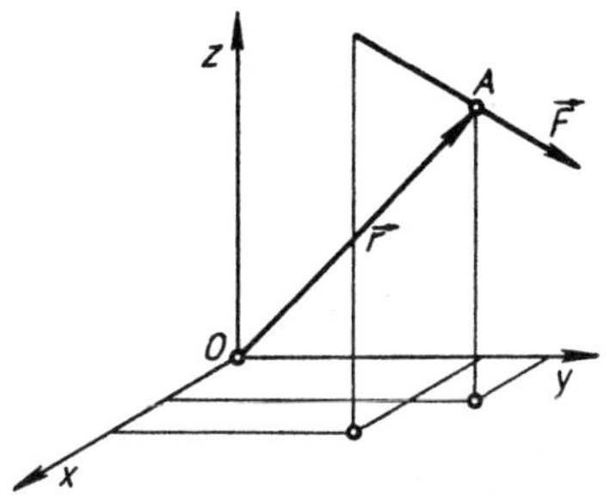

Bild S 4.3

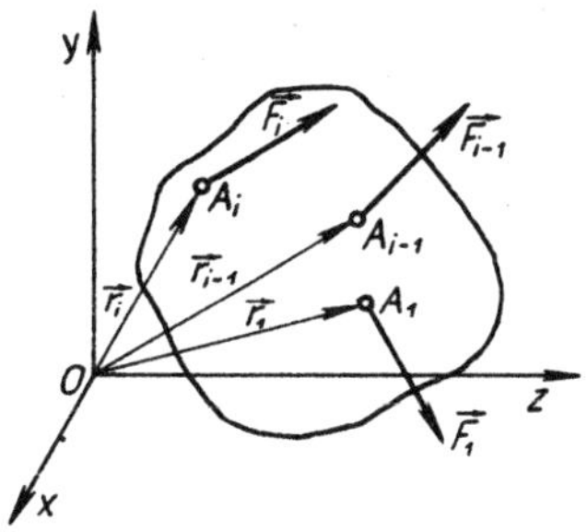

Bild S 4.4

4.2.2. Zusammensetzung beliebiger Kräfte

An einem starren Körper greifen in den Punkten A_i ($i = 1, 2, \ldots, n$) die Kräfte $\boldsymbol{F}_i$ an (Bild S 4.4). Diesem Kräftesystem sind eine im Koordinatennullpunkt angreifende resultierende Kraft

$$\boldsymbol{F}_{\text{Res}} = \sum_{i=1}^{n} \boldsymbol{F}_i$$

und ein resultierendes Moment

$$\boldsymbol{M}_{\text{Res}} = \sum_{i=1}^{n} \boldsymbol{r}_i \times \boldsymbol{F}_i = \sum_{i=1}^{n} \boldsymbol{M}_i$$

gleichwertig. Wegen

$$\boldsymbol{r}_i = \{r_{ix}, r_{iy}, r_{iz}\} \qquad \boldsymbol{F}_i = \{F_{ix}, F_{iy}, F_{iz}\}$$

heißen die Komponenten von

$$\boldsymbol{F}_{\text{Res}} = \{F_{\text{R}x}, F_{\text{R}y}, F_{\text{R}z}\} \qquad \text{und} \qquad \boldsymbol{M}_{\text{Res}} = \{M_{\text{R}x}, M_{\text{R}y}, M_{\text{R}z}\}$$

$$F_{\text{R}x} = \sum_{i=1}^{n} F_{ix} \qquad M_{\text{R}x} = \sum_{i=1}^{n} (r_{iy}F_{iz} - r_{iz}F_{iy})$$

$$F_{\text{R}y} = \sum_{i=1}^{n} F_{iy} \qquad M_{\text{R}y} = \sum_{i=1}^{n} (r_{iz}F_{ix} - r_{ix}F_{iz})$$

$$F_{\text{R}z} = \sum_{i=1}^{n} F_{iz} \qquad M_{\text{R}z} = \sum_{i=1}^{n} (r_{ix}F_{iy} - r_{iy}F_{ix}) \qquad (4.11)$$

Für den absoluten Betrag und die Richtung der resultierenden Kraft gelten (4.5) und (4.6). Für die entsprechenden Größen des resultierenden Moments werden diese

Gleichungen sinngemäß übertragen

$$M_{\text{Res}} = |\boldsymbol{M}_{\text{Res}}| = \sqrt{M_{\text{R}x}^2 + M_{\text{R}y}^2 + M_{\text{R}z}^2}$$

$$\cos\alpha_{MR} = \frac{M_{\text{R}x}}{M_{\text{Res}}} \qquad \cos\beta_{MR} = \frac{M_{\text{R}y}}{M_{\text{Res}}} \qquad \cos\gamma_{MR} = \frac{M_{\text{R}z}}{M_{\text{Res}}} \tag{4.12}$$

Beispiel:

Das System der Kräfte

$$\boldsymbol{F}_1 = \{3; 2; -1\}\ \text{N} \qquad \boldsymbol{F}_2 = \{-1; 3; 0\}\ \text{N} \qquad \boldsymbol{F}_3 = \{0; 1; 1\}\ \text{N}$$

zu deren Angriffspunkten an einem starren Körper die Ortsvektoren

$$\boldsymbol{r}_1 = \{2; 1; 0\}\ \text{m} \qquad \boldsymbol{r}_2 = \{1; 0; 1\}\ \text{m} \qquad \boldsymbol{r}_3 = \{0; -2; 2\}\ \text{m}$$

gehören, soll auf eine Kraft und ein Moment, deren Vektoren parallel zueinander liegen, reduziert werden (Bild S 4.5).
Resultierende Kraft [siehe (4.11) und (4.5)]:

$$\boldsymbol{F}_{\text{Res}} = \{3 + (-1) - 0;\ 2 + 3 + 1;\ (-1) + 0 + 1\}\ \text{N} = \{2; 6; 0\}\ \text{N}$$

$$F_{\text{Res}} = \sqrt{2^2 + 6^2 + 0^2}\ \text{N} = 2\sqrt{10}\ \text{N}$$

Resultierendes Moment siehe (4.9), (4.11) und (4.12):
Mit

$$\boldsymbol{M}_1 = \boldsymbol{r}_1 \times \boldsymbol{F}_1 = \begin{vmatrix} \boldsymbol{e}_x & \boldsymbol{e}_y & \boldsymbol{e}_z \\ 2 & 1 & 0 \\ 3 & 2 & -1 \end{vmatrix} = \{-1; 2; 1\}\ \text{N m}$$

$$\boldsymbol{M}_2 = \boldsymbol{r}_2 \times \boldsymbol{F}_2 = \{-3; -1; 3\}\ \text{N m}$$

$$\boldsymbol{M}_3 = \boldsymbol{r}_3 \times \boldsymbol{F}_3 = \{-4; 0; 0\}\ \text{N m}$$

wird

$$\boldsymbol{M}_{\text{Res}} = \{-1 - 3 - 4;\ 2 - 1 + 0;\ 1 + 3 + 0\}\ \text{N m} = \{-8; 1; 4\}\ \text{N m}$$

$$M_{\text{Res}} = \sqrt{(-8)^2 + 1^2 + 4^2}\ \text{N m} = \sqrt{81}\ \text{N m} = 9\ \text{N m}$$

Nach Bild S 4.5 ist die zu $\boldsymbol{F}_{\text{Res}}$ parallele Momentenkomponente

$$\boldsymbol{M}_{\text{Res}''} = \boldsymbol{M}_{\text{Res}} \cos\alpha$$

$$\boldsymbol{M}_{\text{Res}''} = \frac{\boldsymbol{F}_{\text{Res}}}{F_{\text{Res}}} M_{\text{Res}} \cos\alpha$$

Mit

$$\cos\alpha = \frac{\boldsymbol{M}_{\text{Res}}\boldsymbol{F}_{\text{Res}}}{M_{\text{Res}}F_{\text{Res}}}$$

wird

$$\boldsymbol{M}_{\text{Res}''} = \boldsymbol{F}_{\text{Res}} \frac{\boldsymbol{M}_{\text{Res}}\boldsymbol{F}_{\text{Res}}}{F_{\text{Res}}^2} = \{2; 6; 0\}\ \text{N}\ \frac{(-8)\cdot 2 + 1\cdot 6 + 4\cdot 0}{4\cdot 10}\ \frac{\text{N m N}}{\text{N}^2}$$

$$= \left\{-\frac{1}{2}; -\frac{3}{2}; 0\right\}\ \text{N m}$$

Der Betrag der zu $\boldsymbol{F}_{\mathrm{Res}}$ senkrechten Momentenkomponente $\boldsymbol{M}_{\mathrm{Res}'}$ ist nach der Definition des Vektorproduktes zweier Vektoren

$$M_{\mathrm{Res}'} = M_{\mathrm{Res}} \frac{|\boldsymbol{F}_{\mathrm{Res}} \times \boldsymbol{M}_{\mathrm{Res}}|}{F_{\mathrm{Res}} M_{\mathrm{Res}}} = \frac{|\boldsymbol{F}_{\mathrm{Res}} \times \boldsymbol{M}_{\mathrm{Res}}|}{F_{\mathrm{Res}}}$$

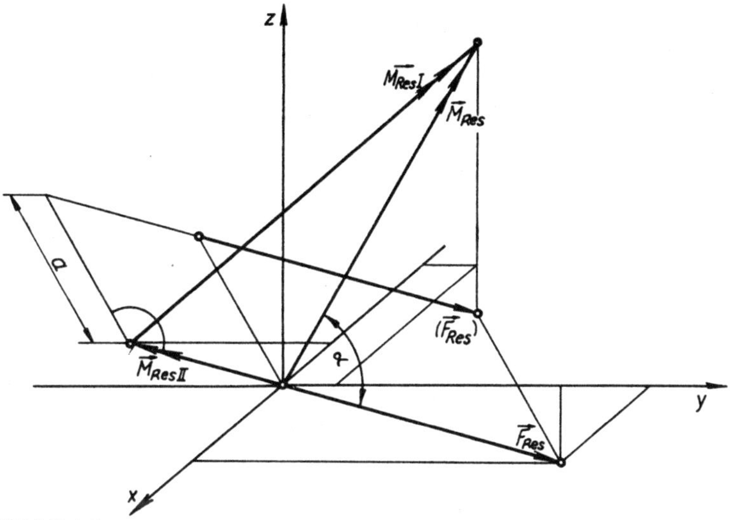

Bild S 4.5

Dieses Moment kann man sich entstanden denken durch die um die Strecke a senkrecht zu $\boldsymbol{M}_{\mathrm{Res}}$ verschobene Kraft $\boldsymbol{F}_{\mathrm{Res}}$ [$(\boldsymbol{F}_{\mathrm{Res}})$ in Bild S 4.5]

$$a = \frac{|\boldsymbol{F}_{\mathrm{Res}} \times \boldsymbol{M}_{\mathrm{Res}}|}{F_{\mathrm{R}}^2} = \frac{1}{4 \cdot 10} \left\| \begin{matrix} \boldsymbol{e}_x & \boldsymbol{e}_y & \boldsymbol{e}_z \\ 2 & 6 & 0 \\ -8 & 1 & 4 \end{matrix} \right\| \mathrm{m} = \frac{1}{40} |\{24;\ -8;\ 50\}|\ \mathrm{m} = 1{,}40\ \mathrm{m}$$

Damit ist es gelungen, das Kräftesystem auf eine Kraft $(\boldsymbol{F}_{\mathrm{Res}})$ und ein Moment $\boldsymbol{M}_{\mathrm{Res}''}$, deren Vektoren parallel sind, zurückzuführen. Das System $(\boldsymbol{F}_{\mathrm{Res}})$, $\boldsymbol{M}_{\mathrm{Res}''}$ wird *Kraftschraube* genannt

4.2.3. Gleichgewichtsbedingungen

Die Kräftegruppe aus Bild S 4.4 steht dann im Gleichgewicht, wenn die resultierende Kraft und das resultierende Moment nach (4.11) Null sind.

$$\sum_{i=1}^{n} F_{ix} = 0 \qquad \sum_{i=1}^{n} (r_{iy}F_{iz} - r_{iz}F_{iy}) = 0$$

$$\sum_{i=1}^{n} F_{iy} = 0 \qquad \sum_{i=1}^{n} (r_{iz}F_{ix} - r_{ix}F_{iz}) = 0$$

$$\sum_{i=1}^{n} F_{iz} = 0 \qquad \sum_{i=1}^{n} (r_{ix}F_{iy} - r_{iy}F_{ix}) = 0 \qquad (4.13)$$

Beispiel:

Eine homogene Platte vom Gewicht G, die zusätzlich durch die Kräfte F_1, F_2 belastet ist, wird durch die Stäbe 1···6 abgestützt (Bild S 4.6). Die Stabkräfte sind zu bestimmen.

Gegeben: $G = 1 \cdot 10^3$ N

$F_1 = 2 \cdot 10^3$ N $\quad F_2 = 1 \cdot 10^3$ N

$a = 4$ m

$b = 4$ m

$c = 3$ m

Gleichgewichtsbedingungen für die Platte:

$$\uparrow x: \frac{4}{5} F_{S3} - F_2 = 0$$

$$\uparrow y: \frac{4}{5} F_{S1} - \frac{4}{5} F_{S5} = 0$$

$$\uparrow z: -F_1 - G - \frac{3}{5} F_{S1} - F_{S2} - \frac{3}{5} F_{S3} - F_{S4} - \frac{3}{5} F_{S5} - F_{S6} = 0$$

$$\Uparrow x: -\frac{4}{5} F_{S1}c - F_{S6}b - F_1 b - \frac{1}{2} Gb = 0$$

$$\Uparrow y: \frac{4}{5} F_{S3}c + F_{S4}a + F_{S6}a + \frac{1}{2} Ga - F_2 c + \frac{3}{5} F_{S5}a = 0$$

$$\Uparrow z: -\frac{4}{5} F_{S5}a + F_2 b = 0$$

Die Längen der Stäbe 1, 3, 5 betragen $\sqrt{a^2 + c^2} = \sqrt{b^2 + c^2} = 5$ m.

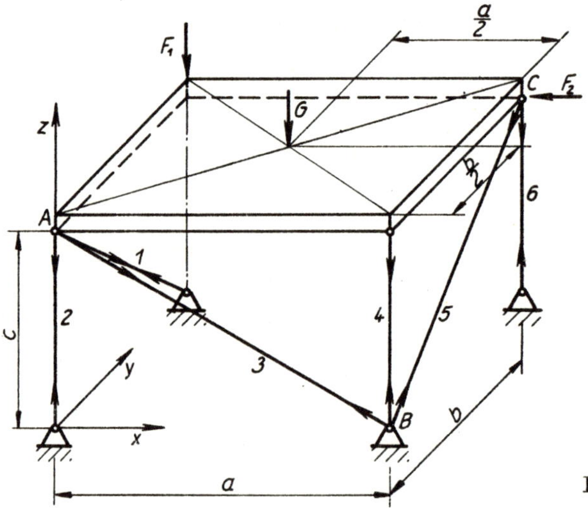

Bild S 4.6

Ergebnisse:

$F_{S1} = 1{,}25 \cdot 10^3$ N $\quad F_{S3} = 1{,}25 \cdot 10^3$ N $\quad F_{S5} = 1{,}25 \cdot 10^3$ N

$F_{S2} = -4{,}0 \cdot 10^3$ N $\quad F_{S4} = 2{,}0 \cdot 10^3$ N $\quad F_{S6} = -3{,}25 \cdot 10^3$ N

Zu den Stabkräften kommt man schneller, wenn man die Kräftegleichgewichtsbedingungen durch weitere Momentengleichgewichtsbedingungen ersetzt und Achsen wählt, für die möglichst nur je eine unbekannte Stabkraft einen von Null verschiedenen Hebelarm hat. Zum Beispiel (Bild S 4.6)

$$\curvearrowleft \overline{AC}: -F_1 \frac{1}{2}\sqrt{2}\,a + F_{S4}\frac{1}{2}\sqrt{2}\,a = 0 \Rightarrow F_{S4} = F_1$$

$$\curvearrowleft \overline{AB}: \frac{4}{5}F_1 b + \frac{4}{5}G\frac{1}{2}b + \frac{3}{5}F_2 b + \frac{4}{5}F_{S6}b = 0$$

$$F_{S6} = -\left(F_1 + \frac{3}{4}F_2 + \frac{1}{2}G\right)$$

4.2.4. Schnittgrößen

Bei einem beliebig belasteten Balken treten an der Schnittstelle s im allgemeinen Fall sechs Schnittgrößen auf (Bild S 4.7):
die Querkräfte F_{Qx} und F_{Qy}, die in x- bzw. y-Richtung wirken,
die Längskraft F_{Lz},
die Biegemomente M_{bx} und M_{by}, mit einem Drehsinn um die x- bzw. y-Achse,
das Torsionsmoment M_{tz}.
Die Ermittlung dieser Größen erfolgt analog Abschn. 3.3.

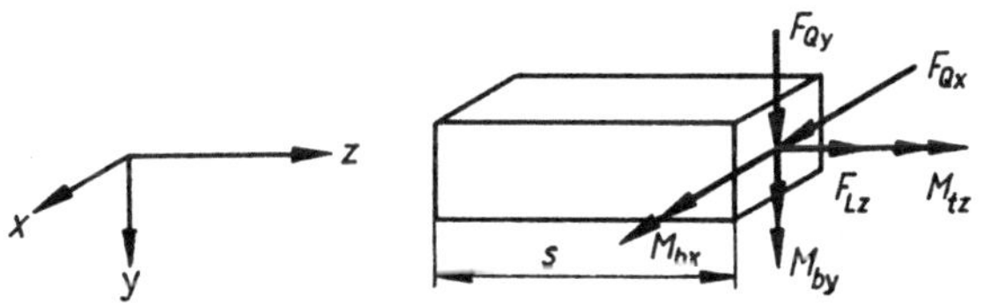

Bild S 4.7

Beispiel 1:

Gegeben: F, l (Bild S 4.8.1)

Gesucht: Auflagerreaktionen, Schnittgrößen

Lösung:

Gleichgewichtsbedingungen (Bild S 4.8.2):

$\uparrow x: F_{Ax} = 0 \qquad \curvearrowleft xB: F_{Az}\,2l - F\,2l = 0$

$\uparrow y: F_{Ay} = 0 \qquad \curvearrowleft yB: Fl - F_{Cz}\,2l = 0$

$\uparrow z: F_{Az} + F_{Bz} + F_{Cz} - F = 0 \qquad \curvearrowleft zB: F_{Ax}\,2l = 0$

($\curvearrowleft xB$ z. B. bezeichnet das Momentengleichgewicht um eine durch B gehende Achse, die der x-Achse parallel ist.)

Ergebnisse:

$$F_{Ax} = F_{Ay} = 0 \qquad F_{Az} = F \qquad F_{Bz} = -\frac{1}{2}F \qquad F_{Cz} = \frac{1}{2}F$$

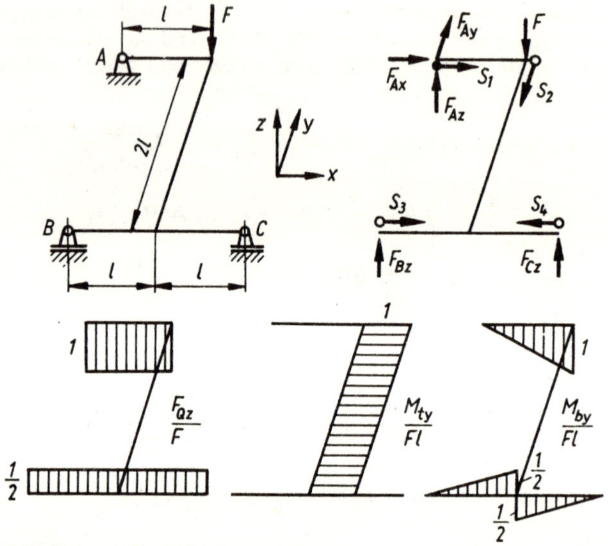

Bild S 4.8.1 bis Bild S 4.8.3

Bereich	F_{Qz}	M_{bx}	M_{by}	M_{tx}	M_{ty}
1	F	—	$-Fs_1$	0	—
2	0	0	—	—	Fl
3	$-\frac{F}{2}$	—	$\frac{F}{2}s_3$	0	—
4	$-\frac{F}{2}$	—	$-\frac{F}{2}s_4$	0	—

Beispiel 2:

Gegeben: F_1, F_2, M, l, R (Bild S 4.9.1)

Gesucht: Auflagerreaktionen, Schnittgrößen

Lösung:

Gleichgewichtsbedingungen (Bild S 4.9.2):

$$\uparrow x: F_{Ax} + F_1 = 0 \qquad \Uparrow xA: M_{Ax} - F_2 l = 0$$

$$\uparrow y: F_{Ay} - F_2 = 0 \qquad \Uparrow yA: M_{Ay} - F_1 l = 0$$

$$\uparrow z: -F_{Az} = 0 \qquad \Uparrow zA: M_{Az} - M - F_2 R + F_1 R = 0$$

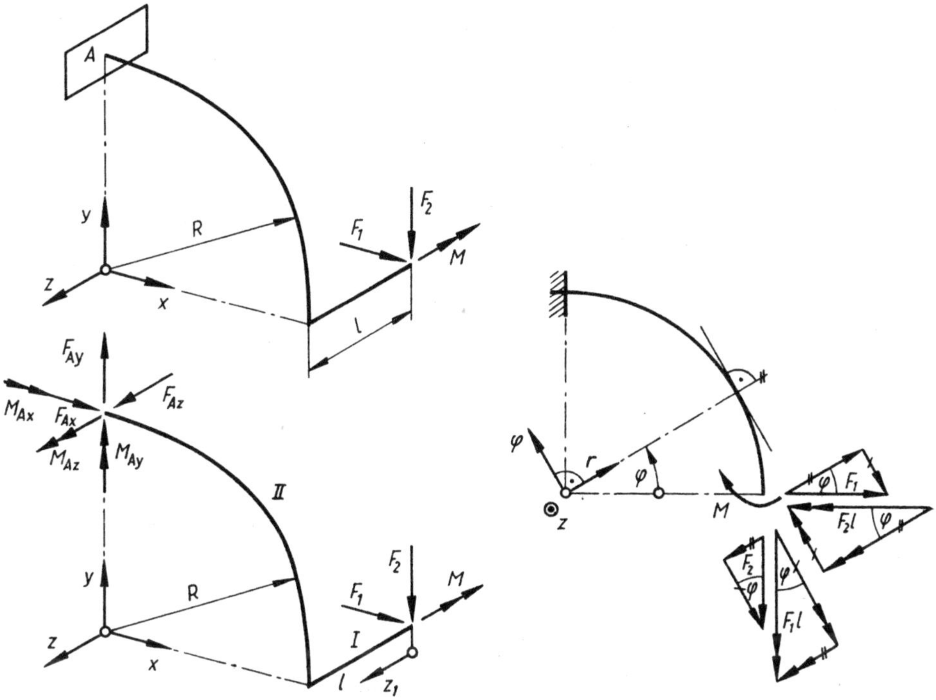

Bild S 4.9.1 bis Bild S 4.9.3

Ergebnisse:

$$F_{Ax} = -F_1 \qquad F_{Ay} = F_2 \qquad F_{Az} = 0$$

$$M_{Ax} = F_2 l \qquad M_{Ay} = F_1 l \qquad M_{Az} = -(F_1 - F_2)\,R + M$$

Schnittgrößen:
Abschnitt I (Bild S 4.9.2):

$$M_{x1} = F_2 z_1 \qquad M_{y1} = F_1 z_1 \qquad M_{z1} = M_t = M$$

$$F_{Qx1} = -F_1 \qquad F_{Qy1} = F_2 \qquad F_{Lz1} = 0$$

Abschnitt II (Bild S 4.9.3):
Der Abschnitt wird in der x,y-Ebene gezeichnet. Die Schnittgrößen im Abschnitt I bei $z_1 = l$ werden als belastende Kräfte und Momente für Abschnitt II bei $\varphi = 0$ aufgefaßt.

$$M_{z_2} = M - F_1 R \sin\varphi + F_2 R(1 - \cos\varphi)$$

$$M_{r_2} = F_1 l \sin\varphi + F_2 l \cos\varphi$$

$$M_{\varphi_2} = M_t = F_1 l \cos\varphi - F_2 l \sin\varphi$$

$$F_{Qz_2} = 0$$

$$F_{Qr_2} = -F_1 \cos\varphi + F_2 \sin\varphi$$

$$F_{L\varphi_2} = F_1 \sin\varphi + F_2 \cos\varphi$$

5. SCHWERPUNKT

5.1. Definition des Schwerpunktes

Der Schwerpunkt eines Körpers ist derjenige Punkt, in dem man die Masse des Körpers konzentrieren muß, wenn man hinsichtlich der statischen Wirkung mit einer Einzelkraft rechnen will. Die Körper, die wir betrachten, sind klein gegenüber der Erde. Wir können demnach die an den Körperelementen dm infolge der Erdanziehung wirkenden Kräfte als parallel ansehen, so daß unsere Aufgabe nur darin besteht, analog **2.2.3.** bzw. **4.2.2.** die Lage der Resultierenden $mg = G = \int_{(m)} g \, \mathrm{d}m = \int_{(G)} \mathrm{d}G$ zu ermitteln.

5.2. Körper- und Volumenschwerpunkt

Beziehen wir uns auf ein kartesisches Dreibein (Bild S 5.1) und lassen gedanklich das Schwerefeld nacheinander in der $\bar{x}$-, $\bar{y}$- und $\bar{z}$-Richtung wirken, wobei gilt

$$\mathrm{d}G_{\bar{x}} = \mathrm{d}G_{\bar{y}} = \mathrm{d}G_{\bar{z}} = \mathrm{d}G = \mathrm{d}m \cdot g$$

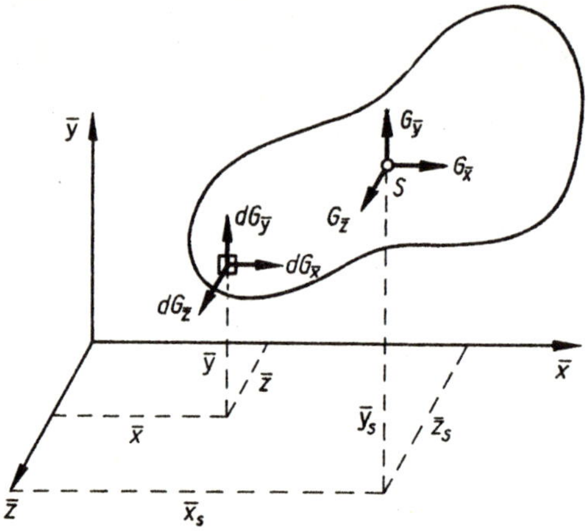

Bild S 5.1

so erhalten wir die drei Äquivalenzbedingungen

$$G\bar{x}_s = \int_{(G)} \bar{x} \, \mathrm{d}G$$

$$G\bar{y}_s = \int_{(G)} \bar{y} \, \mathrm{d}G$$

$$G\bar{z}_s = \int_{(G)} \bar{z} \, \mathrm{d}G$$

Daraus errechnen wir die Schwerpunktabstände

$$\bar{x}_s = \frac{1}{G} \int_{(G)} \bar{x} \, \mathrm{d}G \qquad \bar{y}_s = \frac{1}{G} \int_{(G)} \bar{y} \, \mathrm{d}G \qquad \bar{z}_s = \frac{1}{G} \int_{(G)} \bar{z} \, \mathrm{d}G \tag{5.1}$$

Ist der Körper hinsichtlich der Dichteverteilung homogen, d. h., es gilt überall $\varrho =$ konst., dann können wir an Stelle (5.1) auch schreiben

$$\bar{x}_s = \frac{1}{V} \int_{(V)} \bar{x} \, \mathrm{d}V \qquad \bar{y}_s = \frac{1}{V} \int_{(V)} \bar{y} \, \mathrm{d}V \qquad \bar{z}_s = \frac{1}{V} \int_{(V)} \bar{z} \, \mathrm{d}V \tag{5.2}$$

Die Integralausdrücke nennt man statische Momente.

5.3. Flächenschwerpunkt

In der Festigkeitslehre spielt die Kenntnis des Schwerpunktes ebener Flächen eine besondere Rolle (Bild S 5.2) (siehe Festigkeitslehre Abschn. 3.). In Analogie zu (5.2) ersetzen wir lediglich das Volumenelement durch das Flächenelement, und wenn wir die Fläche in der $\bar{x},\bar{y}$-Ebene orientieren, erhalten wir aus Äquivalenzbetrachtungen um die $\bar{y}$- bzw. $\bar{x}$-Achse (das „Schwerefeld" wirkt senkrecht zur $\bar{x},\bar{y}$-Ebene) nach Division mit A

$$\bar{x}_s = \frac{1}{A} \int_{(A)} \bar{y} \, \mathrm{d}A \qquad \bar{y}_s = \frac{1}{A} \int_{(A)} \bar{y} \, \mathrm{d}A \tag{5.3}$$

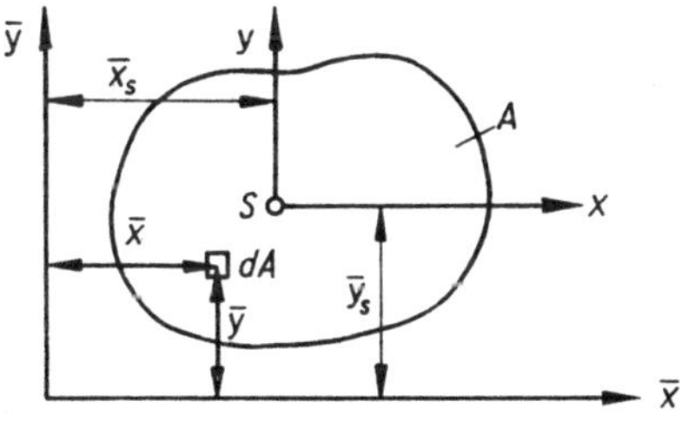

Bild S 5.2

Dic statischen Momente definiert man wie folgt:

$$S_{\bar{x}} = \int_{(A)} \bar{y} \, \mathrm{d}A \text{ (in cm}^3\text{)}$$

statisches Moment in bezug auf die $\bar{x}$-Achse

$$S_{\bar{y}} = \int_{(A)} \bar{x} \, \mathrm{d}A \text{ (in cm}^3\text{)}$$

statisches Moment in bezug auf die $\bar{y}$-Achse. Für alle Achsen, die durch den Schwerpunkt gehen, verschwinden die statischen Momente (z. B. $S_x = 0$ und $S_y = 0$). Der Schwerpunkt liegt stets auf der Symmetrieachse.

5.4. Linienschwerpunkt

An dieser Stelle sei auch noch der Linienschwerpunkt mit aufgeführt. Wir benötigen ihn z. B. in Abschn. 4. der Festigkeitslehre. In (5.2) ersetzen wir V durch l und erhalten

$$\bar{x}_s = \frac{1}{l}\int_{(l)} \bar{x}\,\mathrm{d}l \qquad \bar{y}_s = \frac{1}{l}\int_{(l)} \bar{y}\,\mathrm{d}l \qquad \bar{z}_s = \frac{1}{l}\int_{(l)} \bar{z}\,\mathrm{d}l \tag{5.4}$$

5.5.* Die Sätze von Guldin

Die Formeln von *Guldin* bringen die Oberfläche bzw. das Volumen eines Rotationskörpers mit dem Schwerpunktabstand der erzeugenden Kurve (Bild S 5.3) bzw. Fläche (Bild S 5.4) in Beziehung.

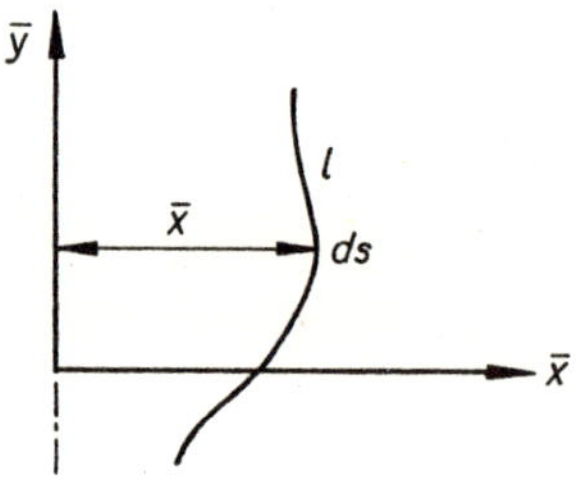

Bild S 5.3

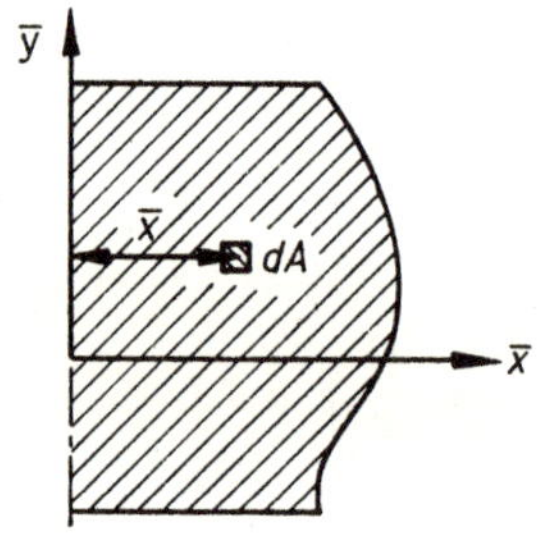

Bild S 5.4

Es gilt

$$A_{0\bar{y}} = 2\pi \int_{(l)} \bar{x}\,\mathrm{d}s \quad \text{bzw.} \quad V_{\bar{y}} = 2\pi \int_{(A)} \bar{x}\,\mathrm{d}A$$

Und wegen (5.4) bzw. (5.3) auch

$$A_{0\bar{y}} = 2\pi\bar{x}_s l \quad \text{bzw.} \quad V_{\bar{y}} = 2\pi\bar{x}_s A \tag{5.5}$$

5.6. Beispiele

1. Zu berechnen ist die Schwerpunktlage einer Halbkreisfläche (Radius R)
Die $\bar{y}$-Achse ist Symmetrieachse, woraus folgt $\bar{x}_s = 0$.
$\bar{y}_s$ errechnen wir mit (5.3). Wegen der Berandung führen wir Polarkoordinaten ein:

$$\bar{y} = r\sin\varphi, \quad \mathrm{d}A = r\,\mathrm{d}\varphi\,\mathrm{d}r \quad \text{(Bild S 5.5)}$$

$$\bar{y}_s = \frac{2}{R^2\pi}\int_0^\pi \sin\varphi\,\mathrm{d}\varphi \int_0^R r^2\,\mathrm{d}r = \frac{2}{R^2\pi}\cdot 2\cdot\frac{R^3}{3} = \frac{4R}{3\pi}$$

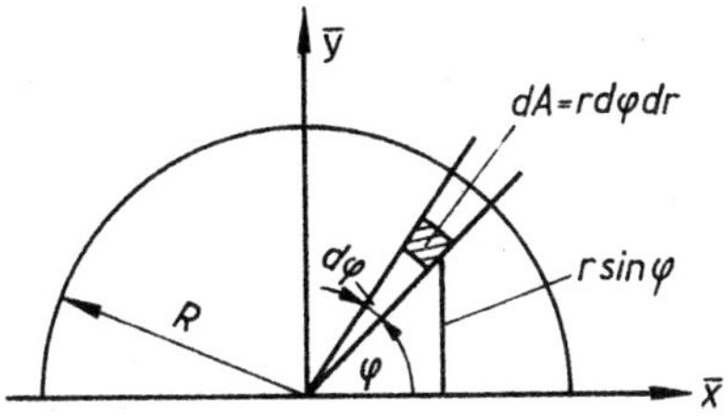

Bild S 5.5

2. Zu berechnen ist die Schwerpunktlage der in Bild S 5.6 skizzierten Fläche.

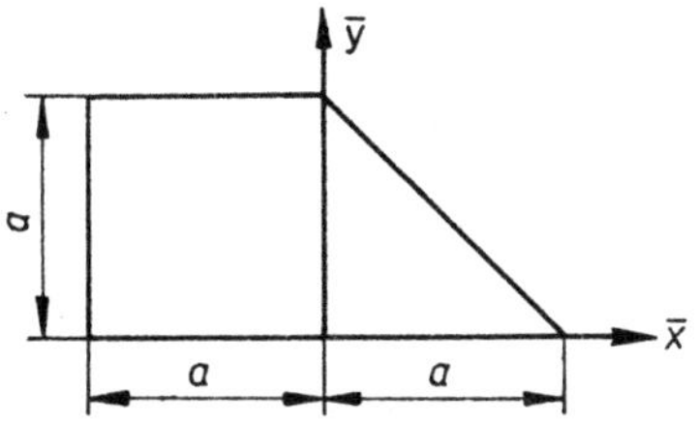

Bild S 5.6.1

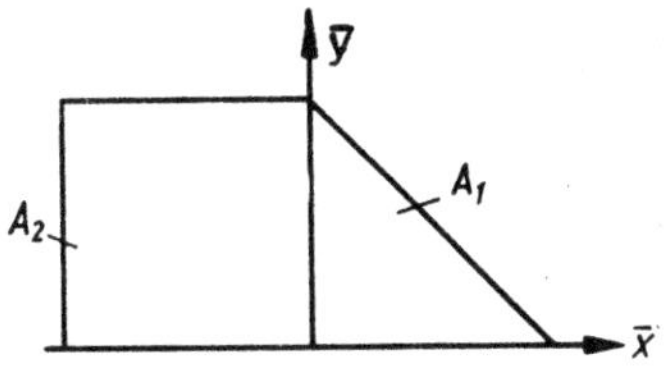

Bild S 5.6.2

Die Schwerpunkte der Einzelflächen (A_1, A_2) sind bekannt, und wir können die Integration (5.3) in eine Summation überführen

$$\bar{x}_s = \frac{1}{A} \int_{(A)} \bar{x} \, \mathrm{d}A = \frac{1}{A} \sum_{i=1}^{n} \bar{x}_{si} A_i = \frac{1}{A_1 + A_2} (\bar{x}_{s1} A_1 + \bar{x}_{s2} A_2)$$

$$\bar{x}_s = \frac{1}{\frac{a^2}{2} + a^2} \left(\frac{a}{3} \cdot \frac{a^2}{2} - \frac{a}{2} a^2 \right) = -\frac{2}{9} a$$

$$\bar{y}_s = \frac{1}{A_1 + A_2} (\bar{y}_{s1} A_1 + \bar{y}_{s2} A_2) = \frac{4}{9} a$$

3. Zu berechnen sind Oberfläche und Volumen des in Bild S 5.7 skizzierten Kreisringtorus (Autoreifen).

$$A_O = 2\pi R \cdot 2\pi r = 4Rr\,\pi^2$$

$$V = 2\pi R \cdot \pi r^2 = 2Rr^2\,\pi^2$$

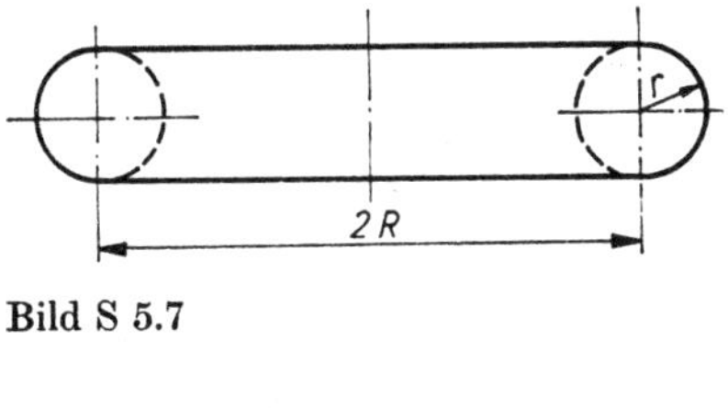

Bild S 5.7

6. REIBUNG ZWISCHEN FESTEN KÖRPERN

Sollen zwei aufeinanderliegende Körper gegeneinander bewegt werden, so tritt ein Widerstand auf. Er ist vorhanden, bevor die Bewegung eintritt (Haftung) und während der Bewegung (Gleitreibung). Die Größe der Widerstandskraft ist u. a. vom Material der sich berührenden Körper und ihrer Oberflächenbeschaffenheit abhängig.

6.1. Haftreibung (Haftung)

Die zunächst horizontale Ebene *I*, auf der ein flacher Körper *II* liegt, wird langsam immer steiler geneigt (Bild S 6.1.1), ohne daß der Körper abrutscht. Bei einem bestimmten Neigungswinkel ϱ_0 der Ebene, dem sog. Reibungswinkel der Ruhe, beginnt der Körper plötzlich, sich in Bewegung zu setzen. Für den Ruhezustand

$$\alpha \leqq \varrho_0 \tag{6.1}$$

gelten die statischen Gleichgewichtsbedingungen. Die eingeprägte Kraft ist das Gewicht G des Körpers. Als Komponenten der Reaktionskraft werden die Normalkraft F_N und die Tangentialkraft, die Haftreibungskraft F_R, angesetzt. Aus Bild S 6.1.2 folgt über die Gleichgewichtsbedingungen $F_N = G \cos \alpha$, $F_R = G \sin \alpha$ und daraus

$$F_R = F_N \tan \alpha \tag{6.2}$$

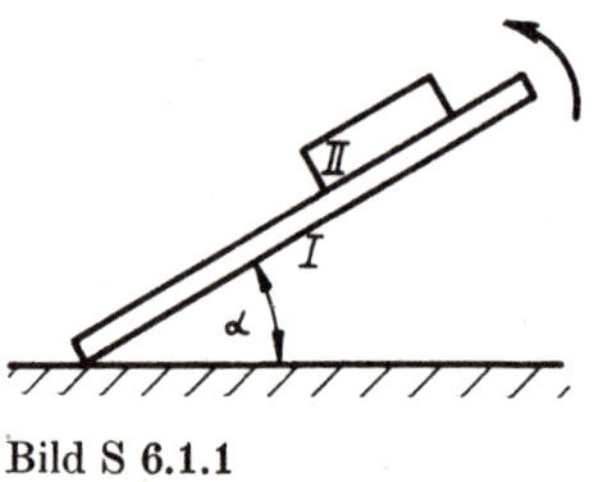

Bild S 6.1.1

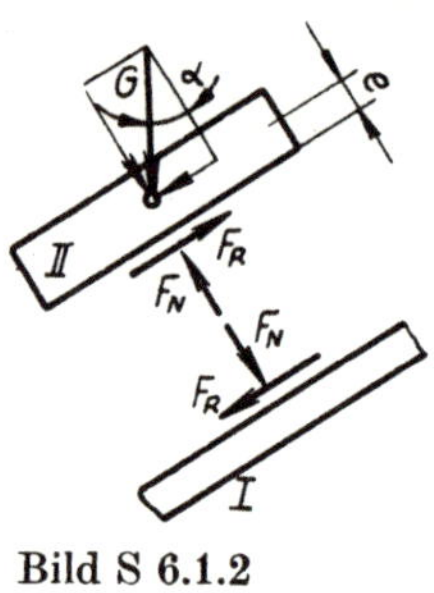

Bild S 6.1.2

(6.2) geht durch (6.1) und durch die Definition der *Reibungszahl der Ruhe* oder der *Haftreibungszahl*

$$\mu_0 = \tan \varrho_0 \tag{6.3}$$

über in

$$F_R \leqq \mu_0 F_N \tag{6.4}$$

Dieses Gesetz gilt für alle ebenen Berührungsflächen und auch für „punktförmige“ Berührungen.

Versucht man, einen auf einer Horizontalebene liegenden flachen Körper vom Gewicht G durch eine Horizontalkraft F in Bewegung zu setzen, so bleibt er so lange in Ruhe, wie die Resultierende F_{Res} aus Normalkraft F_N und Reibungskraft F_R in den mit dem Spitzenwinkel $2\varrho_0$ gezeichneten *Reibungskegel* fällt (Bild S 6.2).

Die Haftreibungskraft ist eine typische Reaktionskraft. Sie wird erst dann geweckt, wenn äußere eingeprägte Kräfte eine Bewegung des Körpers zu erzwingen versuchen. Sie wirkt auf jeden Fall den parallel zur Gleitebene gerichteten eingeprägten Kräften entgegen.

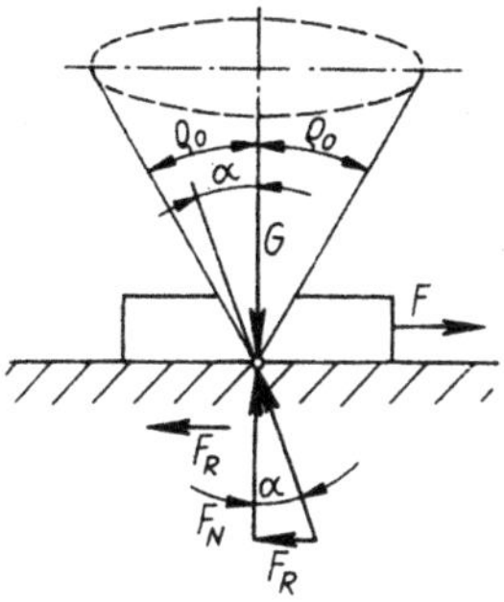

Bild S 6.2

Beispiel 1:

Ein homogener Quader vom Gewicht G und den skizzierten Abmessungen (Bild S 6.3.1) steht auf einer Unterlage. Zwischen Klotz und Unterlage gilt der Haftreibungskoeffizient μ_0. In welcher Höhe h darf eine Kraft F angreifen, um den Quader auf der Unterlage zu verschieben?

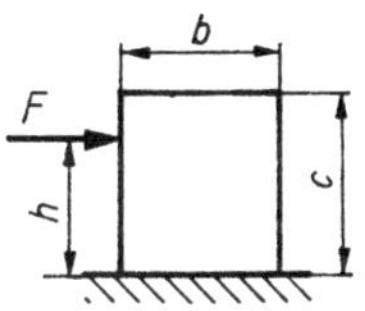

Bild S 6.3.1

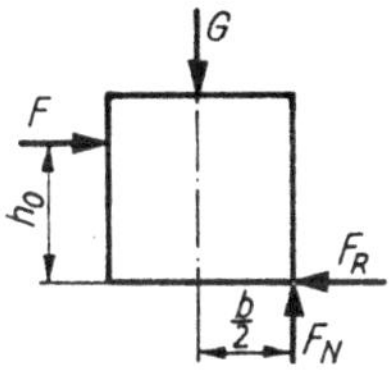

Bild S 6.3.2

Lösung:

Die Gleichgewichtsbetrachtungen werden für den Grenzfall aufgestellt, daß der Quader gerade noch nicht kippt (Bild S 6.3.2)

$$\uparrow \ : F_N - G = 0 \tag{1}$$

$$\rightarrow : F - F_R = 0 \tag{2}$$

$$\curvearrowleft : G \cdot \frac{b}{2} - F \cdot h_0 = 0 \tag{3}$$

$$F_R \overset{(<)}{=} \mu_0 F_N \tag{4}$$

Mit (1), (2) und (4) in (3) folgt

$$G\,\frac{b}{2} - G\mu_0 h_0 = 0$$

und daraus

$$h_0 = \frac{b}{2\mu_0}$$

Für alle $h < h_0$ kann der Quader verschoben werden.

Für $h > h_0$ kippt der Quader.

Beispiel 2:

Eine Holzleiter steht in A auf einem Holzboden auf, in B lehnt sie an einer Holzwand,

$$a = 3\text{ m}; \qquad b = 4\text{ m};$$

$\mu_0 = 0{,}5$ für Holz auf Holz, trocken (Bild S 6.4).

Wie hoch kann ein Mann mit dem Gewicht G auf die Leiter steigen, wenn das Leitergewicht vernachlässigt wird?

Wie groß sind die Normal- und die Reibungskräfte für diesen Fall?

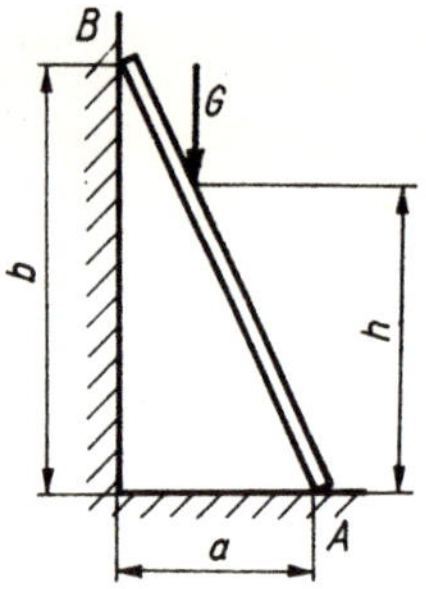

Bild S 6.4.1

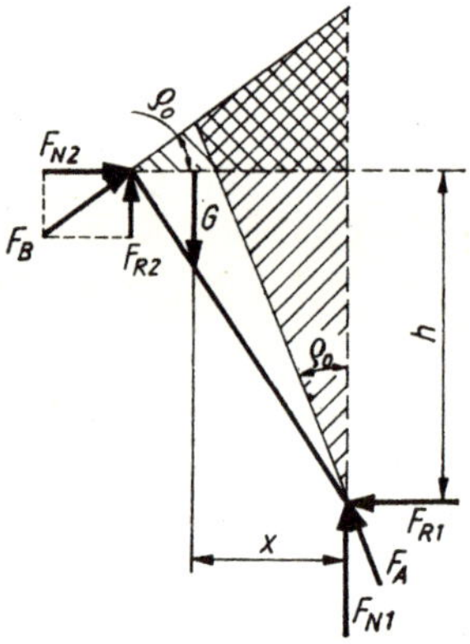

Bild S 6.4.2

Grafische Lösung:

Von den Normalen in A bzw. B trägt man den aus $\mu_0 = \tan \varrho_0 = 0{,}5$ gewonnenen Haftreibungswinkel $\varrho_0 = 26{,}6°$ nach der der jeweiligen Bewegungsrichtung entgegengesetzten Seite ab. Solange die Wirkungslinie von G durch das den beiden Sektoren gemeinsame Gebiet geht, ist die Leiter im Gleichgewicht.

Analytische Lösung:

Aus den Gleichgewichtsbedingungen

$$\uparrow\ : F_{R2} - G + F_{N1} = 0$$

$$\rightarrow : F_{N2} - F_{R1} = 0$$

$$\curvearrowleft A: -F_{N2}b - F_{R2}a + Gx = 0$$

mit

$$F_{R1} = \mu_0 F_{N1} \quad \text{und} \quad F_{R2} = \mu_0 F_{N2} \quad \text{(volle Auslastung der Reibkraft)}$$

folgen

$$x = \frac{11}{5}\,\text{m} \quad h = \frac{44}{15}\,\text{m} \quad F_{N1} = \frac{4}{5}\,G \quad F_{R1} = \frac{2}{5}\,G \quad F_{N2} = \frac{2}{5}\,G$$

$$F_{R2} = \frac{1}{5}\,G$$

6.2. Gleitreibung (Coulombsche[1]) Reibung, trockene Reibung)

Mit genügender Sicherheit kann die bei der Gleitreibung auftretende Reibungskraft allgemein als von der Relativgeschwindigkeit zwischen den reibenden Körpern unabhängig vorausgesetzt werden.

▌ Die Gleitreibungskraft hat den Charakter einer eingeprägten Kraft.

Folgende Gesetzmäßigkeiten gelten:

a) Die Gleitreibungskraft ist der Bewegung entgegengerichtet.

b) Die Größe der Gleitreibungskraft F_R ist dem Betrag der Normalkraft F_N proportional

$$F_R = \mu F_N \tag{6.5}$$

c) Die Gleitreibungszahl μ ist kleiner als die Haftreibungszahl μ_0.

Beispiel:

Bei der Backenbremse in Bild S 6.5.1 soll die resultierende Kraft zwischen Backe und Bremsscheibe durch B gehen.

Gegeben:

$F = 200$ N

$l_1 = 18$ cm $\quad l_2 = 50$ cm $\quad c = 12$ cm

$\mu = 0{,}3$ zwischen Backe und Scheibe

Gesucht:

bremsende Umfangkraft

F_{RI} bei Umlaufrichtung I

F_{RII} bei Umlaufrichtung II

---

[1]) *Charles-Augustin de Coulomb* (1736 bis 1806)

c so, daß Bremskräfte für beide Umlaufrichtungen gleich sind

c so, daß Bremse selbstsperrend wirkt (Bremse zieht sich bei $F = 0$ selbst an)

Umlaufrichtung *I* (Bild S 6.5.2):

$$\curvearrowleft A:\ F_{\mathrm{NI}} l_1 - F(l_1 + l_2) - F_{\mathrm{RI}} c = 0$$

$$F_{\mathrm{RI}} = \mu F_{\mathrm{N1}}$$

$$F_{\mathrm{RI}} = F\,\frac{l_1 + l_2}{\dfrac{l_1}{\mu} - c} = 283\ \mathrm{N}$$

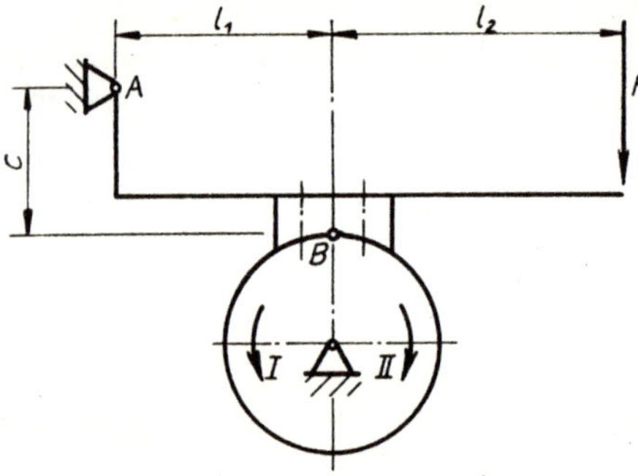

Bild S 6.5.1

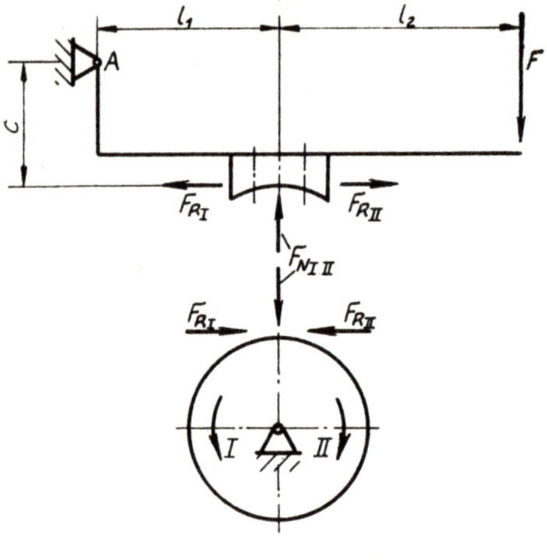

Bild S 6.5.2

Umlaufrichtung II (Bild S 6.5.2):

$$\curvearrowleft A:\ F_{\mathrm{NII}} l_1 - F(l_1 + l_2) + F_{\mathrm{RII}} c = 0 \qquad F_{\mathrm{RII}} = \mu F_{\mathrm{NII}}$$

$$F_{\mathrm{RII}} = F\,\frac{l_1 + l_2}{\dfrac{l_1}{\mu} + c} = 189\ \mathrm{N} \qquad F_{\mathrm{RI}} = F_{\mathrm{RII}} = 227\ \mathrm{N} \quad \text{für} \quad c = 0$$

Selbstsperrung ist nur bei Umlaufrichtung I möglich:

$$c = \frac{l_1}{\mu} = 60 \text{ cm}$$

6.3. Seilreibung

Es werden die Kräfte in einem Seil, das über eine Seilscheibe gelegt ist, betrachtet (Bild S 6.6). Falls das Seil gegenüber der Scheibe nicht bewegt wird, liegt Haftreibung vor (z. B. schlupflose Momentenübertragung in einer Transmission). Im anderen Falle (z. B. Seilbremse) haben wir es mit einer Gleitreibung zu tun. Die Kraft im auflaufenden Trum (F_{S1}) ist größer als die im ablaufenden Trum (F_{S2}). Zwischen Scheibe und Seil wird das Moment durch Reibungskräfte (F_R) übertragen. Aus einer Kräftegleichgewichtsbilanz an einem Seilelement mit der Länge $r\,d\varphi$ erhalten wir

$$dF_S - dF_R = 0 \qquad dF_N - F_S\,d\varphi = 0 \tag{6.6}$$

Mit $F_R = \mu_0 F_N$ ergibt sich daraus

$$\frac{dF_S}{F_S} = \mu_0\,d\varphi$$

und nach der Integration

$$F_{S1} = F_{S2}\,e^{\mu_0 \alpha} \tag{6.7}$$

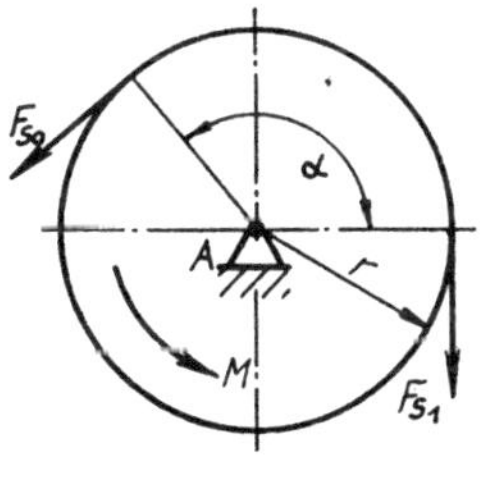

Bild S 6.6

Beispiel:

Ein Aufzug ist mit einer Bandbremse ausgerüstet. Die Last F_Q soll sich mit konstanter Geschwindigkeit abwärts bewegen.

Gegeben (Bild S 6.7):

Bremskraft $G = 200$ N

Umschlingungswinkel $\alpha = 240°$

Reibungszahl $\mu = 0{,}2$ zwischen Bremsband und -scheibe

$$\frac{R}{r} = 5 \qquad \frac{l_2}{l_1} = 25$$

Gesucht:

F_Q für die Anordnung in Bild S 6.7:

Gleichgewicht am Bremshebel

$$\curvearrowleft B: \left.\begin{matrix} F_{S2} \\ F_{S4} \end{matrix}\right\} l_1 - Gl_2 = 0 \Rightarrow F_{S2} = F_{S4} = G\,\frac{l_2}{l_1} = 5 \cdot 10^3\ \mathrm{N}$$

a) $$\curvearrowleft A: F_{S2}\left(\frac{F_{S1}}{F_{S2}} - 1\right) R - F_Q r = 0$$

Mit (6.7) wird

$$\frac{F_{S1}}{F_{S2}} = \mathrm{e}^{\mu\alpha} = \mathrm{e}^{\frac{4}{15}\pi}$$

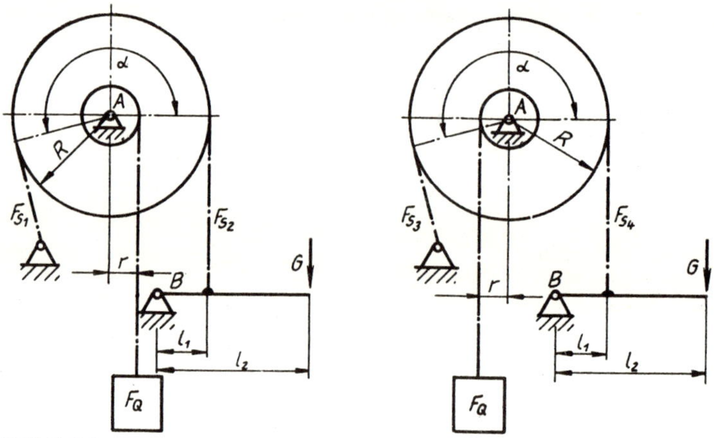

Bild S 6.7

Daraus

$$F_Q = F_{S2}\,\frac{R}{r}\left(\mathrm{e}^{\frac{4}{15}\pi} - 1\right) = 3{,}28 \cdot 10^4\ \mathrm{N}$$

b) $$\curvearrowleft A: -F_{S4}\left(1 - \frac{F_{S3}}{F_{S4}}\right) R + F_Q r = 0$$

Mit (6.7) wird

$$\frac{F_{S3}}{F_{S4}} = \mathrm{e}^{-\mu\alpha} = \frac{1}{\mathrm{e}^{\frac{4}{15}\pi}}$$

Daraus

$$F_Q = F_{S4}\,\frac{R}{r}\left(1 - \frac{1}{\mathrm{e}^{\frac{4}{15}\pi}}\right) = 1{,}42 \cdot 10^4\ \mathrm{N}$$

6.4. Zapfenreibung

Zur Überwindung der trockenen Reibung in einem Gleitquerlager (Wellenradius r, Lagerkraft F) ist ein Moment

$$M = r\mu_1 F \tag{6.8}$$

notwendig (Bild S 6.8). Die Zapfenreibungszahl μ_1 wird experimentell bestimmt und ist immer größer als die Gleitreibungszahl μ.

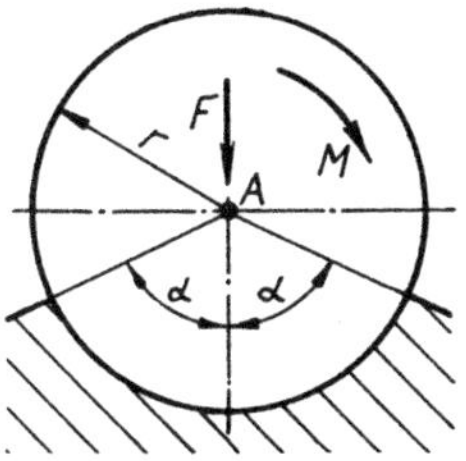

Bild S 6.8

6.5. Rollreibung

Aus der Erfahrung wissen wir, daß ein Körper im allgemeinen rollend leichter zu bewegen ist als gleitend. Den Rollwiderstand können wir für ein mitlaufendes Rad mit dem Modell in Bild S 6.9 erfassen.

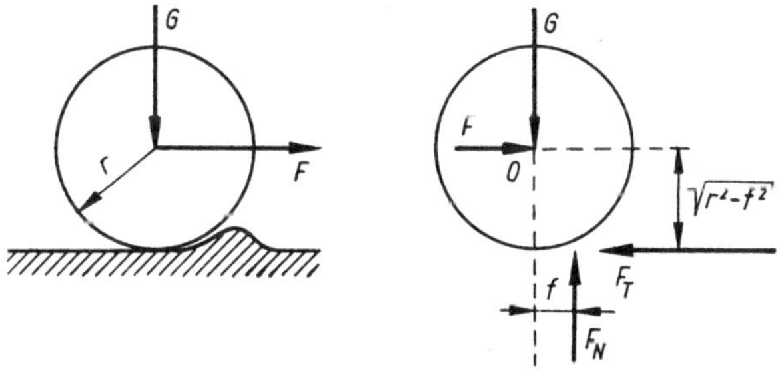

Bild S 6.9

Rad und Unterlage deformieren sich, so daß die Wirkungslinie F_N um f parallel zur Wirkungslinie G verschoben wird. Dabei gilt $f \ll r$, weshalb wir folgende Gleichgewichtsbedingungen angeben können

$$\begin{aligned} \uparrow\ &: F_N - G = 0 \\ \rightarrow &: F - F_T = 0 \\ \curvearrowleft O &: F_N f - F_T r = 0 \end{aligned} \tag{6.9}$$

Daraus folgt, da $f \ll r$

$$F_T = F_N \frac{f}{r} = \frac{M}{r} \tag{6.10}$$

mit $M = F_N f$ als Moment der Rollreibung. f ist der „Hebelarm der Rollreibung". Er ist abhängig von der Belastung, dem Raddurchmesser, dem Material der Paarung und der Geschwindigkeit. f wird aus Versuchen ermittelt, manchmal auch aus vorhandenen Theorien berechnet.
Rollen ist erst möglich, wenn die Reibungszahl μ_0 einen bestimmten Wert annimmt, anderenfalls rutscht das Rad auf der Unterlage. Der Grenzwert für μ_0 errechnet sich aus

$$F_N \frac{f}{r} = F_T < \mu_0 F_N \qquad \text{zu} \qquad \mu_0 > \frac{f}{r}$$

FESTIGKEITSLEHRE

1. GRUNDLAGEN DER FESTIGKEITSLEHRE

1.1. Einleitung

Die technische Festigkeitslehre hat die Aufgabe, Größe, Richtung und Verteilung der inneren, auf ein Flächenelement bezogenen Kräfte, die wir Spannungen nennen, über der Querschnittsfläche zu ermitteln und zu beurteilen, die Verformungen der Konstruktion zu berechnen und die Bauteile unter Beachtung eines wirtschaftlichen Materialeinsatzes bei ausreichender Sicherheit zu dimensionieren.

Zur Ermittlung der Spannungen und Verformungen muß man von der Fiktion des starren Körpers abgehen und Formänderungsbetrachtungen anstellen. Die Deformationen werden als klein gegenüber den Abmessungen der Bauelemente angenommen, und es ist gestattet, die statischen Gleichgewichtsbedingungen am unverformten Bauelement aufzustellen (Theorie 1. Ordnung). Bei Stabilitätsproblemen (Knicken, Kippen, Beulen) hingegen müssen die Gleichgewichtsbedingungen unbedingt am verformten Bauteil aufgestellt werden (Theorie 2. Ordnung, s. Abschn. 9.).

Den Zusammenhang zwischen den durch die Belastung hervorgerufenen inneren Kräften (Spannungen) und den Formänderungen liefern die Stoffgesetze, deren einfachstes das *Hooke*sche[1]) Gesetz ist. Es legt einen linearen Zusammenhang zwischen den Spannungen und Verzerrungen zugrunde und bildet die Grundlage der mathematischen *Elastizitätstheorie* sowie der technischen Festigkeitslehre.

Neben den elastischen Verformungen können beispielsweise bei größeren Belastungen auch bleibende (plastische) Deformationen auftreten, die ein anderes Stoffgesetz bedingen. Diese *Plastizitätstheorie* hat in der letzten Zeit eine große Bedeutung erlangt (s. Abschn. 13.).

Bei Bauteilen, die hohen Temperaturen ausgesetzt sind, und Konstruktionen aus Hochpolymeren ändern sich die Deformationen bei konstanter Last im Laufe der Zeit. Die *Viskoelastizitätstheorie* beschreibt diese wichtigen Probleme (s. Abschn. 14.).

---

[1]) *Robert Hooke* (1635 bis 1703)

1.2. Belastungsarten und Lastfälle

Die an einem konkreten Maschinenteil auftretenden Belastungen sind meist sehr kompliziert. Sie lassen sich aber im allgemeinen auf die in Bild F 1.1 aufgeführten Grundbelastungsarten reduzieren.

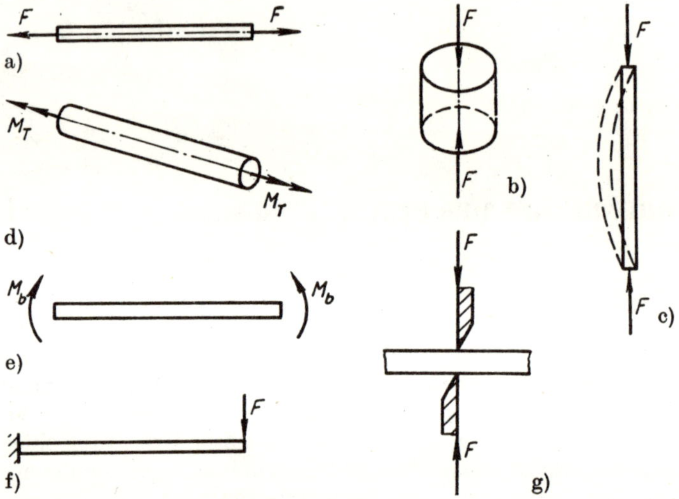

Bild F 1.1

a) reiner Zug, b) reiner Druck, c) Knickung eines schlanken Druckstabes (Stabilitätsproblem), d) Drillung oder Torsion, e) reine Biegung, f) Querkraftbiegung, g) Abscherung

In einer linearen Theorie, wie sie hier zunächst zugrunde gelegt wird, führt eine Überlagerung der einzelnen Belastungsarten auch zu einer additiven Überlagerung der Spannungen und Verformungen bei Beachtung der Richtungen.

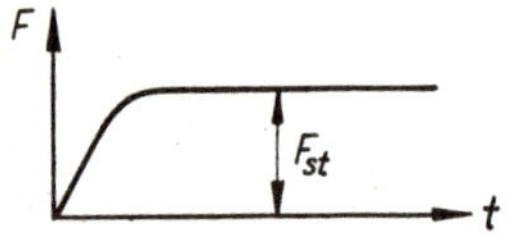

Bild F 1.2

Wenn nichts anderes vermerkt wird, wollen wir annehmen, daß die Lasten von Null an sehr langsam wachsend (nicht plötzlich) auf ihren Endwert gebracht werden und diesen Wert beibehalten. Wir sprechen dabei von einer statischen Belastung (Bild F 1.2).

Im Maschinenbau gibt es häufig Lasten, die zwischen bekannten oberen (F_o) und unteren (F_u) Werten periodisch wechseln (Bild F 1.3) (z. B. Kolbenmaschinen, Druckmaschinen, Verpackungsmaschinen). Wir sprechen hierbei von wechselnder Beanspruchung. Insbesondere ist es manchmal noch üblich, im Falle $F_u = 0$ von einer Schwell- oder Ursprungsbelastung und falls $F_u = -F_o$ von einer reinen Wechselbelastung zu sprechen.

Oft ist aber auch der zeitliche Belastungsverlauf völlig unregelmäßig, und auch die Größtwerte sind unbekannt (Radlasten bei Fahrzeugen, Grabewiderstände bei Baggern) (Bild F 1.4). Bei diesen Lastverteilungen werden durch Klassierverfahren die Häufigkeiten verschieden hoher Lasten ermittelt (s. Abschn. 12.).

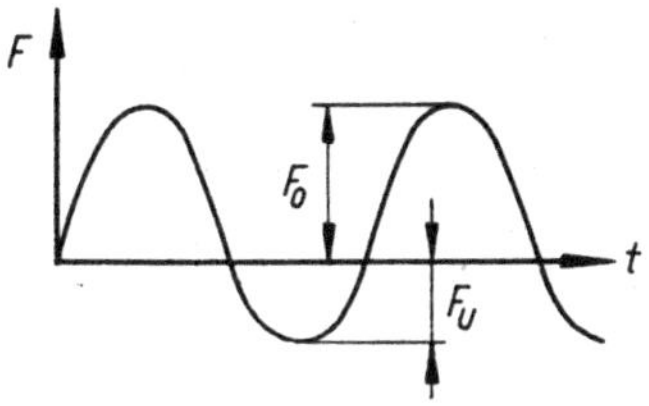

Bild F 1.3

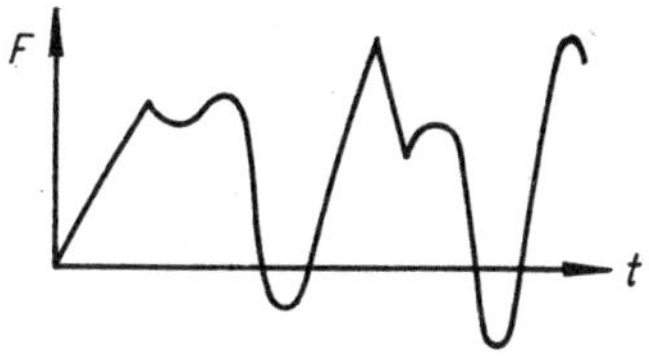

Bild F 1.4

1.3. Definition der Spannungen

Durch die Belastung werden im Körper innere Kräfte geweckt, die den Zusammenhalt des Körpers bewirken.

Legt man gedanklich einen Schnitt durch einen im Gleichgewicht befindlichen Körper (Bild F 1.5), so folgt aus einer Gleichgewichtsbetrachtung, daß erstens jeder Teil für sich im Gleichgewicht sein muß und zweitens die inneren Kräfte an beiden Schnittufern entgegengesetzt gleich sind. Ist $\mathrm{d}F$ die Resultierende der an einem Flächenelement $\mathrm{d}A$ übertragenen Kräfte, bezeichnet man den Quotienten aus der Kraft und der Fläche als Spannung.

Die an einem Flächenelement $\mathrm{d}A$ beliebig orientierte Kraft $\mathrm{d}F$ kann man stets zerlegen in eine Kraft normal zur Fläche $\mathrm{d}F_\mathrm{N}$ und in eine Tangentialkraft $\mathrm{d}F_\mathrm{T}$ (Bild F 1.6). Die entsprechenden Quotienten nennt man Normalspannung σ und Tangential- oder Schubspannung τ.

$$\sigma = \frac{\mathrm{d}F_\mathrm{N}}{\mathrm{d}A} \quad \text{und} \quad \tau = \frac{\mathrm{d}F_\mathrm{T}}{\mathrm{d}A} \text{ (in N mm}^{-2}\text{ bzw. MPa)} \tag{1.1}$$

Eine von dem Flächenelement weggerichtete Normalspannung wird positiv definiert (Zugspannung) (Bild F 1.6)

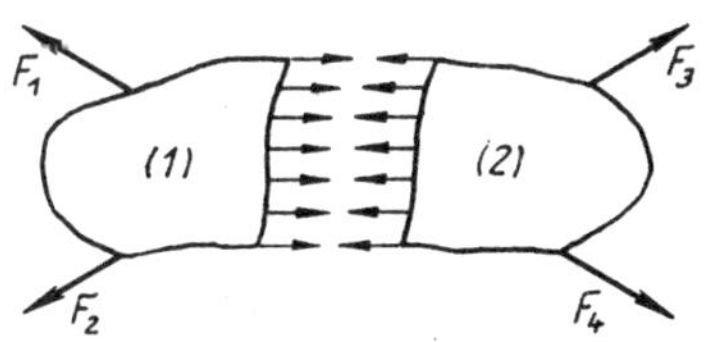

Bild F 1.5

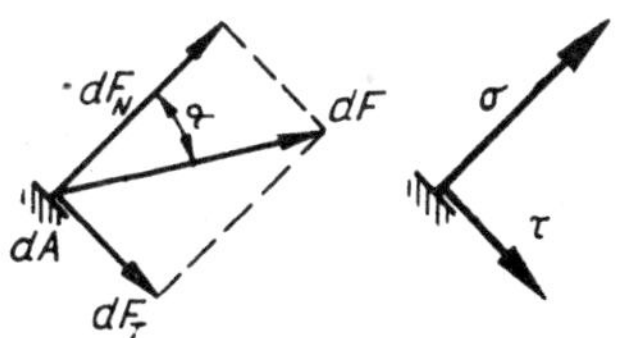

Bild F 1.6

Die in der Fläche liegende Schubspannungskomponente wird meist nochmals so in zwei Komponenten zerlegt, daß alle drei Komponenten (eine Normalspannung und zwei Schubspannungen) aufeinander senkrecht stehen. Zur Beschreibung des

Spannungszustandes in einem Punkt wollen wir uns vorerst mittels eines kartesischen Dreibeins (x, y, z) orientieren. An einem Körper mit einer Schnittfläche $x =$ konst. greift eine resultierende Spannung mit den drei Komponenten $\tau_{xx} = \sigma_x$, τ_{xy} und τ_{xz} an. Der erste Index zeigt die Richtung der Flächennormalen und der zweite Index die Richtung der Spannungskomponenten an. Die Spannungen sind positiv definiert, wenn sie an einer Fläche mit positiver Normalenrichtung in positiver Achsrichtung weisen (Bilder F 1.11, F 1.12, F 1.16).
An einem Rechtkant (Parallelepiped) können wir demnach folgende neun Spannungskomponenten erwarten (vgl. 1.3.3.):

$$\tau_{xx} = \sigma_x, \tau_{xy}, \tau_{xz}; \qquad \tau_{yx}, \tau_{yy} = \sigma_y, \tau_{yz}; \qquad \tau_{zx}, \tau_{zy}, \tau_{zz} = \sigma_z$$

Man faßt diese neun Komponenten zu einem Schema zusammen und schreibt

$$T_3 = \begin{pmatrix} \sigma_x & \tau_{yx} & \tau_{zx} \\ \tau_{xy} & \sigma_y & \tau_{zy} \\ \tau_{xz} & \tau_{yz} & \sigma_z \end{pmatrix}$$

Wegen der anschließend abzuleitenden Transformationsgesetze spricht man hierbei auch vom Schema des Spannungstensors. Sind alle Felder dieses Schemas besetzt, so sprechen wir von einem dreiachsigen Spannungszustand. Im Falle

$$T_2 = \begin{pmatrix} \sigma_x & \tau_{yx} & 0 \\ \tau_{xy} & \sigma_y & 0 \\ 0 & 0 & 0 \end{pmatrix}$$

liegt ein zweiachsiger und mit

$$T_1 = \begin{pmatrix} \sigma_x & 0 & 0 \\ 0 & 0 & 0 \\ 0 & 0 & 0 \end{pmatrix}$$

ein einachsiger Spannungszustand vor.
In den nächsten Abschnitten sollen diese Spannungszustände vorgestellt werden.
Es gelingt in jedem Falle, aus einem Körper ein Rechtkantelement so herauszuschneiden, daß sämtliche Flächen schubspannungsfrei sind. Die dann angreifenden Normalspannungen nennt man Hauptspannungen.

1.3.1. Der einachsige Spannungszustand

Belasten wir einen geraden prismatischen Stab in seiner Achse durch eine Kraft F, so können wir annehmen, daß sich in genügender Entfernung von der Lastangriffsstelle der gesamte Querschnitt A gleichmäßig an der Kraftübertragung beteiligt (Prinzip von *B. de Saint-Venant*[1])). Für die Spannung kann demnach geschrieben werden

$$\sigma_y = \sigma_0 = \frac{F}{A}$$

[1]) *B. de Saint-Venant* (1797 bis 1886)

Bezogen auf das im Bild F 1.7 angegebene Koordinatensystem sind alle anderen Spannungen Null, und $\sigma_y = \sigma_0$ ist eine Hauptspannung. Schneiden wir aber aus dem Träger ein keilförmiges Element (Bild F 1.8) heraus, so ergeben sich aus den Kräftegleichgewichtsbedingungen am Element die folgenden Zusammenhänge:

$$\nwarrow: \sigma(\varphi)\, A(\varphi) - \sigma_0 A \cos\varphi = 0$$

$$\sigma(\varphi) = \sigma_0 \cos^2\varphi = \frac{\sigma_0}{2}\,(1 + \cos 2\varphi)$$

$$\nearrow: \tau(\varphi)\, A(\varphi) - \sigma_0 A \sin\varphi = 0 \qquad (1.2)$$

$$\tau(\varphi) = \sigma_0 \sin\varphi \cos\varphi = \frac{\sigma_0}{2} \sin 2\varphi$$

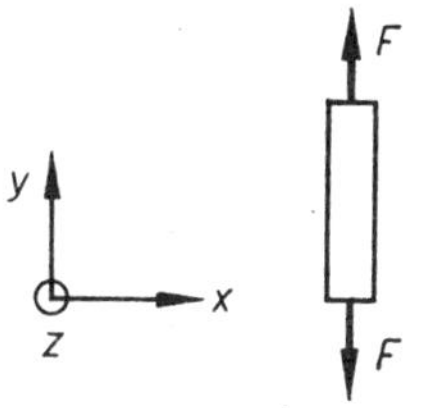

Bild F 1.7

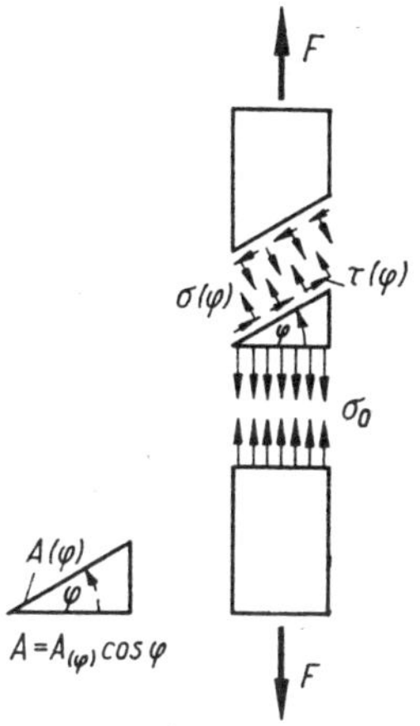

Bild F 1.8

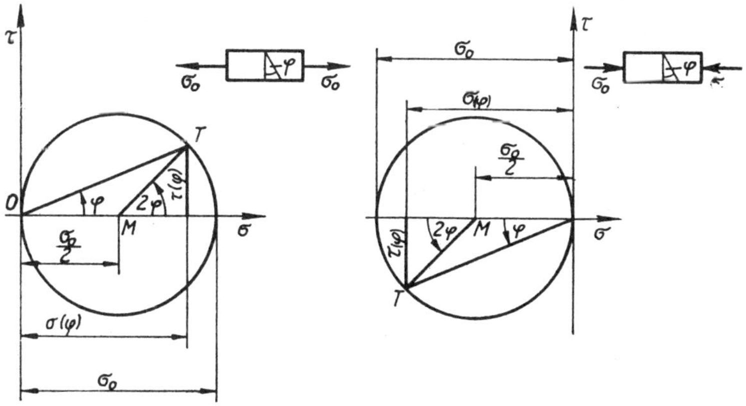

Bild F 1.9

Schreibt man die Gln. (1.2) in der Form

$$\sigma(\varphi) - \frac{\sigma_0}{2} = \frac{\sigma_0}{2} \cos 2\varphi$$

$$\tau(\varphi) = \frac{\sigma_0}{2} \sin 2\varphi$$

quadriert beide Seiten und addiert, so erhält man

$$\left(\sigma(\varphi) - \frac{\sigma_0}{2}\right)^2 + \tau(\varphi)^2 = \left(\frac{\sigma_0}{2}\right)^2 \tag{1.3}$$

In einem σ,τ-Koordinatensystem beschreibt (1.3) offenbar einen Kreis mit dem Radius $\frac{\sigma_0}{2}$ um $\frac{\sigma_0}{2}$ auf der positiven σ-Achse verschoben (Bild F 1.9). Es ist dies der *Mohr*sche[1]) Spannungskreis.

Aus (1.2) und Bild F 1.9 lesen wir ab

$$\tau\left(\varphi = \frac{\pi}{4}\right) = \tau_{\max} = \frac{\sigma_0}{2}$$

$$\sigma(\varphi = 0) = \sigma_{\max} = \sigma_0$$

1.3.2. Der zweiachsige (ebene) Spannungszustand

Wir betrachten ein ebenes Bauteil, bei dem die Abmessung h in der z-Richtung wesentlich kleiner ist als die in den beiden anderen Richtungen x und y. Belasten wir diese Scheibe nur durch ein Gleichgewichtssystem von Kräften in der x,y-Ebene, so liegt in guter Näherung ein ebener Spannungszustand vor.

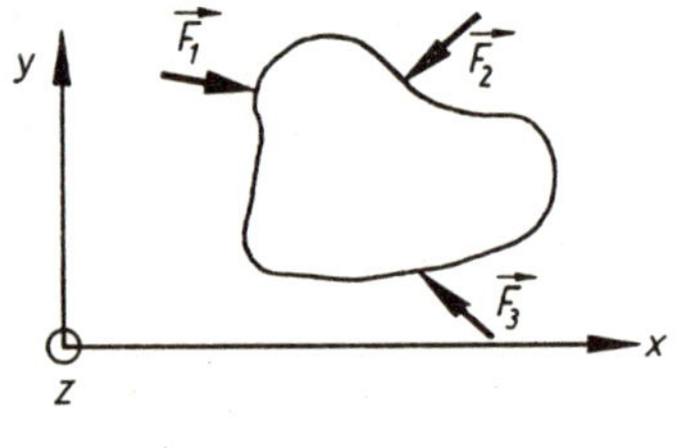

Bild F 1.10

An einem Element $dV = dx\,dy\,h$ werden nun die möglichen Kräfte angetragen. F_x^v und F_y^v sind Kräfte pro Volumeneinheit. Dabei ist zu beachten, daß die Spannungen nicht im gesamten Scheibenbereich konstant sind, sondern sich abhängig von x und y ändern können.

[1]) *Otto Mohr* (1835 bis 1918)

Die Änderungen der Spannung sind durch das erste Korrekturglied einer *Taylor*-Reihe[1]) erfaßt (Bild F 1.11). Ist z. B. an einem Schnitt $x =$ konst. die Normalspannung σ_x vorhanden, so hat sich diese Spannung bei Fortschreiten in der x-Richtung um dx geändert in

$$\sigma_x(x + \mathrm{d}x, y) = \sigma_x + \frac{\partial \sigma_x}{\partial x}\,\mathrm{d}x$$

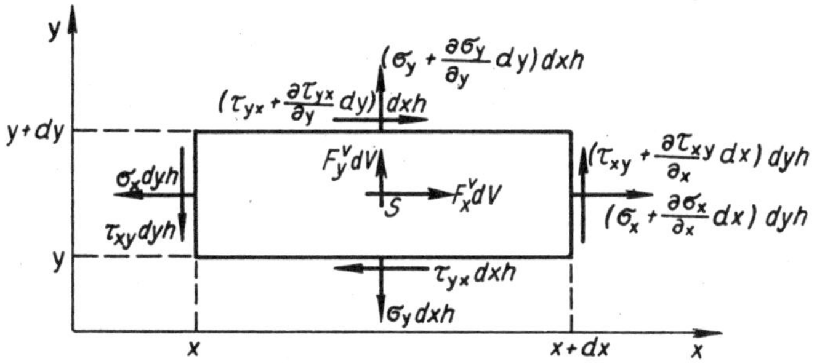

Bild F 1.11

Aus dem Kräftegleichgewicht folgt

$$\frac{\partial \sigma_x}{\partial x} + \frac{\partial \tau_{yx}}{\partial y} + F_x^v = 0$$

$$\frac{\partial \tau_{xy}}{\partial x} + \frac{\partial \sigma_y}{\partial y} + F_y^v = 0 \tag{1.4}$$

und eine Momentenbilanz um eine Achse durch den Mittelpunkt des Elementes S liefert zunächst (s. Bild F 1.11)

$$\left(\tau_{xy} + \frac{\partial \tau_{xy}}{\partial x}\,\mathrm{d}x\right) \mathrm{d}y\, h\, \frac{\mathrm{d}x}{2} + \tau_{xy}\, \mathrm{d}y\, h\, \frac{\mathrm{d}x}{2}$$
$$-\left(\tau_{yx} + \frac{\partial \tau_{yx}}{y}\,\mathrm{d}y\right) \mathrm{d}x\, h\, \frac{\mathrm{d}y}{2} - \tau_{yx}\, \mathrm{d}x\, h\, \frac{\mathrm{d}y}{2} = 0$$

woraus im Grenzübergang folgt

$$\tau_{xy} = \tau_{yx} \tag{1.5}$$

Schubspannungen treten immer paarweise auf. Sie sind an senkrecht zueinander stehenden Schnittflächen (hier $x =$ konst. und $y =$ konst.) beide auf die Kante zu oder beide von der Kante weg gerichtet. Wir sprechen von der Gleichheit zugeordneter Schubspannungen. Es gibt keinen einachsigen Schubspannungszustand!

---

[1]) *Taylor*-Reihe: $f(x + \Delta x) = f(x) + \frac{\mathrm{d}f}{\mathrm{d}x}(x)\,\Delta x + \frac{1}{2!}\frac{\mathrm{d}^2 f}{\mathrm{d}x^2}(x)\,\Delta x^2 + \cdots$

1.3.2.1. Spannungen an geneigten Schnittflächen

Wir wollen in diesem Abschnitt Beziehungen zwischen den Spannungen σ_x, σ_y, $\tau_{xy} = \tau_{yx}$ und den Spannungen σ_u, σ_v, $\tau_{uv} = \tau_{vu}$ eines gegenüber dem ursprünglichen Element um den Winkel φ gedrehten Elementes herleiten (Bilder F 1.12). (Da wir hierbei einen Punkt des Körpers betrachten, brauchen wir die Spannungszuwüchse nicht zu berücksichtigen.)

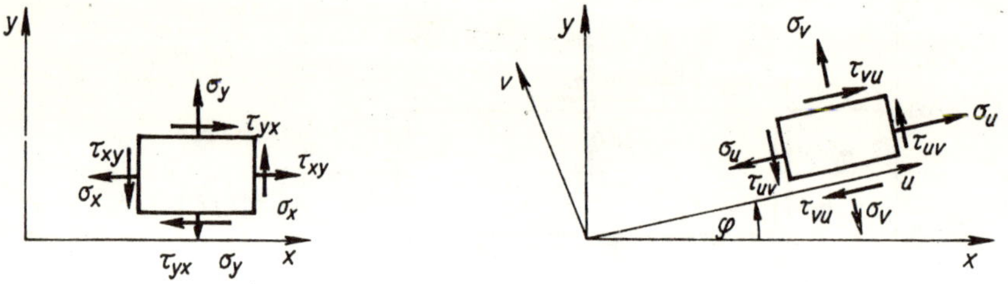

Bild F 1.12

Ferner wollen wir feststellen, unter welchem ausgezeichneten Winkel $\varphi = \varphi_0$ ein Hauptspannungszustand entsteht. Aus einer Schnittbetrachtung (Bild F 1.13) folgen die beiden Kräftegleichgewichtsbedingungen

$$\nearrow: \sigma_u \, ds \, h - \sigma_x \, dy \, h \cos\varphi - \sigma_y \, dx \, h \sin\varphi - \tau_{xy} \, dy \, h \sin\varphi - \tau_{yx} \, dx \, h \cos\varphi = 0$$

$$\nwarrow: \tau_{uv} \, ds \, h + \sigma_x \, dy \, h \sin\varphi - \sigma_y \, dx \, h \cos\varphi - \tau_{xy} \, dy \, h \cos\varphi + \tau_{yx} \, dx \, h \sin\varphi = 0 \qquad (1.6)$$

Mit

$$dx = ds \sin\varphi \qquad dy = ds \cos\varphi \qquad \tau_{yx} = \tau_{xy}$$

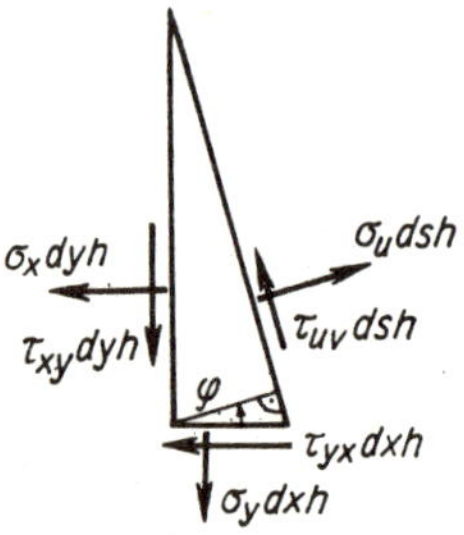

Bild F 1.13

und unter Einführung des doppelten Argumentes erhält man die Schnittspannungen an geneigten Ebenen zu (Bild F 1.13)

$$\sigma_u = \frac{\sigma_x + \sigma_y}{2} + \frac{\sigma_x - \sigma_y}{2} \cos 2\varphi + \tau_{xy} \sin 2\varphi \qquad (1.7)$$

$$\tau_{uv} = -\frac{\sigma_x - \sigma_y}{2} \sin 2\varphi + \tau_{xy} \cos 2\varphi$$

An der zu φ senkrechten Schnittfläche $\varphi + \frac{\pi}{2}$ gilt

$$\sigma_v = \frac{\sigma_x + \sigma_y}{2} - \frac{\sigma_x - \sigma_y}{2} \cos 2\varphi - \tau_{xy} \sin 2\varphi$$

$$\tau_{vu} = -\tau_{uv} \tag{1.8}$$

Aus Gln. (1.7) und (1.8) folgt die Invarianz der Normalspannungssumme gegenüber Koordinatendrehung.

$$\sigma_x + \sigma_y = \sigma_u + \sigma_v \tag{1.9}$$

1.3.2.2. Hauptspannungen

Aus der Bedingung (1.7) folgt mit

$$\frac{d\sigma_u}{d\varphi} = 2\left[-\frac{\sigma_x - \sigma_y}{2} \sin 2\varphi_0 + \tau_{xy} \cos 2\varphi_0\right] = 2\tau_{uv} (\varphi = \varphi_0) = 0 \tag{1.10}$$

der Winkel φ_0, der die Richtung der extremen Normalspannungen angibt,

$$\tan 2\varphi_0 = \frac{2\tau_{xy}}{\sigma_x - \sigma_y} \tag{1.11}$$

Mit $\tan 2\left(\varphi_0 + \frac{\pi}{2}\right) = \tan 2\varphi_0$ gibt es also stets zwei aufeinander senkrecht stehende Flächen (Hauptspannungsflächen) mit extremen Normalspannungen (Hauptspannungen). Auf den Hauptspannungsflächen verschwinden nach Gl. (1.10) die Schubspannungen. Die unter den Winkeln φ_0 bzw. $\varphi_0 + \frac{\pi}{2}$ gegenüber der x-Achse auftretenden Hauptspannungen σ_1 bzw. σ_2 ergeben sich zu

$$\sigma_1 = \frac{\sigma_x + \sigma_y}{2} + \frac{\sigma_x - \sigma_y}{2} \cos 2\varphi_0 + \tau_{xy} \sin 2\varphi_0$$

$$\sigma_2 = \frac{\sigma_x + \sigma_y}{2} - \frac{\sigma_x - \sigma_y}{2} \cos 2\varphi_0 - \tau_{xy} \sin 2\varphi_0 \tag{1.12}$$

oder nach Elimination der Winkelfunktionen mit

$$\sin 2\varphi_0 = \frac{\tan 2\varphi_0}{\sqrt{1 + \tan^2 2\varphi_0}} \qquad \cos 2\varphi_0 = \frac{1}{\sqrt{1 + \tan^2 2\varphi_0}}$$

$$\sigma_{1,2} = \frac{\sigma_x + \sigma_y}{2} \pm \sqrt{\left(\frac{\sigma_x - \sigma_y}{2}\right)^2 + \tau_{xy}^2} \tag{1.13}$$

Analog folgt für die Normalenrichtung der Fläche der extremen Schubspannung aus

$$\frac{d\tau_{uv}}{d\varphi} = 0$$

$$\tan 2\varphi_1 = -\frac{\sigma_x - \sigma_y}{2\tau_{xy}}$$

Die unter den Winkeln φ_1 bzw. $\varphi_1 + \frac{\pi}{2}$ auftretenden Flächen sind im allgemeinen nicht normalspannungsfrei. Die extremen Schubspannungen τ_1 bzw. τ_2 erhält man zu

$$\tau_1 = -\frac{\sigma_x - \sigma_y}{2}\sin 2\varphi_1 + \tau_{xy}\cos 2\varphi_1 = -\tau_2 \tag{1.14}$$

bzw.

$$\tau_{1,2} = \sqrt{\left(\frac{\sigma_x - \sigma_y}{2}\right)^2 + \tau_{xy}^2} \tag{1.15}$$

Reiner Schub liegt dann vor, wenn die Flächen auch normalspannungsfrei sind (z. B. wenn $\sigma_1 = -\sigma_2$).
Aus

$$\tan 2\varphi_0 \tan 2\varphi_1 = -1$$

folgt

$$\varphi_1 = \varphi_0 \pm \frac{\pi}{4} \tag{1.16}$$

Die Normale der Flächen extremer Schubspannungen halbiert demnach den rechten Winkel zwischen den Hauptspannungsrichtungen.

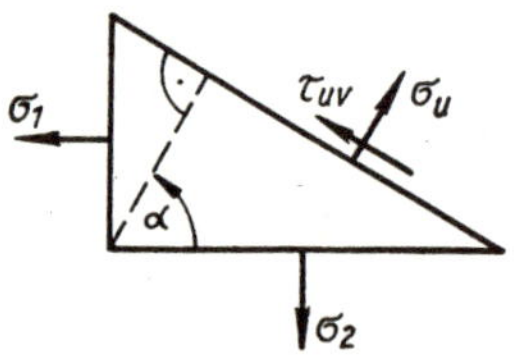

Bild F 1.14

Ausgehend von den Hauptspannungen $\sigma_1 = \sigma_{max}$ und $\sigma_2 = \sigma_{min}$ errechnen sich die Schnittspannungen in einer unter dem Winkel α (Bild F 1.14) geneigten Ebene entsprechend (1.17) zu

$$\sigma_u = \frac{\sigma_1 + \sigma_2}{2} + \frac{\sigma_1 - \sigma_2}{2}\cos 2\alpha$$

$$\tau_{uv} = -\frac{\sigma_1 - \sigma_2}{2}\sin 2\alpha \tag{1.17}$$

Betrachtet man α als Differenzwinkel $\alpha = \varphi - \varphi_0$, wobei φ_0 der Winkel zwischen der Hauptspannungsflächennormale und der x-Achse und φ der Winkel zwischen der Normalen der untersuchten Fläche und der x-Achse ist, so ergeben sich die Schnittspannungen nach (1.17) zu

$$\sigma_u = \frac{\sigma_1 + \sigma_2}{2} + \frac{\sigma_1 - \sigma_2}{2} \cos 2(\varphi_0 - \varphi)$$

$$\tau_{uv} = \frac{\sigma_1 - \sigma_2}{2} \sin 2(\varphi_0 - \varphi) \tag{1.18}$$

mit

$$\sigma_1 + \sigma_2 = \sigma_x + \sigma_y \qquad \frac{\sigma_1 - \sigma_2}{2} = \tau_{\max} = \sqrt{\left(\frac{\sigma_x - \sigma_y}{2}\right)^2 + \tau_{xy}^2}$$

1.3.2.3. Mohrscher Spannungskreis

Aus Gl. (1.7) folgt die Gleichung des Spannungskreises zu

$$\left(\sigma_u - \frac{\sigma_x + \sigma_y}{2}\right)^2 + \tau_{uv}^2 = \left(\frac{\sigma_x - \sigma_y}{2}\right)^2 + \tau_{xy}^2 \tag{1.19}$$

Bei gegebenen σ_x, σ_y, τ_{xy} kann man somit die Schnittspannungen σ_u, τ_{uv}, die Hauptspannungen σ_1, σ_2 und die Hauptspannungsrichtungen ermitteln.
In einem kartesischen σ, τ-Koordinatensystem werden die Spannungen vorzeichenbehaftet abgetragen. Die Konstruktion des Spannungskreises ist aus Bild F 1.15.1 ersichtlich. Der Radius des Kreises ergibt sich als Strecke

$$\overline{TM} = \sqrt{\left(\frac{\sigma_x - \sigma_y}{2}\right)^2 + \tau_{xy}^2}$$

Die Abtragung von τ_{xy} geschieht bei σ_x (im Punkt B). Der Winkel φ_0 wird im Spannungskreis im Gegenuhrzeigersinn von der σ-Achse aus gemessen.
Die Strecke $\overline{SM}$ stellt die maximale Schubspannung dar.

$$\tau_{\max} = \left|\frac{\sigma_1 - \sigma_2}{2}\right| \tag{1.20}$$

Die Größe der Hauptspannungen und deren Richtungen sind ohne weiteres aus dem Spannungskreis ablesbar. Um die Schnittspannungen σ_u, τ_{uv} bestimmen zu können, muß man von den Gln. (1.18) ausgehen, die für den Differenzwinkel $\varphi_0 - \varphi$ aufgestellt sind. Trägt man demzufolge im Punkt C von dem Strahl CT den Winkel $+\varphi$ im Uhrzeigersinn ab, so schneidet der Schenkel den Kreis im Punkt P, dessen Koordinaten σ_u und τ_{uv} ergeben. Die Verlängerung $\overline{PM}$ liefert P' mit den Schnittspannungswerten der zu φ um $\frac{\pi}{2}$ gedrehten Ebene.

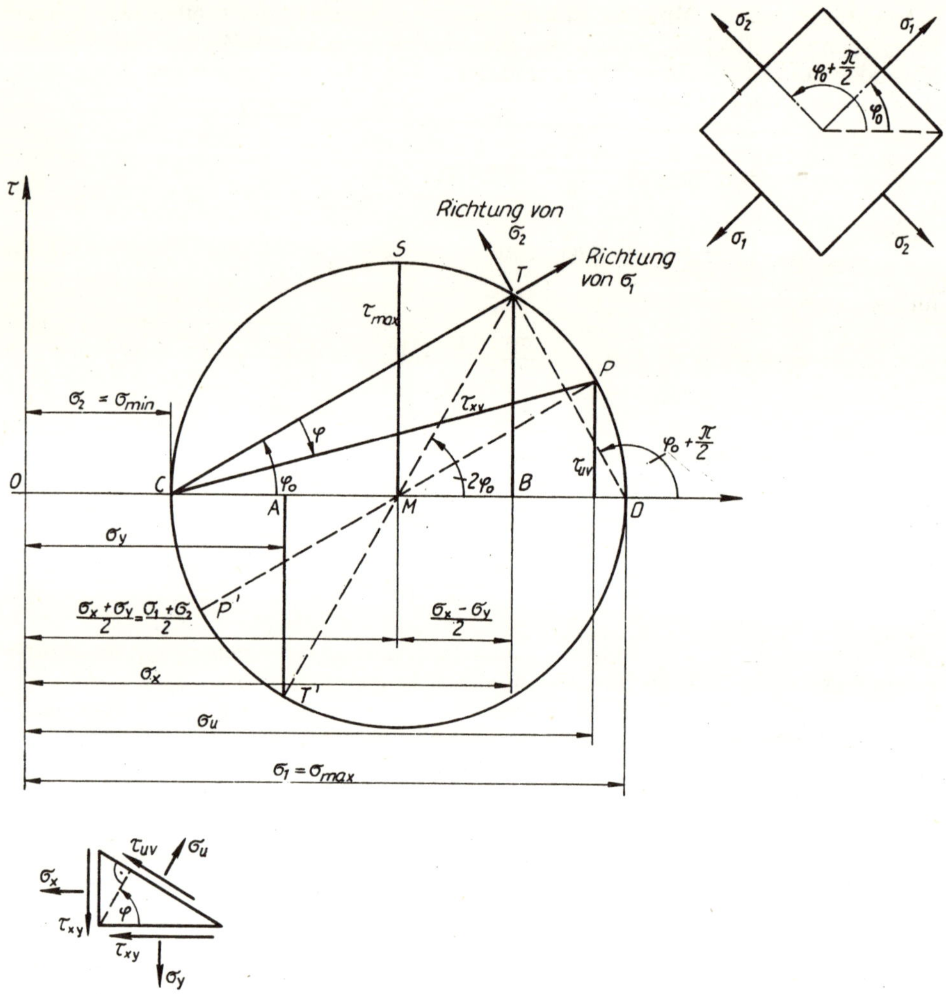

Bild F 1.15.1

Bei bekannten Hauptspannungen σ_1, σ_2 lautet nach (1.17) die Gleichung des Spannungskreises

$$\left(\sigma_u - \frac{\sigma_1 + \sigma_2}{2}\right)^2 + \tau_{uv}^2 = \left(\frac{\sigma_1 - \sigma_2}{2}\right)^2 \tag{1.21}$$

Der Radius des Kreises beträgt $\dfrac{\sigma_1 - \sigma_2}{2}$ (Konstruktion des Spannungskreises s. Bild F 1.15.2). Um die Schnittspannungen σ_u, τ_{uv} zu erhalten, muß man in C an

den Strahl CD den Winkel α im Uhrzeigersinn antragen, um das negative Vorzeichen in Gl. (1.17) zu berücksichtigen.
σ_v, τ_{vu} sind die Schnittspannungen der zu α senkrechten Ebene.

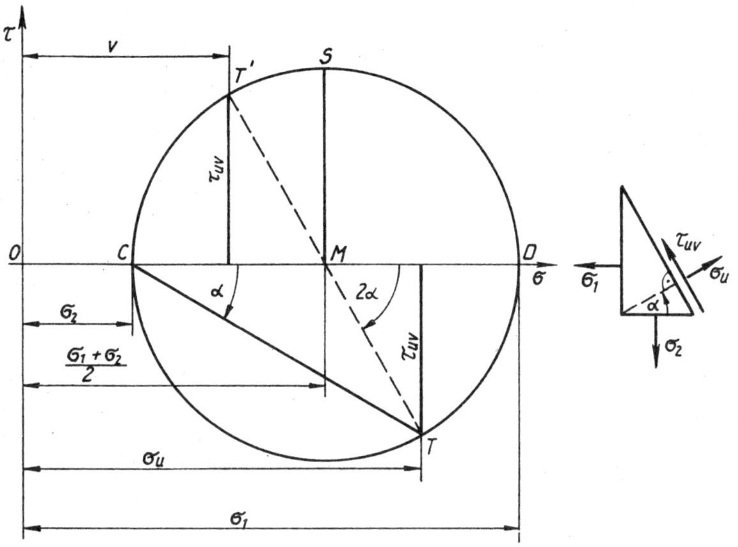

Bild F 1.15.2

1.3.3. Der dreiachsige (räumliche) Spannungszustand

1.3.3.1. Spannungstensor

Die resultierende Spannung eines beliebigen Flächenelementes kann im allgemeinen Fall jede beliebige Lage im Raum annehmen. Man zerlegt sie zweckmäßigerweise in ihre Komponenten (eine Normalspannung und zwei in der Ebene wirkende, aufeinander senkrecht stehende Schubspannungen). An einem aus dem Körper herausgeschnittenen Parallelepiped (Bild F 1.16) mit den Abmessungen dx, dy, dz sind die Spannungen eingezeichnet.
Im Schwerpunkt des Parallelepipeds können außerdem in Richtung der Koordinatenachsen noch Volumenkräfte F_x^v, F_y^v, F_z^v angreifen. Die 9 Spannungsgrößen kann man auf 6 reduzieren; denn es gilt der Satz von der Gleichheit der zugeordneten Schubspannungen [s. a. (1.5)].

$$\tau_{xy} = \tau_{yx} \qquad \tau_{yz} = \tau_{zy} \qquad \tau_{zx} = \tau_{xz} \tag{1.22}$$

Die verbleibenden 6 Spannungsgrößen definieren den räumlichen Spannungszustand.

Sie bilden die Komponenten eines symmetrischen Tensors zweiter Stufe (räumlicher Spannungstensor).

$$T_3 = \begin{pmatrix} \sigma_x & \tau_{yx} & \tau_{zx} \\ \tau_{xy} & \sigma_y & \tau_{zy} \\ \tau_{xz} & \tau_{yz} & \sigma_z \end{pmatrix} \tag{1.23}$$

Die Kräftegleichgewichtsbedingungen des räumlichen Spannungszustandes lauten

$$\begin{aligned} \frac{\partial \sigma_x}{\partial x} + \frac{\partial \tau_{yx}}{\partial y} + \frac{\partial \tau_{zx}}{\partial z} + F_x^v &= 0 \\ \frac{\partial \tau_{xy}}{\partial x} + \frac{\partial \sigma_y}{\partial y} + \frac{\partial \tau_{zy}}{\partial z} + F_y^v &= 0 \\ \frac{\partial \tau_{xz}}{\partial x} + \frac{\partial \tau_{yz}}{\partial y} + \frac{\partial \sigma_z}{\partial z} + F_z^v &= 0 \end{aligned} \tag{1.24}$$

(F_x^v, F_y^v, F_z^v sind die nicht in Bild F 1.16 eingetragenen Kräfte je Volumeneinheit.)

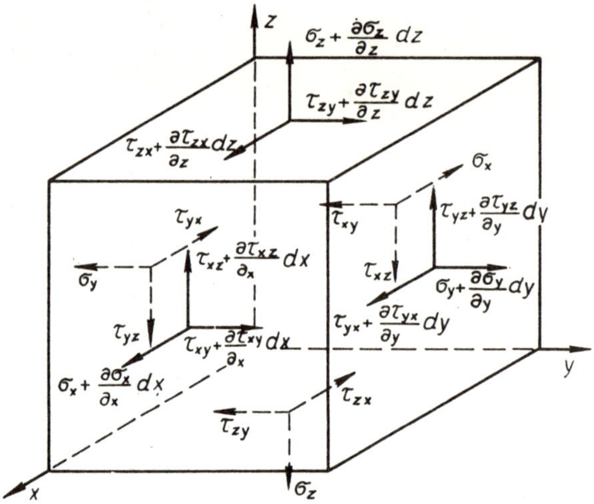

Bild F 1.16

1.3.3.2. Hauptspannungen und Invarianten des räumlichen Spannungszustandes

Durch eine Gleichgewichtsbetrachtung an einem Tetraeder (Bild F 1.17) kann man die Schnittspannungen an der Fläche ΔA bestimmen. Die Komponenten der resultierenden Schnittspannungen S in Richtung der Koordinatenachsen sind S_x, S_y, S_z.

Der Einheitsvektor $\boldsymbol{e}$ der Schnittfläche bildet mit den Koordinatenachsen x, y, z die Winkel α, β, γ

$$\boldsymbol{S} = \{S_x, S_y, S_z\}$$

$$\boldsymbol{e} = \{\boldsymbol{e}_x, \boldsymbol{e}_y, \boldsymbol{e}_z\}$$

Das Kräftegleichgewicht liefert

$$\begin{aligned} S_x &= \sigma_x \cos\alpha + \tau_{yx} \cos\beta + \tau_{zx} \cos\gamma \\ S_y &= \tau_{xy} \cos\alpha + \sigma_y \cos\beta + \tau_{zy} \cos\gamma \\ S_z &= \tau_{xz} \cos\alpha + \tau_{yz} \cos\beta + \sigma_z \cos\gamma \end{aligned} \qquad (1.25)$$

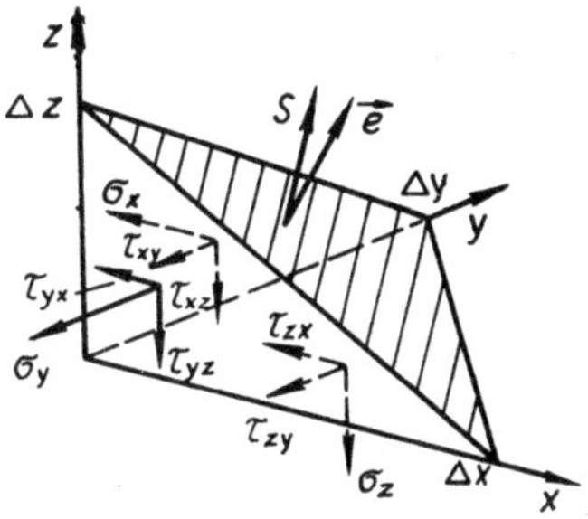

Bild F 1.17

Für jeden Punkt des räumlichen Spannungszustandes gibt es drei zueinander senkrechte Schnittflächen (Hauptspannungsflächen), die schubspannungsfrei sind und extreme Normalspannungen (Hauptspannungen σ_1, σ_2, σ_3) aufweisen.
An den schubspannungsfreien Hauptspannungsflächen gilt mit $S = \sigma$

$$S_x = \sigma \cos\alpha \qquad S_y = \sigma \cos\beta \qquad S_z = \sigma \cos\gamma \qquad (1.26)$$

Aus (1.25) und (1.26) folgt

$$\begin{aligned} &(\sigma_x - \sigma) \cos\alpha + \tau_{yx} \cos\beta + \tau_{zx} \cos\gamma = 0 \\ &\tau_{xy} \cos\alpha + (\sigma_y - \sigma) \cos\beta + \tau_{zy} \cos\gamma = 0 \\ &\tau_{xz} \cos\alpha + \tau_{yz} \cos\beta + (\sigma_z - \sigma) \cos\gamma = 0 \end{aligned} \qquad (1.27)$$

Dieses homogene Gleichungssystem hat nur dann eine Lösung, wenn die Koeffizientendeterminante der Unbekannten ($\cos\alpha$, $\cos\beta$, $\cos\gamma$) verschwindet. Man erhält somit:

$$\sigma^3 - (\sigma_x + \sigma_y + \sigma_z)\,\sigma^2 + (\sigma_x\sigma_y + \sigma_y\sigma_z + \sigma_z\sigma_x - \tau_{xy}^2 - \tau_{yz}^2 - \tau_{zx}^2)\,\sigma - \begin{vmatrix} \sigma_x & \tau_{yx} & \tau_{zx} \\ \tau_{xy} & \sigma_y & \tau_{zy} \\ \tau_{xz} & \tau_{yz} & \sigma_z \end{vmatrix} = 0 \qquad (1.28)$$

Die infolge der Symmetrie des Spannungstensors stets reellen Wurzeln der Gl. (1.28) stellen die Hauptspannungen dar. Die Richtungen der Hauptspannungen erhält man aus (1.27) unter Berücksichtigung der Beziehung

$$\cos^2\alpha + \cos^2\beta + \cos^2\gamma = 1 \tag{1.29}$$

Da man Gl. (1.28) auch in der Form

$$(\sigma - \sigma_1)(\sigma - \sigma_2)(\sigma - \sigma_3) = 0 \tag{1.30}$$

schreiben kann, folgt

$$\begin{aligned} I_1 &= \sigma_1 + \sigma_2 + \sigma_3 = \sigma_x + \sigma_y + \sigma_z \\ I_2 &= \sigma_1\sigma_2 + \sigma_2\sigma_3 + \sigma_3\sigma_1 = \sigma_x\sigma_y + \sigma_y\sigma_z + \sigma_z\sigma_x - \tau_{xy}^2 - \tau_{yz}^2 - \tau_{zx}^2 \\ I_3 &= \sigma_1\sigma_2\sigma_3 = \begin{vmatrix} \sigma_x & \tau_{yx} & \tau_{zx} \\ \tau_{xy} & \sigma_y & \tau_{zy} \\ \tau_{xz} & \tau_{yz} & \sigma_z \end{vmatrix} \end{aligned} \tag{1.31}$$

Man nennt die Ausdrücke in (1.31) die Invarianten des räumlichen Spannungstensors, da sie gegenüber einer Koordinatentransformation (Drehung) unveränderlich sind. Die Flächen mit extremen Schubspannungen halbieren den rechten Winkel zwischen den Hauptspannungsflächen und sind im allgemeinen nicht normalspannungsfrei. Die extremen Schubspannungen bestimmen sich zu

$$\tau_1 = \frac{\sigma_2 - \sigma_3}{2} \qquad \tau_2 = \frac{\sigma_1 - \sigma_3}{2} = \tau_{\max} \qquad \tau_3 = \frac{\sigma_1 - \sigma_2}{2} \tag{1.32}$$

$(\sigma_1 > \sigma_2 > \sigma_3)$

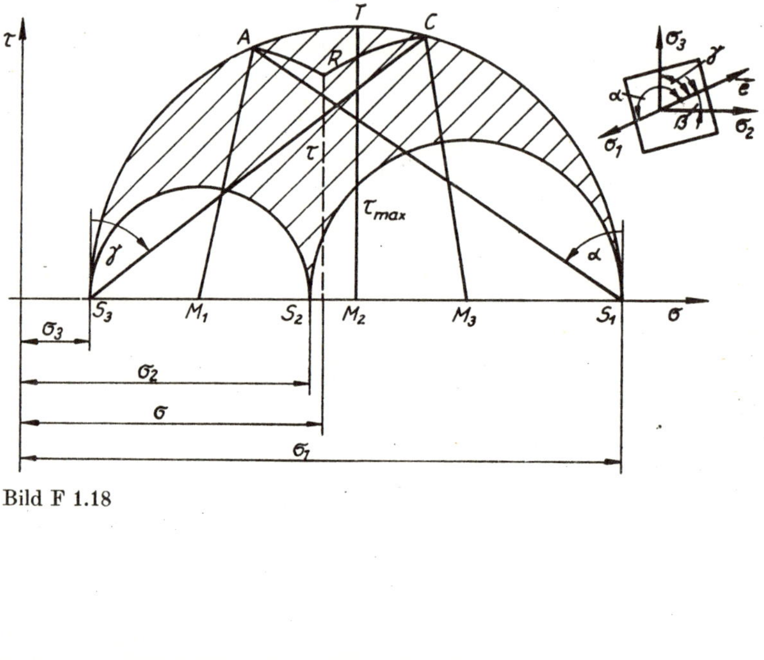

Bild F 1.18

1.3.3.3. Mohrscher Spannungskreis

Aus den gegebenen Hauptspannungen $\sigma_1 > \sigma_2 > \sigma_3$ kann man mit Hilfe der in Bild F 1.18 gezeigten Konstruktion die Schnittspannungen an einer geneigten Fläche bestimmen.
Durch Abtragung der Winkel α und γ erhält man die Punkte A und C. Kreisbogen um M_1 durch A und um M_3 durch C ergeben den Punkt R, dessen Koordinaten die gesuchten Schnittspannungswerte σ und τ darstellen. σ ist dabei vorzeichenbehaftet, dagegen kann man über das Vorzeichen von τ keine Aussage treffen.

1.4. Verschiebungen und Verzerrungen

Jeder Körper verformt sich bei Belastung oder Temperaturänderung. Als charakteristische Größen werden in der Festigkeitslehre die Verzerrungen eingeführt. Darunter versteht man einmal die auf die ursprüngliche Länge bezogene Verlängerung (technische Dehnung) und zum anderen die Abweichung vom ursprünglich rechten Winkel (Gleitung).

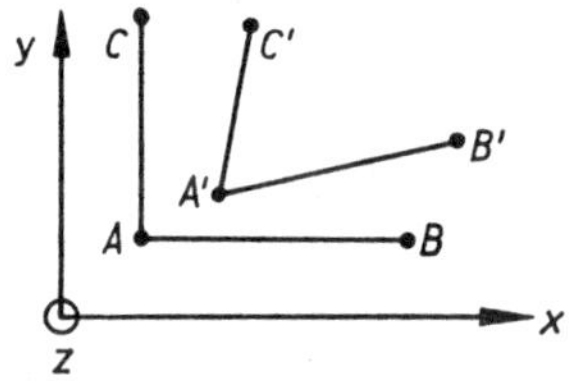

Bild F 1.19

Wir betrachten die zunächst in der x,y-Ebene liegenden Körperpunkte ABC eines kräftefreien Körpers, die nach der Belastung in die Punkte A', B', C' übergehen (Bild F 1.19). Die Dehnungen in der x- bzw. y-Richtung sind demnach

$$d_{xx} = \varepsilon_x = \frac{\overline{(A'B')} - \overline{AB}}{\overline{AB}} \quad \text{bzw.} \quad d_{yy} = \varepsilon_y = \frac{\overline{(A'C')} - \overline{AC}}{\overline{AC}} \tag{1.33}$$

und die Gleitung in der x,y-Ebene

$$2d_{xy} = \gamma_{xy} = \sphericalangle BAC - \sphericalangle B'A'C' \tag{1.34}$$

Es sei

$$\overrightarrow{AB} = \mathrm{d}x\, \boldsymbol{e}_x$$

$$\overrightarrow{AC} = \mathrm{d}y\, \boldsymbol{e}_y$$

und

$$\overrightarrow{AA'} = \boldsymbol{v} = v_x\boldsymbol{e}_x + v_y\boldsymbol{e}_y + v_z\boldsymbol{e}_z$$

die Verschiebung des Körperpunktes A nach A'. Da der Punkt B um dx von A entfernt ist, gilt (*Taylor*-Entwicklung, s. S. 119)

$$\overrightarrow{BB'} = \left(v_x + \frac{\partial v_x}{\partial x}\,\mathrm{d}x\right)\boldsymbol{e}_x + \left(v_y + \frac{\partial v_y}{\partial x}\,\mathrm{d}x\right)\boldsymbol{e}_y + \left(v_z + \frac{\partial v_z}{\partial x}\,\mathrm{d}x\right)\boldsymbol{e}_z \quad (1.35)$$

und analog

$$\overrightarrow{CC'} = \left(v_x + \frac{\partial v_x}{\partial y}\,\mathrm{d}y\right)\boldsymbol{e}_x + \left(v_y + \frac{\partial v_y}{\partial y}\,\mathrm{d}y\right)\boldsymbol{e}_y + \left(v_z + \frac{\partial v_z}{\partial y}\,\mathrm{d}y\right)\boldsymbol{e}_z \quad (1.36)$$

$\overline{A'B'}$ errechnen wir aus

$$\begin{aligned}\overrightarrow{A'B'} &= \overrightarrow{AB} + \overrightarrow{BB'} - \overrightarrow{AA'}\\ &= \left(\mathrm{d}x + v_x + \frac{\partial v_x}{\partial x}\,\mathrm{d}x - v_x\right)\boldsymbol{e}_x + \left(v_y + \frac{\partial v_y}{\partial x}\,\mathrm{d}x - v_y\right)\boldsymbol{e}_y\\ &\quad + \left(v_z + \frac{\partial v_z}{\partial x}\,\mathrm{d}x - v_z\right)\boldsymbol{e}_z\end{aligned}$$

zu

$$\begin{aligned}\overline{A'B'} &= \mathrm{d}x\sqrt{\left(1 + \frac{\partial v_x}{\partial x}\right)^2 + \left(\frac{\partial v_y}{\partial x}\right)^2 + \left(\frac{\partial v_z}{\partial x}\right)^2}\\ &= \mathrm{d}x\sqrt{1 + 2\,\frac{\partial v_x}{\partial x} + \left(\frac{\partial v_x}{\partial x}\right)^2 + \left(\frac{\partial v_y}{\partial x}\right)^2 + \left(\frac{\partial v_z}{\partial x}\right)^2}\end{aligned}$$

Die Änderungen der Verschiebungen sind klein gegenüber 1, so daß wir hier die Wurzel in eine Reihe[1]) entwickeln, nach dem ersten Korrekturglied abbrechen können und erhalten

$$\overline{A'B'} \approx \mathrm{d}x\left(1 + \frac{\partial v_x}{\partial x}\right) \approx (\overline{A'B'})_x$$

Damit folgt aus (1.33)

$$\varepsilon_x = \frac{\partial v_x}{\partial x}$$

und analog

$$\varepsilon_y = \frac{\partial v_y}{\partial y}$$

Für eine Betrachtung in der x,z- bzw. y,z-Ebene käme dann noch dazu

$$\varepsilon_z = \frac{\partial v_z}{\partial z}$$

---

[1]) $\sqrt{1+\delta} \approx 1 + \frac{\delta}{2} - \frac{\delta^2}{8} \ldots$ falls $\delta \ll 1$.

Die Abweichung vom ursprünglich rechten Winkel ist sehr klein, so daß wir an Stelle des Winkels auch den Tangens oder Sinus setzen können.
Wir erhalten dann

$$\gamma_{xy} = \frac{(\overline{A'C'})_x}{\overline{AC}} + \frac{(\overline{A'B'})_y}{\overline{AB}} = \frac{\partial v_x}{\partial y} + \frac{\partial v_y}{\partial x}$$

und analog

$$\gamma_{xz} = \frac{\partial v_x}{\partial z} + \frac{\partial v_z}{\partial x}$$

und

$$\gamma_{yz} = \frac{\partial v_y}{\partial z} + \frac{\partial v_z}{\partial y}$$

Zusammenfassend können wir also schreiben

$$d_{xx} = \varepsilon_x = \frac{\partial v_x}{\partial x} = v_{x,x} \qquad d_{yy} = \varepsilon_y = \frac{\partial v_y}{\partial y} = v_{y,y} \qquad d_{zz} = \varepsilon_z = \frac{\partial v_z}{\partial z} = v_{z,z}$$

$$(1.37)$$

$$2d_{xy} = \gamma_{xy} = \frac{\partial v_x}{\partial y} + \frac{\partial v_y}{\partial x} = v_{x,y} + v_{y,x}$$

$$2d_{xz} = \gamma_{xz} = \frac{\partial v_x}{\partial z} + \frac{\partial v_z}{\partial x} = v_{x,z} + v_{z,x}$$

$$2d_{yz} = \gamma_{yz} = \frac{\partial v_y}{\partial z} + \frac{\partial v_z}{\partial y} = v_{y,z} + v_{z,y}$$

oder

$$2d_{kl} = v_{k,l} + v_{l,k}$$

wobei k und l für x, y und z stehen.
Wir werden später noch den Begriff der Volumendehnung verwenden und wollen ihn deshalb hier bereits vorstellen. Ein Volumenelement

$$\Delta V = \Delta x \, \Delta y \, \Delta z$$

werde durch Verlängerung der Kanten übergeführt in ein Element

$$\Delta \bar{V} = \Delta \bar{x} \, \Delta \bar{y} \, \Delta \bar{z} = \Delta x(1 + \varepsilon_x) \, \Delta y(1 + \varepsilon_y) \, \Delta z(1 + \varepsilon_z)$$

woraus sich bei Vernachlässigung der Dehnungsprodukte die Volumendehnung

$$e = \frac{\Delta \bar{V} - \Delta V}{\Delta V} = \varepsilon_x + \varepsilon_y + \varepsilon_z = v_{x,x} + v_{y,y} + v_{z,z} = \operatorname{div} \boldsymbol{v} \qquad (1.38)$$

errechnet.

1.5. Materialverhalten

Wir wissen aus Erfahrung, daß zwischen der Verformung eines Körpers und seinen Belastungen ein Zusammenhang besteht. Der Zugversuch kann uns darüber am schnellsten Auskunft geben. Auf einem prismatischen Stab mit Kreisquerschnitt A_0 markieren wir eine Meßlänge l_0 (Bild F 1.20). Um bei unseren Betrachtungen vom Querschnitt und von der Meßlänge unabhängig zu sein, tragen wir nicht F über Δl, sondern $\sigma = \frac{F}{A_0}$ über $\varepsilon = \frac{\Delta l}{l_0}$ in einem Diagramm auf. (Da die Längskraft sich über die gesamte Länge l_0 nicht ändert, können wir hier $\varepsilon = \frac{\Delta l}{l_0}$ an Stelle der Gln. (1.37) setzen!)
Abhängig vom Material erhalten wir die in Bild F 1.21 dargestellten Kurven.

a) hochfester Stahl
b) Baustahl
c) Grauguß
d) Kupfer
e) Leder

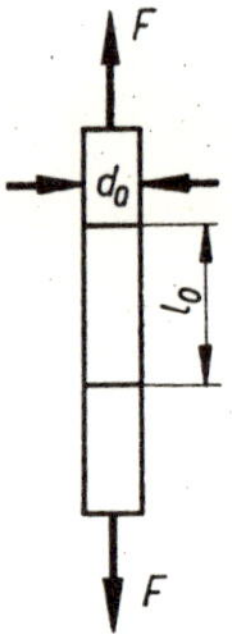

Bild F 1.20

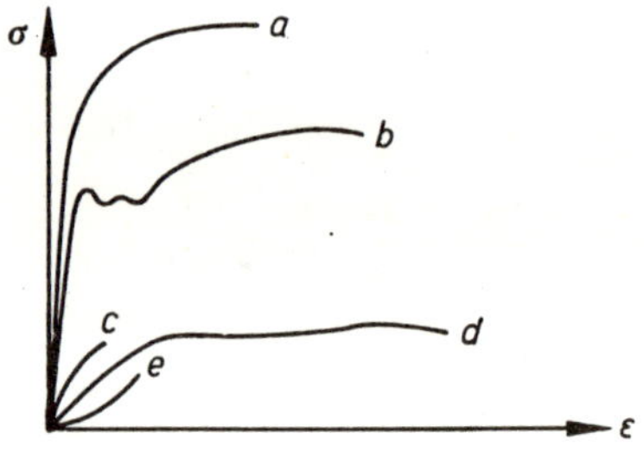

Bild F 1.21

Bei allen diesen Kurven ist es gleichgültig, ob wir die Spannungs-Dehnungs-Beziehungen sofort, nach einem Tag oder erst nach einer Woche messen und eintragen.
Es gibt aber auch Werkstoffe, deren Dehnungsverhalten zeitabhängig ist. Dazu zählen alle Hochpolymere und auch Metalle bei hohen Temperaturen. Bei einer aufgebrachten, konstanten Spannung ändert sich die Dehnung entsprechend Bild F 1.22. Wir sprechen von einem Kriechvorgang und können deutlich drei Bereiche unterscheiden

I Primärkriechen
II Sekundärkriechen
III Tertiärkriechen bis zum Dehnungsbruch

Andererseits können wir eine Spannungs-Zeit-Kurve bei konstant gehaltener Dehnung auftragen. Der Vorgang wird *Relaxation* genannt (Bild F 1.23).

Bei unseren Betrachtungen wollen wir annehmen, daß das zu untersuchende Bauteil, an jeder Stelle die gleichen Materialeigenschaften aufweist, und wir nennen dann den Körper homogen. Die Materialeigenschaften sollen auch richtungsunabhängig (isotrop) sein. (Holz ist ein typischer Vertreter anisotroper Werkstoffe!)

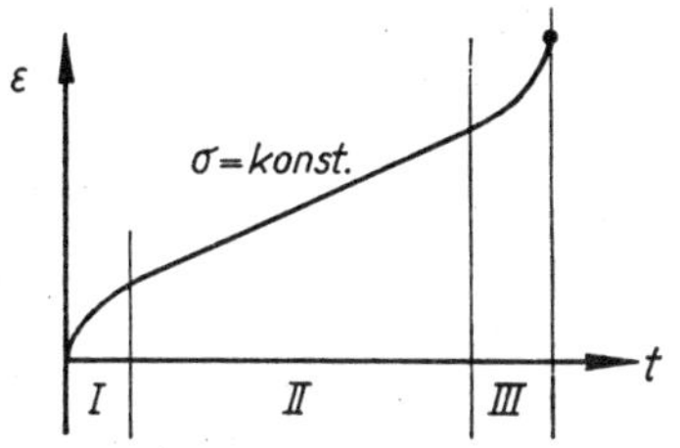

Bild F 1.22

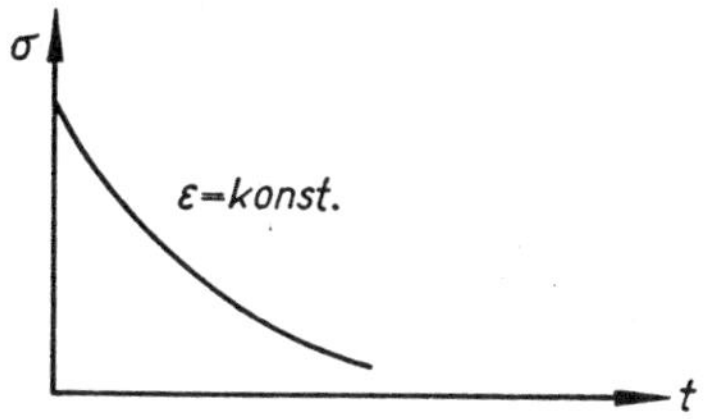

Bild F 1.23

1.5.1. Lineares Elastizitätsgesetz — Hookesches Gesetz

Obwohl wir bei den verschiedenen Werkstoffen unterschiedliches Materialverhalten feststellen, bildet die lineare Beziehung zwischen Spannungen und Dehnungen heute oft die Basis für einen Festigkeitsnachweis. Nichtlineares Werkstoffverhalten erschwert die Berechnung im allgemeinen beträchtlich. Einfache Probleme der Plastizitätstheorie (Traglastverfahren) sowie elementare Fragen der Viskoelastizitätstheorie werden in den Abschn. 13. und 14. gesondert behandelt.

1.5.1.1. Hookesches Gesetz für den einachsigen Spannungszustand

Im folgenden wollen wir die an einem Stahlprobezugstab (Fläche A_0, Meßlänge l_0) bei Raumtemperatur gewonnenen Erkenntnisse zusammenstellen (Bild F 1.24).

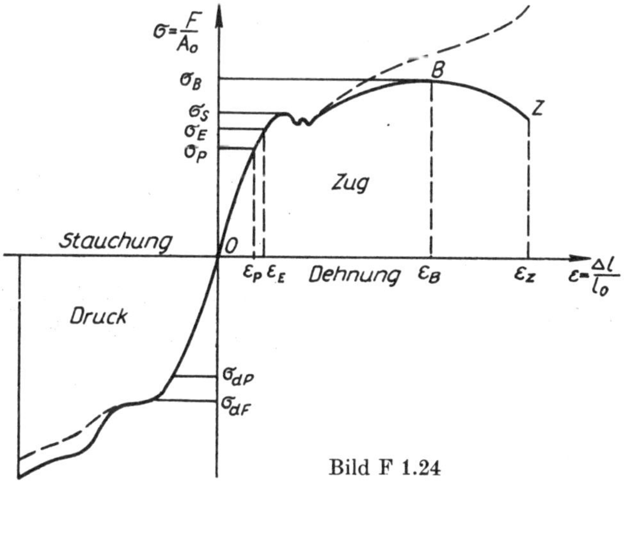

Bild F 1.24

Wir beobachten in einem ersten Bereich zwischen Spannung und Dehnung einen linearen Zusammenhang und schreiben

$$\sigma = E\varepsilon$$

Dieser Zusammenhang zwischen Spannung und Dehnung gilt bis zur Proportionalitätsgrenze σ_P. Der Proportionalitätsfaktor E heißt Elastizitätsmodul.

Werkstoff	E (in N mm^{-2})
Stahl	$2{,}0 \cdots 2{,}2 \cdot 10^5$
Aluminium	$0{,}67 \cdots 0{,}76 \cdot 10^5$
Kupfer	$1{,}1 \cdots 1{,}25 \cdot 10^5$
Messing	$0{,}9 \cdot 10^5$

Für Raumtemperatur gelten die in der Tabelle angegebenen Materialwerte.
Bei einer weiteren Laststeigerung erreichen wir die Elastizitätsgrenze σ_E. Sie ist definiert als der Punkt im Spannungs-Dehnungs-Diagramm, bis zu dem man einen Körper belasten kann, ohne daß bei Wegnahme der Last eine bleibende Dehnung erkennbar ist. Es folgt dann die Streck- oder Fließgrenze σ_S bzw. σ_F. In diesem Bereich verschieben sich die kristallinen Gleitebenen gegeneinander, und es tritt Materialfließen auf. Dieses Gebiet wird in der Plastizitätstheorie verfolgt. Für Werkstoffe ohne ausgeprägte Streckgrenze (meist hochfeste Werkstoffe) wird eine 0,2-Dehngrenze an Stelle der Fließgrenze definiert: $\sigma_{0,2}$ ist die Spannung, bei der eine bleibende Dehnung von 0,2% nicht überschritten wird. Durch Verhakung der Kristalle untereinander kann eine Verfestigung des Materials eintreten, so daß eine weitere Laststeigerung bis zum Punkt B möglich ist. Im Punkt Z erfolgt der Bruch des Stabes, wozu die Bruchdehnung

$$\delta = \frac{l_z - l_0}{l_0} \tag{1.39}$$

gehört.
Die Dehnung kann wegen der über der Meßlänge konstanten Längskraft aus

$$\varepsilon = \frac{l - l_0}{l_0} = \frac{\Delta l}{l_0} \tag{1.40}$$

ermittelt werden.
Messen wir den Durchmesser des Stabes vor der Belastung mit d_0, stellen wir fest, daß auch er sich bei Zugbelastung verändert hat, z. B. auf den Wert d. Damit können wir eine Querdehnung definieren

$$\varepsilon_q = \frac{d - d_0}{d_0} < 0$$

Vergleichen wir zu gleichen Belastungen gehörende Dehnungen und Querdehnungen, so erkennen wir

$$\left|\frac{\varepsilon_q}{\varepsilon}\right| = \text{konst.}$$

Die Konstante wird Querkontraktionszahl ν genannt, und es gilt

$$\varepsilon_q = -\nu\varepsilon = -\nu \frac{\sigma}{E} \tag{1.41}$$

Oft wird auch der Kehrwert der Querkontraktionszahl ν, die *Poisson*[1])-Konstante m, in der Rechnung verwendet, wobei dann gilt

$$\varepsilon = -m\varepsilon_q$$

Einige ν-Werte gibt nebenstehende Tabelle an (Raumtemperatur).

Werkstoff	ν
Beton	0,16
Metall	0,3
Gummi	0,5

Wegen der Querdehnung ergibt sich besonders kurz vor Eintreten des Bruches eine starke örtliche Einschnürung an der Bruchstelle, die definiert ist mit

$$\psi = \frac{A_z - A_0}{A_0} \tag{1.42}$$

Die auf den wirklichen Querschnitt $A(\sigma)$ bezogene Spannung ist in Bild F 1.24 gestrichelt eingezeichnet.

Obwohl wir eine Spannung nur in einer Richtung (z. B. der x-Richtung) aufbringen, erhalten wir Dehnungen in allen drei Richtungen.

Die Komponenten der Tensoren können wir damit wie folgt anschreiben:

$$T_1 = \begin{pmatrix} \sigma_x & 0 & 0 \\ 0 & 0 & 0 \\ 0 & 0 & 0 \end{pmatrix} \Rightarrow D_3 = \begin{pmatrix} \varepsilon_x & 0 & 0 \\ 0 & \varepsilon_y & 0 \\ 0 & 0 & \varepsilon_z \end{pmatrix} = \begin{pmatrix} \varepsilon_x & 0 & 0 \\ 0 & -\nu\varepsilon_x & 0 \\ 0 & 0 & -\nu\varepsilon_x \end{pmatrix}$$

(Der Zusammenhang gilt für homogenes, isotropes Material!) Der Druckversuch eines zähen Werkstoffes (Stahl) zeigt ähnliches Verhalten wie der Zugversuch (Bild F 1.24). Bis $|\sigma_{dP}| \approx \sigma_P$ gilt das *Hooke*sche Gesetz. Die Quetsch- oder Stauchgrenze $|\sigma_{dF}| \approx \sigma_s$ gibt den Fließbereich an.

1.5.1.2. Formänderungen durch Schubspannungen

Wir betrachten ein quadratisches Blech mit der Kantenlänge a und der Dicke h (Bild F 1.25.1). Das Blech liege in der x,y-Ebene und werde durch Schubspannungen in dieser Ebene $\tau_{xy} = \tau_{yx}$ beansprucht. Dabei geht es so in die in Bild F 1.25.2

[1]) *Siméon-Denis Poisson* (1781 bis 1840)

dargestellte Form über, daß die Kantenlängen erhalten bleiben und nur die ursprünglich rechten Winkel sich ändern, so daß die Diagonale des unverformten Quadrates $a\sqrt{2}$ übergeht in die Diagonale des Rhombus d. Die Abweichung vom

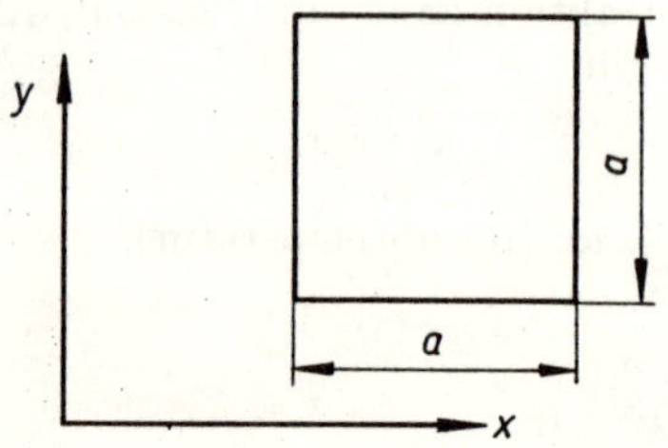

Bild F 1.25.1

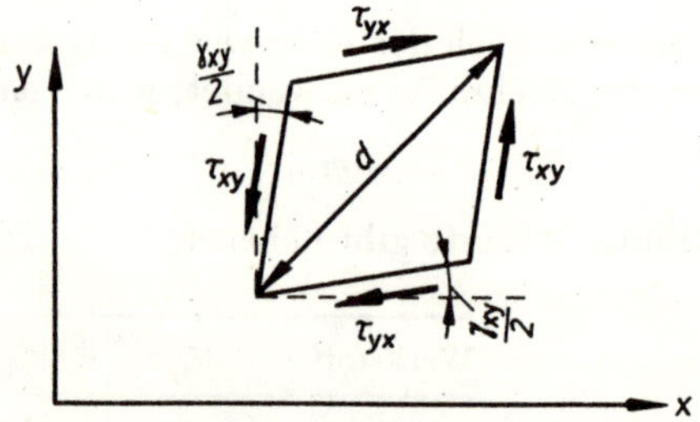

Bild F 1.25.2

ursprünglich rechten Winkel nennen wir in der x,y-Ebene γ_{xy}, und im Bereich kleiner Formänderungen gilt zwischen den Winkeländerungen und den Schubspannungen der lineare Zusammenhang

$$\tau_{xy} = G\gamma_{xy} \tag{1.43}$$

der auch *Hooke*sches Gesetz für Schub genannt wird. Der Proportionalitätsfaktor G heißt Gleit- oder Schubmodul. Aus 1.3.2.3. wissen wir, daß der in Bild F 1.25.2 skizzierte reine Schubspannungszustand auch durch eine Normalspannung $\sigma_1 = \tau_{xy}$ in der u-Richtung und eine dazu senkrecht orientierte Normalspannung $\sigma_2 = -\tau_{xy}$ erzeugt werden kann (Bild F 1.25.3).

Aus der Dehnung in u-Richtung (Richtung der Diagonalen d), die wir für die beiden identischen Spannungszustände Bild F 1.25.2 und Bild F. 1.25.3 berechnen können, erhalten wir nun einen Zusammenhang zwischen den drei uns bisher bekannten Materialwerten E, G und ν.

Vergleichen wir die Bilder F 1.25.1 und F 1.25.2 und beachten dabei $\gamma_{xy} \ll 1$, so können wir die Dehnung der Diagonalen berechnen zu (Bild F 1.25.4)

$$\varepsilon_d = \frac{d - a\sqrt{2}}{a\sqrt{2}} = \frac{a\sqrt{2} + a\gamma_{xy}\dfrac{\sqrt{2}}{2} - a\sqrt{2}}{a\sqrt{2}} = \frac{\gamma_{xy}}{2} = \frac{\tau_{xy}}{2G} \tag{1.44}$$

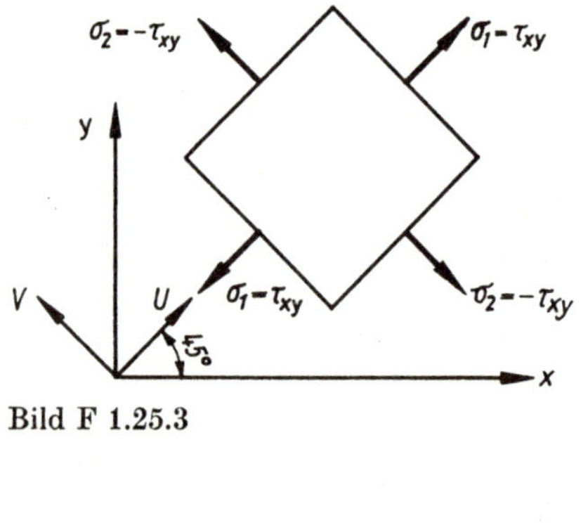

Bild F 1.25.3

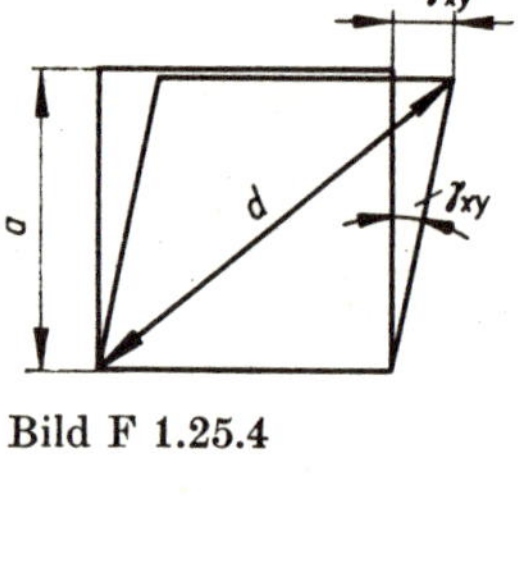

Bild F 1.25.4

Mit Bild F 1.25.3 erhalten wir hingegen für die Dehnung in derselben Richtung

$$\varepsilon_d = \frac{1}{E}(\sigma_1 - \nu\sigma_2) = \frac{\tau_{xy}}{E}(1 + \nu) \tag{1.45}$$

Vergleichen wir nun (1.44) und (1.45), so erhalten wir den Zusammenhang zwischen den drei Materialkonstanten

$$E = 2(1 + \nu)\,G \tag{1.46}$$

1.5.1.3. Verallgemeinertes Hookesches Gesetz

Auch in diesem Abschnitt beschränken wir uns auf homogenes, isotropes Material. Sind alle Komponenten des Spannungstensors besetzt,

$$T_3 = \begin{pmatrix} \sigma_x & \tau_{yx} & \tau_{zx} \\ \tau_{xy} & \sigma_y & \tau_{zy} \\ \tau_{xz} & \tau_{yz} & \sigma_z \end{pmatrix} \tag{1.47}$$

und nehmen wir ferner noch an, daß der Körper vor, während oder nach der Lastaufbringung von einer Temperatur T_{A} auf eine Temperatur T_{E} gebracht werden soll, wobei gilt $\Delta T = T_{\mathrm{E}} - T_{\mathrm{A}}$, so können wir schreiben (s. a. 2.5):

$$\varepsilon_x = \frac{1}{E}[\sigma_x - \nu(\sigma_y + \sigma_z)] + \alpha\,\Delta T$$

$$\varepsilon_y = \frac{1}{E}[\sigma_y - \nu(\sigma_x + \sigma_z)] + \alpha\,\Delta T$$

$$\varepsilon_z = \frac{1}{E}[\sigma_z - \nu(\sigma_x + \sigma_y)] + \alpha\,\Delta T \tag{1.48}$$

oder mit der Normalspannungssumme

$$s = \sigma_x + \sigma_y + \sigma_z$$

$$\varepsilon_k = \frac{1}{E}[(1 + \nu)\,\sigma_k - \nu s] + \alpha\,\Delta T$$

Dabei ist α der Wärmeausdehnungskoeffizient in 1/K und k steht für x, y, z.

Stoff	α (in 1/K)
Stahl	$11 \cdot 10^{-6}$
Kupfer	$16 \cdot 10^{-6}$
Aluminium	$23 \cdot 10^{-6}$
Grauguß	$9 \cdot 10^{-6}$

(Die in der Tabelle angegebenen Werte gelten bis etwa 300 °C.)

Für die Volumenänderung e folgt daraus [s. a. (1.38)]

$$e = \varepsilon_x + \varepsilon_y + \varepsilon_z = \frac{1}{E}(1 - 2\nu)\, s + 3\alpha\, \Delta T \tag{1.49}$$

Zwischen den Gleitungen und den Schubspannungen gelten die Beziehungen

$$\gamma_{xy} = \frac{\tau_{xy}}{G} \qquad \gamma_{xz} = \frac{\tau_{xz}}{G} \qquad \gamma_{yz} = \frac{\tau_{yz}}{G} \tag{1.50}$$

Stellen wir nach den Spannungen um, so erhalten wir

$$\begin{aligned}
\sigma_x &= \frac{E}{1+\nu}\left[\varepsilon_x + \frac{\nu}{1-2\nu}\, e\right] - \frac{E}{1-2\nu}\,\alpha\,\Delta T \\
\sigma_y &= \frac{E}{1+\nu}\left[\varepsilon_y + \frac{\nu}{1-2\nu}\, e\right] - \frac{E}{1-2\nu}\,\alpha\,\Delta T \\
\sigma_z &= \frac{E}{1+\nu}\left[\varepsilon_z + \frac{\nu}{1-2\nu}\, e\right] - \frac{E}{1-2\nu}\,\alpha\,\Delta T \\
\tau_{xy} &= G\gamma_{xy} \qquad \tau_{xz} = G\gamma_{xz} \qquad \tau_{yz} = G\gamma_{yz}
\end{aligned} \tag{1.51}$$

1.5.1.3.1. Ebener Spannungszustand

Für den in 1.3.2. behandelten Spannungszustand mit $\sigma_z = 0$, $\tau_{xz} = 0$, $\tau_{yz} = 0$ leiten wir aus (1.48) folgendes Elastizitätsgesetz her:

$$\begin{aligned}
\varepsilon_x &= \frac{1}{E}(\sigma_x - \nu\sigma_y) + \alpha\,\Delta T & \gamma_{xy} &= \frac{\tau_{xy}}{G} \\
\varepsilon_y &= \frac{1}{E}(\sigma_y - \nu\sigma_x) + \alpha\,\Delta T & \gamma_{xz} &= 0 \\
\varepsilon_z &= -\frac{\nu}{E}(\sigma_x + \sigma_y) + \alpha\,\Delta T & \gamma_{yz} &= 0\ .
\end{aligned} \tag{1.52}$$

Eine Umstellung nach den Spannungen liefert hier

$$\begin{aligned}
\sigma_x &= \frac{E}{1-\nu^2}(\varepsilon_x + \nu\varepsilon_y) - \frac{E\alpha\,\Delta T}{1-\nu} \\
\sigma_y &= \frac{E}{1-\nu^2}(\varepsilon_y + \nu\varepsilon_x) - \frac{E\alpha\,\Delta T}{1-\nu} \\
\tau_{xy} &= G\gamma_{xy}
\end{aligned} \tag{1.53}$$

1.5.1.3.2. Ebener Verzerrungszustand

Oft wird in der Elastizitätstheorie auch mit dem sog. ebenen Verzerrungszustand gerechnet. Es wird dabei unterstellt, daß die Verzerrungen in einer Richtung verschwinden (z. B. $\varepsilon_z = 0$, $\gamma_{xz} = 0$, $\gamma_{yz} = 0$).
Voraussetzung des ebenen Verzerrungszustandes ist im allgemeinen ein räumlicher Spannungszustand.

Aus (1.48) folgt mit

$$\varepsilon_z = 0: \ \sigma_z = \nu(\sigma_x + \sigma_y) - E\alpha\, \Delta T \tag{1.54}$$

Damit ergeben sich die Verzerrungen zu

$$\begin{aligned}
\varepsilon_x &= \frac{1+\nu}{E}\left[(1-\nu)\,\sigma_x - \nu\sigma_y\right] + (1+\nu)\,\alpha\,\Delta T \\
\varepsilon_y &= \frac{1+\nu}{E}\left[(1-\nu)\,\sigma_y - \nu\sigma_x\right] + (1+\nu)\,\alpha\,\Delta T \\
\gamma_{xy} &= \frac{\tau_{xy}}{G}
\end{aligned} \tag{1.55}$$

bzw. die Spannungen

$$\begin{aligned}
\sigma_x &= \frac{E}{(1+\nu)(1-2\nu)}\left[(1-\nu)\,\varepsilon_x + \nu\varepsilon_y - (1+\nu)\,\alpha\,\Delta T\right] \quad & \tau_{xy} &= G\gamma_{xy} \\
\sigma_y &= \frac{E}{(1+\nu)(1-2\nu)}\left[(1-\nu)\,\varepsilon_y + \nu\varepsilon_x - (1+\nu)\,\alpha\,\Delta T\right] \quad & \tau_{yz} &= 0 \\
\sigma_z &= \frac{E}{(1+\nu)(1-2\nu)}\left[\nu(\varepsilon_x + \varepsilon_y) - (1+\nu)\,\alpha\,\Delta T\right] \quad & \tau_{zx} &= 0
\end{aligned} \tag{1.56}$$

Analog dem *Mohr*schen Spannungskreis kann man auch die Verzerrungsgrößen an einer Fläche, deren Normale mit der x-Achse den Winkel φ einschließt, grafisch ermitteln.

$$\begin{aligned}
\varepsilon_\varphi &= \frac{\varepsilon_x + \varepsilon_y}{2} + \frac{\varepsilon_x - \varepsilon_y}{2}\cos 2\varphi + \frac{\gamma_{xy}}{2}\sin 2\varphi \\
&= \frac{\varepsilon_1 + \varepsilon_2}{2} + \frac{\varepsilon_1 - \varepsilon_2}{2}\cos 2(\varphi_0 - \varphi) \\
\frac{\gamma_\varphi}{2} &= -\frac{\varepsilon_x - \varepsilon_y}{2}\sin 2\varphi + \frac{\gamma_{xy}}{2}\cos 2\varphi = +\frac{\varepsilon_1 - \varepsilon_2}{2}\sin 2(\varphi_0 - \varphi)
\end{aligned} \tag{1.57}$$

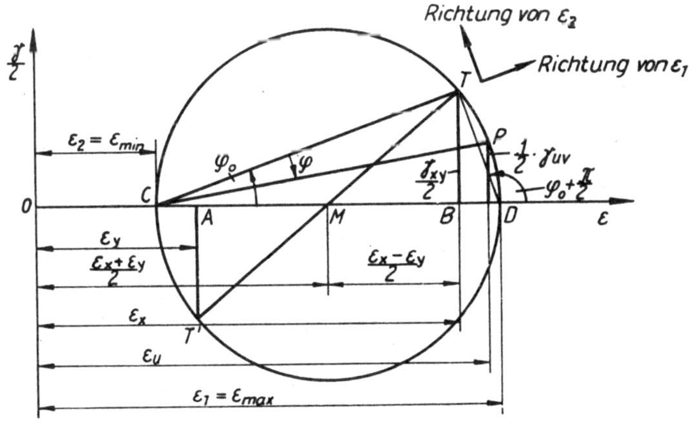

Bild F 1.26

Die Richtung der Hauptdehnungen ε_1, ε_2 folgt aus

$$\tan 2\varphi_0 = \frac{\gamma_{xy}}{\varepsilon_x - \varepsilon_y} \tag{1.58}$$

Die Gln. (1.57) stimmen mit denen des ebenen Spannungszustandes (1.7) überein. Demzufolge braucht man im *Mohr*schen Spannungskreis lediglich τ_{xy} durch $\frac{\gamma_{xy}}{2}$ zu ersetzen (Bild F 1.26).

1.6. Formänderungsarbeit und Ergänzungsarbeit

1.6.1. Voraussetzungen

Während der Verformung verrichten die äußeren Kräfte und Momente die Arbeit $W_ä$, und wir können schreiben

$$W_ä = \sum_{i=1}^{n} \left[\int_0^{s_i} \boldsymbol{F}_i \, \mathrm{d}\bar{\mathbf{s}}_i + \int_0^{\varphi_i} \boldsymbol{M}_i \, \mathrm{d}\bar{\boldsymbol{\varphi}}_i \right] \tag{1.59}$$

Wir wollen voraussetzen:

- die Lasten werden sehr langsam von Null auf ihren Endwert gebracht, so daß kein Teil der Arbeit in Bewegungsenergie umgesetzt wird
- die Verformungen sind klein, der Vorgang verlaufe elastisch, d. h., nach Wegnahme der Last stellt sich der alte Zustand ein.

Unter diesen Voraussetzungen ist dieser äußeren Arbeit eine innere Arbeit oder Formänderungsenergie (W_F) äquivalent, so daß wir schreiben können

$$W_ä = W_F \tag{1.60}$$

1.6.2. Formänderungsenergie bei einachsiger Zugbeanspruchung

Für einen prismatischen Zugstab, der in z-Richtung durch eine Kraft F beansprucht wird, gilt

$$\sigma_z = \frac{F}{A}$$

Zwischen σ_z und ε_z gelte die nichtlineare Beziehung

$$\sigma_z = C\varepsilon_z^n$$

Die Formänderungsenergie je Volumeneinheit W_F^* entspricht der Fläche unter der Spannungs-Dehnungs-Kurve (Bild F 1.27), so daß wir schreiben können

$$W_F^* = \int \sigma_z \, \mathrm{d}\varepsilon_z = C \int_0^{\varepsilon_z} \bar{\varepsilon}_z^n \, \mathrm{d}\bar{\varepsilon}_z = \frac{C\varepsilon_z^{n+1}}{n+1} = \frac{\sigma_z \varepsilon_z}{n+1}$$

Führen wir eine Integration

$$W_E^* = \int \varepsilon_z \,d\sigma_z = nC \int_0^{\varepsilon_z} \bar{\varepsilon}_z^n \,d\bar{\varepsilon}_z = \frac{nC\varepsilon_z^{n+1}}{n+1} = \frac{n\sigma_z\varepsilon_z}{n+1}$$

durch, so erhalten wir die spezifische Ergänzungsenergie als Fläche zwischen der Kurve und der Ordinate.

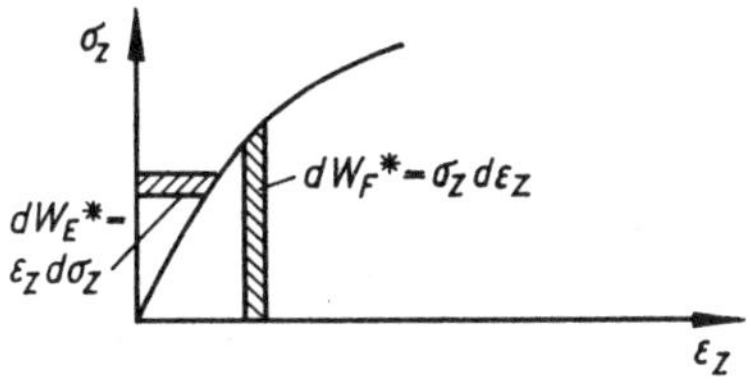

Bild F 1.27

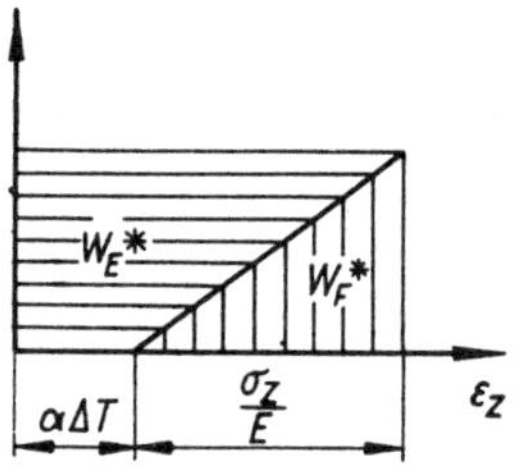

Bild F 1.28

Bei linearem Materialverhalten $n = 1$ und mit Berücksichtigung der thermischen Dehnung erhalten wir

$$\varepsilon_z = \frac{\sigma_z}{E} + \alpha\,\Delta T$$

als Gesamtdehnung und demnach

$$W_F^* = \int \sigma_z \,d\varepsilon_z = \int_0^{\sigma_z} \bar{\sigma}_z \,d\left(\frac{\bar{\sigma}_z}{E}\right) = \frac{\sigma_z^2}{2E} = \frac{\varepsilon_z^2 E}{2} - \varepsilon_z E\alpha\,\Delta T + \frac{E}{2}(\alpha\,\Delta T)^2$$

oder

$$W_F^* = E\int_{\alpha\Delta T}^{\varepsilon_z} (\bar{\varepsilon}_z - \alpha\,\Delta T)\,d\bar{\varepsilon}_z = \frac{\varepsilon_z^2 E}{2} - \varepsilon_z E\alpha\,\Delta T + \frac{E}{2}(\alpha\,\Delta T)^2 \tag{1.61}$$

bzw.

$$W_E^* = \int \varepsilon_z \,d\sigma_z = \int_0^{\sigma_z} \left(\frac{\bar{\sigma}_z}{E} + \alpha\,\Delta T\right) d\bar{\sigma}_z = \frac{\sigma_z^2}{2E} + \alpha\,\Delta T\sigma_z \tag{1.62}$$

und stellen fest

$$W_F^* \neq W_E^*$$

Nur für $n = 1$ (*Hooke*sches Gesetz) und ohne Temperatureinfluß gilt

$$W_E^* = W_F^* = W^*$$

1.6.3. Formänderungsenergie und Ergänzungsenergie für den ebenen Spannungszustand

Für den ebenen Spannungszustand erhalten wir mit

$$\varepsilon_x = \frac{1}{E}(\sigma_x - \nu\sigma_y) + \alpha\,\Delta T \quad \text{oder} \quad \sigma_x = \frac{E}{1-\nu^2}(\varepsilon_x + \nu\varepsilon_y) - \frac{E}{1-\nu}\alpha\,\Delta T$$

$$\varepsilon_y = \frac{1}{E}(\sigma_y - \nu\sigma_x) + \alpha\,\Delta T \qquad \sigma_y = \frac{E}{1-\nu^2}(\varepsilon_y + \nu\varepsilon_x) - \frac{E}{1-\nu}\alpha\,\Delta T$$

$$\gamma_{xy} = \frac{1}{G}\tau_{xy} \qquad \tau_{xy} = G\gamma_{xy}$$

und indem wir beachten, daß die Spannungen bzw. die Dehnungen und die Winkeländerungen allmählich auf ihre Endwerte gebracht werden

$$\begin{aligned} W_{\mathrm{F}}^* &= \int_{\alpha\Delta T}^{\varepsilon_x} \sigma_x\,\mathrm{d}\bar{\varepsilon}_x + \int_{\alpha\Delta T}^{\varepsilon_y} \sigma_y\,\mathrm{d}\bar{\varepsilon}_y + \int_0^{\gamma_{xy}} \tau_{xy}\,\mathrm{d}\bar{\gamma}_{xy} \\ &= \frac{E}{2(1-\nu^2)}(\varepsilon_x^2 + \varepsilon_y^2 - 2\nu\varepsilon_x\varepsilon_y) \\ &\quad - \frac{E}{1-\nu}\alpha\,\Delta T[(\varepsilon_x + \varepsilon_y) - \alpha\,\Delta T] + \frac{G}{2}\gamma_{xy}^2 \end{aligned} \tag{1.63}$$

und

$$\begin{aligned} W_{\mathrm{E}}^* &= \int_0^{\sigma_x} \varepsilon_x\,\mathrm{d}\bar{\sigma}_x + \int_0^{\sigma_y} \varepsilon_y\,\mathrm{d}\bar{\sigma}_y + \int_0^{\tau_{xy}} \gamma_{xy}\,\mathrm{d}\bar{\tau}_{xy} \\ &= \int_0^{\sigma_x} \left[\frac{1}{E}(\bar{\sigma}_x - \nu\bar{\sigma}_y) + \alpha\,\Delta T\right]\mathrm{d}\bar{\sigma}_x \\ &\quad + \int_0^{\sigma_y} \left[\frac{1}{E}(\bar{\sigma}_y - \nu\bar{\sigma}_x) + \alpha\,\Delta T\right]\mathrm{d}\bar{\sigma}_y + \frac{1}{G}\int_0^{\tau_{xy}} \bar{\tau}_{xy}\,\mathrm{d}\bar{\tau}_{xy} \\ &= \frac{1}{2E}(\sigma_x^2 + \sigma_y^2 - 2\nu\sigma_x\sigma_y) + \alpha\,\Delta T(\sigma_x + \sigma_y) + \frac{1}{2G}\tau_{xy}^2 \end{aligned} \tag{1.64}$$

Ferner gilt

$$\begin{aligned} W_{\mathrm{F}}^* + W_{\mathrm{E}}^* &= \sigma_x\varepsilon_x + \sigma_y\varepsilon_y + \tau_{xy}\gamma_{xy} = \frac{1}{E}(\sigma_x^2 + \sigma_y^2 - 2\nu\sigma_x\sigma_y) \\ &\quad + \alpha\,\Delta T(\sigma_x + \sigma_y) + \frac{1}{G}\tau_{xy}^2 = \frac{E}{1-\nu^2}(\varepsilon_x^2 + \varepsilon_y^2 + 2\nu\varepsilon_x\varepsilon_y) \\ &\quad - \frac{E}{1-\nu}\alpha\,\Delta T(\varepsilon_x + \varepsilon_y) + G\gamma_{xy}^2 \end{aligned}$$

woraus sofort folgt

$$W_F^* = \frac{1}{2E}(\sigma_x^2 + \sigma_y^2 - 2\nu\sigma_x\sigma_y) + \frac{1}{2G}\tau_{xy}^2 \tag{1.63.1}$$

und

$$W_E^* = \frac{E}{2(1-\nu^2)}(\varepsilon_x^2 + \varepsilon_y^2 + 2\nu\varepsilon_x\varepsilon_y) - \frac{E}{1-\nu}(\alpha\,\Delta T)^2 + \frac{G}{2}\gamma_{xy}^2 \tag{1.64.1}$$

Daraus erkennt man wieder

$$W_F^* \neq W_E^*$$

1.6.4. Formänderungsenergie und Ergänzungsenergie für den räumlichen Spannungszustand

Wir betrachten einen räumlichen Spannungszustand und führen ein:
Stoffgesetz:

$$\varepsilon_x = \frac{1}{E}[\sigma_x - \nu(\sigma_y + \sigma_z)] + \alpha\,\Delta T \qquad \text{usw.}$$

$$\gamma_{xy} = \frac{1}{G}\tau_{xy} \qquad \text{usw.}$$

bzw.

$$\sigma_x = \frac{E}{(1+\nu)(1-2\nu)}[(1-\nu)\,\varepsilon_x + \nu(\varepsilon_y + \varepsilon_z) - (1+\nu)\,\alpha\,\Delta T] \qquad \text{usw.}$$

$$\tau_{xy} = G\gamma_{xy} \qquad \text{usw.}$$

Normalspannungssumme:

$$s = \sigma_x + \sigma_y + \sigma_z$$

Volumendehnung:

$$e = \frac{1-2\nu}{E}s + 3\alpha\,\Delta T$$

Wegen der Linearität des Problems dürfen wir auch hier die einzelnen Terme überlagern und erhalten für die spezifische Formänderungsenergie

$$W_F^* = \frac{E}{(1+\nu)(1-2\nu)}\left[\frac{(1-\nu)}{2}(\varepsilon_x^2 + \varepsilon_y^2 + \varepsilon_z^2) + \nu(\varepsilon_x\varepsilon_y + \varepsilon_y\varepsilon_z + \varepsilon_z\varepsilon_x) - (1+\nu)\,\alpha\,\Delta T\,(\varepsilon_x + \varepsilon_y + \varepsilon_z)\right] + \frac{3E}{2(1-2\nu)}(\alpha\,\Delta T)^2 + \frac{G}{2}(\gamma_{xy}^2 + \gamma_{yz}^2 + \gamma_{zx}^2)$$

$$W_F^* = G\left[\frac{1-\nu}{1-2\nu}e^2 - 2(\varepsilon_x\varepsilon_y + \varepsilon_y\varepsilon_z + \varepsilon_z\varepsilon_x) - \frac{2(1+\nu)}{1-2\nu}\alpha\,\Delta T e + \frac{3(1+\nu)}{1-2\nu}(\alpha\,\Delta T)^2 + \frac{1}{2}(\gamma_{xy}^2 + \gamma_{yz}^2 + \gamma_{zx}^2)\right] \tag{1.65}$$

Für die Ergänzungsenergie erhalten wir entsprechend

$$W_\mathrm{E}^* = \frac{1}{2E}\left[\sigma_x^2 + \sigma_y^2 + \sigma_z^2 - 2\nu(\sigma_x\sigma_y + \sigma_y\sigma_z + \sigma_z\sigma_x)\right] + \alpha\,\Delta T s + \frac{1}{2G}(\tau_{xy}^2 + \tau_{yz}^2 + \tau_{xz}^2) = \frac{1}{4G}\left[\frac{s^2}{1+\nu} - 2(\sigma_x\sigma_y + \sigma_y\sigma_z + \sigma_z\sigma_x) + 2(\tau_{xy}^2 + \tau_{yz}^2 + \tau_{zx}^2)\right] + \alpha\,\Delta T s \tag{1.66}$$

Auch hier gilt

$$W_\mathrm{F}^* \neq W_\mathrm{E}^*$$

Bilden wir die partiellen Ableitungen der spezifischen Formänderungsenergie [(1.61), (1.63), (1.65)] nach einer Verzerrung, so erhalten wir die entsprechende Spannung

$$\frac{\partial W_\mathrm{F}^*}{\partial \varepsilon_x} = \sigma_x \qquad \frac{\partial W_\mathrm{F}^*}{\partial \varepsilon_y} = \sigma_y \qquad \text{usw.} \tag{1.67}$$

Leiten wir die spezifische Ergänzungsenergie nach einer Spannung ab, folgt

$$\frac{\partial W_\mathrm{E}^*}{\partial \sigma_x} = \varepsilon_x \qquad \frac{\partial W_\mathrm{E}^*}{\partial \sigma_y} = \varepsilon_y \qquad \text{usw.} \tag{1.68}$$

Nur bei linearem Materialverhalten und ohne Temperatureinfluß gilt

$$W_\mathrm{F}^* = W_\mathrm{E}^* = W^*$$

Auf diese Ausdrücke werden wir in Abschn. 8. zurückgreifen.

In Abschn. 11. werden wir Vergleichsspannungshypothesen behandeln. Eine Hypothese basiert auf der Gestaltänderungsenergie, und wir wollen den Ausdruck für W_G^* für den *Hooke*schen Körper ohne Temperatureinfluß hier bereits herleiten.

Die Formänderungsenergie setzt sich aus zwei Anteilen zusammen. Der eine Anteil, die Volumenänderungsenergie, wird durch einen hydrostatischen Spannungszustand hervorgerufen.

Werden alle Flächen eines Rechtkantes durch eine mittlere Spannung

$$\sigma_\mathrm{m} = \frac{1}{3}(\sigma_x + \sigma_y + \sigma_z) \tag{1.69}$$

beansprucht, entsteht eine Volumendehnung, und wir können schreiben

$$W_\mathrm{V}^* = \frac{1}{2}\sigma_\mathrm{m} e = \frac{1-2\nu}{6E}(\sigma_x + \sigma_y + \sigma_z)^2 \tag{1.70}$$

Die Gestaltänderungsenergie erhalten wir aus

$$W_\mathrm{G}^* = W_\mathrm{F}^* - W_\mathrm{V}^*$$

$$W_\mathrm{G}^* = \frac{1}{12G}\left[(\sigma_x - \sigma_y)^2 + (\sigma_x - \sigma_z)^2 + (\sigma_y - \sigma_z)^2 + 6(\tau_{xy}^2 + \tau_{xz}^2 + \tau_{yz}^2)\right] = \frac{1}{12G}\left[(\sigma_1 - \sigma_2)^2 + (\sigma_1 - \sigma_3)^2 + (\sigma_2 - \sigma_3)^2\right] \tag{1.71}$$

Häufig schreibt man bereits die Komponenten des Spannungstensors getrennt nach den Arbeitsanteilen W_V^* und W_G^* auf

$$\begin{Bmatrix} \frac{1}{3}(\sigma_x + \sigma_y + \sigma_z) & 0 & 0 \\ 0 & \frac{1}{3}(\sigma_x + \sigma_y + \sigma_z) & 0 \\ 0 & 0 & \frac{1}{3}(\sigma_x + \sigma_y + \sigma_z) \end{Bmatrix} = K \quad (1.72)$$

$$D = \begin{Bmatrix} \frac{1}{3}(2\sigma_x - \sigma_y - \sigma_z) & \tau_{yx} & \tau_{zx} \\ \tau_{xy} & \frac{1}{3}(-\sigma_x + 2\sigma_y - \sigma_z) & \tau_{zy} \\ \tau_{xz} & \tau_{yz} & \frac{1}{3}(-\sigma_x - \sigma_y + 2\sigma_z) \end{Bmatrix} \quad (1.73)$$

Der Kugeltensor K führt zu W_V^* und der Deviator D zu W_G^*. In den folgenden Abschnitten wird die Formänderungsarbeit für die jeweilige Belastungsart angeschrieben.

1.7. Zusammenfassung

In der Festigkeitslehre werden Spannungen und Verzerrungen ermittelt. Spannungen sind auf ein Flächenelement bezogene Kräfte, sie transformieren sich wie Tensoren zweiter Stufe. Bei den Verzerrungen unterscheiden wir zwischen Dehnungen (Verschiebungsänderungen) und Winkeländerungen (Abweichungen vom ursprünglich rechten Winkel). Der Zusammenhang zwischen Spannungen und Verzerrungen ist abhängig vom Materialverhalten. Wir unterscheiden in diesem Buch nur zwischen Elastizitätstheorie, Plastizitätstheorie und Viskoelastizitätstheorie. In dieser Einfuhrung befassen wir uns mit der linearisierten Elastizitätstheorie hinsichtlich Geometrie und Stoffgesetz [(1.37) und (1.48) bis (1.51)].
Der Spannungszustand ist im Allgemeinfall räumlich, und wir erhalten die 9 Komponenten des Spannungstensors $\sigma_x, \sigma_y, \sigma_z, \tau_{xy} = \tau_{yx}, \tau_{xz} = \tau_{zx}, \tau_{yz} = \tau_{zy}$, die sich wegen der Gleichheit zugeordneter Schubspannungen auf 6 reduzieren lassen. In jedem Körper findet man drei senkrecht zueinander stehende schubspannungsfreie Flächen. Die in diesen Flächen wirkenden Normalspannungen nennt man Hauptspannungen.
In der Festigkeitslehre muß man oft den konkreten Fall in einem idealisierten Modell abbilden. Bauteile, bei denen eine Abmessung groß ist gegenüber den beiden anderen, nennt man Stäbe. Ebene Bauelemente, bei denen eine Abmessung wesentlich kleiner ist als die beiden anderen, nennt man Scheiben. Mit genügender Genauigkeit kann man bei diesen Gebilden annehmen, daß nur Spannungen in der Scheibenebene wirken, und wir sprechen von einem ebenen Spannungszustand.

1.8. Beispiele

Beispiel 1:

Für den prismatischen Druckstab mit Kreisquerschnitt (Bild F 1.29.1) sind die Schnittspannungen in einer um den Winkel φ geneigten Ebene sowie die maximale Schubspannung gesucht:

a) analytisch
b) grafisch

Gegeben: $F = 2 \cdot 10^4$ N $\quad r = 2$ cm $\quad \varphi = 30°$

Spannung im Normalschnitt:

$$\sigma_0 = -\frac{F}{A} = -\frac{F}{\pi r^2} = -15{,}9 \text{ N mm}^{-2}$$

a) Schnittspannungen:

$$\sigma(\varphi) = \frac{\sigma_0}{2}(1 + \cos 2\varphi) = -11{,}9 \text{ N mm}^{-2}$$

$$\tau(\varphi) = \frac{\sigma_0}{2}\sin 2\varphi = -6{,}9 \text{ N mm}^{-2}$$

Maximale Schubspannung:

$$\tau_{\max} = \tau(\varphi = 45°) = \frac{\sigma_0}{2} = -8{,}0 \text{ N mm}^{-2}$$

b) Maßstab: 1 cm $\triangleq$ 3,45 N mm^{-2} (Bild F 1.29.2)

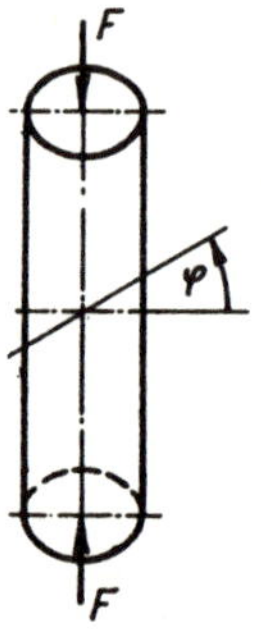

Bild F 1.29.1

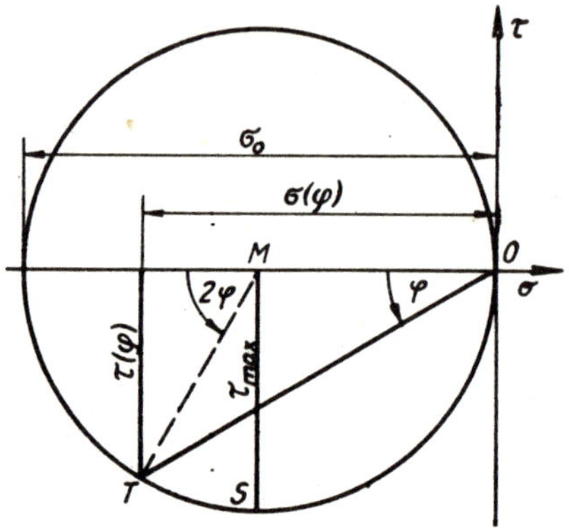

Bild F 1.29.2

Beispiel 2:

Gegeben: ebener Spannungszustand

$\sigma_x = -100$ N mm^{-2}

$\sigma_y = 40$ N mm^{-2}

$\tau_{xy} = -50$ N mm^{-2}

Gesucht:

Hauptspannungen σ_1 und σ_2, Hauptspannungsrichtungen, Schnittspannungen in einer Fläche, deren Normale mit der x-Achse den Winkel φ einschließt, Hauptschubspannungen und Hauptschubspannungsflächen.

a) analytisch
b) grafisch nach *Mohr*

Hauptspannungsrichtungen:

$$\tan 2\varphi_0 = \frac{2\tau_{xy}}{\sigma_x - \sigma_y} = 0{,}7143$$

$$\varphi_0 = 17{,}77°, \quad \varphi_0 + \frac{\pi}{2} = 107{,}77°$$

(φ_0 ist der Winkel zwischen der Flächennormale und der x-Achse im Gegenuhrzeigersinn.)

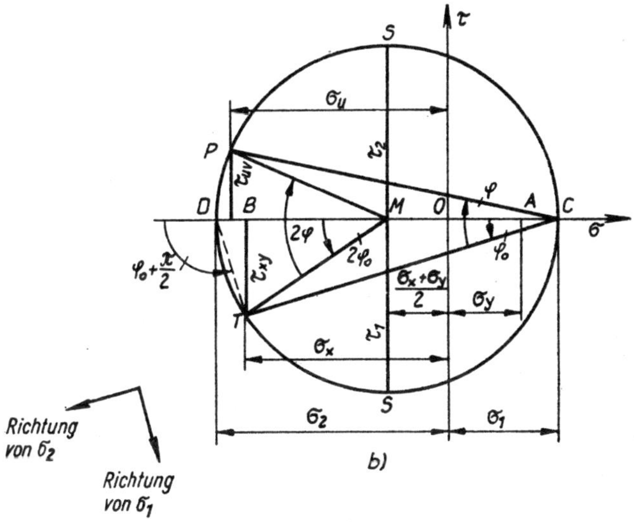

Bild F 1.30

Hauptspannungen:

$$\sigma_2 = \sigma_\varphi(\varphi = \varphi_0) = \frac{\sigma_x + \sigma_y}{2} + \frac{\sigma_x - \sigma_y}{2}\cos 2\varphi_0 + \tau_{xy}\sin 2\varphi_0 = -116\ \text{N mm}^{-2}$$

$$= \frac{\sigma_x + \sigma_y}{2} - \sqrt{\left(\frac{\sigma_x - \sigma_y}{2}\right)^2 + \tau_{xy}^2}$$

$$\sigma_1 = \sigma_\varphi\left(\varphi = \varphi_0 + \frac{\pi}{2}\right) = \frac{\sigma_x + \sigma_y}{2} - \frac{\sigma_x - \sigma_y}{2}\cos 2\varphi_0 - \tau_{xy}\sin 2\varphi_0 = 56\ \text{N mm}^{-2}$$

$$= \frac{\sigma_x + \sigma_y}{2} + \sqrt{\left(\frac{\sigma_x - \sigma_y}{2}\right)^2 + \tau_{xy}^2}$$

Schnittspannungen ($\varphi = 30°$):

$$\sigma_u = \frac{\sigma_x + \sigma_y}{2} + \frac{\sigma_x - \sigma_y}{2} \cos 2\varphi + \tau_{xy} \sin 2\varphi = -108 \text{ N mm}^{-2}$$

$$\tau_{uv} = -\frac{\sigma_x - \sigma_y}{2} \sin 2\varphi + \tau_{xy} \cos 2\varphi = 35{,}6 \text{ N mm}^{-2}$$

$$\sigma_v = \sigma_x + \sigma_y - \sigma_u = 48{,}3 \text{ N mm}^{-2}$$

Winkel zwischen der x-Achse und den Normalen der Hauptschubspannungsflächen:

$$\tan 2\varphi_1 = -\frac{\sigma_x - \sigma_y}{2\tau_{xy}} = -1{,}4$$

$$\varphi_1 = -27{,}23°, \quad \varphi_1 + \frac{\pi}{2} = 62{,}77° \quad \left(\text{bzw.} \quad \varphi_1 = \varphi_0 \pm \frac{\pi}{4}\right)$$

Hauptschubspannungen:

$$\tau_1 = \tau_\varphi(\varphi = \varphi_1) = -\frac{\sigma_x - \sigma_y}{2} \sin 2\varphi_1 + \tau_{xy} \cos 2\varphi_1 = -86{,}0 \text{ N mm}^{-2}$$

$$\tau_2 = \tau_\varphi\left(\varphi = \varphi_1 + \frac{\pi}{2}\right) = -\tau_1$$

*Mohr*scher Spannungskreis (Bild F 1.30):

1 cm $\triangleq$ 37 N mm^{-2}

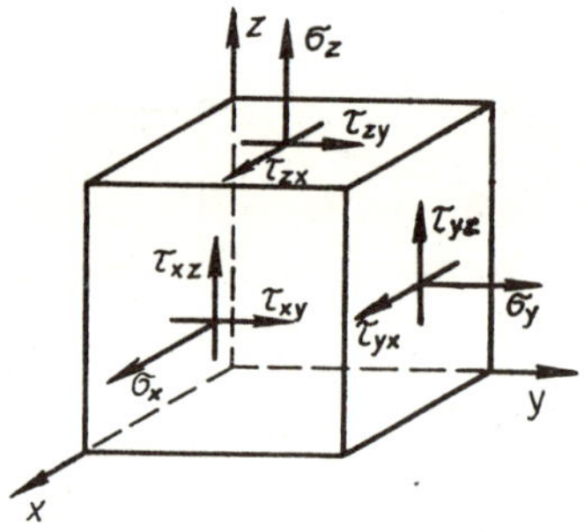

Bild F 1.31

Beispiel 3:

Gegeben: Räumlicher Spannungszustand (Bild F 1.31)

$\sigma_x = 30 \text{ N mm}^{-2}$ $\quad \tau_{xy} = 20 \text{ N mm}^{-2}$

$\sigma_y = 20 \text{ N mm}^{-2}$ $\quad \tau_{yz} = 20 \text{ N mm}^{-2}$

$\sigma_z = 50 \text{ N mm}^{-2}$ $\quad \tau_{zx} = 10 \text{ N mm}^{-2}$

Gesucht: Hauptspannungen σ_1, σ_2, σ_3

Maximale Schubspannung:

Bestimmungsgleichung der Hauptspannungen:

$$\begin{vmatrix} \sigma_x - \sigma & \tau_{yx} & \tau_{zx} \\ \tau_{xy} & \sigma_y - \sigma & \tau_{zy} \\ \tau_{xz} & \tau_{yz} & \sigma_z - \sigma \end{vmatrix} = 0$$

$$\sigma^3 - (\sigma_x + \sigma_y + \sigma_z)\,\sigma^2 + (\sigma_x\sigma_y + \sigma_y\sigma_z + \sigma_z\sigma_x - \tau_{xy}^2 - \tau_{yz}^2 - \tau_{zx}^2)\,\sigma$$
$$- [\sigma_x(\sigma_y\sigma_z - \tau_{yz}^2) + \tau_{xy}(\tau_{yz}\tau_{zx} - \tau_{xy}\sigma_z) + \tau_{zx}(\tau_{xy}\tau_{yz} - \tau_{zx}\sigma_y)] = 0$$

Zahlenwerte:

$$\sigma^3 - 10^2\sigma^2 + 22 \cdot 10^2\sigma - 4 \cdot 10^3 = 0$$

$$\sigma_1 = 68{,}92 \text{ N mm}^{-2} \qquad \sigma_2 = 29{,}08 \text{ N mm}^{-2}$$

$$\sigma_3 = 2{,}00 \text{ N mm}^{-2}$$

Maximale Schubspannung:
Mit

$$\sigma_1 > \sigma_2 > \sigma_3$$

ist

$$\tau_{\max} = \frac{\sigma_1 - \sigma_3}{2} = 33{,}46 \text{ N mm}^{-2}$$

Die Hauptschubspannungsfläche von $\tau_{\max}$ halbiert den rechten Winkel zwischen den Hauptspannungsflächen von σ_1 und σ_3.

Beispiel 4:

Ebener Verzerrungszustand

Gegeben: $\sigma_x = 40 \text{ N mm}^{-2}$

$\sigma_y = -20 \text{ Nmm}^{-2}$ $\qquad \nu = 0{,}3$

$\tau_{xy} = -20 \text{ N mm}^{-2}$ $\qquad E = 2{,}1 \cdot 10^5 \text{ N mm}^{-2}$

Gesucht:

a) Spannung σ_z, damit der ebene Verzerrungszustand erreicht wird.
b) $\varepsilon_x, \varepsilon_y, \gamma_{xy}$ (analytisch).
c) Hauptdehnungen ε_1, ε_2 und Hauptdehnungsrichtungen sowie die Verformungen an einer Fläche, deren Normale mit der x-Achse den Winkel $\varphi = +30°$ bildet (grafisch mittels Verzerrungskreises).
d) Volumendehnung.

Ebener Verzerrungszustand:

$$\varepsilon_z = \gamma_{yz} = \gamma_{zx} = 0$$

a) aus

$$\varepsilon_z = 0 = \frac{1}{E}\left[\sigma_z - \nu(\sigma_x + \sigma_y)\right]$$

folgt

$$\sigma_z = \nu(\sigma_x + \sigma_y) = 6 \text{ N mm}^{-2}$$

b)

$$G = \frac{E}{2(1 + \nu)} = 8{,}08 \cdot 10^4 \text{ N mm}^{-2}$$

$$\varepsilon_x = \frac{1 + \nu}{E}\left[(1 - \nu)\,\sigma_x - \nu\sigma_y\right] = 2{,}105 \cdot 10^{-4}$$

$$\varepsilon_y = \frac{1 + \nu}{E}\left[(1 - \nu)\,\sigma_y - \nu\sigma_x\right] = -1{,}610 \cdot 10^{-4}$$

$$\gamma_{xy} = \frac{\tau_{xy}}{G} = -2{,}475 \cdot 10^{-4}$$

c) Maßstab: 1 cm $\triangleq$ 0,8 · 10^{-4} (Bild F 1.32)

Man erhält

Hauptdehnungsrichtung:

$$\varphi_0 = -16{,}85°$$

$$\varphi_0 + \frac{\pi}{2} = 73{,}15°$$

Hauptdehnungen:

$$\varepsilon_1 = \varepsilon_\varphi(\varphi = \varphi_0) = \varepsilon_{max} = 2{,}480 \cdot 10^{-4}$$

$$\varepsilon_2 = \varepsilon_\varphi\left(\varphi = \varphi_0 + \frac{\pi}{2}\right) = \varepsilon_{min} = -1{,}986 \cdot 10^{-4}$$

Formänderung an einer geneigten Ebene:

$$\varepsilon_\varphi = 0{,}104 \cdot 10^{-4}$$

$$\gamma = -4{,}455 \cdot 10^{-4}$$

d) Volumendehnung:

$$e = \varepsilon_x + \varepsilon_y = 0{,}495 \cdot 10^{-4}$$

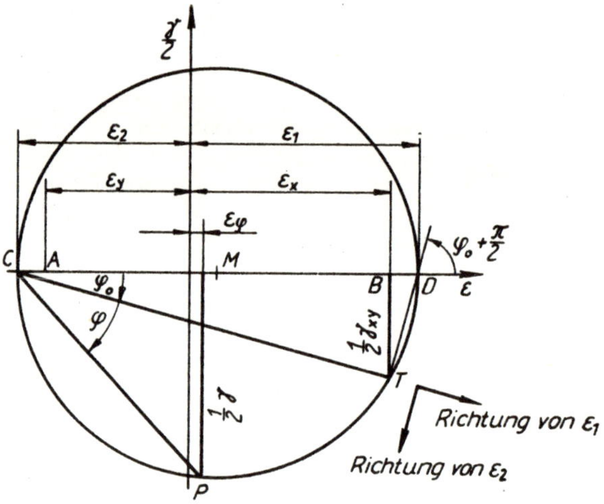

Bild F 1.32

Beispiel 5:

Ein elastischer Körper ist spiel- und reibungsfrei in einem starren Gesenk eingelassen und über einen starren Stempel und durch eine Kraft F belastet (Bild F 1.33).

Gegeben: a, b, c, E, ν, v_z

Gesucht:

a) Druckkraft F, um den Körper in z-Richtung um v_z zu stauchen
b) Druck auf die Flächen des Gesenkes
c) Änderung der Konturlänge unter der Kraft F bei Wegnahme des Gesenkes
d) Druckkraft F^* bei einer Stauchung v_z ohne Gesenk

*Hooke*sches Gesetz:

$$\varepsilon_x = \frac{1}{E}\,[\sigma_x - \nu(\sigma_y + \sigma_z)]$$

$$\varepsilon_y = \frac{1}{E}\,[\sigma_y - \nu(\sigma_x + \sigma_z)]$$

$$\varepsilon_z = \frac{1}{E}\,[\sigma_2 - \nu(\sigma_x + \sigma_y)]$$

a) und b)

$$\varepsilon_x = 0 \qquad \sigma_z = -\frac{F}{ab}$$

$$\varepsilon_y = 0$$

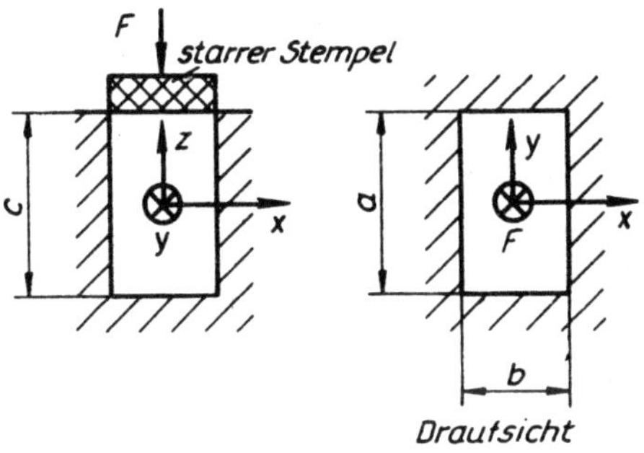

Bild F 1.33

Damit folgt aus dem *Hooke*schen Gesetz

$$F = \frac{v_z abE}{c\left(1 - \dfrac{2\nu^2}{1-\nu}\right)}$$

$$\sigma_x = \sigma_y = \frac{-F\nu}{ab(1 \quad \nu)}$$

c) $$\sigma_x = 0 \qquad \Delta b = \varepsilon_x b = \frac{\nu F}{Ea}$$

$$\sigma_y = 0 \qquad \Delta a = \varepsilon_y a = \frac{\nu F}{Eb}$$

$$\sigma_z = -\frac{F}{ab} \qquad \Delta c = \varepsilon_z c = -\frac{Fc}{abE}$$

d) $$\varepsilon_z = -\frac{v_z}{c} = \frac{\sigma_z}{E} = -\frac{F^*}{abE}\ (\sigma_x = \sigma_y = 0)$$

$$F^* = \frac{v_z Eab}{c}$$

Beispiel 6:

Zur experimentellen Bestimmung der Hauptspannungen und Hauptspannungsrichtungen eines ebenen Spannungszustandes verwendet man sogenannte Formänderungsrosetten. Da Hauptspannungs- und Hauptdehnungsrichtungen zusammenfallen, mißt man die Dehnungen in 3 Richtungen und errechnet die Hauptdehnungen.
Für die gleichwinklige Deltarosette ermittle man die Hauptdehnungen und deren Richtungen (Bild F 1.34).

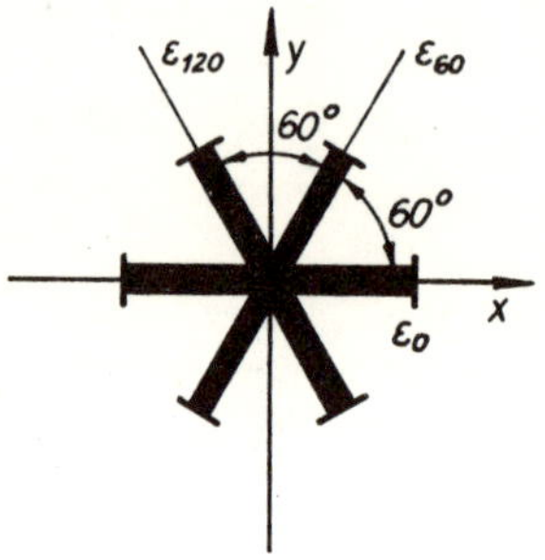

Bild F 1.34

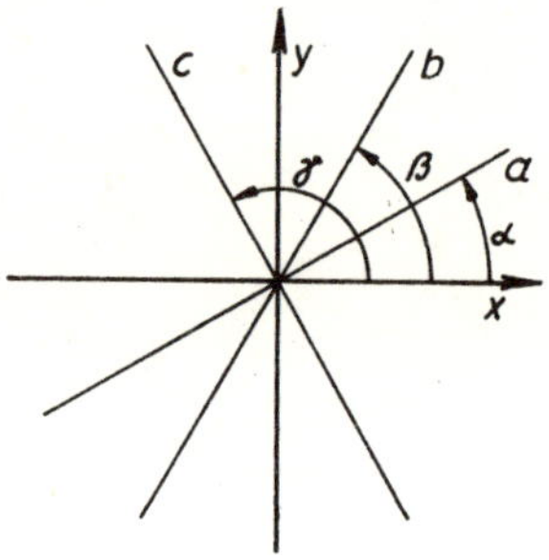

Bild F 1.35

Lösung: Da ε_a, ε_b, ε_c in der Ebene gemessen werden, gelten für sie die Gleichungen des ebenen Verzerrungszustandes. Mit den Hauptdehnungen ε_1, ε_2 und dem Winkel φ_0 zwischen der x-Achse und der ε_1-Richtung lauten diese (Bild F 1.35)

$$\varepsilon_a = \frac{\varepsilon_1 + \varepsilon_2}{2} + \frac{\varepsilon_1 - \varepsilon_2}{2} \cos 2(\alpha - \varphi_0)$$

$$\varepsilon_b = \frac{\varepsilon_1 + \varepsilon_2}{2} + \frac{\varepsilon_1 - \varepsilon_2}{2} \cos 2(\beta - \varphi_0)$$

$$\varepsilon_c = \frac{\varepsilon_1 + \varepsilon_2}{2} + \frac{\varepsilon_1 - \varepsilon_2}{2} \cos 2(\gamma - \varphi_0)$$

Mit

$$\alpha = 0, \quad \beta = 60°, \quad \gamma = 120°$$

und

$$\varepsilon_a = \varepsilon_0, \quad \varepsilon_b = \varepsilon_{60}, \quad \varepsilon_c = \varepsilon_{120}$$

gilt für die Deltarosette

$$\varepsilon_0 = \frac{\varepsilon_1 + \varepsilon_2}{2} + \frac{\varepsilon_1 - \varepsilon_2}{2} \cos 2\varphi_0$$

$$\varepsilon_{60} = \frac{\varepsilon_1 + \varepsilon_2}{2} + \frac{\varepsilon_1 - \varepsilon_2}{2} \cos 2(\varphi_0 - 60°)$$

$$\varepsilon_{120} = \frac{\varepsilon_1 + \varepsilon_2}{2} + \frac{\varepsilon_1 - \varepsilon_2}{2} \cos 2(\varphi_0 - 120°)$$

Löst man diese 3 Gleichungen mit den 3 Unbekannten ε_1, ε_2, φ_0 nach der Hauptdehnung und der Hauptdehnungsrichtung auf, erhält man

$$\varepsilon_1, \varepsilon_2 = \frac{\varepsilon_0 + \varepsilon_{60} + \varepsilon_{120}}{3} \pm \frac{\sqrt{2}}{3} \sqrt{(\varepsilon_0 - \varepsilon_{60})^2 + (\varepsilon_0 - \varepsilon_{120})^2 + (\varepsilon_{60} - \varepsilon_{120})^2}$$

$$\tan 2\varphi_0 = \sqrt{3}\,\frac{\varepsilon_{60} - \varepsilon_{120}}{2\varepsilon_0 - \varepsilon_{60} - \varepsilon_{120}}$$

Aus dem *Hooke*schen Gesetz folgt dann für die Hauptspannungen

$$\sigma_1 = \frac{E}{1 - \nu^2}(\varepsilon_1 + \nu\varepsilon_2)$$

$$\sigma_2 = \frac{E}{1 - \nu^2}(\varepsilon_2 + \nu\varepsilon_1)$$

2. ZUG UND DRUCK IN STÄBEN

2.1. Voraussetzungen und Grundlagen

Wir betrachten in diesem Abschnitt Stäbe mit gerader Achse, die durch Kräfte belastet werden, deren Wirkungslinie mit der Stabachse zusammenfällt. Es handelt sich dabei um einachsige Spannungszustände, und wir können schreiben [s. (1.48) und (1.37)]

$$\sigma_z = E(\varepsilon_z - \alpha\,\Delta T) \quad \text{und} \quad \varepsilon_z = \frac{\mathrm{d}v_z}{\mathrm{d}z} \tag{2.1}$$

Ist der Stabquerschnitt konstant oder wenig veränderlich, so können wir in genügender Entfernung von den Krafteinleitungsstellen annehmen, daß die Längskraft über der Querschnittfläche gleichmäßig verteilt ist (Prinzip von *St. Venant*). Für die spezifische Formänderungsenergie können wir schreiben [s. (1.61)]

$$W_F^* = \int \sigma_z\,\mathrm{d}\varepsilon_z = \frac{\sigma_z^2}{2E} = \frac{E}{2}\,\varepsilon_z^2 - \varepsilon_z E\alpha\,\Delta T + (\alpha\,\Delta T)^2\,\frac{E}{2} \quad \left(\text{in } \frac{\text{N mm}}{\text{mm}^3}\right)$$

und für die spezifische Ergänzungsenergie [s. (1.62)]

$$W_E^* = \int \varepsilon_z\,\mathrm{d}\sigma_z = \frac{\sigma_z^2}{2E} + \alpha\,\Delta T\sigma_z \quad \left(\text{in } \frac{\text{N mm}}{\text{mm}^3}\right) \tag{2.2}$$

2.2. Spannungen und Verformungen von Stäben mit konstantem oder wenig veränderlichem Querschnitt

Wir betrachten einen Stab der spezifischen Masse ϱ, der an einem Ende ($z = 0$) gelagert ist und am anderen Ende ($z = l$) durch eine Einzellast beansprucht wird (Bild F 2.1). Die Gleichgewichtsbetrachtung stellen wir an einem im Abstand z

herausgetrennten Volumenelement $\mathrm{d}V = A(z)\,\mathrm{d}z$ auf (Bild F 2.2).

$$\uparrow: \mathrm{d}F_\mathrm{L} + \varrho g A\,\mathrm{d}z = 0$$

$$\mathrm{d}(\sigma_z A) + \varrho g A\,\mathrm{d}z = 0 \qquad (2.3.1)$$

Eine Integration führt zu

$$F_\mathrm{L}(z) = \sigma_z(z)\,A(z) = -\int_{(z)} \varrho g A(z)\,\mathrm{d}z + K_1 \qquad (2.3.2)$$

Über die Beziehung (2.1) erhalten wir für die Verschiebung

$$v_z = \int_{(z)} \frac{\sigma_z(z)}{E}\,\mathrm{d}z + K_2 \qquad (2.4)$$

Die Konstanten K_1 und K_2 werden aus den Randbedingungen ermittelt. K_1 erhalten wir aus der Bedingung $F_\mathrm{L}(l) = F$, und K_2 bestimmen wir mit $v_z(0) = 0$.

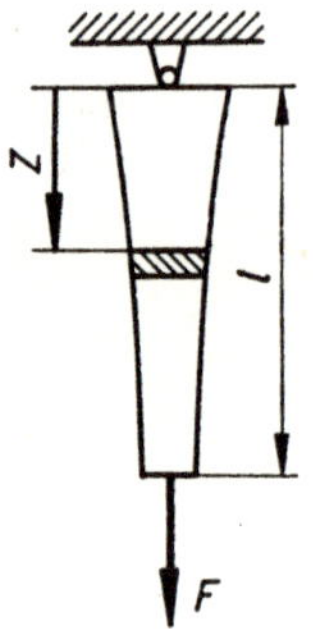

Bild F 2.1

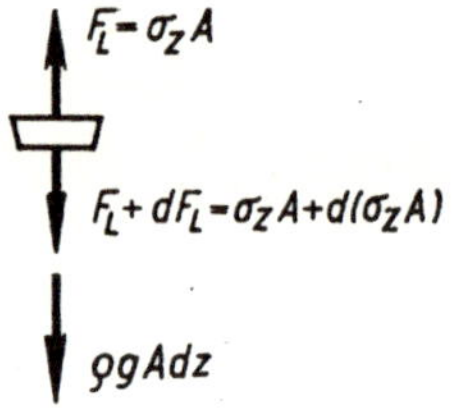

Bild F 2.2

Beispiele

Beispiel 1:

Ein Stab mit konstantem Querschnitt werde durch eine Längskraft F_L beansprucht.

Gegeben: $F_\mathrm{L} = 1{,}5 \cdot 10^4$ N

$A = 1$ cm^2

$l = 1$ m

$\varrho g = 7{,}85 \cdot 10^{-2}$ N cm^{-3}

$E = 2 \cdot 10^5$ N mm^{-2}

Gesucht: a) Zugspannung
b) Verschiebung des Lastangriffspunktes

Lösung: a) Aus (2.3.2) folgt
$\sigma_z(z)\,A = -\varrho g A z + K_1$

Randbedingung:

$$\sigma_z(l)\,A = F_\mathrm{L} = -\varrho g A l + K_1 \Rightarrow K_1 = F_\mathrm{L} + \varrho g A l$$

$$\sigma_z(z) = \frac{F_\mathrm{L}}{A} + \varrho g(l - z) \Rightarrow \sigma_{z\max} = \sigma_z(0) = \frac{F_\mathrm{L}}{A} + \varrho g l$$

Wegen $\varrho g l \ll \frac{F_\mathrm{L}}{A}$ darf die Eigenmasse bei den Berechnungen oft vernachlässigt werden.

b) Aus (2.4) folgt

$$v_z = \frac{1}{E}\left[\frac{F_\mathrm{L}}{A}\,z + \varrho g\left(lz - \frac{z^2}{2}\right)\right] + K_2$$

Randbedingung:

$$v_z(0) = 0 \Rightarrow K_2 = 0$$

$$v_z(l) = \frac{F_\mathrm{L} l}{EA} + \frac{\varrho g l^2}{2E} \approx 0{,}075 \text{ cm}$$

Ein Stab von einem Meter Länge und einem Querschnitt von einem Quadratzentimeter verlängert sich unter der Kraft von $1{,}5 \cdot 10^4$ N um weniger als einen Millimeter!

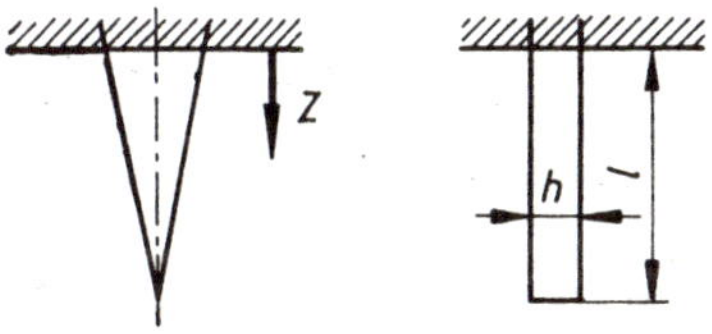

Bild F 2.3

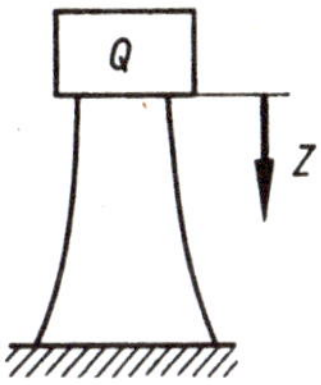

Bild F 2.4

Beispiel 2:

Für einen Stab mit linearveränderlichem Querschnitt (Bild F 2.3) unter Eigengewicht G gilt

$$A(z) = A_0\left(1 - \frac{z}{l}\right)$$

und aus (2.3) erhalten wir

$$\sigma_z(z)\,A_0\left(1 - \frac{z}{l}\right) = -\int \varrho g A_0\left(1 - \frac{z}{l}\right)\mathrm{d}z + K_1 = -\varrho g A_0\left(z - \frac{z^2}{2l}\right) + K_1$$

Wegen $\sigma_z A = 0$ für $z = l$ errechnen wir für die Konstante

$$K_1 = \frac{1}{2}\,\varrho g A_0 l$$

und können schreiben

$$\sigma_z(z) = \frac{\varrho g}{2}\,(l - z)$$

damit folgt aus (2.4)

$$v_z = \frac{\varrho g}{2E}\left(lz - \frac{z^2}{2}\right) + K_2$$

Wegen $v_z(0) = 0$ ergibt sich $K_2 = 0$ und für

$$v_z(l) = \frac{\varrho g l^2}{4E} = \frac{Gl}{2EA_0}$$

Beispiel 3:

Wird die Forderung gestellt, den Querschnitt eines Stabes so festzulegen, daß an jeder Stelle eine konstante Spannung σ_0 herrscht, so kommt man, ausgehend von der Gleichgewichtsbedingung (2.3.), zu folgender Beziehung

$$\sigma_0 \, \mathrm{d}A + \varrho g A \, \mathrm{d}z = 0$$

$$\frac{\mathrm{d}A}{A} = -\frac{\varrho g}{\sigma_0} \, \mathrm{d}z$$

$$\ln A = -\frac{\varrho g}{\sigma_0} z + K_1$$

Die Konstante K_1 wird einer bestimmten Stelle z zugeordnet. Bei dem in Bild F 2.4 skizzierten Wasserturm z. B. möge zu $z = 0$ die Fläche A_0 gehören. Die an dieser Stelle auftretende Spannung ist dann $\sigma_0 = -\frac{Q}{A_0}$ (Q Gewicht des Wasserbehälters mit Inhalt).
Damit erhalten wir

$$A(z) = A_0 \, \mathrm{e}^{-\frac{\varrho g}{\sigma_0} z} = A_0 \, \mathrm{e}^{-\frac{\varrho g A_0}{Q} z}$$

2.3. Spannungen in Stäben mit stark veränderlichem Querschnitt

Bei einer plötzlichen, starken Querschnittsänderung (z. B. einfache und umlaufende Kerbe, Paßfedernut, Bohrung) wird die gleichmäßige Spannungsverteilung erheblich gestört. Am Kerbrand treten Spannungsspitzen auf (Bild F 2.5), die die nach der elementaren Theorie errechneten Nennspannungen $\sigma_n = \frac{F}{A}$ (A Querschnittsfläche der engsten Stelle) beträchtlich übersteigen. Durch Einführung einer Formzahl α_k werden die Spannungsspitzen erfaßt.

$$\sigma_{max} = \alpha_k \sigma_n \tag{2.5}$$

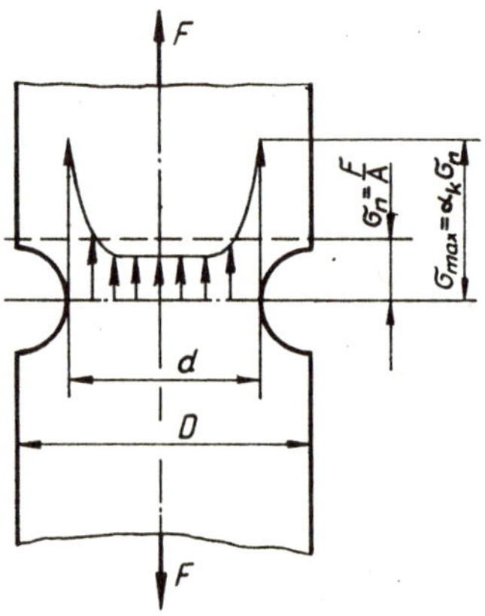

Bild F 2.5

Gehorcht das Material dem *Hooke*schen Gesetz, so ist α_k unabhängig vom Werkstoff, anderenfalls ist α_k auch eine Funktion des Werkstoffes.
Bei statischer Belastung und einem Material mit ausgeprägtem Fließbereich (duktiles Werkstoffverhalten) tritt eine Spannungsumlagerung ein. Weniger beanspruchte Nachbarbereiche bauen die Spannungsspitzen ab.
Neben der quantitativen Spannungserhöhung im Kerbgrund, die zu einem stark inhomogenen Spannungszustand führt, liegt auch noch eine qualitative Änderung des Spannungszustandes vor. Eine exakte Rechnung, auf die hier nicht eingegangen werden kann, zeigt, daß in der Nähe der Kerbe ein mehrachsiger Spannungszustand vorliegt, wodurch sich auch das Verhalten des Werkstoffes ändern kann. Bei wechselnder Beanspruchung gehen Dauerbrüche von diesen Spannungskonzentrationsstellen aus, worauf der Konstrukteur zu achten hat.
In den Abschn. 12. und 13. werden wir auf diese Vorgänge nochmals zu sprechen kommen.

2.4. Statisch unbestimmte Probleme

Bisher konnten wir nur Probleme behandeln, bei denen die Anzahl der Unbekannten mit den zur Verfügung stehenden statischen Gleichgewichtsbedingungen identisch war. Wir wissen, daß für einen Körper im Raum sechs und in der Ebene drei unabhängige Gleichgewichtsbedingungen existieren; für einen Punkt im Raum sind es drei, in der Ebene zwei. Mit Kenntnis der Formänderungsbeziehungen eines Stabes können wir auf Grund geometrischer Überlegungen den Gleichungssatz erweitern. Für einen prismatischen Stab (Querschnitt A, Länge l, E), der mit einer Längskraft F_L beansprucht ist, gilt

$$\sigma = \frac{F_L}{A} \quad \text{und} \quad \Delta l = \frac{F_L l}{EA}$$

(EA nennt man Dehnsteifigkeit.)

Es wird empfohlen, in Analogie zu den positiv (Zug) einzuführenden F_{Si}, auch alle Δl_i positiv (Verlängerung) anzusetzen.

Beispiele

Beispiel 1:

Statisch unbestimmtes Fachwerk

Gegeben: $\alpha, \beta, \gamma, F, E_i, A_i, l_i$

Gesucht: $F_{Si}, \Delta l_i$

Lösung:

Kräftegleichgewicht:

$$\uparrow: F_{S1} \cos\alpha + F_{S2} + F_{S3} \cos\beta - F \cos\gamma = 0$$

$$\rightarrow: -F_{S1} \sin\alpha + F_{S3} \sin\beta + F \sin\gamma = 0 \quad (1)$$

Durch die Belastung verschiebt sich der Knotenpunkt von O nach O'. Infolge der vorausgesetzten kleinen Formänderungen kann man die Verlängerungen Δl_i der Stäbe durch die Lote von diesem verschobenen Knotenpunkt O' auf die betreffende Gerade darstellen (Bild F 2.7.2) und außerdem die Veränderungen von α und β vernachlässigen.

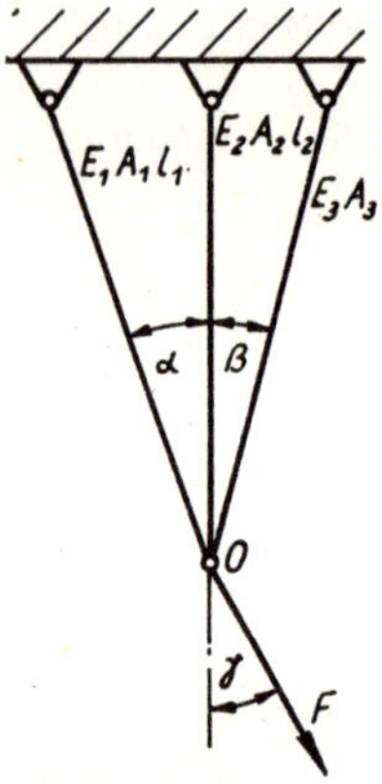

Bild F 2.6

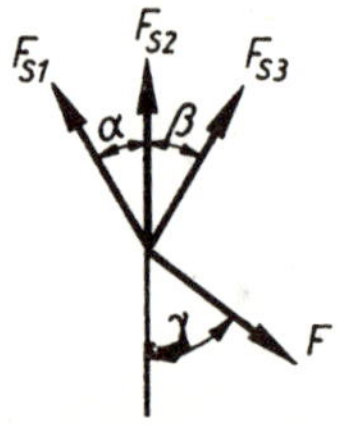

Bild F 2.7.1

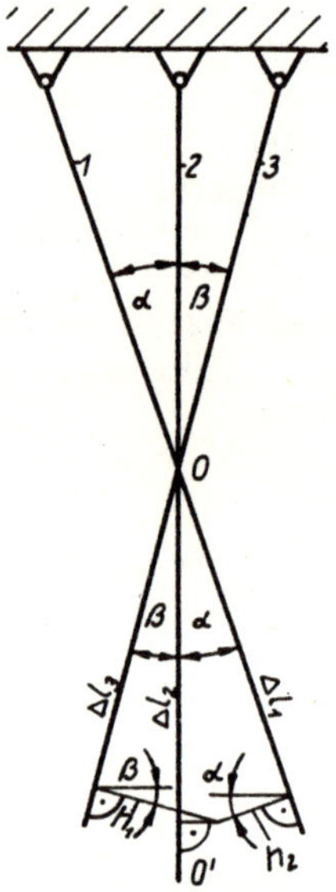

Bild F 2.7.2

Es gelten die geometrischen Beziehungen

$$\Delta l_2 = \Delta l_1 \cos \alpha + h_2 \sin \alpha$$

$$\Delta l_2 = \Delta l_3 \cos \beta + h_1 \sin \beta$$

$$\Delta l_1 \sin \alpha + \Delta l_3 \sin \beta = h_1 \cos \beta + h_2 \cos \alpha$$

Daraus folgt nach Eliminierung von h_1 und h_2

$$\Delta l_1 \sin \beta + \Delta l_3 \sin \alpha = \Delta l_2 \sin (\alpha + \beta) \tag{2}$$

Führt man in (2) noch (2.1) ein, so folgen aus (1) und (2) die unbekannten Stabkräfte.

Zahlenbeispiele:

Gegeben: $\alpha = \beta = 60°;\ \gamma = 0;\ F = 10^4$ N;

$l_2 = 1$ m; $A = 1$ cm^2;

$E = 2 \cdot 10^5$ N mm^{-2}

Aus (1):

$$F_{S1} - F_{S3} = 0$$

$$2F_{S1} \cos \alpha + F_{S2} - F = 0$$

Aus (2):

$$\Delta l_1 + \Delta l_3 = 2\Delta l_2 \cos\alpha$$

$$\Rightarrow \frac{2F_{S1}l_1}{EA} = \frac{2F_{S2}l_2}{EA}\cos\alpha \Rightarrow F_{S1} = F_{S2}\cos^2\alpha$$

Damit

$$F_{S2} = \frac{F}{1 + 2\cos^3\alpha} = \frac{4}{5}F = 8\cdot 10^3\ \mathrm{N}$$

$$F_{S1} = F_{S3} = \frac{F\cos^2}{1 + 2\cos^3\alpha} = \frac{1}{5}F = 2\cdot 10^3\ \mathrm{N}$$

$$\Delta l_2 = \frac{F_{S2}l_2}{EA} = 0{,}04\ \mathrm{cm};\qquad \Delta l_1 = \Delta l_3 = \Delta l_2\cos\alpha = 0{,}02\ \mathrm{cm}$$

Beispiel 2:

Starrer Balken an drei Stäben

Gegeben: $F, l_i; E; A; a, b, c$
Gesucht: F_{Si}

Lösung:

Gleichgewicht:

$$\uparrow\ : F_{S1} + F_{S2} + F_{S3} - F = 0 \tag{1}$$

$$\curvearrowleft B: -F_{S1}(a + b) - F_{S2}b + Fc = 0 \tag{2}$$

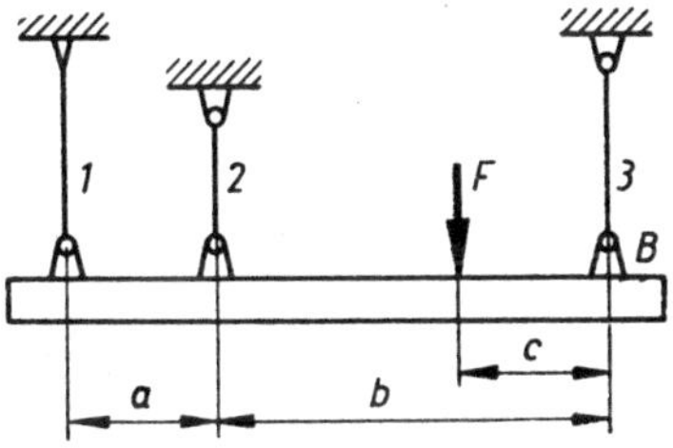

Bild F 2.8

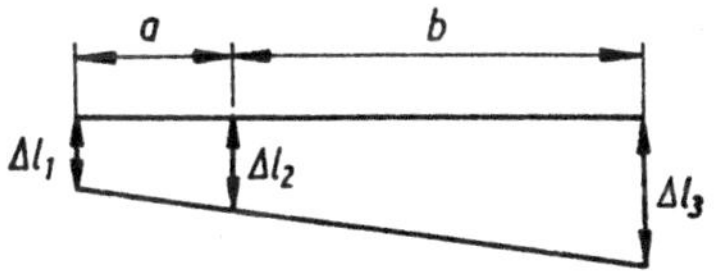

Bild F 2.9

Geometrie: Der Balken soll als starr angesehen werden. Er kann nach der Belastung nur eine solche Lage einnehmen, daß die Fußpunkte der Stäbe 1, 2 und 3 wieder auf einer Geraden liegen (Bild F 2.9). Das führt zu folgender Beziehung

$$\frac{\Delta l_3 - \Delta l_1}{a + b} = \frac{\Delta l_2 - \Delta l_1}{a}$$

Nach Umstellung dieser Gleichung und mit

$$\Delta l_k = \left(\frac{F_S l}{EA}\right)_k$$

folgt daraus

$$\left(\frac{F_S l}{EA}\right)_1 b - \left(\frac{F_S l}{EA}\right)_2 (a + b) + \left(\frac{F_S l}{EA}\right)_3 a = 0 \tag{3}$$

Zahlenbeispiel:

$F = 1{,}2 \cdot 10^4$ N; $A = 1$ cm²; $E = 2 \cdot 10^5$ N mm⁻²; $l = 1$ m; $a = b$; $c = 0$

$$F_{S1} + F_{S2} + F_{S3} = F \qquad (1)$$

$$2F_{S1} + F_{S2} = 0 \qquad (2)$$

$$F_{S1} - 2F_{S2} + F_{S3} = 0 \qquad (3)$$

$$F_{S1} = -\frac{F}{6} = -2 \cdot 10^3\ \text{N} \qquad F_{S2} = \frac{F}{3} = 4 \cdot 10^3\ \text{N} \qquad F_{S3} = \frac{5}{6} F = 10^4\ \text{N}$$

$$\sigma_1 = -20\ \text{N mm}^{-2} \qquad \sigma_2 = 40\ \text{N mm}^{-2} \qquad \sigma_3 = 100\ \text{N mm}^{-2}$$

$$\Delta l_1 = -0{,}01\ \text{cm} \qquad \Delta l_2 = 0{,}02\ \text{cm} \qquad \Delta l_3 = 0{,}05\ \text{cm}$$

2.5. Wärmespannungen

Bringen wir einen Stab der Länge l von einer Anfangstemperatur T_A auf eine Endtemperatur T_E, so entsteht eine Wärme- oder Temperaturdehnung [s. a. (1.48)].

$$\varepsilon_{th} = \alpha(T_E - T_A) = \alpha\, \Delta T = \frac{\Delta l}{l} \qquad (2.6)$$

Wird die Ausbildung dieser Dehnung verhindert, so kommt es zu Wärmespannungen. Bei statisch bestimmten Systemen kommt es nicht zur Ausbildung von Wärmespannungen, da sich die durch Temperaturänderungen ergebenden Verformungen ungehindert einstellen können. Nur in statisch unbestimmten Systemen kann es zu Wärmespannungen kommen.
Zur Berechnung dieser Spannungen stehen die Gleichgewichtsbedingungen zur Verfügung. Außerdem sind die geometrischen Bedingungen unter Berücksichtigung der elastischen und thermischen Dehnung zu erfüllen.

Beispiele

Beispiel 1:

Drei Stäbe sind an ihren Enden in starren Querjochen gelagert (Bild F 2.10) und werden um ΔT erwärmt.

Gegeben: $E_1 = E_3 = 2 \cdot 10^5$ N mm⁻²; $E_2 = 1{,}25 \cdot 10^5$ N mm⁻²; $\Delta T = 100\,°C$
$A_1 = A_3 = 2{,}5$ cm² $A_2 = 8$ cm²
$\alpha_1 = \alpha_3 = 11 \cdot 10^{-6}$ K⁻¹ $\alpha_2 = 16 \cdot 10^{-6}$ K⁻¹

Gesucht: Stabspannungen

Lösung:

Gleichgewichtsbedingungen:

$$F_1 + F_2 + F_3 = 0 \qquad (1)$$

$$F_1 - F_3 = 0$$

Geometrie:

$$\Delta l_1 = \Delta l_2 = \Delta l_3$$

wobei

$$\Delta l_i = \left(\frac{F_i}{E_i A_i} + \alpha_i \Delta T\right) l_i \tag{2}$$

Aus (1) und (2) erhalten wir

$$2F_1 + F_2 = 0$$

$$\frac{F_1}{E_1 A_1} + \alpha_1 \Delta T = \frac{F_2}{E_2 A_2} + \alpha_2 \Delta T$$

und daraus

$$\sigma_1 = \frac{(\alpha_2 - \alpha_1)\, \Delta T E_1}{1 + 2\,\dfrac{E_1 A_1}{E_2 A_2}} = \sigma_3 = 50\ \mathrm{N\,mm^{-2}}$$

$$\sigma_2 = \frac{F_2}{A_2} = -2\sigma_1 \frac{A_1}{A_2} = -31{,}3\ \mathrm{N\,mm^{-2}}$$

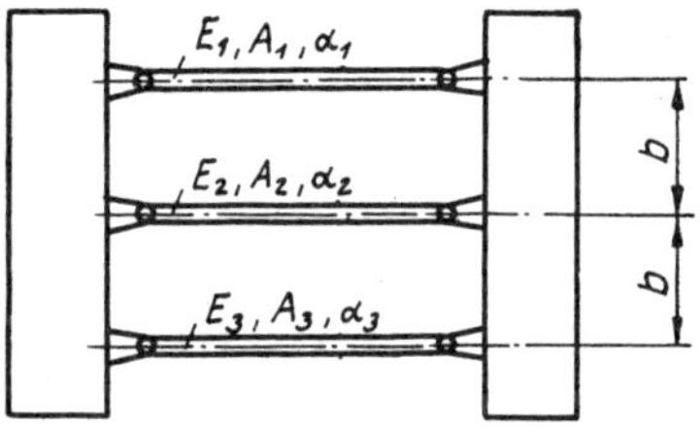

Bild F 2.10

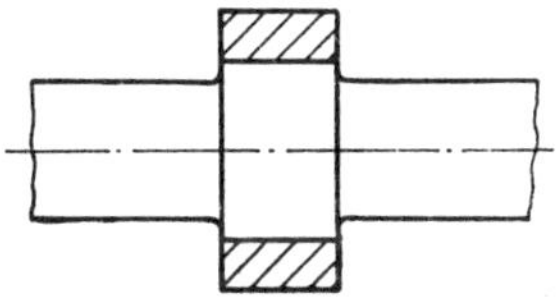

Bild F 2.11

Beispiel 2:

Ein dünner Kupferring (E_1, α_1) habe die Temperatur T_1 und passe dabei genau auf eine Stahlwelle (E_2, α_2) der Temperatur T_2 (Bild F 2.11)

Gegeben: $\alpha_1 = 16 \cdot 10^{-6}\ \mathrm{K^{-1}}$; $T_1 = 373\ \mathrm{K} \mathrel{\hat{=}} 100\,°\mathrm{C}$

$E_1 = 1{,}1 \cdot 10^5\ \mathrm{N\,mm^{-2}}$; $T_2 = 293\ \mathrm{K} \mathrel{\hat{=}} 20\,°\mathrm{C}$

$\alpha_2 = 12 \cdot 10^{-6}\ \mathrm{K^{-1}}$

$E_2 = 2{,}1 \cdot 10^5\ \mathrm{N\,mm^{-2}}$

Gesucht:

a) Spannungen im Kupferring, wenn sich der Ring auf 20 °C abgekühlt hat;
b) Spannungen im Ring, wenn die gesamte Schrumpfverbindung auf 0 °C gebracht wird;
c) Gemeinsame Temperatur T_3, bei der sich die Verbindung löst.

Lösung:

Da sich Ring (1) und Welle (2) stets berühren, müssen die Dehnungen von beiden gleich sein ($\varepsilon_1 = \varepsilon_2$). Mit $\varepsilon = \varepsilon_{\mathrm{el}} + \varepsilon_{\mathrm{th}}$ folgt somit bei Vernachlässigung der elastischen Dehnung der Welle ($\varepsilon_{2\mathrm{el}} \approx 0$)

$$\frac{\sigma_1}{E_1} + \alpha_1 \Delta T_1 - \alpha_2 \Delta T_2 = 0$$

a) $\Delta T_1 = T - T_1 = (20 - 100)\,\text{K} = -80\,\text{K}; \quad \Delta T_2 = T - T_2 = 0$

$\sigma_{1(20\,°\text{C})} = 1{,}41 \cdot 10^2\,\text{N mm}^{-2}$

b) $\Delta T_1 = T - T_1 = (0 - 100)\,\text{K} = -100\,\text{K}; \quad \Delta T_2 = T - T_2 = (0 - 20)\,\text{K} = -20\,\text{K}$

$\sigma_{1(0\,°\text{C})} = 1{,}50 \cdot 10^2\,\text{N mm}^{-2}$

c) $\sigma_{1T_3} = 0$ liefert

$\alpha_1(T_3 - T_1) = \alpha_2(T_3 - T_2); \quad T_3 = 613\,\text{K} \mathrel{\hat{=}} 340\,°\text{C}$

3. BIEGUNG

3.1. Voraussetzungen und Grundlagen

Die hier hergeleiteten Grundlagen gelten streng für gerade, prismatische Stäbe, die durch reine Biegung $\left(\frac{\mathrm{d}M_\mathrm{b}}{\mathrm{d}z} = 0\right)$ beansprucht werden. Die gewonnenen Erkenntnisse werden jedoch auch zur Berechnung schwach gekrümmter Träger herangezogen. Auch Träger mit stetig veränderlichem Querschnitt sowie durch Querkraft beanspruchte Balken werden mit guter Näherung nach den hier herzuleitenden Formeln berechnet.

Wir orientieren auf ein kartesisches Dreibein und betrachten einen Balken, der sich in z-Richtung erstreckt und nur durch ein Biegemoment $M_{\mathrm{b}x}$ belastet wird (Bild F 3.1). Wir vermuten und können das leicht überprüfen, daß Fasern an der

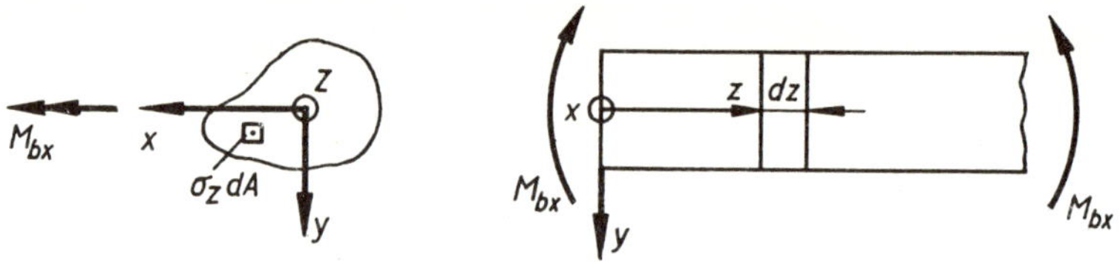

Bild F 3.1

Oberkante desBalkens gestaucht und an der Unterkante gedehnt werden. Irgendwo im Balken wird es demnach eine Schicht geben, die weder gedehnt noch gestaucht wird. Wir nennen diese Schicht die *Nullschicht* oder *neutrale Schicht* und zählen von dieser Schicht aus deren Lage wir noch nicht kennen, nach unten die y-Achse.

Bei einer Beanspruchung gemäß Bild F 3.1 wird sich der Balken vermutlich so verformen, daß alle Schichten y = konst. konzentrische Kreise um einen Krümmungsmittelpunkt bilden. ϱ sei der Krümmungsradius der Nullschicht. Aus dieser Tatsache geht hervor, daß alle Schnitte z = konst. vor und nach der Belastung senkrecht zur Nullschicht stehen. Diese Aussage ist die *Bernoulli*[1])-Hypothese vom Ebenbleiben der Querschnitte. Ein Element der Länge dz (Bild F 3.1) wird sich nach der Belastung so verformen, daß nur für die in der Nullschicht liegenden

[1]) *J. Bernoulli* (1654 bis 1705)

Fasern die Länge $dz = ds(0) = \varrho\, d\varphi$ beibehalten wird. Fasern in einem Abstand y von der Nullschicht nehmen die Länge $ds(y) = (\varrho + y)\, d\varphi$ an (Bild F 3.2), und es gilt

$$\varepsilon_z(y) = \frac{ds(y) - ds(0)}{ds(0)} = \frac{y}{\varrho} \tag{3.1}$$

Spannungen sind nur in z-Richtung zu erwarten (einachsiger Spannungszustand), so daß mit dem *Hooke*schen Gesetz folgt

$$\sigma_z(y) = E\varepsilon_z(y) = E\,\frac{y}{\varrho} \tag{3.2}$$

Mit den hier getroffenen Annahmen müßten also für positive y Zug- und für negative y Druckspannungen kommen. Diese Aussage ist zu überprüfen. Wir betrachten Bild F 3.1 und schreiben folgende Äquivalenzbetrachtungen an:

Längskraft:

$$F_L = \int_{(A)} \sigma_z\, dA = 0 = \frac{E}{\varrho} \int_{(A)} y\, dA \tag{3.3.1}$$

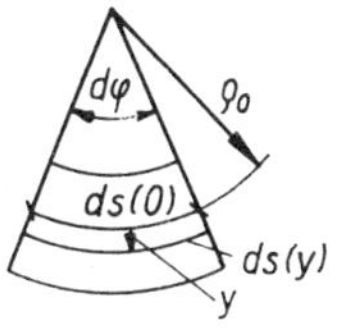

Bild F 3.2

Moment um die x-Achse:

$$M_{bx} = \int_{(A)} \sigma_z y\, dA = \frac{E}{\varrho} \int_{(A)} y^2\, dA \tag{3.3.2}$$

Moment um die y-Achse:

$$M_{by} = -\int_{(A)} \sigma_z x\, dA = -\frac{E}{\varrho} \int_{(A)} xy\, dA = 0 \tag{3.3.3}$$

Aus (3.3.1) folgt

$$S_x = \int_{(A)} y\, dA = 0$$

Dieses Integral haben wir bei der Schwerpunktbestimmung (siehe Statik 5.3.) unter der Bezeichnung statisches Moment kennengelernt. Wir wissen, daß das statische Moment nur in bezug auf eine Achse durch den Schwerpunkt verschwindet, und stellen damit fest:

▌ Der Querschnittsschwerpunkt liegt in der Nullschicht.

Legen wir nun das x,y-System in diesen Schwerpunkt S, so verbindet die z-Achse vor der Verformung alle Querschnittsschwerpunkte. Während der Verformung erfährt diese ausgezeichnete Linie keine Längenänderung, sie wird deshalb auch *neutrale Faser* genannt.

Mit den übrigen Integralen werden wir uns ausführlich im nächsten Abschnitt beschäftigen. Hier sei vorerst nur erwähnt, daß die Rechengrößen

$$I_{xx} = \int_{(A)} y^2\, dA \quad \text{und} \quad I_{xy} = -\int_{(A)} xy\, dA \tag{3.4}$$

Trägheitsmoment und Zentrifugal- oder Deviationsmoment genannt werden. Die Bedingung (3.3.3)

$$I_{xy} = -\int_{(A)} xy \, \mathrm{d}A = 0$$

ist aber nur erfüllt, falls die x, y-Achsen Hauptachsen (s. 3.2.3.1.) eines Querschnittes sind.
Demnach können wir vorerst wie folgt zusammenfassen:

Sind die Achsen x und y Hauptachsen eines Querschnittes und erfolgt die Biegung um die x-Achse, so gilt mit der *Bernoulli*-Annahme vom Ebenbleiben der Querschnitte

$$\varepsilon_z(y) = \frac{y}{\varrho} \Rightarrow \sigma_z(y) = E\,\frac{y}{\varrho}$$

$$M_{\mathrm{b}x} = \frac{EI_{xx}}{\varrho} \qquad \frac{1}{\varrho} = \frac{M_{\mathrm{b}x}}{EI_{xx}} \qquad \sigma_z(y) = \frac{M_{\mathrm{b}x}}{I_{xx}}\,y \tag{3.5}$$

Es liegt ein einachsiger Spannungszustand vor, und die Formänderungsenergie kann wie folgt formuliert werden (s. 1.6)

$$W_{\mathrm{F}}^* = \frac{\sigma_z^2}{2E} = \frac{M_{\mathrm{b}x}^2 y^2}{2EI_{xx}^2} \left(\text{in } \frac{\mathrm{N\,mm}}{\mathrm{mm}^3}\right)$$

Für einen prismatischen Träger der Länge l erhalten wir nach Integration

$$W_{\mathrm{F}} = \int_{(V)} W_{\mathrm{F}}^* \,\mathrm{d}V = \int_{(l)} \int_{(A)} \frac{M_{\mathrm{b}x}^2 y^2}{2EI_{xx}^2} \,\mathrm{d}A \,\mathrm{d}z = \int_{(l)} \frac{M_{\mathrm{b}x}^2 \,\mathrm{d}z}{2EI_{xx}} \tag{3.6}$$

Dieser Ausdruck ist auch gleichzeitig W_{E}; denn es gilt das *Hooke*sche Gesetz, und der Temperatureinfluß bleibt unberücksichtigt.

3.2. Flächenträgheitsmomente — Momente 2. Ordnung

3.2.1. Definition

Trägheits- und Zentrifugalmomente sind geometrische Rechengrößen. Sie hängen ab von Größe und Form der Fläche sowie von der Lage des Koordinatensystems. Die Bezeichnung „Moment 2. Ordnung" ist in Analogie zu den statischen Momenten, den Momenten 1. Ordnung (siehe Statik 5.3.),

$$S_x = \int_{(A)} y \,\mathrm{d}A \qquad S_y = \int_{(A)} x \,\mathrm{d}A$$

zu sehen. Diese Trägheitsmomente benötigen wir für ein Koordinatensystem im Querschnittsschwerpunkt. Wir definieren

$$I_{xx} = \int_{(A)} y^2 \,\mathrm{d}A \qquad I_{yy} = \int_{(A)} x^2 \,\mathrm{d}A \qquad I_{xy} = -\int_{(A)} xy \,\mathrm{d}A \tag{3.7}$$

Die Größen I_{xx} und I_{yy} nennt man axiale oder auch äquatoriale Trägheitsmomente, weil sie für *eine Achse* ermittelt werden. Sie sind stets positiv; denn der Abstand zum positiven Flächenelement dA geht quadratisch ein. I_{xy} heißt Zentrifugal- oder Deviationsmoment. Es kann positiv oder negativ sein; falls x, y Hauptachsen sind,

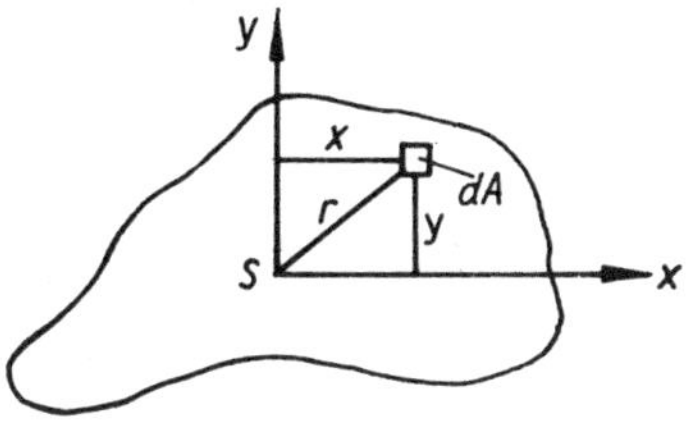

Bild F 3.3

verschwindet I_{xy}. Aus der Anschauung können wir hier bereits erkennen, daß I_{xy} verschwindet, falls eine Achse eine Symmetrieachse des Querschnittes ist; denn dann gehört zu jedem positiven Summanden xy dA ein negativer. Wir stellen fest:

▌ Eine Symmetrieachse und die dazu senkrechte Achse sind stets Hauptachsen.

I_p wird polares Trägheitsmoment genannt. Es ist wie folgt definiert:

$$I_\mathrm{p} = \int_{(A)} r^2 \,\mathrm{d}A = \int_{(A)} (x^2 + y^2) \,\mathrm{d}A = I_{xx} + I_{yy}$$

und entspricht einem Trägheitsmoment um eine auf der x,y-Ebene in S senkrecht stehenden Achse.

3.2.2. Trägheits- und Zentrifugalmomente bei Parallelverschiebung der Koordinatenachsen

Zwischen den Koordinaten des orthogonalen Systems $\bar{x}, \bar{y}$ und des dazu parallelen Schwerpunktsystems bestehen die Beziehungen

$$\bar{x} = x + \bar{x}_s \quad \text{und} \quad \bar{y} = y + \bar{y}_s \tag{3.8}$$

wobei $\bar{x}_s$, $\bar{y}_s$ die Schwerpunktkoordinaten im $\bar{x},\bar{y}$-System sind (Bild F 3.4). Es gilt

$$I_{\bar{x}\bar{x}} = \int_{(A)} \bar{y}^2 \,\mathrm{d}A = \int_{(A)} (y + \bar{y}_s)^2 \,\mathrm{d}A = \int_{(A)} y^2 \,\mathrm{d}A + 2\bar{y}_s \int_{(A)} y \,\mathrm{d}A + \bar{y}_s^2 \int_{(A)} \mathrm{d}A$$

$$I_{\bar{y}\bar{y}} = \int_{(A)} \bar{x}^2 \,\mathrm{d}A = \int_{(A)} (x + \bar{x}_s)^2 \,\mathrm{d}A = \int_{(A)} x^2 \,\mathrm{d}A + 2\bar{x}_s \int_{(A)} x \,\mathrm{d}A + \bar{x}_s^2 \int_{(A)} \mathrm{d}A$$

$$I_{\bar{x}\bar{y}} = -\int_{(A)} \bar{x}\bar{y} \,\mathrm{d}A = -\int_{(A)} (x + \bar{x}_s)(y + \bar{y}_s) \,\mathrm{d}A$$

$$= -\int_{(A)} xy \,\mathrm{d}A - \bar{x}_s \int_{(A)} y \,\mathrm{d}A - \bar{y}_s \int_{(A)} x \,\mathrm{d}A - \bar{x}_s\bar{y}_s \int_{(A)} \mathrm{d}A$$

Beachtet man, daß die statischen Momente bezüglich der Schwerpunktachsen verschwinden, so erhält man mit A als Querschnittsfläche die Beziehungen

$$I_{\bar{x}\bar{x}} = I_{xx} + \bar{y}_s^2 A \qquad I_{\bar{y}\bar{y}} = I_{yy} + \bar{x}_s^2 A \qquad I_{\bar{x}\bar{y}} = I_{xy} - \bar{x}_s \bar{y}_s A \tag{3.9}$$

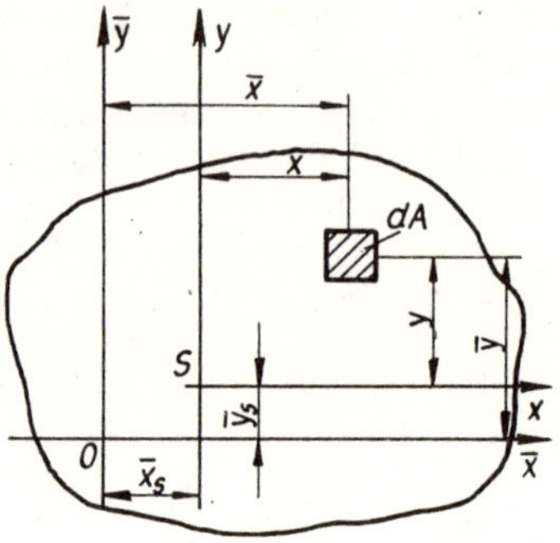

Bild F 3.4

Diesen Zusammenhang zwischen den Trägheitsmomenten um die Schwerpunktachsen x, y und um beliebige dazu parallele Achsen $\bar{x}, \bar{y}$ bezeichnet man als den Satz von *Steiner*:

> Von allen axialen Trägheitsmomenten um zueinander parallele Achsen sind die um die Schwerpunktachsen die kleinsten. Man beachte, daß der *Steiner*sche Satz nur die Beziehungen zwischen beliebiger Achse und Schwerpunktachse wiedergibt, nicht aber den Zusammenhang zwischen zwei beliebigen Achsen!

3.2.3. Trägheits- und Zentrifugalmomente bei Drehung des Koordinatensystems

Wir untersuchen nun den Zusammenhang zwischen den Flächenträgheitsmomenten zweier orthogonaler Koordinatensysteme, die in ihrer Ebene um eine Achse durch den festen Punkt S gegeneinander um den Winkel φ gedreht sind. Ausgehend von

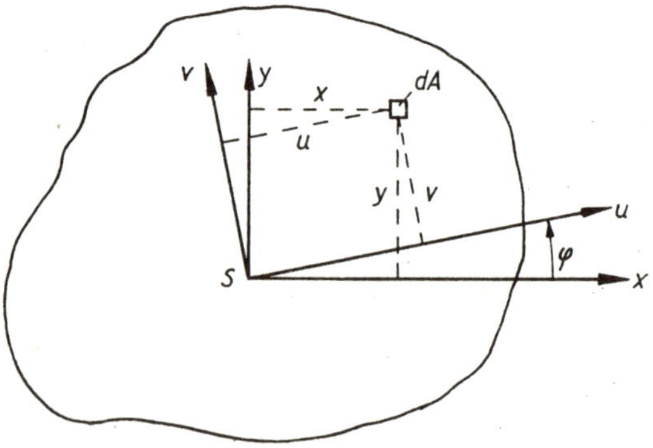

Bild F 3.5

einem beliebig im Querschnitt orientierten x,y-System, wollen wir ferner den ausgezeichneten Winkel $\varphi = \varphi_0$ ermitteln, für den das Zentrifugalmoment verschwindet.
Zwischen den neuen Koordinaten u, v und den alten x, y sowie dem Winkel φ gelten die folgenden Beziehungen (Bild F 3.5)

$$u = x\cos\varphi + y\sin\varphi \qquad (3.10)$$
$$v = y\cos\varphi - x\sin\varphi$$

Analog zu den Definitionen (3.7) gilt

$$I_{uu} = \int_{(A)} v^2\,\mathrm{d}A = \cos^2\varphi \int_{(A)} y^2\,\mathrm{d}A + \sin^2\varphi \int_{(A)} x^2\,\mathrm{d}A - 2\sin\varphi\cos\varphi \int_{(A)} xy\,\mathrm{d}A$$

$$I_{vv} = \int_{(A)} u^2\,\mathrm{d}A = \cos^2\varphi \int_{(A)} x^2\,\mathrm{d}A + \sin^2\varphi \int_{(A)} y^2\,\mathrm{d}A + 2\sin\varphi\cos\varphi \int_{(A)} xy\,\mathrm{d}A$$

$$I_{uv} = -\int_{(A)} uv\,\mathrm{d}A = -\cos^2\varphi \int_{(A)} xy\,\mathrm{d}A + \sin^2\varphi \int_{(A)} xy\,\mathrm{d}A + \sin\varphi\cos\varphi \int_{(A)} x^2\,\mathrm{d}A - \sin\varphi\cos\varphi \int_{(A)} y^2\,\mathrm{d}A$$

Wegen (3.7) und mit den trigonometrischen Beziehungen

$$\cos^2\varphi = \frac{1}{2}(1+\cos 2\varphi) \qquad \sin^2\varphi = \frac{1}{2}(1-\cos 2\varphi)$$
$$2\sin\varphi\cos\varphi = \sin 2\varphi$$

folgt dann

$$I_{uu} = \frac{1}{2}(I_{xx}+I_{yy}) + \frac{1}{2}(I_{xx}-I_{yy})\cos 2\varphi + I_{xy}\sin 2\varphi$$
$$I_{vv} = \frac{1}{2}(I_{xx}+I_{yy}) - \frac{1}{2}(I_{xx}-I_{yy})\cos 2\varphi - I_{xy}\sin 2\varphi \qquad (3.11)$$
$$I_{uv} = -\frac{1}{2}(I_{xx}-I_{yy})\sin 2\varphi + I_{xy}\cos 2\varphi$$

3.2.3.1. Hauptträgheitsmomente und Hauptträgheitsachsen

Hauptträgheitsachsen sind senkrecht zueinander orientierte Achsen, für die das Zentrifugalmoment I_{uv} verschwindet. Die zu diesen Achsen gehörenden Trägheitsmomente nennt man Hauptträgheitsmomente, sie nehmen für diese Achsen Extremwerte an.

Setzen wir in (3.11)

$$I_{uv} = 0 \quad \text{bzw.} \quad \frac{\mathrm{d}I_{uu}}{\mathrm{d}\varphi} = 0 \quad \text{oder} \quad \frac{\mathrm{d}I_{vv}}{\mathrm{d}\varphi} = 0$$

so erhalten wir

$$\tan 2\varphi_0 = \frac{2I_{xy}}{I_{xx} - I_{yy}} \tag{3.12}$$

und damit die Lage einer Hauptträgheitsachse, die andere ist um $\varphi_0 + \frac{\pi}{2}$ gedreht. Führen wir nun (3.12) in (3.11) ein, wobei die Beziehungen

$$\cos 2\varphi_0 = \frac{1}{\sqrt{1 + \tan^2 2\varphi_0}} \quad \text{und} \quad \sin 2\varphi_0 = \frac{\tan 2\varphi_0}{\sqrt{1 + \tan^2 2\varphi_0}}$$

zu benutzen sind, dann erhalten wir die Hauptträgheitsmomente.

$$I_{1,2} = \frac{I_{xx} + I_{yy}}{2} \pm \sqrt{\left(\frac{I_{xx} - I_{yy}}{2}\right)^2 + I_{xy}^2} \tag{3.13}$$

Aus (3.11) und (3.13) erkennen wir

$$I_{xx} + I_{yy} = I_{uu} + I_{vv} = I_1 + I_2 = I_{\mathrm{P}}$$

und

$$I_{xx}I_{yy} - I_{xy}^2 = I_{uu}I_{vv} - I_{uv}^2 = I_1 I_2 \tag{3.14}$$

Bei Drehung des Koordinatensystems ändern sich diese Größen nicht, man nennt sie 1. und 2. Invarianten des Trägheitstensors.
Achsen extremer Zentrifugalmomente erhält man aus (3.11) mit

$$\frac{\mathrm{d}I_{uv}}{\mathrm{d}\varphi} = 0 \qquad \tan 2\varphi_1 = -\frac{I_{xx} - I_{yy}}{2I_{xy}} \tag{3.15}$$

Vergleichen wir (3.12) mit (3.15), so erkennen wir

$$\tan 2\varphi_0 \cdot \tan 2\varphi_1 = -1; \quad \text{d.h.} \quad \varphi_1 = \varphi_0 \pm \frac{\pi}{4}$$

Die Achsen des extremen Zentrifugalmomentes sind gegenüber den Hauptträgheitsachsen um 45° gedreht.
(Alle in diesem Abschnitt durchgeführten Operationen entsprechen denen beim zweiachsigen Spannungszustand. Trägheitsmomente und Spannungen sind Tensoren zweiter Stufe und unterliegen den gleichen Transformationsgesetzen.)

3.2.3.2. Trägheitskreis von Mohr-Land

Die analytischen Formulierungen in 3.2.3.1. lassen folgende Konstruktion zu (Bild F 3.6): In einem vorgegebenen x,y-Koordinatensystem trägt man $I_{xx}(\overline{OB})$ und $I_{yy}(\overline{BA})$ in positiver y-Richtung nacheinander an, errichtet im Punkt B mit I_{xy}

das Lot (positives I_{xy} ist nach links anzutragen) und erhält den Trägheitspunkt T. Mit $\overline{OM} = \frac{I_{xx} + I_{yy}}{2}$ als Radius zieht man um M einen Kreis. Der Durchmesser des Kreises ist die erste Invariante des Trägheitstensors. Auf dem durch T gelegten Durchmesser greifen wir mit $\overline{IT}$ und $\overline{IIT}$ die Hauptträgheitsmomente I_1 und I_2 ab. Die Richtung der Hauptträgheitsachsen finden wir mit OI und OII.

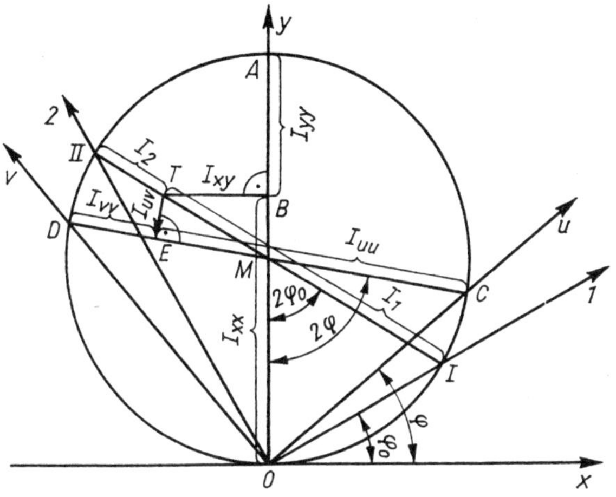

Bild F 3.6

Eine Bestätigung der Formeln (3.12) und (3.13) ist aus Bild F 3.6 leicht möglich. Zur Ermittlung der Trägheitsmomente in beliebigen, zueinander senkrechten Richtungen (I_{uu}, I_{vv}, I_{uv}) trägt man mit $\overline{OC}$ die gewünschte Richtung an (u-Richtung); $\overline{OD}$ steht senkrecht auf $\overline{OC}$ (v-Richtung). Vom Trägheitshauptpunkt T fällt man das Lot auf den Durchmesser $\overline{CD}$ und erhält E. Mit $\overline{CE} = I_{uu}$, $\overline{DE} = I_{vv}$ und $\overline{ET} = I_{uv}$ sind die Trägheitsmomente bestimmt.

3.2.3.3.* Trägheitsellipse

Falls Hauptachsen und Hauptträgheitsmomente eines Querschnittes bekannt sind, können wir die Transformationsgln. (3.11) folgendermaßen anschreiben:

$$I_{uu} = I_1 \cos^2 \varphi + I_2 \sin^2 \varphi$$
$$I_{vv} = I_1 \sin^2 \varphi + I_2 \cos^2 \varphi$$

Durch die Einführung des Trägheitsradius

$$i_{kk}^2 = \frac{I_{kk}}{A}$$

erhalten wir

$$i_{uu}^2 = i_1^2 \cos^2 \varphi + i_2^2 \sin^2 \varphi$$
$$i_{vv}^2 = i_1^2 \sin^2 \varphi + i_2^2 \cos^2 \varphi$$

Tragen wir in einem s_1,s_2-Koordinatensystem

$$\left(\frac{s_1}{i_2}\right)^2 + \left(\frac{s_2}{i_1}\right)^2 = 1$$

auf, so wird dadurch eine Ellipse beschrieben (Bild F 3.7).

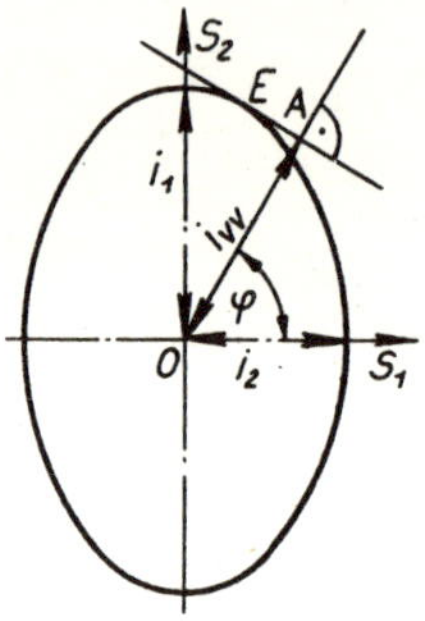

Bild F 3.7

Behauptung: Auf einem Strahl vom Mittelpunkt der Ellipse O unter einem Winkel φ können wir zwischen O und dem Schnittpunkt A der zum Strahl senkrechten Tangente an die Ellipse den Trägheitsradius i_{vv} abgreifen.

Beweis: Die Gleichung der Tangente an die Ellipse im Punkt E lautet mit s_{1E}, s_{2E} als Koordinaten des Berührungspunktes

$$\frac{s_1 s_{1E}}{i_2^2} + \frac{s_2 s_{2E}}{i_1^2} = 1$$

Aus Bild F 3.7 lesen wir ab

$$\overline{OA} = i_{vv} = s_{1E} \cos \varphi + s_{2E} \sin \varphi$$

oder

$$\frac{s_{1E} \cos \varphi}{i_{vv}} + \frac{s_{2E} \sin \varphi}{i_{vv}} = 1$$

Ein Koeffizientenvergleich liefert

$$\frac{s_1}{i_2^2} = \frac{\cos \varphi}{i_{vv}} \qquad \frac{s_2}{i_1^2} = \frac{\sin \varphi}{i_{vv}}$$

woraus wir erhalten

$$\left(\frac{s_1}{i_2}\right)^2 + \left(\frac{s_2}{i_1}\right)^2 = \frac{i_2^2 \cos^2 \varphi}{i_{vv}^2} + \frac{i_1^2 \sin^2 \varphi}{i_{vv}^2} = 1$$

Damit ist die grafische Ermittlung mittels der Trägheitsellipse bewiesen.

3.2.4.* Zeichnerische Ermittlung von Trägheitsmomenten

Für unregelmäßig gestaltete Flächen, die analytisch schlecht erfaßbar sind, ist es zweckmäßig, das grafische Verfahren von *Otto Mohr* anzuwenden.
Wir zerlegen die Fläche parallel zu der Achse, um die wir das axiale Trägheitsmoment bestimmen wollen, in einzelne Flächenstreifen.
Das Trägheitsmoment der Fläche um die y-Achse setzt sich aus den Eigenträgheitsmomenten der Streifen und den *Steiner*-Anteilen zusammen, so daß wir schreiben können

$$I_{yy} = \sum_{i=1}^{n} I_{yysi} + \sum_{i=1}^{n} x_i^2 A_i$$

Bei genügend schmalen Streifen kann man die Eigenträgheitsmomente I_{yysi} gegenüber den *Steiner*-Anteilen vernachlässigen und erhält

$$I_{yy} \approx \sum_{i=1}^{n} x_i^2 A_i$$

Indem wir im Schwerpunkt der Flächenstreifen die Größe der einzelnen Flächen A_i als „Kräfte" angreifen lassen, können wir über einen Kräfteplan mit der *Polweite H ein Seileck konstruieren* (Bild F 3.8).
Da an den Unterteilungsstellen der Flächen der gebrochene Linienzug mit der wahren Schmiegungskurve übereinstimmt, kann man auch durch diese Punkte einen verbesserten Kurvenzug legen, der die Eigenträgheitsmomente berücksichtigt.

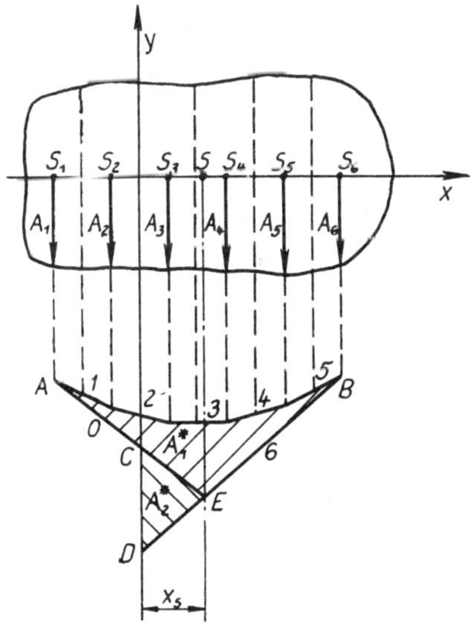

Bild F 3.8

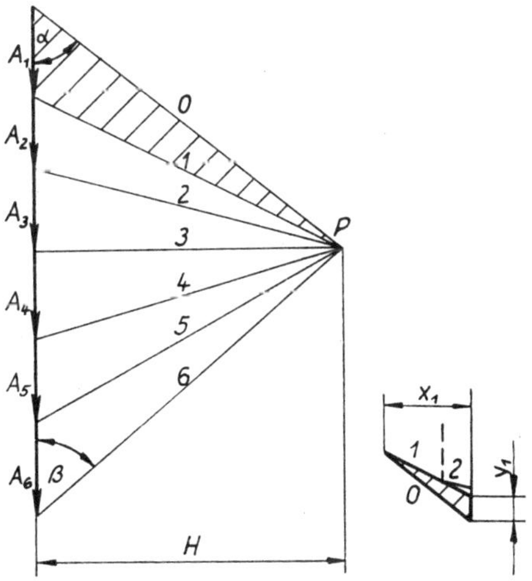

Bild F 3.9

Zwischen Lage- und Kräfteplan besteht folgende geometrische Ähnlichkeit (Bild F 3.9):

$$\frac{y_i}{x_i} = \frac{A_i}{H}$$

Für die zwischen den Seilstrahlen und der y-Achse eingeschlossene Fläche erhalten wir

$$\Phi = \sum_{i=1}^{n} \Phi_i = \sum_{i=1}^{n} \frac{1}{2} x_i y_i = \sum_{i=1}^{n} \frac{x_i^2 A_i}{2H}$$

Daraus folgt

$$I_{yy} = 2H\Phi = 2H(A_1^* + A_2^*)$$

Für die Schwerpunktachse gilt

$$I_{yys} = 2HA_1^*$$

Sind die Flächen nicht in ihrer wahren Größe gezeichnet, muß man noch einen Maßstabfaktor m_I einführen und erhält

$$I_{yy} = 2m_I H\Phi$$

H hat die Dimension einer Fläche in cm². Der Maßstabfaktor m_I errechnet sich aus dem Quadrat oder der 4. Potenz des Längenmaßstabes, je nachdem, ob nur die Seileckfläche Φ verkleinert dargestellt ist oder auch die Flächengrößen A_i durch Messung der Zeichnung entnommen sind. Wählt man die Winkel im Kräfteplan $\alpha = \beta = 45°$, so folgt mit $H = \frac{A}{2}$ (A Querschnittsfläche)

$$I_{yy} = A\Phi$$

Um auch das Zentrifugalmoment I_{xy} grafisch bestimmen zu können, ermittelt man I_{xx}, I_{yy} und I_{uu} einer um den Winkel φ geneigten Achse mittels des *Mohr*schen Verfahrens. Mit Hilfe des Trägheitskreises von *Mohr-Land* findet man mit den Ausdrücken I_{xx}, I_{yy}, I_{uu}, φ den Trägheitspunkt T. Damit ist I_{xy} bekannt, und auch die Hauptträgheitsmomente können nach Größe und Lage ermittelt werden.

3.3. Ermittlung der Spannungsverteilung bei Biegung

3.3.1. Gerade Biegung

Gerade Biegung liegt vor, wenn der Biegemomentenvektor mit einer Hauptträgheitsachse des Querschnittes zusammenfällt.

Wir betrachten den Querschnitt Bild F 3.10.

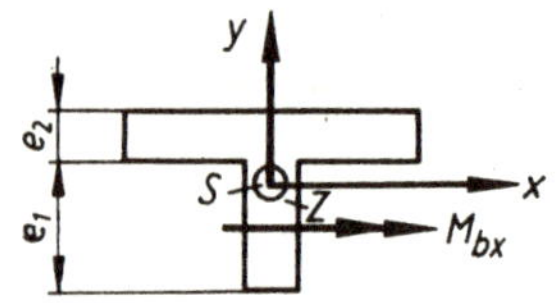

Bild F 3.10

Wegen $I_{xy} = 0$ ist unsere in 3.1. aufgestellte Vermutung richtig, und wir können mit (3.5) für die Biegespannungsverteilung schreiben

$$\sigma_z(y) = \frac{M_{bx}}{I_{xx}} y \tag{3.16}$$

Die absolut größte Spannung erhalten wir für $|y| = |y|_{max}$

$$|\sigma_z|_{max} = \frac{M_{bx}}{I_{xx}} |y|_{max}$$

Mit der Definition des Widerstandsmoments

$$W_x = \frac{I_{xx}}{|y|_{max}}$$

folgt dann

$$|\sigma_z|_{max} = \frac{M_{bx}}{W_x}$$

Auf der Geraden $y = 0$ im Querschnitt sind keine Spannungen vorhanden. Diese Linie wird Spannungsnullinie genannt.

3.3.2. Schiefe Biegung

Schiefe Biegung liegt vor, wenn der Momentenvektor nicht mit einer Hauptträgheitsachse des Querschnittes zusammenfällt.

3.3.2.1. *x*, *y* sind Hauptträgheitsachsen

Falls die Hauptachsen bekannt sind und der Momentenvektor mit der x-Achse den Winkel α bildet (Bild F 3.11), kann man σ_z durch Überlagerung ermitteln und erhält

$$\sigma_z(x, y) = \frac{M_{bx}}{I_{xx}} y - \frac{M_{by}}{I_{yy}} x = M_b \left(\frac{\cos\alpha}{I_{xx}} y - \frac{\sin\alpha}{I_{yy}} x\right) \tag{3.17}$$

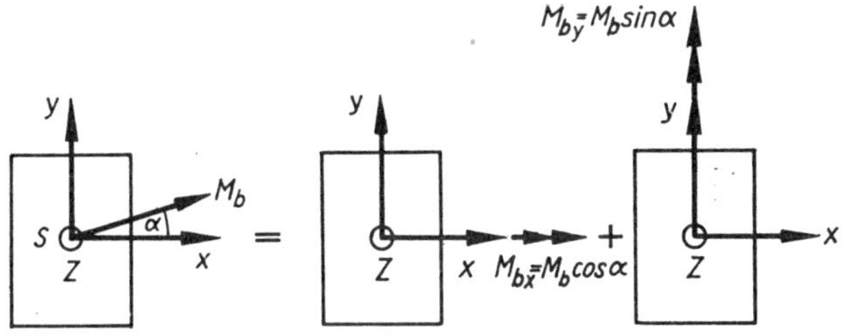

Bild F 3.11

aus $\sigma_z(x, y) = 0$ erhalten wir für die Lage der Spannungsnullinie

$$y = x \frac{I_{xx}}{I_{yy}} \tan \alpha = x \tan \beta \tag{3.18}$$

Aus (3.18) erkennen wir, daß die Spannungsnullinie nicht mit der Lage des Momentenvektors zusammenfällt!

3.3.2.2. x, y sind keine Hauptträgheitsachsen

Falls der Momentenvektor M_b mit der x-Achse eines beliebigen Schwerpunktkoordinatensystems den Winkel α bildet (Bild F 3.12), können wir für die Spannungsverteilung ansetzen

$$\sigma_z(x, y) = a + bx + cy \tag{3.19}$$

Mit $M_{\mathrm{b}x} = M_\mathrm{b} \cos \alpha$ und $M_{\mathrm{b}y} = M_\mathrm{b} \sin \alpha$ können wir die folgenden Äquivalenzbedingungen aufstellen

$$F_\mathrm{L} = \int_{(A)} \sigma_z \,\mathrm{d}A = 0 = aA + b \int_{(A)} x \,\mathrm{d}A + c \int_{(A)} y \,\mathrm{d}A$$

$$M_{\mathrm{b}x} = \int_{(A)} \sigma_z y \,\mathrm{d}A = M_\mathrm{b} \cos \alpha = a \int_{(A)} y \,\mathrm{d}A + b \int_{(A)} xy \,\mathrm{d}A + c \int_{(A)} y^2 \,\mathrm{d}A$$

$$M_{\mathrm{b}y} = -\int_{(A)} \sigma_z x \,\mathrm{d}A = M_\mathrm{b} \sin \alpha = -a \int_{(A)} x \,\mathrm{d}A - b \int_{(A)} x^2 \,\mathrm{d}A - c \int_{(A)} xy \,\mathrm{d}A \tag{3.20}$$

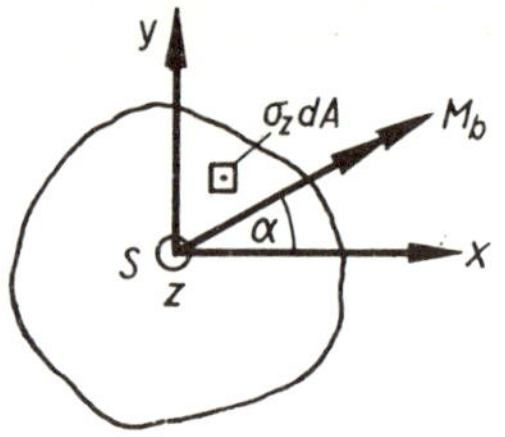

Bild F 3.12

Wegen $\int_{(A)} x \,\mathrm{d}A = 0$ und $\int_{(A)} y \,\mathrm{d}A = 0$ erhalten wir aus der ersten Gleichung $a = 0$, und mit den Definitionen (3.7) können wir die beiden Freigrößen b und c ermitteln zu

$$b = \frac{M_{\mathrm{b}x} I_{xy} - M_{\mathrm{b}y} I_{xx}}{I_{xx} I_{yy} - I_{xy}^2} = M_\mathrm{b} \frac{\cos \alpha I_{xy} - \sin \alpha I_{xx}}{I_{xx} I_{yy} - I_{xy}^2}$$

$$c = \frac{M_{\mathrm{b}x} I_{yy} - M_{\mathrm{b}y} I_{xy}}{I_{xx} I_{yy} - I_{xy}^2} = M_\mathrm{b} \frac{\cos \alpha I_{yy} - \sin \alpha I_{xy}}{I_{xx} I_{yy} - I_{xy}^2}$$

Damit ergibt sich die folgende Spannungsverteilung

$$\sigma_z(x, y) = \frac{1}{I_{xx} I_{yy} - I_{xy}^2} \left[(M_{\mathrm{b}x} I_{xy} - M_{\mathrm{b}y} I_{xx})\, x + (M_{\mathrm{b}x} I_{yy} - M_{\mathrm{b}y} I_{xy})\, y \right] \tag{3.21}$$

Für die Lage der Spannungsnullinie erhalten wir daraus

$$y = \frac{M_{by} I_{xx} - M_{bx} I_{xy}}{M_{bx} I_{yy} - M_{by} I_{xy}} x = \frac{I_{xx} \tan \alpha - I_{xy}}{I_{yy} - I_{xy} \tan \alpha} x = x \tan \beta \qquad (3.22)$$

Alle bisher besprochenen Sonderfälle (3.16) bis (3.18) lassen sich aus den Gln. (3.21) und (3.22) herleiten.
Den allgemeinen Fall der schiefen Biegung kann man auch lösen, indem man zunächst die Hauptträgheitsachsen (s_1, s_2) und Hauptträgheitsmomente (I_1, I_2) des Querschnitts ermittelt (Bild F 3.13). Das Biegemoment M_b zerlegt man dann in die Richtungen s_1 und s_2, so daß sich die Spannungsverteilung ergibt zu

$$\sigma_z = \frac{M_b \cos \alpha}{I_1} s_2 - \frac{M_b \sin \alpha}{I_2} s_1$$

Die Biegespannungsverteilung in querkraftbeanspruchten Trägern kann ebenfalls nach diesen Formeln ermittelt werden, falls die Ausdehnung der Träger in z-Richtung wesentlich größer ist, verglichen mit denen in der x- und y-Richtung.

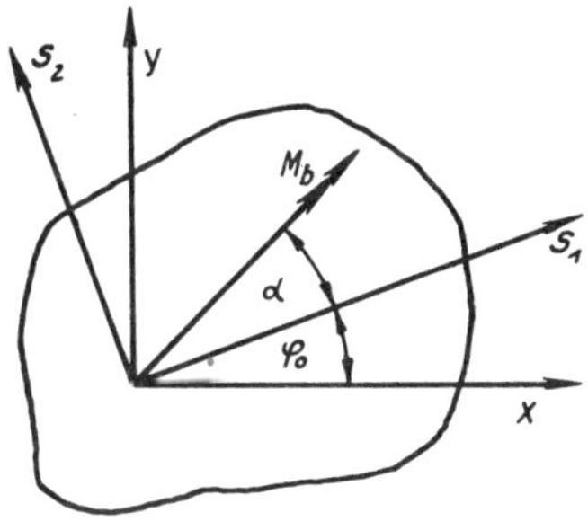

Bild F 3.13

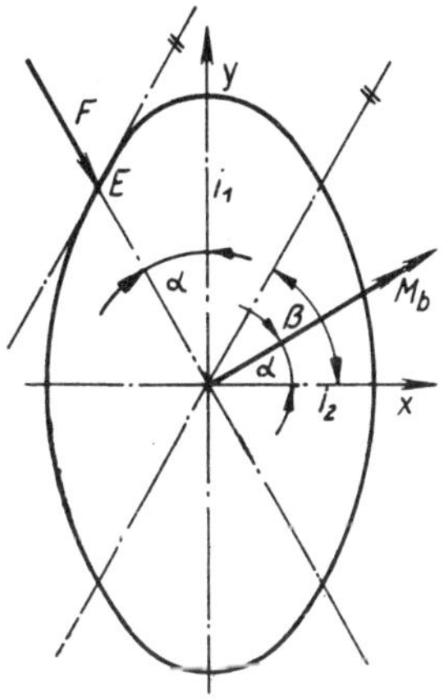

Bild F 3.14

Auch auf grafischem Wege läßt sich die Spannungsnullinie rasch angeben. Falls die Trägheitsellipse bekannt ist, findet man die Richtung der Spannungsnullinie, indem man im Schnittpunkt der Lastebene mit der Ellipse die Tangente anlegt (Bild F 3.14).
Die Gleichung der Trägheitsellipse lautet

$$x^2 I_{xx} + y^2 I_{yy} = \text{konst.}$$

Die Richtung der Tangente folgt aus

$$x_E I_{xx} + y_E y' I_{yy} = 0$$

zu

$$y' = -\frac{I_{xx}}{I_{yy}} \frac{x_E}{y_E}$$

Mit $-\frac{x_E}{y_E} = \tan\alpha$ erhalten wir die Gleichung der Spannungsnullinie

$$y = \frac{I_{xx}}{I_{yy}}\, x \tan\alpha = x \tan\beta$$

Auch über den Trägheitskreis von *Mohr-Land* können wir die Lage der Spannungsnullinie grafisch folgendermaßen ermitteln (Bild F 3.15).
Im Ursprung des x,y-Koordinatensystems trägt man den Momentenvektor M_b entsprechend seiner Richtung an. Durch OA geht die Lastebene, die senkrecht auf M_b steht. Von A durch den Trägheitshauptpunkt zieht man eine Gerade und erhält B. Die Richtung OB ist die Lage der Spannungsnullinie. Der Beweis für die Richtigkeit der Konstruktion soll für zwei Sonderfälle erfolgen.

a) x, y sind die Hauptachsen (Bild F 3.16)

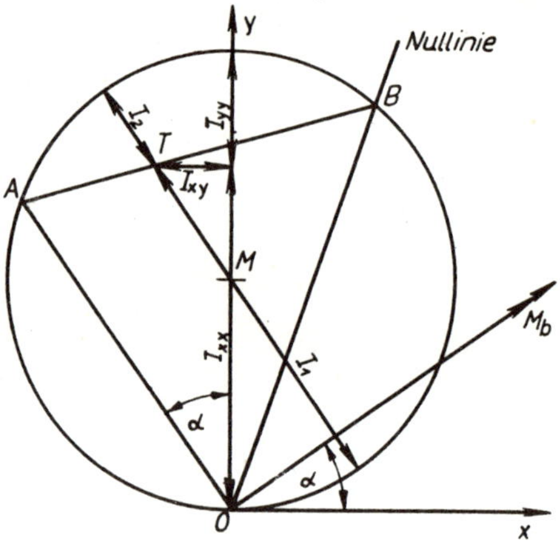

Bild F 3.15

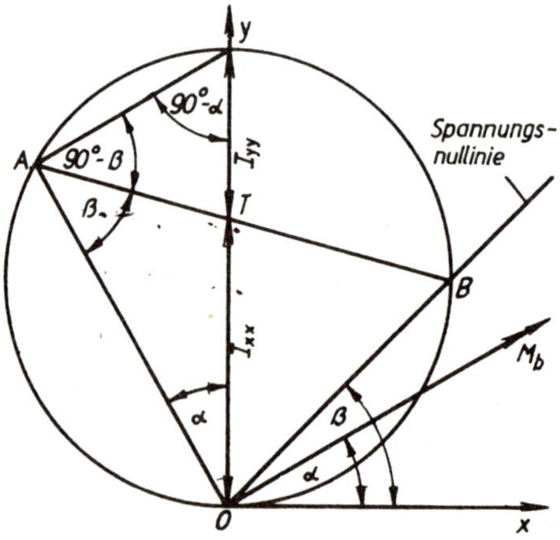

Bild F 3.16

Aus der Rechnung haben wir für die Gleichung der Nullinie erhalten

$$y = \frac{I_{xx}}{I_{yy}} x \tan \alpha = x \tan \beta$$

Es gilt

$$\frac{\overline{TA}}{I_{yy}} = \frac{\sin (90° - \alpha)}{\sin (90° - \beta)} \qquad \frac{\overline{TA}}{I_{xx}} = \frac{\sin \alpha}{\sin \beta}$$

Daraus folgt

$$\tan \beta = \frac{I_{xx}}{I_{yy}} \tan \alpha$$

b) $\alpha = 0$ (Bild F 3.17) x, y sind keine Hauptachsen

Aus der Rechnung folgt $y = -\frac{I_{xy}}{I_{yy}} x$, dies läßt sich auch sofort aus der Zeichnung ablesen.

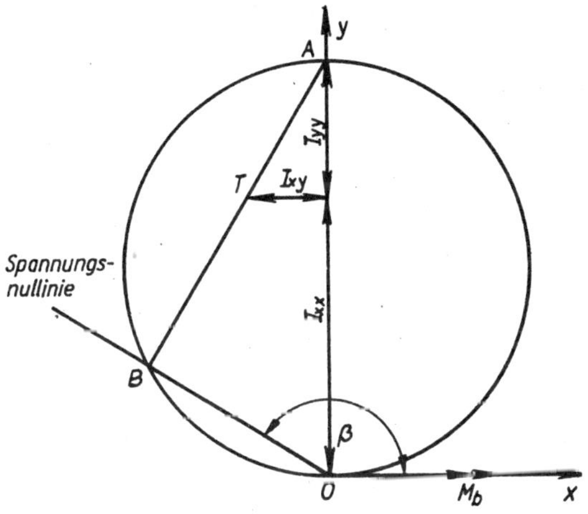

Bild F 3.17

3.4. Überlagerung von Biege- und Längskraftspannungen

3.4.1. Zug (Druck) und Biegung

Wirken auf den Träger ein Biegemoment M_{bx} und eine im Schwerpunkt angreifende Längskraft $F_L (F_L > 0$ als Zugkraft; x, y Hauptachsen), so folgt für die Spannungsverteilung durch Überlagerung (Bild F 3.18)

$$\sigma_z = \frac{F_L}{A} + \frac{M_{bx}}{I_{xx}} y \tag{3.23}$$

Die Spannungsnullinie ist eine Parallele zur x-Achse im Abstand

$$y_0 = -\frac{F_L I_{xx}}{A M_{bx}} \tag{3.24}$$

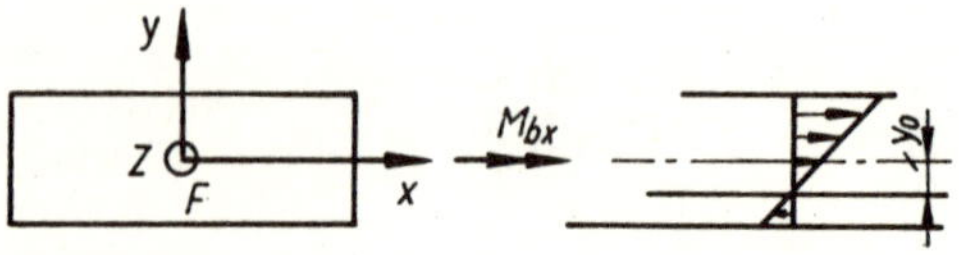

Bild F 3.18

3.4.2. Außermittiger Zug (Druck)

Greift eine Längskraft $F_L = F$ nicht im Schwerpunkt S, sondern im Punkt $B(x_B, y_B)$ an, so bewirkt sie zusätzlich noch Biegemomente um die x- und y-Achse, und die Spannungsverteilung folgt aus der Überlagerung der konstanten Zug- (Druck-) Spannung und der linear veränderlichen Spannung durch Biegung (Bild F 3.19). Sind x, y Hauptträgheitsachsen, so ergibt sich mit

$$\sigma_z = \frac{F}{A}\left(1 + \frac{y_B y}{i_{xx}^2} + \frac{x_B x}{i_{yy}^2}\right) \tag{3.25}$$

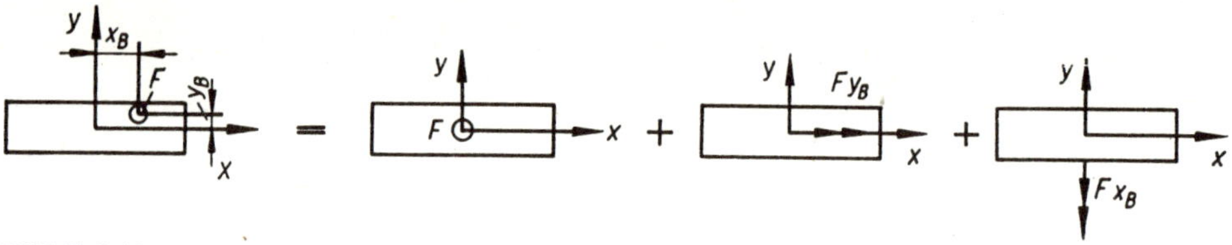

Bild F 3.19

Die Spannungsverteilung wird durch eine schiefstehende Ebene beschrieben. Die Spannungsnullinie ist gegeben durch

$$1 + \frac{y_B y}{i_{xx}^2} + \frac{x_B x}{i_{yy}^2} = 0 \tag{3.26}$$

Sie schneidet die Koordinatenachsen in den Abständen

$$x_0 = -\frac{i_{yy}^2}{x_B} \qquad y_0 = -\frac{i_{xx}^2}{y_B} \tag{3.27}$$

Die größten Spannungen treten in den Punkten auf, die von der Spannungsnullinie am weitesten entfernt sind.

Sind dagegen x, y keine Hauptträgheitsachsen, so erhält man für eine im Punkt $B(x_B, y_B)$ angreifende Zugkraft die Spannungsverteilung

$$\sigma_z = \frac{F}{A} + \frac{M_{bx}I_{xy} - M_{by}I_{xx}}{I_{xx}I_{yy} - I_{xy}^2}\,x + \frac{M_{bx}I_{yy} - M_{by}I_{xy}}{I_{xx}I_{yy} - I_{xy}^2}\,y \tag{3.28}$$

mit

$$M_{bx} = Fy_B \qquad M_{by} = -Fx_B$$

3.4.3. Querschnittskern

Der Querschnittskern gibt den Bereich der Querschnittsfläche an, in dem der Angriffspunkt einer parallel zur Stabachse wirkenden Kraft F liegen muß, wenn auf dem Querschnitt die Spannung ihre Richtung nicht wechseln soll.
Wenn man die Nullinien den Rand der Querschittsfläche tangieren läßt und den zugehörigen Kraftangriffspunkt bestimmt, kann man die den Kern begrenzenden *Kernpunkte* ermitteln.

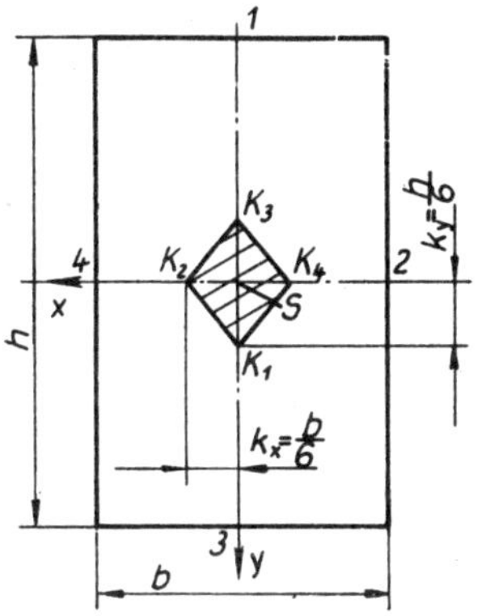

Bild F 3.20

Für Hauptträgheitsachsen gilt nach (3.27) für die *Kernweiten* (Abstand der Kerngrenze vom Schwerpunkt), falls x_R, y_R die Randabstände vom Schwerpunkt sind,

$$k_x = -\frac{I_{yy}}{Ax_R} \qquad k_y = -\frac{I_{xx}}{Ay_R} \tag{3.29}$$

Für ein Rechteck (Bild F 3.20) erhalten wir

$$k_{y1} = -k_{y3} = -\frac{I_{xx}}{Ay_{R1}} = -\frac{\dfrac{bh^3}{12}}{bh\left(-\dfrac{h}{2}\right)} = \frac{h}{6}$$

$$k_{x2} = -k_{x4} = -\frac{I_{yy}}{Ax_{R2}} = -\frac{\dfrac{b^3h}{12}}{bh\left(-\dfrac{b}{2}\right)} = \frac{b}{6}$$

Für einen Kreis mit dem Radius R

$$k_r = \frac{I}{AR} = \frac{\frac{\pi R^4}{4}}{\pi R^2 R} = \frac{R}{4}$$

3.5. Biegung eben gekrümmter, symmetrischer Stäbe

Die Querschnitte seien zur Biegungsebene symmetrisch (gerade Biegung). Je nachdem, ob der Krümmungsradius gegenüber den Querschnittsabmessungen groß oder von gleicher Größenordnung ist, unterscheidet man schwach und stark gekrümmte Stäbe.

3.5.1. Stäbe mit schwacher Krümmung

Die Gleichungen der geraden Biegung liefern für diesen Fall gute Näherungslösungen. Man legt also die Annahme linearer Spannungsverteilung und ebenbleibender Querschnitte zugrunde. Mit dem von der Schwerpunktachse nach außen positiv gerechneten Abstand y ergibt sich die Spannungsverteilung

$$\sigma_z = \frac{F_\mathrm{L}}{A} + \frac{M_\mathrm{b}}{I}\, y \tag{3.30}$$

F_L ist als Zugkraft positiv definiert und $M_\mathrm{b} > 0$, wenn es die Krümmung vergrößert.

3.5.2.* Stäbe mit starker Krümmung

Wir gehen bei unserer Betrachtung von der Hypothese der ebenbleibenden Querschnitte aus. Da aber zwischen zwei zur Stabachse normalen Querschnitten die Fasern verschiedene Längen haben, folgt beim gekrümmten Stab im Gegensatz zum geraden aus der *Bernoulli*schen Hypothese *keine* lineare Spannungsverteilung.

Bezeichnungen:

$k - k$	betrachtete Faserschicht
$s - s$	Schwerpunktlinie
$n - n$	Nullschicht
$R(\varrho)$	Krümmungsradius der Schwerpunktlinie vor (nach) der Verformung
y	Abstand $k - k$ von $s - s$
e	Abstand $n - n$ von $s - s$
M_b	Biegemoment ($M_\mathrm{b} > 0$), falls es die Krümmung vergrößert)
F_L	Längskraft ($F_\mathrm{L} > 0$ als Zugkraft)

Die Äquivalenzbetrachtungen (Bild F 3.21.2) lauten

$$\int_{(A)} \sigma_z \,\mathrm{d}A = F_\mathrm{L} \qquad \int_{(A)} \sigma_z y \,\mathrm{d}A = M_\mathrm{b} \tag{3.31}$$

Zur Lösung der statisch unbestimmten Aufgabe benötigen wir eine Verformungsbetrachtung. Die vor der Verformung (Bild F 3.21.1) um den Winkel $d\psi$ gegeneinander geneigten Querschnitte schließen nach der Verformung (Bild F 3.21.2) den Winkel $d\varphi + d\psi$ ein, da nach der *Bernoulli*schen Hypothese die Formänderung

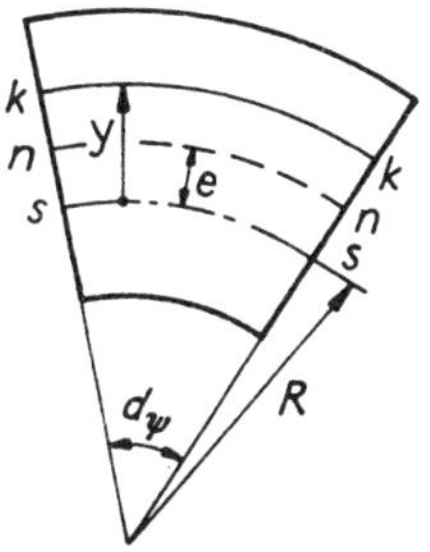

Bild F 3.21.1

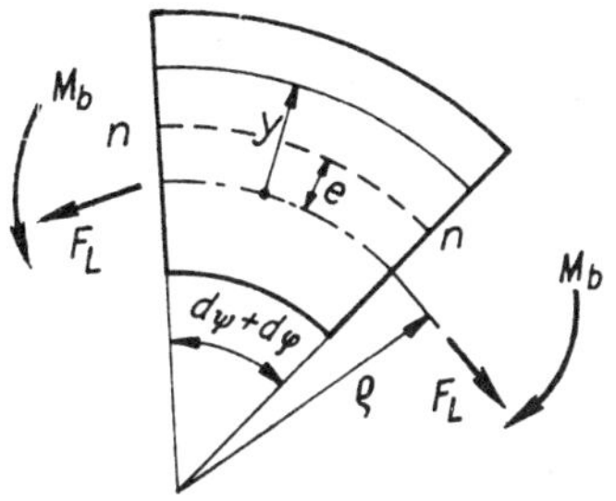

Bild F 3.21.2

nur in einer Drehung der Querschnitte um den Winkel $d\psi$ besteht. Die spannungsfreie Schicht $n—n$, deren Lage wir noch nicht kennen, erfährt keine Dehnung.

$$\mathrm{d}s_0 = (R + e)\,\mathrm{d}\psi = (\varrho + e)\,(\mathrm{d}\psi + \mathrm{d}\varphi)$$

Die Dehnung der Faserschicht $k—k$ beträgt

$$\varepsilon_z = \frac{(\varrho + y)\,(\mathrm{d}\psi + \mathrm{d}\varphi) - (R + y)\,\mathrm{d}\psi}{(R + y)\,\mathrm{d}\psi} = \frac{y - e}{R + y}\,\frac{\mathrm{d}\varphi}{\mathrm{d}\psi} \tag{3.32}$$

Mit

$$\sigma_z = E\varepsilon_z = E\,\frac{\mathrm{d}\varphi}{\mathrm{d}\psi}\,\frac{y - e}{R + y}$$

kann man aus den Äquivalenzbeziehungen e und $\frac{\mathrm{d}\varphi}{\mathrm{d}\psi}$ berechnen.

Aus (3.31) und (3.32) folgt mit $\frac{\mathrm{d}\varphi}{\mathrm{d}\psi}\,E = a$

$$F_\mathrm{L} = a \int\limits_{(A)} \frac{y - e}{R + y}\,\mathrm{d}A \quad \text{und} \quad M_\mathrm{b} = a \int\limits_{(A)} \frac{y^2 - ey}{R + y}\,\mathrm{d}A \tag{3.33}$$

Mit der Substitution

$$Z = \int\limits_{(A)} \frac{y^2}{1 + \dfrac{y}{R}}\,\mathrm{d}A \tag{3.34}$$

ergeben sich die Integrale in (3.33) zu

$$\int\limits_{(A)} \frac{y^2}{R + y}\,\mathrm{d}A = \frac{Z}{R} \qquad \int\limits_{(A)} \frac{y}{R + y}\,\mathrm{d}A = -\frac{Z}{R^2}$$

$$\int\limits_{(A)} \frac{\mathrm{d}A}{R + y} = \frac{A}{R} + \frac{Z}{R^3}$$

so daß (3.33) übergeht in

$$F_\mathrm{L} = -a\,\frac{Z}{R^2} - ae\,\frac{A}{R} - ae\,\frac{Z}{R^3}$$

$$M_\mathrm{b} = a\,\frac{Z}{R} + ae\,\frac{Z}{R^2}$$

Aus diesen beiden Beziehungen können die Unbekannten a und ae ausgerechnet und in

$$\sigma_z = a\,\frac{y - e}{R + y}$$

eingesetzt werden.
Man erhält nach geringer Umstellung

$$\sigma_z = \frac{F_\mathrm{L}}{A} + \frac{M_\mathrm{b}}{AR} + \frac{M_\mathrm{b}R}{Z}\,\frac{y}{R + y} \tag{3.35}$$

Die Normalspannung ist demnach hyperbolisch über dem Querschnitt verteilt (Bild F 3.22).

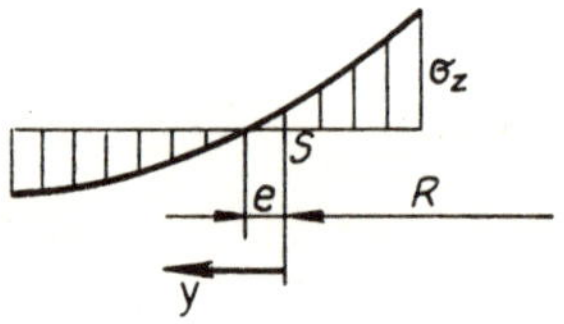

Bild F 3.22

Die neutrale Faser fällt auch für $F_\mathrm{L} = 0$ nicht mit der Schwerpunktachse zusammen. (3.35) läßt sich auswerten, wenn der Faktor Z (3.34) bekannt ist. Für R $\gg y$ geht Z in das gewöhnliche Flächenträgheitsmoment und (3.35) über in

$$\sigma_z = \frac{F_\mathrm{L}}{A} + \frac{M_\mathrm{b}}{I}\,y$$

Für ein Rechteck (b, h) gilt

$$Z = -AR^2 + bR^3 \ln \frac{1 + \dfrac{h}{2R}}{1 - \dfrac{h}{2R}}$$

und für einen Kreisquerschnitt vom Radius r

$$Z = AR^2 \left\{-1 + 2\left(\frac{R}{r}\right)\left[\frac{R}{r} - \sqrt{\left(\frac{R}{r}\right)^2 - 1}\right]\right\}$$

Eine Reihenentwicklung von Z ist ebenfalls möglich.

Mit

$$\frac{1}{1+\frac{y}{R}} \approx 1 - \frac{y}{R} + \left(\frac{y}{R}\right)^2 - \left(\frac{y}{R}\right)^3 + - \cdots$$

folgt

$$Z \approx I - \frac{1}{R}\int_{(A)} y^3 \, \mathrm{d}A + \frac{1}{R^2}\int_{(A)} y^4 \, \mathrm{d}A - \frac{1}{R^3}\int_{(A)} y^5 \, \mathrm{d}A + - \cdots$$

In Bild F 3.23 ist $\frac{Z}{I}$ in Abhängigkeit von $\frac{h}{R}$ bzw. $\frac{r}{R}$ für Rechteck bzw. Ellipse (Kreis) aufgetragen.

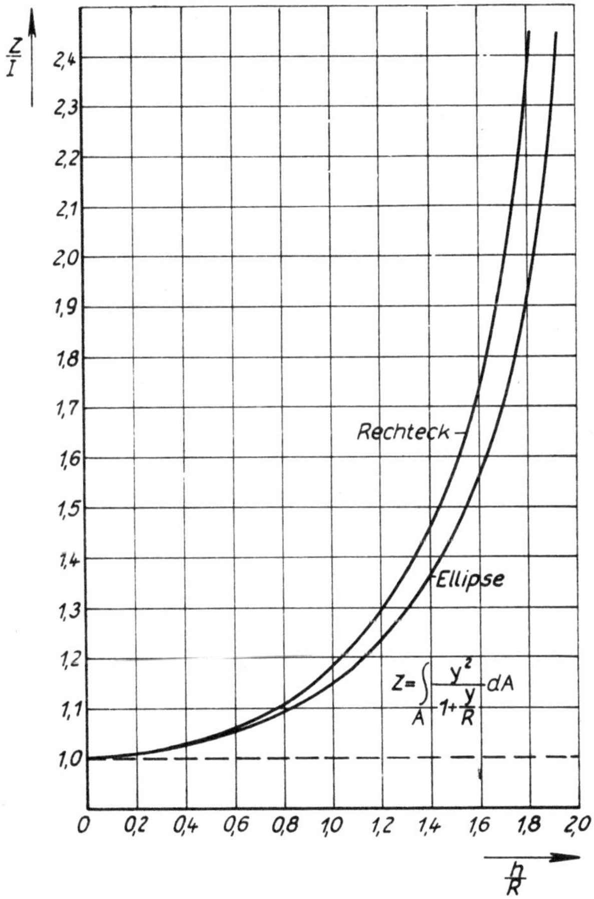

Bild F 3.23

3.6. Verformung bei Biegung

3.6.1. Differentialgleichung 2. Ordnung für die gerade Biegung prismatischer Träger

Gerade Biegung liegt vor, wenn die Richtung des Biegemomenten-Vektors mit einer Hauptachsenrichtung des Querschnittes übereinstimmt. Es wird vorausgesetzt, daß die Querschnittskoordinaten x, y Hauptachsenkoordinaten sind ($I_{xy} = 0$). Die raumfeste Längskoordinate längs der unverformten Stabachse ist z; längs der verformten Stabachse läuft s. Das ursprünglich gerade Balkenstück der Länge ds_0

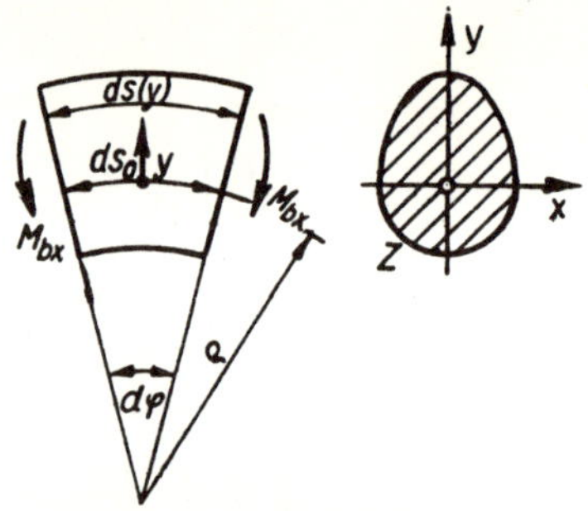

Bild F 3.24

wird unter Einwirkung des Momentes M_{bx} zu dem in Bild F 3.24 dargestellten gekrümmten Stück verformt; es gilt die *Bernoulli*sche Hypothese. Geometrische Beziehung nach Bild F 3.24

$$\frac{ds(y)}{\varrho + y} = \frac{ds_0}{\varrho}$$

Dehnung

$$\varepsilon_z = \frac{ds(y) - ds_0}{ds_0} = \frac{y}{\varrho} \qquad (\varepsilon_x = \varepsilon_y = 0) \tag{3.36}$$

Spannung (*Hooke*sches Gesetz)

$$\sigma_z = E\varepsilon_z = \frac{E}{\varrho}\, y \tag{3.37}$$

Biegemoment

$$M_{bx} = \iint_A \sigma_z y \, dA = \frac{E}{\varrho} \iint_A y^2 \, dA = \frac{E}{\varrho} I_{xx} \tag{3.38}$$

Eine Umstellung dieser Gleichung ergibt

$$\frac{1}{\varrho} = \frac{M_{bx}}{EI_{xx}} = \frac{M}{EI} \qquad \text{(s. Abschn. 3.1.)} \tag{3.39}$$

Dies ist die *Gleichung der elastischen Linie des prismatischen Stabes bei gerader Biegung*. Das Biegemoment M, die Biegesteifigkeit EI und die Krümmung $1/\varrho$ der verformten Stabachse beziehen sich alle auf eine Ebene und können alle von der Längskoordinate z abhängig sein.

Die Gleichung der elastischen Linie ist hier zunächst in der koordinatenfreien Form gegeben, sie soll nun in einer Koordinatendarstellung wiedergegeben werden.

In einem beliebigen kartesischen Koordinatensystem ξ, η nach Bild F 3.25 gilt für die Krümmung $1/\varrho^*$ einer Kurve

$$+\frac{1}{\varrho^*} = \frac{\dfrac{\mathrm{d}^2\eta}{\mathrm{d}\xi^2}}{\left[1 + \left(\dfrac{\mathrm{d}\eta}{\mathrm{d}\xi}\right)^2\right]^{3/2}} = \frac{\dfrac{\mathrm{d}^2\eta}{\mathrm{d}s^2}}{\sqrt{1 - \left(\dfrac{\mathrm{d}\eta}{\mathrm{d}s}\right)^2}}$$

Für beliebige verformte Körper sollen die Verschiebungen eines Körpers in x,y,z-Richtung mit v_x, v_y, v_z bezeichnet werden. Für den Stab soll v insbesondere die Verschiebung eines Punktes der Stabachse in y-Richtung darstellen. Da v abhängig

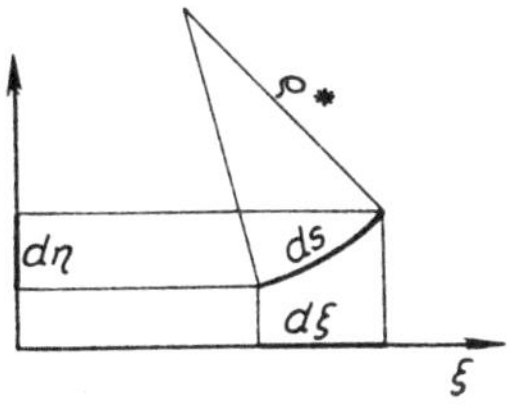

Bild F 3.25

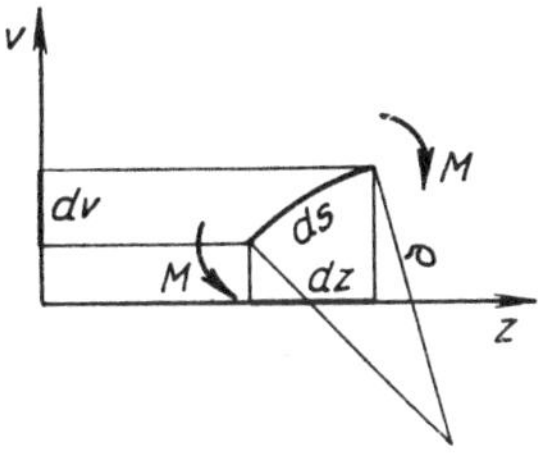

Bild F 3.26

von z bzw. s ist, wird die verformte Stabachse in der Form $v(z)$ bzw. $v(s)$ dargestellt. Wird in Bild F 3.24 ein v,z-Koordinatensystem gelegt, so entsteht Bild F 3.26. Analog zu Bild F 3.25 (unter Beachtung der entgegengesetzten Orientierung von ϱ und ϱ^*) gilt hier

$$-\frac{1}{\varrho} = \frac{\dfrac{\mathrm{d}^2 v}{\mathrm{d}z^2}}{\left[1 + \left(\dfrac{\mathrm{d}v}{\mathrm{d}z}\right)^2\right]^{3/2}} = \frac{\dfrac{\mathrm{d}^2 v}{\mathrm{d}s^2}}{\sqrt{1 - \left(\dfrac{\mathrm{d}v}{\mathrm{d}s}\right)^2}} \tag{3.40}$$

Bei den technisch vorkommenden Balken ist fast immer

$$\frac{\mathrm{d}v}{\mathrm{d}z} \ll 1 \quad \text{bzw.} \quad \frac{\mathrm{d}v}{\mathrm{d}s} \ll 1 \tag{3.41}$$

so daß mit guter Näherung gesetzt werden kann

$$\frac{1}{\varrho} \approx \frac{-\mathrm{d}^2 v}{\mathrm{d}z^2} \approx \frac{-\mathrm{d}^2 v}{\mathrm{d}s^2} = -v'' \tag{3.42}$$

Die Gleichung der elastischen Linie lautet damit

$$v'' = -\frac{M_{bx}}{EI_{xx}} = -\frac{M}{EI}$$

Sie kann aber bei anderen Koordinatensystemen auch mit umgekehrten Vorzeichen gelten

$$v'' = +\frac{M_{bx}}{EI_{xx}} = +\frac{M}{EI}$$

Für die Verschiebung v als Funktion von z hat man also die folgende einfache *Differentialgleichung 2. Ordnung* zu lösen.

$$v'' = \pm\frac{M}{EI} \tag{3.43}$$

Eine Übersicht zum Vorzeichen in dieser Gleichung gibt Bild F 3.27.

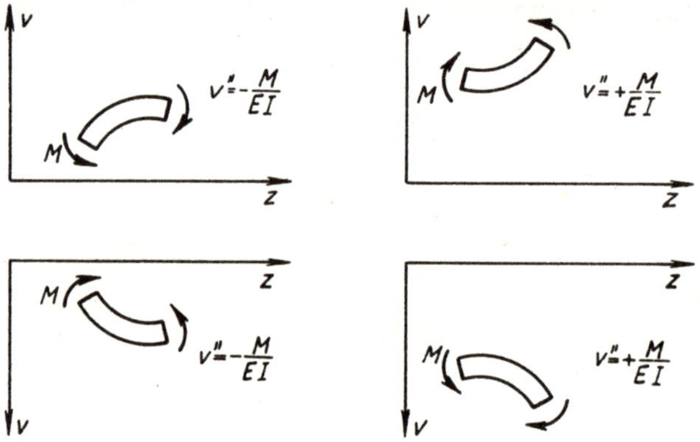

Bild F 3.27

Die eingezeichneten Richtungen von v, z und M sind die als positiv definierten. Alle Größen sind vorzeichenbehaftet zu verstehen und können auch negative Werte annehmen.

Unter Verwendung der Differentialgleichung 2. Ordnung, Gl. (3.43), wird die Berechnung der Verschiebung $v(z)$ in folgender Weise durchgeführt:

1. Willkürliche, aber zweckmäßige *Wahl von Koordinatensystemen* (v, z, M). Man kann für jeden „Bereich" ein anderes Koordinatensystem wählen. Ein „Bereich" darf keinerlei Unstetigkeiten enthalten. Unstetigkeiten und damit Bereichsgrenzen sind Sprünge und Knicke in den Funktionen $M(z)$ und $EI(z)$ und Richtungsänderungen des Trägers.

2. *Berechnung* der Funktionen $M(z)$ und $EI(z)$.
Die in 1. gewählten positiven Richtungen sind unbedingt zu beachten. Bei „statisch unbestimmten" Systemen wird die Funktion $M(z)$ außer von den gegebenen äußeren Lasten noch von n vorerst unbekannten Auflagerreaktionen abhängig, wenn das System n-fach statisch unbestimmt ist.

3. *Bestimmung* der Funktionen $v''(z)$ aus $M(z)$ und $EI(z)$ nach Gl. (3.43) unter besonderer Beachtung der Vorzeichen nach 1. Bei m Bereichen entstehen m verschiedene Funktionen $v_k''(z)$ $(k = 1, 2, \ldots, m)$.
4. *Integration* der unter 3. ermittelten Gleichungen. Ausgehend von der Dgl. 2. Ordnung treten $2m$ Integrationskonstanten auf.
5. Aufstellung aller *Rand- und Übergangsbedingungen* für $v(z)$ und $v'(z)$. Bei einem n-fach statisch unbestimmten System mit m Bereichen müssen hieraus $2m + n$ lineare algebraische Gleichungen für $2m$ Integrationskonstanten und n statisch unbestimmte Auflagerreaktionen entstehen.
6. *Auflösung* der unter 5. aufgestellten Gleichungen.
7. *Zusammenstellung und Auswertung der Ergebnisse.*

3.6.2. Differentialgleichung 4. Ordnung für die gerade Biegung

In diesem Abschnitt wird stets das in Bild F 3.28 gezeigte Koordinatensystem benutzt. Hierfür gilt

$$v'' = +\frac{M}{EI} \tag{3.44}$$

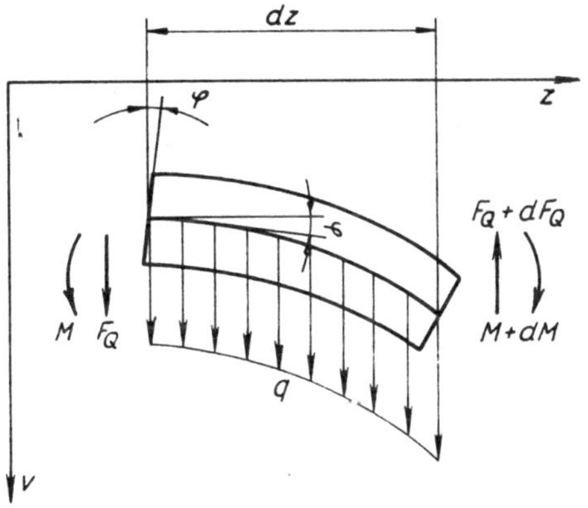

Bild F 3.28

Außerdem ist, wie sich nach den Regeln der Statik aus dem Kräfte- und Momentengleichgewicht leicht nachweisen läßt (s. Statik 3.3.)

$$F_Q = +\frac{dM}{dz} = +M' \tag{3.45}$$

$$q = +\frac{dF_Q}{dz} = +F_Q' = +M'' \tag{3.46}$$

Aus diesen drei Gleichungen folgt

$$M = +EIv'' \tag{3.47}$$

$$F_Q = +(EIv'')' \tag{3.48}$$

$$q = +(EIv'')'' \tag{3.49}$$

Gl. (3.49) ist die *Differentialgleichung 4. Ordnung* für die Verschiebung v als Funktion von z. Die Gln. (3.47) und (3.48) werden zur Aufstellung der Rand- und Übergangsbedingungen benötigt.

Unter Verwendung der Differentialgleichung 4. Ordnung wird die Berechnung der Verschiebung $v(z)$ in folgender Weise durchgeführt:

1. *Aufteilung* des Stabsystems in Bereiche und *Eintragung* der Koordinatensysteme (Bild F 3.28) in eine Skizze des Systems. (Dies ist notwendig für die Aufstellung der Rand- und Übergangsbedingungen).
2. *Bestimmung* der Funktionen $q(z)$ und $EI(z)$. Hierbei treten auch bei statisch unbestimmten Systemen keine unbekannten Auflagerreaktionen auf.
3. *Zusammenstellen der Differentialgleichungen* nach Gl. (3.49) für alle m Bereiche des Stabsystems.
4. *Integration* der unter 3. ermittelten Gleichungen, wobei insgesamt $4m$ Integrationskonstanten entstehen (Dgl. 4. Ordnung).
5. Aufstellung aller *Rand- und Übergangsbedingungen* für

$$v(z),\ v'(z),\ M(z) \text{ und } F_Q(z)$$

Unter Verwendung der Gln. (3.47) und (3.48) erhält man *unabhängig vom Grad der statischen Unbestimmtheit* $4m$ Gleichungen für die $4m$ Integrationskonstanten.

6. *Auflösung* der unter 5. aufgestellten Gleichungen.
7. *Zusammenstellung und Auswertung der Ergebnisse.*

(Von der Dgl. 4. Ordnung geht man i. allg. nur dann aus, wenn sich das Biegemoment schwer berechnen läßt.)

3.6.3. Durchlaufverfahren und Matrizenverfahren für die gerade Biegung prismatischer Stäbe

In diesem Abschnitt wird stets das in Bild F 3.28 definierte Koordinatensystem benutzt. Unter den vereinfachenden Annahmen $q = \text{konst.}$ und $EI = \text{konst.}$ gelten hierfür folgende Beziehungen.

$$\left.\begin{aligned}
EIv'''' &= q &&= +q\\
EIv''' &= F_Q &&= +qz + C_1\\
EIv'' &= M &&= +q\frac{1}{2}z^2 + C_1 z + C_2\\
EIv' &= EI\varphi &&= +q\frac{1}{6}z^3 + C_1\frac{1}{2}z^2 + C_2 z + C_3\\
EIv &= EIv &&= +q\frac{1}{24}z^4 + C_1\frac{1}{6}z^3 + C_2\frac{1}{2}z^2 + C_3 z + C_4
\end{aligned}\right\} \tag{3.50}$$

Der Gültigkeitsbereich dieser Gleichungen (zwischen zwei Unstetigkeitsstellen) wird kurz als *Bereich* bezeichnet und soll durch die Stellen $z = 0$ und $z = l$ begrenzt werden. Der Querschnitt $z = 0$ wird als „*Eingang*" des Bereiches mit dem Index e und der Querschnitt $z = l$ als „Ausgang" des Bereiches mit dem Index a gekennzeichnet.
Die vier Größen v, φ, M, F_Q sind die „*Zustandsgrößen*" des gebogenen Stabes, denn durch diese Größen ist der Verformungs- und Spannungszustand dieses Stabes vollständig festgelegt. Die Konstanten $C_1 \cdots C_4$ können sehr leicht durch die Zustandsgrößen am Eingang des Bereiches ausgedrückt werden.

$$C_1 = F_{\mathrm{Qe}} \qquad C_2 = M_{\mathrm{e}} \qquad C_3 = EI\varphi_{\mathrm{e}} \qquad C_4 = EIv_{\mathrm{e}}$$

Damit werden nach Gl. (3.50) die Zustandsgrößen am Ausgang des Bereiches („Ausgangsgrößen") durch die Zustandsgrößen am Eingang des Bereiches („Eingangsgrößen") ausgedrückt.

$$\left.\begin{aligned} v_{\mathrm{a}} &= v_{\mathrm{e}} + \varphi_{\mathrm{e}} l + M_{\mathrm{e}} \frac{l^2}{2EI} + F_{\mathrm{Qe}} \frac{l^3}{6EI} + q \frac{l^4}{24EI} \\ \varphi_{\mathrm{a}} &= \quad + \varphi_{\mathrm{e}} + M_{\mathrm{e}} \frac{l}{EI} + F_{\mathrm{Qe}} \frac{l^2}{2EI} + q \frac{l^3}{6EI} \\ M_{\mathrm{a}} &= \quad + M_{\mathrm{e}} + F_{\mathrm{Qe}} l + q \frac{1}{2} l^2 \\ F_{\mathrm{Qa}} &= \quad + F_{\mathrm{Qe}} + ql \end{aligned}\right\} \tag{3.51}$$

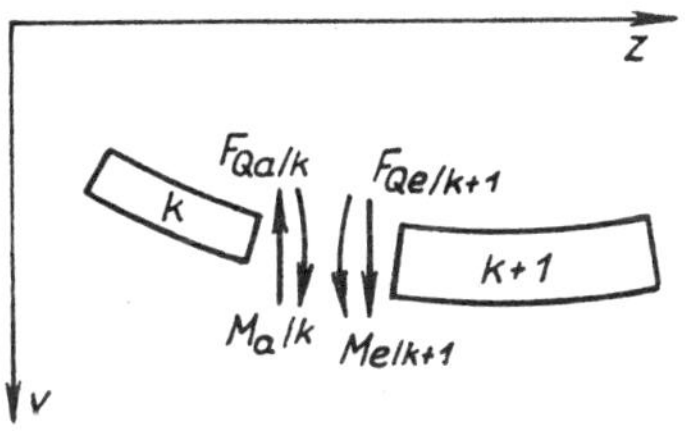

Bild F 3.29

Dem Ausgang des betrachteten Bereiches ist im allgemeinen wieder ein Bereich benachbart, dessen Eingangsgrößen mit den soeben berechneten Ausgangsgrößen identisch ist. Wird der zuerst betrachtete Bereich mit k und der daran anschließende mit $k + 1$ bezeichnet, so gilt (Bild F 3.29)

$$\left.\begin{aligned} v_{\mathrm{e}/k+1} &= v_{\mathrm{a}/k} \\ \varphi_{\mathrm{e}/k+1} &= \varphi_{\mathrm{a}/k} \\ M_{\mathrm{e}/k+1} &= M_{\mathrm{a}/k} \\ F_{\mathrm{Qe}/k+1} &= F_{\mathrm{Qa}/k} \end{aligned}\right\} \tag{3.52}$$

Berücksichtigt man noch, daß am Ausgang eines Feldes eine äußere eingeprägte bekannte Last F^* bzw. ein Moment M^* angreifen kann (Bild F 3.30), so gehen die dritte und vierte Gleichung in (3.51), wie man aus Gleichgewichtsbedingungen leicht überprüfen kann, über in

$$M_a = M_e + F_{Qe}l + \frac{ql^2}{2} + M^*$$

$$F_{Qa} = F_{Qe} + ql + F^*$$

Wenn immer abwechselnd die Gln. (3.51) und (3.52) angewandt werden, kann man *alle* Zustandsgrößen eines beliebigen Bereiches durch die vier Zustandsgrößen am Eingang des ersten Bereiches darstellen. Anders ausgedrückt heißt das, man *durchläuft* mit Hilfe der Gln. (3.51) und (3.52) einen Bereich nach dem anderen und *überträgt* die Eingangsgrößen des ersten Bereiches auf die übrigen Bereiche.
Von den vier Eingangsgrößen des ersten Bereiches sind immer zwei durch Randbedingungen bestimmt. Die beiden anderen Größen müssen als unbekannte Parameter durch die gesamte Rechnung mitgenommen und am Ausgang des letzten

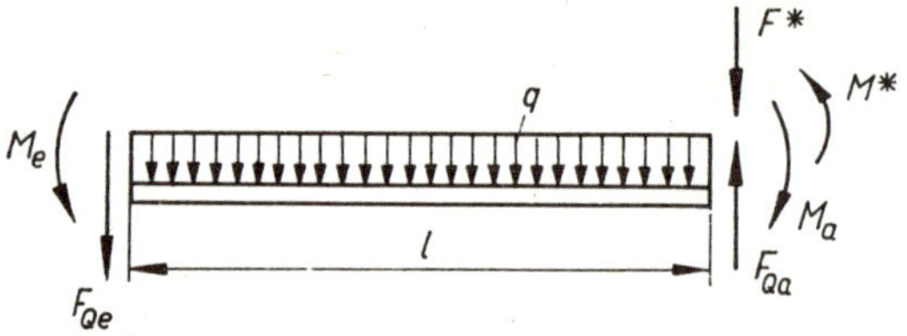

Bild F 3.30

Bereiches durch zwei weitere Randbedingungen bestimmt werden. Häufig wird durch Zwischenbedingungen (z. B. Lagerstelle) während der Rechnung ein Wechsel der unbekannten Parameter bedingt. Am Ende der Rechnung sind aber in jedem Falle (unabhängig vom Grad der statischen Unbestimmtheit und unabhängig von der Anzahl der Bereiche) zwei Gleichungen mit zwei Unbekannten zu lösen.
Dies gilt allerdings nur für die gerade Biegung von unverzweigten geraden Stabzügen. Bei anderen Fällen sind Modifikationen erforderlich, wobei aber die Wesenszüge des Verfahrens erhalten bleiben.
In der soeben geschilderten Form wird dieses Verfahren zur Berechnung der Zustandsgrößen als *Durchlaufverfahren* bezeichnet. Werden die Grundgleichungen (3.51) und (3.52) durch Anwendung der Matrizenschreibweise schematisiert, so spricht man vom *Matrizenverfahren*.
Eine Matrix ist ein rechteckiges (in Sonderfällen quadratisches) Schema von Zahlen. Für das Rechnen mit Matrizen gelten bestimmte Regeln. Die hier ausschließlich benötigte *Multiplikationsregel für Matrizen* lautet in Kurzform *„Zeile mal Spalte"* und ist so zu verstehen, daß jeweils das n-te Glied einer Zeile der ersten Matrix mit dem n-ten Glied einer Spalte der zweiten Matrix multipliziert wird. Alle Teilprodukte aus Zeile und Spalte werden addiert.
Beispiel für die Multiplikation zweier Matrizen:

$$\begin{pmatrix} 1 & 7 & 3 \\ 2 & 4 & 8 \\ 5 & 9 & 6 \end{pmatrix} \begin{pmatrix} 4 & 0 \\ 0 & 6 \\ 1 & 2 \end{pmatrix} = \begin{pmatrix} (1 \cdot 4 + 7 \cdot 0 + 3 \cdot 1) & (1 \cdot 0 + 7 \cdot 6 + 3 \cdot 2) \\ (2 \cdot 4 + 4 \cdot 0 + 8 \cdot 1) & (2 \cdot 0 + 4 \cdot 6 + 8 \cdot 2) \\ (5 \cdot 4 + 9 \cdot 0 + 6 \cdot 1) & (5 \cdot 0 + 9 \cdot 6 + 6 \cdot 2) \end{pmatrix} = \begin{pmatrix} 7 & 48 \\ 16 & 40 \\ 26 & 66 \end{pmatrix}$$

Damit lassen sich Zustandsgrößen am Feldausgang durch Zustandsgrößen am Feldeingang in Matrizenschreibweise folgendermaßen ausdrücken

$$\begin{Bmatrix} v \\ \varphi \\ M \\ F_Q \\ 1 \end{Bmatrix}_a = \begin{bmatrix} 1 & l & \frac{l^2}{2EI} & \frac{l^3}{6EI} & q\,\frac{l^4}{24EI} \\ 0 & 1 & \frac{l}{EI} & \frac{l^2}{2EI} & q\,\frac{l^3}{6EI} \\ 0 & 0 & 1 & l & q\,\frac{l^2}{2} + M^* \\ 0 & 0 & 0 & 1 & ql + F^* \\ 0 & 0 & 0 & 0 & 1 \end{bmatrix} \cdot \begin{Bmatrix} v \\ \varphi \\ M \\ F_Q \\ 1 \end{Bmatrix}_e \tag{3.53}$$

oder

$$\boldsymbol{y}_a = \boldsymbol{L}\boldsymbol{y}_e$$

Die Größe $\boldsymbol{L}$ wird *Leit-* oder *Übertragungsmatrix* genannt. (Die letzte Zeile wird aus rechentechnischen Gründen mitgenommen.)
Neben dieser Leitmatrix für ein prismatisches Balkenstück benötigt man oft noch die Übertragungsmatrix für ein elastisches Lager (Bild F 3.31).

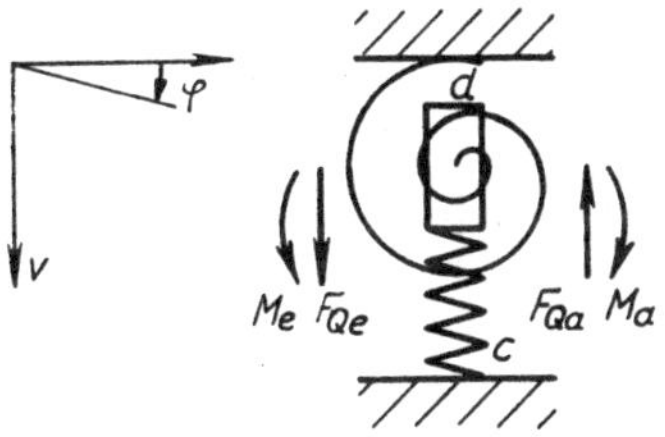

Bild F 3.31

Mit c in N cm^{-1} als Querfederzahl und d in N cm als Drehfederzahl erhält man

$$v_a = v_e \qquad \varphi_a = \varphi_e \qquad M_a = M_e + d\varphi_e$$
$$F_{Qa} = F_{Qe} + cv_e \tag{3.54}$$

und in Matrizenschreibweise

$$\begin{pmatrix} v \\ \varphi \\ M \\ F_Q \\ 1 \end{pmatrix}_a = \begin{pmatrix} 1 & 0 & 0 & 0 & 0 \\ 0 & 1 & 0 & 0 & 0 \\ 0 & d & 1 & 0 & 0 \\ c & 0 & 0 & 1 & 0 \\ 0 & 0 & 0 & 0 & 1 \end{pmatrix} \begin{pmatrix} v \\ \varphi \\ M \\ F_Q \\ 1 \end{pmatrix}_e \tag{3.55}$$

Zur praktischen Anwendung des Matrizenverfahrens ist eine dimensionslose Darstellung zweckmäßig. (Man kann dadurch erreichen, daß die Elemente einer Matrix von der gleichen Größenordnung sind.)
Als beliebige Bezugsgrößen werden gewählt eine Länge l_0 und eine Biegesteifigkeit $(EI)_0$. Damit werden an Stelle der dimensionsbehafteten Größen v, φ, M, F_Q, q

entsprechende dimensionslose gebildet.

$$\bar{v} = \frac{v}{l_0} \quad \bar{\varphi} = \varphi \quad \bar{M} = \frac{M l_0}{(EI)_0} \quad \bar{F}_Q = \frac{F_Q l_0^2}{(EI)_0} \quad \bar{q} = \frac{q l_0^3}{(EI)_0}$$
$$\bar{M}^* = \frac{M^* l_0}{(EI)_0} \quad \bar{F}^* = \frac{F^* l_0^2}{(EI)_0} \tag{3.54}$$
$$\lambda = \frac{l}{l_0} \quad \varepsilon = \frac{(EI)_0}{EI} \quad \bar{d} = \frac{d l_0}{(EI)_0} \quad \bar{c} = \frac{c l_0^3}{(EI)_0}$$

Die Gln. (3.53) und (3.55) gehen damit über in

$$\begin{pmatrix} \bar{v} \\ \bar{\varphi} \\ \bar{M} \\ \bar{F}_Q \\ 1 \end{pmatrix}_a = \begin{pmatrix} 1 & \lambda & \varepsilon \frac{\lambda^2}{2} & \varepsilon \frac{\lambda^3}{6} & \bar{q}\varepsilon \frac{\lambda^4}{24} \\ 0 & 1 & \varepsilon\lambda & \varepsilon \frac{\lambda^2}{2} & \bar{q}\varepsilon \frac{\lambda^3}{6} \\ 0 & 0 & 1 & \lambda & \bar{q} \frac{\lambda^2}{2} + \bar{M}^* \\ 0 & 0 & 0 & 1 & \bar{q}\lambda + \bar{F}^* \\ 0 & 0 & 0 & 0 & 1 \end{pmatrix} \begin{pmatrix} \bar{v} \\ \bar{\varphi} \\ \bar{M} \\ \bar{F}_Q \\ 1 \end{pmatrix}_e \tag{3.53.1}$$

und

$$\begin{pmatrix} \bar{v} \\ \bar{\varphi} \\ \bar{M} \\ \bar{F}_Q \\ 1 \end{pmatrix}_a = \begin{pmatrix} 1 & 0 & 0 & 0 & 0 \\ 0 & 1 & 0 & 0 & 0 \\ 0 & \bar{d} & 1 & 0 & 0 \\ \bar{c} & 0 & 0 & 1 & 0 \\ 0 & 0 & 0 & 0 & 1 \end{pmatrix} \begin{pmatrix} \bar{v} \\ \bar{\varphi} \\ \bar{M} \\ \bar{F}_Q \\ 1 \end{pmatrix}_e \tag{3.55.1}$$

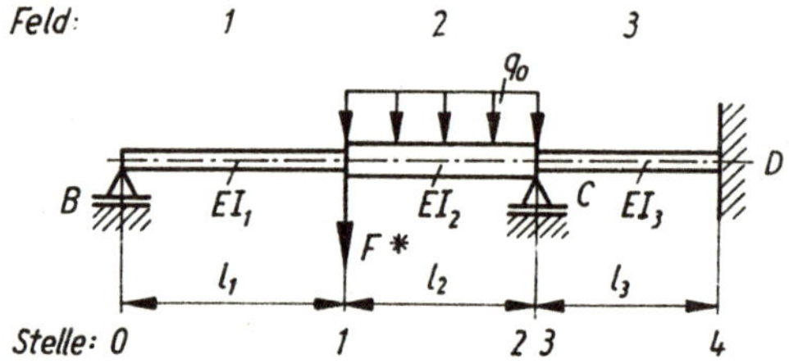

Bild F 3.32

Beispiel:

Gegeben: $l_1 = 80$ cm
$l_2 = 100$ cm
$l_3 = 120$ cm
$EI_1 = 2 \cdot 10^9$ N cm²
$EI_2 = 5 \cdot 10^9$ N cm²
$EI_3 = 2 \cdot 10^9$ N cm²
$F^* = 10^4$ N
$q_0 = 60$ N cm^{-1}

						$\bar{\varphi}_0$	$\bar{Q}_0$	1		
Bild F 3.33.1	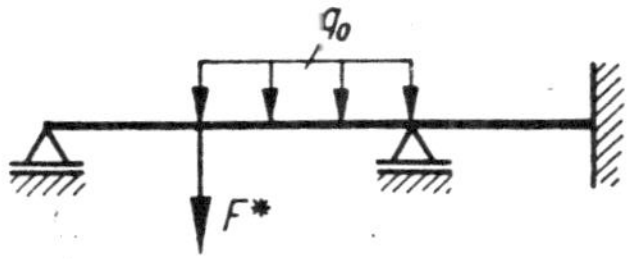					0	0	0	$\bar{v}_0 = 0$	$v_0 = 0$
						1	0	0	$\bar{\varphi}_0 = 0{,}007\,895$	$\varphi_0 = 0{,}007\,895$
						0	0	0	$\bar{M}_0 = 0$	$M_0 = 0$
						0	1	0	$\bar{Q}_0 = -0{,}028\,55$	$Q_0 = 5\,710$ N
						0	0	1		
$\lambda = 0{,}80$	1	0,80	0,32	0,085 33	0	0,80	0,085 33	0	$\bar{v}_1 = 0{,}003\,880$	$v_1 = 0{,}388\,0$ cm
$\varepsilon = 1{,}00$	0	1	0,80	0,32	0	1	0,32	0	$\bar{\varphi}_1 = -0{,}001\,240$	$\varphi_1 = -0{,}001\,24$
$\bar{q}_0 = 0$	0	0	1	0,80	0	0	0,80	0	$\bar{M}_1 = -0{,}022\,84$	$M_1 = 456\,800$ N cm
$\bar{F}^* = 0{,}05$	0	0	0	1	0,05	0	1	0,05	$\bar{Q}_1 = 0{,}021\,46$	$Q_1 = 4\,298$ N
$\bar{M}^* = 0$	0	0	0	0	1	0	0	1		
$\lambda = 1{,}0$	1	1	0,20	0,066 67	0,000 5	1,80	0,632 0	0,003 833	$\bar{v}_2 = 0$	$v_2 = 0$
$\varepsilon = 0{,}40$	0	1	0,40	0,20	0,002	1	0,84	0,012	$\bar{\varphi}_2 = -0{,}004\,09$	$\varphi_2 = -0{,}004\,09$
$\bar{q}_0 = 0{,}03$	0	0	1	1	0,015	0	1,80	0,065	$\bar{M}_2 = 0{,}013\,62$	$M_2 = 272\,400$ N cm
$\bar{F}^* = 0$	0	0	0	1	0,03	0	1	0,08	$\bar{Q}_2 = 0{,}051\,45$	$Q_2 = 10\,290$ N
$\bar{M}^* = 0$	0	0	0	0	1	0	0	1		

						$\bar{Q}_0$	$\bar{Q}_3$	1		
Bild F 3.33.2	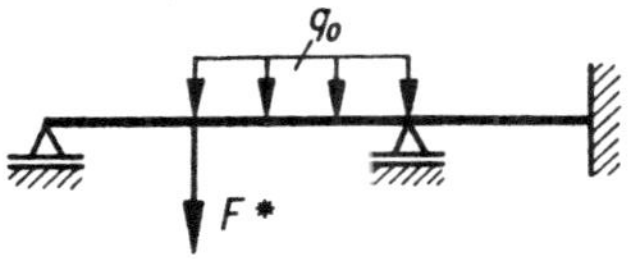					0	0	0	$\bar{v}_3 = 0$	$v_3 = 0$
						0,488 9	0	0,009 871	$\bar{\varphi}_3 = -0{,}004\,09$	$\varphi_3 = -0{,}004\,09$
						1,80	0	0,065	$\bar{M}_3 = 0{,}013\,62$	$M_3 = 272\,400$ N cm
						0	1	0	$\bar{Q}_3 = -0{,}016\,99$	$Q_3 = 3\,400$ N
						0	0	1		
$\lambda = 1{,}20$	1	1,20	0,72	0,288	0	1,882 7	0,288	0,058 65	$\bar{v}_4 = 0$	$v_4 = 0$
$\varepsilon = 1{,}0$	0	1	1,20	0,72	0	2,648 9	0,72	0,087 87	$\bar{\varphi}_4 = 0$	$\varphi_4 = 0$
$\bar{q}_0 = 0$	0	0	1	1,20	0	1,80	1,2	0,065	$\bar{M}_4 = -0{,}006\,81$	$M_4 = -136\,200$ N cm
$\bar{F}^* = 0$	0	0	0	1	0	0	1	0	$\bar{Q}_4 = -0{,}016\,99$	$Q_4 = -3\,400$ N
$\bar{M}^* = 0$	0	0	0	0	1	0	0	1		

Gesucht:

Zustandsgrößen an den einzelnen Stellen

Lösung:

Gewählte Bezugsgrößen:

$$l_0 = l_2 = 100 \text{ cm}$$
$$(EI)_0 = EI_1 = 2 \cdot 10^9 \text{ N cm}^2$$

Eingangsspaltenvektor:

$$\boldsymbol{n}_0 = \begin{pmatrix} 0 \\ \bar{\varphi} \\ 0 \\ \bar{F}_Q \\ 1 \end{pmatrix}_0 = \bar{\varphi}_0 \begin{pmatrix} 0 \\ 1 \\ 0 \\ 0 \\ 0 \end{pmatrix} + \bar{F}_{Q0} \begin{pmatrix} 0 \\ 0 \\ 0 \\ 1 \\ 0 \end{pmatrix} + \begin{pmatrix} 0 \\ 0 \\ 0 \\ 0 \\ 1 \end{pmatrix}$$

Die weitere Berechnung erfolgt in einer Tabelle.
(Die beiden letzten Spalten dieser Tabelle können erst gefüllt werden, wenn die Unbekannten aus den Bedingungen am rechten Balkenende ermittelt wurden.)

Die Bedingung $\bar{v}_2 = 0$ am Lager C liefert einen Zusammenhang zwischen $\bar{\varphi}_0$ und $\bar{F}_{Q0}$. Dadurch kann $\bar{\varphi}_0$ als Unbekannte abgelöst und $\bar{F}_{Q3}$ neu eingeführt werden.

$$\bar{v}_3 = \bar{v}_2 = 0 = 1{,}80\bar{\varphi}_0 + 0{,}6320\bar{F}_{Q0} + 0{,}003833$$
$$\bar{\varphi}_0 = -0{,}3511\bar{F}_{Q0} - 0{,}002129$$
$$\bar{\varphi}_3 = \bar{\varphi}_2 = \bar{\varphi}_0 + 0{,}84\bar{F}_{Q0} + 0{,}012 = 0{,}4889\bar{F}_{Q0} + 0{,}009871$$
$$\bar{M}_3 = \bar{M}_2 = 1{,}80\bar{F}_{Q0} + 0{,}065$$
$$\bar{F}_{Q2} = \bar{F}_{Q0} + 0{,}08 \neq \bar{F}_{Q3}!!!$$

Am Lager D können die beiden Unbekannten $\bar{F}_{Q0}$ und $\bar{F}_{Q3}$ aus den Bedingungen

$$\bar{v}_4 = 0 = 1{,}8827\bar{F}_{Q0} + 0{,}288\bar{F}_{Q3} + 0{,}05865$$
$$\bar{\varphi}_4 = 0 = 2{,}6489\bar{F}_{Q0} + 0{,}720\bar{F}_{Q3} + 0{,}08787$$

zu

$$\bar{F}_{Q0} = -0{,}02855 \quad \text{und} \quad \bar{F}_{Q3} = -0{,}01699$$

ermittelt werden.
Damit sind nun alle Zustandsgrößen zu berechnen, und die beiden letzten Spalten der Tabelle können gefüllt werden.

3.6.4. Grafisches Verfahren zur Ermittlung der Biegelinie für die gerade Biegung gerader Stäbe

Das im folgenden dargestellte grafische Verfahren zur Ermittlung der Biegelinie ist zwar in Anbetracht des Matrizenverfahrens veraltet, wird aber trotzdem noch häufig angewandt.

Zur Einführung mögen einige Gleichungen aus Abschn. 3.6.2. dienen, die sich alle auf ein Koordinatensystem nach Bild F 3.28 beziehen:

$$q = +F'_{\mathrm{Q}} = + M'' \qquad F_{\mathrm{Q}} = +M' \tag{3.56.1}$$

$$\frac{M}{EI} = +\varphi' = +v'' \qquad \varphi = +v' \tag{3.56.2}$$

Die Analogie zwischen (3.56.1) und (3.56.2) ist auffallend, sie wird zur vollständigen Übereinstimmung durch folgende Substitutionen:

$$\frac{M}{EI} = q^* \qquad \varphi = F^*_{\mathrm{Q}} \qquad v = M^* \tag{3.57}$$

Die so definierten Größen q^*, F^*_{Q}, M^* werden als „Streckenlast", „Querkraft", „Biegemoment" eines „*Ersatzbalkens*" aufgefaßt. Die Ermittlung der Durchbiegung v des wirklichen Balkens wird dadurch identisch mit der Bestimmung des „Biegemomentes" M^* des Ersatzbalkens. Selbstverständlich haben q^*, F^*_{Q}, M^* *nicht* die gewohnten Dimensionen von q, F_{Q}, M.
Sowohl die Ermittlung des wahren Biegemomentes M als auch des Ersatz-Biegemomentes" M^* werden grafisch durchgeführt (Seileck), so daß also die ***Biegelinie des statisch bestimmten geraden Balkens*** grafisch bestimmt werden kann. Den Maßstabsfragen ist dabei besondere Aufmerksamkeit zu widmen. Die notwendigen und ausreichenden Regeln seien ohne Beweis angegeben:

$$\text{Maßstab } (m_x) = \frac{\text{gezeichnete Länge } (l_x)}{\text{wahre Größe } (x)}$$

Man wählt

Polabstand H, Längenmaßstab m_l, Kräftemaßstab m_k

und berechnet hieraus den Momentenmaßstab des wahren Balkens

$$m_M = \frac{m_k m_l}{H}$$

Weiterhin wird festgelegt, daß dort, wo im Balken $EI = EI_0$ (ein beliebiger, aber genau zu definierender Wert) ist, die für q^* gezeichnete Länge l_{q^*} mit der für M gezeichneten Länge übereinstimmt.
Daraus folgt der Streckenlastmaßstab des Ersatzbalkens

$$m_{q^*} = m_M EI_0$$

Die durch q^* gebildete Fläche wird in Teile zerlegt und im „Kräfteplan" des Ersatzbalkens durch Längen dargestellt. Hierzu wird gewählt

Polabstand H^* Flächenmaßstab m_A

Der „Momentenmaßstab" des Ersatzbalkens (= Verschiebungsmaßstab des wahren Balkens) ergibt sich dann aus

$$m_{M^*} = m_v = \frac{1}{H^*}\, m_{q^*} m_A m_l^2 = \frac{EI_0}{HH^*}\, m_k m_A m_l^3$$

Wegen der notwendigen Zusammenfassung von Streckenlasten zu Einzelkräften ist das grafische Verfahren zur Ermittlung der Biegelinie prinzipiell nur ein Näherungsverfahren, bei dem die in Wirklichkeit stetige Biegelinie durch ein Tangentenpolygon an die wahre Kurve angenähert wird. Die damit erzielbare Genauigkeit ist aber für die Bedürfnisse der Praxis groß genug.

Als Beispiel soll die Biegelinie des in Bild F 3.34 oben dargestellten Balkens ermittelt werden. Gegeben sind a, EI_0, F.

Gewählte Größen: $H = 3{,}0$ cm $\quad m_l = \dfrac{1{,}5 \text{ cm}}{a} \quad m_k = \dfrac{2{,}0 \text{ cm}}{F}$

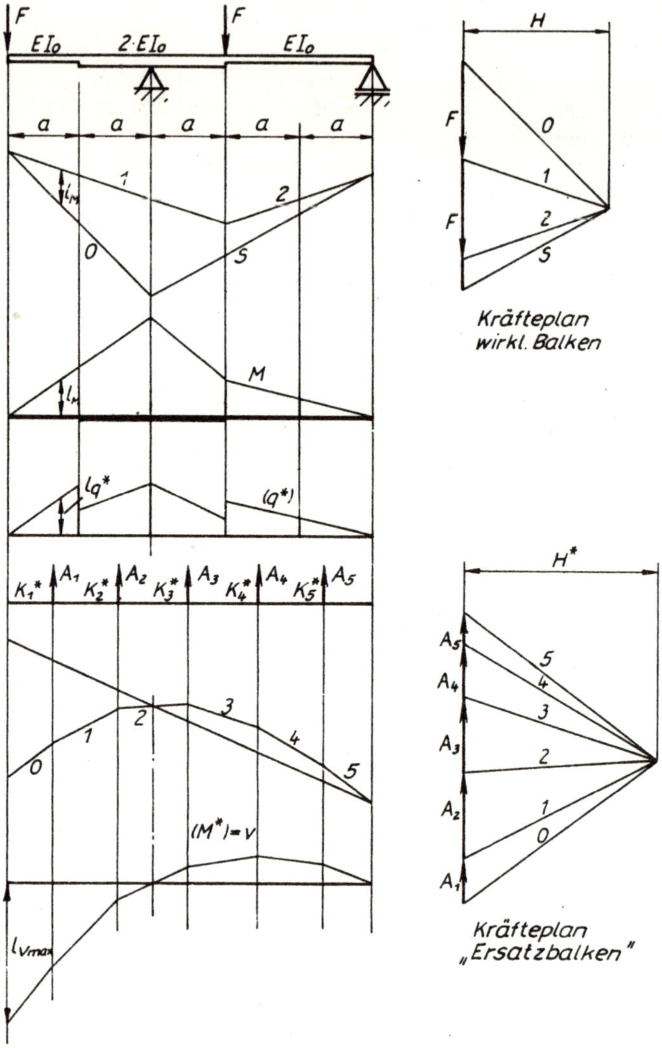

Bild F 3.34

Hiermit ergeben sich der Kräfteplan und die Momentenflächen, welche zur Veranschaulichung mehrmals geradegerückt wurde.

$$\text{Momentenmaßstab} \quad m_M = \frac{1{,}0\ \text{cm}}{Fa}$$

Die Bezugsgröße EI_0 liegt fest, und somit kann die q^*-Fläche gezeichnet werden. Es ist

$$m_{q^*} = 1{,}0\ \text{cm}\ \frac{EI_0}{Fa}$$

Die Teilflächen der q^*-Fläche werden mit den aus der Zeichnung abgegriffenen Maßen berechnet und die entsprechenden Ersatzkräfte K^* in den zugehörigen Flächenschwerpunkten angetragen. Es wird gewählt:

$$H^* = 4{,}0\ \text{cm} \quad m_A = \frac{1{,}5\ \text{cm}}{\text{cm}^2}$$

Damit werden der „Kräfteplan" und die „Momentenfläche" des Ersatzbalkens gezeichnet. Letztere wird geradegerückt und stellt somit die angenäherte Biegelinie dar. Der Verschiebungsmaßstab ist

$$m_v = \frac{EI_0}{3{,}0\ \text{cm} \cdot 4{,}0\ \text{cm}}\ \frac{2{,}0\ \text{cm}}{F}\ \frac{1{,}5\ \text{cm}}{\text{cm}^2}\ \frac{(1{,}5\ \text{cm})^3}{a^3} = 0{,}845\ \text{cm}\ \frac{EI_0}{Fa^3}$$

Die maximale Verschiebung tritt am linken Balkenende auf. Hierfür liest man aus der Zeichnung ab: $l_{v\max} \approx 2{,}75$ cm.
Der wahre Wert ist dann

$$v_{\max} = \frac{l_{v\max}}{m_v} \approx 3{,}26\ \frac{Fa^3}{EI_0}$$

3.7.* Ergänzungen zur Biegetheorie von Stäben

3.7.1. Elastisch gebetteter Balken

Liegt ein gerader Balken auf einer elastischen Unterlage (Bild F 3.35), so setzt sich die gesamte auf den Balken wirkende Streckenlast q aus zwei Anteilen zusammen:

q_A ist die von außen einwirkende Streckenlast.

q_B ist die von der elastischen Bettung zurückwirkende Streckenlast

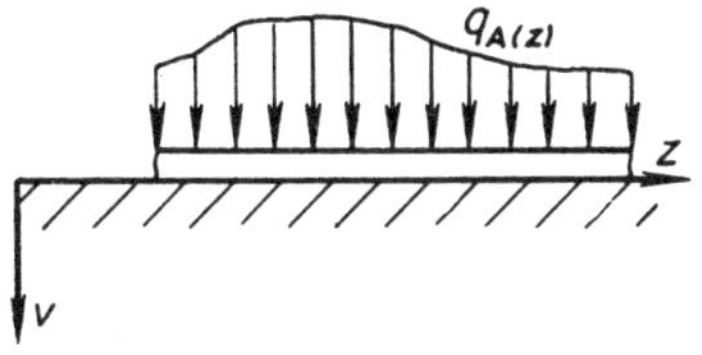

Bild F 3.35

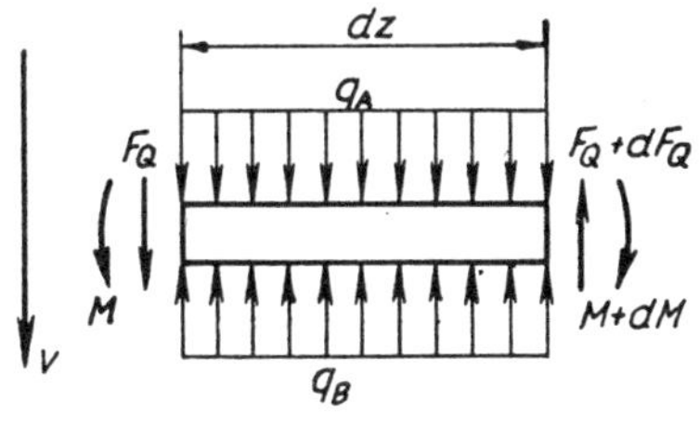

Bild F 3.36

Durch Vergleich von Bild F 3.36 mit F 3.28 folgt

$$q = q_A - q_B \tag{3.58}$$

und aus Gl. (3.49) wird im Falle der elastischen Bettung

$$(EIv'')'' + q_B = q_A \tag{3.59}$$

Die Streckenlast q_B hängt ab von den elastischen Eigenschaften der Unterlage, von der Verschiebung $v(z)$ des Balkens und von der Form der Berührungsfläche zwischen Balken und Unterlage. In manchen Fällen kann man als sehr einfache, aber brauchbare Näherung setzen

$$q_B = kv \tag{3.60}$$

wobei k die „Bettungskonstante" ist. Unter dieser Annahme lautet die *Differentialgleichung des elastisch gebetteten Balkens*

$$(EIv'')'' + kv = +q_A \tag{3.61}$$

Aus der Verschiebung v ergeben sich M und F_Q nach den Gln. (3.47) und (3.48).

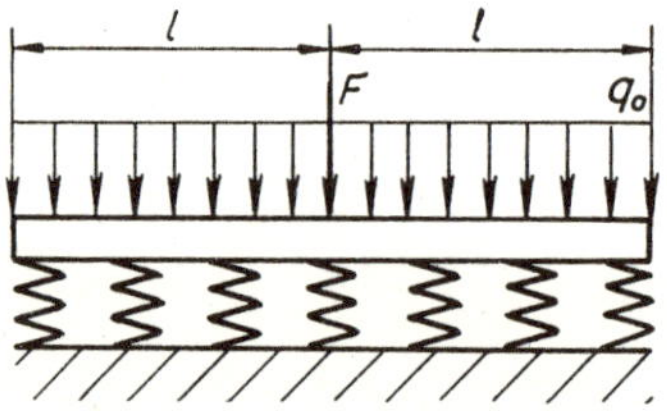

Bild F 3.37

Als Beispiel soll der in Bild F 3.37 dargestellte Balken untersucht werden.

Gegeben: Ein Balken ruht auf insgesamt $2n$ gleichen Federn in gleichen (kleinen) Abständen und soll als elastisch gebettet ($k = nc/l$) betrachtet werden.

$EI =$ konst., $q_A = q_0 =$ konst.

Gesucht: Verschiebung $v(z)$

Lösung:

Differentialgleichung (3.61) lautet hier

$$v'''' + \frac{k}{EI}\,v = \frac{q_0}{EI}$$

Mit der Abkürzung $k/EI = 4\alpha^4$ ist die Lösung dieser inhomogenen Differentialgleichung vierter Ordnung mit konstanten Koeffizienten:

$$v = C_1 \cosh \alpha z \cos \alpha z + C_2 \cosh \alpha z \sin \alpha z$$
$$+ C_3 \sinh \alpha z \cos \alpha z + C_4 \sinh \alpha z \sin \alpha z + \frac{q_0}{k}$$

(Nachprüfen durch Einsetzen in die Dgl.)
Randbedingungen (z zählt von der Mitte aus):

$$v'(z = 0) = 0, \quad F_Q(z = 0) = +\frac{1}{2}F, \quad M(z = l) = 0, \quad F_Q(z = l) = 0$$

Mit (3.47) und (3.48) entstehen hieraus 4 Gleichungen, aus denen man folgende Ergebnisse findet:

$$C_1 = +\frac{F}{8\alpha^3 EI}\,\frac{\cosh^2 \alpha l + \cos^2 \alpha l}{\cosh \alpha l \sinh \alpha l + \cos \alpha l \sin \alpha l}; \qquad C_2 = +\frac{F}{8\alpha^3 EI}$$

$$C_3 = -\frac{F}{8\alpha^3 EI}; \qquad C_4 = -\frac{F}{8\alpha^3 EI}\,\frac{\sinh^2 \alpha l + \sin^2 \alpha l}{\cosh \alpha l \sinh \alpha l + \cos \alpha l \sin \alpha l}$$

Beachtet man, daß $\frac{F}{8\alpha^3 EI} = \frac{F\alpha}{2k}$ ist, so folgt

$$v = \frac{q_0}{k} + \frac{F\alpha}{2k}\left[\frac{(\cosh^2 \alpha l + \cos^2 \alpha l)\cosh \alpha z \cos \alpha z - (\sinh^2 \alpha l + \sin^2 \alpha l)\sinh \alpha z \sin \alpha z}{\cosh \alpha l \sinh \alpha l + \cos \alpha l \sin \alpha l}\right.$$
$$\left. + \cosh \alpha z \sin \alpha z - \sinh \alpha z \cos \alpha z\right]$$

Zur Veranschaulichung wurden in Bild F 3.38 für $q_0 = 0$ und $\alpha l = 1{,}0;\ 3{,}0;\ 5{,}0$ die Kurven für $v(z)$ dimensionslos dargestellt.
Man beachte, daß bei harter Bettung (d. h. bei großen Werten αl) nur in unmittelbarer Nähe der Belastung größere Verformungen auftreten. (Für $\alpha l < 3$ gilt $\cosh \alpha l \approx \sinh \alpha l$, und die trigonometrischen Funktionen können gegenüber den Hyperbelfunktionen vernachlässigt werden.)

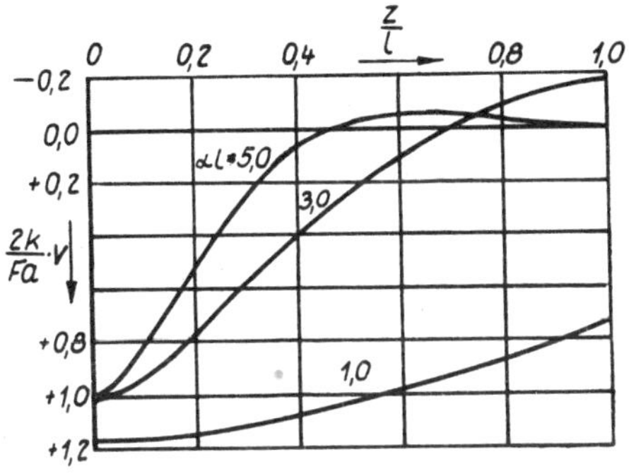

Bild F 3.38

3.7.2. Verformung bei schiefer Biegung prismatischer Stäbe

Die vorangegangenen Abschnitte (3.6.1. bis 3.7.1.) galten ausschließlich der Berechnung der Verformung bei gerader Biegung. Jetzt soll die schiefe Biegung prismatischer Stäbe untersucht werden. Die Bezeichnungen entsprechen denen bei 3.6.1., jedoch brauchen jetzt x, y keine Hauptachsen zu sein.
Nach Bild F 3.39 gilt

für $x = 0$

$$ds(x = 0) = ds_0\left(1 + \frac{y}{\varrho_y}\right)$$

für $y = 0$

$$ds(y = 0) = ds_0\left(1 + \frac{x}{\varrho_x}\right)$$

und für beliebige x, y

$$\mathrm{d}s = \mathrm{d}s_0 \left(1 + \frac{x}{\varrho_x} + \frac{y}{\varrho_y}\right) \tag{3.62}$$

Dehnung:

$$\varepsilon_z = \frac{\mathrm{d}s - \mathrm{d}s_0}{\mathrm{d}s_0} = \frac{x}{\varrho_x} + \frac{y}{\varrho_y} \tag{3.63}$$

Spannung: (*Hooke*sches Gesetz)

$$\sigma_z = E\varepsilon_z = E\left(\frac{x}{\varrho_x} + \frac{y}{\varrho_y}\right) \tag{3.64}$$

Biegemomente:

$$M_x = +\iint_A \sigma_z y \,\mathrm{d}A = +E\left[\frac{1}{\varrho_x}\iint_A xy\,\mathrm{d}A + \frac{1}{\varrho_y}\iint_A y^2\,\mathrm{d}A\right] \tag{3.65.1}$$

$$M_y = -\iint_A \sigma_z x \,\mathrm{d}A = -E\left[\frac{1}{\varrho_x}\iint_A x^2\,\mathrm{d}A + \frac{1}{\varrho_y}\iint_A xy\,\mathrm{d}A\right] \tag{3.65.2}$$

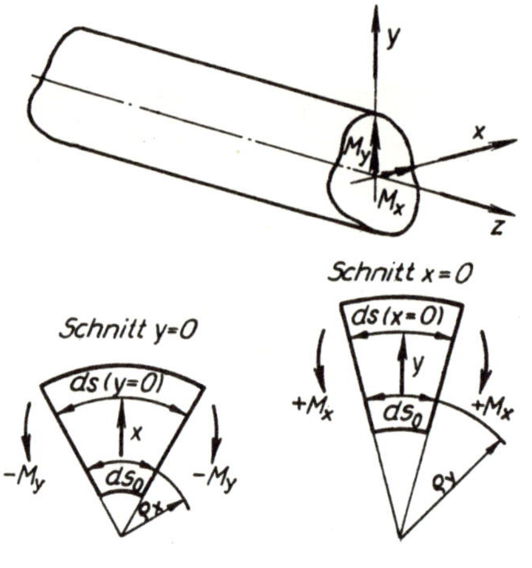

Bild F 3.39

Durch Auflösen dieser Gleichungen nach $1/\varrho_x$ und $1/\varrho_y$ erhält man

$$+\frac{1}{\varrho_x} = \frac{+M_x I_{xy} - M_y I_{xx}}{E(I_{xx}I_{yy} - I_{xy}^2)} \tag{3.66.1}$$

$$+\frac{1}{\varrho_y} = \frac{+M_x I_{yy} - M_y I_{xy}}{E(I_{xx}I_{yy} - I_{xy}^2)} \tag{3.66.2}$$

wobei I_{xx}, I_{yy}, I_{xy} die bekannten Momente 2. Ordnung sind [vgl. (3.21)].
Diese „*Gleichungen der elastischen Linie des prismatischen Stabes bei schiefer Biegung*“ enthalten die Gleichung der geraden Biegung (3.39) als Sonderfall.

Definition der Verschiebungen:

u Verschiebung der Balkenachse in positiver x-Richtung

v Verschiebung der Balkenachse in positiver y-Richtung

Hiermit und nach Bild F 3.39 folgt Bild F 3.40, und es wird

$$u'' \approx -\frac{1}{\varrho_x} = \frac{-M_x I_{xy} + M_y I_{xx}}{E(I_{xx} I_{yy} - I_{xy}^2)} \tag{3.67.1}$$

$$v'' \approx -\frac{1}{\varrho_y} = \frac{-M_x I_{yy} + M_y I_{xy}}{E(I_{xx} I_{yy} - I_{xy}^2} \tag{3.67.2}$$

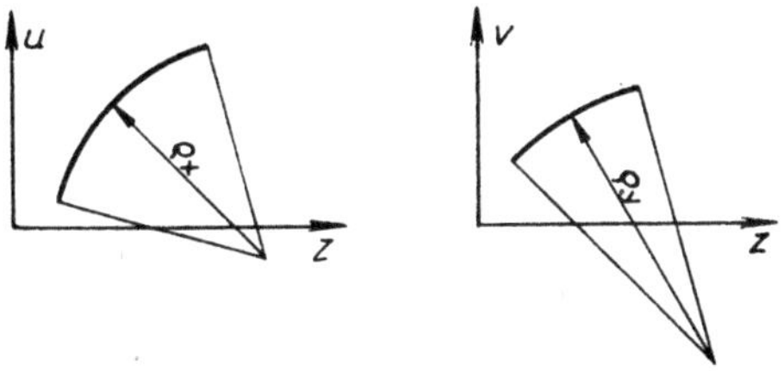

Bild F 3.40

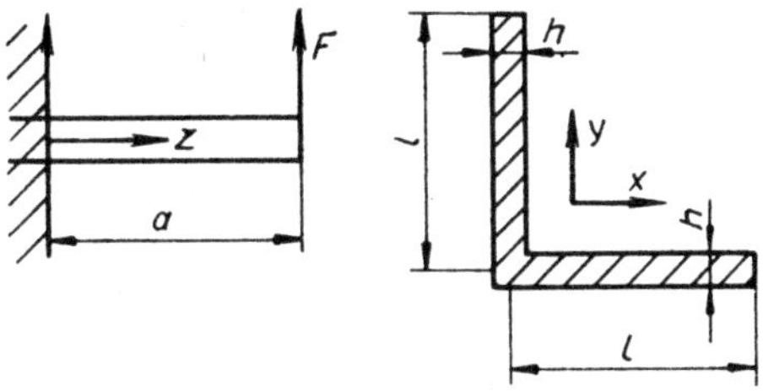

Bild F 3.41

Als Beispiel möge der Kragträger nach Bild F 3.41 untersucht werden.

Gegeben: Abmessungen nach Skizze
F, E

Gesucht: Verschiebung des Lastangriffspunktes

Anmerkung:
Es tritt keine Torsion auf, d. h., F greift im Schubmittelpunkt an (s. 4.5.), $h \ll l$.

Lösung:

Koordinaten sind in Bild F 3.41 eingezeichnet
Biegemomente:

$$M_x = -F(a - z) \qquad M_y = 0$$

Trägheitsmomente:

$$I_{xx} = I_{yy} = \frac{5}{24} l^3 h \qquad I_{xy} = +\frac{3}{24} l^3 h$$

Die Differentialgleichungen (3.67) werden zu

$$u'' = +\frac{9}{2} \frac{F}{El^3 h}(a - z) \qquad v'' = +\frac{15}{2} \frac{F}{El^3 h}(a - z)$$

Randbedingungen:

$$u'(z = 0) = 0, \quad u(z = 0) = 0; \quad v'(z = 0) = 0, \quad v(z = 0) = 0$$

Integration der Differentialgleichungen unter Beachtung dieser Randbedingungen ergibt

$$u = +\frac{9}{2}\,\frac{F}{El^3h}\left[\frac{1}{2}\,az^2 - \frac{1}{6}\,z^3\right]; \qquad v = +\frac{15}{2}\,\frac{F}{El^3h}\left[\frac{1}{2}\,az^2 - \frac{1}{6}\,z^3\right]$$

Verschiebung des Lastangriffspunktes ($z = l$):

$$u_F = +\frac{9}{2}\,\frac{Fa^3}{3El^3h} \qquad v_F = +\frac{15}{2}\,\frac{Fa^3}{3El^3h}$$

Die Verschiebung senkrecht zur Lastebene ist von gleicher Größenordnung wie die Verschiebung in Richtung der Last!
Für ein symmetrisch belastetes T-Profil von gleichen Abmessungen (s. Bild F 3.67) soll vergleichsweise ebenfalls die Durchbiegung berechnet werden. Mit $I_{xx} = \frac{5}{24}\,l^3h$ erhält man

$$v_F = \frac{24}{5}\,\frac{Fa^3}{3El^3h} \qquad u_F = 0$$

Die Durchbiegungen in v-Richtung verhalten sich demnach wie

$$\frac{15}{2} : \frac{24}{5} = \frac{25}{16}$$

3.7.3. Verformung bei gerader Biegung gekrümmter Stäbe[1])

Es soll ein Träger untersucht werden, dessen gesamte Geometrie und Belastung symmetrisch zu einer Ebene ist und dessen Schwerpunktlinie einen Kreisbogen mit dem Radius R in dieser Ebene bildet. Der Querschnitt des Stabes soll in ψ-Richtung unveränderlich sein. Ein unverformtes Element des Stabes zeigt Bild F 3.42.

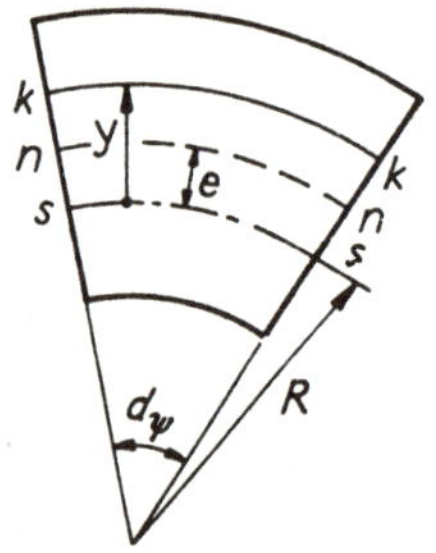

Bild F 3.42

Die Spannungs- und Dehnungsbeziehungen übernehmen wir aus 3.5.2.

$$\sigma_z = \frac{F_L}{A} + \frac{M}{AR} + \frac{MR}{Z}\,\frac{y}{R+y} \tag{3.68}$$

$$\varepsilon_z = \frac{(\varrho + y)\left(1 + \dfrac{d\varphi}{d\psi}\right) - (R + y)}{R + y} = \frac{\sigma_z}{E} \tag{3.69}$$

[1]) Vgl. auch 3.5.2.

Für $y = 0$ (Schwerpunktlinie) folgt daraus

$$\sigma_{zs} = \frac{1}{A}\left(F_\mathrm{L} + \frac{M}{R}\right) \tag{3.70}$$

$$\varepsilon_{zs} = \frac{1}{EA}\left(F_\mathrm{L} + \frac{M}{R}\right) = \frac{\varrho}{R}\left(1 + \frac{\mathrm{d}\varphi}{\mathrm{d}\psi}\right) - 1 \tag{3.71}$$

Aus (3.71) kann die Krümmung der verformten Stabachse errechnet werden

$$\frac{1}{\varrho} = \frac{1}{R}\,\frac{1 + \dfrac{\mathrm{d}\varphi}{\mathrm{d}\psi}}{1 + \varepsilon_{zs}} \tag{3.72}$$

Aus (3.33) bis (3.35) folgt

$$\frac{\mathrm{d}\varphi}{\mathrm{d}\psi} = \frac{1}{EA}\left(F_\mathrm{L} + \frac{M}{R}\right) + \frac{MR}{EZ} = \varepsilon_{zs} + \frac{MR}{EZ} \tag{3.73}$$

und wegen

$$\varepsilon_{zs} \ll 1 \tag{3.74}$$

gilt dann

$$\frac{1}{\varrho} \approx \frac{1}{R} + \frac{M}{EZ} \tag{3.75}$$

Durch die Belastung erleidet der gekrümmte Stab eine Verformung derart, daß sich ein Punkt P der Schwerpunktlinie in ψ- und r-Richtung verschiebt (Bild F 3.43.1).

v_r Verschiebung in radialer Richtung bzw.
Verschiebung in y-Richtung
v_ψ Verschiebung in ψ-Richtung

Sowohl v_r als auch v_ψ sind nur von ψ abhängig.

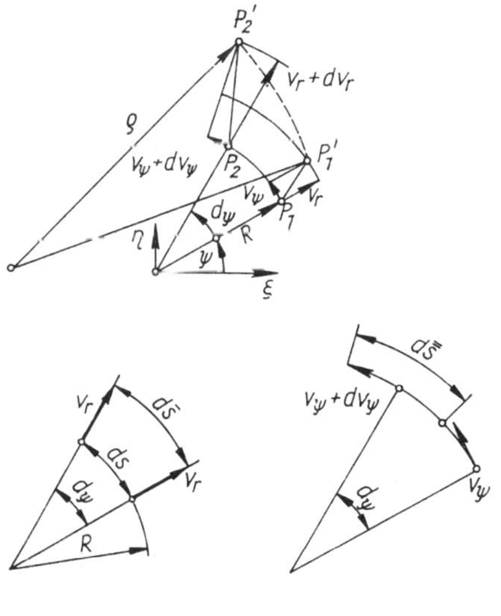

Bild F 3.43

Der Punkt P' hat die Koordinaten

$$\xi = +(R + v_r)\cos\psi - v_\psi \sin\psi \tag{3.76}$$

$$\eta = +(R + v_r)\sin\psi + v_\psi \cos\psi \tag{3.77}$$

Die Folge der Punkte P' definiert die verformte Schwerpunktlinie, deren Krümmung $1/\varrho$ nach folgender bekannter Fromel zu berechnen ist:

$$\frac{1}{\varrho} = \frac{\dot{\xi}\ddot{\eta} - \ddot{\xi}\dot{\eta}}{(\dot{\xi}^2 + \dot{\eta}^2)^{3/2}} \qquad \dot{()} \triangleq \frac{\mathrm{d}()}{\mathrm{d}\psi} \tag{3.78}$$

Wird (3.77) in (3.78) eingesetzt, so ergibt sich ein ziemlich komplizierter Ausdruck. Beachtet man jedoch, daß $v_r, v_\psi \ll R$, und vernachlässigt also höhere Potenzen von v_r, v_ψ und deren Ableitungen, so folgt

$$\frac{1}{\varrho} \approx \frac{1}{R}\,\frac{1 + \dfrac{1}{R}(2v_r - \ddot{v}_r + 3\dot{v}_\psi)}{\left[1 + \dfrac{2}{R}(v_r + \dot{v}_\psi)\right]^{3/2}} \tag{3.79}$$

Durch abgebrochene Potenzreihenentwicklung des Nenners erhält man hieraus

$$\begin{aligned}\frac{1}{\varrho} &\approx \frac{1}{R}\left[1 + \frac{1}{R}(2v_r - \ddot{v}_r + 3\dot{v}_\psi)\right]\left[1 - \frac{3}{R}v_r + \dot{v}_\psi)\right]\\ &\approx \frac{1}{R} - \frac{1}{R^2}(v_r + \ddot{v}_r)\end{aligned} \tag{3.80}$$

Dies mit (3.75) verglichen, liefert folgende Differentialgleichungen für v_r

$$\ddot{v}_r + v_r = -\frac{MR^2}{EZ} \tag{3.81}$$

Die verformte Schwerpunktlinie hat nicht nur eine andere Krümmung, sondern auch eine andere Länge als die unverformte Linie. Nach Bild F 3.43 verursacht eine Verschiebung v_r die Dehnung

$$\bar{\varepsilon}_{zs} = \frac{\mathrm{d}\bar{s} - \mathrm{d}s}{\mathrm{d}s} = \frac{(R + v_r)\,\mathrm{d}\psi - R\,\mathrm{d}\psi}{R\,\mathrm{d}\psi} = \frac{v_r}{R}$$

und die Verschiebung v_ψ bewirkt

$$\bar{\bar{\varepsilon}}_{zs} = \frac{\mathrm{d}\bar{\bar{s}} - \mathrm{d}s}{\mathrm{d}s} = \frac{(\mathrm{d}s + \mathrm{d}v_\psi) - \mathrm{d}s}{\mathrm{d}s} = \frac{1}{R}\,\frac{\mathrm{d}v_\psi}{\mathrm{d}\psi}$$

(Der Effekt der Änderung $\mathrm{d}v_r$ ist von zweiter Ordnung klein und somit vernachlässigbar.)
Insgesamt ist also

$$\varepsilon_{zs} = \bar{\varepsilon}_{zs} + \bar{\bar{\varepsilon}}_{zs} = \frac{1}{R}(v_r + \dot{v}_\psi) \tag{3.82}$$

Der Vergleich dieser Gleichung mit (3.73) ergibt

$$\dot{v}_\psi = +\left(F_L + \frac{M}{R}\right)\frac{R}{EA} - v_r \tag{3.83}$$

Mit (3.81) und (3.83) stehen damit zwei Gleichungen zur Verfügung, aus denen v_r und v_ψ berechnet werden können.
Als Beispiel soll ein Ringträger nach Bild F 3.44 berechnet werden.

Gegeben: R, EZ, EA

n gleiche Lasten $2F$ im Winkelabstand $2\alpha = 2\,\frac{\pi}{n}$ (Bild F 3.44 für $n = 5$)

Gesucht: Schnittreaktionen und Verschiebungen

Lösung:

Wegen Symmetrie braucht nur ein Teil $0 \leqq \psi \leqq \alpha$ nach Bild F 3.45 untersucht zu werden.
Bei $\psi = 0$ und bei $\psi = \alpha$ kann wegen Symmetrie keine Querkraft auftreten.
Gleichgewichtsbedingungen am Teilsystem nach Bild F 3.45:

$$+F \sin\alpha + F_{L1}\cos\alpha - F_{L0} = 0$$
$$+F\cos\alpha - F_{L1}\sin\alpha = 0$$
$$+M_1 - M_0 - F_{L0}R(1 - \cos\alpha) = 0$$

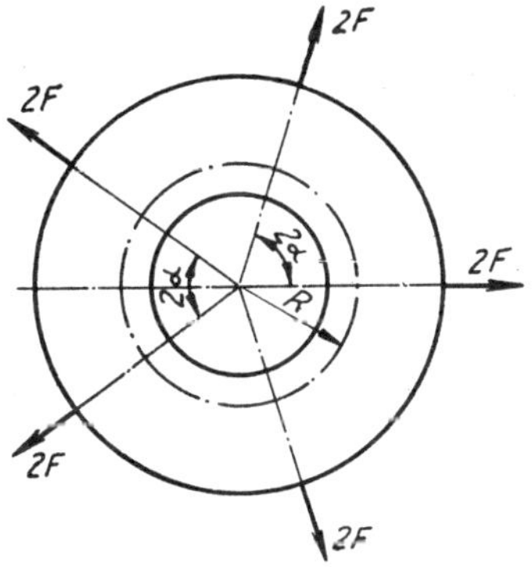

Bild F 3.44

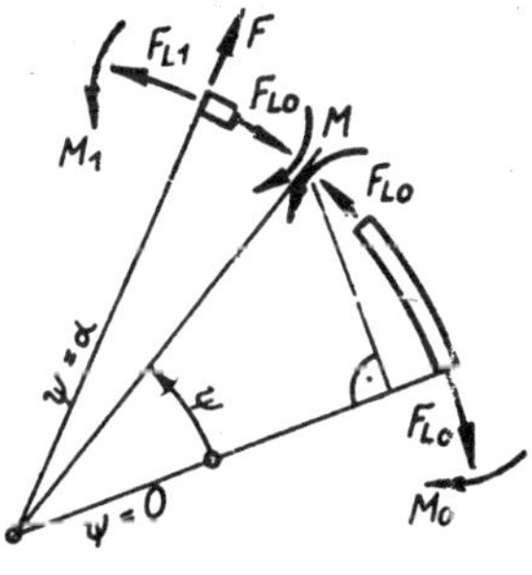

Bild F 3.45

Hieraus wird

$$F_{L1} = +F\cot\alpha \qquad M_1 = M_0 + FR\,\frac{1-\cos\alpha}{\sin\alpha}$$

$$F_{L0} = +F\,\frac{1}{\sin\alpha} \qquad M_0 \text{ statisch unbestimmte Größe}$$

Gleichgewichtsbedingungen am Abschnitt nach Bild F 3.45:

$$F_L = +F_{L0}\cos\psi \qquad M = +F_{L0}R(1-\cos\psi) + M_0$$

Die Gleichungen (3.81) und (3.83) lauten damit

$$\ddot{v}_r + v_r = -\frac{R^3}{EZ}\left[\frac{M_0}{R} + F_{L0}(1 - \cos\psi)\right]$$

$$\dot{v}_\psi = +\frac{R}{EA}\left[\frac{M_0}{R} + F_{L0}\right] - v_r$$

Die allgemeine Lösung der ersten Differentialgleichung

$$v_r = -\frac{R^3}{EZ}\left[D\cos\psi + B\sin\psi - \frac{1}{2}F_{L0}\psi\sin\psi + \left(F_{L0} + \frac{M_0}{R}\right)\right]$$

in die zweite Differentialgleichung eingesetzt und integriert ergibt

$$v_\psi = +\frac{R}{EA}\left[\left(F_{L0} + \frac{M_0}{R}\right)\psi + C\right]$$
$$+\frac{R^3}{EZ}\left[D\sin\psi - B\cos\psi - \frac{1}{2}F_{L0}(\sin\psi - \psi\cos\psi) + \left(F_{L0} + \frac{M_0}{R}\right)\psi\right]$$

Aus den Randbedingungen

$$\dot{v}_r(\psi = 0) = \dot{v}_r(\psi = \alpha) = 0; \qquad v_\psi(\psi = 0) = v_\psi(\psi = \alpha) = 0$$

ergeben sich folgende 4 Gleichungen:

$$+B = 0$$
$$-D\sin\alpha + B\cos\alpha = +\frac{1}{2}F_{L0}(\sin\alpha + \alpha\cos\alpha)$$
$$-B + \Phi C = 0$$
$$+D\sin\alpha - B\cos\alpha + \Phi C + \alpha(1 + \Phi)\left(F_{L0} + \frac{M_0}{R}\right) = +\frac{1}{2}F_{L0}(\sin\alpha - \alpha\cos\alpha)$$

Hierbei ist $\Phi = Z/AR^2$ zur Abkürzung gesetzt worden.
Daraus folgt

$$D = -\frac{1}{2}F_{L0}(1 + \alpha\cot\alpha); \qquad B = C = 0$$

$$\left(F_{L0} + \frac{M_0}{R}\right) = \frac{F_{L0}}{1 + \Phi}\,\frac{\sin\alpha}{\alpha}$$

Für die Verschiebungen erhält man schließlich

$$v_r = +\frac{FR^3}{2EZ}\,\frac{1}{\sin\alpha}\left[\psi\sin\psi + \cos\psi(1 + \alpha\cot\alpha) - \frac{2}{1 + Z/AR^2}\,\frac{\sin\alpha}{\alpha}\right]$$

$$v_\psi = +\frac{FR^3}{2EZ}\left[\frac{\psi}{\alpha}\left(2 + \alpha\,\frac{\cos\psi}{\sin\alpha}\right) - \frac{\sin\psi}{\sin\alpha}(2 + \alpha\cot\alpha)\right]$$

Die Schnittreaktionen sind

$$F_L = +F_{L0}\cos\psi = +F\,\frac{\cos\psi}{\sin\alpha}$$

$$M = +F_{L0}R(1 - \cos\psi) + M_0 = R\left[\left(F_{L0} + \frac{M_0}{R}\right) - F_{L0}\cos\psi\right]$$
$$= +FR\left[\frac{1}{1 + Z/AR^2}\,\frac{1}{\alpha} - \frac{\cos\psi}{\sin\alpha}\right]$$

3.7.4. Der kurze Stab – Einfluß der Schubverformung

Die in allen bisherigen Abschnitten dieses Kapitels getroffene Annahme der *eben und normal* zur Stabachse bleibenden Querschnitte ist nur dann richtig, wenn keine Querkraft vorhanden ist. Nach Abschn. 4. ergibt sich durch eine Querkraft F_Q eine mittlere Schrägstellung

$$\bar{\gamma} = \frac{F_Q}{GA_s} \tag{3.84}$$

des Querschnittes gegenüber der Stabachse. Diese (allein nicht mögliche) reine Schubverformung zeigt Bild F 3.46, die Gesamtverformung am Element dz durch Biegung und Schub ist in Bild F 3.47 dargestellt. (Man vergleiche mit der reinen Biegeverformung nach Bild F 3.28).

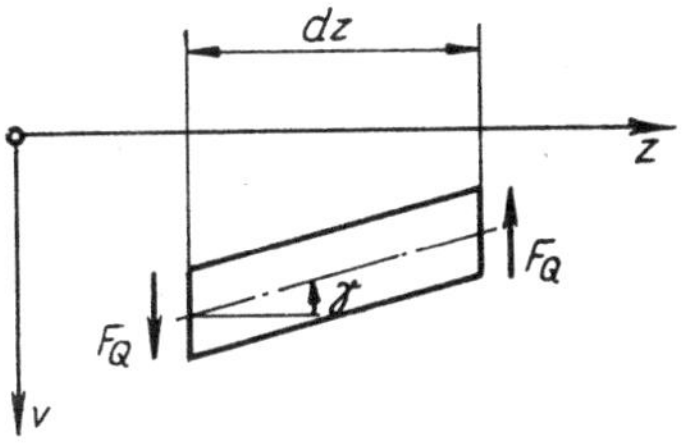

Bild F 3.46

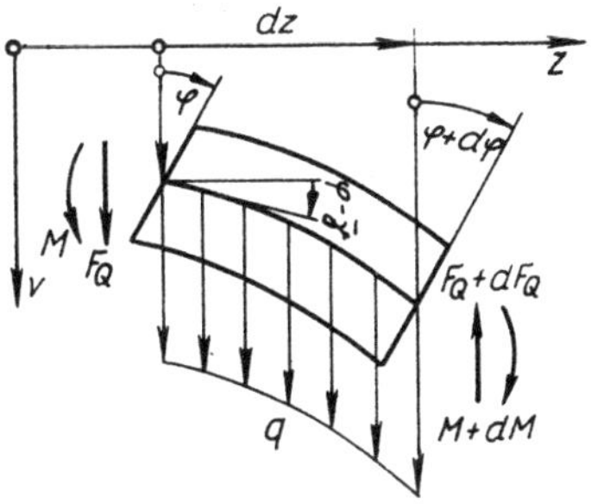

Bild F 3.47

Unter der Voraussetzung gerader Biegung gelten folgende Gleichungen:
Nach Gl. (3.39) und den Bildern F 3.24 sowie F 3.47 ist

$$\frac{M}{EI} = +\frac{1}{\varrho} = +\frac{\mathrm{d}\varphi}{\mathrm{d}s} \approx \frac{\mathrm{d}\varphi}{\mathrm{d}z} = \varphi' \tag{3.85}$$

Mit Bild F 3.47 folgt weiterhin

$$v' = \frac{\mathrm{d}v}{\mathrm{d}z} = \varphi - \bar{\gamma} \tag{3.86}$$

woraus sich mit Gl. (3.84) ergibt

$$\frac{F_Q}{GA_s} = \bar{\gamma} = \varphi - v' \tag{3.87}$$

Bei bekannten Schnittreaktionen M und F_Q sind (3.85) und (3.87) zwei Gleichungen für φ und v als Funktion von z. Man beachte, daß infolge der Berücksichtigung der Schubverformung $\varphi \neq v'$ ist. Durch Elimination von φ aus (3.85) und (3.87) findet man

$$v'' = +\frac{M}{EI} - \left(\frac{F_Q}{GA_s}\right)' \tag{3.88}$$

Als Beispiel soll der Kragträger nach Bild F 3.48 betrachtet werden.

Gegeben: $l, b, h; \quad E = 2(1+\nu)\,G; \quad F$

Gesucht: Verschiebung der Mittellinie $v(z)$; Neigung der Querschnitte $\varphi(z)$

Lösung:

Schnittreaktionen (Bild F 3.47)

$$F_Q = -F; \qquad M = +F(l-z)$$

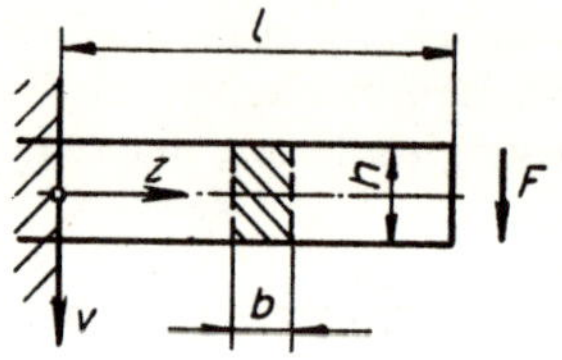

Bild F 3.48

Dgl. (3.85) liefert

$$\varphi = +\frac{F}{EI}\left[lz - \frac{1}{2}z^2 + C_1\right]$$

Dgl. (3.87) bringt damit

$$v = +\frac{F}{EI}\left[\frac{1}{2}lz^2 - \frac{1}{6}z^3 + C_1 z + C_2\right] - \frac{F_Q}{GA_s}z$$

Randbedingungen:

$$v(z=0) = 0 \qquad C_2 = 0$$

$$\varphi(z=0) = 0 \qquad C_1 = 0$$

Ergebnisse:

$$v(z) = \frac{Fl^3}{2EI}\left[\left(\frac{z}{l}\right)^2 - \frac{1}{3}\left(\frac{z}{l}\right)^3\right] + \frac{Fl}{GA_s}\left(\frac{z}{l}\right)$$

$$= \frac{Fl^3}{2EI}\left[\left(\frac{z}{l}\right)^2 - \frac{1}{3}\left(\frac{z}{l}\right)^3 + \frac{2EI}{GA_s l^2}\left(\frac{z}{l}\right)\right]$$

$$\varphi(z) = \frac{Fl^2}{EI}\left[\left(\frac{z}{l}\right) - \frac{1}{2}\left(\frac{z}{l}\right)^2\right]$$

Für den Rechteckquerschnitt ist

$$\frac{2EI}{GA_s l^2} = \frac{2}{5}(1+\nu)\left(\frac{h}{l}\right)^2$$

Diese Größe, die den Einfluß der Schubverformung ergibt, ist nur dann nennenswert, wenn h/l nicht zu klein ist.
Daraus folgt: Die Schubverformung ist nur bei kurzen Stäben von Bedeutung.

3.7.5. Der breite Stab — Einfluß der Querkontraktion

Bei den bisherigen Untersuchungen gebogener Stäbe wurde stets $\sigma_x = \sigma_y = 0$ gesetzt. Wegen $\sigma_z = \frac{M_x}{I_{xx}} y$ (bei gerader Biegung ohne Längskraft) wird dann nach dem *Hooke*schen Gesetz

$$\varepsilon_x = \frac{1}{E}[\sigma_x - \nu(\sigma_y + \sigma_z)] = -\frac{\nu M_x}{EI_{xx}} y$$

$$\varepsilon_y = \frac{1}{E}[\sigma_y - \nu(\sigma_z + \sigma_x)] = -\frac{\nu M_x}{EI_{xx}} y$$

$$\varepsilon_z = \frac{1}{E}[\sigma_z - \nu(\sigma_x + \sigma_y)] = +\frac{M_x}{EI_{xx}} y \tag{3.89}$$

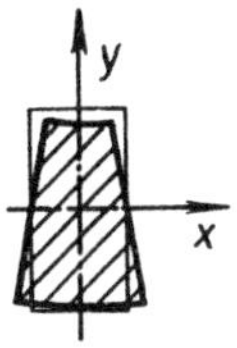

Bild F 3.49.1

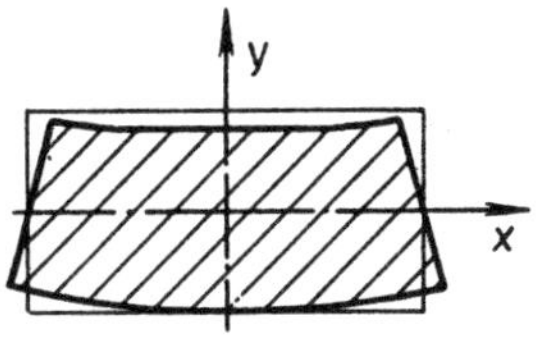

Bild F 3.49.2

Dies bedeutet, daß sich z. B. ein nicht zu breiter Rechteckquerschnitt nach Bild F 3.49.1 verformt. Bei sehr breiten Querschnitten kann zwar die Verformung in y-Richtung, nicht aber die Verformung in x-Richtung ungehindert erfolgen. Man muß *bei extrem breiten Querschnitten* vielmehr annehmen, daß

$$\varepsilon_x = 0 \tag{3.90}$$

ist, so daß $\sigma_x \neq 0$ wird. Dic Annahme $\sigma_y = 0$ kann dagegen beibehalten werden. Somit ist

$$\sigma_x = +\nu\sigma_z \tag{3.91}$$

und

$$\varepsilon_z = \frac{\sigma_z}{E}(1 - \nu^2) = +\frac{M_x}{EI_{xx}}(1 - \nu^2)\, y \tag{3.92}$$

Diese Gleichung für breite Querschnitte unterscheidet sich von der für schmale Querschnitte durch den Faktor $(1 - \nu^2)$.
Daraus folgt:
Der *Effekt der verhinderten Querkontraktion* (breite Querschnitte) läßt sich dadurch erfassen, daß mit dem „*Ersatz-E-Modul*“

$$E^* = \frac{E}{1 - \nu^2} \tag{3.93}$$

an Stelle des wahren E-Moduls gerechnet wird.

3.7.6. Die „mittragende“ Breite

Ein Stab mit I-Profil (Bild F 3.50.1) sei auf gerade Biegung beansprucht. Nach der elementaren Theorie wäre $\sigma_z = \frac{M_x y}{I_{xx}}$, d. h., im gesamten „Flansch“ des Trägers wäre $\sigma_z =$ konst.
Wie genauere Betrachtungen zeigen, ist das aber bei breitem „Flansch“ (im Extremfall bei $b \gg h$) keineswegs der Fall, sondern es liegt z. B. die in Bild F 3.50.2 skizzierte Spannungsverteilung (σ_z) vor. Das bedeutet, daß die weit vom „Steg“ abliegenden Teile des „Flansches“ nicht so sehr beansprucht werden, wie es die von uns betriebene elementare Biegetheorie angibt.

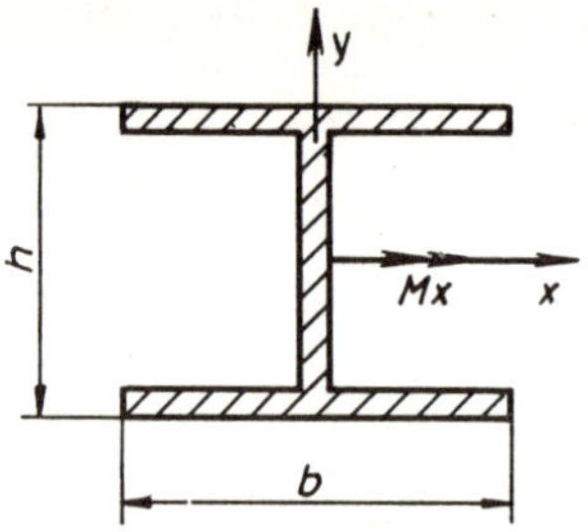

Bild F 3.50.1

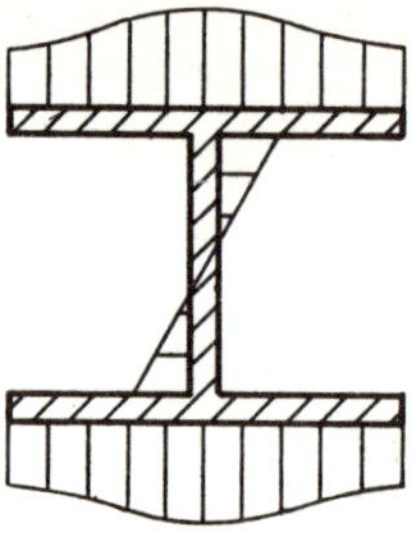
Bild F 3.50.2

Anders ausgedrückt heißt das (da das gesamte Biegemoment erhalten bleiben muß), daß die *tatsächliche Maximalbeanspruchung bei breitflanschigen Trägern größer ist als die nach der elementaren Biegetheorie berechnete.* Man berücksichtigt diesen Umstand dadurch, daß man nur einen Teil des Flansches, nämlich die mittragende Breite, zur Berechnung des „wirksamen“ Trägheitsmomentes heranzieht. Die *mittragende Breite* ist *stets kleiner als die gesamte Breite*; sie hängt nicht nur vom Querschnitt, sondern auch von den Belastungen und der Lagerung des Trägers ab; ihre Berechnung ist sehr kompliziert und kann hier nicht dargestellt werden.

3.7.7. Biegung gekrümmter Rohre

Wird ein gekrümmtes Rohr in seiner Krümmungsebene gebogen entsprechend 3.7.3., so gelten die dort abgeleiteten Formeln nur dann, wenn das Rohr sehr dickwandig ist. Das dünnwandige gekrümmte Rohr ist sehr viel nachgiebiger, als man nach den üblichen Gleichungen der Biegetheorie erwarten sollte. Dies rührt daher, daß sich infolge der Biegespannungen der ursprünglich kreisförmige Querschnitt zu einem Oval verformt (Bild F 3.51). Diese Abflachung ist zwar gering, hat aber große Folgen. Man setzt an Stelle von Gl. (3.75)

$$\frac{1}{\varrho} = \frac{1}{R} + \frac{1}{k} \frac{M}{EI} \tag{3.94}$$

wobei k ein Korrekturfaktor ist, der sich angenähert nur abhängig von einer Kenngröße λ ermitteln läßt:

$$\lambda = \frac{Rt}{a^2} \tag{3.95}$$

Hierbei ist

R	Krümmungsradius der unverformten Rohr-Mittellinie
ϱ	Krümmungsradius der verformten Rohr-Mittellinie
t	Wanddicke des Rohres
a	mittlerer Radius des Rohrquerschnittes

Anhaltswerte für k gibt Bild F 3.52.

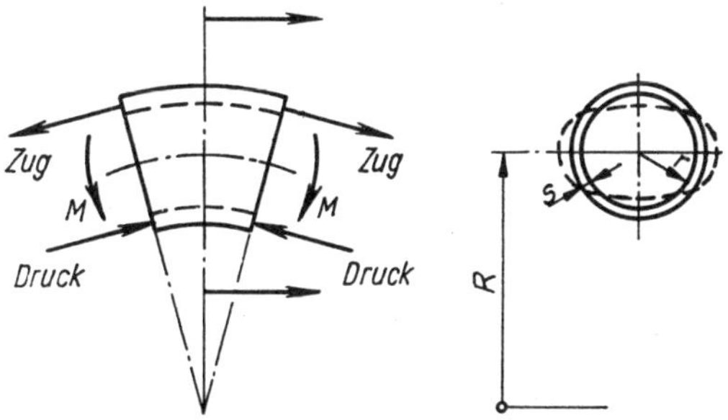

Bild F 3.51

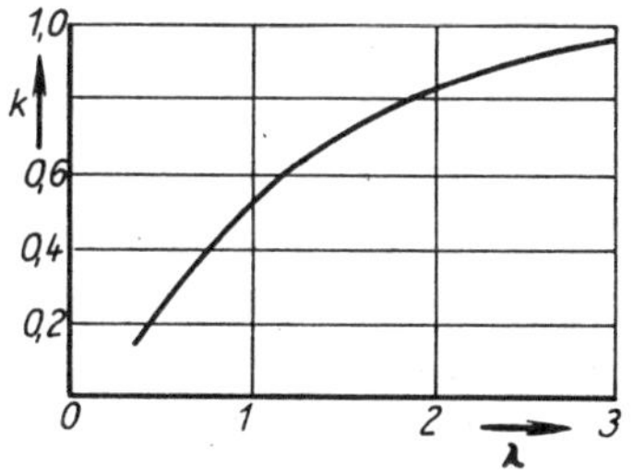

Bild F 3.52

3.7.8. Nichthomogenes Material

Alle bisher abgeleiteten Formeln gelten nur für homogenes isotropes Material. Nunmehr soll ein einfaches Beispiel mit nichthomogenem Material behandelt werden. Wir betrachten einen ursprünglich geraden, zur y-Achse symmetrischen Balken mit in y-Richtung veränderlichem E-Modul.
Der Balken soll durch ein Biegemoment M_x beansprucht werden.

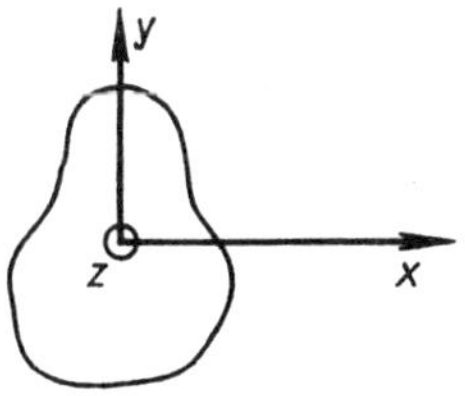

Bild F 3.53

Wir können von den bisher abgeleiteten Beziehungen die *Bernoulli*sche Hypothese vom Ebenbleiben der Querschnitte [s. (3.36)]

$$\varepsilon_z(y) = \frac{y}{\varrho} \tag{3.96}$$

übernehmen. $y = 0$ ist hierbei die noch unbekannte Lage der neutralen Faser. Sie fällt nicht mit dem Querschnittsschwerpunkt zusammen!
Außerdem gilt das *Hooke*sche Gesetz in der Form

$$\sigma_z(y) = E(y) \cdot \varepsilon_z(y) = E(y) \frac{y}{\varrho} \tag{3.97}$$

Die Äquivalenzbedingungen lauten dann

$$F_L = 0 = \int_{(A)} \sigma_z(y) \, \mathrm{d}A = \frac{1}{\varrho} \int_{(A)} E(y) \, y \, \mathrm{d}A \tag{3.98}$$

und

$$M_x = \int_{(A)} \sigma_z(y) \, y \, \mathrm{d}A = \frac{1}{\varrho} \int_{(A)} E(y) \, y^2 \, \mathrm{d}A \tag{3.99}$$

Aus (3.99) folgt

$$\frac{1}{\varrho} = \frac{M_x}{\int\limits_{(A)} E(y) \, y^2 \, \mathrm{d}A} \tag{3.100}$$

und daraus mit (3.97)

$$\sigma_z(y) = \frac{E(y) \, y M_x}{\int\limits_{(A)} E(y) \, y^2 \, \mathrm{d}A} \tag{3.101}$$

Beispiel:

Für einen Rechteckquerschnitt mit sprunghaft veränderlichem Elastizitätsmodul ist die Spannungsverteilung zu ermitteln (Bild F 3.54).
Die Gln. (3.98) und (3.99) gehen über in

$$O = \frac{1}{\varrho} \left[E_1 \int_{(A_1)} y \, \mathrm{d}A + E_2 \int_{(A_2)} y \, \mathrm{d}A \right] \tag{3.102}$$

$$M_x = \frac{1}{\varrho} \left[E_1 \int_{(A_1)} y^2 \, \mathrm{d}A + E_2 \int_{(A_2)} y^2 \, \mathrm{d}A \right] \tag{3.103}$$

Aus (3.102) läßt sich die Lage der Nullschicht ermitteln.
Mit

$$E_1 \int\limits_{-(h_1+c)}^{-c} y \, \mathrm{d}y + E_2 \int\limits_{-c}^{h_2-c} y \, \mathrm{d}y = 0$$

erhalten wir

$$c = \frac{E_2 h_2^2 - E_1 h_1^2}{2(h_1 E_1 + h_2 E_2)} \tag{3.104}$$

Für die speziellen Werte $E_1 = E$; $E_2 = 2E$

$$h_1 = h_2 = \frac{h}{2}$$

ergibt sich $c = \frac{h}{12}$.

Damit erhalten wir aus (3.103)

$$M_x = \frac{Eb}{\varrho}\left[\int_{-7/12}^{-h/12} y^2\,\mathrm{d}y + 2\int_{-h/12}^{5/12} y^2\,\mathrm{d}y\right] = \frac{11bh^3E}{96\varrho} = \frac{EI^*}{\varrho}$$

und für die Spannungsverteilung können wir mit (3.97) schreiben

$$\sigma_{z1}(y) = \frac{M_x}{I^*}\,y \quad \text{und} \quad \sigma_{z2}(y) = \frac{2M_x}{I^*}\,y$$

Der Spannungsverlauf ist in Bild F 3.55 dargestellt.

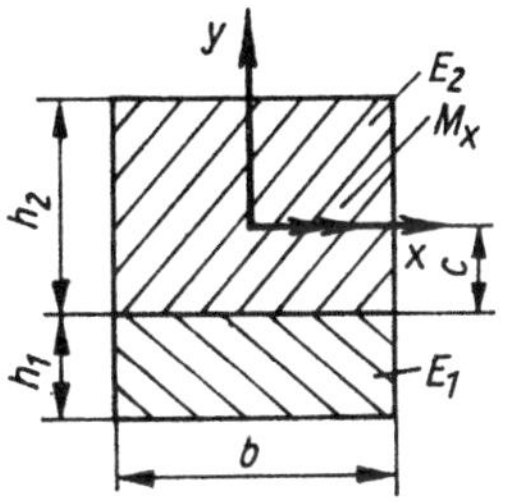

Bild F 3.54

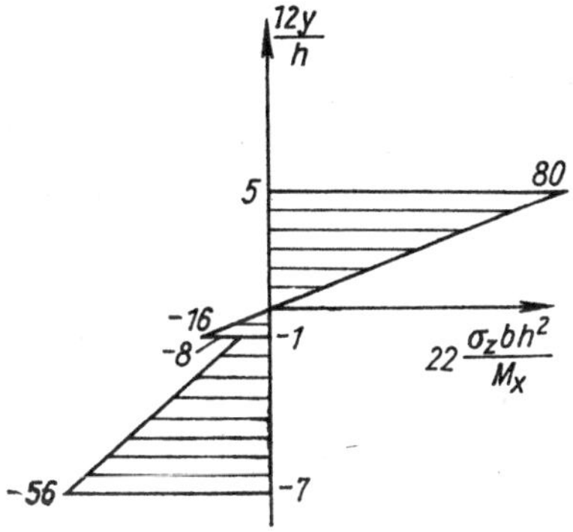

Bild F 3.55

3.7.9. Wärmespannungen und -verformungen bei Balken

3.7.9.1. Wärmespannungen

Für den geraden oder schwach gekrümmten Stab verwenden wir ein Koordinatensystem entsprechend Bild F 3.56 (siehe auch 3.1.).
Setzt man die Gültigkeit der *Bernoulli*schen Hypothese voraus, so kann der folgende Ansatz für die Verschiebung in z-Richtung v_z gemacht werden:

$$v_z = K_0(z) + xK_1(z) + yK_2(z) \tag{3.105}$$

K_0, K_1 und K_2 können beliebige Funktionen von z sein, so daß wir für die Dehnung formal schreiben können

$$\varepsilon_z = \frac{\partial v_z}{\partial z} = K_0'(z) + xK_1'(z) + yK_2'(z) \tag{3.106}$$

Setzen wir die Gültigkeit des *Hooke*schen Gesetzes voraus (einachsiger Spannungszustand), so ergibt sich mit (1.48) und (3.106)

$$\begin{aligned}\sigma_z &= E\varepsilon_{z\mathrm{el}} = E(\varepsilon_z - \alpha\, \Delta T)\\ &= E[K_0'(z) + xK_1'(z) + yK_2'(z) - \alpha\, \Delta T]\end{aligned} \tag{3.107}$$

Die Funktionen K_0', K_1' und K_2' werden durch Äquivalenzbetrachtungen bestimmt. Bezeichnet man mit M_x und M_y die Schnittmomente und mit F_L die Längskraft in Richtung der z-Achse (Bild F 3.56), so gilt

$$\int_{(A)} \sigma_z\, \mathrm{d}A = F_\mathrm{L}(z) \qquad \int_{(A)} \sigma_z y\, \mathrm{d}A = M_x(z) \qquad \int_{(A)} \sigma_z x\, \mathrm{d}A = -M_y(z) \tag{3.108}$$

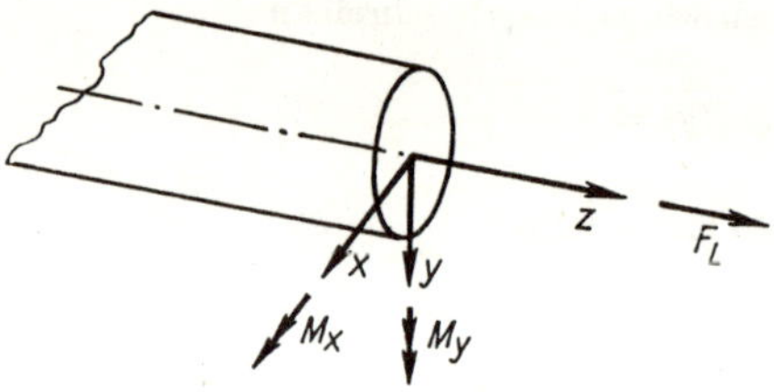

Bild F 3.56

Mit (3.107) erhält man, wenn noch beachtet wird, daß die $K_0'(z)$, $K_1'(z)$ und $K_2'(z)$ bei der Integration über den Querschnitt A konstant sind,

$$\begin{aligned}&K_0'(z)\int_{(A)} E\, \mathrm{d}A + K_2'(z)\int_{(A)} Ey\, \mathrm{d}A + K_1'(z)\int_{(A)} Ex\, \mathrm{d}A\\ &= F_\mathrm{L} + \int_{(A)} E\alpha\, \Delta T\, \mathrm{d}A\\ &K_0'(z)\int_{(A)} Ey\, \mathrm{d}A + K_2'(z)\int_{(A)} Ey^2\, \mathrm{d}A + K_1'(z)\int_{(A)} Eyx\, \mathrm{d}A\\ &= M_x + \int_{(A)} E\alpha\, \Delta T y\, \mathrm{d}A\\ &K_0'(z)\int_{(A)} Ex\, \mathrm{d}A + K_2'(z)\int_{(A)} Exy\, \mathrm{d}A + K_1'(z)\int_{(A)} Ex^2\, \mathrm{d}A\\ &= -M_y + \int_{(A)} E\alpha\, \Delta T x\, \mathrm{d}A\end{aligned} \tag{3.109}$$

Sind x und y Koordinaten durch den Schwerpunkt des Querschnittes und werden der Elastizitätsmodul E und der Längenausdehnungskoeffizient α für den jeweiligen Querschnitt als konstant angegeben, dann erhält man mit

$$\begin{aligned}&\int_{(A)} y\, \mathrm{d}A = 0 \qquad \int_{(A)} x\, \mathrm{d}A = 0\\ &\int_{(A)} \mathrm{d}A = A \qquad \int_{(A)} y^2\, \mathrm{d}A = I_{xx} \qquad \int_{(A)} x^2\, \mathrm{d}A = I_{yy} \qquad \int_{(A)} xy\, \mathrm{d}A = -I_{xy}\\ &\int_{(A)} \alpha E\, \Delta T\, \mathrm{d}A = F_{\mathrm{L}T}\\ &-\int_{(A)} \alpha E\, \Delta T x\, \mathrm{d}A = M_{yT}\\ &\int_{(A)} \alpha E\, \Delta T y\, \mathrm{d}A = M_{xT}\end{aligned} \tag{3.110}$$

aus (3.109)

$$\begin{aligned} K_0'(z)\, EA &= F_\mathrm{L} + F_{\mathrm{L}T} \\ K_2'(z)\, EI_{xx} - K_1'(z) EI_{xy} &= M_x + M_{xT} \\ -K_2'(z)\, EI_{xy} + K_1'(z)\, EI_{yy} &= -M_y - M_{yT} \end{aligned} \tag{3.111}$$

Die Auflösung dieses Gleichungssystems ergibt

$$\begin{aligned} K_0'(z) &= \frac{F_\mathrm{L} + F_{\mathrm{L}T}}{EA} \\ K_1'(z) &= \frac{(M_x + M_{xT})\, I_{xy} - (M_y + M_{yT})\, I_{xx}}{E(I_{xx}I_{yy} - I_{xy}^2)} \\ K_2'(z) &= \frac{(M_x + M_{xT})\, I_{yy} - (M_y + M_{yT})\, I_{xy}}{E(I_{xx}I_{yy} - I_{xy}^2)} \end{aligned} \tag{3.112}$$

Mit (3.107) ist damit die Spannungsverteilung in einem Balken bekannt:

$$\begin{aligned} \sigma_z = {} & -\alpha E\, \Delta T + \frac{F_\mathrm{L} + F_{\mathrm{L}T}}{A} + \frac{(M_x + M_{xT})\, I_{yy} - (M_y + M_{yT})\, I_{xy}}{I_{xx}I_{yy} - I_{xy}^2}\, y \\ & + \frac{(M_x + M_{xT})\, I_{xy} - (M_y + M_{yT})\, I_{xx}}{I_{xx}I_{yy} - I_{xy}^2}\, x \end{aligned} \tag{3.113}$$

Wir wollen hieraus nun noch zwei Sonderfälle herleiten.

1. die Achsen x und y sind Hauptachsen
Mit $I_{xy} = 0$ erhält man aus (3.113)

$$\sigma_z = -\alpha E\, \Delta T + \frac{F_\mathrm{L} + F_{\mathrm{L}T}}{A} + \frac{M_x + M_{xT}}{I_{xx}}\, y - \frac{M_y + M_{yT}}{I_{yy}}\, x \tag{3.113.1}$$

2. die Achsen x und y sind Hauptachsen, und die Biegung erfolgt nur um die x-Achse (gerade Biegung). Aus (3.113.1) folgt dann

$$\sigma_z = -\alpha E\, \Delta T + \frac{F_\mathrm{L} + F_{\mathrm{L}T}}{A} + \frac{M_x + M_{xT}}{I_{xx}}\, y - \frac{M_{yT}}{I_{yy}}\, x \tag{3.113.2}$$

Bevor wir die Biegeverformungen behandeln, mit denen auch statisch unbestimmt gelagerte Bauteile untersucht werden können, wollen wir an einem einfachen Beispiel die Wärmespannungen in einem Träger bei vorgegebener Temperaturverteilung berechnen.

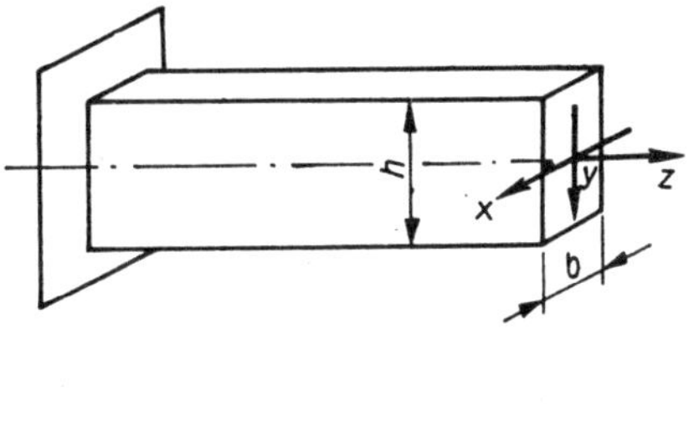

Bild F 3.57

Beispiel:

Der in Bild F 3.57 skizzierte Balken sei durch Temperaturbelastungen, die sich längs des Balkens nicht ändern, beansprucht (Bild F 3.58).

Lösung:

Der Balken ist statisch bestimmt gelagert und durch keine äußeren Lasten beansprucht, so daß gilt $F_L = 0$, $M_x = 0$ und $M_y = 0$. Wegen $T = T(y)$ ist auch $M_{yT} = 0$. Aus Gl. (3.113.2) ergibt sich demnach

$$\sigma_z = -\alpha E\,\Delta T + \frac{F_{LT}}{A} + \frac{M_{xT}}{I_{xx}}\,y$$

und aus (3.110) mit $dA = b\,dy$

$$F_{LT} = \int_{-h/2}^{h/2} \alpha E\,\Delta T b\,dy; \qquad M_{xT} = \int_{-h/2}^{h/2} \alpha E\,\Delta T y b\,dy$$

Für den gegebenen Rechteckquerschnitt sind $A = bh$ und $I_{xx} = \dfrac{bh^3}{12}$. In der folgenden Tabelle sind die Auswertung der Integrale und die Spannungsverteilung im Querschnitt wiedergegeben.

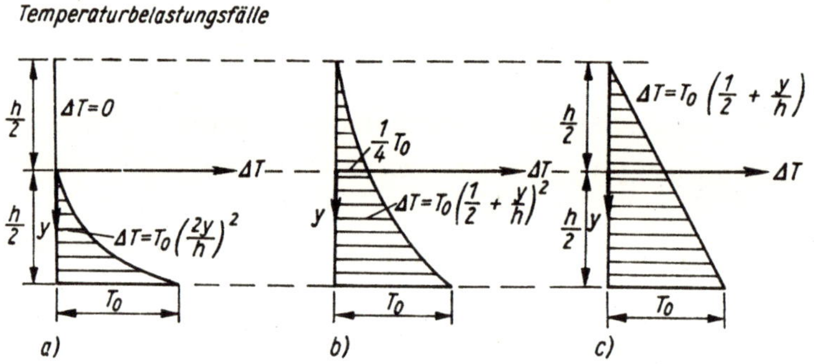

Bild F 3.58

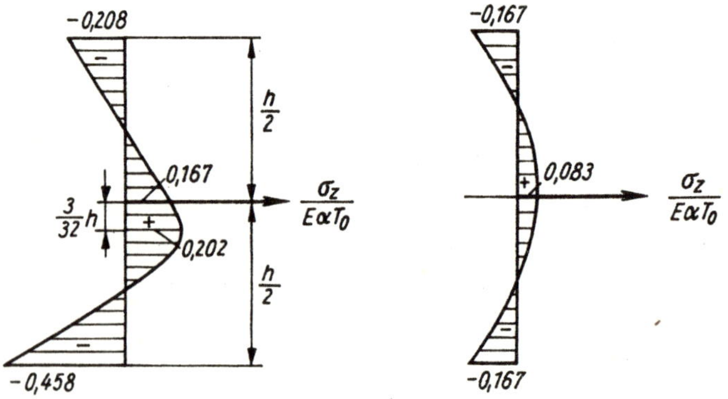

Bild F 3.59

Temperaturbelastungsfälle	F_{LT}	M_{xT}	σ_z
a)	$\int\limits_0^{h/2} \alpha E b T_0 \, 4 \frac{y^2}{h^2} \, \mathrm{d}y = \frac{1}{6} \alpha E T_0 b h$	$\int\limits_0^{h/2} \alpha E b T_0 \, 4 \frac{y^3}{h^2} \, \mathrm{d}y = \frac{1}{16} \alpha E T_0 b h^2$	$\alpha E T_0 \left[\frac{1}{6} + \frac{3}{4} \frac{y}{h} - \left(\frac{2y}{h}\right)^2\right]$ für $0 \leqq \frac{y}{h} \leqq \frac{1}{2}$ $\alpha E T_0 \left(\frac{1}{6} + \frac{3}{4} \frac{y}{h}\right)$ für $-\frac{1}{2} \leqq \frac{y}{h} \leqq 0$
b)	$\int\limits_{-h/2}^{h/2} \alpha E b T_0 \left(\frac{1}{2} + \frac{y}{h}\right)^2 \mathrm{d}y = \frac{1}{3} \alpha E T_0 b h$	$\int\limits_{-h/2}^{h/2} \alpha E b T_0 \left(\frac{1}{2} + \frac{y}{h}\right)^2 y \, \mathrm{d}y = \frac{1}{12} \alpha E T_0 b h^2$	$\alpha E T_0 \left[\frac{1}{12} - \left(\frac{y}{h}\right)^2\right]$
c)	$\int\limits_{-h/2}^{h/2} \alpha E b T_0 \left(\frac{1}{2} + \frac{y}{h}\right) \mathrm{d}y = \frac{1}{2} \alpha E T_0 b h$	$\int\limits_{-h/2}^{h/2} E b T_0 \left(\frac{1}{2} + \frac{y}{h}\right) y \, \mathrm{d}y = \frac{1}{12} \alpha E T_0 b h^2$	0

Die Spannungsverteilung ist für die Temperaturbelastung a) und b) in Bild F 3.59 dargestellt. Sie ist unabhängig von der Längskoordinate z. Der Vollständigkeit wegen sei hier noch erwähnt, daß diese Spannungsverteilung streng am freien Balkenende nicht gilt. Dies betrifft aber nur ein kleines Gebiet, welches bei Krafteinleitung ebenso unberücksichtigt bleibt.
Man nennt die in Bild F 3.59 dargestellten Spannungsverteilungen Eigenspannungen, die keine resultierenden Schnittreaktionen zur Folge haben. Ein weiteres Ergebnis wollen wir noch feststellen. In statisch bestimmt gelagerten Bauteilen haben konstante und linearveränderliche Temperaturverteilungen wohl Wärmeverformungen, aber keine Beanspruchungen zur Folge (vgl. Fall c). Das gilt selbstverständlich nicht für stückweise lineare Temperaturverteilungen!

3.7.9.2. Wärmeverformungen

Unter Verformung des Balkens wollen wir hier nur die Verformung der Achse des Balkens verstehen.
Dabei werden die Bezeichnungen von Bild F 3.60 verwendet.

v_x Durchbiegung in x-Richtung
v_y Durchbiegung in y-Richtung
v_z Durchbiegung in z-Richtung

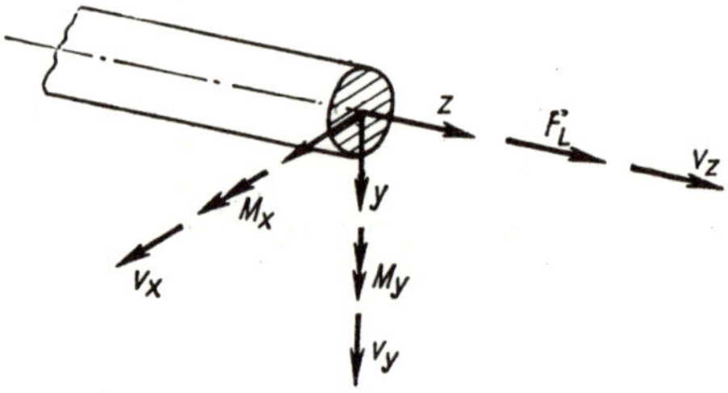

Bild F 3.60

Die Dehnung ε_z nach (3.106)

$$\varepsilon_z = \frac{F_\mathrm{L} + F_\mathrm{LT}}{EA} + \frac{(M_x + M_{xT})\, I_{yy} - (M_y + M_{yT})\, I_{xy}}{(I_{xx} I_{yy} - I_{xy}^2)\, E}\, y + \frac{(M_x + M_{xT})\, I_{xy} - (M_y + M_{yT})\, I_{xx}}{(I_{yy} I_{xx} - I_{xy}^2)\, E}\, x \tag{3.114}$$

besteht aus drei Anteilen

$$\varepsilon_z = \varepsilon_{z1} + \varepsilon_{z2} + \varepsilon_{z3}$$

wobei

$$\varepsilon_{z1} = \frac{F_\mathrm{L} + F_\mathrm{LT}}{EA} \tag{3.114.1}$$

aus einer Längsverformung,

$$\varepsilon_{z2} = \frac{(M_x + M_{xT})\, I_{yy} - (M_y + M_{yT})\, I_{xy}}{(I_{xx} I_{yy} - I_{xy}^2)\, E}\, y \tag{3.114.2}$$

aus einer Biegeverformung in der y,z-Ebene und

$$\varepsilon_{z3} = \frac{(M_x + M_{xT})\, I_{xy} - (M_y + M_{yT})\, I_{xx}}{(I_{xx} I_{yy} - I_{xy}^2)\, E}\, x \tag{3.114.3}$$

aus einer Biegeverformung in der x,z-Ebene folgen.

3.7.9.2.1. Längsverformung des Balkens

Die Verlängerung der Balkenachse erhält man aus

$$\frac{\partial v_z}{\partial z} = \varepsilon_{z1} = \frac{F_\mathrm{L} + F_{\mathrm{L}T}}{EA} \tag{3.115}$$

durch Integration

$$v_z = \int_0^z \frac{F_\mathrm{L} + F_{\mathrm{L}T}}{EA}\, \mathrm{d}\bar{z} \tag{3.115.1}$$

Für einen Stab der Länge l mit konstantem Querschnitt A und konstanten Belastungsgrößen F_L und $F_{\mathrm{L}T}$ wird die gesamte Längenänderung

$$v_z = \frac{F_\mathrm{L} + F_{\mathrm{L}T}}{EA}\, l \tag{3.115.2}$$

3.7.9.2.2. Biegeverformungen des Balkens

Wir wollen hier nur eine gerade Biegung eines zur y-Achse symmetrischen Querschnittes in der y,z-Ebene betrachten.
Aus (3.1), (3.42) und (3.114) folgt dann sofort

$$v'' = -\frac{M_x + M_{xT}}{EI_{xx}} \tag{3.116}$$

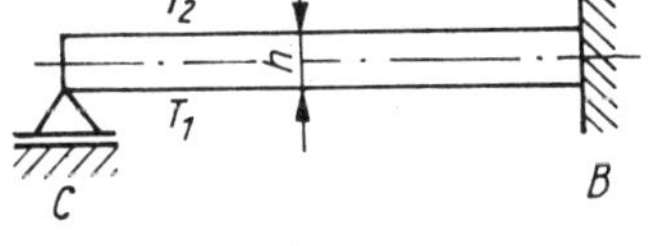

Bild F 3.61

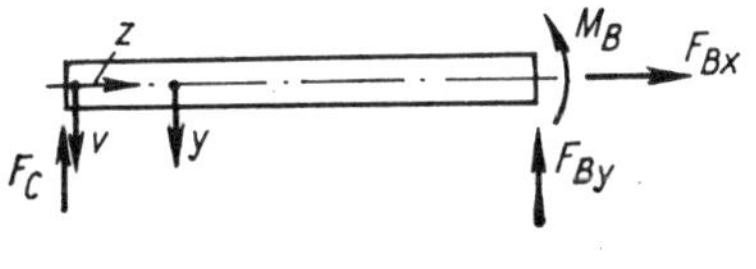

Bild F 3.62

Beispiel:

Ein Balken mit Rechteckquerschnitt (b, h) hat an der Unterseite die Temperatur T_1 und an der Oberseite die Temperatur T_2. Die Temperatur ist längs des Balkens unveränderlich und über den Querschnitt linear verteilt.

Gesucht: a) Durchbiegungsverlauf
b) größte Normalspannung

Lösung:

a) Die Temperaturverteilung ist unabhängig von z

$$\Delta T = \frac{T_1 + T_2}{2} + (T_1 - T_2)\,\frac{y}{h}$$

Die Dgl. der elastischen Linie (3.116) mit $I_{xx} = I$ lautet dann

$$EIv'' = -(M_x + M_{xT}),$$

wobei

$$M_x = F_C z$$

und nach (3.110)

$$M_{xT} = \int\limits_{(A)} \alpha E\,\Delta T y\,\mathrm{d}A = \int\limits_{-h/2}^{h/2} \alpha E b \left[\frac{T_1 + T_2}{2}\,y + (T_1 - T_2)\,\frac{y^2}{h}\right] \mathrm{d}y$$

$$= \frac{1}{12}\,\alpha E(T_1 - T_2)\,bh^2$$

$$EIv'' = -\left[\frac{1}{12}\,\alpha E(T_1 - T_2)\,bh^2 + F_C z\right]$$

Durch Integration erhält man

$$EIv' = -\left[\frac{1}{12}\,\alpha E(T_1 - T_2)\,bh^2 z + F_C\,\frac{z^2}{2}\right] + C_1$$

$$EIv = -\left[\frac{1}{24}\,\alpha E(T_1 - T_2)\,bh^2 z^2 + F_C\,\frac{z^3}{6}\right] + C_1 z + C_2$$

Die nicht durch Gleichgewichtsbeziehungen berechenbare Auflagerreaktion F_C (das vorliegende Problem ist einfach statisch unbestimmt) sowie die Integrationskonstanten C_1 und C_2 werden aus folgenden Randbedingungen bestimmt:

$$z = 0{:}\quad v = 0 \Rightarrow C_2 = 0$$

$$z = l{:}\quad v' = 0 \Rightarrow C_1 - \left[\frac{1}{12}\,\alpha E(T_1 - T_2)\,bh^2 l + F_C\,\frac{l^2}{2}\right] = 0$$

$$v = 0 \Rightarrow C_1 l - \left[\frac{1}{24}\,\alpha E(T_1 - T_2)\,bh^2 l^2 + F_C\,\frac{l^3}{6}\right] = 0$$

Die Auflösung ergibt

$$C_1 = \frac{1}{48}\,\alpha E(T_1 - T_2)\,bh^2 l$$

$$F_C = -\frac{1}{8}\,\alpha E(T_1 - T_2)\,\frac{bh^2}{l}$$

Für den vorliegenden Rechteckquerschnitt ist

$$I = \frac{bh^3}{12}$$

Damit lautet der Durchbiegungsverlauf

$$v = \alpha(T_1 - T_2)\,\frac{1}{4}\,\frac{l^2}{h}\left[\frac{z}{l} - 2\left(\frac{z}{l}\right)^2 + \left(\frac{z}{l}\right)^3\right]$$

b) Die Spannungsverteilung ergibt sich mit (3.113.2) zu

$$\sigma_z = -\frac{3}{2}\,\alpha E(T_1 - T_2)\,\frac{z}{l}\,\frac{y}{h}$$

Die maximale Normalspannung tritt hier an der Einspannstelle, und zwar am Außenrand des Querschnittes, auf

$$\sigma_{z\max} = \sigma_z\left(y = \pm\frac{h}{2};\, z = l\right) = \mp\frac{3}{4}\,\alpha E(T_1 - T_2)$$

In unserem speziellen Fall (lineare Temperaturverteilung über den Querschnitt bei ungehinderter Längsverformung) kann man natürlich auch sofort die Spannungen mit Hilfe des Schnittmomentes berechnen

$$\sigma_z = \frac{M_x}{I_{xx}}\,y$$

denn eine lineare Temperaturverteilung hat keine Eigenspannungszustände zur Folge.

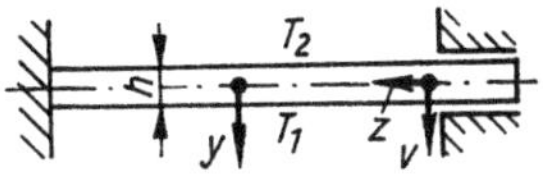

Bild F 3.63

Der Leser möge zur Übung noch folgendes Beispiel rechnen:

Dabei ergibt sich für mit z unveränderlicher, sonst aber beliebiger Temperaturverteilung im Balken stets die Lösung $v = 0$, d. h., der Träger bleibt bei der Erwärmung gerade.
(Wird auch noch die Längsverformung verhindert, dann wird die gesamte eingeprägte thermische Dehnung in elastische Dehnung verwandelt.) Für obiges Beispiel erhält man bei einer linearen Temperaturverteilung über den Querschnitt eine von z unabhängige Normalspannung

$$\sigma_z = -\alpha E(T_1 - T_2)\,\frac{y}{h}$$

3.8. Beispiele

Beispiel 1:

Für ein Rechteck (Bild F 3.64) sind die Trägheitsmomente bezüglich der beiden eingezeichneten Koordinatensysteme zu bestimmen.

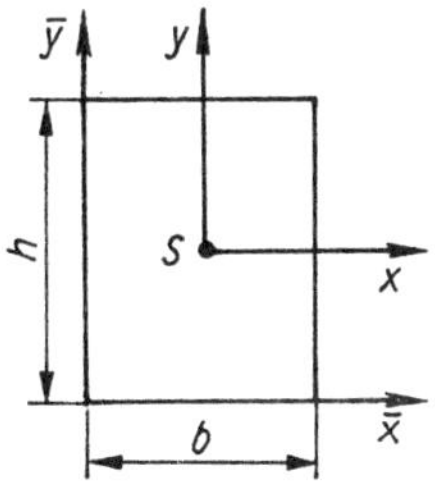

Bild F 3.64

Lösung:

$$I_{xx} = \int_{(A)} y^2 \,\mathrm{d}A = \int_{-h/2}^{h/2} y^2 b \,\mathrm{d}y = \frac{bh^3}{12}$$

$$I_{yy} = \int_{(A)} x^2 \,\mathrm{d}A = \int_{-h/2}^{h/2} x^2 h \,\mathrm{d}x = \frac{b^3 h}{12}$$

$$I_{xy} = 0 \text{ (Symmetrie!)}$$

$$I_{\bar{x}\bar{x}} = \int_0^h \bar{y}^2 b \,\mathrm{d}\bar{y} = I_{xx} + bh\left(\frac{h}{2}\right)^2 = \frac{bh^3}{3}$$

$$I_{\bar{y}\bar{y}} = \int_0^b \bar{x}^2 h \,\mathrm{d}\bar{x} = I_{yy} + bh\left(\frac{b}{2}\right)^2 = \frac{b^3 h}{3}$$

$$I_{\bar{x}\bar{y}} = -\int_0^b \bar{x} \,\mathrm{d}\bar{x} \cdot \int_0^h \bar{y} \,\mathrm{d}\bar{y} = I_{xy} - bh\,\frac{b}{2}\,\frac{h}{2} = -\frac{b^2h^2}{4}$$

Beachte: Bei der Bestimmung des Deviationsmomentes muß für das Flächenelement $\mathrm{d}A = \mathrm{d}x\,\mathrm{d}y$ geschrieben werden. Zur Bestimmung der äquatorialen Trägheitsmomente darf man mit Flächenstreifen parallel zu der Achse, für die das Trägheitsmoment bestimmt werden soll, rechnen

$$I_{xx}\colon \mathrm{d}A = b\,\mathrm{d}y \qquad I_{yy}\colon \mathrm{d}A = h\,\mathrm{d}x$$

Beispiel 2:

Für ein beliebiges Dreieck (Bild F 3.65) sind die Trägheitsmomente in bezug auf die eingezeichneten Koordinatensysteme zu bestimmen.

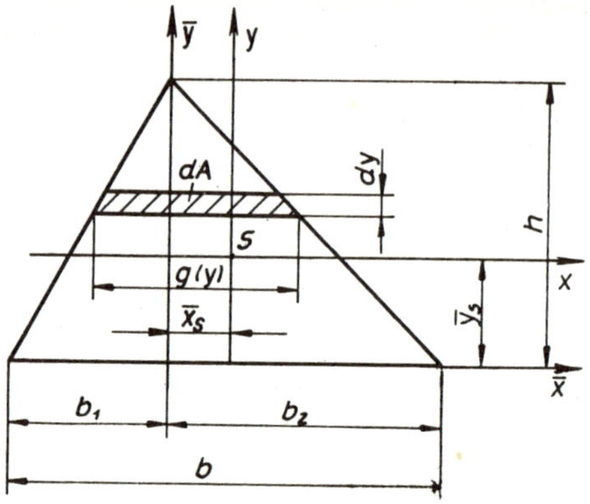

Bild F 3.65

Lösung:

Strahlensatz

$$\frac{g(y)}{b} = \frac{h - (y + \bar{y}_s)}{h} = \frac{\frac{2}{3}h - y}{h}$$

$$\bar{x}_s = \frac{b_2 - b_1}{3} \qquad \bar{y}_s = \frac{h}{3}$$

Damit erhält man

$$I_{xx} = \int\limits_{(A)} y^2 \, \mathrm{d}A = \int\limits_{y=-h/3}^{(2/3)h} y^2 g(y) \, \mathrm{d}y = \frac{b}{h} \int\limits_{y=-h/3}^{(2/3)h} \left(\frac{2}{3} hy^2 - y^3\right) \mathrm{d}y = \frac{bh^3}{36}$$

$$I_{\bar{x}\bar{x}} = I_{xx} + \bar{y}_s^2 A = \frac{bh^3}{36} + \left(\frac{h}{3}\right)^2 \frac{bh}{2} = \frac{bh^3}{12}$$

Aus der letzten Gleichung findet man durch Vertauschen von b und h mit $b = b_1 + b_2$ das Trägheitsmoment um die $\bar{y}$-Achse zu

$$I_{\bar{y}\bar{y}} = \frac{hb_1^3}{12} + \frac{hb_2^3}{12} = \frac{h}{12} (b_1^3 + b_2^3)$$

und daraus mit dem Satz von *Steiner*

$$I_{yy} = I_{\bar{y}\bar{y}} - \bar{x}_s^2 A = \frac{h}{12} (b_1^3 + b_2^3) - \frac{(b_2 - b_1)^2}{9} \frac{bh}{2} = \frac{hb}{36} (b^2 - b_1 b_2)$$

Zur Ermittlung des Zentrifugalmomentes zerlegen wir die Fläche zweckmäßigerweise in zwei Dreiecke. Das Flächenelement $\mathrm{d}A$ muß hier mit $\mathrm{d}\bar{x}\,\mathrm{d}\bar{y}$ angesetzt werden. Bei den Doppelintegralen ist eine abhängige und eine unabhängige Variable zu wählen. Wir erhalten für das linke Dreieck ($\bar{x}$ ist eine abhängige Variable)

$$I_{\bar{x}\bar{y}_1} = -\int\limits_0^h \int\limits_{\bar{x}_1}^0 \bar{x}\bar{y} \, \mathrm{d}\bar{x} \, \mathrm{d}\bar{y} = +\int\limits_0^h \frac{\bar{x}_1^2}{2} \bar{y} \, \mathrm{d}y$$

mit

$$-\frac{\bar{x}_1}{b_1} = \frac{h - \bar{y}}{h}$$

$$I_{\bar{x}\bar{y}_1} = \frac{b_1^2}{2} \int\limits_0^h \left(1 - \frac{\bar{y}}{h}\right)^2 \bar{y} \, \mathrm{d}\bar{y} = \frac{b_1^2 h^2}{2} \left(\frac{1}{2} - \frac{2}{3} + \frac{1}{4}\right) = \frac{b_1^2 h^2}{24}$$

Für das andere Dreieck erhalten wir analog

$$I_{\bar{x}\bar{y}_2} = -\frac{b_2^2 h^2}{24}$$

und damit

$$I_{\bar{x}\bar{y}} = \frac{h^2}{24} (b_1^2 - b_2^2)$$

Für das Deviationsmoment in bezug auf den Schwerpunkt errechnen wir nach dem Satz von *Steiner*

$$I_{xy} = I_{\bar{x}\bar{y}} + A\bar{x}_s\bar{y}_s = \frac{h^2}{24} (b_1^2 - b_2^2) + \frac{b_2 - b_1}{3} \frac{h}{3} \frac{(b_2 + b_1)\,h}{2} = \frac{h^2(b_2^2 - b_1^2)}{72}$$

Beispiel 3:

Für einen Kreisringsektor sind die Trägheitsmomente zu ermitteln (Bild F 3.66)

Lösung:

Mit

$$\bar{x} = r\cos\varphi$$

$$\bar{y} = r\sin\varphi$$

und

$$\mathrm{d}A = r\,\mathrm{d}\varphi\,\mathrm{d}r$$

erhalten wir

$$I_{\bar{x}\bar{x}} = \int_{(A)} \bar{y}^2\,\mathrm{d}A = \int_{R_i}^{R_a}\int_{-\alpha}^{+\alpha} r^2\sin^2\varphi r\,\mathrm{d}\varphi\,\mathrm{d}r$$

$$= \int_{R_i}^{R_a} r^3\,\mathrm{d}r \cdot \frac{1}{2}\int_{-\alpha}^{+\alpha}(1-\cos 2\varphi)\,\mathrm{d}\varphi = \frac{R_a^4 - R_i^4}{8}(2\alpha - \sin 2\alpha)$$

$$I_{\bar{y}\bar{y}} = \int_{(A)} \bar{x}^2\,\mathrm{d}A = \frac{R_a^4 - R_i^4}{8}(2\alpha + \sin 2\alpha)$$

Für $\alpha = \pi$, $R_i = 0$ und $R_a = R$ erhalten wir daraus für den Kreisquerschnitt

$$I_{xx} = I_{yy} = \frac{\pi R^4}{4}$$

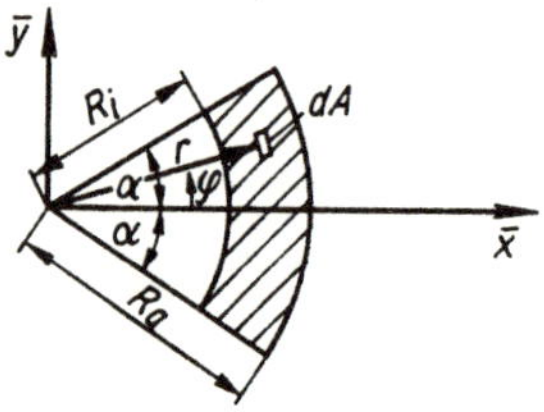

Bild F 3.66

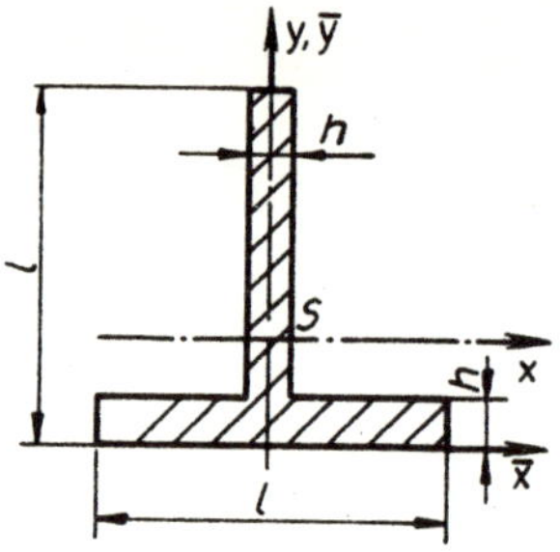

Bild F 3.67

Beispiel 4:

⊤-Profil (Bild F 3.67)

Gegeben: l, h

Gesucht: $I_{\bar{x}\bar{x}}$, $I_{\bar{y}\bar{y}}$, I_{xx}, I_{yy}, I_{xy}

Lösung:

Schwerpunktabstand:

$$\bar{x}_s = 0 \qquad \bar{y}_s = \frac{1}{2}\,\frac{l^2 + lh - h^2}{2l - h}$$

Trägheitsmomente:

$$I_{\bar{x}\bar{x}} = \frac{l^3h}{3} + \frac{(l-h)\,h^3}{3} \qquad I_{\bar{y}\bar{y}} = \frac{hl^3}{12} + \frac{(l-h)}{12}\,h^3$$

$$I_{xx} = I_{\bar{x}\bar{x}} - \bar{y}_s^2 A = \frac{hl^3}{3} + \frac{l-h}{3}\,h^3 - \frac{h}{4}\,\frac{(l^2+lh-h^2)^2}{2l-h}$$

$$I_{yy} = I_{\bar{y}\bar{y}} - \bar{x}_s^2 A = I_{\bar{y}\bar{y}}; \qquad I_{xy} = 0$$

Für ein dünnwandiges Profil $\left(\frac{h}{l} \ll 1\right)$ gilt angenähert $\left(\text{Grenzübergang } \frac{h}{l} \to 0\right)$

$$\bar{x}_s = 0; \quad \bar{y}_s = \frac{l}{2}\,\frac{1 + \frac{h}{l} - \left(\frac{h}{l}\right)^2}{2 - \frac{h}{l}} \approx \frac{l}{4}$$

$$I_{\bar{x}\bar{x}} = \frac{l^3h}{3}; \qquad I_{xx} = \frac{5}{24}\,l^3h; \qquad I_{\bar{y}\bar{y}} = I_{yy} = \frac{l^3h}{12}$$

Beispiel 5:

Ungleichschenkliges Winkelprofil (Bild F 3.68.1)

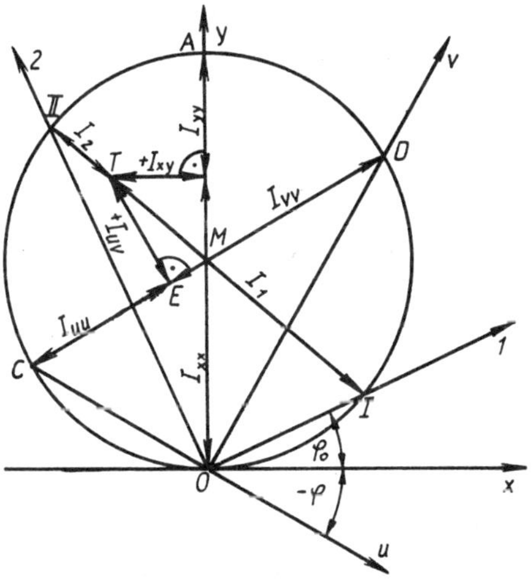

Bild F 3.68.1

Gegeben: $l_1 = 60$ mm
$l_2 = 90$ mm
$h = 10$ mm

Gesucht:

a) $I_{\bar{x}\bar{x}}$, $I_{\bar{y}\bar{y}}$, $I_{\bar{x}\bar{y}}$, I_{xx}, I_{yy}, I_{xy}
b) analytisch: φ_0, I_1, I_2, I_{uu}, I_{vv}, I_{uv} für $\varphi = -30°$
c) nach *Mohr-Land*: φ_0, I_1, I_2, I_{uu}, I_{vv}, I_{uv} für $\varphi = -30°$

Lösung:

a) Schwerpunktabstand:

$$\bar{x}_s = \frac{1}{2}\,\frac{l_1^2 + l_2h - h^2}{l_1 + l_2 - h} = 1{,}57\ \text{cm}$$

$$\bar{y}_s = \frac{1}{2}\,\frac{l_2^2 + l_1h - h^2}{l_1 + l_2 - h} = 3{,}07\ \text{cm}$$

Trägheitsmomente:

$$I_{\bar{x}\bar{x}} = \frac{hl_2^3}{3} + \frac{(l_1 - h)\,h^3}{3} = 244{,}67\ \text{cm}^4$$

$$I_{\bar{y}\bar{y}} = \frac{hl_1^3}{3} + \frac{(l_2 - h)\,h^3}{3} = 74{,}67\ \text{cm}^4$$

$$I_{\bar{x}\bar{y}} = \left[0 - \left(\frac{l_1 - h}{2} + h\right)\frac{h}{2}\,(l_1 - h)\,h\right] + \left[0 - \frac{l_2}{2}\,\frac{h}{2}\,l_2h\right]$$

$$= -\frac{h^2}{4}\,(l_1^2 + l_2^2 - h^2) = -29\ \text{cm}^4$$

$$I_{xx} = I_{\bar{x}\bar{x}} - \bar{y}_s^2A = \frac{hl_2^3}{3} + \frac{(l_1 - h)\,h^3}{3} - \frac{h}{4}\,\frac{(l_2^2 + l_1h - h^2)^2}{l_1 + l_2 - h} = 112{,}60\ \text{cm}^4$$

$$I_{yy} = I_{\bar{y}\bar{y}} - \bar{x}_s^2A = \frac{hl_1^3}{3} + \frac{(l_2 - h)\,h^3}{3} - \frac{h}{4}\,\frac{(l_1^2 + l_2h - h^2)^2}{l_1 + l_2 - h} = 40{,}10\ \text{cm}^4$$

$$I_{xy} = I_{\bar{x}\bar{y}} + \bar{x}_s\bar{y}_sA = -\frac{h^2}{4}\,(l_1^2 + l_2^2 - h^2) + \frac{h}{4}\,\frac{(l_1^2 + l_2h - h^2)\,(l_2^2 + l_1h - h^2)}{l_1 + l_2 - h}$$

$$= 38{,}57\ \text{cm}^4$$

b) Hauptträgheitsachsen und Hauptträgheitsmomente:

$$\tan 2\varphi_0 = \frac{2I_{xy}}{I_{xx} - I_{yy}} = 1{,}064 \rightarrow \varphi_0 = 23{,}39°$$

$$I_{1/2} = \frac{I_{xx} + I_{yy}}{2} \pm \sqrt{\left(\frac{I_{xx} - I_{yy}}{2}\right)^2 + I_{xy}^2} \rightarrow I_1 = 129{,}29\ \text{cm}^4$$

$$I_2 = 23{,}42\ \text{cm}^4$$

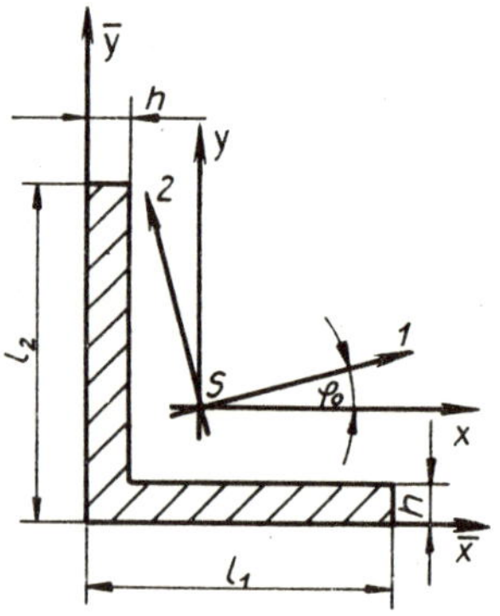

Bild F 3.68.2

Trägheitsmomente für das gedrehte Koordinatensystem:

$$I_{uu} = \frac{I_{xx} + I_{yy}}{2} + \frac{I_{xx} - I_{yy}}{2} \cos 2\varphi + I_{xy} \sin 2\varphi = 61{,}07 \text{ cm}^4$$

$$I_{vv} = \frac{I_{xx} + I_{yy}}{2} - \frac{I_{xx} - I_{yy}}{2} \cos 2\varphi - I_{xy} \sin 2\varphi = 91{,}63 \text{ cm}^4$$

$$I_{uv} = -\frac{I_{xx} - I_{yy}}{2} \sin 2\varphi + I_{xy} \cos 2\varphi = 50{,}69 \text{ cm}^4$$

c) Grafische Lösung mittels Trägheitskreises von *Mohr-Land*, s. Bild 3.68.2

Beispiel 6:

Kragträger mit Einzellast (Bild F 3.69)

Gegeben: $l = 6$ cm
$h = 0{,}7$ cm
$L = 100$ cm
$F = 500$ N
$\alpha = 45°$

Gesucht: Spannungsverteilung, maximale Normalspannung

Lösung:

Schiefe Biegung (x, y Hauptträgheitsachsen)

$$M_x = -M \cos \alpha \qquad M_y = -M \sin \alpha \qquad M = Fz$$

Nach Aufgabe 4 erhält man

$$e = \frac{1}{2} \frac{l^2 + lh - h^2}{2l - h} = 1{,}757 \text{ cm}$$

$$I_{xx} = \frac{hl^3}{3} + \frac{(l - h)}{3} h^3 - \frac{h}{4} \frac{(l^2 + lh - h^2)^2}{2l - h} = 26{,}59 \text{ cm}^4$$

$$I_{yy} = \frac{hl^3}{12} + \frac{(l - h)}{12} h^3 = 12{,}75 \text{ cm}^4$$

$$\sigma_z = \frac{M_x}{I_{xx}} y - \frac{M_y}{I_{yy}} x = (0{,}277x - 0{,}133y)\, z$$

(x, y, z in cm, σ_z in N mm^{-2})

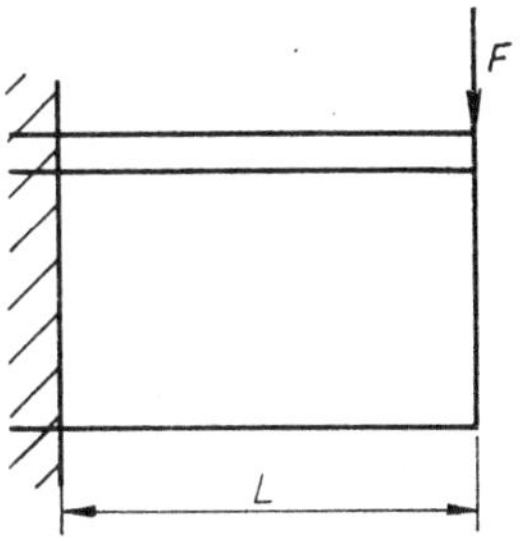

Bild F 3.69.1

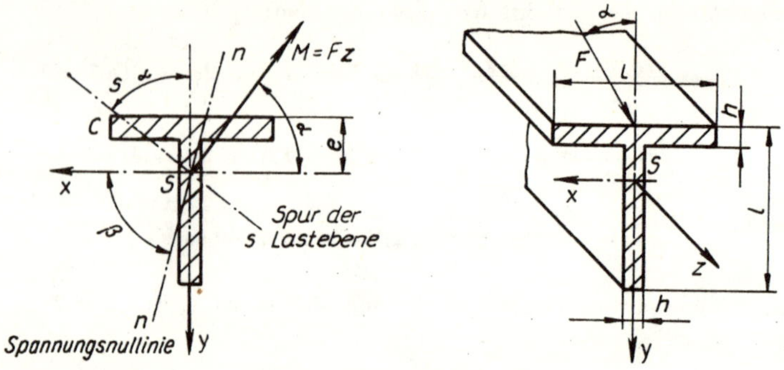

Bild F 3.69.2

Spannungsnullinie:

$$\sigma_z = 0 \qquad y = \frac{0{,}277}{0{,}133}\,x = 2{,}08x = x\tan\beta \qquad \beta = 64{,}35°$$

Maximales Moment im Einspannquerschnitt ($z = L$): $M_{\max} = FL$. Die Maximalspannung tritt im Querschnitt in dem Punkt auf, der von der Spannungsnullinie am weitesten entfernt ist $\left[\text{Punkt } C\left(\frac{l}{2};\ -e\right)\right]$

$$\sigma_{z\max} = (2{,}77 \cdot 3 + 1{,}33 \cdot 1{,}757) \cdot 10\ \text{N mm}^{-2} = 1{,}07 \cdot 10^2\ \text{N mm}^{-2}$$

Beispiel 7:

Rechteckige Säule mit Mittelbohrung (Bild F 3.70)

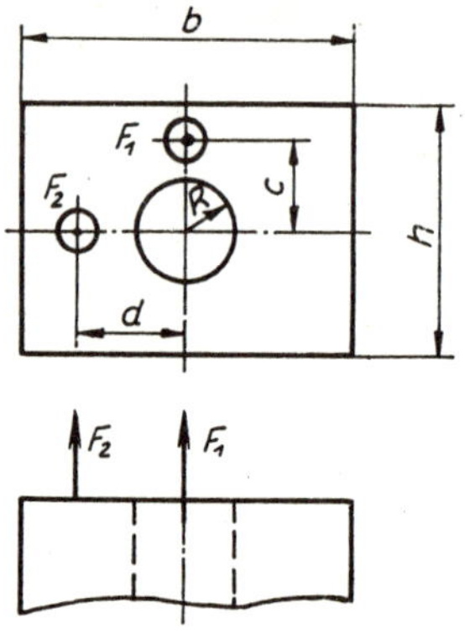

Bild F 3.70

Gegeben:

$F_1 = 10^4$ N, $F_2 = 2 \cdot 10^4$ N
$b = 12$ cm
$c = 3$ cm
$d = 4$ cm
$h = 8$ cm
$R = 2$ cm

Gesucht:

Spannungsverteilung, Lage der Spannungsnullinie, Maximalspannung

Lösung:

Biegung mit Längskraft:

$$M_{bx} = -F_1 c, \quad M_{by} = -F_2 d$$

$$\sigma_z = \frac{F_1 + F_2}{A} + \frac{M_{bx}}{I_{xx}} y - \frac{M_{by}}{I_{yy}} x$$

$$A = bh - \pi R^2 = 83{,}43 \text{ cm}^2$$

$$I_{xx} = \frac{bh^3}{12} - \frac{\pi R^4}{4} = 499{,}43 \text{ cm}^4$$

$$I_{yy} = \frac{hb^3}{12} - \frac{\pi R^4}{4} = 1\,139{,}43 \text{ cm}^4$$

$$\sigma_z = 3{,}60 + 0{,}702x - 0{,}601y \qquad (x, y \text{ in cm}, \sigma_z \text{ in N mm}^{-2})$$

Spannungsnullinie:

$$\sigma_z = 0 \quad y = 5{,}99 + 1{,}168x$$

d. h., die Spannungsnullinie ist eine Gerade, die mit der y-Achse den Winkel β einschließt und die y-Achse im Abstand von $+5{,}99$ cm schneidet.

$$\tan\beta = \frac{1}{1{,}168} = 0{,}856 \qquad \beta = 40{,}57°$$

$$\sigma_{z\max} = \sigma_z\left(x = \frac{b}{2}, \quad y = -\frac{h}{2}\right) = 10{,}2 \text{ N mm}^{-2}$$

Beispiel 8:

Kranhaken (Bild F 3.71.1)

Gegeben: $h = b_2 = 8$ cm, $r = 10$ cm

$b_1 = 4$ cm, $F = 3 \cdot 10^4$ N

Gesucht:

Spannungsverteilung über den Querschnitt B—B nach der Theorie stark gekrümmter Stäbe

Lösung:

Krümmungsradius R der Schwerpunktlinie im Querschnitt B—B:

$$A = \frac{b_1 + b_2}{2} h = 48 \text{ cm}^2$$

$$e_2 = \frac{1}{A}\left(\frac{h}{2} b_1 h + 2 \frac{h}{3} \frac{h}{2} \frac{b_2 - b_1}{2}\right) = 3{,}56 \text{ cm}$$

$$e_1 = h - e_2 = 4{,}44 \text{ cm}$$

$$R = e_2 + r = 13{,}56 \text{ cm}$$

Faktor Z:

$$\mathrm{d}A = b(y)\,\mathrm{d}y = [b_1 + 2\xi(y)]\,\mathrm{d}y$$

$$\frac{\xi(y)}{e_1 - y} = \frac{\dfrac{b_2 - b_1}{2}}{h}$$

$$Z = -AR^2 + R^3 \int_{(A)} \frac{\mathrm{d}A}{R + y} = -AR^2 + R^3 \int_{y=-e_2}^{e_1} \frac{b_1 + \dfrac{b_2 - b_1}{h}(e_1 - y)}{R + y}\,\mathrm{d}y$$

$$= -AR^2 + R^3 \left\{\left[b_1 + \frac{b_2 - b_1}{h}(r + h)\right] \ln \frac{r + h}{r} - (b_2 - b_1)\right\}$$

$$Z = 252{,}83\ \mathrm{cm}^4$$

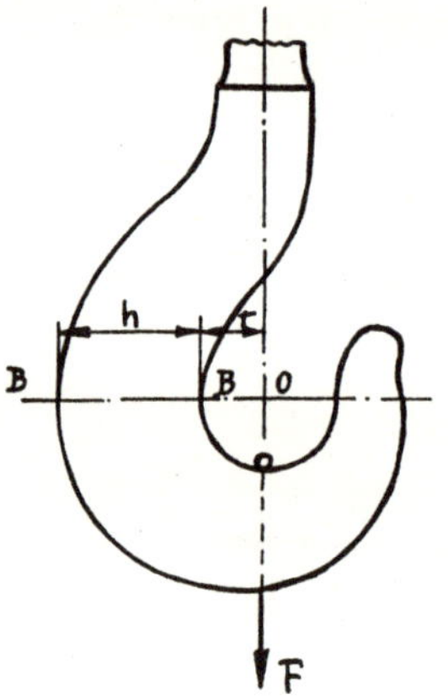

Bild F 3.71.1

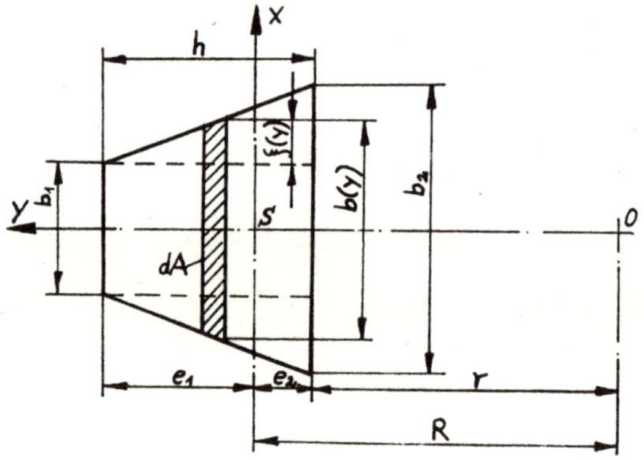

Bild F 3.71.2

Spannungsverteilung (Bild F 3.71.2):

$$\sigma_z = \frac{F_\mathrm{L}}{A} + \frac{M_\mathrm{b}}{AR} + \frac{M_\mathrm{b}R}{Z}\,\frac{y}{R + y}$$

in B—B: $\quad F_\mathrm{L} = F, \qquad M_\mathrm{b} = -FR$

$$\sigma_z = -\frac{FR^2}{Z}\,\frac{y}{R + y} = -218{,}18\,\frac{y}{13{,}56 + y}\ (y \text{ in cm},\ \sigma_z \text{ in N mm}^{-2})$$

Außenrand: $\sigma_z(y = e_1) = -53{,}8\ \mathrm{N\,mm^{-2}}$ (Druck)
Innenrand: $\sigma_z(y = -e_2) = 77{,}7\ \mathrm{N\,mm^{-2}}$ (Zug)

Spannungsnullinie:
Abstand der Spannungsnullinie (n—n) vom Schwerpunkt:

$$\text{für } F_\mathrm{L} = F, \qquad M_\mathrm{b} = -FR$$

n—n fällt mit der x-Achse zusammen.

Beispiel 9:

Balken mit Streckenlast und Einzelkraft
(Bild F 3.72)

Gegeben: $q, F, a, b, EI =$ konst.

Gesucht: Verschiebung des Lastangriffspunktes

Lösung:

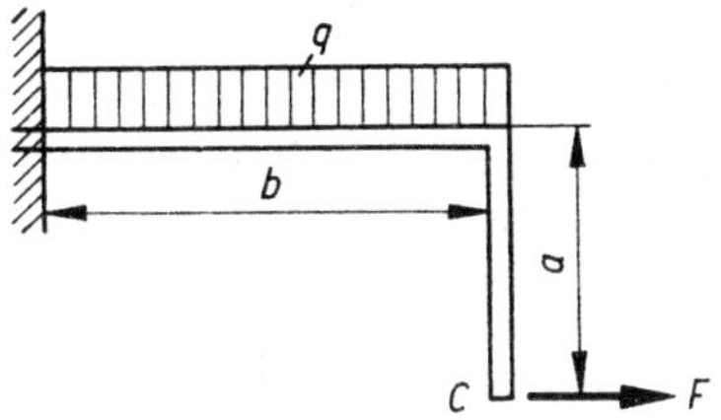

Bild F 3.72.1

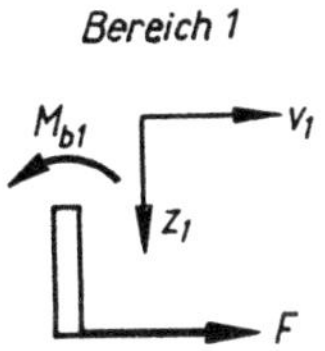

Bild F 3.72.2

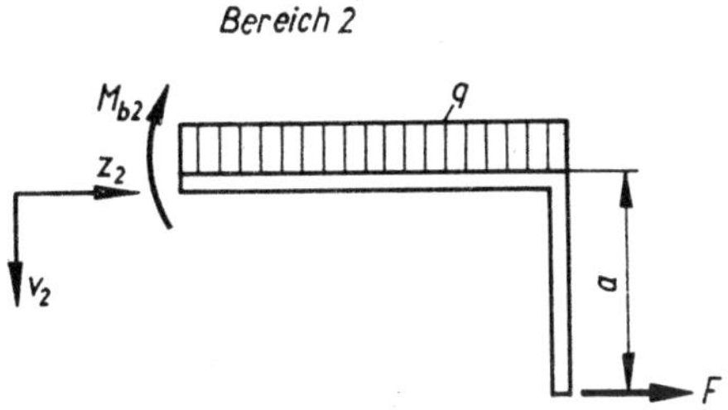

Bild F 3.72.3

Momente — Integrationen:

$$M_{b1} = -F(a - z_1) \qquad M_{b2} = Fa - \frac{q}{2}(b - z_2)^2$$

$$EIv_1'' = F(a - z_1) \qquad EIv_2'' = -Fa + q\left(\frac{b^2}{2} - bz_2 + \frac{z_2^2}{2}\right)$$

$$EIv_1' = F\left(az_1 - \frac{z_1^2}{2}\right) + C_1 \qquad EIv_2' = -Faz_2 + q\left(\frac{b^2 z_2}{2} - \frac{bz_2^2}{2} + \frac{z_2^3}{6}\right) + C_2$$

$$EIv_1 = F\left(\frac{az_1^2}{2} - \frac{z_1^3}{6}\right) + C_1 z_1 + C_3 \qquad EIv_2 = -\frac{Faz_2^2}{2} + q\left(\frac{b^2 z_2^2}{4} - \frac{bz_2^3}{6} + \frac{z_2^4}{24}\right) + C_2 z_2 + C_4$$

Rand- und Übergangsbedingungen — Konstantenbestimmung:

$$v_2(z_2 = 0) = 0 \Rightarrow C_4 = 0$$

$$v_2'(z_2 = 0) = 0 \Rightarrow C_2 = 0$$

$$v_1(z_1 = 0) = 0 \Rightarrow C_3 = 0$$

(Der Zuganteil im horizontalen Trägerteil wird vernachlässigt)

$$v_1'(z_1 = 0) = -v_2'(z_2 = b) \Rightarrow C_1 = Fab - q\,\frac{b^3}{6}$$

Ergebnis:

$$v_{CH} = v_1(z_1 = a) = \frac{1}{EI}\left(\frac{1}{3}Fa^3 + Fa^2b - \frac{1}{6}qab^3\right)$$

$$v_{CV} = v_2(z_2 = b) = \frac{1}{EI}\left(-\frac{1}{2}Fab^2 + \frac{1}{8}qb^4\right)$$

Beispiel 10:

Verzweigter Träger nach Bild F 3.73

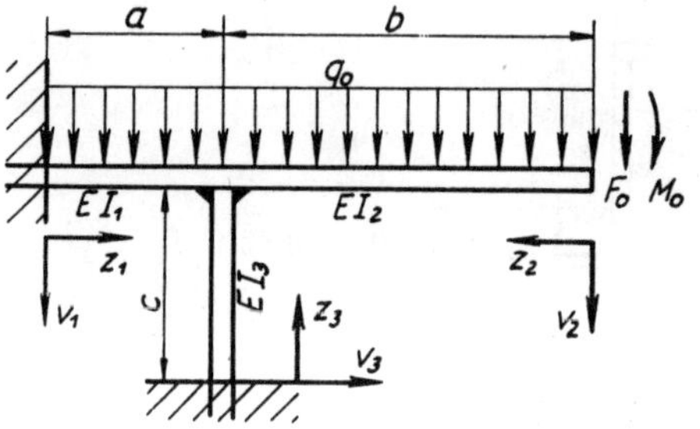

Bild F 3.73

Gegeben: Abmessungen a, b, c
$EI_1 = EI_2$, EI_3
Belastungen F_0, M_0, q_0

Gesucht: Rand- und Übergangsbedingungen für v und v' in den vorgegebenen Koordinaten. Begründung für die Anzahl dieser Gleichungen

Lösung:

$$v_1(z_1 = 0) = 0 \qquad v_1'(z_1 = 0) = 0$$

$$v_1(z_1 = a) = 0 \qquad v_1'(z_1 = a) = +v_3'(z_3 = c)$$

$$v_2(z_2 = b) = 0 \qquad v_2'(z_2 = b) = -v_3'(z_3 = c)$$

$$v_3(z_3 = 0) = 0 \qquad v_3'(z_3 = 0) = 0$$

$$v_3(z_3 = c) = 0$$

Diese Gleichungen werden benötigt und sind ausreichend für die Berechnung der folgenden 9 Unbekannten:

2 Integrationskonstanten in jedem Bereich = 6 Unbekannte
[Ausgangspunkt: Differentialgleichung 2. Ordnung für $v(z)$]

3 statisch unbestimmte Auflagerreaktionen = 3 Unbekannte

3.9. Zusammenfassung

Biegung ist die Belastungsart, die im allgemeinen Maschinenbau am häufigsten auftritt. Die in diesem Abschnitt hergeleiteten Beziehungen gelten streng nur für reine Biegung, können aber mit guter Näherung auch für Querkraftbiegung angewendet werden, wenn die Länge eines Trägers groß ist gegenüber seinen Querschnittsabmessungen. Die Biegespannungen sind linear über der Querschnittsfläche verteilt.

Im Träger gibt es eine spannungsfreie Schicht (Nullschicht), auf der in Balkenlängsrichtung die Verbindungslinie sämtlicher Querschnittsschwerpunkte liegt (neutrale Faser). Im Trägerquerschnitt ist die Spur der Nullschicht eine Gerade, die wir Spannungsnullinie nennen. Sie fällt mit dem Momentenvektor nur dann zusammen, wenn die Biegung um eine Querschnittshauptachse erfolgt. Für Querschnittshauptachsen verschwindet das Deviationsmoment I_{xy} (gerade Biegung), und die äquatorialen Trägheitsmomente nehmen Extremwerte an. Eine Symmetrieachse und die dazu senkrechte Achse sind stets Hauptachsen.
Die Durchbiegung v eines auf gerade Biegung beanspruchten Balkens wird, falls das Moment $M_i(z)$ in jedem Balkenabschnitt angegeben werden kann, aus einer Differentialgleichung zweiter Ordnung, der Grundgleichung der elastischen Linie, gewonnen. Die bei der Integration auftretenden Konstanten sind aus den Rand- und Übergangsbedingungen für die Balkendurchbiegung v_i und Balkenneigung v_i' zu ermitteln.

4. SCHUBBEANSPRUCHUNG INFOLGE QUERKRAFT

4.1. Allgemeine Betrachtungen

In Abschn. 3. wurden die Gleichungen für die reine oder querkraftfreie Biegung hergeleitet. Wenn die Länge des Balkens groß ist gegenüber seinen Querschnittsabmessungen, kann man die dort hergeleiteten Formeln auch dann zur Errechnung der Biegespannungen benutzen, wenn eine Querkraft im Balkenteil wirkt. Die Schubspannungen, die durch diese Querkraft entstehen, werden sogar aus den in Abschn. 3. ermittelten Beziehungen berechnet, und die so errechneten Werte für die Normal- und Schubspannungen stimmen genügend genau mit den tatsächlich auftretenden und meßbaren Ergebnissen überein.

4.2. Querkraftschub in einfach zusammenhängenden Querschnitten

Zunächst wird die Querkraftbeanspruchung in einfach zusammenhängenden Querschnitten untersucht.

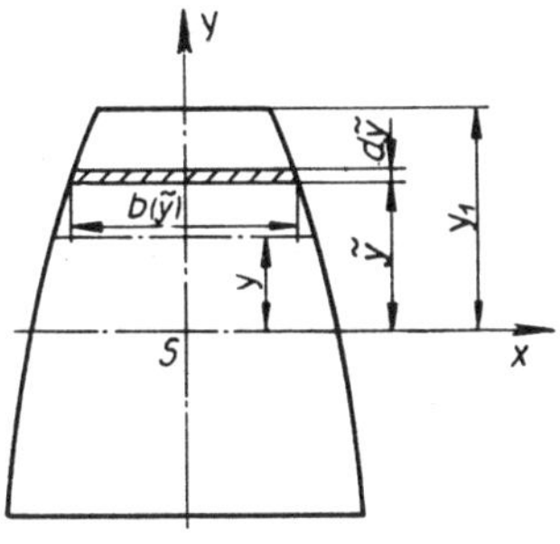

Bild F 4.1.1

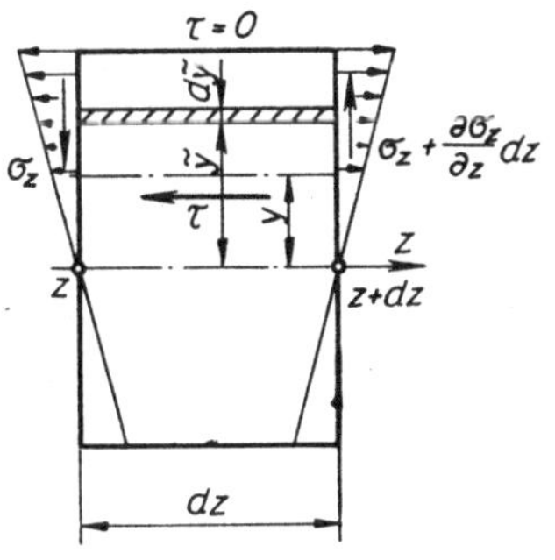

Bild F 4.1.2

Dabei sind folgende Annahmen zu treffen:

1. Der Querschnitt in Stablängsrichtung ist konstant.
2. Die Richtung der Querkraft verläuft parallel zu einer Hauptachse des Querschnittes.
3. Die Schubspannungen in der Querschnittsebene wirken parallel zur Querkraft. (Dies trifft streng besonders am Rand beliebig geformter Querschnitte nicht zu, da dort die Schubspannungen die Randkurve tangieren.)
4. In einer Schnittfläche $z =$ konst. sind die Schubspannungen in der Höhe $y =$ konst. unabhängig von x. (Diese Annahme bedeutet, daß bei der nachfolgenden Rechnung ein Mittelwert bestimmt wird. Die tatsächlich auftretende maximale Schubspannung ist etwas höher als dieser Wert. Der Unterschied ist um so größer, je breiter der Querschnitt ist.)

In Bild F 4.1 ist aus einem Balken ein Element der Länge dz herausgeschnitten worden. In den Ebenen $z =$ konst. wirken die Normalspannungen σ_z infolge des Biegemomentes sowie die Schubspannungen τ infolge der Querkraft. In der Schnittebene $y =$ konst. verläuft die zugeordnete Schubspannung. Wird für das Element oberhalb der Schnittfläche $y =$ konst. die Gleichgewichtsbedingung in z-Richtung aufgestellt, so erhält man

$$\int\limits_{(A)} \left(\sigma_z + \frac{\partial \sigma_z}{\partial z}\,\mathrm{d}z\right) \mathrm{d}A - \int\limits_{(A)} \sigma_z\,\mathrm{d}A - \tau b(y)\,\mathrm{d}z = 0 \tag{4.1}$$

Hieraus ergibt sich

$$\tau = \frac{1}{b(y)} \int\limits_{(A)} \frac{\partial \sigma_z}{\partial z}\,\mathrm{d}A \tag{4.2}$$

Die Normalspannung errechnet sich aus den Beziehungen, die bei der reinen Biegung hergeleitet wurden, d. h.

$$\sigma_z = \frac{M_{\mathrm{b}x}(z)}{I_{xx}}\,\tilde{y} \tag{4.3}$$

Aus (4.3) folgt, da I_{xx} von z unabhängig ist,

$$\frac{\partial \sigma_z}{\partial z} = \frac{\tilde{y}}{I_{xx}} \frac{\partial M_{\mathrm{b}x}(z)}{\partial z} = \frac{\tilde{y}}{I_{xx}}\,F_{\mathrm{Q}}(z) \tag{4.4}$$

Aus (4.2) und (4.4) folgt demnach

$$\tau(y, z) = \frac{F_{\mathrm{Q}}(z)}{b(y)\,I_{xx}} \int\limits_{(A)} \tilde{y}\,\mathrm{d}A = \frac{F_{\mathrm{Q}}(z)\,S_x(y)}{b(y)\,I_{xx}} \tag{4.5}$$

Das Integral $\int \tilde{y}\,\mathrm{d}A$ ist das auf die x-Achse bezogene statische Moment des zwischen y und y_1 (Bild F 4.1) liegenden Flächenstückes

$$S_x(y) = \int\limits_{y}^{y_1} b(\tilde{y})\,\tilde{y}\,\mathrm{d}\tilde{y} \tag{4.6}$$

Die obere Grenze ist konstant, sie entspricht dem Querschnittsrand. Die untere Grenze durchläuft alle y-Werte vom unteren zum oberen Rand.
Infolge der Schubspannung (4.5) tritt ein Gleiten des Werkstoffes auf. Über das *Hooke*sche Gesetz besteht der Zusammenhang zwischen Gleitwinkel γ und Schubspannung τ

$$\gamma = \frac{\tau}{G} \tag{4.7}$$

Wegen (4.5) sind τ und damit auch γ von y abhängig. Man kann jedoch über die Formänderungsarbeit ein mittleres τ bzw. γ (Bild F 4.2) definieren, das später bei dem Satz von *Castigliano* (s. Abschn. 8.) verwendet wird. Die Formänderungsenergie bei Querkraftschub ist

$$W = \int\limits_{(V)} \frac{\tau^2}{2G} \, \mathrm{d}V$$

und mit (4.5) erhält man

$$W = \int\limits_{(l)} \frac{F_Q^2(z)}{2GI_{xx}^2} \, \mathrm{d}z \int\limits_{(A)} \frac{S_x^2(y) \, \mathrm{d}A}{b^2(y)} \tag{4.8}$$

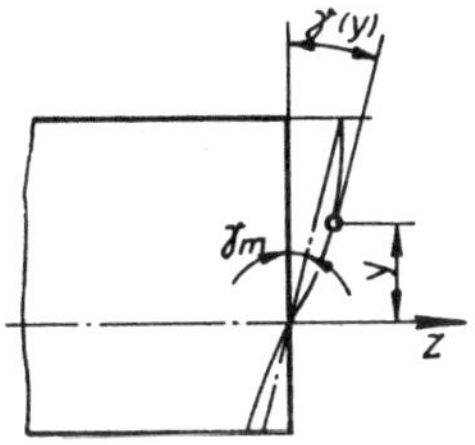

Bild F 4.2

Zur Vereinfachung dieses Ausdrucks soll eine Formzahl $\varkappa$ bzw. eine wirksame Schubfläche A_S eingeführt werden, so daß gilt

$$W = \int\limits_{(l)} \varkappa \frac{F_Q^2(z) \, \mathrm{d}z}{A 2G} = \int\limits_{l} \frac{F_Q^2(z)}{2GA_S} \, \mathrm{d}z$$

Nun muß sein

$$\int\limits_{(l)} \frac{F_Q^2(z)}{2GI_{xx}^2} \, \mathrm{d}z \int\limits_{(A)} \frac{S_x^2(y) \, \mathrm{d}A}{b^2(y)} = \int\limits_{(l)} \varkappa \frac{F_Q^2(z)}{A} \frac{\mathrm{d}z}{2G}$$

woraus folgt

$$\varkappa = \frac{A}{I_{xx}^2} \int\limits_{(A)} \frac{S_x^2(y) \, \mathrm{d}A}{b^2(y)} \tag{4.9}$$

($\varkappa_\blacksquare = 5/6$, $\varkappa_\bullet = 10/9$).

4.3. Querkraftschub in dünnwandigen offenen Profilen

Bei dünnwandigen Profilen kann man in guter Näherung von einem ebenen Spannungszustand (siehe Abschn. 1.3.2.) sprechen. Die dabei auftretenden Spannungen sind die Normalspannung σ_z und die Schubspannung τ. Wegen der geringen Querschnittsbreite δ ist τ über δ konstant, und man kann mit dem Schubfluß $t = \delta\tau$ rechnen. Aus dem in Bild F 4.3 dargestellten Balken schneiden wir ein Element $\mathrm{d}V = \delta(s)\,\mathrm{d}s\,\mathrm{d}z$ heraus und schreiben die Kräftegleichgewichtsbedingungen in den Richtungen s und z auf.

$$\uparrow(s): \left(t + \frac{\partial t}{\partial z}\,\mathrm{d}z\right)\mathrm{d}s - t\,\mathrm{d}s = 0 \Rightarrow \frac{\partial t}{\partial z} = 0 \tag{4.10}$$

Daraus folgt, daß der Schubfluß $t = \tau\delta$ unabhängig von z ist, d. h.

$$t = t(s)$$

Das Kräftegleichgewicht in z-Richtung ergibt

$$\rightarrow(z): \left(\sigma_z + \frac{\partial\sigma_z}{\partial z}\,\mathrm{d}z\right)\delta\,\mathrm{d}s - \sigma_z\,\delta\,\mathrm{d}s + \left(t + \frac{\partial t}{\partial s}\,\mathrm{d}s\right)\mathrm{d}z - t\,\mathrm{d}z = 0$$

bzw.

$$\frac{\partial\sigma_z}{\partial z}\,\delta + \frac{\partial t}{\partial s} = 0 \tag{4.11}$$

Greifen am Balkenquerschnitt B—B die Querkräfte F_{Qx} und F_{Qy} (Bild F 4.3) an, dann ist die Normalspannungsverteilung (vgl. Abschn. 3.3.2.)

$$\sigma_z = +\frac{F_{Qx}zx}{I_{yy}} + \frac{F_{Qy}zy}{I_{xx}} \tag{4.12}$$

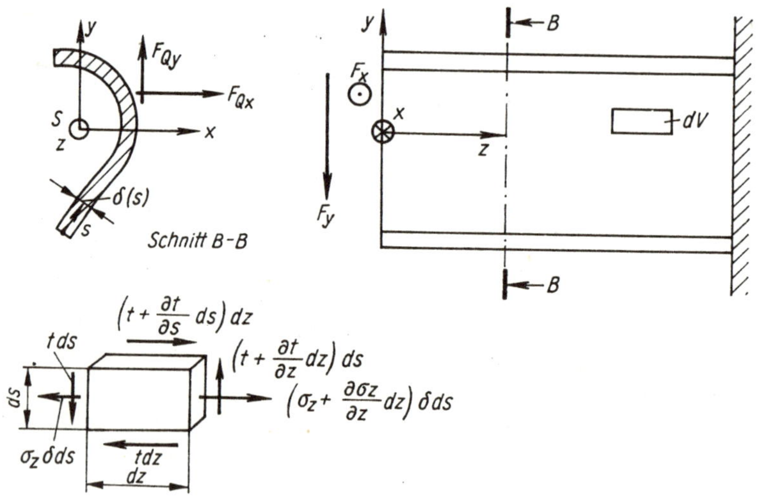

Bild F 4.3

Dabei ist vorausgesetzt, daß die x- und die y-Achse Hauptachsen sind! Aus (4.12) folgt

$$\frac{\partial \sigma_z}{\partial z} = + \frac{F_{Qx} x}{I_{yy}} + \frac{F_{Qy} y}{I_{xx}} \tag{4.13}$$

(4.13) in (4.11) eingesetzt ergibt

$$\frac{\partial t}{\partial s} = - \frac{F_{Qx} \delta(s)\, x}{I_{yy}} - \frac{F_{Qy} \delta(s)\, y}{I_{xx}} \tag{4.14}$$

Nach Integration erhält man

$$t(s) - t(0) = - \int_0^s \frac{F_{Qx} \delta(s) x}{I_{yy}}\, \mathrm{d}s - \int_0^s \frac{F_{Qy} \delta(s) y}{I_{xx}}\, \mathrm{d}s \tag{4.15}$$

An den Rändern ($s = 0$, $s = l$) verschwindet der Schubfluß, d. h. $t(0) = 0$. Da F_{Qx}, F_{Qy}, I_{xx}, I_{yy} unabhängig von s sind, können sie vor das Integral geschrieben werden. Die verbleibenden Ausdrücke

$$S_y(s) = \int_0^s x\delta\, \mathrm{d}\tilde{s} \qquad S_x(s) = \int_0^s y\delta\, \mathrm{d}\tilde{s} \tag{4.16}$$

sind die statischen Momente der zwischen $\tilde{s} = 0$ und $\tilde{s} = s$ liegenden Fläche bezüglich der x- und der y-Achse.
Man erhält schließlich für den Schubfluß

$$t(s) = - \frac{F_{Qx}}{I_{yy}} S_y(s) - \frac{F_{Qy}}{I_{xx}} S_x(s) \tag{4.17}$$

Häufig werden als Biegeträger Profile verwendet, bei denen zwei sogenannte Stringer (Flansche) durch eine Blechhaut (Steg) verbunden sind (Bild F 4.4).

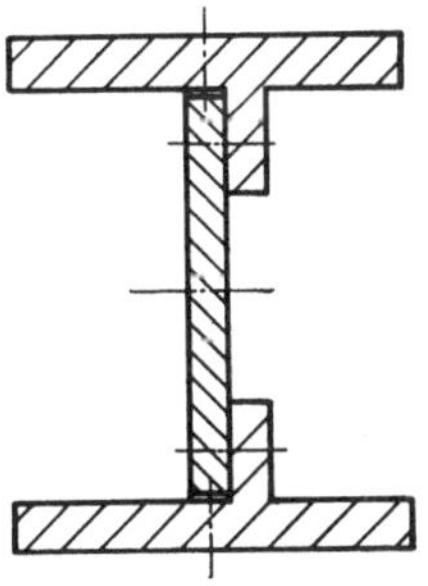

Bild F 4.4

Die Stringer haben einen großen Abstand vom Schwerpunkt und sind somit geeignet ein großes Biegemoment aufzunehmen. Der Schubfluß infolge der Querkraft wird hingegen hauptsächlich vom Steg aufgenommen.
Unter der Annahme, daß die Stringer nur durch Normalspannungen (Biegung) und der Steg nur durch Schubspannungen (Querkraft) belastet sind, vereinfacht sich

Gl. (4.11). Es ist dann im Steg

$$\frac{\partial \sigma_z}{\partial z} = 0 \tag{4.18}$$

und damit auch

$$\frac{\mathrm{d}t}{\mathrm{d}s} = 0 \tag{4.19}$$

Das bedeutet, daß der Schubfluß im Steg konstant ist. Der Zusammenhang zwischen Querkraft und Schubfluß wird durch eine Äquivalenzbetrachtung in y-Richtung gefunden (Bild F 4.5), d. h.

$$F_Q = \int_{(\text{Blech})} \mathrm{d}F_y = \int_{(\text{Blech})} t\,\mathrm{d}s \sin\alpha \tag{4.20}$$

Wegen $\mathrm{d}s \sin\alpha = \mathrm{d}y$ (Bild F 4.5) und $t =$ konst. wird

$$F_Q = t \int_{-h/2}^{h/2} \mathrm{d}y = th$$

Damit folgt für den Schubfluß der einfache Ausdruck

$$t = \frac{F_Q}{h} \tag{4.21}$$

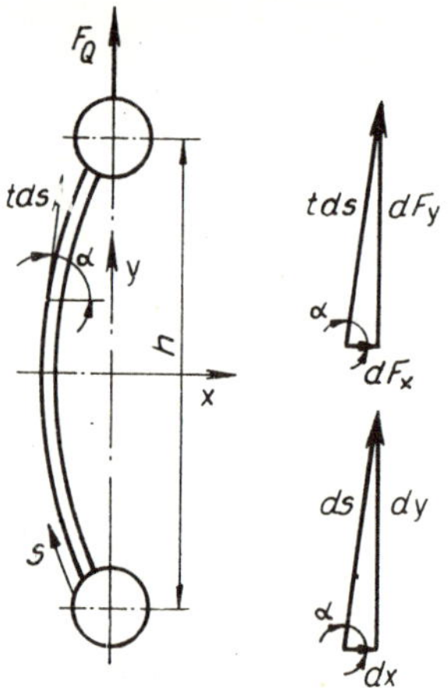

Bild F 4.5

4.4.* Querkraftschub in dünnwandigen geschlossenen Profilen

Die Herleitung für den Schubfluß in dünnwandigen geschlossenen Profilen (Bild F 4.6) erfolgt zunächst ebenso wie bei offenen Profilen. Nach der Gl. (4.15) wurde jedoch die Randbedingung $t(s = 0) = 0$ eingeführt. Das ist bei einem geschlossenen

Profil nicht mehr möglich. (4.15) lautet

$$t(s) - t(0) = -\int_0^s \frac{F_{Qx}\,\delta x}{I_{yy}}\,\mathrm{d}s - \int_0^s \frac{F_{Qy}\,\delta y}{I_{xx}}\,\mathrm{d}s$$

Der Schubfluß an der Stelle $s = 0$: $t(0)$ kann bei geschlossenen Profilen nicht durch eine Randbedingung bestimmt werden, sondern wird mit Hilfe einer Verformungsbedingung ermittelt.

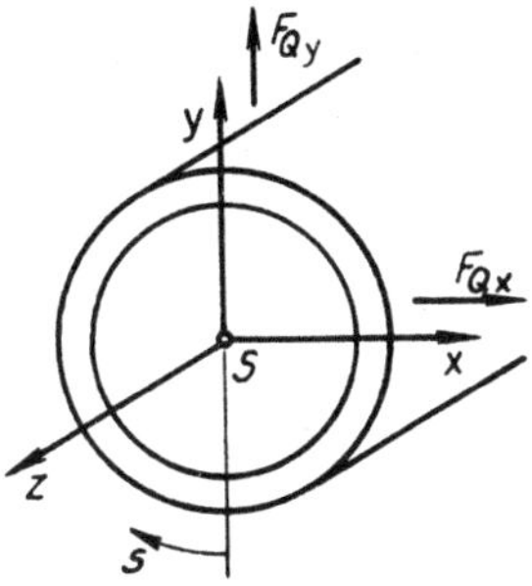

Bild F 4.6

Aus der Physik ist bekannt, daß ein System immer dann in einem stabilen Gleichgewicht ist, wenn sein Energiegehalt ein Minimum ist. Für unseren Fall bedeutet das, daß die Formänderungsenergie ein Minimum werden muß, d. h., $t(0)$ ist so zu bestimmen, daß dies erfüllt wird. Die mathematische Formulierung lautet

$$\frac{\mathrm{d}W}{\mathrm{d}t(0)} = 0 \tag{4.22}$$

Die spezifische Formänderungsenergie infolge Schubspannungen ist

$$W^* = \frac{\tau^2}{2G} = \frac{t^2}{2G\,\delta^2} \tag{4.23}$$

und für die Formänderungsarbeit im Balken erhält man durch Integration über den gesamten Querschnitt

$$W = \oint \frac{t^2}{2G\delta}\,l\,\mathrm{d}s \tag{4.24}$$

Der Schubfluß lautet [(4.15), (4.16)]

$$t(s) = t_0 - \frac{F_{Qx}}{I_{yy}} S_y(s) - \frac{F_{Qy}}{I_{xx}} S_x(s) \tag{4.25}$$

mit

$$t_0 = t(0)$$

(4.25) in (4.24) eingesetzt ergibt

$$W = \frac{l}{2G} \oint \left[t_0^2 - 2t_0 \left(\frac{F_{Qx}}{I_{yy}} S_y(s) + \frac{F_{Qy}}{I_{xx}} S_x(s) \right) + \left(\frac{F_{Qx}}{I_{yy}} S_y(s) + \frac{F_{Qy}}{I_{xx}} S_x(s) \right)^2 \right] \frac{ds}{\delta} \tag{4.26}$$

Diese Formänderungsenergie wird zum Minimum, wenn die Ableitung nach t_0 verschwindet.
Aus (4.22) und (4.26) folgt also

$$\oint t_0 \frac{ds}{\delta} - \oint \left(\frac{F_{Qx}}{I_{yy}} S_y(s) + \frac{F_{Qy}}{I_{xx}} S_x(s) \right) \frac{ds}{\delta} = 0 \tag{4.27}$$

bzw. wegen $t_0 = \text{konst.}$

$$t_0 = \frac{\oint \left(\frac{F_{Qx}}{I_{yy}} S_y(s) + \frac{F_{Qy}}{I_{xx}} S_x(s) \right) \frac{ds}{\delta}}{\oint \frac{ds}{\delta}} \tag{4.28}$$

Aus (4.25) erhält man mit (4.28) den Schubfluß in dünnwandigen geschlossenen Profilen

$$t(s) = -\frac{F_{Qx}}{I_{yy}} \left[S_y(s) - \frac{\oint S_y(s) \frac{ds}{\delta}}{\oint \frac{ds}{\delta}} \right] - \frac{F_{Qy}}{I_{xx}} \left[S_x(s) - \frac{\oint S_x(s) \frac{ds}{\delta}}{\oint \frac{ds}{\delta}} \right] \tag{4.29}$$

Für symmetrische Profile ergibt sich noch eine Vereinfachung, falls sie symmetrisch belastet sind (Bild F 4.7). An der Symmetrieachse muß nämlich der Schubfluß aus Symmetriegründen verschwinden. Beginnt nun die Umlaufkoordinate s an der Symmetrieachse, dann ist $t(0) = 0$ und (4.29) vereinfacht sich zu

$$t(s) = -\frac{F_Q}{I_{xx}} S_x(s) \tag{4.30}$$

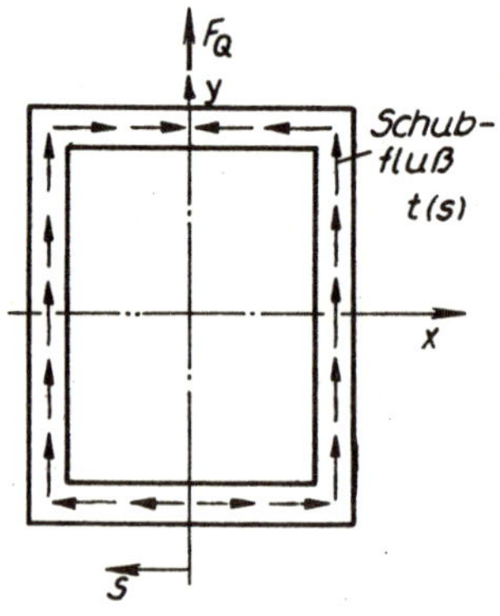

Bild F 4.7

4.5. Schubmittelpunkt

Bei den bisherigen Untersuchungen blieb völlig unberücksichtigt, daß das Momentengleichgewicht um die Balkenlängsachse (z-Achse) erfüllt sein muß. Das ist nur dann der Fall, wenn die Wirkungslinie der resultierenden Querkraft durch einen bestimmten Punkt, den sog. Schubmittelpunkt T, geht. Trifft dies nicht zu, so verbleibt ein Restmoment, das den Balken tordiert und einen zusätzlichen Schubfluß erzeugt, der dem Querkraftschub zu überlagern ist.
Da offene Profile eine sehr geringe Torsionssteifigkeit haben, ist es besonders bei diesen notwendig, daß die Wirkungslinie der äußeren Kraft durch den Schubmittelpunkt geht, um unnötige Belastungen durch Torsionsmomente zu vermeiden.
Zur Berechnung der Lage des Schubmittelpunktes stellt man eine Äquivalenzbetrachtung um die Balkenlängsachse auf.

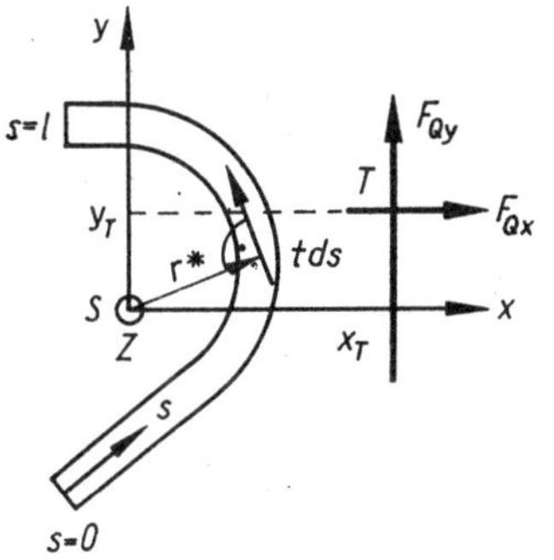

Bild F 4.8

Bezogen auf den Schwerpunkt S (Bild F 4.8) erhält man

$$\int_{s=0}^{l} tr^* \, ds = F_{Qy} x_T - F_{Qx} y_T \tag{4.31}$$

r^* ist dabei der senkrechte Abstand der Schubkraft $t\,ds$ vom Schwerpunkt bzw. der senkrechte Abstand der Tangente der Querschnittsmittellinie zum Schwerpunkt; l ist die Länge der Profilmittellinie.
Zur Bestimmung der Koordinaten des Schubmittelpunktes müssen nun die Formeln für den Schubfluß in (4.31) eingesetzt werden.

4.5.1. Offene Profile

Nach (4.17) gilt

$$t(s) = -\frac{F_{Qx}}{I_{yy}} S_y(s) - \frac{F_{Qy}}{I_{xx}} S_x(s)$$

und demnach folgt aus (4.31)

$$F_{Qx}\left[-\frac{1}{I_{yy}}\int_0^l S_y(s)\,r^*\,\mathrm{d}s + y_T\right] - F_{Qy}\left[\frac{1}{I_{xx}}\int_0^l S_x(s)\,r^*\,\mathrm{d}s + x_T\right] = 0 \qquad (4.32)$$

Da die Lage des Schubmittelpunktes unabhängig von F_{Qx} und F_{Qy} ist, müssen in (4.32) die Klammern gleich Null sein, d. h.,

$$y_T = +\frac{1}{I_{yy}}\int_0^l S_y(s)\,r^*\,\mathrm{d}s$$

$$x_T = -\frac{1}{I_{xx}}\int_0^l S_x(s)\,r^*\,\mathrm{d}s \qquad (4.33)$$

Für die in 4.3. beschriebenen Profile mit Stringern, die durch einen Blechsteg verbunden sind (Bild F 4.4), ergeben sich einfachere Formeln. Nach (4.21) ist $t = \frac{F_Q}{h}$. Durch Einsetzen in Gl. (4.31) erhält man mit

$$F_{Qy} = F_Q \qquad F_{Qx} = 0$$

$$\frac{F_Q}{h}\int_0 r^*\,\mathrm{d}s = F_Q x_T \qquad (4.34)$$

$\frac{r^*\,\mathrm{d}s}{2}$ ist, wie man in Bild F 4.9 erkennen kann, der Inhalt der schraffierten Dreiecksfläche. Dieser Ausdruck wird über die Länge l der Mittellinie der Schubwand summiert, und es folgt

$$\int_0 r^*\,\mathrm{d}s = 2A_m \qquad (4.35)$$

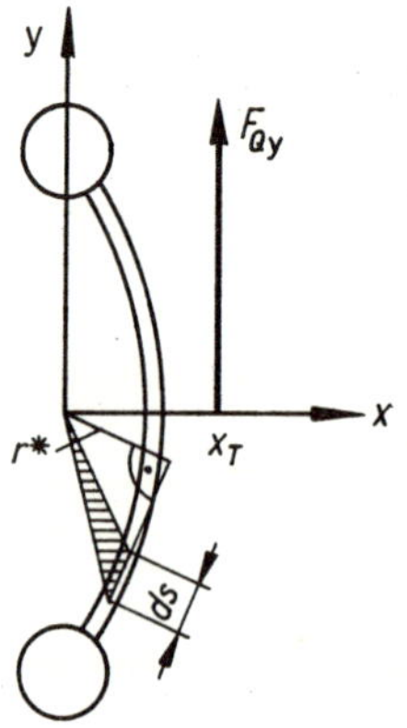

Bild F 4.9

wenn A_m die von Schubwand und y-Achse eingeschlossene Fläche ist. Aus (4.34) und (4.35) ergibt sich nun für den Abstand x_T der Wirkungslinie der Querkraft von der y-Achse

$$x_T = \frac{2A_m}{h} \tag{4.36}$$

Bei zweifach symmetrischen Querschnitten fällt der Schubmittelpunkt T mit dem Querschnittsschwerpunkt S zusammen. Bei Querschnitten mit einer Symmetrieachse liegt T auf dieser Achse. Der Schubmittelpunkt eines ∟-Profils liegt im Schnittpunkt der Schenkelmittellinien, der eines ⊤-Profils im Schnittpunkt der Mittellinien Steg—Flansch.

4.5.2.* Geschlossene Profile

Den Schubfluß nach (4.29)

$$t(s) = -\frac{F_{Qx}}{I_{yy}}\left[S_y(s) - \frac{\oint S_y(s)\,\frac{\mathrm{d}s}{\delta}}{\oint \frac{\mathrm{d}s}{\delta}}\right] - \frac{F_{Qy}}{I_{xx}}\left[S_x(s) - \frac{\oint S_x(s)\,\frac{\mathrm{d}s}{\delta}}{\oint \frac{\mathrm{d}s}{\delta}}\right]$$

in (4.31) eingesetzt, ergibt

$$F_{Qx}\left\{\frac{1}{I_{yy}}\oint\left[S_y(s) - \frac{\oint S_y(s)\,\frac{\mathrm{d}s}{\delta}}{\oint \frac{\mathrm{d}s}{\delta}}\right] r^*\,\mathrm{d}s - y_T\right\}$$

$$+ F_{Qy}\left\{\frac{1}{I_{xx}}\oint\left[S_x(s) - \frac{\oint S_x(s)\,\frac{\mathrm{d}s}{\delta}}{\oint \frac{\mathrm{d}s}{\delta}}\right] r^*\,\mathrm{d}s + x_T\right\} = 0 \tag{4.37}$$

Wie bei den offenen Profilen erhält man daraus die Lage des Schubmittelpunktes

$$y_T = +\frac{1}{I_{yy}}\oint\left[S_y(s) - \frac{\oint S_y(s)\,\frac{\mathrm{d}s}{\delta}}{\oint \frac{\mathrm{d}s}{\delta}}\right] r^*\,\mathrm{d}s$$

$$x_T = -\frac{1}{I_{xx}}\oint\left[S_x(s) - \frac{\oint S_x(s)\,\frac{\mathrm{d}s}{\delta}}{\oint \frac{\mathrm{d}s}{\delta}}\right] r^*\,\mathrm{d}s \tag{4.38}$$

4.6. Beispiele

Beispiel 1:

Für einen Träger mit

a) Rechteckquerschnitt (b, h)
b) Kreisquerschnitt (R)
ist die maximale Querkraft-Schubspannung zu berechnen.
Nach (4.5) gilt

$$\tau(y, z) = \frac{F_Q(z)\, S_x}{b(y)\, I_{xx}}$$

Mit $F_Q(z) = F = \text{konst.}$ folgt

a)
$$\tau(y) = \frac{F \cdot 12}{b^2 h^3} \int_y^{h/2} b\tilde{y}\, \mathrm{d}\tilde{y} = \frac{F}{A}\left[\frac{3}{2} - 6\left(\frac{y}{h}\right)^2\right]$$

$$\tau_{\max} = \tau(0) = \frac{3}{2}\,\frac{F}{A}$$

b) $\tau_{\max}$ liegt in der Schwerpunktachse
Statisches Moment:

$$S_x(0) = \frac{\pi R^2}{2}\,\frac{4R}{3\pi}$$

$$\tau_{\max} = \frac{F\,\frac{2}{3}\,R^3}{2R\,\frac{\pi R^4}{4}} = \frac{4}{3}\,\frac{F}{A}$$

Beispiel 2:

Ein Träger mit skizziertem Querschnitt ist durch eine Querkraft F_Q belastet (Bild F 4.10).

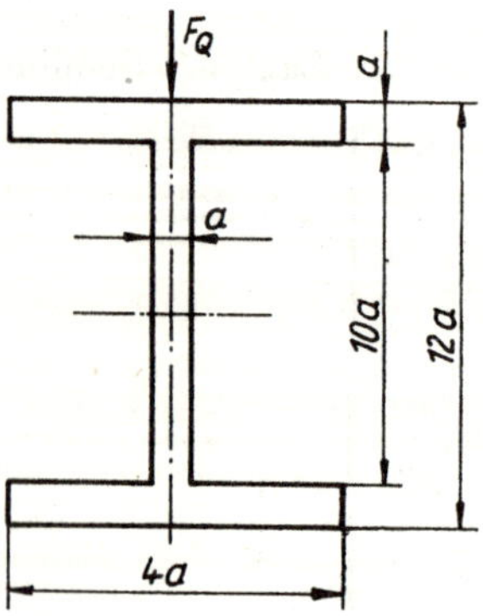

Bild F 4.10

Gegeben: F_Q, a

Gesucht: Schubspannungsverteilung im Steg

Lösung:

Nach (4.5) ist die Schubspannungsverteilung gegeben durch

$$\tau(y) = \frac{F_Q S_x(y)}{b(y)\, I_{xx}}$$

$$S_x(y) = \frac{1}{2}\,(69a^2 - y^2)\, a$$

$$I_{xx} = 326a^4$$

$$\tau(y) = \frac{(69a^2 - y^2)\, F_Q}{652a^4}$$

$$\tau(0) = \tau_{\max} = \frac{69}{652}\,\frac{F_Q}{a^2} = 0{,}106\,\frac{F_Q}{a^2}$$

$$\tau(5a) = \frac{11}{163}\,\frac{F_Q}{a^2} = 0{,}067 \cdot \frac{F_Q}{a^2}$$

Oft ist es auch üblich, einfach zu rechnen mit

$$\tau = \frac{F_Q}{A_{\text{Steg}}} = \frac{1}{10} \cdot \frac{F_Q}{a^2} = 0{,}100\,\frac{F_Q}{a^2}$$

Beispiel 3:

Ein dünnwandiger Träger wird durch die Querkraft F_{Qy} belastet (Bild F 4.11)

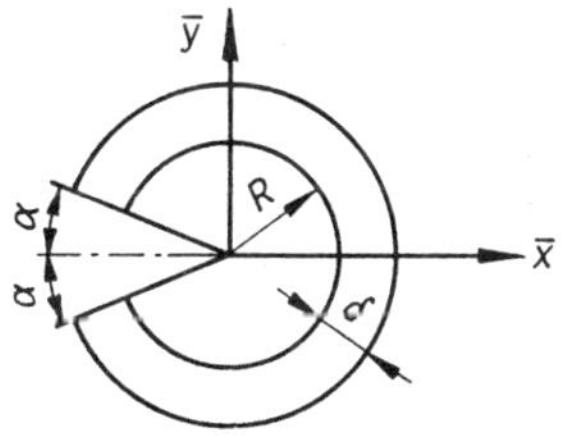

Bild F 4.11

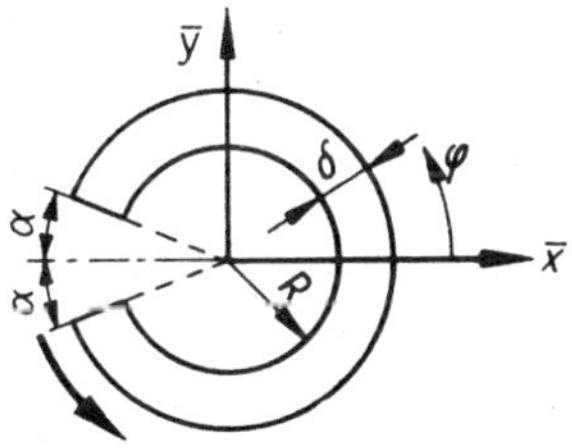

Bild F 4.12

Gegeben: R, α, δ; $\bar{x}$, $\bar{y}$ ist Hauptachsensystem

Gesucht: a) Schubspannungsverteilung
b) Koordinaten des Schubmittelpunktes

Lösung:

a) Nach Gl. (4.17) gilt für die Schubspannungsverteilung

$$t(s) = -\frac{F_{Qy}}{I_{xx}}\, S_x(s)$$

Mit (4.16) berechnen wir zunächst

$$S_x(s) = \int_0^s {}^\bullet y\delta\,\mathrm{d}s = \int_0^s \bar{y}\delta\,\mathrm{d}s = \delta R^2 \int_{-(\pi-\alpha)}^{\varphi} \sin\varphi\,\mathrm{d}\varphi = \delta R^2(-\cos\varphi)\Big|_{-(\pi-\alpha)}^{\varphi}$$

$$= -\delta R^2[\cos\varphi - \cos(\alpha - \pi)] = -\delta R^2[\cos\alpha + \cos\varphi]$$

und

$$I_{\bar{x}\bar{x}} = 2\int_0^{\pi-\alpha} R^2 \sin^2\varphi R\delta\,\mathrm{d}\varphi = R^3\delta(\varphi - \sin\varphi\cos\varphi)\Big|_0^{\pi-\alpha}$$

$$= R^3\,\delta(\pi - \alpha + \sin\alpha\cos\alpha)$$

woraus folgt

$$t(\varphi) = \frac{F_{Qy}}{R}\cdot\frac{\cos\alpha + \cos\varphi}{\pi - \alpha + \sin\alpha\cos\alpha}$$

Zur Probe stellen wir noch die Äquivalenzberechnung auf

$$F_{Qy} = \int_{-(\pi-\alpha)}^{\pi-\alpha} t(\varphi)\cos\varphi R\,\mathrm{d}\varphi = 2\int_0^{\pi-\alpha} t(\varphi)\cos\varphi R\,\mathrm{d}\varphi$$

und erhalten

$$F_{Qy} = \frac{2F_{Qy}}{\pi - \alpha + \sin\alpha\cos\alpha}\left[\cos\alpha\sin\alpha + \frac{\pi-\alpha}{2} - \frac{1}{2}\sin\alpha\cos\alpha\right] = F_{Qy}$$

b) Eine Äquivalenzbetrachtung entsprechend (4.31) ergibt

$$\int_0^l t(s)\,R\,\mathrm{d}s = F_{Qy}\bar{x}_T = \frac{F_{Qy}R}{\pi - \alpha + \sin\alpha\cos\alpha}\int_{-(\pi-\alpha)}^{\pi-\alpha}(\cos\alpha + \cos\varphi)\,\mathrm{d}\varphi$$

woraus folgt

$$\bar{x}_T = \frac{(\pi-\alpha)\cos\alpha + \sin\alpha}{\pi - \alpha + \sin\alpha\cos\alpha}\,2R$$

Für einen Halbkreisring mit $\alpha = \dfrac{\pi}{2}$ gilt $\bar{x}_T = \dfrac{4R}{\pi}$, und für einen geschlitzten Kreisring mit $\alpha = 0$ gilt $\bar{x}_T = 2R$.

5. REINE TORSION PRISMATISCHER STÄBE

5.1. Voraussetzungen und Grundlagen

Ein gerader Stab, an dem nur zwei entgegengesetzt gerichtete, gleich große Momente angreifen, deren Vektoren in der Stablängsachse liegen, wird auf reine Torsion beansprucht (Bild F 5.1). An jeder Schnittstelle des Stabes tritt als Schnittgröße ebenfalls nur das Torsionsmoment M_t auf, welches Schubspannungen in der Schnittebene

(τ_{zx} und τ_{zy}) hervorruft. Die Stabquerschnitte verdrehen sich gegeneinander, und wegen der Gleichheit zugeordneter Schubspannungen ($\tau_{zx} = \tau_{xz}$ und $\tau_{zy} = \tau_{yz}$) treten auch Schubspannungen in der Stablängsrichtung auf, die für alle Querschnitte, mit Ausnahme des Kreisring- bzw. Kreisquerschnittes, zu einer Verwölbung des Stabquerschnittes $v_z(x, y)$ führen.
Wird die Ausbildung dieser Verwölbung, z. B. durch eine feste Einspannung, an irgendeiner Stelle des Stabes verhindert (Bild F 5.2), so treten zusätzliche Längsspannungen $\sigma_z(x, y, z)$ auf, die besonders bei dünnwandigen Profilen beachtet werden müssen. Wir wollen hier nur die Torsion ohne Wölbbehinderung behandeln.

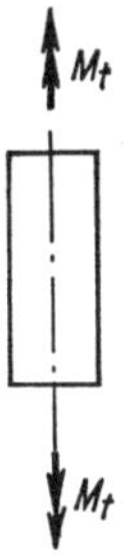

Bild F 5.1

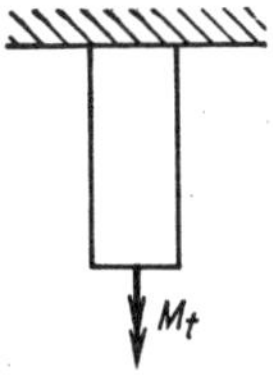

Bild F 5.2

Die erste allgemeine Torsionstheorie wurde von *Navier*[1]) aufgestellt. Er übertrug die Erkenntnisse der Biegetheorie auf das Torsionsproblem und nahm an, daß die Schubspannungen proportional dem Abstand zum Querschnittsschwerpunkt anwachsen. Die Annahme wurde nur im Falle des wölbfreien Kreisringquerschnittes durch die Praxis bestätigt. Bei allen anderen Querschnitten traten starke Widersprüche zur Theorie von *Navier* auf; denn der Bruch ging z. B. beim Rechteckquerschnitt von der engsten Stelle des Querschnittes aus. Ein Schüler *Naviers*, *B. de Saint-Venant*[2]), bezog die Verwölbung der Querschnitte in seine Theorie ein und fand in kartesischen Koordinaten die folgende Gleichung für das Torsionsproblem

$$\frac{\partial^2 \Phi}{\partial x^2} + \frac{\partial^2 \Phi}{\partial y^2} = -2G\vartheta \tag{5.1}$$

Die Torsionsfunktion Φ ist mit den Querschnittsschubspannungen verbunden über

$$\tau_{zx} = -\frac{\partial \Phi}{\partial y} \quad \text{und} \quad \tau_{zy} = \frac{\partial \Phi}{\partial x} \tag{5.2}$$

und hat außerdem noch, weil die Schubspannungen die Randkurve des Querschnittes tangieren müssen, die Bedingung

$$\Phi_{\text{Rand}} = \text{konst.} \tag{5.3}$$

zu erfüllen.

[1]) *L. M. H. Navier* (1785 bis 1836)
[2]) *B. de Saint-Venant* (1797 bis 1886)

Mit der exakten Lösung der partiellen Dgl. zweiter Ordnung (5.1) können wir uns hier nicht befassen. Für einige Querschnitte wollen wir Lösungen auf anderen Wegen suchen.

5.2. Torsion kreiszylindrischer Stäbe

Bei der Ermittlung des Torsionsverhaltens kreiszylindrischer Stäbe trifft man die Annahme, daß die Querschnitte infolge des Torsionsmomentes M_t sich wie starre Scheiben gegeneinander drehen. Dabei verschiebt sich die Stabachse nicht.
Nach der Deformation gehen die geraden Mantellinien in Schraubenlinien über (Bild F 5.3), die infolge der geringen Verformung ebenfalls als Gerade betrachtet werden können. Das Bogenstück s kann man durch $r\varphi$ und durch $z\gamma$ darstellen, wodurch man erhält

$$s = z\gamma = \varphi r \tag{5.4}$$

γ ist die Verzerrung. Aus (5.4) folgt der Torsionswinkel

$$\varphi = \gamma \frac{z}{r} \tag{5.5}$$

und

$$\vartheta = \frac{\varphi}{z} = \frac{\gamma}{r} \tag{5.6}$$

nennt man Drillung oder Drehwinkel je Längeneinheit.
Der Zusammenhang zwischen Gleitwinkel γ und der Schubspannung τ ergibt sich aus dem *Hooke*schen Gesetz (s. z. B. (1.51))

$$\gamma = \frac{\tau}{G} \tag{5.7}$$

Aus (5.6) und (5.7) folgt demnach für die Schubspannung

$$\tau = G\vartheta r \tag{5.8}$$

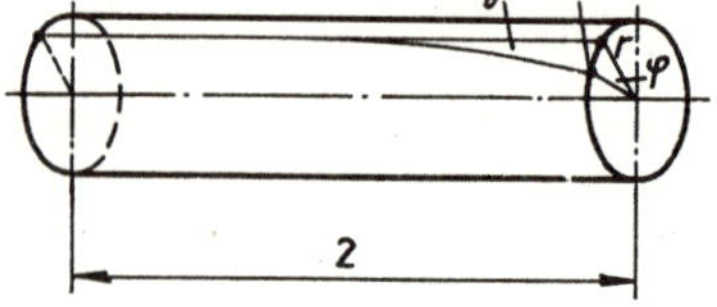

Bild F 5.3

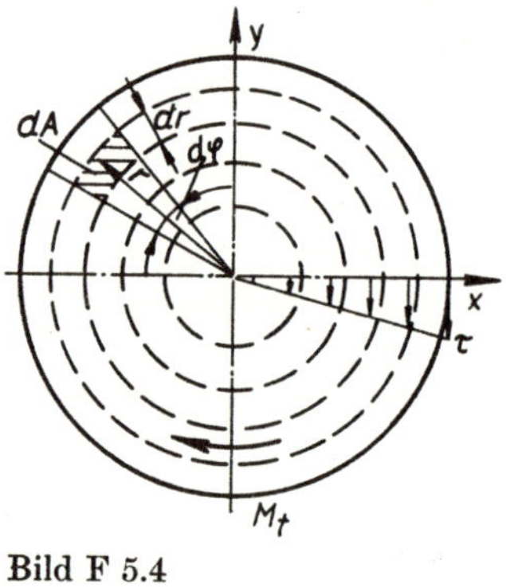

Bild F 5.4

Die Schubspannungsverteilung ist in r linear. Die Schubspannungslinien, d. h., die Linien, die in jedem Punkt die Richtung der dort angreifenden Schubspannung haben, sind konzentrische Kreise (Bild F 5.4). Eine Äquivalenzbetrachtung um die z-Achse lautet

$$M_t = \int_{(A)} \tau r \, dA \tag{5.9}$$

bzw. mit (5.8)

$$M_t = G\vartheta \int_{(A)} r^2 \, dA \tag{5.10}$$

Der Ausdruck $\int_{(A)} r^2 \, dA$ ist das polare Trägheitsmoment I_p (s. 3.2.1.).

Für den Kreisquerschnitt bzw. Kreisringquerschnitt erhält man für die polaren Trägheitsmomente

$$I_{p\text{Kreis}} = \frac{\pi R^4}{2} \qquad I_{p\text{Ring}} = \frac{\pi}{2}(R_a^4 - R_i^4)$$

Aus (5.10) folgt

$$M_t = G\vartheta I_p \tag{5.11}$$

und für die Drillung

$$\vartheta = \frac{M_t}{GI_p} \tag{5.12}$$

GI_p ist hier die Torsionssteifigkeit. Es muß aber darauf hingewiesen werden, daß die Torsionssteifigkeit im allgemeinen GI_t ist. Dabei ist I_t das Torsionsträgheitsmoment, das nur für den Kreisquerschnitt gleich dem polaren Trägheitsmoment ist. Allgemein gilt jedoch

$$I_t \leqq I_p \tag{5.13}$$

Das Torsionsträgheitsmoment läßt sich für beliebige Querschnitte mit elementaren Mitteln nicht berechnen. Es folgt vielmehr aus der Lösung der in 5.1. angegebenen Differentialgleichung der Torsionsfunktion.

Man kann nun die Schubspannung in Abhängigkeit vom Moment darstellen und erhält

$$\tau = \tau(r) = \frac{M_t}{I_p} r \tag{5.14}$$

mit der maximalen Schubspannung am Außenrand $r = R$ (bzw. $r = R_a$)

$$\tau_{max} = \frac{M_t}{I_p} R \tag{5.15}$$

5.3.* Torsion von Stäben mit elliptischem Querschnitt

Beim Kreis ergaben sich als Schubspannungslinien Kreise. Bei der Ellipse hat am Rand die resultierende Schubspannung in jedem Punkt die Richtung der Randkurve. Es ist naheliegend anzunehmen, daß die Schubspannungslinien nicht nur am Rand, sondern auch im Inneren des Querschnittes konfokale Ellipsen sind.
Zunächst soll mit den in Bild F 5.5 eingezeichneten Spannungen das Kräftegleichgewicht in z-Richtung ermittelt werden. Bei dem aus dem Stab herausgeschnittenen Randelement treten Spannungen nur an den Schnittflächen, nicht aber an der Oberfläche auf, so daß man erhält

$$\tau_{xz}\,\mathrm{d}y\,\mathrm{d}z - \tau_{yz}\,\mathrm{d}x\,\mathrm{d}y = 0$$

bzw.

$$\frac{\tau_{yz}}{\tau_{xz}} = \frac{\mathrm{d}y}{\mathrm{d}x} \tag{5.16}$$

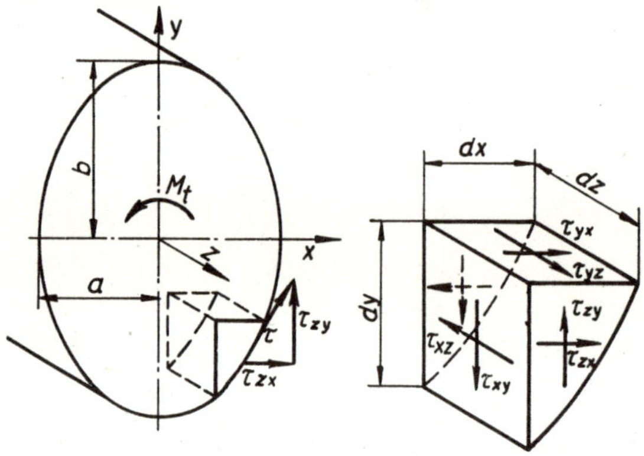

Bild F 5.5

Diese Kräftegleichgewichtsbedingung am Rande ist gleichzeitig eine Randbedingung. Gl. (5.16) bringt das Schubspannungsverhältnis in Beziehung zum Tangentenwinkel an die Ellipse. Die resultierende Schubspannung muß also den Rand tangieren.
Den Tangentenwinkel erhält man aus der Ellipsengleichung

$$\frac{x^2}{a^2} + \frac{y^2}{b^2} = 1 \tag{5.17}$$

zu

$$\frac{\mathrm{d}y}{\mathrm{d}x} = -\frac{b^2}{a^2}\,\frac{x}{y} \tag{5.18}$$

Setzt man diese Gl. (5.18) in die Randbedingung (5.16) ein

$$\frac{\tau_{yz}}{\tau_{xz}} = -\frac{b^2}{a^2}\,\frac{x}{y} \tag{5.19}$$

so kann man unter der Voraussetzung, daß alle Schubspannungslinien konfokale Ellipsen sind, schreiben

$$\tau_{yz} = Cb^2x \qquad \tau_{xz} = -Ca^2y \tag{5.20}$$

Die Konstante C wird mit Hilfe der Äquivalenzbetrachtung um die z-Achse bestimmt (Bild F 5.6).

$$M_t = \int\int_A (\tau_{yz}x - \tau_{xz}y)\,dx\,dy \tag{5.21}$$

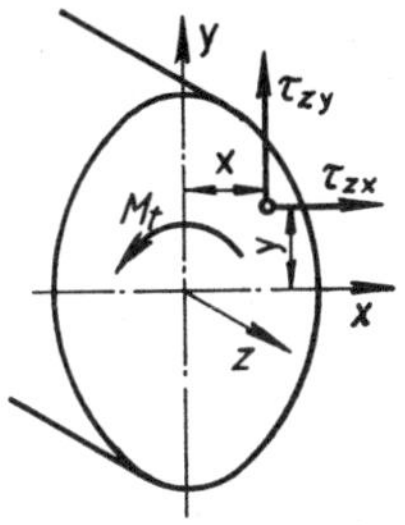

Bild F 5.6

Werden in (5.21) die Schubspannungen nach (5.20) eingesetzt, so erhält man

$$M_t = C\int\int_A (b^2x^2 + a^2y^2)\,dA$$

und mit

$$I_{yy} = \int x^2\,dA = \frac{\pi ba^3}{4} \quad \text{und} \quad I_{xx} = \int y^2\,dA = \frac{\pi b^3a}{4} \tag{5.22}$$

(Trägheitsmomente der Ellipse)
bzw.

$$M_t = C(b^2I_{yy} + a^2I_{xx}) \tag{5.23}$$

$$M_t = Ca^3b^3\,\frac{\pi}{2} \quad \text{bzw.} \quad C = \frac{2M_t}{\pi a^3b^3} \tag{5.24}$$

Für die Schubspannungen erhält man somit

$$\tau_{xz} = -\frac{2M_t}{\pi ab^3}\,y \qquad \tau_{yz} = \frac{2M_t}{\pi a^3b}\,x \tag{5.25}$$

$$\tau = \sqrt{\tau_{xz}^2 + \tau_{xz}^2} = \frac{2M_t}{\pi a^3b^3}\sqrt{a^4y^2 + b^4x^2}$$

Wie sich bereits beim Kreis gezeigt hat, treten die maximalen Spannungen am Rand auf. Die maximale Schubspannung ist entweder an der breitesten oder an der schmalsten Stelle des Querschnittes zu erwarten.

$$\tau(x = 0, y = b) = \frac{2M_t}{\pi a b^2} = \tau_1$$

$$\tau(x = a, y = 0) = \frac{2M_t}{\pi a^2 b} = \tau_2 \tag{5.26}$$

Da $b > a$ ist, wird $\tau_2 > \tau_1$, d. h.

$$\tau_{\max} = \tau_2 = \frac{2M_t}{\pi a^2 b} \tag{5.27}$$

Die maximale Schubspannung tritt an der *engsten* Stelle des Querschnittes auf, wie bereits in 5.1. angedeutet.
Die Verdrehung erhält man aus dem Vergleich der äußeren mit der inneren Arbeit. In Bild F 5.7 ist die schraffierte Fläche die äußere Arbeit, die man erhält, wenn das Moment M_t aufgebracht wird und dabei den Drehwinkel φ hervorruft.

$$W_ä = \frac{1}{2} M_t \varphi \tag{5.28}$$

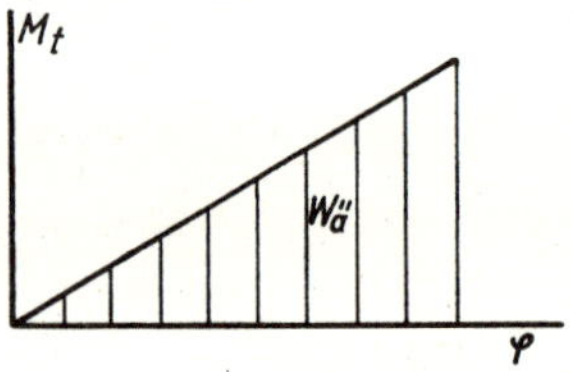

Bild F 5.7

Die spezifische Formänderungsenergie infolge Schubbeanspruchung ist (vgl. Abschn. 1.6.)

$$W^* = \frac{\tau^2}{2G}$$

Durch Integration über das Stabvolumen erhält man die Formänderungsenergie

$$W_F = \int_V \frac{\tau^2}{2G} \, dV \tag{5.29}$$

und mit (5.25)

$$W_F = \frac{l}{2G} \frac{4M_t^2}{\pi^2 a^6 b^6} \int_A (a^4 y^2 + b^4 x^2) \, dA$$

$$= \frac{l}{2G} \frac{4M_t^2}{\pi^2 a^6 b^6} (a^4 I_{xx} + b^4 I_{yy}) \tag{5.30}$$

Da die äußere Arbeit gleich der Formänderungsenergie sein muß, folgt aus $W_ä = W_F$ mit (5.30) und (5.28) der spezifische Drehwinkel ϑ.

$$\vartheta = \frac{\varphi}{l} = \frac{a^2 + b^2}{\pi a^3 b^3} \frac{M_t}{G} \tag{5.31}$$

Nach der Definition $\vartheta = \dfrac{M_t}{GI_t}$ (5.12) lautet das Torsionsträgheitsmoment

$$I_t = \frac{\pi a^3 b^3}{a^2 + b^2} \tag{5.32}$$

Demgegenüber beträgt das polare Trägheitsmoment

$$I_p = I_{xx} + I_{yy} = \frac{\pi}{4} ab(a^2 + b^2)$$

Es ist somit größer als das Torsionsträgheitsmoment. Diese Ergebnisse, die unter der Voraussetzung, daß die Schubspannungslinien konfokale Ellipsen sind, abgeleitet wurden, stimmen mit denen aus der genaueren *Saint-Venant*schen Theorie überein; d. h., die getroffene Annahme ist erfüllt.

5.4.* Membrangleichnis und hydrodynamisches Gleichnis

Auf *L. Prandtl* geht eine Methode zurück, mit deren Hilfe das Torsionsproblem experimentell gelöst werden kann.
Eine Membran, z. B. eine Seifenhaut, die über eine Öffnung mit der Randkurve C gespannt ist, genügt der Dgl.

$$\frac{\partial^2 w}{\partial x^2} + \frac{\partial^2 w}{\partial y^2} = -\frac{p}{S} = \text{konst.} \tag{5.33}$$

wobei $w(x, y)$ die Membranfläche, p der Überdruck, unter dem die Membran steht, und S die konstante Spannkraft sind (Bild F 5.8).
Gl. (5.33) ist ebenfalls eine *Poisson*sche Differentialgleichung.
Die Funktion $w(x, y)$ genügt der Randbedingung

$$w(x, y) = C \tag{5.34}$$

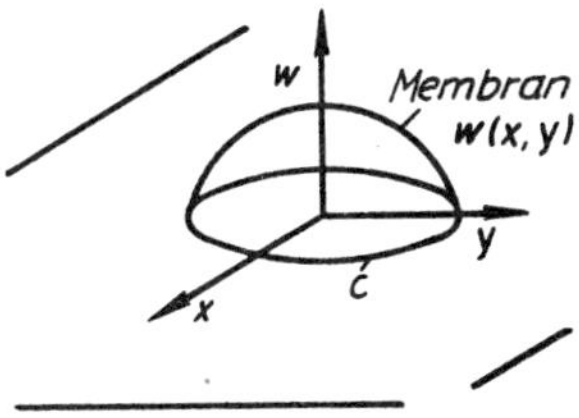

Bild F 5.8

Mit

$$w \triangleq -\frac{p}{S}\Phi \tag{5.35}$$

ist die Analogie zwischen Torsionsproblem (5.1) und (5.3) und Membrangleichung (5.33) und (5.34) hergestellt, wenn die Randkurve C der Membran mit der Randkurve C des tordierten Querschnittes übereinstimmt. Für die Schubspannungen erhält man dann

$$\tau_{xz} = \frac{2G\vartheta S}{p}\frac{\partial w}{\partial y} \qquad \tau_{yz} = -\frac{2G\vartheta S}{p}\frac{\partial w}{\partial x} \tag{5.36}$$

Sie sind also dem Anstieg des Membranhügels proportional. Die Torsionssteifigkeit GI_t beträgt

$$GI_t = \frac{4GS}{p}V \tag{5.37}$$

— wobei V das vom Membranhügel eingeschlossene Volumen ist — und ist dem Volumen des Spannungshügels proportional.

Eine ähnliche Analogie, das hydrodynamische Gleichnis, läßt sich zwischen dem Torsionsproblem und der hydrodynamischen Strömung aufstellen. Es zeigt sich, daß die Schubspannungslinien den Stromlinien einer stationären Flüssigkeitsströmung mit konstanter zirkulierender Flüssigkeitsmenge (Zirkulation) in einem Gefäß mit der Querschnittsform des tordierten Stabes analog sind. Der Ort der maximalen Schubspannungen läßt sich mit beiden Analogien leicht veranschaulichen.

Der Rand an der engsten Stelle des Querschnittes ist der Ort der maximalen Schubspannung.

Beim Membrangleichnis muß das Gefälle des Membranhügels z. B. an der engsten Stelle des Rechteckes größer sein als in der anderen Richtung (Bild F 5.9). Andererseits ist beim hydrodynamischen Gleichnis die Strömungsgeschwindigkeit an den Längsseiten größer, da der durchströmte Querschnitt enger ist. Die größere Strömungsgeschwindigkeit entspricht einer größeren Spannung. Bild F 5.9 zeigt Orte

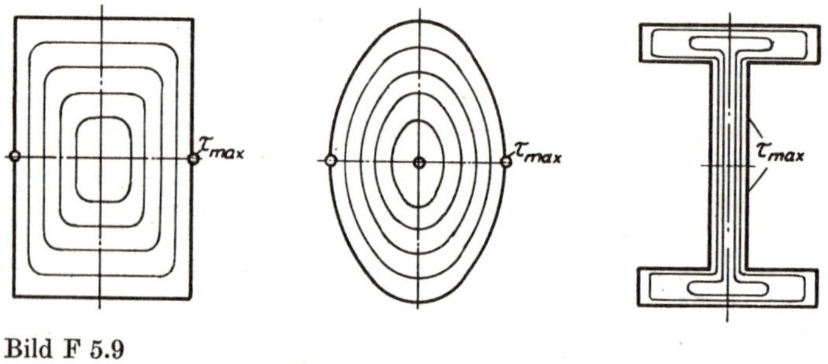

Bild F 5.9

maximaler Schubspannung. Die eingezeichneten Linien entsprechen Höhenlinien (Membran) bzw. Stromlinien (Strömungsanalogie). Sie sind den Schubspannungslinien proportional. Je kleiner der Abstand dieser Linien ist, desto größer ist die Schubspannung.

5.5. Torsion dünnwandiger geschlossener Querschnitte

Für den Fall, daß sich die Verwölbung ungehindert ausbilden kann, ist die Berechnung der Spannungen und Deformationen in geschlossenen Hohlquerschnitten beliebiger Form unter gewissen Annahmen möglich.

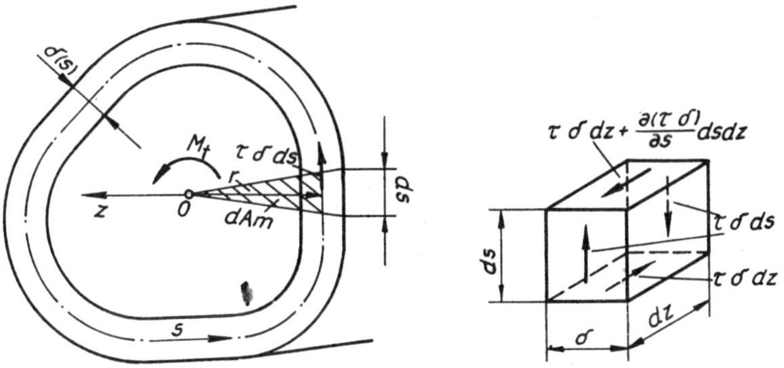

Bild F 5.10

Vorausgesetzt sei wiederum, daß die Belastung lediglich aus Momenten um die Stablängsachse besteht (reine Torsion). Außerdem sei die Dicke des Querschnittes δ gering und nur wenig veränderlich, so daß man annehmen kann, daß die Schubspannungen über die Wanddicke konstant verteilt sind und tangential zum Rand verlaufen.

Die Gleichgewichtsbedingung in z-Richtung liefert am Volumenelement $\mathrm{d}V = \mathrm{d}s\delta\,\mathrm{d}z$ (Bild F 5.10)

$$\frac{\partial(\tau\delta)}{\partial s} = 0 \tag{5.38}$$

oder auch

$$t = \tau\delta = \text{konst.} \tag{5.39}$$

Der sog. Schubfluß $t = \tau\delta$ ist also über den ganzen Querschnitt konstant. Weiterhin gilt

$$M_t = \tau\delta \oint r\,\mathrm{d}s \tag{5.40}$$

Nun ist aber $r\,ds = 2\,dA_m$, wenn dA_m die in Bild F 5.10 schraffierte Sektorfläche und r das Lot von O auf ds darstellen. Damit folgt für den Schubfluß

$$t = \tau\delta = \frac{M_t}{2A_m} \tag{5.41}$$

Diese Beziehung wird 1. *Bredt*sche Formel genannt.
A_m ist dabei die durch den Schubfluß eingeschlossene Fläche. Zur Berechnung der Drillung ϑ geht man davon aus, daß die Arbeit der äußeren Kräfte $W_ä$ bei der Verformung gleich sein muß der Arbeit der inneren Kräfte W_F (Formänderungsenergie).
Die äußere Arbeit

$$W_ä = \frac{1}{2} M_t \varphi$$

und die spezifische Formänderungsenergie infolge Schubbeanspruchung

$$W^* = \frac{\tau^2}{2G}$$

entnehmen wir 5.3.
Die Formänderungsenergie W_F erhält man durch Integration von W^* über das Volumen des Stabes. Ein Stabelement hat das Volumen

$$dV = l\delta\,ds \tag{5.42}$$

l ist hierbei die Länge des Stabes. Mit der bereits abgeleiteten Schubspannung (5.41) erhält man durch Integration die Formänderungsenergie

$$W_F = \oint \frac{\tau^2}{2G} l\delta\,ds = \frac{M_t^2 l}{8GA_m^2} \oint \frac{ds}{\delta} \tag{5.43}$$

Wegen $W = W_ä$ folgt aus (5.28) und (5.43)

$$\varphi = \frac{M_t l}{4GA_m^2} \oint \frac{ds}{\delta} \tag{5.44}$$

Damit wird die Drillung

$$\vartheta = \frac{\varphi}{l} = \frac{M_t}{4GA_m^2} \oint \frac{ds}{\delta} \tag{5.45}$$

Diese Gleichung wird als 2. *Bredt*sche Formel bezeichnet.
Führt man an dieser Stelle für das Torsionsträgheitsmoment den Ausdruck

$$I_t = \frac{4A_m^2}{\oint \frac{ds}{\delta}} \tag{5.46}$$

in, dann kann man die Drillung folgendermaßen schreiben:

$$\vartheta = \frac{M_t}{GI_t} \tag{5.47}$$

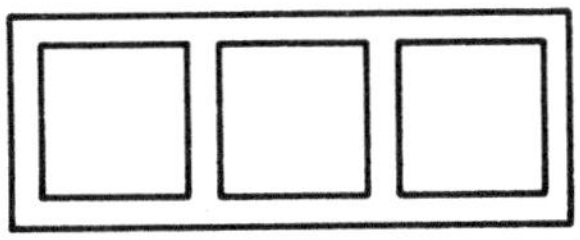

Bild F 5.11

Die in diesem Abschnitt hergeleiteten Beziehungen gelten nur für einfach geschlossene, dünnwandige Querschnitte. Für mehrfach geschlossene Querschnitte (Bild F 5.11) ergeben sich gekoppelte Gleichungen für die Schubflüsse in den einzelnen „Torsionseröhren", die hier jedoch nicht hergeleitet werden sollen.

5.6. Torsion dünnwandiger offener Querschnitte

Um eine Näherungslösung für die Torsion dünnwandiger offener Querschnitte zu finden, geht man von den in 5.4. behandelten Analogien aus. Stellt man sich vor, daß in dem in Bild F 5.12 gezeigten Querschnitt eine Flüssigkeit zirkuliert (konstante Zirkulation), dann erkennt man, daß sie nahezu im ganzen Querschnitt

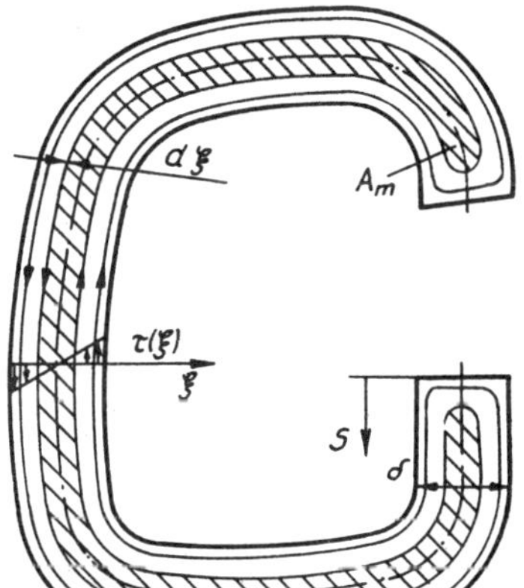

Bild F 5.12

parallel zum Rand fließt; lediglich in einem Gebiet von der Größenordnung der Querschnittbreite δ wird sie umgelenkt. Daraus folgt, daß die Schubspannungslinien fast im ganzen Querschnitt parallel zum Rand verlaufen. Aus dieser Analogie kann man für die Schubspannungen folgende Verteilung ansetzen:

$$\tau(\xi) = \frac{2\tau_0}{\delta}\,\xi \tag{5.48}$$

$\tau(\xi)$ ist unabhängig von der Koordinate s. Um einen Zusammenhang zwischen der maximalen Schubspannung und dem Moment zu erhalten, wendet man die 1. *Bredt*sche Formel (5.41) auf die Ringfläche der Breite $\mathrm{d}\xi$ längs einer geschlossenen Schubspannungslinie (Bild F 5.12) an. Der hier überall konstante Schubfluß ist

$$\mathrm{d}t(\xi) = \tau(\xi)\,\mathrm{d}\xi = \frac{2\tau_0}{\delta}\,\xi\,\mathrm{d}\xi \tag{5.49}$$

Mit (5.41) und (5.49) lautet das zugehörige Torsionsmoment

$$\mathrm{d}M_\mathrm{t} = 2A_\mathrm{m}\,\mathrm{d}t \tag{5.50}$$

Die vom Schubfluß eingeschlossene Fläche ist näherungsweise

$$A_\mathrm{m} = 2h\xi \qquad (h \text{ Länge der Querschnittsmittellinie}) \tag{5.51}$$

Aus (5.49), (5.50) und (5.51) folgt nun

$$\mathrm{d}M_\mathrm{t} = \frac{8\tau_0}{\delta}\,h\xi^2\,\mathrm{d}\xi$$

und nach Integration

$$M_\mathrm{t} = 8\tau_0\,\frac{h}{\delta}\int\limits_0^{+\delta/2}\xi^2\,\mathrm{d}\xi = \frac{1}{3}\,\tau_0 h\,\delta^2 \tag{5.52}$$

Demnach lautet die maximale Schubspannung

$$\tau_{\max} = \tau\left(\xi = \frac{\delta}{2}\right) = \tau_0$$

$$\tau_0 = \frac{3M_\mathrm{t}}{h\,\delta^2} \tag{5.53}$$

Es ist ersichtlich, daß bei gegebenem Moment die maximale Schubspannung eines offenen Querschnittes wesentlich größer ist als die eines entsprechenden geschlossenen. Für einen geschlossenen Kreisring (τ_1) und für einen geschlitzten Kreisring (τ_2) erhält man

$$\tau_1 = \frac{M_\mathrm{t}}{2\pi r^2\,\delta} \qquad \tau_2 = \frac{3M_\mathrm{t}}{2\pi r\,\delta^2}$$

Mit $r = 10\delta$ ergibt sich ein Spannungsverhältnis von

$$\frac{\tau_2}{\tau_1} = \frac{3r}{\delta} = 30$$

woraus man die Forderung ableiten kann, Torsionsmomente nur durch geschlossene Profile zu übertragen.

Zur Berechnung der Drillung offener dünnwandiger Profile setzen wir wieder die äußere Arbeit der Formänderungsarbeit gleich und erhalten

$$\frac{1}{2} M_t \varphi = \int_V \frac{\tau_\xi^2}{2G} \mathrm{d}V = \frac{1}{6} \tau_0^2 \frac{\delta h l}{G} = \frac{3M_t^2 l}{2h\,\delta^3 G} \tag{5.54}$$

woraus folgt

$$\vartheta = \frac{\varphi}{l} = \frac{3M_t}{h\,\delta^3 G} = \frac{M_t}{GI_t} \tag{5.55}$$

mit

$$I_t = \frac{h\,\delta^3}{3} \tag{5.56}$$

Hier liefert ein Vergleich

$$\frac{I_1}{I_2} = \frac{3R^2}{\delta^2} = 300$$

Nach den hier abgeleiteten Formeln werden u. a. auch L, [, Z, T und I-Profile berechnet.
Kompliziertere Profile können hier nicht behandelt werden. Schubspannungs- und Steifigkeitsangaben entnimmt man Taschenbüchern.

5.7. Beispiele

Beispiel 1:

Der Kastenträger nach Bild F 5.13 wird durch ein Drehmoment M_t beansprucht.

Gegeben: M_t, a, b, δ_1, δ_2, δ_3, δ_4; $\delta_i \ll a, b$
Schubmodul G

Gesucht: Schubspannungsverlauf τ
spez. Verdrehwinkel ϑ

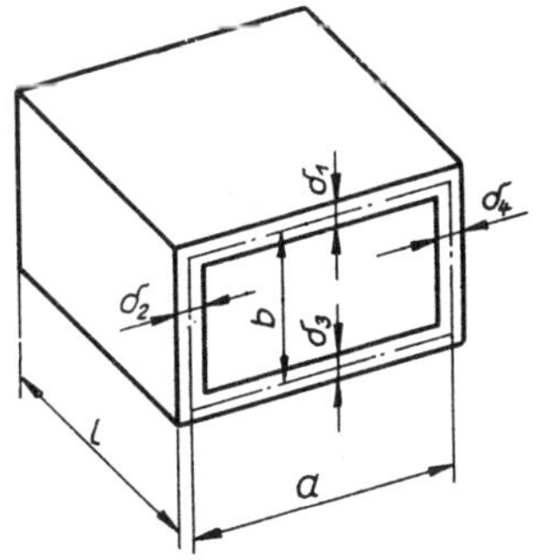

Bild F 5.13

Lösung:

Die 1. *Bredt*sche Formel (5.41) liefert für den Schubfluß

$$t = \tau\delta = \frac{M_t}{2A_m}$$

Die von der Mittellinie umschlossene Fläche ist

$$A_m = ab$$

Damit ergibt sich für die Schubspannungen

$$\tau_1 = \frac{M_t}{2ab}\frac{1}{\delta_1}$$

$$\tau_2 = \frac{M_t}{2ab}\frac{1}{\delta_2}$$

$$\tau_3 = \frac{M_t}{2ab}\frac{1}{\delta_3}$$

$$\tau_4 = \frac{M_t}{2ab}\frac{1}{\delta_4}$$

Die Drillung ϑ errechnet sich aus der 2. *Bredt*schen Formel (5.45)

$$\vartheta = \frac{M_t}{4GA_m^2}\oint\frac{ds}{\delta}$$

δ ist in den einzelnen Bereichen konstant, so daß man für das Integral erhält

$$\oint\frac{ds}{\delta} = \frac{a}{\delta_1} + \frac{b}{\delta_2} + \frac{a}{\delta_3} + \frac{b}{\delta_4} = a\left(\frac{1}{\delta_1} + \frac{1}{\delta_3}\right) + b\left(\frac{1}{\delta_2} + \frac{1}{\delta_4}\right)$$

Damit ist der spezifische Verdrehwinkel

$$\vartheta = \frac{M_t}{4Ga^2b^2}\left[a\left(\frac{1}{\delta_1} + \frac{1}{\delta_3}\right) + b\left(\frac{1}{\delta_2} + \frac{1}{\delta_4}\right)\right]$$

Beispiel 2:

Ein geschlitzter Kastenträger nach Bild F 5.14 mit der Wanddicke δ = konst. wird durch ein Torsionsmoment M_t beansprucht.

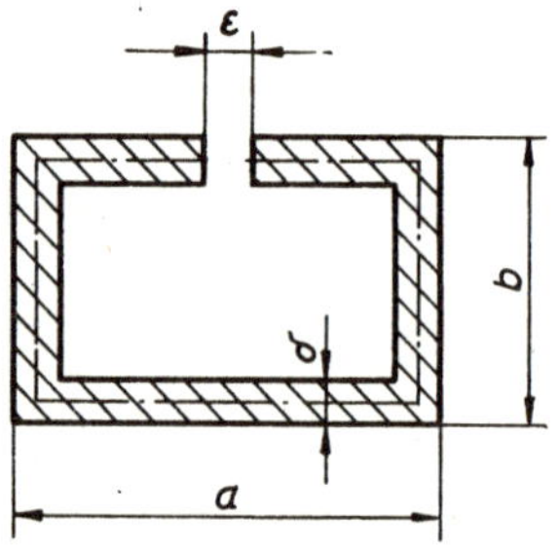

Bild F 5.14

Gegeben: M_t, a, b, δ, ε, G; $\delta \ll a, b$, $\varepsilon \ll a$

Gesucht: Schubspannung τ
spez. Verdrehwinkel ϑ

Man vergleiche das Ergebnis mit den Werten aus Aufgabe 1.

Lösung:

Für den offenen dünnwandigen Querschnitt lautet die Formel für die Schubspannung [(5.48) (5.53)]

$$\tau = \frac{3M_t}{h\,\delta^2}\,\frac{\xi}{\delta/2} \qquad \tau_{\max} = \frac{3M_t}{h\,\delta^2}$$

Die Länge der Querschnittsmittellinie h ist bei Vernachlässigung der Schlitzbreite ε

$$h = 2(a + b)$$

Damit ist

$$\tau_{\max} = \frac{3}{2}\,\frac{M_t}{(a + b)\,\delta^2}$$

Das Torsionsträgheitsmoment beträgt (5.56)

$$I_t = \frac{h\,\delta^3}{3} = \frac{2}{3}\,(a + b)\,\delta^3$$

Daraus ergibt sich eine Drillung von

$$\vartheta = \frac{M_t}{GI_t} = \frac{3}{2}\,\frac{M_t}{G}\,\frac{1}{(a + b)\,\delta^3}$$

In Aufgabe 1 erhält man für den geschlossenen Kastenträger, wenn $\delta_1 = \delta_2 = \delta_3 = \delta_4 = \delta$ gesetzt werden, eine Schubspannung von

$$\tau = \frac{M_t}{2ab\,\delta}$$

und eine Drillung von

$$\vartheta = \frac{1}{2}\,\frac{M_t}{G}\,\frac{a + b}{a^2b^2\,\delta}$$

6. SPANNUNGEN IN DÜNNWANDIGEN ROTATIONSSYMMETRISCHEN BEHÄLTERN UNTER INNENDRUCK

6.1. Grundlagen und Voraussetzungen

Wir betrachten in diesem Abschnitt Behälter, die in bezug auf eine Achse $B-B$ (Bild F 6.1) drehsymmetrisch sind.
Jeder gedachte Längsschnitt durch den Behälter, der die Achse $B-B$ enthält, markiert auf der Behälteroberfläche Linien, die wir Meridiane nennen, Schnitte

senkrecht zur Achse $B-B$ markieren auf der Oberfläche die Breitenkreise. Ein Punkt auf der Behälterwand wird festgelegt durch den Winkel ϑ (Lage eines Breitenkreises) und den Winkel φ (Lage eines Meridianes).
ϑ zählen wir wie in Bild F 6.1 angegeben. Die Festlegung von $\varphi = 0$ ist bedeutungslos, da infolge der Rotationssymmetrie alle Schnitte $\varphi =$ konst. zwischen 0 und 2π die gleiche Meridianform ergeben.
Die Geometrie des Behälters wird durch seine beiden Hauptkrümmungsradien beschrieben, die senkrecht auf einem Wandungselement des Behälters stehen. Mit ϱ_1 und M_1 bezeichnen wir Krümmungsradius und Krümmungsmittelpunkt der Meri-

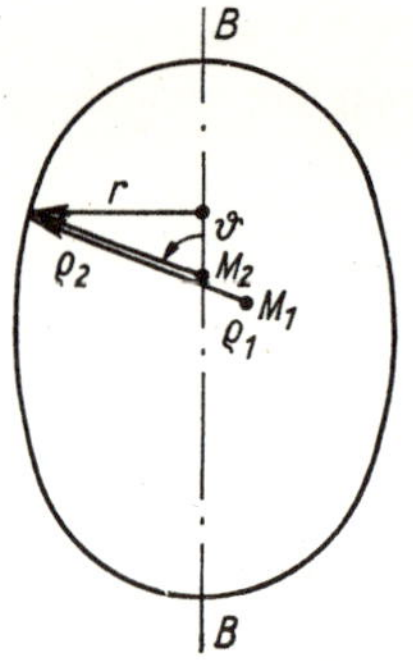

Bild F 6.1

diankurve. ϱ_2 ist der Krümmungsradius eines Breitenkreises. Er nimmt stets positive Werte an, und sein Krümmungsmittelpunkt M_2 liegt immer auf der Rotationsachse $B-B$. Zwischen ϱ_2 und dem senkrechten Abstand r des Wandungselementes von der Rotationsachse besteht die Beziehung

$$r = \varrho_2 \sin \vartheta \tag{6.1}$$

Die Dicke des Behälters h sei konstant und klein gegenüber den anderen Abmessungen des Behälters.
Die Belastung des Behälters erfolge durch den konstanten Innendruck p, der überall senkrecht zur Behälterwand wirkt.
Infolge der getroffenen Voraussetzung können wir annehmen, daß an Schnitten $\vartheta =$ konst. und $\varphi =$ konst. nur Normalspannungen angreifen, die sich über der Wanddicke h nicht ändern. Einen derartigen Spannungszustand nennt man Membranspannungszustand; er ist z. B. in einem Luftballon sehr gut realisiert. Für technische Belange ist die Membrantheorie eine gute Näherung. Sie versagt allerdings, wenn die Krümmungsradien sich sprunghaft ändern, wie das z. B. der Fall ist, wenn ein zylindrischer Behälter mit dem Meridianradius $\varrho_1 = \infty$ durch einen Halbkugelboden mit $\varrho_1 = a$ abgeschlossen wird. Im Gebiet der Übergangsstelle treten dann Querkräfte und Momente auf, die wir erst in 10.4. berücksichtigen können.
Behälter mit allgemeiner Geometrie und Belastung können im Grundkurs „Technische Mechanik" nicht behandelt werden. Diese „Schalen" sind Gegenstand der Lehrveranstaltung „Flächentragwerke".

6.2. Ermittlung der Spannungen

Es gelingt uns, mit den getroffenen Annahmen die Normalspannungen σ_ϑ am Schnitt $\vartheta =$ konst., die wir Längsspannungen nennen wollen, und σ_φ am Schnitt $\varphi =$ konst., die wir Ring- und Umfangsspannung nennen wollen, allein aus Gleichgewichtsbetrachtungen zu ermitteln.

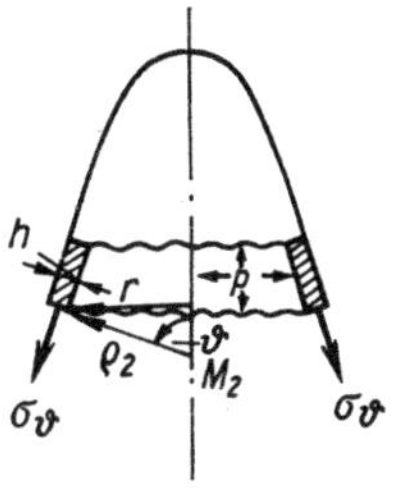

Bild F 6.2

Zunächst führen wir längs eines Breitenkreises $\vartheta =$ konst. einen Schnitt senkrecht zur Behälterwand (Bild F 6.2) und erhalten aus einer Kräftegleichgewichtsbedingung in vertikaler Richtung

$$\uparrow: \; pr^2\pi - \sigma_\vartheta 2\pi rh \sin\vartheta = 0$$

$$\sigma_\vartheta = \frac{pr}{2h\sin\vartheta} = \frac{p\varrho_2}{2h} \tag{6.2}$$

Nun schneiden wir durch die Schnitte $\vartheta =$ konst. und $\varphi =$ konst. aus dem Behälter ein Volumenelement $\mathrm{d}V = \varrho_1\,\mathrm{d}\vartheta r\,\mathrm{d}\varphi h$ heraus und tragen die Kräfte an (Bild F 6.3). Das Glied $\mathrm{d}(\sigma_\vartheta hr)\,\mathrm{d}\varphi$ berücksichtigt die Änderung der Spannung σ_ϑ und des Radius r bei Fortschreiten um $\mathrm{d}\vartheta$ in Richtung ϑ.

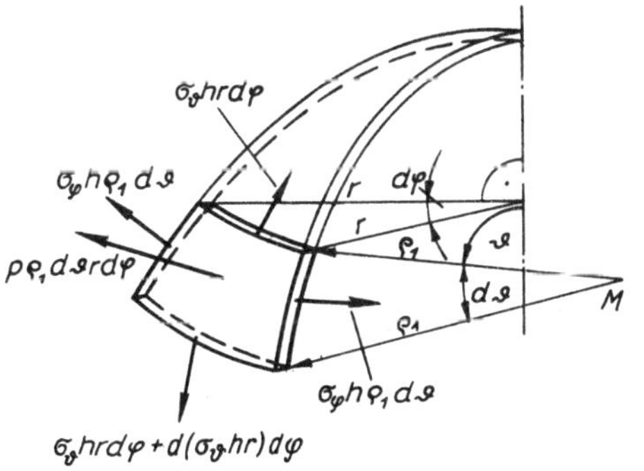

Bild F 6.3

Zerlegen wir die Spannungen in die Richtungen der Flächennormale und der Meridiantangente (Bild F 6.4), so lauten die Gleichgewichtsbedingungen

$$\nwarrow: \; p\varrho_1 r\,\mathrm{d}\vartheta\,\mathrm{d}\varphi - \sigma_\vartheta hr\,\mathrm{d}\varphi\,\mathrm{d}\vartheta - \sigma_\varphi h\varrho_1\,\mathrm{d}\vartheta\,\mathrm{d}\varphi\sin\vartheta = 0 \tag{6.3}$$

$$\nearrow: \; -\mathrm{d}(\sigma_\vartheta r)\,h\,\mathrm{d}\varphi + \sigma_\varphi h\varrho_1\,\mathrm{d}\vartheta\,\mathrm{d}\varphi\cos\vartheta = 0 \tag{6.4}$$

Dividieren wir Gl. (6.3) mit dV und beachten Gl. (6.1), so erhalten wir

$$\frac{\sigma_\vartheta}{\varrho_1} + \frac{\sigma_\varphi}{\varrho_2} = \frac{p}{h} \tag{6.5}$$

Daraus folgt mit (6.2)

$$\sigma_\varphi = \frac{p\varrho_2}{2h}\left(2 - \frac{\varrho_2}{\varrho_1}\right) \tag{6.6}$$

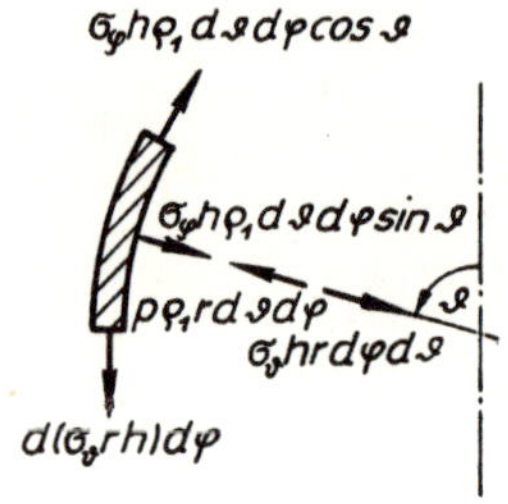

Bild F 6.4

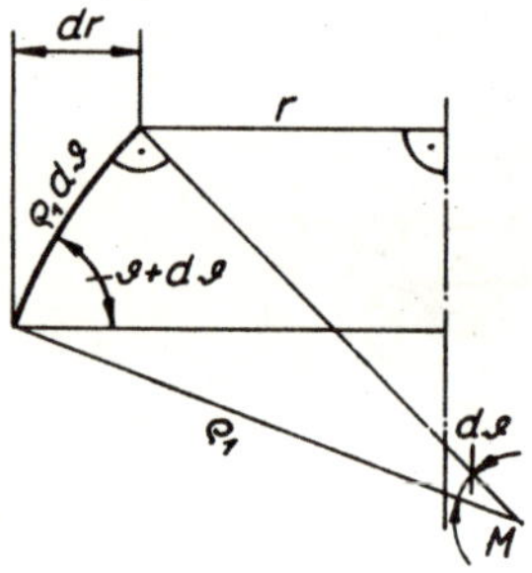

Bild F 6.5

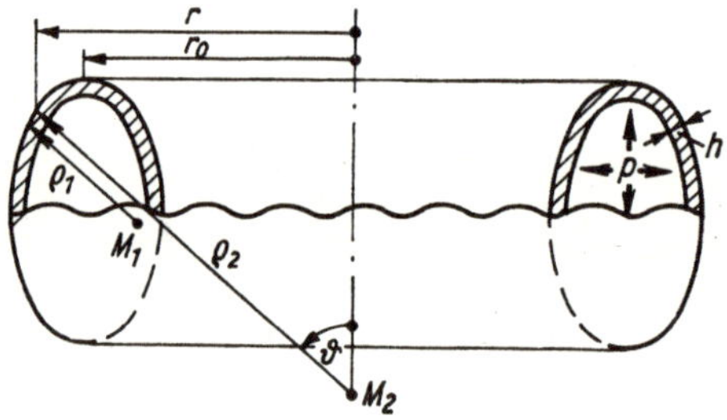

Bild F 6.6

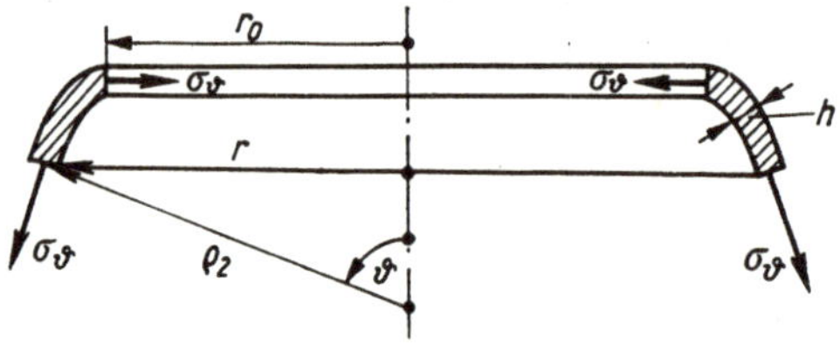

Bild F 6.7

Damit sind beide Hauptspannungen bekannt. Gl. (6.4) ist erfüllt durch Einsetzen von Gl. (6.2) und Gl. (6.6) und unter Beachtung von Bild F 6.5

$$\mathrm{d}r = \varrho_1 \,\mathrm{d}\vartheta \cos\vartheta \tag{6.7}$$

Während die Gl. (6.5) für jeden drehsymmetrischen Behälter unter Innendruck gilt, darf die Gl. (6.2) nur für Behälter verwendet werden, die auf der Drehachse geschlossen sind.

Für Torusschalen oder Ringbehälter (Autoreifen!) (Bild F 6.6) erhält man aus der Schnittbetrachtung Bild F 6.7 die Gleichgewichtsbedingung in vertikaler Richtung

$$\uparrow:\; p(r^2 - r_0^2)\,\pi - \sigma_\vartheta\, 2\pi r h \sin\vartheta = 0$$

und daraus

$$\sigma_\vartheta = \frac{p(r^2 - r_0^2)}{2rh \sin \vartheta} \tag{6.8}$$

(Mit $r_0 = 0$ geht (6.8) in (6.2) über.)
Für $r = r_0$ und $\vartheta = 0$ muß die Längsspannung aus (6.8) durch Grenzübergang gewonnen werden (Regel von *de l'Hospital*). Mit (6.7) folgt

$$\sigma_{\vartheta(\vartheta=0)} = \frac{p\varrho_1}{h}$$

6.3. Beispiele

6.3.1. Kugelkessel

Es gilt $\varrho_1 = \varrho_2 = a$, und damit folgt aus (6.2) und (6.6)

$$\sigma_\varphi = \sigma_\vartheta = \frac{pa}{2h}$$

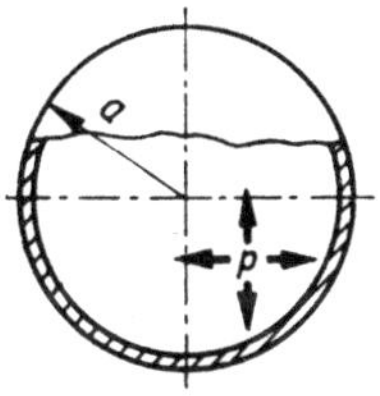

Bild F 6.8

6.3.2. Zylindrisches Rohr

Es gilt $\varrho_1 = \infty$ und $\varrho_2 = a$, und damit

$$\sigma_\vartheta = \frac{pa}{2h} \quad \text{und} \quad \sigma_\varphi = \frac{pa}{h}$$

Die Umfangsspannung ist doppelt so groß wie die Längsspannung!
*Mohr*scher Spannungskreis
Wegen $a \gg h$ kann $\sigma_r \approx 0$ gesetzt werden.

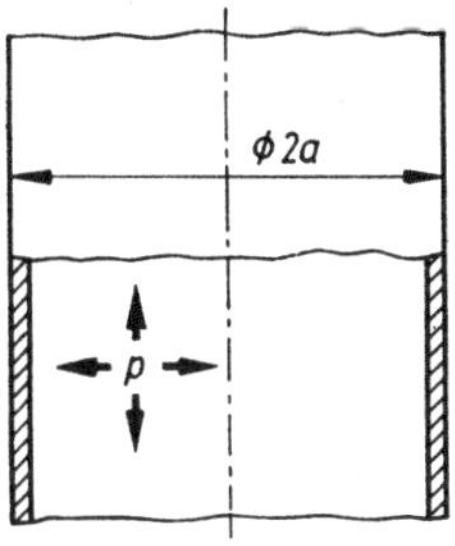

Bild F 6.9

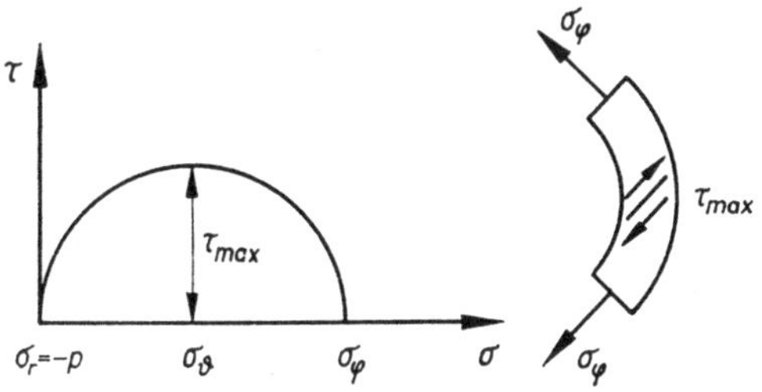

Bild F 6.10

6.3.3. Kegeliger Behälter

Es gilt

$$\varrho_1 = \infty; \qquad \varrho_2 = \frac{r(z)}{\sin\vartheta} = \frac{r(z)}{\cos\gamma} = \frac{\tan\gamma}{\cos\gamma} z$$

$$\sigma_\varphi = 2\sigma_\vartheta = \frac{p}{h} \frac{\tan\gamma}{\cos\gamma} z$$

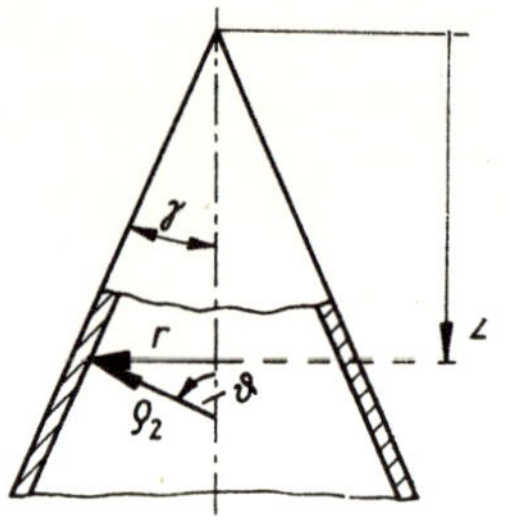

Bild F 6.11

6.3.4. Kreisringbehälter

Gegeben: $r_0 = 50$ cm
$a = 20$ cm
$h = 0{,}5$ cm
p

Gesucht: σ_ϑ, σ_φ

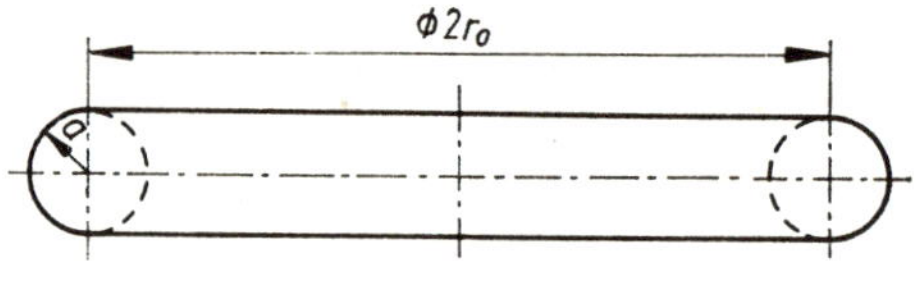

Bild F 6.12

Lösung:

$$\varrho_1 = a \qquad \varrho_2 = \frac{r}{\sin\vartheta} = \frac{r_0 + a\sin\vartheta}{\sin\vartheta}$$

Aus (6.8) folgt

$$\sigma_\vartheta = \frac{p(r_0^2 + 2r_0 a\sin\vartheta + a^2\sin^2\vartheta - r_0^2)}{2(r_0 + a\sin\vartheta)\, h\sin\vartheta} = \frac{pa(2r_0 + a\sin\vartheta)}{2h(r_0 + a\sin\vartheta)}$$

Aus (6.5) folgt

$$\sigma_\varphi = \varrho_2 \left(\frac{p}{h} - \frac{\sigma_\vartheta}{\varrho_1}\right) = \frac{pa}{2h}$$

Zahlenwerte

$$\frac{\sigma_\varphi}{p} = 20$$

ϑ	0	45	90	135	180	225	270	315
$\frac{\sigma_\vartheta}{p}$	40	35,6	34,3	35,6	40	47,9	53,3	47,8

6.3.5. Zusammengesetzter Behälter

Gegeben: $h = 2$ mm = konst.

$a = 240$ mm

$b = 180$ mm

$\bar{\varrho}_1 = 350$ mm

$p = 1$ N mm^{-2}

Gesucht: σ_φ, σ_ϑ

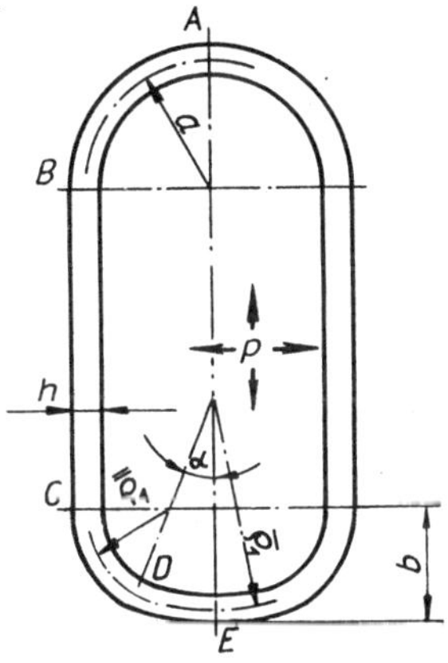

Bild F 6.13

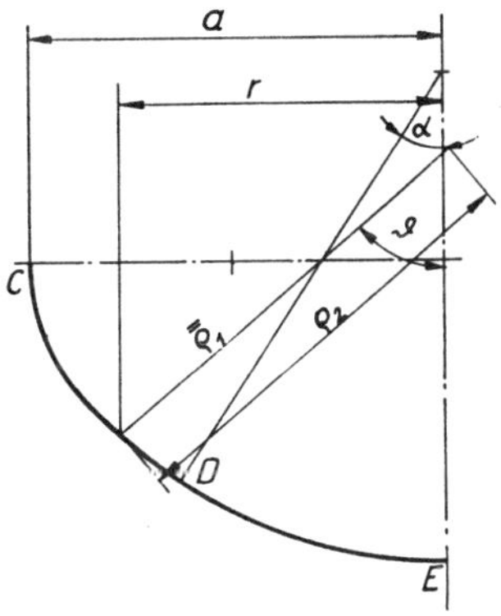

Bild F 6.14

Hauptspannungen im Kugelteil AB:

$$\sigma_\varphi = \sigma_\vartheta = p\,\frac{a}{2h} = 60 \text{ N mm}^{-2}$$

Hauptspannungen im Zylinderteil BC:

$$\sigma_\varphi = 2\sigma_\vartheta = p\,\frac{a}{h} = 120 \text{ N mm}^{-2}$$

Hauptspannungen im Boden CE:

Der Meridian des Bodens bildet einen Halbbogen mit dem Achsenverhältnis 3:4.

Geometrische Größen:

Pythagoras:

$$(\bar{\varrho}_1 - b)^2 + (a - \bar{\bar{\varrho}}_1)^2 = (\bar{\varrho}_1 - \bar{\bar{\varrho}}_1)^2$$

$$\bar{\bar{\varrho}}_1 = \frac{b^2 + a^2 - 2\bar{\varrho}_1 b}{2(a - \bar{\varrho}_1)} = 163{,}6 \text{ mm}$$

$$\tan\alpha = \frac{a - \bar{\bar{\varrho}}_1}{\bar{\varrho}_1 - b} = 0{,}45 \rightarrow \alpha = 24{,}23°$$

Spannungen:

$$\sigma_\vartheta = p\,\frac{\varrho_2}{2h} \qquad \sigma_\varphi = p\,\frac{\varrho_2}{h}\left(1 - \frac{\varrho_2}{2\varrho_1}\right) \qquad r = \varrho_2 \sin\vartheta$$

Bogenteil $\widehat{DE}$: $(0 \leqq \vartheta \leqq \alpha)$

Längs $\widehat{DE}$ bleiben σ_ϑ und σ_φ konstant, da sich ϱ_1 und ϱ_2 nicht ändern.

$$\varrho_1 = \bar{\varrho}_1, \qquad \varrho_2 = \bar{\varrho}_1$$

$$\sigma_\vartheta = \sigma_\varphi = \frac{p\bar{\varrho}_1}{2h} = 87{,}5 \text{ N mm}^{-2}$$

Bogenteil $\widehat{CD}$: $\left(\alpha \leqq \vartheta \leqq \frac{\pi}{2}\right)$

$$\varrho_1 = \bar{\bar{\varrho}}_1, \qquad \varrho_2 = \frac{r}{\sin\vartheta} \qquad \text{mit} \qquad r = a - \bar{\bar{\varrho}}_1 + \bar{\bar{\varrho}}_2 \sin\vartheta$$

$$\sigma_\vartheta = p\,\frac{\varrho_2}{2h} = p\,\frac{a - \bar{\bar{\varrho}}_1(1 - \sin\vartheta)}{2h\sin\vartheta}$$

$$\sigma_\varphi = p\,\frac{\varrho_2}{h}\left(1 - \frac{\varrho_2}{2\varrho_1}\right) = p\,\frac{r}{h\sin\vartheta}\left(1 - \frac{r}{2\bar{\bar{\varrho}}_1 \sin\vartheta}\right)$$

Punkt *D:*

$$\vartheta = \alpha \quad \text{bzw.} \quad \varrho_1 = \bar{\bar{\varrho}}_1, \quad \varrho_2 = \bar{\varrho}_1$$

$$\sigma_\vartheta = p\,\frac{\bar{\varrho}_1}{2h} = 87{,}5 \text{ N mm}^{-2}$$

$$\sigma_\varphi = p\,\frac{\bar{\varrho}_1}{h}\left(1 - \frac{\bar{\varrho}_1}{2\bar{\bar{\varrho}}_1}\right) = -12{,}3 \text{ N mm}^{-2}$$

Punkt *C:*

$$\vartheta = \frac{\pi}{2} \quad \text{bzw.} \quad \varrho_1 = \bar{\bar{\varrho}}_1, \quad \varrho_2 = a$$

$$\sigma_\vartheta = p\,\frac{a}{2h} = 60 \text{ N mm}^{-2}$$

$$\sigma_\varphi = p\,\frac{a}{h}\left(1 - \frac{a}{2\bar{\bar{\varrho}}_1}\right) = 31{,}9 \text{ N mm}^{-2}$$

Nullstelle von σ_φ (Werte mit ′ gekennzeichnet):

$$\sigma_\varphi = 0: \quad \varrho_2' = 2\varrho_1' = 2\bar{\bar{\varrho}}_1$$

Daraus folgt mit Bild F 6.14:

$$r' = a - \bar{\bar{\varrho}}_1 + \bar{\bar{\varrho}}_1 \sin\vartheta' = 2\bar{\bar{\varrho}}_1 \sin\vartheta'$$

$$\sin\vartheta' = \frac{a - \bar{\bar{\varrho}}_1}{\bar{\bar{\varrho}}_1} = 0{,}467 \rightarrow \vartheta' = 27{,}84° \rightarrow r' = 153 \text{ mm}$$

Darstellung des Spannungsverlaufes (Angaben in N mm^{-2}):

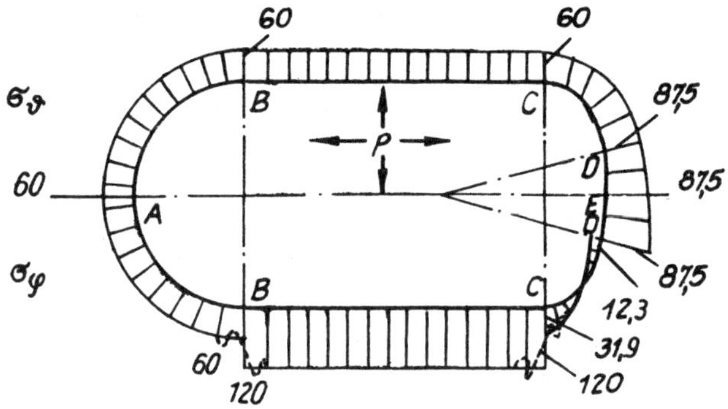

Bild F 6.15

Da sich die Verformungen nicht sprunghaft ändern, wird in Wirklichkeit auch an den Übergangsstellen kein Sprung im Ringspannungsverlauf auftreten (Bild F 6.15). An den Übergangsstellen versagt die Membrantheorie; sie liefert hier unterschiedliche Tangentialdehnungen, z. B. Kugelkessel

$$\varepsilon_{\varphi k} = \frac{1}{E} \frac{pa}{2h} (1 - \nu)$$

Zylinderkessel

$$\varepsilon_{\varphi z} = \frac{1}{E} \frac{pa}{2h} (2 - \nu)$$

Bei Berücksichtigung der Biegespannungen werden diese dem Membranspannungszustand überlagert. Dadurch erfolgt ein Auf- bzw. Zubiegen der Kesselenden, so daß der Übergang von σ_φ ohne Sprung erfolgt. Der Einfluß der Biegespannungen klingt aber sehr schnell ab (gestrichelt eingezeichnet) (s. auch 10.4.).

7. EINFLUSSZAHLEN

7.1. Grundlagen

Zwischen den Verformungen (Verschiebungen und Neigungen) einerseits und den Belastungen (Kräften und Momenten) andererseits bestehen lineare Beziehungen, falls nur kleine Verformungen zugelassen werden, die Gültigkeit des *Hooke*schen Gesetzes vorausgesetzt wird und Ausnahmefälle ausgeschlossen werden. Die Zusammenhänge gelten für alle Beanspruchungsarten, sie sollen jedoch nur für den Biegebalken ausführlich angeschrieben und für die anderen Belastungsfälle sinngemäß übernommen werden.

Betrachtet wird ein gerader Balken nach Bild F 7.1, der durch die Kräfte $F_1, \ldots, F_n$ und die Momente $M_1, \ldots, M_n$ beansprucht wird. Die Momente kann man sich auch als Wirkung eines Kräftepaares vorstellen (Bild F 7.2).

Die Durchbiegung an irgendeiner Stelle i des Balkens ist nun nicht allein abhängig von der an dieser Stelle angreifenden Kraft F, sondern auch von allen übrigen Kräften und auch von allen vorhandenen Momenten. (Es ist nicht notwendigerweise erforderlich, daß jeder Kraft F_k ein Moment M_k zugeordnet ist!) Der Einfluß

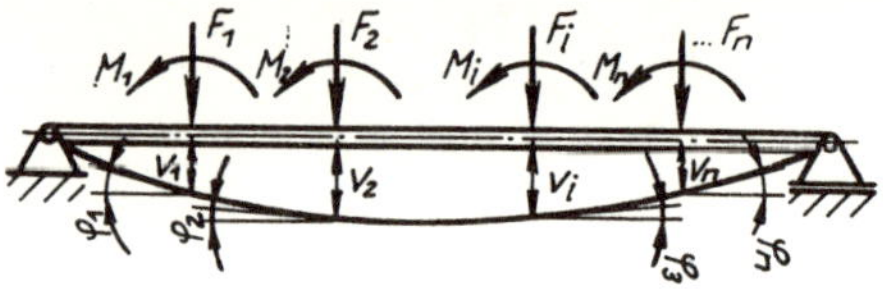

Bild F 7.1

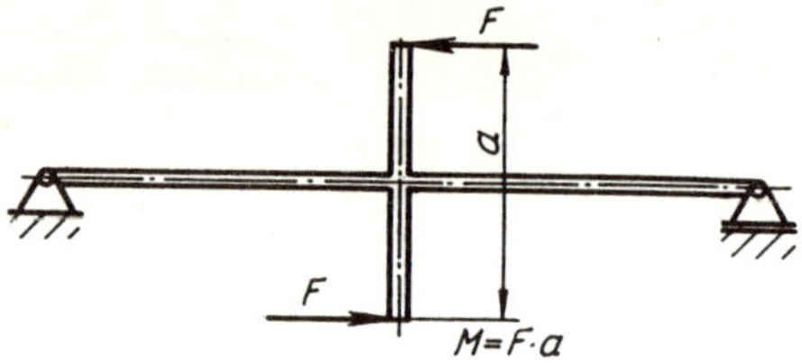

Bild F 7.2

der Kräfte auf die Durchbiegungen soll mit dem Faktor α und der Einfluß der Momente auf die Durchbiegung mit dem Faktor γ bezeichnet werden. Um nun einmal zu kennzeichnen, welche Durchbiegung betrachtet wird, und zum anderen die Kraft anzugeben, welche diese Durchbiegung beeinflußt, schreibt man den Faktor α mit zwei Indizes. α_{ik} gibt den Einfluß der Kraft F_k auf die *Durchbiegung* an der Stelle i an; γ_{ik} steht für den Einfluß des *Momentes* M_k auf die *Durchbiegung* an der Stelle i. Es ergibt sich demnach

$$v_1 = \alpha_{11}F_1 + \alpha_{12}F_2 + \cdots + \alpha_{1n}F_n + \gamma_{11}M_1 + \gamma_{12}M_2 + \cdots + \gamma_{1n}M_n$$

oder allgemein

$$v_i = \sum_{k=1}^{n} (\alpha_{ik}F_k + \gamma_{ik}M_k) \tag{7.1}$$

Die Neigungen des Balkens φ_i (Winkel zwischen der Tangente an den verformten Balken an der Stelle i und der ursprünglich geraden Balkenachse) werden ebenfalls durch die Kräfte und Momente beeinflußt. Der Einfluß der Kräfte auf die Neigung möge mit δ und der Einfluß der Momente auf die Neigung mit β bezeichnet werden, so daß damit analog zu den Durchbiegungen geschrieben werden kann

$$\varphi_1 = \delta_{11}F_1 + \delta_{12}F_2 + \cdots + \delta_{1n}F_n + \beta_{11}M_1 + \beta_{12}M_2 + \cdots + \beta_{1n}M_n$$

oder allgemein

$$\varphi_i = \sum_{k=1}^{n} (\delta_{ik}F_k + \beta_{ik}M_k) \tag{7.2}$$

Will man nun den Einfluß der n Kräfte und Momente auf die n Durchbiegungen und Neigungen feststellen, so hat man entsprechend der Matrix (7.3) $4n^2$ Einflußzahlen zu ermitteln, von denen aber einige untereinander gleich sind.

Die Kenntnis dieser Einflußzahlen ermöglicht bei sinnvoller Kombination oft eine schnelle Berechnung komplizierter und statisch unbestimmter Aufgaben. Außerdem werden sie für dynamische Vorgänge verwendet.

$$\begin{Bmatrix} \alpha_{11} & \alpha_{12} \cdots \alpha_{1n} & \gamma_{11} & \gamma_{12} \cdots \gamma_{1n} \\ \alpha_{21} & \alpha_{22} \cdots \alpha_{2n} & \gamma_{21} & \gamma_{22} \cdots \gamma_{2n} \\ \vdots & \vdots \quad \vdots & \vdots & \vdots \quad \vdots \\ \alpha_{n1} & \alpha_{n2} \cdots \alpha_{nn} & \gamma_{n1} & \gamma_{n2} \cdots \gamma_{nn} \\ \delta_{11} & \delta_{12} \cdots \delta_{1n} & \beta_{11} & \beta_{12} \cdots \beta_{1n} \\ \delta_{21} & \delta_{22} \cdots \delta_{2n} & \beta_{21} & \beta_{22} \cdots \beta_{2n} \\ \vdots & \vdots \quad \vdots & \vdots & \vdots \quad \vdots \\ \delta_{n1} & \delta_{n2} \cdots \delta_{nn} & \beta_{n1} & \beta_{n2} \cdots \beta_{nn} \end{Bmatrix} \tag{7.3}$$

7.2. Symmetrie der Einflußzahlen

7.2.1. Kräfte und Durchbiegungen

Betrachtet wird ein Balken nach Bild F 7.3. Der Endzustand der Verformung und der Energiegehalt sind unabhängig von der Reihenfolge der Lastaufbringung.

$$W_ä = \frac{1}{2} F_i v_i + \frac{1}{2} F_k v_k$$

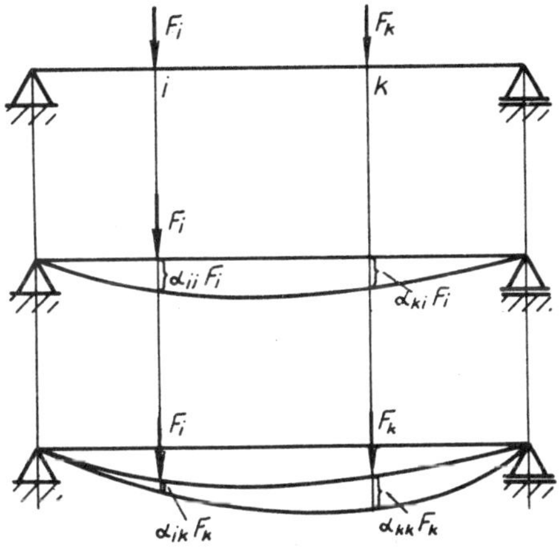

Bild F 7.3

Denkt man sich zunächst nur die Last F_i am Balken angreifend, so verschiebt sich der Lastangriffspunkt um den Betrag $\alpha_{ii}F_i$, und die Kraft F_i verrichtet längs des Weges die Arbeit $\frac{1}{2} F_i \alpha_{ii} F_i$. Auch der Punkt k erfährt eine Verschiebung $(\alpha_{ki}F_i)$, eine Arbeit wird allerdings nicht verrichtet, da noch keine Kraft an dieser Stelle vorhanden ist. Wird nun die Kraft F_k an der Stelle k aufgebracht, so verschiebt sich der Punkt k um den Betrag $\alpha_{kk}F_k$, wobei die Arbeit $\frac{1}{2} F_k \alpha_{kk} F_k$ verrichtet wird. An der Stelle i wird dabei die Kraft F_i in voller Größe um den Betrag $\alpha_{ik}F_k$ verschoben und die Arbeit $F_i\alpha_{ik}F_k$ verrichtet. Die gesamte im Balken gespeicherte Arbeit setzt sich demnach zusammen aus drei Anteilen (Bild F 7.4)

$$W_ä = \frac{1}{2}\,\alpha_{ii}F_i^2 + \frac{1}{2}\,\alpha_{kk}F_k^2 + \alpha_{ik}F_kF_i \tag{7.4}$$

Vertauscht man die Reihenfolge der Lastaufbringung (erst F_k dann F_i), so erhält man analog

$$W_ä = \frac{1}{2}\,\alpha_{kk}F_k^2 + \frac{1}{2}\,\alpha_{ii}F_i^2 + \alpha_{ki}F_iF_k \tag{7.5}$$

Da der Energieinhalt in beiden Fällen der gleiche sein muß, folgt das Symmetriegesetz für die α-Einflußzahlen

$$\alpha_{ik} = \alpha_{ki} \tag{7.6}$$

Der Einfluß einer Kraft F_k auf die Durchbiegung an der Stelle i ist dem Einfluß iner Kraft F_i auf die Durchbiegung an der Stelle k gleich.

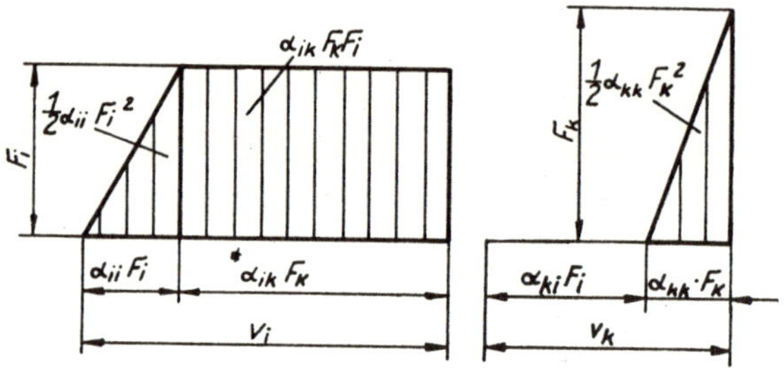

Bild F 7.4

7.2.2. Momente und Verdrehungen

Momente verrichten Arbeit bei Verdrehung. Die Momente M_i und M_k sollen gleichzeitig allmählich einen Balken an den Stellen i und k beanspruchen. Sie verrichten dabei die Arbeit

$$W_ä = \frac{1}{2}\,M_i\varphi_i + \frac{1}{2}\,M_k\varphi_k$$

Mit

$$\varphi_i = \beta_{ii}M_i + \beta_{ik}M_k \quad \text{und} \quad \varphi_k = \beta_{ki}M_i + \beta_{kk}M_k$$

folgt daraus

$$W_ä = \frac{1}{2}\,\beta_{ii}M_i^2 + \frac{1}{2}\,\beta_{kk}M_k^2 + \frac{1}{2}\,(\beta_{ik} + \beta_{ki})\,M_iM_k \tag{7.7}$$

Wird zuerst nur das Moment M_i aufgebracht und später das Moment M_k, so ergibt sich entsprechend (7.4) folgende Arbeitsbilanz:

$$W_ä = \frac{1}{2}\,\beta_{ii}M_i^2 + \frac{1}{2}\,\beta_{kk}M_k^2 + \beta_{ik}M_kM_i \tag{7.8}$$

Die Arbeiten nach (7.7) und (7.8) müssen übereinstimmen, so daß daraus folgt

$$\beta_{ik} = \beta_{ki} \tag{7.9}$$

7.2.3. Einfluß der Kräfte und Momente auf die Verdrehungen und Durchbiegungen

An einem Balken nach Bild F 7.5 soll der Zusammenhang der γ,δ-Einflußzahlen untersucht werden.

Wird zuerst die Kraft F_i an der Stelle i aufgebracht, so senkt sich der Punkt i um den Betrag $\alpha_{ii}F_i$, wobei die Arbeit $\frac{1}{2}\,\alpha_{ii}F_i^2$ verrichtet wird. Bringt man nun allmählich das Moment M_k an der Stelle k auf, so verdreht sich der Balken an dieser Stelle um den Winkel $\beta_{kk}M_k$, so daß die Arbeit $\frac{1}{2}\,\beta_{kk}M_k^2$ verrichtet wird. Die Stelle i, an der die Kraft F_i bereits in voller Größe vorhanden ist, senkt sich infolge M_k noch um den Betrag $\gamma_{ik}M_k$ durch, wobei die Arbeit $\gamma_{ik}M_kF_i$ verrichtet wird.

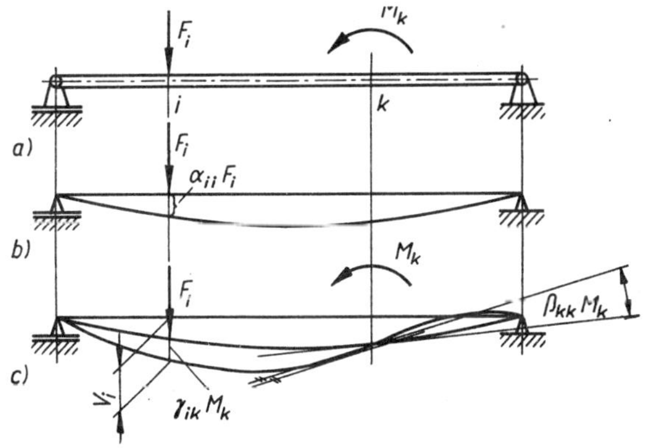

Bild F 7.5

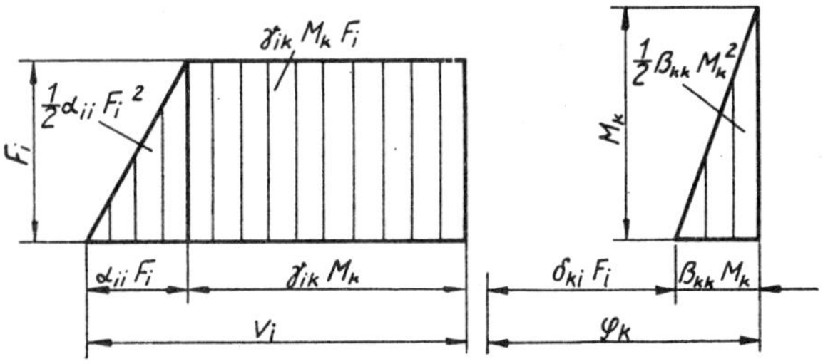

Bild F 7.6

Insgesamt lautet die Arbeitsbilanz (Bild F 7.6)

$$W_ä = \frac{1}{2}\,\alpha_{ii}F_i^2 + \frac{1}{2}\,\beta_{kk}M_k^2 + \gamma_{ik}M_kF_i \tag{7.10}$$

Bringt man die Beanspruchungen in der anderen Reihenfolge auf, so ergibt sich

$$W_ä = \frac{1}{2}\,\beta_{kk}M_k^2 + \frac{1}{2}\,\alpha_{ii}F_i^2 + \delta_{ki}F_iM_k \tag{7.11}$$

Daraus folgt

$$\gamma_{ik} = \delta_{ki} \tag{7.12}$$

Der Einfluß einer Kraft an der Stelle i auf die Neigung an der Stelle k ist genauso groß wie der Einfluß eines Momentes an der Stelle k auf die Durchbiegung an der Stelle i. Mit Kenntnis dieser Symmetriegesetze braucht man an Stelle der $4n^2$ Einflußzahlen der Matrix (7.3) nur $n(2n + 1)$ Größen zu berechnen, weil die Matrix symmetrisch zur Hauptdiagonale ist. Es sei allerdings für praktische Rechnungen empfohlen, jede Einflußgröße auszurechnen und das Symmetriegesetz als Rechenkontrolle zu verwenden.
Die Einflußzahlen können mit den Gleichungen der elastischen Linie oder nach dem in 8.3 beschriebenen Verfahren ermittelt werden.

7.3. Beispiele

1. Für den Kragträger mit konstanter Biegesteifigkeit nach Bild F 7.7 sind die Einflußzahlen α, β, γ, δ zu ermitteln.

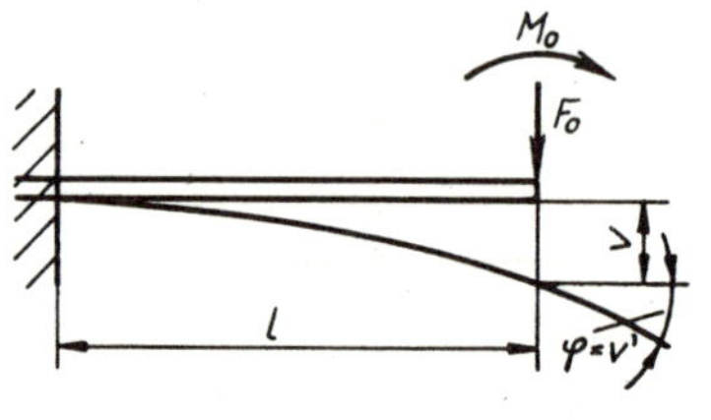

Bild F 7.7

Wird z von der Einspannung und v positiv nach unten gezählt, so ergibt sich mit der Gleichung der elastischen Linie

$$M = -M_0 - F_0(l - z)$$
$$EIv'' = M_0 + F_0(l - z)$$
$$EIv' = M_0 z + F_0\left(lz - \frac{z^2}{2}\right)$$
$$EIv = M_0\,\frac{z^2}{2} + F_0\left(\frac{lz^2}{2} - \frac{z^3}{6}\right)$$

Für die Lastangriffsstelle ($z = l$) kann man schreiben

$$v = \alpha F_0 + \gamma M_0 = \frac{l^3}{3EI} F_0 + \frac{l^2}{2EI} M_0$$

$$v' = \varphi = \delta F_0 + \beta M_0 = \frac{l^2}{2EI} F_0 + \frac{l}{EI} M_0$$

2. Für den in Bild F 7.8 skizzierten Träger konstanter Biegesteifigkeit sind die Auflagerreaktionen und die Durchsenkung des Lastangriffspunktes mit den Einflußzahlen des vorigen Beispiels zu berechnen.

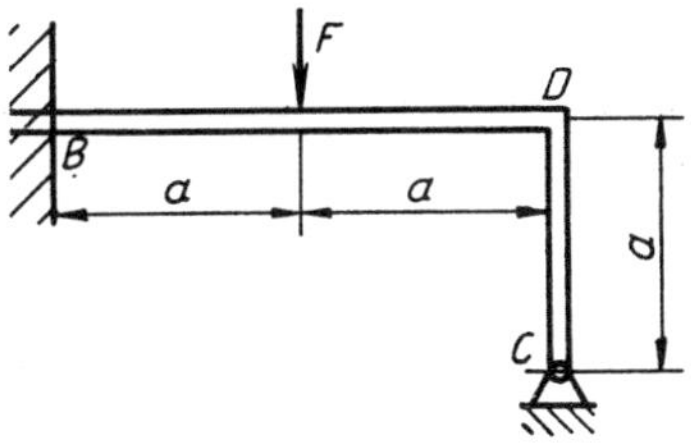

Bild F 7.8.1

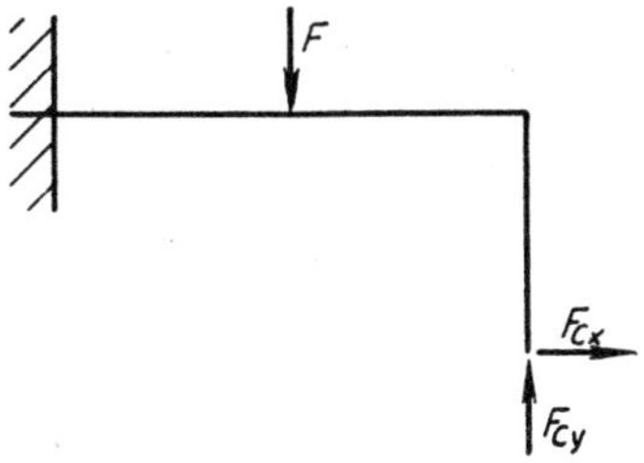

Bild F 7.8.2

Das Problem ist zweifach statisch unbestimmt. Das Lager C wird ersetzt durch die Kräfte F_{Cx} und F_{Cy} (Bild F 7.8). Die Durchbiegungen des Punktes C in x- und y-Richtung infolge F, F_{Cx} und F_{Cy} werden errechnet und Null gesetzt.

$$v_x = 0 = F_{Cx}\left[\frac{a^3}{3EI} + \frac{2a^3}{EI}\right] + F_{Cy}\frac{(2a)^2\,a}{2EI} - F\frac{a^2 a}{2EI}$$

$$v_y = 0 = F_{Cx}\frac{(2a)^2}{2EI}\,a + F_{Cy}\frac{(2a)^3}{3EI} - F\left[\frac{a^3}{3EI} + \frac{a^2}{2EI}\,a\right]$$

Erklärung der einzelnen Einflußfaktoren:

v_x: $F_{Cx}\dfrac{a^3}{3EI}$ entspricht der Durchbiegung des vertikalen Trägerteiles, wenn es bei D eingespannt wäre. Das Glied $F_{Cx}a\dfrac{2a}{EI}a$ trägt der Tatsache Rechnung, daß F_{Cx} am Hebelarm a ein Moment in bezug auf den Punkt D hervorruft, wodurch der horizontale und damit auch der vertikale Trägerteil in D um den Winkel $F_{Cx}a\dfrac{2a}{EI}$ verdreht wird. Um die Verschiebung v_x in C zu erhalten, muß dieser Winkel noch mit der Länge a multipliziert werden. Der Anteil $F\dfrac{a^2}{2EI}$ gibt die Neigung des Trägers am Lastangriffspunkt an. Diese Neigung gibt, mit a multipliziert, einen Anteil $-\dfrac{Fa^2}{2EI}a$ zur Verschiebung bei C in x-Richtung.

v_y: Durch das Moment $F_{Cx}a$ verschiebt sich der Punkt D und damit auch C um $F_{Cx}a\dfrac{(2a)^2}{2EI}$. F_{Cy} wirkt als Kraft an einem Kragträger der Länge $2a$ und bewirkt die Verschiebung $F_{Cy}\dfrac{(2a)^3}{3EI}$. Die Kraft F senkt sich um $\dfrac{Fa^3}{3EI}$ und verdreht die Lastangriffsstelle um $\dfrac{Fa^2}{2EI}$ (beide Terme

verstehen sich ohne Berücksichtigung des gelenkigen Lagers C!), so daß der Punkt C sich um $\frac{Fa^3}{EI}\frac{5}{6}$ nach unten verschiebt.
Die beiden Gleichungen lassen sich leicht auflösen.

$$14F_{Cx} + 12F_{Cy} = 3F$$

$$12F_{Cx} + 16F_{Cy} = 5F$$

$$F_{Cx} = -\frac{6}{40}F \qquad F_{Cy} = \frac{17}{40}F$$

Für die Durchsenkung des Lastangriffspunktes ergibt sich

$$v_F = \frac{Fa^3}{3EI} - F_{Cy}\left(\frac{a^3}{3EI} + \frac{a^3}{2EI}\right) - F_{Cx}\frac{a^3}{2EI} = \frac{13}{240}\frac{Fa^3}{EI}$$

8. SÄTZE VON CASTIGLIANO[1])

8.1. Grundlagen

In 3.6 haben wir mit der elastischen Linie ein Verfahren kennengelernt, welches die Ermittlung der Verformung eines Bauteiles in Abhängigkeit der Bereichskoordinaten z_i gestattet. Durch geometrische Beziehungen kann man dabei eine Verbindung zwischen dem Biegemoment und der Balkenkrümmung herstellen.
Der Ingenieur interessiert sich aber häufig nur für die Formänderung an ganz bestimmten Stellen des Bauteils, und wir haben durch eine Energiebetrachtung, zu der bereits in 1.6. der Grundstein gelegt wurde, die Möglichkeit einer derartigen Verformungsbestimmung.
Wir wollen erste Betrachtungen an einem Balken durchführen, bei dem nur Biegespannungen zu berücksichtigen sind (analog Abschn. 7.), können aber die Erkenntnisse auf alle Beanspruchungen, die wir bisher kennengelernt haben, übertragen.
Ein Träger sei an n Stellen durch n Kräfte und Momente belastet. Die durch die Belastung verrichtete Arbeit ergibt sich demnach zu (s. a. Abschn. 7.).

$$W_ä = \frac{1}{2}\sum_{i=1}^{n}(F_i v_i + M_i \varphi_i) \tag{8.1}$$

Die Verschiebungen und Neigungen lassen sich mit den Einflußzahlen anschreiben:

$$v_i = \sum_{k=1}^{n}(\alpha_{ik}F_k + \gamma_{ik}M_k)$$

$$\varphi_i \quad \sum_{k=1}^{n}(\delta_{ik}F_k + \beta_{ik}M_k) \tag{8.2}$$

Drückt man nun die Arbeitsbeziehung (8.1) durch die Verformungen nach (8.2) aus, so folgt

$$W_ä = \frac{1}{2}\sum_{i=1}^{n}\sum_{k=1}^{n}(\alpha_{ik}F_iF_k + \gamma_{ik}F_iM_k + \delta_{ik}F_kM_i + \beta_{ik}M_iM_k) \tag{8.3}$$

1) *Alberto Castigliano* (1874 bis 1884)

Eine Beziehung zwischen dieser äußeren Arbeit und der Verformung an einer bestimmten Stelle erhält man, wenn man den Ausdruck (8.3) nach der Belastung an dieser Stelle ableitet. Wird die Arbeit nach einer diskreten Kraft F_h partiell abgeleitet und dabei beachtet, daß sowohl der Index i als auch der Index k nur einmal zwischen 1 und n zu h wird, so ergibt sich

$$\frac{\partial W_ä}{\partial F_h} = \frac{1}{2} \sum_{i=1}^{n} (\alpha_{ih} F_i + \delta_{ih} M_i) + \frac{1}{2} \sum_{k=1}^{n} (\alpha_{hk} F_k + \gamma_{hk} M_k) \tag{8.4}$$

Die Größen i und k sind dabei willkürlich eingeführte Summationsindizes, so daß auch geschrieben werden kann

$$\frac{\partial W_ä}{\partial F_h} = \frac{1}{2} \sum_{i=1}^{n} [(\alpha_{ih} + \alpha_{hi}) F_i + (\delta_{ih} + \gamma_{hi}) M_i]$$

Mit den Symmetriegesetzen der Einflußzahlen

$$\alpha_{ih} = \alpha_{hi} \quad \text{und} \quad \delta_{ih} = \gamma_{hi}$$

ergibt sich schließlich

$$\frac{\partial W_ä}{\partial F_h} = \sum_{i=1}^{n} (\alpha_{hi} F_i + \gamma_{hi} M_i) = v_h \tag{8.5}$$

Prüft man die durch ein diskretes Moment M_h hervorgerufene Änderung der äußeren Arbeit, d. h. bildet man die partielle Ableitung $\frac{\partial W_ä}{\partial M_h}$, so ergibt sich analog

$$\frac{\partial W_ä}{\partial M_h} = \sum_{k=1}^{n} (\delta_{hk} F_k + \beta_{hk} M_k) = \varphi_h \tag{8.6}$$

Es läßt sich demnach folgender Satz formulieren:

Die partielle Ableitung der äußeren Arbeit nach einer Kraft ergibt die Verschiebung des Kraftangriffspunktes in Richtung dieser Kraft, und die partielle Ableitung der äußeren Arbeit nach einem Moment ergibt die Neigung des Balkens am Angriffspunkt dieses Momentes.

Diese wichtige Aussage nennt man den ersten Satz von *Castigliano*. Es gibt noch einen zweiten Satz von *Castigliano*. Er soll hier nur formelmäßig erwähnt werden, da er für die praktische Anwendung nicht so sehr von Bedeutung ist.

$$\frac{\partial W_ä}{\partial v_h} = F_h \quad \text{und} \quad \frac{\partial W_ä}{\partial \varphi_h} = M_h \tag{8.7}$$

Durch die Ableitung des Satzes von *Castigliano* über die Einflußzahlen wird der Anschein erweckt, als ob zur Berechnung der Formänderungen die Kenntnis dieser Einflußzahlen notwendig sei. Das ist jedoch nicht der Fall; denn wir kennen neben der äußeren Arbeit noch die Formänderungsenergie und die Ergänzungsenergie und können die äußeren Belastungen über die inneren Beanspruchungen ausdrücken. Bei Gültigkeit des *Hooke*schen Gesetzes können wir für den einachsigen Spannungszustand, der hier vorliegt, schreiben [siehe (1.61) und (1.62)]

$$W_{\mathrm{F}}^{*} = \frac{\sigma_{\mathrm{z}}^{2}}{2E} \quad \text{und} \quad W_{\mathrm{E}}^{*} = \frac{\sigma_{\mathrm{z}}^{2}}{2E} + \alpha \Delta T \sigma_{z}$$

Temperaturbelastungen werden vorerst nicht betrachtet, so daß mit

$$\sigma_z = \frac{M_x}{I_{xx}} y \text{ (gerade Biegung)}$$

folgt

$$W_{\mathrm{F}}^{*} = W_{\mathrm{E}}^{*} = W^{*} = \frac{\sigma_{\mathrm{z}}^{2}}{2E} = \frac{M_{\mathrm{b}x}^{2} y^{2}}{2EI_{xx}^{2}}$$

Für prismatische Träger, die sich aus n Abschnitten der Längen l_k und der Biegesteifigkeit $(EI_{xx})_k$ zusammensetzen, ergibt sich dann [siehe auch (3.6)]

$$W = \int\limits_{(V)} W^{*} \,\mathrm{d}V = \sum_{k=1}^{n} \int\limits_{0}^{l_k} \frac{M_{\mathrm{b}x}^{2}(s_k)}{2(EI_{xx})_k} \,\mathrm{d}s_k \tag{8.8}$$

$M_{\mathrm{b}x}(s_k)$ ist die von der äußeren Belastung abhängige Schnittgröße „Biegemoment im Bereich k". Wir behandeln zunächst die gerade Biegung, so daß wir auf das Hervorheben der x-Achse verzichten können. Der E-Modul soll durchweg als konstant angenommen werden.

Wegen der Äquivalenz der äußeren und der inneren Arbeit $W_{\mathrm{ä}} = W$ können wir demnach schreiben

$$v_h = \frac{\partial W}{\partial F_h} = \sum_{k=1}^{n} \int\limits_{0}^{l_k} \frac{M(s_k)}{EI_k} \frac{\partial M(s_k)}{\partial F_h} \,\mathrm{d}s_k \tag{8.9}$$

$$\varphi_h = \frac{\partial W}{\partial M_h} = \sum_{k=1}^{n} \int\limits_{0}^{l_k} \frac{M(s_k)}{EI_k} \frac{\partial M(s_k)}{\partial M_h} \,\mathrm{d}s_k \tag{8.10}$$

Zur Ermittlung der Verformung an einer bestimmten Stelle ist es also nur erforderlich, die Momentenverläufe in den einzelnen Bereichen in analytischer Darstellung zu kennen. Aus diesen Momentengleichungen verschafft man sich die partiellen Ableitungen

$$\frac{\partial M(s_k)}{\partial F_h} \quad \text{bzw.} \quad \frac{\partial M(s_k)}{\partial M_h} \tag{8.11}$$

und führt die in (8.9) und (8.10) angegebenen Rechenoperationen aus. (Die Differentialquotienten kann man sich auch als Momentenflächen, hervorgerufen durch eine Einheitsbelastung ($F_h = 1$ N bzw. $M_h = 1$ Nm) an der Stelle h, vorstellen.)

Falls an einer Stelle, an der die Verformung ermittelt werden soll, keine äußere Belastung angreift, muß an dieser Stelle eine Hilfskraft bzw. ein Hilfsmoment eingeführt werden. Die Momente $M(s_k)$ sind als lineare Funktionen der bekannten äußeren Kräfte und der Hilfsbelastungen anzuschreiben, es sind die Ableitungen nach diesen Hilfsbelastungen zu bilden und dann die Hilfsbelastungen Null zu setzen. Das Moment steht in der Arbeitsgleichung als quadratische Form. Die Vorzeichenfestlegung ist demnach nicht koordinatenabhängig wie bei der elastischen Linie.

Die Sätze von *Castigliano* dürfen in der Form (8.9) und (8.10) nur bei Gültigkeit des *Hooke*schen Gesetzes und ohne Temperaturbelastung angewendet werden; denn nur dann gilt

$$W_{\mathrm{F}} = W_{\mathrm{E}} = W = \int_{(V)} \frac{\sigma_z^2}{2E} \, \mathrm{d}V \tag{8.12}$$

Bei nichtlinearem Elastizitätsgesetz oder mit Berücksichtigung der Temperatur sind Formänderungsarbeit und Ergänzungsarbeit ungleich, und es muß zur Berechnung der Verformungen geschrieben werden (s. a. 1.6. und 8.9.)

$$\frac{\partial W_{\mathrm{E}}}{\partial F_h} = v_h \quad \text{und} \quad \frac{\partial W_{\mathrm{E}}}{\partial M_h} = \varphi_h \tag{8.13}$$

8.2. Beispiele zur Anwendung des Satzes von Castigliano auf statisch bestimmte Träger

Beispiel 1:

Für den in Bild F 8.1 skizzierten Träger konstanter Biegesteifigkeit sind die Verformungen an den Stellen *I* und *II* zu ermitteln.

Gegeben: l, EI, F_1, F_2

(Es soll nur die Biegearbeit berücksichtigt werden.)

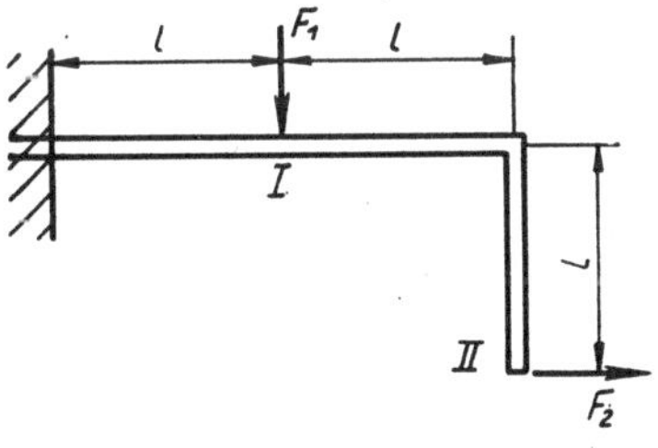

Bild F 8.1

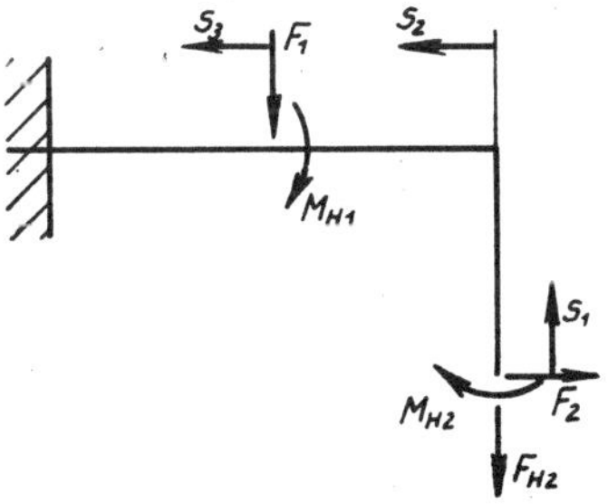

Bild F 8.2

Der Querschnitt *I* kann sich nur vertikal verschieben und verdrehen, der Querschnitt *II* verdreht sich und verschiebt sich vertikal und horizontal. Wir bringen die erforderlichen Hilfsbelastungen ($M_{\mathrm{H1}} = M_{\mathrm{H2}} = F_{\mathrm{H2}} = 0$) an und teilen den Träger in drei Bereiche ein (Bild F 8.2).

Die Verschiebung des Punktes *II* in horizontaler Richtung folgt dann aus

$$\frac{\partial W}{\partial F_2} = v_{II\mathrm{H}} = \int_0^l \frac{M_1}{EI}\frac{\partial M_1}{\partial F_2}\,\mathrm{d}s_1 + \int_0^l \frac{M_2}{EI}\frac{\partial M_2}{\partial F_2}\,\mathrm{d}s_2 + \int_0^l \frac{M_3}{EI}\frac{\partial M_3}{\partial F_2}\,\mathrm{d}s_3$$

Entsprechende Beziehungen erhält man für die übrigen Verformungen. Zur besseren Übersicht wählen wir eine Darstellung in Tabellenform.

k	M_k	$\frac{\partial M_k}{\partial F_1}$	$\frac{\partial M_k}{\partial F_2}$	$\frac{\partial M_k}{\partial M_{\mathrm{H1}}}$	$\frac{\partial M_k}{\partial M_{\mathrm{H2}}}$	$\frac{\partial M_k}{\partial F_{\mathrm{H2}}}$	Grenzen
1	$M_{\mathrm{H2}} - F_2 s_1$	0	$-s_1$	0	1	0	$0, l$
2	$M_{\mathrm{H2}} - F_2 l + F_{\mathrm{H2}} s_2$	0	$-l$	0	1	s_2	$0, l$
3	$M_{\mathrm{H2}} - F_2 l + F_{\mathrm{H2}}(l + s_3) + M_{\mathrm{H1}} + F_1 s_3$	s_3	$-l$	1	1	$l + s_3$	$0, l$

Dieser Tabelle kann man schnell die zur Rechnung benötigten Größen entnehmen und erhält z. B. für die Verschiebung $v_{II\mathrm{H}}$

$$v_{II\mathrm{H}} = \frac{1}{EI}\left\{\int_0^l (-F_2 s_1)(-s_1)\,\mathrm{d}s_1 + \int_0^l (-F_2 l)(-l)\,\mathrm{d}s_2 + \int_0^l (-F_2 l + F_1 s_3)(-l)\,\mathrm{d}s_3\right\}$$

$$= \frac{l^3}{EI}\left(-\frac{F_1}{2} + \frac{7}{3}F_2\right)$$

Die weiteren Ergebnisse sind

$$v_{IIV} = \frac{l^3}{EI}\left(\frac{5}{6}F_1 - 2F_2\right)$$

$$v_I = \frac{l^3}{EI}\left(\frac{1}{3}F_1 - \frac{1}{2}F_2\right)$$

$$\varphi_{II} = \frac{l^2}{EI}\left(\frac{1}{2}F_1 - \frac{5}{2}F_2\right)$$

$$\varphi_I = \frac{l^2}{EI}\left(\frac{1}{2}F_1 - F_2\right)$$

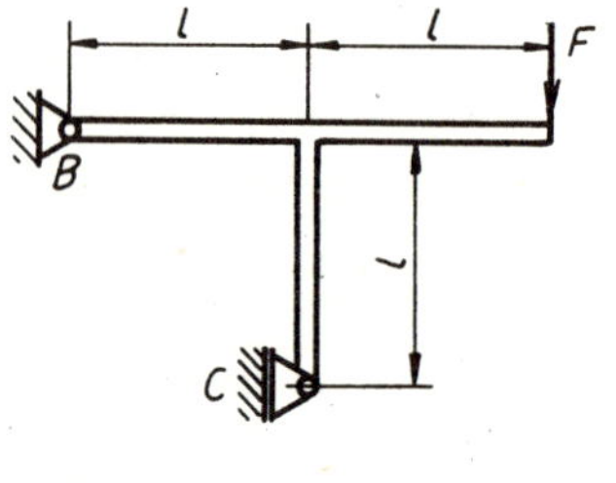

Bild F 8.3

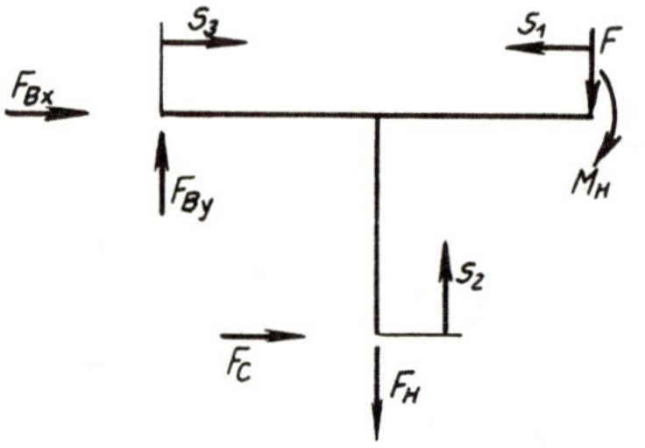

Bild F 8.4

Beispiel 2:

Für den in Bild F 8.3 skizzierten Träger sind die Verschiebung und Neigung des Lastangriffspunktes sowie die Verschiebung des Lagers C zu berechnen.

Gegeben: l, EI, F

(Es soll nur die Biegearbeit berücksichtigt werden.)

Lösungsgang:

1. Hilfskraft bei C und Hilfsmoment bei F anbringen ($F_\mathrm{H} = M_\mathrm{H} = 0$)
2. Auflagerreaktionen ermitteln

$$\uparrow\ : F_{By} - F_\mathrm{H} - F = 0$$

$$\rightarrow : F_{Bx} + F_C = 0$$

$$\curvearrowleft B: F_C l - F_\mathrm{H} l - F2l - M_\mathrm{H} = 0$$

$$F_{By} = F + F_\mathrm{H}$$

$$F_C = 2F + F_\mathrm{H} + \frac{M_\mathrm{H}}{l} = -F_{Bx}$$

3. Träger in drei Bereiche einteilen.
4. Momente in Abhängigkeit der bekannten äußeren Belastungen aufstellen: $M_k = f(F, F_\mathrm{H}, M_\mathrm{H})$, Ableitung nach F, F_H und M_H bilden, in Tabellenform anschreiben.

k	M_k	$\dfrac{\partial M_k}{\partial F}$	$\dfrac{\partial M_k}{\partial F_\mathrm{H}}$	$\dfrac{\partial M_k}{\partial M_\mathrm{H}}$	Grenzen
1	$M_\mathrm{H} + Fs_1$	s_1	0	1	0, l
2	$\left(2F + F_\mathrm{H} + \dfrac{M_\mathrm{H}}{l}\right) s_2$	$2s_2$	s_2	$\dfrac{s_2}{l}$	0, l
3	$(F + F_\mathrm{H})\, s_3$	s_3	s_3	0	0, l

5. Tabelle auswerten unter Beachtung von $F_\mathrm{H} = M_\mathrm{H} = 0$.

$$\frac{\partial W}{\partial F} = v_F = \frac{Fl^3}{EI}\left(\frac{1}{3} + \frac{4}{3} + \frac{1}{3}\right) = \frac{2Fl^3}{EI}$$

$$\frac{\partial W}{\partial F_\mathrm{H}} = v_c = \frac{Fl^3}{EI}\left(\frac{2}{3} + \frac{1}{3}\right) = \frac{Fl^3}{EI}$$

$$\frac{\partial W}{\partial M_\mathrm{H}} = \varphi_F = \frac{Fl^2}{EI}\left(\frac{1}{2} + \frac{2}{3}\right) = \frac{7Fl^2}{6EI}$$

8.3. Berechnung der Einflußzahlen nach dem Satz von Castigliano

Die Einflußzahlen wurden zur Herleitung des Satzes von *Castigliano* aus der äußeren Arbeit benutzt.
Geht man von der inneren Arbeit aus, so gibt der Satz von *Castigliano* die Möglichkeit, einzelne Einflußgrößen schnell zu berechnen.

Es gilt [(8.5) und (8.6)]

$$\frac{\partial W}{\partial F_h} = \sum_{i=1}^{n} (\alpha_{hi} F_i + \gamma_{hi} M_i) = v_h$$

$$\frac{\partial W}{\partial M_h} = \sum_{i=1}^{n} (\delta_{hi} F_i + \beta_{hi} M_i) = \varphi_h$$

Bildet man nun die zweite Ableitung der Arbeit nach irgendeiner Kraft F_m bzw. irgendeinem Moment M_m, so folgt aus den obigen Gleichungen

$$\frac{\partial^2 W}{\partial F_h\,\partial F_m} = \alpha_{hm} \qquad \frac{\partial^2 W}{\partial F_h\,\partial M_m} = \gamma_{hm}$$

$$\frac{\partial^2 W}{\partial M_h\,\partial F_m} = \delta_{hm} \qquad \frac{\partial^2 W}{\partial M_h\,\partial M_m} = \beta_{hm} \tag{8.14}$$

Benutzt man zur Berechnung die innere Arbeit, so ergibt sich

$$\alpha_{hm} = \sum_{k=1}^{n} \int_0^{l_k} \frac{1}{EI_k} \frac{\partial M_k}{\partial F_m} \frac{\partial M_k}{\partial F_h} \, \mathrm{d}s_k \qquad \beta_{hm} = \sum_{k=1}^{n} \int_0^{l_k} \frac{1}{EI_k} \frac{\partial M_k}{\partial M_h} \frac{\partial M_k}{\partial M_m} \, \mathrm{d}s_k$$

$$\gamma_{hm} = \sum_{k=1}^{n} \int_0^{l_k} \frac{1}{EI_k} \frac{\partial M_k}{\partial F_h} \frac{\partial M_k}{\partial M_m} \, \mathrm{d}s_k \qquad \delta_{hm} = \sum_{k=1}^{n} \int_0^{l_k} \frac{1}{EI_k} \frac{\partial M_k}{\partial M_h} \frac{\partial M_k}{\partial F_m} \, \mathrm{d}s_k \tag{8.15}$$

Der Fall $h = m$ ist hierbei eingeschlossen.

8.4. Berechnung äußerlich statisch unbestimmter Probleme

Aus den Beziehungen

$$\frac{\partial W}{\partial F_h} = v_h \quad \text{und} \quad \frac{\partial W}{\partial M_h} = \varphi_h$$

kann man bei bekannten äußeren Lasten die (unbekannten) Verformungen eines Balkens ermitteln. Für statisch unbestimmte Aufgaben reichen die Gleichgewichtsbedingungen nicht aus, um die Auflagerreaktionen durch die bekannten äußeren Belastungen auszudrücken. Bei einem n-fach statisch unbestimmten System verbleiben in den Momentengleichungen (Schnittgrößen) außer den bekannten äußeren Belastungen und fiktiven Hilfsbelastungen noch n unbekannte Auflagerreaktionen. Diese n unbekannten Größen werden wie äußere Belastungen behandelt; man nennt sie die statisch Unbestimmten. Unter den insgesamt $n + 3$ Auflagerreaktionen dürfen diese n Größen ausgewählt werden. Auflagerreaktionen, die bereits aus den Gleichgewichtsbedingungen ermittelt werden können, dürfen nicht als statisch Unbestimmte gewählt werden. Die Verformungen an den Angriffsstellen dieser statisch unbestimmten Auflagerreaktionen sind Null, so daß Bedingungen von der Form

$$v_{Bx} = \frac{\partial W}{\partial F_{Bx}} = 0 \qquad \varphi_B = \frac{\partial W}{\partial M_B} = 0 \quad \text{usw.} \tag{8.16}$$

gerade n Gleichungen zur Bestimmung dieser Unbekannten liefern. Über die Gleichgewichtsbedingungen sind dann auch die restlichen 3 Auflagergrößen bestimmbar.

Beispiele

Beispiel 1:

Für den Träger nach Bild F 8.5 ermittle man die Auflagerreaktionen und die Durchsenkung des Lastangriffspunktes.

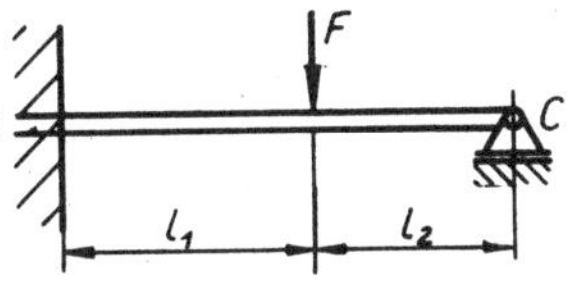

Bild F 8.5

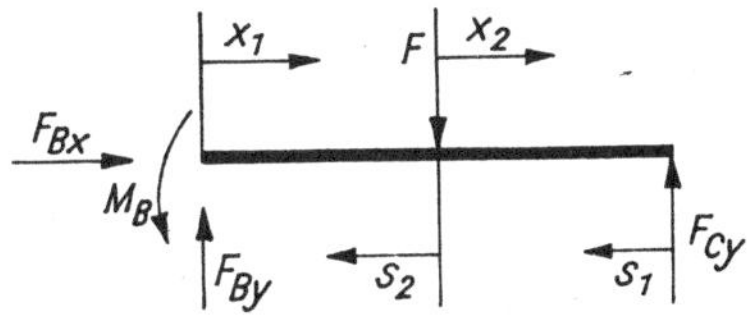

Bild F 8.6

Gegeben: $l_1, l_2, EI =$ konst., F

Aus den Gleichgewichtsbedingungen

$$\uparrow \;:\; F_{By} + F_{Cy} - F = 0$$

$$\circlearrowleft B:\; M_B + F_{Cy}(l_1 + l_2) - Fl_1 = 0$$

$$\rightarrow \;:\; F_{Bx} = 0$$

lassen sich die vier unbekannten Auflagerreaktionen nicht ermitteln. Das Problem ist einfach statisch unbestimmt. Die Lagerkraft F_{Cy} werde zur statisch Unbestimmten erklärt, so daß gilt

$$\frac{\partial W}{\partial F_{Cy}} = 0 = \int_0^{l_2} \frac{M_1}{EI} \frac{\partial M_1}{\partial F_{Cy}} \, ds_1 + \int_0^{l_1} \frac{M_2}{EI} \frac{\partial M_2}{\partial F_{Cy}} \, ds_2$$

Die Verschiebung des Lastangriffspunktes erhält man aus

$$\frac{\partial W}{\partial F} = v_F = \int_0^{l_2} \frac{M_1}{EI} \frac{\partial M_1}{\partial F} \, ds_1 + \int_0^{l_1} \frac{M_2}{EI} \frac{\partial M_2}{\partial F} \, ds_2$$

Die Tabelle gestaltet die Operationen übersichtlich.

k	M_k	$\frac{\partial M_k}{\partial F_{Cy}}$	$\frac{\partial M_k}{\partial F}$	Grenzen
1	$F_{Cy} s_1$	s_1	0	$0, l_2$
2	$F_{Cy}(l_2 + s_2) - Fs_2$	$l_2 + s_2$	$-s_2$	$0, l_1$

Auflagerbestimmung:

$$\frac{\partial W}{\partial F_{Cy}} = 0 = \frac{1}{EI}\left\{\int_0^{l_2} F_{Cy} s_1^2 \, \mathrm{d}s_1 + \int_0^{l_1} [F_{Cy}(l_2 + s_2) - Fs_2]\,(l_2 + s_2)\, \mathrm{d}s_2\right\}$$

$$F_{Cy}\left(\frac{l_2^3}{3} + l_2^2 l_1 + \frac{l_1^3}{3} + l_2 l_1^2\right) - F\left(\frac{l_1^2 l_2}{2} + \frac{l_1^3}{3}\right) = 0$$

$$F_{Cy} = F\,\frac{l_1^2(2l_2 + 3l_2)}{2(l_1 + l_2)^3}$$

Durchsenkung des Lastangriffspunktes:
Obwohl F_{Cy} eine Funktion der Last F ist, braucht man bei der Ermittlung der Durchsenkung des Lastangriffspunktes F_{Cy} nicht durch F auszudrücken.
Es gilt eigentlich

$$\frac{\partial W}{\partial F} = \left\{\int_0^{l_2} \frac{M_1}{EI}\,\frac{\partial M_1}{\partial F_{Cy}}\,\frac{\mathrm{d}F_{Cy}}{\mathrm{d}F}\,\mathrm{d}s_1 + \int_0^{l_1} \frac{M_2}{EI}\left(\frac{\partial M_2}{\partial F_{Cy}}\,\frac{\mathrm{d}F_{Cy}}{\mathrm{d}F} + \frac{\partial M_2}{\partial F}\right)\mathrm{d}s_2\right\}$$

$$= \frac{\mathrm{d}F_{Cy}}{\mathrm{d}F}\left[\int_0^{l_2} \frac{M_1}{EI}\,\frac{\partial M_1}{\partial F_{Cy}}\,\mathrm{d}s_1 + \int_0^{l_1} \frac{M_2}{EI}\,\frac{\partial M_2}{\partial F_{Cy}}\,\mathrm{d}s_2\right] + \int_0^{l_1} \frac{M_2}{EI}\,\frac{\partial M_2}{\partial F}\,\mathrm{d}s_2$$

Der Ausdruck in der eckigen Klammer wurde aber zur Bestimmung der Lagerkraft F_{Cy} Null gesetzt, so daß nur verbleibt

$$v_F = \frac{\partial W}{\partial F} = \int_0^{l_1} \frac{M_2}{EI}\,\frac{\partial M_2}{\partial F}\,\mathrm{d}s_2$$

$$= \frac{1}{EI}\int_0^{l_1} [F_{Cy}(l_2 + s_2) - Fs_2]\,(-s_2)\,\mathrm{d}s_2 = \frac{1}{EI}\left[-F_{Cy}\left(\frac{l_1^2 l_2}{2} + \frac{l_1^3}{3}\right) + \frac{Fl_1^3}{3}\right]$$

$$= \frac{F}{EI}\left[\frac{l_1^3}{3} - \frac{l_1^4(2l_1 + 3l_2)^2}{12(l_1 + l_2)^3}\right] = \frac{Fl_1^3 l_2^2}{12EI}\,\frac{3l_1 + 4l_2}{(l_1 + l_2)^3}$$

Man kann ebenso M_B zur statisch Unbestimmten wählen.
Mit den Koordinaten x_i in Bild F 8.6 ergeben sich dann die Momentengleichungen

$$\overline{M}_1 = M_B - F_{By} x_1$$

$$\overline{M}_2 = M_B - F_{By}(l_1 + x_2) + Fx_2$$

Da das Problem aber nur einfach statisch unbestimmt ist, muß F_{By} über die statischen Gleichgewichtsbedingungen noch durch F und die statisch Unbestimmte M_B ausgedrückt werden.

$$F_{By} = \frac{1}{l_1 + l_2}\,(M_B + Fl_2)$$

Die Momentengleichungen, die dadurch entstehen, sind wesentlich komplizierter als im ersten Fall. Es ist also zweckmäßig, die laufenden Koordinaten s_i so zu wählen, daß von vornherein nur die zu statisch Unbestimmten erklärten Größen in den Momentengleichungen stehen.

Beispiel 2:

Für den in Bild F 8.7 gezeichneten Rahmen sind die Auflagerreaktionen sowie die Verschiebung und Neigung der Lastangriffsstelle zu errechnen.

Gegeben: l, EI = konst., F

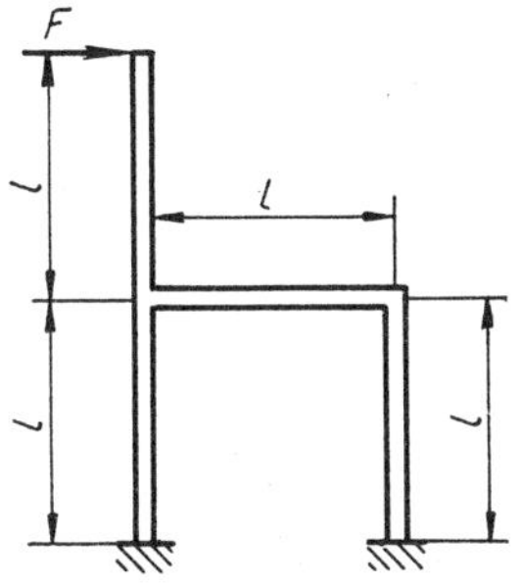

Bild F 8.7

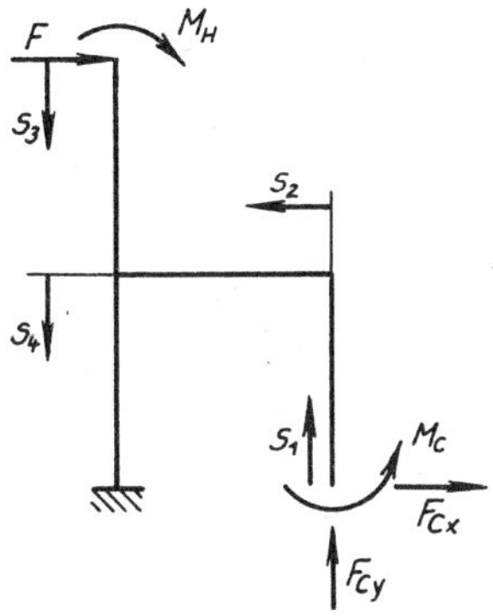

Bild F 8.8

Rechengang:

1. Hilfsmoment M_{H} einführen.
2. Statische Unbestimmtheit prüfen.

Zwei Einspannstellen bringen beim ebenen Problem sechs Unbekannte. Drei Gleichgewichtsbedingungen stehen zur Verfügung. Das Problem ist dreifach statisch unbestimmt.

3. Wahl der statisch Unbestimmten.

F_{Cx}, F_{Cy}, M_C werden zu statisch unbestimmten Größen erklärt und aus den Bedingungen

$$\frac{\partial W}{\partial F_{Cx}} = 0 \qquad \frac{\partial W}{\partial F_{Cy}} = 0 \qquad \frac{\partial W}{\partial M_C} = 0$$

errechnet.

4. Die Momente und alle notwendigen Ableitungen in Tabellenform anschreiben (Bild F 8.8).

k	M_k	$\frac{\partial M_k}{\partial F_{Cx}}$	$\frac{\partial M_k}{\partial F_{Cy}}$	$\frac{\partial M_k}{\partial M_C}$	$\frac{\partial M_k}{\partial F}$	$\frac{\partial M_k}{\partial M_{\mathrm{H}}}$	Grenzen
1	$M_C + F_{Cx}s_1$	s_1	0	1	0	0	$0, l$
2	$M_C + F_{Cx}l + F_{Cy}s_2$	l	s_2	1	0	0	$0, l$
3	$M_{\mathrm{H}} + Fs_3$	0	0	0	s_3	1	$0, l$
4	$M_C - M_{\mathrm{H}} + F_{Cx} \times (l - s_4) + F_{Cy}l - F(l + s_4)$	$l - s_4$	l	1	$-(l + s_4)$	-1	$0, l$

In dieser Tabelle dürfen nur bekannte äußere Belastungen, notwendigerweise einzuführende Hilfsgrößen und die zu statisch Unbestimmten erklärten Größen stehen.

5. Integrationsprozesse ausführen, z. B.:

$$\frac{\partial W}{\partial M_C} = 0 = \sum_{k=1}^{4} \int_0^{l_k} \frac{M_k}{EI} \frac{\partial M_k}{\partial M_C} \, ds_k$$

Wegen l_k und EI = konst. können diese Größen vor eine Klammer gezogen werden. Es empfiehlt sich, entsprechende Lasten zusammenzufassen.

$$\frac{\partial W}{\partial F_{Cx}} = 0 = \frac{l^3}{EI} \left[F_{Cx} \left(\frac{1}{3} + 1 + 1 - 1 + \frac{1}{3} \right) + F_{Cy} \left(\frac{1}{2} + 1 - \frac{1}{2} \right) + \frac{M_C}{l} \left(\frac{1}{2} + 1 + 1 - \frac{1}{2} \right) + F \left(-1 + \frac{1}{3} \right) + \frac{M_H}{l} \left(-1 + \frac{1}{2} \right) \right]$$

$$\frac{\partial W}{\partial F_{Cy}} = 0 = \frac{l^3}{EI} \left[F_{Cx} \left(\frac{1}{2} + 1 - \frac{1}{2} \right) + F_{Cy} \left(\frac{1}{3} + 1 \right) + \frac{M_C}{l} \left(\frac{1}{2} + 1 \right) + F \left(-1 - \frac{1}{2} \right) + \frac{M_H}{l} (-1) \right]$$

$$\frac{\partial W}{\partial M_C} = 0 = \frac{l^2}{EI} \left[F_{Cx} \left(\frac{1}{2} + 1 + 1 - \frac{1}{2} \right) + F_{Cy} \left(\frac{1}{2} + 1 \right) + \frac{M_C}{l} (1 + 1 + 1) + F \left(-1 - \frac{1}{2} \right) + \frac{M_H}{l} (-1) \right]$$

$$\frac{\partial W}{\partial F} = v_F = \frac{l^3}{EI} \left[F_{Cx} \left(-1 + \frac{1}{3} \right) + F_{Cy} \left(-1 - \frac{1}{2} \right) + \frac{M_C}{l} \left(-1 - \frac{1}{2} \right) + F \left(\frac{1}{3} + 1 + \frac{1}{3} + 1 \right) + \frac{M_H}{l} \left(\frac{1}{2} + 1 + \frac{1}{2} \right) \right]$$

$$\frac{\partial W}{\partial M_H} = \varphi_F = \frac{l^2}{EI} \left[F_{Cx} \left(-1 + \frac{1}{2} \right) + F_{Cy}(-1) + \frac{M_C}{l} (-1) + F \left(\frac{1}{2} + 1 + \frac{1}{2} \right) + \frac{M_H}{l} (1 + 1) \right]$$

Eine Probe ergibt sich dadurch, daß alle Einflußzahlen zur Hauptdiagonalen symmetrisch und alle Einflußzahlen auf der Hauptdiagonalen positiv sein müssen.

Ergebnisse:

$$F_{Cx} = -F \qquad F_{Cy} = \frac{9}{7} F \qquad M_C = \frac{11}{21} Fl$$

$$F_{Bx} = 0 \qquad F_{By} = -\frac{9}{7} F \qquad M_B = \frac{4}{21} Fl$$

$$v_F = \frac{13}{21} \frac{Fl^3}{EI}$$

$$\varphi_F = \frac{29}{42} \frac{Fl^2}{EI}$$

8.5. Anwendung des Satzes von Castigliano auf innerlich statisch unbestimmte Systeme

Der in Bild F 8.9 gezeichnete Rahmen ist statisch bestimmt gelagert, die Auflagerkräfte lassen sich aus den statischen Gleichgewichtsbetrachtungen ermitteln. Eine Dimensionierung des Systems ist jedoch vorerst nicht möglich, da die Schnittgrößen (F_L, F_Q, M) im Rahmen unbekannt sind. Das System ist innerlich statisch unbestimmt. Die unbekannten Schnittreaktionen lassen sich folgendermaßen ermitteln: Man trenne den Rahmen an irgendeiner Stelle auf und führe die Schnittgrößen als unbekannte äußere Kräfte ein (Bild F 8.10).

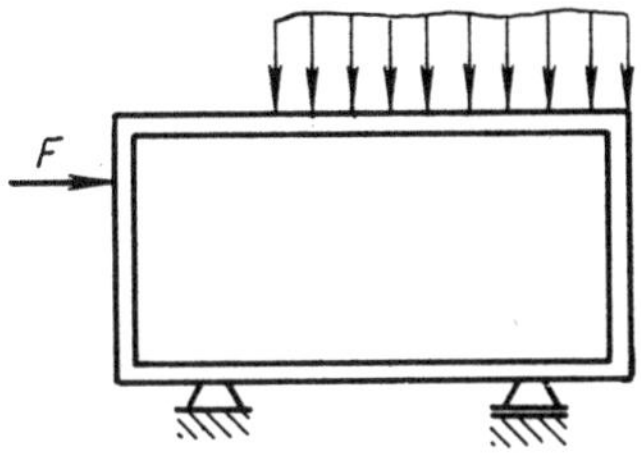

Bild F 8.9

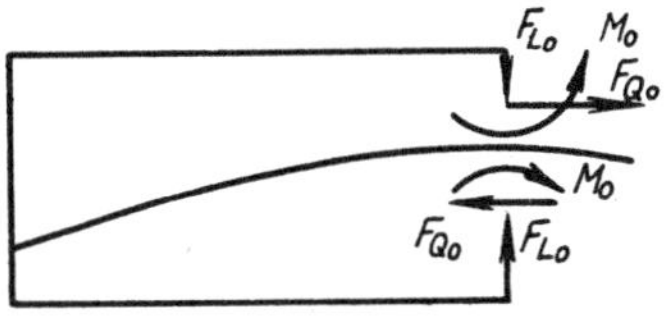

Bild F 8.10

Für den oberen Teil (I) und für den unteren Teil (II) rechne man die Verformungen aus.

$$\frac{\partial W_I}{\partial F_{L0}} = v_{VI} \qquad \frac{\partial W_I}{\partial F_{Q0}} = v_{HI} \qquad \frac{\partial W_I}{\partial M_0} = \varphi_I$$

$$\frac{\partial W_{II}}{\partial F_{L0}} = v_{VII} \qquad \frac{\partial W_{II}}{\partial F_{Q0}} = v_{HII} \qquad \frac{\partial W_{II}}{\partial M_0} = \varphi_{II}$$

Damit die Kontinuität an der Schnittstelle gewahrt bleibt, muß sein

$$\frac{\partial W_I}{\partial F_{L0}} = -\frac{\partial W_{II}}{\partial F_{L0}} \qquad \frac{\partial W_I}{\partial F_{Q0}} = -\frac{\partial W_{II}}{\partial F_{Q0}} \qquad \frac{\partial W_I}{\partial M_0} = -\frac{\partial W_{II}}{\partial M_0} \tag{8.17}$$

oder mit $W_I + W_{II} = W$

$$\frac{\partial W}{\partial F_{L0}} = 0 \qquad \frac{\partial W}{\partial F_{Q0}} = 0 \qquad \frac{\partial W}{\partial M_0} = 0 \tag{8.18}$$

Die Verformungen des Balkens an einem Schnittufer der Schnittstelle, bezogen auf das andere Schnittufer (relative Verformungen), verschwinden. Aus den drei linearen Gln. (8.18) lassen sich die Schnittgrößen ermitteln.

Beispiele

Beispiel 1:

Für den in Bild F 8.11 gezeichneten Rahmen ermittle man die Schnittreaktionen und die Verschiebung des Lastangriffspunktes.

Gegeben: $F, l, EI = \text{konst.}$

Rechengang:

1. Auflagerreaktionen bestimmen

$$\rightarrow: \quad F_{Bx} + 2F = 0 \qquad F_{Bx} = -2F$$

$$\uparrow: \quad F_{By} + F_{Cy} = 0 \qquad F_{By} = -F$$

$$\circlearrowleft B: \quad F_{Cy} 2l - 2Fl = 0 \qquad F_{Cy} = F$$

2. Schnitt legen und Schnittgrößen anbringen (Bild F 8.12).
3. Bereiche wählen und Momente mit Ableitungen in Tabellenform anschreiben.

k	M_k	$\frac{\partial M_k}{\partial M_0}$	$\frac{\partial M_k}{\partial F_{Q0}}$	$\frac{\partial M_k}{\partial F_{L0}}$	$\frac{\partial M_k}{\partial F}$	Grenzen
1	$M_0 + F_{Q0}s_1$	1	s_1	0	0	$0, l$
2	$M_0 + F_{Q0}l - F_{L0}s_2 - Fs_2$	1	l	$-s_2$	$-s_2$	$0, 2l$
3	$M_0 - F_{L0}s_3$	1	0	$-s_3$	0	$0, 2l$
4	$M_0 - F_{L0}2l + F_{Q0}s_4 - 2Fs_4$	1	s_4	$-2l$	$-2s_4$	$0, l$

4. Integrationen ausführen

$$\frac{\partial W}{\partial M_0} = 0 = \frac{l^2}{EI}\left[\frac{M_0}{l}(1 + 2 + 2 + 1) + F_{Q0}\left(\frac{1}{2} + 2 + \frac{1}{2}\right) + F_{L0}(-2 - 2 - 2) + F(-2 - 1)\right]$$

$$\frac{\partial W}{\partial F_{Q0}} = 0 = \frac{l^3}{EI}\left[\frac{M_0}{l}\left(\frac{1}{2} + 2 + \frac{1}{2}\right) + F_{Q0}\left(\frac{1}{3} + 2 + \frac{1}{3}\right) + F_{L0}(-2 - 1) + F\left(-2 - \frac{2}{3}\right)\right]$$

$$\frac{\partial W}{\partial F_{L0}} = 0 = \frac{l^3}{EI}\left[\frac{M_0}{l}(-2 - 2 - 2) + F_{Q0}(-2 - 1) + F_{L0}\left(\frac{8}{3} + \frac{8}{3} + 4\right) + F\left(\frac{8}{3} + 2\right)\right]$$

$$\frac{\partial W}{\partial F} = 2v_F = \frac{l^3}{EI}\left[\frac{M_0}{l}(-2 - 1) + F_{Q0}\left(-2 - \frac{2}{3}\right) + F_{L0}\left(\frac{8}{3} + 2\right) + F\left(\frac{8}{3} + \frac{4}{3}\right)\right]$$

Als Probe benutze man wieder die Symmetrie der Einflußzahlen zur Hauptdiagonalen!

5. Ergebnisse:

$$\frac{M_0}{l} = -\frac{F}{2} \qquad F_{Q0} = F \qquad F_{L0} = -\frac{F}{2}$$

Moment auf der Zugseite aufgetragen (Bild F 8.13)

$$v_F = \frac{Fl^3}{4EI}$$

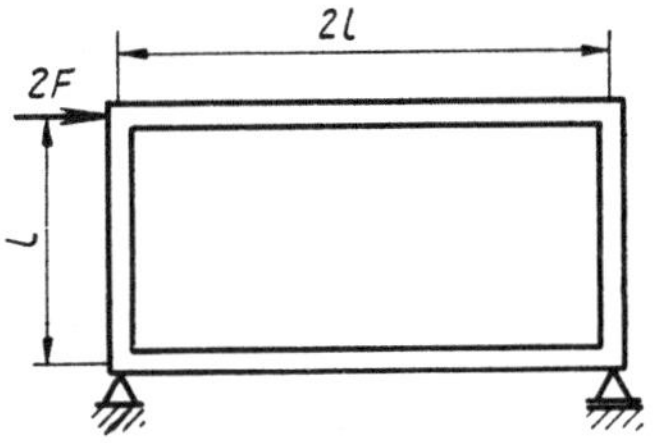

Bild F 8.11

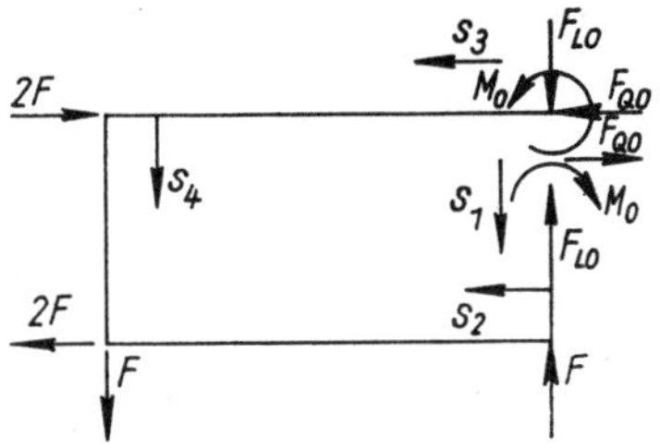

Bild F 8.12

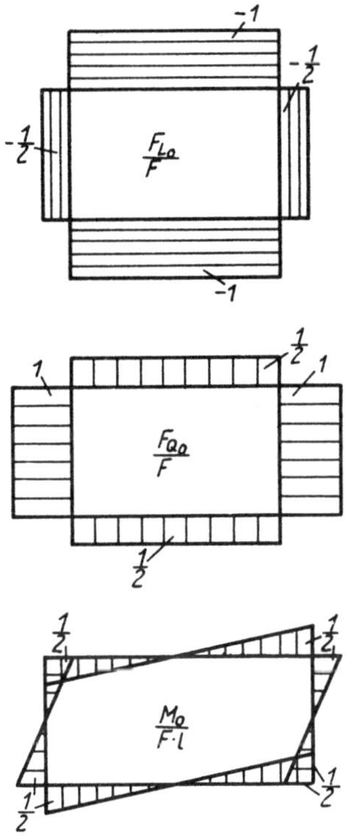

Bild F 8.13

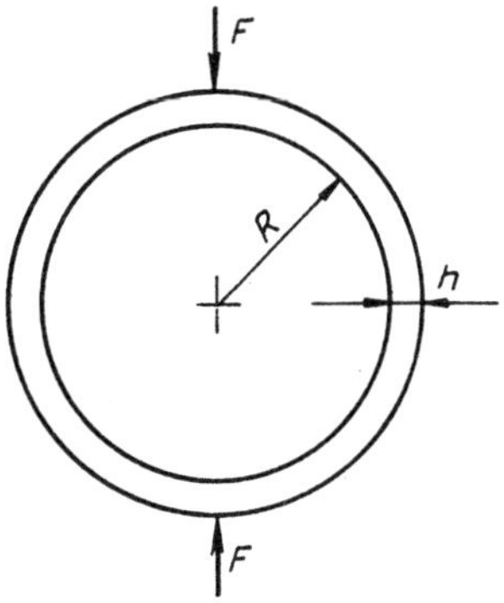

Bild F 8.14

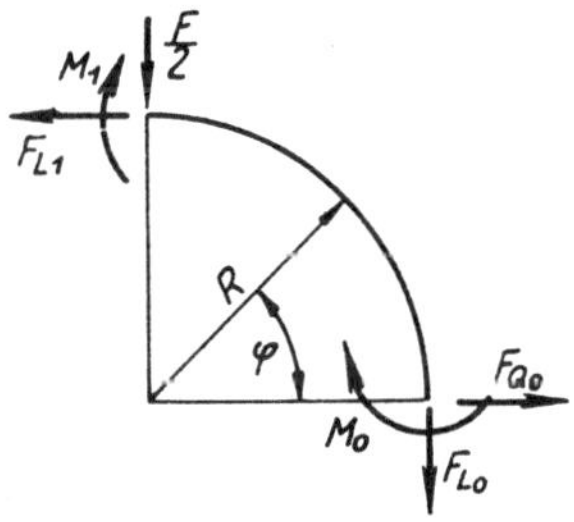

Bild F 8.15

Beispiel 2:

Für den gedrückten Kreisring nach Bild F 8.14 gebe man den Momentenverlauf und die Durchmesseränderung auf den Symmetrieachsen an.

Gegeben: F, R, h, $EI = \text{konst.}$, $h \ll R$

Rechengang:

1. Schnitt legen und Schnittgrößen anbringen.

Da das Problem doppeltsymmetrisch ist, wird nur der vierte Teil des Ringes betrachtet (Bild F 8.15).

2. Gleichgewicht am Viertelkreis aufstellen

$$\uparrow: \quad -\frac{F}{2} - F_{L0} = 0 \qquad F_{L0} = -\frac{F}{2}$$

$$\rightarrow: \quad -F_{L1} + F_{Q0} = 0$$

$$\curvearrowleft: \quad -M_1 - M_0 - F_{L0}R + F_{Q0}R = 0$$

F_{L0} ist aus den Gleichgewichtsbedingungen bestimmbar. Aus Symmetriegründen wird das Moment bei $\varphi = 0$ einen Extremwert annehmen, so daß überdies gilt $F_{Q0} = 0$. Das Problem ist also nur noch einfach statisch unbestimmt.

3. Momentenverlauf und Ableitung nach der statisch Unbestimmten M_0 aufstellen.

k	M_k	$\frac{\partial M_k}{\partial M_0}$	Grenzen
1	$M_0 - \frac{F}{2} R(1 - \cos\varphi)$	1	$0, R\frac{\pi}{2}$

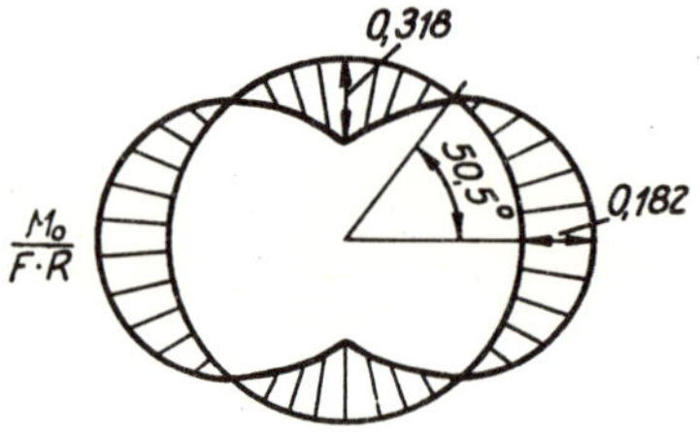

Bild F 8.16

4. Integration ausführen

$$\frac{\partial W}{\partial M_0} = 0 = \frac{4R^2}{EI}\left[\frac{M_0}{R}\frac{\pi}{2} - \frac{F}{2}\left(\frac{\pi}{2} - 1\right)\right]$$

Der Faktor 4 berücksichtigt die vier Quadranten des Kreisringes.

$$M_0 = FR\left(\frac{1}{2} - \frac{1}{\pi}\right) = 0{,}182FR$$

Momentenverlauf (Bild F 8.16):

$$M_\varphi = FR\left(\frac{1}{2} - \frac{1}{\pi}\right) - FR\left(\frac{1}{2} - \frac{1}{2}\cos\varphi\right) = FR\left(\frac{1}{2}\cos\varphi - \frac{1}{\pi}\right)$$

$$M\left(\varphi = \frac{\pi}{2}\right) = -\frac{FR}{\pi} = -0{,}318FR$$

$$M = 0 \quad \text{für} \quad \cos\varphi = \frac{2}{\pi} \qquad \varphi = 50{,}5°$$

5. Zur Berechnung der Durchmesseränderung Hilfskraft einführen und Momentenverlauf aufstellen.

$$M_{(\varphi)} = FR\left(\frac{1}{2}\cos\varphi - \frac{1}{\pi}\right) - F_{\mathrm{H}}R\sin\varphi$$

$$\frac{\partial W}{\partial F} = \Delta D_v = \frac{4FR^3}{EI}\int_0^{\pi/2}\left(\frac{1}{2}\cos\varphi - \frac{1}{\pi}\right)^2 \mathrm{d}\varphi = \frac{4FR^3}{EI}\left(\frac{\pi}{16} + \frac{1}{2\pi} - \frac{1}{\pi}\right)$$

$$= \frac{FR^3}{EI}\left(\frac{\pi}{4} - \frac{2}{\pi}\right) = 0{,}149\,\frac{FR^3}{EI}$$

$$\frac{\partial W}{\partial F_{\mathrm{H}}} = \Delta D_{\mathrm{h}} = \frac{2FR^3}{EI}\int_0^{\pi/2}\left(\frac{1}{2}\cos\varphi - \frac{1}{\pi}\right)(-\sin\varphi)\,\mathrm{d}\varphi$$

$$= \frac{2FR^3}{EI}\left(-\frac{1}{4} + \frac{1}{\pi}\right) = 0{,}137\,\frac{FR^3}{EI}$$

Man überlege sich, weshalb die Faktoren 4 und 2 stehen müssen!

8.6. Symmetrie- und Antimetriebetrachtungen

Bei einem n-fach statisch unbestimmten System müssen zur Bestimmung der statisch Unbestimmten n lineare Gleichungen gelöst werden, so daß der Rechenaufwand mit dem Grad der statischen Unbestimmtheit beträchtlich wächst.
Unter Ausnutzung der Symmetrie- und Antimetriebedingungen läßt sich das System in vielen Fällen vereinfachen.

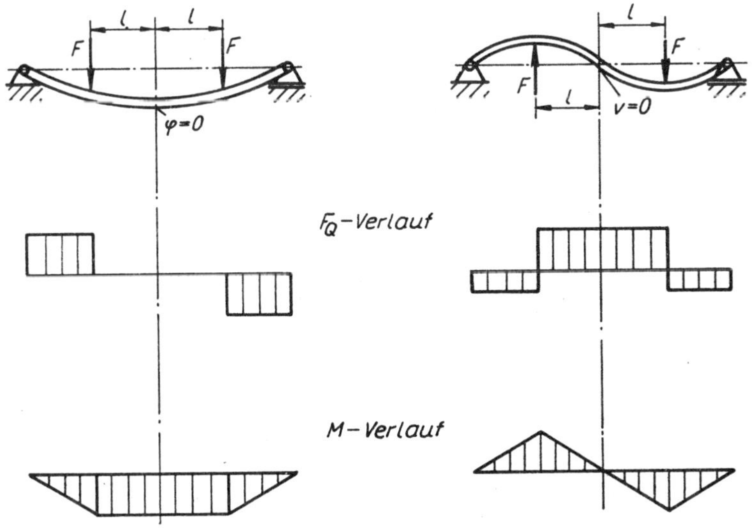

Bild F 8.17

Es gelten folgende Überlegungen:

> Bei einem geometrisch symmetrischen System mit symmetrischer Belastung verschwinden auf der Symmetrieachse die antimetrischen Größen. Bei einem geometrisch symmetrischen System mit antimetrischer Belastung verschwinden auf der Symmetrieachse die symmetrischen Größen.
> Durchbiegung, Moment und Längskraft sind symmetrische, Balkenneigung und Querkraft antimetrische Größen (Bild F 8.17).

Durch Belastungsumordnung läßt sich jedes beliebig belastete geometrisch symmetrische System in einen symmetrischen und in einen antimetrischen Lastfall aufspalten.

Beispiele

Beispiel 1:

Man ordne die Belastung für den Rahmen nach Bild F 8.18 in einen symmetrischen und einen antimetrischen Lastfall um. Man prüfe die statische Unbestimmtheit.

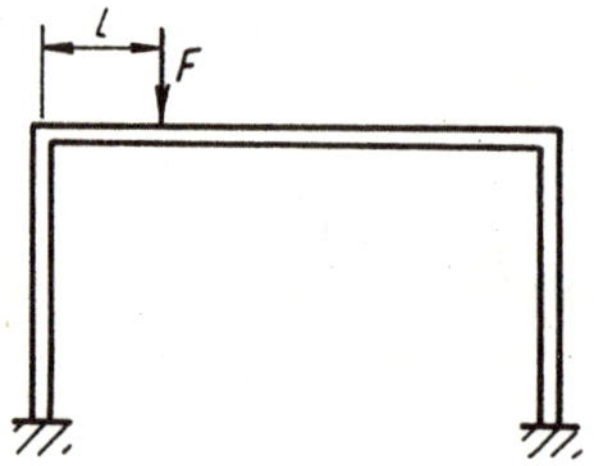

Bild F 8.18

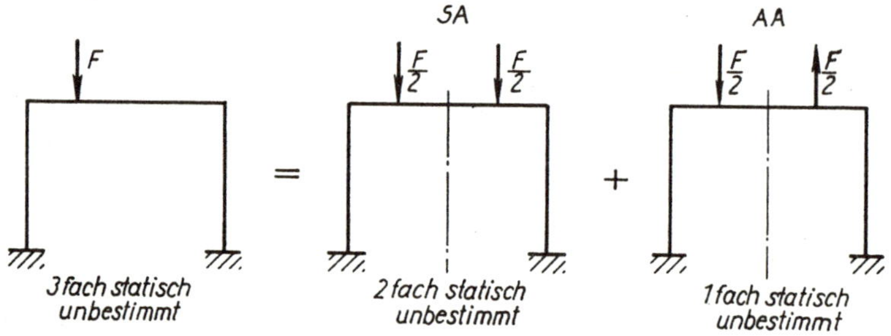

Bild F 8.19

Lösung (Bild F 8.19):

Die Anzahl der statisch Unbestimmten bleibt erhalten. Ein Gleichungssystem mit 2 Unbekannten und eine Gleichung mit einer Unbekannten sind jedoch schneller gelöst als ein Gleichungssystem mit 3 Unbekannten.

Beispiel 2:

Für den Rahmen nach Bild F 8.20 sind die Schnittreaktionen durch Symmetrie- und Antimetriebetrachtungen zu bestimmen.

Die Belastungsumordnung erfolgt nach Bild F 8.21. Auf den Antimetrieachsen (AA) verschwinden die Momente. (Man kann sich dort Gelenke angebracht denken.) Damit sind die 3 Ersatzsysteme statisch bestimmt, und die Schnittgrößen F_L, F_Q, M können sofort angegeben werden.
Durch Überlagerung ergeben sich die Verläufe nach Bild F 8.13.

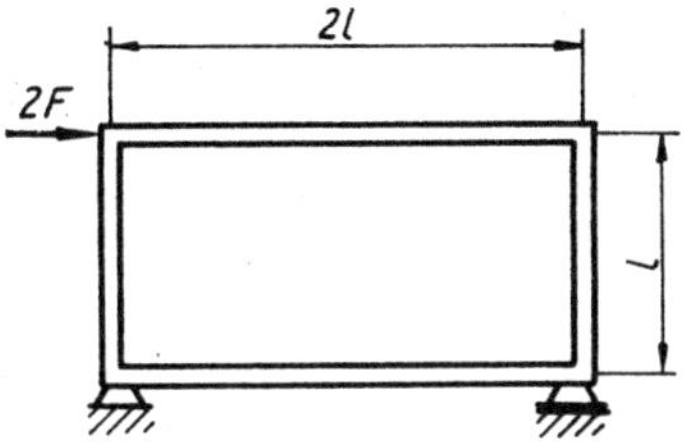

Bild F 8.20

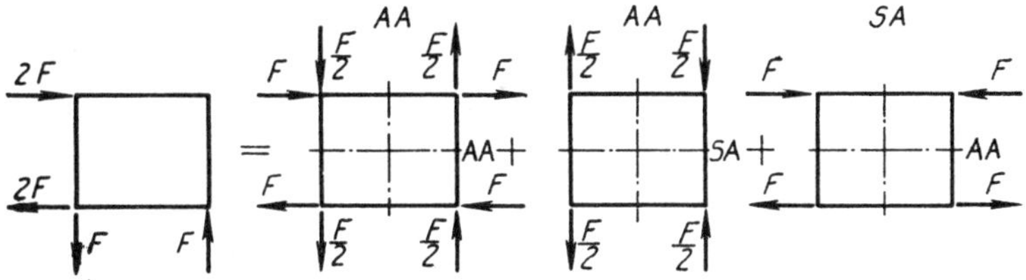

Bild F 8.21

8.7. Berücksichtigung der Biege-, Zug-, Torsions- und Querkraftschubarbeit

Bisher wurde die Verformung nur aus der Biegearbeit ermittelt. Die Berücksichtigung der übrigen Anteile bereitet prinzipiell keine Schwierigkeit. Es gilt dann z. B.

$$\frac{\partial W}{\partial F_h} = \sum_{k=1}^{n} \left\{ \int_0^{l_k} \frac{M_{b1k}}{EI_{1k}} \frac{\partial M_{b1k}}{\partial F_h} \, ds_k + \int_0^{l_k} \frac{M_{b2k}}{EI_{2k}} \frac{\partial M_{b2k}}{\partial F_h} \, ds_k \right.$$
$$+ \int_0^{l_k} \frac{M_{tk}}{GI_{tk}} \frac{\partial M_{tk}}{\partial F_h} \, ds_k + \int_0^{l_k} \frac{F_{Lk}}{EA_k} \frac{\partial F_{Lk}}{\partial F_h} \, ds_k$$
$$\left. + \varkappa_{1k} \int_0^{l_k} \frac{F_{Q1k}}{GA_k} \frac{\partial F_{Q1k}}{\partial F_h} \, ds_k + \varkappa_{2k} \int_0^{l_k} \frac{F_{Q2k}}{GA_k} \frac{F_{Q2k}}{\partial F_h} \, ds_k \right\}, \tag{8.19}$$

wobei 1 und 2 Querschnittshauptachsen sind.
Die Anteile der Längskraft- und Querkraftarbeit können meist gegenüber den Momentenanteilen vernachlässigt werden.

Beispiele:

Beispiel 1:

Für den Träger nach Bild F 8.22 sind die Lagerreaktionen bei B, die Seilkraft F_S und die Durchsenkung des Punktes C zu bestimmen.

Gegeben: q, EI, EA, L, l

Das Problem ist einfach statisch unbestimmt. Mit z als Wegkoordinate zwischen C und B folgt

$$M = F_S z - \frac{qz^2}{2}$$

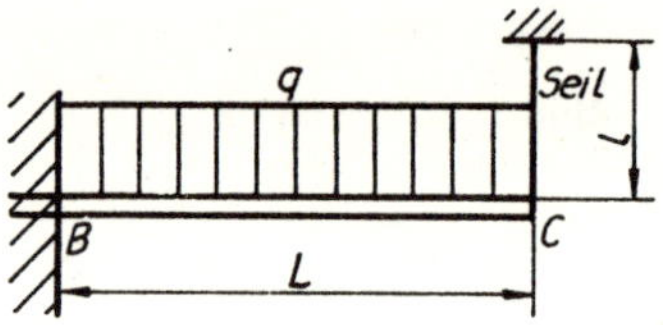

Bild F 8.22

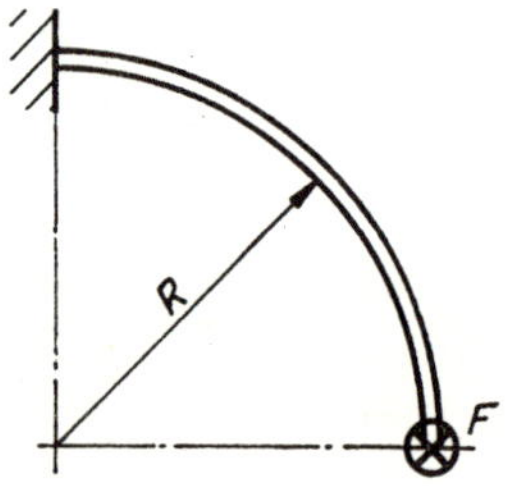

Bild F 8.23

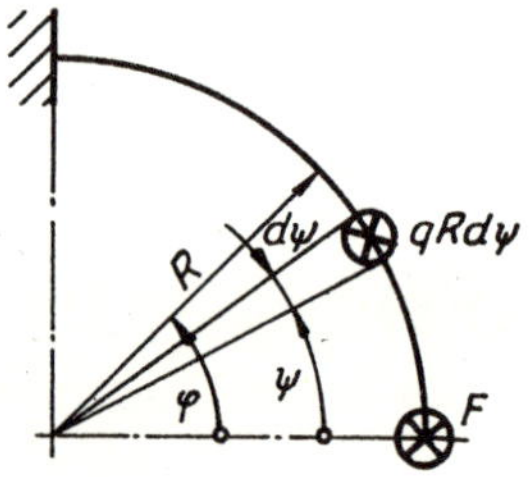

Bild F 8.24

Bei Berücksichtigung der Biegearbeit im Balken und der Längskraftarbeit im Seil gilt

$$\frac{\partial W}{\partial F_S} = 0 = \int_0^L \frac{M}{EI}\frac{\partial M}{\partial F_S}\,\mathrm{d}z + \frac{F_S l}{EA} = \frac{L^3}{EI}\left(\frac{F_S}{3} - \frac{qL}{8}\right) + \frac{F_S l}{EA}$$

woraus folgt

$$F_S = \frac{qL}{8\left(\frac{1}{3} + \frac{EIl}{EAL^3}\right)}$$

$$F_{By} = qL - F_S \qquad M_B = \frac{qL^2}{2} - F_S L$$

$$v_c = \frac{\partial W_{\text{Zug}}}{\partial F_S} = -\frac{\partial W_{\text{Biegung}}}{\partial F_S} = \frac{F_S l}{EA}$$

Beispiel 2:

Ein Viertelkreisbogenträger mit Kreisquerschnitt vom Gewicht je Längeneinheit q wird durch die Kraft F beansprucht (Bild F 8.23). (Lastrichtung senkrecht zur Zeichenebene.)

Gegeben: F, q, R, EI, GI_t

Gesucht:

Verschiebung des Kraftangriffspunktes

Biegemoment (Bild F 8.24)

$$M_b(\varphi) = FR \sin\varphi + \int_0^{\varphi} qR \, d\psi R \sin(\varphi - \psi) = FR \sin\varphi + qR^2(1 - \cos\varphi)$$

Torsionsmoment:

$$M_t(\varphi) = FR(1 - \cos\varphi) + \int_0^{\varphi} qR \, d\psi R[1 - \cos(\varphi - \psi)]$$

$$= FR(1 - \cos\varphi) + qR^2(\varphi - \sin\varphi)$$

$$\frac{\partial M_b}{\partial F} = R \sin\varphi \qquad \frac{\partial M_t}{\partial F} = R(1 - \cos\varphi)$$

$$v_F = \frac{R^3}{EI}\left\{F\left(\frac{\pi}{4}\right) + qR\left(\frac{1}{2}\right) + \frac{EI}{GI_t}\left[F\left(\frac{3\pi}{4} - 2\right) + qR\left(\frac{\pi^2}{8} + \frac{1}{2} - \frac{\pi}{2}\right)\right]\right\}$$

mit

$$\frac{EI}{GI_t} = \frac{5}{4}$$

folgt

$$v_F = \frac{R^3}{4EI}\left[F\left(\frac{19}{4}\pi - 10\right) + qR\left(\frac{5}{8}\pi^2 - \frac{5}{2}\pi + \frac{9}{2}\right)\right]$$

Beispiel 3:

Für den Träger nach Bild F 8.25 bestimme man die Verschiebung des Lastangriffspunktes.

Gegeben: F_x, F_y, F_z, a, b, c
EI = konst.,
GI_t = konst.

Momente, Ableitungen, Grenzen (Bild F 8.26):

Momente	$\frac{\partial M}{\partial F_x}$	$\frac{\partial M}{\partial F_y}$	$\frac{\partial M}{\partial F_z}$	Grenzen
$M_{x1} = F_z s_1$			s_1	0, c
$M_{z1} = F_x s_1$	s_1			0, c
$M_{x2} = F_y s_2 + F_z c$		s_2	c	0, b
$M_{y2} = F_x s_2$	s_2			0, b
$M_{z2} = F_x c$	c			0, b
$M_{x3} = F_y b + F_z c$		b	c	0, a
$M_{y3} = F_x b + F_z s_3$	b		s_3	0, a
$M_{z3} = F_x c - F_y s_3$	c	$-s_3$		0, a

M_{z2} und M_{x3} sind Torsionsmomente!

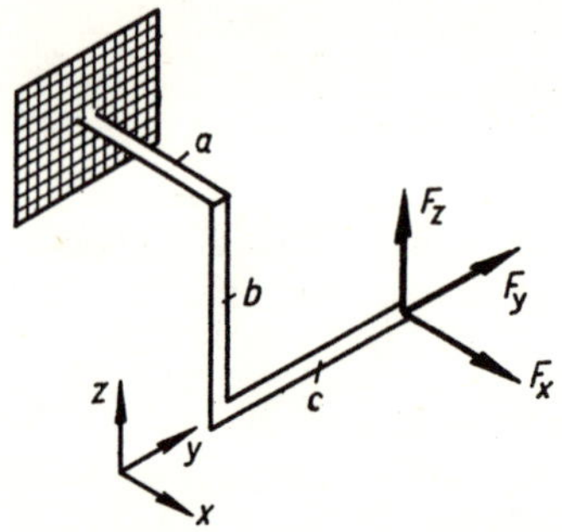

Bild F 8.25

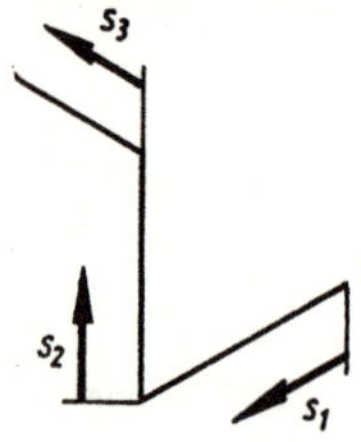

Bild F 8.26

$$\frac{\partial W}{\partial F_x} = v_{Bx} = \frac{1}{EI}\left\{F_x\left(\frac{c^3}{3} + \frac{b^3}{3} + ab^2 + ac^2 + \frac{EI}{GI_t}bc^2\right)\right.$$

$$\left. + F_y\left(-\frac{a^2c}{2}\right) + F_z\left(\frac{a^2b}{2}\right)\right\}$$

$$\frac{\partial W}{\partial F_y} = v_{By} = \frac{1}{EI}\left\{F_x\left(-\frac{a^2c}{2}\right) + F_y\left(\frac{b^3}{3} + \frac{a^3}{3} + \frac{EI}{GI_t}ab^2\right)\right.$$

$$\left. + F_z\left(\frac{b^2c}{2} + \frac{EI}{GI_t}abc\right)\right\}$$

$$\frac{\partial W}{\partial F_z} = v_{Bz} = \frac{1}{EI}\left\{F_x\left(\frac{a^2b}{2}\right) + F_y\left(\frac{b^2c}{2} + \frac{EI}{GI_t}abc\right)\right.$$

$$\left. + F_z\left(\frac{c^3}{3} + bc^2 + \frac{a^3}{3} + \frac{EI}{GI_t}ac^2\right)\right\}$$

Spezialfall:

$F_x = F_y = F_z = F$ $\qquad a = b = c = l$

$I_t = 2I$ $\qquad$ (Kreisringquerschnitt)

$E = 2(1 + \nu)\,G = \frac{5}{2}\,G$ $\qquad$ ($\nu = 0{,}25$)

$$v_{Bx} = \frac{Fl^3}{EI}\,\frac{47}{12}$$

$$v_{By} = \frac{Fl^3}{EI}\,\frac{19}{6}$$

$$v_{Bz} = \frac{Fl^3}{EI}\,\frac{31}{6}$$

8.8. Elastische Formänderung von Fachwerken

8.8.1. Statisch bestimmte Fachwerke

Die Berechnung der Verschiebungen von Knotenpunkten statisch bestimmter Fachwerke läßt sich nach dem Satz von *Castigliano* ebenfalls durchführen. Die Fachwerkstäbe werden nur auf Zug beansprucht (die teilweise Einspannung durch die Knotenbleche wird vernachlässigt), und man kann für die Formänderungsarbeit schreiben

$$W = \sum_k \frac{F_{Sk}^2 l_k}{2E_k A_k} = \sum_k \frac{F_{Sk}^2 r_k}{2} \tag{8.20}$$

mit der Stabkonstanten

$$r_k = \frac{l_k}{E_k A_k}$$

Die F_{Sk} sind lineare Funktionen der äußeren Belastungen, so daß ebenfalls gilt

$$v_{Fh} = \sum_k F_{Sk} \frac{\partial F_{Sk}}{\partial F_h} r_k \tag{8.21}$$

Zweckmäßigerweise spaltet man die Last an dem Knoten, dessen Verschiebung man wissen will, von der übrigen Belastung ab und erhält mit

$$F_{Sk} = \overline{F}_{Sk} + \lambda_k F_h$$

$$v_{Fh} = \sum_K (\overline{F}_{Sk} + \lambda_k F_h)\, \lambda_k r_k \tag{8.22}$$

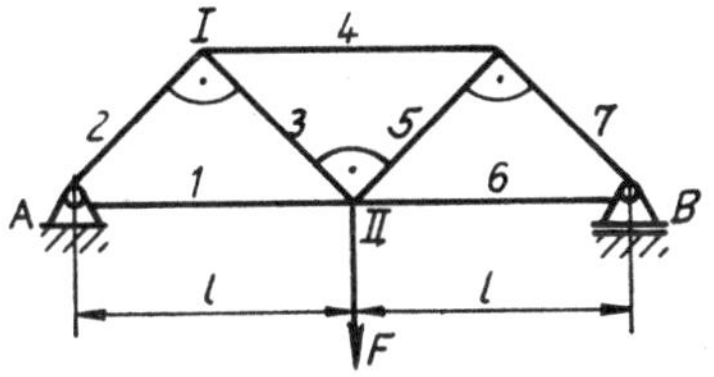

Bild F 8.27

λ_k gibt den Anteil der Last F_h auf den Stab k an. Zur besseren Übersicht empfiehlt sich eine Darstellung in Tabellenform. Die Werte $\overline{F}_{Sk}$ und λ_k werden analytisch oder grafisch ermittelt.

Beispiel:

Für das in Bild F 8.27 skizzierte Fachwerk sind die Vertikalverschiebungen der Knotenpunkte I und II gesucht.

Gegeben: F, l, $(EA)_k$ = konst.

Im Knoten I wird eine vertikale Hilfskraft F_H angebracht.

Auflagerkräfte: $F_B = \frac{F_H}{4} + \frac{F}{2}$; $F_A = \frac{3}{4} F_H + \frac{F}{2}$

Weitere Rechnung nach Tabelle:

k	$\dfrac{r_k}{\dfrac{l_1}{(EA)_1}}$	$\dfrac{\bar{F}_{Sk}}{F} = \lambda_{IIk}$	λ_{Ik}	$\lambda_{IIk}^2 \dfrac{r_k}{\dfrac{l_1}{(EA)_1}}$	$\lambda_{Ik}\lambda_{IIk} \dfrac{r_k}{\dfrac{l_1}{(EA)_1}}$
1	1	$\frac{1}{2}$	$\frac{3}{4}$	$\frac{1}{4}$	$\frac{3}{8}$
2	$\frac{\sqrt{2}}{2}$	$-\frac{\sqrt{2}}{2}$	$-\frac{3}{4}\sqrt{2}$	$\frac{\sqrt{2}}{4}$	$\frac{3}{8}\sqrt{2}$
3	$\frac{\sqrt{2}}{2}$	$\frac{\sqrt{2}}{2}$	$-\frac{1}{4}\sqrt{2}$	$\frac{\sqrt{2}}{4}$	$-\frac{1}{8}\sqrt{2}$
4	1	-1	$-\frac{1}{2}$	1	$\frac{1}{2}$
5	$\frac{\sqrt{2}}{2}$	$\frac{\sqrt{2}}{2}$	$\frac{1}{4}\sqrt{2}$	$\frac{\sqrt{2}}{4}$	$\frac{\sqrt{2}}{8}$
6	1	$\frac{1}{2}$	$\frac{1}{4}$	$\frac{1}{4}$	$\frac{1}{8}$
7	$\frac{\sqrt{2}}{2}$	$-\frac{\sqrt{2}}{2}$	$-\frac{1}{4}\sqrt{2}$	$\frac{\sqrt{2}}{4}$	$\frac{1}{8}\sqrt{2}$
				$\Sigma: \frac{3}{2} + \sqrt{2}$	$\Sigma: 1 + \frac{\sqrt{2}}{2}$

$$v_{II} = \frac{Fl}{EA}\left(\frac{3}{2} + \sqrt{2}\right) \qquad v_I = \frac{Fl}{EA}\left(1 + \frac{\sqrt{2}}{2}\right)$$

8.8.2. Statisch unbestimmte Fachwerke

Ein Fachwerk ist im allgemeinen statisch unbestimmt, wenn gilt

$$s > 2g$$

(s Stabanzahl; g Knotenpunktzahl)

Betrachtet man nur einfach statisch unbestimmte Fachwerke, so ist eine Lösung in der Form

$$\frac{\partial W}{\partial F_{Sh}} = 0 = \sum_k F_{Sk} \frac{\partial F_{Sk}}{\partial F_{Sh}} r_k \tag{8.23}$$

wieder möglich, wobei F_{Sh} irgendeine statisch unbestimmte Stabkraft ist. Die Überlegungen von 8.5. gelten sinngemäß.

Beispiel:

Für das Fachwerk nach Bild F 8.28 ermittle man die Stabkräfte.

Gegeben: F, EA = konst., l

Lösungsgang:

1. Auflager- und Stabkräfte 1, 2 ermitteln.
2. Zum Beispiel Stab 3 zur statisch unbestimmten Stabkraft wählen.
3. Stabkräfte durch bekannte äußere Kraft F und statisch Unbestimmte F_{S3} ausdrücken.
4. Tabelle anlegen, Stabkräfte ausrechnen.

k	F_{Sk}	$\dfrac{\partial F_{Sk}}{\partial F_{S3}}$	$F_{Sk}\dfrac{\partial F_{Sk}}{\partial F_{S3}}\dfrac{r_k EA}{l}$	$\dfrac{2F_{Sk}}{F}$
1	F	0	0	2
2	$-\sqrt{2}\,F$	0	0	$-2\sqrt{2}$
3	F_{S3}	1	F_{S3}	1
4	F_{S3}	1	F_{S3}	1
5	$-\sqrt{2}\,F_{S3}$	$-\sqrt{2}$	$2\sqrt{2}\,F_{S3}$	$-\sqrt{2}$
6	$\sqrt{2}\,(F - F_{S3})$	$-\sqrt{2}$	$-2\sqrt{2}\,(F - F_{S3})$	$\sqrt{2}$
7	$F_{S3} - F$	1	$F_{S3} - F$	-1
8	$F_{S3} - F$	1	$F_{S3} - F$	-1

$$\sum: 4\left(1 + \sqrt{2}\right) F_{S3} - 2\left(1 + \sqrt{2}\right) F = 0$$

$\sum$: steht für Gl. (8.23), woraus folgt $F_{S3} = F/2$.
Damit können alle F_{Sk} ermittelt werden.
Zeichnet man anschließend zur Kontrolle einen *Cremona*-Plan, so erscheinen die beiden Stäbe 5 und 6 im Kräfteplan zweimal, da sie sich im Lageplan kreuzen!

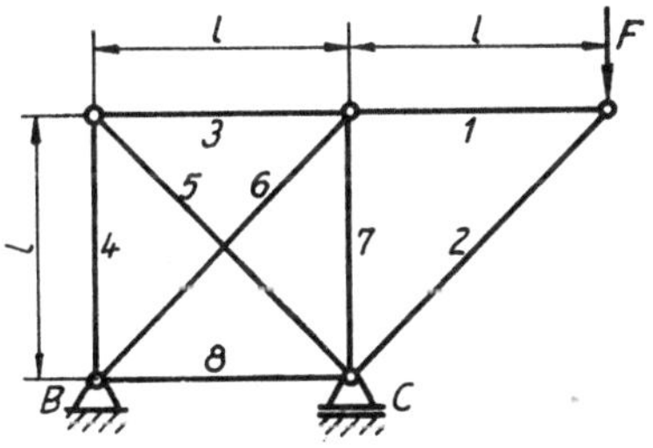

Bild F 8.28

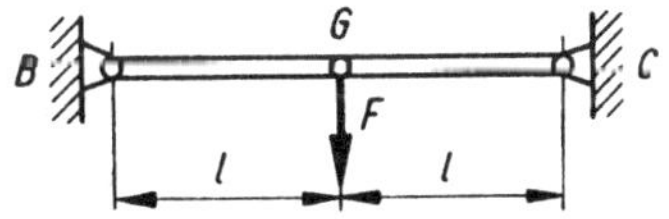

Bild F 8.29

8.8.3* Ausnahmefachwerk

Zum Schluß möge noch an dem Fachwerk Bild F 8.29 gezeigt werden, daß Durchsenkung und Stabkräfte nicht immer lineare Funktionen der Belastung sind. (Der Satz von *Castigliano* wird hier zunächst nicht angewendet!) Obwohl das Fachwerk die Bedingung $s = 2g$ erfüllt, kann man die Stabkräfte aus den Gleichgewichtsbedingungen allein nicht ermitteln. Schneiden wir das Fachwerk frei und schreiben die Gleichgewichtsbedingungen für die unverformte Konstruktion an, so erhalten wir

$$\curvearrowleft B:\ F_{Cy} = \frac{F}{2}$$

aber aus

$$\curvearrowleft G:\ F_{Cy} = 0$$

Ein Krafteck läßt sich auch nicht zeichnen; denn die endliche senkrechte Kraft F bedingt zwei unendlich große Horizontalkräfte.
Stellen wir die Gleichgewichtsbedingung am verformten Fachwerk auf (Theorie zweiter Ordnung), so erkennen wir zwischen dem Lageplan und dem Kräfteplan (Bild F 8.30) folgenden Zusammenhang (Δl und $v \ll l$).

$$\frac{F}{2F_s} = \frac{v}{l + \Delta l} = \frac{\sqrt{(l + \Delta l)^2 - l^2}}{l + \Delta l} \approx \sqrt{2\frac{\Delta l}{l}} = \sqrt{\frac{2F_s}{EA}} \qquad (8.24)$$

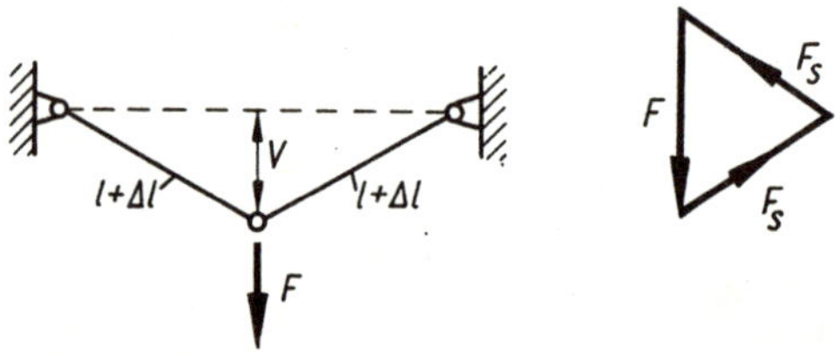

Bild F 8.30

Daraus erhalten wir

$$F_s \approx \frac{1}{2}\sqrt[3]{EAF^2}$$

und

$$v \approx \sqrt{2l\,\Delta l} = l\sqrt{\frac{2F_s}{EA}} \approx l\sqrt[3]{\frac{F}{EA}}$$

Nachträglich sollen noch mit Kenntnis von v die Formänderungsarbeit und die Ergänzungsarbeit angeschrieben werden:

$$W_F = \int\limits_{(v)} F\,dv = \int\limits_{(v)} \left(\frac{v}{l}\right)^3 EA\,dv = \frac{v^4 EA}{4l^3} = \frac{lF^{4/3}}{4(EA)^{1/3}} \qquad (8.25)$$

und

$$W_E = \int\limits_{(F)} v\,dF = \int\limits_{(F)} l\left(\frac{F}{EA}\right)^{1/3} dF = \frac{3lF^{4/3}}{4(EA)^{1/3}} \qquad (8.26)$$

Wegen des nichtlinearen Verhältnisses gilt $W_F \neq W_E$, und nur aus $\frac{\partial W_E}{\partial F}$ folgt v!

8.9.* Wärmespannungsprobleme

8.9.1. Grundlagen

In diesem Abschnitt soll weiterhin das *Hooke*sche Gesetz gelten, doch sollen zusätzliche Temperaturbelastungen berücksichtigt werden. Wir wollen nur einachsige Spannungszustände, wie sie bei der Biege- sowie Zug- und Druckbeanspruchung auftreten, untersuchen, d. h., alle Spannungskomponenten außer σ_z sollen Null sein. Die Ergänzungsenergie können wir mit (1.62) wie folgt formulieren

$$W_{\mathrm{E}} = \int\limits_{(V)} W_{\mathrm{E}}^* \,\mathrm{d}V = \int\limits_{(V)} \left(\frac{\sigma_z^2}{2E} + \alpha\, \Delta T \sigma_z\right) \mathrm{d}V \tag{8.27}$$

Wir wollen die Ableitung nur für den Sonderfall der geraden Biegung durchführen. Nach Gl. (3.113.2) gilt

$$\sigma_z = -\alpha E\, \Delta T + \frac{F_{\mathrm{L}} + F_{\mathrm{L}T}}{A} + \frac{M_x + M_{xT}}{I_{xx}}\, y \tag{8.28}$$

mit

$$F_{\mathrm{L}T} = \int\limits_{(A)} \alpha E\, \Delta T \,\mathrm{d}A \tag{8.29}$$

und

$$M_x = \int\limits_{(A)} \alpha E\, \Delta T y \,\mathrm{d}A$$

Setzt man Gl. (8.29) in (8.27) ein und schreibt für das Volumenelement $\mathrm{d}V = \mathrm{d}A\, \mathrm{d}s$ mit $\mathrm{d}A$ als Querschnittselement und $\mathrm{d}s$ als Längenelement des Balkens, so erhält man

$$W_{\mathrm{E}} = \int\limits_{(l)} \int\limits_{(A)} \left\{\frac{1}{2E}\left[-\alpha E\, \Delta T + \frac{F_{\mathrm{L}} + F_{\mathrm{L}T}}{A} + \frac{M_x + M_{xT}}{I_{xx}}\, y\right]^2 + \alpha\, \Delta T \left[-\alpha E\, \Delta T + \frac{F_{\mathrm{L}} + F_{\mathrm{L}T}}{A} + \frac{M_x + M_{xT}}{I_{xx}}\, y\right]\right\} \mathrm{d}A\, \mathrm{d}s$$

und durch einfache Zusammenfassung ergibt sich

$$W_{\mathrm{E}} = \int\limits_{(l)} \int\limits_{(A)} \left\{-\frac{\alpha^2 E (\Delta T)^2}{2} + \frac{(F_{\mathrm{L}} + F_{\mathrm{L}T})^2}{2EA^2} + \frac{(M_x + M_{xT})^2}{2EI_{xx}^2}\, y^2 + \frac{F_{\mathrm{L}} + F_{\mathrm{L}T}}{A}\, \frac{M_x + M_{xT}}{I_{xx}E}\, y\right\} \mathrm{d}A\, \mathrm{d}s \tag{8.30}$$

Die Größen $F_{\mathrm{L}}, F_{\mathrm{L}T}, M_x, M_{xT}, E, I_{xx}, A$ sind für den jeweiligen Querschnitt konstant, so daß die Integration über A ohne Kenntnis dieser Größen sofort ausgeführt werden kann.

Unter Beachtung von

$$\int\limits_{(A)} y \,\mathrm{d}A = 0 \qquad \int\limits_{(A)} \mathrm{d}A = A \qquad \text{und} \qquad \int\limits_{(A)} y^2 \,\mathrm{d}A = I_{xx}$$

erhält man

$$W_E = \int_{(l)} \left\{ \frac{(F_L + F_{LT})^2}{2EA} + \frac{(M_x + M_{xT})^2}{2EI_{xx}} - \int_{(A)} \frac{\alpha^2 \Delta T^2 E}{2} \, dA \right\} ds \tag{8.31}$$

oder

$$W_E = \int_{(l)} \left(\frac{F_L^2}{2EA} + \frac{M_x^2}{2EI_{xx}} + \frac{F_L F_{LT}}{EA} + \frac{M_x M_{xT}}{EI_{xx}} \right) ds + \underbrace{\int_{(l)} \left\{ \frac{F_{LT}^2}{2EA} + \frac{M_{xT}^2}{2EI_{xx}} - \int_{(A)} \frac{\alpha^2 \Delta T^2 E}{2} \, dA \right\} ds}_{f(T)} \tag{8.32}$$

Hieraus folgt sofort

$$v_h = \frac{\partial W_E}{\partial F_h} = \int_{(l)} \left[\frac{F_L}{EA} \frac{\partial F_L}{\partial F_h} + \frac{M_x}{EI_{xx}} \frac{\partial M_x}{\partial F_h} + \frac{F_{LT}}{EA} \frac{\partial F_L}{\partial F_h} + \frac{M_{xT}}{EI_{xx}} \frac{\partial M_x}{\partial F_h} \right] ds \tag{8.33}$$

bzw.

$$\varphi = \frac{\partial W_E}{\partial M_h} = \int_{(l)} \left[\frac{F_L}{EA} \frac{\partial F_L}{\partial M_h} + \frac{M_x}{EI_{xx}} \frac{\partial M_x}{\partial M_h} + \frac{F_{LT}}{EA} \frac{\partial F_L}{\partial M_h} + \frac{M_{xT}}{EI_{xx}} \frac{\partial M_x}{\partial M_h} \right] ds \tag{8.34}$$

Die Bezeichnung (l) am Integral soll darauf hinweisen, daß die Integration über die gesamte Länge des Balkens zu erfolgen hat, wobei im Falle unstetiger Belastungen bzw. Querschnittsänderungen mehrere Bereiche betrachtet werden müssen. Ebenso wie die äußeren Lasten dürfen auch die statisch unbestimmten Größen behandelt werden.

8.9.2. Beispiele

Beispiel 1:

Für einen dreifach gelagerten Rechteckträger (Bild F 8.31) sind die Auflagergrößen zu berechnen.

Gegeben: $l_1 = 100$ cm, $l_2 = 50$ cm, $b = 3$ cm, $h = 6$ cm, $E = 2 \cdot 10^5$ N mm^{-2}, $\alpha = 16 \cdot 10^{-6}$ K^{-1}, $T_1 = 30$ °C, $T_2 = 80$ °C

$$\Delta T(y) = \frac{T_1 + T_2}{2} - (T_1 - T_2) \frac{y}{h}$$

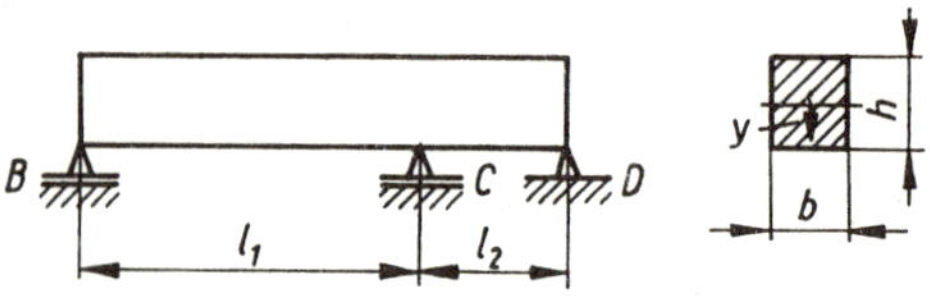

Bild F 8.31

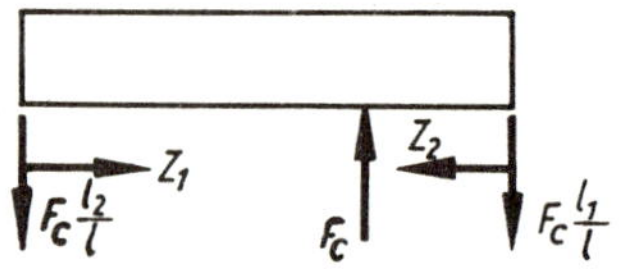

Bild F 8.32

Lösung:

Balken freischneiden, F_C zur statisch Unbestimmten erklären, Momente und Ableitungen anschreiben, innere Ergänzungsenergie nach F_C ableiten und Null setzen.

$$M_1 = -F_C \frac{l_2}{l} z_1 \qquad \frac{\partial M_1}{\partial F_C} = -\frac{l_2}{l} z_1$$

$$M_2 = -F_C \frac{l_1}{l} z_2 \qquad \frac{\partial M_2}{\partial F_C} = -\frac{l_1}{l} z_2$$

$$M_T = \int_{(A)} \alpha E \, \Delta T(y) \, y \, \mathrm{d}A = -\frac{T_1 - T_2}{h} \alpha E I_{xx} \quad [\triangleq (8.29)]$$

$$\frac{\partial W_E}{\partial F_C} = \frac{1}{EI_{xx}} \left[\int_0^{l_1} F_C \left(\frac{l_2}{l}\right)^2 z_1^2 \, \mathrm{d}z_1 + \int_0^{l_2} F_C \left(\frac{l_1}{l}\right)^2 z_2^2 \, \mathrm{d}z_2 \right.$$

$$\left. + \left(\frac{T_1 - T_2}{h} \alpha E I_{xx}\right) \left(\int_0^{l_1} \frac{l_2}{l} z_1 \, \mathrm{d}z_1 + \int_0^{l_2} \frac{l_1}{l} z_2 \, \mathrm{d}z_2 \right) \right] = 0$$

$$F_C = \frac{3EI_{xx}\alpha(T_2 - T_1)\, l}{2hl_1l_2} = 6{,}48 \cdot 10^3 \text{ N} \qquad F_B = -F_C \frac{l_2}{l} = -2{,}16 \cdot 10^3 \text{ N}$$

$$F_D = -F_C \frac{l_1}{l} = -4{,}32 \cdot 10^3 \text{ N}$$

Beispiel 2:

Es sind die größte Durchbiegung und die Spannungen eines Bimetallstreifens zu berechnen, der gleichmäßig auf $T = T_m$ erwärmt wird. (T_m stellt die Temperaturänderung gegenüber dem geraden Bimetallstreifen dar.)

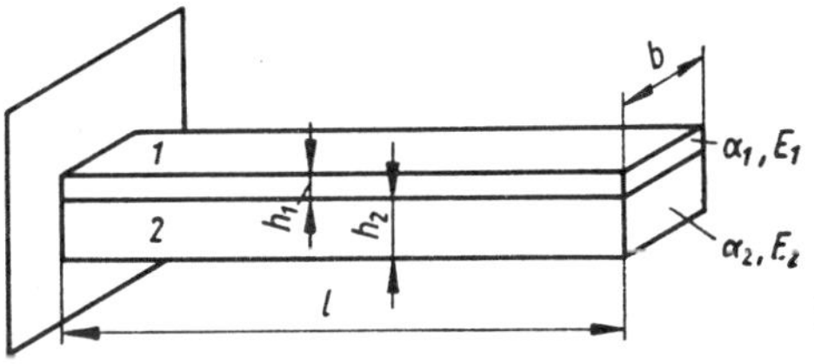

Bild F 8.33

Gegeben:

$T_m = 100\,°\text{C}$	
$\alpha_1 = 17 \cdot 10^{-6}\ \text{K}^{-1}$	$\alpha_2 = 11 \cdot 10^{-6}\ \text{K}^{-1}$
$E_1 = 1{,}25 \cdot 10^5\ \text{N mm}^{-2}$	$E_2 = 2{,}1 \cdot 10^5\ \text{N mm}^{-2}$
$h_1 = 0{,}5\ \text{h}$	$h_2 = h = 1\ \text{cm}$
$b_1 = b$	$b_2 = b$
$l = 20\ \text{cm}$	

Lösung:

Abgesehen von einem kleinen Störgebiet an den Enden des Bimetallstreifens, sind die Längskräfte und die Momente in den Streifen konstant (d. h., die Querkräfte sind Null). Da hier nur Momente M_x auftreten, kann der Index weggelassen werden.

$$F_{L1} = F_{LI} \qquad M_1 = M_I$$

$$F_{L2} = F_{LII} \qquad M_2 = M_{II}$$

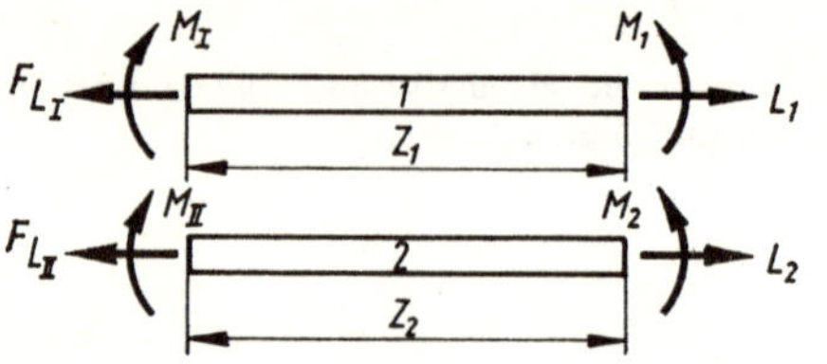

Bild F 8.34

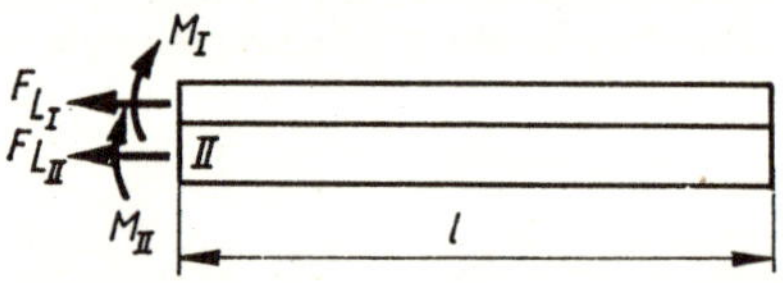

Bild F 8.35

Die Ergänzungsenergie des Bimetallstreifens erhält man aus der Summe der Energien beider Streifen.

Die Schnittgrößen in den beiden Streifen sind über die Gleichgewichtsbeziehungen miteinander verknüpft.

$$\leftarrow\ : F_{LI} + F_{LII} = 0$$

$$\circlearrowleft \text{II}: M_I + M_{II} - F_{LI} \frac{h_1 + h_2}{2} = 0 \qquad (1)$$

Wählt man M_1 und M_2 als statisch unbestimmte Reaktionen, so folgt aus

$$F_{LI} = \frac{2(M_I + M_{II})}{h_1 + h_2} \qquad F_{LII} = -\frac{2(M_I + M_{II})}{h_1 + h_2}$$

Gl. (8.34) liefert zwei weitere Gleichungen zur Berechnung der unbekannten Schnittreaktionen:

$$\frac{\partial W_E}{\partial M_I} = \int_0^l \left(\frac{\partial F_{L1}}{\partial M_1} \frac{F_{L1}}{E_1 A_1} + \frac{\partial M_1}{\partial M_I} \frac{M_1}{E_1 I_{xx1}} + \frac{F_{LT1}}{E_1 A_1} \frac{\partial F_{L1}}{\partial M_I} + \frac{M_{Tx1}}{E_1 I_{xx1}} \frac{\partial M_1}{\partial M_I}\right) dz_1$$

$$+ \int_0^l \left(\frac{\partial F_{L2}}{\partial M_I} \frac{F_{L2}}{E_2 A_2} + \frac{\partial M_2}{\partial M_I} \frac{M_2}{E_2 I_{xx2}} + \frac{F_{LT2}}{E_2 A_2} \frac{\partial F_{L2}}{\partial M_I} + \frac{M_{Tx2}}{E_2 I_{xx2}} \frac{\partial M_2}{\partial M_I}\right) dz_1 = 0 \qquad (2)$$

$$\frac{\partial W_E}{\partial M_{II}} = \int_0^l \left(\frac{\partial F_{L1}}{\partial M_{II}} \frac{F_{L1}}{E_1 A_1} + \cdots\right) dz_1 + \int_0^l \left(\frac{\partial F_{L2}}{\partial M_{II}} \frac{F_{L2}}{E_2 A_2} + \cdots\right) dz_2 = 0$$

In der Tabelle sind die benötigten Größen zusammengestellt.

i	M_i	F_{Li}	$\frac{\partial M_i}{\partial M_I}$	$\frac{\partial M_i}{\partial M_{II}}$	$\frac{\partial F_{Li}}{\partial M_I}$	$\frac{\partial F_{Li}}{\partial M_{II}}$	F_{LTi}	M_{Txi}
1	M_I	$2\frac{M_I + M_{II}}{h_1 + h_2}$	1	0	$\frac{2}{h_1 + h_2}$	$\frac{2}{h_1 + h_2}$	$\alpha_1 E_1 A_1 T_m$	0
2	M_{II}	$-2\frac{M_I + M_{II}}{h_1 + h_2}$	0	1	$-\frac{2}{h_1 + h_2}$	$-\frac{2}{h_1 + h_2}$	$\alpha_2 E_2 A_2 T_m$	0

Setzt man diese Beziehungen in die Gln. (2) ein, so erhält man nach der Integration

$$\frac{4(M_1 + M_2)}{(h_1 + h_2)^2 E_1A_1} + \frac{4(M_1 + M_2)}{(h_1 + h_2)^2 E_2A_2} + \frac{M_1}{E_1I_{xx1}} = \frac{2(\alpha_2 - \alpha_1)}{h_1 + h_2} T_\mathrm{m}$$
$$\frac{4(M_1 + M_2)}{(h_1 + h_2)^2 E_1A_1} + \frac{4(M_1 + M_2)}{(h_1 + h_2)^2 E_2A_2} + \frac{M_2}{E_2I_{xx2}} = \frac{2(\alpha_2 - \alpha_1)}{h_1 + h_2} T_\mathrm{m} \qquad (3)$$

Die Auflösung dieses Gleichungssystems ergibt:

$$M_1 = \frac{2(\alpha_2 - \alpha_1)\, T_\mathrm{m}(h_1 + h_2)}{\dfrac{4}{E_1A_1} + \dfrac{4}{E_1A_1}\dfrac{I_{xx2}E_2}{I_{xx1}E_1} + \dfrac{4}{E_2A_2} + \dfrac{4}{A_2E_1}\dfrac{I_{xx2}}{I_{xx1}} + \dfrac{(h_1 + h_2)^2}{E_1I_{xx1}}}$$

$$M_2 = \frac{I_{xx2}}{I_{xx1}}\frac{E_2}{E_1} M_1$$

$$F_\mathrm{L1} = 2\,\frac{M_1 + M_2}{h_1 + h_2} \qquad F_\mathrm{L2} = -F_\mathrm{L1}$$

Die Durchbiegung für einen Balken konstanter Biegesteifigkeit, belastet durch ein Moment, beträgt

$$v_1 = \frac{M_1l^2}{2E_1I_{xx1}}$$

Der gleiche Wert muß sich auch für den zweiten Träger ergeben

$$v_2 = \frac{M_2l^2}{2E_2I_{xx2}} = \frac{I_{xx2}}{I_{xx1}}\frac{E_2}{E_1} M_1 \frac{l^2}{2E_2I_{xx2}} = \frac{M_1l^2}{2E_1I_{xx1}} = v_1$$

Die Spannungsverteilung folgt aus

$$\sigma_{zi} = -\alpha_iE_iT + \frac{F_{\mathrm{LT}i} + F_{\mathrm{L}i}}{A_i} + \frac{M_{Txi} + M_i}{I_{xxi}} y_i$$

Mit den Werten der Tabelle wird

$$\sigma_{z1} = \frac{F_\mathrm{L1}}{A_1} + \frac{M_1}{I_{xx1}} y_1 \qquad \sigma_{z2} = \frac{F_\mathrm{L2}}{A_2} + \frac{M_2}{I_{xx2}} y_2$$

Für die gegebenen Zahlenwerte ergibt sich

$$v_1 = v_2 = 0{,}94 \text{ mm}$$
$$\sigma_{z1} = -\left(5{,}88\,\frac{y_1}{h} + 2{,}34\right) \cdot 10 \text{ N mm}^{-2} \qquad -\frac{1}{4} \leqq \frac{y_1}{h} \leqq \frac{1}{4}$$
$$\sigma_{z2} = \left(1{,}17 - 9{,}77\,\frac{y_2}{h}\right) \cdot 10 \text{ N mm}^{-2} \qquad -\frac{1}{2} \leqq \frac{y_2}{h} \leqq \frac{1}{2}$$

Die Spannungsverteilung ist in Bild F 8.37 dargestellt, sie ist unabhängig von der z-Koordinate.

Bild F 8.36

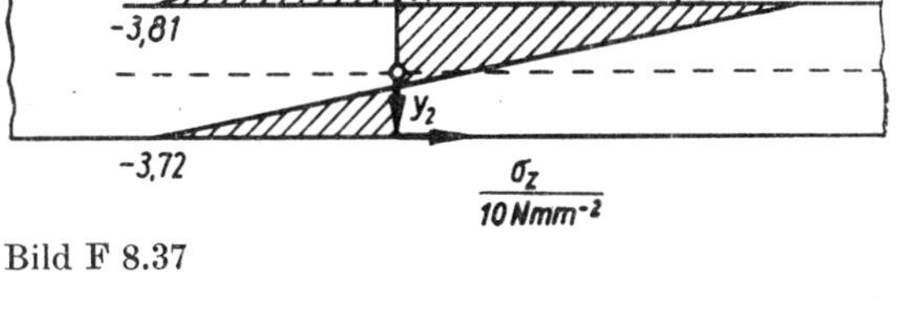

Bild F 8.37

9. EINFÜHRUNG IN DIE STABILITÄTSTHEORIE

9.1. Allgemeine Betrachtungen

Es gibt drei Arten des statischen Gleichgewichts:

stabiles, indifferentes und labiles Gleichgewicht.

Einfache Fälle dieser Gleichgewichtsarten zeigt Bild F 9.1.

Bei 9.1.1. handelt es sich um stabiles Gleichgewicht, denn bei geringer Auslenkung aus der Gleichgewichtslage kehrt der Körper wieder in die Ausgangslage zurück. Bei 9.1.2. ist das Gleichgewicht indifferent, weil der Körper bei geringer Auslenkung in der ausgelenkten Lage verbleibt, und bei 9.1.3. schließlich liegt labiles Gleichgewicht vor, weil der Körper eine geringe Auslenkung selbst zu vergrößern sucht und keine Rückkehr in die ursprüngliche Gleichgewichtslage erfolgt.

Bild F 9.1.1

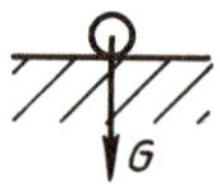

Bild F 9.1.2

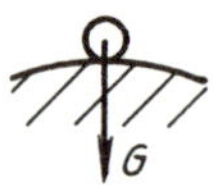

Bild F 9.2

Die *Untersuchung der Art eines Gleichgewichts* (stabil, indifferent, labil) *erfordert* in jedem Falle das *Betrachten einer* (kleinen) *Auslenkung*. So ist z. B. nach Bild F 9.1 allen drei Gleichgewichtslagen die horizontale Tangente am Berührungspunkt gemeinsam, und die Unterscheidung wird erst möglich durch Betrachtung der Tangente in den Nachbarpunkten. Hierbei ist die Art des Gleichgewichts unabhängig von der Belastung (G). Im Gegensatz dazu wird *bei elastischen Systemen die Art des Gleichgewichts abhängig von der Größe der Belastung*. Hierzu zwei einfache Beispiele:

Bild F 9.2 zeigt einen starren, gelenkig gelagerten Stab, der im unbelasteten Zustand durch eine Drehfeder in der senkrechten Lage gehalten wird. Unabhängig von F ist stets die Gleichgewichtslage Bild F 9.2.1 denkbar; man kann sich aber auch die ausgelenkte Lage — Bild F 9.2.2 — vorstellen.

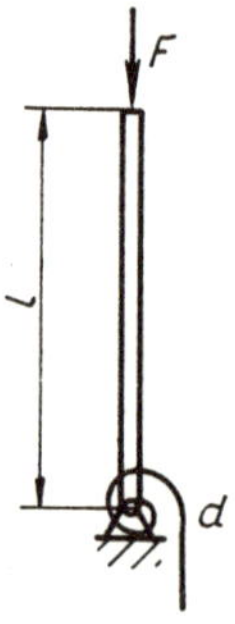

Bild F 9.2.1

Bild F 9.2.2

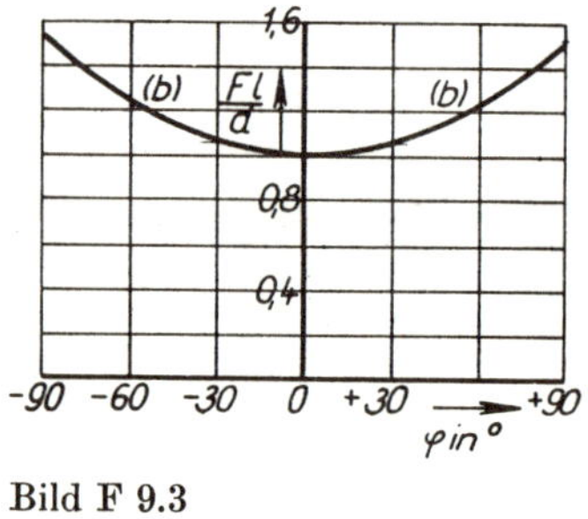

Bild F 9.3

Vorausgesetzt, daß die Last F ihre Richtung nicht ändert (*richtungsgetreue Last*), gilt folgendes Momentengleichgewicht:

$$Fl \sin \varphi = d\varphi$$

(d Drehfederkonstante in N mm)

Somit

$$F = \frac{d}{l} \frac{\varphi}{\sin \varphi} \tag{9.1}$$

Für $F(\varphi)$ ergibt sich Bild F 9.3. Wird F, von Null beginnend, langsam gesteigert, so bleibt zunächst $\varphi = 0$ die einzige und stabile Gleichgewichtslage. Bei $F\ (l/d) = 1$ wird plötzlich das Gleichgewicht labil, und für $F(l/d) > 1$ ist $\varphi = 0$ eine labile Gleichgewichtslage.
Der Punkt $F(l/d) = 1$ ist ein *Verzweigungspunkt*, bei dem sich die Kurve des stabilen Gleichgewichts in zwei Äste verzweigt (Kurve b). In diesem Punkte wird schon durch sehr kleine Laststeigerung eine starke Zunahme der Verformung hervorgerufen, falls durch eine kleine Störung die labile Lage $\varphi = 0$ verlassen wird.
Die zugehörige Last wird die *kritische Last* genannt (und der Verzweigungspunkt selbst wird auch als *kritischer Punkt* bezeichnet), weil meist mit dem Überschreiten dieses Punktes eine Zerstörung des betreffenden Bauteiles verbunden ist. Im vorliegenden Falle ist die kritische Last $F_k = d/l$.
Einen etwas anders gearteten Stabilitätsfall zeigt Bild F 9.4. Die Last F sei richtungstreu.
Mit

$$F_{S1} = F_{S2} = F_S$$

wird

$$F = 2F_S \sin \varphi$$

Die Federkraft ist (c Längsfederkonstante in N mm^{-1})

$$F_F = F_S \cos \varphi = cx = c\,2l(\cos \varphi - \cos \alpha)$$

Somit gilt

$$F = 2F_F \tan \varphi = cl\,4 \sin \varphi \left(1 - \frac{\cos \alpha}{\cos \varphi}\right) \tag{9.2}$$

Mit $\alpha = 30°$ ergibt sich hieraus Bild F 9.5. Wird, beginnend bei Punkt I ($\varphi = \alpha = +30°$), die Last F von Null an langsam gesteigert, so erfolgt bei II ein *Durchschlagen* nach V; denn erst im Bereich $V-VI$ ist eine weitere Laststeigerung möglich. Wird nach dem Durchschlagen wieder entlastet, so erreicht das System bei $F = 0$ die Lage IV ($\varphi = -\alpha = -30°$). Eine Rückkehr zum Punkt I ist nur möglich, wenn durch negative Belastung der andere Durchschlagspunkt (III) überschritten und danach wieder entlastet wird (Ordinatenweite für Bild F 9.5).
Bei beiden soeben behandelten Beispielen wurden die *Gleichgewichtsbedingungen am verformten (ausgelenkten) System* aufgestellt; nur dadurch konnte festgestellt werden, daß die untersuchten Systeme bei bestimmten Belastungen instabil werden. In der Statik und Festigkeitslehre werden dagegen fast immer die Gleichgewichtsbedingungen am unverformten System ermittelt, und es soll nun geklärt werden, wann dies zulässig ist und wann nicht.

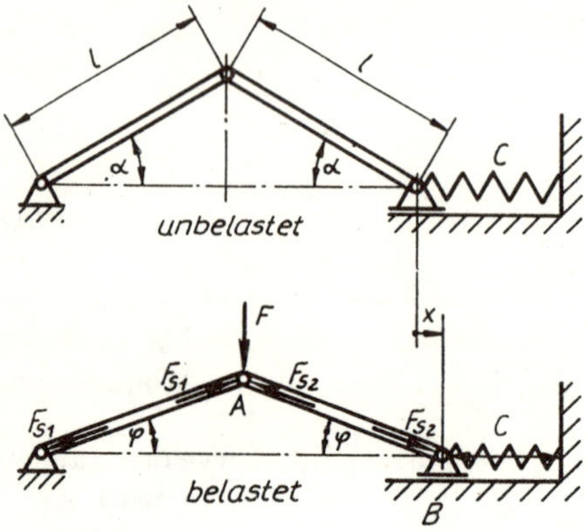

Bild F 9.4

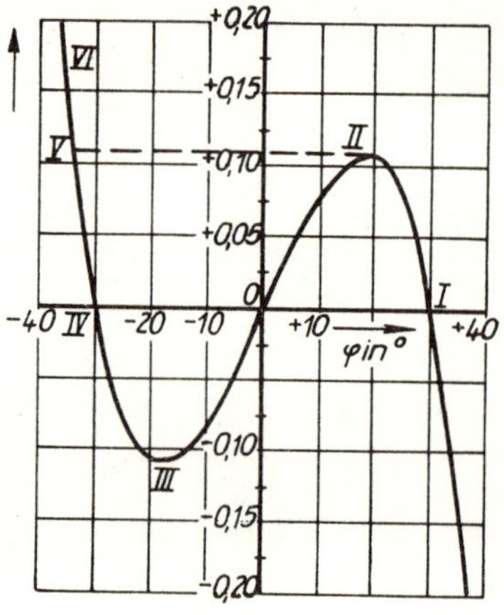

Bild F 9.5

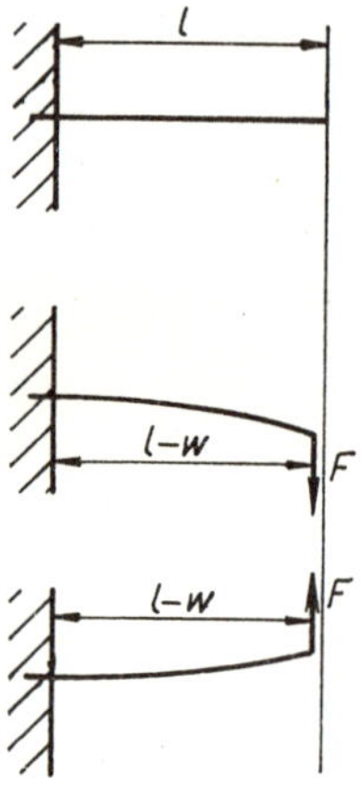

Bild F 9.6

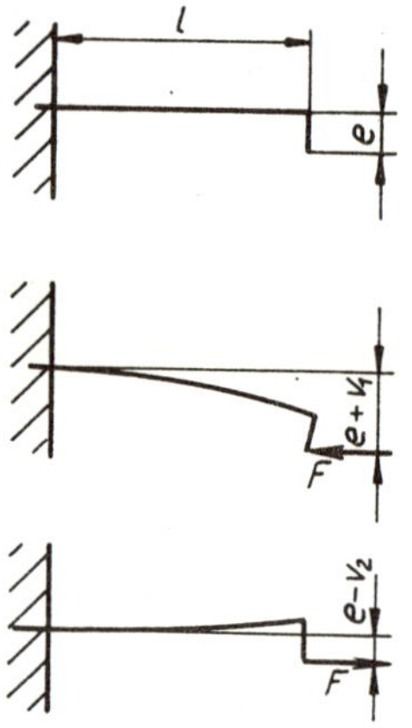

Bild F 9.7

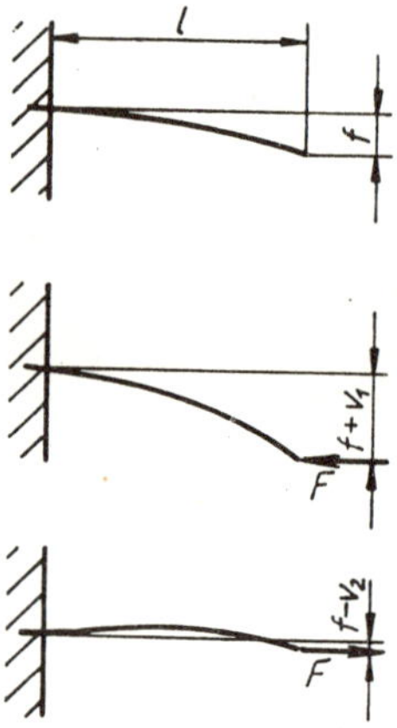

Bild F 9.8

Die Bilder F 9.6 bis F 9.8 zeigen drei ähnliche Kragträger. Für alle soll für die Verschiebungen gelten $v \ll l$, $w \ll l$; es soll aber auch $e \ll l$, $f \ll l$ sein. Daraus folgt, daß nur im Falle Bild F 9.6 die Gleichgewichtsbeziehungen am unverformten System aufgestellt werden dürfen, während bei den Bildern F 9.7 und F 9.8 jeweils das verformte System herangezogen werden muß.

Weiterhin ist ersichtlich, daß die von *Druckkräften* bewirkten Verformungen den Hebelarm und damit die Wirkung der Last vergrößern, wodurch *Stabilitätsverlust* eintreten kann — der *Stab knickt. Durch Zugkräfte* dagegen wird der vorhandene Hebelarm verkleinert, und somit ist *keine Instabilität* zu befürchten. Hieraus ergibt sich die praktisch äußerst wichtige Schlußfolgerung:

Bei der Berechnung von druckbelasteten Stäben müssen die Gleichgewichtsbedingungen am verformten Stab aufgestellt werden.

Zum Abschluß dieser allgemeinen Betrachtungen seien einige wichtige Stabilitätsprobleme kurz beschrieben:

Knicken von Stäben (auch Druck-Knicken genannt):

Ein ursprünglich gerader oder nur schwach gekrümmter Stab wird durch eine Druck-Längskraft F seitlich ausgebogen.

Beispiel: Bild F 9.9 sowie auch Bilder F 9.7 und F 9.8.

Drillknicken von Stäben:

Eine ursprünglich gerade, schlanke Welle wird durch ein Torsionsmoment M_0 zu einer Schraubenlinie verformt.

Beispiel: Bild F 9.10.

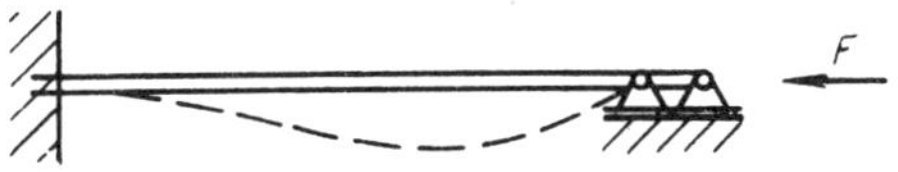

Bild F 9.9

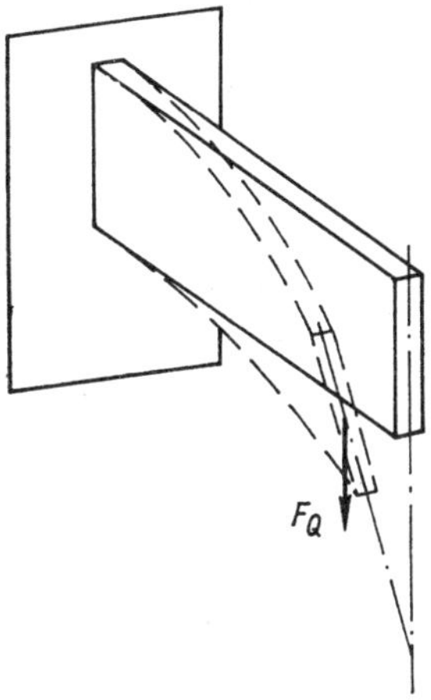

Bild F 9.10

Bild F 9.11

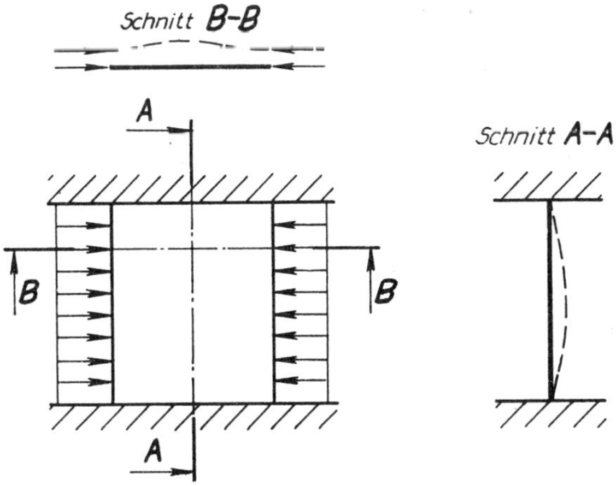

Bild F 9.12

Kippen von Trägern:

Ein ursprünglich gerader Träger weicht (obwohl es sich um gerade Biegung handeln soll) seitlich aus und wird dadurch auch tordiert.

Beispiel: Bild F 9.11.

Beulen von Platten:

Eine ursprünglich ebene Platte, die nur in ihrer Ebene belastet ist (bei dieser Belastung auch als Scheibe bezeichnet), wird durch Druck oder Schubbeanspruchung aus ihrer Ebene herausgebogen — sie *beult* aus (Bild F 9.12).

Beulen von Schalen:

Als Beispiel stellen wir uns ein Rohr mit Kreisquerschnitt vor. Steht dieses Rohr unter Innendruck, so kann keine Instabilität auftreten. Dasselbe Rohr kann aber durch Außendruck völlig zusammengedrückt werden.

9.2. Elastische Knickung gerader und leicht gekrümmter Stäbe; Differentialgleichungen der Theorie 2. Ordnung

Eine genaue Theorie der Knickung von Stäben ergibt recht komplizierte nichtlineare Ausdrücke, deren Behandlung sehr schwierig ist. Deshalb hat man Näherungstheorien entwickelt, die mit geringem Aufwand die angenäherte Berechnung wichtiger Größen gestatten. Diese Theorien werden nach dem Grad ihrer Annäherung an die Wirklichkeit numeriert:

Bei der *Theorie 1. Ordnung* werden *kleine Verformungen* vorausgesetzt, die Gleichgewichtsbedingungen werden am *unverformten System* aufgestellt. Diese Theorie ist für Stabilitätsprobleme ungeeignet.

Bei der *Theorie 2. Ordnung* werden *kleine Verformungen* vorausgesetzt, die Gleichgewichtsbedingungen werden am *verformten* System aufgestellt. Diese Theorie gestattet die genaue Berechnung der kritischen Last.

Bei der *Theorie 3. Ordnung* können *große Verformungen* auftreten, die Gleichgewichtsbedingungen werden am *verformten System* aufgestellt.
Die Theorie 3. Ordnung ist eine *nichtlineare* Theorie, während die Theorien 1. und 2. Ordnung *lineare* (genauer gesagt: linearisierte) Theorien sind. Die noch relativ einfache Theorie 2. Ordnung gestattet die exakte Berechnung der kritischen Belastung, liefert aber keine Aussagen für den überkritischen Zustand. Dieser ist allein mit der Theorie 3. Ordnung berechenbar, interessiert aber nur in wenigen Fällen.

Die Berechnung der kritischen Belastung (Knickkraft F_K) *wird mit der Theorie 2. Ordnung durchgeführt.* Diese unterscheidet sich von den in Abschn. 3. angewandten Methoden (Theorie 1. Ordnung) im wesentlichen nur darin, daß die *Gleichgewichtsbedingungen am verformten System* aufgestellt werden.

Bei Stabsystemen, die nach der Theorie 1. Ordnung keine Biegeverformung erfahren (z. B. gerade Druckstäbe), folgt die Knicklast F_K aus $v \neq 0$. Dies sind *Stabili-*

tätsprobleme mit Verzweigung. Die Bedingung $v \not\equiv 0$ drückt sich in der Rechnung dadurch aus, daß ein homogenes, lineares, algebraisches Gleichungssystem eine von Null verschiedene Lösung haben soll, was dadurch erreicht wird, daß die Koeffizientendeterminante des Gleichungssystems zum Verschwinden gebracht wird. Die kleinste Lösung der daraus resultierenden *Eigenwertgleichung* liefert die kritische Belastung.

Bei Stabsystemen, die auch nach der Theorie 1. Ordnung eine Biegeverformung erleiden, ergibt sich die Knicklast F_K aus der Bedingung $v \to \infty$. Dies sind *Stabilitätsprobleme ohne Verzweigung.*

Zwei Beispiele sollen das Vorgehen verständlich machen.

An einem *1. Beispiel* soll die Stabilität des in Bild F 9.13 dargestellten Druckstabes untersucht werden.

Es wird gerade Biegung in der Zeichenebene vorausgesetzt.

Bild F 9.14 zeigt den verformten Stab im gewählten Koordinatensystem.

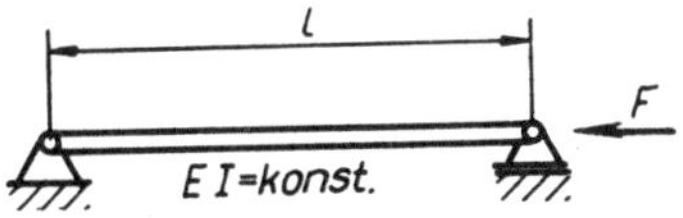

Bild F 9.13

Bild F 9.14

Gleichgewichtsbedingung am verformten Stab:

$$M = +Fv \tag{9.3}$$

Elastizitätsbeziehung:

$$v'' = -\frac{M}{EI} \tag{9.4}$$

Somit:

$$v'' + \frac{F}{EI}v = 0 \tag{9.5}$$

Mit der Abkürzung

$$\frac{Fl^2}{EI} = \varkappa^2 \tag{9.6}$$

ergibt sich die Lösung der Dgl. (9.5) zu

$$v = A\cos\varkappa\frac{z}{l} + B\sin\varkappa\frac{z}{l} \tag{9.7}$$

wie man durch Einsetzen in (9.5) bestätigt[1]).

Die Randbedingungen sind

$$v(z = 0) = 0 \quad \text{und} \quad v(z = l) = 0 \tag{9.8}$$

Daraus folgt

$$A = 0 \quad \text{und} \quad A\cos\varkappa + B\sin\varkappa = 0$$

---

[1]) Die Lösung dieser Dgl. wird ausführlich im Abschnitt Dynamik 6.2.1. beschrieben.

Wegen $A = 0$ müßte — falls $\sin \varkappa \neq 0$ — auch $B = 0$ werden. Das ist aber die triviale Lösung $v = 0$. (Diese gilt nur für $F < F_K$.) Wenn $B \neq 0$ sein soll, muß folglich — damit die Randbedingungen erfüllt sind —

$$\sin \varkappa = 0 \tag{9.9}$$

gelten. Dies ist die *Eigenwertgleichung des Stabilitätsproblems nach Bild F 9.13.* Sie hat die Lösungen

$$\varkappa = 0;\ \pi;\ 2\pi;\ 3\pi;\ \ldots$$

$\varkappa = 0$ bedeutet nach Gl. (9.6) $F = 0$ und ist ebenfalls trivial. Die kleinste von Null verschiedene Kraft F_K ergibt sich demnach aus

$$\varkappa = \pi$$

und hat den Wert

$$F_K = \pi^2 \frac{EI}{l^2} \tag{9.10}$$

Bei dieser Kraft F_K knickt der gerade Stab plötzlich aus und nimmt die Form einer Sinuslinie an. *Die höheren Eigenwerte* nach Gl. (9.9) *liefern physikalisch nicht sinnvolle Ergebnisse.* So entspräche $\varkappa = 2\pi$ der in Bild F 9.15 angedeuteten Knickform, die aber in dieser Weise nicht verwirklicht werden kann. Man müßte zur Verwirklichung dieser Form ein Zwischenlager anbringen (Bild F 9.16), hätte damit aber nicht mehr den in Bild F 9.13 gegebenen Stab vor sich.

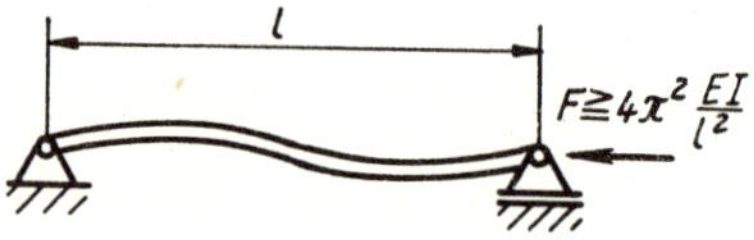

Bild F 9.15

Bild F 9.16

Die Frage, ob bei einem völlig glatten, geraden Stab nach Bild F 9.13 tatsächlich bei $F \geqq F_K$ ein Ausknicken auftritt, läßt sich dahingehend beantworten, daß es keinen ideal glatten, geraden Stab gibt. *Jeder Stab ist* — wenn auch nur in sehr geringem Maße — *vorgekrümmt, und jede Last greift* — wenigstens etwas — *exzentrisch an.* Das hat zur Folge, *daß jeder Stab in unmittelbarer Nähe der Knicklast tatsächlich ausknickt.* Eine geringe Überschreitung der Knicklast ohne Ausknicken ist deshalb möglich, weil die Lagerung des Stabes nicht reibungsfrei ist.

Als *2. Beispiel* sollen die Knicklast F_K und die Verschiebung v_0 des Lastangriffspunktes (senkrecht zur Last für $F < F_K$) für den Stab nach Bild F 9.17 berechnet werden. Die Gleichung der unverformten Stabachse sei

$$h = f \cos\left(\frac{\pi}{2}\frac{z}{l}\right)$$

Es soll nur gerade Biegung in der Zeichenebene auftreten. Gleichgewicht am verformten System nach Bild F 9.18

$$M = -F(a + b)$$

$$a = e \cos \varphi_0$$

$$b = h(z) + v_0 - v(z)$$

$$M = -F\left[e \cos \varphi_0 + f \cos\left(\frac{\pi}{2}\frac{z}{l}\right) + v_0 - v(z)\right] \tag{9.11}$$

Für kleine Verformungen ist $\cos \varphi_0 \approx 1$, und die Elastizitätsbeziehung lautet

$$v'' = -\frac{M}{EI} \tag{9.12}$$

Aus (9.11) und (9.12) folgt somit

$$v'' + \frac{F}{EI} v = \frac{F}{EI}\left[v_0 + e + f \cos\left(\frac{\pi}{2}\frac{z}{l}\right)\right] \tag{9.13}$$

Mit

$$\varkappa^2 = \frac{Fl^2}{EI} \tag{9.14}$$

wird die Lösung von (9.13)

$$v = A \cos \varkappa \frac{z}{l} + B \sin \varkappa \frac{z}{l} + v_0 + e + \frac{\varkappa^2}{\varkappa^2 - \pi^2/4} f \cos\left(\frac{\pi}{2}\frac{z}{l}\right) \tag{9.15}$$

Bestätigen Sie diese Lösung durch Einsetzen in (9.13)!

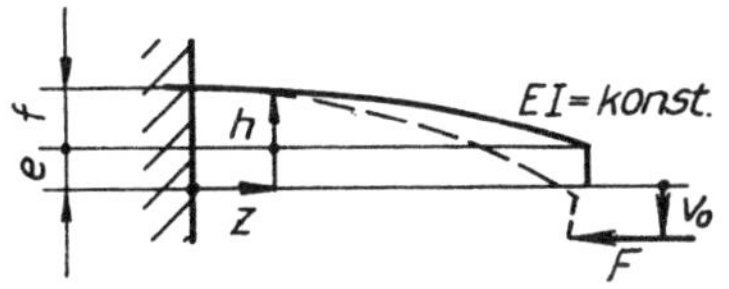

Bild F 9.17

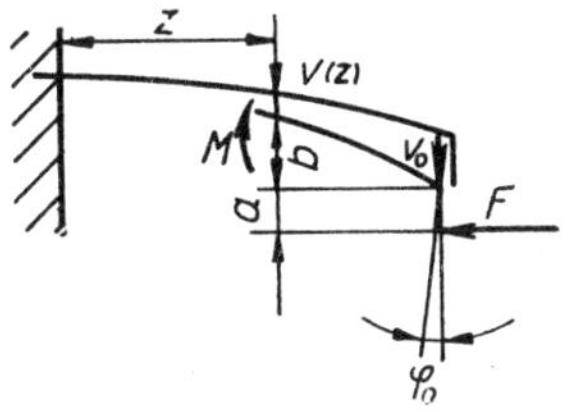

Bild F 9.18

Randbedingungen:

$$v(z = 0) = 0 \quad \text{und} \quad v'(z = 0) = 0 \tag{9.16}$$

Hieraus resultieren die Gleichungen

$$+A + v_0 + e + \frac{\varkappa^2}{\varkappa^2 - \pi^2/4} f = 0 \quad \text{und} \quad \frac{\varkappa}{l} B = 0$$

mit den Lösungen

$$A = -v_0 - e - \frac{\varkappa^2}{\varkappa^2 - \pi^2/4} f \quad \text{und} \quad B = 0$$

Nach (9.15) wird also

$$v = (v_0 + e)\left[1 - \cos \varkappa \frac{z}{l}\right] + \frac{\varkappa^2}{\varkappa^2 - \pi^2/4} f \left[\cos \frac{\pi}{2}\frac{z}{l} - \cos \varkappa \frac{z}{l}\right] \tag{9.17}$$

Die gesuchte Verschiebung v_0 ist

$$v_0 = v(z = l) = (v_0 + e)(1 - \cos \varkappa) - \frac{\varkappa^2}{\varkappa^2 - \pi^2/4} f \cos \varkappa$$

also

$$v_0 = +e \frac{1 - \cos \varkappa}{\cos \varkappa} - f \frac{1}{1 - \pi^2/4\varkappa^2} \tag{9.18}$$

Die kritische Last ergibt sich aus $v_0 \to \infty$, d. h.

$$\text{entweder } \cos \varkappa = 0 \quad \text{oder} \quad 1 - \pi^2/4\varkappa^2 = 0 \tag{9.19}$$

Beide Eigenwertgleichungen (9.19) liefern denselben niedrigsten Eigenwert

$$\varkappa = \pi/2$$

und somit nach (9.14)

$$F_K = \frac{\pi^2}{4} \frac{EI}{l^2} \tag{9.20}$$

Zum Vergleich soll derselbe Stab nochmals berechnet werden, indem von vornherein $e = f = 0$ gesetzt und somit ein gerader Stab nach Bild F 9.19 untersucht wird.
Nach Bild F 9.20 ist

$$M = -F(v_0 - v) = -EIv'' \tag{9.21}$$

Die Differentialgleichung für $v(z)$ lautet also

$$v'' + \frac{F}{EI} v = \frac{F}{EI} v_0 \tag{9.22}$$

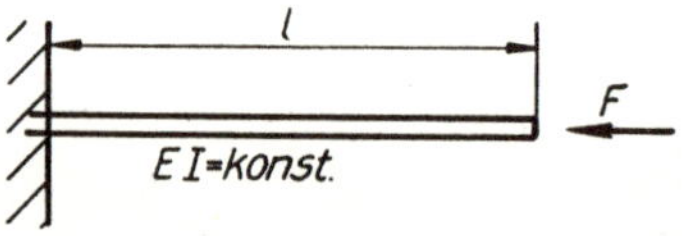

Bild F 9.19

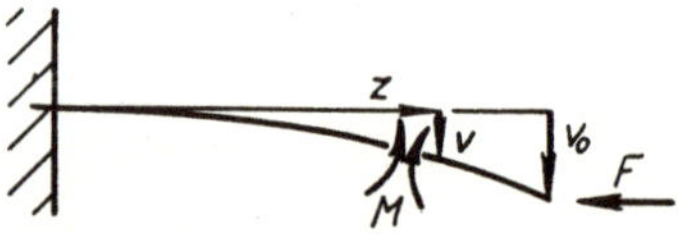

Bild F 9.20

Lösung:

$$v = +A \cos \varkappa \frac{z}{l} + B \sin \varkappa \frac{z}{l} + v_0 \tag{9.23}$$

Die Randbedingungen

$$v(z = 0) = 0 \qquad v'(z = 0) = 0 \quad \text{und} \quad v(z = l) = v_0 \tag{9.24}$$

liefern folgendes Gleichungssystem:

$$+A + v_0 = 0$$

$$+B\varkappa = 0$$

$$+A \cos \varkappa + B \sin \varkappa = 0$$

Dieses homogene Gleichungssystem für A, B und v_0 hat nur eine Lösung, wenn die Koeffizientendeterminante verschwindet.

$$\begin{vmatrix} 1 & 0 & 1 \\ 0 & \varkappa & 0 \\ \cos \varkappa & \sin \varkappa & 0 \end{vmatrix} = -\varkappa \cos \varkappa = 0 \tag{9.25}$$

Der hieraus folgende kleinste von Null verschiedene Eigenwert ist

$$\varkappa = \pi/2$$

und somit wird

$$F_K = \frac{\pi^2}{4} \frac{EI}{l^2} \tag{9.26}$$

identisch mit Gl. (9.20).
Hieraus läßt sich folgendes schließen:

Die Knicklast eines Druckstabes hat unabhängig von kleinen Vorkrümmungen und exzentrischem Lastangriff immer denselben Wert wie bei dem entsprechenden geraden Stab. Deshalb braucht man zur Berechnung der Knicklast des elastischen Stabes nur den zentrisch gedrückten geraden Stab zu untersuchen.

Allerdings kann bei gekrümmter Stabachse oder exzentrischem Lastangriff schon vor Erreichen der Knicklast die Biegespannung so hoch werden, daß der Stab zerstört wird.

Die nach Bild F 9.13 und Bild F 9.19 berechneten Knicklasten zählen zu den sog. EULER-Fällen. EULER[1]) hat zwei weitere Lagerungen behandelt, die im folgenden noch vorgestellt werden sollen.

Beispiel 1:

Beiderseits eingespannter Träger (Bild F 9.21):

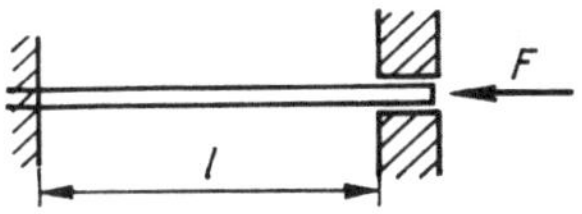

Bild F 9.21

Bild F 9.22

Moment:

$$M = -M_0 + Fv = -EIv''$$

Differentialgleichung:

$$v'' + \frac{F}{EI} v = \frac{M_0}{EI}$$

Lösung:

$$v = A \cos \varkappa \frac{z}{l} + B \sin \varkappa \frac{z}{l} + \frac{M_0}{F} \qquad \left[\varkappa^2 = \frac{Fl^2}{EI}\right]$$

Randbedingungen:

$$v(0) = 0: \; 0 = A + \frac{M_0}{F}$$

$$v'(0) = 0: \; 0 = +B$$

$$v(l) = 0: \; 0 = A \cos \varkappa + B \sin \varkappa + \frac{M_0}{F}$$

$$v'(l) = 0: \; 0 = -A \sin \varkappa + B \cos \varkappa$$

Ergebnis:

$$B = 0 \qquad A = -\frac{M_0}{F} \qquad \text{Eigenwert } \varkappa = 2\pi$$

[1]) *Leonhard Euler* (1707 bis 1783)

Knicklast:

$$F_K = (2\pi)^2 \frac{EI}{l^2} \tag{9.27}$$

Durchbiegung:

$$v = \frac{M_0}{F}\left(1 - \cos \varkappa \frac{z}{l}\right) \quad \text{(mit unbekanntem } M_0\text{!)}$$

Beispiel 2:

Eingespannt – gelenkig gelagerter Träger (Bild F 9.23)

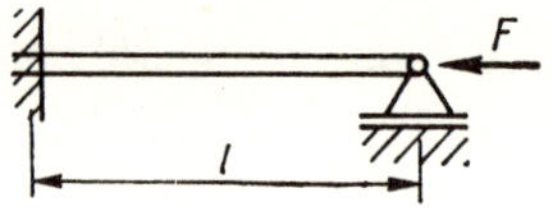

Bild F 9.23

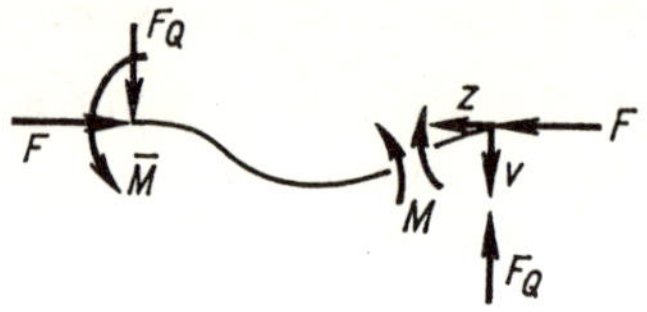

Bild F 9.24

Moment:

$$M = Fv + F_Q z = -EIv''$$

Differentialgleichung:

$$v'' + \frac{F}{EI} v = -\frac{F_Q}{EI} z$$

Lösung:

$$v = A \cos \varkappa \frac{z}{l} + B \sin \varkappa \frac{z}{l} - \frac{F_Q}{F} z$$

Randbedingung:

$$v(0) = 0:\ A = 0$$

$$v(l) = 0:\ A \cos \varkappa + B \sin \varkappa - \frac{F_Q}{F} l = 0$$

$$v'(l) = 0:\ -\frac{\varkappa}{l} A \sin \varkappa + \frac{\varkappa}{l} B \cos \varkappa - \frac{F_Q}{F} = 0$$

Diese drei homogenen Gleichungen für A, B und $\frac{F_Q}{F}$ werden nur erfüllt, wenn die Koeffizientendeterminante verschwindet,

$$\begin{vmatrix} 1 & 0 & 0 \\ \cos \varkappa & \sin \varkappa & -l \\ \varkappa \sin \varkappa & -\varkappa \cos \varkappa & l \end{vmatrix} = 0$$

woraus folgt

$$l \sin \varkappa - l\varkappa \cos \varkappa = 0$$

oder

$$\varkappa = \tan \varkappa$$

Der kleinste Eigenwert ist $\varkappa = 4{,}493$, er wird häufig angenähert durch $\varkappa \approx \sqrt{2}\pi$, so daß man für die Knicklast erhält

$$F_K = 4{,}493^2 \frac{EI}{l^2} \approx 2\pi^2 \frac{EI}{l^2} \tag{9.28}$$

Durchbiegung:

$$v = \frac{F_Q}{F} l \left(\frac{\sin \varkappa \frac{z}{l}}{\sin \varkappa} - \frac{z}{l} \right)$$

(mit unbekanntem F_Q!)

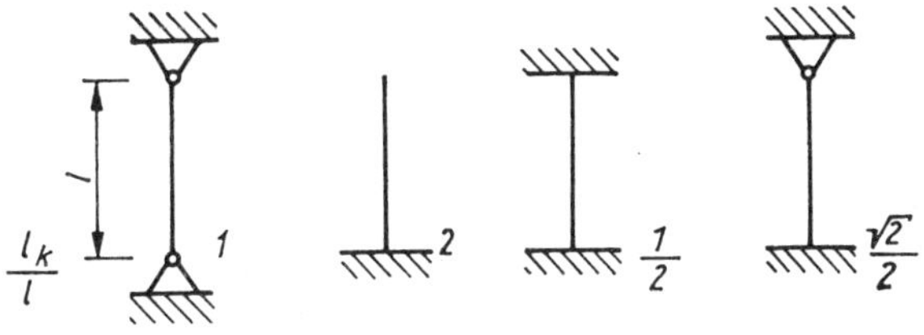

Bild F 9.25

Mit der freien Knicklänge l_K lassen sich die vier *Euler*-Fälle auf die einfache Form für die Knicklast bringen

$$F_K = \frac{\pi^2 EI}{l_K^2}$$

wobei für l_K die in Bild F 9.25 angegebenen Werte einzusetzen sind.

Dadurch, daß bei den bisherigen Untersuchungen von Knickstäben der Verlauf $M(z)$ jeweils direkt aus der Anschauung ermittelt wurde, ergab sich stets eine Differentialgleichung 2. Ordnung für $v(z)$. Man kann aber die Ermittlung des Verlaufes $M(z)$ ein für allemal erledigen und erhält dann eine Differentialgleichung 4. Ordnung für $v(z)$. Diese soll jetzt für gerade Stäbe hergeleitet werden.

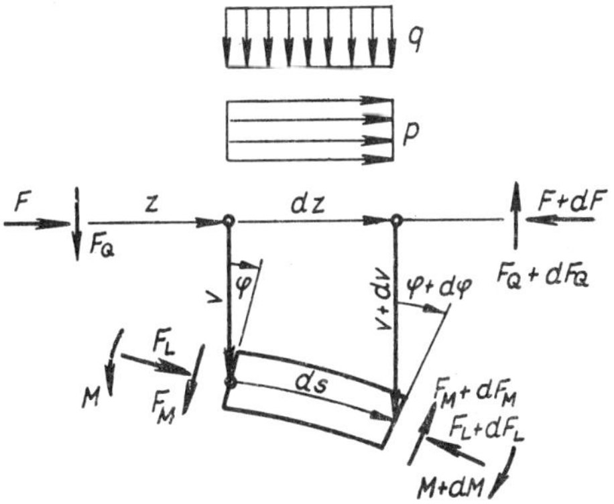

Bild F 9.26

Bild F 9.26 stellt ein kurzes Stück des ursprünglich geraden, aber durch die Belastung verformten Stabes dar. Die Streckenlasten p (in z-Richtung) und q (in y-Richtung) seien richtungstreu, d. h., sie ändern durch Verformung des Stabes ihre Richtung nicht. Die Kräfte F und F_Q sind parallel bzw. senkrecht zur unverformten Stabachse, während F_L und F_M parallel bzw. senkrecht zur verformten Stabachse wirken. Nach Bild F 9.26 gilt

$$F = +F_L \cos\varphi - F_M \sin\varphi \qquad F_L = +F \cos\varphi + F_Q \sin\varphi$$

oder

$$F_Q = +F_L \sin\varphi + F_M \cos\varphi \qquad F_M = -F \sin\varphi + F_Q \cos\varphi \tag{9.29}$$

$$\mathrm{d}F = +p\,\mathrm{d}z \qquad F' = +p$$

oder

$$\mathrm{d}F_Q = q\,\mathrm{d}z \qquad F'_Q = +q \tag{9.30}$$

$$\mathrm{d}M = +(F_M \cos\varphi + F_L \sin\varphi)\,\mathrm{d}z - (F_L \cos\varphi - F_M \sin\varphi)\,\mathrm{d}v$$

oder

$$M' = +F_M(\cos\varphi + v' \sin\varphi) + F_L(\sin\varphi - v' \cos\varphi) \tag{9.31}$$

Bei kleinen Verformungen (Theorie 2. Ordnung) ist

$$\varphi = v' \ll 1$$

und somit

$$F_L = +F + F_Q v'$$

$$F_M = -Fv' + F_Q \tag{9.29.1}$$

sowie

$$M' = +F_M \tag{9.31.1}$$

Die Elastizitätsbeziehung ist bekannt:

$$M = +EIv'' \qquad \text{(vgl. Bild F 3.27)} \tag{9.32}$$

Aus (9.29.1), (9.31.1) und (9.32) folgt

$$M' = (EIv'')' = -Fv' + F_Q \tag{9.33}$$

und mit (9.30) wird hieraus

$$(EIv'')'' + (Fv')' = +q \tag{9.34}$$

wobei sich F aus folgender Gleichung ergibt:

$$F = \int p\,\mathrm{d}z + \text{konst.} \tag{9.35}$$

Gl. (9.34) in Verbindung mit Gl. (9.35) ist die allgemeine Differentialgleichung für die Knickung des ursprünglich geraden Stabes unter der Voraussetzung gerader Biegung. Sie entspricht der Theorie 2. Ordnung. Randbedingungen beziehen sich auf folgende Größen:

Verschiebung v, Neigung φ, Moment M, Querkraft F_Q

Es ist

$$\left.\begin{aligned} &\varphi = +v' \qquad M = EIv'' \\ &\text{und nach Gl. (9.33)} \\ &F_Q = +(EIv'')' + Fv' \end{aligned}\right\} \tag{9.36}$$

Bei insgesamt n Bereichen ergibt sich ein System von $4n$ Gleichungen für ebenso viele Unbekannte. Die Koeffizientendeterminante dieses Systems wird gleich Null gesetzt und liefert dann die Eigenwertgleichung. Als Beispiel möge der Stab nach Bild F 9.27 dienen.

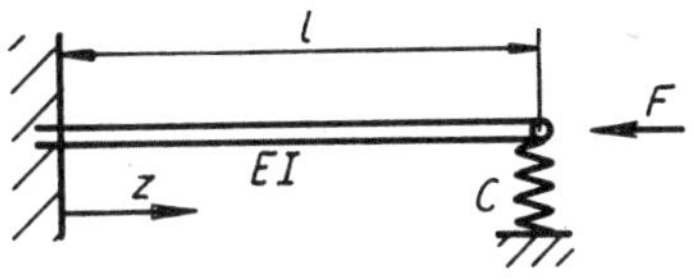

Bild F 9.27

Gegeben: l, EI = konst., c, gerade Biegung, richtungstreue Last F

Gesucht: Knicklast F_K

Lösung:

Mit $p = q = 0$ und EI = konst. wird die Gl. (9.34) zu

$$v'''' + \frac{F}{EI} v'' = 0 \tag{9.37}$$

wobei F = konst. Mit $\varkappa^2 = \frac{Fl^2}{EI}$

lautet die allgemeine Lösung

$$v = A \cos \varkappa \frac{z}{l} + B \sin \varkappa \frac{z}{l} + C \frac{z}{l} + D \tag{9.38}$$

Randbedingungen:

$$v(z = 0) = 0, \varphi(z = 0) = 0, M(z = l) = 0, F_Q(z = l) = F_F = cv(z = l) \tag{9.39}$$

wobei F_F die Federkraft ist.

Das Gleichungssystem für A, B, C, D ergibt sich nach (9.36) und (9.38) aus (9.39):

$$+A + D = 0$$

$$+B\varkappa + C = 0$$

$$+A \cos \varkappa + B \sin \varkappa = 0$$

$$+A \cos \varkappa + B \sin \varkappa + C \left(1 - \varkappa^2 \frac{EI}{cl^3}\right) + D = 0$$

Die Koeffizientendeterminante dieses Systems wird Null gesetzt und liefert die Eigenwertgleichung

$$+\varkappa \cos \varkappa \left(1 - \varkappa^2 \frac{EI}{cl^3}\right) - \sin \varkappa = 0 \tag{9.40}$$

Diese Gleichung wird gelöst durch Umkehrung (Bild F 9.28)

$$\frac{EI}{cl^3} = \frac{1}{\varkappa^2} \left(1 - \frac{\tan \varkappa}{\varkappa}\right) \tag{9.41}$$

Aus (9.41) folgt mit

$$c = 0 \qquad \tan \varkappa = \infty, \text{ d. h. } \quad \varkappa = \frac{\pi}{2}, \frac{3\pi}{2}, \ldots$$

dieser Fall entspricht der Lagerung nach Bild F 9.19.
$c = \infty$ liefert $\varkappa = \tan \varkappa$ und damit den Fall in Bild F 9.23.

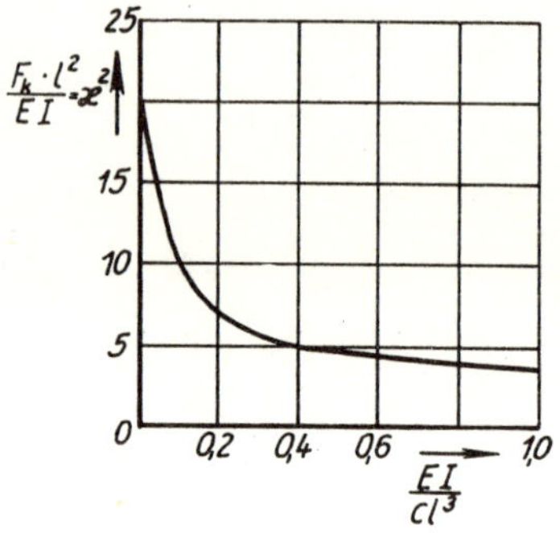

Bild F 9.28

Bisher wurden immer prismatische Stäbe mit nur einem Bereich behandelt. Selbstverständlich sind auch Probleme mit mehreren Bereichen lösbar. Dies soll an zwei Beispielen gezeigt werden.

Beispiel 1:

Gegeben: Gelenkig gelagerter gerader Träger mit sprunghaft veränderlichem Querschnitt

Gesucht: Eigenwertgleichung

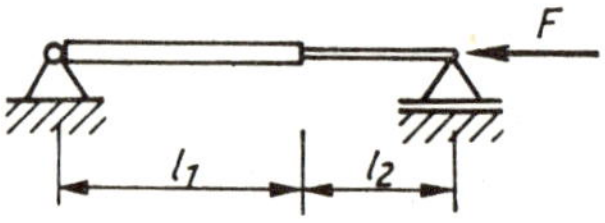

Bild F 9.29

Bild F 9.30

Momente:

$$M_1 = Fv_1 \qquad M_2 = Fv_2$$

Differentialgleichung:

$$v_1'' + \frac{F}{EI_1} v_1 = 0 \qquad v_2'' + \frac{F}{EI_2} v_2 = 0$$

Lösung:

$$v_1 = A_1 \cos \varkappa_1 \frac{z_1}{l_1} + B_1 \sin \varkappa_1 \frac{z_1}{l_1}$$

$$v_2 = A_2 \cos \varkappa_2 \frac{z_2}{l_2} + B_2 \sin \varkappa_2 \frac{z_2}{l_2}$$

Rand- und Übergangsbedingungen:

$$v_1(0) = 0 \Rightarrow A_1 = 0,$$
$$v_2(0) = 0 \Rightarrow A_2 = 0$$
$$v_1(l_1) = v_2(l_2) \Rightarrow B_1 \sin \varkappa_1 = B_2 \sin \varkappa_2$$
$$v_1'(l_1) = -v_2'(l_2) \Rightarrow B_1 \frac{\varkappa_1}{l_1} \cos \varkappa_1 = -B_2 \frac{\varkappa_2}{l_2} \cos \varkappa_2$$

Koeffizientendeterminante:

$$\begin{vmatrix} \sin \varkappa_1 & -\sin \varkappa_2 \\ \dfrac{\varkappa_1}{l_1} \cos \varkappa_1 & \dfrac{\varkappa_2}{l_2} \cos \varkappa_2 \end{vmatrix} = 0$$

Eigenwertgleichung:

$$\frac{l_1}{l_2} \tan \varkappa_1 + \frac{\varkappa_1}{\varkappa_2} \tan \varkappa_2 = 0$$

Zahlenbeispiel:

$$l_1 = l_2 = \frac{l}{2} \qquad I_1 = 2I_2 = 2I$$
$$\varkappa_1^2 = \frac{Fl_1^2}{EI_1} = \frac{Fl^2}{8EI} \qquad \varkappa_2^2 = \frac{Fl^2}{4EI} = 2\varkappa_1^2$$
$$\tan \varkappa_1 + \frac{\sqrt{2}}{2} \tan \sqrt{2}\, \varkappa_1 = 0 \Rightarrow \varkappa_1 \approx 1{,}269 \Rightarrow F_K = 12{,}88 \frac{EI}{l^2}$$

Die Knickkraft liegt zwischen der eines glatten Stabes vom Trägheitsmoment I $\left(F_K = 9{,}87 \dfrac{EI}{l^2}\right)$ bzw. $2I$ $\left(F_K = 19{,}74 \dfrac{EI}{l^2}\right)$.

Beispiel 2:

Gegeben: Prismatischer Träger, entsprechend Bild F 9.31 gelagert

Gesucht: Eigenwertgleichung

Die vertikalen Lagerkräfte werden aus Gleichgewichtsbedingungen am gesamten verformten Träger ermittelt.

Momente:

$$M_1 = F(v_0 - v_1) \qquad M_2 = F(v_0 + v_2) - F \frac{v_0}{a} z_2$$

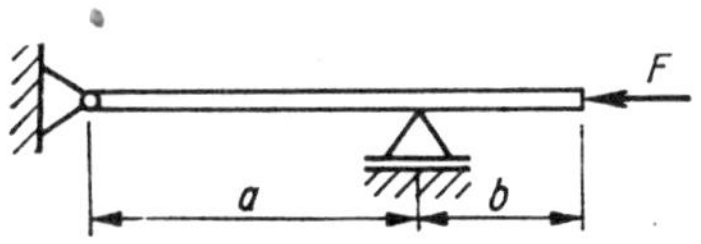

Bild F 9.31

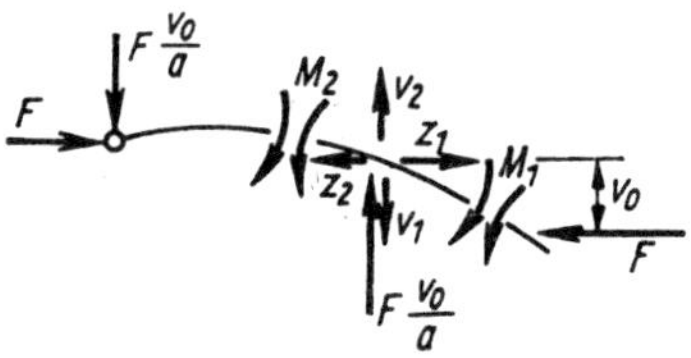

Bild F 9.32

Differentialgleichungen:

$$v_1'' + \frac{F}{EI} v_1 = \frac{F}{EI} v_0 \qquad v_2'' + \frac{F}{EI} v_2 = \frac{F}{EI} v_0 \left(\frac{z_2}{a} - 1\right)$$

Lösung:

$$\left(\alpha^2 = \frac{F}{EI}\right)$$

$$v_1 = A_1 \cos \alpha z_1 + B_1 \sin \alpha z_1 + v_0$$

$$v_2 = A_2 \cos \alpha z_2 + B_2 \sin \alpha z_2 + v_0 \left(\frac{z_2}{a} - 1\right)$$

Rand- und Übergangsbedingungen:

$$v_1(0) = 0 \Rightarrow A_1 = -v_0$$

$$v_2(0) = 0 \Rightarrow A_2 = v_0$$

$$v_2(a) = 0 \Rightarrow v_0 \cos \alpha a + B_2 \sin \alpha a = 0$$

$$v_1(b) = v_0 \Rightarrow -v_0 \cos \alpha b + B_1 \sin \alpha b = 0$$

$$v_1'(0) = v_2'(0) \Rightarrow \alpha B_1 = \alpha B_2 + \frac{v_0}{a}$$

Koeffizientendeterminante der B_1, B_2, v_0:

$$\begin{vmatrix} 0 & \sin \alpha a & \cos \alpha a \\ \sin \alpha b & 0 & -\cos \alpha b \\ \alpha a & -\alpha a & -1 \end{vmatrix} = 0$$

Eigenwertgleichung:

$$\alpha a(\cot \alpha a + \cot \alpha b) = 1$$

Zahlenbeispiel:

$$a = b$$

$$2\alpha a = \tan \alpha a \Rightarrow \alpha a = 1{,}165$$

$$F_K = 1{,}165^2 \cdot \frac{EI}{a^2}$$

Die kritische Last ist kleiner als die eines einseitig eingespannten Trägers der Länge a; denn das Stück zwischen den Lagern wirkt hier als eine Art „elastische Einspannung“.

9.3. Näherungsmethoden zur Berechnung der kritischen Last

Die im vorigen Abschnitt dargestellten Methoden gestatten prinzipiell die Berechnung der Knicklast für jeden geraden Stab. Schwierigkeiten können aber bereits beim Lösen der Differentialgleichung auftreten, falls z. B. die Biegesteifigkeit von z abhängt. Bei mehreren Bereichen wird der Rechenaufwand sehr groß, und es werden häufig an Stelle der exakten Lösungen (die aber auch schon im Ansatz linearisiert wurden) Näherungslösungen verwendet. Einige Lösungen sollen hier vorgestellt werden, wobei jeweils in der Anwendung ein Beispiel behandelt wird, dessen exakte Lösung wir bereits kennen.

9.3.1. Einfache Glättung

Bei dieser Methode wird die Differentialgleichung nicht in jedem Punkte, sondern nur im Mittel über der Stablänge erfüllt.
Die Differentialgleichung für den beiderseits gelenkig gelagerten Träger (Bild F 9.13) w rd exakt gelöst von

$$v = B \sin \varkappa \frac{z}{l} = B \sin \alpha z,$$

und wir erhalten die kritische Last (9.10).
Wählen wir nun einen Ansatz für die Durchbiegung, der nur die Bedingungen $v(0) = 0$ und $v(l) = 0$ erfüllt, z. B. $\bar{v} = Cz(l - z)$, so ist die Differentialgleichung icht erfüllt; denn wir erhalten

$$D(\bar{v}) = \bar{v}'' + \alpha^2 \bar{v} = C[-2 + \alpha^2 z(l - z)] \neq 0 \tag{9.42}$$

Mit der primitiven Vorschrift

$$\int_0^l D(\bar{v})\,\mathrm{d}z = 0 \tag{9.43}$$

erhalten wir

$$\alpha^2 l^2 = \varkappa^2 = 12$$

und damit die grob genäherte Knicklast

$$F_\mathrm{K} = 12 \frac{EI}{l^2}$$

Eine bessere Näherung erhalten wir, wenn wir neben den geometrischen Randbedingungen (Verschiebungen und Neigungen) auch die dynamischen Randbedingungen (Momente und Querkräfte) im Ansatz erfüllen. Der Ansatz

$$\bar{v} = C(zl^3 - 2z^3 l + z^4)$$

erfüllt für den Lagerungsfall Bild F 9.13 die Bedingungen

$$\bar{v}(0) = 0 \quad \bar{v}(l) = 0 \quad \bar{v}''(0) = 0 \quad \text{und} \quad \bar{v}''(l) = 0$$

und nach der Vorschrift

$$\int_0^l D(\bar{v})\,\mathrm{d}z = 0 = C \int_0^l [-12zl + 12z^2 + \alpha^2(zl^3 - 2z^3 l + z^4)]\,\mathrm{d}z$$

erhalten wir für die kritische Last den Wert

$$F_K = 10 \frac{EI}{l^2}$$

Der exakte Wert lautet

$$F_K = \pi^2 \frac{EI}{l^2} = 9{,}8696 \frac{EI}{l^2}$$

9.3.2. Verfahren von Galerkin

Bei diesem Verfahren wird die Differentialgleichung im gewogenen Mittel erfüllt. Man betont die Bereiche, die zur Verformung die größten Beiträge liefern, dadurch, daß die folgende Vorschrift erfüllt wird:

$$\int_0^l D(\bar{v}) \frac{M}{EI} \, dz = \int_0^l D(\bar{v}) \, \bar{v}'' \, dz = 0 \tag{9.44}$$

An einem Kragträger (Bild F 9.19) soll die Methode vorgestellt werden. Wir wählen für die Durchbiegung den Ansatz

$$\bar{v} = a_0 + a_1 z + a_2 z^2 + a_3 z^3 + a_4 z^4$$

erfüllen die geometrischen und dynamischen Randbedingungen

$$\bar{v}(0) = 0 \qquad \bar{v}'(0) = 0 \qquad \bar{v}'''(0) = 0 \qquad \bar{v}''(l) = 0 \qquad \bar{v}(l) = v_0$$

erhalten

$$\bar{v} = \frac{v_0}{5l^4} (6z^2 l^2 - z^4)$$

und damit

$$D(\bar{v}) = \bar{v}'' + \alpha^2 \bar{v} - \alpha^2 v_0 = \frac{v_0}{5l^4} [12l^2 - 12z^2 + \alpha^2(6l^2 z^2 - z^4 - 5l^4)]$$

Über die Vorschrift (9.44) erhalten wir

$$\alpha^2 l^2 = \frac{42}{17} \approx 2{,}47$$

an Stelle des exakten Wertes

$$\alpha^2 l^2 = \left(\frac{\pi}{2}\right)^2 \approx 2{,}4674$$

(Mit der hier vorgenommenen Wichtung durch Multiplikation der Differentialgleichung mit v'' erhält man im allgemeinen einen besseren Näherungswert als nach der eigentlichen *Galerkin*-Vorschrift

$$\int_0^l D(\bar{v}) \, \bar{v} \, dz = 0)$$

9.3.3. Energiemethode

Diese Methode geht vom Minimum der potentiellen Energie $W_{\text{pot}} = W_{\text{i}} - W_{\text{ä}}$ aus. Innere Arbeit W_{i} (Formänderungsarbeit) und äußere Arbeit $W_{\text{ä}}$ sind Funktionen der gewählten Ansatzfunktion $\bar{v}$. $\bar{v}$ braucht bei diesem Verfahren nur die geometrischen Randbedingungen zu erfüllen. Das Ergebnis wird allerdings verbessert, wenn auch die dynamischen Randbedingungen berücksichtigt werden. Der Ansatz für $\bar{v}$ kann eingliedrig (nur ein freier Parameter vorhanden) oder auch mehrgliedrig sein, z. B.

$$\bar{v} = \sum_{i=1}^{n} C_i f_i(z)$$

Mit einem eingliedrigen Ansatz erhält man die Knicklast auch direkt aus $W_{\text{i}} = W_{\text{ä}}$. Bei einem mehrgliedrigen ist die Knicklast aus dem Verschwinden der Koeffizientendeterminante für die freien Parameter C_i, die aus dem Gleichungssystem

$$\frac{\partial W_{\text{pot}}}{\partial C_i} = 0 \qquad (9.45)$$

gewonnen wird, zu ermitteln. Ein eingliedriger Ansatz, der die geometrischen und dynamischen Randbedingungen erfüllt, ist etwa ebenso leistungsfähig wie ein zweigliedriger Ansatz, der nur die geometrischen Randbedingungen erfüllt. Die Berechnung der Knicklast nach einem eingliedrigen Ansatz, der nur die geometrischen Randbedingungen erfüllt, sollte vermieden werden.
Die äußere Arbeit setzt sich beim Knickvorgang aus zwei Anteilen zusammen:

$$W_{\text{ä}} = \frac{1}{2} F_{\text{K}}\,\Delta l + F_{\text{K}} w \qquad (9.46)$$

Der erste Term entspricht der Arbeit, die *vor* dem Knicken durch das elastische Zusammendrücken des Stabes durch die Kraft $0 < F < F_{\text{K}}$ geleistet wird. *Nach* Erreichen der kritischen Last knickt der Stab aus, und die richtungstreue Last verschiebt sich in Richtung der ursprünglich geraden Stabachse in voller Größe um den Betrag w. Bei der weiteren Rechnung können wir uns deshalb auf den zweiten Term beschränken. Die Größe w errechnen wir über

$$l = \int_0^l \mathrm{d}s = \int \sqrt{\mathrm{d}z^2 + \mathrm{d}\bar{v}^2} = \int_0^{l-w} \sqrt{1 + \bar{v}'^2}\,\mathrm{d}z \approx \int_0^{l-w} \left(1 + \frac{1}{2}\,\bar{v}'^2\right) \mathrm{d}z$$

$$\approx l - w + \frac{1}{2} \int_0^l \bar{v}'^2\,\mathrm{d}z$$

für k Bereiche zu

$$w = \frac{1}{2} \sum_{i=1}^{k} \int_0^{l_i} \bar{v}'^2\,\mathrm{d}z_i \qquad (9.47)$$

Für die innere Arbeit können wir, falls der Balken aus k Bereichen besteht, durch m Längsfedern und n Drehfedern abgestützt ist, schreiben

$$W_\mathrm{i} = \frac{1}{2}\left[\sum_{i=0}^{k} \int_0^{l_i} \left(\frac{M^2}{EI}\right)_i \mathrm{d}z_i + \sum_{i=1}^{m} (c\bar{v}^2)_i + \sum_{i=1}^{n} (\mathrm{d}\bar{v}'^2)_i\right] \tag{9.48}$$

Wobei das erste Glied über die Grundgleichung der elastischen Linie durch die zweite Ableitung der Durchbiegung ausgedrückt wird

$$\frac{1}{2}\sum_{i=1}^{k} \int_0^{l_i} \left(\frac{M^2}{EI}\right)_i \mathrm{d}z_i = \frac{1}{2}\sum_{i=1}^{k} \int_0^{l_i} (EI\bar{v}''^2)_i \, \mathrm{d}z_i$$

Beispiel:

Beiderseits eingespannter Stab (Bild F 9.21)
Der eingliedrige Ansatz (nur eine Freigröße C ist vorhanden)

$$\bar{v}(0) = C(l^4z^2 - 5l^2z^4 + 6lz^5 - 2z^6)$$

erfüllt die geometrischen Randbedingungen

$$\bar{v}(0) = 0 \quad \bar{v}(l) = 0 \quad \bar{v}'(0) = 0 \quad \bar{v}'(l) = 0$$

und die dynamischen Randbedingungen

$$\bar{v}'''(0) = 0 \quad \bar{v}'''(l) = 0$$

Aus

$$W_\mathrm{ä} = W_\mathrm{i}$$

folgt

$$\frac{1}{2} F_\mathrm{K} \int_0^l \bar{v}'^2 \, \mathrm{d}z = \frac{1}{2} \int_0^l EI\bar{v}''^2 \, \mathrm{d}z$$

und damit

$$F_\mathrm{K} = \frac{\int_0^l EI\bar{v}''^2 \, \mathrm{d}z}{\int_0^l \bar{v}'^2 \, \mathrm{d}z} = \frac{1392}{35} \frac{EI}{l^2} \approx 39{,}77 \frac{EI}{l^2}$$

Der exakte Wert der Knicklast liegt bei [s. (9.27)]

$$F_\mathrm{K} = (2\pi)^2 \frac{EI}{l^2} \approx 39{,}48 \frac{EI}{l^2}$$

Der zweigliedrige Ansatz

$$\bar{v} = C_1 f_1 + C_2 f_2 = C_1(l^2z^2 - 2lz^3 + z^4) + C_2(2l^3z^2 - 3l^2z^3 + z^5)$$

erfüllt nur die geometrischen Randbedingungen

$$\bar{v}(0) = 0 \quad \bar{v}(l) = 0 \quad \bar{v}'(0) = 0 \quad \bar{v}'(l) = 0$$

Aus

$$W_{\text{pot}} = \frac{1}{2} F_K \int_0^l (C_1 f_1 + C_2 f_2)'^2 \, dz - \frac{EI}{2} \int_0^l (C_1 f_1 + C_2 f_2)''^2 \, dz$$

folgt

$$\frac{\partial W_{\text{pot}}}{\partial C_1} = 0 = F_K \int_0^l (C_1 f_1' + C_2 f_2') f_1' \, dz - EI \int_0^l (C_1 f_1'' + C_2 f_2'') f_1'' \, dz$$

$$\frac{\partial W_{\text{pot}}}{\partial C_2} = 0 = F_K \int_0^l (C_1 f_1' + C_2 f_2') f_2' \, dz - EI \int_0^l (C_1 f_1'' + C_2 f_2'') f_2'' \, dz$$

Eine Auswertung der Integrale führt zunächst auf

$$F_K \left(C_1 \frac{2}{105} l^2 + C_2 \frac{5}{105} l^3 \right) - EI \left(C_1 \frac{4}{5} + C_2 2l \right) = 0$$

$$F_K \left(C_1 \frac{5}{105} l^2 + C_2 \frac{38}{315} l^3 \right) - EI \left(C_1 2 + C_2 \frac{36}{7} l \right) = 0$$

Mit

$$\varkappa^2 = \frac{F_K l^2}{EI}$$

folgt daraus für das homogene Gleichungssystem für C_1 und C_2

$$C_1(2\varkappa^2 - 84) + C_2 l(5\varkappa^2 - 210) = 0$$

$$C_1(15\varkappa^2 - 630) + C_2 l(38\varkappa^2 - 1620) = 0$$

welches nur dann eine nichttriviale Lösung hat, wenn die Koeffizientendeterminante verschwindet. Daraus folgt die quadratische Bestimmungsgleichung für $\varkappa^2$

$$\varkappa^4 - 132\varkappa^2 + 3780 = 0$$

mit der physikalisch sinnvollen Lösung

$$\varkappa^2 = 42$$

woraus wir für die kritische Last erhalten

$$F_K = \frac{42EI}{l^2}$$

an Stelle der exakten Lösung (9.27).

Die Energiemethode liefert stets Werte, die über dem exakten Ergebnis liegen.

Für statisch bestimmt gelagerte Träger sollte das Moment direkt und nicht über die zweite Ableitung der Näherungsfunktion $\bar{v}$ eingeführt werden. Wir erhalten dann mit einem eingliedrigen Ansatz für einen gelenkig gelagerten Träger aus

$$W_{\text{ä}} = W_{\text{i}} = \frac{1}{2} F_K \int_0^l \bar{v}'^2 \, dz = \frac{1}{2} \int_0^l \frac{M^2}{EI} \, dz = \frac{1}{2} F_K^2 \int_0^l \frac{\bar{v}^2}{EI} \, dz$$

die Bestimmungsgleichung für die Knicklast zu

$$F_K = \frac{\int_0^l EI\bar{v}'^2 \, dz}{\int_0^l \bar{v}^2 \, dz}$$

Mit dem Ansatz $\bar{v} = C(l^3z - 2lz^3 + z^4)$ erfüllen wir alle Randbedingungen, und die Knicklast ergibt sich zu

$$F_K = \frac{306}{31} \frac{EI}{l^2} = 9{,}871 \frac{EI}{l^2}$$

Aus

$$F_K = \frac{\int_0^l EI\bar{v}''^2 \, dz}{\int_0^l \bar{v}'^2 \, dz} \qquad (\textit{Rayleigh}\text{-Quotient})$$

erhalten wir

$$F_K = \frac{168}{17} \frac{EI}{l^2} = 9{,}882 \frac{EI}{l^2}$$

Der exakte Wert lautet

$$F_K = \pi^2 \frac{EI}{l^2} = 9{,}8696 \frac{EI}{l^2}$$

9.4.* Elastische Knickung gerader Stäbe — Theorie 3. Ordnung

Während bisher stets die Theorie 2. Ordnung behandelt wurde, sollen jetzt an einem einfachen Beispiel (Bild F 9.33) einige Probleme und Methoden der Theorie 3. Ordnung dargelegt werden.
Nach Bild F 9.34 ist

$$M = +Fv \tag{9.49}$$

genau wie dies in der Theorie 2. Ordnung auch angesetzt wird. Der Unterschied zwischen den Theorien 2. und 3. Ordnung besteht in der Elastizitätsbeziehung, die bei der Theorie 3. Ordnung nicht linearisiert wird (Abschn. 3.6.1.)

$$M = \frac{EI}{\varrho} = -\frac{EI \dfrac{d^2v}{ds^2}}{\sqrt{1 - \left(\dfrac{dv}{ds}\right)^2}} \tag{9.50}$$

Damit entsteht eine nichtlineare Differentialgleichung für $v(s)$:

$$\frac{d^2v}{ds^2} + \frac{F}{EI} v \sqrt{1 - \left(\frac{dv}{ds}\right)^2} = D(s) = 0 \tag{9.51}$$

Eine exakte Lösung der Dgl. (9.51) ist mit elliptischen Funktionen möglich, wird aber hier nicht durchgeführt, weil die Kenntnis dieser Funktionen nicht vorausgesetzt werden soll. Man kann mit den unter 9.3. beschriebenen Näherungsmethoden ebenfalls gute Ergebnisse erzielen.

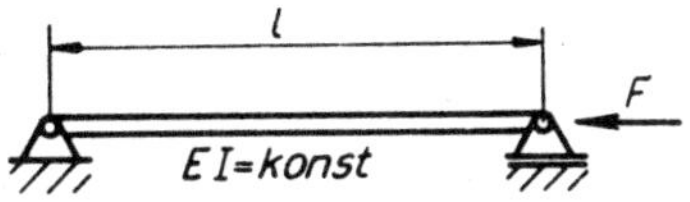

Bild F 9.33

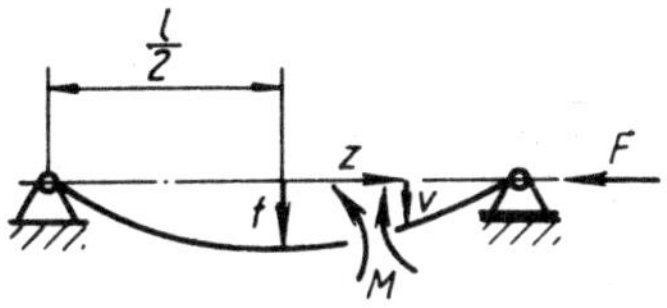

Bild F 9.34

Zur Lösung des Beispiels nach der Theorie 3. Ordnung verwenden wir als Näherungslösung $\bar{v}$ das exakte Ergebnis aus der Theorie 2. Ordnung, welches wir auf die Form

$$\bar{v} = f \sin \pi \frac{s}{l} \tag{9.52}$$

bringen.
Dieser Ansatz erfüllt die Bedingungen

$$\bar{v}(0) = 0 \qquad \bar{v}(l) = 0 \qquad \bar{v}''(0) = 0 \qquad \bar{v}''(l) = 0 \qquad \bar{v}\left(\frac{l}{2}\right) = f \tag{9.53}$$

Mit (9.52) geht (9.51) über in

$$D(s) = f \sin \pi \frac{s}{l} \left[\frac{F}{EI} \sqrt{1 - \left(\frac{f}{l} \pi \cos \pi \frac{s}{l}\right)^2} - \left(\frac{\pi}{l}\right)^2\right]$$

wofür wir wegen $f \ll l$ auch schreiben können, wenn wir die Wurzel in eine Reihe entwickeln

$$D(s) = f \sin \pi \frac{s}{l} \frac{\pi^2}{l^2} \left\{\frac{Fl^2}{\pi^2 EI} \left[1 - \frac{1}{2}\left(\frac{f\pi}{l} \cos \pi \frac{s}{l}\right)^2 + \cdots\right] - 1\right\} \tag{9.54}$$

Mit der Vorschrift

$$\int_0^l D(s)\, \bar{v}''(s)\, ds = 0$$

erhalten wir

$$\frac{Fl^2}{\pi^2 EI} \left[\frac{\pi}{2} - \frac{\pi}{16}\left(\pi \frac{f}{l}\right)^2\right] - \frac{\pi}{2} = 0$$

und daraus mit der kritischen Last für diesen Lagerungsfall

$$F_K = \frac{EI\pi^2}{l^2}$$

$$\frac{f}{l} = \sqrt{\frac{8}{\pi^2}\left(1 - \frac{F_K}{F}\right)} \approx 0{,}90 \sqrt{1 - \frac{F_K}{F}} \tag{9.55}$$

Nach der Theorie 2. Ordnung ist die Größe f stets unbestimmt. Gl. (9.55) gilt nur für $F > F_K$ und läßt eine Berechnung der Durchsenkung für Werte F, die etwas über F_K liegen, zu.

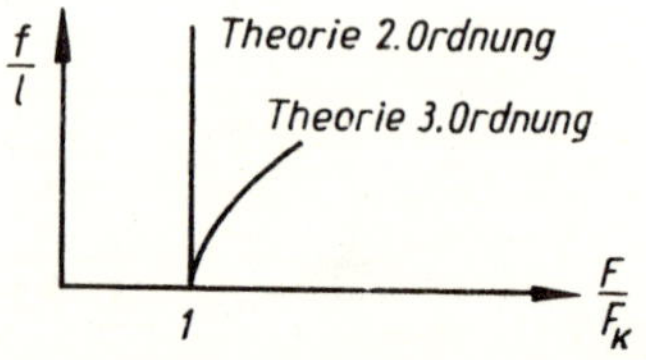

Bild F 9.35

Verglichen mit den exakten Werten, ergibt sich nach Gl. (9.55) folgende Tendenz:

$\frac{F_K}{F}$		1,00	1,05	1,10	1,15
$\frac{f}{l}$	exakt	0,00	0,190	0,255	0,295
	nach (9.55)	0,00	0,195	0,270	0,325

9.5. Knickspannungen

Für Stabilitätsprobleme ohne Verzweigung (z. B. Bild F 9.17) erfolgt die Berechnung der Spannungen wie bei normalen Biegeproblemen. Das Biegemoment M (9.11) läßt sich eindeutig angeben; denn die Durchbiegung v (9.17) ist eindeutig angebbar, obwohl sie von der Belastung abhängt. Bei Stabilitätsproblemen mit Verzweigung ist nach der Theorie 2. Ordnung bei Erreichen der kritischen Last die Verschiebung v nicht anzugeben, und man muß zur Berechnung der Spannungen einen anderen Weg einschlagen. Gerade Zugstäbe werden bekanntlich dadurch dimensioniert, daß man die Zugspannungen

$$\sigma_z = \frac{F}{A} \tag{9.56.1}$$

berechnet und mit einer kritischen Spannung $\sigma_{z(K)}$ vergleicht, bei welcher der Stab versagt (Bild F 9.36.1). Für zähe Materialien ist diese kritische Spannung $\sigma_{z(K)}$ gleich der Fließgrenze σ_F:

$$\sigma_{z(K)} = \sigma_F \tag{9.57.1}$$

Bei geraden Druckstäben (Bild F 9.36.2) möchte man analog die Druckspannung

$$\sigma_d = \frac{F}{A} \tag{9.56.2}$$

mit einer kritischen Spannung $\sigma_{d(K)}$ vergleichen. Wegen der Gefahr des Ausknickens kann hier aber nicht $\sigma_{d(K)} = \sigma_F$ gesetzt werden, sondern es steht zunächst nur fest, daß

$$\sigma_{d(K)} \leqq \sigma_F \tag{9.57.2}$$

ist.

Der Stab knickt bei

$$F_K = \pi^2 \frac{EI}{l_k^2} \qquad (9.58)$$

aus, wobei l_K entsprechend Bild F 9.25 anzusetzen ist.

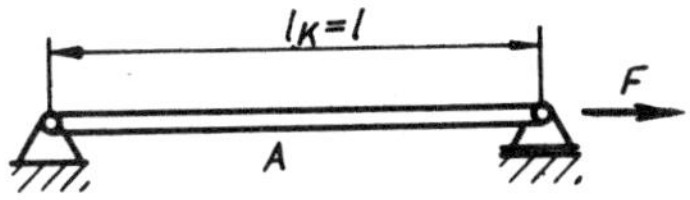

Bild F 9.36.1

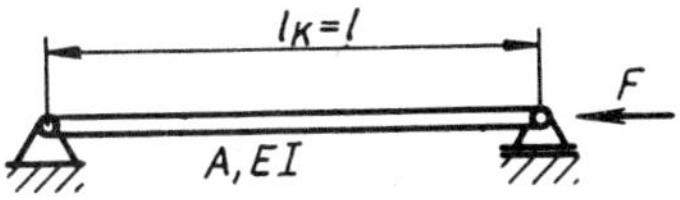

Bild F 9.36.2

Die bei $F = F_k$ auftretende Druckspannung ist gleichzeitig die kritische Spannung (Knickspannung):

$$\sigma_{d(K)} = \sigma_K = \frac{F_K}{A} = \pi^2 \frac{EI}{l_k^2 A} \qquad (9.59)$$

Wird der Trägheitsradius

$$i = \sqrt{\frac{I}{A}}$$

eingeführt und ein Schlankheitsgrad

$$\lambda = \frac{l_k}{i} = \sqrt{\frac{A l_k^2}{I}} = \frac{\pi}{\varkappa} \sqrt{\frac{A l^2}{I}} \qquad (9.60)$$

definiert, so ergibt sich nach (9.59) die Knickspannung zu

$$\sigma_K = E \left(\frac{\pi}{\lambda}\right)^2 \qquad (9.61)$$

Somit kann festgestellt werden, daß entweder

$$\sigma_{d(K)} = \sigma_F \qquad (9.62.1)$$

oder

$$\sigma_{d(K)} = \sigma_F = E \left(\frac{\pi}{\lambda}\right)^2 \qquad (9.62.2)$$

ist, wobei der kleinere von beiden Werten gilt.
Unter Berücksichtigung plastischer Verformungen ergibt sich in befriedigender Übereinstimmung mit Versuchen, daß zwischen der durch (9.62.1) gegebenen Horizontalen und der durch (9.62.2) festgelegten (*Euler*-)Hyperbel eine Übergangskurve existiert, die näherungsweise durch die *Tetmajer*[1])-Gleichung

$$\sigma_K = a\lambda^2 + b\lambda + c \qquad (9.63)$$

[1]) *Ludwig von Tetmajer* (1850 bis 1905)

mit den Werten beschrieben wird, die in der Tabelle angegeben sind, so daß sich z. B. für Baustähle St 38 und St 52 die in Bild F 9.37 gezeigten Verläufe ergeben.

	a	b	c
St 38	—	−1,14	310
St 52	—	−2,3	470
GG	0,035	−12	776
Holz	—	−0,194	29,3

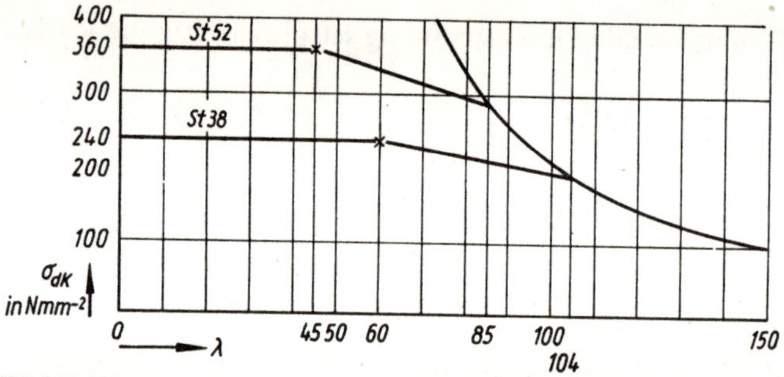

Bild F 9.37

Übergangskurve und *Euler*-Hyperbel treffen sich dort, wo $\sigma_K = \sigma_p$ und $\lambda = \lambda_p$ ist. (σ_p Proportionalitätsgrenze des Materials.) Man setzt meist

$$\sigma_p = 0{,}8\sigma_F$$

Nach (9.61) ist dann

$$\sigma_p = E\left(\frac{\pi}{\lambda_p}\right)^2$$

$$\lambda_p = \pi\sqrt{\frac{E}{\sigma_p}} \approx \pi\sqrt{\frac{E}{0{,}8\sigma_F}} \tag{9.64}$$

Für St 38 ist mit $E = 2{,}1 \cdot 10^5$ N mm^{-2}, $\sigma_F = 240$ N mm^{-2} und $\sigma_p = 190$ N mm^{-2} $\lambda_p \approx 104$ und für St 52 mit $\sigma_F = 360$ N mm^{-2} und $\sigma_p = 285$ N mm^{-2} $\lambda_p \approx 85$. Bei Schlankheitsgraden $\lambda > \lambda_p$ liegt rein elastische Knickung vor, die in allen vorangegangenen Abschnitten vorausgesetzt wurde. Es gilt (9.62.2), während bei $\lambda < \lambda_p$ teilplastisches Verhalten auftritt und nach (9.63) zu rechnen ist. Die untere Grenze der Übergangskurve wird aus $\sigma_K = \sigma_F$ in (9.63) gewonnen, und wir erhalten für St 52 $\lambda_F \approx 45$ und für St 38 $\lambda_F \approx 60$.

Die praktische Berechnung druckbelasteter Stäbe geschieht, wenn die Abmessungen des Stabes als bekannt angenommen werden, wie folgt: Zunächst werden die Knicklänge l_k und der Schlankheitsgrad λ ermittelt. Bei bekanntem λ kann nunmehr $\sigma_{d(K)}$

ermittelt werden. Hieraus ergibt sich die kritische Belastung

$$F_{(K)} = A\sigma_{d(K)} \tag{9.65}$$

und der vorhandene Sicherheitsbeiwert (Knicksicherheitsfaktor) ist

$$S_K = \frac{\text{kritische Last}}{\text{vorhandene Last}} = \frac{F_{(K)}}{F} = \frac{A\sigma_{d(K)}}{A\sigma_d} = \frac{\sigma_{d(K)}}{\sigma_d} \tag{9.66}$$

(Man beachte, daß nur bei vollelastischer Knickung ($\lambda > \lambda_p$) $F_{(K)} = F_K$ nach (9.58) ist.)
Je nach Verwendungszweck des Druckstabes soll S_K im Bereich von etwa 1,8 bis 10 liegen. Anhaltswerte sind:

$S_K > \approx 1{,}8$ im Leichtbau

$S_K > \approx 3{,}0$ im allgemeinen Maschinenbau

Mitunter ist es zweckmäßig, eine zulässige Spannung zu definieren:

$$\sigma_{dzul} = \frac{\sigma_{d(K)}}{S_{Kerf}} = \frac{\text{kritische Spannung}}{\text{erforderlicher Sicherheitsfaktor}} \tag{9.67}$$

Im Stahlhochbau wird entsprechend TGL 13503 (DIN 4114) das ω-Verfahren benutzt welches aber für den allgemeinen Maschinenbau nicht zugelassen ist.

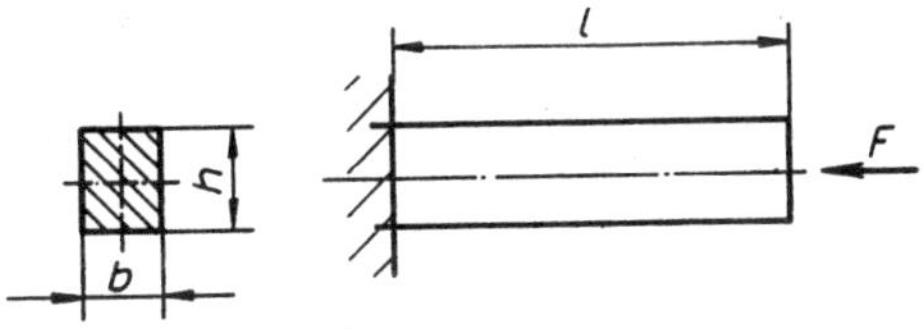

Bild F 9.38

Beispiel (Bild F 9.38):

Gegeben: Druckstab mit konstantem Rechteckquerschnitt

$l = 35$ cm

$b = 2{,}0$ cm

$h = 2{,}5$ cm

$F = 1{,}8 \cdot 10^4$ N

Werkstoff St 38

Gesucht: Sicherheitsfaktor S_K

Lösung:

Knicklänge $l_k = 2{,}00 l = 70$ cm
Schlankheitsgrad nach Gl. (9.60):

$$\lambda = \sqrt{A l_k^2 / I}$$

Es ist das kleinere der beiden Trägheitsmomente einzusetzen

$$I = hb^3/12 \qquad A = hb$$

$$\lambda = 2\sqrt{3}\,\frac{l_\mathrm{k}}{b} \approx 121$$

Kritische Spannung nach Bild F 9.37 (oder hier, wegen $\lambda > \lambda_\mathrm{p}$, auch nach Gl. (9.62.2))

$$\sigma_{\mathrm{d(K)}} \approx 142\ \mathrm{N\ mm^{-2}}$$

Kritische Belastung nach Gl. (9.65)

$$F_{(\mathrm{K})} = 5\ \mathrm{cm^2} \cdot 142\ \mathrm{N\ mm^{-2}} = 7{,}1 \cdot 10^4\ \mathrm{N}$$

Sicherheitsfaktor nach Gl. (9.66)

$$S_\mathrm{K} = \frac{71000}{18000} \approx 3{,}95$$

9.6.* Ergänzungen zur Berechnung von Knicklasten

9.6.1. Nicht richtungstreue Kraft

Am Beispiel nach Bild F 9.39 soll gezeigt werden, daß es bei dem in 9.2. gezeigten Verfahren keine Schwierigkeiten bereitet, die Knicklast bei nicht richtungstreuer Kraft F_R zu berechnen. Vorausgesetzt wird wieder vollelastische gerade Biegung. Gleichgewichtsbedingungen am verformten System nach Bild F 9.40

$$M = +F_\mathrm{R} \cos\psi (v_0 - v) + F_\mathrm{R} \sin\psi (l - z)$$

$$F_\mathrm{R} \cos\psi = F \qquad F_\mathrm{R} \sin\psi = F \tan\psi \approx F\,\frac{v_0}{a}$$

$$M = F\left[v_0\left(1 + \frac{l - z}{a}\right) - v\right] \tag{9.68}$$

Elastizitätsbeziehung im gewählten System

$$M = +EIv'' \tag{9.69}$$

Mit den Abkürzungen

$$\frac{Fl^2}{EI} = \varkappa^2 \qquad \frac{a}{l} = \alpha \qquad \frac{z}{l} = \xi \qquad \frac{\partial v}{\partial \xi} = \acute{v} \tag{9.70}$$

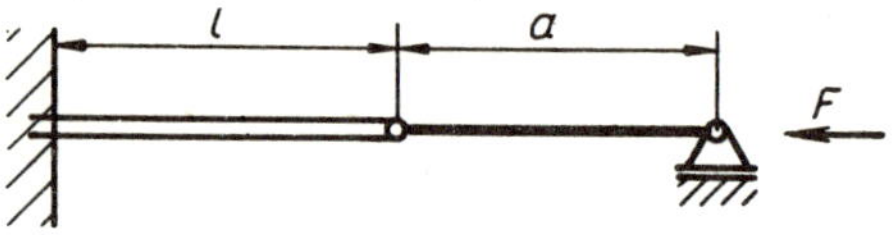

Bild F 9.39

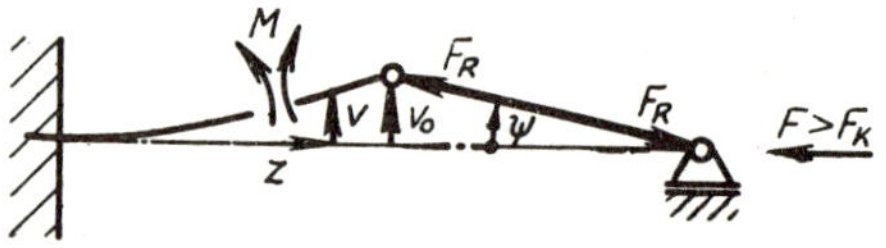

Bild F 9.40

entsteht aus (9.68) und (9.69) folgende Differentialgleichung für $v(\xi)$

$$\ddot{v} + \varkappa^2 v = \varkappa^2 v_0 \left(1 + \frac{1-\xi}{\alpha}\right) \tag{9.71}$$

Die allgemeine Lösung dieser Gleichung ist

$$v = A \cos \varkappa\xi + B \sin \varkappa\xi + v_0 \left(1 + \frac{1-\xi}{\alpha}\right) \tag{9.72}$$

Mit den Randbedingungen

$$v(z=0) = 0 \qquad v'(z=0) = 0 \qquad \text{und} \qquad v(z=l) = v_0 \tag{9.73}$$

erhält man folgendes Gleichungssystem für A, B, v_0:

$$+A + v_0\left(1 + \frac{1}{\alpha}\right) = 0$$

$$+B\varkappa - v_0 \frac{1}{\alpha} = 0$$

$$+A \cos \varkappa + B \sin \varkappa = 0$$

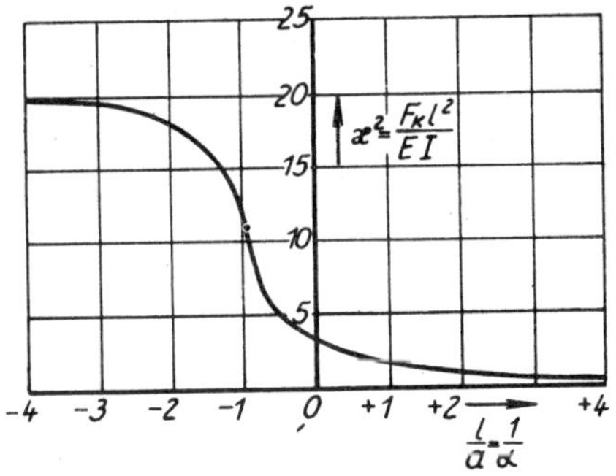

Bild F 9.41

Die Koeffizientendeterminante dieses Systems muß verschwinden und liefert somit die Eigenwertgleichung des Problems:

$$+\frac{1}{\varkappa\alpha} \sin \varkappa - \left(1 + \frac{1}{\alpha}\right) \cos \varkappa = 0 \tag{9.74}$$

Hieraus folgt

$$\alpha = \frac{\tan \varkappa}{\varkappa} - 1$$

und daraus das Diagramm Bild F 9.41, welches für jedes Verhältnis l/a die zugehörige Knicklast F_K liefert.

9.6.2. Einfluß der Schubverformung auf die Knicklast

Die Gleichgewichtsbedingungen (9.29.1), (9.31.1) für ursprünglich gerade Stäbe gelten auch bei Berücksichtigung der Schubverformung:

$$M' = +F_M = +F_Q - Fv' \tag{9.75}$$

Hierbei ist F_M die tangential zum Stabquerschnitt wirkende Querkraft. Sie ist nur bei infinitesimal kleiner Verformung, wie sie in den Abschn. 1. bis 8. vorausgesetzt wird, mit der senkrecht zur unverformten Stabachse wirkenden Querkraft F_Q identisch.
Unter Beachtung dieser Tatsache sind die Elastizitätsbeziehungen nach (3.85) und (3.87)

$$M = EI\varphi' \tag{9.76}$$

$$F_M = +GA_S(\varphi - v') \tag{9.77}$$

Für $EI =$ konst., $GA_S =$ konst. sowie $F =$ konst., $F_M =$ konst. gilt somit

$$M'' + Fv'' = EI\varphi''' + Fv'' = 0 \tag{9.78}$$

$$F'_M + Fv'' = GA_S(\varphi' - v'') + Fv'' = 0 \tag{9.79}$$

Gl. (9.79) nach φ' aufgelöst und nach zweimaliger Differentiation in (9.78) eingesetzt, liefert die Differentialgleichung für $v(z)$

$$EI\left(1 - \frac{F}{GA_S}\right) v'''' + Fv'' = 0 \tag{9.80}$$

Mit einer beliebig wählbaren Bezugslänge l und dem Eigenwert

$$\varkappa^2 = \frac{Fl^2}{EI} \tag{9.81}$$

wird aus (9.80)

$$\left[l^2 v'''' + \frac{\varkappa^2}{1 - \dfrac{\varkappa^2}{l^2}\dfrac{EI}{GA_S}} v''\right] = 0 \tag{9.82}$$

Die allgemeine Lösung dieser Differentialgleichung lautet

$$v = B_1 \cos\left(\frac{\varkappa}{\sqrt{1 - \dfrac{\varkappa^2}{l^2}\dfrac{EI}{GA_S}}}\,\frac{z}{l}\right) + B_2 \sin\left(\frac{\varkappa}{\sqrt{1 - \dfrac{\varkappa^2}{l^2}\dfrac{EI}{GA_S}}}\,\frac{z}{l}\right) + B_3\frac{z}{l} + B_4 \tag{9.83}$$

Randbedingungen beziehen sich auf v oder

$$\varphi = v'\left(1 - \frac{\varkappa^2}{l^2}\frac{EI}{GA_S}\right) + \frac{F_Q}{GA_S} = v' + \frac{EI}{GA_S}v'''\left(1 - \frac{\varkappa^2}{l^2}\frac{EI}{GA_S}\right) \tag{9.84}$$

$$M = EIv''\left(1 - \frac{\varkappa^2}{l^2}\frac{EI}{GA_S}\right) \tag{9.85}$$

$$F_Q = EIv'''\left(1 - \frac{\varkappa^2}{l^2}\frac{EI}{GA_S}\right) + v'\frac{\varkappa^2 EI}{l^2} \tag{9.86}$$

Mit diesen Gln. (9.83) bis (9.86) soll der Druckstab nach Bild F 9.13 berechnet werden: Aus den Randbedingungen

$$\begin{aligned} &v(z = 0) = v(z = l) = 0 \\ &M(z = 0) = M(z = l) = 0 \end{aligned} \tag{9.87}$$

folgt für die Konstanten in (9.83)

$$B_1 = B_2 = B_3 = 0$$

Damit $B_4 \neq 0$ wird, muß mit Rücksicht auf die Randbedingungen die Eigenwertgleichung

$$\frac{\varkappa}{\sqrt{1 - \frac{\varkappa^2}{l^2}\frac{EI}{GA_S}}} = \pi$$

erfüllt sein. Also ist

$$\varkappa^2 = \frac{\pi^2}{1 + \frac{\pi^2 EI}{l^2 GA_S}} = \frac{Fl^2}{EI} \tag{9.88}$$

Ohne Berücksichtigung der Schubverformung galt $\varkappa^2 = \pi^2$. Der Einfluß der Schubverformung auf die Knicklast wird demnach durch das Glied $\pi^2 EI/l^2 A_S G$ im Vergleich zu 1 wiedergegeben. Durch Einführen des Schlankheitsgrades λ wird

$$\frac{\pi^2 EI}{l^2 GA_S} = \frac{\pi^2}{\lambda^2}\frac{EA}{GA_S} = 2(1 + \nu)\frac{\pi^2}{\lambda^2}\frac{A}{A_S} \tag{9.89}$$

Für elastische Knickung ist $\lambda > \approx 100$. Bei Vollquerschnitten gilt stets $A/A_S > \approx 1$, während z. B. bei Gittermasten $A/A_S \gg 1$ sein kann. Daraus folgt, daß bei Vollquerschnitten die Schubverformung ohne nennenswerten Einfluß auf die Knicklast ist; bei Gittermasten und ähnlichen zusammengesetzten Stäben kann dies dagegen nicht allgemein angenommen werden.

10. ROTATIONSSYMMETRISCHE SPANNUNGSZUSTÄNDE

In diesem Abschnitt behandeln wir drehsymmetrische Bauteile und verwenden zur Beschreibung des Spannungs- und Verformungszustandes Zylinderkoordinaten r, φ, x (Bild F 10.1). Geometrie und Belastung sind unabhängig vom Drehwinkel φ. Es ist das Ziel, über die Gleichgewichtsbedingungen und die geometrischen Beziehungen unter Benutzung des *Hooke*schen Gesetzes zu einer Differentialgleichung zu kommen, aus der alle anderen Unbekannten hergeleitet werden können.

10.1. Das dickwandige Rohr

Wir betrachten ein Bauteil entsprechend Bild F 10.1. Dieses Bauteil werde beansprucht durch eine konstante Längskraft L, durch radialen Druck p_i am Rande $r = a$ und p_a am Rande $r = b$ sowie durch eine Volumenkraft F_r^v in r-Richtung, die z. B. durch Rotation des Bauteils um die Achse x entsteht.
Infolge dieser Belastungen können keine Schubspannungen auftreten.

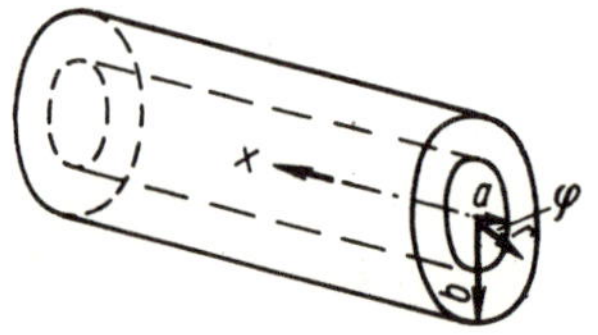

Bild F 10.1

10.1.1. Gleichgewicht am Volumenelement

Wir betrachten ein Volumenelement (Bild F 10.2), schreiben die möglichen Kräfte an den Schnittflächen an und erhalten die Gleichgewichtsbedingungen. (Es ist hierbei zu beachten, daß sich in r-Richtung σ_r und das Flächenelement ändern, so

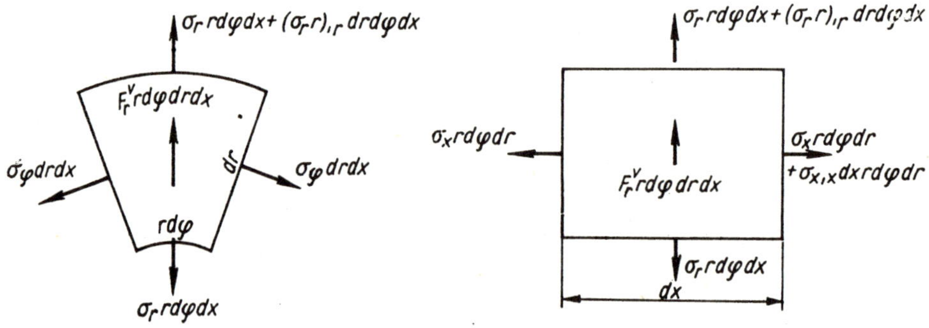

Bild F 10.2

daß im ersten Korrekturglied der *Taylor*-Reihe steht

$$\frac{\partial(\sigma_r \cdot r)}{\partial r}\,\mathrm{d}r\,\mathrm{d}\varphi\,\mathrm{d}x = (\sigma_r r)_{,r}\,\mathrm{d}r\,\mathrm{d}\varphi\,\mathrm{d}x)$$

$$\uparrow (r): \quad (\sigma_r r)_{,r} - \sigma_\varphi + F_r^v r = 0$$

$$\rightarrow (x): \quad \sigma_{x,x} = 0 \qquad (10.1)$$

Aus diesen beiden Gleichungen können die drei Unbekannten nicht berechnet werden. Das Problem ist statisch unbestimmt, und wir müssen die Deformationen des Körpers untersuchen.

10.1.2. Verformungen — Dehnungen — Stoffgesetz

Werden die Verschiebungen in den Richtungen $x(\varphi, r)$ mit $v_x(v_\varphi, v_r)$ bezeichnet, so gilt zunächst wie beim Stab

$$\varepsilon_x = \frac{\partial v_x}{\partial x} = v_{x,x}$$

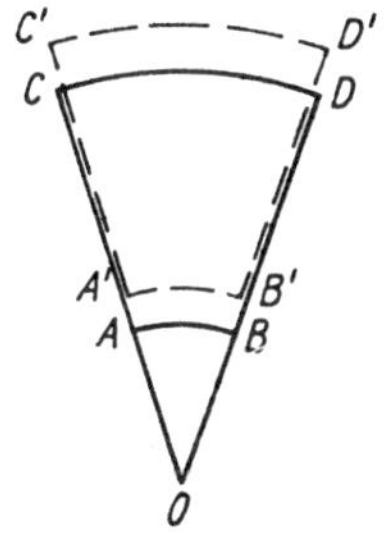

Bild F 10.3

Ring- und Radialdehnung können wir aus Bild F 10.3 ablesen. Eine Verschiebung v_φ ist auf Grund der Voraussetzungen ausgeschlossen, so daß mit

$$\overline{AC} = \mathrm{d}r \qquad \overline{AA'} = v_r \qquad \overline{A'C'} = \mathrm{d}r\left(1 + \frac{\partial v_r}{\partial r}\right)$$

$$\widehat{AB} = r\,\mathrm{d}\varphi \qquad \widehat{A'B'} = (r + v_r)\,\mathrm{d}\varphi$$

folgt

$$\varepsilon_r = \frac{\overline{A'C'} - \overline{AC}}{\overline{AC}} = \frac{\partial v_r}{\partial r} = v_{r,r} \qquad (10.2)$$

$$\varepsilon_\varphi = \frac{\widehat{A'B'} - \widehat{AB}}{\widehat{AB}} = \frac{v_r}{r}$$

Das *Hooke*sche Gesetz verbindet Spannungen und Dehnungen.

$$
\begin{aligned}
v_{x,x} &= \varepsilon_x = \frac{1}{E}\,[\sigma_x - \nu(\sigma_r + \sigma_\varphi)] \\
\sigma_x &= \frac{E}{(1+\nu)\,(1-2\nu)}\left[\varepsilon_x(1-\nu) + \nu\left(\frac{v_r}{r} + v_{r,r}\right)\right] \\
\frac{v_r}{r} &= \varepsilon_\varphi = \frac{1}{E}\,[\sigma_\varphi - \nu(\sigma_r + \sigma_x)] \\
\sigma_\varphi &= \frac{E}{(1+\nu)\,(1-2\nu)}\left[\frac{v_r}{r}\,(1-\nu) + \nu(\varepsilon_x + v_{r,r})\right] \\
v_{r,r} &= \varepsilon_r = \frac{1}{E}\,[\sigma_r - \nu(\sigma_\varphi + \sigma_x)] \\
\sigma_r &= \frac{E}{(1+\nu)\,(1-2\nu)}\left[v_{r,r}(1-\nu) + \nu\left(\varepsilon_x + \frac{v_r}{r}\right)\right]
\end{aligned}
\tag{10.3}
$$

10.1.3. Die Differentialgleichung für die Radialverschiebung und deren Lösungen

Wir setzen nun die Gln. (10.3) in die Gleichgewichtsbeziehung (10.1.1) ein und erhalten zunächst

$$
\frac{E}{(1+\nu)\,(1-2\nu)}\left\{[r v_{r,r}(1-\nu) + \nu(\varepsilon_x r + v_r)]_{,r} - \left[\frac{v_r}{r}\,(1-\nu) + \nu(\varepsilon_x + v_{r,r})\right]\right\} + F_r^v r = 0
$$

woraus nach Umstellung folgende inhomogene Differentialgleichung zweiter Ordnung für v_r folgt

$$
v_{r,rr} + \frac{1}{r}\,v_{r,r} - \frac{1}{r^2}\,v_r + \frac{\nu}{1-\nu}\,\varepsilon_{x,r} + \frac{(1+\nu)\,(1-2\nu)}{(1-\nu)\,E}\,F_r^v = 0 \tag{10.4}
$$

Diese Differentialgleichung soll für einige Sonderfälle gelöst werden.

10.1.3.1. Lösung als ebener Verzerrungszustand (EVZ)

Setzen wir $\varepsilon_x =$ konst., so bleiben alle Querschnitte $x =$ konst. eben. Dieser Spannungszustand stellt sich in langen, dicken Rohren ein. Er kann erzwungen werden von

1. $\varepsilon_x = 0$ (Rohr zwischen starren Wänden gelagert) und

2. $L = \int\limits_{(A)} \sigma_x \,\mathrm{d}A = 2\pi \int\limits_a^b \sigma_x r \,\mathrm{d}r$

(10.4) geht über in die *Eulersche* Dgl. 2. Ordnung

$$v_{r,rr} + \frac{1}{r} v_{r,r} - \frac{1}{r^2} v_r + \frac{(1+\nu)(1-2\nu)}{(1-\nu)E} F_r^v = 0 \tag{10.4.1}$$

mit der Lösung

$$v_r = v_{rh} + v_{rp}$$

Falls die Volumenkräfte nicht vorhanden sind, folgt mit $F_r^v = 0$ auch $v_{rp} = 0$. Setzen wir für die Lösung der homogenen Gleichung

$$v_{rh} = A_i r^\lambda$$

an, so erhalten wir aus (10.4.1) die charakteristische Gleichung

$$\lambda(\lambda - 1) + \lambda - 1 = 0$$

mit den Wurzeln $\lambda_1 = 1$ und $\lambda_2 = -1$, und es gilt

$$v_{rh} = A_1 r + \frac{A_2}{r} \tag{10.5}$$

Damit errechnen wir aus (10.3) mit $\varepsilon_x = 0$ (Fall 1) die Spannungen

$$\begin{aligned}
\sigma_x &= \frac{2\nu A_1 E}{(1+\nu)(1-2\nu)} = \text{konst.} \\
\sigma_\varphi &= \frac{E}{(1+\nu)(1-2\nu)} \left[A_1 + (1-2\nu)\frac{A_2}{r^2}\right] \\
\sigma_r &= \frac{E}{(1+\nu)(1-2\nu)} \left[A_1 - (1-2\nu)\frac{A_2}{r^2}\right]
\end{aligned} \tag{10.3.1}$$

Im Falle 2 folgt mit

$$L = 2\pi \int_a^b \sigma_x r \, dr = \frac{E}{(1+\nu)(1-2\nu)} [\varepsilon_x(1-\nu) A + 2\nu A_1 A]$$

also

$$\varepsilon_x = \frac{L}{EA} \frac{(1+\nu)(1-2\nu)}{1-\nu} - \frac{2\nu}{1-\nu} A_1$$

und aus (10.3)

$$\begin{aligned}
\sigma_x &= \frac{L}{A} \\
\sigma_\varphi &= \frac{L}{A}\frac{\nu}{1-\nu} + \frac{E}{1-\nu^2}\left[(1+\nu) A_1 + (1-\nu)\frac{A_2}{r^2}\right] \\
&= \frac{L}{A}\frac{\nu}{1-\nu} + C_1 - \frac{C_2}{r^2} \\
\sigma_r &= \frac{L}{A}\frac{\nu}{1-\nu} + \frac{E}{1-\nu^2}\left[(1+\nu) A_1 - (1-\nu)\frac{A_2}{r^2}\right] \\
&= \frac{L}{A}\frac{\nu}{1-\nu} + C_1 + \frac{C_2}{r^2}
\end{aligned} \tag{10.3.2}$$

10.1.3.2. Lösung als ebener Spannungszustand (ESZ)

Setzen wir $\sigma_x = 0$, so erhalten wir aus (10.3)

$$\varepsilon_x = -\frac{\nu}{1-\nu}\left(\frac{v_r}{r} + v_{r,r}\right) \tag{10.6}$$

Diesen Ausdruck für die Längsdehnung setzen wir in (10.4) ein und erhalten die Differentialgleichung

$$v_{r,rr} + \frac{1}{r}\, v_{r,r} - \frac{1}{r^2}\, v_r + \frac{1-\nu^2}{E}\, F_r^v = 0 \tag{10.4.2}$$

Für die homogene Lösung gilt wieder (10.5), und aus (10.6) und (10.3) erhalten wir

$$\varepsilon_x = -\frac{2\nu A_1}{1-\nu} \tag{10.6.1}$$

$$\sigma_x = 0$$

$$\sigma_t = \frac{E}{1-\nu^2}\left[(1+\nu)\, A_1 + (1-\nu)\,\frac{A_2}{r^2}\right] = C_1 - \frac{C_2}{r^2}$$

$$\sigma_r = \frac{E}{1-\nu^2}\left[(1+\nu)\, A_1 - (1-\nu)\,\frac{A_2}{r^2}\right] = C_1 + \frac{C_2}{r^2} \tag{10.3.3}$$

(Eine Volumenkraft F_r^v sei auch hier nicht vorhanden.)
Ein ebener Spannungszustand stellt sich mit guter Näherung in ebenen Bauelementen ein, bei denen eine Abmessung (x-Richtung) klein gegenüber denen in den beiden anderen Richtungen ist. In 10.2. werden wir nochmals darauf eingehen.

10.1.4. Beispiele

Wir betrachten einen dickwandigen Behälter, der durch einen Innendruck p_i und einen Außendruck p_a beansprucht wird.
Wir verwenden die Gl. (10.3.2) und bestimmen die Konstanten C_1 und C_2 aus den Randbedingungen

$$\sigma_r(a) = -p_\mathrm{i} = \frac{L}{A}\,\frac{\nu}{1-\nu} + C_1 + \frac{C_2}{a^2}$$

$$\sigma_r(b) = -p_\mathrm{a} = \frac{L}{A}\,\frac{\nu}{1-\nu} + C_1 + \frac{C_2}{b^2}$$

zu

$$C_1 = \frac{p_\mathrm{i} a^2 - p_\mathrm{a} b^2}{b^2 - a^2} - \frac{L}{A}\,\frac{\nu}{1-\nu}$$

$$C_2 = (p_\mathrm{a} - p_\mathrm{i})\,\frac{a^2 b^2}{b^2 - a^2}$$

mit

$$L = p_\mathrm{i} a^2 \pi - p_\mathrm{a} b^2 \pi$$

Damit erhalten wir aus (10.3.2)

$$\sigma_x = \frac{L}{A} = \frac{p_i a^2 - p_a b^2}{b^2 - a^2}$$

$$\sigma_r = \frac{p_i a^2}{b^2 - a^2}\left(1 - \frac{b^2}{r^2}\right) - \frac{p_a b^2}{b^2 - a^2}\left(1 - \frac{a^2}{r^2}\right)$$

$$\sigma_\varphi = \frac{p_i a^2}{b^2 - a^2}\left(1 + \frac{b^2}{r^2}\right) - \frac{p_a b^2}{b^2 - a^2}\left(1 + \frac{a^2}{r^2}\right)$$

Aus (10.3) folgt dann für die radiale Aufweitung

$$v_r = \frac{r}{E}\left[\sigma_\varphi - \nu\sigma_r - \nu\sigma_x\right] = \frac{r}{E}\left[(1 - \nu)\, C_1 - (1 + \nu)\, \frac{C_2}{r_2}\right]$$

$$= \frac{r}{E(b^2 - a^2)}\left[(1 - 2\nu)\,(p_i a^2 - p_a b^2) + (1 + \nu)\,(p_i - p_a)\,\frac{a^2 b^2}{r^2}\right]$$

(Für $L = 0$ (ebener Spannungszustand) steht statt $(1 - 2\nu)$ im ersten Glied der eckigen Klammer $(1 - \nu)$.)

Zahlenwerte:

$$b = 2a \qquad p_a = 0 \qquad p_i = p \qquad \nu = 0{,}3$$

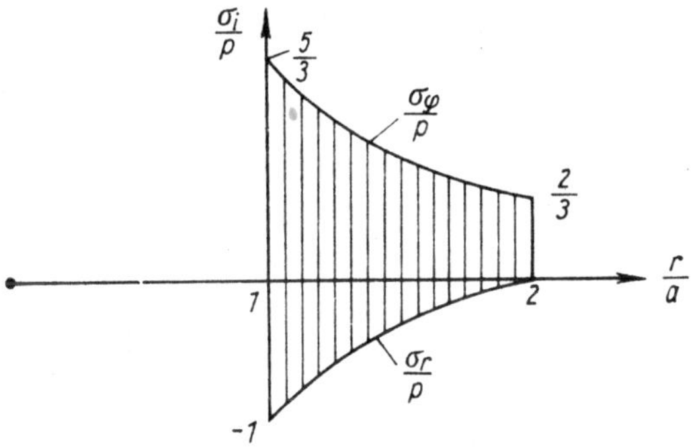

Bild F 10.4

Es gilt dann

$$\sigma_x = \frac{p}{3}$$

$$\sigma_r = \frac{p}{3}\left(1 - 4\,\frac{a^2}{r^2}\right)$$

$$\sigma_\varphi = \frac{p}{3}\left(1 + 4\,\frac{a^2}{r^2}\right)$$

$$v_r = \frac{pr}{3E}\left[0{,}4 + 5{,}2\,\frac{a^2}{r^2}\right]$$

Die Verläufe σ_r und σ_φ sind in Bild F 10.4 dargestellt.
Man erkennt, daß das Material sehr unterschiedlich beansprucht wird. Eine bessere Auslastung wird erreicht, wenn an der Innenseite eine Plastizierung zugelassen wird (s. Abschn. 13.).

10.2. Rotierende Scheiben

In diesem Abschnitt betrachten wir Bauteile, bei denen eine Abmessung, die Scheibendicke $h(r)$, klein ist gegenüber anderen Abmessungen, z. B. Außenrad us der Scheibe b, so daß wir mit dem ebenen Spannungszustand rechnen können.
Die Volumenkraft F_r^v entsteht durch Rotation der Scheibe, so daß gilt

$$F_r^v = \varrho r \omega^2$$

10.2.1. Gleichgewicht am Volumenelement

Wir betrachten ein Volumenelement $\mathrm{d}V = h(r)\,\mathrm{d}r\,r\,\mathrm{d}\varphi$ (Bild F 10.5), schreiben die möglichen Kräfte an den Schnittflächen an und erhalten die Gleichgewichtsbedingung

$$\uparrow(r): [\sigma_r h(r)\,r]_{,r} - \sigma_\varphi h(r) + \varrho h(r)\,r^2\omega^2 = 0 \tag{10.7}$$

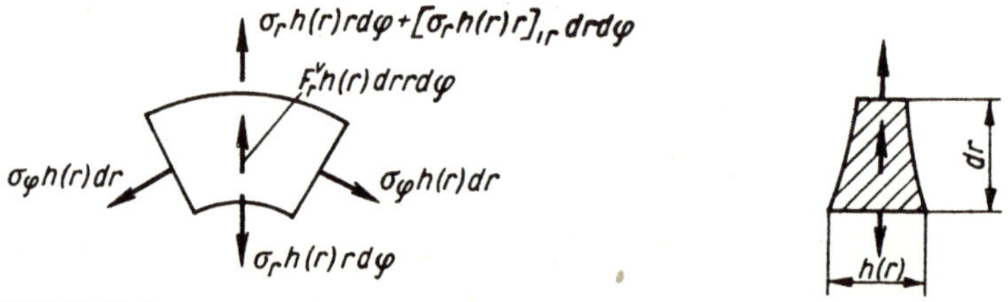

Bild F 10.5

10.2.2. Verformungen — Dehnungen — Stoffgesetz

Die Verformungs-Dehnungs-Beziehungen können wir von (10.2) übernehmen.
Mit

$$\varepsilon_r = v_{r,r} \qquad \text{und} \qquad \varepsilon_\varphi = \frac{v_r}{r}$$

gilt auch

$$(\varepsilon_\varphi r)_{,r} = \varepsilon_r \tag{10.8}$$

Die Gln. (10.3) gehen über in

$$\varepsilon_r = \frac{1}{E}(\sigma_r - \nu\sigma_\varphi) \qquad \varepsilon_\varphi = \frac{1}{E}(\sigma_\varphi - \nu\sigma_r) \tag{10.9}$$

10.2.3. Die Differentialgleichung für die Radialspannung und deren Lösungen

Wir setzen (10.9) in (10.8) ein und erhalten

$$(\sigma_\varphi r - \nu\sigma_r r)_{,r} = \sigma_r - \nu\sigma_\varphi \tag{10.10}$$

Setzen wir $h(r) = cr^n$ in die Gleichgewichtsbeziehung (10.7) ein, so erhalten wir

$$\sigma_\varphi = \sigma_{r,r} r + \sigma_r(1 + n) + \varrho\omega^2 r^2 \tag{10.11}$$

(10.11) in (10.10) liefert uns die inhomogene Differentialgleichung zweiter Ordnung für σ_r

$$r^2\sigma_{r,rr} + (3 + n)\, r\sigma_{r,r} + (1 + \nu)\, n\sigma_r = -\varrho\omega^2 r^2 (3 + \nu) \tag{10.12}$$

mit der Lösung

$$\sigma_r = \sigma_{rh} + \sigma_{rp}$$

Für die Lösung der homogenen Gleichung setzen wir an

$$\sigma_{rh} = A_i r^\lambda$$

und erhalten die charakteristische Gleichung

$$\lambda(\lambda - 1) + (3 + n)\,\lambda + (1 + \nu)\, n = 0$$

mit den Wurzeln

$$\lambda_{1,2} = -\frac{2 + n}{2} \pm \sqrt{\left(\frac{2 + n}{2}\right)^2 - (1 + \nu)\, n} \tag{10.13}$$

In die vollständige Dgl. (10.12) setzen wir ein

$$\sigma_{rp} = A_3 r^2$$

erhalten zunächst

$$A_3 r^2 [2 + 2(3 + n) + (1 + \nu)\, n] = -\varrho\omega^2 r^2 (3 + \nu)$$

und daraus

$$A_3 = -\frac{(3 + \nu)\,\varrho\omega^2}{8 + 3n + n\nu} \tag{10.14}$$

Für den Sonderfall $n = 0$ oder $h =$ konst. erhalten wir

$$\sigma_r = A_1 + \frac{A_2}{r^2} - \frac{(3 + \nu)\,\varrho\omega^2 r^2}{8} = \frac{\varrho\omega^2}{8}\left[A + \frac{B}{r^2} - (3 + \nu)\, r^2\right]$$

und mit (10.11)

$$\sigma_\varphi = \frac{\varrho\omega^2}{8}\left[A - \frac{B}{r^2} - (1 + 3\nu)\, r^2\right] \tag{10.15}$$

Die Radialverschiebung folgt dann aus (10.2) und (10.9) zu

$$v_r = \frac{\varrho\omega^2 r}{8E}\left[(1 - \nu)\, A - (1 + \nu)\,\frac{B}{r^2} - (1 - \nu^2)\, r^2\right] \tag{10.16}$$

Für eine rotierende Scheibe, die am Innenrand $r = a$ und am Außenrand $r = b$ radialspannungsfrei ist, ergeben sich die Konstanten A und B (10.15) aus

$$A + \frac{B}{a^2} - (3 + \nu)\, a^2 = 0$$

$$A + \frac{B}{b^2} - (3 + \nu)\, b^2 = 0$$

zu

$$A = (3 + \nu)\,(a^2 + b^2) \qquad B = -(3 + \nu)\, a^2 b^2$$

Damit ergeben sich für die Spannungsverläufe folgende Gleichungen:

$$\sigma_r = \frac{(3+\nu)\,\varrho\omega^2}{8}\left[a^2 + b^2 - \frac{a^2b^2}{r^2} - r^2\right]$$

$$\sigma_\varphi = \frac{(3+\nu)\,\varrho\omega^2}{8}\left[a^2 + b^2 + \frac{a^2b^2}{r^2} - \frac{1+3\nu}{3+\nu}\,r^2\right]$$

Für $a = 0$ erhält man die Beziehungen für die Vollscheibe.

$$\sigma_r = \frac{(3+\nu)\,\varrho\omega^2}{8}\,(b^2 - r^2)$$

$$\sigma_\varphi = \frac{\varrho\omega^2}{8}\,[(3+\nu)\,b^2 - (1+3\nu)\,r^2]$$

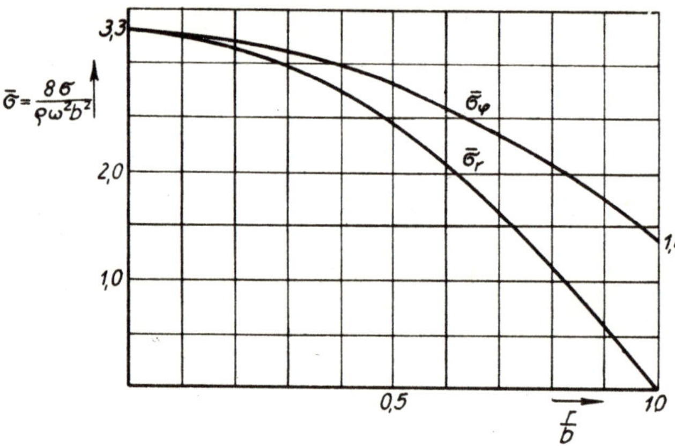

Bild F 10.6

Der Spannungsverlauf ist in Bild F 10.6 dargestellt.
(Dieser Spannungsverlauf stimmt wegen des Querkontraktionseinflusses nicht mit dem eines rotierenden Vollzylinders überein!)
Auch hier stellen wir wieder fest, daß das Material sehr ungleichmäßig ausgenutzt ist, und es wird deshalb oft die Frage gestellt: Wie muß $h(r)$ gewählt werden, damit in der Scheibe überall $\sigma_r = \sigma_\varphi = \sigma_0 =$ konst. erfüllt ist?
Für diese rotierende Vollscheibe gleicher Festigkeit erhalten wir an Stelle von (10.16)

$$\sigma_0\big[(h(r)\,r)' - h(r)\big] = -\varrho\omega^2 r^2 h(r) \qquad (10.17)$$

woraus folgt

$$\frac{h'(r)}{h(r)} = -\varrho\,\frac{\omega^2 r}{\sigma_0}$$

$$\ln h(r) = -\frac{\varrho\omega^2 r^2}{2\sigma_0} + \ln h_0$$

$$h(r) = h_0\,\mathrm{e}^{-\frac{\varrho\omega^2 r^2}{2\sigma_0}}$$

h_0 wird an irgendeiner Stelle, z. B. am Radumfang durch die Fliehkraft der Schaufeln bei einem Lüfter, festgelegt.
Scheiben beliebiger Kontur $h(r)$ werden häufig durch Scheiben mit abschnittsweise konstanter Dicke angenähert und dann nach dem Matrizenverfahren berechnet.
Für eine rotierende Scheibe konstanter Dicke sind deshalb die Radialspannungen und die Verformung an der Stelle $r = r_A$ auszudrücken durch die entsprechenden Größen an der Stelle $r = r_E$. Aus (10.15) und (10.16)

$$\sigma_r = \frac{\varrho\omega^2}{8}\left[A + \frac{B}{r^2} - (3+\nu)\, r^2\right]$$

$$v_r = \frac{\varrho\omega^2}{8}\,\frac{r}{E}\left[A(1-\nu) - \frac{B}{r^2}(1+\nu) - (1-\nu^2)\, r^2\right]$$

und den Bedingungen

$$\sigma_r(r = r_E) = \sigma_{rE}$$

und

$$v_r(r = r_E) = v_{rE}$$

errechnen sich die Konstanten zu

$$A = \frac{4}{\varrho\omega^2}\left[(1+\nu)\,\sigma_{rE} + \frac{v_{rE}}{r_E}\, E\right] + 2(1+\nu)\, r_E^2$$

$$B = \frac{4r_E^2}{\varrho\omega^2}\left[(1-\nu)\,\sigma_{rE} - \frac{v_{rE}}{r_E}\, E\right] + (1-\nu)\, r_E^4$$

Daraus folgt mit der Abkürzung $\frac{r_E}{r_A} = \delta$:

$$\sigma_{rA} = \sigma_{rE}\left[\frac{1+\nu}{2} + \frac{1-\nu}{2}\,\delta^2\right] + \frac{E v_{rE}}{2r_E}\,[1-\delta^2] + \frac{\varrho\omega^2 r_E^2}{8}\left[2(1+\nu) + (1-\nu)\,\delta^2 - \frac{(3+\nu)}{\delta^2}\right]$$

$$v_{rA} = \frac{\sigma_{rE}}{E}\, r_A\left[\frac{1-\nu^2}{2}(1-\delta^2)\right] + \frac{v_{rE}}{2\delta}\,[1-\nu+(1+\nu)\,\delta^2] - \frac{\varrho\omega^2}{8}\,\frac{r_A^3}{E}\,(1-\nu^2)\,(1-\delta^2)^2$$

Das Matrizenschema

$$\begin{pmatrix}\sigma_{rA}\\ v_{rA}\end{pmatrix} = \begin{pmatrix}\frac{1+\nu}{2} + \frac{1-\nu}{2}\,\delta^2 & \frac{E}{2r_E}\,(1-\delta^2)\\ \frac{r_A}{E}\,\frac{1-\nu^2}{2}\,(1-\delta^2) & \frac{1-\nu}{2\delta} + \left(\frac{1+\nu}{2}\right)\delta\end{pmatrix}\begin{pmatrix}\sigma_{rE}\\ v_{rE}\end{pmatrix} \tag{10.18}$$

gibt an, wie sich (für $\omega = 0$) die Eingangsgrößen (σ_{rE}, v_{rE}) den Ausgangsgrößen (σ_{rA}, v_{rA}) mitteilen.

10.3. Rotationssymmetrisch belastete Kreisringplatten

10.3.1. Voraussetzungen

Eine Platte ist ein ebenes Bauelement, dessen Ausdehnung in einer Richtung (z-Richtung) wesentlich kleiner ist als in den beiden anderen Richtungen und bei dem die Belastung in z-Richtung erfolgt.
Bei der Berechnung werden die folgenden (*Kirchhoff*schen[1]) Annahmen getroffen:

1. Die Durchbiegung (w) der Platte sei klein gegenüber allen anderen Abmessungen.
2. Die Normalspannungen senkrecht zur Mittelebene $z = 0$ werden vernachlässigt.
3. Die Verformungen der Platte werden durch die Verformung ihrer Mittelebene beschrieben $[w(z = 0) = w(z)]$.
4. Die Querschnitte senkrecht zur Mittelebene bleiben auch nach der Verformung eben und senkrecht zur verformten Mittelfläche (*Bernoulli-Navier*-Hypothese).
5. Die Plattendicke sei konstant, Ober- bzw. Unterseite werden durch die Ebenen $z = \pm \frac{h}{2}$ festgelegt.

10.3.2. Gleichgewichtsbedingungen

In der Plattenstatik ist es üblich, Schnittgrößen je Längeneinheit als Belastungen einzuführen in der Form

$$m_r = \int_{-(h/2)}^{+(h/2)} \sigma_r z \, \mathrm{d}z \qquad m_\varphi = \int_{-(h/2)}^{+(h/2)} \sigma_\varphi z \, \mathrm{d}z \qquad q = \int_{-(h/2)}^{+(h/2)} \tau \, \mathrm{d}z \tag{10.19}$$

Mit diesen Schnittgrößen ergeben sich am Volumenelement $r \, \mathrm{d}\varphi \, \mathrm{d}r h$ (Bild F 10.7) folgende Gleichgewichtsbedingungen (zur Vereinfachung setzen wir in diesem Abschnitt

$$\frac{\mathrm{d}()}{\mathrm{d}r} = ()'$$

$$qr \, \mathrm{d}\varphi - \mathrm{d}(qr) \, \mathrm{d}\varphi - qr \, \mathrm{d}\varphi - p(r) \, r \, \mathrm{d}r \, \mathrm{d}\varphi = 0$$

$$(qr)' + p(r) \, r = 0 \tag{10.20}$$

$$m_r r \, \mathrm{d}\varphi + \mathrm{d}(m_r r) \, \mathrm{d}\varphi - m_r r \, \mathrm{d}\varphi - m_\varphi \, \mathrm{d}r \, \mathrm{d}\varphi - qr \, \mathrm{d}\varphi \, \mathrm{d}r = 0$$

$$(m_r r)' - m_\varphi - qr = 0$$

Diese beiden Gleichgewichtsbedingungen reichen zur Bestimmung der Unbekannten nicht aus.

---

[1]) *Gustav Kirchhoff* (1824 bis 1887)

10.3.3. Formänderungsbetrachtungen und Hookesches Gesetz

Die Verformung der Platte führt zu Dehnungen. Für alle rotationssymmetrischen Spannungszustände gilt [siehe (10.2)]

$$\varepsilon_r = v_r' \qquad \varepsilon_\varphi = \frac{v_r}{r}$$

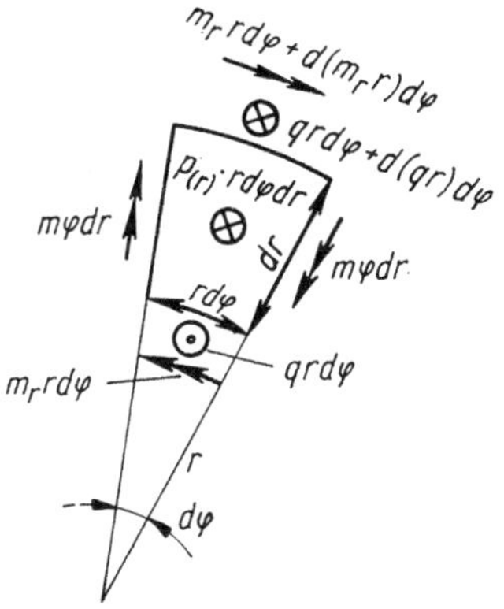

Bild F 10.7

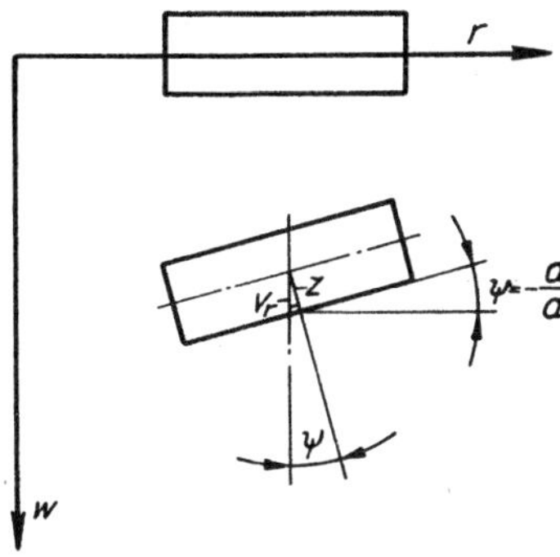

Bild F 10.8

Die Radialverschiebung v_r ist mit der Plattenneigung ψ und mit der Durchsenkung w verknüpft (Bild F 10.8).
Es gilt

$$v_r = z\psi$$

und

$$\psi = -\frac{\mathrm{d}w}{\mathrm{d}r} = -w'$$

Für die Dehnungen folgt daraus

$$\varepsilon_r = v_r' = z\psi' = -zw''$$

$$\varepsilon_\varphi = \frac{v_r}{r} = z\,\frac{\psi}{r} = -z\,\frac{w'}{r} \tag{10.21}$$

Die Dehnungen sind mit den Spannungen durch das *Hooke*sche Gesetz verbunden.

$$\sigma_r = \frac{E}{1-\nu^2}\,(\varepsilon_r + \nu\varepsilon_\varphi) = \frac{-Ez}{1-\nu^2}\left(w'' + \nu\,\frac{w'}{r}\right)$$

$$\sigma_\varphi = \frac{E}{1-\nu^2}\,(\varepsilon_\varphi + \nu\varepsilon_r) = \frac{-Ez}{1-\nu^2}\left(\frac{w'}{r} + \nu w''\right) \tag{10.22}$$

Die in (10.17) definierten Schnittgrößen lassen sich demnach folgendermaßen ausdrücken:

$$m_r = \frac{E}{1-\nu^2}\frac{h^3}{12}\left(w'' + \nu\frac{w'}{r}\right) = -K\left(w'' + \nu\frac{w'}{r}\right)$$

$$m_\varphi = \frac{E}{1-\nu^2}\frac{h^3}{12}\left(\frac{w'}{r} + \nu w''\right) = -K\left(\frac{w'}{r} + \nu w''\right) \qquad (10.23)$$

($K = \dfrac{Eh^3}{12(1-\nu^2)}$ nennt man die Biegesteifigkeit der Platte.)

10.3.4. Differentialgleichung und ihre Lösungen

Werden die Schnittgrößen (10.23) in die Gleichgewichtsbedingungen (10.20) eingeführt, so ergibt sich folgende Beziehung.

$$-K\left[w''r + \nu w')' - \frac{w'}{r} - \nu w''\right]' = (qr)' = -p(r)\,r$$

$$\left[w^{IV} + 2\frac{w'''}{r} - \frac{w''}{r^2} + \frac{w'}{r^3}\right] = \frac{p(r)}{K}$$

$$\left(\frac{\mathrm{d}^2}{\mathrm{d}r^2} + \frac{1}{r}\frac{\mathrm{d}}{\mathrm{d}r}\right)\left(\frac{\mathrm{d}^2 w}{\mathrm{d}r^2} + \frac{1}{r}\frac{\mathrm{d}w}{\mathrm{d}r}\right) = \Delta\Delta w = \frac{p(r)}{K} \qquad (10.24)$$

Aus dieser inhomogenen Differentialgleichung vierter Ordnung kann man die Durchsenkung und damit auch die Schnittgrößen ermitteln.
Zur Lösung der homogenen *Euler*schen Dgl. führt der Ansatz

$$w_h = A_i r^\lambda$$

auf die charakteristische Gleichung

$$\lambda(\lambda-1)(\lambda-2)(\lambda-3) + 2\lambda(\lambda-1)(\lambda-2) - \lambda(\lambda-1) + \lambda = 0$$

mit den Wurzeln

$$\lambda_{1,2} = 0 \qquad \lambda_{3,4} = 2$$

Damit ergibt sich als vollständige Lösung der Dgl.

$$w = w_p + A_1 + A_2 \ln r + A_3 r^2 + A_4 r^2 \ln r \qquad (10.25)$$

Oft wird die Dgl. (10.24) zur Lösung etwas anders vorbereitet. Mit

$$\Delta w = \frac{\mathrm{d}^2 w}{\mathrm{d}r^2} + \frac{1}{r}\frac{\mathrm{d}w}{\mathrm{d}r} = \frac{1}{r}(rw')'$$

kann man für (10.24) auch schreiben

$$\frac{1}{r}\left\{r\left[\frac{1}{r}(rw')'\right]'\right\}' = \frac{p(r)}{K} \qquad (10.26)$$

Eine elementare mehrfache Integration führt dann z. B. für $p(r) = p =$ konst. zu folgender Lösung:

$$w = \frac{p}{K}\left[\frac{r^4}{64} + C_1\left(\frac{r^2 \ln r}{4} - \frac{r^2}{4}\right) + C_2\frac{r^2}{4} + C_3 \ln r + C_4\right] \qquad (10.27)$$

Die vier Konstanten sind aus den Randbedingungen des Problems zu bestimmen. Analog zu den Überlegungen bei der elastischen Linie gilt hier

a) eingespannter Rand:

$$w = 0$$
$$w' = 0$$

b) frei drehbar gelagerter Rand:

$$w = 0$$
$$m_r = -K\left(w'' + \nu\frac{w'}{r}\right) = 0$$

c) freier Rand:

$$m_r = -K\left(w'' + \nu\frac{w'}{r}\right) = 0$$

$$q = -K\left(w''' + \frac{w''}{r} - \frac{w'}{r^2}\right) = -K(\Delta w)' = 0$$

Beispiele:

Beispiel 1:

Für eine bei $r = R$ eingespannte Vollplatte mit konstanter Belastung sind gesucht: Durchbiegungsverlauf und maximale Spannung.
Für eine Vollplatte sind die Konstanten C_1 und C_3 in (10.27) Null, weil sonst für $r = 0$ w, w', m_r und q unendlich werden.
Für die Bestimmung der Konstanten C_2 und C_4 stehen zwei Randbedingungen zur Verfügung

$$w(R) = 0\colon\ \frac{R^4}{64} + C_2\frac{R^2}{4} + C_4 = 0$$

$$w'(R) = 0\colon\ \frac{R^3}{16} + C_2\frac{R}{2} = 0$$

Mit

$$C_2 = -\frac{R^2}{8}$$

und

$$C_4 = \frac{R^4}{64}$$

erhält man

$$w(r) = \frac{p}{64K}(r^2 - R^2)^2$$

Die Berechnung der Spannungen erfolgt aus den Schnittgrößen.

$$\sigma_r = \frac{6m_r}{h^2} \qquad \sigma_\varphi = \frac{6m_\varphi}{h^2}$$

$$m_r = -K\left(w'' + \nu\,\frac{w'}{r}\right) = -\frac{p}{16}\,[3r^2 - R^2 + \nu(r^2 - R^2)]$$

$$m_\varphi = -K\left(\frac{w'}{r} + \nu w''\right) = -\frac{p}{16}\,[r^2 - R^2 + \nu(3r^2 - R^2)]$$

$$m_{r(0)} = m_{\varphi(0)} = \frac{p}{16}\,(1 + \nu)\,R^2$$

$$m_{r(R)} = -\frac{pR^2}{8} \qquad m_{\varphi(R)} = -\frac{\nu pR^2}{8} \qquad m_{\varphi(R)} = \nu m_{r(R)}$$

$$\sigma_{r(0)} = \sigma_{\varphi(0)} = \frac{3(1+\nu)}{8}\,p\left(\frac{R}{h}\right)^2$$

$$\sigma_{r(R)} = \sigma_{\max} = \frac{3}{4}\,p\left(\frac{R}{h}\right)^2 \qquad \sigma_{\varphi(R)} = \frac{3\nu}{4}\,p\left(\frac{R}{h}\right)^2$$

$$\sigma_{v(R)} = \frac{3}{4}\,p\left(\frac{R}{h}\right)^2\sqrt{1 + \nu^2 - \nu} \approx 0{,}66p\left(\frac{R}{h}\right)^2$$

$$\sigma_{v(0)} = \cdots \approx 0{,}49p\left(\frac{R}{h}\right)^2 \quad \text{[s. Abschn. 11.]}$$

Beispiel 2:

Für eine im Mittelpunkt durch eine Einzellast F beanspruchte Kreisplatte ist die Dgl. (10.24) allgemein zu lösen.
Wegen $p = 0$ sind die Lösungen (10.25) und (10.27) unbrauchbar.
Mit $q = -\dfrac{F}{2\pi r}$ kann, ausgehend von der Gleichung

$$\frac{F}{2\pi K} = r\left[\frac{1}{r}\,(rw')'\right]' = -\frac{qr}{K}$$

das Problem gelöst werden durch

$$w = \frac{F}{2\pi K}\left[\frac{r^2}{4}\ln r - \frac{r^2}{4} + C_1\,\frac{r^2}{4} + C_2 \ln r + C_3\right]$$

Die Konstante C_2 muß Null sein, da sonst $w(0)$ unendlich wird.

Beispiel 3:

Man gebe die Übertragungsmatrix für eine Kreisplatte an.
Ausgehend von der homogenen Lösung (10.25), erhält man

$$w = A_1 + A_2 \ln r + A_3 r^2 + A_4 r^2 \ln r$$

$$w' = \frac{A_2}{r} + 2A_3 r + A_4(2r\ln r + r)$$

$$w'' = -\frac{A_2}{r^2} + 2A_3 + A_4(2\ln r + 3)$$

$$w''' = \frac{2A_2}{r^3} + A_4\,\frac{2}{r}$$

Für die Schnittgrößen m und q folgt daraus

$$\overline{m}_r = \frac{m_r}{K} = -\left(w'' + \nu \frac{w'}{r}\right) = \frac{A_2}{r^2}(1-\nu) - 2A_3(1+\nu)$$
$$- A_4[2 \ln r(1+\nu) + 3 + \nu]$$

$$\bar{q} = \frac{q}{K} = -\left(w''' + \frac{w''}{r} - \frac{w'}{r^2}\right) = -A_4\left(\frac{4}{r}\right)$$

Die Konstanten $A_1 \ldots A_4$ werden aus den Bedingungen am Eingang $(r = r_\mathrm{E})$ bestimmt.

$$A_1 = w_\mathrm{E} - w'_\mathrm{E} r_\mathrm{E}\left(\frac{1-\nu}{4} + \frac{1+\nu}{2} \ln r_\mathrm{E}\right) + \overline{m}_{r\mathrm{E}} r_\mathrm{E}^2 \left(\frac{1}{4} - \frac{1}{2} \ln r_\mathrm{E}\right)$$
$$+ \bar{q}_\mathrm{E} r_\mathrm{E}^3 \left(\frac{1}{4} \ln r_\mathrm{E} - \frac{1}{4}\right)$$

$$A_2 = w'_\mathrm{E} r_\mathrm{E} \frac{1+\nu}{2} + \overline{m}_{r\mathrm{E}} r_\mathrm{E}^2 \frac{1}{2} - \bar{q}_\mathrm{E} r_\mathrm{E}^3 \frac{1}{4}$$

$$A_3 = \frac{w'_\mathrm{E}}{r_\mathrm{E}} \frac{1-\nu}{4} - \overline{m}_{r\mathrm{E}} \frac{1}{4} + \bar{q}_\mathrm{E} r_\mathrm{E} \frac{1}{4} (\ln r_\mathrm{E} + 1)$$

$$A_4 = -\bar{q}_\mathrm{E} r_\mathrm{E} \frac{1}{4}$$

Man erhält mit $\delta = \dfrac{r}{r_\mathrm{E}}$:

$$= \begin{pmatrix} 1 & r_\mathrm{E}\left[\frac{1-\nu}{4}(\delta^2-1) + \frac{1+\nu}{2}\ln\delta\right] & r_\mathrm{E}^2\left[\frac{1-\delta^2}{4} + \frac{1}{2}\ln\delta\right] & \frac{r_\mathrm{E}^3}{4}[(\delta^2-1) - (1+\delta^2)\ln\delta] \\ 0 & \frac{1+\nu}{2\delta} + \frac{1-\nu}{2}\delta & r_\mathrm{E}\left[\frac{1}{2\delta} - \frac{\delta}{2}\right] & r_\mathrm{E}^2\left[\frac{1}{4}\left(\delta - \frac{1}{\delta}\right) - \frac{\delta}{2}\ln\delta\right] \\ 0 & \frac{1}{r_\mathrm{E}}\left[\frac{1-\nu^2}{2}\left(\frac{1}{\delta^2} - 1\right)\right] & \frac{1+\nu}{2} + \frac{1-\nu}{2}\frac{1}{\delta^2} & r_\mathrm{E}\left[\frac{1-\nu}{4}\left(1 - \frac{1}{\delta^2}\right) + \frac{1+\nu}{2}\ln\delta\right] \\ 0 & 0 & 0 & \frac{1}{\delta} \end{pmatrix} \begin{pmatrix} w_\mathrm{E} \\ w'_\mathrm{E} \\ \overline{m}_{r\mathrm{E}} \\ \bar{q}_\mathrm{E} \end{pmatrix}$$

10.4. Kreiszylinderschalen

10.4.1. Voraussetzungen

Zur Schalenberechnung werden die Voraussetzungen der Plattenberechnung sinngemäß übernommen. Außerdem soll die Wanddicke der Schale h klein sein gegenüber dem Krümmungsradius der Schalenmittelfläche R, und z wird von dieser Mittelfläche nach außen positiv gewählt. Ferner wollen wir in 10.4. $\dfrac{\mathrm{d}()}{\mathrm{d}x}$ durch die Abkürzung $()'$ ersetzen.

10.4.2. Gleichgewichtsbedingungen

Mit den am Volumenelement $\mathrm{d}x\, R\, \mathrm{d}\varphi h$ in Bild F 10.9 eingetragenen Schnittgrößen je Längeneinheit und einem Innendruck $p(x)$ lassen sich die folgenden drei Gleichgewichtsbedingungen aufstellen:
Kräftegleichgewicht in x-Richtung:

$$\mathrm{d}n_x = 0 \tag{10.28}$$

Kräftegleichgewicht in radialer Richtung:

$$(q_x + \mathrm{d}q_x)\, R\, \mathrm{d}\varphi - q_x R\, \mathrm{d}\varphi - n_\varphi\, \mathrm{d}x\, \mathrm{d}\varphi + p(x)\, \mathrm{d}x\, R\, \mathrm{d}\varphi = 0$$

$$\frac{\mathrm{d}q_x}{\mathrm{d}x} - \frac{1}{R}\, n_\varphi + p(x) = 0 \tag{10.29}$$

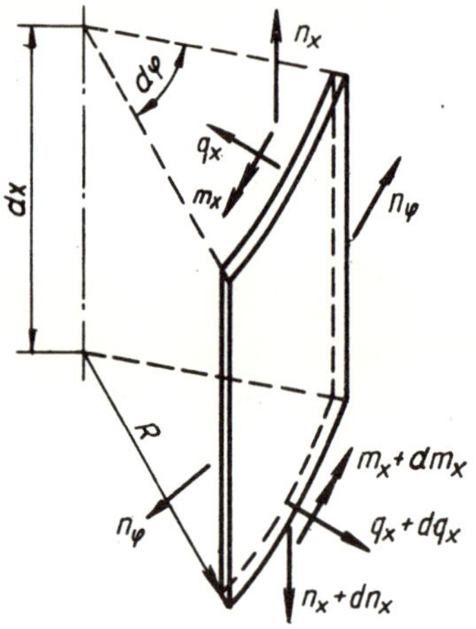

Bild F 10.9

Momentengleichgewicht:

$$(m_x - \mathrm{d}m_x)\, R\, \mathrm{d}\varphi - m_x R\, \mathrm{d}\varphi - q_x\, \mathrm{d}x = 0$$

$$\frac{\mathrm{d}m_x}{\mathrm{d}x} - q_x = 0 \tag{10.30}$$

Zur Bestimmung der vier unbekannten Schnittgrößen stehen nur drei Gleichgewichtsbedingungen zur Verfügung.
Aus der ersten Bedingung folgt

$$n_x = \text{konst.}$$

und die beiden anderen Beziehungen können zusammengefaßt werden zu

$$m_x'' - \frac{1}{R}\, n_\varphi + p(x) = 0 \tag{10.31}$$

10.4.3. Formänderungsbetrachtungen und Hookesches Gesetz

Zur Beschreibung des Verformungszustandes werden folgende Größen eingeführt:

u Verschiebung in x-Richtung

w Verschiebung in r-Richtung

Aus Symmetriegründen kann eine Verschiebung in φ-Richtung nicht auftreten. Zwischen den Verschiebungen und Dehnungen besteht folgender Zusammenhang (Bild F 10.10)

$$\varepsilon_x = \frac{\mathrm{d}u}{\mathrm{d}x} = \frac{\mathrm{d}u_0}{\mathrm{d}x} - zw'' \qquad [u(z) = u_0 - zw']$$

$$\varepsilon_\varphi = \frac{w}{r} = \frac{w}{R+z} \approx \frac{w}{R} - w\,\frac{z}{R^2} \quad (\text{wegen } z \ll R) \tag{10.32}$$

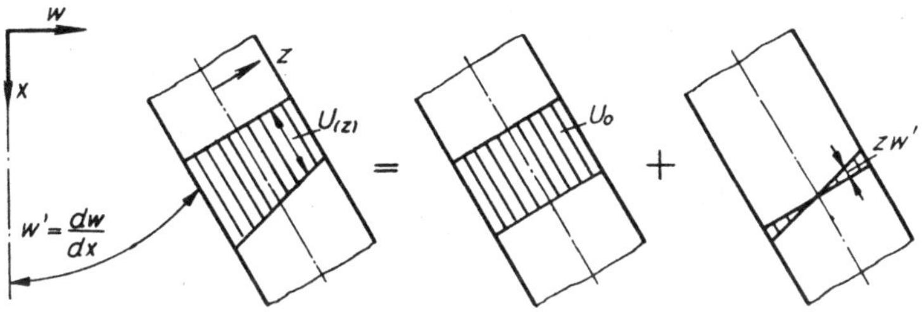

Bild F 10.10

Die Dehnungen setzen sich aus einem reinen Zuganteil und aus einem Biegeanteil zusammen (Bild F 10.10).

Zwischen den Verschiebungen und den Spannungen besteht über das *Hooke*sche Gesetz der Zusammenhang (ebener Spannungszustand)

$$\sigma_x = \frac{E}{1-\nu^2}(\varepsilon_x + \nu\varepsilon_\varphi) = \frac{E}{1-\nu^2}\left[u_0' + \nu\,\frac{w}{R} - z\left(w'' + \nu\,\frac{w}{R^2}\right)\right]$$

$$\sigma_\varphi = \frac{E}{1-\nu^2}(\varepsilon_\varphi + \nu\varepsilon_x) = \frac{E}{1-\nu^2}\left[\frac{w}{R} + \nu u_0' - z\left(\frac{w}{R^2} + \nu w''\right)\right] \tag{10.33}$$

so daß man für die Schnittgrößen schreiben kann

$$n_x = \int\limits_{-(h/2)}^{+(h/2)} \sigma_x \,\mathrm{d}z = \frac{Eh}{1-\nu^2}\left(u_0' + \nu\,\frac{w}{R}\right) = D\left(u_0' + \nu\,\frac{w}{R}\right)$$

$$n_\varphi = \int\limits_{-(h/2)}^{+(h/2)} \sigma_\varphi \,\mathrm{d}z = \frac{Eh}{1-\nu^2}\left(\frac{w}{R} + \nu u_0'\right) = D\left(\frac{w}{R} + \nu u_0'\right) \tag{10.34}$$

$$\left(D = \frac{Eh}{1-\nu^2}\ \text{Dehnsteifigkeit}\right)$$

$$m_x = \int\limits_{-(h/2)}^{+(h/2)} \sigma_x z \, \mathrm{d}z = -\frac{Eh^3}{12(1-\nu^2)}\left(w'' + \nu \frac{w}{R^2}\right)$$

$$= -K\left(w'' + \nu \frac{w}{R^2}\right) \approx -Kw'' \qquad (10.35)$$

$$m_\varphi = \int\limits_{-(h/2)}^{+(h/2)} \sigma_\varphi z \, \mathrm{d}z = -\frac{Eh^3}{12(1-\nu^2)}\left(\frac{w}{R^2} + \nu w''\right)$$

$$= -K\left(\frac{w}{R^2} + \nu w''\right) \approx -K\nu w''$$

$$\left(K = \frac{Eh^3}{12(1-\nu^2)} \text{ Biegesteifigkeit}\right)$$

10.4.4. Differentialgleichung und ihre Lösungen

Die Längskraft in x-Richtung ist konstant, man kann sie getrennt von den übrigen Schnittgrößen behandeln. Wir setzen die Längskraft vorübergehend Null und erhalten somit aus (10.34.1)

$$u_0' = -\nu \frac{w}{R}$$

Mit dieser Beziehung ergibt sich aus (10.34.2)

$$n_\varphi = \frac{Eh}{R} w \qquad (10.36)$$

Setzt man (10.30), (10.35) und (10.36) in (10.29) ein, so erhält man die folgende Differentialgleichung:

$$w^{IV} + \frac{12(1-\nu^2)}{R^2h^2} w = \frac{12(1-\nu^2)}{Eh^3} p(x) = \frac{p(x)}{K}$$

Mit der Substitution

$$4\alpha^4 = \frac{12(1-\nu)^2}{R^2h^2}$$

geht diese Gleichung über in

$$w^{IV} + 4\alpha^4 w = 4\alpha^4 \frac{p(x)\, R^2}{hE} \qquad (10.37)$$

Die Lösung dieser Gleichung wurde bereits diskutiert (vgl. 3.7.1.).
Für $p(x) = \text{konst.} = p$ wird (10.37) gelöst durch

$$w = \frac{R^2p}{Eh} + \mathrm{e}^{-\alpha x}(C_1 \sin \alpha x + C_2 \cos \alpha x) + \mathrm{e}^{+\alpha x}(C_3 \sin \alpha x + C_4 \cos \alpha x) \qquad (10.38)$$

Die Konstanten C_1 bis C_4 werden aus den Bedingungen an den Rändern $x = 0$ bzw. $x = l$ bestimmt.
Die Lösung setzt sich aus drei Teilen zusammen.
Das Glied $\frac{R^2 p}{Eh}$ entspricht einer von x unabhängigen Ringaufweitung (Membranspannung). Das zweite Glied nimmt mit wachsendem x ab. (Störungen vom Rande $x = 0$ klingen ab.) Das dritte Glied wird mit x größer, es gehört offenbar zum anderen Rand und braucht für lange Schalen $l > 2{,}5\sqrt{Rh}$ nicht berücksichtigt zu werden (vgl. Beispiel).
Bei der Berechnung geschlossener Kreiszylinder unter dem Innendruck p ist die Längskraft

$$n_x = \frac{pR}{2}$$

Dadurch entsteht die Verformung

$$w_{nx} = -\frac{pR^2}{2hE}\nu$$

Dieser Term ist in (10.38) außerdem zu berücksichtigen!

Beispiel:

Ein Kreiszylinder ($R = 100$ cm, $h = 9$ cm, $E = 2 \cdot 10^5$ N mm^{-2}, $\nu = 0{,}3$) wird an der Stelle $x = 0$ durch eine Querkraft und ein Biegemoment je Längeneinheit beansprucht (Bild F 10.11). Man gebe den Verlauf der Schnittgrößen w, w', m_x und q_x an.
Es gilt

$$m_{x(0)} = -m_0 = -Kw''(0)$$

$$q_{x(0)} = -q_0 = -Kw'''(0)$$

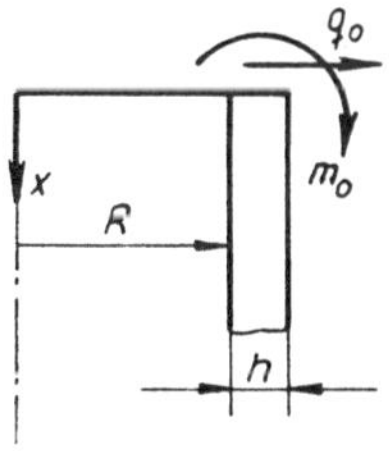

Bild F 10.11

Die Störungen (m_0, q_0) gehen vom Rand $x = 0$ aus, es wird deshalb nur das zweite Glied in (10.38) berücksichtigt.

$$w = e^{-\alpha x}(C_1 \sin \alpha x + C_2 \cos \alpha x)$$

$$w' = -\alpha\, e^{-\alpha x}[C_1(\sin \alpha x - \cos \alpha x) + C_2(\cos \alpha x + \sin \alpha x)]$$

$$w'' = 2\alpha^2\, e^{-\alpha x}[C_1(-\cos \alpha x) + C_2 \sin \alpha x]$$

$$w''' = 2\alpha^3\, e^{-\alpha x}[C_1(\cos \alpha x + \sin \alpha x) + C_2(-\sin \alpha x + \cos \alpha x)]$$

$$w^{IV} = -4\alpha^4\, e^{-\alpha x}[C_1 \sin \alpha x + C_2 \cos \alpha x]$$

(Setzt man das letzte Glied (w^{IV}) in (10.37) ein, so ist die homogene Differentialgleichung erfüllt.) Die Konstanten C_1 und C_2 werden aus den beiden Randbedingungen

$$\frac{m_0}{K} = -2\alpha^2 C_1$$

und

$$\frac{q_0}{K} = 2\alpha^3(C_1 + C_2)$$

bestimmt zu

$$C_1 = -\frac{m_0}{2\alpha^2 K} \quad \text{und} \quad C_2 = \frac{q_0}{2\alpha^3 K} + \frac{m_0}{2\alpha^2 K}$$

Setzt man C_1 und C_2 in $w \ldots w'''$ ein, so ergibt sich der Verlauf der Schnittgrößen. Für Durchbiegung w und Schalenneigung w' an der Stelle $x = 0$ erhält man

$$w_0 = \frac{m_0}{2\alpha^2 K} + \frac{q_0}{2\alpha^3 K}$$

$$w_0' = -\frac{m_0}{\alpha K} - \frac{q_0}{2\alpha^2 K}$$

Mit $m_0 = 0$ sind die bezogenen Größen

$$\bar{w} = \frac{w 2\alpha^3 K}{q_0} \qquad \bar{w}' = \frac{w' 2\alpha^2 K}{q_0}$$

$$\bar{w}'' = \frac{w'' 4\alpha K}{q_0} \quad \text{und} \quad \bar{w}''' = \frac{w''' 4K}{q_0}$$

zur Darstellung des Abklingverhaltens in einer Tabelle zusammengestellt.

αx	$\bar{w} = e^{-\alpha x} \cos \alpha x$	$\bar{w}' = -e^{-\alpha x} \times (\cos \alpha x + \sin \alpha x)$	$\bar{w}'' = e^{-\alpha x} \sin \alpha x$	$\bar{w}''' = e^{-\alpha x} \times (\cos \alpha x - \sin \alpha x)$
0	1	−1	0	1
0,2	0,8024	−0,9651	0,1627	0,6397
0,4	0,6174	−0,8784	0,2610	0,3564
0,6	0,4530	−0,7629	0,3099	0,1431
0,8	0,3130	−0,6353	0,3223	−0,009300
1,0	0,1988	−0,5084	0,3096	−0,1108
1,5	0,01578	−0,2383	0,2225	−0,2067
2,0	−0,05632	−0,06678	0,1231	−0,1794
2,5	−0,06576	0,01663	0,04913	−0,1149
3,0	−0,04929	0,04227	0,007025	−0,05632

$$\alpha = \frac{\sqrt[4]{3(1-\nu^2)}}{\sqrt{Rh}} = \frac{1{,}285}{30\ \text{cm}} = 0{,}0428\,\frac{1}{\text{cm}}$$

$$l > 2{,}5\sqrt{Rh} = 75\ \text{cm} \mathrel{\hat{=}} \alpha x = 3{,}2$$

Bei unserem Behälter (Durchmesser $2R = 2$ m, Wanddicke $h = 9$ cm) sind alle Schnittgrößen nach $x = 75$ cm bereits auf $\approx 5\%$ abgeklungen.

10.5. Zusammenfassung

Drehsymmetrische Spannungszustände lassen sich in Zylinderkoordinaten darstellen. Mit den getroffenen Voraussetzungen sind alle Schnittgrößen vom Drehwinkel φ unabhängig.
Die Gleichgewichtsbedingungen sind an einem Volumenelement aufzustellen; die gewonnenen Gleichungen reichen aber zur Bestimmung der Unbekannten nicht aus — das Problem ist statisch unbestimmt. Dehnungs-Verformungs-Beziehungen liefern in Verbindung mit dem *Hooke*schen Gesetz weitere Zusammenhänge.
Aus den vorhandenen Gleichungen läßt sich eine Unbekannte eliminieren. Wir erhalten eine Differentialgleichung. Über die Randbedingungen bestimmt man die Konstanten.

11. VERGLEICHSSPANNUNGSHYPOTHESEN

Der Spannungszustand in einem Bauteil ist im allgemeinen mehrachsig, und es ist das Ziel dieses Abschnittes, diese mehrachsigen Spannungszustände mit einem einachsigen Spannungszustand zu vergleichen, weil aus der Werkstofftechnik oft nur ein am Probestab ermittelter Werkstoffkennwert zur Verfügung steht. Hierfür sind mehrere Hypothesen aufgestellt worden, von denen die wichtigsten vorgestellt werden. Die Betrachtung erfolgt hier zunächst für statische Lasten. Eine Erweiterung auf zyklische Belastungen wird in Abschn. 12. vorgestellt.

11.1. Hauptspannungshypothese

Diese Hypothese ist die älteste Annahme. Sie sagt aus, daß nur die maximale Hauptnormalspannung für die Zerstörung des Werkstoffes verantwortlich ist. Es gilt also

$$\sigma_{v1} = \sigma_1 \tag{11.1}$$

mit

$$\sigma_1 > \sigma_2 > \sigma_3$$

Für duktiles (dehnbares, zähes) Materialverhalten liefert diese Hypothese zu kleine Vergleichsspannungen, d. h., man liegt auf der unsicheren Seite. Lediglich für sprödes Materialverhalten trifft die Annahme zu, wie Versuche gezeigt haben.

11.2. Hauptdehnungshypothese

Diese Hypothese geht davon aus, daß die größte Hauptdehnung für das Eintreten eines Bruches verantwortlich ist. Es gilt

$$\varepsilon_1 = \frac{\sigma_{v2}}{E} = \frac{1}{E}\,[\sigma_1 - \nu(\sigma_2 + \sigma_3)],$$

woraus folgt

$$\sigma_{v2} = \sigma_1 - \nu(\sigma_2 + \sigma_3) \tag{11.2}$$

Diese Hypothese berücksichtigt alle drei Hauptspannungen, liefert aber gleichfalls zu niedrige Werte.

11.3. Schubspannungshypothese

Abgeleitet von den Beobachtungen am glatten, zähen Zugprobestab, der nicht senkrecht zur Zugrichtung reißt, sondern unter einem gewissen Winkel, weil auf Grund der Gleitungen ein Versagen auftritt, wurde von *Coulomb*[1]) die größte Schubspannung für das Versagen eines Materials verantwortlich gemacht. Mit $\sigma_1 > \sigma_2 > \sigma_3$ gilt

$$\tau_{max} = \frac{\sigma_1 - \sigma_3}{2} = \frac{\sigma_{v3}}{2}$$

und demnach

$$\sigma_{v3} = \sigma_1 - \sigma_3 \tag{11.3}$$

Diese Hypothese wird im wesentlichen von Werkstoffen mit ausgeprägter Streckgrenze erfüllt. *O. Mohr* hat eine Verbindung zwischen dieser und der Hauptspannungshypothese hergestellt durch die ***Hypothese des elastischen Grenzzustandes.*** Es werden dabei jeweils für ein Material Spannungskreise für reinen Druck (*D*), reinen Schub (*S*), reinen Zug (*Z*) aufgetragen (Bild F 11.1) und durch Grenzkurven umhüllt, die nicht überschritten werden dürfen. Damit wird eine bessere Anpassung an das Material erreicht.

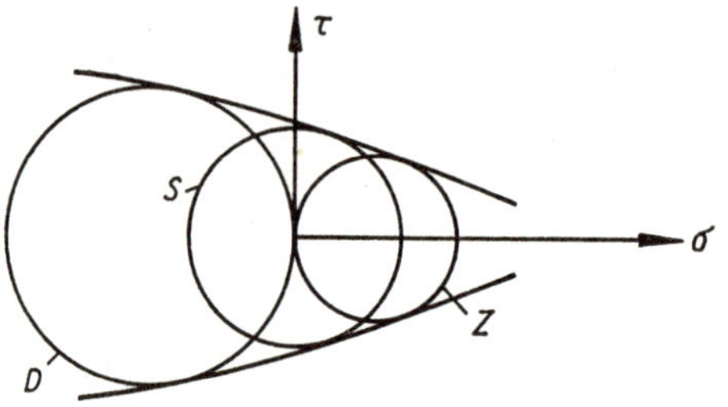

Bild F 11.1

11.4. Gestaltänderungsenergiehypothese

Die Hypothese der Gestaltänderungsarbeit hat in der modernen Auffassung vom Bruchvorgang eine hervorragende Stellung eingenommen. Es hat sich gezeigt, daß für gebräuchliche Werkstoffe die Vergleichsspannungen nach der Normalspannungs- und der Dehnungshypothese zu klein und nach der Schubspannungshypothese

[1]) *Charles-Augustin de Coulomb* (1736 bis 1806)

zu groß ausfallen. Die Gestaltänderungsenergiehypothese ergibt hier genauere Werte. Außerdem trägt sie dem Umstand Rechnung, daß ein Spannungszustand nach Art des hydrostatischen (allseitigen, konstanten) Druckes keine Zerstörung des Materials hervorrufen kann.
In 1.6.3. haben wir den Ausdruck für die Gestaltänderungsarbeit bereits hergeleitet. Von (1.71) übernehmen wir

$$W_G^* = \frac{1}{12G}\left[(\sigma_x - \sigma_y)^2 + (\sigma_y - \sigma_z)^2 + (\sigma_z - \sigma_x)^2 + 6(\tau_{xy}^2 + \tau_{yz}^2 + \tau_{zx}^2)\right] \tag{11.4}$$

Mit

$$\sigma_x = \sigma_{v4} \qquad \sigma_y = \sigma_z = \tau_{xy} = \tau_{yz} = \tau_{xz} = 0$$

erhält man für den einachsigen Spannungszustand

$$W_{G(Zug)}^* = \frac{2\sigma_{v4}^2}{12G}$$

und damit die vierte Vergleichsspannung

$$\sigma_{v4} = \sqrt{\frac{1}{2}\left[(\sigma_x - \sigma_y)^2 + (\sigma_x - \sigma_z)^2 + (\sigma_y - \sigma_z)^2 + 6(\tau_{xy}^2 + \tau_{yz}^2 + \tau_{xz}^2)\right]} \tag{11.5}$$

oder für die Hauptachsen

$$\sigma_{v4} = \sqrt{\frac{1}{2}\left[(\sigma_1 - \sigma_2)^2 + (\sigma_1 - \sigma_3)^2 + (\sigma_2 - \sigma_3)^2\right]} \tag{11.5.1}$$

Nach dieser Theorie haben also alle drei Hauptspannungen Einfluß auf den Bruchvorgang. Versuche haben eine im allgemeinen gute Übereinstimmung gebracht, so daß diese Hypothese als die wichtigste angesehen werden kann.

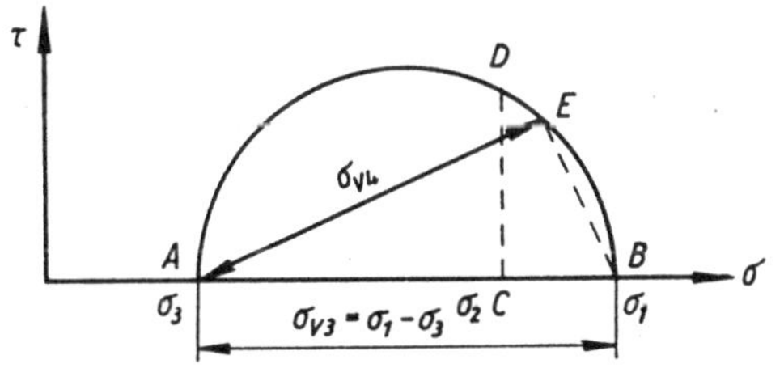

Bild F 11.2

Auch in der Plastizitätstheorie (Abschn. 13.) wird dieser Hypothese als Fließgrenzspannung nach *von Mises-Huber-Hencky* der Vorzug gegeben.
Für einen Hauptspannungszustand $\sigma_1 > \sigma_2 > \sigma_3$ können wir den Unterschied zwischen σ_{v3} und σ_{v4} anschaulich dem *Mohr*schen Spannungskreis (Bild F 11.2) entnehmen.
Es gilt

$$\sigma_{v3} = \overline{AB} = \sigma_1 - \sigma_3$$

und

$$\overline{CD} = \sqrt{\overline{AC}\,\overline{CB}} = \sqrt{(\sigma_2 - \sigma_3)(\sigma_1 - \sigma_2)}$$

Mit $\overline{BE} = \overline{CD}$ erhalten wir

$$\overline{AE} = \sqrt{(\sigma_1 - \sigma_3)^2 - (\sigma_2 - \sigma_3)(\sigma_1 - \sigma_2)}$$
$$= \sqrt{\frac{1}{2}\left[(\sigma_1 - \sigma_2)^2 + (\sigma_2 - \sigma_3)^2 + (\sigma_1 - \sigma_3)^2\right]} = \sigma_{v4}$$

Nur für $\sigma_1 = \sigma_2$ oder $\sigma_2 = \sigma_3$ ist $\sigma_{v3} = \sigma_{v4}$, sonst gilt stets $\sigma_{v4} < \sigma_{v3}$. Die größte Abweichung tritt auf für

$$\sigma_2 = \frac{\sigma_1 + \sigma_3}{2}$$

dann wird

$$\sigma_{v4} = \frac{\sqrt{3}}{2}\,\sigma_{v3}$$

11.5. Anwendung der Hypothesen auf spezielle Beanspruchungsarten

Für das gleichzeitige Auftreten einer Normal- und einer Schubspannung vereinfachen sich die Gleichungen der Vergleichsspannungen wesentlich. Dies ist z. B. der Fall bei Beanspruchung durch Biegung mit Torsion, wie sie im Maschinenbau sehr häufig auftritt. Mit

$$\sigma_x = 0 \qquad \sigma_y = 0 \qquad \tau_{xy} = 0 \qquad \sigma_z = \sigma$$

und

$$\sqrt{\tau_{xz}^2 + \tau_{yz}^2} = \tau$$

erhält man für die Hauptspannungen folgende Ausdrücke:

$$\sigma_{1,3} = \frac{\sigma}{2}\left[1 \pm \sqrt{1 + 4\left(\frac{\tau}{\sigma}\right)^2}\right] \qquad \sigma_2 = 0 \tag{11.6}$$

Die erste Vergleichsspannung σ_{v1} lautet demnach

$$\sigma_{v1} = \frac{\sigma}{2}\left[1 + \sqrt{1 + 4\left(\frac{\tau}{\sigma}\right)^2}\right] \tag{11.1.1}$$

Nach der Dehnungshypothese ergibt sich

$$\sigma_{v2} = \frac{\sigma}{2}\left[1 - \nu + (1 + \nu)\sqrt{1 + 4\left(\frac{\tau}{\sigma}\right)^2}\right] \tag{11.2.1}$$

und nach der Schubspannungshypothese erhält man

$$\sigma_{v3} = \sigma\sqrt{1 + 4\left(\frac{\tau}{\sigma}\right)^2} \tag{11.3.1}$$

Aus der Gestaltänderungsenergie folgt schließlich

$$\sigma_{v4} = \sigma \sqrt{1 + 3\left(\frac{\tau}{\sigma}\right)^2} \tag{11.3.2}$$

In Bild F 11.3 ist die auf σ bezogene Vergleichsspannung über dem Verhältnis von Schub- zu Normalspannung aufgetragen. Man erkennt, daß die Hauptspannungs- und Hauptdehnungshypothese relativ kleine Werte ergeben, während die Schubspannungshypothese die höchsten Werte bringt. Die Unterschiede ergeben sich durch die verschiedene Bewertung des Einflusses der Schubspannungen ($\nu = 0{,}3$).

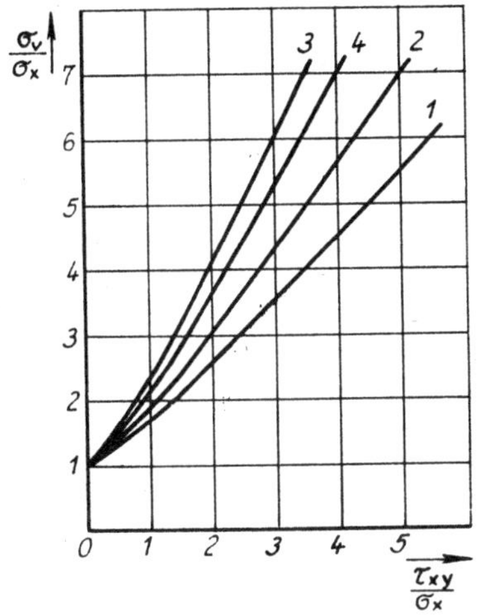

Bild F 11.3

12. EINBLICK IN DIE BETRIEBSFESTIGKEIT

12.1. Einführung

Unter dem Begriff Betriebsfestigkeit wird hier das Arbeitsgebiet verstanden, welches sich mit den theoretischen und experimentellen Methoden zum Nachweis der beanspruchungsgerechten Konstruktion von kompletten Maschinen und Anlagen oder einzelnen Bauteilen unter konkreten Betriebsbedingungen befaßt. (Es wird manchmal mit diesem Wort auch eine bestimmte Werkstoffkenngröße belegt.)

Das Gebiet ist sehr komplex, denn es müssen Problemkreise der Festigkeitslehre, der Werkstoffwissenschaft, der Konstruktion und der Fertigung gleichermaßen berücksichtigt werden.

Zur Bestimmung der zuverlässigen Betriebsdauer einer Maschine oder eines Bauteiles benötigt man vor allem Kenntnisse über den tatsächlichen Belastungsverlauf und über die Änderung der Werkstoffkenngröße „Festigkeit“ in Abhängigkeit von der Zeit (*Wöhler*-Linie). Ferner muß man versuchen, die Anreicherung von Schädigungen im Verlaufe der Betriebsdauer durch eine Schadensakkumulationshypothese zu erfassen.

Obwohl *August Wöhler* bereits 1856 erkannte, daß ein schwingend belastetes Bauteil (Achse eines Eisenbahnwagens) eine geringere Haltbarkeit hat als bei ruhender, statischer Belastung, ist das Arbeitsgebiet „Betriebsfestigkeit" noch sehr jung. Im Flugzeugbau wurden vor etwa 40 Jahren erste Untersuchungen durchgeführt, die später auf den Fahrzeugbau und den Landmaschinenbau übertragen werden konnten. Durch die Forderung nach Leichtbau und ökonomischer Verwendung von Werkstoffen stehen heute in fast allen Industriezweigen Probleme der Betriebsfestigkeit auf der Tagesordnung, und das Gebiet entwickelt sich rasch weiter. Umfangreiche Versuche an Werkstoffproben einerseits, aber auch an kompletten Konstruktionen andererseits, sollen helfen, Theorien zu bestätigen und weiter zu entwickeln, um die Lebensdauer im voraus bestimmen und ihre Zuverlässigkeit erhöhen zu können.
In diesem Abschnitt ist es nur möglich, auf einige Erkenntnisse zu verweisen. Ein tieferes Eindringen in das Gebiet ist nur über die Spezialliteratur möglich.
Im einzelnen wird auf folgende Problemkreise eingegangen, deren Kenntnis zum Festigkeitsnachweis notwendig ist.

1. *Art und Größe der Beanspruchung*

Hierbei soll sowohl die statische als auch die dynamische Belastung und die daraus resultierende Beanspruchung erfaßt werden. Die dynamische Belastung kann dabei im einfachsten Fall mit konstantem Mittelwert, gleichbleibender Amplitude und gleicher Frequenz auftreten. Diese drei Größen können sich aber auch in bestimmten Zeitschritten determiniert ändern. Falls sich eine der drei Größen nicht durch determinierte Zeitfunktionen erfassen läßt, spricht man von einem zufälligen oder stochastischen Belastungsverlauf (s. a. F. 1.2.).

2. *Konstruktive Gestaltung und Fertigung des Bauteiles*

Die konstruktive Gestaltung beeinflußt den Spannungszustand eines Bauteiles stark, und für dieses Gebiet allein wird häufig auch der Begriff „Gestaltfestigkeit" verwendet. In der Nähe von Absätzen, Aussparungen u. ä. geht ein ursprünglich einachsiger Spannungszustand in einen mehrachsigen über, und dieser ist möglichst genau zu erfassen. Auch Oberflächenunebenheiten oder gar Anrisse verändern den Spannungszustand, so daß bei der Fertigung großer Wert auf eine gute Oberflächenbehandlung gelegt werden muß.

3. *Festigkeitswerte des Werkstoffes oder des Bauteiles unter Betriebsbedingungen*

Hierbei ist der Charakter der Beanspruchung bei der Ermittlung der Kennwerte möglichst gut nachzubilden.

4. *Sicherheit*

Im Hinblick auf den jeweiligen Einsatzfall der Konstruktion ist dabei auf eine entsprechende Betriebsdauer oder Überlebenswahrscheinlichkeit zu orientieren.

5. *Sonstige Einflußfaktoren*

Umwelteinflüsse, z. B. korrodierende Medien, Radioaktivität, beeinträchtigen die Werkstoffkenngrößen.

12.2. Grundlagen zur Erfassung der Beanspruchungen

Bei Fahrten mit dem Kraftfahrzeug auf der Landstraße, beim Einsatz von Traktoren, Erntemaschinen, Tagebaugeräten oder Baggern, die z. B. zur Trümmerbeseitigung eingesetzt werden, treten äußere Lasten und damit innere Beanspruchungen auf, die wir in ihrem zeitlichen Ablauf (noch) nicht vorher bestimmen können. Wir sprechen deshalb von stochastischen oder zufälligen Belastungsverläufen. Bei genauerer Betrachtung sind alle Einwirkungen „stochastisch". Orientiert man jedoch nur auf das wesentliche Merkmal im Belastungsverlauf, so kann man z. B. die erheblich gleichmäßigeren Belastungen beim stationären Betrieb eines Turbinenläufers oder eines Elektromotorrotors, bei einer Verpackungs- oder Druckmaschine als „schwingende Belastung" auffassen. Mit dieser determinierten Zuordnung von Spannung und Zeit wollen wir uns vor allem beschäftigen, denn darauf basiert weitgehend auch die Ermittlung der Werkstoffkenngrößen (s. 12.4.).

12.2.1. Schwingende Beanspruchungen

Zur Charakterisierung einer schwingenden Beanspruchung dienen die Größen

- Mittelspannung,
- Spannungsausschlag oder Amplitude,
- Frequenz.

Aus Mittelspannung und Amplitude lassen sich Oberspannung (σ_o) und Unterspannung (σ_u) und daraus das Spannungsverhältnis ($\varkappa$) herleiten.

$$\sigma_o = \sigma_m + \sigma_a \tag{12.1}$$

$$\sigma_u = \sigma_m - \sigma_a \tag{12.2}$$

$$\varkappa = \frac{\sigma_u}{\sigma_o} = \frac{\sigma_m - \sigma_a}{\sigma_m + \sigma_a} \tag{12.3}$$

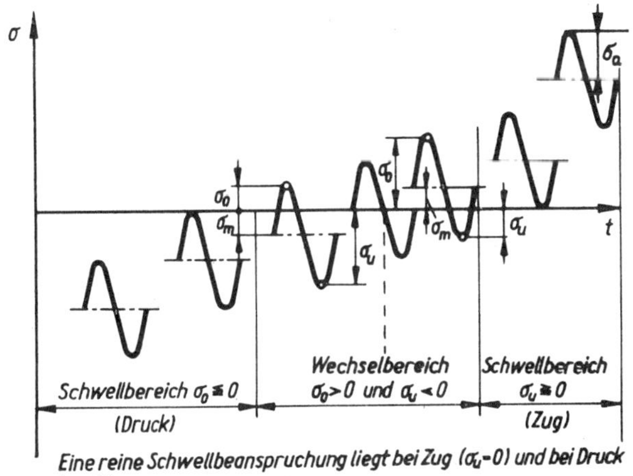

Bild F 12.1

Eine reine Schwellbeanspruchung liegt bei Zug ($\sigma_u = 0$) und bei Druck ($\sigma_o = 0$) vor.

In Bild F 12.1 ist jeweils eine Periode einer schwingenden Beanspruchung mit unterschiedlicher Mittelspannung dargestellt. Als Abszisse wurde die Zeit gewählt, die aber über die Frequenz in Lastspiele oder Lastwechselzahlen umgerechnet werden kann. Drei Bereiche werden unterschieden: Druckschwellbereich, Wechselbereich, Zugschwellbereich. Jeder Bereich hat seinen Sonderfall:

- reine Druckschwellbeanspruchung $\sigma_o = 0$,
- reine Wechselbeanspruchung $\sigma_m = 0$,
- reine Zugschwellbeanspruchung $\sigma_u = 0$.

(Die Beanspruchungen werden stets mit kleinen Buchstaben indiziert. Großbuchstaben stehen bei den Werkstoffkenngrößen als Index.)
Gl. (12.3) enthält die vier Beanspruchungswerte, und es ist oft zweckmäßig, diese Größen in einem Schema darzustellen. Wählt man z. B. $\varkappa$ als Ordinate und das Verhältnis Mittelspannung zu Ausschlag als Abszisse, so erhält man mit

$$\varkappa = \frac{\dfrac{\sigma_m}{\sigma_a} - 1}{\dfrac{\sigma_m}{\sigma_a} + 1} \tag{12.4}$$

den Verlauf in Bild F 12.2.

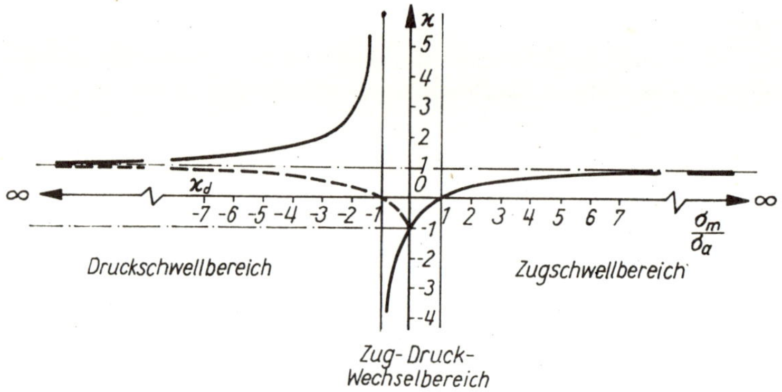

Bild F 12.2

Für $\sigma_m < 0$ (Druckbereich) ist es auch üblich, mit

$$\varkappa_d = \frac{1}{\varkappa} \tag{12.5}$$

zu arbeiten (gestrichelter Linienzug in Bild F 12.2).
Für eine Analyse der Belastungs-Zeit- oder Beanspruchungs-Lastwechsel-Funktionen in festigkeitsmäßiger Hinsicht sind folgende Größen interessant:

1. Zahl der Lastwechsel oder Lastspiele n,
2. Amplitude oder Ausschlag der dynamischen Belastung (Kraft, Biege- oder Torsionsmoment) bzw. der dafür repräsentative Spannungsausschlag,

3. Mittelspannung σ_m oder Spannungsverhältnis $\varkappa$ der jeweiligen Lastspiele,
4. Frequenz — Belastungspausen,
5. Zeitliche Reihenfolge der Belastungen,
6. Form der Lastwechsel — Belastungsgeschwindigkeit.

12.2.2.* Stochastische Beanspruchungen

In diesen Komplex soll mit dem Beispiel „Landmaschine" eingeführt werden. Hierbei treten zwei Arten von Belastungen auf, die zu zeitlich veränderlichen Beanspruchungen mit stochastischem Charakter in den Bauteilen der Landmaschine führen.

1. Die beim Fahren über den Acker durch die Unebenheiten stochastisch verteilten Radlasten.
2. Die durch die (determinierten) Massenkräfte der bewegten Teile des Motors oder anderer Aggregate sowie die durch die Arbeitsorgane bedingten Belastungen.

Mit den Methoden der Dehnungsmeßtechnik kann man die inneren Beanspruchungen ermitteln, doch ist dazu oft ein großer Aufwand erforderlich. Auf die Vielzahl der Methoden und die dabei auftretenden Probleme kann hier nicht eingegangen werden. Bild F 12.3 zeigt den zeitlichen Verlauf einer in einem Rahmen experimentell er-

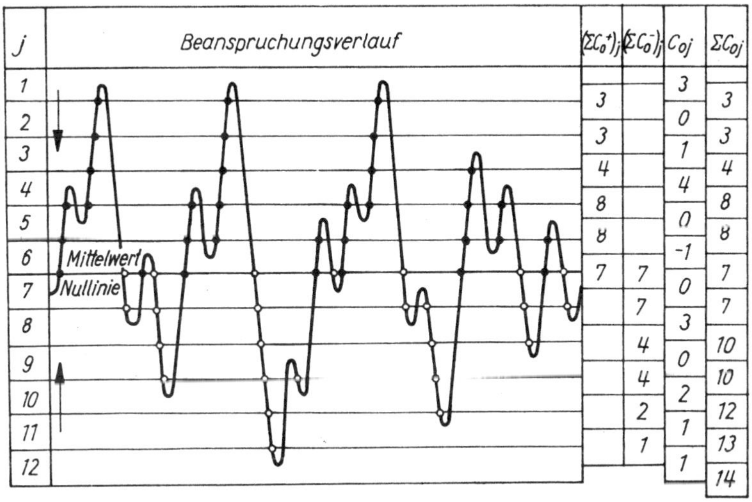

Bild F 12.3

mittelten Beanspruchung, und man erkennt, daß es sich um keine periodisch schwingende Beanspruchung handelt. Dieser nichtperiodische Ablauf läßt sich durch keine deterministische mathematische Funktion beschreiben. Obwohl nach dem jetzigen Stand der Wissenschaft auch mit den Gesetzen der Wahrscheinlichkeitsrechnung eine Beurteilung derartiger Beanspruchungen möglich wäre, verwendet man noch häufig die klassischen Methoden des Abzählens von Extremwerten oder Überschreitungen festgelegter Grenzen. Man wendet „Klassiermethoden" an.

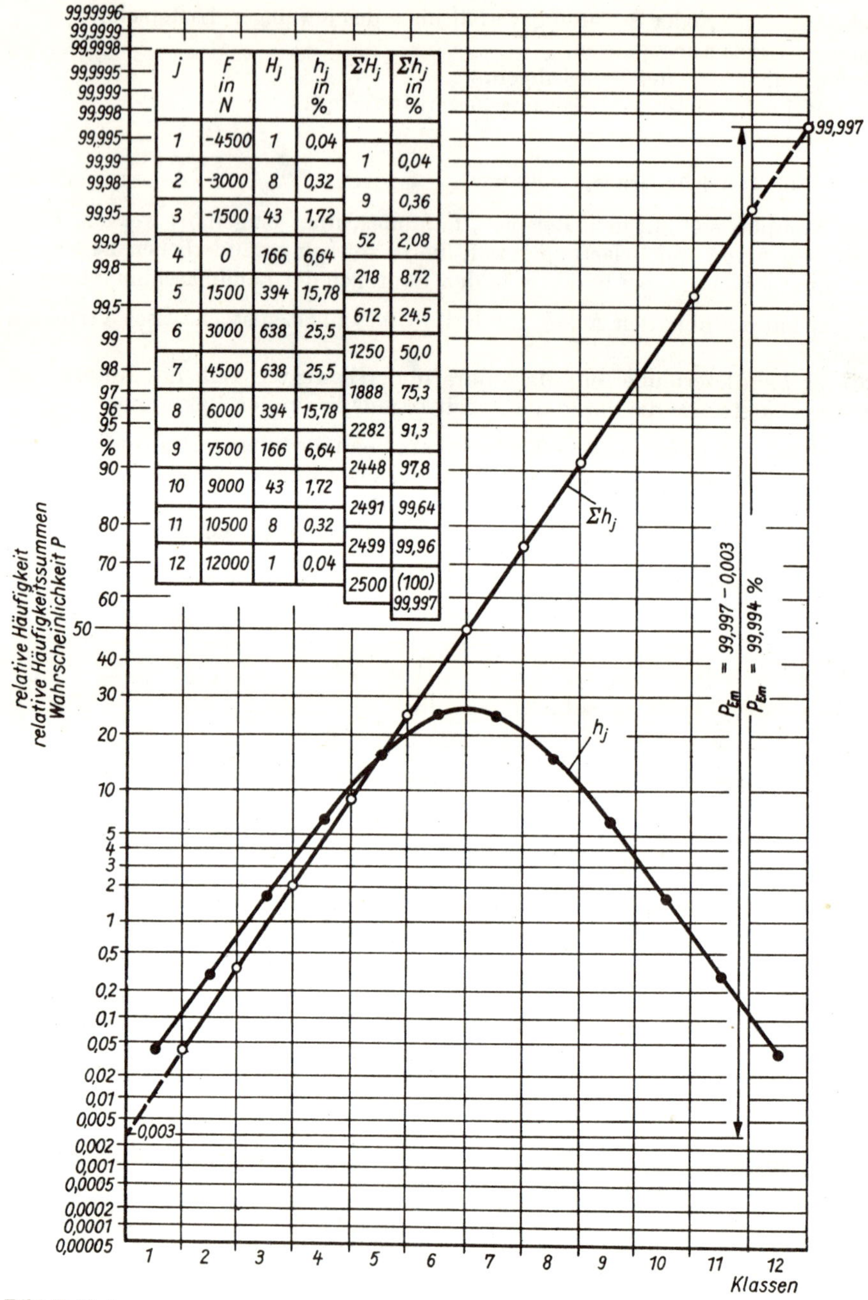

j	F in N	H_j	h_j in %	ΣH_j	Σh_j in %
1	−4500	1	0,04	1	0,04
2	−3000	8	0,32	9	0,36
3	−1500	43	1,72	52	2,08
4	0	166	6,64	218	8,72
5	1500	394	15,78	612	24,5
6	3000	638	25,5	1250	50,0
7	4500	638	25,5	1888	75,3
8	6000	394	15,78	2282	91,3
9	7500	166	6,64	2448	97,8
10	9000	43	1,72	2491	99,64
11	10500	8	0,32	2499	99,96
12	12000	1	0,04	2500	(100) 99,997

Bild F 12.4

Es wurden ein- und zweiparametrige Auswertemethoden entwickelt. Die einparametrigen Klassierverfahren dienen dem Ziel, eine Beziehung zwischen Größe und Häufigkeit der Beanspruchungsamplituden zu ermitteln. Mit den zweiparametrigen Auswertemethoden kann zusätzlich noch die zugehörige Mittelspannung der Schwingbreiten oder Lastwechsel ermittelt werden. Die zeitliche Aufeinanderfolge der Schwingspiele wird mit der Klassierung nicht erfaßt.
Hier wird nur auf die einparametrigen Klassierverfahren eingegangen. Wie in Bild F 12.3 dargestellt, wird der gesamte Bereich des stochastischen Beanspruchungsverlaufes in j-Klassen konstanter Breite eingeteilt. Um ein statistisch gesichertes Ergebnis der auftretenden stochastischen Belastungen oder Beanspruchungen zu erhalten, ist eine große Anzahl von zufälligen Ereignissen zu erfassen, die Auswertung muß also einen möglichst großen Zeitabschnitt einbeziehen. Der in Bild F 12.3 angegebene Verlauf (auch Meßschrieb genannt) liefert nur eine kleine Stichprobe, die aber zur Erklärung der hierbei auftretenden prinzipiellen Probleme ausreichend ist.
Im allgemeinen soll eine gemessene Last—Zeit- oder Spannung—Zeit-Funktion folgende Bedingungen erfüllen:

1. Sie muß charakteristisch für die Größe der Beanspruchungen unter den Betriebsbedingungen des jeweiligen Teilabschnittes der projektierten Betriebsdauer der Konstruktion sein.
2. Der Umfang der Stichprobe oder die Länge der Messung soll so groß sein, daß man ein statistisch gesichertes Ergebnis mit entsprechender Wahrscheinlichkeit erhält.
3. Eine Übertragung der Werte auf ähnliche Beanspruchungsverläufe muß möglich sein. Aus dem Endergebnis der Auswertung sollen sich verallgemeinerungsfähige Aussagen über die äußeren Lasten herleiten lassen.
4. Die Ergebnisse müssen als Grundlage für Betriebsfestigkeitsversuche mit vertretbarem Aufwand dienen können. Zutreffende Aussagen für die Betriebsdauer der Bauteile sind das Ziel dieser Untersuchungen.

Von den vielen Verfahren, die zur Bestimmung von „Belastungs- bzw. Spannungskollektiven" nach einparametrigen Auswertemethoden angeboten werden, soll hier nur die eigentliche klassische Methode der „Zahlung der Überschreitungen der Klassengrenzen" anhand von Bild F 12.3 erklärt werden.
Nach Schätzung des Mittelwertes (Klasse 6 und 7) werden Punkte auf den Klassengrenzen so gezählt, daß man im positiven Bereich von oben nach unten (bis zur Nulllinie) die Überschreitungen auf den aufsteigenden Ästen (schwarze Punkte) zählt $\sum C_0^+$ und im negativen Bereich analog verfährt (Kreise) $\sum C_0^-$. Durch Differenzbildung zweier benachbarter Überschreitungen erhält man die tatsächlichen absoluten Klassenhäufigkeiten C_{0j}, d. h. die Differenz zwischen den Maxima und Minima innerhalb einer Klassenbreite j. In der letzten Spalte des Bildes F 12.3 werden diese Größen aufsummiert.
Oft wird für die absoluten Häufigkeiten auch der Buchstabe H benutzt.
Die weitere Auswertung soll an einem bereits aufbereiteten Beispiel der experimentell ermittelten Vertikalkraftverteilung am Hinterrad eines Barkas B 1000 erläutert werden.

Wie der Tabelle in Bild F 12.4 zu entnehmen ist, wurden Kräfte im Bereich zwischen $F = -4500$ N bis $F = 12000$ N ermittelt. Diese Bandbreite wurde in 12 Klassen unterteilt und die absoluten Häufigkeiten H_j für jede Klassenstufe aufgeschrieben. In weiteren Spalten der Tabelle sind angegeben:

— die relative oder prozentuale Häufigkeit h_j,
— die absolute Summenhäufigkeit an der oberen Grenze der Klasse j: $\sum H_j$,
— die relative Summenhäufigkeit an der oberen Grenze der Klasse j: $\sum h_j$.

Die relativen Klassen- und Summenhäufigkeiten wurden über den Klassenstufen in das Wahrscheinlichkeitsnetz Nr. 500 A eingetragen. Die relative Summenhäufigkeit $\sum h_j$ zeigt sich dabei als Gerade, und man nennt eine derartige Darstellung „Normalverteilung".
Mit den Werten aus der Tabelle in Bild F 12.4 läßt sich noch das sog. Amplitudenkollektiv zeichnen, welches in Verbindung mit der *Wöhler*-Linie als Grundlage für die Dimensionierung der Bauteile dient (Bild F 12.5). Wie bereits oben erwähnt, kann hier nur vereinfacht auf die Probleme bei der Auswertung stochastischer Vorgänge eingegangen werden. Weitere Hinweise sind der Spezialliteratur bzw. entsprechenden Standards (TGL 19340) zu entnehmen.

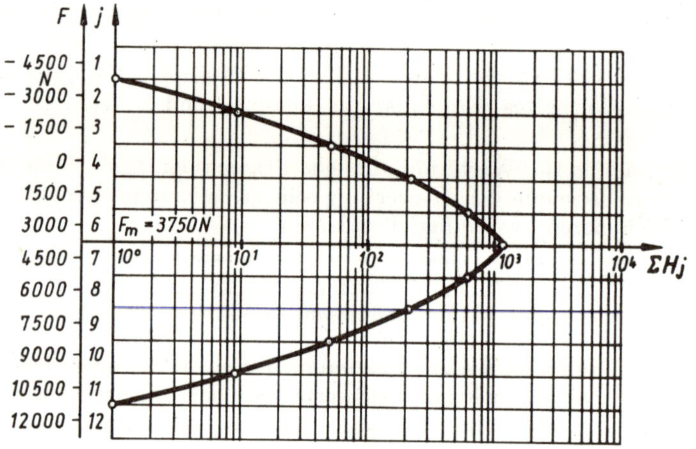

Bild F 12.5

12.3. Versagensformen, Erscheinungsformen des Bruches und statische Festigkeitskenngrößen

Eine komplette Konstruktion versagt, wenn eines ihrer Bauteile die vorgesehenen Funktionen oder vorgeschriebenen Anforderungen nicht mehr erfüllt.
Aus der Sicht eines Konstrukteurs kann demnach ein Bauteil unbrauchbar werden, wenn

— das Bauteil bricht oder Anrisse zeigt,
— die Verformungen unzulässige Werte annehmen,
— die Stabilitätsgrenze erreicht wird (Knicken, Beulen),
— die Toleranzgrenzen überschritten werden.

Ursachen für ein Versagen können u. a. sein

— Kriechvorgänge (besonders bei erhöhten Temperaturen),
— Korrosion, Verzunderung,
— Ermüdungsvorgänge,
— Alterungsvorgänge,
— Verschleiß.

Aber auch der moralische Verschleiß, z. B. bei einer unwirtschaftlich gewordenen Konstruktion, kann zu deren Unbrauchbarkeit führen.
Von besonderer Bedeutung für den Konstrukteur bzw. für den Berechnungsingenieur ist das Versagen einer Konstruktion durch den Bruch eines Teiles dieser Konstruktion. Man kann den Bruch unterschiedlich klassifizieren. Nach Art der Belastung kann man zwischen

— einem Bruch bei statischer Belastung
— und einem Ermüdungs- oder Schwingbruch

unterscheiden, und nach der Dauer der Belastung lassen sich Brüche als

— Kurzzeitbrüche
— und Langzeitbrüche (z. B. Kriechbruch)
ordnen.

Nach der Erscheinungsform des Bruches kann man wie folgt klassifizieren (siehe dazu auch die Bilder F 12.7)

1. makroskopisch nach der Größe der Bruchverzerrungen

— spröde Brüche (mit geringen Bruchverformungen)
— zähe Brüche (mit großen Bruchverformungen)

2. makroskopisch und mikroskopisch nach der Lage der Bruchfläche bezüglich der Spannung bzw. Dehnung

— trennflächige Brüche (Rißebene bzw. Teile der Rißebene senkrecht zur Richtung der größten Hauptdehnung ε_1 oder größten Normalspannung σ_1; trennflächige Brüche sind immer Sprödbrüche)
— scherflächige bzw. streckflächige Brüche (Rißebene bzw. Teile der Rißebene in der Ebene der größten Schubspannung $\tau_{max} = \dfrac{\sigma_1 - \sigma_3}{2}$; scherflächige Brüche können sowohl als zähe als auch als spröde Brüche auftreten)

3. mikroskopisch nach dem Bruchvorgang

— spaltflächige Brüche (glatte Bruchflächen, über ein Korn ebene Bruchfläche dem trennflächigen Bruch ähnlich)
— grübchenflächige Brüche (verformungsreicher Bruch mit Grübchenbildung, starke Einschnürungen in mikroskopischen Bereichen; mikrozähes Verhalten dem scherflächigen Bruch ähnlich)

4. mikroskopisch nach dem Rißverlauf bezüglich der Kristalle

— transkristalline oder intrakristalline Brüche (Brüche durch die Körner)
— interkristalline Brüche (Brüche entlang der Korngrenzen)

12.3.1. Bruch bei statischer Belastung

In der Regel sind von einem Werkstoff die Bruchkenngrößen σ_{zB}, die Bruchdehnung und andere Festigkeitskenngrößen wie z. B. σ_{zF} (σ_S, $\sigma_{0,2}$) nur beim homogenen Zugspannungszustand bekannt. Für Druckversuche liegen diese Werte seltener vor. Die Kenngrößen für beide Zustände unterscheiden sich jedoch wesentlich.
Für mehrachsige Spannungszustände liegen kaum Werkstoffkenngrößen vor. Da der Bruch aber nicht nur vom Erreichen der Spannung oder Dehnung an einem bestimmten Punkt des Bauteiles, sondern vom gesamten Beanspruchungszustand bestimmt wird, unterscheiden sich z. B. auch die Beanspruchungskennwerte bei Biege- und bei Zugbeanspruchung, und zwar sind die Bruchspannungswerte bei Biegung in der Regel größer als bei Zug, was sich durch Stützwirkungen benachbarter Bereiche

Statische Belastung und Raumtemperatur

Werkstoffkenngröße

Beanspruchungsart	Verformen		Bruch	
	Zeichen	Bezeichnung	Zeichen	Bezeichnung
Zug	$\sigma_{zF}(\sigma_S, R_e)$	Fließ-(Streck-)grenze	$\sigma_{zB}(R_m)$	Zugfestigkeit
	$\sigma_{z/0,2}(R_{p0,2})$	0,2%-Dehngrenze		
Druck	σ_{dF}	Druckfließgrenze (Quetschgrenze)	σ_{dB}	Druckfestigkeit
	$\sigma_{d/0,2}$	0,2%-Stauchgrenze		
Biegung	σ_{bF}	Biegefließgrenze	σ_{dB}	Biegefestigkeit
	$\sigma_{b/0,2}$	0,2%-Biegedehngrenze		
Torsion	τ_{tF}	Torsionsfließgrenze	τ_{tB}	Torsionsfestigkeit
	$\tau_{t/0,4}$	0,4%-Torsionsdehngrenze		
Schub			τ_{sB}	Scherfestigkeit

Erhöhte Temperatur und Beanspruchungsart Zug

Werkstoffkenngröße

Verformen		Bruch	
Zeichen	Bezeichnung	Zeichen	Bezeichnung
$\sigma_{z/0,2/\vartheta}$	Warmstreckgrenze	$\sigma_{zB/\vartheta}$	Warmfestigkeit
$\sigma_{1/10\,000/\vartheta}$	1%−10000 h-Zeitdehngrenze	$\sigma_{zB/10\,000/\vartheta}$	10000 h Bruchfestigkeit (Zeitstandfestigkeit)
$\sigma_{1/100\,000/\vartheta}$	1%−100000 h-Zeitdehngrenze	$\sigma_{zB/100\,000/\vartheta}$	100000 h Bruchfestigkeit (Zeitstandfestigkeit)

Bild F 12.6

erklären läßt. Bei kriechfähigem Material (Hochpolymere oder Metalle im Bereich hoher Temperaturen) reichen die Kurzzeitfestigkeitskennwerte zur Charakterisierung des Werkstoffverhaltens nicht mehr aus. Für die Bemessung von Bauteilen mit zeitabhängigem Werkstoffverhalten sind einige Kenngrößen in Bild F 12.6 angegeben.

12.3.2. Bruch bei zyklischer Belastung

Eine veränderliche Belastung führt gegenüber einer statischen Belastung bei wesentlich geringeren Spannungs- bzw. Dehnungsamplituden zum Anriß und schließlich zum Bruch des Bauteiles. Für die Beurteilung der schwingend beanspruchten Konstruktion reichen deshalb die Festigkeitskenngrößen für statische Belastung nicht mehr aus.
Die größte Spannungsamplitude, die von einem Probestab beliebig oft ertragen werden kann, heißt Dauerschwingfestigkeit. Diese Werkstoffkenngröße wird für Stahl bei Raumtemperatur praktisch nach etwa 10^7 Lastspielen erreicht. Eine Spannungsamplitude, die von einem Stahlbauteil 10^7mal ertragen wurde, kann also auch beliebig oft ertragen werden. Größere Spannungsamplituden führen nach einer bestimmten Anzahl von Lastzyklen N_B zum Anriß bzw. zum Bruch des Bauteiles. Die Phase zur Bildung des Anrisses und die Phase zur Rißausbreitung sind u. a. wesentlich von der Größe und der Geometrie des Bauteiles abhängig. Besonders bei dicken Bauteilen kann auch nach der makroskopischen Rißausbildung durch Ermüdung noch eine erhebliche Lebensdauerreserve vorhanden sein. Die Rißentstehung wird bei schwingender Belastung u. a. wesentlich begünstigt durch

— Kerben, die zu mehrachsigen, inhomogenen Beanspruchungszuständen führen. Sie sind konstruktionsbedingt durch Bohrungen, plötzliche Querschnittsänderungen, Kraftumleitungen. Sie entstehen durch Herstellungsfehler, z. B. Schlackeneinschlüsse, Lunker, Dopplungen. Auch Bearbeitungsfehler, rauhe Oberfläche durch Dreh- und Schleifriefen begünstigen die Kerbwirkung

— Korrosion
Schwingungsrißkorrosion durch das Umgebungsmedium im Zusammenhang mit der Beanspruchung an der Oberfläche.

Anrisse und damit der Bruch gehen in den meisten Fällen von der Oberfläche aus, so daß der Oberflächenbehandlung eine besondere Bedeutung zukommt.
Aus dem Bruchbild kann auf die Art und Höhe der Beanspruchung geschlossen werden. Die Bilder F 12.7 zeigen Beispiele von typischen Schwingbrüchen bei Wellen.

Bild F 12.7.1 Zug-Schwellbeanspruchung mit geringer Nennspannung
Bild F 12.7.2 Zug-Schwellbeanspruchung mit hoher Nennspannung
Bild F 12.7.3 Umlaufbiegung mit hoher Nennspannung
Bild F 12.7.4 wechselnde Torsionsbeanspruchung

Ermüdungsbrüche sind meist trennflächige Sprödbrüche.

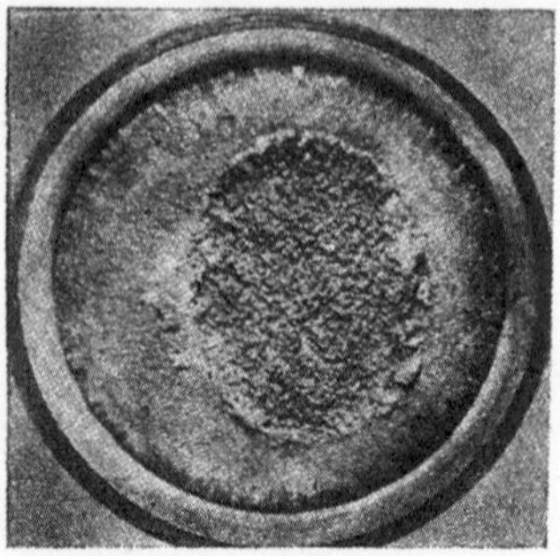

Bild F 12.7.1

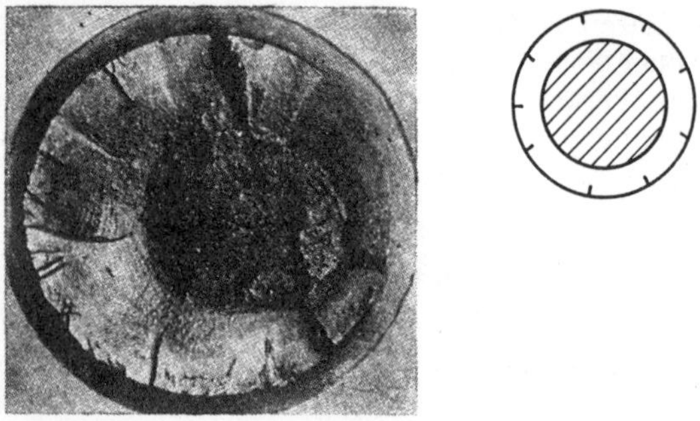

Bild F 12.7.2

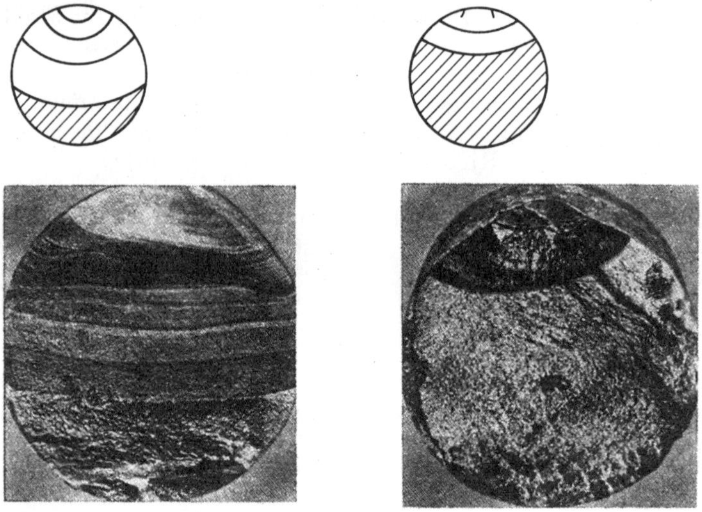

Bild F 12.7.3

Bild F 12.7.4

12.4. Ermittlung und Darstellung der Festigkeitskenngrößen bei dynamischer Beanspruchung

Grundlage für die Ermittlung repräsentativer Festigkeitskenngrößen sind experimentelle Untersuchungen, die den Betriebsbedingungen möglichst gut entsprechen. Es gibt verschiedene Möglichkeiten zur Ermittlung statistisch gesicherter Werte für die Werkstoffkenngröße „Festigkeit". Eine davon soll hier ausführlich vorgestellt werden, zwei weitere werden nur knapp erwähnt.

12.4.1. Einstufen-Dauerschwingversuch

Bei schwingender Belastung mit konstanter Mittelspannung σ_m und konstanter Amplitude σ_a genügt es, den Einstufen-Dauerschwingversuch durchzuführen. Als Ergebnis dieser Prüfungen erhält man die *Wöhler*-Linien und daraus die Dauerfestigkeitsschaubilder. Folgender Versuchsablauf ist dazu erforderlich.
Gleichartige Proben sind zu fertigen und bei konstantem Spannungshorizont, d. h., bei konstant gehaltener Mittelspannung schwingend mit konstanter Amplitude bis zum Bruch zu belasten. Diese Versuche sind an mindestens $n = 6$ gleichartigen Proben unter völlig gleichartigen Bedingungen zu fahren. Es wird dabei trotzdem festgestellt werden, daß unterschiedliche Bruchlastwechselzahlen N_i auftreten. Die Ergebnisse sind nun nach der Ordnungsziffer i von der kleinsten bis zur größten Bruchlastspielzahl zu ordnen, und daraus wird eine Bruchwahrscheinlichkeit P_B errechnet, wofür es verschiedene Vorschläge gibt.

$$\text{Weibull:}\quad P_B = \frac{i}{n+1}\ 100\%$$

$$\text{Stepnow:}\quad P_B = \frac{2i-1}{2n}\ 100\% \qquad (12.6)$$

$$\text{Rossow:}\quad P_B = \frac{3i-1}{3n+1}\ 100\%$$

Bruchwahrscheinlichkeit und Überlebenswahrscheinlichkeit sind wie folgt verbunden:

$$P_B + P_Ü = 100\% \qquad (12.7)$$

Ein durchgeführter Versuch mit 7 Proben soll die Erklärung stützen.

i	1	2	3	4	5	6	7
$N_i\ 10^{-4}$	2,05	3,44	4,08	4,78	5,26	5,83	6,88
$P_{BW}\%$	12,5	25,0	37,5	50,0	62,5	75,0	87,5
$P_{BS}\ \%$	7,1	21,4	35,7	50,0	64,3	78,6	92,8
$P_{BR}\%$	9,1	22,7	36,4	50,0	63,5	77,3	91,0

Man beachte, daß bei 7 gleichartigen Proben die Bruchlastspielzahlen von $2{,}05 \cdot 10^4$ bis $6{,}88 \cdot 10^4$ streuen. Die Wahrscheinlichkeit, daß eine Probe bei $5{,}26 \cdot 10^4$ Lastwechsel bricht, beträgt nach *Rossow* 63,5% bzw. die Wahrscheinlichkeit des „Überlebens" von $2{,}05 \cdot 10^4$ Lastwechseln 90,9%. (Man beachte, daß sich bei Baugruppen die Überlebenswahrscheinlichkeit als Produkt der Überlebenswahrscheinlichkeiten der einzelnen Glieder ergibt. Gilt für jedes Glied z. B. $P_{\ddot{U}} = 95\%$, so ist die Überlebenswahrscheinlichkeit einer Baugruppe mit 10 Gliedern nur noch etwa 60%!)

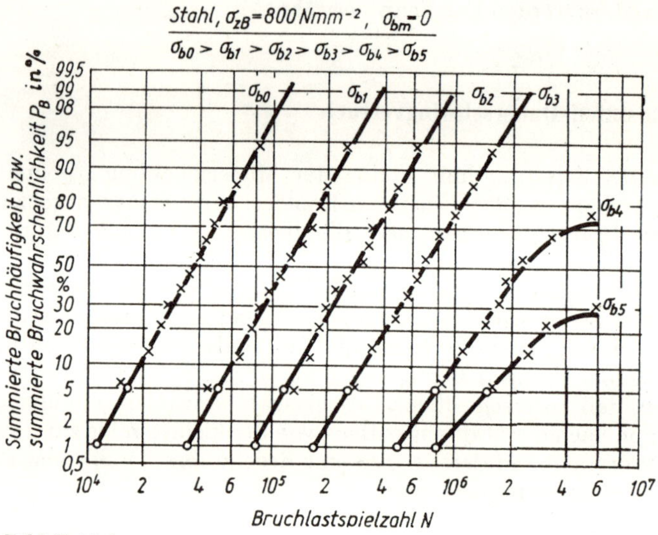

Bild F 12.8

Trägt man die Ergebnisse als $P_B = f(N)$ im doppeltlogarithmischen Maßstab auf, so ergibt sich (bei logarithmischer Normalverteilung) eine Gerade. Ändert man bei gleichbleibender Mittelspannung die Amplitude, so erhält man weitere (nahezu parallele) Geraden, die mit kleineren Amplituden nach rechts, d. h. zu höheren Lastspielzahlen hin, verschoben sind. Wenn man die Amplitude noch weiter vermindert, so erhält man keine Gerade mehr, sondern Kurven, die darauf hinweisen, daß das Gebiet der Dauerfestigkeit erreicht ist. Es wird auch von Durchläufern gesprochen, d. h., es tritt überhaupt kein Bruch bis zu 10^7 Lastwechseln ein (Bild F 12.8).

Trägt man nun für gleiche Überlebenswahrscheinlichkeiten (meist werden $P_{\ddot{U}} = 10{,}50$ und 90% gewählt) ebenfalls in doppeltlogarithmischem Maßstab die Spannungsamplitude σ_a oder die Oberspannung σ_o als Funktion der in Bild F 12.8 dargestellten Bruchlastspielzahlen auf, so erhält man die *Wöhler*-Linien mit den beiden charakteristischen Bereichen (Bild F 12.9).

Oberhalb der Grenzlastspielzahl N_G wird der Dauerfestigkeitsbereich meist als Parallele zur Abszisse angegeben. Neuere Untersuchungen haben jedoch gezeigt, daß in korrodierenden Medien, und jede Umgebung enthält Spuren davon, auch in diesem Bereich ein stetiger Abfall der „Dauerfestigkeit" nachgewiesen werden kann. Für Hochpolymere existiert überhaupt kein Dauerfestigkeitsgebiet.

Aus einer *Wöhler*-Linie erhält man die Dauerfestigkeits-Amplitude σ_{AD} oder — Oberspannung σ_{OD} für einen bestimmten Spannungshorizont. Ändert man z. B. die Mittelspannung, so erhält man weitere *Wöhler*-Linien. *Smith* hat vorgeschlagen, diese Scharen von *Wöhler*-Linien in der Form „Dauerfestigkeit als Funktion der Mittelspannung" darzustellen. Trägt man dabei noch die Mittelspannung als 45°-Linie auf, so gelingt es, in einem Diagramm Aussagen über die Ober- und Unterspan-

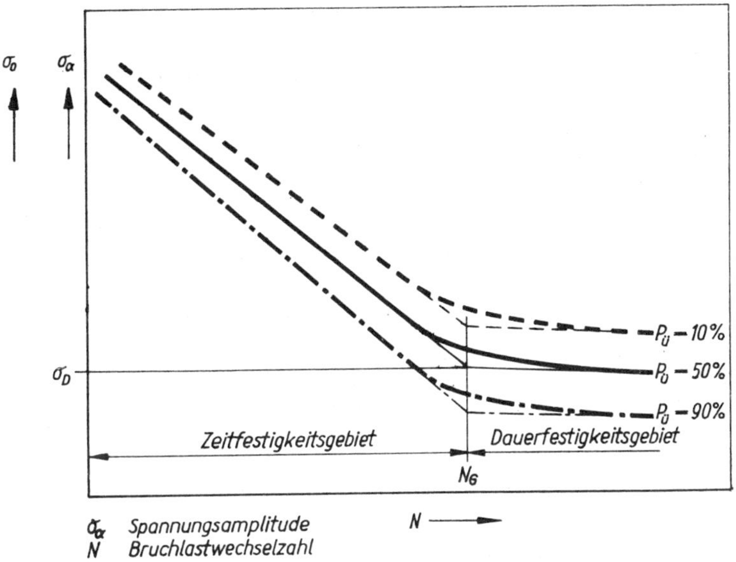

Bild F 12.9

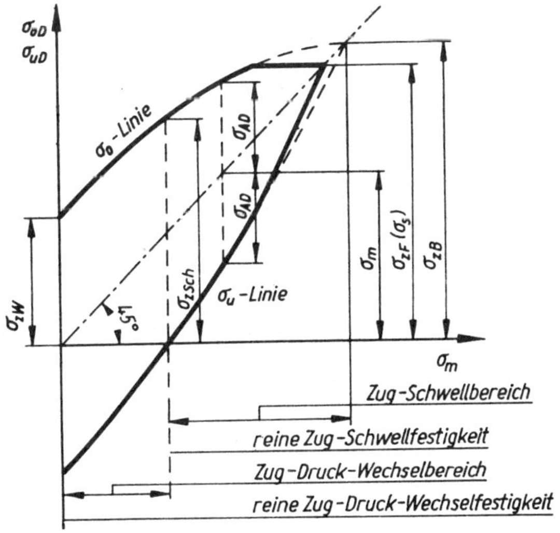

Bild F 12.10

nung sowie die Spannungsamplitude zu treffen (Bild F 12.10). Da der Versuchsaufwand für derartige Diagramme beträchtlich ist, werden verschiedene Varianten für eine Konstruktion dieser Dauerfestigkeitsschaubilder vorgeschlagen.
Eine davon ist in Bild F 12.11 angegeben, wozu man nur die statische Bruchfestigkeit und die Wechselfestigkeit benötigt. Die Diagramme gelten sinngemäß für Zug, Biegung und Torsion und sie sind nach oben durch die jeweilige statische Festigkeit begrenzt. Für einen im Zugversuch duktilen Werkstoff läßt sich die Konstruktion wie folgt beschreiben:
Vom Schnittpunkt der 45°-Linie mit der Zugfestigkeit σ_{zB} trägt man nach links die Hälfte der Zugwechselfestigkeit σ_{zW} ab und verbindet diesen Punkt mit der auf der Ordinate angetragenen Zugwechselfestigkeit σ_{zW}. Damit liegt die σ_o-Linie fest. Vom Schnittpunkt der σ_o-Linie mit der Zugfließgrenze σ_{zF} trägt man nach unten zweimal das zu diesem σ_m gehörende σ_{AD} an und hat damit die σ_u-Linie fixiert, so daß der dick ausgezogene Linienzug im Bild F 12.11 das durch Versuche gewonnene Bild F 12.10 genügend genau widerspiegelt.

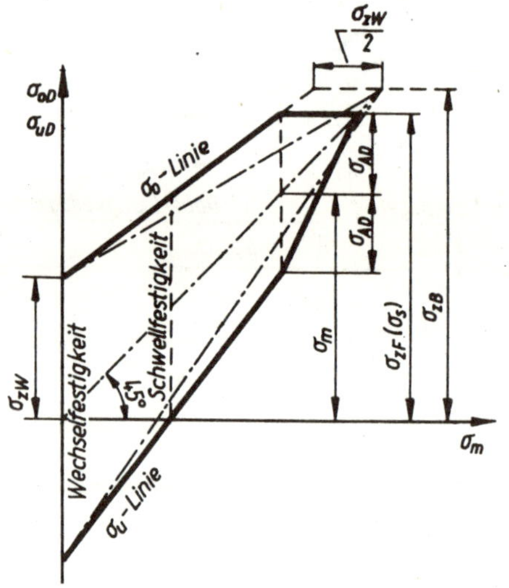

Bild F 12.11

Für spröde Werkstoffe allerdings muß eine Konstruktion gewählt werden, wie sie im Bild F 12.11 durch die strichpunktierten Begrenzungslinien angegeben worden ist. In Bild F 12.12 sind die charakteristischen Flächen eines Dauerfestigkeitsschaubildes durch unterschiedliche Schraffuren dargestellt.
Im eigentlichen Dauerfestigkeitsgebiet *1* treten keine Dauerbrüche und keine unzulässigen Verformungen auf. Im Gebiet *2* gibt es unzulässige Verformungen und eventuelle Dauerbrüche. Im Gebiet *3* treten Dauerbrüche bei zulässigen Verformungen auf, und schließlich ist das *4.* Gebiet durch Dauer- und Verformungsbrüche gekennzeichnet.
Will man Beanspruchungen mit maximalen Lastspielzahlen im Zeitfestigkeitsgebiet beurteilen, so können die Dauerfestigkeitsdiagramme so umgezeichnet werden, wie

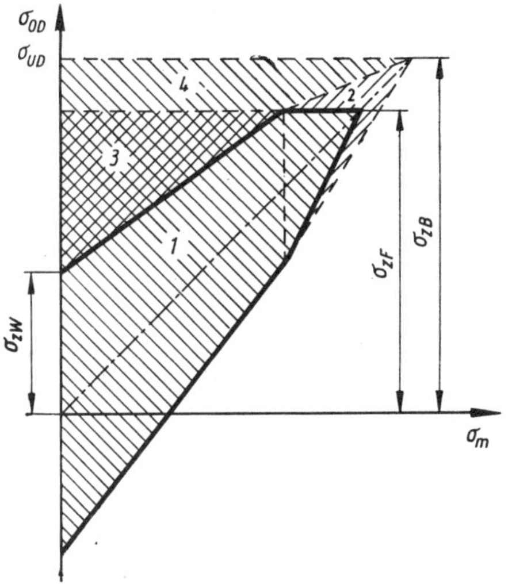

Bild F 12.12

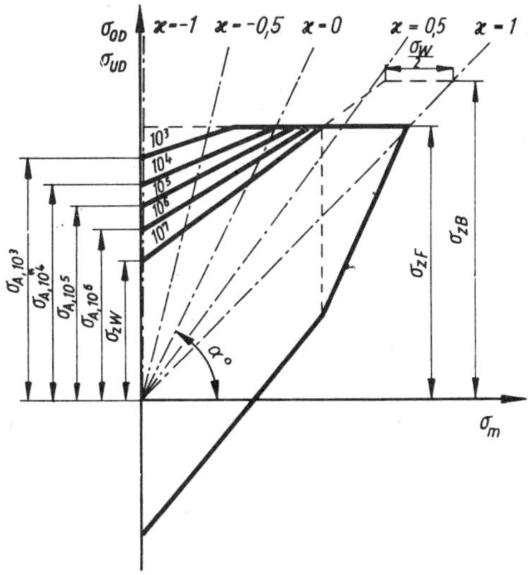

Bild F 12.13

es im Bild F 12.13 dargestellt worden ist. Die 10^n-Linien entsprechen den Lastwechselzahlen.

Mit den Gln. (12.1) bis (12.3) kann für das Verhältnis Ober- zu Mittelspannung folgende Beziehung angegeben werden

$$\tan \alpha = \frac{\sigma_o}{\sigma_m} = \frac{2}{1 + \varkappa} \tag{12.8}$$

Für einige $\varkappa$-Werte sind die entsprechenden Linien strichpunktiert in Bild F 12.13 dargestellt.

Beziehungen zwischen Oberspannung, Mittelspannung und Spannungsamplitude können im Dauerfestigkeitsschaubild ebenfalls durch Geradengleichungen beschrieben werden; denn dem Bild F 12.11 kann man entnehmen

$$\frac{\sigma_{zB} - \sigma_{zW}}{\sigma_{zB} - \dfrac{\sigma_{zW}}{2}} = \frac{\sigma_{OD} - \sigma_{zW}}{\sigma_m} \tag{12.9}$$

woraus man für die Oberspannung erhält

$$\sigma_{OD} = \sigma_{zW} + \frac{2(\sigma_{zB} - \sigma_{zW})}{2\sigma_{zB} - \sigma_{zW}} \sigma_m \tag{12.10}$$

bzw.

$$\sigma_{OD} = \frac{2\sigma_{zB} - \sigma_{zW}}{\sigma_{zB} - (\sigma_{zB} - \sigma_{zW})\,\varkappa} \sigma_{zW} \tag{12.11}$$

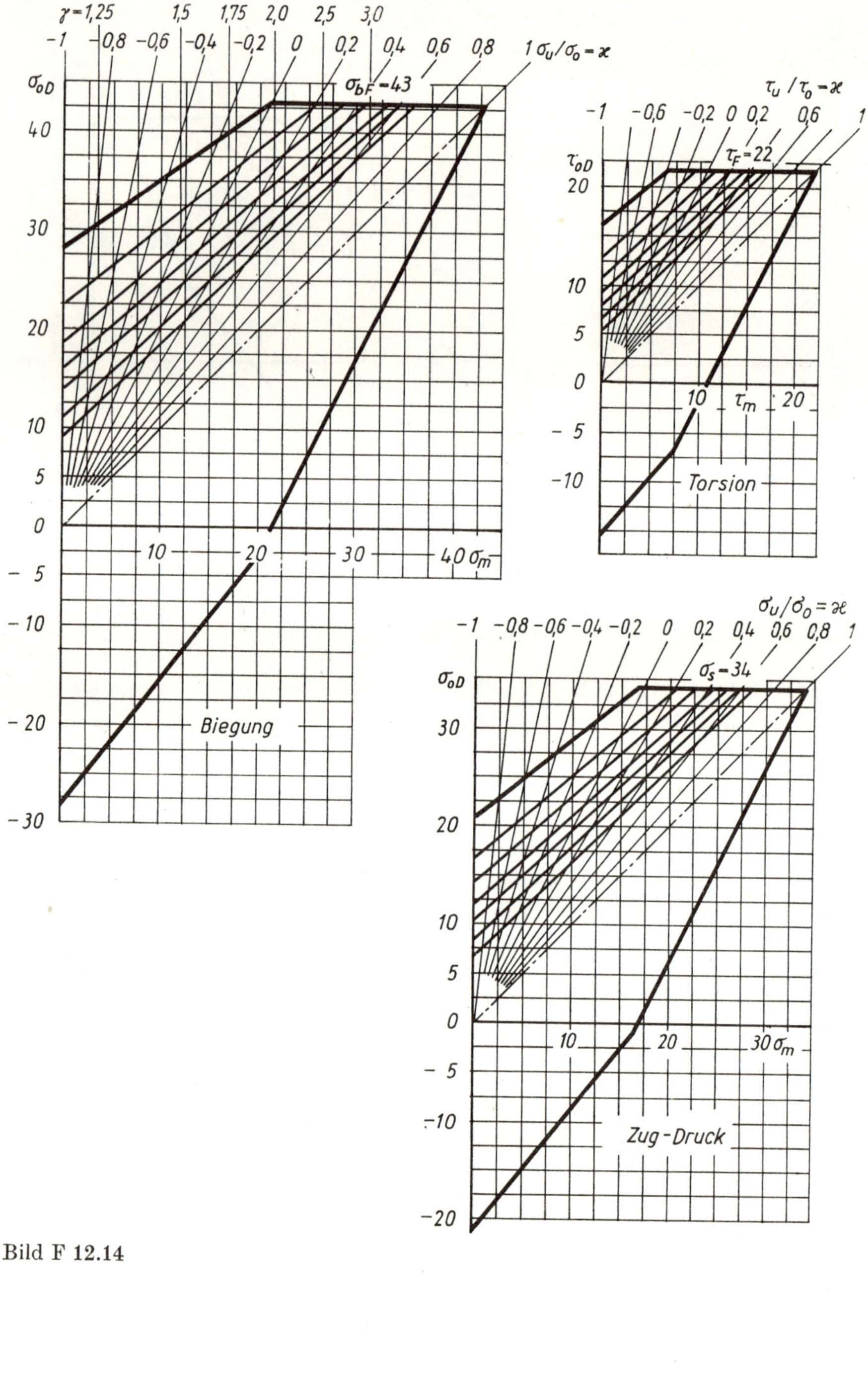

$\gamma = 1{,}25$ 1,5 1,75 2,0 2,5 3,0
−1 −0,8 −0,6 −0,4 −0,2 0 0,2 0,4 0,6 0,8 1 $\sigma_u/\sigma_o = \varkappa$
σ_{oD}
$\sigma_{bF} = 43$
σ_m
Biegung
$\tau_u/\tau_o = \varkappa$
−1 −0,6 −0,2 0 0,2 0,6 1
τ_{oD}
$\tau_F = 22$
τ_m
Torsion
$\sigma_u/\sigma_o = \varkappa$
−1 −0,8 −0,6 −0,4 −0,2 0 0,2 0,4 0,6 0,8 1
σ_{oD}
$\sigma_s = 34$
σ_m
Zug-Druck

Bild F 12.14

Für die Dauerfestigkeit σ_{AD} erhält man in Abhängigkeit von der Mittelspannung σ_m

$$\sigma_{AD} = \sigma_{OD} - \sigma_m = \sigma_{zW} - \frac{\sigma_{zW}}{2\sigma_{zB} - \sigma_{zW}} \sigma_m \tag{12.12}$$

bzw.

$$\sigma_{AD} = \frac{(2\sigma_{zB} - \sigma_{zW})(1 - \varkappa)\sigma_{zW}}{2\sigma_{zB}(1 - \varkappa) + 2\sigma_{zW}\varkappa} \tag{12.13}$$

Stets muß erfüllt sein

$$\sigma_{OD} = \sigma_{AD} + \sigma_m \leqq \sigma_{zF} \tag{12.14}$$

Die Beziehungen können sinngemäß auch auf Biegung und Torsion übertragen werden.
Die Dauerfestigkeitsschaubilder sind in der TGL 19340/02[1]) für allgemeine und höherfeste Baustähle, Vergütungs- und Einsatzstähle zusammengestellt. Für St 60 sind diese Dauerfestigkeitsschaubilder für die Fälle Biegung, Torsion und Zug-Druck im Bild F 12.14 dargestellt. Der dabei auftretende Parameter wird im nächsten Abschnitt erklärt. Weiterhin ist die nachstehende Tabelle dieser TGL entnommen.

Stahl-marke	$\sigma_{zB}(R_m)$ (in N mm^{-2})	$\sigma_{zF}(R_e)$	σ_{bF}	τ_{tF}	σ_{zW}	σ_{bW}	τ_{tW}	σ_{zSch}	σ_{bSch}	τ_{tSch}
St 34	340	220	240	130	130	160	90	210	240	130
St 38	380	240	260	150	140	180	100	230	260	150
St 42	420	260	320	170	160	200	120	250	310	170
St 50	500	300	370	190	190	240	140	300	370	190
St 60	600	340	430	220	210	280	160	340	430	220
St 70	700	370	490	260	240	330	200	370	490	260

12.4.2.* Blockprogrammversuch

Stochastische Beanspruchungen, die man in Belastungskollektiven zusammenfassen kann, lassen sich mit dem Einstufen-Dauerschwingversuch nicht befriedigend nachbilden. Es wurden deshalb Betriebsfestigkeitsversuche eingeführt, für die das Belastungskollektiv in 8 Stufen unterteilt wird. Die Festigkeitsprüfung der Proben und Bauteile erfolgt mit einer festgelegten Belastungsfolge, wie es im Bild F 12.15 dargestellt ist. Ein Zyklus, der sich ständig wiederholt, wird als Block oder Teilfolge bezeichnet. Im Ergebnis erhält man analog zur *Wöhler*-Linie die Betriebs- oder Lebensdauerlinie (Bild F 12.16). Die 8 Belastungsstufen, die das vorgegebene Kollek-

[1]) Die TGL 19340 ist 1984 vollständig überarbeitet, erweitert und teilweise mit neuen Bezeichnungen erschienen. Sie konnte bis zum Redaktionsschluß dieser 9. Auflage nicht eingearbeitet werden. Die Bezeichnungen der TGL von 1974 sind z. T. noch zugelassen und in der neuen TGL mit aufgelistet. Zum Blatt 03 der neuen TGL existiert ein AUTRA-Programm, dessen Benutzung sehr empfohlen wird.

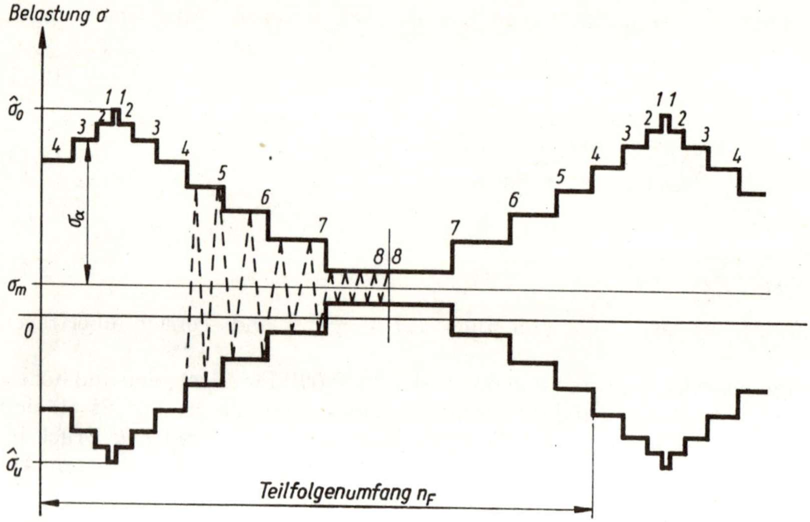

Bild F 12.15

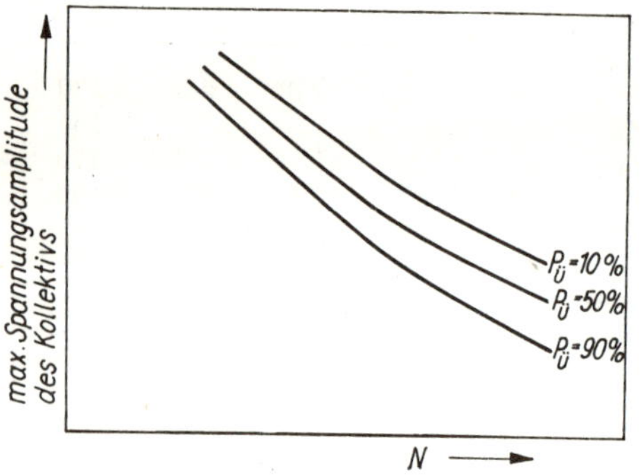

Bild F 12.16

tiv annähern, werden alle mehrmals gleichmäßig proportional vermindert, woraus man weitere Punkte der Betriebsdauerlinie erhält. Selbstverständlich muß die Mittelspannung für jede Betriebsdauerlinie konstant bleiben.

12.4.3.* Random-Versuch

Als dritte Möglichkeit der Festigkeitsprüfung von Proben und besonders der Bauteile ist der Random-Versuch bekannt geworden. Stochastische Belastungsverläufe werden im allgemeinen mit Magnetbandgeräten aufgenommen, die auch zur Steuerung bestimmter Prüfmaschinen dienen. Dadurch kann mit diesem Versuch ein den praktischen Verhältnissen exakt entsprechender Belastungsverlauf unmittelbar zur Prüfung verwendet werden.

12.5. Einflußgrößen auf die Gestaltfestigkeit

Gestaltfestigkeit nennt man die Dauerfestigkeit eines Bauteiles beliebiger Konfiguration. Sie ist keine reine Werkstoffgröße, sondern nur eine durch Form und Bearbeitung herabgesetzte Festigkeit. Die Gestaltfestigkeit ist exakt nur aus Dauerversuchen zu gewinnen. Der versuchstechnische Aufwand ist dabei sehr groß, da jeweils etwa 10^7 Schwingspiele benötigt werden.

Im folgenden werden die wichtigsten Einflußgrößen auf die Gestaltfestigkeit kurz behandelt. Damit kann eine näherungsweise Berechnung erfolgen.

12.5.1. Formzahl α_K und bezogenes Spannungsgefälle

Die Spannungsverteilung, die mit Hilfe der elementaren Festigkeitslehre in Bauteilen mit Kerben errechnet wird, führt zu falschen Ergebnissen. Exakt betrachtet treten in der Umgebung der Kerben immer mehrachsige Spannungszustände auf, auch wenn es sich um eine einachsige eingeprägte Belastung handelt. Die größte Normalspannung wird bei den weiteren Betrachtungen als entscheidend angesehen. Unter Kerben versteht man Rillen, Wellenabsätze, Nuten (Paßfeder oder Keil), Vorsprünge, Querbohrungen.

Bild F 12.17

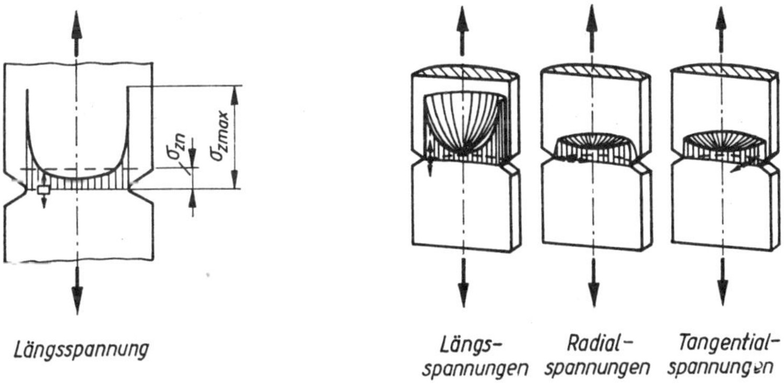

Bild F 12.18

Im Bild F 12.17 sind an einem Flachstab die inhomogene Spannungsverteilung in der Umgebung der Bohrung und auch die homogene Spannungsverteilung in einem entsprechenden Abstand dargestellt. Der Kraftfluß ist durch die Bohrung unterbrochen. Die Bereiche neben der Bohrung haben diesen Teil der Belastung mit aufzunehmen. Ähnlich der Strömung entsteht am mittleren Rand der Bohrung, der als Kerbgrund bezeichnet wird, eine starke Spannungserhöhung. Die Formzahl α_{Kz} bezeichnet das Verhältnis der maximalen Spannung σ_{zmax} zur Nennspannung σ_{zn}

$$\alpha_{Kz} = \frac{\sigma_{zmax}}{\sigma_{zn}} \tag{12.15}$$

Die Nennspannung ist immer auf den kleinsten Querschnitt zu beziehen.

$$\sigma_{zn} = \frac{F}{A_{min}} \tag{12.16}$$

Außer den primären Längsspannungen treten noch Querspannungen auf.
Analoge Verhältnisse sind bei einem Probekörper mit Kreisquerschnitt und Umdrehungskerbe (Bild F 12.18) vorhanden.

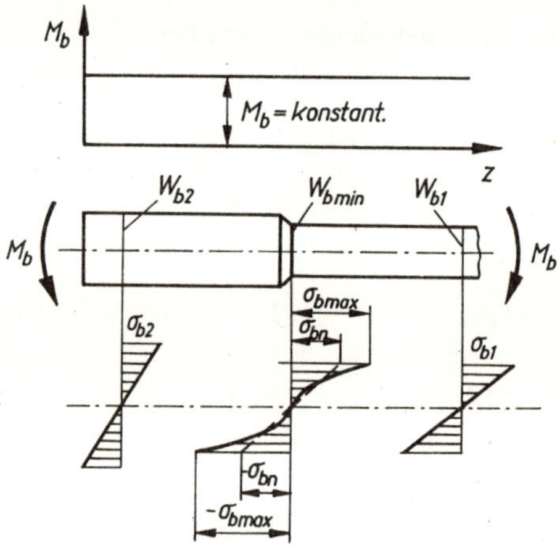

Bild F 12.19

Auch bei Biegung (Bild F 12.19) ergeben sich ähnliche Verhältnisse. Die Formzahl ergibt sich aus

$$\alpha_{Kb} = \frac{\sigma_{bmax}}{\sigma_{bn}} \tag{12.17}$$

Für zwei ausgewählte Fälle sind die Formzahlen in Bild F 12.20 angegeben. Die maximale Spannung kann meßtechnisch mit sehr kleinen Dehnmeßstreifen bestimmt werden. Eine Berechnung der Formzahl ist für einige Kerbformen mit Hilfe der Elastizitätstheorie möglich. Es wird dabei die Gültigkeit des *Hooke*schen Gesetzes vorausgesetzt.
Auf die Formzahl haben unter den gegebenen Voraussetzungen nur die Form der Kerbe, die Abmessungen des Bauteiles und die Beanspruchungsart Einfluß. Die Höhe der Beanspruchung, die Art des Werkstoffes und sein Elastizitätsmodul beeinflussen das Ergebnis nicht.
Die Größe der Formzahl für gleiche Kerben hängt also auch von der Beanspruchungsart ab. Die jeweilige Beanspruchungsart bei der Formzahl wird durch die Indizes aus-

gedrückt. Es gilt für die Beanspruchungsarten Zug-Druck α_{Kz}, Biegung α_{Kb}, Torsion α_{Kt} und Schub α_{Ks}.
Zur Kennzeichnung inhomogener Spannungsverteilungen dient das Spannungsgefälle oder vor allem das bezogene Spannungsgefälle.
Diese Größen lassen sich am besten bei der Biegebeanspruchung erläutern. In einem Flachstab tritt der in Bild F 12.21 dargestellte Spannungsverlauf auf.
Unter dem Spannungsgefälle versteht man den Gradienten der Spannungsverteilung mit der Einheit N mm^{-3}

$$\chi^* = \left(\frac{\mathrm{d}\sigma_b}{\mathrm{d}y}\right)_{\max} \tag{12.18}$$

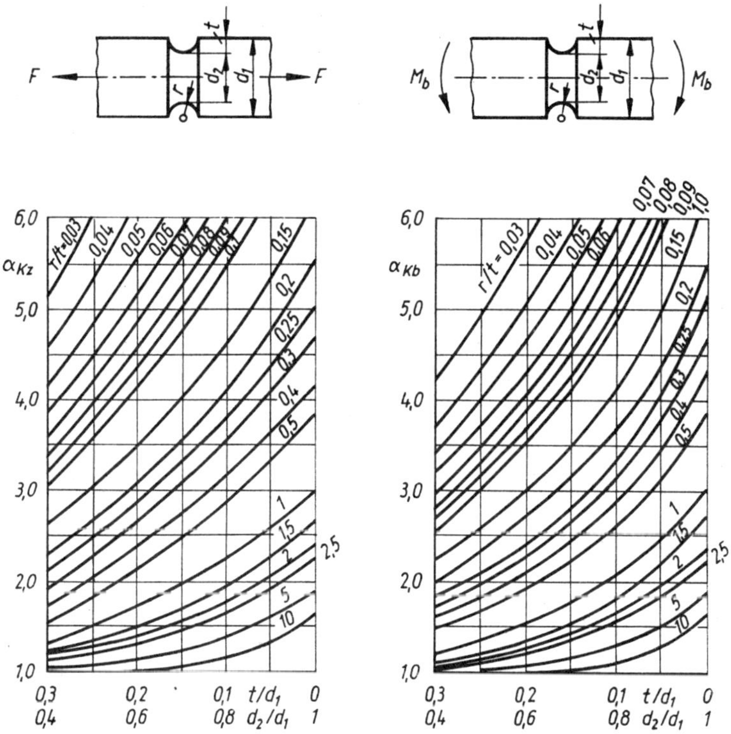

Bild F 12.20

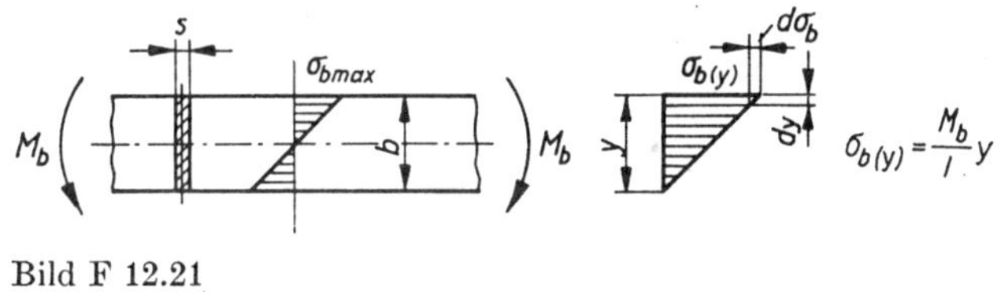

Bild F 12.21

Kerbform	Beanspruchungs-Art	χ_0 in mm^{-1}	χ in mm^{-1}
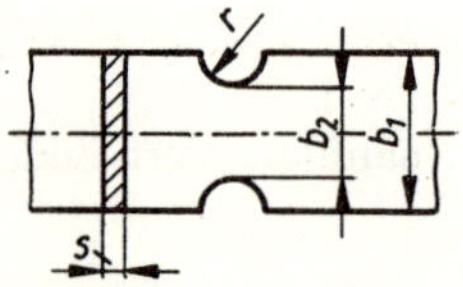	Zug-Druck	0	$\frac{2}{r}$
	Biegung	$\frac{2}{b_2}$	$\frac{2}{b_2} + \frac{2}{r}$
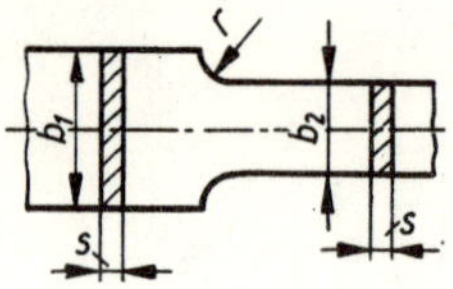	Zug-Druck	0	$\frac{2}{r}$
	Biegung	$\frac{2}{b_1}$	$\frac{4}{b_1 + b_2} + \frac{2}{r}$
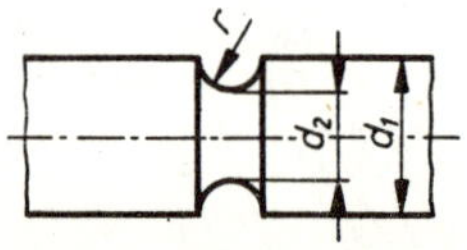	Zug-Druck	0	$\frac{2}{r}$
	Biegung	$\frac{2}{d_2}$	$\frac{2}{d_2} + \frac{2}{r}$
	Torsion	$\frac{2}{d_2}$	$\frac{2}{d_2} + \frac{1}{r}$
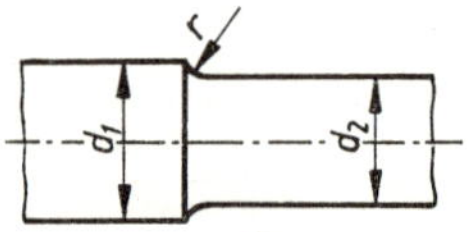	Zug-Druck	0	$\frac{2}{r}$
	Biegung	$\frac{4}{d_1 + d_2}$	$\frac{4}{d_1 + d_2} + \frac{2}{r}$
	Torsion	$\frac{4}{d_1 + d_2}$	$\frac{4}{d_1 + d_2} + \frac{1}{r}$
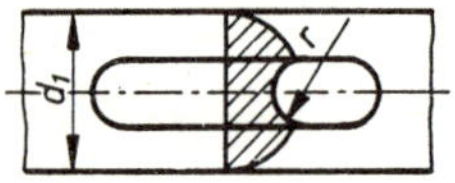	Torsion	$\frac{2}{d_1}$	$\frac{2}{d_1} + \frac{1}{r}$
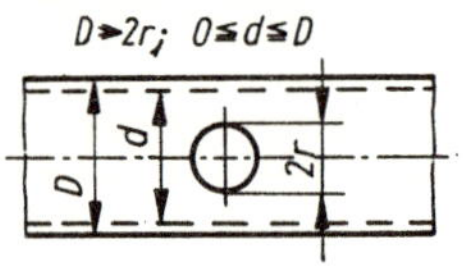	Biegung	$\frac{2}{D}$	$\frac{2}{D} + \frac{4}{r}$
	Torsion	$\frac{2}{D}$	$\frac{2}{D} + \frac{3}{r}$

Bild F 12.22

Wird diese Größe durch die maximale Spannung dividiert, so erhält man das bezogene Spannungsgefälle in mm^{-1}

$$\chi = \frac{\chi^*}{\sigma_{max}} = \frac{\left(\frac{d\sigma_b}{dy}\right)_{max}}{\sigma_{max}} \tag{12.19}$$

Bezugnehmend auf die Verhältnisse in Bild F 12.21 ergibt sich

$$\frac{d\sigma_b}{dy} = \frac{M_b}{I} \tag{12.20}$$

und

$$\chi_0 = \frac{\left(\frac{d\sigma_b}{dy}\right)_{max}}{\sigma_{bmax}} = \frac{2}{b} \tag{12.21}$$

In der Anwendung wird unterschieden zwischen

χ_0 bezogenes Spannungsgefälle in glatten Bauteilen
χ bezogenes Spannungsgefälle in gekerbten Bauteilen

Bei den Beanspruchungsarten Zug und Druck handelt es sich bei ungekerbten Bauteilen um einen homogenen Spannungszustand. Damit ist das bezogene Spannungsgefälle $\chi_0 = 0$.
Demgegenüber tritt bei Biegung und Torsion an ungekerbten Bauteilen auch ein Spannungsgefälle χ_0 auf.
Sobald die Bauteile Kerben haben, ist bei allen Beanspruchungsarten immer ein Spannungsgefälle χ vorhanden. Die Größe von χ hängt im wesentlichen vom Krümmungsradius ϱ und der Beanspruchungsart ab.
Das Bild F 12.22 enthält einige ausgewählte Kerbformen und näherungsweise die Angabe zum Spannungsgefälle.

12.5.2. Kerbwirkungszahl β_K

Unter zügiger Beanspruchung wirken Kerben fließ- und bruchbehindernd, also es tritt eine Festigkeitserhöhung auf. In welchem Maße die Festigkeit durch die Kerbform ansteigt, läßt sich aus dem Diagramm für die Form- und Kerbwirkungszahlen bei gleichen Kerben durch Vergleiche finden. Zur Beschreibung des Festigkeitsverhaltens von Proben und Bauteilen unter Einstufen-Schwingbeanspruchung wird die dimensionslose Kerbwirkungszahl β_K eingeführt; denn die Formzahl α_K liefert bei beliebiger Belastungsgröße zu niedrige Festigkeitswerte ($\alpha_K > \beta_K$).
Die Kerbwirkungszahl ist das Verhältnis der Dauerfestigkeit σ_{AD} eines glatten Stabes zur Dauerfestigkeit σ_{ADK} desselben gekerbten Stabes beliebiger Form und Größe mit jeweils idealglatter Oberfläche und aus gleichem Werkstoff.

$$\beta_K = \frac{\text{Dauerfestigkeit}_{\text{ungekerbt}}}{\text{Dauerfestigkeit}_{\text{gekerbt}}} = \frac{\sigma_{AD}}{\sigma_{ADK}} \tag{12.22}$$

Die Mittelspannung σ_m wird dabei im allgemeinen mit Null vorausgesetzt, so daß in Abhängigkeit der Beanspruchungsarten gilt.
Zug:

$$\beta_{Kz} = \frac{\sigma_{zW}}{\sigma_{zWK}} \tag{12.23}$$

und analog für Druck, Biegung, Torsion und Schub.
Im allgemeinen kann man $\beta_{Kd} = \beta_{Kz}$ setzen. Für Festigkeitsberechnungen mit $\sigma_m \gtrless 0$ oder $-1 < \varkappa < +1$ findet die Kerbwirkungszahl β_K in der vorliegenden Form ohne Korrektur Anwendung, auch wenn die Verhältnisse dadurch nicht ganz

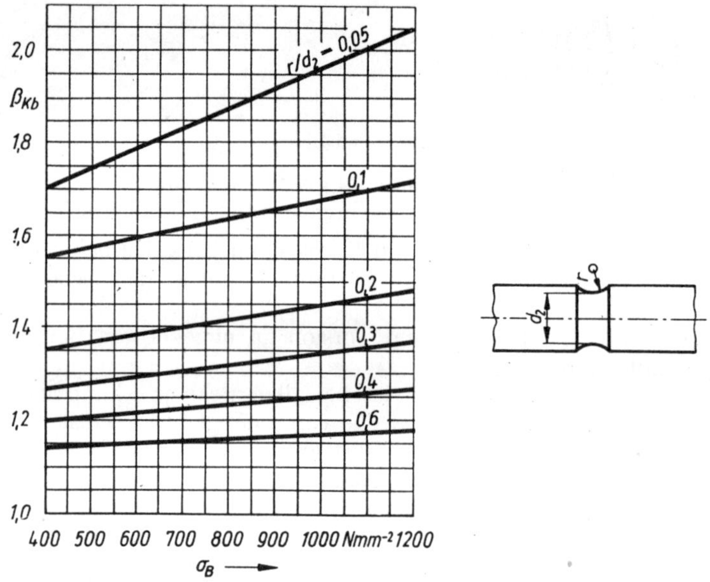

Bild F 12.23

exakt wiedergegeben werden. Man liegt dadurch immer auf der sicheren Seite. Die Kerbwirkungszahlen kann man nur durch Dauerversuche an glatten und gekerbten Proben oder Bauteilen exakt bestimmen. In den Bildern F 12.23 und 12.24 sind die Werte der Kerbwirkungszahlen für Halbkreis- und Spitzkerben dargestellt. Die verschiedenen Ansätze zur rechnerischen Ermittlung sind nur Näherungen.
Zur Anwendung wird folgende Formel empfohlen

$$\beta_K = \frac{\alpha_K}{n} \tag{12.24}$$

Die Stützziffer n ergibt sich in Abhängigkeit vom bezogenen Spannungsgefälle χ aus Bild F 12.25. Die Formeln für das bezogene Spannungsgefälle enthält Bild **F 12.22.**

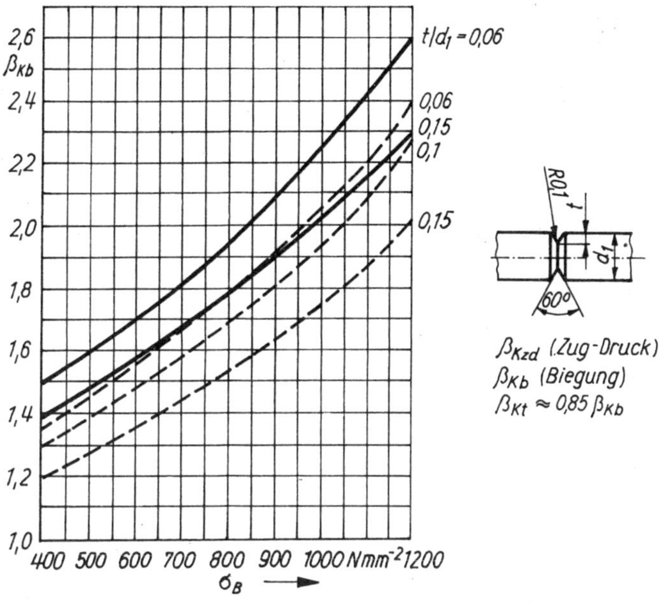

Bild F 12.24

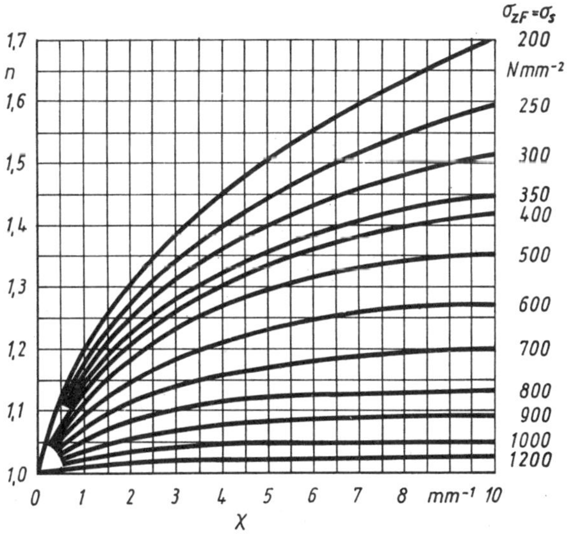

Bild F 12.25

Für Bauteile, bei denen das bezogene Spannungsgefälle χ schwierig zu ermitteln ist, kann β_K nach der folgenden Beziehung für Zug-Druck und Biegung gefunden werden:

$$\beta_K = \alpha_K \frac{0{,}89 - \dfrac{151}{\sigma_B} + \left(1 + \dfrac{\sigma_B}{1340}\right) 0{,}1 \cdot r}{1 + \left(1 + \dfrac{\sigma_B}{1340}\right) 0{,}1 \cdot r} \tag{12.25}$$

Die Einheiten in (12.25) sind in N mm^{-2} und mm einzusetzen.

Die auftretenden Fehler bei dieser rechnerischen Bestimmung sind verhältnismäßig gering, so daß eine praktische Anwendung bei genügender Erfahrung durchaus möglich ist.

12.5.3. Anisotropie

Die Festigkeitskenngrößen eines Werkstoffes (vor allem bei der Dauerschwingfestigkeit) sind von der Walzrichtung abhängig. Die Widerstandsfähigkeit in Walzrichtung ist größer. Erfolgt die Beanspruchung bei Zug-Druck und Biegung senkrecht zur Walzrichtung des Werkstoffes, so sind die Dauerfestigkeitswerte σ_{AD}, σ_W, σ_{Sch} usw. mit dem entsprechenden Anisotropie-Koeffizienten a_i der Tabelle zu multiplizieren. Bei der Verdrehbeanspruchung braucht man die Anisotropie nicht zu berücksichtigen.

σ_B in N mm^{-2}	a_i			
	Wechselbereich		Schwellbereich	
	$-1 \leqq \varkappa \leqq 0$		$0 < \varkappa < +1$	
	ungekerbt	gekerbt	ungekerbt	gekerbt
< 600	0,85	0,84	0,90	0,96
600 bis 900	0,83	0,82	0,87	0,94
900 bis 1200	0,80	0,80	0,85	0,92
> 1200	0,75	0,80	0,83	0,90

12.5.4. Größenfaktoren

Versuche ergaben, daß die Dauerfestigkeit der Werkstoffe mit zunehmender Bauteildicke sinkt. Bei Biege- und Torsionsbeanspruchung hängt diese Abnahme teilweise mit dem proportional zur Bauteildicke flacher werdenden Spannungsgefälle zusammen. Auch der von der Halbzeug- oder Rohlingsdicke abhängende Verwalzungsgrad spielt eine Rolle. Damit haben die Bauteile aus kleinen Rohlingen eine höhere Festigkeit als geometrisch ähnliche Bauteile mit größeren Abmessungen. Diese Erscheinung wurde auch bei Zug- und Druckbeanspruchung, besonders an Vergütungsstählen, beobachtet. Die Festigkeitswerte ermittelt man an Werkstoffproben mit einem Durchmesser

7,5 bis 15 mm	für Bau- und Vergütungsstähle bei Zug oder Biegung
30 mm	für Einsatzstähle bei Zug oder Biegung
10 bis 15 mm	für Bau-, Vergütungs- und Einsatzstähle bei Torsion

Bestimmung von β_K nach	Beanspruchungsart	Größeneinflußfaktor k für Baustähle Vergütungsstähle	Größeneinflußfaktor k für Einsatzstähle einsatzgehärtet
Gl. (12.24)	Biegung Torsion	$k_1 \cdot k_2$	k_4
	Zug—Druck	k_1	k_4
TGL 19340/04 oder Gl. (12.25)	Biegung Torsion	$k_1 \cdot k_2 \cdot k_3$	$k_3 \cdot k_4$
	Zug—Druck	$k_1 \cdot k_3$	$k_3 \cdot k_4$

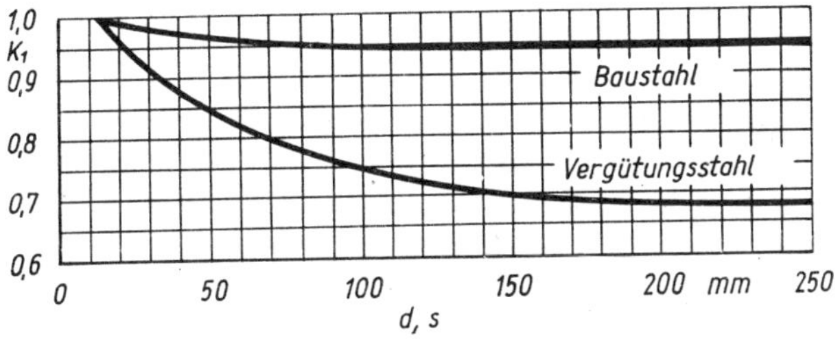

Bild F 12.26 Technologischer Größeneinfluß für Bau- und Vergütungsstähle

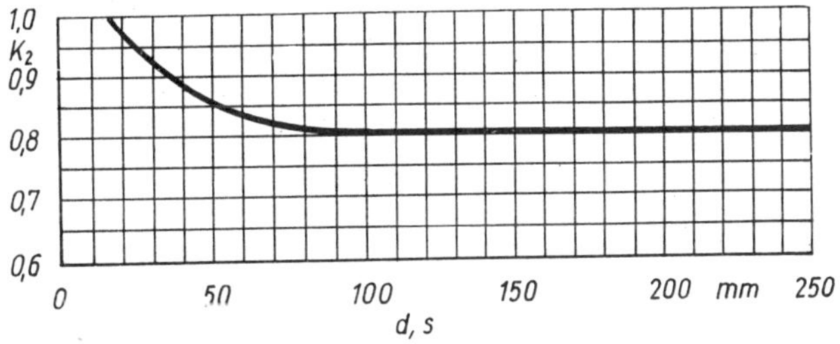

Bild F 12.27 Einfluß des Spannungsgefälles

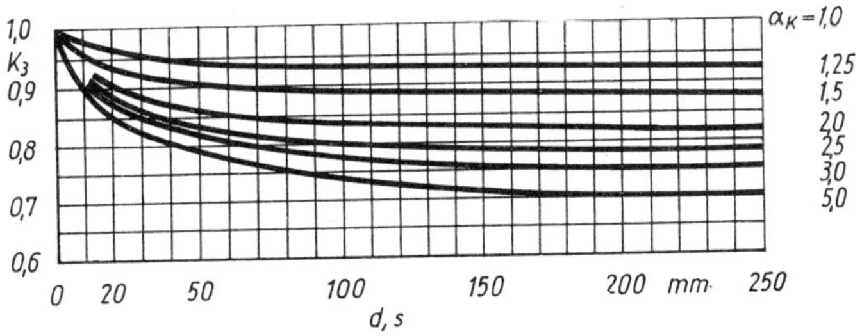

Bild F 12.28 Einfluß der Formzahl α_K

Weicht der Durchmesser von diesen Festlegungen ab, so ist ein Größeneinflußfaktor k entsprechend obiger Tabelle zu berücksichtigen. Die Zahlenwerte sind den Diagrammen der Bilder F 12.26 bis F 12.29 zu entnehmen.
Für spanend mit großen Abmessungsunterschieden abgearbeitete Teile, z. B. dicke Wellen mit angedrehtem schwachem Zapfen, ist der Größenfaktor nicht der obigen Tabelle zu entnehmen. Hierfür sollte man die Zugfestigkeit ($\approx$ Kernfestigkeit des Rohlings) und die Fließgrenze abschätzen und an Stelle der Größeneinflußkurve k_1 die Dauerfestigkeit im Verhältnis der Fließgrenzen abmindern.

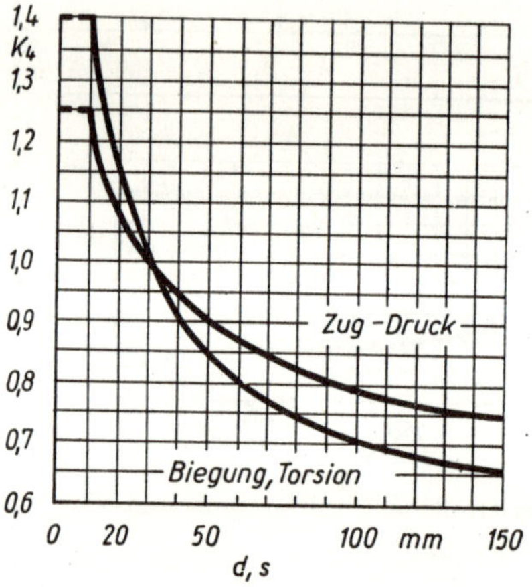

Bild F 12.29 Größeneinfluß für Einsatzstähle

12.5.5. Querschnittsform

Die Dauerfestigkeitswerte beziehen sich auf Proben mit Kreisquerschnitt. Sobald andere Querschnittsformen verwendet werden, ist ein Querschnittsfaktor q in Abhängigkeit der Beanspruchungsart nach Tabelle zu berücksichtigen.

Querschnittsform	Querschnittsfaktor q für			
	Flachbiegung[1])	Umlaufbiegung	Zug—Druck	Torsion
Kreis	0,9	1,0	1,0	1,0
Rechteck bis Quadrat	1,0	0,8—0,9	0,9—1,0	0,8—0,9
gleichseitiges Dreieck	0,9	0,9	0,9	0,8
Rhombus	0,9	1,0	1,0	0,9

[1]) Hin- und Herbiegung, bezogen auf den Kreisquerschnitt bei Umlaufbiegung.

12.5.6. Oberflächenfaktor

Durch die verschiedenen Fertigungsverfahren (Drehen, Fräsen, Walzen, Schmieden, Gießen usw.) ergeben sich immer Unebenheiten an der Oberfläche, die wie kleine Kerben wirken. Da an der Oberfläche meistens auch die größten Spannungen auftreten, geht beim überwiegenden Teil der Dauerbrüche der Anriß von der Oberfläche aus.

Die Oberflächenbeschaffenheit wird durch den Einflußfaktor O_{FK} berücksichtigt, und es gilt

$$O_{FK} = O_F + (1 - O_F)\,\frac{(\alpha_K - 1)^2}{\alpha_K^2} \qquad (12.26)$$

Dem Bild F 12.30 ist der Faktor O_F in Abhängigkeit der Rauhtiefe und der Zugfestigkeit zu entnehmen.

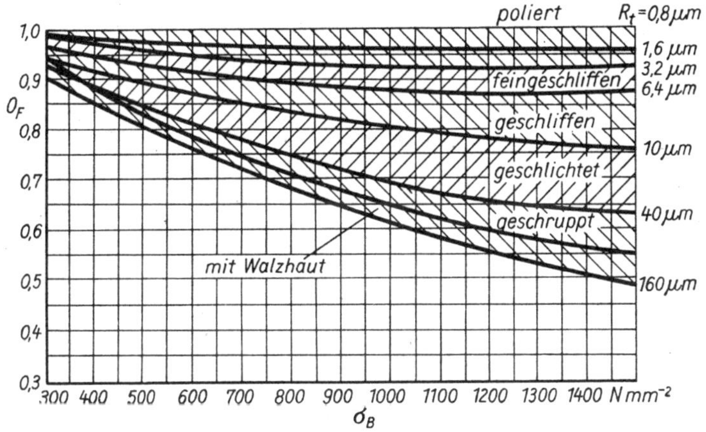

Bild F 12.30

Für die Torsionsbeanspruchung ergibt sich der Oberflächenfaktor aus

$$O_{FKt} = 0{,}575 O_{FK} + 0{,}425 \qquad (12.27)$$

Durch mechanische und thermische Verfahren können Druckeigenspannungen in einer mehr oder weniger tiefen Oberflächenschicht erzeugt werden. Auf diese Weise ergibt sich eine sogar meist erhebliche Festigkeitssteigerung. Bei den mechanischen Verfahren ist das Rollen und Kugelstrahlen bekannt geworden.

Als thermische Verfahren kann man das Gas- und Salzbadnitrieren sowie das Borieren nennen. Für hochbeanspruchte Bauteile aus hochfestem Stahl sind eine feinstbearbeitete Oberfläche und derartige Verfahren zu empfehlen.

Die Dauerfestigkeitswerte müssen dann durch Versuche ermittelt werden, da die bisherigen Verfahren diese Einflüsse nicht erfassen.

12.6. Berechnung der Gestaltfestigkeit

Es muß gewährleistet sein, daß die in der Praxis auftretende Beanspruchung und die weiteren vorhandenen Bedingungen in der Berechnung in vollem Umfang durch die genannten Faktoren berücksichtigt werden können. Bei der Berechnung wird eine dynamische Beanspruchung mit konstanter Amplitude und Mittelspannung zugrunde gelegt. Weiterhin sind bei einer entsprechenden Amplitude auch konstante Ober- oder Unterspannungen üblich, oder das Spannungsverhältnis

$$\varkappa = \sigma_u/\sigma_o$$

bleibt konstant.

Für die Wechselbeanspruchung $\sigma_m = 0$ wird ein Gesamteinflußfaktor γ eingeführt

$$\gamma = \frac{\beta_K}{k O_{FK} q a_i} \tag{12.28}$$

Wie man sieht, gehen hier alle vorher genannten Faktoren ein. Der Gesamteinflußfaktor γ wird auch sinngemäß für $\sigma_m \lesseqgtr 0$ angewendet.

Zu beachten ist, daß k und O_{FK} gleich 1 oder anteilig einzusetzen sind, wenn diese Einflüsse bereits in der Kerbwirkungszahl β_K voll oder teilweise berücksichtigt werden. Bei der Berechnung von Keilwellen mit β_K nach TGL 19340/04 ist u. a. darauf zu achten. Der Faktor q hat den Wert 1, wenn β_K die Querschnittsform in Verbindung mit der zutreffenden Beanspruchungsart mit enthält.

Die ertragbare Spannung für $\sigma_m = 0$ ($\tau_m = 0$) ergibt sich aus

$$\sigma_{ADK} = \sigma_{WK} = \frac{\sigma_W}{\gamma}$$

$$\tau_{ADK} = \tau_{WK} = \frac{\tau_W}{\gamma} \tag{12.29}$$

In den in der Praxis üblichen Dauerfestigkeitsschaubildern sind bereits Linien mit

$$\gamma = 1{,}0; \quad 1{,}25; \quad 1{,}5; \quad 1{,}75; \quad 2{,}0; \quad 2{,}5; \quad 3{,}0$$

eingezeichnet. Daher können σ_{ADK} oder τ_{ADK} mit γ sogar in Abhängigkeit der Mittelspannungen diesen Schaubildern (Bild F 12.14) entnommen werden. Der jeweilige Überlastungsfall nach TGL 19340 ist dabei zu berücksichtigen.

Bei der Ermittlung der Dauerfestigkeitswerte für gekerbte Bauteile kann bei Biegung wegen der Mehrachsigkeit des Spannungszustandes mit erhöhter Fließ- oder Streckgrenze in Abhängigkeit von der Kerbwirkungszahl β_K gerechnet werden.

Bei Torsion kann diese Festigkeitserhöhung nicht angewendet werden. Der Erhöhungsfaktor ψ wird für Biegung näherungsweise wie folgt festgelegt:

$\beta_K \geqq$	1,0	1,25	1,5	2,0	3,0
ψ_b	1,0	1,1	1,2	1,25	1,3

Bei Zugbeanspruchung kann man maximal einen Wert von $\psi_z = 1{,}1$ berücksichtigen. Die obere Begrenzung der Dauerfestigkeitsschaubilder Bild F 12.11, F 12.13 oder F 12.14 erfolgt dann erst bei

$$\psi_b \sigma_{bF} \text{ oder } \psi_z \sigma_{zF}$$

und nicht schon bei σ_{bF} bzw. σ_{zF}.
Auch die Ober- und Unterspannungslinien laufen in der vorliegenden Richtung bis zu dieser Begrenzung weiter. Die Gl. (12.14) nimmt dann die Form an:

$$\sigma_{ODK} = \sigma_{ADK} + \sigma_m \leqq \psi_b \sigma_{bF} \tag{12.30}$$

Bevor auf die Berechnung der Sicherheiten eingegangen werden kann, sind noch die Vergleichsspannungen bei zusammengesetzter Beanspruchung zu ermitteln.
Unter Bezugnahme auf Abschn. 11. gilt für Biegung und Torsion:

$$\sigma_{bmv} = \sqrt{\sigma_{bm}^2 + \left(\frac{\sigma_{bF}}{\tau_{tF}}\right)^2 \tau_{tm}^2} \tag{12.31}$$

$$\tau_{tmv} = \sqrt{\left(\frac{\tau_{tF}}{\sigma_{bF}}\right)^2 \sigma_{bm}^2 + \tau_{tm}^2} = \frac{\tau_{tF}}{\sigma_{bF}} \sigma_{bmv} \tag{12.32}$$

$$\sigma_{bav} = \sqrt{\sigma_{ba}^2 + \left[\frac{\sigma_{ADK}(\sigma_{mv})}{\tau_{ADK}(\tau_{mv})}\right]^2 \tau_{ta}^2} \tag{12.33}$$

Zug, Biegung und Torsion:

$$\sigma_{zmv} = \sqrt{\left(\sigma_{zm} + \frac{\sigma_{zF}}{\sigma_{bF}} \sigma_{bm}\right)^2 + \left(\frac{\sigma_{zF}}{\tau_{tF}}\right)^2 \tau_{tm}^2} \tag{12.34}$$

$$\sigma_{bmv} = \frac{\sigma_{bF}}{\sigma_{zF}} \sigma_{zmv} \tag{12.35}$$

$$\tau_{tmv} = \frac{\tau_{tF}}{\sigma_{zF}} \sigma_{zmv} = \frac{\tau_{tF}}{\sigma_{bF}} \sigma_{bmv} \tag{12.36}$$

$$\sigma_{zav} = \sqrt{\left[\sigma_{za} + \frac{\sigma_{ADKz}(\sigma_{zmv})}{\sigma_{ADKb}(\sigma_{bmv})} \sigma_{ba}\right]^2 + \left[\frac{\sigma_{ADKz}(\sigma_{zmv})}{\tau_{ADKt}(\tau_{tmv})} \tau_{ta}\right]^2} \tag{12.37}$$

Für den Vergleichsspannungsausschlag wurde nur je eine Formel angegeben. Analog dazu kann man σ_{bav} und τ_{tav} aufschreiben.
Die Sicherheitsfaktoren werden nun in der üblichen Form ermittelt. Es ist zu unterscheiden zwischen der Sicherheit gegenüber Dauerbruch

1. bei reiner Zug-, Biege- oder Torsionsbeanspruchung

$$S_{vorh} = \frac{\sigma_{ADK}}{\sigma_a} \quad \text{oder} \quad S_{vorh} = \frac{\tau_{ADK}}{\tau_a} \tag{12.38}$$

2. bei zusammengesetzter Beanspruchung

$$S_{vvorh} = \frac{\sigma_{ADK}}{\sigma_{av}} \quad \text{oder} \quad S_{vvorh} = \frac{\tau_{ADK}}{\tau_{av}} \tag{12.39}$$

und der Sicherheit gegenüber der Fließgrenze oder Streckgrenze

3. bei reiner Zug-, Biege- oder Torsionsbeanspruchung

$$S_{\text{vorh}} = \frac{\sigma_F}{\sigma_a + \sigma_m} \quad \text{oder} \quad S_{\text{vorh}} = \frac{\tau_F}{\tau_a + \tau_m} \tag{12.40}$$

4. bei zusammengesetzter Beanspruchung

$$S_{\text{vvorh}} = \frac{\sigma_F}{\sigma_{av} + \sigma_{mv}} \quad \text{oder} \quad S_{\text{vvorh}} = \frac{\tau_F}{\tau_{av} + \tau_{mv}} \tag{12.41}$$

Sofern mit einer erhöhten Fließ- oder Streckgrenze gerechnet werden kann, sind die ψ-Werte im Zähler der Gln. (12.40) und (12.41) zu berücksichtigen.

12.7.* Bruchmechanik

Ein Bauteil bricht, nachdem sich Risse gebildet und durch Ausbreitung eine kritische Größe erreicht haben. Mit dieser Rißbildung und Rißausbreitung haben sich Festkörperphysiker, Werkstoffwissenschaftler und Berechnungsingenieure in den letzten 25 Jahren intensiv beschäftigt. Zum Abschluß des „Einblicks in die Betriebsfestigkeit" soll auf diese neuen Erkenntnisse, die die bisherigen Dimensionierungsmethoden ergänzen können, aus der Sicht der Festkörpermechanik kurz eingegangen werden. Es wird dabei vorausgesetzt, daß die eingeprägte Last senkrecht zum Riß wirkt.

Wir betrachten eine unendliche Scheibe mit elliptischem Loch (Bild F 12.31), die in y-Richtung in großer Entfernung vom Loch durch σ_0 beansprucht wird. Nach der Elastizitätstheorie läßt sich zeigen, daß die Spannungen am Ende der großen Halbachse den Wert

$$\sigma_y\,(a, 0) = \left(1 + 2\,\frac{a}{b}\right)\sigma_0 = \left(1 + 2\,\sqrt{\frac{a}{\varrho}}\right)\sigma_0 = \alpha_K \sigma_0 \tag{12.42}$$

und am Ende der kleinen Halbachse

$$\sigma_x(0, b) = -\sigma_0 \tag{12.43}$$

erreichen. Diese σ_x-Spannung ist unabhängig vom Achsenverhältnis der Ellipse, während die Spannung nach Gl. (12.42) vom Achsenverhältnis bzw. vom Verhältnis große Halbachse zum Krümmungsradius am Ende dieser Halbachse abhängt. Der Kerbfaktor α_K wird für $a \gg b$ bzw. ϱ sehr groß, und wenn man einen Riß als „Ellipse" mit einer „kleinen Halbachse" $b \to 0$ bzw. einem Krümmungsradius am Ende des Risses $\varrho \to 0$ auffaßt, wird die Spannung an der Rißspitze unendlich groß und jeder Riß müßte demzufolge zum Bruch führen.

Bei Spannungen oberhalb der Fließgrenze sind aber die Voraussetzungen der Elastizitätstheorie nicht mehr erfüllt. Auch eine elastisch-plastische Berechnung (siehe Abschnitt 13.) führt nicht zu einer befriedigenden Beschreibung der Bruchentstehung, weil das makroskopische Modell der Kontinuumsmechanik bei diesen „extrem spitzen Kerben" in der Nähe der Rißspitzen nicht mehr gilt.

An sehr spröden Werkstoffen (Glas) hat *Griffith* Versuche durchgeführt und damit gezeigt, daß ein Riß der Länge $2a$ sich erst bei einer bestimmten kritischen Spannung σ_{krit} ausbreitet bzw. daß ein Riß für eine bestimmte Spannung σ_0 eine kritische Größe

$2a_{\text{krit}}$ nicht überschreiten darf. Er stützt seine Versuchsergebnisse durch eine Energiebilanz und kam zu folgendem Ergebnis für eine Rißausbreitung:

$$\frac{\lambda}{E}\,\sigma_0^2 a\pi \geqq 2w_0 \tag{12.44}$$

$\lambda = 1$ für ESZ (ebener Spannungszustand),
$\lambda = 1 - \nu^2$ für EVZ (ebener Verzerrungszustand).

w_0 ist dabei die spezifische Oberflächenenergie des Werkstoffes. Es hat sich allerdings gezeigt, daß nur bei Werkstoffen, bei denen vor der Rißspitze kaum ein Fließgebiet (plastische Zone) auftritt, nach dieser Beziehung gerechnet werden darf; oder es muß eine der Oberflächenenergie äquivalente plastische Bruchenergie eingeführt

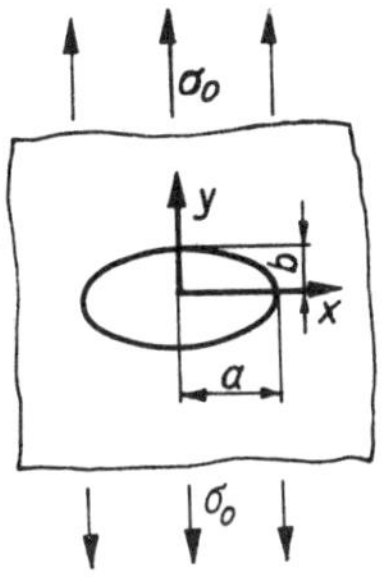

Bild F 12.31

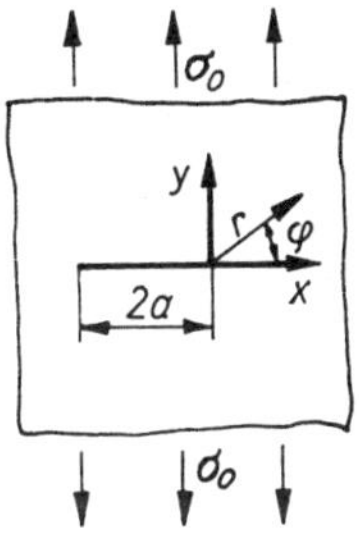

Bild F 12.32

werden ($w_p \approx 10^2 - 10^3 w_0$). Die plastische Zone vor der Rißspitze kann man mit Kenntnis des Spannungszustandes in diesem Gebiet errechnen. Mit dem im Bild F 12.32 angegebenem Koordinatensystem erhält man näherungsweise (für $r < 0{,}1a$)

$$\begin{aligned}
\sigma_{x,y} &= \frac{\sigma_0\sqrt{\pi a}}{\sqrt{2\pi r}}\cos\frac{\varphi}{2}\left[1 \mp \sin\frac{\varphi}{2}\sin\frac{3\varphi}{2}\right]\\
\tau_{xy} &= \frac{\sigma_0\sqrt{\pi a}}{\sqrt{2\pi r}}\sin\frac{\varphi}{2}\cos\frac{\varphi}{2}\cos\frac{3\varphi}{2}\\
\sigma_z &= 0 \quad \text{(ESZ)}\\
\sigma_z &= \nu(\sigma_x + \sigma_y) \quad \text{(EVZ)}
\end{aligned} \tag{12.45}$$

Die Größe $\sigma_0\sqrt{\pi a}$ hat *Irwin* „Spannungsintensitätsfaktor K_{I}" genannt und als charakteristische Rechengröße für die Bauteildimensionierung eingeführt.
Auch aus (12.45) erkennt man die Singularität der Spannungen an der Rißspitze für $r \to 0$. Setzt man (12.45) z. B. in das Fließgesetz von *Huber-v. Mises-Hencky* (siehe auch Abschnitt F 13.) ein,

$$2\sigma_S^2 = (\sigma_x - \sigma_y)^2 + (\sigma_y - \sigma_z)^2 + (\sigma_z - \sigma_x)^2 + 3\tau_{xy}^2, \tag{12.46}$$

so erhält man für den Radius der plastischen Zone

$$r_{\mathrm{PESZ}} = \frac{a}{2}\left(\frac{\sigma_0}{\sigma_{\mathrm{s}}}\right)^2 \cos^2\frac{\varphi}{2}\left(1 + 3\sin^2\frac{\varphi}{2}\right) \tag{12.47}$$

$$r_{\mathrm{PEVZ}} = \frac{a}{2}\left(\frac{\sigma_0}{\sigma_{\mathrm{s}}}\right)^2 \cos^2\frac{\varphi}{2}\left[1 + 3\sin^2\frac{\varphi}{2} - 4\nu(1-\nu)\right]$$

Für $\varphi = 0$ folgt daraus

$$r_{\mathrm{PESZ}} = \frac{a}{2}\left(\frac{\sigma_0}{\sigma_{\mathrm{s}}}\right)^2 = \frac{K_{\mathrm{I}}^2}{2\pi\sigma_{\mathrm{s}}^2}$$

$$r_{\mathrm{PEVZ}} = \frac{a}{2}\left(\frac{\sigma_0}{\sigma_{\mathrm{s}}}\right)^2 (1-2\nu)^2 \tag{12.48}$$

An der Bauteiloberfläche herrscht ein ebener Spannungszustand ($\sigma_z = 0$), während sich im Bauteilinneren der dreiachsige ebene Verzerrungszustand aufbaut. Man beachte, daß die Ausdehnungen der plastischen Zonen sich für $\nu = 0{,}3$ wie $1:0{,}16$ verhalten. Für $\sigma_0 \leqq 0{,}5\sigma_{\mathrm{s}}$ darf der Spannungsintensitätsfaktor näherungsweise mit

$$K_{\mathrm{I}} \approx \sigma_0\sqrt{\pi a_{\mathrm{eff}}} = \sigma_0\sqrt{\pi(a + r_{\mathrm{P}})} \tag{12.49}$$

berechnet werden.

Diese neue Rechengröße K_{I} von der Einheit N mm$^{-(3/2)}$ wird nun mit der Werkstoffkenngröße „Bruchzähigkeit K_{Ic}“ verglichen, die aus Versuchen an Proben mit einer Dicke

$$B \geqq 2{,}5\left(\frac{K_{\mathrm{Ic}}}{\sigma_{\mathrm{S}}}\right)^2 \tag{12.50}$$

ermittelt wird. K_{Ic} ist nur dann eine Werkstoffkenngröße, wenn in der Probe ein EVZ gewährleistet ist! Nach den Erkenntnissen der hier vorgestellten linearelastischen Bruchmechanik (LEBM) breitet sich ein Riß unter statischer Belastung nicht aus, wenn gilt

$$K_{\mathrm{I}} < K_{\mathrm{Ic}} \tag{12.51}$$

Die Konstruktionswerkstoffe des allgemeinen Maschinenbaues sind keine höchstfesten Werkstoffe, sondern solche, die sich im Zugversuch i. a. duktil verhalten. Bei diesen tritt vor der Rißspitze eine große plastische Zone auf, und die LEBM muß zu einer Fließbruchmechanik ausgebaut werden. Forschungsarbeiten dazu sind im vollen Gange, und es werden Rißmodelle entwickelt, die von der kontinuumsmechanischen Betrachtungsweise abweichen.

Bei schwingender Beanspruchung lassen sich die Erkenntnisse der LEBM ebenfalls nutzen. Bild F 12.33 zeigt die Wachstumsgeschwindigkeit $\mathrm{d}a/\mathrm{d}N$ in Abhängigkeit vom Spannungsintensitätsfaktor ΔK. Dabei ist $2a$ die Rißlänge und N die Lastwechselzahl, die unter Angabe der Frequenz für die Zeit gesetzt werden kann. Man unterscheidet die drei im Bild F 12.33 angegebenen Wachstumsstadien. Im Stadium *1* bilden sich Mikrorisse unter einem Winkel von etwa 45° zur größten Hauptnormalspannung. Im entscheidenden Rißwachstumsstadium *2* orientiert sich i. a. die Rißfront senkrecht zur größten Hauptnormalspannung, und das Rißwachstum läßt sich durch die Beziehung

$$\frac{\mathrm{d}a}{\mathrm{d}N} = c(\Delta K)^m \tag{12.52}$$

beschreiben. Dabei ist ΔK der zyklische Spannungsintensitätsfaktor. Die Konstanten c und m hängen vom Werkstoff, vom Beanspruchungszustand und von den Umgebungsbedingungen ab. Mit Gl. (12.52) kann man den Rißwachstumsprozeß beschreiben und den Beginn instabiler Rißausbreitung berechnen.

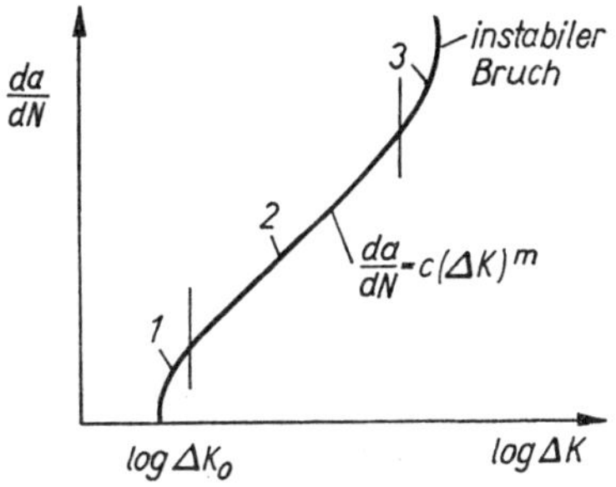

Bild F 12.33

Die Betriebsfestigkeit und die damit verbundenen Probleme der Beurteilung des Schädigungszustandes tragender Konstruktionen sind hochaktuelle Forschungsgebiete. Die Ermittlung des Spannungszustandes auf der Basis der Elastizitätstheorie und auch mit den Traglastberechnungen der Plastizitätstheorie haben vor allem durch die Entwicklung der EDV in den letzten Jahren große Fortschritte gemacht. Um eine hohe Zuverlässigkeit der Konstruktionen zu erreichen, ist es aber auch notwendig, das Werkstoffverhalten bei mehrachsiger statischer Beanspruchung, besonders aber bei schwingender Beanspruchung genauer zu beschreiben. Dabei muß von dem Modell eines homogenen, isotropen Materials abgegangen werden, und es ist auch notwendig, die Kontinuumsmechanik zu erweitern und Versetzungen, Dislokationen, Risse u. ä. in die Betrachtung einzubeziehen. Die in 12.3 angegebenen Werkstoffkenngrößen reichen nicht mehr aus. Die Modellvorstellungen der linear-elastischen Bruchmechanik, die die Rechengröße „Spannungsintensitätsfaktor K_I" mit der Werkstoffkenngröße „Bruchzähigkeit $K_{\mathrm{I}c}$" vergleichen, stellen einen Schritt in dieser Entwicklung dar.

13. EINBLICK IN DIE PLASTIZITÄTSTHEORIE

13.1. Einführung

In der bisher behandelten linearisierten Elastizitätstheorie wurde stets das *Hooke*sche Gesetz als einfachstes Spannungs-Deformations-Gesetz benutzt. Es gilt streng aber nur bis zum sogenannten Proportionalitätspunkt (P), wird aber auch bis zum Elastizitätspunkt (E) und sogar bis zur Fließgrenze σ_F benutzt (Bild F 13.1).

Oberhalb der Fließgrenze tritt nach anfänglichem Gleiten der Kristallebenen eine Verfestigung ein, so daß auch noch höhere Belastungen ertragen werden können. Die Plastizitätstheorie beschreibt für Werkstoffe mit ausgeprägter Fließgrenze (duktiles Material) die Spannungs-Dehnungs-Beziehungen oberhalb der Fließgrenze und gestattet eine bessere Ausnutzung des Tragvermögens von Bauteilen. Außerdem können die Vorgänge bei der spanlosen Formung (Walzen, Pressen, Schmieden) erfaßt werden.

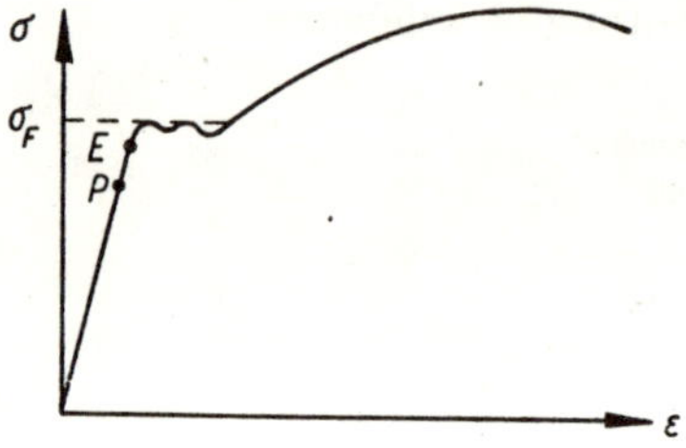

Bild F 13.1

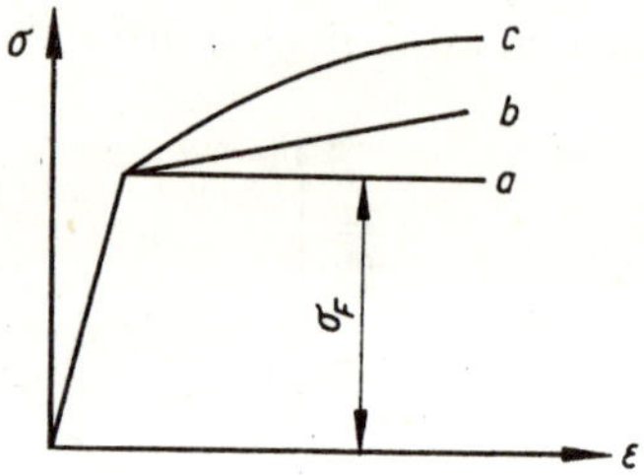

Bild F 13.2

13.2. Spannungs-Dehnungs-Modelle

In der Plastizitätstheorie wird mit verschiedenen Spannungs-Deformations-Gesetzen gearbeitet (Bild F 13.2). Der Linienzug *a* beschreibt das Verhalten eines elastisch-ideal plastischen Werkstoffes. Mit *b* und *c* werden Werkstoffe mit linearer und nichtlinearer Verfestigung beschrieben. Ein Kraft-Verformungs-Modell zur Beschreibung dieser Vorgänge hat folgendes Aussehen (Bild F 13.3): Bei Aufbringen der Last F wird zunächst nur die Feder mit der linearen Charakteristik c_1 gedehnt und dadurch die *Hooke*-Gerade beschrieben. Bei einer gewissen Kraftgröße F_F wird die Haftreibung zwischen Klotz und Unterlage überwunden (Fließgrenze) und die Feder c_2 gedehnt. Im Falle a ist $c_2 = 0$, für b hat c_2 eine lineare und für c eine nichtlineare Charakteristik.

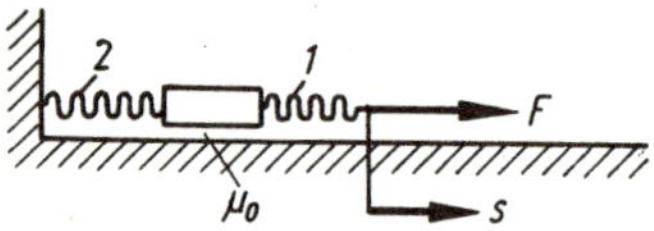

Bild F 13.3

Wir beschränken uns hier auf den einfachen Fall des elastisch-ideal plastischen Körpers *a* und erkennen dabei, daß es nach Erreichen der Fließgrenze keine eindeutige Zuordnung von Spannung und Dehnung mehr gibt. Die Spannung bleibt für jede Dehnung gleich der Fließgrenze σ_F. Für Dimensionierungsfragen, mit denen wir uns nun beschäftigen wollen, läßt man plastische Dehnungen zu, die in der Größenordnung der elastischen liegen. Beim Umformen ist der plastische Dehnungsanteil sehr viel größer als der elastische, so daß man oft die elastische Dehnung vernachlässigt und von starr-plastischem Materialverhalten ausgeht.

Entlastet man einen elastisch-ideal plastischen Probestab, so erhält man den Schrieb in Bild F 13.4. Die Entlastung erfolgt elastisch und es verbleibt ein plastischer Dehnungsanteil $\varepsilon_{\mathrm{Pl}}$. Die Vorgänge bei mehrfachem Lastwechsel wollen wir hier nicht beschreiben, und auch zunächst nur *einachsige* Spannungszustände bei statischer Belastung betrachten.

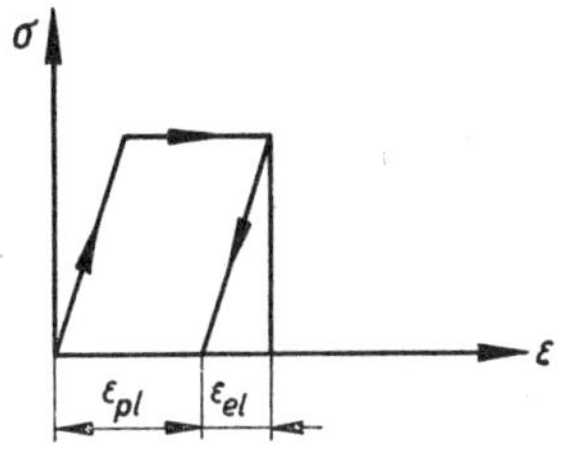

Bild F 13.4

13.3. Zug

In einem Zugstab mit wenig veränderlichem Querschnitt ist die Spannung über der Querschnittsfläche konstant, und es gilt (siehe Abschn. 2.)

$$\sigma_z = \frac{F}{A} \tag{13.1}$$

Die Tragfähigkeit des Stabes ist erschöpft, wenn σ_z die Fließgrenze erreicht hat. Wird in einem statisch bestimmten Fachwerk ($s = 2g$) auch nur *ein* Stab bis zur Fließgrenze beansprucht, so wird das Fachwerk zu einem Mechanismus und ist ebenfalls unbrauchbar.

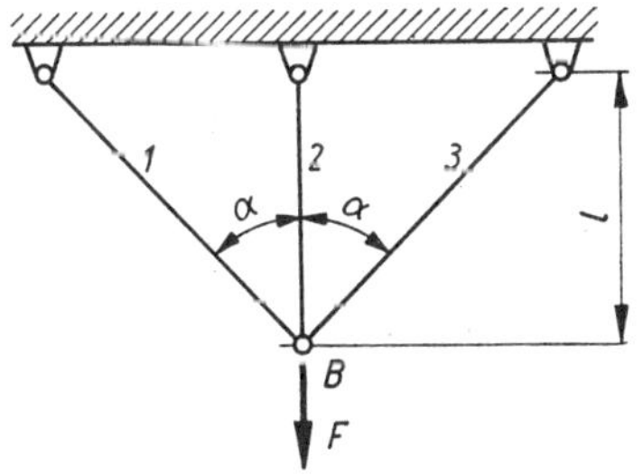

Bild F 13.5

Anders verhält es sich bei einem statisch unbestimmten Fachwerk ($s > 2g$). Wenn die Spannung *eines* Stabes die Fließgrenze erreicht hat, kann das Fachwerk noch funktionsfähig bleiben, weil die anderen Stäbe noch zur Lastaufnahme fähig sind. An einem einfachen Fachwerk (Bild F 13.5) soll gezeigt werden, daß die zu einem rein elastischen Spannungszustand gehörende Last (F_{el}) gesteigert werden kann, wenn eine Plastizierung zugelassen wird. Die Tragfähigkeit des Fachwerkes ist erschöpft, wenn die sogenannte Traglast (F_{Tr}) erreicht ist.

Gegeben: l, $\alpha = 45°$, $E_1 = E_2 = E_3 = E$, $2A_1 = A_2 = 2A_3 = 2A$,

$\sigma_{F1} = \sigma_{F2} = \sigma_{F3} = \sigma_F$

Gesucht: F_{el}, F_{Tr}

Nach Freischneiden des Knotenpunktes B erhalten wir die beiden Gleichgewichtsbedingungen

$$\uparrow : \frac{\sqrt{2}}{2}(F_{S1} + F_{S3}) + F_{S2} - F = 0 \tag{13.2}$$

$$\rightarrow : (-F_{S1} + F_{S3})\frac{\sqrt{2}}{2} = 0$$

Wählt man F_{S2} als statisch Unbestimmte, so erhält man eine dritte Gleichung (siehe Abschn. 8.) in der Form

$$\frac{\partial W}{\partial F_{S2}} = 0 = \sum_{i=1}^{3} F_{Si}\frac{\partial F_{Si}}{\partial F_{S2}}\frac{l_i}{E_i A_i}$$

oder

$$-2(F_{S1} + F_{S3}) + F_{S2} = 0 \tag{13.3}$$

Aus diesen drei Gleichungen errechnen wir

$$F_{S1} = F_{S3} = \frac{4 - \sqrt{2}}{14} F \qquad F_{S2} = \frac{8 - 2\sqrt{2}}{7} F$$

und

$$\sigma_1 = \sigma_3 = \frac{4 - \sqrt{2}}{14}\frac{F}{A} \qquad \sigma_2 = \frac{4 - \sqrt{2}}{7}\frac{F}{A} \tag{13.4}$$

Wenn wir keine plastische Verformung zulassen, darf die Last nur so lange gesteigert werden, bis $\sigma_2 = \sigma_F$ wird, und es gilt

$$F_{el} = \frac{4 + \sqrt{2}}{2}\sigma_F A = 2{,}707\sigma_F A \tag{13.5}$$

Die Spannung in den Stäben *1* und *3* beträgt dann

$$\sigma_1 = \sigma_3 = \frac{\sigma_F}{2}$$

Die Traglast dieses symmetrischen Fachwerkes ist erreicht, wenn auch σ_1 und σ_3 die Fließgrenze erreicht haben.

Das Problem wird dann „statisch bestimmt", und wir können aus Bild F 13.6 ableiten:

$$F_{Tr} = (2 + \sqrt{2})\,\sigma_F A = 3{,}414\,\sigma_F A \tag{13.6}$$

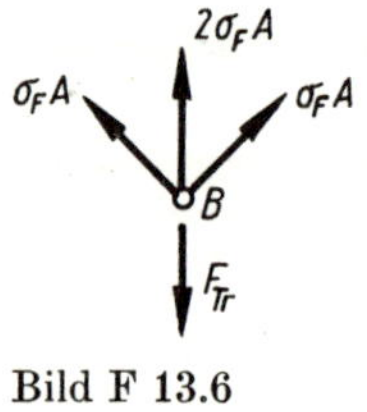

Bild F 13.6

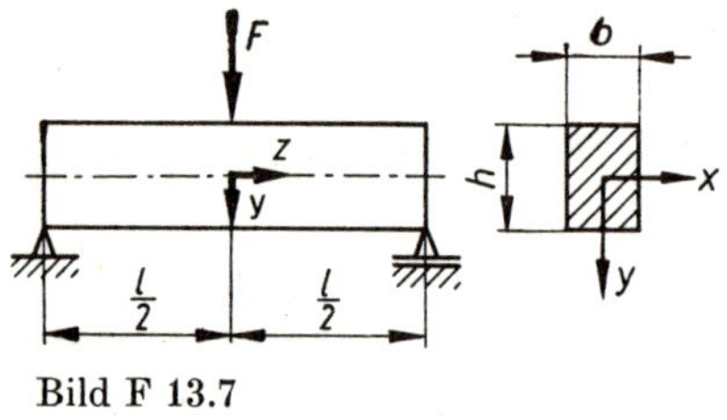

Bild F 13.7

Die Verschiebung des Punktes B beträgt bei Erreichen von F_{el}

$$v_{B\mathrm{el}} = \Delta l_{2\mathrm{el}} = \frac{\sigma_{\mathrm{F}}}{E}\, l$$

und bei Erreichen der Traglast

$$v_{B\mathrm{Tr}} = \Delta l_{2\mathrm{Tr}} = \sqrt{2}\, \Delta l_{1\mathrm{T}} = 2\,\frac{\sigma_{\mathrm{F}}}{E}\, l$$

13.4. Biegung

Wir betrachten einen Balken mit Rechteckquerschnitt (Bild F 13.7), der auf gerade Biegung beansprucht wird.
Wir vernachlässigen wegen $h \ll l$ die Querkraftschubspannungen und erhalten für den einachsigen Spannungszustand

$$\sigma_{\mathrm{z}}(y, z) = \frac{M_x(z)}{I_{xx}}\, y \tag{13.7}$$

mit

$$M_x(z) = \frac{F}{2}\left(\frac{l}{2} - z\right) \qquad \left(0 \leqq z \leqq \frac{l}{2}\right) \tag{13.8}$$

Das größte Moment erhalten wir mit $z = 0$ und aus (13.7) folgt

$$|\sigma_{\mathrm{z}}|_{\max} = \left|\sigma_{\mathrm{z}}\left(\pm\frac{h}{2}\right)\right| = \frac{M_{x\max}}{W_{\mathrm{b}}}$$

Nennen wir das Moment, bei welchem $\sigma_{\mathrm{z}\max} = \sigma_{\mathrm{F}}$ wird, M_{el}, so können wir schreiben

$$M_{\mathrm{el}} = \sigma_{\mathrm{F}} W_{\mathrm{b}} = \frac{1}{6}\,\sigma_{\mathrm{F}} b h^2 \tag{13.9}$$

Bei dieser Belastung gilt noch der in y lineare Spannungsverlauf gemäß Bild F 13.8, und wir können (13.9) hiermit nochmals aus einer Äquivalenzbetrachtung bestätigen

$$M_{\mathrm{el}} = \frac{1}{2}\,\frac{\sigma_{\mathrm{F}} h}{2}\, b\, \frac{2 \cdot h}{3 \cdot 2} \cdot 2$$

Die Gebiete $|y| < \dfrac{h}{2}$ sind noch nicht voll ausgelastet. Für $M_x > M_{\mathrm{el}}$ können sie noch an der Lastaufnahme dadurch beteiligt werden, daß die Spannungen zunächst in den Randzonen und dann im ganzen Gebiet die Fließspannung σ_{F} erreichen.
Aus Bild F 13.9 können wir für Teilplastizierung folgende Äquivalenzbetrachtung ablesen:

$$\sigma_{\mathrm{z}} = -\sigma_{\mathrm{F}}$$

$$\sigma_{\mathrm{z}} = \sigma_{\mathrm{F}}\,\frac{y}{\bar{y}}$$

$$\sigma_{\mathrm{z}} = \sigma_{\mathrm{F}}$$

$$M_{\mathrm{ep}} = 2b\left[\sigma_{\mathrm{F}}\left(\frac{h}{2} - \bar{y}\right)\frac{1}{2}\left(\frac{h}{2} + \bar{y}\right) + \frac{1}{2}\,\sigma_{\mathrm{F}}\bar{y}\,\frac{2}{3}\,\bar{y}\right]$$

woraus folgt

$$M_{\mathrm{ep}} = b\sigma_{\mathrm{F}}\left(\frac{h^2}{4} - \frac{1}{3}\,\bar{y}^2\right) \tag{13.10}$$

Für $\bar{y} = \frac{h}{2}$ bestätigen wir nochmals (13.9).

Für $\bar{y} = 0$ ist die Fließspannung ($\pm\sigma_{\mathrm{F}}$) im gesamten Gebiet erreicht, und wir erhalten das Moment für den vollplastischen Zustand, das sogenannte Traglastmoment

$$M_{\mathrm{Tr}} = \frac{1}{4}\,\sigma_{\mathrm{F}} b h^2 \tag{13.11}$$

Gegenüber dem rein elastischen Zustand (M_{el}) kann die Last also noch um 50% gesteigert werden; erst dann ist die Tragfähigkeit des Balkens erschöpft. Bei $z = 0$ bildet sich im vollplastischen Zustand ein sog. plastisches Gelenk aus, und die Durchbiegung des Balkens wächst ohne weitere Laststeigerung bis zum Bruch an.

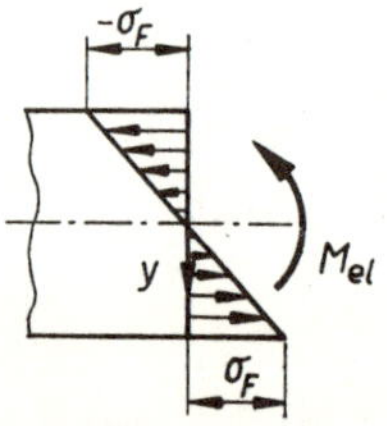

Bild F 13.8

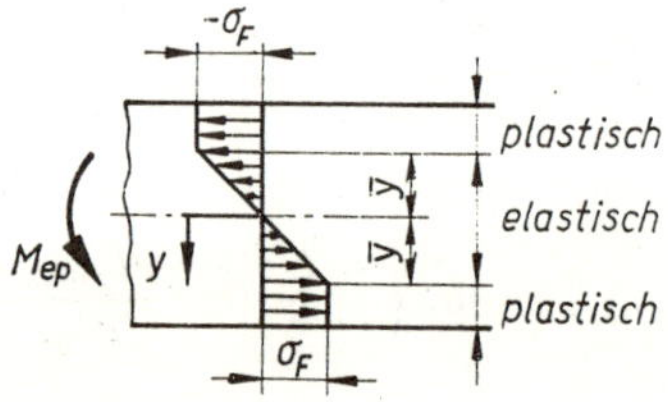

Bild F 13.9

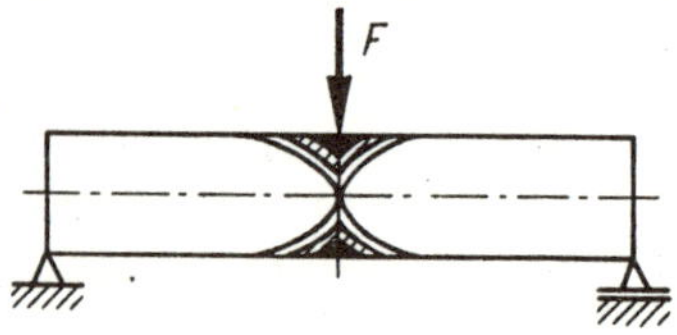

Bild F 13.10

Die Gebiete rechts und links von $z = 0$ werden dabei ebenfalls teilplastisch, und man kann durch Vergleich von (13.8) und (13.10) die Grenzkurven zwischen dem elastischen und plastischen Gebiet errechnen aus

$$\bar{y}(z) = \pm\frac{h}{2}\sqrt{3 - \frac{M_x(z)}{M_{\mathrm{Tr}}}} = \pm\frac{h}{2}\sqrt{3 - 6\,\frac{F\left(\frac{l}{2} - z\right)}{\sigma_{\mathrm{F}} b h^2}}$$

$$\left(0 \leqq z \leqq \frac{l}{2}\right) \tag{13.12}$$

Einige dieser Grenzkurven sind für verschiedene F in Bild F 13.10 dargestellt.

Bei voller Auslastung der Fließspannung im ganzen Querschnitt treten am Rande unkontrollierbar große Dehnungen auf. Zur Erhöhung der Sicherheit wird deshalb vorgeschlagen, auf eine zulässige Grenzdehnung zu orientieren. Neben der rein elastischen Dehnung von ungefähr $\varepsilon_{el} = 0{,}1\%$ wird noch eine bleibende plastische Dehnung von $\varepsilon_{pl} = 0{,}2\%$ zugelassen, so daß am Außenrande 0,3% Dehnung auftritt, welche einer dreifachen theoretischen Überhöhung der Fließspannung entspricht. Praktisch aber kann σ_F nicht überschritten werden, so daß sich an Stelle der Bilder F 13.8 und F 13.9 die Darstellung nach Bild F 13.11 ergibt.

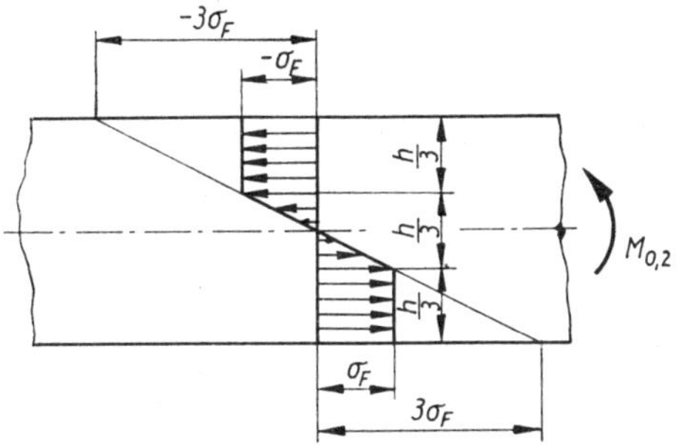

Bild F 13.11

Mit $\bar{y} = \dfrac{h}{6}$ ergibt sich für diesen Fall aus (13.10)

$$M_{0,2} = \frac{13}{54}\,\sigma_F b h^2 \tag{13.13}$$

oder

$$M_{0,2} = 1{,}444 M_{el}$$

13.5. Torsion

Wir betrachten hier nur die Torsion eines Trägers mit Kreisquerschnitt und können analog (13.10) aus einer Äquivalenzbetrachtung ableiten (Bild F 13.12):

$$M_{ep} = \frac{\pi}{6}\,\tau_F(4R^3 - \bar{r}^3) \tag{13.14}$$

Für $\bar{r} = R$ folgt der elastische Grenzzustand

$$M_{el} = \frac{\pi}{2}\,\tau_F R^3$$

und für $\bar{r} = 0$ das Traglastmoment

$$M_{Tr} = \frac{2}{3}\,\pi\tau_F R^3$$

Der relative Verdrehwinkel ϑ ist bei nur elastischer Verformung

$$\vartheta = \frac{M_t}{GI_t} = \frac{\tau_{max}}{GR} \quad (\tau_{max} \leqq \tau_F)$$

Bei elastisch-plastischer Verformung schiebt sich die Grenzkurve zwischen elastischem und plastischem Bereich immer mehr nach innen, so daß geschrieben werden kann

$$\vartheta = \frac{\tau_F}{G\bar{r}}$$

Der Balken erfährt im vollplastischen Zustand ($\bar{r} = 0$) unendlich große Verdrehungen und wird somit funktionsunfähig (Bild F 13.13).

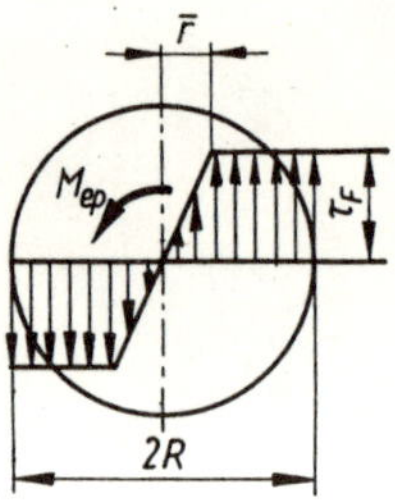

Bild F 13.12

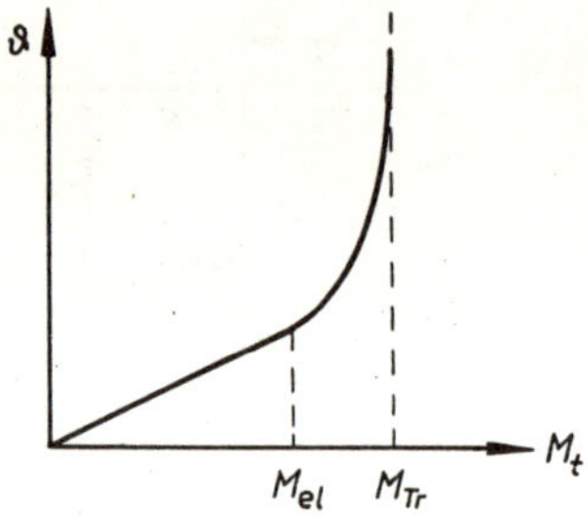

Bild F 13.13

13.6. Mehrachsige Spannungszustände

Bei mehrachsiger Beanspruchung gehen wir wie in Abschn. 11. vor. Wir suchen nach einer Fließbedingung, die möglichst alle Spannungen berücksichtigt, und vergleichen mit dem einachsigen Spannungszustand.
Es ist üblich, entweder dem Vorschlag von *Tresca* zu folgen und zu setzen

$$\sigma_F = \sigma_1 - \sigma_3 \tag{13.15}$$

oder aber die Fließbedingung von *Huber-v. Mises-Hencky* zu verwenden

$$2\sigma_F^2 = (\sigma_1 - \sigma_2)^2 + (\sigma_1 - \sigma_3)^2 + (\sigma_2 - \sigma_3)^2 \tag{13.16}$$

Wir erkennen in (13.15) bzw. (13.16) die *Schubspannungshypothese* bzw. die *Hypothese der Gestaltänderungsarbeit* wieder. Rotationssymmetrische Spannungszustände lassen sich relativ leicht erfassen. Für kompliziertere Beanspruchung ist es schwer, die Grenze zwischen dem elastischen und dem plastischen Gebiet zu bestimmen.

14. EINBLICK IN DIE VISKOELASTIZITÄTSTHEORIE

14.1. Einführung

In der Elastizitätstheorie kann das Spannungs-Verformungs-Verhalten bei einachsiger Beanspruchung durch den Elastizitätsmodul beschrieben werden (siehe Abschn. 1.).
Die Gerade im Spannungs-Dehnungs-Diagramm können wir auch bekommen, wenn wir gleichartige Proben mit verschiedenen konstant bleibenden Kräften belasten

und die Ergebnisse in ein Diagramm eintragen. Für Metalle bei Raumtemperatur ergeben sich stets wieder diese Meßpunkte, unabhängig davon, ob die zu einer bestimmten Belastung gehörende Dehnung sofort, nach einem Tag oder nach einem Monat ermittelt wird.

Hochpolymere oder auch Metalle bei höheren Temperaturen neigen dazu, die Dehnung bei konstanter Spannung im Laufe der Zeit zu vergrößern. Dieser Vorgang wird *Kriechen* genannt, und an Stelle des Bildes F 14.1, welches für alle Zeiten gilt, erhalten wir die Darstellung Bild F 14.2. Jede Gerade verbindet Meßpunkte, die zur gleichen Zeit und an verschiedenen, aber gleichartigen Proben aufgenommen wurden. Deshalb nennt man eine solche Darstellung *Isochronendiagramm.*

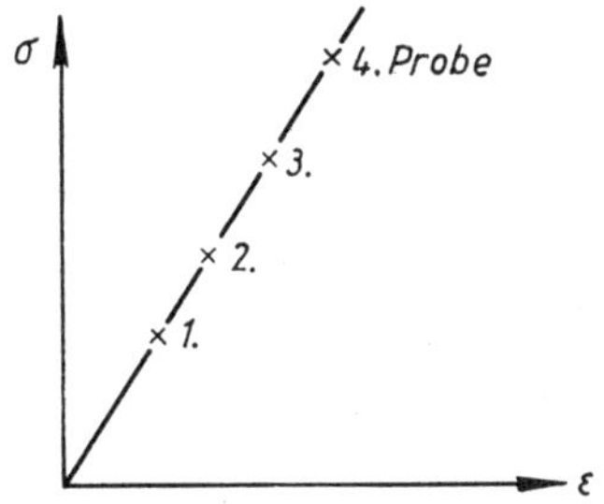

Bild F 14.1

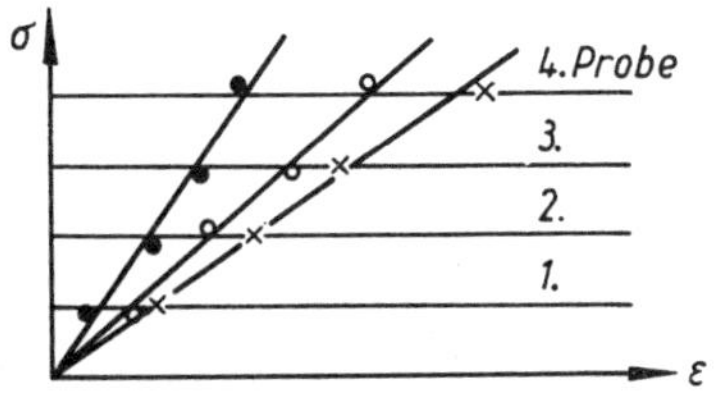

Bild F 14.2

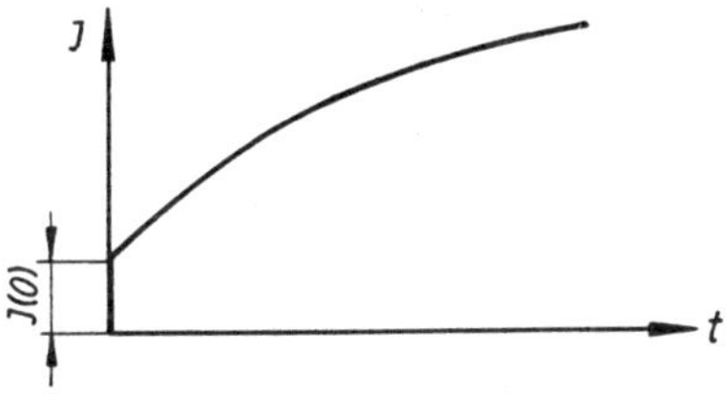

Bild F 14.3

Die Messung erfolgte

- ● sofort nach Belastung
- ○ nach einem Tag
- × nach einer Woche

Zur analytischen Beschreibung der Versuche können wir formulieren

$$\varepsilon = \sigma_0 J(t) \tag{14.1}$$

σ_0 soll andeuten, daß die Spannung während des Versuches nicht verändert wird. Die Kriechfunktion $J(t)$ ist eine Materialfunktion und zeigt den in Bild F 14.3 skizzierten typischen Verlauf.

Der Kehrwert der Kriechfunktion darf aber keinesfalls als zeitabhängiger Elastizitätsmodul $E(t)$ aufgefaßt werden! Das würde nämlich bedeuten, daß sofort nach Entlastung auch die Dehnung auf Null zurückgehen müßte. In Wirklichkeit erkennen wir jedoch aus Versuchen das in Bild F 14.4 dargestellte Verhalten. Wir nehmen an, daß die Spannung σ_0 über einen Zeitraum von $t = 0$ bis $t = t_0$ wirke.

Sofort nach der Entlastung geht ε nur um einen Betrag $\sigma_0 J(0)$ zurück und strebt dann allmählich gegen Null.
(14.1) dient also nur zur Beschreibung eines Versuches. Ein Stoffgesetz liegt damit nicht vor.
Da die Zusammenhänge bei Hochpolymeren sehr kompliziert und auch noch nicht völlig erforscht sind, wollen wir im folgenden Abschnitt ein Materialgesetz unter idealisierten Voraussetzungen herleiten.

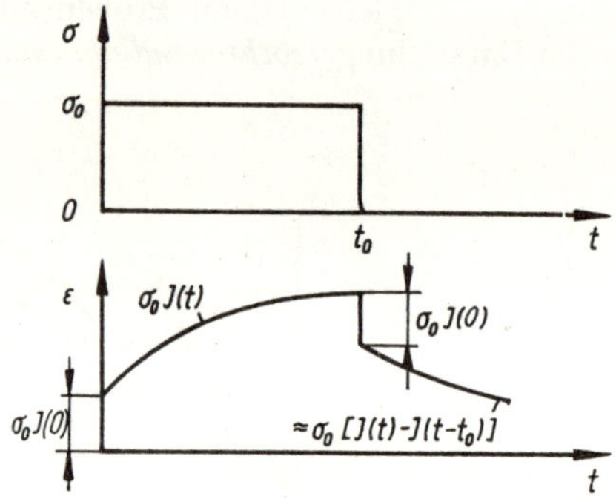

Bild F 14.4

14.2. Das Materialgesetz für einen Werkstoff mit „linearem Gedächtnis"

14.2.1. Voraussetzungen

Nach einem Prinzip naturwissenschaftlicher Forschung ist eine Idealisierung dann erlaubt, wenn sie die wesentlichen Erscheinungen noch berücksichtigt, aber zu bedeutenden Vereinfachungen in der Anwendung führt. Reale Stoffe erfüllen die Idealbedingungen nur genähert, so daß auch die hier zu behandelnde Theorie der Stoffe mit „linearem Gedächtnis" (Viskoelastizitätstheorie) nur eine Näherung darstellt. Wir setzen voraus:

1. Das Material verhält sich linear.

Diese Voraussetzung ist erfüllt, wenn im Isochronendiagramm (Bild F 14.2) Geradenscharen entstehen.

2. Das Material ist alterungsfrei.

Diese Voraussetzung ist erfüllt, wenn Proben aus gleichem Material, aber unterschiedlichen Alters bei gleicher Belastung gleiche Meßergebnisse liefern.

Beispiel:

Eine PVC-Zugprobe wird mit $\sigma_0 = 20\ \mathrm{N\ mm^{-2}}$ beansprucht.
Sofort nach der Belastung mißt man 0,71%, nach einem Tag 0,81%, nach einem Monat 1,2% Dehnung.
Nach 2 Tagen wird eine Probe aus gleichem Material gleichartig beansprucht, und man mißt 0,69%, 0,81%, 1,20%.

Im Rahmen der Meßgenauigkeit ist dieses Material alterungsfrei. Hätte man nach 2 Tagen unter gleichen Bedingungen z. B. gemessen 0,35%, 0,46%, 0,70%, so müßte man feststellen, daß das Material innerhalb von 2 Tagen ausgehärtet ist. Dieser Vorgang heißt *Alterung*; er ist vom Material, aber auch von den Umweltbedingungen abhängig.

14.2.2. Herleitung des Stoffgesetzes

Die Beziehung (14.1) beschreibt die Dehnung $\varepsilon(t)$, die zu einer ganz bestimmten Spannungsgeschichte gehört:
Für $t < 0$ ist die Spannung noch nicht vorhanden, und für $t \geqq 0$ ist die Spannung konstant σ_0. Wir wollen nun versuchen, die Zuordnung von $\varepsilon(t)$ zu einer beliebigen Spannung $\sigma(t)$, d. h. zu einer allgemeinen Lastgeschichte, zu finden. Dazu gehen wir, wie im Bild F 14.5 dargestellt, vor.

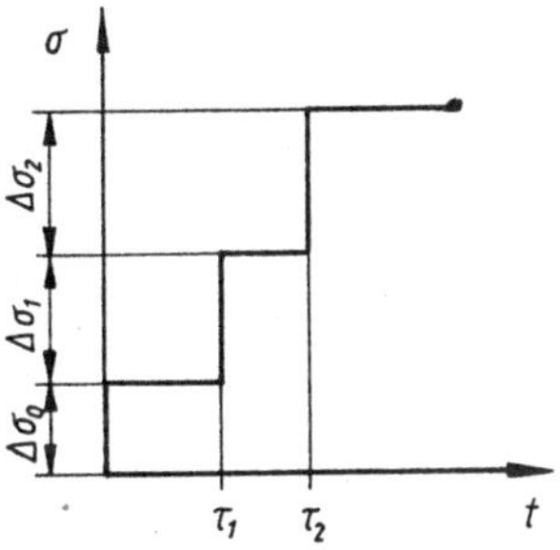

Bild F 14.5

Innerhalb eines Zeitintervalls lassen wir eine konstante Spannung angreifen. Für die erste Stufe $0 \leqq t < \tau_1$ können wir (14.1) übernehmen und schreiben

$$\varepsilon(t) = J(t)\, \Delta\sigma_0$$

Im Bereich der zweiten Stufe $\tau_1 \leqq t < \tau_2$ kommt $\Delta\sigma_1$ dazu, so daß wir wegen der vorausgesetzten Linearität schreiben können

$$\varepsilon(t) = J(t)\, \Delta\sigma_0 + J_1(t)\, \Delta\sigma_1 \tag{14.2}$$

Wir haben ein alterungsfreies Material vorausgesetzt, so daß zwischen den Kriechfunktionen die Beziehung gilt

$$J_1(t) = J(t - \tau_1) \tag{14.3}$$

Damit schreiben wir (14.2) um in

$$\varepsilon(t) = J(t)\, \Delta\sigma_0 + J(t - \tau_1)\, \Delta\sigma_1 = \sum_{k=0}^{1} J(t - \tau_K)\, \Delta\sigma_K \tag{14.4}$$

Setzen wir diese Betrachtungen fort, so erhalten wir für die Stufe $(n + 1)$ im Bereich $\tau_n \leqq t < \tau_{n+1}$

$$\varepsilon(t) = \sum_{k=0}^{n} J(t - \tau_K)\, \Delta\sigma_K \tag{14.5}$$

Wir können nun die Abszisse in Bild F 14.5 auch in gleiche Intervalle unterteilen und nennen die Schrittweite $\Delta\tau$. Es gilt dann

$$\tau_{k+1} - \tau_k = \Delta\tau$$

und einer bestimmten Zeit ist ein bestimmter Spannungssprung zugeordnet

$$\Delta\sigma_K = \Delta\sigma(\tau_K)$$

Nach einer kleinen Umformung und anschließendem Grenzübergang $\Delta\tau \to 0$ erhalten wir aus (14.5)

$$\varepsilon(t) = \sum_{k=0}^{n} J(t - \tau_K) \frac{\Delta\sigma(\tau_K)}{\Delta\tau} \Delta\tau$$

und

$$\varepsilon(t) = \int_0^t J(t - \tau) \frac{\partial\sigma(\tau)}{\partial\tau} \, d\tau \tag{14.6}$$

Hierin stellt die Variable τ eine zu t in Dimension und Bedeutung völlig gleichwertige Variable dar, die für festgehaltenes t die Integration zwischen 0 und t beschreibt. Ist also die Spannungsgeschichte $\sigma(t)$ vorgegeben, so hängt $\varepsilon(t)$ nicht nur von $\sigma(t)$ selbst, sondern auch von allen früheren Spannungen

$$\sigma(\tau) \text{ im Bereich } 0 \leqq \tau \leqq t$$

ab. Nun ist natürlich denkbar, daß $t = 0$ nicht den Beginn der Lastgeschichte darstellt. Diese kann im Prinzip wesentlich früher beginnen. Entsprechend müßte dann die untere (feste) Grenze des Integrals vor den Beginn der Lastgeschichte gelegt werden. Wir wollen den frühestmöglichen Zeitpunkt durch

$$\tau \to -\infty$$

symbolisieren. In diesem Zeitpunkt soll noch keinerlei Lastgeschichte existieren, so daß für

$$\tau \to -\infty$$

$$\varepsilon(\tau) = 0 \qquad \sigma(\tau) = 0 \qquad \frac{\partial\sigma(\tau)}{\partial\tau} = 0 \tag{14.7}$$

gelten soll und (14.6) zu

$$\varepsilon(t) = \int_{-\infty}^t J(t - \tau) \frac{\partial\sigma(\tau)}{\partial\tau} \, d\tau \tag{14.8}$$

wird. Zu (14.8) können wir eine andere Schreibweise durch partielle Integration finden, die für manche Anwendungen zweckmäßiger ist. Wir schreiben

$$\varepsilon(t) = \int_{-\infty}^t J(t - \tau) \frac{\partial\sigma(\tau)}{\partial\tau} \, d\tau = J(t - \tau)\, \sigma(\tau) \Big|_{-\infty}^{t} - \int_{-\infty}^t \frac{\partial J(t - \tau)}{\partial\tau} \sigma(\tau) \, d\tau$$

und erhalten unter Beachtung von (14.7)

$$\varepsilon(t) = J(0)\,\sigma(t) - \int_{-\infty}^{t} \frac{\partial J(t-\tau)}{\partial \tau}\,\sigma(\tau)\,\mathrm{d}\tau \tag{14.9}$$

Mit (14.8) oder (14.9) liegt nun das Materialgesetz eines Stoffes mit Kriecheigenschaften und „linearem“ Gedächtnis vor.

Als *Beispiel* wollen wir nun die Dehnung eines zur Zeit $t = 0$ mit σ_0 belasteten und zur Zeit $t = t_0$ wieder entlasteten Stabes berechnen.
Für $0 \leqq t < t_0$ gilt $\sigma_0 =$ konst., und damit erhalten wir aus (14.9)

$$\varepsilon(t) = \sigma_0 \left[J(0) - \int_0^t \frac{\partial J(t-\tau)}{\partial \tau}\,\mathrm{d}\tau \right] = \sigma_0[J(0) - J(t-\tau)|_{\tau=0}^{\tau=t}] = \sigma_0 J(t)$$

(Dieses Ergebnis bestätigt, daß für die spezielle Lastgeschichte des Kriechversuchs wieder die Lösung (14.1) folgt.)
Dagegen erhält man nach der Entlastung ($t \geqq t_0$) aus (14.9) folgendes *Ergebnis*:

$$\varepsilon(t) = J(0)\,\sigma(t) - \int_0^{t_0} \frac{\partial J(t-\tau)}{\partial \tau}\,\sigma(\tau)\,\mathrm{d}\tau - \int_0^{t} \frac{\partial J(t-\tau)}{\partial \tau}\,\sigma(\tau)\,\mathrm{d}\tau$$

$$= -\sigma_0 \int_0^{t_0} \frac{\partial J(t-\tau)}{\partial \tau}\,\mathrm{d}\tau = -\sigma_0 J(t-\tau)|_{\tau=0}^{\tau=t_0} = \sigma_0[J(t) - J(t-t_0)]$$

Dieses Ergebnis stimmt durchaus mit Versuchsergebnissen überein, wenn die getroffenen Annahmen des „linearen“ Gedächtnisses in etwa dem Realverhalten entsprechen.

14.2.3. Elastisches Verhalten als Sonderfall viskoelastischen Materials

Elastisches Material ist dadurch gekennzeichnet, daß die „Kriechfunktion“ keine Änderung im Verlauf der Zeit aufweist (Bild F 14.6). Wenn (14.9) allgemein gilt, müssen wir dann daraus das *Hooke*sche Gesetz als Spezialfall erhalten. Das wollen wir überprüfen. Es gilt dann

$$\varepsilon(t) = J(0)\,\sigma(t) = \frac{\sigma(t)}{E}$$

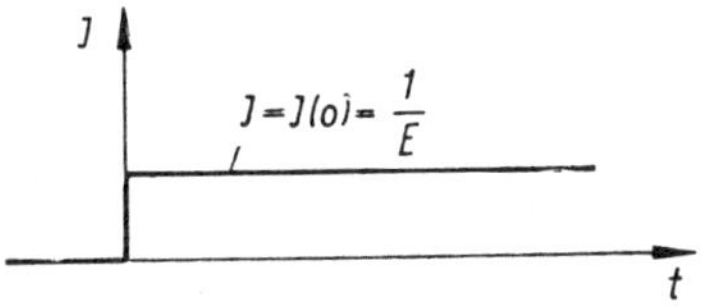

Bild F 14.6

Das *Hooke*sche Gesetz stellt tatsächlich einen Sonderfall von (14.8) dar. Bei kriechfähigem Material ist sofort nach Lastaufbringung das gleiche Verhalten wie beim elastischen Material beobachtbar [$J(0) = \frac{1}{E}$, sogenannter „Kurzzeitmodul", da $J(t)$ für kleine t ungefähr $J(0)$], während im Laufe der Zeit wie bei einer zähen Strömung die Verformung wächst (viskoses Verhalten). Da beide Eigenschaften gemeinsam vorliegen, nennt man kriechfähiges Material auch „viskoelastisch".
Wir vermerken, daß Stoffe mit linearem Verhalten an Stelle eines Moduls durch eine Funktion $J(t)$, die man einfach bestimmen kann, hinreichend gekennzeichnet sind.

14.3. Gerade Biegung als Anwendung

Wir wählen die gleichen Voraussetzungen wie bei der Herleitung des elastischen Problems (s. 3.1.), ersetzen lediglich das *Hooke*sche Gesetz durch (14.8). Die Hypothese von *Bernoulli* und die Annahme kleiner Verschiebungen gestatten uns, die Verzerrung in jedem Element durch die Verschiebung der Balkenachse auszudrükken.
In Analogie zu (3.1) und (3.3) erhalten wir

$$\varepsilon(y, z, t) = -yv''(z, t) = \frac{y}{\varrho(z, t)} \tag{14.10}$$

und

$$M_x(z, t) = \int_A \sigma(y, z, t)\, y\, \mathrm{d}A \tag{14.11}$$

Beide Gleichungen gelten unabhängig vom Materialverhalten. Wir verwenden nun (14.8) und setzen zunächst (14.10) in (14.8) ein

$$-yv''(z, t) = \int_{-\infty}^{t} J(t - \tau)\, \frac{\partial \sigma(z, y, t)}{\partial \tau}\, \mathrm{d}\tau$$

multiplizieren mit y und integrieren über die Querschnittsfläche A

$$-v''(z, t) \int_A y^2\, \mathrm{d}A = \int_A \int_{-\infty}^{t} J(t - \tau)\, \frac{\partial \sigma(z, y, \tau)}{\partial \tau}\, y\, \mathrm{d}\tau\, \mathrm{d}A \tag{14.12}$$

Die einzelnen Integrationsgrenzen der rechten Seite sind voneinander unabhängig, so daß die Integration über A nur die Größe σy betrifft. Man darf mit

$$\int_A y^2\, \mathrm{d}A = I_{xx}$$

[s. (3.7)] schreiben:

$$v''(z, t) = -\frac{1}{I_{xx}} \int_{-\infty}^{t} J(t - \tau)\, \frac{\partial}{\partial \tau} \left[\int_A y\sigma(z, y, \tau)\, \mathrm{d}A \right] \mathrm{d}\tau \tag{14.13}$$

Der Term in der eckigen Klammer stellt nach (14.11) das Biegemoment $M_x(z, t)$ dar, so daß auch gilt

$$v''(z, t) = -\frac{1}{I_{xx}} \int_{-\infty}^{t} J(t - \tau) \frac{\partial M_x(z, \tau)}{\partial \tau} \, d\tau \tag{14.14}$$

(14.14) ist die Gleichung der viskoelastischen Biegelinie, die für

$$J(t - \tau) = \text{konst.} = \frac{1}{E}$$

in die bekannte Formel für die elastische Biegung übergeht [s. (3.43)]

$$v''(z, t) = -\frac{1}{EI_{xx}} M_x(z, t)$$

Um die Spannungsverteilung über dem Querschnitt zu berechnen, setzen wir (14.14) in (14.10) und das Ergebnis in (14.8) ein

$$\frac{y}{I_{xx}} \int_{-\infty}^{t} J(t - \tau) \frac{\partial M_x(z, \tau)}{\partial \tau} \, d\tau = \int_{-\infty}^{t} J(t - \tau) \frac{\partial \sigma(z, y, \tau)}{\partial \tau} \, d\tau$$

und erhalten durch Umstellung:

$$\int_{-\infty}^{t} J(t - \tau) \frac{\partial}{\partial \tau} \left[\frac{y}{I_{xx}} M_x(z, \tau) - \sigma(z, y, \tau) \right] d\tau = 0 \tag{14.15}$$

(14.15) liefert aber nur dann für jedes t den Wert 0, wenn der Ausdruck $\frac{\partial}{\partial \tau}$ [] verschwindet. Damit muß jedoch der Klammerinhalt selbst verschwinden, da er laut Vereinbarung zur Zeit $t = -\infty$ Null ist und sich im gesamten „Geschichtszeitraum" $-\infty \leqq \tau \leqq t$ nicht ändern darf:

$$\sigma(z, y, t) = \frac{y}{I_{xx}} M_x(z, t) \tag{14.16}$$

Wie also auch immer die Lastgeschichte gestaltet ist, stets gilt der Zusammenhang (14.16), der genau dem elastischen Fall entspricht.

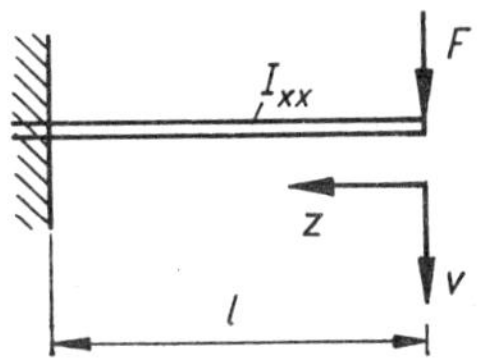

Bild F 14.7

Beispiel:

Kragträger unter Einzellast, die zur Zeit $t = 0$ aufgebracht wird (Bild F 14.7)
Ausgangsgrößen

$$M_x(z, t) = \begin{cases} 0 & t < 0 \\ -Fz & t \geqq 0 \end{cases}$$

$$\sigma(z, y, t) = \begin{cases} 0 & t < 0 \\ -\dfrac{y}{I_{xx}} Fz & t \geqq 0 \end{cases}$$

$$v''(z, t) = -\frac{1}{I_{xx}} \left[J(0)\, M_x(z, t) - \int\limits_{-\infty}^{t} \frac{\partial J(t - \tau)}{\partial \tau} M_x(z, t)\, \mathrm{d}\tau \right]$$

Die letzte Beziehung stellt die partiell integrierte Gl. (14.14) dar. Diese Umformung ist immer dann sinnvoll, wenn zu bestimmten Zeitpunkten der Ausdruck $\dfrac{\partial \sigma}{\partial \tau}$ bzw. $\dfrac{\partial M}{\partial \tau}$ unendlich wird, wie das bei der gegebenen Belastung zur Zeit $t = 0$ der Fall ist.

$$v''(z, t) = +\frac{Fz}{I_{xx}} J(t) \qquad \text{für} \qquad t \geqq 0$$

$$v'(z, t) = \frac{Fz^2}{2I_{xx}} J(t) + C_1(t)$$

$$v(z, t) = \frac{Fz^3}{6I_{xx}} J(t) + C_1(t)\, z + C_2(t)$$

Als Randbedingung gilt für $z = l$ für alle Zeiten

$$v(l, t) = 0 \Rightarrow \frac{Fl^3}{6I_{xx}} J(t) + C_1(t)\, l + C_2(t) = 0$$

$$v'(l, t) = 0 \Rightarrow \frac{Fl^2}{2I_{xx}} J(t) + C_1(t) = 0$$

woraus folgt

$$C_2(t) = \frac{Fl^3}{3I_{xx}} J(t)$$

$$C_1(t) = -\frac{Fl^2}{2I_{xx}} J(t)$$

und damit

$$v(z, t) = \frac{Fl^3}{3I_{xx}} \left[1 - \frac{3}{2}\left(\frac{z}{l}\right) + \frac{1}{2}\left(\frac{z}{l}\right)^3\right] J(t)$$

Die Lösung für den elastischen Kragträger lautet

$$v(z) = \frac{Fl^3}{3I_{xx}E} \left[1 - \frac{3}{2}\left(\frac{z}{l}\right) + \frac{1}{2}\left(\frac{z}{l}\right)^3\right]$$

14.4. Relaxation

Wir wollen nun ein weiteres Beispiel untersuchen. Eine Zugprobe wurde zur Zeit $t = 0$ durch σ_0 auf ε_0 gedehnt und dann in dieser Stellung festgehalten.
Dann folgt aus (14.8) mit

$$\varepsilon_0 = \int_{-\infty}^{t} J(t - \tau) \frac{\partial \sigma(\tau)}{\partial \tau} \, d\tau \tag{14.17}$$

eine Bedingung für die Form des Spannungsablaufes $\sigma(t)$, der nun gerade so abläuft, daß zu jeder Zeit $t \geqq 0$, $\varepsilon = \varepsilon_0$ ist. Eine Gleichung vom Typ (14.17) heißt Integralgleichung, da die Unbekannte $\sigma(t)$ im Integranden erscheint. Ohne das schwierige Problem lösen zu wollen, sei festgestellt, daß für das ständig wachsende $J(t)$ die Lösung $\sigma(t)$ eine beständig abnehmende Funktion darstellt.

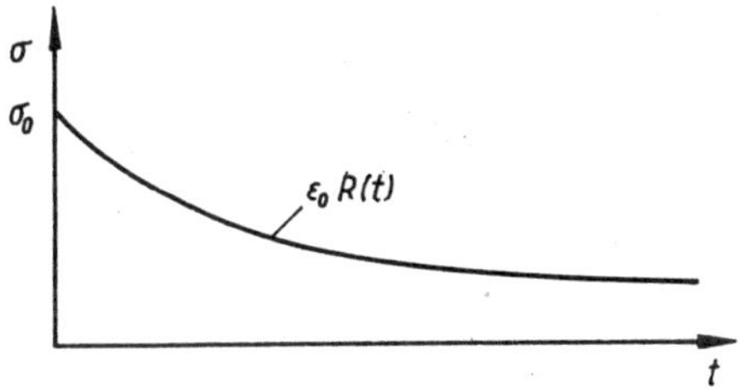

Bild F 14.8

Die Probe entspannt sich, obwohl sie ihre Dehnung beibehält. Dieser Vorgang heißt Relaxation. Wir definieren nun eine Relaxationsfunktion

$$R(t) = \frac{\sigma(t)}{\varepsilon_0} \tag{14.18}$$

und erhalten dann an Stelle von (14.17)

$$\int_{-\infty}^{t} J(t - \tau) \frac{\partial R(\tau)}{\partial \tau} \, d\tau = 1 \tag{14.19}$$

Wieder hat (14.18) den Anschein eines Elastizitätsgesetzes, wenn wir nach $\sigma(t)$ umstellen

$$\sigma(t) = \varepsilon_0 R(t) \tag{14.20}$$

Vergleichen wir (14.20) mit (14.1), so können wir wieder die gleichen Überlegungen wie mit der Kriechfunktion anstellen und erhalten in völliger Analogie

$$\sigma(t) = \int_{-\infty}^{t} R(t - \tau) \frac{\partial \varepsilon(\tau)}{\partial \tau} \, d\tau \tag{14.21}$$

für den Fall, daß ε veränderlich ist. Damit „löst“ (14.21) faktisch (14.8) nach σ „auf“. Beide Darstellungen sind gleichwertig, man muß lediglich mit mathematischen Methoden die Lösung $R(t)$ aus Gl. (14.19) finden.

14.5. Zusammenfassung

Das viskoelastische Materialverhalten wird durch eine Kriechfunktion $J(t)$ beschrieben. Bei konstanter Spannung steigt die Dehnung im Laufe der Zeit (Kriechen). Bei konstant gehaltener Dehnung wird die Spannung mit der Zeit abgebaut (Relaxation). Die Funktionen $J(t)$ und $R(t)$ müssen bestimmt werden. Sie sind stark abhängig von Umgebungseinflüssen (Temperatur, Luftfeuchtigkeit usw.) — viskoelastisches Material altert.

Bei Formulierung der Spannungs-Dehnungs-Beziehungen muß die gesamte Lastgeschichte des Materials erfaßt werden.

Unter der Voraussetzung des linearen Materialverhaltens und der Alterungsfreiheit lassen sich alle Aufgaben lösen, die auch in den vorangegangenen Abschnitten mit dem *Hooke*schen Gesetz formuliert wurden. Bei mehrdimensionalen Problemen braucht man aber, wie beim *Hooke*schen Gesetz, eine weitere Kriechfunktion.

Die Querkontraktionszahl liegt zwischen $0{,}3 \leqq \nu(t) \leqq 0{,}5$. Dimensioniert wird häufig nach einer Dehnung, die nicht überschritten werden darf (Grenzdehnung etwa 1…2%).

KINEMATIK

Die *Kinematik* ist die Lehre von der Bewegung von Körpern oder Punkten. Eine Bewegung ist durch Veränderung des Ortes in einer bestimmten Zeit gegeben. Zu ihrer Kennzeichnung dienen Geschwindigkeit und Beschleunigung. Die Kinematik beschäftigt sich mit der Bestimmung dieser Kenngrößen allein mit Hilfe von Angaben der zeitabhängigen Ortsveränderung. Dabei bleibt die Frage nach ihrer Ursache unberührt. Es kann deshalb auch auf die Angabe der Masse verzichtet werden.

Die Bewegung eines Körpers kann nur in einem Bezugssystem beobachtet und beschrieben werden, das mit einem anderen Körper fest verbunden ist. Die Bewegung ein und desselben Körpers wird demnach in verschiedenen Bezugssystemen ganz unterschiedlich beschrieben. *Newton* umging diese Unbestimmtheit durch die Definition eines „absoluten Raumes" und einer „absoluten Zeit". In diesem Raum, in dem die Zeit für alle Körper gleichmäßig abläuft, läßt sich ein absolut ruhendes Bezugssystem angeben. Ein solches System heißt *Inertialsystem* (vgl. Abschn. Dynamik). In Wirklichkeit läßt sich ein solches Bezugssystem nicht finden, weil es keinen absolut in Ruhe befindlichen Körper gibt, mit dem man es verbinden könnte. Außerdem lehrt die relativistische Mechanik, daß die Zeit keine absolute Größe ist.

Trotzdem hat sich die *Newton*sche Mechanik bewährt, weil die Fehler erst bei Geschwindigkeiten in der Größenordnung der Lichtgeschwindigkeit bedeutsam werden und deshalb in der technischen Mechanik vernachlässigbar sind.

1. KINEMATIK DES PUNKTES

1.1. Darstellung der Bewegung

Um eine Bewegung beschreiben zu können, ist die Angabe eines Koordinatensystems erforderlich, das zunächst als ruhend angesehen wird.

Bewegt sich ein Punkt P auf einer Bahn (Bild K 1.1), gibt es zwei Möglichkeiten, diese Bewegung zu beschreiben.

1. Möglichkeit: Der Radiusvektor $\boldsymbol{r}$, der die Lage von P im Koordinatensystem x, y, z angibt, ist durch seine Komponenten gegeben. Diese sollen eindeutige und stetige Funktionen der Zeit sein. Ordnet man ihnen die Einheitsvektoren $\boldsymbol{e}_x$, $\boldsymbol{e}_y$, $\boldsymbol{e}_z$ zu, gilt:

$$\boldsymbol{r}(t) = \boldsymbol{e}_x x(t) + \boldsymbol{e}_y y(t) + \boldsymbol{e}_z z(t) \tag{1.1}$$

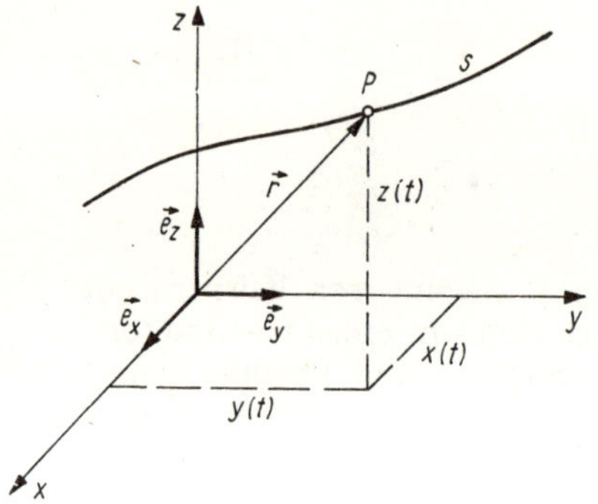

Bild K 1.1

2. Möglichkeit: Ist die Bewegungsbahn in dem Koordinatensystem bekannt, z. B. durch

$$f = f[x; y(x); z(x)] \tag{1.2}$$

so kann die Bewegung auf der angegebenen Bahn durch die Weg-Zeit-Kurve

$$s = s(t) \tag{1.3}$$

beschrieben werden.
Beide Möglichkeiten werden zur Berechnung von Geschwindigkeit und Beschleunigung verwendet. Man beachte jedoch, daß die dafür gewonnenen Ergebnisse nicht vermischt werden dürfen.

1.2. Geradlinige Bewegung des Punktes

1.2.1. Die kinematischen Grundaufgaben

Erfolgt die Bewegung auf einer Geraden, kann das Koordinatensystem so vorgegeben werden, daß eine Achse, zum Beispiel x, mit der Geraden zusammenfällt (Bild K 1.2).

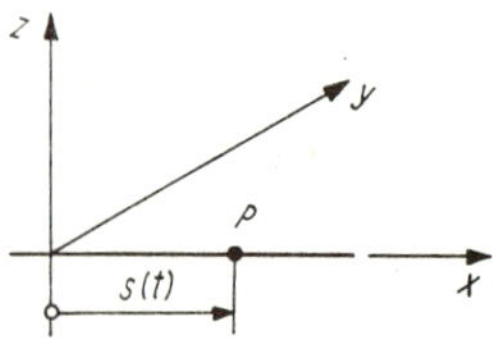

Bild K 1.2

Die Beschreibung nach Gl. (1.1) geht dann in die nach Gl. (1.3) über. Es genügt also die Angabe der Weg-Zeit-Kurve $s = s(t)$. Der Vektorcharakter der Bewegung ist damit verlorengegangen. Man spricht deshalb bei der geradlinigen Bewegung auch von der *skalaren Kinematik*. Ausgehend von einer mittleren Geschwindigkeit während des Zeitintervalls Δt

$$v = \frac{s(t + \Delta t) - s(t)}{\Delta t}, \tag{1.4}$$

findet man durch eine Grenzwertbetrachtung die Geschwindigkeit

$$v = \frac{\mathrm{d}s(t)}{\mathrm{d}t} = \dot{s}(t) \tag{1.5}$$

Sie ist positiv in positiver Wegrichtung.
Betrachtet man in ähnlicher Weise die Geschwindigkeitsänderung in einem Zeitintervall, so stößt man auf den Begriff der Beschleunigung.

$$a = \frac{\mathrm{d}v(t)}{\mathrm{d}t} = \frac{\mathrm{d}^2s(t)}{\mathrm{d}t^2} = \ddot{s}(t) \tag{1.6}$$

Die Einheit der Geschwindigkeit ist somit m s^{-1}, die der Beschleunigung m s^{-2}.
Geschwindigkeit und Beschleunigung können nun aber auch als Funktionen des Weges s oder einer anderen Bewegungsgröße gegeben sein. Die zwölf Möglichkeiten der Darstellung sind auf Bild K 1.3 wiedergegeben. Ist eine dieser Funktionen gegeben, so können alle anderen durch Differentiation, Integration, Elimination und Funktionsumkehr berechnet werden.
Die Tabelle Bild K 1.4 gibt einige Umrechnungsformeln an.

	t	s	v	a
t	—	t(s)	t(v)	t(a)
s	s(t)	—	s(v)	s(a)
v	v(t)	v(s)	—	v(a)
a	a(t)	a(s)	a(v)	—

Umkehrfunktionen

Bild K 1.3

1.2.2. Beispiele zur geradlinigen Bewegung

Beispiel 1:

Für ein Fahrzeug ist das im Bild K 1.5 dargestellte Geschwindigkeits-Zeit-Diagramm gegeben. Man zeichne die Diagramme

$$s = s(t) \qquad v = v(t) \qquad a = a(t)$$

$$v = v(s) \qquad a = a(s) \qquad a = a(v)$$

Kinematische Grundaufgaben der geradlinigen Bewegung
Beginn der Bewegung: $t = t_0$; $s = s_0$; $v = v_0$

Gegeben	Gesucht
$s = s(t)$	$v(t) = \frac{\mathrm{d}s(t)}{\mathrm{d}t}$; $\quad a(t) = \frac{\mathrm{d}^2 s(t)}{\mathrm{d}t^2}$
$v = v(t)$	$s(t) = s_0 + \int\limits_{t_0}^{t} v(\bar{t})\,\mathrm{d}\bar{t}$; $\quad a(t) = \frac{\mathrm{d}v(t)}{\mathrm{d}t}$
$a = a(t)$	$v(t) = v_0 + \int\limits_{t_0}^{t} a(\bar{t})\,\mathrm{d}\bar{t}$; $\quad s(t) = s_0 + \int\limits_{t_0}^{t} \left[v_0 + \int\limits_{t_0}^{\bar{t}} a(\bar{\bar{t}})\,\mathrm{d}\bar{\bar{t}} \right] \mathrm{d}\bar{t}$
$v = v(s)$	$t(s) = t_0 + \int\limits_{s_0}^{s} \frac{\mathrm{d}\bar{s}}{v(\bar{s})}$; $\quad a(s) = v(s)\,\frac{\mathrm{d}v(s)}{\mathrm{d}s}$
$a = a(s)$	$v(s) = \sqrt{v_0^2 + 2\int\limits_{s_0}^{s} a(\bar{s})\,\mathrm{d}\bar{s}}$; $\quad t(s) = t_0 + \int\limits_{s_0}^{s} \frac{\mathrm{d}\bar{s}}{\sqrt{v_0^2 + 2\int\limits_{s_0}^{\bar{s}} a(\bar{\bar{s}})\,\mathrm{d}\bar{\bar{s}}}}$
$a = a(v)$	$t(v) = t_0 + \int\limits_{v_0}^{v} \frac{\mathrm{d}\bar{v}}{a(\bar{v})}$; $\quad s(v) = s_0 + \int\limits_{v_0}^{v} \frac{\bar{v}}{a(\bar{v})}\,\mathrm{d}\bar{v}$

Bild K 1.4

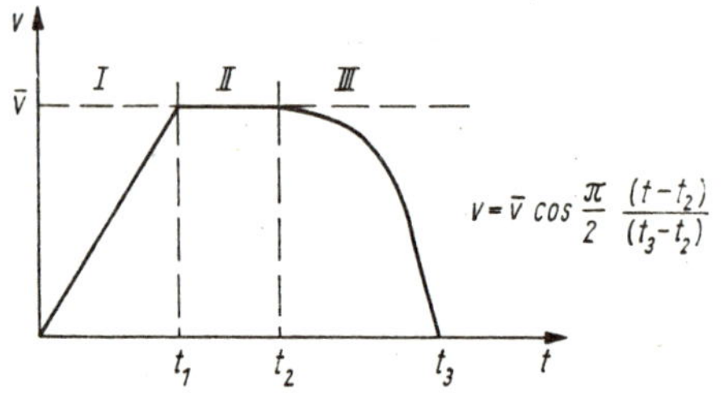

Bild K 1.5

Gegeben: $\bar{v} = 16\ \mathrm{m\,s^{-1}}$, $t_1 = 20\ \mathrm{s}$, $t_2 = 35\ \mathrm{s}$

gesamter Fahrweg: $s_3 = 560\ \mathrm{m}$

Lösung:

Man bestimmt zunächst für die einzelnen Bereiche *I*, *II*, *III* die Funktionen $s(t)$, $v(t)$, $a(t)$ analytisch. Die Diagramme $v = v(s)$, $a = a(s)$, $a = a(v)$ lassen sich dann rein grafisch ermitteln. Man verwende die Formeln Bild K 1.4.

Bereich I:

$$v_I = ct \quad \text{für} \quad t = t_1 \quad \text{gilt} \quad v_I = \bar{v}, \quad \text{daraus}$$

$$c = \frac{\bar{v}}{t_1} = 0{,}8 \text{ m s}^{-2}$$

$$a_I = \frac{\mathrm{d}v_I}{\mathrm{d}t} = c \qquad a_I = 0{,}8 \text{ m s}^{-2} \tag{1}$$

$$s_I = s_{0I} + \int_{t_0}^{t} v_I(\bar{t})\,\mathrm{d}\bar{t} = \int_0^t c\bar{t}\,\mathrm{d}\bar{t} \qquad s_I = \frac{ct^2}{2} \qquad s_{0I} = 0 \tag{2}$$

$$t = t_1 : s_I = s_1 \qquad s_1 = 160 \text{ m}$$

Bereich II:

$$v_{II} = \bar{v} \qquad a_{II} = 0 \tag{3}$$

$$s_{II} = s_1 + \int_{t_1}^{t} \bar{v}\,\mathrm{d}\bar{t} \qquad s_{II} = s_1 + \bar{v}(t - t_1) \tag{4}$$

$$t = t_2 : s_{II} = s_2 \qquad s_2 = 400 \text{ m}$$

Bereich III:

$$v_{III} = \bar{v} \cos \frac{\pi}{2} \frac{(t - t_2)}{(t_3 - t_2)} \tag{5}$$

$$s_{III} = s_2 + \int_{t_2}^{t} \bar{v} \cos \frac{\pi}{2} \frac{(\bar{t} - t_2)}{(t_3 - t_2)}\,\mathrm{d}\bar{t} = s_2 + \frac{2\bar{v}(t_3 - t_2)}{\pi} \sin \frac{\pi}{2} \frac{(t - t_2)}{(t_3 - t_2)} \tag{6}$$

$$t = t_3: \qquad s_{III} = s_3 \qquad s_3 = s_2 + \frac{2\bar{v}(t_3 - t_2)}{\pi}$$

$$t_3 = t_2 + \frac{\pi}{2} \frac{(s_3 - s_2)}{\bar{v}} \qquad t_3 = 50{,}7 \text{ s} \tag{7}$$

Setzt man Gl. (7) in Gl. (6) ein, so folgt:

$$s_{III} = s_2 + (s_3 - s_2) \sin \frac{\pi}{2} \frac{(t - t_2)}{(t_3 - t_2)} \tag{8}$$

$$a_{III} = \frac{\mathrm{d}v_{III}}{\mathrm{d}t} = -\frac{\pi}{2} \frac{\bar{v}}{(t_3 - t_2)} \sin \frac{\pi}{2} \frac{(t - t_2)}{(t_3 - t_2)} \tag{9}$$

Setzt man Gln. (7) und (8) in Gl. (9) ein, so folgt:

$$a_{III} = -\frac{\bar{v}^2}{(s_3 - s_2)^2} (s_{III} - s_2)$$

$$s_{III} = s_2: \qquad a_2 = 0$$

$$s_{III} = s_3: \qquad a_3 = -\frac{\bar{v}^2}{(s_3 - s_2)} \qquad a_3 = -1{,}6 \text{ m s}^{-2} \tag{10}$$

Setzt man Gl. (5) in Gl. (9) ein, so folgt:

$$a_{III} = -\frac{\pi}{2} \frac{\bar{v}}{(t_3 - t_2)} \sqrt{1 - \left(\frac{v_{III}}{\bar{v}}\right)^2} \tag{11}$$

Man beachte, daß $(t_3 - t_2)$ eine Konstante ist.
Auf Bild K 1.6 sind die sechs gesuchten Diagramme dargestellt.

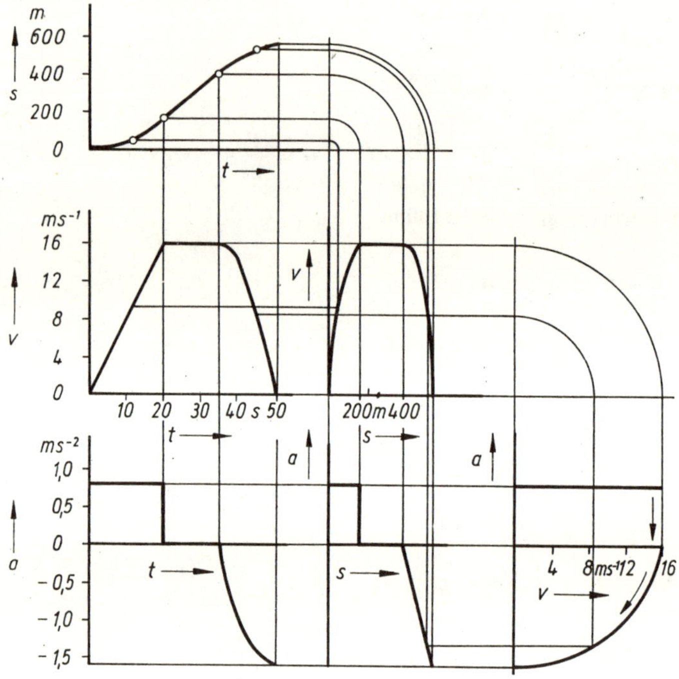

Bild K 1.6

Beispiel 2:

Gegeben ist die Bewegungsgleichung $a = -\omega^2 s$. Es sollen folgende Anfangsbedingungen vorliegen:

$$t = 0: \qquad s = s_0 \qquad v = 0$$

Gegeben: $s_0 = 4$ cm, $\omega = 2\ \mathrm{s}^{-1}$

Gesucht: Man zeichne die sechs kinematischen Grunddiagramme.

Lösung:

Man verwende die Formeln Bild K 1.4

$$a = -\omega^2 s \tag{1}$$

$$v(s) = \sqrt{v_0^2 + 2\int_{s_0}^{s} a(\bar{s})\,\mathrm{d}\bar{s}} = \sqrt{2\int_{s_0}^{s} -\omega^2 \bar{s}\,\mathrm{d}\bar{s}}$$

$$v^2(s) = \omega^2(s_0^2 - s^2) \qquad \left(\frac{v(s)}{\omega}\right)^2 + s^2 = s_0^2 \tag{2}$$

Das Diagramm $v = v(s)$ ist somit eine Ellipse.

$$t = t_0 + \int_{s_0}^{s} \frac{\mathrm{d}\bar{s}}{\sqrt{v_0^2 + 2\int_{s_0}^{\bar{s}} a(\bar{\bar{s}})\,\mathrm{d}\bar{\bar{s}}}} = \int_{s_0}^{s} \frac{\mathrm{d}\bar{s}}{\omega\sqrt{s_0^2 - \bar{s}^2}}$$

$$\omega t = \arcsin \frac{\bar{s}}{s_0}\bigg|_{s_0}^{s} \qquad \omega t = \arcsin \frac{s}{s_0} - \arcsin 1$$

$$\sin\left(\omega t + \frac{\pi}{2}\right) = \frac{s}{s_0} \tag{3}$$

Die Zeit T einer vollen Bewegungsperiode $s = s_0 \cos \omega t$ beträgt:

$$\omega T = 2\pi \qquad T = \frac{2\pi}{\omega}$$

$$v = \frac{\mathrm{d}s}{\mathrm{d}t} = -s_0\omega \sin \omega t \tag{4}$$

$$a = \frac{\mathrm{d}v}{\mathrm{d}t} = -s_0\omega^2 \cos \omega t \tag{5}$$

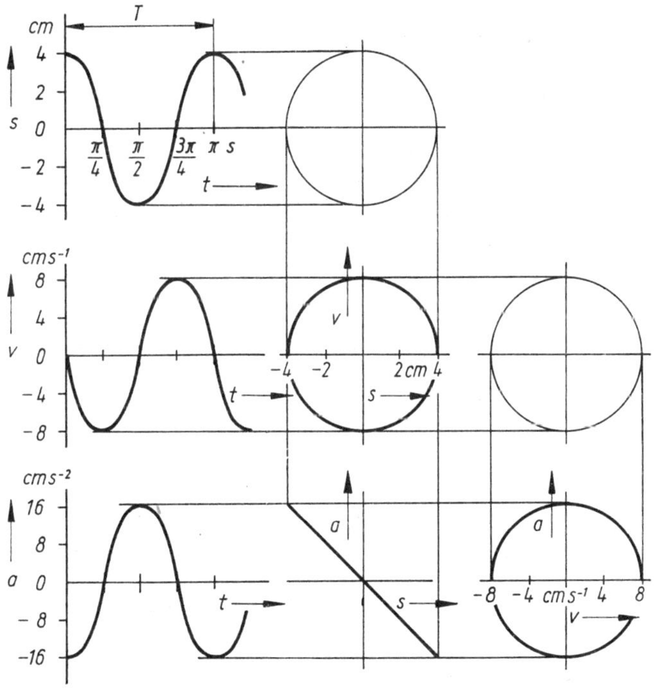

Bild K 1.7

Eliminiert man t aus Gl. (5) mit Hilfe von Gl. (4), so folgt:

$$a = -s_0\omega^2 \sqrt{1 - \left(\frac{v}{s_0\omega}\right)^2} \qquad \left(\frac{a(v)}{\omega^2}\right)^2 + \left(\frac{v}{\omega}\right)^2 = s_0^2 \tag{6}$$

Das Diagramm $a = a(v)$ ist somit ebenfalls eine Ellipse. Wählt man zum Auftragen der Funktionen $v = v(s)$ und $a = a(v)$ die Zeichnungsmaßstäbe so, daß 1 Einheit von s, $\frac{v(s)}{\omega}$ und $\left(\frac{a(v)}{\omega^2}\right)$ jeweils gleiche Länge haben, so gehen die Ellipsen in Kreise über. Bild K 1.7 zeigt die sechs gesuchten Diagramme.

1.3. Allgemeine Bewegung des Punktes

Um die allgemeine Bewegung eines Punktes im Raum beschreiben zu können, muß die Darstellung der Bewegungsbahn in Abhängigkeit von der Zeit erfolgen. Man benutzt hierzu die Überlegungen der Differentialgeometrie. Es wird empfohlen, diese Grundlagen einem Taschenbuch zu entnehmen.

1.3.1. Darstellung in kartesischen Koordinaten

Die einfachste Berechnung der Geschwindigkeit und Beschleunigung eines Punktes ergibt sich, wenn sein Ortsvektor $\boldsymbol{r}$ durch die drei zeitabhängigen Koordinaten $x(t)$, $y(t)$, $z(t)$ eines raumfesten kartesischen Koordinatensystems gegeben ist. Führt man die konstanten Einheitsvektoren $\boldsymbol{e}_x$, $\boldsymbol{e}_y$, $\boldsymbol{e}_z$ ein, gilt (Bild K 1.8):

$$\boldsymbol{r} = \boldsymbol{e}_x x(t) + \boldsymbol{e}_y y(t) + \boldsymbol{e}_z z(t) \tag{1.7}$$

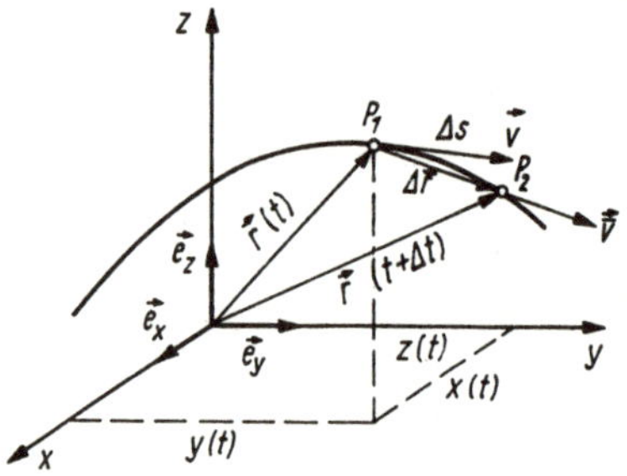

Bild K 1.8

$x(t)$, $y(t)$, $z(t)$ sind somit skalare Funktionen.
Die Geschwindigkeit ist dann

$$\boldsymbol{v} = \dot{\boldsymbol{r}} = \boldsymbol{e}_x \dot{x}(t) + \boldsymbol{e}_y \dot{y}(t) + \boldsymbol{e}_z \dot{z}(t) \tag{1.8}$$

mit dem Betrag

$$v = \sqrt{\dot{x}^2(t) + \dot{y}^2(t) + \dot{z}^2(t)} \tag{1.9}$$

Die Beschleunigung berechnet sich zu

$$\boldsymbol{a} = \ddot{\boldsymbol{r}} = \boldsymbol{e}_x \ddot{x}(t) + \boldsymbol{e}_y \ddot{y}(t) + \boldsymbol{e}_z \ddot{z}(t) \tag{1.10}$$

mit dem Betrag

$$a = \sqrt{\ddot{x}^2(t) + \ddot{y}^2(t) + \ddot{z}^2(t)} \tag{1.11}$$

1.3.2. Darstellung in Bahnkoordinaten

Bei der Darstellung in Bahnkoordinaten ist die Bewegungsbahn in einem raumfesten Koordinatensystem, etwa in der Form $f = f[x; y(x); z(x)]$, gegeben, während die Bewegung auf dieser Bahn durch die Weg-Zeit-Funktion $s = s(t)$ ausgedrückt wird.

Die Geschwindigkeit ist ein Vektor, der sich durch die Differentiation $\boldsymbol{v} = \dfrac{\mathrm{d}\boldsymbol{r}}{\mathrm{d}t}$ bestimmen läßt. Die Ausführung der Vektordifferentiation soll an Bild K 1.8 erläutert werden.

In dem Zeitintervall Δt erfährt der Ortsvektor $\boldsymbol{r}$ den Zuwachs $\Delta\boldsymbol{r}$. Der Ausdruck $\bar{\boldsymbol{v}} = \dfrac{\Delta\boldsymbol{r}}{\Delta t}$ ist die mittlere Geschwindigkeit des Punktes zwischen P_1 und P_2 im Zeitintervall Δt. Die Richtung von $\bar{\boldsymbol{v}}$ stimmt mit der von $\Delta\boldsymbol{r}$ überein, da die Zeit ein Skalar ist. Wird das Intervall Δt immer kleiner gewählt, so daß es gegen Null geht, so geht der Differenzenquotient $\bar{\boldsymbol{v}}$ in den Differentialquotient $\boldsymbol{v}$ der Geschwindigkeit nach der Zeit t über. Dabei verkürzt sich die Sehne P_1P_2 und wird zur Tangente an die Bahnkurve in P_1. Die Richtung des Geschwindigkeitsvektors ist demnach stets die der Bahntangente.

Der Vektor $\boldsymbol{v}$ kann dargestellt werden als Produkt eines Einheitsvektors $\boldsymbol{e}_t$, der die Richtung von $\boldsymbol{v}$ festlegt, mit einem Skalar v, der seine Länge und damit die Größe der Geschwindigkeit bestimmt. Es gilt somit:

$$\boldsymbol{v} = \boldsymbol{e}_t v(t) \tag{1.12}$$

Der Betrag v der Geschwindigkeit ergibt sich aus

$$v = \lim_{\Delta t \to 0} \frac{\Delta r}{\Delta t}$$

Da die Länge der Sehne Δr und die Länge des Weges Δs zwischen P_1, P_2 beim Grenzübergang gleich lang werden, gilt

$$v = \frac{\mathrm{d}s}{\mathrm{d}t} \tag{1.13}$$

Im Gegensatz zu den Einheitsvektoren im kartesischen Koordinatensystem, deren Richtung konstant ist, ist der Einheitsvektor in Tangentenrichtung $\boldsymbol{e}_t(t)$ zeitabhängig. Er läßt sich in kartesischen Koordinaten berechnen durch

$$\boldsymbol{e}_t = \frac{\boldsymbol{v}}{v} = \frac{\boldsymbol{e}_x\dot{x}(t) + \boldsymbol{e}_y\dot{y}(t) + \boldsymbol{e}_z\dot{z}(t)}{\sqrt{\dot{x}^2(t) + \dot{y}^2(t) + \dot{z}^2(t)}}$$

Aus Gl. (1.12) kann man ablesen:

> Die Geschwindigkeit eines Punktes ist nur dann konstant, wenn sie sowohl ihre Richtung als auch ihre Größe beibehält.

Durch Differentiation von Gl. (1.12) erhält man die Beschleunigung:

$$\boldsymbol{a} = \dot{\boldsymbol{e}}_t(t)\, v(t) + \boldsymbol{e}_t(t)\, \dot{v}(t) \tag{1.14}$$

Da $\boldsymbol{e}_t$ als Funktion des Weges gegeben ist, so gilt

$$\dot{\boldsymbol{e}}_t = \frac{d\boldsymbol{e}_t}{ds}\frac{ds}{dt} = \frac{d\boldsymbol{e}_t}{ds}\, v(t)$$

und somit:

$$\boldsymbol{a} = \boldsymbol{e}_t\dot{v}(t) + v^2(t)\,\frac{d\boldsymbol{e}_t}{ds} \tag{1.15}$$

Um das zweite Glied dieses Ausdruckes deuten zu können, soll zunächst die Richtung des Vektors $\frac{d\boldsymbol{e}_t}{ds}$ bestimmt werden. Geht man von der Beziehung

$$\boldsymbol{e}_t\boldsymbol{e}_t = 1$$

die für Einheitsvektoren gilt, aus, so liefert ihre Differentiation:

$$\frac{d\boldsymbol{e}_t}{ds}\,\boldsymbol{e}_t + \boldsymbol{e}_t\,\frac{d\boldsymbol{e}_t}{ds} = 0, \qquad 2\boldsymbol{e}_t\,\frac{d\boldsymbol{e}_t}{ds} = 0$$

Da das skalare Produkt der beiden Vektoren $\boldsymbol{e}_t$ und $\frac{d\boldsymbol{e}_t}{ds}$ verschwindet, müssen beide senkrecht aufeinander stehen. Wird ein Einheitsvektor $\boldsymbol{e}_n$ in Normalenrichtung eingeführt, so gilt

$$\frac{d\boldsymbol{e}_t}{ds} = \boldsymbol{e}_n\left|\frac{d\boldsymbol{e}_t}{ds}\right|$$

Zur Bestimmung des Betrages $\left|\frac{d\boldsymbol{e}_t}{ds}\right|$ kann Bild K 1.9 dienen, danach ist:

$$|d\boldsymbol{e}_t| = |\boldsymbol{e}_t|\, d\alpha \qquad ds = \varrho\, d\alpha$$

Somit gilt

$$\left|\frac{d\boldsymbol{e}_t}{ds}\right| = \frac{1}{\varrho} \quad \text{und} \quad \frac{d\boldsymbol{e}_t}{ds} = \boldsymbol{e}_n\,\frac{1}{\varrho} \tag{1.16}$$

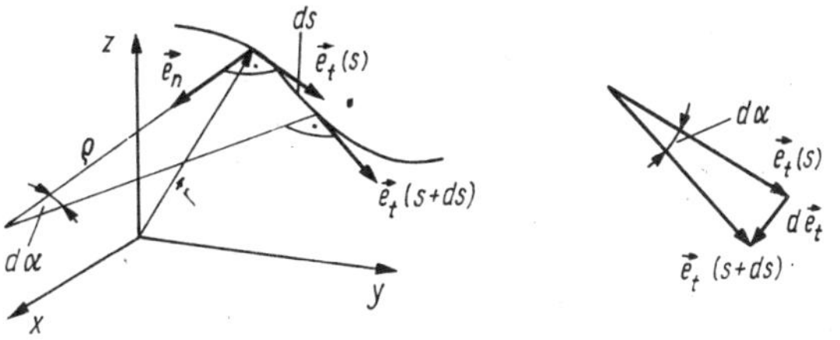

Bild K 1.9

Der Einheitsvektor $\boldsymbol{e}_n$ weist dabei vom Bahnpunkt zum Krümmungsmittelpunkt, ϱ ist der Krümmungsradius der Bahn im betrachteten Punkt. Die Beziehung Gl. (1.16) ist eine der *Frenet*schen Formeln, wie sie aus der Differentialgeometrie bekannt sind.

Der Beschleunigungsvektor läßt sich in Bahnkoordinaten berechnen nach

$$\boldsymbol{a} = \boldsymbol{e}_t \dot{v}(t) + \boldsymbol{e}_n \frac{v^2(t)}{\varrho} \tag{1.17}$$

Er setzt sich aus einer Tangentialbeschleunigung der Größe $a_t = \dot{v} = \dfrac{d^2 s}{dt^2}$ und der zum Krümmungsmittelpunkt hin gerichteten Normalbeschleunigung der Größe $a_n = \dfrac{v^2}{\varrho}$ zusammen.

1.3.3. Darstellung in Zylinderkoordinaten

Für zyklische Bewegungen, wie z. B. der Bewegung auf einer Schraubenlinie oder der ebenen Bewegung auf einem Kreis oder einer Spirale, eignen sich besonders Beschreibungen in Zylinderkoordinaten. Dabei wird die Bewegung in der Projektionsebene x, y in Polarkoordinaten $r(t)$, $\varphi(t)$ und senkrecht dazu durch $z(t)$ angegeben. Die Bewegung des Punktes wird durch den Vektor

$$\boldsymbol{R}(t) = \boldsymbol{e}_r(\varphi)\, r(t) + \boldsymbol{e}_z z(t) \tag{1.18}$$

mit $\varphi = \varphi(t)$ dargestellt.

Der über den Winkel φ von der Zeit abhängige Einheitsvektor $\boldsymbol{e}_r$ zeigt in die Richtung wachsender r, der Einheitsvektor $\boldsymbol{e}_z$ ändert seine Richtung nicht und ist somit konstant (Bild K 1.10). Durch Differentiation ergibt sich die Geschwindigkeit

$$\boldsymbol{v} = \dot{\boldsymbol{R}} = \boldsymbol{e}_r(\varphi)\, \dot{r}(t) + \frac{d\boldsymbol{e}_r}{d\varphi}\, \dot{\varphi}(t)\, r(t) + \boldsymbol{e}_z \dot{z}(t) \tag{1.19}$$

Eine weitere Differentiation liefert die Beschleunigung

$$\boldsymbol{a} = \ddot{\boldsymbol{R}} = \boldsymbol{e}_r \ddot{r}(t) + 2\,\frac{d\boldsymbol{e}_r}{d\varphi}\, \dot{r}\dot{\varphi} + \frac{d\boldsymbol{e}_r}{d\varphi}\, r\ddot{\varphi} + \frac{d^2\boldsymbol{e}_r}{d\varphi^2}\, r\dot{\varphi}^2 + \boldsymbol{e}_z \ddot{z}(t) \tag{1.20}$$

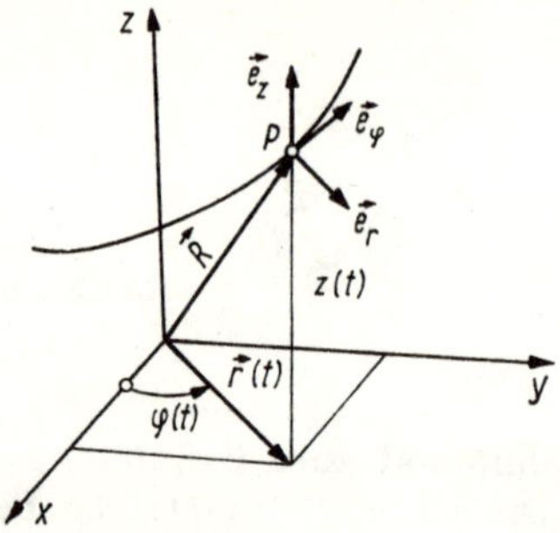

Bild K 1.10

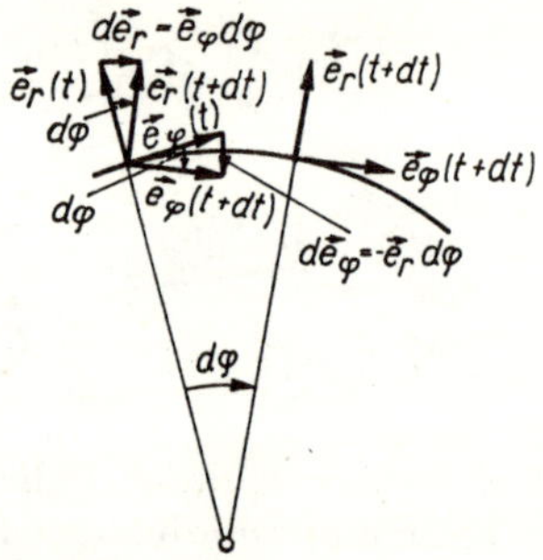

Bild K 1.11

Die Ableitungen des Einheitsvektors $\boldsymbol{e}_r$ können durch Einführen eines Einheitsvektors $\boldsymbol{e}_\varphi$ anschaulich gemacht werden. Aus Bild K 1.11 läßt sich, da $|\boldsymbol{e}_r| = |\boldsymbol{e}_\varphi|$ gilt, ablesen:

$$\mathrm{d}\boldsymbol{e}_r = \boldsymbol{e}_\varphi \, \mathrm{d}\varphi$$

$$\mathrm{d}\boldsymbol{e}_\varphi = -\boldsymbol{e}_r \, \mathrm{d}\varphi$$

daraus folgt:

$$\frac{\mathrm{d}\boldsymbol{e}_r}{\mathrm{d}\varphi} = \boldsymbol{e}_\varphi, \quad \frac{\mathrm{d}^2\boldsymbol{e}_r}{\mathrm{d}\varphi^2} = \frac{\mathrm{d}\boldsymbol{e}_\varphi}{\mathrm{d}\varphi}$$

$$\frac{\mathrm{d}\boldsymbol{e}_\varphi}{\mathrm{d}\varphi} = -\boldsymbol{e}_r = \frac{\mathrm{d}^2\boldsymbol{e}_r}{\mathrm{d}\varphi^2} \tag{1.21}$$

Das negative Vorzeichen besagt, daß der Vektor $\mathrm{d}\boldsymbol{e}_\varphi$ entgegen dem Vektor $\boldsymbol{e}_r$ gerichtet ist.
Setzt man diese Beziehungen in die Gln. (1.19) und (1.20) ein, so ergibt sich:

$$\boldsymbol{v} = \boldsymbol{e}_r \dot{r}(t) + \boldsymbol{e}_\varphi \dot{\varphi}(t)\, r(t) + \boldsymbol{e}_z \dot{z}(t) \tag{1.22}$$

$$\boldsymbol{a} = \boldsymbol{e}_r(\ddot{r} - r\dot{\varphi}^2) + \boldsymbol{e}_\varphi(2\dot{r}\dot{\varphi} + r\ddot{\varphi}) + \boldsymbol{e}_z \ddot{z}(t) \tag{1.23}$$

Die Komponenten von Geschwindigkeit und Beschleunigung sind auf den Bildern K 1.12 und 1.13 dargestellt.

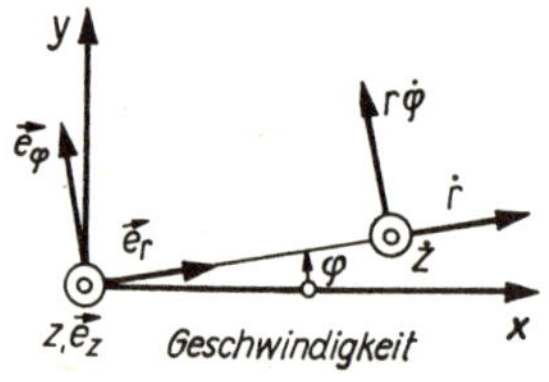

Bild K 1.12

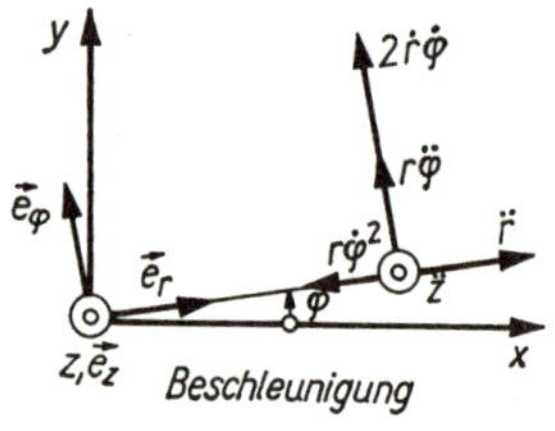

Bild K 1.13

Eine Erklärung des weniger anschaulichen Gliedes $\boldsymbol{e}_\varphi\, 2\dot{r}\dot{\varphi}$ erfolgt im Zusammenhang mit der Darstellung der Relativbewegung in Abschn. 3.
In den Gln. (1.22) und (1.23) treten Glieder $\dot{\varphi}$ und $\ddot{\varphi}$ auf. In Analogie zu der Bahngeschwindigkeit und der Bahnbeschleunigung bezeichnet man sie als
Betrag der Winkelgeschwindigkeit

$$\omega(t) = \frac{d\varphi}{dt} \tag{1.24}$$

und

Betrag der Winkelbeschleunigung

$$\alpha(t) = \frac{d\omega}{dt} = \frac{d^2\varphi}{dt^2} \tag{1.25}$$

Für eine ebene Kreisbewegung mit $r = r_0 =$ konst., $\dot{r} = \ddot{r} = 0$ gilt somit für die Bahngeschwindigkeit $v = r_0\omega$. Die Bahnbeschleunigung setzt sich aus zwei Komponenten zusammen (vgl. 1.3.4.).
Erfolgt die Kreisbewegung mit konstanter Winkelgeschwindigkeit ω, so berechnet sich die Zeit T eines Umlaufes zu

$$\omega T = 2\pi \qquad T = \frac{2\pi}{\omega} \tag{1.26}$$

Die Anzahl der Umläufe in der Sekunde wird *Frequenz* genannt:

$$f = \frac{1}{T} = \frac{\omega}{2\pi} \tag{1.27}$$

Die Anzahl der Umläufe in der Minute ist die Drehzahl

$$n = 60f = \frac{30\omega}{\pi} \tag{1.28}$$

Es gelten folgende Einheiten:

T	s
ω	s^{-1}
f	Hz (um eine Unterscheidung gegenüber ω zu erreichen)
n	min^{-1}

1.3.4. Beispiele zur allgemeinen Punktbewegung

Beispiel 1:

Es soll die Bewegung eines Punktes P mit konstanter Winkelgeschwindigkeit ω auf einer Kreisbahn vom Radius r_0 in kartesischen Koordinaten, Bahnkoordinaten und Polarkoordinaten dargestellt werden.

Lösung:

Kartesische Koordinaten:

Gegeben: $x = r_0 \cos \omega t, \qquad y = r_0 \sin \omega t$

Nach Gln. (1.8) und (1.9) ergibt sich

$$\boldsymbol{v} = -\boldsymbol{e}_x r_0 \omega \sin \omega t + \boldsymbol{e}_y r_0 \omega \cos \omega t$$

$$v = r_0 \omega \tag{1}$$

Nach Gln. (1.10) und (1.11) ergibt sich

$$\boldsymbol{a} = -\boldsymbol{e}_x r_0 \omega^2 \cos \omega t - \boldsymbol{e}_y r_0 \omega^2 \sin \omega t$$

$$a = r_0 \omega^2 \tag{2}$$

Bild K 1.14 zeigt die Komponenten und die Resultierenden.

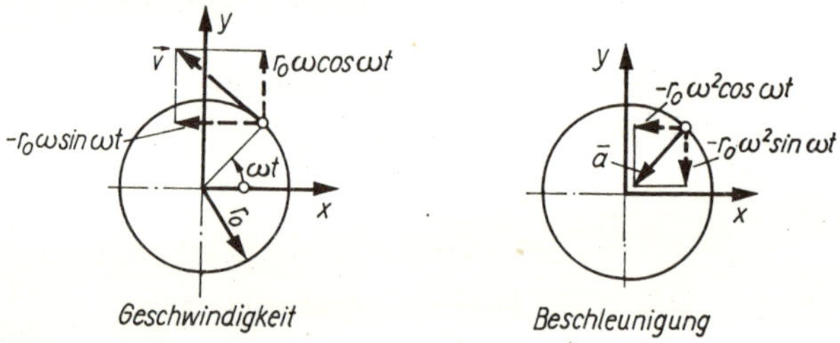

Bild K 1.14

Bahnkoordinaten:

Gegeben: $s = r_0 \omega t, \qquad \varrho = r_0 = \text{konst.}$

Nach Gl. (1.12) gilt

$$\boldsymbol{v} = \boldsymbol{e}_t r_0 \omega \tag{3}$$

und nach Gl. (1.17)

$$\boldsymbol{a} = \boldsymbol{e}_n r_0 \omega^2 \tag{4}$$

Bild K 1.15 zeigt beide Vektoren.

Polarkoordinaten:

Gegeben: $r = r_0, \qquad \varphi = \omega t$

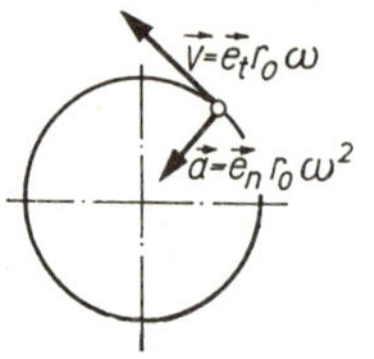

Bild K 1.15

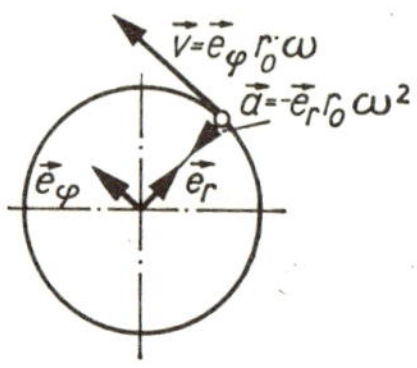

Bild K 1.16

Damit wird:

$$\dot{r} = 0 \qquad \ddot{r} = 0 \qquad \dot{\varphi} = \omega \qquad \ddot{\varphi} = 0$$

Nach Gl. (1.22) gilt

$$\boldsymbol{v} = \boldsymbol{e}_\varphi(t)\, r_0 \omega \tag{5}$$

und nach Gl. (1.23)

$$\boldsymbol{a} = -\boldsymbol{e}_r r_0 \omega^2 \tag{6}$$

Die unterschiedlichen Vorzeichen in den Gln. (4) und (6) sind auf die verschieden definierten Einheitsvektoren $\boldsymbol{e}_n$ und $\boldsymbol{e}_r$ zurückzuführen. Bild K 1.16 zeigt beide Vektoren.

Beispiel 2:

Für ein zentrisches Schubkurbelgetriebe sind Geschwindigkeit und Beschleunigung des Kolbens zu berechnen. Die Kurbel dreht sich mit konstanter Winkelgeschwindigkeit ω.

Gegeben: $l, r, l \gg r, \varphi = \omega t$

Lösung:

Bild K 1.17 zeigt das Getriebe mit den gewählten Koordinaten.

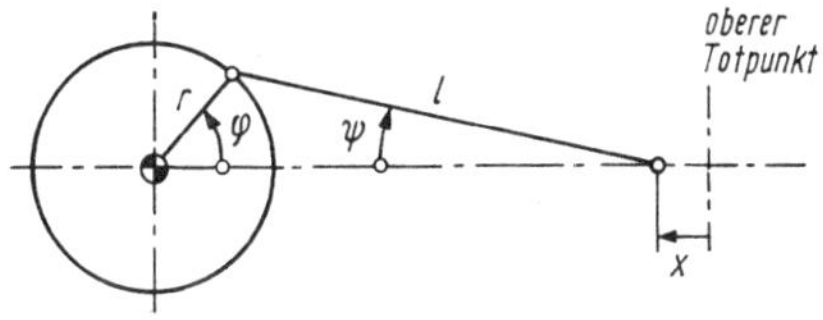

Bild K 1.17

Der geometrische Zusammenhang zwischen φ und x lautet:

$$r + l = r \cos \varphi + l \cos \psi + x$$

$$r \sin \varphi = l \sin \psi$$

Mit $\frac{r}{l} = \lambda$ folgt daraus

$$\frac{x}{r} = (1 - \cos \varphi) + \frac{1}{\lambda}\left(1 - \sqrt{1 - \lambda^2 \sin^2 \varphi}\right) \tag{1}$$

Die Geschwindigkeit beträgt

$$\dot{x} = \frac{\mathrm{d}x}{\mathrm{d}\varphi}\frac{\mathrm{d}\varphi}{\mathrm{d}t} = \frac{\mathrm{d}x}{\mathrm{d}\varphi}\,\omega$$

$$\frac{\dot{x}}{r\omega} = \sin \varphi + \lambda \frac{\sin \varphi \cos \varphi}{\sqrt{1 - \lambda^2 \sin^2 \varphi}} \tag{2}$$

Da $\lambda \ll 1$, läßt sich $\frac{1}{\sqrt{1 - \lambda^2 \sin^2 \varphi}}$ in eine Potenzreihe entwickeln.

$$\frac{1}{\sqrt{1 - \lambda^2 \sin^2 \varphi}} = 1 + \frac{1}{2}\lambda^2 \sin^2 \varphi + \frac{3}{8}\lambda^4 \sin^4 \varphi + \cdots$$

Berücksichtigt man nur Glieder bis zur 1. Potenz von λ, so folgt aus Gl. (2)

$$\frac{\dot{x}}{r\omega} = \sin\varphi + \lambda \sin\varphi \cos\varphi = \sin\varphi + \frac{\lambda}{2} \sin 2\varphi \tag{3}$$

Die Beschleunigung beträgt

$$\ddot{x} = \frac{d^2x}{d\varphi^2}\,\omega^2$$

$$\frac{\ddot{x}}{r\omega^2} = \cos\varphi + \lambda\,\frac{\cos^2\varphi - \sin^2\varphi(1 - \lambda^2 \sin^2\varphi)}{(1 - \lambda^2 \sin^2\varphi)^{3/2}} \tag{4}$$

Für $\lambda \ll 1$ ergibt sich

$$\frac{\ddot{x}}{r\omega^2} = \cos\varphi + \lambda \cos 2\varphi \tag{5}$$

Beispiel 3:

Die Gerade g dreht sich um A aus ihrer horizontalen Ruhelage g_0 mit der Winkelbeschleunigung $\alpha(\varphi)$ und schneidet dabei den Kreis vom Radius R im Punkt P (Bild K 1.18).

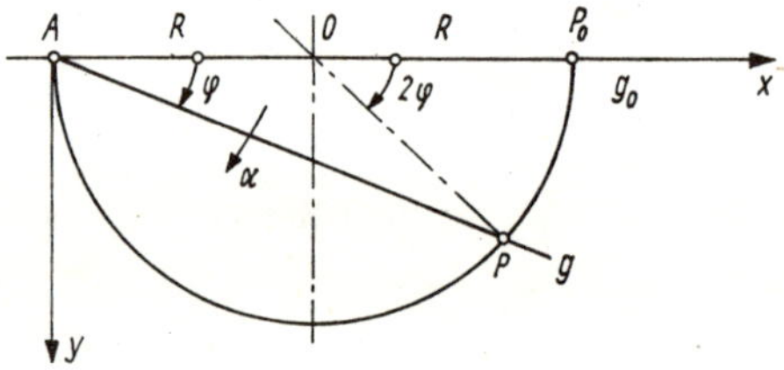

Bild K 1.18

Gegeben: $\alpha = \alpha_0 \cos\varphi$, R

Gesucht: Geschwindigkeit und Beschleunigung des Punktes P in kartesischen Koordinaten, Bahnkoordinaten und Polarkoordinaten.

Lösung:

In kartesischen Koordinaten gilt

$$y = 2R \cos\varphi \sin\varphi = R \sin 2\varphi$$

$$x = 2R \cos^2\varphi$$

$$\dot{y} = \frac{dy}{d\varphi}\frac{d\varphi}{dt} = \frac{dy}{d\varphi}\,\omega$$

$$\dot{x} = \frac{dx}{d\varphi}\,\omega$$

Die Winkelgeschwindigkeit ω der Geraden g bei der Drehung um A berechnet sich aus

$$\alpha = \frac{d\omega}{dt} = \frac{d\omega}{d\varphi}\,\omega \qquad \frac{d\omega}{d\varphi}\,\omega = \alpha_0 \cos\varphi$$

Daraus

$$\int \omega \, d\omega = \int \alpha_0 \cos\varphi \, d\varphi + C$$

Mit den Anfangsbedingungen $\omega = 0$, $\varphi = 0$ erhält man

$$\omega = \dot{\varphi} = \sqrt{2\alpha_0 \sin\varphi} \qquad (1)$$

Somit gilt

$$\dot{y} = 2R\cos 2\varphi \sqrt{2\alpha_0 \sin\varphi} \qquad \dot{x} = -2R\sin 2\varphi \sqrt{2\alpha_0 \sin\varphi}$$

$$\ddot{y} = \frac{d\dot{y}}{d\varphi}\frac{d\varphi}{dt} = 2R\omega\left(-2\sin 2\varphi \sqrt{2\alpha_0 \sin\varphi} + \cos 2\varphi \frac{\alpha_0 \cos\varphi}{\sqrt{2\alpha_0 \sin\varphi}}\right)$$

$$\ddot{x} = \frac{d\dot{x}}{d\varphi}\frac{d\varphi}{dt} = 2R\omega\left(-2\cos 2\varphi \sqrt{2\alpha_0 \sin\varphi} - \sin 2\varphi \frac{\alpha_0 \cos\varphi}{\sqrt{2\alpha_0 \sin\varphi}}\right)$$

Die Geschwindigkeit hat die Größe

$$v = \sqrt{\dot{x}^2 + \dot{y}^2} = 2R\sqrt{2\alpha_0 \sin\varphi} \qquad (2)$$

Die Beschleunigung hat die Größe

$$a = \frac{2R\omega\alpha_0}{\sqrt{2\alpha_0 \sin\varphi}}\sqrt{16\sin^2\varphi + (1 - \sin^2\varphi)} = 2R\alpha_0\sqrt{1 + 15\sin^2\varphi} \qquad (3)$$

Für die Berechnung in Bahnkoordinaten ist es günstig, die Bewegung auf der Kreisbahn zu betrachten.
Da der Winkel P_0OP die Größe 2φ hat, läßt sich die Weg-Zeit-Funktion finden aus

$$s = R\,2\varphi \qquad \varphi = \varphi(t)$$

Zur Berechnung der Geschwindigkeit v wird $v = \frac{ds}{dt}$ benötigt [vgl. Gln. (1.12), (1.13)].

Die Größe der Bahngeschwindigkeit beträgt somit

$$v = \frac{ds}{dt} = \frac{ds}{d\varphi}\frac{d\varphi}{dt} = 2R\dot{\varphi} = 2R\omega$$

Wie bei der Berechnung in kartesischen Koordinaten wird über $\alpha = \frac{d\omega}{dt}$ die Winkelgeschwindigkeit berechnet

$$\omega = \sqrt{2\alpha_0 \sin\varphi}$$

Somit gilt

$$\boldsymbol{v} = \boldsymbol{e}_t\, 2R\sqrt{2\alpha_0 \sin\varphi} \qquad (4)$$

Für die Beschleunigung folgt nach Gl. (1.17) mit

$$\dot{v} = \frac{d\left(2R\sqrt{2\alpha_0 \sin\varphi}\right)}{dt} = \frac{d\left(2R\sqrt{2\alpha_0 \sin\varphi}\right)}{d\varphi}\frac{d\varphi}{dt} = 2R\alpha_0 \cos\varphi$$

für die Tangentialbeschleunigung

$$\boldsymbol{a}_t = \boldsymbol{e}_t\, 2R\alpha_0 \cos\varphi$$

Die Normalbeschleunigung berechnet sich zu

$$\boldsymbol{a}_{\mathrm{n}} = \boldsymbol{e}_{\mathrm{n}} \frac{v^2}{R} = \boldsymbol{e}_{\mathrm{n}}\, 8R\alpha_0 \sin\varphi$$

Somit gilt

$$\boldsymbol{a} = \boldsymbol{e}_{\mathrm{t}}\, 2R\alpha_0 \cos\varphi + \boldsymbol{e}_{\mathrm{n}}\, 8R\alpha_0 \sin\varphi$$

Der Betrag der Beschleunigung ist also:

$$a = \sqrt{a_{\mathrm{t}}^2 + a_{\mathrm{n}}^2} = 2R\alpha_0 \sqrt{1 + 15\sin^2\varphi} \tag{5}$$

Die Berechnung in Polarkoordinaten geht von der Bewegung des Punktes P auf der Geraden g aus. Der Radiusvektor (Strecke $\overline{AP}$) hat die Größe

$$r = 2R\cos\varphi$$

Nach Gl. (1.22) gilt für die Geschwindigkeit

$$\boldsymbol{v} = \boldsymbol{e}_{\mathrm{r}}(t)\, \dot{r}(t) + \boldsymbol{e}_{\varphi}(t)\, \dot{\varphi}(t)\, r(t)$$

Es gilt

$$\dot{r} = \frac{\mathrm{d}r}{\mathrm{d}t} = \frac{\mathrm{d}r}{\mathrm{d}\varphi}\,\dot{\varphi} = -2R\omega\sin\varphi$$

$$\omega = \dot{\varphi} = \sqrt{2\alpha_0 \sin\varphi} \qquad \text{[vgl. Gl. (1)]}$$

$$r\dot{\varphi} = 2R\omega\cos\varphi$$

Damit ergibt sich

$$\boldsymbol{v} = -\boldsymbol{e}_{\mathrm{r}}\, 2R\sin\varphi\sqrt{2\alpha_0\sin\varphi} + \boldsymbol{e}_{\varphi}\, 2R\cos\varphi\sqrt{2\alpha_0\sin\varphi}$$

und

$$v = \sqrt{\dot{r}^2 + (r\dot{\varphi})^2} = 2R\sqrt{2\alpha_0\sin\varphi} \tag{6}$$

Die Beschleunigung berechnet sich nach Gl. (1.23) aus

$$\boldsymbol{a} = \boldsymbol{e}_{\mathrm{r}}(\ddot{r} - r\dot{\varphi}^2) + \boldsymbol{e}_{\varphi}(2\dot{r}\dot{\varphi} + r\ddot{\varphi}) \tag{7}$$

Es gilt

$$\ddot{r} = \frac{\mathrm{d}\dot{r}}{\mathrm{d}\varphi}\,\dot{\varphi} = \omega\left[-2R\omega\cos\varphi - 2R\sin\varphi\,\frac{\mathrm{d}\omega}{\mathrm{d}\varphi}\right] \tag{8}$$

$$\frac{\mathrm{d}\omega}{\mathrm{d}\varphi} = \frac{\alpha_0\cos\varphi}{\sqrt{2\alpha_0\sin\varphi}} \qquad \ddot{r} = -6R\alpha_0\cos\varphi\sin\varphi = -3R\alpha_0\sin 2\varphi$$

$$r\dot{\varphi}^2 = 4R\alpha_0\sin\varphi\cos\varphi = 2R\alpha_0\sin 2\varphi$$

$$2\dot{r}\dot{\varphi} = -8R\alpha_0\sin^2\varphi$$

$$r\ddot{\varphi} = 2R\alpha_0\cos^2\varphi \tag{9}$$

Damit ergibt sich

$$a = \sqrt{(\ddot{r} - r\dot{\varphi}^2)^2 + (2\dot{r}\dot{\varphi} + r\ddot{\varphi})^2} \tag{10}$$

$$a = 2R\alpha_0 \sqrt{17 \sin^2 \varphi \cos^2 \varphi + \cos^4 \varphi + 16 \sin^4 \varphi}$$

Mit

$$\sin^2 \varphi = 1 - \cos^2 \varphi$$

wird daraus

$$a = 2R\alpha_0 \sqrt{17 \cos^2 \varphi + 16(\sin^4 \varphi - \cos^4 \varphi)}$$

Beachtet man:

$$a^2 - b^2 = (a + b)(a - b)$$

so folgt:

$$a = 2R\alpha_0 \sqrt{17 \cos^2 \varphi + 16(\sin^2 \varphi + \cos^2 \varphi)(\sin^2 \varphi - \cos^2 \varphi)}$$

Es ergibt sich

$$a = 2R\alpha_0 \sqrt{1 + 15 \sin^2 \varphi} \tag{11}$$

Zunächst kann festgestellt werden, daß natürlich alle drei Wege zu den gleichen Ergebnissen für die Beträge der Geschwindigkeit und Beschleunigung führen. Die Komponenten sind jedoch nicht unmittelbar vergleichbar. Dies wird deutlich, wenn man beachtet, daß der Einheitsvektor $\boldsymbol{e}_t$ senkrecht auf $\overline{OP}$ und $\boldsymbol{e}_\varphi$ senkrecht auf $\overline{AP}$ steht.
Man erkennt aus dem Beispiel weiterhin, daß der rechentechnische Aufwand verschieden groß ist. Es lohnt sich deshalb, vor dem Lösen einer Aufgabe den „Weg des geringsten Aufwandes" zu suchen.

2. KINEMATIK DES STARREN KÖRPERS

Ein starrer Körper besteht aus einer unendlich großen Anzahl von Punkten, die infolge starrer Bindungen ihre Lage zueinander bei der Bewegung des Körpers nicht ändern. Die Masse des Körpers ist für kinematische Betrachtungen uninteressant, was in der Einleitung bereits erwähnt wurde.

2.1. Allgemeine Bewegung des starren Körpers

2.1.1. Translation

Erfolgt die Bewegung des starren Körpers so, daß eine beliebige Gerade g, die die Punkte P_1 und P_2 verbindet, zu allen Zeiten ihre Richtung beibehält, spricht man von Translation (Bild K 2.1).

Die Bewegungsbahnen aller Punkte des Körpers sind dann gleich. Es genügt daher die Angabe einer Ausgangslage und des Ortsvektors $\boldsymbol{r}(t)$ eines Punktes des Körpers. Alle Punkte haben dann gleiche Geschwindigkeiten und Beschleunigungen.

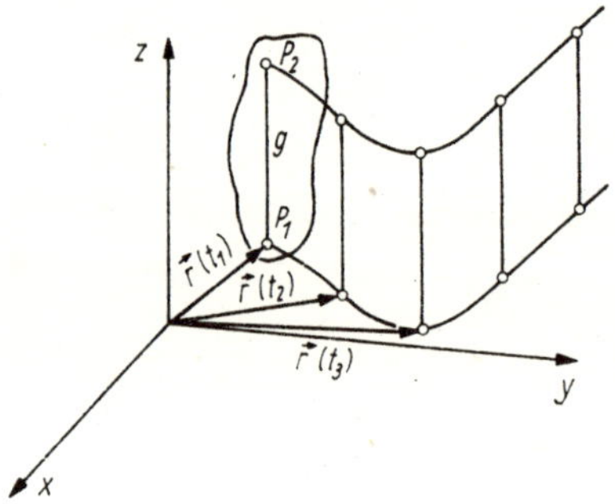

Bild K 2.1

2.1.2. Rotation

Ein Punkt des rotierenden Körpers bewegt sich auf einer Kreisbahn mit der Winkelgeschwindigkeit $\omega(t)$ um eine Achse. Die Lage der Achse wird durch den Einheitsvektor $\boldsymbol{e}_\omega$ bezeichnet. Erfolgt die Drehung um eine feste Achse, so ist $\boldsymbol{e}_\omega$ konstant. Die Richtung dieses Einheitsvektors bestimmt dann die Lage der Drehachse. Bewegt sich die Achse, so ist $\boldsymbol{e}_\omega$ als Funktion der Zeit $\boldsymbol{e}_\omega(t)$ gegeben. Man spricht dann von einer Rotation um einen Punkt (Bild K 2.2). Die Geschwindigkeit des Punktes beträgt allgemein:

$$\boldsymbol{v} = \boldsymbol{\omega} \times \boldsymbol{r} \qquad \boldsymbol{\omega} = \boldsymbol{e}_\omega(t)\, \omega(t) \tag{2.1}$$

Für den Betrag der Geschwindigkeit gilt

$$v = \omega r \sin(\boldsymbol{\omega}, \boldsymbol{r}) = \omega r \sin \beta \tag{2.2}$$

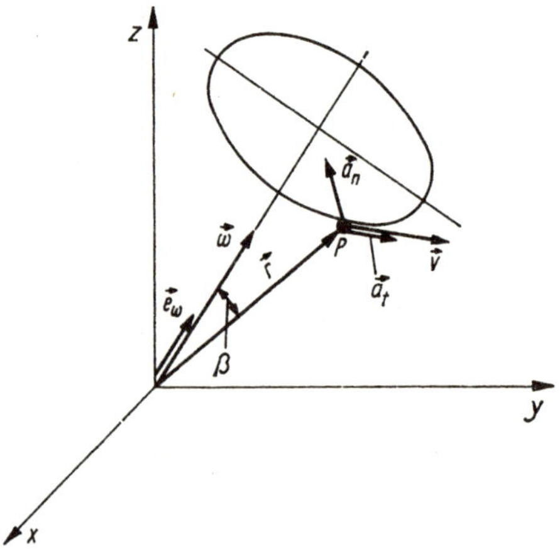

Bild K 2.2

Für $\beta = \dfrac{\pi}{2}$ ergibt sich die bekannte Beziehung der Umfangsgeschwindigkeit $v = r\omega$.

Man beachte, daß Gl. (2.1) für ein Rechtssystem gilt (Bild K 2.3). Viele Drehbewegungen verlaufen um eine feste Achse. In diesem Fall ist $\boldsymbol{e}_\omega$ konstant. Die Bahnen der einzelnen Massenpunkte des starren Körpers sind dann Kreise, deren Mittelpunkte in der Drehachse liegen und deren Ebenen senkrecht auf dieser Achse stehen. Die Beschleunigung eines Körperpunktes ist dann

$$\boldsymbol{a} = \dot{\boldsymbol{v}} = \boldsymbol{e}_\omega\dot{\omega} \times \boldsymbol{r} + \boldsymbol{e}_\omega\omega \times \dot{\boldsymbol{r}}$$

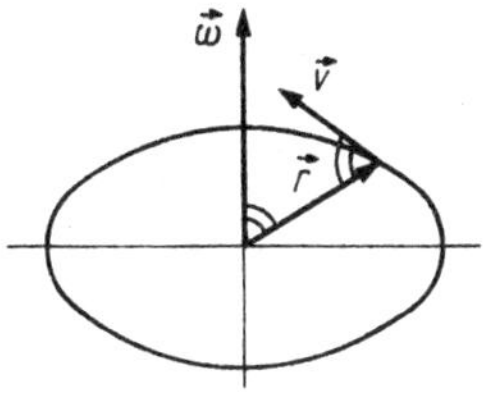

Bild K 2.3

Da $|\boldsymbol{r}| =$ konst. ist, kann $\dot{\boldsymbol{r}}$ nur als Drehgeschwindigkeit gedeutet werden, d. h.

$$\dot{\boldsymbol{r}} = \boldsymbol{v} = \boldsymbol{e}_\omega\omega \times \boldsymbol{r} \tag{2.3}$$

Somit wird die Beschleunigung eines Punktes des starren Körpers bei fester Drehachse durch die Gleichung beschrieben

$$\boldsymbol{a} = \boldsymbol{e}_\omega\dot{\omega} \times \boldsymbol{r} + \boldsymbol{e}_\omega\omega^2 \times (\boldsymbol{e}_\omega \times \boldsymbol{r}) \tag{2.4}$$

Dabei ist

$$\boldsymbol{a}_\mathrm{t} = \boldsymbol{e}_\omega\dot{\omega} \times \boldsymbol{r}$$

die Tangential- und

$$\boldsymbol{a}_\mathrm{n} = \boldsymbol{e}_\omega\omega^2 \times (\boldsymbol{e}_\omega \times \boldsymbol{r})$$

die Normalbeschleunigung.

Dies läßt sich veranschaulichen, wenn man das dreifache Vektorprodukt ausrechnet.

$$\boldsymbol{a}_\mathrm{n} = \boldsymbol{e}_\omega\omega^2 \times (\boldsymbol{e}_\omega \times \boldsymbol{r}) = \omega^2[\boldsymbol{e}_\omega(\boldsymbol{e}_\omega\boldsymbol{r}) - \boldsymbol{r}(\boldsymbol{e}_\omega\boldsymbol{e}_\omega)]$$

$$\boldsymbol{a}_\mathrm{n} = \omega^2[\boldsymbol{e}_\omega r \cos\beta - \boldsymbol{r}] \tag{2.5}$$

$\boldsymbol{a}_\mathrm{n}$ liegt somit in der Ebene, die durch $\boldsymbol{e}_\omega$ und $\boldsymbol{r}$ gebildet wird, und weist zur Drehachse hin (Bild K 2.2).

Auch bei gedrehter Drehachse gilt Gl. (2.1). Es ist hierbei jedoch darauf zu achten, daß der Ortsvektor $\boldsymbol{r}$ stets vom Festpunkt aus zu zählen ist.

Im kartesischen Koordinatensystem läßt sich die Winkelgeschwindigkeit in folgender Form schreiben:

$$\boldsymbol{\omega} = \boldsymbol{e}_x\omega_x(t) + \boldsymbol{e}_y\omega_y(t) + \boldsymbol{e}_z\omega_z(t) \tag{2.6}$$

Die Geschwindigkeit berechnet sich dann zu

$$\boldsymbol{v} = \boldsymbol{\omega} \times \boldsymbol{r} = \begin{vmatrix} \boldsymbol{e}_x & \boldsymbol{e}_y & \boldsymbol{e}_z \\ \omega_x & \omega_y & \omega_z \\ r_x & r_y & r_z \end{vmatrix}$$

$$\boldsymbol{v} = \boldsymbol{e}_x(\omega_y r_z - \omega_z r_y) + \boldsymbol{e}_y(\omega_z r_x - \omega_x r_z) + \boldsymbol{e}_z(\omega_x r_y - \omega_y r_x) \tag{2.7}$$

Für die Beschleunigung ergibt sich bei bewegter Achse:

$$\boldsymbol{a} = \dot{\boldsymbol{\omega}} \times \boldsymbol{r} + \boldsymbol{\omega} \times \dot{\boldsymbol{r}} \tag{2.8}$$

Der Ausdruck $\dot{\omega} = \frac{\mathrm{d}\omega}{\mathrm{d}t} = \alpha$ war bereits als Winkelbeschleunigung eingeführt worden. Gegenüber der Rotation um eine feste Achse ändert sich der Vektor $\boldsymbol{\omega}$ nicht nur in der Größe, sondern auch in der Richtung. Die Richtung von $\dot{\boldsymbol{\omega}}$ wird somit im allgemeinen nicht mit der von $\boldsymbol{\omega}$ übereinstimmen.
Es gilt

$$\dot{\boldsymbol{\omega}} = \dot{\boldsymbol{e}}_\omega(t)\,\omega(t) + \boldsymbol{e}_\omega(t)\,\dot{\omega}(t) \tag{2.9}$$

und somit

$$\boldsymbol{a} = (\dot{\boldsymbol{e}}_\omega \omega + \boldsymbol{e}_\omega \dot{\omega}) \times \boldsymbol{r} + \boldsymbol{e}_\omega \omega^2 \times (\boldsymbol{e}_\omega \times \boldsymbol{r}) \tag{2.10}$$

Wie bei der Rotation um eine feste Achse Gl. (2.4), erhält man zwei Komponenten der Beschleunigung des Körperpunktes, die aber nicht als Normal- und Tangentialbeschleunigung angesehen werden können.

2.1.3. Zusammengesetzte Bewegung

Will man die aus Translation und Rotation zusammengesetzte Bewegung erfassen, so kann man dem raumfesten, ruhenden Koordinatensystem x, y, z ein körperfestes, bewegtes Koordinatensystem $\bar{x}$, $\bar{y}$, $\bar{z}$ zuordnen (Bild K 2.4). Ein Beobachter, der sich

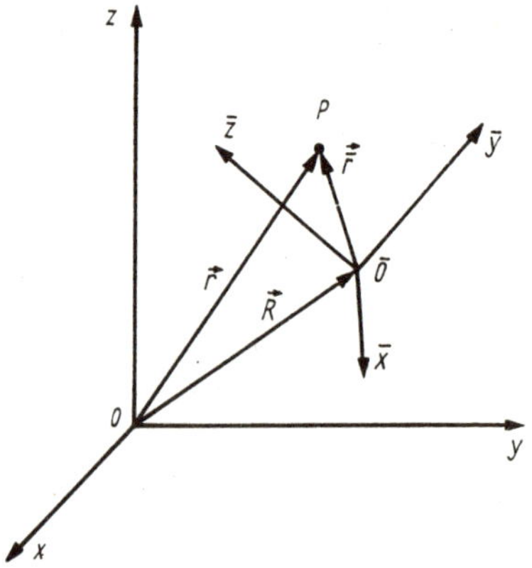

Bild K 2.4

im Koordinatensystem $\bar{x}, \bar{y}, \bar{z}$ befindet, nimmt also keine Bewegung des Punktes P wahr.
Die Bewegung von P setzt sich dann aus der Translation, die durch die Translation des Koordinatenursprunges $\bar{O}$ beschrieben wird, und der Rotation um eine Achse durch $\bar{O}$ mit der Winkelgeschwindigkeit $\boldsymbol{\omega} = \boldsymbol{e}_\omega(t)\, \omega(t)$ zusammen.
Die Translationsgeschwindigkeit ist

$$\boldsymbol{v}_{\mathrm{Tr.}} = \dot{\boldsymbol{R}} \tag{2.11}$$

Die Rotationsgeschwindigkeit beträgt

$$\boldsymbol{v}_{\mathrm{Rot}} = \dot{\bar{\boldsymbol{r}}} = \boldsymbol{\omega} \times \bar{\boldsymbol{r}} \tag{2.12}$$

Danach gilt für die Geschwindigkeit von P

$$\dot{\boldsymbol{r}} = \dot{\boldsymbol{R}} + \dot{\bar{\boldsymbol{r}}} = \dot{\boldsymbol{R}} + \boldsymbol{e}_\omega \omega \times \bar{\boldsymbol{r}} \tag{2.13}$$

Die Beschleunigung berechnet sich dann zu

$$\boldsymbol{a} = \ddot{\boldsymbol{r}} = \ddot{\boldsymbol{R}} + (\dot{\boldsymbol{e}}_\omega \omega + \boldsymbol{e}_\omega \dot{\omega}) \times \bar{\boldsymbol{r}} + \boldsymbol{e}_\omega \omega^2 \times (\boldsymbol{e}_\omega \times \bar{\boldsymbol{r}}) \tag{2.14}$$

Die Ausdrücke Gln. (2.13) und (2.14) beschreiben die Bewegung eines starr mit dem Körper verbundenen Punktes P bei beliebiger Bewegung des Körpers. Bewegt sich auf diesem Körper ein Punkt Q, der sich gerade auf P befindet, so stellen sie die sogenannte „Führungsbewegung" dar, der sich die Relativbewegung von Q auf dem Körper überlagert (vgl. Abschn. 3.).

2.2. Ebene Bewegung des starren Körpers, Momentanpol

Die ebene Bewegung eines starren Körpers ist dadurch gekennzeichnet, daß sich alle Punkte des Körpers auf zueinander parallelen raumfesten Ebenen bewegen. Zur Kennzeichnung der Lage eines starren Körpers bei ebener Bewegung genügen drei Koordinaten, die Verschiebung eines Bezugspunktes und die Drehung um eine Achse senkrecht zur Bewegungsebene.
Findet die Bewegung in der x,y-Ebene statt, so geht Bild K 2.4 in Bild K 2.5 über. Der Winkelgeschwindigkeitsvektor hat dann stets die konstante Richtung des Einheitsvektors $\boldsymbol{e}_z$, so daß $\dot{\boldsymbol{e}}_z = 0$ gilt.

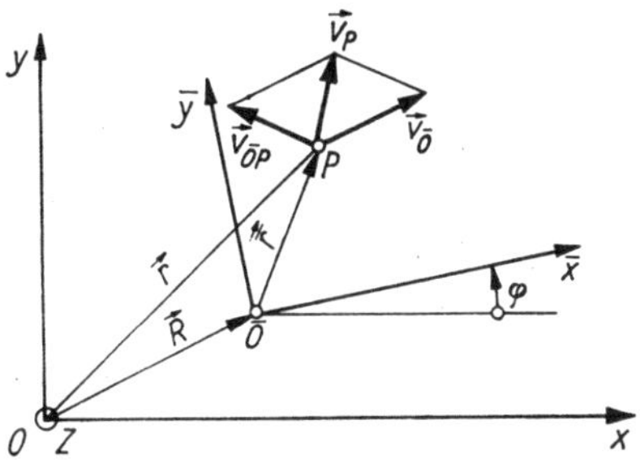

Bild K 2.5

Ist der Bezugspunkt des Körpers $\bar{O}$, so gilt für den Körperpunkt P gemäß Gl. (2.13):

$$\boldsymbol{v} = \dot{\boldsymbol{r}} = \dot{\boldsymbol{R}} + \boldsymbol{e}_z\omega \times \bar{\boldsymbol{r}} = \dot{\boldsymbol{R}} + \boldsymbol{e}_t\bar{r}\omega = \boldsymbol{v}_{\bar{O}} + \boldsymbol{v}_{\bar{O}P} \tag{2.15}$$

In Komponentenschreibweise erhält man:

$$x = x_{\bar{O}} + \bar{x}\cos\varphi - \bar{y}\sin\varphi$$

$$y = y_{\bar{O}} + \bar{x}\sin\varphi + \bar{y}\cos\varphi \tag{2.16}$$

$$\dot{x} = \dot{x}_{\bar{O}} + \dot{\varphi}(-\bar{x}\sin\varphi - \bar{y}\cos\varphi)$$

$$\dot{y} = \dot{y}_{\bar{O}} + \dot{\varphi}(\bar{x}\cos\varphi - \bar{y}\sin\varphi) \tag{2.17}$$

Nun gibt es stets einen körperfesten Punkt, der sich für einen Augenblick in Ruhe befindet, und man kann die Bewegung als momentane Drehung um diesen Punkt ansehen. Man nennt ihn den Momentanpol, das Momentanzentrum oder den Geschwindigkeitspol.

Seine Koordinaten $\bar{x}_M; \bar{y}_M$ findet man durch Nullsetzen der Geschwindigkeitskomponenten $\dot{x}; \dot{y}$

$$\bar{x}_M = \frac{1}{\dot{\varphi}}(\dot{x}_{\bar{O}}\sin\varphi - \dot{y}_{\bar{O}}\cos\varphi) \tag{2.18}$$

$$\bar{y}_M = \frac{1}{\dot{\varphi}}(\dot{x}_{\bar{O}}\cos\varphi + \dot{y}_{\bar{O}}\sin\varphi)$$

Ist der Momentanpol bekannt, läßt sich die Geschwindigkeit eines jeden Punktes P berechnen.

$$v_P = \bar{r}_P\omega \quad \text{mit} \quad \boldsymbol{v}_P \perp \bar{\boldsymbol{r}}_P \tag{2.19}$$

Dabei ist $\bar{r}_P$ der Abstand zwischen M und P. Für den Bezugspunkt $\bar{O}$ läßt sich dies leicht mit Gl. (2.18) zeigen. Es gilt nämlich:

$$\bar{r}_P = \bar{r}_M = \sqrt{\bar{x}_M^2 + \bar{y}_M^2} \qquad v_{\bar{O}} = \bar{r}_M\dot{\varphi}$$

$$v_{\bar{O}} = \sqrt{\dot{x}_0^2 + \dot{y}_0^2}$$

Da der Momentanpol nach Gl. (2.19) auf den Bahnnormalen liegt, kann seine Lage bestimmt werden, wenn diese für mindestens zwei Körperpunkte bekannt sind. Man ist dann in der Lage, die Geschwindigkeit aller Körperpunkte zu bestimmen. Davon wird in der Mechanismentechnik häufig Gebrauch gemacht. Beim rollenden Rad (Bild K 2.6) ist der Momentanpol der Berührungspunkt mit der Rollbahn. Liegt keine Gleitbewegung vor, hat dieser Punkt auf dem Rad die Geschwindigkeit Null.

Bei einer zusammengesetzten Bewegung ändert der Momentanpol ständig seine Lage. Sein geometrischer Ort in der ruhenden (x,y)-Ebene ist die Rastpolbahn, in der bewegten $(\bar{x},\bar{y})$-Ebene die Gangpolbahn. Man kann sich die Bewegung auch als Abrollen der Gangpolbahn auf der Rastpolbahn vorstellen.

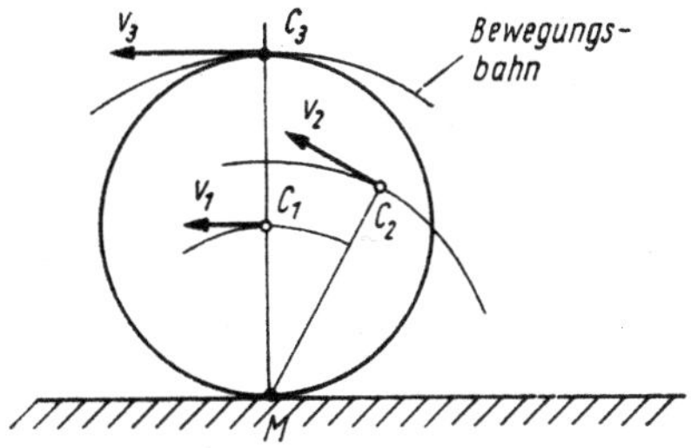

Bild K 2.6

Für die Beschleunigung bei der ebenen Bewegung geht Gl. (2.14) mit $\boldsymbol{e}_\omega = \boldsymbol{e}_z$; $\dot{\boldsymbol{e}}_z = 0$ über in

$$\begin{aligned} \boldsymbol{a} = \ddot{\boldsymbol{r}} &= \ddot{\boldsymbol{R}} + \boldsymbol{e}_z\dot{\omega} \times \bar{\boldsymbol{r}} + \boldsymbol{e}_z\omega^2 \times (\boldsymbol{e}_z \times \bar{\boldsymbol{r}}) \\ &= \ddot{\boldsymbol{R}} + \boldsymbol{e}_t\dot{\omega}\bar{r} + \boldsymbol{e}_n\omega^2\bar{r} \end{aligned} \tag{2.20}$$

Analog zum Momentanpol kann man den Beschleunigungspol, in dem der Punkt P momentan keine Beschleunigung hat, definieren. Er fällt nicht mit dem Momentanpol zusammen.

2.3. Beispiele zur Kinematik des starren Körpers

Beispiel 1:

Eine Halbscheibe vom Radius r_0 rollt auf einer ebenen Unterlage (Bild K 2.7).

Gegeben: r_0, $\varphi = \varphi(t)$, Schwerpunktsabstand $e = \dfrac{4r_0}{3\pi}$

Gesucht: Geschwindigkeit und Beschleunigung des Schwerpunktes S

Lösung:

Zunächst soll die Schwerpunktsbewegung im kartesischen Koordinatensystem berechnet werden.

Es gilt (Bild K 2.8)

$$x_S = r_0\varphi - e\sin\varphi \qquad y_S = r_0 - e\cos\varphi$$

$$x_S = r_0\left(\varphi - \frac{4}{3\pi}\sin\varphi\right) \qquad y_S = r_0\left(1 - \frac{4}{3\pi}\cos\varphi\right)$$

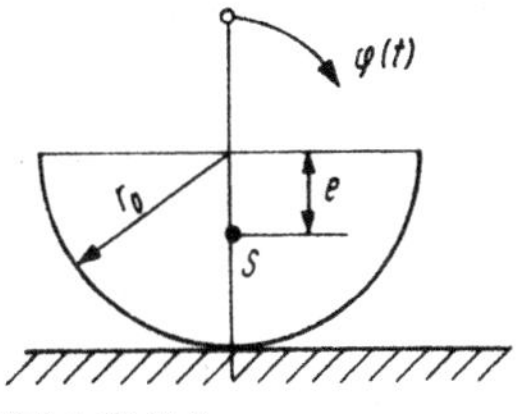

Bild K 2.7

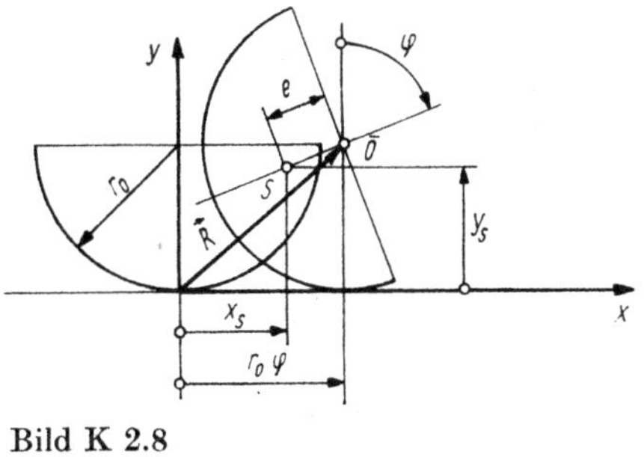

Bild K 2.8

Die Geschwindigkeitskomponenten betragen

$$\dot{x}_S = r_0\dot{\varphi}\left(1 - \frac{4}{3\pi}\cos\varphi\right) \qquad \dot{y}_S = r_0\dot{\varphi}\,\frac{4}{3\pi}\sin\varphi$$

Die Beschleunigungskomponenten betragen

$$\ddot{x}_S = r_0\ddot{\varphi}\left(1 - \frac{4}{3\pi}\cos\varphi\right) + \frac{4}{3}\,\frac{r_0}{\pi}\,\dot{\varphi}^2\sin\varphi$$

$$\ddot{y}_S = \frac{4r_0}{3\pi}\,(\dot{\varphi}^2\cos\varphi + \ddot{\varphi}\sin\varphi)$$

Gegenüber dieser formalen Berechnung erfordert die Betrachtung als zusammengesetzte Bewegung nach 2.1.3. einen größeren Überblick.
Der Geschwindigkeitsvektor berechnet sich nach Gl. (2.13)

$$\boldsymbol{v} = \dot{\boldsymbol{R}} + \boldsymbol{e}_\omega\omega \times \overline{\boldsymbol{r}}$$

Nimmt man als Bezugspunkt des bewegten Körpers $\bar{O}$ an, so gilt

$$\boldsymbol{R} = \boldsymbol{e}_x r_0\varphi + \boldsymbol{e}_y r_0$$

$$\dot{\boldsymbol{R}} = \boldsymbol{e}_x r_0\dot{\varphi}, \qquad \omega = \dot{\varphi},$$

$\boldsymbol{e}_\omega$ sticht senkrecht in die Bewegungsebene

$$\overline{\boldsymbol{r}} = \boldsymbol{e}_r e$$

Auf Bild K 2.9 sind die Vektoren eingetragen und das Vektordiagramm gezeichnet. Aus ihm kann man ablesen:

$$\dot{x}_S = r_0\dot{\varphi} - \dot{\varphi}e\cos\varphi = r_0\dot{\varphi}\left(1 - \frac{4}{3\pi}\cos\varphi\right)$$

$$\dot{y}_S = \dot{\varphi}e\sin\varphi = \frac{4}{3\pi}\,r_0\dot{\varphi}\sin\varphi$$

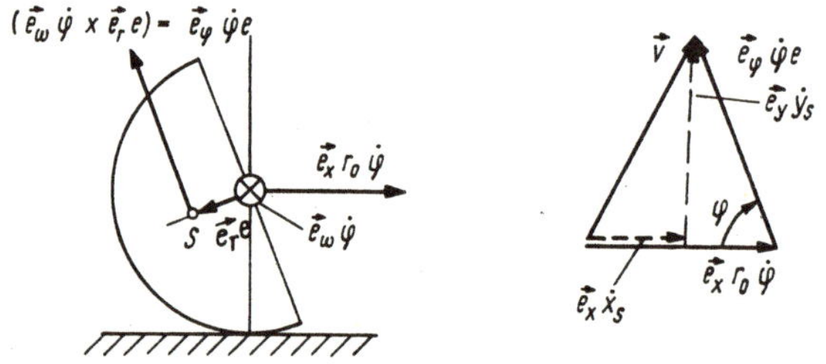

Bild K 2.9

Der Beschleunigungsvektor berechnet sich nach Gl. (2.14)

$$\boldsymbol{a} = \ddot{\boldsymbol{R}} + (\dot{\boldsymbol{e}}_\omega\omega + \boldsymbol{e}_\omega\dot{\omega}) \times \overline{\boldsymbol{r}} + \boldsymbol{e}_\omega\omega^2 \times (\boldsymbol{e}_\omega \times \overline{\boldsymbol{r}})$$

In der vorliegenden Aufgabe gilt $\dot{\boldsymbol{e}}_\omega = 0$, da die Winkelgeschwindigkeit ihre Richtung nicht ändert.

$$\ddot{\boldsymbol{R}} = \boldsymbol{e}_x r_0\ddot{\varphi} \qquad \boldsymbol{e}_\omega\dot{\omega} = \boldsymbol{e}_\omega\ddot{\varphi}$$

Auf Bild K 2.10 sind die Vektoren eingetragen und das Vektordiagramm gezeichnet. Aus ihm kann man ablesen

$$\ddot{x}_S = r_0\ddot{\varphi} + \dot{\varphi}^2 e \sin\varphi - \ddot{\varphi} e \cos\varphi$$

$$\ddot{x}_S = r_0\ddot{\varphi}\left(1 - \frac{4}{3\pi}\cos\varphi\right) + \frac{4r_0}{3\pi}\dot{\varphi}^2 \sin\varphi$$

$$\ddot{y}_S = \dot{\varphi}^2 e \cos\varphi + \ddot{\varphi} e \sin\varphi$$

$$\ddot{y}_S = \frac{4r_0}{3\pi}(\dot{\varphi}^2\cos\varphi + \ddot{\varphi}\sin\varphi)$$

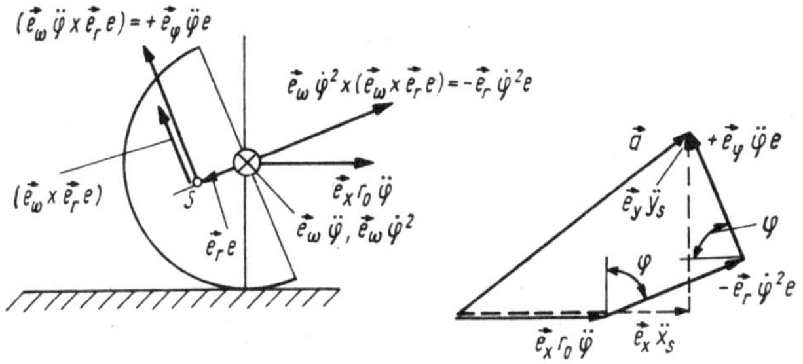

Bild 2.10 K

Beispiel 2:

Ein Rad mit dem Radius r_0 rollt auf einer Kreisbahn vom Radius $l = 2r_0$, dabei dreht sich die Achse des Rades mit der konstanten Winkelgeschwindigkeit $\dot{\varphi} = \omega_F$. Man gebe die Geschwindigkeit eines Punktes auf dem Radumfang als Funktion des Drehwinkels φ an. Für $\varphi = 0$, $\frac{\pi}{4}$, $\frac{\pi}{2}$ kontrolliere man das Ergebnis mit Hilfe der Anschauung.

Lösung:

Die Geschwindigkeit der räumlichen Bewegung läßt sich im kartesischen Koordinatensystem mit Gl. (2.7) berechnen.

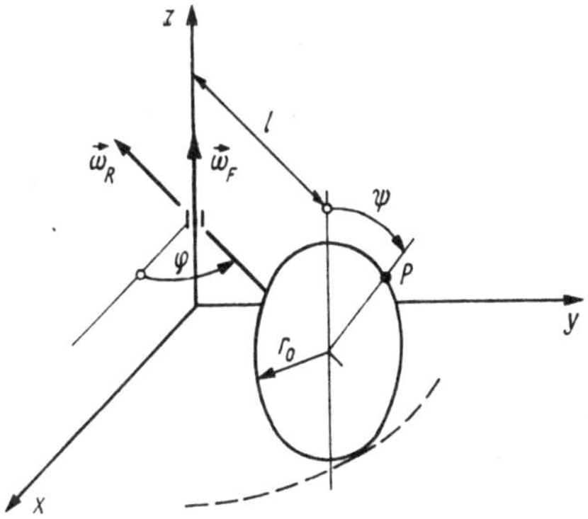

Bild K 2.11

Nach Bild K 2.11 gilt

$$\psi = \varphi \frac{l}{r_0} \qquad \varphi = \omega_F t \qquad \dot{\varphi} = \omega_F \tag{1}$$

Die Winkelgeschwindigkeit des Rades um die bewegte Achse ist

$$\dot{\psi} = \omega_R = \omega_F \frac{l}{r_0} \tag{2}$$

Die Abrollebene ist xy. Denkt man sich ein Koordinatensystem x', y', z' in den Schnittpunkt von ω_R, ω_F gelegt, so gilt:

$$\omega_{x'} = -\omega_R \cos \varphi$$

$$\omega_{y'} = -\omega_R \sin \varphi$$

$$\omega_{z'} = \omega_F$$

Der Radiusvektor des Punktes P hat die Komponenten:

$$\begin{aligned} r_{x'} &= l \cos \varphi - r_0 \sin \psi \sin \varphi \\ r_{y'} &= l \sin \varphi + r_0 \sin \psi \cos \varphi \\ r_{z'} &= r_0 \cos \psi \end{aligned} \tag{4}$$

Mit $l = 2r_0$ folgt:

$$\begin{aligned} \omega_{x'} &= -2\omega_F \cos \varphi & r_{x'} &= r_0(2 \cos \varphi - \sin 2\varphi \sin \varphi) \\ \omega_{y'} &= -2\omega_F \sin \varphi & r_{y'} &= r_0(2 \sin \varphi + \sin 2\varphi \cos \varphi) \\ \omega_{z'} &= \omega_F & r_{z'} &= r_0 \cos 2\varphi \end{aligned} \tag{5}$$

Für das x', y', z'-System kann Gl. (2.7) verwendet werden:

$$\begin{aligned} \boldsymbol{v} = &-\boldsymbol{e}_{x'} \frac{3}{2} \omega_F r_0(\sin \varphi + \sin 3\varphi) + \frac{1}{2} \boldsymbol{e}_{y'} \omega_F r_0(5 \cos \varphi + 3 \cos 3\varphi) \\ &-\boldsymbol{e}_{z'} 2\omega_F r_0 \sin 2\varphi \end{aligned} \tag{6}$$

Der Betrag der Geschwindigkeit ist

$$v = \sqrt{v_{x'}^2 + v_{y'}^2 + v_{z'}^2}$$

$$v = \frac{1}{2} \omega_F r_0 \sqrt{34 + 32 \cos 2\varphi - 2 \cos 4\varphi} \tag{7}$$

oder

$$v = 2\omega_F r_0 \cos \varphi \sqrt{4 + \sin^2 \varphi}$$

Für die vorgegebenen Winkel gilt folgende Wertetabelle:

φ	0	$\frac{\pi}{4}$	$\frac{\pi}{2}$
$\frac{v}{\omega_F r_0}$	4	3	0

(8)

Für die anschauliche Darstellung setzt man die Geschwindigkeit von P aus folgenden drei senkrecht aufeinanderstehenden Komponenten zusammen:

$\boldsymbol{v}_1$ Geschwindigkeit des Radmittelpunktes

$\boldsymbol{v}_2$ Geschwindigkeit auf Grund der Drehung um die Radachse (Winkelgeschwindigkeit $\omega_R = 2\omega_F$)

$\boldsymbol{v}_3$ Geschwindigkeit auf Grund der Drehung um eine parallel zur z-Achse durch den Drehpunkt in der Radebene gehende Achse (Winkelgeschwindigkeit ω_F)

Bild K 2.12 zeigt die Komponenten. Die Größen sind der Wertetabelle zu entnehmen.

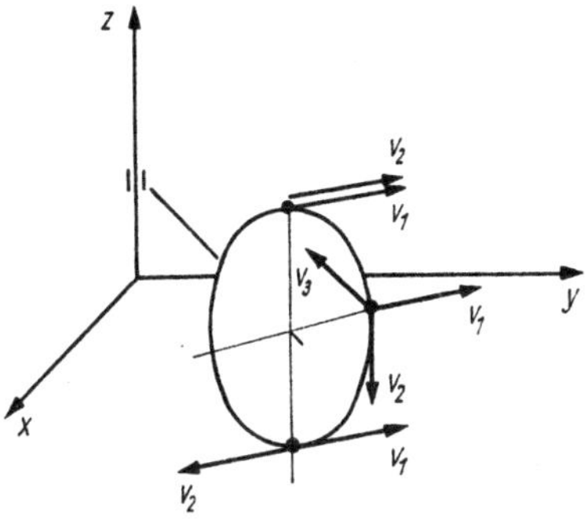

Bild K 2.12

φ	$\frac{v_1}{\omega_F r_0}$	$\frac{v_2}{\omega_F r_0}$	$\frac{v_3}{\omega_F r_0}$	v
0	2	2	0	$v = v_1 + v_2 = 4\omega_F r_0$
$\frac{\pi}{4}$	2	2	1	$v = \sqrt{v_1^2 + v_2^2 + v_3^2} = 3\omega_F r_0$
$\frac{\pi}{2}$	2	2	0	$v = v_1 - v_2 = 0$

Beispiel 3:

Bild K 2.13 zeigt einen zentrischen Kurbeltrieb mit der Pleuellänge l und dem Kurbelradius r. Die konstante Winkelgeschwindigkeit der Kurbel ist ω. Es sind Geschwindigkeit und Beschleunigung des Kolbens K, des Kurbelzapfens P und des Pleuelschwerpunktes S für einen Kurbelwinkel φ zu bestimmen ($KS = s$).

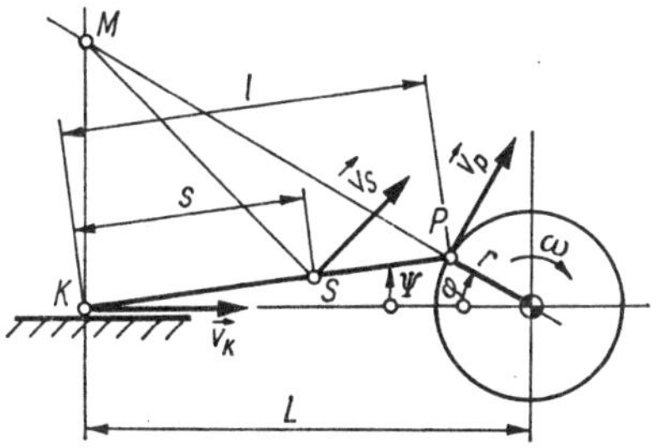

Bild K 2.13

Gegeben: $l = 400$ mm, $r = 100$ mm, $s = 250$ mm, $\varphi = 30°$

Lösung:

Zunächst sollen die Geschwindigkeiten berechnet werden. Da die Bahnnormalen in P und K bekannt sind, läßt sich der Momentanpol berechnen. Es gilt

$$L = r\cos\varphi + l\cos\psi, \qquad l\sin\psi = r\sin\varphi$$

Mit $\lambda = r/l$ wird

$$L = l\left(\lambda\cos\varphi + \sqrt{1 - \lambda^2\sin^2\varphi}\right) \tag{1}$$

$$\overline{MP} = (L/\cos\varphi) - r = r\sqrt{1 - \lambda^2\sin^2\varphi}/(\lambda\cos\varphi) \tag{2}$$

$$\overline{MK} = L\tan\varphi$$

Es gilt nun

$$\frac{v_K}{\overline{MK}} = \frac{v_P}{\overline{MP}} = \frac{v_S}{\overline{MS}} \tag{3}$$

Mit den angegebenen Zahlenwerten findet man:

$$L = 483{,}465\ \text{mm}, \qquad \overline{MK} = 279{,}129\ \text{mm}, \qquad \overline{MP} = 458{,}257\ \text{mm}$$

Die Geschwindigkeit des Punktes P beträgt

$$v_P = r\omega$$

Nach Gl. (3) berechnet sich die Kolbengeschwindigkeit zu:

$$v_K = r\omega\ \overline{MK}/\overline{MP} = 0{,}6091 r\omega$$

Diesen Wert erhält man auch aus Gl. (2) des Beispiels 2 (Abschn. K 1.3.4.). Verwendet man dort die vereinfachte Beziehung Gl. (3), so ergibt sich $v_K = 0{,}6083 r\omega$.
Zur Berechnung der Schwerpunktgeschwindigkeit v_S müßte nach Gl. (3) der Abstand $\overline{MS}$ bestimmt werden. Es soll jedoch Gl. (2.15) Verwendung finden. Danach gilt für das vorliegende Beispiel

$$\boldsymbol{v}_S = \boldsymbol{v}_K + \boldsymbol{e}_t s\omega_{\text{Pl}} = \boldsymbol{v}_K + \boldsymbol{v}_{KS} \tag{4}$$

Die Winkelgeschwindigkeit des Pleuels ω_{Pl} kann man bestimmen aus

$$\boldsymbol{v}_P = \boldsymbol{v}_K + \boldsymbol{e}_t l\omega_{\text{Pl}} = \boldsymbol{v}_K + \boldsymbol{v}_{KP} \tag{5}$$

Gl. (5) ergibt ein Geschwindigkeitsdreieck (Bild K 2.14), aus dem abgelesen werden kann:

$$\begin{aligned} l\omega_{\text{Pl}} &= \sqrt{(v_P\cos\varphi)^2 + (v_K - v_P\sin\varphi)^2} \\ \omega_{\text{Pl}} &= \sqrt{v_K^2 - 2v_Kv_P\sin\varphi + v_P^2}/l \end{aligned} \tag{6}$$

Für die gegebenen Zahlenwerte findet man mit $\lambda = r/l = 0{,}25$

$$\omega_{\text{Pl}} = \lambda\omega\sqrt{0{,}6091^2 - 2\cdot 0{,}6091\cdot 0{,}5 + 1} = 0{,}2182\omega \tag{7}$$

und damit $v_{KS} = 0{,}2182\ s\omega$.

Aus dem Geschwindigkeitsplan Bild K 2.14 kann man nun analog zu Gl. (6) ablesen

$$v_S = \sqrt{(v_{KS}\cos\psi)^2 + (v_K - v_{KS}\sin\psi)^2}$$

$$v_S = \sqrt{v_{KS}^2 - 2v_K v_{KS}\,\lambda\sin\varphi + v_K^2}$$

$$v_S = r\omega\sqrt{0{,}2182^2\tau^2 - 2\cdot 0{,}6091\cdot 0{,}2182\cdot 0{,}5\sigma + 0{,}6091^2}$$

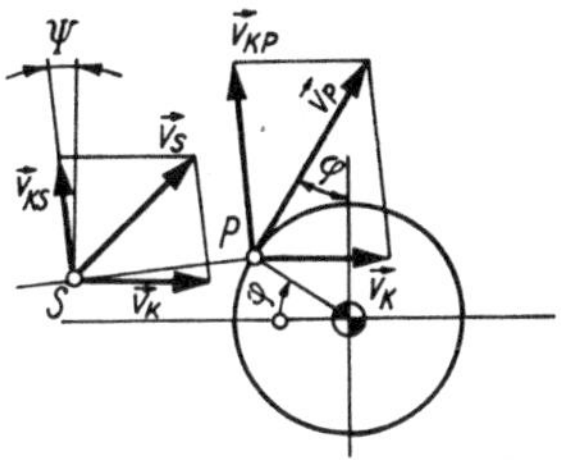

Bild K 2.14

Mit $\sigma = s/l = 0{,}625$ und $\tau = s/r = 2{,}5$ findet man

$$v_S = 0{,}7652 r\omega \tag{8}$$

Die Beschleunigungen werden zunächst für die Punkte K und P bestimmt. Nach Gl. (4) Beispiel 2 (Abschn. K 1.3.4.) gilt mit $\lambda = 0{,}25$ für den Betrag der Kolbenbeschleunigung:

$$a_K = 0{,}9950 r\omega^2 \tag{9}$$

Da der Punkt P mit konstanter Winkelgeschwindigkeit umläuft, tritt nur die Normalbeschleunigung $a_{Pn} = r\omega^2$ auf.
Zur Berechnung von a_S wird von Gl. (2.20) ausgegangen. Dafür muß zunächst die Winkelbeschleunigung $\dot{\omega} = \alpha_{\mathrm{Pl}}$ der Pleuelstange bestimmt werden. Man erhält sie aus der Vektorgleichung für die Beschleunigung von P:

$$\boldsymbol{a}_P = \boldsymbol{a}_K + \boldsymbol{e}_t\alpha_{\mathrm{Pl}}\boldsymbol{l} + \boldsymbol{e}_{\mathrm{n}}\omega_{\mathrm{Pl}}^2\boldsymbol{l} \tag{10}$$

$$\boldsymbol{e}_t\alpha_{\mathrm{Pl}}\boldsymbol{l} = \boldsymbol{a}_P - \boldsymbol{e}_{\mathrm{n}}\omega_{\mathrm{Pl}}^2\boldsymbol{l} - \boldsymbol{a}_K$$

Beachtet man, daß nach Gl. (7) gilt $\omega_{\mathrm{Pl}}^2 l = 0{,}2182^2\omega^2\, r/\lambda = 0{,}1904 r\omega^2$, so läßt sich das Vektordiagramm Bild K 2.15 zeichnen. Daraus kann man ablesen:

$$\alpha_{\mathrm{Pl}} l\cos\psi = a_P\sin\psi - \omega_{\mathrm{Pl}}^2 l\sin\psi, \qquad \sin\psi = \lambda\sin\varphi$$

$$\alpha_{\mathrm{Pl}} l = (a_P - \omega_{\mathrm{Pl}}^2 l\lambda)\sin\varphi/\sqrt{1 - \lambda^2\sin^2\varphi}$$

$$\alpha_{\mathrm{Pl}} = \lambda\omega^2(1 - 0{,}2182^2)\sin\varphi/\sqrt{1 - \lambda^2\sin^2\varphi}$$

$$\alpha_{\mathrm{Pl}} = 0{,}1200\omega^2 \tag{11}$$

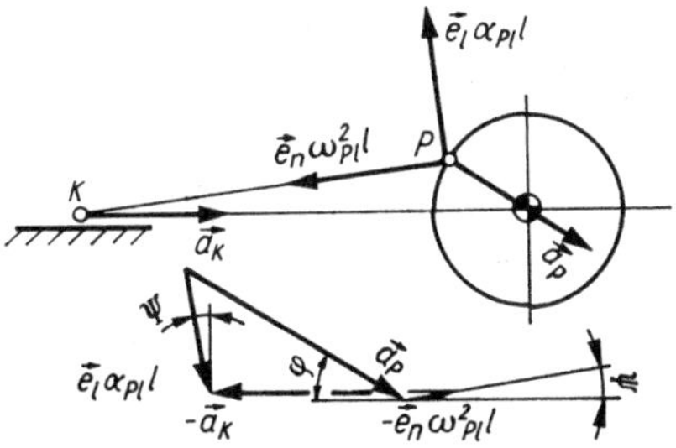

Bild K 2.15

Jetzt kann in analoger Weise die Beschleunigung des Pleuelschwerpunktes bestimmt werden. Es gilt

$$\boldsymbol{a}_S = \boldsymbol{a}_K + \boldsymbol{e}_t \alpha_{\mathrm{Pl}} s + \boldsymbol{e}_n \omega_{\mathrm{Pl}}^2 s$$

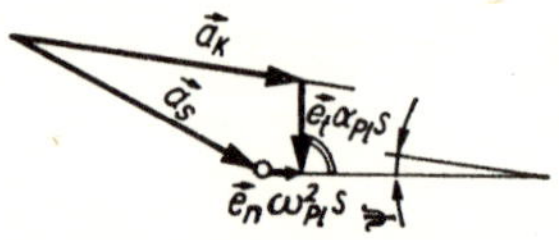

Bild K 2.16 (lies $-\boldsymbol{e}_n \omega_{\mathrm{Pl}} s$)

Den zugehörigen Beschleunigungsplan zeigt Bild K 2.16. In ihm ist der Vektor $\boldsymbol{e}_t \alpha_{\mathrm{Pl}} s$ in der auf Bild K 2.15 ermittelten Richtung von $\boldsymbol{e}_t \alpha_{\mathrm{Pl}} l$ eingetragen. Daraus kann man ablesen

$$a_S = \sqrt{(a_K + \alpha_{\mathrm{Pl}} s \sin\psi - \omega_{\mathrm{Pl}}^2 s \cos\psi)^2 + (\alpha_{\mathrm{Pl}} s \cos\psi + \omega_{\mathrm{Pl}}^2 s \sin\psi)^2}$$

$$a_S = \sqrt{a_K^2 + \alpha_{\mathrm{Pl}} s^2 + \omega_{\mathrm{Pl}}^4 s^2 - 2 s a_K (\omega_{\mathrm{Pl}}^2 \cos\psi - \alpha_{\mathrm{Pl}} \sin\psi)}$$

Mit $\cos\psi = \sqrt{1 - \sin^2\psi} = \sqrt{1 - \lambda^2 \sin^2\varphi} = 0{,}9922$, $\sin\psi = 0{,}5\lambda$ und $\tau = s/r = 2{,}5$ sowie den Beziehungen Gln. (7), (9), (11) findet man

$$a_S = r\omega^2 \sqrt{0{,}9950 + \tau^2(0{,}1200^2 + 0{,}2182^4) - 2\tau\, 0{,}995 \cdot (0{,}2182^2 \cdot 0{,}9922 - 0{,}12 \cdot 0{,}5\lambda)}$$

$$a_S = 0{,}9689 r\omega^2$$

In den meisten Fällen wird diese hohe Genauigkeit nicht benötigt, man führt deshalb entsprechende Maßstäbe ein und begnügt sich mit der grafischen Lösung, wie sie Bild K 2.16 zeigt.

3. RELATIVBEWEGUNG

3.1. Geschwindigkeits- und Beschleunigungsermittlung

In 2.1.3. war die zusammengesetzte Bewegung behandelt worden. Man ist somit in der Lage, Geschwindigkeit und Beschleunigung eines mit dem bewegten Koordinatensystem $\bar{x}, \bar{y}, \bar{z}$ fest verbundenen Punktes P im ruhenden Koordinatensystem x, y, z zu berechnen (Bild K 2.4). Bewegt sich nun P außerdem noch im Koordinatensystem $\bar{x}, \bar{y}, \bar{z}$, so liegt eine Relativbewegung vor. Die Absolutgeschwindigkeit läßt sich dann durch vektorielle Addition der sogenannten Führungsgeschwindigkeit der Bewegung des körperfesten Punktes [vgl. Gl. (2.13)] mit der Relativgeschwindigkeit finden. Für die Führungsgeschwindigkeit gilt

$$\boldsymbol{v}_\mathrm{f} = \dot{\boldsymbol{R}} + \boldsymbol{e}_\omega \omega \times \bar{\boldsymbol{r}} \tag{3.1}$$

Die Relativgeschwindigkeit von P, die ein Beobachter im bewegten Koordinatensystem feststellt, beträgt

$$\boldsymbol{v}_\mathrm{rel} = \frac{\partial \bar{\boldsymbol{r}}}{\partial t} \tag{3.2}$$

$\frac{\partial}{\partial t}$ weist darauf hin, daß es sich um die Differentiation eines zeitabhängigen Vektors im bewegten Koordinatensystem handelt.
Die Absolutgeschwindigkeit von P ist somit

$$\boldsymbol{v} = \boldsymbol{v}_{\mathrm{f}} + \boldsymbol{v}_{\mathrm{rel}} = \dot{\boldsymbol{R}} + \boldsymbol{e}_\omega \omega \times \bar{\boldsymbol{r}} + \frac{\partial \bar{\boldsymbol{r}}}{\partial t} \tag{3.3}$$

Ehe der Ausdruck der Beschleunigung angegeben wird, sei noch eine Bemerkung zum Zusammenhang der Differentiation eines zeitabhängigen Vektors im bewegten Koordinatensystem mit der im ruhenden angeführt.
Nach Bild K 2.4 gilt

$$\boldsymbol{r} = \boldsymbol{R} + \bar{\boldsymbol{r}} \qquad \bar{\boldsymbol{r}} = \boldsymbol{r} - \boldsymbol{R} \tag{3.4}$$

Die Änderung von $\bar{\boldsymbol{r}}$, vom ruhenden System aus gesehen, ergibt sich durch Differentiation zu

$$\dot{\bar{\boldsymbol{r}}} = \dot{\boldsymbol{r}} - \dot{\boldsymbol{R}} = \boldsymbol{v} - \dot{\boldsymbol{R}} \tag{3.5}$$

Durch Einsetzen von Gl. (3.3) in Gl. (3.5) erhält man

$$\dot{\bar{\boldsymbol{r}}} = \frac{\mathrm{d}\bar{\boldsymbol{r}}}{\mathrm{d}t} = \boldsymbol{e}_\omega \omega \times \bar{\boldsymbol{r}} + \frac{\partial \bar{\boldsymbol{r}}}{\partial t} \tag{3.6}$$

Dieser Zusammenhang gilt für die Ableitung jedes bewegten Vektors. Somit ist

$$\dot{\boldsymbol{v}}_{\mathrm{rel}} = \boldsymbol{e}_\omega \omega \times \boldsymbol{v}_{\mathrm{rel}} + \frac{\partial \boldsymbol{v}_{\mathrm{rel}}}{\partial t} \tag{3.7}$$

Die Absolutbeschleunigung von P findet man durch Differentiation von Gl. (3.3)

$$\boldsymbol{a} = \frac{\mathrm{d}\boldsymbol{v}}{\mathrm{d}t} = \ddot{\boldsymbol{R}} + \frac{\mathrm{d}}{\mathrm{d}t}(\boldsymbol{e}_\omega \omega \times \bar{\boldsymbol{r}}) + \frac{\mathrm{d}\boldsymbol{v}_{\mathrm{rel}}}{\mathrm{d}t}$$

$$\boldsymbol{a} = \ddot{\boldsymbol{R}} + (\dot{\boldsymbol{e}}_\omega \omega + \boldsymbol{e}_\omega \dot{\omega}) \times \bar{\boldsymbol{r}} + \boldsymbol{e}_\omega \omega \times \frac{\mathrm{d}\bar{\boldsymbol{r}}}{\mathrm{d}t} + \frac{\mathrm{d}\boldsymbol{v}_{\mathrm{rel}}}{\mathrm{d}t} \tag{3.8}$$

Führt man gemäß Gl. (3.2) eine Relativbeschleunigung

$$\boldsymbol{a}_{\mathrm{rel}} = \frac{\partial^2 \bar{\boldsymbol{r}}}{\partial t^2} = \frac{\partial \boldsymbol{v}_{\mathrm{rel}}}{\partial t} \tag{3.9}$$

ein, so ergibt sich unter Beachtung von Gl. (3.6) und Gl. (3.7):

$$\boldsymbol{a} = \ddot{\boldsymbol{R}} + (\dot{\boldsymbol{e}}_\omega \omega + \boldsymbol{e}_\omega \dot{\omega}) \times \bar{\boldsymbol{r}} + \boldsymbol{e}_\omega \omega \times (\boldsymbol{e}_\omega \omega \times \bar{\boldsymbol{r}} + \boldsymbol{v}_{\mathrm{rel}}) + \boldsymbol{e}_\omega \omega \times \boldsymbol{v}_{\mathrm{rel}} + \frac{\partial \boldsymbol{v}_{\mathrm{rel}}}{\partial t}$$

$$\boldsymbol{a} = \ddot{\boldsymbol{R}} + (\dot{\boldsymbol{e}}_\omega \omega + \boldsymbol{e}_\omega \dot{\omega}) \times \bar{\boldsymbol{r}} + \boldsymbol{e}_\omega \omega^2 \times (\boldsymbol{e}_\omega \times \bar{\boldsymbol{r}}) + \boldsymbol{a}_{\mathrm{rel}} + 2\boldsymbol{e}_\omega \omega \times \boldsymbol{v}_{\mathrm{rel}} \tag{3.10}$$

Vergleicht man dieses Ergebnis mit Gl. (2.14), so findet man in ihm die sogenannte *Führungsbeschleunigung* $\boldsymbol{a}_f$ als Beschleunigung des in $\bar{x}$, $\bar{y}$, $\bar{z}$ festen Punktes P wieder. Es gilt also:

$$\boldsymbol{a} = \boldsymbol{a}_f + \boldsymbol{a}_{rel} + 2\boldsymbol{e}_\omega \omega \times \boldsymbol{v}_{rel} \tag{3.11}$$

Während sich die Absolutgeschwindigkeit eines Punktes aus der Führungs- und Relativgeschwindigkeit zusammensetzt, kommt bei der Beschleunigung noch ein Glied

$$\boldsymbol{a}_c = 2\boldsymbol{e}_\omega \omega \times \boldsymbol{v}_{rel} \tag{3.12}$$

hinzu. Man nennt dies die *Coriolis-Beschleunigung*. Sie tritt natürlich nur dann auf, wenn die Bewegung in einem bewegten Bezugssystem beschrieben wird.
Das bekannteste bewegte Bezugssystem ist die Erde. Ein in Nord-Süd-Richtung fahrender Zug wird also in Abhängigkeit vom Breitenkreis eine *Coriolis*-Beschleunigung in West-Ost-Richtung erfahren, auch beim freien Fall aus großer Höhe müßte sie berücksichtigt werden. Technisch sind diese Beispiele weniger interessant, doch spielt die *Coriolis*-Beschleunigung vor allem bei Aufgaben der Getriebetechnik eine Rolle.
Bei der Behandlung der ebenen Bewegung in Polarkoordinaten trat ein Beschleunigungsglied auf, das jetzt als *Coriolis*-Beschleunigung angesehen werden kann. Der Zusammenhang zwischen den beiden Beziehungen Gl. (3.10) und Gl. (1.23) wird in dem folgenden Beispiel behandelt.

3.2. Beispiele zur Relativbewegung

Beispiel 1:

Für die ebene Drehbewegung ist Gl. (3.10) in die Gl. (1.23) zu überführen.

Lösung:

Denkt man sich einen rotierenden Stab, auf dem sich ein Punkt frei mit der Relativgeschwindigkeit v_{rel} und der Relativbeschleunigung a_{rel} bewegt, können beide Gleichungen zur Berechnung der Absolutbewegung herangezogen werden. Da es sich um eine ebene Bewegung handelt, steht $\boldsymbol{e}_\omega$ senkrecht auf $\bar{\boldsymbol{r}}$,und es gilt $\dot{\boldsymbol{e}}_\omega = 0$ (Drehachse behält Richtung bei). Der Koordinatenursprung bleibt in Ruhe, d. h. $\ddot{\boldsymbol{R}} = 0$. Weiter gelten folgende Entsprechungen:

$$\omega \triangleq \dot{\varphi} \quad \dot{\omega} \triangleq \ddot{\varphi} \quad \bar{\boldsymbol{r}} \triangleq \boldsymbol{r} \quad \boldsymbol{v}_{rel} \triangleq \boldsymbol{e}_r \dot{r} \quad \boldsymbol{a}_{rel} \triangleq \boldsymbol{e}_r \ddot{r}$$

$$\boldsymbol{e}_\omega \times \boldsymbol{r} \triangleq \boldsymbol{e}_\varphi r \quad \boldsymbol{e}_\omega \dot{\omega} \times \bar{\boldsymbol{r}} \triangleq \boldsymbol{e}_\varphi r \ddot{\varphi}$$

$$\boldsymbol{e}_\omega \omega^2 \times (\boldsymbol{e}_\omega \times \bar{\boldsymbol{r}}) \triangleq -\boldsymbol{e}_r r \dot{\varphi}^2$$

$$2\boldsymbol{e}_\omega \omega \times \boldsymbol{v}_{rel} \triangleq 2\boldsymbol{e}_\varphi \dot{r} \dot{\varphi}$$

Beispiel 2:

Ein Kreis vom Radius $\bar{r}$ dreht sich in seiner Ebene gleichförmig mit der Winkelgeschwindigkeit ω_1 im Uhrzeigersinn um den festen Punkt O. Auf dem Kreis bewegt sich der Punkt P gleichförmig mit ω_2 in entgegengesetzter Richtung. Der Kreismittelpunkt $\bar{O}$ hat den Abstand R vom festen Drehpunkt O.

Gesucht ist die Absolutbeschleunigung von P (vgl. Bild K 3.1).

Lösung:

Nach Gln. (3.11) und (3.12) gilt

$$\boldsymbol{a} = \boldsymbol{a}_\mathrm{f} + \boldsymbol{a}_\mathrm{rel} + \boldsymbol{a}_\mathrm{c}$$

Diese drei Komponenten sollen einzeln bestimmt werden.

Führungsbeschleunigung $\boldsymbol{a}_\mathrm{f}$:

Die Führungsbewegung ist die gleichförmige Kreisbewegung mit ω_1 um O. Ihre Beschleunigung beträgt nach Gl. (2.14) (vgl. Bild K 3.2)

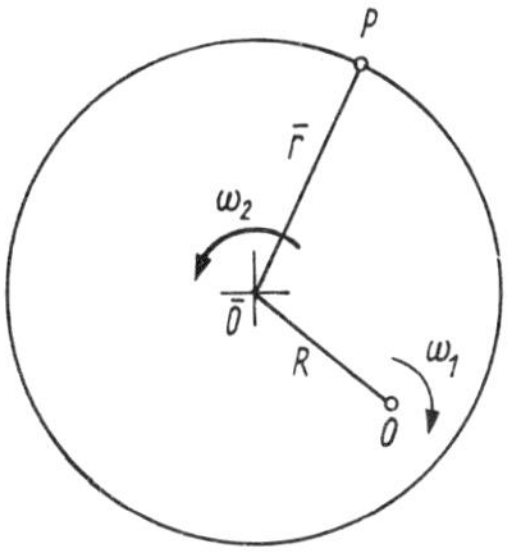

Bild K 3.1

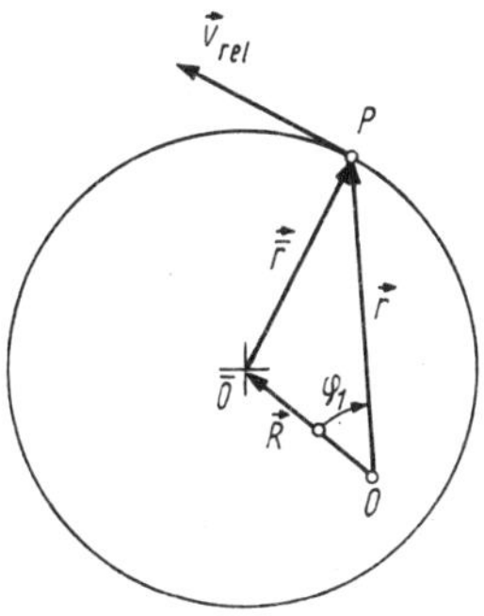

Bild K 3.2

$$\boldsymbol{a}_\mathrm{f} = \ddot{\boldsymbol{R}} + (\dot{\boldsymbol{e}}_{\omega 1}\omega_1 + \boldsymbol{e}_{\omega 1}\dot{\omega}_1) \times \bar{\boldsymbol{r}} + \boldsymbol{e}_{\omega 1}\omega_1^2 \times (\boldsymbol{e}_{\omega 1} \times \bar{\boldsymbol{r}})$$

Da die Drehachse unveränderlich senkrecht zur Kreisebene steht, ist $\dot{\boldsymbol{e}}_{\omega 1} = 0$. Für $\omega_1 =$ konst. folgt $\dot{\omega}_1 = 0$.
Nach Bild K 2.4 ist $\ddot{\boldsymbol{R}}$ die Beschleunigung des Ursprunges $\bar{O}$ des bewegten Systems, der sich gleichförmig auf einer Kreisbahn um O bewegt. In 1.3.4., Beispiel 1, Gl. (6) wurde diese Beschleunigung bereits berechnet.
Mit $r_0 = R$ und $\omega = \omega_1$ ergibt sich für die zum Drehpunkt gerichtete Beschleunigung

$$\ddot{\boldsymbol{R}} = -\boldsymbol{R}\omega_1^2$$

Der Betrag des noch verbleibenden Summanden von $\boldsymbol{a}_\mathrm{f}$ ist

$$|\boldsymbol{e}_{\omega 1}\omega_1^2 \times (\boldsymbol{e}_{\omega 1} \times \bar{\boldsymbol{r}})| = \bar{r}\omega_1^2$$

Aus Bild K 3.3 erkennt man, daß seine Richtung entgegen der von $\bar{\boldsymbol{r}}$ von P nach $\bar{O}$ zeigt. Somit gilt

$$\boldsymbol{a}_\mathrm{f} = -\boldsymbol{R}\omega_1^2 - \bar{\boldsymbol{r}}\omega_1^2 = -\boldsymbol{r}\omega_1^2$$

Der Betrag von $\boldsymbol{r}$ läßt sich mit dem Cosinus-Satz berechnen.

$$\bar{r}^2 = R^2 + r^2 - 2Rr\cos\varphi_1$$

$$r = R\cos\varphi_1 + \sqrt{\bar{r}^2 - R^2(1 - \cos^2\varphi_1)}$$

Damit findet man

$$a_f = \omega_1^2\left(R \cos \varphi_1 + \sqrt{\bar{r}^2 - R^2 \sin^2 \varphi_1}\right)$$

Die Führungsbeschleunigung ergibt sich also als Normalbeschleunigung der Kreisbewegung um O.

Relativbeschleunigung $\boldsymbol{a}_{rel}$:

Relativbewegung ist die gleichförmige Kreisbewegung mit ω_2 um $\bar{O}$. Dafür gilt als Beschleunigung die Normalbeschleunigung

$$\boldsymbol{a}_{rel} = -\bar{\boldsymbol{r}}\omega_2^2$$

Coriolis-Beschleunigung $\boldsymbol{a}_c$:

Nach Gl. (3.12) gilt (vgl. Bild K 3.4)

$$\boldsymbol{a}_c = 2\boldsymbol{e}_{\omega 1}\omega_1 \times \boldsymbol{v}_{rel}$$

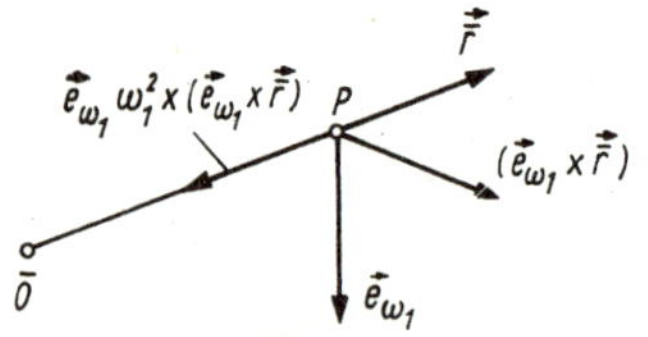

Bild K 3.3

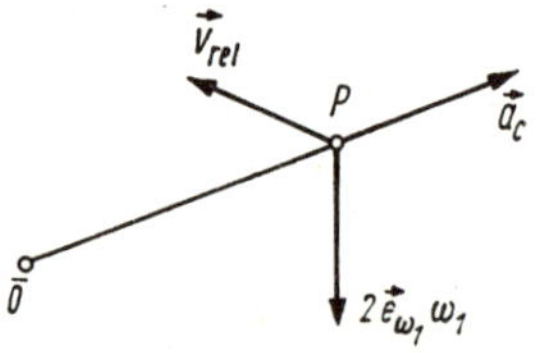

Bild K 3.4

Ihr Betrag ist

$$a_c = 2\bar{r}\omega_1\omega_2$$

Die geometrische Addition erfolgt gemäß Bild K 3.5. Man erkennt daraus, daß $\boldsymbol{a}_c$ und $\boldsymbol{a}_{rel}$ gleiche Richtung haben, sie können also algebraisch addiert werden.

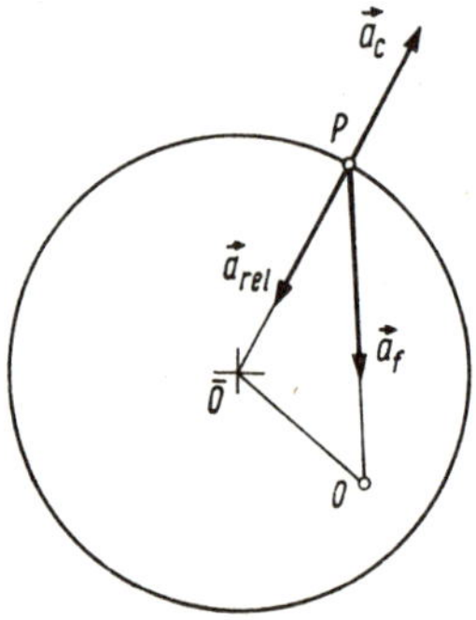

Bild K 3.5

An Hand dieses Ergebnisses sollen zwei Sonderfälle diskutiert werden.

1. Sonderfall:

$R = 0$, es fallen O und $\bar{O}$ zusammen. Dafür gilt

$$\boldsymbol{a}_f = -\bar{\boldsymbol{r}}\omega_1^2 \qquad \boldsymbol{a}_{rel} = -\bar{\boldsymbol{r}}\omega_2^2 \qquad \boldsymbol{a}_c = 2\bar{\boldsymbol{r}}\omega_1\omega_2$$

Die Wirkungslinien aller Teilbeschleunigungen sind daher gleich und können algebraisch addiert werden.
Es gilt somit

$$a = \bar{r}(2\omega_1\omega_2 - \omega_1^2 - \omega_2^2) = -\bar{r}(\omega_1 - \omega_2)^2$$

Sind beide Winkelgeschwindigkeiten gleich, wirkt auf den Punkt keine Beschleunigung.

2. Sonderfall:

$R = \bar{r}$, der Drehpunkt O befindet sich auf dem Kreis. Weiterhin soll gelten

$$\omega_1 = \omega_2 = \omega$$

Dafür gilt

$$\boldsymbol{a}_\mathrm{f} = -\boldsymbol{r}\omega^2 \qquad a_\mathrm{f} = \omega^2\, 2\bar{r} \cos\varphi_1$$

$$\boldsymbol{a}_\mathrm{rel} = -\bar{\boldsymbol{r}}\omega^2 \qquad \boldsymbol{a}_\mathrm{c} = 2\bar{\boldsymbol{r}}\omega^2$$

Die geometrische Addition zeigt Bild K 3.6.
Die Beschleunigung hat demnach den Betrag

$$a^2 = a_\mathrm{f}^2 + (a_\mathrm{c} - a_\mathrm{rel})^2 - 2a_\mathrm{f}(a_\mathrm{c} - a_\mathrm{rel}) \cos\varphi_1$$

$$a^2 = 4\omega^4\bar{r}^2 \cos^2\varphi_1 + \bar{r}^2\omega^4 - 4\bar{r}^2\omega^4 \cos\varphi_1 \cos\varphi_1$$

$$a = \bar{r}\omega^2 = \text{konst.}$$

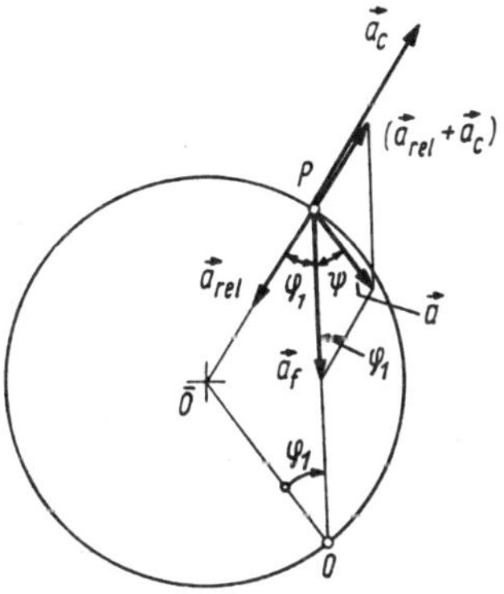

Bild K 3.6

Der Betrag von a ist also gleich dem Betrag von a_rel. Somit folgt aus Bild K 3.6, daß $\psi = \varphi_1$ sein muß, und weiter, daß die Absolutbeschleunigung des Punktes P ein Vektor mit dem Betrag $\bar{r}\omega^2$ und der Richtung der Geraden $\bar{O}O$ ist.

4. KINEMATIK VON KÖRPERSYSTEMEN

4.1. Freiheitsgrad und Zwangsbedingungen

Besteht ein mechanisches System aus mehreren Körpern, so wird seine Bewegung durch die Art ihrer Kopplung wesentlich mit bestimmt. Man unterscheidet starre, kinematische und elastische Kopplungen.
Sind zwei Körper starr gekoppelt, so kann man das System als einen Körper betrachten. Bei einer kinematischen Kopplung, etwa durch Gelenke, starre Seile oder einen Gelenkmechanismus, hängen bestimmte Bewegungskoordinaten der einzelnen Körper voneinander ab. Man nennt diese Abhängigkeiten Zwangsbedingungen.
Bei elastischen Kopplungen, zum Beispiel durch Federn, wird die Bewegung der Einzelkörper nicht beeinträchtigt, es wirken nur zusätzliche Kräfte, die jedoch in der Kinematik nicht betrachtet werden.
Um die Bewegung eines Punktes im Raum eindeutig beschreiben zu können, benötigt man, wie bereits gesagt wurde, drei Koordinaten. Dies können kartesische Koordinaten, Zylinderkoordinaten oder andere Koordinaten sein. Die Bewegung eines Körpers im Raum wird durch sechs Koordinaten, von denen meist drei Verschiebungen und drei Drehungen sind, beschrieben. Sind alle Bindungen elastisch, läßt sich also jeder der k Punkte bewegen, wenn alle anderen festgehalten werden, so sind zur Beschreibung $3k$ Koordinaten erforderlich. Befinden sich neben k Punkten m Körper in dem vollständig elastischen System, so ist die Zahl der erforderlichen Koordinaten $(3k + 6m)$. Liegen kinematische Bindungen vor, so hängen einige Koordinaten voneinander ab. Deutlich wird dies in K 1.3.4., Beispiel 2. Hierin ist der Kurbeltrieb dargestellt. Die Koordinate der Kolbenbewegung hängt über eine Zwangsbedingung mit der Koordinate der Kurbeldrehung zusammen.
Hat das System kinematische Bindungen, so wird also die Anzahl der zur Beschreibung der Bewegung erforderlichen Koordinaten um die Anzahl der Zwangsbedingungen kleiner.
Die verbleibenden Koordinaten, die zur Beschreibung verwendet werden sollen, — es können sowohl Weg- als auch Winkelkoordinaten sein—, nennt man generalisierte oder auch verallgemeinerte Koordinaten q_k; ihre Anzahl wird durch den Begriff des Freiheitsgrades festgelegt.
Als Freiheitsgrad f eines mechanischen Systems wird die Anzahl der voneinander unabhängigen, generalisierten Koordinaten q_k, welche die Lage eines holonomen Systems relativ zu einem Bezugssystem festlegen, bezeichnet.
Der Begriff Freiheitsgrad wird häufig auch im Plural verwendet. Man spricht dann davon, daß die Anzahl der Freiheitsgrade gleich der Anzahl der unabhängigen Koordinaten ist.
Lassen sich die n freien Koordinaten x_i $(i = 1, \ldots, n)$ als Funktion der f generalisierten Koordinaten q_k $(k = 1, \ldots, f)$ ohne differentielle Bedingungsgleichungen in der Form

$$x_i = x_i(q_1, q_2, \ldots, q_f) \tag{4.1}$$

schreiben, so bezeichnet man sie als holonom-skleronom. Kommt außerdem in diesen

Funktionen die Zeit explizit vor

$$x_i = x_i(q_1, q_2, \ldots, q_f, t)$$

so spricht man von holonom-rheonomen Zwangsbedingungen. Nichtholonome Bedingungsgleichungen sollen hier nicht behandelt werden. Der Freiheitsgrad eines Systems ergibt sich als Differenz der Anzahl der freien Koordinaten und der Anzahl der Zwangsbedingungen.
Die Anzahl der zur Beschreibung der Bewegung erforderlichen Gleichungen ist gleich der Anzahl der generalisierten Koordinaten. Welche Koordinaten als generalisierte Koordinaten gewählt werden, hängt von der Aufgabenstellung ab.
Man geht folgendermaßen vor:
Zuerst werden alle möglichen Bewegungen durch freie Koordinaten x_i ($i = 1, \ldots, n$) (Winkel- oder Wegkoordinaten) von vorgegebenen Ruhelagen aus festgelegt. Danach denkt man sich die Bewegung in diesen Koordinaten schrittweise festgehalten. Die Anzahl der erforderlichen Festhaltungen ist gleich dem Freiheitsgrad f. Die Zahl der nun aufzustellenden Zwangsbedingungen z bestimmt sich aus $z = n - f$.
Einige Beispiele sollen das Bestimmen des Freiheitsgrades verdeutlichen.

Beispiel 1:

Kurbeltrieb (Bild K 4.1)

Freie Koordinaten:

$$s, \alpha \qquad \to 2$$

Freiheitsgrad (Festhaltungen) $\to 1$

Zwangsbedingung:

$$s = r\left(1 + \frac{1}{4}\lambda - \cos\alpha - \frac{1}{4}\lambda\cos 2\alpha\right) \to 1$$

Als generalisierte Koordinate kann s oder α gewählt werden. Die Wahl richtet sich nach der Aufgabenstellung. Soll beispielsweise die Beschleunigung des Kolbenbolzens bestimmt werden, so würde man wählen: $q = s$.

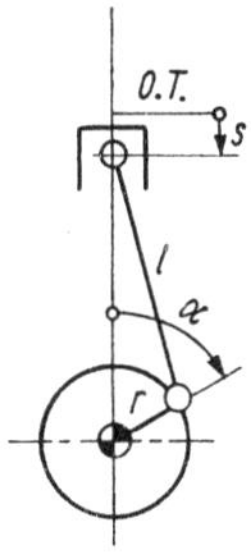

Bild K 4.1

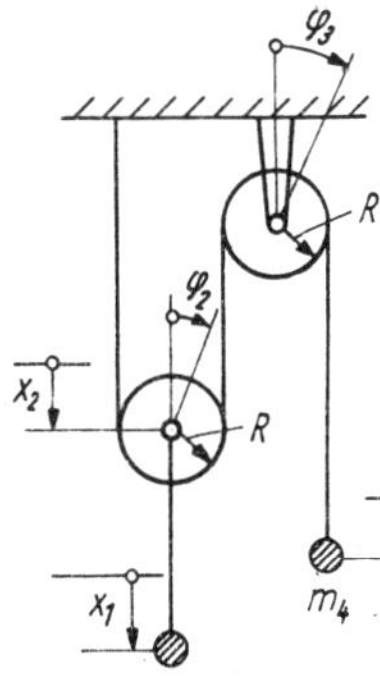

Bild K 4.2

Beispiel 2:

Flaschenzug (Bild K 4.2)
Freie Koordinaten:

$$x_1, x_2, x_4, \varphi_2, \varphi_3 \quad \to 5$$

Freiheitsgrad: $\to 1$

Zwangsbedingungen:

$$x_1 = x_2,\ x_2 = R\varphi_2, \quad x_4 = R\varphi_3$$

$$x_4 = -(x_2 + R\varphi_2) \to 4$$

Generalisierte Koordinate zum Beispiel $q = x_4$, wenn die Beschleunigung der Masse m_4 berechnet werden soll.

Beispiel 3:

In horizontaler Ebene rotierende Scheibe mit darauf frei beweglicher Punktmasse (Bild K 4.3)
Freie Koordinaten:

Scheibe: φ

Masse: ψ, r $\to 3$

Freiheitsgrad: $\to 3$

Zwangsbedingungen: $\to 0$

Generalisierte Koordinaten:

$$q_1 = \psi, \quad q_2 = \varphi, \quad q_3 = r$$

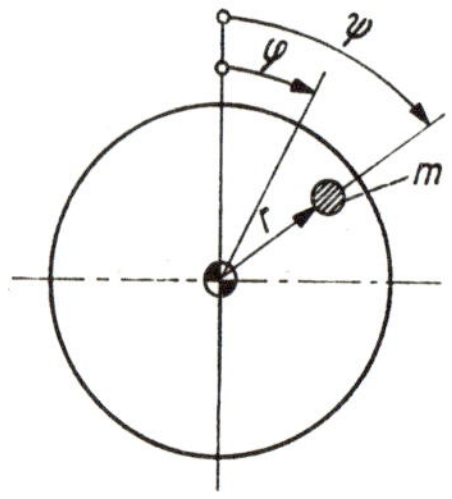

Bild K 4.3

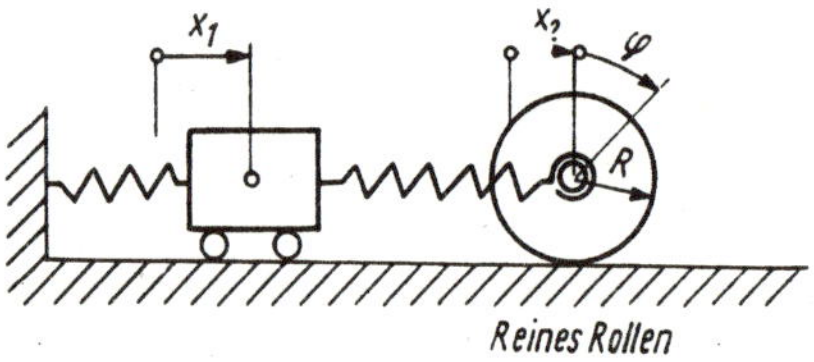

Bild K 4.4

Beispiel 4:

Schwingungssystem (Bild K 4.4), reines Rollen

Freie Koordinaten: x_1, x_2, φ $\to 3$

Freiheitsgrad: $\to 2$

Zwangsbedingungen: $x_2 = R\varphi$ $\to 1$

Gewählte generalisierte Koordinaten könnten beispielsweise sein:

$$q_1 = x_1, \quad q_2 = x_2$$

4.2. Kinematische Systeme mit dem Freiheitsgrad n

Bei kinematischen Systemen treten nur kinematische Bindungen auf. Der Freiheitsgrad wird dann durch die Anzahl der Antriebsbewegungen bestimmt, und die Lage jedes Punktes des Systems wird durch seine geometrischen Abmessungen und die jeweiligen Stellungen der Antriebsglieder festgelegt. Als Beispiel hierfür dient der Industrieroboter mit einem Greiferführungsgetriebe (Bild K 4.5) (vgl. *Vollmer, J.* [u. a.]: Industrieroboter. Berlin: Verl. Technik, 1980). Die Bewegung des Punktes A, an dem der Greifer sitzt, kann in einem Arbeitsraum, dessen Querschnitt in der Roboterebene markiert ist, beliebig erfolgen. Dazu dienen die Motoren M_1 und M_2, die über Schraubgetriebe die Punkte B und C verschieben. Die Punkte D und E sind Drehpunkte im Gestell, das sich um die Roboterachse (Winkel φ_3) beliebig drehen läßt. Das starre System hat also den Freiheitsgrad drei, dem die Koordinaten φ_1, φ_2 der Spindeldrehungen und φ_3 zugeordnet sind. Gibt man diese durch entsprechende Funktionen $\varphi_1(t), \varphi_2(t); \varphi_3(t)$ oder deren Kombinationen vor, kann der Punkt A und damit alle Mechanismenpunkte auf frei wählbaren Bahnen bewegt werden.

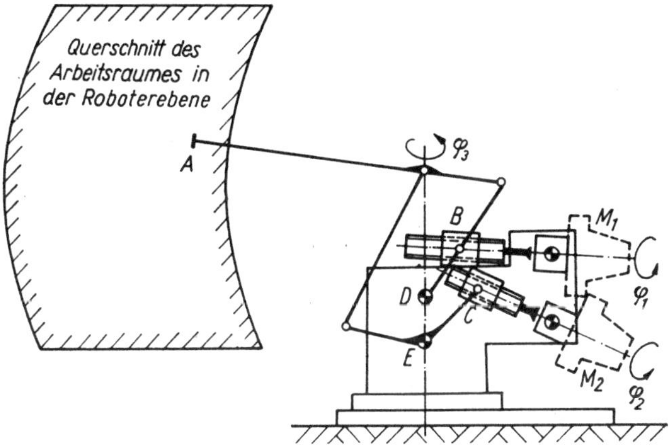

Bild K 4.5

Es lassen sich also die Bewegungen aller Punkte eines kinematischen Systems mit mehreren Antriebsbewegungen bestimmen. Dazu benötigt man die Zwangsbedingungen. Beschreibt man die Bewegung des Punktes P im kartesischen Koordinatensystem, so gilt also

$$\begin{aligned} x_P &= x_P(q_1, q_2, \ldots, q_f) \\ y_P &= y_P(q_1, q_2, \ldots, q_f) \\ z_P &= z_P(q_1, q_2, \ldots, q_f) \end{aligned} \tag{4.2}$$

Dabei sind $q_1, \ldots, q_f$ die dem Freiheitsgrad f zugeordneten generalisierten Koordinaten, die häufig den Antriebskoordinaten entsprechen. Vektoriell gilt für einen beliebigen Punkt mit dem Ortsvektor $\boldsymbol{r}$

$$\boldsymbol{r} = \boldsymbol{r}(q_i) \tag{4.3}$$

mit dem totalen Differential

$$\mathrm{d}\boldsymbol{r} = \frac{\partial \boldsymbol{r}}{\partial q_1}\,\mathrm{d}q_1 + \frac{\partial \boldsymbol{r}}{\partial q_2}\,\mathrm{d}q_2 + \cdots \frac{\partial \boldsymbol{r}}{\partial q_f}\,\mathrm{d}q_f$$

Seine Geschwindigkeit beträgt

$$\boldsymbol{v} = \frac{\mathrm{d}\boldsymbol{r}}{\mathrm{d}t} = \sum_{i=1}^{f} \frac{\partial \boldsymbol{r}}{\partial q_i}\,\dot{q}_i \tag{4.4}$$

Darin sind $\partial \boldsymbol{r}/\partial q_i$ die von der Zeit unabhängigen Funktionen, die aus den Zwangsbedingungen berechnet werden, und $\dot{q}_i$ die Ableitungen der Zeitfunktionen der Antriebsbewegungen.

Für die Beschleunigung gilt

$$\boldsymbol{a} = \sum_{i=1}^{f} \left[\frac{\mathrm{d}}{\mathrm{d}t}\left(\frac{\partial \boldsymbol{r}}{\partial q_i}\right)\dot{q}_i + \frac{\partial \boldsymbol{r}}{\partial q_i}\,\ddot{q}_i\right]$$

Mit

$$\frac{\mathrm{d}}{\mathrm{d}t}\left(\frac{\partial \boldsymbol{r}}{\partial q_i}\right) = \sum_{k=1}^{f} \frac{\partial^2 \boldsymbol{r}}{\partial q_i\,\partial q_k}\,\dot{q}_k$$

wird daraus:

$$\boldsymbol{a} = \sum_{i=1}^{f}\sum_{k=1}^{f} \frac{\partial^2 \boldsymbol{r}}{\partial q_i \partial q_k}\,\dot{q}_i\dot{q}_k + \sum_{i=1}^{f} \frac{\partial \boldsymbol{r}}{\partial q_i}\,\ddot{q}_i \tag{4.5}$$

Man erkennt daraus, daß die Beschleunigungen im allgemeinen nicht nur von den Beschleunigungen der Antriebsbewegungen, sondern auch von den Produkten der Antriebsgeschwindigkeiten abhängen. Ein häufiger Sonderfall ist der Mechanismus mit einer Antriebsbewegung der Zeitfunktion $q = q(t)$. Bezeichnet man die Ableitung der Punktkoordinate nach der generalisierten Koordinate mit einem Strich, so gilt im kartesischen Koordinatensystem für die Geschwindigkeitskomponenten:

$$\dot{x}_P = x'_P\dot{q}, \qquad \dot{y}_P = y'_P\dot{q}, \qquad \dot{z}_P = z'_P\dot{q} \tag{4.6}$$

Für die Beschleunigungskomponenten erhält man

$$\begin{aligned} \ddot{x}_P &= x''_P\dot{q}^2 + x'_P\ddot{q} \\ \ddot{y}_P &= y''_P\dot{q}^2 + y'_P\ddot{q} \\ \ddot{z}_P &= z''_P\dot{q}^2 + z'_P\ddot{q} \end{aligned} \tag{4.7}$$

Diese Beziehungen werden in der Maschinendynamik häufig angewendet (vgl. *Holzweißig, F.; Dresig, H.:* Lehrbuch der Maschinendynamik. — 2. Aufl. — Leipzig: Fachbuchverl., 1982. — S. 75—131).

DYNAMIK

Die Dynamik beschreibt die Wechselwirkung zwischen Kraft und Bewegung an Massen und Massensystemen. Ihre Gliederung erfolgt häufig nach der Struktur der betrachteten Systeme. So unterscheidet man die Dynamik der Punktmasse, des Systems von Punktmassen und des starren Körpers. Eine spezielle, sehr häufig auftretende Bewegung, die Schwingung, wird meist gesondert behandelt.
Wie bereits in der Einführung bemerkt wurde, bezeichnet man dieses Gebiet auch häufig als Kinetik.

1. DYNAMIK DER PUNKTMASSE

Ein Körper kann als Punktmasse angesehen werden, wenn nur die Translation seiner im Schwerpunkt konzentriert gedachten Masse m betrachtet wird. Eine Punktmasse ist dynamisch eindeutig durch die Masse m gekennzeichnet.
In dieser Definition wird nichts über die Größe der Masse ausgesagt, und es sei darauf hingewiesen, daß bei der Berechnung der Planetenbahnen die Planeten als Punktmassen angesehen werden, während die Bewegung eines Kinderkreisels mit der Dynamik der Punktmasse nicht erfaßbar ist.

1.1. Dynamisches Grundgesetz und seine Anwendungen

1.1.1. Dynamisches Grundgesetz

Wie bereits in der Einleitung beschrieben wurde, bildet das zweite *Newton*sche Axiom die Grundlage der Dynamik. Es lautet in Vektorschreibweise

$$\boldsymbol{F} = \frac{\mathrm{d}\boldsymbol{p}}{\mathrm{d}t} = \frac{\mathrm{d}(m\boldsymbol{v})}{\mathrm{d}t} \tag{1.1}$$

Dabei ist $\boldsymbol{p} = m\boldsymbol{v}$ der Vektor des Impulses, der sich aus Masse und Geschwindigkeit zusammensetzt.

Für die Anwendung dieses dynamischen Grundgesetzes auf Probleme der Punktmasse ist die Masse unabhängig von der Zeit, also konstant. Hierfür geht Gl. (1.1) in die bekannte Form

$$\boldsymbol{F} = m\frac{\mathrm{d}\boldsymbol{v}}{\mathrm{d}t} = m\boldsymbol{a} \tag{1.2}$$

über.

Der Vektor $\boldsymbol{F}$ bezeichnet die Kraft, die auf die Masse m wirken muß, damit diese die Beschleunigung $\boldsymbol{a}$ erfährt.

Nach Gl. (1.2) ist die Kraftrichtung gleich der Beschleunigungsrichtung. Legt man durch Vorgabe des Koordinatensystems die positive Bewegungsrichtung fest, so ist auch die positive Kraftrichtung gegeben.

Weiterhin kann Gl. (1.2) als Definitionsgleichung für die Einheit der Kraft, das Newton N, angesehen werden.

Es gilt

$$1\ \mathrm{N} = 1\ \mathrm{kg\ m\ s^{-2}} \tag{1.3}$$

In der technischen Anwendung wurde häufig die Krafteinheit Pond p beziehungsweise kp verwendet.

Es gilt

$$1\ \mathrm{N} = \frac{1}{9{,}81}\ \mathrm{kp} = 0{,}102\ \mathrm{kp}$$

So beträgt beispielsweise die Kraft, die auf eine Masse von $m = 5$ kg wirken muß, um dieser eine Beschleunigung von $a = 2\ \mathrm{m\ s^{-2}}$ zu erteilen

$$F = 5\ \mathrm{kg} \cdot 2\ \mathrm{m\ s^{-2}} = 10\ \mathrm{N} = 1{,}02\ \mathrm{kp}$$

Das Gewicht einer Masse von $m = 5$ kg ist somit

$$F_\mathrm{G} = mg = 5\ \mathrm{kg} \cdot 9{,}81\ \mathrm{m\ s^{-2}} = 49{,}05\ \mathrm{N}\ (= 5\ \mathrm{kp})$$

Die Beziehung Gl. (1.1) bzw. Gl. (1.2) kann zur Lösung der beiden Grundaufgaben der Dynamik dienen.

1. Grundaufgabe: Es ist die Bewegung der Masse gegeben, gesucht ist die Kraft, die an der Masse angreifen muß, damit diese die vorgeschriebene Bewegung ausführt.

2. Grundaufgabe: Es ist die an der Masse angreifende Kraft gegeben, gesucht ist die Bewegung der Masse.

Während die 1. Grundaufgabe leicht lösbar ist, führt die 2. Grundaufgabe immer auf die Lösung einer Differentialgleichung. Ist dabei die gegebene Kraft eine nichtlineare Funktion des Weges oder der Geschwindigkeit, so kann die Lösung der Differentialgleichung Schwierigkeiten bereiten. Die folgenden Beispiele sollen dies verdeutlichen.

1.1.2. Kraftbegriff und einige Kraftgesetze der Dynamik

Vor der Besprechung einiger Kraftgesetze soll eine Gliederung des Kraftbegriffes erfolgen. Man unterteilt die an mechanischen Systemen auftretenden Kräfte in innere Kräfte und äußere Kräfte. Während die paarweise auftretenden inneren Kräfte als sogenannte Schnittreaktionen zur Berechnung der Spannungen in der Festigkeitslehre dienen, werden alle von außen an der Masse wirkenden Kräfte als äußere Kräfte bezeichnet. So ist beispielsweise auch eine Seilkraft, die an einer Masse angreift, für die Dynamik der Masse eine äußere Kraft, während sie für die Betrachtung des Seiles als Längskraft der Festigkeitslehre eine innere Kraft darstellt. Die äußeren Kräfte unterteilt man in eingeprägte Kräfte und Reaktionskräfte. Die eingeprägten Kräfte sind alle Feldkräfte, wie beispielsweise das Gewicht oder magnetische Kräfte. Auch Bewegungswiderstände zählen dazu.
Reaktionskräfte sind Kräfte, die durch Bewegungseinschränkungen entstehen. Sie sind die Folge kinematischer Zwangsbedingungen und treten an Lagern und Führungen als Stützkräfte auf. Neben den Auflagerreaktionen sind auch Normalkräfte und Haftreibungskräfte solche Reaktionskräfte.
Neben diesen beiden äußeren Kräften kennt die Physik noch Scheinkräfte, die bei der Betrachtung in beliebig bewegten Koordinatensystemen auftreten. Dies sind die Trägheits-, Zentrifugal- und Corioliskräfte. Wird die Bewegung in einem Inertialsystem betrachtet, in dem das 1. *Newtonsche Axiom* gilt, treten diese nicht auf.
In der Technischen Mechanik hat sich in Verbindung mit dem *d'Alembert*schen Prinzip der Begriff der Massenkraft eingebürgert. Es sind dies Kräfte, die bei einer Bewegung von der Masse aus nach außen wirken.

1.1.2.1. Gravitation und Schwerkraft

Nach dem *Newton*schen Gravitationsgesetz ziehen sich zwei Massen m_1 und m_2, deren Massenmittelpunkte den Abstand r haben, gegenseitig an. Die Anziehungskraft beträgt

$$F_G = \frac{m_1 m_2}{r^2} \Gamma \tag{1.4}$$

Dabei ist Γ die Gravitationskonstante, die zuerst 1798 von *Cavendish* bestimmt wurde. Sie beträgt

$$\Gamma = 6{,}67 \cdot 10^{-11}\ \mathrm{m^3\,kg^{-1}\,s^{-2}}$$

Gl. (1.4) gilt streng nur unter der Voraussetzung, daß der Abstand der Massen groß gegenüber der Massenausdehnung ist.
Betrachtet man die Anziehung einer Masse m durch die Erde (Masse $m_e = 5{,}97 \times 10^{24}$ kg), so gilt

$$F_G = \frac{m}{r^2} \gamma_e \qquad \gamma_e = m_e \Gamma \qquad \gamma_e = 39{,}8 \cdot 10^{13}\ \mathrm{m^3\,s^{-2}} \tag{1.5}$$

Für Körper in unmittelbarer Erdnähe kann der Abstand r gleich dem mittleren Erdradius R gesetzt werden ($R = 6370 \cdot 10^3$ m). Im allgemeinen rechnet man Flughöhen $h < 10 \cdot 10^3$ m zur erdnahen Bewegung.
Damit gilt

$$F_G = mg, \qquad g = \frac{\gamma_e}{R^2}, \qquad g = 9{,}81 \text{ m s}^{-2}$$

g ist die mittlere Fallbeschleunigung, die zur Lösung technischer Aufgaben meist benutzt wird.
Für erdferne Bewegungen setzt man

$$F_G = \frac{m}{r^2}\gamma_e \frac{R^2}{R^2} = mg\frac{R^2}{r^2} = m\tilde{g} \tag{1.6}$$

$$\tilde{g} = g\frac{R^2}{r^2}$$

Die Fallbeschleunigung $\tilde{g}$ nimmt mit zunehmendem Abstand ab (Bild D 1.1). Die hier angestellten Überlegungen gelten nur für $r \geqq R$. Für erdnahe Bewegung kann gesetzt werden $\tilde{g} = g$.

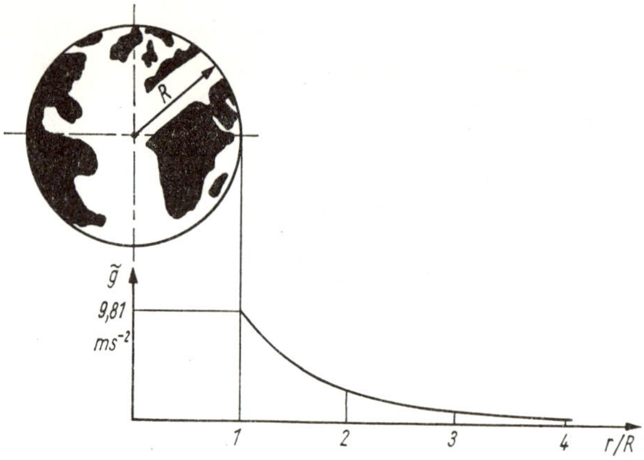

Bild D 1.1

1.1.2.2. Federkräfte

Ist eine Masse über eine Feder mit einem Festpunkt verbunden, so hat jede Auslenkung der Masse eine Federkraft F_F zur Folge, die entgegen der Auslenkung s wirkt.
Das einfachste Kraftgesetz lautet

$$F_F = -cs \tag{1.7}$$

Darin ist c die Federkonstante, für die häufig als Maßeinheit N m^{-1} genommen wird. Streng gilt dieses Kraftgesetz bei Schraubenfedern, wenn ihre Verlängerung klein gegenüber ihrer Länge ist. Auch Biegefedern lassen sich damit für kleine Verformungen beschreiben. Ist eine genauere Erfassung der Federkräfte erforderlich, so macht man Polynomansätze, wobei drei Glieder meist ausreichen.

$$F_F = -cs(1 + \varepsilon_1 s + \varepsilon_2 s^2) \qquad (1.8)$$

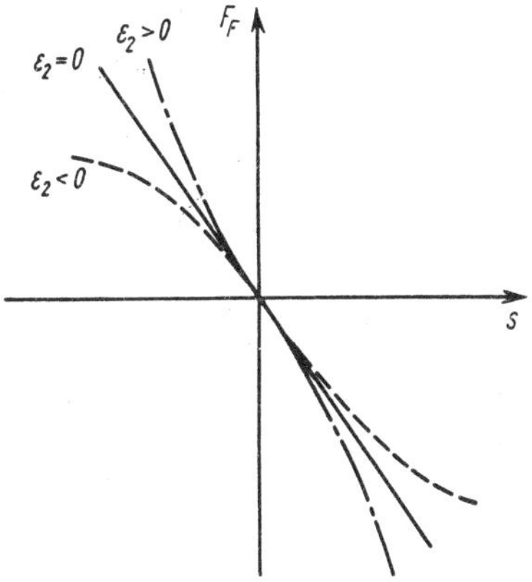

Bild D 1.2

Eine besondere Rolle spielt dabei die Kennlinie mit $\varepsilon_1 = 0$. Ihr Verlauf ist für $\varepsilon_2 \gtreqless 0$ auf Bild D 1.2 wiedergegeben. Man verwendet folgende Bezeichnungen:

$\varepsilon_2 > 0$	überlineare Kennlinie
$\varepsilon_2 = 0$	lineare Kennlinie
$\varepsilon_2 < 0$	unterlineare Kennlinie

1.1.2.3. Widerstandskräfte

Während Federkräfte als Funktion der Verschiebung angeschrieben werden können, sind Widerstandskräfte in den meisten Fällen geschwindigkeitsabhängig. Die bekannteste Widerstandskraft ist die der trockenen Reibung (*Coulombsche Reibung*). Häufig wird sie in der Form

$$F_W = -b_0 \operatorname{sgn} v \qquad (1.9)$$

angegeben. Die Geschwindigkeit tritt dabei nur als *Steuergröße* auf, denn sie bestimmt nur die Richtung. Das negative Vorzeichen gibt an, daß die Reibkraft entgegen der Bewegungsrichtung wirkt. Der Betrag der Reibkraft ist konstant. Man berechnet ihn nach

$$b_0 = \mu F_N \qquad (1.10)$$

Hierin ist μ die Reibungszahl zwischen den aufeinander gleitenden Körpern und F_N die Normalkraft, mit der beide Körper aneinander gedrückt werden.

Gl. (1.9) läßt sich auch unter Verwendung des Betrages der Geschwindigkeit schreiben. Man erhält dann

$$F_W = -b_0 \frac{v}{|v|} \tag{1.11}$$

Sehr häufig findet man auch einen geschwindigkeitsproportionalen Ansatz

$$F_W = -b_1 v \tag{1.12}$$

Er trifft unter anderem für Bewegungswiderstände bei laminarer Strömung oder in magnetischen Feldern zu. Dieser Ansatz wird deshalb sehr gern verwendet, da er auf lineare Bewegungsgleichungen führt. Als Beispiel kann die gedämpfte Schwingung in 6.2.2. dienen. Werden die Bewegungswiderstände durch turbulente Strömungen hervorgerufen, so gilt ein quadratisches Widerstandsgesetz

$$F_W = -b_2 |v| v \tag{1.13}$$

Man erkennt aus diesem Ansatz, daß die Größe der Widerstandskraft vom Quadrat der Geschwindigkeit bestimmt wird, während ihre Richtung durch die Geschwindigkeitsrichtung festliegt. Bild D 1.3 zeigt die drei Kennlinien.

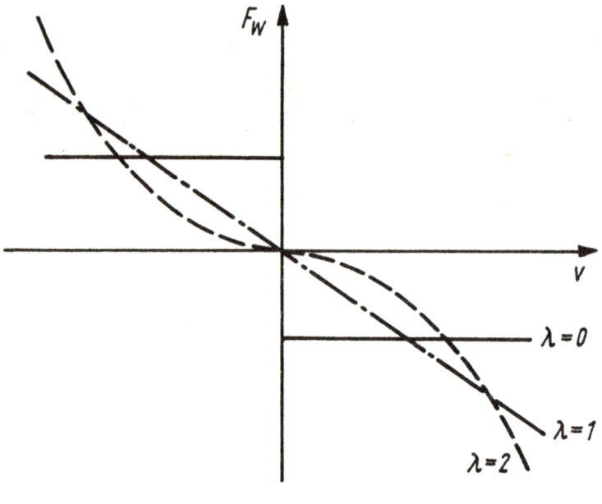

Bild D 1.3

In den meisten Fällen wird jedoch nie einer der genannten Bewegungswiderstände allein wirken. Man faßt deshalb die Ansätze Gln. (1.11), (1.12), (1.13) in einer Summe, deren Gliedzahl theoretisch unbegrenzt ist, zusammen

$$F_W = -\sum_{\lambda=0}^{\infty} b_\lambda |v|^{\lambda-1} v$$

wobei λ ein ganzzahliger Exponent ist.

Dieser Ansatz und die daraus abgeleiteten Spezialfälle sind jedoch nur Beispiele der Beschreibung typischer und häufig anzutreffender Bewegungswiderstände. Alle Fälle der realen Praxis werden dadurch jedoch nicht erfaßt. So kann beispielsweise das Quietschen von Türen oder auch das Violinenspiel nur erklärt werden,

wenn man auf die Konstanz der Reibungszahl μ in Gl. (1.10) verzichtet und dafür ein $\mu = \mu(v)$ einführt.
In vielen Fällen lassen sich die Bewegungswiderstände von den Federkräften nicht mehr trennen. Dies tritt vor allem bei der Betrachtung der sogenannten Werkstoffdämpfung in der Schwingungstechnik auf. Ein näheres Eingehen auf diese teilweise komplizierten Zusammenhänge würde jedoch den Rahmen dieses Buches sprengen.

1.1.2.4. Massenkraft und d'Alembertsches Prinzip

Das *Newton*sche Grundgesetz der Dynamik Gl. (1.1) wurde ursprünglich nur auf freie Punktmassen, wie die Planeten, angewendet. Dabei war $\boldsymbol{F}$ eine eingeprägte Kraft $\boldsymbol{F}_e$. Für geführte Systeme, auf die also Reaktionskräfte wirken, hatte man zunächst Schwierigkeiten, da sogenannte „verlorene Kräfte" $\boldsymbol{F}_v$, die sich nicht in Beschleunigungen umsetzen, auftreten. Also

$$\boldsymbol{F}_v = \boldsymbol{F}_e - m\boldsymbol{a}$$

Diese verlorenen Kräfte sind nun im Gleichgewicht mit den Reaktionskräften $\boldsymbol{F}_R$

$$\sum \boldsymbol{F}_v + \sum \boldsymbol{F}_R = 0$$

Daraus folgt

$$\sum \boldsymbol{F}_R + \sum \boldsymbol{F}_e - m\boldsymbol{a} = 0$$

Dies bedeutet zunächst, daß Gl. (1.1) auch für geführte Bewegungen gilt, wenn mit einer Schnittbetrachtung die Reaktionskräfte freigelegt und mit den eingeprägten Kräften zusammengefaßt werden. Um in diese Beziehung der Statik die Bewegungseinflüsse einzubeziehen, wurde von *d'Alembert* eine Hilfskraft

$$\boldsymbol{F}_H = -m\boldsymbol{a} \tag{1.14}$$

definiert und damit das kinetische Problem formal auf ein statisches zurückgeführt. Dabei ist zu beachten, daß die Vorzeichendefinitionen einzuhalten sind. Danach zählt $\boldsymbol{a}$ positiv in positiver Koordinatenrichtung und $\boldsymbol{F}_H$ wirkt ihr entgegen.
Im Sprachgebrauch hat sich für $\boldsymbol{F}_H$ der Begriff der „Massenkraft" eingebürgert. Er ist im Sinne der Physik, die den parallelen Begriff „Trägheitskraft" nur bei der Betrachtung in Nichtinertialsystemen kennt, nicht korrekt.
Das *d'Alembert*sche Prinzip in der allgemeinen Form

$$\sum \boldsymbol{F}_R + \sum \boldsymbol{F}_e + \sum \boldsymbol{F}_H = 0 \tag{1.15}$$

kann bei der Anwendung auf Systeme von Punktmassen ungünstige Formen der Bewegungsgleichungen liefern. Darauf wird in D 4.1. näher eingegangen. In der Technischen Mechanik wird es auf Grund seiner Anschaulichkeit dem dynamischen Grundgesetz vorgezogen.

1.1.3. Beispiele zur Grundaufgabe: Bewegung gegeben, Kraft gesucht

Beispiel 1:

Eine Masse m bewegt sich mit konstanter Winkelgeschwindigkeit ω_0 auf einer Kreisbahn vom Radius r_0. Welche Kraft muß an der Masse wirken, um diese Bewegung zu ermöglichen?

Lösung:

Für die Kreisbewegung gilt nach Gl. (1.17) der Kinematik für die Beschleunigung

$$\boldsymbol{a} = \boldsymbol{e}_t \dot{v} + \boldsymbol{e}_n \frac{v^2}{\varrho} \tag{1}$$

Da konstante Winkelgeschwindigkeit vorliegt, gilt

$$v = \omega_0 r_0 \qquad \dot{v} = 0 \qquad \varrho = r_0 \tag{2}$$

Somit

$$\boldsymbol{a} = \boldsymbol{e}_n \omega_0^2 r_0$$

Gemäß der Definition von $\boldsymbol{e}_n$ weist der Beschleunigungsvektor zum Drehpunkt hin. Die erforderliche eingeprägte Kraft berechnet sich damit zu

$$\boldsymbol{F} = m\boldsymbol{a} = \boldsymbol{e}_n m \omega_0^2 r_0 \tag{3}$$

Stellt man sich die Führung der Masse durch einen masselosen Stab vor, so muß von diesem die Kraft F auf die Masse in Richtung zum Drehpunkt ausgeübt werden.

Beispiel 2:

Die Kurbel eines zentrischen Schubkurbelgetriebes dreht sich mit $n = 6000\ \text{min}^{-1}$. Welche Kraft in Bewegungsrichtung muß der Kolbenbolzen im Leerlauf maximal übertragen?

Kolbenmasse $m = 0{,}26$ kg

Schubstangenverhältnis $\lambda = \dfrac{r}{l} = 0{,}23$

Hub $s = 78$ mm

Lösung:

In der 2. Aufgabe, Abschn. 1.3.4., Kinematik, wurde das zentrische Schubkurbelgetriebe behandelt. Die Kolbenbeschleunigung ergab sich für $\lambda \ll 1$ zu [vgl. Gl. (5)]:

$$\frac{\ddot{x}}{r\omega^2} = \cos\varphi + \lambda\cos 2\varphi \tag{1}$$

Somit gilt für die Kraft, die vom Kolbenbolzen in der Bewegungsrichtung des Kolbens auf den Kolben übertragen werden muß,

$$F = r\omega^2 m\,(\cos\varphi + \lambda\cos 2\varphi) \tag{2}$$

Die Extremwerte treten auf für

$$\frac{\mathrm{d}F}{\mathrm{d}\varphi} = 0$$

Somit

$$\sin\varphi + 2\lambda \sin 2\varphi = 0$$

Maxima mit der größten absoluten Amplitude treten auf bei

$$\varphi = k \cdot \pi \qquad k = 0, 1, 2, 3, \ldots$$

$$F_{\max} = r\omega^2 m(1 + \lambda) \qquad \omega = \frac{\pi n}{30} \qquad r = \frac{s}{2} \tag{3}$$

Dieser Extremwert gilt für $\lambda < \dfrac{1}{4}$

Bei Einsetzen der Zahlenwerte ergibt sich

$$F_{\max} = \frac{78}{2} \cdot 10^{-3} \left(\frac{6000\pi}{30}\right)^2 \cdot 0{,}26 \cdot 1{,}23\ \text{N} = 4924\ \text{N}$$

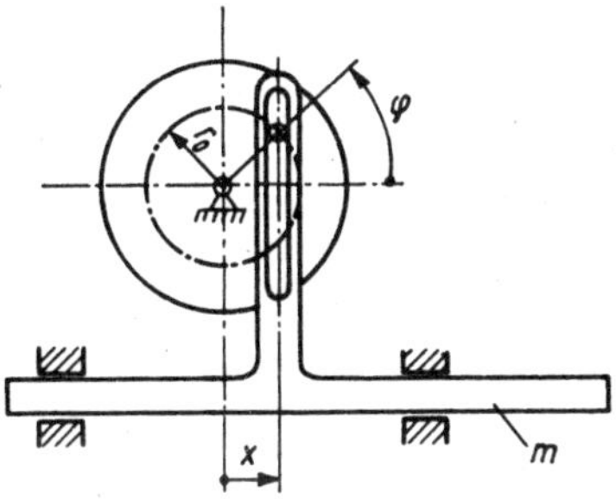

Bild D 1.4

Beispiel 3:

Bild D 1.4 zeigt eine Kreuzschubkurbel. Die Kurbel soll mit der konstanten Drehzahl n umlaufen.
Die hin und her bewegte Masse des Gleitstückes sei m.
Wie groß ist die maximale am Kurbelzapfen wirkende Kraft?

Gegeben: $n = 600\ \text{min}^{-1}$, $m = 10\ \text{kg}$, $r_0 = 6\ \text{cm}$

Lösung:

Zur Beschreibung der Bewegung des Gleitstückes wird die Koordinate x eingeführt.
Sie hängt mit der Winkelkoordinate φ durch die Zwangsbedingung

$$x = r_0 \cos\varphi \tag{1}$$

zusammen.
Die Winkelgeschwindigkeit der Drehbewegung ist

$$\omega = \dot{\varphi} = \frac{\pi n}{30}$$

Die Beschleunigung des Gleitstückes ergibt sich durch Differentiation von (1) nach der Zeit.

$$\dot{x} = \frac{\mathrm{d}x}{\mathrm{d}t} = \frac{\mathrm{d}x}{\mathrm{d}\varphi}\frac{\mathrm{d}\varphi}{\mathrm{d}t} = -r_0 \sin\varphi \cdot \dot{\varphi} \tag{2}$$

$$\ddot{x} = \frac{\mathrm{d}\dot{x}}{\mathrm{d}\varphi}\frac{\mathrm{d}\varphi}{\mathrm{d}t} = -r_0 \cos\varphi \cdot \dot{\varphi}^2 \tag{3}$$

Zur Berechnung der Kraft wird ein Schnitt durch den Kurbelbolzen gelegt und die Reaktionskraft eingetragen (Bild D 1.5). Nach dem *d'Alembert*schen Prinzip wirkt die Massenkraft entgegen der Koordinate, es gilt also

$$F_B - m\ddot{x} = 0, \qquad F_B = -mr_0\omega^2 \cos\varphi \tag{4}$$

Die Maximalkraft tritt bei $\cos\varphi = \pm 1$, also $\varphi = 0, \pi, 2\pi \ldots$ auf. Sie beträgt $F_{B\max} = 2369$ N.

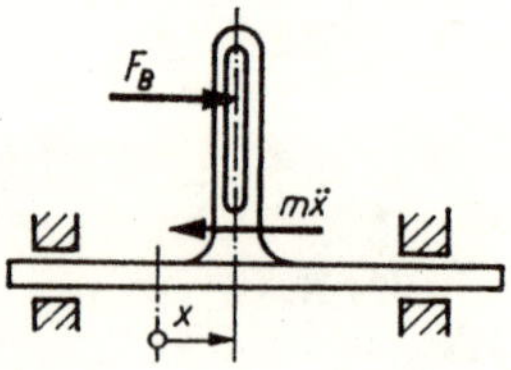

Bild D 1.5

1.1.4. Beispiele zur Grundaufgabe: Kraft gegeben, Bewegung gesucht

1.1.4.1. Allgemeine Beispiele

Beispiel 1:

Eine Punktmasse m gleitet auf einer unter dem Winkel α geneigten schiefen Ebene. Die Reibungszahl zwischen Masse und Bahn beträgt μ.
Zur Zeit $t = 0$ befindet sich die Masse in Ruhe.
In welcher Zeit t_0 wird der Weg s_0 zurückgelegt?

Gegeben: $m = 20$ kg $\mu = 0{,}1$ $s_0 = 60$ cm $\alpha = 45°$

Lösung:

Wählt man die Bewegungskoordinate s in Richtung der Bahn, so wirken als eingeprägte Kräfte die Gewichtskomponente $mg \sin\alpha$ in Richtung von s und der Bewegungswiderstand $\mu mg \cos\alpha$ entgegengesetzt zur Richtung von $\dot{s}$ (Bild D 1.6). Es gilt nach Gl. (1.2)

$$mg \sin\alpha - \mu mg \cos\alpha = m\ddot{s} \tag{1}$$

$$\ddot{s} = g \sin\alpha \left(1 - \frac{\mu}{\tan\alpha}\right) \tag{2}$$

Aus Gl. (2) erkennt man, daß nur für

$$\frac{\mu}{\tan\alpha} < 1, \quad \text{also} \quad \mu < \tan\alpha$$

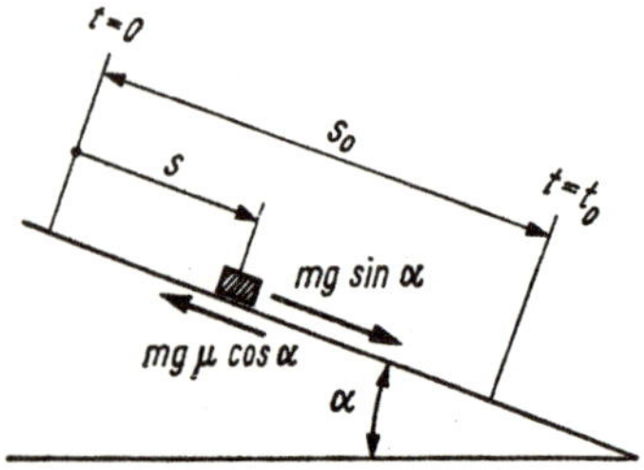

Bild D 1.6

eine Bewegung möglich ist, da Gl. (1) nur für $\ddot{s} \geqq 0$ gilt. Für $\mu = 0{,}1$ wäre der mindestens erforderliche Neigungswinkel der Ebene

$$\alpha_{0,1} = 5{,}7°$$

Die Integration von Gl. (2) ergibt

$$\dot{s} = g \sin \alpha \left(1 - \frac{\mu}{\tan \alpha}\right) t + C_1 \tag{3}$$

$$s = \frac{g \sin \alpha}{2} \left(1 - \frac{\mu}{\tan \alpha}\right) t^2 + C_1 t + C_2 \tag{4}$$

Zur Bestimmung der Integrationskonstanten C_1 und C_2 dienen die Anfangsbedingungen. Es gilt

$$t = 0: \quad s = 0 \quad \dot{s} = 0$$

Damit wird

$$C_1 = 0 \quad C_2 = 0$$

Aus Gl. (4) kann nun die für den Weg s_0 benötigte Zeit bestimmt werden.

$$t_0 = \sqrt{\frac{2 s_0}{g \sin \alpha \left(1 - \dfrac{\mu}{\tan \alpha}\right)}} \tag{5}$$

Mit den Zahlenwerten ergibt sich

$$t_0 = \sqrt{\frac{2 \cdot 0{,}6}{9{,}81 \cdot 0{,}71 \cdot 0{,}9}}\, s = 0{,}438 \text{ s} \tag{6}$$

Aus dem Ergebnis erkennt man, daß die Masse nicht eingeht. Dies tritt bei allen Bewegungsvorgängen auf, bei denen alle eingeprägten Kräfte von der Masse abhängen.

Beispiel 2:

In einem kartesischen Koordinatensystem in horizontaler Ebene hat eine Punktmasse zur Zeit $t = 0$ an der Stelle x_0, y_0 die Geschwindigkeit $v = \dot{x} = -F_0/m\omega$. Auf sie wirken die Kräfte $F_x = F_0 \sin \omega t$, $F_y = F_0 \cos \omega t$. Man zeichne die Bewegungsbahn für folgende Zahlenwerte

$$x_0 = 40 \text{ mm}, \quad y_0 = 0, \quad F_0 = 100 \text{ N}, \quad m = 50 \text{ kg}, \quad \omega = 10 \text{ s}^{-1}$$

Lösung:

Das dynamische Grundgesetz in beiden Koordinatenrichtungen lautet

$$F_0 \sin \omega t = m\ddot{x}$$

$$F_0 \cos \omega t = m\ddot{y} \tag{1}$$

Daraus folgt

$$\ddot{x} = \frac{F_0}{m} \sin \omega t$$

$$\ddot{y} = \frac{F_0}{m} \cos \omega t \tag{2}$$

Die Integration ergibt

$$\dot{x} = -\frac{F_0}{m\omega}\cos\omega t + C_1$$

$$\dot{y} = \frac{F_0}{m\omega}\sin\omega t + C_2$$

$$x = -\frac{F_0}{m\omega^2}\sin\omega t + C_1 t + C_3$$

$$y = -\frac{F_0}{m\omega^2}\cos\omega t + C_2 t + C_4 \tag{3}$$

Zur Bestimmung der Integrationskonstanten dienen die Anfangsbedingungen:

$$t = 0: \quad x = x_0 \quad \dot{x} = -\frac{F_0}{m\omega}$$

$$y = 0 \quad \dot{y} = 0$$

Damit folgt

$$C_1 = 0 \quad C_2 = 0$$

$$C_3 = x_0 \quad C_4 = \frac{F_0}{m\omega^2}$$

Die Bewegungsbahn in Parameterdarstellung wird beschrieben durch

$$(x - x_0) = -\frac{F_0}{m\omega^2}\sin\omega t$$

$$\left(y - \frac{F_0}{m\omega^2}\right) = -\frac{F_0}{m\omega^2}\cos\omega t \tag{4}$$

Durch Quadrieren und Addieren beider Gleichungen läßt sich die Zeit eliminieren. Man erhält

$$(x - x_0)^2 + \left(y - \frac{F_0}{m\omega^2}\right)^2 = \left(\frac{F_0}{m\omega^2}\right)^2 \tag{5}$$

Die Bewegungsbahn ist ein Kreis mit dem Radius $\left(\frac{F_0}{m\omega^2}\right)$, dessen Mittelpunktskoordinaten $\left(x_0, \frac{F_0}{m\omega^2}\right)$ sind.

Mit den gegebenen Zahlenwerten ergibt sich

$$\frac{F_0}{m\omega^2} = \frac{100}{50 \cdot 100}\ \mathrm{m} = 0{,}02\ \mathrm{m} \qquad \frac{F_0}{m\omega^2} = 20\ \mathrm{mm}$$

Bild D 1.7 zeigt die Bewegungsbahn. Wie man aus Gl. (4) sieht, wird sie vom Punkt O aus im Uhrzeigersinn durchlaufen.

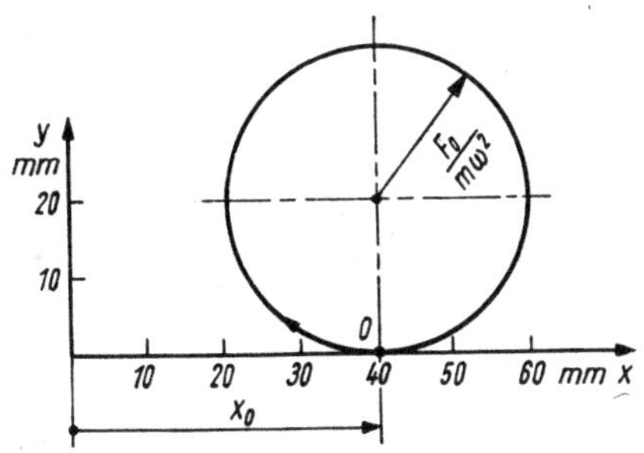

Bild D 1.7

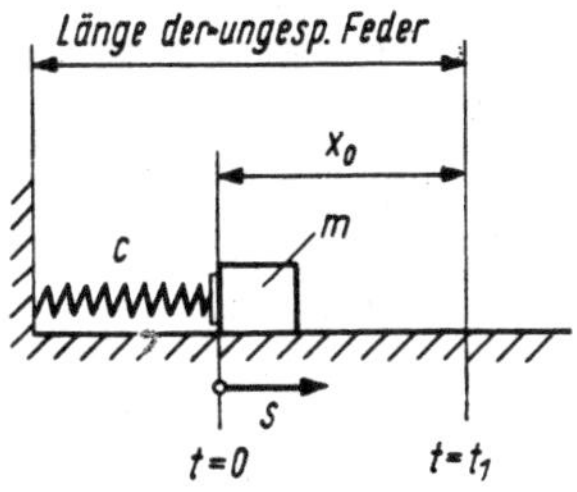

Bild D 1.8

Beispiel 3:

Eine Punktmasse m bewegt sich auf einer horizontalen geraden Führung. Zur Zeit $t = 0$ wird sie gegen eine masselose Feder (Federkonstante c), die dabei den Vorspannweg x_0 hat, gedrückt. Welche Geschwindigkeit hat die Masse, wenn sie sich von der Feder löst? Der Bewegungswiderstand soll durch *Coulombsche Reibung* mit der Reibungszahl μ beschrieben werden.

Lösung:

Bild D 1.8 zeigt die Masse in der Ausgangslage. Da die Feder masselos ist, löst sich die Masse nach Zurücklegen des Weges x_0 von der Feder.
Zur Aufstellung der Bewegungsgleichung soll das *d'Alembert*sche Prinzip dienen. Für $0 < s < x_0$ gilt nach Bild D 1.9:

$$c(x_0 - s) - \mu mg - m\ddot{s} = 0 \tag{1}$$

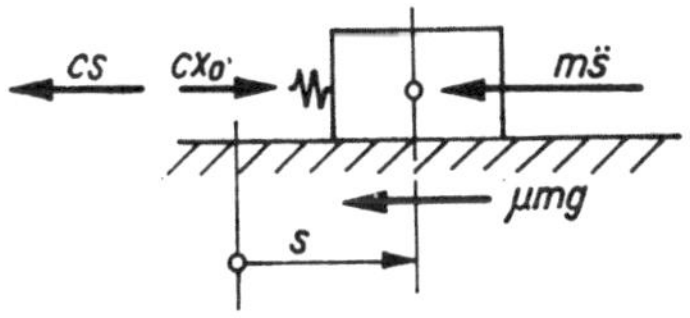

Bild D 1.9

Mit der Abkürzung $\frac{c}{m} = \omega^2$ ergibt sich die Bewegungsgleichung:

$$\ddot{s} + \omega^2 s = \omega^2 x_0 - g\mu \tag{2}$$

Die Anfangsbedingungen lauten

$$t = 0: \qquad s = 0 \qquad \dot{s} = 0$$

Dies ist eine inhomogene lineare Differentialgleichung zweiter Ordnung. Ihre Lösung setzt sich aus der Lösung der homogenen Gleichung und dem partikulären Integral zusammen.

$$s = s_{\text{hom}} + s_{\text{part}}$$

Die Lösung der homogenen Differentialgleichung findet man als Fundamentalsystem.

$$s_{\text{hom}} = A \cos \omega t + B \sin \omega t \tag{3}$$

Durch Einsetzen von s_{hom} in die Gleichung $\ddot{s} + \omega^2 s = 0$ kann man sich von der Richtigkeit von (3) überzeugen. A und B sind dabei die Integrationskonstanten, die später mit Hilfe der Anfangsbedingungen bestimmt werden.
Das partikuläre Integral findet man durch einen dem Störglied $\omega^2 x_0 - g\mu$ angepaßten Ansatz. Setzt man

$$s_{\text{part}} = C$$

so ergibt das Einsetzen in die Gl. (2)

$$\omega^2 C = \omega^2 x_0 - g\mu$$

$$C = x_0 - \frac{g \cdot \mu}{\omega^2} \tag{4}$$

Die Lösung lautet

$$s = A \cos \omega t + B \sin \omega t + x_0 - \frac{g\mu}{\omega^2} \tag{5}$$

Die Konstanten A und B werden jetzt mit Hilfe der Anfangsbedingungen bestimmt.

$$t = 0, \qquad s = 0: \qquad A = \frac{g\mu}{\omega^2} - x_0$$

$$\dot{s} = 0: \qquad B = 0$$

Somit ergibt sich

$$s = \left(x_0 - \frac{g\mu}{\omega^2}\right)(1 - \cos \omega t) \tag{6}$$

Für die Geschwindigkeit gilt

$$\dot{s} = \left(x_0 - \frac{g\mu}{\omega^2}\right)\omega \sin \omega t \tag{7}$$

Löst sich die Masse von der Feder, so gilt $s = x_0$ und $t = t_1$. Aus Gl. (6) findet man

$$x_0 = \left(x_0 - \frac{g\mu}{\omega^2}\right)(1 - \cos \omega t_1)$$

$$\cos \omega t_1 = 1 - \frac{x_0}{x_0 - \frac{g\mu}{\omega^2}} \tag{8}$$

Durch Einsetzen von $\sin^2 \varphi + \cos^2 \varphi = 1$ findet man aus Gl. (8) und Gl. (7)

$$v = \dot{s}(t = t_1) = \left(x_0 - \frac{g\mu}{\omega^2}\right)\omega \sqrt{1 - \left(1 - \frac{x_0}{x_0 - \frac{g\mu}{\omega^2}}\right)^2}$$

$$v = x_0 \omega \sqrt{1 - \frac{2g\mu}{\omega^2 x_0}} \tag{9}$$

Wie man später sehen wird, läßt sich diese Aufgabe durch Anwendung des Arbeitssatzes bedeutend schneller lösen.

1.1.4.2. Schiefer Wurf

Beispiel 4:

Eine Punktmasse m wird mit der Anfangsgeschwindigkeit v_0 unter einem Winkel α abgeschossen (vgl. Bild D 1.10). Unter Vernachlässigung des Luftwiderstandes sind zu berechnen: Bewegungsbahn, Wurfhöhe H, Wurfweite W, maximale Wurfweite W_{max}, Winkel α zum Erreichen von W_{max}.

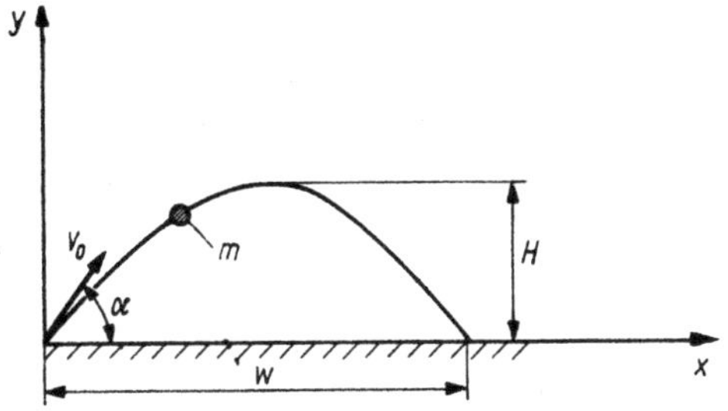

Bild D 1.10

Lösung:

Das dynamische Grundgesetz wird für beide Bewegungskomponenten aufgestellt.
Dabei ist zu beachten, daß durch die Wahl des Koordinatensystems die positive Kraftrichtung festliegt.

$$x\text{-Richtung:} \quad 0 = m\ddot{x}$$

$$y\text{-Richtung:} \quad -mg = m\ddot{y} \tag{1}$$

Die Anfangsbedingungen lauten:

$$t = 0: \quad x = 0 \quad v_x = \dot{x} = v_0 \cos\alpha$$

$$y = 0: \quad v_y = \dot{y} = v_0 \sin\alpha$$

Eine einmalige Integration ergibt

$$v_x = C_1 \quad \text{und} \quad v_y = C_2 - gt \tag{3}$$

Die Konstanten werden aus den Anfangsbedingungen bestimmt, und man erhält

$$v_x = v_0 \cos\alpha$$

$$v_y = v_0 \sin\alpha - gt \tag{4}$$

Eine weitere Integration liefert die Komponenten des zurückgelegten Weges

$$x = v_0 t \cos\alpha + C_3 \quad y = v_0 t \sin\alpha - \frac{g}{2} t^2 + C_4 \tag{5}$$

C_3 und C_4 werden aus den bekannten Anfangsbedingungen ermittelt, so daß sich ergibt

$$x = v_0 t \cos\alpha$$

$$y = v_0 t \sin\alpha - \frac{g}{2} t^2 \tag{6}$$

Damit sind die Wegkoordinaten, abhängig von der Zeit, bekannt. Wird t aus der ersten Gl. (6) eliminiert, dann erhält man aus der zweiten die Bahnkurve des Massenpunktes (Wurfparabel).

$$y = x \tan \alpha - \frac{g}{2v_0^2} \frac{x^2}{\cos^2 \alpha} \tag{7}$$

Die größte Wurfhöhe ergibt sich aus $\frac{dy}{dx} = 0$ an der Stelle $x_H = \frac{v_0^2}{g} \cos \alpha \sin \alpha$ zu

$$H = \frac{v_0^2}{2g} \sin^2 \alpha \tag{8}$$

Die Wurfweite folgt aus (7) für $y = 0$ zu

$$W = \frac{2v_0^2}{g} \sin \alpha \cos \alpha = \frac{v_0^2}{g} \sin 2\alpha \tag{9}$$

Bei vorgegebener Anfangsgeschwindigkeit v_0 ergibt sich hieraus die größte Wurfweite für

$$\alpha = 45°$$

zu

$$W_{max} = \frac{v_0^2}{g} \tag{10}$$

Alle anderen Wurfweiten können bei gegebener Anfangsgeschwindigkeit mit zwei verschiedenen Anstellwinkeln α erreicht werden. Der Sinus ist zu $\frac{\pi}{2}$ symmetrisch, d. h., für das Argument

$$2\alpha = 90° \pm 2\delta \qquad \delta \leqq 45°$$

ergeben sich gleiche Funktionswerte und mit Gl. (9) gleiche Wurfweiten für

$$\alpha_1 = 45° + \delta \quad \text{und für} \quad \alpha_2 = 45° - \delta \tag{11}$$

Beispiel 5:

Eine Masse m wird von der Höhe h aus mit der Geschwindigkeit v_0 unter einem Winkel α abgeworfen (vgl. Bild D 1.11). Man bestimme den Winkel α_{max}, für den die größte Wurfweite W_{max} erreicht wird, und berechne diese.

Gegeben: $v_0 = 10 \text{ m s}^{-1}$, $h = 2 \text{ m}$, $g = 9{,}81 \text{ m s}^{-2}$

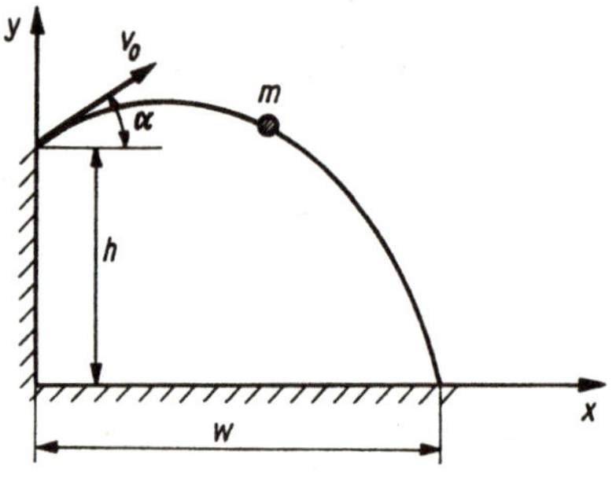

Bild D 1.11

Lösung:

Nach Festlegen des Koordinatensystems lauten die Bewegungsgleichungen

$$0 = m\ddot{x} \qquad -mg = m\ddot{y}$$

$$\ddot{x} = 0 \qquad \ddot{y} = -g \tag{1}$$

Die Integration liefert

$$\dot{x} = C_1 \qquad \dot{y} = -gt + C_3$$

$$x = C_1 t + C_2 \qquad y = -\frac{gt^2}{2} + C_3 t + C_4 \tag{2}$$

Die Anfangsbedingungen lauten

$$t = 0: \quad x = 0 \quad y = h \quad \dot{x} = v_0 \cos\alpha \quad \dot{y} = v_0 \sin\alpha$$

Damit ergeben sich die Konstanten zu

$$C_1 = v_0 \cos\alpha \qquad C_2 = 0$$

$$C_3 = v_0 \sin\alpha \qquad C_4 = h \tag{3}$$

Eliminiert man aus den Gln. (2) die Zeit und setzt die Konstanten ein, so ergibt sich die Gleichung der Bewegungsbahn

$$y = -\frac{g}{2}\,\frac{x^2}{v_0^2 \cos^2\alpha} + x\,\frac{\sin\alpha}{\cos\alpha} + h \tag{4}$$

Für $y = 0$ geht x in die Wurfweite W über.
Es gilt also

$$0 = -\frac{1}{2}\, g\, \frac{W^2}{v_0^2 \cos^2\alpha} + W\,\frac{\sin\alpha}{\cos\alpha} + h \tag{5}$$

Damit liegt eine Funktion $F(W, \alpha)$ in implizierter Form vor, an der die Extremwertbetrachtung durchgeführt werden kann.
Nach Multiplikation mit $v_0^2 \cos^2\alpha$ ergibt sich

$$F(W, \alpha) \equiv 0 = -\frac{1}{2}\, g W^2 + v_0^2 W \sin\alpha\cos\alpha + v_0^2 h \cos^2\alpha$$

Unter Anwendung der Additionstheoreme findet man

$$2F(W, \alpha) = -gW^2 + v_0^2 W \sin 2\alpha + v_0^2 h(1 + \cos 2\alpha) \tag{6}$$

Ein Extremwert in W liegt vor, wenn gilt

$$W' = \frac{\partial F}{\partial \alpha} : \frac{\partial F}{\partial W} = \frac{F_\alpha}{F_W} = 0 \tag{7}$$

Wird die zweite Ableitung an dieser Stelle negativ, so liegt ein Maximum vor.
Für Gl. (6) ergeben die partiellen Differentiationen

$$F_\alpha = v_0^2 W \cos 2\alpha - v_0^2 h \sin 2\alpha$$

$$F_W = -gW + \frac{1}{2}\, v_0^2 \sin 2\alpha \tag{8}$$

Aus $\frac{F_\alpha}{F_W} = 0$ findet man

$$v_0^2 W \cos 2\alpha - v_0^2 h \sin 2\alpha = 0$$

$$\tan 2\alpha = \frac{W}{h} \tag{9}$$

Unter Beachtung der Additionstheoreme

$$\sin\varphi = \frac{\tan\varphi}{\sqrt{1+\tan^2\varphi}} \qquad \cos\varphi = \frac{1}{\sqrt{1+\tan^2\varphi}}$$

ergibt sich durch Einsetzen von Gl. (9) in Gl. (6):

$$-gW^2 + v_0^2 h + v_0^2 W \frac{\frac{W}{h}}{\sqrt{1+\left(\frac{W}{h}\right)^2}} + v_0^2 h \frac{1}{\sqrt{1+\left(\frac{W}{h}\right)^2}} = 0$$

$$gW^2 - v_0^2 h = v_0^2 \frac{W^2 + h^2}{\sqrt{W^2 + h^2}}$$

Daraus findet man die biquadratische Gleichung zur Bestimmung von W

$$W^4 - \left(\frac{2hv_0^2}{g} + \frac{v_0^4}{g^2}\right) W^2 = 0$$

Sie hat die Wurzeln

$$W_{1,2} = 0$$

$$W_{3,4} = \frac{v_0^2}{g}\sqrt{1 + \frac{2gh}{v_0^2}}$$

Man erkennt sofort, daß $W_{3,4}$ dem gesuchten Maximalwert entspricht, was sich natürlich auch durch nochmalige Differentiation zeigen läßt ($W'' < 0$: Maximum).
Es gilt also

$$W_{\max} = \frac{v_0^2}{g}\sqrt{1 + \frac{2gh}{v_0^2}}$$

$$\tan 2\alpha_{\max} = \frac{v_0^2}{hg}\sqrt{1 + \frac{2gh}{v_0^2}}$$

Setzt man die gegebenen Zahlenwerte ein, so folgt

$$W_{\max} = 12{,}03 \text{ m} \qquad \alpha_{\max} = 40{,}3^\circ$$

Für $h = 0$ erhält man die Ergebnisse von Beispiel 4.

1.1.4.3. Bewegung mit Luftwiderstand

Beispiel 6:

Eine Punktmasse m fällt von großer Höhe auf die Erde. Der Bewegungswiderstand soll dabei als proportional dem Quadrat der Geschwindigkeit angenommen werden. Man bestimme die

Zeit bis zum Erreichen der Geschwindigkeit $v = 0{,}99\, v_{\text{max}}$. Welcher Weg wird dabei zurückgelegt?
Als spezielles Beispiel soll der Fall eines Wassertropfens berechnet werden:
Radius

$$a = 0{,}5 \text{ mm} \qquad \varrho_{\text{Luft}} = 1{,}293 \text{ kg m}^{-3}$$

Widerstandsbeiwert

$$c_{\text{W}} = 0{,}5 \qquad \varrho_{\text{Wasser}} = 1000 \text{ kg m}^{-3}$$

Lösung:

Wird die Wegkoordinate s in Bewegungsrichtung festgelegt, so wirken an der Masse als eingeprägte Kräfte in Bewegungsrichtung das Gewicht mg und der Bewegungswiderstand F_{W}. Nach Gl. (1.14) gilt

$$F_{\text{W}} = -b_2\, |v|\, v$$

Da die Geschwindigkeit während der ganzen Bewegung das Vorzeichen nicht ändert, kann man schreiben

$$F_{\text{W}} = -b_2 v^2 \tag{1}$$

Der Faktor b_2 läßt sich berechnen aus

$$b_2 = c_{\text{W}} A\, \frac{\varrho_{\text{Luft}}}{2} \tag{2}$$

Es bedeuten

A Maximale Querschnittfläche senkrecht zur Bewegungsrichtung,
c_{W} Widerstandsbeiwert.

Die Bewegungsgleichung lautet somit

$$mg - b_2 \dot{s}^2 = m\ddot{s}$$

oder

$$\ddot{s} + \frac{b_2}{m}\, \dot{s}^2 = g \tag{3}$$

Diese inhomogene nichtlineare Differentialgleichung 2. Ordnung läßt sich durch schrittweise Integration lösen.
Setzt man

$$\ddot{s} = \frac{\mathrm{d}\dot{s}}{\mathrm{d}t} = \frac{\mathrm{d}v}{\mathrm{d}t}$$

so folgt aus Gl. (3)

$$\frac{\mathrm{d}v}{\mathrm{d}t} + \frac{b_2}{m}\, v^2 = g \tag{4}$$

Die so entstandene Differentialgleichung 1. Ordnung kann durch Trennung der Veränderlichen gelöst werden.
Es ergibt sich

$$\int \mathrm{d}t = \frac{m}{b_2} \int \frac{\mathrm{d}v}{\dfrac{mg}{b_2} - v^2} \tag{5}$$

Der Ausdruck $\frac{mg}{b_2}$ muß die Dimension des Quadrates der Geschwindigkeit haben. Er läßt sich physikalisch als Quadrat der Maximalgeschwindigkeit deuten. Setzt man nämlich in Gl. (3) $\ddot{s} = 0$, dieser Zustand wird erreicht, wenn die Widerstandskraft so groß wie das Gewicht ist, so folgt:

$$\frac{b_2}{m} v_{\max}^2 = g \qquad v_{\max}^2 = \frac{mg}{b_2} \tag{6}$$

Gl. (5) läßt sich also in folgender integrierbarer Form schreiben:

$$\int \mathrm{d}t = \frac{m}{2b_2 v_{\max}} \int \left(\frac{1}{v_{\max} + v} + \frac{1}{v_{\max} - v} \right) \mathrm{d}v$$

mit der Lösung, bei der b_2 nach Gl. (6) eliminiert wurde:

$$\frac{2g}{v_{\max}} t = \ln \left(\frac{v_{\max} + v}{v_{\max} - v} \right) + C_1 \tag{7}$$

Mit der Anfangsbedingung $t = 0$: $v = 0$ ergibt sich $C_1 = 0$.
Somit gilt

$$v = v_{\max} \frac{\mathrm{e}^{\frac{2gt}{v_{\max}}} - 1}{\mathrm{e}^{\frac{2gt}{v_{\max}}} + 1} = v_{\max} \cdot \tanh \frac{gt}{v_{\max}} \tag{8}$$

Man erkennt hieraus, daß sich v nur asymptotisch dem Wert $v_{\max}$ nähert.
Die durchfallene Strecke ergibt sich aus dem zweiten Integrationsschritt, in dem man

$$v = \frac{\mathrm{d}s}{\mathrm{d}t}$$

setzt.

$$\int \mathrm{d}s = v_{\max} \int \tanh \frac{gt}{v_{\max}} \mathrm{d}t$$

Es gilt

$$s = \frac{v_{\max}^2}{g} \ln \left(\cosh \frac{gt}{v_{\max}} \right) + C_2 \tag{9}$$

Mit der Anfangsbedingung

$$t = 0: \qquad s = 0$$

wird

$$C_2 = 0$$

Für die gegebenen Zahlenwerte erhält man

$$v_{\max} = 4{,}5 \text{ m s}^{-1}$$

$\frac{v}{v_{\max}} = 0{,}99$ wird erreicht nach $t = 1{,}21$ s. Der dabei zurückgelegte Weg beträgt

$$s = 4{,}02 \text{ m}$$

Es zeigt sich also, daß bereits für Fallhöhen $s > 4{,}02$ m die kinetische Energie des Wassertropfens praktisch unabhängig von der Fallhöhe ist. Dies ist der Grund dafür, daß auch bei Regen aus großer Höhe Pflanzen nicht zerschlagen werden.

1.1.4.4. Erdferne Bewegung

Beispiel 7:

Ein Erdsatellit der Masse m soll sich stationär auf einer Kreisbahn im Abstand h von der Erdoberfläche bewegen. Man gebe die Bahngeschwindigkeit v, die Winkelgeschwindigkeit ω und die Umlaufzeit T in Abhängigkeit von h an. Spezielle Ergebnisse sollen für folgende Werte berechnet werden:
Erdradius:

$$R = 6370 \text{ km} \qquad g = 9{,}81 \text{ m s}^{-2} \qquad h = 900 \text{ km}$$

Lösung:

Unter Verwendung von Gl. (1.6) erhält man

$$F_{\mathrm{G}} = m\tilde{g} = ma_{\mathrm{n}} \qquad \tilde{g} = g\,\frac{R^2}{r^2}$$

$$r = R + h \tag{1}$$

$$a_{\mathrm{n}} = \omega^2 r$$

Somit gilt

$$g\,\frac{R^2}{(R+h)^2} = \omega^2(R+h)$$

Die Winkelgeschwindigkeit muß danach betragen

$$\omega = \sqrt{\frac{gR^2}{(R+h)^3}} = \frac{R}{R+h}\sqrt{\frac{g}{R+h}} \tag{2}$$

Die Bahngeschwindigkeit berechnet sich aus

$$v = \omega(R+h) = R\sqrt{\frac{g}{R+h}} \tag{3}$$

Die Umlaufzeit beträgt

$$T = \frac{2\pi}{\omega} = 2\pi\sqrt{\frac{R}{g}\left(1+\frac{h}{R}\right)^3} \tag{4}$$

Mit den gegebenen Zahlenwerten erhält man

$$\omega = 1{,}018 \cdot 10^{-3} \text{ s}^{-1}$$

$$v = 7{,}40 \text{ km s}^{-1}$$

$$T = 102{,}8 \text{ min}$$

Beispiel 8:

In welcher Höhe H muß ein Erdsatellit kreisen, damit er ständig über einem Ort der Erde P stehenbleibt (Satellit zur Fernsehübertragung)?

Lösung:

Es gilt Gl. (4) des Beispiels 7. Die Umlaufzeit beträgt $T = 24$ Stunden. (Exakt muß der Sterntag mit $T = 23$ Stunden, 56 Minuten, 4,09 Sekunden verwendet werden.)

$$H = R\left[\sqrt[3]{\left(\frac{T}{2\pi}\right)^2 \frac{g}{R}} - 1\right]$$

Mit $g = 9{,}80665\ \mathrm{m\,s^{-2}}$ erhält man

$$H = 35\,770\ \mathrm{km}$$

Man beachte, daß sich der Satellit auf einer Kreisbahn um den Erdmittelpunkt bewegt. Der Ort P müßte sich also auch um den Erdmittelpunkt bewegen. Dies trifft jedoch nur für Orte auf dem Äquator zu.

Beispiel 9:

Ein Körper soll von der Erdoberfläche aus so nach oben geschossen werden, daß er das Gravitationsfeld der Erde verläßt. Wie groß muß seine Startgeschwindigkeit v_A sein, wenn der Luftwiderstand vernachlässigt wird?

Lösung:

Zählt man die Bewegungskoordinate s von der Erdoberfläche aus, so gilt für die eingeprägte Kraft, die der Koordinate entgegenwirkt [vgl. Gl. (1.6)]:

$$F = -mg\,\frac{R^2}{r^2} = -mg\,\frac{R^2}{(R+s)^2}$$

Das dynamische Grundgesetz ergibt dann folgende Dgl.:

$$-mg\,\frac{R^2}{(R+s)^2} = m\ddot{s}$$

$$\ddot{s} + g\,\frac{R^2}{(R+s)^2} = 0 \tag{1}$$

Wie bereits im Beispiel 6 (1.1.4.3.) ist auch diese Differentialgleichung nichtlinear, sie läßt sich jedoch schrittweise integrieren, wenn gesetzt wird:

$$\ddot{s} = \frac{\mathrm{d}v}{\mathrm{d}t} = \frac{\mathrm{d}v}{\mathrm{d}s}\cdot\frac{\mathrm{d}s}{\mathrm{d}t} = \frac{\mathrm{d}v}{\mathrm{d}s}\,v \tag{2}$$

Aus Gl. (1) wird

$$\int v\,\mathrm{d}v = -g\int \frac{R^2}{(R+s)^2}\,\mathrm{d}s \tag{3}$$

Die Integration liefert

$$\frac{v^2}{2} = g\,\frac{R^2}{(R+s)} + C \tag{4}$$

Die Integrationskonstante C wird mit Hilfe der Anfangsbedingungen

$$s = 0: \qquad v = v_{\mathrm{A}}$$

gefunden. Dafür gilt

$$\frac{v_A^2}{2} = gR + C; \qquad C = \frac{v_A^2}{2} - gR$$

Somit erhält man

$$\frac{1}{2}(v^2 - v_A^2) = gR\left(\frac{R}{R+s} - 1\right) \tag{5}$$

Auf dieses Ergebnis wird bei der Behandlung des Energiesatzes noch einmal eingegangen. Eine Flucht aus dem Gravitationsfeld ist nur dann möglich, wenn gilt

$$s \to \infty: \qquad v = 0$$

Diese Bedingung ergibt die gesuchte Startgeschwindigkeit

$$v_A = \sqrt{2gR}$$

Mit $g = 9{,}81 \text{ m s}^{-2}$ und $R = 6370$ km erhält man

$$v_A = 11{,}18 \text{ km s}^{-1}$$

Man nennt diese Geschwindigkeit die 2. kosmische Geschwindigkeit im Gegensatz zur 1. kosmischen Geschwindigkeit

$$v_A^* = \sqrt{gR} = 7{,}91 \text{ km s}^{-1}$$

die in tangentialer Richtung mindestens erreicht werden muß, um die Erde als Satellit umkreisen zu können.

1.1.5. Beispiele zur gemischten Fragestellung

In vielen praktischen Problemen lassen sich die beiden Grundaufgaben nicht unmittelbar aus der Fragestellung ablesen. Oft treten sie dabei gemischt auf. Die Analyse der Aufgabe führt jedoch immer wieder auf sie zurück. Im folgenden Beispiel soll dies demonstriert werden.

Beispiel 1:

Eine Scheibe (Bild D 1.12), in der sich ein Gleitstein der Masse m reibungsfrei bewegen kann, rotiert in horizontaler Ebene. Wie groß muß das an der Drehachse angreifende Drehmoment sein, damit sich die Scheibe mit konstanter Winkelgeschwindigkeit ω_0 dreht? Zur Zeit $t = 0$ wird der Gleitstein beim Radius r_0 ohne Anfangsgeschwindigkeit losgelassen.

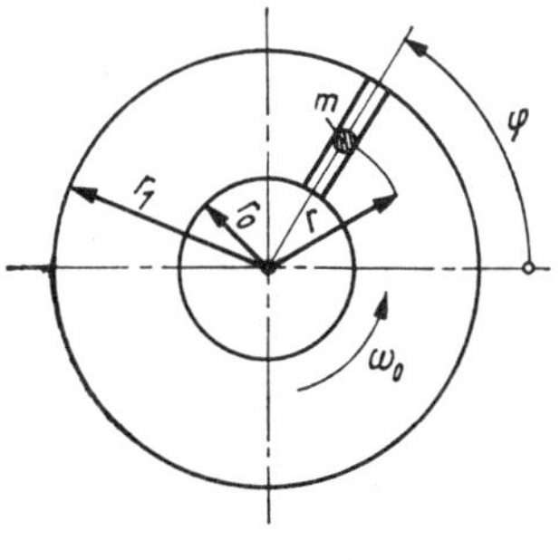

Bild D 1.12

Lösung:

Die Beschreibung soll in Polarkoordinaten erfolgen. Auf die herausgeschnittene Masse wirken folgende Kraftkomponenten:

F_φ Kraft von der Scheibe auf die Masse
Sie wird gesucht, um das Moment zu berechnen.

$F_r = 0$, da keine Bewegungswiderstände berücksichtigt werden.

Das dynamische Grundgesetz in beiden Richtungen lautet (vgl. Bild K 1.13)

$$F_\varphi = m(r\ddot{\varphi} + 2\dot{r}\dot{\varphi}) \quad (1)$$

$$0 = m(\ddot{r} - r\dot{\varphi}^2) \quad (2)$$

In Gl. (1) ist die Kraft F_φ positiv, da sie in positiver Koordinatenrichtung wirkt.
Da $\dot{\varphi} = \omega_0$ gefordert wurde, ergibt sich

$$F_\varphi = 2\dot{r}\omega_0 m \quad (3)$$

$$\omega_0^2 r - \ddot{r} = 0 \quad (4)$$

Aus diesen beiden Gleichungen werden die Grundaufgaben deutlich. Während Gl. (3) die 1. Grundaufgabe, bei der bei gegebener Bewegung die gesuchte Kraft berechnet werden soll, repräsentiert, spiegelt Gl. (4) die zweite wider. In Gl. (3) ist jedoch $\dot{r}$ noch unbekannt, es muß also erst $r(t)$ und damit $\dot{r}(t)$ aus Gl. (4) bestimmt werden, um dann Gl. (3) und später das gesuchte Moment berechnen zu können. Gl. (4) ist eine lineare, homogene Differentialgleichung, deren Lösung mit Hilfe des Fundamentalsystems erzielt wird.
Mit dem Ansatz $r = e^{\lambda t}$ erhält man durch Einsetzen in Gl. (4) die charakteristische Gleichung

$$-\lambda^2 + \omega_0^2 = 0$$

mit den Lösungen

$$\lambda_1 = +\omega_0 \qquad \lambda_2 = -\omega_0$$

Die Lösung von Gl. (4) lautet somit

$$r = Ae^{\omega_0 t} + Be^{-\omega_0 t} \quad (5)$$

Aus den Anfangsbedingungen

$$t = 0: \qquad r = r_0 \qquad \dot{r} = 0 \quad (6)$$

ergeben sich die beiden Integrationskonstanten

$$A = B = \frac{r_0}{2}$$

Es gilt

$$r = r_0 \frac{e^{\omega_0 t} + e^{-\omega_0 t}}{2} = r_0 \cosh \omega_0 t \quad (7)$$

Damit wird

$$\dot{r} = r_0\omega_0 \sinh \omega_0 t \quad (8)$$

$$F_\varphi = 2m\omega_0^2 r_0 \sinh \omega_0 t \quad (9)$$

Für die Berechnung des Antriebsmomentes M_t muß ein Momentengleichgewicht an der Scheibe herrschen. Die Kraft von der Masse auf die Scheibe hat nun entgegengesetzte Richtung von F_φ. In positiver Drehrichtung gilt daher

$$M_t - F_\varphi r = 0 \qquad (10)$$

Damit wird

$$M_t = m\omega_0^2 r_0^2 \sinh 2\omega_0 t$$

Beispiel 2:

Ein Pendel der Masse m und der Pendellänge l schwingt mit dem Anfangsausschlag φ_0. Man gebe die Gleichungen zur Berechnung der Kraft, die auf den Pendeldrehpunkt übertragen wird, an.

Lösung:

Es wird mit dem *d'Alembert*schen Prinzip gearbeitet. Bild D 1.13 zeigt das Pendel im ausgelenkten Zustand mit der vorgegebenen Koordinate φ und der eingeprägten Kraft mg, den Reaktionskräften F_{Ax}, F_{Ay} sowie den Massenkräften, die man entgegen den in Bahnkoordinaten angegebenen Beschleunigungen wirken läßt. Es werden jetzt die Gleichgewichtsbeziehungen der Kräfte in x- und y-Richtung und eine Momentenbeziehung um A aufgestellt. Sie lauten:

$$F_{Ax} - ma_t \cos\varphi + ma_n \sin\varphi = 0 \qquad (1)$$

$$F_{Ay} - ma_t \sin\varphi - ma_n \cos\varphi - mg = 0$$

$$ma_t l + mgl \sin\varphi = 0 \qquad (2)$$

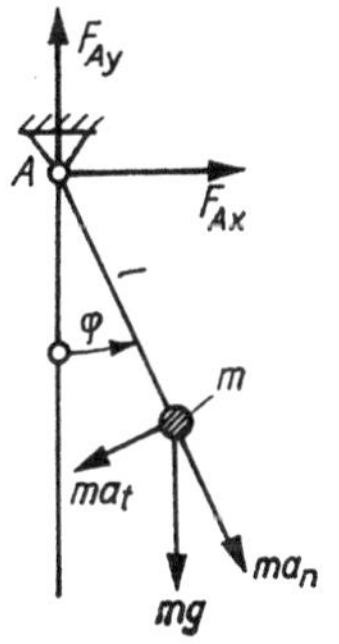

Bild D 1.13

Mit $a_t = l\ddot{\varphi}$, $a_n = l\dot{\varphi}^2$ gilt

$$F_{Ax} = ml(\ddot{\varphi}\cos\varphi - \dot{\varphi}^2 \sin\varphi) \qquad (3)$$

$$F_{Ay} = ml(\ddot{\varphi}\sin\varphi + \dot{\varphi}^2 \cos\varphi + g/l)$$

$$\ddot{\varphi} + \frac{g}{l}\sin\varphi = 0 \qquad (4)$$

Es muß also zunächst die Dgl. (4) unter Beachtung der Anfangsbedingungen gelöst werden. Da es sich um eine nichtlineare Dgl. handelt, wird man in erster Näherung eine Linearisierung, die nur für kleine Ausschläge gilt, ($\sin\varphi = \varphi$) durchführen. Es lassen sich nun die Winkelgeschwindigkeit $\dot{\varphi}$ und Winkelbeschleunigung $\ddot{\varphi}$ als Funktionen der Zeit berechnen. Dies in Gl. (3) eingesetzt, ergibt die Komponenten der Lagerkraft. Sie berechnet sich aus $F_A = \sqrt{F_{Ax}^2 + F_{Ay}^2}$.

1.2. Folgerungen des dynamischen Grundgesetzes

Prinzipiell lassen sich alle Aufgaben der Dynamik der Punktmassen mit Hilfe des dynamischen Grundgesetzes lösen. Für viele Aufgabenstellungen ist es jedoch vorteilhaft, wenn die einzelnen Integrationsschritte allgemein bekannt sind, da sie oft eine übersichtliche Lösung ermöglichen. Diese Überlegungen führen auf den Impulssatz und den Arbeitssatz sowie auf die speziellen Formen, wie Drallsatz, Flächensatz und Energiesatz.

1.2.1. Impulssatz

Es soll von dem dynamischen Grundgesetz in der Form [vgl. Gl. (1.1)]

$$\boldsymbol{F} = \frac{\mathrm{d}\boldsymbol{p}}{\mathrm{d}t} = \frac{\mathrm{d}(m\boldsymbol{v})}{\mathrm{d}t}$$

ausgegangen werden.
Ist die auf die Punktmasse wirkende Kraft $\boldsymbol{F} = \boldsymbol{F}(t)$ als Funktion der Zeit gegeben, so läßt sich Gl. (1.1) durch Trennung der Veränderlichen lösen. Soll die Krafteinwirkung während des Zeitintervalls $t_0 \leqq t \leqq t_1$ erfolgen, so gilt

$$\int_{t_0}^{t_1} \boldsymbol{F}\, \mathrm{d}t = \int_{(m\boldsymbol{v})_0}^{(m\boldsymbol{v})_1} \mathrm{d}(m\boldsymbol{v})$$

Daraus folgt

$$\int_{t_0}^{t_1} \boldsymbol{F}\, \mathrm{d}t = (m\boldsymbol{v})_1 - (m\boldsymbol{v})_0 \tag{1.16}$$

Gl. (1.16) nennt man den *Impulssatz*. Es sei darauf hingewiesen, daß nur Kenntnisse über das Produkt $(m\boldsymbol{v})$ während des Anfangs- und Endzustandes benötigt werden. Wirkt keine Kraft, so bleibt der Impuls konstant

$$(m\boldsymbol{v})_1 = (m\boldsymbol{v})_0 = \text{konst.} \tag{1.17}$$

Die Anwendung des Impulssatzes wird dann Vorteile bringen, wenn die Zeit nicht explizit auftritt, wenn also Bewegungszustände auch bei veränderlichen Massen verglichen werden. Auf die Punktmasse wird er selten angewendet. Vielmehr hat er große Bedeutung bei der Berechnung von Systemen von Punktmassen, den sogenannten Punkthaufen (vgl. Abschn. 3.).

1.2.2. Impulsmomentensatz, Drallsatz, Flächensatz

Betrachtet man die Bewegung der Masse als Drehung um den raumfesten Bahnmittelpunkt, so tritt an die Stelle der äußeren Kraft das äußere Moment, dessen Vektor die Richtung des Winkelgeschwindigkeitsvektors hat. Es lautet

$$\boldsymbol{M} = \boldsymbol{r} \times \boldsymbol{F} \tag{1.18}$$

Multipliziert man Gl. (1.1) vektoriell mit $\boldsymbol{r}$, so ergibt sich

$$\boldsymbol{r} \times \boldsymbol{F} = \boldsymbol{M} = \boldsymbol{r} \times \frac{\mathrm{d}(m\boldsymbol{v})}{\mathrm{d}t} \tag{1.19}$$

Definiert man jetzt parallel zum Impuls $\boldsymbol{p} = (m\boldsymbol{v})$ den Drall

$$\boldsymbol{L} = \boldsymbol{r} \times (m\boldsymbol{v}) \tag{1.20}$$

so ergibt seine zeitliche Ableitung

$$\dot{\boldsymbol{L}} = \dot{\boldsymbol{r}} \times (m\boldsymbol{v}) + \boldsymbol{r} \times (m\boldsymbol{v})^{\cdot}$$

Die Vektoren $\dot{\boldsymbol{r}} = \boldsymbol{v}$ und $m\boldsymbol{v}$ liegen auf einer Geraden, so daß $\dot{\boldsymbol{r}} \times m\boldsymbol{v} = 0$ ist

$$\dot{\boldsymbol{L}} = \dot{\boldsymbol{r}} \times m\dot{\boldsymbol{r}} + \boldsymbol{r} \times (m\boldsymbol{v})^{\cdot} = \boldsymbol{r} \times (m\boldsymbol{v})^{\cdot} \tag{1.21}$$

Ein Vergleich mit Gl. (1.19) liefert dann unmittelbar den Impulsmomentensatz

$$\boldsymbol{M} = \frac{\mathrm{d}\boldsymbol{L}}{\mathrm{d}t} \tag{1.22}$$

Er hat jedoch für die Punktmasse nur geringe Bedeutung, weil dabei jede Drehung als Translation auf einer gekrümmten Bahn aufgefaßt werden kann.
Für den starren Körper bildet er jedoch die Grundlage der Überlegungen. Ist das Moment M als Funktion der Zeit gegeben, so läßt sich Gl. (1.22) in derselben Art wie das dynamische Grundgesetz integrieren. Man erhält dann analog zu Gl. (1.16)

$$\int_{t_0}^{t_1} \boldsymbol{M}\,\mathrm{d}t = \boldsymbol{L}_1 - \boldsymbol{L}_0 \tag{1.23}$$

Gl. (1.23) nennt man den *Drallsatz*. Die Bezeichnungen sind jedoch nicht einheitlich. Häufig wird auch der Impulsmomentensatz Gl. (1.22) als Drallsatz bezeichnet.
Als spezielle Form des Drallsatzes, die auch in der Punktmassendynamik, etwa zur Berechnung von Planetenbewegungen, verwendet wird, ergibt sich für $\boldsymbol{M} = 0$ aus Gl. (1.22) der *Flächensatz*.
Dabei ist zu beachten, daß das Moment verschwindet, wenn entweder die auf die Masse wirkenden Kräfte Null sind oder die Resultierende dieser Kräfte $\boldsymbol{F}$ die Richtung des Ortsvektors hat. Eine solche Bewegung wird *Zentralbewegung* genannt.
Für sie gilt also

$$\frac{\mathrm{d}\boldsymbol{L}}{\mathrm{d}t} = 0 \qquad \boldsymbol{L} = \text{konst.}$$

Für $m =$ konst. läßt sich hierfür eine anschauliche Deutung geben. Es gilt unter Verwendung von Gl. (1.20) und Gl. (1.21)

$$\boldsymbol{r} \times \frac{\mathrm{d}\boldsymbol{r}}{\mathrm{d}t} = \frac{\mathrm{d}}{\mathrm{d}t}(\boldsymbol{r} \times \mathrm{d}\boldsymbol{r}) = \text{konst.} \tag{1.24}$$

Aus Bild D 1.14 erkennt man, daß gilt:

$$|(\boldsymbol{r} \times \mathrm{d}\boldsymbol{r})| = 2\,\mathrm{d}A \tag{1.25}$$

(dA ist die Fläche des schraffierten Dreieckes)
Somit gilt

$$\frac{\mathrm{d}A}{\mathrm{d}t} = \text{konst.} \tag{1.26}$$

Dies ist der *Flächensatz* oder das *2. Keplersche Gesetz.* Er sagt aus, daß die Bewegung einer Punktmasse unter dem Einfluß einer Zentralkraft so erfolgt, daß der Radiusvektor in gleichen Zeiten gleiche Flächen überstreicht.

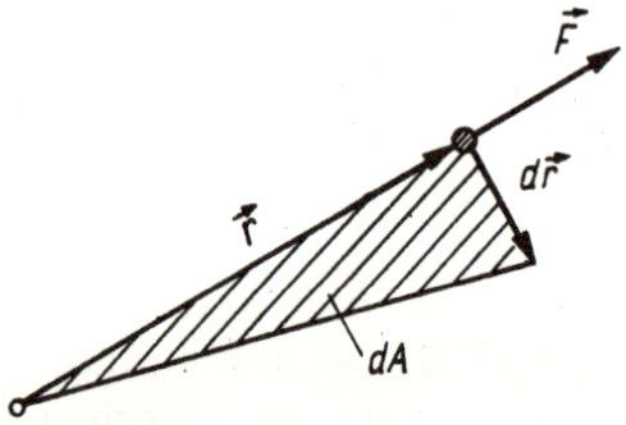

Bild D 1.14

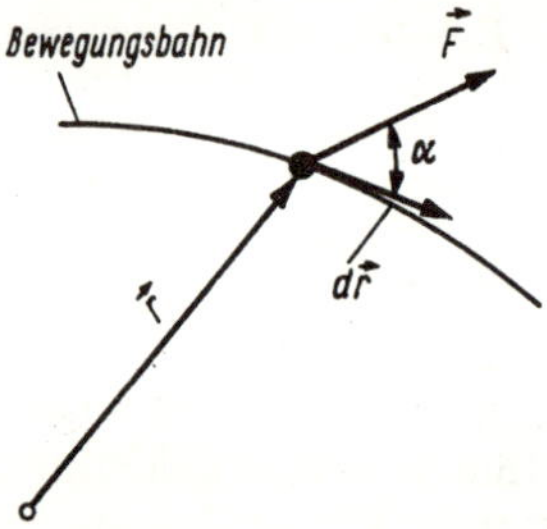

Bild D 1.15

1.2.3. Arbeitssatz, Energiesatz, Potentialbegriff

Wie schon bei der Ableitung des Impulssatzes wird auch hier von dem dynamischen Grundgesetz

$$\boldsymbol{F} = \frac{\mathrm{d}(m\boldsymbol{v})}{\mathrm{d}t}$$

ausgegangen [vgl. Gl. (1.1)]. Ist die auf die Punktmasse wirkende Kraft als Funktion des Weges gegeben, berechnet sich die von ihr verrichtete Arbeit nach (Bild D 1.15)

$$\mathrm{d}W = \boldsymbol{F}\,\mathrm{d}\boldsymbol{r} = |\boldsymbol{F}|\,|\mathrm{d}\boldsymbol{r}|\cos\alpha \tag{1.27}$$

Daraus erkennt man, daß die Arbeit eine skalare Größe ist und daß nur die Komponente der Kraft, die in Richtung der Bahntangente liegt, Arbeit verrichtet. Die Einheit der Arbeit ist Nm.
Integriert man Gl. (1.1) über den Weg, so ergibt sich

$$W = \int_{r_0}^{r_1} \boldsymbol{F}\,\mathrm{d}\boldsymbol{r} = \int_{r_0}^{r_1} \frac{\mathrm{d}(m\boldsymbol{v})}{\mathrm{d}t}\,\mathrm{d}\boldsymbol{r} \tag{1.28}$$

Für $m =$ konst. geht Gl. (1.28) mit $\frac{\mathrm{d}\boldsymbol{r}}{\mathrm{d}t} = \boldsymbol{v}$ über in

$$W = \int_{r_0}^{r_1} \boldsymbol{F}\,\mathrm{d}\boldsymbol{r} = m \int_{v_0}^{v_1} \boldsymbol{v}\,\mathrm{d}\boldsymbol{v} \tag{1.29}$$

$$\int_{r_0}^{r_1} \boldsymbol{F}\,\mathrm{d}\boldsymbol{r} = \frac{mv_1^2}{2} - \frac{mv_0^2}{2} \tag{1.30}$$

Bezeichnet man mit F_s die in Richtung der Bahntangente wirkende Kraftkomponente, so folgt

$$\int_{s_0}^{s_1} F_s\,\mathrm{d}s = \frac{mv_1^2}{2} - \frac{mv_0^2}{2} \tag{1.31}$$

Der skalare Ausdruck

$$T = \frac{mv^2}{2} \tag{1.32}$$

wird *kinetische Energie* genannt, sie gibt das durch die Bewegung bei einer bestimmten Geschwindigkeit der Punktmasse innewohnende Arbeitsvermögen an. Kinetische Energie wird jedoch nur bei einer Geschwindigkeitsänderung wirksam. Man definiert deshalb die bei einer Geschwindigkeitsänderung frei werdende Arbeit nach

$$W_\mathrm{k} = T_1 - T_0 \tag{1.33}$$

Gl. (1.31) ist die mathematische Formulierung des Arbeitssatzes. Er sagt aus, daß die von der Kraft F_s längs des Weges s verrichtete Arbeit gleich der Änderung der kinetischen Energie zwischen Anfangs- und Endzustand der untersuchten Bewegung ist. In kartesischen Koordinaten lautet der Arbeitssatz

$$\int_0^1 (F_x\,\mathrm{d}x + F_y\,\mathrm{d}y + F_z\,\mathrm{d}z) = \frac{m}{2}\,v_1^2 - \frac{m}{2}\,v_0^2$$

Dabei sind F_x, F_y, F_z die Projektionen der Kraft F auf die Koordinatenachsen. Ein Sonderfall des Arbeitssatzes liegt vor, wenn die Arbeit vom Weg unabhängig ist, wenn das Integral

$$\int_0^1 (F_x\,\mathrm{d}x + F_y\,\mathrm{d}y + F_z\,\mathrm{d}z) \tag{1.34}$$

für jeden beliebigen Integrationsweg den gleichen Wert ergibt.

Die Integrale Gln. (1.31) und (1.34) sind im mathematischen Sinne Kurvenintegrale.

Ein Kurvenintegral kann aber nur dann vom Integrationsweg (der Bahn des Massenpunktes) unabhängig sein, wenn der Integrand das totale Differential einer existierenden Funktion $U(x, y, z)$ ist. Demnach muß gelten

$$F_x = -\frac{\partial U}{\partial x} \qquad F_y = -\frac{\partial U}{\partial y} \qquad F_z = -\frac{\partial U}{\partial z} \tag{1.35}$$

Kraftfelder, die die Eigenschaft Gl. (1.35) besitzen, heißen *Potentialfelder*, die Funktion U das Potential des Feldes.
Die Bedingung für die Existenz eines Potentials lautet somit

$$\frac{\partial F_x}{\partial y} = \frac{\partial F_y}{\partial x} \qquad \frac{\partial F_y}{\partial z} = \frac{\partial F_z}{\partial y} \qquad \frac{\partial F_z}{\partial x} = \frac{\partial F_x}{\partial z} \tag{1.36}$$

Beispiele für Potentialkräfte sind Schwerkraft, Federkraft, Auftriebskraft, Kräfte im magnetischen Feld.
Für die Arbeit der eingeprägten Kraft ergibt sich also

$$W = -\int\limits_0^1 \left(\frac{\partial U}{\partial x}\,\mathrm{d}x + \frac{\partial U}{\partial y}\,\mathrm{d}y + \frac{\partial U}{\partial z}\,\mathrm{d}z\right) = -\int\limits_0^1 \mathrm{d}U \tag{1.37}$$

und daraus nach Integration

$$W_\mathrm{p} = U_0 - U_1 \tag{1.38}$$

Hieraus geht hervor, daß Arbeit nur frei wird, wenn eine Änderung des Potentials, d. h. eine Lageänderung stattfindet. Während man mit U_k die potentielle Energie im Punkt k bezeichnet (sie ist von der Definition des Bezugssystems abhängig), ist W_p die Arbeit, die durch eine Potentialkraft zwischen zwei Punkten verrichtet wird. Für Potentialkräfte kann man somit Gl. (1.38) in Gl. (1.30) einsetzen und findet

$$U_0 - U_1 = T_1 - T_0$$

$$U_0 + T_0 = U_1 + T_1 = \text{konst.} \tag{1.39}$$

Dies ist der Energiesatz, der in dieser speziellen Form nur dann gilt, wenn alle eingeprägten Kräfte Potentialkräfte sind. Er sagt aus, daß die Summe aus potentieller und kinetischer Energie der Punktmasse an jeder Stelle der Bewegungsbahn gleich ist.
Für die allgemeine Formulierung des Energiesatzes müssen alle Energieformen, auch die Wärmeenergie, elektrische Energie usw. berücksichtigt werden. In Anlehnung an Gl. (1.39) kann dann gesagt werden, daß in einem geschlossenen System die Summe aller Energien stets konstant ist.

1.2.4. Leistung

Der Arbeitsbegriff enthält keinerlei Angaben über die Zeit, in der die Arbeit verrichtet wird. Wenn also ein Eimer voll Kohlen aus dem Keller in das Erdgeschoß getragen werden soll, so ist die Arbeit dieselbe, wenn dies in einer Minute oder in einer Stunde passiert. In vielen Fällen benötigt man jedoch die Angabe, in welcher Zeit eine bestimmte Arbeit verrichtet wird. Dazu dient eine neue physikalische Größe, die Leistung P. Es gilt:

$$P = \frac{\mathrm{d}W}{\mathrm{d}t} \tag{1.40}$$

Da die Arbeit W eine skalare Größe ist, gilt dies auch für die Leistung.
Setzt man Gl. (1.27) in Gl. (1.40) ein, so findet man

$$P = \boldsymbol{F}\boldsymbol{v} = Fv \cos \alpha \tag{1.41}$$

Die Einheit der Leistung ist N m s^{-1}. Man bezeichnet diese Einheit als Watt.

$$1 \text{ N m s}^{-1} = 1 \text{ W}$$

Es gelten folgende Umrechnungen auf abgeleitete Einheiten:

$$1 \text{ kp m s}^{-1} = 9{,}807 \text{ W}$$
$$1 \text{ PS} = 735{,}5 \text{ W}$$

Beispiel 1:

Welche Widerstandskraft F_W wirkt auf ein Fahrzeug, dessen Motor eine Leistung von 26 PS bei 90 km h^{-1} Fahrgeschwindigkeit entwickelt? (Da die SI-fremde Leistungsangabe in PS noch häufig vorkommt, soll ihre Umrechnung geübt werden.)

Lösung:

Umrechnung der Fahrgeschwindigkeit:

$$v = \frac{90}{3{,}6} \text{ m s}^{-1}, \qquad v = 25 \text{ m s}^{-1}$$

Umrechnung der Leistung:

$$P = 26 \cdot 735{,}5 \text{ W} = 191{,}2 \cdot 10^2 \text{ W}$$

Die Berechnung der Widerstandskraft erfolgt nach Gl. (1.41). Da Geschwindigkeit und Kraft gleiche Richtung haben ($\alpha = 0$) gilt:

$$F_W = \frac{P}{v}, \qquad F_W = 765 \text{ N}$$

Beispiel 2:

Gesucht ist die Leistung eines Pumpspeicherwerkes, wenn zwischen 19.00 Uhr und 22.30 Uhr 250000 m^3 Wasser in den Rohren nach unten fließt und dabei 120 m Höhenunterschied überwindet. Der Wirkungsgrad der Anlage beträgt $\eta = 0{,}86$ (10-Klassen-Abschlußprüfung 1972).

Lösung:

Da die durch das Wasser wirkende Kraft eine Potentialkraft ist, läßt sich die Arbeit aus der Lageänderung der Wassermassen berechnen.
Die eingeprägte Kraft ist also das Gewicht des Wassers, der Weg die Fallhöhe.
Das Nullpotential wird dabei auf den unteren Wasserspiegel bezogen. Man erhält:

$$W_{\mathrm{p}} = mgh \tag{1}$$

Die Arbeit wird in $T = 3{,}5$ Stunden verrichtet, das entspricht einer Leistung von

$$P = \frac{W_{\mathrm{p}}}{T} \tag{2}$$

Unter Beachtung des Wirkungsgrades erhält man

$$P = \frac{250 \cdot 10^6 \cdot 9{,}81\ \mathrm{N} \cdot 120\ \mathrm{m} \cdot 0{,}86}{3{,}5 \cdot 3{,}6 \cdot 10^3\ \mathrm{s}} = 2{,}01 \cdot 10^7\ \mathrm{N\ m\ s^{-1}}$$

$$P \approx 20\ \mathrm{MW}$$

1.2.5. Beispiele zur Anwendung von Impulssatz und Arbeitssatz

Beispiel 1:

Eine freie Punktmasse m bewegt sich mit der Geschwindigkeit v_0. Auf sie wirkt während der Zeit Δt die konstante Kraft F_0, deren Wirkungslinie den Winkel $\alpha = 45°$ zur Richtung der Geschwindigkeit v_0 hat (vgl. Bild D 1.16).
Zahlenwerte:

$$F_0 = 10\ \mathrm{N}, \qquad \Delta t = 0{,}2\ \mathrm{s}$$

$$m = 0{,}5\ \mathrm{kg}, \qquad v_0 = 3\ \mathrm{m\ s^{-1}}$$

Welche Geschwindigkeit v_1 (Größe und Richtung) hat die Masse nach der Krafteinwirkung?

Lösung:

Da nur zwei Bewegungszustände verglichen werden, kann auf die Integration der Bewegungsgleichung verzichtet werden. Die Aufgabe läßt sich am schnellsten mit Hilfe des Impulssatzes lösen.
Nach Gl. (1.16) gilt:

$$\boldsymbol{F}_0 \Delta t = (m\boldsymbol{v}_1) - (m\boldsymbol{v})_0 = m(\boldsymbol{v}_1 - \boldsymbol{v}_0) \tag{1}$$

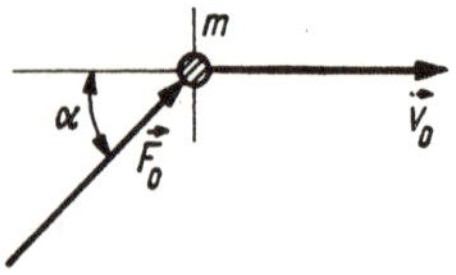

Bild D 1.16

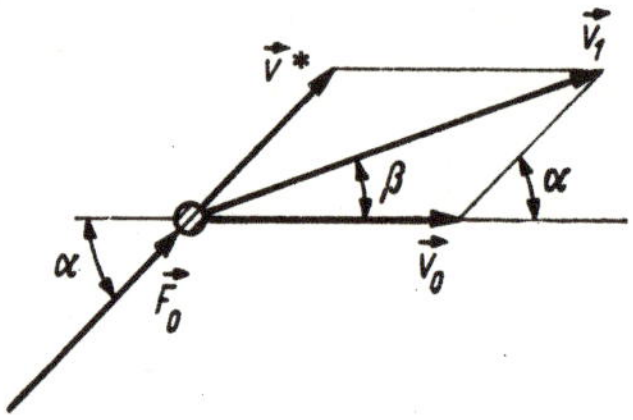

Bild D 1.17

Setzt man

$$(\boldsymbol{v}_1 - \boldsymbol{v}_0) = \boldsymbol{v}^* \tag{2}$$

so gilt

$$\boldsymbol{v}^* = \frac{\boldsymbol{F}_0 \, \Delta t}{m}$$

Der Betrag der Geschwindigkeit ist

$$|\boldsymbol{v}^*| = \frac{|\boldsymbol{F}_0| \, \Delta t}{m} \tag{3}$$

$\boldsymbol{v}^*$ hat somit die Richtung von $\boldsymbol{F}_0$. Bild D 1.17 zeigt die vektorielle Addition. Aus ihm kann abgelesen werden

$$v_1 \sin \beta = v^* \sin \alpha$$

$$v_1 \cos \beta = v_0 + v^* \cos \alpha$$

$$v_1 = \sqrt{v^{*2} + v_0^2 + 2 v_0 v^* \cos \alpha} \tag{4}$$

$$\sin \beta = \frac{v^*}{v_1} \sin \alpha \tag{5}$$

Nach Einsetzen der Zahlenwerte findet man

$$v_1 = 6{,}478 \text{ m s}^{-1} \qquad \sin \beta = 0{,}437 \qquad \beta = 25{,}9^\circ$$

Beispiel 2:

Eine Masse m soll durch eine konstante Zugkraft F_Z auf einer schiefen Ebene hochgezogen werden. In der Zeit T wird sie dabei von der Geschwindigkeit v_0 auf die Geschwindigkeit v_1 gebracht. Die Reibungszahl zwischen Masse und Ebene beträgt μ. Die Ebene hat den Neigungswinkel α.

Lösung:

Die Aufgabe läßt sich am schnellsten mit dem Impulssatz lösen. Bild D 1.18 veranschaulicht die Aufgabenstellung. Es sind in ihm die Bewegungskoordinate und die Kräfte in Bewegungsrichtung eingetragen.
Nach Gl. (1.16) gilt

$$\int_0^T F \, \mathrm{d}t = (F_Z - mg\mu \cos \alpha - mg \sin \alpha) \, T = m(v_1 - v_0)$$

$$F_Z = mg \left\{ (\sin \alpha + \mu \cos \alpha) + \frac{v_1 - v_0}{gT} \right\} \tag{1}$$

Beispiel 3:

Ein Massenpunkt gleitet zunächst auf einer schiefen Ebene ($\alpha = 30^\circ$, $\mu_1 = 0{,}1$) und anschließend auf einer horizontalen Ebene ($\mu_2 = 0{,}05$).
Zur Zeit $t = 0$ hat der Körper eine Höhe $h = 1$ m über der horizontalen Ebene und eine Geschwindigkeit $v_0 = 2 \text{ m s}^{-1}$. Man berechne den bis zum Stillstand zurückgelegten Weg s_2 auf der horizontalen Ebene, wobei die Stoßverluste an der Übergangsstelle beider Ebenen zu vernachlässigen sind (Bild D 1.19).

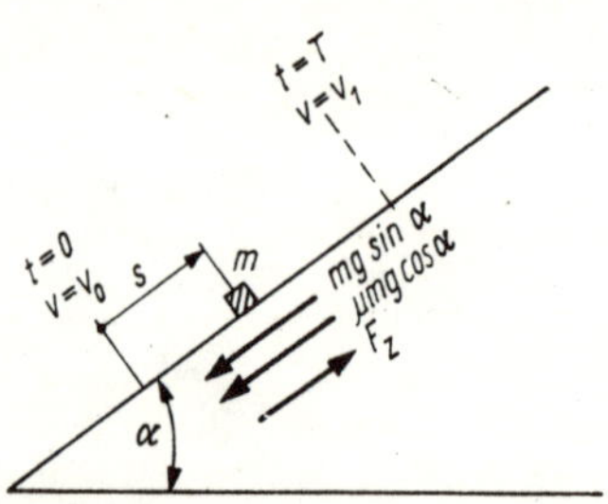

Bild D 1.18

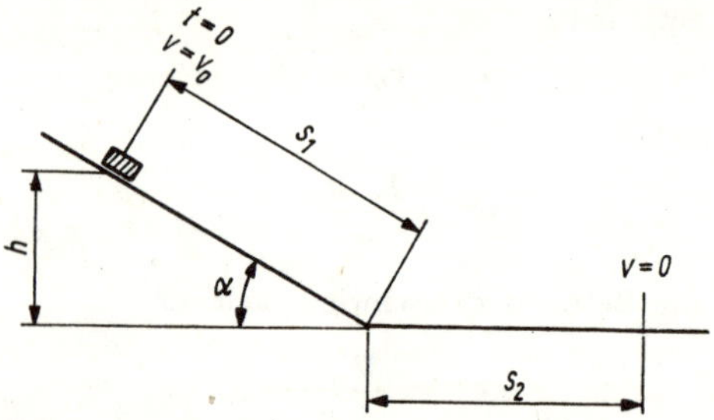

Bild D 1.19

Lösung:

Nicht alle auf den Körper wirkenden Kräfte sind Potentialkräfte. Da Weg-Geschwindigkeits-Zusammenhänge gesucht sind, wird der Arbeitssatz Gl. (1.31) angewendet.
Auf den Körper wirken in Richtung des Weges folgende eingeprägte Kräfte:
Schiefe Ebene:

$$F = mg \sin \alpha - \mu_1 \, mg \cos \alpha$$

Horizontale Ebene:

$$F = -\mu_2 mg$$

Somit wird

$$(mg \sin \alpha - \mu_1 \, mg \cos \alpha) \, s_1 - \mu_2 \, mg \, s_2 = \frac{mv_1^2}{2} - \frac{mv_0^2}{2} \tag{1}$$

Beachtet man die Endgeschwindigkeit $v_1 = 0$, so ergibt sich mit $s_1 = h/\sin \alpha$

$$s_2 = \frac{\frac{v_0^2}{2g} + h - \mu_1 h \cot \alpha}{\mu_2} \tag{2}$$

Das Ergebnis hat nur für $\frac{v_0^2}{2g} + h - \mu_1 h \cot \alpha > 0$ einen Sinn. Im Grenzfall muß also gelten

$$\mu_{1\text{Grenz}} = \frac{\frac{v_0^2}{2g} + h}{h \cot \alpha} = \left(\frac{v_0^2}{2gh} + 1\right) \tan \alpha$$

Ist $\mu_1 > \mu_{1\text{Grenz}}$, wird die horizontale Ebene nicht erreicht. Mit den angegebenen Zahlenwerten ergibt sich $s = 20{,}61$ m.

Beispiel 4:

Man berechne die Arbeit der Widerstandskraft F_W und der Schwerkraft F_G, wenn eine Punktmasse in vertikaler Ebene auf den beiden Wegen *1—2—3* und *1—3* bewegt wird (Bild D 1.20). Die Widerstandskraft sei konstant und entgegen der Bewegung gerichtet. Man diskutiere das Ergebnis. Die Aufgabe soll zeigen, daß die Arbeit einer Potentialkraft unabhängig vom Weg ist, während sie für andere Kräfte vom Weg abhängt.

Lösung:

Nach Gl. (1.27) gilt

Weg *1—2—3*:

$$W_{F\mathrm{W}} = -F_{\mathrm{W}} h_y - F_{\mathrm{W}} h_x = -F_{\mathrm{W}}(h_y + h_x) \tag{1}$$

$$W_{F\mathrm{G}} = -F_{\mathrm{G}} h_y - F_{\mathrm{G}} h_x \cos 90^\circ = -F_{\mathrm{G}} h_y \tag{2}$$

Weg *1—3*:

$$W_{F\mathrm{W}} = -F_{\mathrm{W}} \sqrt{h_x^2 + h_y^2} \tag{3}$$

$$W_{F\mathrm{G}} = -F_{\mathrm{G}} \sin\alpha \sqrt{h_x^2 + h_y^2} \qquad \sin\alpha = \frac{h_y}{\sqrt{h_x^2 + h_y^2}}$$

$$W_{F\mathrm{G}} = -F_{\mathrm{G}} h_y \tag{4}$$

Man erkennt, daß die Arbeit der Widerstandskraft vom Weg abhängt [Vergleich von Gl. (1) und Gl. (3)], während sie für die Schwerkraft unabhängig vom Weg ist [(Gl. (2) und Gl. (4)].

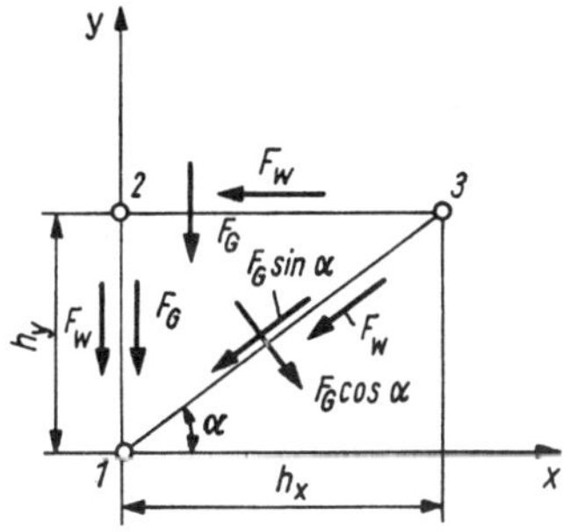

Bild D 1.20

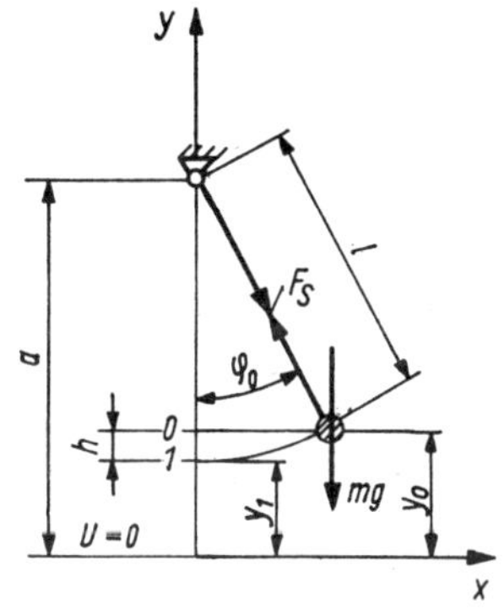

Bild D 1.21

Beispiel 5:

Ein mathematisches Pendel schwingt in vertikaler Ebene. Für den Anfangsausschlag φ_0 ist die Geschwindigkeit beim Durchgang durch die statische Ruhelage zu berechnen. Man löse die Aufgabe unter Vorgabe zweier verschiedener Bezugssysteme.

Lösung:

Bild D 1.21 zeigt das Pendel in einem willkürlich gewählten Koordinatensystem. Da eine Weg-Geschwindigkeits-Beziehung gesucht wird, ist der Arbeitssatz anwendbar. Als Kräfte wirken die Stabkraft F_S und das Gewicht mg. Da F_S stets senkrecht auf der Bewegungsbahn steht, verrichtet diese Führungskraft keine Arbeit. Es verbleibt die Potentialkraft mg, so daß der Energiesatz angewendet werden kann.

Für das gewählte Koordinatensystem gilt

$$U_0 = -(-mg)\, y_0 \qquad T_0 = 0$$

$$U_1 = -(-mg)\, y_1 \qquad T_1 = \frac{mv_1^2}{2} \tag{1}$$

Man beachte, daß das erste (—) auf Grund der Definition des Potentials Gl. (1.35) und das zweite durch die dem Koordinatensinn entgegengerichtete Kraft mg entsteht.
Mit

$$y_0 = a - l \cos \varphi_0 \qquad y_1 = a - l \tag{2}$$

ergibt sich aus

$$U_0 + T_0 = U_1 + T_1$$

$$mg(a - l \cos \varphi_0) = mg(a - l) + \frac{mv_1^2}{2} \tag{3}$$

$$v_1^2 = 2gl(1 - \cos \varphi_0) \qquad v_1 = \sqrt{2gh} \tag{4}$$

Bild D 1.22 zeigt eine andere Wahl des Koordinatensystems. Dafür gilt

$$U_0 = -mgl \cos \varphi_0 \qquad T_0 = 0$$

$$U_1 = -mgl \qquad T_1 = \frac{mv_1^2}{2}$$

Der Energiesatz liefert

$$mgl(1 - \cos \varphi_0) = \frac{mv_1^2}{2}$$

$$v_1 = \sqrt{2gh}$$

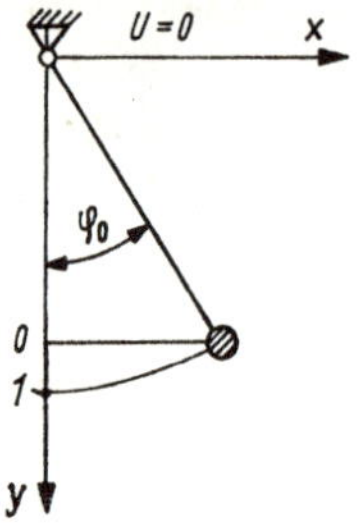

Bild D 1.22

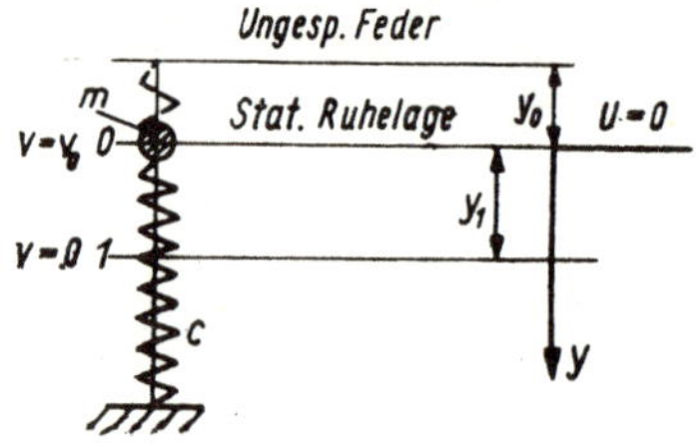

Bild D 1.23

Beispiel 6:

Eine Masse m ruht auf einer Feder mit linearer Kennlinie mit der Federkonstanten c. In der statischen Ruhelage erfährt die Masse eine Anfangsgeschwindigkeit v_0. Um welchen Weg wird die Masse ausgelenkt?

Lösung:

Da eine Weg-Geschwindigkeits-Beziehung gesucht wird, ist der Arbeitssatz anwendbar. Als eingeprägte Kräfte wirken auf die Masse das Gewicht und die Federkraft, beide sind Potentialkräfte. Es kann also der Energiesatz angewendet werden.
Legt man das Koordinatensystem nach Bild D 1.23 fest, so gilt für die Federkraft, die ent-

gegen der Koordinatenrichtung wirkt, nach Gl. (1.7)

$$F_c = -c(y + y_0) \tag{1}$$

y_0 ist dabei die Verkürzung, die die Feder zwischen ungespanntem Zustand und statischer Ruhelage erleidet. Die statische Ruhelage ist die Gleichgewichtslage, in der sich die Federkraft und die äußere Kraft (hier Schwerkraft der Masse m) kompensieren.
Wird die Feder um den Wert y_1 zusammengedrückt, so liefert sie das Potential

$$U_{1,F} = -\int_0^{y_1} F_c \,\mathrm{d}y = cy_0y_1 + \frac{cy_1^2}{2} \tag{2}$$

Gl. (2) läßt sich in einem Kraft-Weg-Diagramm als Fläche anschaulich darstellen (Bild D 1.24).

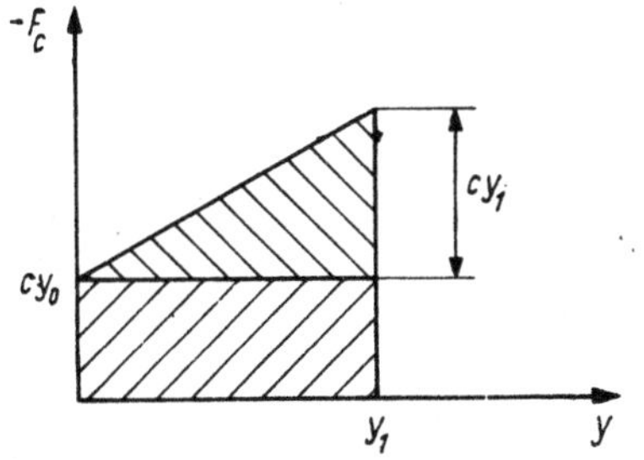

Bild D 1.24

Somit gilt

$$U_0 = 0 \qquad T_0 = \frac{mv_0^2}{2}$$

$$U_1 = -mgy_1 + U_{1,F} = -mgy_1 + cy_0y_1 + \frac{cy_1^2}{2} \tag{3}$$

Beachtet man, daß in der statischen Ruhelage gilt

$$+mg - cy_0 = 0$$

so wird

$$U_1 = \frac{cy_1^2}{2} \qquad T_1 = 0$$

Der Energiesatz Gl. (1.39) liefert

$$\frac{mv_0^2}{2} = \frac{cy_1^2}{2} \qquad y_1 = v_0\sqrt{\frac{m}{c}}$$

Beispiel 7:

Eine Masse ruht auf einer masselosen Feder mit linearer Kennlinie (Federkonstante c). Aus der statischen Ruhelage heraus wird sie um die Strecke l nach unten gedrückt und dort losgelassen. Wie hoch springt die Masse von der statischen Ruhelage aus, bei welcher Zusammendrückung l hebt die Masse gerade von der Feder ab?

Lösung:

Zunächst soll der Koordinatenursprung nach Bild D 1.25 in die Ausgangslage der Bewegung gelegt werden (Fall *I*).
Nach dem Kraft-Weg-Diagramm für die eingeprägten Kräfte (Potentialkräfte) gilt:

$$U_0 = 0 \qquad T_0 = 0 \quad \text{(Loslassen ohne Anfangsgeschwindigkeit)} \tag{1}$$

$$U_1 = -\int_0^{s+l} c[(s+l) - x]\,\mathrm{d}x + \int_0^{h+l} mg\,\mathrm{d}x \tag{2}$$

$$U_1 = -\frac{c(s+l)^2}{2} + mg(h+l) \qquad T_1 = 0 \tag{3}$$

(Im höchsten Punkt der Masse ist die Geschwindigkeit wieder Null.)

Unter Beachtung der statischen Ruhelage $mg = cs$ und des Energiesatzes [Gl. (1.39)]

$$U_1 = 0$$

gilt

$$h = \frac{s}{2} + \frac{l^2}{2s} \tag{4}$$

Gl. (3) hätte man auch unmittelbar aus Bild D 1.25 ablesen können.
Da die Feder als masselos angenommen wird, springt sie nach dem Loslassen unmittelbar, ohne überzuschwingen, in ihre Ausgangslage zurück. Dies sich vorzustellen macht Schwierigkeiten, da die Anschauung nur massebehaftete Federn kennt. Die Abhebbedingung ist also

$$h = s$$

Somit gilt mit Gl. (4)

$$l_{\min} = s$$

Legt man den Koordinatenursprung nach Bild D 1.25 in die statische Ruhelage, (Fall *II*), so gilt

$$U_0 = \int_0^{l} c(s+y)\,\mathrm{d}y - \int_0^{l} mg\,\mathrm{d}y$$

$$mg = cs \quad U_0 = \frac{cl^2}{2} \quad T_0 = 0$$

$$U_1 = \int_0^{-s} c(s+y)\,\mathrm{d}y - \int_0^{-h} mg\,\mathrm{d}y$$

$$U_1 = -cs^2 + \frac{cs^2}{2} + mgh \quad T_1 = 0$$

$$U_0 = U_1 \qquad h = \frac{s}{2} + \frac{l^2}{2s}$$

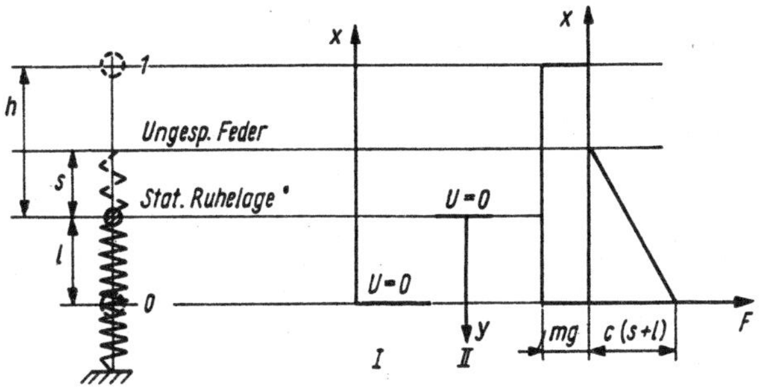

Bild D 1.25

2. DYNAMIK DER BEWEGUNG DES STARREN KÖRPERS IN EINER EBENE

Einen starren Körper kann man sich als ein System von Punktmassen vorstellen, deren gegenseitiger Abstand zueinander konstant bleibt. Da jede Bewegung als Ursache eine Krafteinwirkung auf den Körper hat und jede Kraft eine Verformung bewirkt, gibt es strenggenommen den starren Körper nicht. Es ist dies vielmehr eine Modellvorstellung, die solange ausreicht, wie die Eigenbewegung der einzelnen Punktmassen gegeneinander nicht interessiert.
Die Entscheidung, ob es sich um einen starren Körper oder ein elastisches System handelt, ist somit von der Fragestellung abhängig.

2.1. Translation

Die Translation eines starren Körpers ist dadurch gekennzeichnet, daß alle Punktmassen die gleiche Geschwindigkeit haben. Denkt man sich den starren Körper aus differentiellen Massen zusammengesetzt, so lautet sein Impuls

$$\boldsymbol{p} = \int_m \boldsymbol{v}\, \mathrm{d}m \tag{2.1}$$

Da $\boldsymbol{v} = \boldsymbol{v}(t)$ für jedes Element dm gleich ist, folgt:

$$\boldsymbol{p} = \boldsymbol{v} \int_m \mathrm{d}m = \boldsymbol{v}m \tag{2.2}$$

Gl. (2.2) besagt, daß der Impuls des starren Körpers als Impuls einer Punktmasse angesehen werden kann. Dabei ist die Masse in einem beliebigen Körperpunkt zu konzentrieren. Am häufigsten wählt man dafür den Schwerpunkt. Alle Gesetze der Punktmassendynamik sind somit auf die Translation des starren Körpers zu übertragen.

2.2. Drehung eines Rotors um eine feste Achse

Als Rotor wird ein starrer Körper bezeichnet, der eine Symmetrieachse besitzt. Die Drehung erfolgt um diese oder eine dazu parallele Achse.

2.2.1. Drallsatz des Rotors

In 1.2.1. wurde der Drallsatz für die Punktmasse abgeleitet. Mit der Definition des Dralles Gl. (1.20)

$$\boldsymbol{L} = \boldsymbol{r} \times (m\boldsymbol{v})$$

ergab sich das Moment, dessen Vektor in der Drallachse liegt, zu Gl. (1.22)

$$\boldsymbol{M} = \frac{\mathrm{d}\boldsymbol{L}}{\mathrm{d}t}$$

Für den um eine feste Achse rotierenden Rotor stehen die Geschwindigkeitsvektoren $\boldsymbol{v}$ aller Elemente dm senkrecht auf dem jeweiligen $\boldsymbol{r}$. Jedes Element bewegt sich auf einer Kreisbahn. Der Drallvektor hat somit die Richtung des Winkelgeschwindigkeitsvektors. Seine Größe beträgt:

$$L = \int_m rv \, \mathrm{d}m \tag{2.3}$$

Mit $v = r\omega = r\dot{\varphi}$ findet man

$$L = \dot{\varphi} \int_m r^2 \, \mathrm{d}m = \dot{\varphi} J \tag{2.4}$$

Dabei ist $J = \int_m r^2 \, \mathrm{d}m$ das Massenträgheitsmoment, bezogen auf die Drehachse.

Das Moment der äußeren Kräfte, das an der Drehachse k wirken muß, ergibt sich aus Gl. (1.22) zu

$$M_k = \frac{\mathrm{d}L}{\mathrm{d}t} = \frac{\mathrm{d}(J_k \dot{\varphi})}{\mathrm{d}t} \tag{2.5}$$

Für $J_k =$ konst. wird:

$$M_k = J_k \ddot{\varphi} = J_k \dot{\omega} = J_k \alpha \tag{2.6}$$

Man kann in Analogie zu Gl. (1.2) den Ausdruck Gl. (2.6) als dynamisches Grundgesetz der Drehbewegung ansehen, darf dabei jedoch nicht außer acht lassen, daß es nur für die Drehung eines Rotors um eine feste Achse gilt.

2.2.2. Achsenbezogene Massenträgheitsmomente

Bei der Drehung des starren Körpers war das Integral $J = \int_m r^2 \, \mathrm{d}m$ aufgetreten [Gl. (2.4)]. Die dadurch definierten Massenträgheitsmomente spielen in der Dynamik der Drehbewegung eine wichtige Rolle. (Für die allgemeine Darstellung gilt das Integral immer über die ganze Masse m.)

2.2.2.1. Beispiele für die Berechnung von Massenträgheitsmomenten

Beispiel 1:

Massenträgheitsmoment eines dünnen Stabes

Die Gesamtmasse des Stabes ist m, die Masse je Länge $\mu = \frac{m}{l}$ (Bild D 2.1, der Stab sei dünn, homogen und habe über der ganzen Länge konstanten Querschnitt).
Daraus folgt das Massenträgheitsmoment für eine Achse, die senkrecht zur Stabachse steht und durch den Punkt A geht

$$J_A = \int_0^l r^2 \mu \, \mathrm{d}r = \frac{l^3}{3} \mu = m \frac{l^2}{3} \tag{2.7}$$

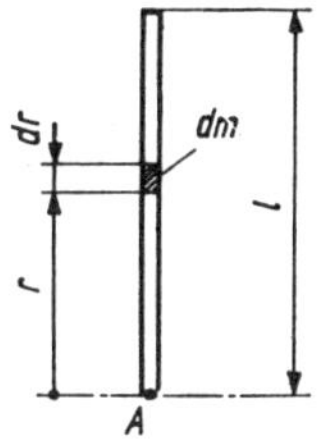

Bild D 2.1

Beispiel 2:

Massenträgheitsmoment eines Zylinders, bezogen auf die Zylinderachse
Das Trägheitsmoment um die Zylinderachse (Bild D 2.2), die Schwerachse ist, ergibt sich mit dem Massenelement $\mathrm{d}m = \varrho l r \, \mathrm{d}r \, \mathrm{d}\varphi$ zu

$$J_\mathrm{s} = \varrho l \int_{R_\mathrm{i}}^{R_\mathrm{a}} \int_0^{2\pi} r^3 \, \mathrm{d}r \, \mathrm{d}\varphi$$

$$J_\mathrm{s} = \varrho l \frac{R_\mathrm{a}^4 - R_\mathrm{i}^4}{4} 2\pi$$

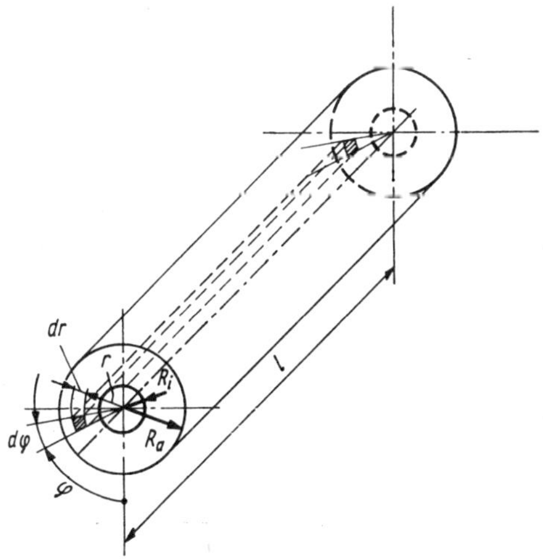

Bild D 2.2

Mit Einführung der Zylindermasse

$$m = \varrho l \pi (R_a^2 - R_i^2)$$

erhält man

$$J_s = \frac{m}{2} (R_a^2 + R_i^2) \tag{2.8}$$

Für zwei Sonderfälle lassen sich hieraus folgende Trägheitsmomente ableiten:

1. *Vollzylinder:*

$$R_i = 0$$

$$J_s = \frac{m}{2} R_a^2 \tag{2.9}$$

2. *Dünnwandiger Hohlzylinder:*

$$R_a \approx R_i \approx R$$

$$J_s = mR^2 \tag{2.10}$$

Beispiel 3:

Massenträgheitsmoment einer Kugel, bezogen auf eine Schwerachse

Wegen der Kugelsymmetrie gilt (vgl. Bild D 2.3)

$$J_x = J_y = J_z \tag{2.11}$$

mit

$$J_x = \int (y^2 + z^2)\,\mathrm{d}m$$
$$J_y = \int (x^2 + z^2)\,\mathrm{d}m \tag{2.12}$$
$$J_z = \int (x^2 + y^2)\,\mathrm{d}m$$

Die Addition der drei Gleichungen liefert

$$J_x + J_y + J_z = 2 \int (x^2 + y^2 + z^2)\,\mathrm{d}m \tag{2.13}$$

Versteht man unter r den Abstand vom Schwerpunkt zu einem beliebigen Punkt der Kugel, so wird mit dem Massenelement (Kugelschale)

$$\mathrm{d}m = \varrho\, 4\pi r^2\, \mathrm{d}r$$

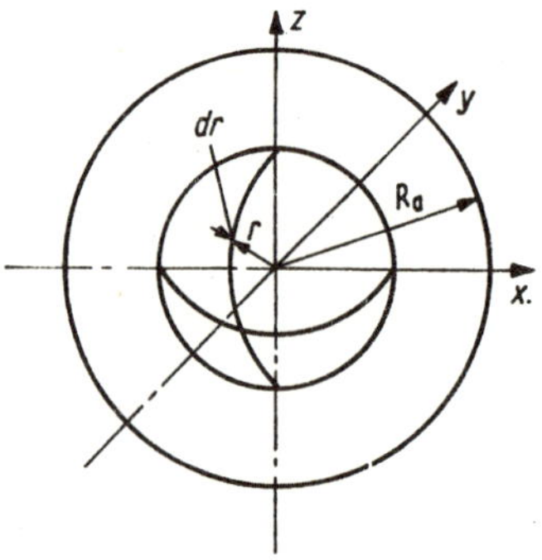

Bild D 2.3

unter Beachtung von Gl. (2.11) und

$$r^2 = x^2 + y^2 + z^2$$

$$3J_x = 2 \cdot 4\pi\varrho \int_0^{R_a} r^4 \, dr = \frac{8}{5} \pi\varrho R_a^5$$

Durch Einführung der Kugelmasse

$$m = \frac{4}{3} \varrho\pi R_a^3$$

erhält man

$$J_x = J_y = J_z = \frac{2}{5} mR_a^2 \tag{2.14}$$

2.2.2.2. Satz von Steiner für Massenträgheitsmomente

Bei der Berechnung des Trägheitsmomentes für den Stab war die Bezugsachse keine Schwerpunktachse. Es besteht nun häufig die Aufgabe, Trägheitsmomente von der Schwerachse auf eine beliebige dazu parallele Achse oder umgekehrt zu transformieren. Man benutzt hierfür den Satz von *Steiner*. In einem Körper soll ein Koordinatensystem mit dem Ursprung im Schwerpunkt S so gelegt werden, daß die interessierende Schwerachse s der z-Achse des kartesischen Koordinatensystems entspricht. Es soll nun das Massenträgheitsmoment für die zur Achse s parallele Achse a bestimmt werden.
Nach Bild D 2.4 gilt

$$J_s = \int_m l_s^2 \, dm \qquad J_a = \int_m l_a^2 \, dm \tag{2.15}$$

Hierin kann man setzen

$$l_s^2 = x^2 + y^2$$

$$l_a^2 = (x_s - x)^2 + (y - y_s)^2 \tag{2.16}$$

Somit gilt

$$J_a = \int_m (x^2 + y^2) \, dm + \int_m (x_s^2 + y_s^2) \, dm - 2x_s \int_m x \, dm - 2y_s \int_m y \, dm \tag{2.17}$$

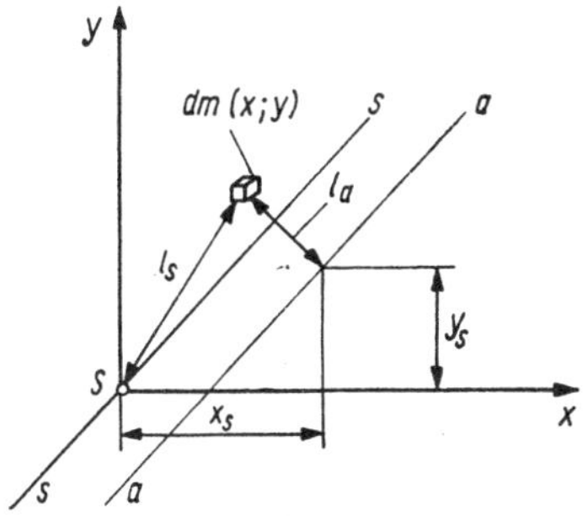

Bild D 2.4

Da der Ursprung des Koordinatensystems im Schwerpunkt liegt, sind die beiden statischen Momente Null.
Es gilt also

$$\int_m x \, \mathrm{d}m = 0 \qquad \int_m y \, \mathrm{d}m = 0$$

Somit wird

$$J_a = J_s + ms^2 \qquad s^2 = x_s^2 + y_s^2 \tag{2.18}$$

Gl. (2.18) ist der Satz von *Steiner*, er dient zur Reduktion des Trägheitsmomentes zwischen einer Schwerachse s und einer beliebigen parallelen Achse a. Er sagt gleichzeitig aus, daß von allen Massenträgheitsmomenten des Körpers bezüglich von Achsen einer Richtung das Massenträgheitsmoment der Schwerachse am kleinsten ist. Soll von einer beliebigen Achse auf eine beliebige parallele Achse umgerechnet werden, so ist dies nur über die Schwerachse möglich. Die Berechnung der Massenträgheitsmomente ist natürlich eine unmittelbare Parallele zu der Berechnung von Flächenträgheitsmomenten (vgl. 3.2. Festigkeitslehre). Erst bei der beliebigen Bewegung des starren Körpers wird durch das räumliche Problem der Unterschied deutlich.

2.3. Gegenüberstellung von Translation und ebener Drehung eines Rotors

Der gleiche Aufbau der beiden Gln. (1.2) und (2.6) gestattet eine Analogiebetrachtung zwischen Translation und ebener Rotation. Es können damit die für die Translation im Impulssatz, Arbeitssatz und Energiesatz gefundenen Aussagen unmittelbar auf die ebene Rotation übertragen werden. Eine Zusammenstellung zeigt die folgende Tabelle.

Translation		Rotation um eine feste Achse k	
Translationsweg	s	Winkel	φ
Geschwindigkeit	$\dot{s} = v$	Winkelgeschwindigkeit	$\dot{\varphi} = \omega$
Tangentialbeschleunigung	$\ddot{s} = \dot{v} = a$	Winkelbeschleunigung	$\ddot{\varphi} = \dot{\omega} = \alpha$
Masse	m	Trägheitsmoment, bezogen auf Achse k	J_k
Kraft in Richtung s: F_s		Moment, dessen Vektor auf k liegt: M_k	
Dynamisches Grundgesetz		Drallsatz	
$F_s = \dfrac{\mathrm{d}(mv)}{\mathrm{d}t}$		$M_k = \dfrac{\mathrm{d}(J_k\omega)}{\mathrm{d}t}$	
$m =$ konst.: $F_s = ma$		$J_k =$ konst.: $M_k = J_k\alpha$	
*d'Alembert*sches Prinzip			
$F_s + F_{Hs} = 0, \quad F_{Hs} = -ma_s$		$M_k + M_{Hk} = 0, \quad M_{Hk} = -J_k\alpha_k$	

Translation	Rotation um eine feste Achse k
Impulssatz	
$\int_{t_0}^{t_1} F_s \,\mathrm{d}t = (mv)_1 - (mv)_0$	$\int_{t_0}^{t_1} M_k \,\mathrm{d}t = (J_k\omega)_1 - (J_k\omega)_0$
Arbeitssatz	
$m = \text{konst.}$:	$J_k = \text{konst.}$:
$\int_{s_0}^{s_1} F_s \,\mathrm{d}s = \frac{mv_1^2}{2} - \frac{mv_0^2}{2} = T_1 - T_0$	$\int_{\varphi_0}^{\varphi_1} M_k \,\mathrm{d}\varphi = \frac{J_k\omega_1^2}{2} - \frac{J_k\omega_0^2}{2} = T_1 - T_0$
Energiesatz	
$U_0 + T_0 = U_1 + T_1$	
Die eingeprägten Kräfte sind Potentialkräfte.	Die Momente der eingeprägten Kräfte rühren von Potentialkräften her.

2.4. Zusammengesetzte Bewegung

Wie bereits im Abschn. Kinematik gezeigt wurde, läßt sich jede Bewegung durch die Translation eines Bezugspunktes und die Drehung um den Bezugspunkt beschreiben. Diese Überlagerung gilt auch für die dynamischen Betrachtungen.
Man findet somit für den in der Ebene bewegten starren Körper die Bewegungsgesetze, indem man eine Kraftgleichung für die Translation der in einem Bezugspunkt konzentrierten Masse und eine Momentengleichung für die Drehung um die durch den Bezugspunkt gehende, senkrecht auf der Bewegungsebene stehende Achse aufstellt. Besteht zwischen der Wegkoordinate der Translation und der Winkelkoordinate der Rotation ein funktioneller Zusammenhang (Zwangsbedingung), so lassen sich beide Gleichungen zu einer Bewegungsgleichung zusammenfassen. Uneingeschränkt gilt dies, wenn der Bezugspunkt der Schwerpunkt ist.

2.5. Beispiel zur ebenen Bewegung des starren Körpers

Beispiel:

Für das auf einer unter dem Winkel α geneigten Ebene rollende Rad ist die Geschwindigkeit des Schwerpunktes nach einer Rollstrecke s_1 zu bestimmen. Es soll reines Rollen vorausgesetzt werden.

Gegeben: (vgl. Bild D 2.5): J_s, m, s_1, R, α
Zur Zeit $t = 0$ ist der Körper in Ruhe.

Die Aufgabe ist mit Hilfe des *d'Alembert*schen Prinzips, des Impulssatzes und des Arbeitssatzes zu lösen.

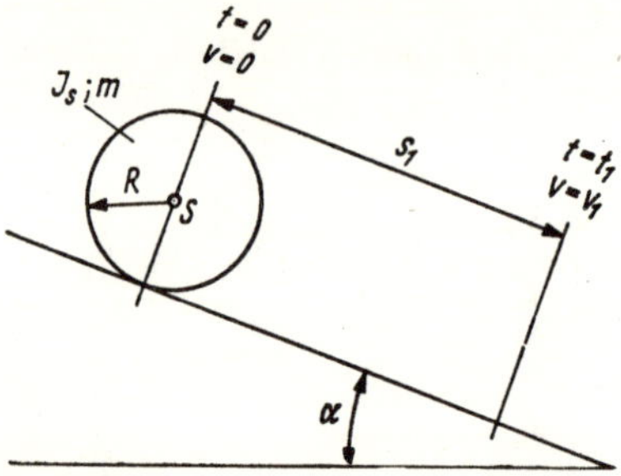

Bild D 2.5

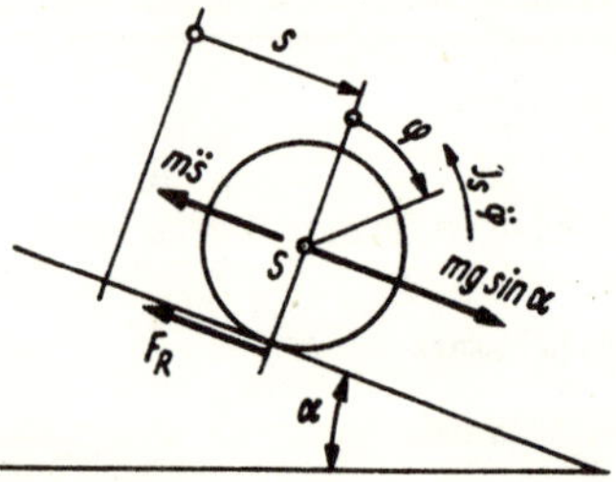

Bild D 2.6

Lösung:

*d'Alembert*sches Prinzip:

Am Körper greifen als äußere Kräfte in Bewegungsrichtung die Haftkraft F_R und die Gewichtskomponente an. Reines Rollen kann nur dann auftreten, wenn $F_R < \mu_0 F_N$ ist. μ_0 ist die Reibungszahl der Ruhe. Es interessieren nur die Kräfte in Bewegungsrichtung.
Bild D 2.6 zeigt die äußeren Kräfte und die Massenkraft sowie das Massenmoment.
Als Bewegungskoordinaten werden der Schwerpunktsweg s und der Drehwinkel φ gewählt. Beide sind bei reinem Rollen durch die Zwangsbedingung $s = R\varphi$ verbunden.
Translation des Schwerpunktes:

$$mg \sin \alpha - F_R - m\ddot{s} = 0 \tag{1}$$

Rotation um Schwerachse:

$$F_R R = J_s \ddot{\varphi} \tag{2}$$

Durch Eliminierung von F_R erhält man die Bewegungsgleichung:

$$mg \sin \alpha - \frac{J_s}{R^2}\ddot{s} = m\ddot{s}$$

$$\ddot{s} = g \sin \alpha \frac{1}{1 + \dfrac{J_s}{mR^2}} \tag{3}$$

Mit

$$K = g \sin \alpha \frac{1}{1 + \dfrac{J_s}{mR^2}} \tag{4}$$

gilt

$$\ddot{s} = K \quad \dot{s} = Kt + C_1 \quad s = \frac{Kt^2}{2} + C_1 t + C_2 \tag{5}$$

Die Anfangsbedingungen

$$t = 0{:} \quad s = 0 \quad \dot{s} = 0$$

liefern

$$C_1 = 0 \qquad C_2 = 0$$

Die Lösung Gl. (5) lautet demnach

$$\ddot{s} = K \qquad \dot{s} = Kt \qquad s = \frac{Kt^2}{2}$$

Daraus berechnet sich die Zeit t_1 zum Durchlaufen der Strecke s_1

$$t_1^2 = \frac{2s_1}{K}$$

Für die Geschwindigkeit im Punkt *1* folgt

$$v_1 = Kt_1 \quad v_1^2 = 2Ks_1$$

$$v_1^2 = 2s_1 g \sin\alpha \frac{1}{1 + \frac{J_s}{mR^2}} \tag{6}$$

Impulssatz:

Translation:

$$(mg \sin\alpha - F_\mathrm{R})\, t_1 = mv_1 \tag{7}$$

Rotation:

$$F_\mathrm{R} R t_1 = \frac{J_s v_1}{R} \tag{8}$$

Durch Elimination von F_R erhält man

$$mgt_1 \sin\alpha = v_1 \left(m + \frac{J_s}{R^2}\right)$$

$$v_1 = g \sin\alpha \frac{1}{1 + \frac{J_s}{mR^2}} t_1 = Kt_1 \tag{9}$$

Da $0 < t < t_1$ und $0 < v < v_1$, gilt somit

$$v = \frac{\mathrm{d}s}{\mathrm{d}t} = Kt$$

und

$$s = \int Kt \,\mathrm{d}t + C_3$$

Unter Beachtung der Anfangsbedingung

$$t = 0{:} \quad s = 0$$

gilt

$$C_3 = 0 \quad s = \frac{Kt^2}{2} \quad s_1 = \frac{Kt_1^2}{2}$$

und somit

$$v_1^2 = 2s_1 g \sin\alpha \frac{1}{1 + \frac{J_s}{mR^2}}$$

Arbeitssatz:

Translation:

$$(mg \sin \alpha - F_R)\, s_1 = \frac{mv_1^2}{2} \tag{10}$$

Rotation:

$$F_R R \frac{s_1}{R} = \frac{J_s v_1^2}{2R^2}$$

$$v_1^2 = 2s_1 g \sin \alpha \frac{1}{1 + \dfrac{J_s}{mR^2}} \tag{11}$$

Die Diskussion der verschiedenen Verfahren zeigt zunächst, daß die Anwendung des Arbeitssatzes am schnellsten zum Ziel führte, da eine Geschwindigkeits-Weg-Funktion gesucht war. Das Ergebnis läßt folgende Schlüsse zu:

Aus Gl. (6) kann man auf die bekannte Beziehung für die Punktmasse kommen, wenn $J_s = 0$ gesetzt wird ($v_{1,p}^2 = 2gs_1 \sin \alpha = 2gh$). Es sei jedoch darauf hingewiesen, daß dafür reines Gleiten ohne Reibwiderstand vorausgesetzt werden muß, was experimentell nicht realisierbar ist. Benutzt man für den Versuch eine rollende Kugel, so ergibt sich stets (unabhängig vom Kugeldurchmesser) bei reinem Rollen [vgl. Gl. (2.14)]:

$$v_{1,\text{Kugel}}^2 = \frac{10}{7} s_1 g \sin \alpha \tag{12}$$

Der größte Wert, den das Trägheitsmoment des rollenden Rades erreichen kann, beträgt $J_s = mR^2$. Die Masse ist dann vollständig auf dem Rollradius verteilt. Somit gilt für die kleinste Geschwindigkeit, die bei verschiedenen Radformen auftreten kann,

$$v_{1,\min}^2 = s_1 g \sin \alpha \tag{13}$$

3. FUNDAMENTALSÄTZE ÜBER DIE DYNAMIK DES SYSTEMS VON PUNKTMASSEN (PUNKTHAUFEN) UND STARRER KÖRPER

Bisher wurde nur die Dynamik der Punktmasse und des in der Ebene bewegten Rotors besprochen. Bei der Behandlung des kinematischen Begriffes „Freiheitsgrad“ traten jedoch schon die verschiedenen Kopplungsmöglichkeiten von Punktmassen zutage, und der Begriff des starren Körpers als ein System von Punktmassen, das nur starre Bindungen hat, wurde eingeführt. Betrachtet man nun allgemein Systeme von Punktmassen, die auch Punkthaufen genannt werden, so sind zwei Betrachtungsweisen möglich. Zunächst kann man Aussagen über das dynamische Verhalten des Gesamtsystems machen. Man erhält dabei die Fundamentalsätze des Punkthaufens, mit denen jedoch das Verhalten der Einzelmassen nicht zu beschreiben ist. Um dies zu erreichen, müssen die Bewegungen der Einzelmassen aus dem Verband herausgelöst untersucht werden. Dies kann durch Schnittbetrachtungen oder Energiebezie-

hungen erfolgen. Man erhält dann eine dem Freiheitsgrad entsprechende Anzahl von Bewegungsgleichungen, die Differentialgleichungen sind.
Die in diesem Abschnitt behandelten Fundamentalsätze sind analog zu denen der Punktmasse aufgebaut. So tritt an die Stelle des dynamischen Grundgesetzes der Schwerpunktsatz, und es gibt auch für den Punkthaufen den Impulssatz, Drallsatz und Arbeitssatz.

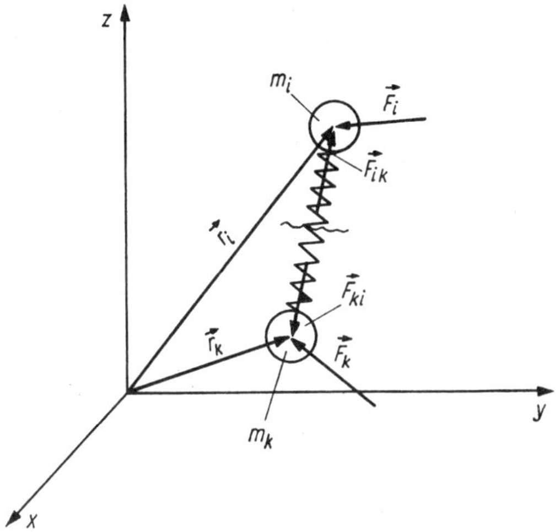

Bild D 3.1

3.1. Schwerpunktsatz und seine Anwendung

3.1.1. Schwerpunktsatz

Bild D 3.1 zeigt zwei Massen eines Punkthaufens. Stellt man das dynamische Grundgesetz für die i-te Masse auf, so wirken auf diese als eingeprägte Kräfte die resultierende äußere Kraft $\boldsymbol{F}_i$ und die Schnittreaktionen $\boldsymbol{F}_{ik}$ aller Bindungen, mit denen die i-te Masse starr oder elastisch mit den k anderen Massen gekoppelt ist. Das dynamische Grundgesetz lautet also für die i-te Masse

$$\boldsymbol{F}_i + \sum_k \boldsymbol{F}_{ik} = m_i \ddot{\boldsymbol{r}}_i \tag{3.1}$$

Summiert man über alle n Massen des Punkthaufens, so ergibt sich

$$\sum_{i=1}^{n} \boldsymbol{F}_i + \sum_{i=1}^{n} \sum_{k=1}^{n} \boldsymbol{F}_{ik} = \sum_{i=1}^{n} m_i \ddot{\boldsymbol{r}}_i \tag{3.2}$$

Beachtet man, daß auf Grund des Reaktionsprinzips gilt:

$$\boldsymbol{F}_{ik} = -\boldsymbol{F}_{ki} \tag{3.3}$$

und weiterhin

$$\boldsymbol{F}_{ii} = \boldsymbol{F}_{kk} = 0 \tag{3.4}$$

so verschwindet die Doppelsumme, das heißt, die inneren Kräfte heben sich auf, und man erhält

$$\sum_{i=1}^{n} \boldsymbol{F}_i = \sum_{i=1}^{n} m_i \ddot{\boldsymbol{r}}_i \tag{3.5}$$

Für den Radiusvektor $\boldsymbol{r}_s$ des Schwerpunktes gilt anderseits:

$$\boldsymbol{r}_s \sum_{i=1}^{n} m_i = \sum_{i=1}^{n} m_i \boldsymbol{r}_i \tag{3.6}$$

Setzt man die Gesamtsumme des Punkthaufens

$$\sum_{i=1}^{n} m_i = m$$

so folgt der Schwerpunktsatz:

$$\sum_{i=1}^{n} \boldsymbol{F}_i = m \ddot{\boldsymbol{r}}_s \tag{3.7}$$

Er sagt folgendes aus:

Der Schwerpunkt eines Systems von Punktmassen bewegt sich so, als ob in ihm die Gesamtmasse des Systems konzentriert wäre und als ob auf ihn die Resultierende aller äußeren Kräfte wirke.

Wirken keine äußeren Kräfte, so bleibt der Gesamtschwerpunkt in Ruhe oder in gleichförmiger Bewegung.

Es soll hier noch einmal ausdrücklich darauf hingewiesen werden, daß alle Bindungskräfte, auch die der elastischen Bindungen, aus der Betrachtung herausfallen, daß jedoch Gl. (3.7) nur eine Gleichung zur Beschreibung des Verhaltens des Gesamtsystems liefert.

Als Beispiel für die Anwendung des Schwerpunktsatzes kann die Bestimmung der von einem bewegten Mechanismus auf seine Lager übertragenen Kräfte gelten.

3.1.2. Reaktionskräfte und Massenausgleich an ebenen Mechanismen

Bild D 3.2 zeigt eine Kurbelschwinge, die sich als ebener Mechanismus in der x,y-Ebene bewegt. Antrieb und Abtrieb erfolgen über Wellen, auf denen die Kurbel und die Schwinge sitzen. Bewegt sich der Mechanismus, so treten in den Lagern A und B des Gestells Kräfte auf. Vernachlässigt man die Gewichtskräfte, was bei schnellaufenden Mechanismen meist möglich ist, so sind die Lagerreaktionen die auf das System wirkenden äußeren Kräfte in Gl. (3.7). Sie lassen sich zu einer Resul-

tierenden zusammenfassen, die im Schwerpunkt des Gesamtsystems angreift und die Richtung der Beschleunigung $\ddot{\boldsymbol{r}}_s$ hat.
Das in den Wellen auftretende Torsionsmoment, das sich aus dem zu übertragenden Moment und einem Anteil aus der Massenbewegung zusammensetzt, soll aus der Betrachtung ausgeklammert werden.
Nach Gl. (3.7) muß nun die Beschleunigung des Gesamtschwerpunktes S bestimmt werden. Dies ist möglich, wenn der Weg von S etwa als Funktion des Antriebswinkels φ und die Winkel-Zeit-Funktion $\varphi = \varphi(t)$ bekannt sind.

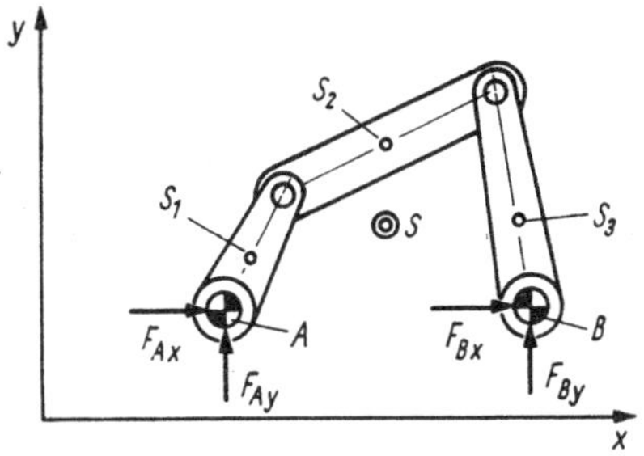

Bild D 3.2

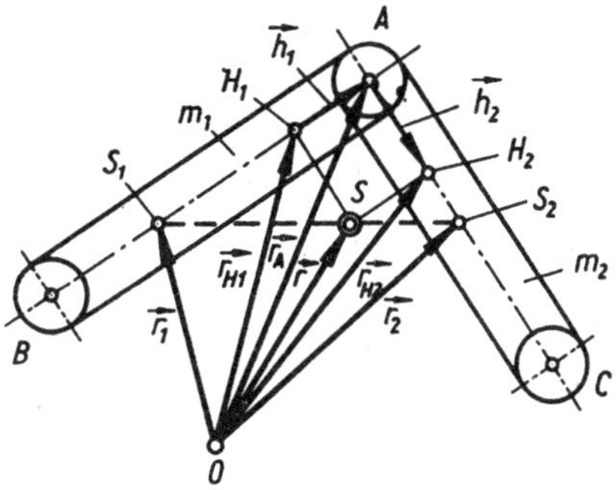

Bild D 3.3

Man bedient sich dazu eines grafischen Verfahrens, das allerdings gut durch die analytischen Beziehungen, die zur Beschreibung des kinematischen Verhaltens des Mechanismus benutzt werden, für Rechenautomaten verwendbar wird (vgl.: *Dizioğlu, B.*: Getriebetechnik. Bd. 3. — Berlin: Verl. Technik, 1969). Es soll zunächst eine Erklärung des Verfahrens an einem zweigliedrigen Mechanismus erfolgen.
Gegeben sind die Massen m_1 und m_2 der Mechanismenglieder *1* und *2* sowie ihre Einzelschwerpunkte S_1 und S_2 (Bild D 3.3). Der gesuchte Gesamtschwerpunkt S liegt auf der Geraden S_1S_2. Trägt man von einem willkürlichen Punkt O aus Radiusvektoren zu den Schwerpunkten an, so gilt

$$m_1\boldsymbol{r}_1 + m_2\boldsymbol{r}_2 = (m_1 + m_2)\,\boldsymbol{r} \tag{3.8}$$

Denkt man sich durch den (noch unbekannten) Schwerpunkt Parallelen zu $\overline{S_1A}$ und $\overline{S_2A}$ gezogen, so findet man die sogenannten Hauptpunkte H_1 und H_2. Ihre Lage wird durch die Vektoren $\boldsymbol{h}_1$ und $\boldsymbol{h}_2$ gekennzeichnet.
Es gelten folgende Vektorgleichungen:

$$\boldsymbol{r} + \boldsymbol{h}_1 = \boldsymbol{h}_2 + \boldsymbol{r}_A \qquad \boldsymbol{r} = \boldsymbol{r}_A + \boldsymbol{h}_2 - \boldsymbol{h}_1$$

$$\boldsymbol{r}_{H_1} + \boldsymbol{h}_1 = \boldsymbol{r}_A \qquad \boldsymbol{r}_A + \boldsymbol{h}_2 = \boldsymbol{r}_{H_2} \tag{3.9}$$

Dies, in Gl. (3.8) eingesetzt, ergibt

$$m_1\boldsymbol{r}_1 + m_2\boldsymbol{r}_2 = (m_1 + m_2)\,(\boldsymbol{r}_{H_1} + \boldsymbol{r}_{H_2} - \boldsymbol{r}_A)$$

Nun kann man sich diese Gleichung als Summe folgender Gleichungen denken:

$$m_1\boldsymbol{r}_1 + m_2\boldsymbol{r}_A = (m_1 + m_2)\,\boldsymbol{r}_{H_1} \tag{3.10}$$

$$m_2\boldsymbol{r}_2 + m_1\boldsymbol{r}_A = (m_1 + m_2)\,\boldsymbol{r}_{H_2} \tag{3.11}$$

$$m_1\boldsymbol{r}_1 + m_2\boldsymbol{r}_2 + (m_1 + m_2)\,\boldsymbol{r}_A = (m_1 + m_2)\,(\boldsymbol{r}_{H_1} + \boldsymbol{r}_{H_2})$$

Mit den Gln. (3.10) und (3.11) lassen sich nun die Hauptpunkte und damit der Gesamtschwerpunkt finden. Dabei stellt man fest, daß diese Hauptpunkte Schwerpunkte von Ersatzsystemen sind, die für jedes Getriebeglied k aus der Masse m_k

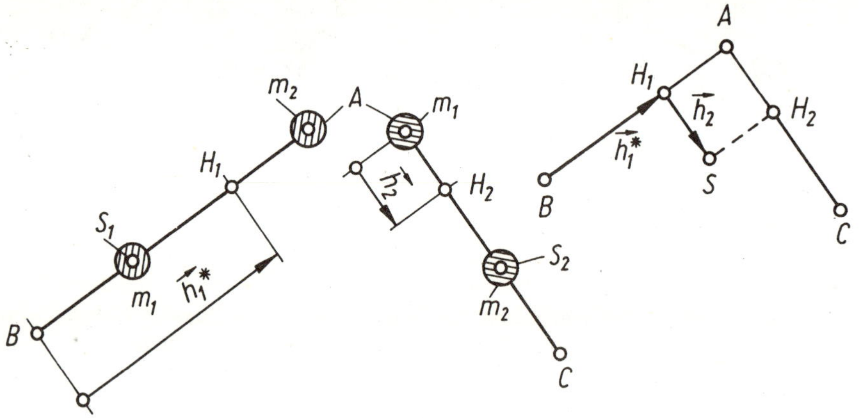

Bild D 3.4

im Schwerpunkt S_k und den in den Anlenkpunkten wirkenden Massen aller hinter dem jeweiligen Anlenkpunkt liegenden Getriebeglieder gebildet werden. Bild D 3.4 zeigt diese Ersatzsysteme für den Mechanismus in Bild D 3.3. Die Lage der Hauptpunkte auf dem Mechanismenglied ist somit unabhängig von der Stellung des Mechanismus. Aus den Hauptpunktabständen läßt sich die Lage des Gesamtschwerpunktes durch einen Vektorzug bestimmen. Man legt dabei den Bezugspunkt O am günstigsten in ein Gelenk (z. B. in das Gelenk B) und bestimmt die Lage der Hauptpunkte als Entfernung von den aufeinanderfolgenden Gelenkpunkten aus.

Bild D 3.5 zeigt das Verfahren, für einen viergliedrigen Mechanismus (drei bewegte Glieder) durchgeführt.

Man kann somit für jede Stellung des Mechanismus die Lage des Gesamtschwerpunktes ermitteln. Die Schwerpunktbahn für eine Bewegungsperiode läßt sich also punktweise bestimmen. Günstig ist es, dabei von einer gleichmäßigen Teilung des Kurbelkreises auszugehen. In einem raumfesten Koordinatensystem lassen sich dann die Komponenten der Schwerpunktverschiebung als Funktionen des Drehwinkels ablesen $x_s = x_s(\varphi)$, $y_s = y_s(\varphi)$. Die gesuchten Beschleunigungskomponenten findet man zu

$$\ddot{x}_s = \frac{\mathrm{d}^2 x_s}{\mathrm{d}\varphi^2}\left(\frac{\mathrm{d}\varphi}{\mathrm{d}t}\right)^2$$

$$\ddot{y}_s = \frac{\mathrm{d}^2 y_s}{\mathrm{d}\varphi^2}\left(\frac{\mathrm{d}\varphi}{\mathrm{d}t}\right)^2 \tag{3.12}$$

Damit ist man in der Lage, Gl. (3.7) anzuwenden und die Komponenten der Kraft zu berechnen, die im Schwerpunkt angreifen muß, damit die gegebene Bewegung entsteht. Diese Kraft läßt sich dann in die Lagerreaktionskräfte zerlegen. Die so bestimmten Kräfte müssen von der Maschine und dem Aufstellungsort aufgenommen werden und wirken häufig als Erreger für Schwingungen, die zur Funktionsuntüchtigkeit der Maschine führen können.

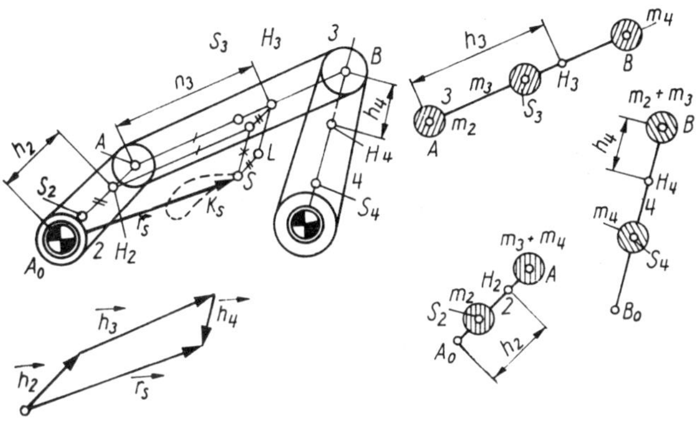

Bild D 3.5

Man ist deshalb bemüht, sie möglichst klein zu halten, d. h. einen „Massenausgleich“ vorzunehmen. Vollständigen Massenausgleich erreicht man, wenn der Gesamtschwerpunkt in Ruhe bleibt. Dies soll am Beispiel eines Schubkurbelgetriebes demonstriert werden. Bild D 3.6 zeigt ein derartiges Getriebe und die entsprechenden Ersatzsysteme. Die eingetragenen Entfernungen h_k der Hauptpunkte errechnen sich aus

$$\begin{aligned}(m_1 + m_2 + m_3)\,h_1 &= m_1 s_1 + (m_2 + m_3)\,l_1\\ (m_1 + m_2 + m_3)\,h_2 &= m_2 s_2 + m_3 l_2\\ (m_1 + m_2 + m_3)\,h_3 &= m_3 s_3\end{aligned} \tag{3.13}$$

l_k Abstand des Anlenkpunktes des Getriebegliedes k.
Der Schwerpunktabstand ergibt sich aus der Vektorgleichung

$$\boldsymbol{r}_s = \boldsymbol{h}_1 + \boldsymbol{h}_2 + \boldsymbol{h}_3$$

Für den vollständigen Massenausgleich muß der Gesamtschwerpunkt in Ruhe sein. Dies wird erreicht, wenn

$$h_1 = 0 \qquad h_2 = 0$$

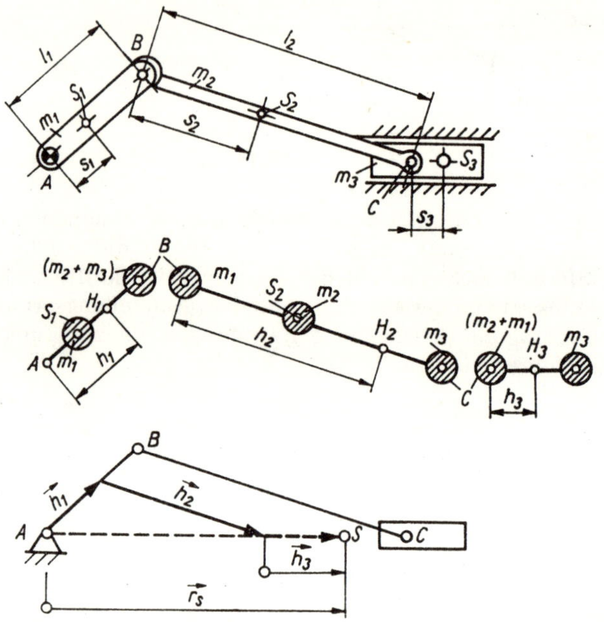

Bild D 3.6

Somit wird

$$m_1 s_1 + (m_2 + m_3)\, l_1 = 0$$

$$m_2 s_2 + m_3 l_2 = 0$$

$$s_1 = -\frac{m_2 + m_3}{m_1}\, l_1 \qquad s_2 = -\frac{m_3}{m_2}\, l_2$$

Dies bedeutet, daß die Schwerpunkte der Glieder *1* und *2* durch Gegengewichte über den Anlenkpunkt hinaus verschoben werden müssen (Bild D 3.7). Da meist $m_3 > m_2 > m_1$ ist, werden diese Abstände sehr groß, so daß in den meisten Fällen eine konstruktive Realisierung nicht vorgenommen wird. Günstiger sieht dies schon für einen teilweisen Ausgleich aus. Fordert man bei dem angegebenen Beispiel etwa, daß keine Kräfte senkrecht zur Bewegungsbahn von m_3 auftreten dürfen, so muß sich der Gesamtschwerpunkt auf der Geraden AC bewegen.
Somit wird

$$\frac{h_1}{h_2} = \frac{l_1}{l_2} \qquad \frac{m_1 s_1 + (m_2 + m_3)\, l_1}{m_2 s_2 + m_3 l_2} = \frac{l_1}{l_2}$$

$$s_1 = -\frac{m_2}{m_1}\, l_1 \left(1 - \frac{s_2}{l_2}\right)$$

Diese Forderung ist meist erfüllbar.

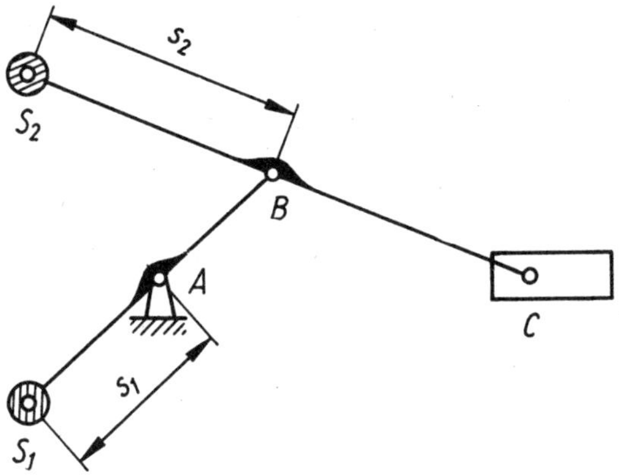

Bild D 3.7

3.2. Impulssatz, Drallsatz und ihre Anwendung

3.2.1. Impulssatz

Für die Ableitung des Impulssatzes soll wieder von Gl. (3.1) ausgegangen werden. Danach gilt für die i-te Masse des Punkthaufens

$$\boldsymbol{F}_i + \sum_k \boldsymbol{F}_{ik} = m_i \ddot{\boldsymbol{r}}_i$$

beziehungsweise

$$\boldsymbol{F}_i + \sum_k \boldsymbol{F}_{ik} = \frac{\mathrm{d}(m_i \dot{\boldsymbol{r}}_i)}{\mathrm{d}t} \tag{3.14}$$

Summiert man Gl. (3.14) über alle n Punktmassen, so ergibt sich

$$\frac{\mathrm{d}}{\mathrm{d}t} \sum_{i=1}^{n} m_i \dot{\boldsymbol{r}}_i = \sum_{i=1}^{n} \boldsymbol{F}_i + \sum_{i=1}^{n} \sum_{k=1}^{n} \boldsymbol{F}_{ik} \tag{3.15}$$

Unter Beachtung der Gl. (3.3), (3.4) wird daraus durch Integration

$$\int_{t_0}^{t_1} \sum_{i=1}^{n} \boldsymbol{F}_i \,\mathrm{d}t = \sum_{i=1}^{n} (m_i \boldsymbol{v}_i)_1 - \sum_{i=1}^{n} (m_i \boldsymbol{v}_i)_0 \tag{3.16}$$

Analog zu Gl. (3.6) folgt aus Gl. (3.16) der Impulssatz

$$\int_{t_0}^{t_1} \sum_{i=1}^{n} \boldsymbol{F}_i \,\mathrm{d}t = (m\boldsymbol{v}_s)_1 - (m\boldsymbol{v}_s)_0 \tag{3.17}$$

wobei $\boldsymbol{v}_s$ die Geschwindigkeit des Schwerpunktes ist und m die Gesamtmasse des Punkthaufens darstellt.

Der Impulssatz sagt folgendes aus:

Die Änderung des Impulses, die ein System zwischen zwei Lagen des Schwerpunktes innerhalb des Zeitintervalls $(t_1 - t_0)$ erfährt, ist gleich dem Zeitintegral über der vektoriellen Summe der eingeprägten Kräfte.

Auch hierbei treten die Bindungskräfte nicht in Erscheinung. Fehlen alle eingeprägten Kräfte, so bleibt der Impuls erhalten.
Ein wesentliches Anwendungsbeispiel des Impulssatzes ist die Berechnung von Stoßvorgängen.

3.2.2. Impulsmomentensatz und Drallsatz

Die Ableitung des Impulsmomentes für den Punkthaufen soll parallel zu der für die Punktmasse erfolgen (vgl. 1.2.1.). Danach dient der Impulsmomentensatz zur Beschreibung von Drehbewegungen.
Nach Gl. (3.1) gilt für die i-te Masse des Punkthaufens:

$$\boldsymbol{F}_i + \sum_k \boldsymbol{F}_{ik} = m_i \ddot{\boldsymbol{r}}_i = (m_i \boldsymbol{v}_i)^{\cdot}$$

Zur Beschreibung der Drehung um den Koordinatenursprung wird diese Beziehung mit $\boldsymbol{r}_i$ multipliziert. Die Summation über den gesamten Punkthaufen ergibt dann:

$$\sum_i \boldsymbol{r}_i \times \boldsymbol{F}_i + \sum_i \sum_k \boldsymbol{r}_i \times \boldsymbol{F}_{ik} = \sum_i \boldsymbol{r}_i \times (m_i \boldsymbol{v}_i)^{\cdot} \tag{3.18}$$

Da die inneren Kräfte (Bindungskräfte) paarweise gemeinsame Wirkungslinie haben und außerdem $\boldsymbol{F}_{ik} = -\boldsymbol{F}_{ki}$ ist, so gilt für ein beliebiges Paar m, n von Punktmassen (Bild D 3.8):

$$\boldsymbol{r}_m \times \boldsymbol{F}_{mn} + \boldsymbol{r}_n \times \boldsymbol{F}_{nm} = 0 \tag{3.19}$$

Für den gesamten Punkthaufen ist dann:

$$\sum_i \sum_k \boldsymbol{r}_i \times \boldsymbol{F}_{ik} = 0 \tag{3.20}$$

Der erste Ausdruck in Gl. (3.18) kann als Moment aller auf die Massen des Punkthaufens wirkenden Kräfte bezüglich des Koordinatenursprunges angesehen werden. Es gilt somit

$$\boldsymbol{M} = \sum_i \boldsymbol{r}_i \times \boldsymbol{F}_i \tag{3.21}$$

Der Drall einer Punktmasse beträgt nach Gl. (1.20)

$$\boldsymbol{L}_i = \boldsymbol{r}_i \times (m_i \boldsymbol{v}_i)$$

Der Gesamtdrall des Punkthaufens ist

$$\boldsymbol{L} = \sum_i \boldsymbol{r}_i \times (m_i \boldsymbol{v}_i) \tag{3.22}$$

Seine Differentiation liefert analog zu Gl. (1.21):

$$\dot{\boldsymbol{L}} = \sum_i \boldsymbol{r}_i \times (m_i \boldsymbol{v}_i)^{\cdot} \tag{3.23}$$

Somit kann Gl. (3.18) in folgender Form geschrieben werden:

$$\boldsymbol{M} = \frac{\mathrm{d}\boldsymbol{L}}{\mathrm{d}t} \tag{3.24}$$

Dies ist der Impulsmomentensatz des Punkthaufens, er besagt, daß die zeitliche Änderung des Gesamtdralles gleich dem resultierenden Moment aller äußeren Kräfte bezüglich des Koordinatenursprunges ist.
Er geht natürlich für eine Punktmasse in Gl. (1.22) über.

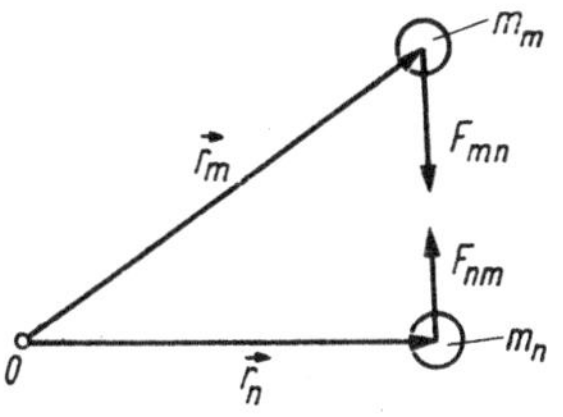

Bild D 3.8

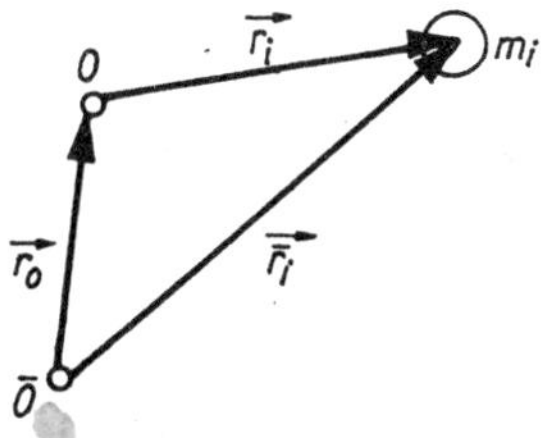

Bild D 3.9

Eine große Bedeutung hat der Impulsmomentensatz für den speziellen Punkthaufen, den starren Körper, bei dem nur starre Bindungen bestehen.
Im allgemeinen hängt der Drall vom Bezugspunkt ab. Eine Ausnahme bildet der Fall, daß der Schwerpunkt des Punkthaufens in Ruhe ist. Dies soll in der folgenden Ableitung gezeigt werden. Bild D 3.9 stellt eine Punktmasse m_i des Punkthaufens dar. Der Drall soll für die beiden Bezugspunkte O und $\bar{O}$, die den konstanten Abstand r_0 voneinander haben, aufgestellt werden.
Der Drall um O beträgt

$$\boldsymbol{L} = \sum_i \boldsymbol{r}_i \times (m_i \boldsymbol{v}_i) \tag{3.25}$$

und entsprechend um O

$$\bar{\boldsymbol{L}} = \sum_i \bar{\boldsymbol{r}}_i \times (m_i \bar{\boldsymbol{v}}_i) \tag{3.26}$$

Aus Bild D 3.9 kann abgelesen werden:

$$\bar{\boldsymbol{r}}_i = \boldsymbol{r}_0 + \boldsymbol{r}_i \quad \text{oder} \quad \boldsymbol{r}_i = \bar{\boldsymbol{r}}_i - \boldsymbol{r}_0 \tag{3.27}$$

Da $\boldsymbol{r}_0 =$ konst., so folgt

$$\dot{\bar{\boldsymbol{r}}}_i = \dot{\boldsymbol{r}}_i \qquad \bar{\boldsymbol{v}}_i = \boldsymbol{v}_i$$

Es gilt also

$$\boldsymbol{L} = \sum_i (\bar{\boldsymbol{r}}_i - \boldsymbol{r}_0) \times m_i \bar{\boldsymbol{v}}_i = \sum_i \bar{\boldsymbol{r}}_i \times (m_i \bar{\boldsymbol{v}}_i) - \sum_i \boldsymbol{r}_0 \times (m_i \bar{\boldsymbol{v}}_i) \tag{3.28}$$

$$\boldsymbol{L} = \sum_i \bar{\boldsymbol{r}}_i \times (m_i \bar{\boldsymbol{v}}_i) - \boldsymbol{r}_0 \times \sum_i m_i \bar{\boldsymbol{v}}_i \tag{3.29}$$

Wegen Gl. (3.6) kann gesetzt werden:

$$\sum_i m_i \bar{\boldsymbol{v}}_i = \boldsymbol{v}_s m \tag{3.30}$$

Darin bedeutet m die Gesamtmasse des Punkthaufens und $\boldsymbol{v}_s$ die Geschwindigkeit des Schwerpunktes, in dem man sich die Gesamtmasse vereinigt denken kann.
Aus Gl. (3.29) wird damit

$$\boldsymbol{L} = \bar{\boldsymbol{L}} - \boldsymbol{r}_0 \times m \boldsymbol{v}_s \tag{3.31}$$

Ist der Schwerpunkt in Ruhe, also $\boldsymbol{v}_s = 0$, so gilt $\boldsymbol{L} = \bar{\boldsymbol{L}}$, der Drall ist dann unabhängig vom Bezugspunkt.
Aus dem Impulsmomentensatz Gl. (3.24) folgt durch Integration über der Zeit der Drallsatz:

$$\int_{t_0}^{t_1} \boldsymbol{M} \, \mathrm{d}t = \boldsymbol{L}_1 - \boldsymbol{L}_0 \tag{3.32}$$

Im Gegensatz zu Gl. (1.23) bezeichnet hier $\boldsymbol{L}$ den Impuls des gesamten Punkthaufens und $\boldsymbol{M}$ das resultierende Moment aller äußeren Kräfte, die auf den Punkthaufen wirken, bezogen auf die Drallachse.

3.2.3. Stoß

Von einem Stoß spricht man, wenn in sehr kurzer Zeit der Geschwindigkeitszustand von Körpern oder Punktmassen um einen endlichen Betrag geändert wird. Diese plötzliche Änderung ist mit dem Auftreten von Stoßkräften in einem sehr kleinen Zeitintervall, der *Stoßdauer*, verbunden. Nach dem Impulssatz läßt sich für jede der aneinanderstoßenden Massen schreiben:

$$m\boldsymbol{c} - m\boldsymbol{v} = \int_{t_0}^{t_1} \boldsymbol{F} \, \mathrm{d}t = \boldsymbol{S}$$

Darin sind $\boldsymbol{c}$ und $\boldsymbol{v}$ die Geschwindigkeiten nach und vor dem Stoß. Den Vektor $\boldsymbol{S}$ nennt man *Stoßimpuls, Stoß* oder *Antrieb* der *Kraft* (*Stoßkraft*) $\boldsymbol{F}$. Es interessieren dabei zwei Fragestellungen. Bei der einen werden der Stoßkraftverlauf und damit die Spannungen in den aufeinanderstoßenden Massen gesucht, während die andere sich nur für die Bewegungen, ausgedrückt durch die Geschwindigkeiten nach dem Stoß, interessiert. In die Dynamik des Punkthaufens gehört die zweite Fragestellung. Während die erste Fragestellung nur unter Beachtung der Verformung der

Massen gelöst werden kann, läßt sich dies bei der zweiten durch verschiedene Annahmen umgehen und die Vorstellung der starren Punktmasse für die Gesamtbetrachtung beibehalten. Die während des Stoßes zwischen den beiden Körpern auftretenden Stoßkräfte sind meist sehr groß gegenüber den anderen Kräften (etwa Bewegungswiderständen), die auf die Körper wirken und die man deshalb vernachlässigt. Es wirken somit nur innere Kräfte, die aber bei der Anwendung des Impulssatzes auf das geschlossene Gesamtsystem nicht in Erscheinung treten. Der Gesamtimpuls vor und nach dem Stoß ist also der gleiche. Der Stoßvorgang wird bestimmt durch die Richtungen der Stoßkräfte und der Geschwindigkeiten der Massen vor dem Stoß.
Folgende Bezeichnungen sind geläufig (vgl. Bild D 3.10):

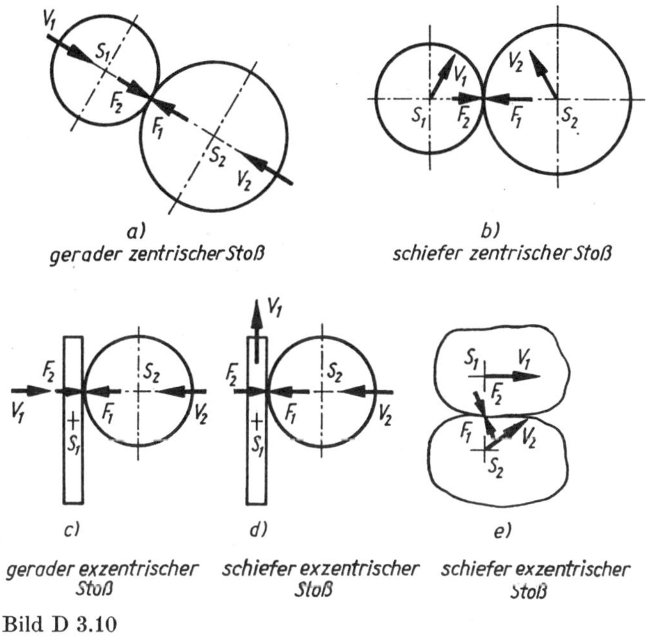

Bild D 3.10

Gerader zentrischer Stoß: Die Geschwindigkeitsvektoren liegen auf der Geraden, die die beiden Schwerpunkte der Massen verbindet. Die Wirkungslinie der Stoßkräfte geht durch die Schwerpunkte.

Schiefer zentrischer Stoß: Die Geschwindigkeitsvektoren liegen beliebig, die Wirkungslinie der Stoßkräfte geht durch die Schwerpunkte.

Gerader exzentrischer Stoß: Die Geschwindigkeitsvektoren liegen auf einer Geraden, die Wirkungslinie der Stoßkräfte geht nicht durch beide Schwerpunkte.

Schiefer exzentrischer Stoß: Die Geschwindigkeitsvektoren liegen beliebig, die Wirkungslinie der Stoßkräfte geht nicht durch beide Schwerpunkte.
Der Stoßvorgang läßt sich am einfachsten am geraden zentrischen Stoß erklären.

Bewegen sich zwei Punktmassen m_1 und m_2 auf einer Geraden mit unterschiedlicher, aber gleichgerichteter Geschwindigkeit (reine Translation), so kommt es nach einer gewissen Zeit zum geraden zentrischen Stoß. Die Geschwindigkeiten vor dem Stoß sind v_1 und v_2, wobei gilt $v_1 > v_2$ (Bild D 3.11).
Nach der Berührung verformen sich beide Massen so lange, bis ihr Schwerpunktsabstand ein Minimum ist. Dies geschieht zur Zeit $t = t_0$.

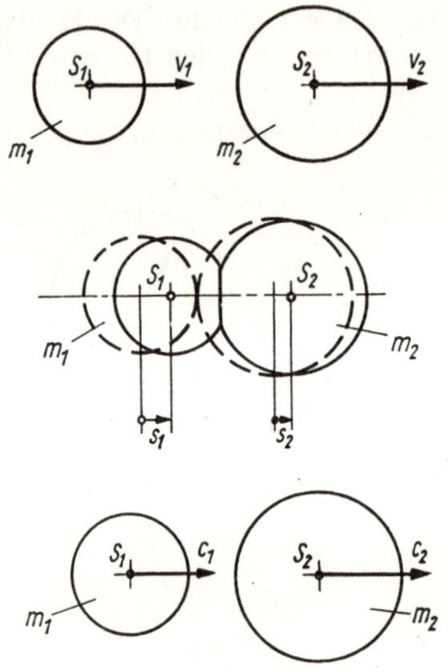

Bild D 3.11

Bezeichnet man die in dieser Kompressionsperiode zurückgelegten Wege mit s_1 und s_2, so gilt

$$\left.\frac{\mathrm{d}[s_1(t) - s_2(t)]}{\mathrm{d}t}\right|_{t=t_0} = 0$$

Daraus folgt

$$\dot{s}_1(t_0) = \dot{s}_2(t_0)$$

Beide Massen haben also am Ende der Kompressionsperiode gleiche Geschwindigkeit v. Diese läßt sich mit Hilfe des Impulssatzes berechnen. Es gilt

$$m_1 v_1 + m_2 v_2 = (m_1 + m_2)\, v$$

$$v = \frac{m_1 v_1 + m_2 v_2}{(m_1 + m_2)} \tag{3.33}$$

In der darauf folgenden Restitutionsperiode wird ein Teil der durch die Verformung gespeicherten Energie wieder in Bewegungsenergie umgesetzt. Wenn sich beide Massen wieder trennen, haben sie die Geschwindigkeiten c_1 und c_2. Nach dem Impulssatz gilt:

$$(m_1 + m_2)\, v = m_1 c_1 + m_2 c_2 \tag{3.34}$$

Diese eine Gleichung genügt jedoch nicht, um beide Unbekannte berechnen zu können. Die fehlende Gleichung kann auf zwei Wegen gefunden werden. Entweder nimmt man einen Stoßkraftverlauf als Funktion der Zeit an, oder man legt das Verhältnis der Geschwindigkeiten vor und nach dem Stoß fest.
Es hat sich gezeigt, daß für praktische Aufgaben der letztere Weg, der auf einen Vorschlag *Newtons* zurückgeht, gute Ergebnisse liefert. Dieses Verhältnis wird als Stoßzahl k bezeichnet. Es gilt danach

$$k = \frac{c_1 - c_2}{v_2 - v_1} = -\frac{c_1 - c_2}{v_1 - v_2} \tag{3.35}$$

Somit ist man in der Lage, aus Gln. (3.34), (3.35) die Geschwindigkeiten nach dem Stoß auszurechnen.
Es gilt

$$c_1 = v_1 - \frac{(v_1 - v_2)(1 + k)}{1 + \dfrac{m_1}{m_2}} \tag{3.36}$$

$$c_2 = v_2 + \frac{(v_1 - v_2)(1 + k)}{1 + \dfrac{m_2}{m_1}} \tag{3.37}$$

Eine anschauliche Deutung der Stoßzahl läßt sich mit einem Rücksprungversuch geben.
Eine Masse m_1 falle aus der Höhe h auf eine ruhende Masse m_2 (vgl. Bild D 3.12).
Nimmt man an, daß $m_2 \gg m_1$, so kann ihre Geschwindigkeit nach dem Stoß vernachlässigt werden.
Es gilt somit vor dem Stoß:

$$v_1 = \sqrt{2gh} \qquad v_2 = 0$$

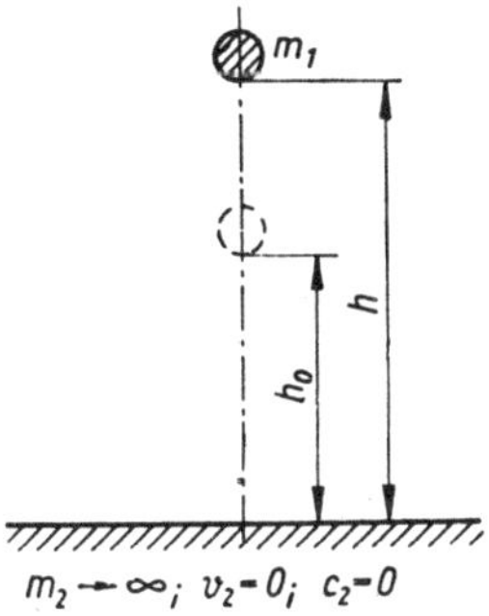

Bild D 3.12

nach dem Stoß:

$$c_2 = 0$$

Die Berechnung der Geschwindigkeit c_1 erfolgt aus der Rücksprunghöhe h_0:

$$c_1 = -\sqrt{2gh_0}$$

Der Stoßfaktor berechnet sich zu

$$k = -\frac{c_1}{v_1} = \sqrt{\frac{h_0}{h}} \tag{3.38}$$

Aus dieser Beziehung sieht man sofort, daß allgemein gilt

$$0 \leqq k \leqq 1 \tag{3.39}$$

Am häufigsten wird mit den beiden Grenzwerten gearbeitet.

Es gilt:

$k = 0$: Plastischer Stoß. Beispiele hierfür sind Schneeball, Schmiedevorgang (Warmrecken), Kraftfahrzeug-Zusammenstoß

$k = 1$: Elastischer Stoß. Dieser Wert wird nie erreicht, da es keine verlustfreie Verformung gibt. So wurden zum Beispiel gemessen für stoßende Glaskugeln $k = 0{,}93$, Elfenbeinkugeln $k = 0{,}89$, Stahlkugeln $k = 0{,}56$

Im allgemeinen ist die Stoßzahl abhängig von der Form beider Körper, ihrem Material und der Stoßgeschwindigkeit. Sie ist somit eine charakteristische Größe für die Stoßeigenschaften zweier Körper. Man erkennt daraus die Schwäche, die dieser Stoßhypothese anhaftet. Sie besteht darin, daß für jedes Stoßproblem der Stoßfaktor experimentell mit teilweise erheblichem meßtechnischem Aufwand bestimmt werden muß und seine Übertragung nur in engen Grenzen möglich ist.
Jeder Stoß ist mit einer Umwandlung von mechanischer Energie in Wärmeenergie verbunden. Der dabei auftretende Verlust an kinetischer Energie berechnet sich zu

$$W_k = T_0 - T_1 = \frac{1}{2}\left[m_1 v_1^2 + m_2 v_2^2\right] - \frac{1}{2}\left[m_1 c_1^2 + m_2 c_2^2\right] \tag{3.40}$$

Setzt man in Gl. (3.40) die Gln. (3.36), (3.37) ein, ergibt sich

$$W_k = \frac{1}{2}(1 - k^2)\frac{m_1 m_2}{m_1 + m_2}(v_1 - v_2)^2 \tag{3.41}$$

Man erkennt hieraus, daß für den plastischen Stoß ($k = 0$) der größte „Energieverlust" auftritt, während er beim elastischen Stoß ($k = 1$) Null ist.
Zur Demonstration kann folgender kleiner Versuch dienen. Zwei gleiche Geldstücke liegen auf ebener, glatter Unterlage. Schnippst man das eine Geldstück an das andere, so bleibt es an der Berührungsstelle stehen, während das andere weggeschoben wird.

Es ist gegeben: $m_1 = m_2 = m$, $v_1 = v$, $v_2 = 0$, $k = 1$. Aus den Gln. (3.36), (3.37) findet man $c_1 = 0$, $c_2 = v$. Beim schiefen zentrischen Stoß liegt zwar der Stoßpunkt auf der Verbindungslinie der Schwerpunkte, die Geschwindigkeitsvektoren haben jedoch verschiedene Richtungen. Man zerlegt hierbei die Geschwindigkeiten in Komponenten in Richtung der Schwerpunktsverbindung und senkrecht dazu.
Es ergeben sich zwei Bewegungszustände, die getrennt behandelt werden können (Bild D 3.13). Bei Reibungsfreiheit ändern sich dabei die tangentialen Geschwindigkeitskomponenten nicht, der Stoßimpuls hat die Richtung der Normalen.

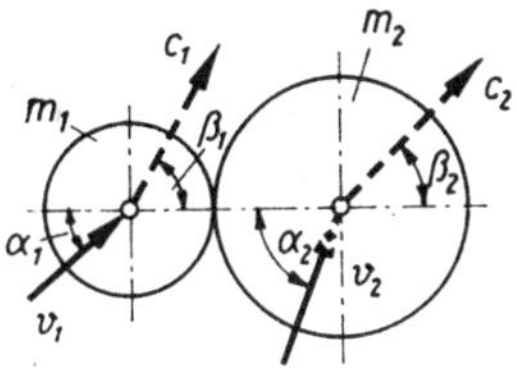

Bild D 3.13

Der Anfangszustand (vor dem Stoß) sei gegeben durch m_1, v_1, α_1, m_2, v_2, α_2. Der Endzustand (nach dem Stoß), gekennzeichnet durch c_1, β_1, c_2, β_2, ist gesucht. Der Stoß soll reibungsfrei erfolgen.
Senkrecht zur Schwerpunktsverbindung gilt

$$v_1 \sin \alpha_1 = c_1 \sin \beta_1$$

$$v_2 \sin \alpha_2 = c_2 \sin \beta_2 \tag{3.42}$$

In Richtung der Schwerpunktsverbindung gelten die Gln. (3.36), (3.37) unter Beachtung der Geschwindigkeitskomponenten.

$$c_1 \cos \beta_1 = v_1 \cos \alpha_1 - \frac{(v_1 \cos \alpha_1 - v_2 \cos \alpha_2)(1 + k)}{1 + \dfrac{m_1}{m_2}}$$

$$c_2 \cos \beta_2 = v_2 \cos \alpha_2 + \frac{(v_1 \cos \alpha_1 - v_2 \cos \alpha_2)(1 + k)}{1 + \dfrac{m_2}{m_1}} \tag{3.43}$$

Aus diesen vier Gleichungen lassen sich die vier Unbekannten c_1, c_2, β_1, β_2 bestimmen.
Eine besondere Bedeutung hat der exzentrische Stoß gegen eine drehbar gelagerte Masse (vgl. Bild D 3.14).
Es sollen folgende Bezeichnungen gelten:
Vor dem Stoß: m_1, v_1, J_{2A} (Trägheitsmoment der Masse 2 um Drehpunkt A), ω_2 (Winkelgeschwindigkeit der Masse m_2)
Nach dem Stoß: c_1, ζ_2 (Winkelgeschwindigkeit der Masse m_2)
$K_{l,n}$ bedeutet: Stoßkraft von der Masse l auf die Masse n. Das Gestell, an dem m_2 drehbar gelagert ist, habe den Index 3.

Der Impulssatz für m_1 lautet nach Gl. (1.16)

$$m_1(c_1 - v_1) = \int_{t_0}^{t_1} K_{21}(t)\,\mathrm{d}t \tag{3.44}$$

Für die Drehbewegung der Masse m_2 um A gilt analog

$$J_{2A}(\zeta_2 - \omega_2) = \int_{t_0}^{t_1} K_{12}(t)\, l\,\mathrm{d}t \tag{3.45}$$

Beachtet man, daß $K_{l,n} = -K_{n,l}$, so ergibt sich

$$J_{2A}(\zeta_2 - \omega_2) = m_1 l(v_1 - c_1) \tag{3.46}$$

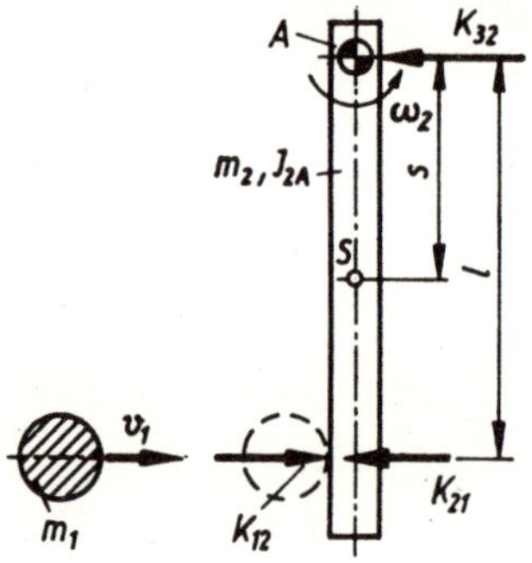

Bild D 3.14

Die noch fehlende Gleichung liefert die *Newton*sche Stoßhypothese analog zu Gl. (3.35). Sie nimmt hier die folgende Form an:

$$k = \frac{c_1 - \zeta_2 l}{\omega_2 l - v_1} \tag{3.47}$$

Damit ergeben sich die beiden Unbekannten ζ_2 und c_1 zu

$$\zeta_2 = \frac{\omega_2(J_{2A} - k m_1 l^2) + m_1 l v_1(1 + k)}{J_{2A} + m_1 l^2} \tag{3.48}$$

$$c_1 = \frac{v_1(m_1 l^2 - J_{2A} k) + J_{2A} l \omega_2(1 + k)}{J_{2A} + m_1 l^2} \tag{3.49}$$

Eine praktische Anwendung findet der exzentrische Stoß beim ballistischen Pendel, das zur Messung von Geschoßgeschwindigkeiten dient. Das Pendel befindet sich dabei im Anfangszustand in Ruhe. Das Geschoß dringt in eine Holzplatte ein, so daß ein plastischer Stoß entsteht, der dem Pendel die Winkelgeschwindigkeit ζ_2 verleiht. Gemessen wird der Ausschlagwinkel α des Pendels aus der Ruhelage,

Setzt man in Gl. (3.48) $k = 0$, $\omega_2 = 0$, ergibt sich

$$\zeta_2 = \frac{m_1 l v_1}{J_{2A} + m_1 l^2} \tag{3.50}$$

Der Energiesatz liefert

$$(J_{2A} + m_1 l^2)\, \zeta_2^2/2 = (m_2 s + m_1 l)\, g(1 - \cos\alpha)$$

und daraus mit Gl. (3.50)

$$v_1^2 = \frac{2(J_{2A} + m_1 l^2)}{m_1^2 l^2} (m_2 s + m_1 l)\, g(1 - \cos\alpha) \tag{3.51}$$

Während des Stoßes wird vom Gestell auf das Pendel im Lager A eine Kraft ausgeübt (vgl. Bild D 3.14). Der Impulssatz für die Masse m_2 lautet somit

$$\int_{t_0}^{t_1} (K_{12} - K_{32})\, dt = m_2(\zeta_2 - \omega_2)\, s \tag{3.52}$$

Unter Beachtung von Gl. (3.44) gilt für den Kraftimpuls auf das Pendellager

$$\int_{t_0}^{t_1} K_{23}\, dt = m_2(\zeta_2 - \omega_2)\, s + m_1(c_1 - v_1) \tag{3.53}$$

Für $\omega_2 = 0$ ergibt sich nach Einsetzen der Gln. (3.48) und (3.49) in Gl. (3.53)

$$\int_{t_0}^{t_1} K_{23}\, dt = \frac{(1 + k)\, m_1 v_1 (m_2 l s - J_{2A})}{J_{2A} + m_1 l^2} \tag{3.54}$$

Man erkennt, daß für

$$l = \frac{J_{2A}}{m_2 s} \tag{3.55}$$

im Lager A keine Stoßkraft auftritt. Man nennt den im Abstand l auf der Geraden AS liegenden Punkt, für den im Aufhängepunkt A keine Stoßreaktionen auftreten, den *Stoßmittelpunkt*.

3.2.4. Kupplungsvorgang von Drehbewegungen um eine starre Achse

Der Kupplungsvorgang spielt in der Antriebsdynamik eine große Rolle. Er soll hier an einem aus zwei Scheiben bestehenden System erläutert werden (Bild D 3.15). Die Trägheitsmomente dieser Scheiben sind Ersatzwerte, die die Trägheitswirkungen

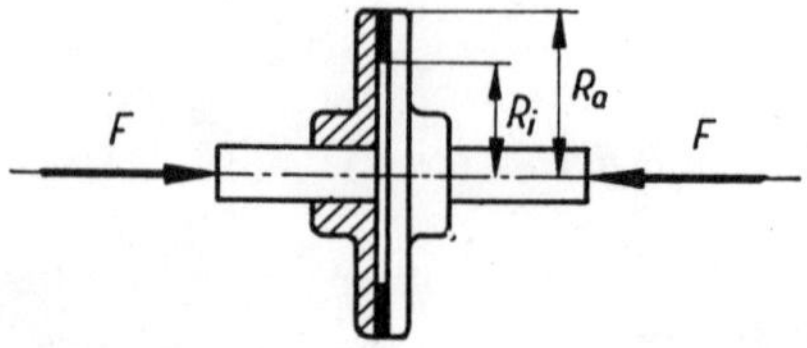

Bild D 3.15

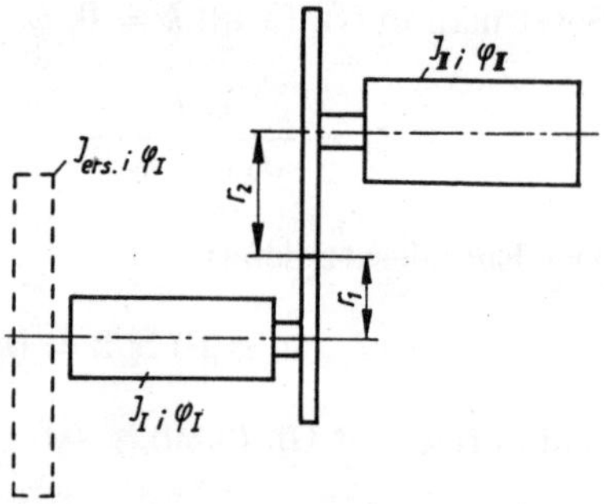

Bild D 3.16

der zu kuppelnden Maschinenteile berücksichtigen. Man findet sie mit Hilfe der Reduktionsbedingung:

> Die kinetische Energie der Ersatzmasse muß gleich der Summe der kinetischen Energien aller zu ersetzenden Massen sein.

An einem einfachen Beispiel soll dies erklärt werden. Bild D 3.16 zeigt ein aus zwei starren Wellen *I* und *II* und einem Stirnradgetriebe bestehendes Wellensystem. Es ist das Trägheitsmoment einer Ersatzscheibe J_{ers}, die auf der Welle *I* sitzen soll, zu berechnen. Die Reduktionsbedingung lautet:

$$\frac{J_{\text{ers}}\dot{\varphi}_I^2}{2} = \frac{J_I\dot{\varphi}_I^2}{2} + \frac{J_{II}\dot{\varphi}_{II}^2}{2} \tag{3.56}$$

Es gilt folgende Zwangsbedingung:

$$\varphi_I r_1 = -\varphi_{II} r_2$$

wenn in beiden Wellen der Drehwinkel im gleichen Drehsinn positiv gezählt wird. Somit gilt

$$J_{\text{ers}} = J_I + J_{II}\left(\frac{r_1}{r_2}\right)^2 \tag{3.57}$$

Die Ersatzmasse wird häufig auch als reduzierte Masse bezeichnet.
(Ausführlich wird auf die Ersatzmassenbildung in *Holzweißig, F.; Dreßig, H.*: Lehrbuch der Maschinendynamik. — 2. Aufl. — Leipzig: Fachbuchverl., 1982. — S. 412 eingegangen.)

Für die Berechnung des Kupplungsvorganges sind nun gegeben (Bild D 3.15):
Winkelgeschwindigkeit der Scheibe *1* vor dem Kuppeln: ω_1
Winkelgeschwindigkeit der Scheibe *2* vor dem Kuppeln: ω_2
Kupplungskraft, mit der die Scheiben aneinandergepreßt werden: F
Ringförmige Kupplungsfläche mit Außenradius R_a und Innenradius R_i
Reibungszahl zwischen den Kupplungsflächen: μ
Trägheitsmomente der Scheiben: J_1, J_2

Gesucht sind:

Gemeinsame Winkelgeschwindigkeit der gekuppelten Scheiben ω_{ges}
Energieverlust durch Wärmeentwicklung beim Kupplungsvorgang W_V
Zeitdauer des Kupplungsvorganges t

Zur Berechnung der gemeinsamen Geschwindigkeit kann der Drallsatz Gl. (3.32) herangezogen werden. Das auf das Gesamtsystem wirkende resultierende Moment ist Null, es gilt

$$\boldsymbol{L}_1 = \boldsymbol{L}_0 \tag{3.58}$$

Das System setzt sich aus zwei Scheiben zusammen, die sich um eine starre Achse drehen. Der Drallvektor des Systems behält deshalb seine Richtung bei, so daß nur sein Betrag interessiert.
Hierfür gilt [vgl. Gl. (2.4)]:

$$L_0 = J_1\omega_1 + J_2\omega_2$$

$$L_1 = \omega_{ges}(J_1 + J_2)$$

Damit wird:

$$\omega_{ges} = \frac{J_1\omega_1 + J_2\omega_2}{J_1 + J_2} \tag{3.59}$$

Die in Wärmeenergie umgesetzte mechanische Energie (Energieverlust) beträgt analog zu Gl. (3.40):

$$W_V = T_0 - T_1 = \frac{J_1\omega_1^2}{2} + \frac{J_2\omega_2^2}{2} - \frac{(J_1 + J_2)\,\omega_{ges}^2}{2} \tag{3.60}$$

Für die Berechnung der Kupplungszeit wird das Reibmoment (inneres Moment) benötigt. Man denkt sich dabei die Reibfläche in Ringe vom Radius r und der Dicke $\mathrm{d}r$ zerlegt. Ihre Fläche beträgt somit $2\pi r\,\mathrm{d}r$. Die Kupplungskraft F erzeugt einen Flächendruck

$$p = \frac{F}{\pi(R_a^2 - R_i^2)}$$

Jedes Ringelement überträgt somit folgendes Moment:

$$\mathrm{d}M = p\mu r\,\mathrm{d}A = \frac{\mu F}{\pi(R_a^2 - R_i^2)}\,2\pi r^2\,\mathrm{d}r$$

Das Gesamtmoment ist somit

$$M = \frac{2F\mu}{(R_a^2 - R_i^2)}\int_{R_i}^{R_a} r^2\,\mathrm{d}r = \frac{2}{3}\,\mu F\,\frac{(R_a^3 - R_i^3)}{(R_a^2 - R_i^2)} \tag{3.61}$$

Für die Scheibe *1* gilt dann der Drallsatz

$$\int_0^t M \, d\bar{t} = J_1 \omega_{\text{ges}} - J_1 \omega_1$$

$$t = \frac{J_1 J_2 (\omega_2 - \omega_1)}{J_1 + J_2} \, \frac{3}{2} \, \frac{(R_a^2 - R_i^2)}{\mu F (R_a^3 - R_i^3)} \tag{3.62}$$

Das gleiche Ergebnis erhält man aus dem Drallsatz für Scheibe *2* unter Beachtung, daß dort das Reaktionsmoment $(-M)$ angreift.

$$-\int_0^t M \, d\bar{t} = J_2 \omega_{\text{ges}} - J_2 \omega_2 \tag{3.63}$$

3.3. Arbeitssatz

Für die Ableitung des Arbeitssatzes soll wieder von Gl. (3.1) ausgegangen werden. Danach gilt für die i-te Masse des Punkthaufens:

$$\boldsymbol{F}_i + \sum_k \boldsymbol{F}_{ik} = m_i \ddot{\boldsymbol{r}}_i$$

Multipliziert man diese Gleichung mit der differentiellen Verschiebung

$$d\boldsymbol{r}_i = \boldsymbol{v}_i \, dt$$

so ergibt sich

$$\boldsymbol{F}_i \, d\boldsymbol{r}_i + \sum_k \boldsymbol{F}_{ik} \, d\boldsymbol{r}_i = m_1 \ddot{\boldsymbol{r}}_i \, d\boldsymbol{r}_i$$

oder

$$\boldsymbol{F}_i \, d\boldsymbol{r}_i + \sum_k \boldsymbol{F}_{ik} \, d\boldsymbol{r}_i = m_i \dot{\boldsymbol{v}}_i \boldsymbol{v}_i \, dt \tag{3.64}$$

Die Summation über alle i Massen des Punkthaufens liefert

$$\sum_i \boldsymbol{F}_i \, d\boldsymbol{r}_i + \sum_i \sum_k \boldsymbol{F}_{ik} \, d\boldsymbol{r}_i = \sum_i m_i \dot{\boldsymbol{v}}_i \boldsymbol{v}_i \, dt \tag{3.65}$$

Beachtet man die Beziehung

$$m_i \dot{\boldsymbol{v}}_i \boldsymbol{v}_i \, dt = \frac{(m_i \boldsymbol{v}_i^2)^{\cdot}}{2} \, dt \tag{3.66}$$

so wird deutlich, daß die rechte Seite von Gl. (3.65) die kinetische Energie des Punkthaufens enthält. Die Ausdrücke $\sum_i \boldsymbol{F}_i \, d\boldsymbol{r}_i$ und $\sum_i \sum_k \boldsymbol{F}_{ik} \, d\boldsymbol{r}_i$ sind die Arbeiten der eingeprägten Kräfte und der Bindungskräfte bei differentiellen Verschiebungen der Massen des Punkthaufens. Die Reaktionskräfte leisten keine Arbeit. Während bei der Ableitung des Impulssatzes der Einfluß der Bindungskräfte herausfiel, müssen sie beim Arbeitssatz berücksichtigt werden. Man kann sich dies am Zwei-Massen-System Bild D 3.17 deutlich machen. Hierfür gilt

$$\sum_{i=1}^{2} \sum_{k=1}^{2} \boldsymbol{F}_{ik}\,\mathrm{d}\boldsymbol{r}_i = \boldsymbol{F}_{11}\,\mathrm{d}\boldsymbol{r}_1 + \boldsymbol{F}_{12}\,\mathrm{d}\boldsymbol{r}_1 + \boldsymbol{F}_{21}\,\mathrm{d}\boldsymbol{r}_2 + \boldsymbol{F}_{22}\,\mathrm{d}\boldsymbol{r}_2$$

Mit

$$\boldsymbol{F}_{kk} = 0 \qquad \boldsymbol{F}_{ik} = -\boldsymbol{F}_{ki}$$

folgt

$$\sum_{i=1}^{2} \sum_{k=1}^{2} \boldsymbol{F}_{ik}\,\mathrm{d}\boldsymbol{r}_i = \boldsymbol{F}_{12}\,\mathrm{d}\boldsymbol{r}_1 - \boldsymbol{F}_{12}\,\mathrm{d}\boldsymbol{r}_2 = \boldsymbol{F}_{12}(\mathrm{d}\boldsymbol{r}_1 - \mathrm{d}\boldsymbol{r}_2)$$

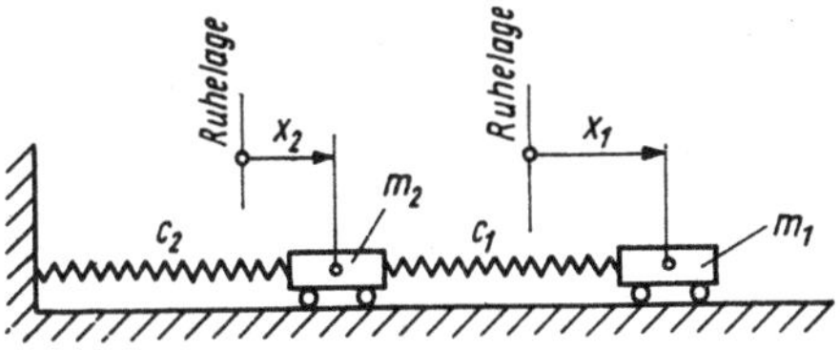

Bild D 3.17

Liegt eine starre Bindung zwischen m_1 und m_2 vor, gilt

$$\boldsymbol{F}_{12}\,\mathrm{d}\boldsymbol{r}_1 - \boldsymbol{F}_{12}\,\mathrm{d}\boldsymbol{r}_2 = 0$$

Die inneren Kräfte starrer Bindungen verrichten keine Arbeit. Für eine elastische Bindung, etwa eine lineare Feder, zwischen m_1 und m_2 gilt jedoch

$$\boldsymbol{F}_{12}\,\mathrm{d}\boldsymbol{r}_1 - \boldsymbol{F}_{12}\,\mathrm{d}\boldsymbol{r}_2 \neq 0$$

Daraus folgt, daß die inneren Kräfte elastischer Bindungen beim Arbeitssatz berücksichtigt werden müssen.
Die Integration von Gl. (3.65) liefert den Arbeitssatz

$$W_k = T_1 - T_0 = \int_0^1 \sum_i \boldsymbol{F}_i\,\mathrm{d}\boldsymbol{r}_i + \int_0^1 \sum_i \sum_k \boldsymbol{F}_{ik}\,\mathrm{d}\boldsymbol{r}_i \tag{3.67}$$

Danach ist die Änderung der kinetischen Energie eines Systems von Punktmassen gleich der von den eingeprägten Kräften und den elastischen Bindungskräften verrichteten Arbeit.
Haben sowohl die eingeprägten Kräfte als auch die elastischen Bindungskräfte ein Potential, so gilt analog zu Gl. (1.39) für den Punkthaufen:

$$T_0 + U_0 = T_1 + U_1 = \text{konst.}$$

Hierin sind T die kinetische Energie und U das Potential des Gesamtsystems an den Stellen *0* und *1*.

Die Form beider Energieausdrücke ist natürlich von der Wahl der Koordinaten abhängig. Dies soll an einem einfachen Beispiel demonstriert werden:
Für die auf Bild D 3.17 dargestellte Schwingungskette sollen die kinetische Energie und das Potential für verschiedene Koordinatenvorgaben aufgestellt werden.

1. Koordinatenvorgabe: Verschiebungen x_1, x_2

$$T = \frac{m_1 \dot{x}_1^2}{2} + \frac{m_2 \dot{x}_2^2}{2}$$

$$U = \frac{c_1(x_1 - x_2)^2}{2} + \frac{c_2 x_2^2}{2} = \frac{c_1 x_1^2}{2} + \frac{(c_1 + c_2)\, x_2^2}{2} - c_1 x_1 x_2$$

2. Koordinatenvorgabe: Relativverschiebungen ξ_1, ξ_2

$$\xi_1 = x_1 - x_2 \qquad \xi_2 = x_2$$

$$T = \frac{m_1(\dot{\xi}_1 + \dot{\xi}_2)^2}{2} + \frac{m_2 \dot{\xi}_2^2}{2} = \frac{m_1 \dot{\xi}_1^2}{2} + \frac{(m_1 + m_2)\, \dot{\xi}_2^2}{2} + m_1 \dot{\xi}_1 \dot{\xi}_2$$

$$U = \frac{c_1 \xi_1^2}{2} + \frac{c_2 \xi_2^2}{2}$$

Liegt nun für ein System mit dem Freiheitsgrad f ein beliebiger Satz von generalisierten Koordinaten $q_1, \ldots, q_f$ vor, so lassen sich allgemeine Ausdrücke für die kinetische Energie und das Potential angeben. Wie man aus dem Beispiel sieht, ergibt sich

$$T = \frac{1}{2} \sum_{k=1}^{f} \sum_{i=1}^{f} a_{ki} \dot{q}_k \dot{q}_i$$

und

$$U = \frac{1}{2} \sum_{k=1}^{f} \sum_{i=1}^{f} b_{ki} q_k q_i$$

Die Werte a_{ki} und b_{ki} hängen von der Wahl der Koordinaten und den Systemparametern ab. Sie können auch Null sein.

4. AUFSTELLEN DER BEWEGUNGSGLEICHUNGEN MIT HILFE DES D'ALEMBERTSCHEN UND DES LAGRANGESCHEN PRINZIPS

In K 4.1. wurde beschrieben, daß der Freiheitsgrad eines Systems ein Maß für die Anzahl der Bewegungsgleichungen ist, die benötigt werden, um die Bewegung jeder Masse des Punkthaufens eindeutig zu beschreiben. Schwerpunkt-, Impuls- und Arbeitssatz liefern nur eine Gleichung zur Beschreibung des Gesamtsystems und damit nur ganz spezielle Aussagen. Löst man jedoch durch Schnittbetrachtungen den Punkthaufen in einzelne Punktmassen und starre Körper auf, so kann man mit Hilfe der in den Abschn. 1. und 2. dargestellten Überlegungen das gesuchte System von Bewegungsgleichungen finden. Im folgenden sollen zwei Verfahren dazu vorgestellt werden.

4.1. Prinzip der virtuellen Arbeit und d'Alembertsches Prinzip

In 1.1.2.4. wurde das d'Alembertsche Prinzip schon kurz vorgestellt. In seiner praktischen Anwendung besagt es:

> Man kann ein dynamisches ebenes Problem formal auf ein statisches zurückführen, wenn die Translationsbeschleunigungen durch Massenkräfte und die Rotationsbeschleunigungen durch Massenmomente berücksichtigt werden. Diese wirken stets entgegen der durch die Koordinatenvorgabe festgelegten Beschleunigungsrichtung.

Damit läßt sich zur Bestimmung der erforderlichen Bewegungsgleichungen eines Systems von Punktmassen das Schnittprinzip anwenden, wobei die Schnittführung zunächst beliebig ist. Am Beispiel der Schwingerkette mit dem Freiheitsgrad 2 (Bild D 3.17) soll dies verdeutlicht werden. Legt man die Schnitte nach Bild D 4.1a, so gilt für die zwei Bewegungsgleichungen

$$m_1\ddot{x}_1 + c_1(x_1 - x_2) = 0 \tag{4.1}$$

$$m_2\ddot{x}_2 + c_2x_2 - c_1(x_1 - x_2) = 0 \tag{4.2}$$

Legt man dagegen die Schnitte nach Bild D 4.1b, so ergibt sich

$$m_1\ddot{x}_1 + c_1(x_1 - x_2) = 0$$

$$m_1\ddot{x}_1 + m_2\ddot{x}_2 + cx_2 = 0 \tag{4.3}$$

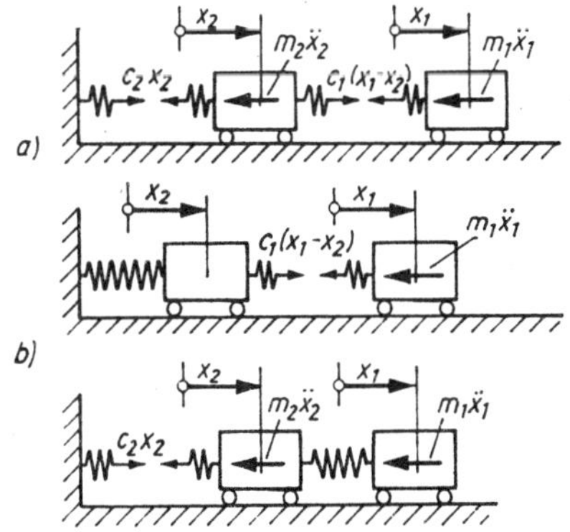

Bild D 4.1

Natürlich kann man Gl. (4.3) durch Addition von Gl. (4.1) und Gl. (4.2) erhalten, aber für die weitere mathematische Behandlung ist die zweite Form ungünstiger, da hierbei unsymmetrische Matrizen entstehen. Man findet nämlich aus Gl. (4.1) und Gl. (4.2):

$$\begin{pmatrix} m_1 & 0 \\ 0 & m_2 \end{pmatrix} \begin{pmatrix} \ddot{x}_1 \\ \ddot{x}_2 \end{pmatrix} + \begin{pmatrix} c_1 & -c_1 \\ -c_1 & c_1 + c_2 \end{pmatrix} \begin{pmatrix} x_1 \\ x_2 \end{pmatrix} = \begin{pmatrix} 0 \\ 0 \end{pmatrix}$$

$$\boldsymbol{M}\ddot{\boldsymbol{x}} + \boldsymbol{C}\boldsymbol{x} = \boldsymbol{0}$$

mit symmetrischer Massenmatrix $\boldsymbol{M}$ und Steifigkeitsmatrix $\boldsymbol{C}$. Demgegenüber gilt für Gln. (4.1) und (4.3)

$$\begin{pmatrix} m_1 & 0 \\ m_1 & m_2 \end{pmatrix} \begin{pmatrix} \ddot{x}_1 \\ \ddot{x}_2 \end{pmatrix} + \begin{pmatrix} c_1 & -c_1 \\ 0 & c_2 \end{pmatrix} \begin{pmatrix} x_1 \\ x_2 \end{pmatrix} = \begin{pmatrix} 0 \\ 0 \end{pmatrix}$$

mit unsymmetrischen Matrizen $\boldsymbol{M}$ und $\boldsymbol{C}$.

Dies läßt sich umgehen, wenn das *d'Alembert*sche Prinzip in der *Lagrange*schen Fassung verwendet wird. Es fußt auf dem Prinzip der virtuellen Arbeit.

Das Prinzip der virtuellen Arbeit ist ein allgemeines Gleichgewichtsprinzip der Statik. Danach befindet sich ein starrer Körper im Gleichgewichtszustand, wenn die Summe der virtuellen Arbeiten aller äußeren Kräfte Null ist

$$\sum_i \boldsymbol{F}_i \, \delta\boldsymbol{r}_i = 0 \tag{4.4}$$

Die virtuellen Verschiebungen $\delta\boldsymbol{r}_i$ stellen mathematisch die Variationen der Koordinaten dar und werden deshalb mit $\delta\boldsymbol{r}_i$ bezeichnet (im Unterschied zu den tatsächlichen Verschiebungen $\mathrm{d}\boldsymbol{r}_i$). Sie sind gedachte Lageänderungen der Kraftangriffspunkte, die folgende Bedingungen erfüllen müssen:

1. Sie sind unabhängig von der Zeit,
2. sie sind differentiell kleine Größen,
3. sie müssen den Bindungen, Führungen und Lagerungen des starren Körpers entsprechen.

So kann zum Beispiel das Gleichgewicht am Hebelsystem Bild D 4.2 mit dem Prinzip der virtuellen Arbeit folgendermaßen berechnet werden. Man gibt zunächst jedem Kraftangriffspunkt eine virtuelle Verschiebung vor, die positiv in positiver Kraftrichtung gezählt wird. Es gilt dann nach Gl. (4.4)

$$F_1\,\delta s_1 + F_2\,\delta s_2 + F_0\,\delta s_0 = 0$$

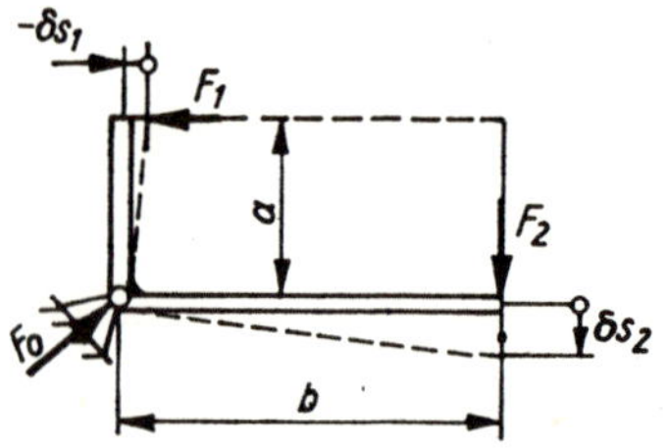

Bild D 4.2

Auf Grund der 3. Forderung gilt

$$\delta s_0 = 0 \qquad \frac{\delta s_1}{a} = -\frac{\delta s_2}{b}$$

Somit ergibt sich

$$F_2 = -F_1 \frac{\delta s_1}{\delta s_2} = F_1 \frac{a}{b}$$

Aus dem Beispiel erkennt man, daß die starren Bindungskräfte keine virtuelle Arbeit leisten, so daß nur die eingeprägten Kräfte eingehen.
Betrachtet man nun eine ganz allgemeine Krafteinleitung, wie sie beispielsweise durch Kraftfelder entstehen kann, so geht Gl. (4.4) über in

$$\int \mathrm{d}\boldsymbol{F}\, \delta \boldsymbol{r} = 0 \tag{4.5}$$

Der Übergang zur Dynamik erfolgt nun durch Hinzunahme der d'Alembertschen Hilfskräfte $\mathrm{d}\boldsymbol{F}_\mathrm{H} = -\mathrm{d}m\, \ddot{\boldsymbol{r}}$, so daß das d'Alembertsche Prinzip in der Lagrangeschen Fassung lautet:

$$\int (\mathrm{d}\boldsymbol{F} - \mathrm{d}m\, \ddot{\boldsymbol{r}})\, \delta \boldsymbol{r} = 0 \tag{4.6}$$

Nach Gl. K (2.14) gilt für den Beschleunigungsvektor des Massenelementes dm eines einzelnen starren Körpers bei beliebiger Bewegung:

$$\ddot{\boldsymbol{r}} = \ddot{\boldsymbol{R}} + (\dot{\boldsymbol{e}}_\omega \omega + \boldsymbol{e}_\omega \dot{\omega}) \times \bar{\boldsymbol{r}} + \boldsymbol{e}_\omega \omega^2 \times (\boldsymbol{e}_\omega \times \bar{\boldsymbol{r}})$$

Darin ist $\boldsymbol{R}$ der Ortsvektor eines Bezugspunktes, um den die Drehung mit der Winkelgeschwindigkeit $\boldsymbol{\omega}$ erfolgt. $\bar{\boldsymbol{r}}$ ist der Ortsvektor im drehenden System, $\boldsymbol{r} = \boldsymbol{R} + \bar{\boldsymbol{r}}$.
Es soll nur die Rotation um eine starre Achse betrachtet werden, so daß gilt $\dot{\boldsymbol{e}}_\omega = 0$; $\boldsymbol{e}_\omega \omega = \boldsymbol{\omega}$.
Bezeichnet man den dem Winkelgeschwindigkeitsvektor $\boldsymbol{\omega}$ zugeordneten Drehwinkelvektor mit $\boldsymbol{\varphi}$, so folgt für die virtuelle Verschiebung $\delta \boldsymbol{r} = \delta \boldsymbol{R} + \delta \boldsymbol{\varphi} \times \boldsymbol{r}$.
Aus Gl. (4.6) wird dann

$$\int \{\mathrm{d}\boldsymbol{F} - \mathrm{d}m[\ddot{\boldsymbol{R}} + (\dot{\boldsymbol{\omega}} \times \bar{\boldsymbol{r}}) + \boldsymbol{\omega} \times (\boldsymbol{\omega} \times \bar{\boldsymbol{r}})]\}\, (\delta \boldsymbol{R} + \delta \boldsymbol{\varphi} \times \bar{\boldsymbol{r}}) = 0 \tag{4.7}$$

Für die Berechnung dieses Ausdruckes soll nun angenommen werden, daß es sich um ebene Bewegung des Rotors handelt und der Bezugspunkt der Translation der Schwerpunkt mit dem Ortsvektor $\boldsymbol{r}_s$ sei, ($\boldsymbol{R} = \boldsymbol{r}_s$). Das statische Moment verschwindet dann, und es gilt

$$\int \bar{\boldsymbol{r}}\, \mathrm{d}m = 0$$

Beachtet man außerdem

$$\begin{aligned}[\delta \boldsymbol{\varphi} \times \bar{\boldsymbol{r}}] \cdot [\boldsymbol{\omega} \times (\boldsymbol{\omega} \times \bar{\boldsymbol{r}})] &= \delta \boldsymbol{\varphi}\, \{\bar{\boldsymbol{r}} \times [\boldsymbol{\omega} \times (\boldsymbol{\omega} \times \bar{\boldsymbol{r}})]\} \\ &= \delta \boldsymbol{\varphi} \{\boldsymbol{\omega} \cdot \bar{\boldsymbol{r}} \cdot (\boldsymbol{\omega} \times \bar{\boldsymbol{r}}) - (\boldsymbol{\omega} \times \bar{\boldsymbol{r}})\, (\bar{\boldsymbol{r}} \cdot \boldsymbol{\omega})\} \\ &= 0,\end{aligned}$$

da $\omega \perp \bar{r}$, also $\omega \cdot r = 0$, so folgt aus Gl. (4.7)

$$\int (\mathrm{d}\boldsymbol{F} - \mathrm{d}m\ddot{\boldsymbol{r}}_s)\,\delta\boldsymbol{r}_s + \int(\bar{\boldsymbol{r}} \times \mathrm{d}\boldsymbol{F} - \mathrm{d}m\,\bar{r}^2\dot{\omega})\,\delta\varphi = 0 \tag{4.8}$$

Für den starren Körper führt Gl. (4.8) unmittelbar auf die in 2.3. angegebenen Beziehungen

$$F_s - ma_s = 0; \qquad M_k - J_k\ddot{\varphi}_k = 0 \tag{4.9}$$

Für das System starrer Körper müßte eine Summierung der virtuellen Arbeiten erfolgen, bei der für jeden einzelnen Körper die virtuellen Verschiebungen $\delta\boldsymbol{r}_{Si}$ und Verdrehungen $\delta\varphi_i$ gelten. In die Kräfte und Momente gehen dann die Schnittgrößen mit ein. Dies entspricht aber einem Freischneiden jeder einzelnen Masse, wie dies auf Bild 4.1a gezeigt wird. Soll also das Prinzip von *d'Alembert* zur Aufstellung der Bewegungsgleichungen eines Systems starrer Körper verwendet werden, so ist jeder Körper einzeln herauszuschneiden und für ihn unter Einbeziehung der Schnittreaktionen die Gl. (4.9) aufzuschreiben. Mit Gl. (4.6) läßt sich auch die allgemeine Bewegung des starren Körpers berechnen, worauf hier jedoch nicht eingegangen wird. Ein weiteres *Beispiel* soll die Anwendung des *d'Alembert*schen Prinzips zeigen.

Ein Vollzylinder und ein Rohr sind durch eine Stange an ihren Drehachsen gekoppelt und rollen ohne zu gleiten auf einer schiefen Ebene.

Gegeben: $m_1, J_1, m_2, J_2, \alpha, R$

Gesucht: Stangenkraft, Translationsbeschleunigung der Stange

Lösung: Zuerst zeichnet man sich das System in ausgelenkter Lage und trägt die Koordinaten ein (Bild D 4.3).

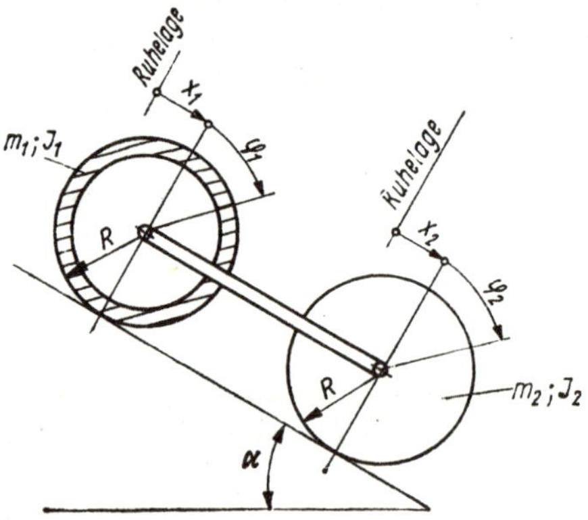

Bild D 4.3

Freie Koordinaten:

$$x_1, \varphi_1, x_2, \varphi_2$$

Zwangsbedingungen:

$$x_1 = x_2 \qquad x_1 = R\varphi_1 \qquad x_2 = R\varphi_2$$

Das System hat danach den Freiheitsgrad 1.

Da nach der Translationsbeschleunigung gefragt ist, wird als generalisierte Koordinate

$x = x_1 = x_2$ gewählt.

Danach werden die beiden Massen durch einen Schnitt getrennt und die eingeprägten Kräfte, die Schnittreaktionen und die dynamischen Hilfskräfte (bzw. Hilfsmomente) angetragen (Bild D 4.4). Dabei ist zu beachten, daß bei reinem Rollen eine Haftreibkraft zwischen Rolle und Bahn auftritt, über deren Begrenzung nichts gesagt wird. Bei teilweisem Gleiten liegt die Grenze der Reibkraft durch die Gleitreibungszahl fest.

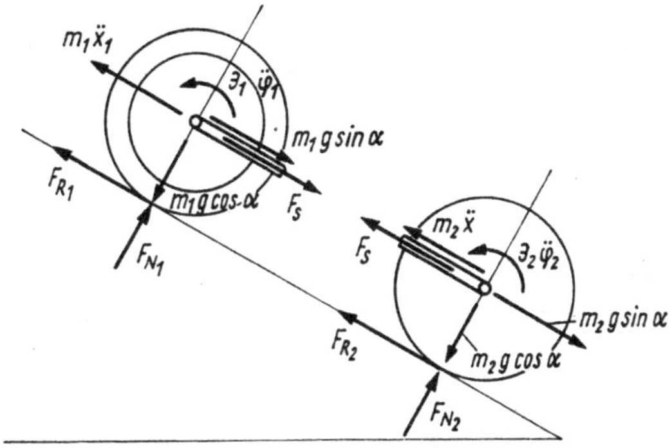

Bild D 4.4

Die Gleichgewichtsbetrachtungen ergeben:

Masse 1:

$$m_1 g \sin\alpha + F_s - m_1\ddot{x}_1 - F_{R1} = 0 \tag{1}$$

$$F_{N1} - m_1 g \cos\alpha = 0 \tag{2}$$

$$F_{R1}R - J_1\ddot{\varphi}_1 = 0 \tag{3}$$

Masse 2:

$$m_2 g \sin\alpha - F_s - m_2\ddot{x}_2 - F_{R2} = 0 \tag{4}$$

$$F_{N2} - m_2 g \cos\alpha = 0 \tag{5}$$

$$F_{R2}R - J_2\ddot{\varphi}_2 = 0 \tag{6}$$

Führt man die Zwangsbedingungen ein und eliminiert durch Einsetzen von (3) in (1) bzw. (6) in (4) die Reibkraft, so erhält man zwei Gleichungen für die beiden Unbekannten $\ddot{x}$ und F_s.

$$m_1 g \sin\alpha + F_s - m_1\ddot{x} - J_1\frac{\ddot{x}}{R^2} = 0 \tag{7}$$

$$m_2 g \sin\alpha - F_s - m_2\ddot{x} - J_2\frac{\ddot{x}}{R^2} = 0 \tag{8}$$

Setzt man

$$m_1 = m_2 = m \qquad J_1 = mR^2 \qquad J_2 = \frac{1}{2}mR^2$$

ergibt sich

$$\ddot{x} = \frac{4}{7}g\sin\alpha \qquad F_s = \frac{1}{7}mg\sin\alpha$$

Beide Größen sind positiv. Dies besagt, daß die Koordinatenwahl mit der Bewegungsrichtung übereinstimmt und daß der Stab auf Zug beansprucht wird.
Weitere Beispiele werden in 4.3. behandelt.

4.2. Lagrangesche Gleichungen 2. Art

Da das d'Alembertsche Prinzip auf Schnittbetrachtungen aufbaut, sind die Schnittreaktionen in den Bewegungsgleichungen enthalten. Es ergeben sich mehr Gleichungen, als zur alleinigen Beschreibung der Bewegung benötigt werden. In vielen Fällen sind die Schnittreaktionen jedoch für die Beurteilung des dynamischen Verhaltens des Gesamtsystems nicht erforderlich. Das Aufstellen der Bewegungsgleichungen wird deshalb unnötig kompliziert, was vor allem bei großen Systemen ins Gewicht fällt.
Eine Möglichkeit, ohne die Schnittbetrachtungen zu den Bewegungsgleichungen zu gelangen, bieten die *Lagrange*schen Gleichungen 2. Art, die von Energiebetrachtungen ausgehen. Die *Lagrange*schen Gleichungen 1. Art, auf die nicht näher eingegangen wird, liefern, genauso wie das *d'Alembert*sche Prinzip, die Schnittreaktionen bei entsprechendem Aufwand.
Bevor die *Lagrange*schen Gleichungen abgeleitet werden, läßt sich schon an einem einfachen Beispiel zeigen, daß aus einer Energiebetrachtung auf die Bewegungsgleichung geschlossen werden kann. In 3.2.3. wurde der Arbeitssatz durch Integration der dynamischen Grundgleichung, also der Bewegungsgleichung des Systems, gefunden. Soll nun von einem Energieausdruck ausgegangen werden, ist ein Differentiationsschritt einzuführen.
Als Beispiel dient ein einfaches Feder-Masse-Modell.
Hat die Masse bei der Auslenkung x die Geschwindigkeit $\dot{x}$, so gilt, da die auf die Masse wirkende Kraft (Federkraft) eine Potentialkraft ist, der Energiesatz:

$$T + U = \text{konst.}$$

$$\frac{m\dot{x}^2}{2} + \frac{cx^2}{2} = \text{konst.}$$

Die Differentiation

$$\frac{d(T + U)}{dt} = 0$$

liefert unmittelbar die Bewegungsgleichung

$$\frac{2m\ddot{x}\dot{x}}{2} + \frac{2cx\dot{x}}{2} = 0 \qquad m\ddot{x} + cx = 0$$

Diese einfache Überlegung ist jedoch nur für Systeme mit dem Freiheitsgrad 1 möglich, wenn T und U rein quadratische Formen haben.
Im allgemeinen Fall geht man vom *d'Alembert*schen Prinzip in der Form Gl. (4.6) aus. (vgl. *Fischer, U.; Stephan, W.:* Prinzipien und Methoden der Dynamik. — Leipzig:

Fachbuchverl., 1972. — S. 260). Hat das System den endlichen Freiheitsgrad f, so sind die Ortsvektoren $\boldsymbol{r}$ von den generalisierten Koordinaten $q_1, q_2, \ldots, q_f$ und der Zeit t abhängig. Für die virtuelle Arbeit der äußeren Kräfte kann also geschrieben werden

$$\int \mathrm{d}\boldsymbol{F}\, \delta\boldsymbol{r} = \int \mathrm{d}\boldsymbol{F}\, \frac{\partial \boldsymbol{r}}{\partial q_j}\, \delta q_j = Q_j\, \delta q_j; \qquad j = 1, 2, \ldots, f \tag{4.10}$$

Für die Massenkräfte gilt

$$\int \mathrm{d}m\ddot{\boldsymbol{r}}\, \delta\boldsymbol{r} = \int \mathrm{d}m\ddot{\boldsymbol{r}}\, \frac{\partial \boldsymbol{r}}{\partial q_j}\, \delta q_j \tag{4.11}$$

Mit der folgenden Umformung wird dieser Ausdruck deutbar

$$\ddot{\boldsymbol{r}}\,\frac{\partial \boldsymbol{r}}{\partial q_j} = \frac{\mathrm{d}}{\mathrm{d}t}\left(\dot{\boldsymbol{r}}\,\frac{\partial \boldsymbol{r}}{\partial q_j}\right) - \dot{\boldsymbol{r}}\,\frac{\partial \dot{\boldsymbol{r}}}{\partial q_j} \tag{4.12}$$

Diesen Schritt kontrolliert man am einfachsten durch Ausführen der Differentiation des ersten Gliedes.
Da $\boldsymbol{r} = \boldsymbol{r}\,(q_1, q_2, \ldots, q_f, t)$, gilt

$$\dot{\boldsymbol{r}} = \frac{\partial \boldsymbol{r}}{\partial q_j}\,\dot{q}_j + \frac{\partial \boldsymbol{r}}{\partial t}; \qquad \frac{\partial \dot{\boldsymbol{r}}}{\partial \dot{q}_j} = \frac{\partial \boldsymbol{r}}{\partial q_j}$$

da $\boldsymbol{r}$ nicht von $\dot{q}_j$ abhängig ist.
Damit wird aber aus Gl. (4.12)

$$\ddot{\boldsymbol{r}}\,\frac{\partial \boldsymbol{r}}{\partial q_j} = \frac{\mathrm{d}}{\mathrm{d}t}\left(\dot{\boldsymbol{r}}\,\frac{\partial \boldsymbol{r}}{\partial q_j}\right) - \dot{\boldsymbol{r}}\,\frac{\partial \dot{\boldsymbol{r}}}{\partial q_j} = \frac{1}{2}\,\frac{\mathrm{d}}{\mathrm{d}t}\left(\frac{\partial(\dot{\boldsymbol{r}}^2)}{\partial \dot{q}_j}\right) - \frac{1}{2}\,\frac{\partial(\dot{\boldsymbol{r}}^2)}{\partial q_j}$$

Setzt man dies in Gl. (4.11) ein, so folgt

$$\begin{aligned}\int \mathrm{d}m\ddot{\boldsymbol{r}}\, \delta\boldsymbol{r} &= \int \mathrm{d}m \left[\frac{1}{2}\,\frac{\mathrm{d}}{\mathrm{d}t}\,\frac{\partial(\dot{\boldsymbol{r}}^2)}{\partial \dot{q}_j} - \frac{1}{2}\,\frac{\partial(\dot{\boldsymbol{r}}^2)}{\partial q_j}\right]\delta q_j \\ &= \int \left[\frac{\mathrm{d}}{\mathrm{d}t}\,\frac{\partial}{\partial \dot{q}_j}\left(\frac{1}{2}\,\mathrm{d}m\,\dot{\boldsymbol{r}}^2\right) - \frac{\partial}{\partial q_j}\left(\frac{1}{2}\,\mathrm{d}m\,\dot{\boldsymbol{r}}^2\right)\right]\delta q_j\end{aligned} \tag{4.13}$$

Beachtet man, daß für die kinetische Energie geschrieben werden kann

$$T = \frac{1}{2}\int \mathrm{d}m\,\dot{\boldsymbol{r}}^2$$

so läßt sich Gl. (4.6) unter Verwendung der Gln. (4.10) und (4.13) folgendermaßen schreiben:

$$\left(\frac{\partial T}{\partial \dot{q}_j}\right) - \left(\frac{\partial T}{\partial q_j}\right) = Q_j; \qquad j = 1, \ldots, f \tag{4.14}$$

Dies ist die 1. Form der *Lagrange*schen Gleichung 2. Art. Sie setzt voraus, daß die kinetische Energie T des Gesamtsystems in den generalisierten Koordinaten q_j ausgedrückt wird. Q_j sind die auf die generalisierten Koordinaten q_j reduzierten generalisierten Kräfte. Ist q_j ein Weg, so ist Q_j eine Kraft. Für q_j als Winkel ist Q_j ein Moment. Wie aus dem Arbeitssatz deutlich wird, sind im Q_j alle Arbeit leistenden Kräfte, also die eingeprägten und die nichtstarren Bindungskräfte zu berücksichtigen. Gl. (4.14) stellt ein System von f Bewegungsgleichungen dar.
Als Beispiel soll zunächst für das System Bild D 4.3 die Bewegungsgleichung aufgestellt werden.
Die kinetische Energie beträgt

$$T = \frac{m_1 \dot{x}_1^2}{2} + \frac{m_2 \dot{x}_2^2}{2} + \frac{J_1 \dot{\varphi}_1^2}{2} + \frac{J_2 \dot{\varphi}_2^2}{2} \tag{1}$$

Auf Grund der Zwangsbedingungen (vgl. 4.1., Beispiel 1) wird daraus

$$T = \frac{1}{2}\left(m_1 + m_2 + \frac{J_1 + J_2}{R^2}\right)\dot{x}^2 \tag{2}$$

Hierbei wurde $q = x$ gewählt.
Da nur starre Bindungen vorhanden sind, gilt für die virtuelle Arbeit

$$\delta W = g \sin \alpha (m_1 + m_2)\, \delta x = Q\, \delta q$$

$$Q = g \sin \alpha (m_1 + m_2) \tag{3}$$

Man beachte dabei, daß die virtuelle Arbeit positiv ist, da die eingeprägten Kräfte $m_1 g \sin \alpha$ und $m_2 g \sin \alpha$ in Richtung der virtuellen Verschiebung δx wirken.
Nach Gl. (4.14) gilt somit

$$\ddot{x}\left(m_1 + m_2 + \frac{J_1 + J_2}{R^2}\right) = (m_1 + m_2)\, g \sin \alpha \tag{4}$$

Den gleichen Ausdruck erhält man natürlich nach dem *d'Alembert*schen Prinzip, wie man bei Addition der Gln. (7) und (8) des dort gezeigten Beispiels sieht.
Eine Gegenüberstellung beider Verfahren zeigt, daß der Aufwand bei Anwendung der *Lagrange*schen Gleichungen gegenüber dem *d'Alembert*schen Prinzip in vielen Fällen geringer ist.
Das folgende Beispiel eines Systems mit dem Freiheitsgrad 2 und elastischen Bindungen zeigt, daß die Gl. (4.14) noch nicht auf die Bindungskräfte verzichtet.

Beispiel:

Es sind die Bewegungsgleichungen für die auf Bild D 3.17 dargestellte Schwingungskette aufzustellen.

Gegeben: m_1, m_2, c_1, c_2

Lösung:

Zuerst werden die Koordinaten festgelegt. Da keine Zwangsbedingungen zwischen x_1 und x_2 bestehen, gilt für die generalisierten Koordinaten

$$q_1 = x_1 \qquad q_2 = x_2$$

Die kinetische Energie lautet:

$$T = \frac{m_1 \dot{x}_1^2}{2} + \frac{m_2 \dot{x}_2^2}{2} \tag{1}$$

Das System hat nur elastische Bindungen. Es wirkt die Federkraft $c_1(x_1 - x_2)$ auf die Masse m_1 entgegen der Verschiebung x_1 und auf die Masse m_2 in Richtung von x_2.
Somit lautet die virtuelle Arbeit

$$\delta W = -c_1(x_1 - x_2)\,\delta x_1 + c_1(x_1 - x_2)\,\delta x_2 - c_2 x_2\,\delta x_2 \tag{2}$$

und es gilt

$$Q_1 = -c_1(x_1 - x_2) \tag{3}$$

$$Q_2 = c_1(x_1 - x_2) - c_2 x_2 \tag{4}$$

Die beiden Bewegungsgleichungen lauten nun nach Gl. (4.14)

$$\left(\frac{\partial T}{\partial \dot{x}_1}\right)^{\cdot} - \frac{\partial T}{\partial x_1} = Q_1: \quad m_1 \ddot{x}_1 + c_1(x_1 - x_2) = 0 \tag{5}$$

$$\left(\frac{\partial T}{\partial \dot{x}_2}\right)^{\cdot} - \frac{\partial T}{\partial x_2} = Q_2: \quad m_2 \ddot{x}_2 - c_1(x_1 - x_2) + c_2 x_2 = 0 \tag{6}$$

Aus diesem Beispiel erkennt man, daß zum Aufstellen der virtuellen Arbeit noch eine Schnittbetrachtung erforderlich ist. Liegen jedoch, wie dies sehr häufig der Fall ist, nur elastische Bindungen, zum Beispiel durch lineare Federn, vor, sind also alle Bindungskräfte Potentialkräfte und sind auch die eingeprägten Kräfte Potentialkräfte, so läßt sich Gl. (4.14) noch umformen. Gemäß Gl. (1.35) und Gl. (4.10) gilt dann

$$Q_j = -\frac{\partial U}{\partial q_j} \tag{4.15}$$

U ist dabei das Potential der eingeprägten Kräfte und der elastischen Bindungskräfte.
Beachtet man, daß U nicht von $\dot{q}_k$ abhängt, so gelten nach Einführen der *Lagrange*schen Funktion

$$L = T - U \tag{4.16}$$

die Lagrangeschen Gleichungen in der 2. Form

$$\left(\frac{\partial L}{\partial \dot{q}_j}\right)^{\cdot} - \frac{\partial L}{\partial q_j} = 0 \tag{4.17}$$

Als Beispiel soll noch einmal das System Bild D 3.17 nach Gl. (4.17) berechnet werden. Mit

$$T = \frac{m_1 \dot{x}_1^2}{2} + \frac{m_2 \dot{x}_2^2}{2} \tag{1}$$

und

$$U = \frac{c_1(x_1 - x_2)^2}{2} + \frac{c_2 x_2^2}{2} \tag{2}$$

gilt

$$L = \frac{m_1 \dot{x}_1^2}{2} + \frac{m_2 \dot{x}_2^2}{2} - \frac{c_1(x_1 - x_2)^2}{2} - \frac{c_2 x_2^2}{2} \tag{3}$$

Daraus folgt

$$\left(\frac{\partial L}{\partial \dot{x}_1}\right)^{\cdot} - \frac{\partial L}{\partial x_1} = 0: \qquad m_1 \ddot{x}_1 + c_1(x_1 - x_2) = 0 \tag{4}$$

$$\left(\frac{\partial L}{\partial \dot{x}_2}\right)^{\cdot} - \frac{\partial L}{\partial x_2} = 0: \qquad m_2 \ddot{x}_2 - c_1(x_1 - x_2) + c_2 x_2 = 0 \tag{5}$$

Man erkennt aus diesem Beispiel, daß nur Energieausdrücke zur Bildung der Bewegungsgleichungen herangezogen werden.
Während die elastischen Bindungskräfte häufig Potentialkräfte sind, ist dies nicht bei allen eingeprägten Kräften der Fall. Die *Lagrange*schen Gleichungen nehmen dann folgende Form an:

$$\left(\frac{\partial L}{\partial \dot{q}_j}\right)^{\cdot} - \frac{\partial L}{\partial q_j} = \bar{Q}_j \tag{4.18}$$

Dabei sind die $\bar{Q}_j$ die generalisierten Kräfte, die kein Potential haben.
Eine umfassende Darstellung der verschiedenen Möglichkeiten zur Aufstellung der Bewegungsgleichungen findet man in dem angegebenen Buch von Fischer, Stephan, Prinzipien der Dynamik.

4.3. Beispiele zur Aufstellung der Bewegungsgleichungen

4.3.1. Gegenüberstellung der beiden Verfahren

Beispiel 1:

Für das auf Bild D 4.5 dargestellte Schubkurbelgetriebe ist die Bewegungsgleichung nach dem *d'Alembert*schen Prinzip und den *Lagrange*schen Gleichungen aufzustellen. Am Rad greift ein Moment $M(t)$ an, die Schubstange wird durch die Kraft $F(t)$ belastet. Alle Bewegungswiderstände werden vernachlässigt.

Gegeben: $J_0, r, m, M(t), F(t)$

Lösung:

Zunächst soll der Freiheitsgrad bestimmt und die generalisierte Koordinate festgelegt werden. Geht man von den in Bild D 4.5 eingetragenen freien Koordinaten aus, so gilt:

Freie Koordinaten: φ, x

Zwangsbedingung: $x = r \cos \varphi$

Das System hat den Freiheitsgrad 1. Als generalisierte Koordinate wird $q = \varphi$ gewählt. Die für das *d'Alembert*sche Prinzip erforderliche Schnittbetrachtung mit den Schnittreaktionen und den dynamischen Hilfskräften zeigt Bild D 4.6.
Es gelten folgende Gleichgewichtsbedingungen:

$$M(t) - J_0\ddot{\varphi} + F_s r \sin\varphi = 0 \tag{1}$$

$$F_s - m\ddot{x} - F(t) = 0 \tag{2}$$

Durch Eliminieren der Schnittreaktion F_s erhält man

$$J_0\ddot{\varphi} - m\ddot{x}r\sin\varphi - M(t) - F(t)r\sin\varphi = 0 \tag{3}$$

Durch zweimalige Differentiation der Zwangsbedingung $x = r\cos\varphi$ ergibt sich

$$\dot{x} = -r\sin\varphi\dot{\varphi} \tag{4}$$

$$\ddot{x} = -r\ddot{\varphi}\sin\varphi - r\dot{\varphi}^2\cos\varphi$$

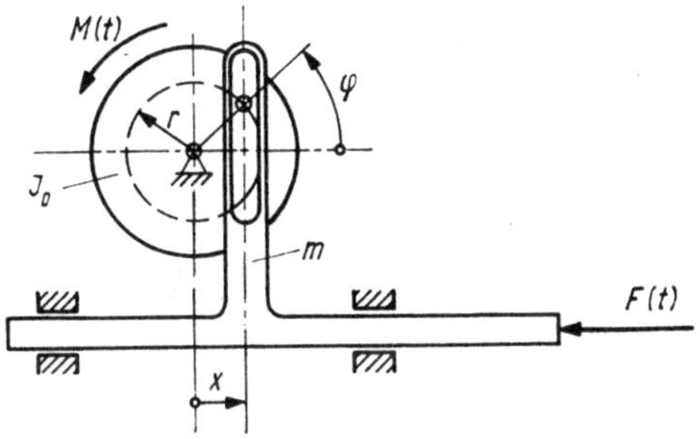

Bild D 4.5

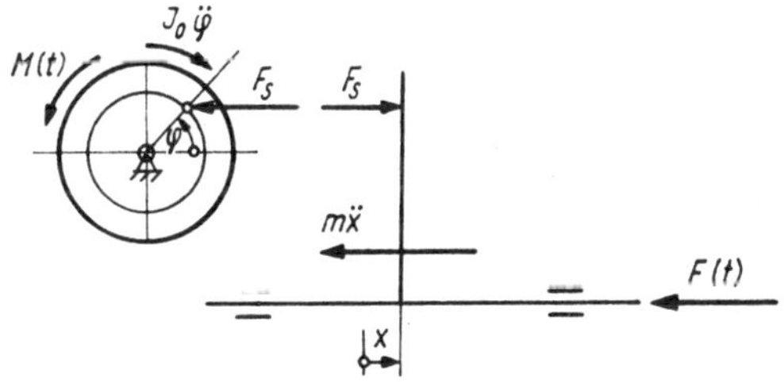

Bild D 4.6

Gl. (4), in Gl. (3) eingesetzt, liefert die gesuchte Bewegungsgleichung

$$(J_0 + mr^2\sin^2\varphi)\,\ddot{\varphi} + mr^2\dot{\varphi}^2\sin\varphi\cos\varphi = M(t) + F(t)\,r\sin\varphi \tag{5}$$

Für die Anwendung der *Lagrange*schen Gleichungen wird zunächst festgestellt, daß keine elastischen Bindungskräfte vorliegen und die gegebenen eingeprägten Kräfte kein Potential haben. Es wird deshalb von Gl. (4.14) ausgegangen. Die kinetische Energie des Systems beträgt

$$T = \frac{J_0\dot{\varphi}^2}{2} + \frac{m\dot{x}^2}{2}$$

Nach Einführen der Zwangsbedingungen ergibt sich

$$T = \frac{J_0\dot{\varphi}^2}{2} + \frac{1}{2}\,mr^2\dot{\varphi}^2\sin^2\varphi \tag{6}$$

Zur Bestimmung der generalisierten Kraft Q, die ein Moment ist, da q Winkeldimension hat, wird die virtuelle Arbeit aufgestellt. Es gilt

$$\delta W = M(t)\,\delta\varphi + [-F(t)]\,\delta x$$

Durch Differentiation der Zwangsbedingung erhält man

$$\delta x = -r \sin\varphi\,\delta\varphi \tag{7}$$

Somit ist

$$\delta W = Q\,\delta\varphi = [M(t) + F(t)\,r \sin\varphi]\,\delta\varphi$$

Es empfiehlt sich, die Differentiationsschritte der Gl. (6) nach Gl. (4.14) getrennt durchzuführen. So ergibt sich

$$\frac{\partial T}{\partial \dot\varphi} = J_0\dot\varphi + mr^2\dot\varphi \sin^2\varphi$$

$$\left(\frac{\partial T}{\partial \dot\varphi}\right)^{\cdot} = J_0\ddot\varphi + mr^2(\ddot\varphi \sin^2\varphi + 2\dot\varphi^2 \sin\varphi\cos\varphi)$$

$$\frac{\partial T}{\partial \varphi} = mr^2\dot\varphi^2 \cos\varphi \sin\varphi$$

Somit gilt

$$\left(\frac{\partial T}{\partial \dot\varphi}\right)^{\cdot} - \frac{\partial T}{\partial \varphi} = Q$$

$$(J_0 + mr^2 \sin^2\varphi)\,\ddot\varphi + mr^2\dot\varphi^2 \sin\varphi\cos\varphi = M(t) + F(t)\,r\sin\varphi \tag{8}$$

Gl. (8) entspricht natürlich Gl. (5).

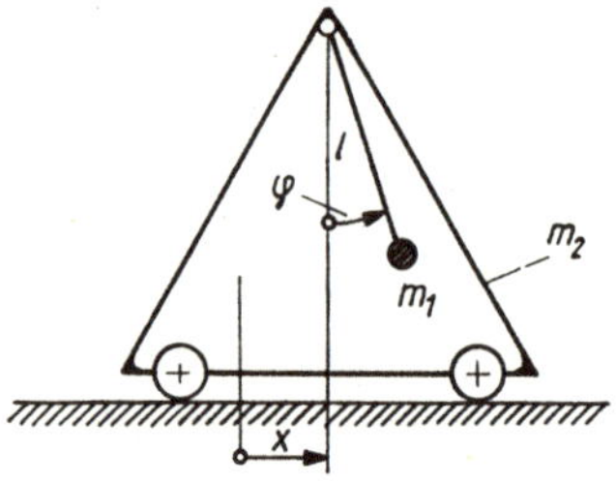

Bild D 4.7

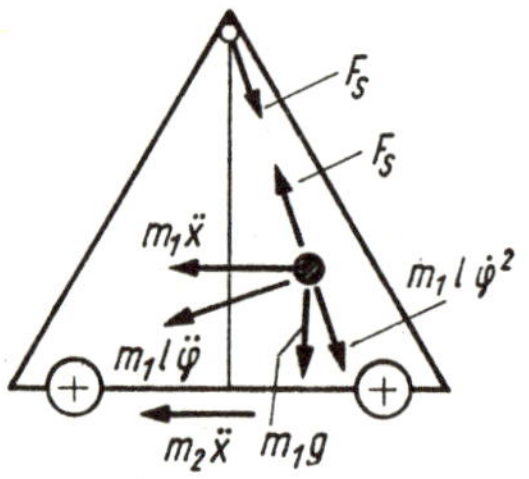

Bild D 4.8

Als Ergebnis erhält man eine nichtlineare Bewegungsgleichung 2. Ordnung. Ihre geschlossene Lösung ist — wie die der meisten Bewegungsgleichungen von Mechanismen — nicht möglich. Es wurden deshalb dafür besondere numerische Verfahren entwickelt, die für den Einsatz der elektronischen Datenverarbeitung günstig sind. Diese Aufgabenstellung gehört in das Gebiet der Maschinendynamik. Eine allgemeine Ableitung der Bewegungsgleichung der starren Maschine ist in 4.3.2. dargestellt.

Beispiel 2:

Für den in Bild D 4.7 dargestellten Pendelwagen sind die Bewegungsgleichungen nach beiden Verfahren aufzustellen. Alle Bewegungswiderstände sollen vernachlässigt werden.

Gegeben: Masse des Pendels m_1
Masse des Wagens m_2
Pendellänge l

Lösung:

Zunächst soll der Freiheitsgrad bestimmt und dann die generalisierten Koordinaten festgelegt werden.
Geht man von den in Bild D 4.7 eingetragenen freien Koordinaten aus, so gilt:
Freie Koordinaten: φ, x
Zwangsbedingungen: keine
Das System hat also den Freiheitsgrad 2, die generalisierten Koordinaten sind

$$q_1 = \varphi \qquad q_2 = x$$

Die Schnittdarstellung mit den eingeprägten Kräften, den Schnittreaktionen und den dynamischen Hilfskräften zeigt Bild D 4.8. Man beachte, daß die Massenkräfte und -momente entgegen den Beschleunigungsrichtungen, die sich wiederum nach den Koordinaten richten, eingetragen sind. Es erscheint günstig, das Kräftegleichgewicht an der Masse m_1 in Richtung des Pendelstabes und senkrecht dazu aufzustellen. Für die Masse m_2 genügt es in Richtung der Bewegung x.
Man kann somit ablesen:

$$m_1 l\ddot{\varphi} + m_1\ddot{x}\cos\varphi + m_1 g\sin\varphi = 0 \qquad (1)$$

$$F_s - m_1 l\dot{\varphi}^2 + m_1\ddot{x}\sin\varphi - m_1 g\cos\varphi = 0 \qquad (2)$$

$$m_2\ddot{x} - F_s\sin\varphi = 0 \qquad (3)$$

Aus Gln. (3) und (2) läßt sich die Schnittkraft F_s eliminieren. Es ergibt sich

$$m_2\ddot{x} - m_1 l\dot{\varphi}^2\sin\varphi + m_1\ddot{x}\sin^2\varphi - m_1 g\cos\varphi\sin\varphi = 0 \qquad (4)$$

Diese Gleichung läßt sich noch anschaulicher schreiben, wenn man in ihr $m_1 g\sin\varphi$ mit Hilfe von Gl. (1) eliminiert.
Somit folgt für die erste Bewegungsgleichung

$$(m_1 + m_2)\,\ddot{x} + m_1 l\ddot{\varphi}\cos\varphi - m_1 l\dot{\varphi}^2\sin\varphi = 0 \qquad (5)$$

Die zweite Bewegungsgleichung gewinnt man direkt aus Gl. (1)

$$l\ddot{\varphi} + \ddot{x}\cos\varphi + g\sin\varphi = 0 \qquad (6)$$

Eine Diskussion soll nach der Ableitung mit Hilfe der *Lagrange*schen Gleichung erfolgen.
Auch bei dieser Aufgabe liegen nur starre Bindungen vor, die eingeprägten Kräfte (die Schwerkraft von m_1) haben jedoch ein Potential. Man verwendet deshalb die Form der Gl. (4.17).
Die kinetische Energie lautet

$$T = \frac{m_1 v_{abs}^2}{2} + \frac{m_2\dot{x}^2}{2} \qquad (7)$$

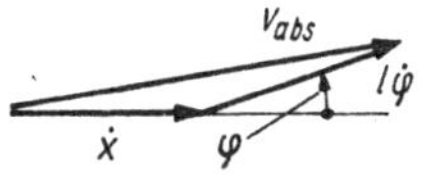

Bild D 4.9

Die Absolutgeschwindigkeit der Masse m_1 läßt sich aus dem Geschwindigkeitsplan Bild D 4.9 ablesen. Danach gilt

$$v_{abs}^2 = (\dot{x} + l\dot{\varphi}\cos\varphi)^2 + (l\dot{\varphi}\sin\varphi)^2$$

$$v_{abs}^2 = \dot{x}^2 + l^2\dot{\varphi}^2 + 2l\dot{x}\dot{\varphi}\cos\varphi \qquad (8)$$

Das Potential beträgt

$$U = -[-m_1 gl\,(1 - \cos\varphi)] = m_1 gl(1 - \cos\varphi) \tag{9}$$

Die *Lagrange*sche Funktion lautet

$$L = \frac{(m_1 + m_2)\,\dot{x}^2}{2} + \frac{m_1}{2}\,(l^2\dot{\varphi}^2 + 2l\dot{x}\dot{\varphi}\cos\varphi) - m_1 gl(1 - \cos\varphi) \tag{10}$$

Die erste Bewegungsgleichung erhält man aus

$$\left(\frac{\partial L}{\partial \dot{x}}\right)^{\cdot} - \frac{\partial L}{\partial x} = 0 \tag{11}$$

Es ergibt sich

$$\frac{\partial L}{\partial \dot{x}} = (m_1 + m_2)\,\dot{x} + m_1 l\dot{\varphi}\cos\varphi$$

$$\left(\frac{\partial L}{\partial \dot{x}}\right)^{\cdot} = (m_1 + m_2)\,\ddot{x} + m_1 l(\ddot{\varphi}\cos\varphi - \dot{\varphi}^2\sin\varphi)$$

$$\frac{\partial L}{\partial x} = 0$$

Somit gilt

$$(m_1 + m_2)\,\ddot{x} + m_1 l(\ddot{\varphi}\cos\varphi - \dot{\varphi}^2\sin\varphi) = 0 \tag{12}$$

Die zweite Bewegungsgleichung erhält man aus

$$\left(\frac{\partial L}{\partial \dot{\varphi}}\right)^{\cdot} - \frac{\partial L}{\partial \varphi} = 0 \tag{13}$$

Es ergibt sich

$$\frac{\partial L}{\partial \dot{\varphi}} = m_1 l^2\dot{\varphi} + m_1 l\dot{x}\cos\varphi$$

$$\left(\frac{\partial L}{\partial \dot{\varphi}}\right)^{\cdot} = m_1 l^2\ddot{\varphi} + m_1 l(\ddot{x}\cos\varphi - \dot{x}\dot{\varphi}\sin\varphi)$$

$$\frac{\partial L}{\partial \varphi} = -m_1 l\dot{x}\dot{\varphi}\sin\varphi - m_1 gl\sin\varphi$$

Somit findet man die zweite Bewegungsgleichung

$$l\ddot{\varphi} + \ddot{x}\cos\varphi + g\sin\varphi = 0 \tag{14}$$

Beide Bewegungsgleichungen sind gekoppelte nichtlineare Dgln. 2. Ordnung. Da es sich um eine Pendelbewegung handelt, war dies Ergebnis einer nichtlinearen Bewegungsgleichung zu erwarten. Häufig werden derartige Gleichungen durch Betrachtung eines kleinen Winkelausschlages linearisiert. Dies soll hier auch erfolgen, um eine anschauliche Deutung zu ermöglichen. Setzt man $\sin\varphi = \varphi$, $\cos\varphi = 1$ und vernachlässigt man alle quadratischen Glieder, so folgt aus Gl. (12)

$$(m_1 + m_2)\,\ddot{x} + m_1 l\ddot{\varphi} = 0$$

$$\ddot{x} = -\frac{m_1}{(m_1 + m_2)}\,l\ddot{\varphi} \tag{15}$$

Dies Ergebnis entspricht dem Schwerpunktsatz. Das negative Vorzeichen gibt an, daß sich der Wagen immer entgegen der Pendelmasse bewegt. Der Gesamtschwerpunkt bleibt also in Ruhe, da in Bewegungsrichtung keine eingeprägte Kraft wirkt.
Aus Gl. (14) ergibt die Linearisierung

$$\ddot{\varphi} + \frac{\ddot{x}}{l} + \frac{q}{l}\,\varphi = 0 \tag{16}$$

Denkt man sich den Wagen festgehalten, d. h., $\ddot{x} = 0$, so stellt Gl. (16) die bekannte Pendelgleichung bei kleinem Ausschlag dar. Setzt man Gl. (15) in Gl. (16) ein, so ergibt sich

$$\ddot{\varphi} + \frac{g}{l}\left(\frac{m_1}{m_2} + 1\right)\varphi = 0$$

Man kann eine reduzierte Pendellänge l^* einführen:

$$l^* = \frac{l}{\dfrac{m_1}{m_2} + 1}$$

und erkennt, daß $l^* < l$ ist, daß also durch die Wagenbewegung der wirksame Drehpunkt nach unten verschoben ist und damit die Schwingungszeit des Pendels kleiner als die des Pendels mit ruhendem Pendelpunkt wird. Auf die Berechnung der Periodendauer wird im Abschn. 6. näher eingegangen.

Beispiel 3:

Für den auf Bild D 4.10 dargestellten elastisch aufgehängten starren Balken sind die Bewegungsgleichungen nach beiden Verfahren für kleine Bewegungen aufzustellen. Der Balken wird so geführt, daß der Schwerpunkt nur Bewegungen in vertikaler Richtung ausführen kann.

Gegeben: Masse m, Trägheitsmoment bezüglich der Schwerachse J_S, Federkonstanten c_1, c_2, Abstände s_1, s_2

Lösung:

Zunächst soll der Freiheitsgrad bestimmt werden.

Freie Koordinaten: x, φ
Zwangsbedingungen: keine

Das System hat den Freiheitsgrad 2, wobei die generalisierten Koordinaten $q_1 = x$, $q_2 = \varphi$ sind.
Die Schnittdarstellung mit eingetragenen Schnittreaktionen und den Massenkräften und -momenten zeigt Bild D 4.11.

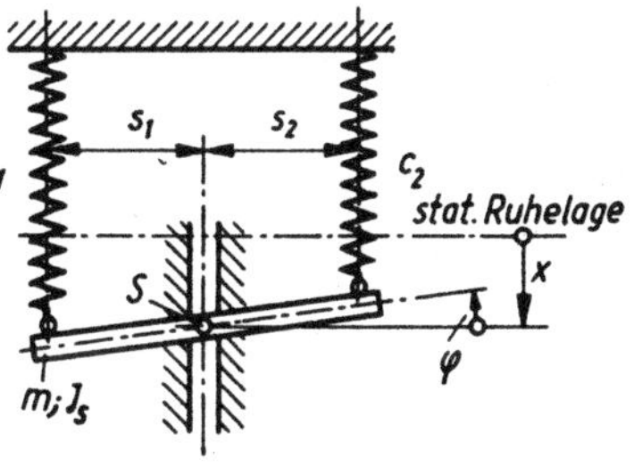

Bild D 4.10

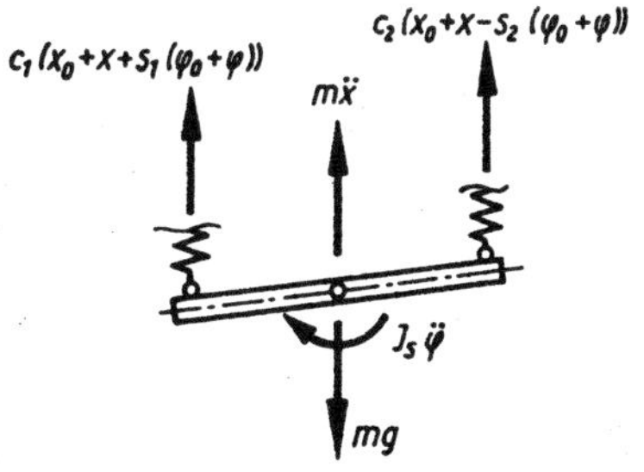

Bild D 4.11

Die Gleichgewichtsbetrachtung am Balken ergibt:
Kräfte in x-Richtung:

$$mg - m\ddot{x} - c_1[x_0 + x + s_1(\varphi_0 + \varphi)] - c_2[x_0 + x - s_2(\varphi_0 + \varphi)] = 0 \tag{1}$$

x_0 und φ_0 sind dabei die Koordinaten in der statischen Ruhelage. Dafür gilt die Beziehung

$$mg - c_1(x_0 + s_1\varphi_0) - c_2(x_0 - s_2\varphi_0) = 0 \tag{2}$$

Drehmomente um die senkrecht zur Bewegungsebene stehende Schwerachse:

$$-J_S\ddot{\varphi} + c_2s_2[x_0 + x - s_2(\varphi_0 + \varphi)] - c_1s_1[x_0 + x + s_1(\varphi_0 + \varphi)] = 0 \tag{3}$$

Für die statische Ruhelage gilt

$$+c_2s_2(x_0 - s_2\varphi_0) - c_1s_1(x_0 + s_1\varphi_0) = 0 \tag{4}$$

Somit findet man die den generalisierten Koordinaten zugeordneten Bewegungsgleichungen:

$$\begin{aligned} &m\ddot{x} + c_1(x + s_1\varphi) + c_2(x - s_2\varphi) = 0 \\ &J_S\ddot{\varphi} + c_1s_1(x + s_1\varphi) - c_2s_2(x - s_2\varphi) = 0 \end{aligned} \tag{5}$$

Auch in dieser Aufgabe sind alle auf den Körper wirkenden Kräfte (Gewichtskraft und Federkräfte) Potentialkräfte. Zur Aufstellung der Bewegungsgleichungen nach *Lagrange* wird die *Lagrange*sche Funktion verwendet.
Die kinetische Energie beträgt

$$T = \frac{m\dot{x}^2}{2} + \frac{J_S\dot{\varphi}^2}{2} \tag{6}$$

Die potentielle Energie berechnet sich gemäß 1.2.5, Beispiel 6.
Dabei kompensieren sich die Energien der Federvorspannkraft und des Gewichts.
Es gilt

$$U = \frac{1}{2} c_1(x + s_1\varphi)^2 + \frac{1}{2} c_2(x - s_2\varphi)^2 \tag{7}$$

Die *Lagrange*sche Funktion $L = T - U$ lautet somit

$$L = \frac{m\dot{x}^2}{2} + \frac{J_S\dot{\varphi}^2}{2} - \frac{1}{2} c_1(x + s_1\varphi)^2 - \frac{1}{2} c_2(x - s_2\varphi)^2$$

Daraus erhält man

$$\begin{aligned} &\left(\frac{\partial L}{\partial \dot{x}}\right)^{\cdot} - \frac{\partial L}{\partial x} = 0: \quad m\ddot{x} + c_1(x + s_1\varphi) + c_2(x - s_2\varphi) = 0 \\ &\left(\frac{\partial L}{\partial \dot{\varphi}}\right)^{\cdot} - \frac{\partial L}{\partial \varphi} = 0: \quad J_S\ddot{\varphi} + c_1s_1(x + s_1\varphi) - c_2s_2(x - s_2\varphi) = 0 \end{aligned} \tag{8}$$

4.3.2. Ableitung der Bewegungsgleichung der starren Maschine mit dem Freiheitsgrad 1

Wie bereits in der Einleitung zum Abschn. 2. festgestellt wurde, läßt sich ein Körper als starr bezeichnen, wenn die Verformung, die er durch äußere Kräfte erfährt, gegenüber seiner Bewegung infolge dieser Kräfte nicht interessiert. Man kann nun auch eine Maschine als „starre Maschine“ betrachten, wenn die Bewegungen der einzelnen Bauteile zueinander ohne Berücksichtigung von elastischen Verformungen betrachtet werden. Die Frage, wann eine Maschine als starre Maschine oder als Schwingungssystem betrachtet werden muß, kann nur mit Hilfe der Schwingungstheorie beantwortet werden. Als *starre Maschine* bezeichnet man einen Verband von starren Körpern, die über kinematische Bindungen zusammenhängen. Wie bereits im Abschn. Kinematik beschrieben ist, läßt sich die Bewegung eines Körpers stets als Translation des Schwerpunktes und die Rotation um Schwerpunktachsen darstellen.

Beschränkt man sich auf ebene Probleme, so müßte die Bewegung jeder Masse durch zwei Translations- und eine Rotationskoordinate beschrieben werden. Nach K 4.2. hängen diese aber alle von den generalisierten Koordinaten $(q_1; q_2; \ldots; q_f)$ ab, wobei f der Freiheitsgrad ist. Im folgenden soll nur die Bewegungsgleichung einer starren Maschine mit dem Freiheitsgrad 1 behandelt werden. Als Beispiel dafür kann der Kurbeltrieb Bild D 4.12 angesehen werden.

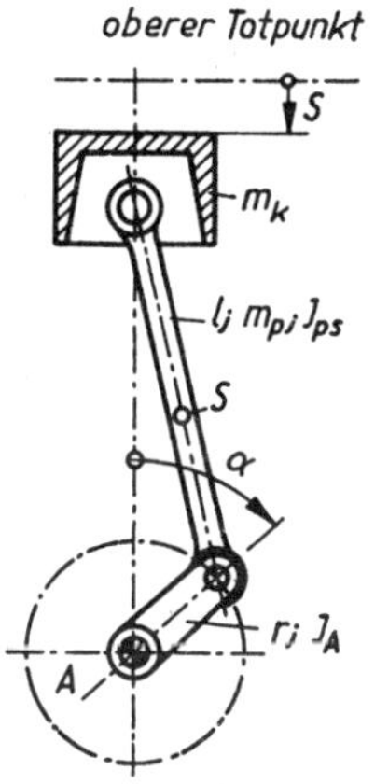

Bild D 4.12

Für die Aufstellung der Bewegungsgleichung wird die *Lagrange*sche Gleichung in der Form Gl. (4.14) verwendet, da nicht angenommen werden kann, daß die eingeprägten Kräfte (z. B. Gaskraft, Antriebsmoment) Potentialkräfte sind. Beschreibt man die Schwerpunktsbewegungen in einem kartesischen Koordinatensystem, so gilt für die kinetische Energie des aus n starren Körpern bestehenden Systems

$$T = \frac{1}{2} \sum_{i=1}^{n} [m_i(\dot{x}_i^2 + \dot{y}_i^2) + J_{is}^2 \dot{\varphi}_i^2] \tag{4.19}$$

Für die Koordinaten gilt auf Grund der Zwangsbedingungen

$$x_i = x_i(q); \qquad y_i = y_i(q); \qquad \varphi_i = \varphi_i(q) \tag{4.20}$$

Nach Gl. K (4.6) gilt dann mit

$$\dot{x}_i = x'_i \dot{q}; \qquad \dot{y}_i = y'_i \dot{q}; \qquad \dot{\varphi}_i = \varphi'_i \dot{q}$$

$$T = \frac{1}{2} \sum_{i=1}^{n} [m_i(x_i'^2 + y_i'^2) + J_{si} \varphi_i'^2]\, \dot{q}^2 \tag{4.21}$$

Führt man nun analog zur generalisierten Koordinate q und zur generalisierten Kraft Q den Begriff der generalisierten Masse J ein, so kann Gl. (4.21) in der Form

$$T = \frac{J(q)\,\dot{q}^2}{2} \tag{4.22}$$

geschrieben werden. Ist q ein Weg, so hat J die Dimension einer Masse, ist q ein Winkel, die eines Trägheitsmomentes.

Die generalisierte Masse, die häufig auch reduzierte Masse oder Ersatzmasse genannt wird, ist jedoch, wie der Vergleich von Gl. (4.21) mit Gl. (4.22) zeigt, von der Koordinate abhängig. Weiterhin erkennt man daraus, daß sie gebildet wird aus der Überlegung:

> Die kinetische Energie der reduzierten Masse ist gleich der Summe der kinetischen Energien aller zu ersetzenden Massen.

Wendet man nun Gl. (4.14) auf Gl. (4.22) an, so folgt:

$$\frac{\partial T}{\partial \dot{q}} = J(q)\,\dot{q}; \qquad \left(\frac{\partial T}{\partial \dot{q}}\right)^{\cdot} = J(q)\,\ddot{q} + J'(q)\,\dot{q}^2$$

$$\frac{\partial T}{\partial q} = \frac{1}{2}\,J'(q)\,\dot{q}^2; \qquad J'(q) = \frac{\mathrm{d}J(q)}{\mathrm{d}q}$$

$$J(q)\ddot{q} + \frac{1}{2}\,\frac{\mathrm{d}J(q)}{\mathrm{d}q}\,\dot{q}^2 = Q \tag{4.23}$$

Die generalisierte Kraft Q, die sich mit Hilfe des Prinzips der virtuellen Arbeit ermitteln läßt, stellt eine auf die generalisierte Koordinate reduzierte Kraft (bzw. ein Moment) dar. Für $J(q) = \text{konst.}$ geht Gl. (4.23) natürlich in das dynamische Grundgesetz der Drehbewegung eines starren Rotors, Gl. (2.6), über. Mit der Bewegungsgleichung der starren Maschine lassen sich die dynamischen Grundaufgaben, wie sie schon in 1.1.3. und 1.1.4. formuliert wurden, lösen. Diese Aufgaben stellen spezielle Probleme der Maschinendynamik dar. Es soll hier nur an wenigen Beispielen die Anwendung von Gl. (4.23) gezeigt werden. In 3.2.4. wurde bereits die Ersatzmasse für ein Getriebe bestimmt [vgl. Gl. (3.57)]. In diesem Spezialfall, der immer vorliegt, wenn die starre Maschine nur rotatorisch bewegte Massen hat, ist sie konstant.

Beispiel 1:

Für das auf Bild D 4.5 dargestellte Schubkurbelgetriebe ist die Bewegungsgleichung mit Hilfe der reduzierten Masse aufzustellen (vgl. 4.3.1., Beispiel 1).

Lösung:

Als generalisierte Koordinate soll auch hier $q = \varphi$ gewählt werden. Die reduzierte Masse hat somit die Dimension eines Trägheitsmoments, die generalisierte Kraft ist ein Moment.

Bestimmung der reduzierten Masse:

$$\frac{J_{\text{red}}\dot{\varphi}^2}{2} = \frac{m\dot{x}^2}{2} + \frac{J_0\dot{\varphi}^2}{2} \tag{1}$$

Nach Einsetzen der Zwangsbedingung

$$x = r \cos \varphi \qquad \dot{x} = -r\dot{\varphi} \sin \varphi \tag{2}$$

ergibt sich aus Gl. (1)

$$J_{\text{red}} = J_0 + mr^2 \sin^2 \varphi$$

Die Differentiation ergibt

$$\frac{\mathrm{d}J_{\text{red}}}{\mathrm{d}\varphi} = 2mr^2 \sin \varphi \cos \varphi$$

Die generalisierte Kraft findet man mit Hilfe der virtuellen Arbeit

$$\delta W = Q\, \delta\varphi = [M(t) + F(t)\, r \sin \varphi]\, \delta\varphi \tag{3}$$

Die Bewegungsgleichung lautet somit

$$(J_0 + mr^2 \sin^2 \varphi)\, \ddot{\varphi} + mr^2\dot{\varphi}^2 \sin \varphi \cos \varphi = M(t) + F(t)\, r \sin \varphi$$

Beispiel 2:

Für das in Bild D 4.12 dargestellte Kurbelgetriebe soll das Antriebsmoment an der Kurbelwelle bestimmt werden, das erforderlich ist, um die Kurbelwelle mit konstanter Winkelgeschwindigkeit ω_0 umlaufen zu lassen.

Gegeben: Masse des Kolbens m_k
Oszillierender Masseanteil des Pleuels m_1
Rotierender Masseanteil des Pleuels m_2
Trägheitsmoment J_A der Kurbelwelle bezüglich der Drehachse A
Kurbelradius r
Pleuellänge l

Bemerkung:

Bei der Reduktion des Pleuels auf ein Ersatzsystem von zwei Punktmassen werden die Bedingungen, daß Schwerpunktslage und Masse erhalten bleiben sollen, erfüllt.

Lösung:

Da die gesuchte generalisierte Kraft das Antriebsmoment M ist, liegt die generalisierte Koordinate als Drehwinkel der Kurbelwelle fest, $q = \alpha$. Die reduzierte Masse ist somit als Scheibe mit dem Trägheitsmoment J_{red}, die auf der Kurbelwelle sitzt, anzusehen.
Nach Gl. (4.22) findet man

$$\frac{J_{\text{red}}\dot{\alpha}^2}{2} = \frac{J_A\dot{\alpha}^2}{2} + \frac{m_2 r^2\dot{\alpha}^2}{2} + \frac{(m_1 + m_k)\, \dot{s}^2}{2} \tag{1}$$

Die Zwangsbedingung zwischen dem Kolbenweg s und dem Drehwinkel α wurde bereits in Abschn. 1.3.4., Kinematik, berechnet. Sie lautet

$$s = r \left(1 + \frac{1}{4}\lambda - \cos \alpha - \frac{1}{4}\lambda \cos 2\alpha\right) \tag{2}$$

Darin ist $\lambda = \dfrac{r}{l}$ das Schubstangenverhältnis. Gl. (2) wurde unter Vernachlässigung aller Glieder höherer Potenzen von λ aufgestellt.

Aus Gl. (2) findet man

$$\dot{s} = \frac{\mathrm{d}s}{\mathrm{d}\alpha} \cdot \frac{\mathrm{d}\alpha}{\mathrm{d}t} = r\dot{\alpha}\left(\sin\alpha + \frac{1}{2}\lambda\sin 2\alpha\right) \tag{3}$$

Somit gilt

$$J_{\text{red}} = J_A + m_2 r^2 + (m_1 + m_{\text{k}})\, r^2 \left(\sin\alpha + \frac{1}{2}\lambda\sin 2\alpha\right)^2 \tag{4}$$

Die Bewegungsgleichung der starren Maschine Gl. (4.23) lautet

$$J_{\text{red}}\ddot{\alpha} + \frac{1}{2}\frac{\mathrm{d}J_{\text{red}}}{\mathrm{d}\alpha}\dot{\alpha}^2 = M \tag{5}$$

Die Bewegung der Kurbelwelle ist mit der konstanten Winkelgeschwindigkeit ω_0 gegeben. Es gilt

$$\alpha = \omega_0 t \qquad \dot{\alpha} = \omega_0 \qquad \ddot{\alpha} = 0 \tag{6}$$

Somit kann das gesuchte Antriebsmoment berechnet werden aus:

$$M = \frac{1}{2}\frac{\mathrm{d}J_{\text{red}}}{\mathrm{d}\alpha}\omega_0^2 \tag{7}$$

Die Differentiation ergibt unter Vernachlässigung aller nichtlinearen Glieder von λ

$$\frac{\mathrm{d}J_{\text{red}}}{\mathrm{d}\alpha} = (m_1 + m_{\text{k}})\, r^2 \left[-\frac{1}{2}\lambda\sin\alpha + \sin 2\alpha + \frac{3}{2}\lambda\sin 3\alpha\right]$$

Somit erhält man

$$M = \frac{1}{2}(m_1 + m_{\text{k}})\, r^2\omega_0^2 \left[-\frac{1}{2}\lambda\sin\alpha + \sin 2\alpha + \frac{3}{2}\lambda\sin 3\alpha\right] \tag{8}$$

Gl. (8) stellt das Moment dar, das an der Kurbelwelle angreifen muß, um den Mechanismus mit konstanter Winkelgeschwindigkeit zu drehen. Es ist betragsgleich dem Moment, das von dem Mechanismus an die Kurbelwelle übertragen wird. Wird die Kurbelwelle als Schwingungssystem aufgefaßt, so wirkt dieses Moment als Erregung. Man erkennt, daß es eine periodische Erregung darstellt, bei der die zweite und dritte Harmonische größer sind als die Grundharmonische (vgl. 6.3.2.).

5. DYNAMIK DES STARREN KÖRPERS

Unter einem starren Körper versteht man einen Punkthaufen, zwischen dessen Punktmassen nur starre Bindungen bestehen. Die Verformungen dieser Bindungen unter Einwirkung der Bindungskräfte sind so klein, daß sie keinen Einfluß auf die Bewegung des Systems nehmen.
Zur dynamischen Kennzeichnung der Punktmasse genügt die Angabe ihrer Masse. Der in einer Ebene bewegte Rotor (vgl. 2.2.) wird durch seine Masse, die Lage des

Schwerpunktes und das Massenträgheitsmoment bezüglich einer senkrecht auf der Bewegungsebene stehenden Achse festgelegt.
Ist der starre Körper kein Rotor, fällt also die Drehachse nicht mit einer Symmetrieachse oder einer dazu parallelen Achse zusammen, oder vollführt er Drehungen um mehrere Achsen, so genügen diese Angaben nicht. Es sollen deshalb zunächst alle Kennwerte bereitgestellt werden, die zur allgemeinen Berechnung der Bewegung des starren Körpers erforderlich sind.

5.1. Dynamische Kennwerte des starren Körpers

5.1.1. Allgemeine Beziehungen zwischen Trägheitsmomenten und Deviationsmomenten, die Trägheitshauptachsen

Wie bereits im Abschn. Kinematik besprochen, läßt sich jede beliebige Bewegung eines Körpers in eine Translation eines Bezugspunktes und eine Rotation um den Bezugspunkt zerlegen. Der Schwerpunktsatz des Punkthaufens sagt weiterhin aus, daß für die Translation die Masse des Punkthaufens und damit auch eines starren Körpers im Schwerpunkt vereinigt gedacht werden kann. Masse und Schwerpunktslage sind somit zur Berechnung der Translation erforderlich. Die Kennwerte des Körpers für die Rotation um einen Punkt sollen im folgenden bestimmt werden.

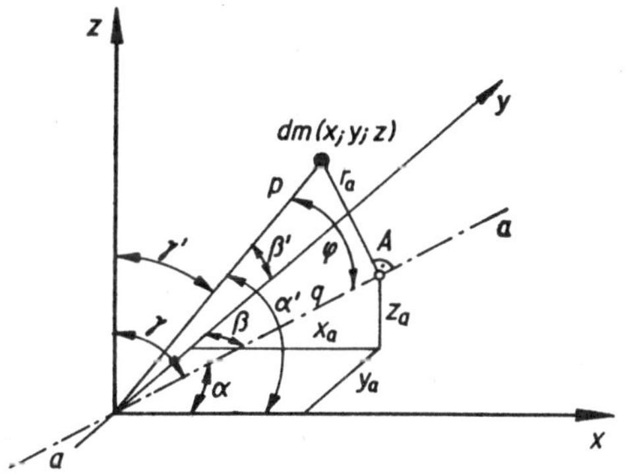

Bild D 5.1

In einem beliebigen Punkt des starren Körpers liege der Ursprung eines körperfesten kartesischen Koordinatensystems x, y, z (vgl. Bild D 5.1). In diesem Koordinatensystem sei die Lage einer durch den Ursprung gehenden Achse a bekannt. Dies kann durch Angabe der Koordinaten eines Punktes $A(x_a, y_a, z_a)$ oder durch die Winkel α, β, γ geschehen.
Setzt man $\overline{OA} = q$, so gilt

$$x_a = q \cos \alpha = q\lambda$$

$$y_a = q \cos \beta = q\mu$$

$$z_a = q \cos \gamma = q\nu \tag{5.1}$$

λ, μ, ν sind dabei die sogenannten *Richtungscosinus*. Da

$$x_a^2 + y_a^2 + z_a^2 = q^2$$

gilt für sie

$$\lambda^2 + \mu^2 + \nu^2 = 1 \tag{5.2}$$

Es soll nun das Trägheitsmoment des Körpers bezüglich der Achse a berechnet werden. Man denkt sich dazu den Körper in Massenelemente dm mit den Koordinaten x, y, z zerlegt. Das gesuchte Trägheitsmoment ergibt sich dann zu

$$J_a = \int r_a^2 \, dm \tag{5.3}$$

Die Integration erfolgt über die gesamte Masse, was hier nicht besonders angegeben werden soll. Bezeichnet man den Abstand des Massenelementes vom Ursprung mit p, $p^2 = x^2 + y^2 + z^2$, so gilt

$$J_a = \int (p^2 - q^2) \, dm \tag{5.4}$$

Die Gerade, auf der die Strecke p liegt, schließt mit dem Koordinatensystem die Winkel α', β', γ' ein. Nach den Gesetzen der Geometrie des Raumes gilt für den Winkel φ zwischen den Geraden von p und q

$$\cos\varphi = \cos\alpha' \cos\alpha + \cos\beta' \cos\beta + \cos\gamma' \cos\gamma \tag{5.5}$$

Mit

$$x = p\cos\alpha' \qquad y = p\cos\beta' \qquad z = p\cos\gamma'$$

erhält man

$$\cos\varphi = \frac{q}{p} = \frac{x}{p}\lambda + \frac{y}{p}\mu + \frac{z}{p}\nu \tag{5.6}$$

Damit wird

$$J_a = \int [(x^2 + y^2 + z^2) - (x\lambda + y\mu + z\nu)^2] \, dm \tag{5.7}$$

Um diesen Ausdruck besser zusammenfassen zu können, denke man sich die erste Klammer mit $1 = \lambda^2 + \mu^2 + \nu^2$ multipliziert. Man findet dann

$$J_a = \lambda^2 \int (y^2 + z^2) \, dm + \mu^2 \int (x^2 + z^2) \, dm + \nu^2 \int (x^2 + y^2) \, dm$$
$$-2\lambda\mu \int xy \, dm - 2\lambda\nu \int xz \, dm - 2\mu\nu \int yz \, dm \tag{5.8}$$

Bei den auftretenden Integralen, die bezüglich des gewählten Koordinatensystems zu berechnen sind, unterscheidet man die bereits bekannten Massenträgheitsmomente

$$J_{xx} = \int (y^2 + z^2) \, dm$$
$$J_{yy} = \int (x^2 + z^2) \, dm$$
$$J_{zz} = \int (x^2 + y^2) \, dm \tag{5.9}$$

von den Deviationsmomenten

$$J_{xy} = -\int xy\,\mathrm{d}m$$

$$J_{xz} = -\int xz\,\mathrm{d}m$$

$$J_{yz} = -\int yz\,\mathrm{d}m \tag{5.10}$$

bei denen gilt $J_{kl} = J_{lk}$.
Mit diesen Abkürzungen geht Gl. (5.8) über in

$$J_a = \lambda^2 J_{xx} + \mu^2 J_{yy} + \nu^2 J_{zz} + 2\lambda\mu J_{xy} + 2\lambda\nu J_{xz} + 2\mu\nu J_{yz} \tag{5.11}$$

Diese Gleichung gibt zunächst an, wie das Trägheitsmoment eines Körpers bezüglich einer Achse a, die durch die Richtungscosinus λ, μ, ν in einem Koordinatensystem x, y, z festliegt, berechnet werden kann. Dazu sind drei Massenträgheitsmomente und drei Deviationsmomente bezüglich des Koordinatensystems erforderlich. Die Berechnung der Massenträgheitsmomente war bereits in Abschn. 2. behandelt worden, über die Deviationsmomente wird in 5.1.2. gesprochen.
Zwischen den Trägheitsmomenten, deren Bezugsachsen durch einen Punkt gehen, besteht ein Zusammenhang, der sich mit Hilfe von Gl. (5.11) geometrisch interpretieren läßt. Man trägt dazu auf der Achse a vom Nullpunkt aus eine Strecke der Länge ϱ_a mit dem Endpunkt in E ab, $\overline{OE} = \varrho_a$ (Bild D 5.2).
Der Punkt E habe die Koordinaten x_e, y_e, z_e, es gilt dann

$$\varrho_a = \sqrt{x_e^2 + y_e^2 + z_e^2}$$

Diese Strecke wird nun dem Trägheitsmoment bezüglich der Achse a zugeordnet.

$$\varrho_a = \frac{C}{\sqrt{J_a}} \tag{5.12}$$

Die Konstante C dient zur Anpassung der Dimension.
Damit ergibt sich

$$x_e = \varrho_a \lambda \qquad \lambda = \frac{x_e}{C}\sqrt{J_a}$$

$$y_e = \varrho_a \mu \qquad \mu = \frac{y_e}{C}\sqrt{J_a}$$

$$z_e = \varrho_a \nu \qquad \nu = \frac{z_e}{C}\sqrt{J_a} \tag{5.13}$$

Setzt man die Richtungscosinus λ, μ, ν aus Gl. (5.13) in Gl. (5.11) ein, so ergibt sich

$$J_{xx}x_e^2 + J_{yy}y_e^2 + J_{zz}z_e^2 + 2J_{xy}x_e y_e + 2J_{xz}x_e z_e + 2J_{yz}y_e z_e = C^2 \tag{5.14}$$

Dies ist die Gleichung eines Ellipsoides, dessen Koordinatennullpunkt in $x_e = 0$, $y_e = 0$, $z_e = 0$ liegt.
Ein Strahl von dem Nullpunkt aus auf diese Fläche zweiter Ordnung ist somit ein Maß für das Trägheitsmoment bezüglich der Achse des Strahles. Bild D 5.2 zeigt das Trägheitsellipsoid. Man erkennt daraus, wie natürlich auch aus Gl. (5.14), daß es ein Koordinatensystem x', y', z' gibt, für das die Strecken ϱ und damit die zugehörigen Trägheitsmomente Extremwerte annehmen. Man nennt die Achsen x', y', z' deshalb Trägheitshauptachsen. Ihre Lage, die durch die Richtungscosinus $\bar{\lambda}$, $\bar{\mu}$, $\bar{\nu}$ festgelegt wird, findet man aus einer Extremwertaufgabe mit Nebenbedingungen. Danach ist für das Trägheitsmoment $J_a(\lambda, \mu, \nu)$ aus Gl. (5.11) unter der Nebenbedingung $\lambda^2 + \mu^2 + \nu^2 = 1$ die Lage der Extremwerte zu bestimmen. Führt man den *Lagrange*schen Multiplikator ϑ ein, so lautet die Extremalfunktion

$$\Phi = J_a(\lambda, \mu, \nu) - \vartheta(\lambda^2 + \mu^2 + \nu^2 - 1) \tag{5.15}$$

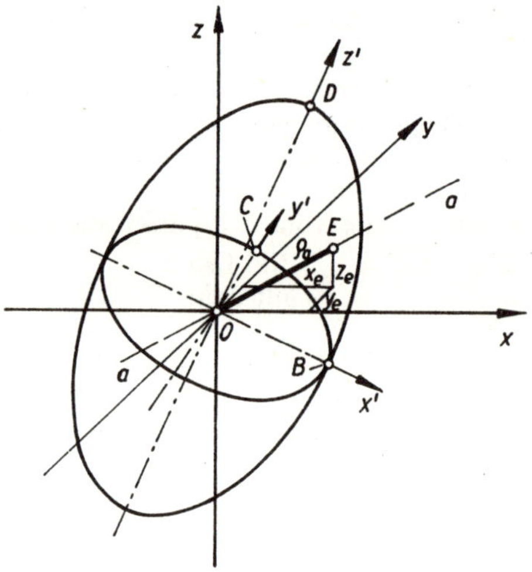

Bild D 5.2

Die Extremwertbedingungen, aus denen $\bar{\lambda}$, $\bar{\mu}$, $\bar{\nu}$ bestimmt werden, lauten:

$$\frac{\partial \Phi}{\partial \lambda} = 0 \qquad \frac{\partial \Phi}{\partial \mu} = 0 \qquad \frac{\partial \Phi}{\partial \nu} = 0 \tag{5.16}$$

Somit findet man folgendes homogenes Gleichungssystem:

$$\begin{aligned} \bar{\lambda}(J_{xx} - \vartheta) + \bar{\mu} J_{xy} + \bar{\nu} J_{xz} &= 0 \\ \bar{\lambda} J_{xy} + \bar{\mu}(J_{yy} - \vartheta) + \bar{\nu} J_{yz} &= 0 \\ \bar{\lambda} J_{xz} + \bar{\mu} J_{yz} + \bar{\nu}(J_{zz} - \vartheta) &= 0 \end{aligned} \tag{5.17}$$

Die triviale Lösung wäre $\bar{\lambda} = 0$, $\bar{\mu} = 0$, $\bar{\nu} = 0$. Sie erfüllt jedoch die Nebenbedingung $\bar{\lambda}^2 + \bar{\mu}^2 + \bar{\nu}^2 = 1$ nicht, so daß nach weiteren Lösungen gesucht werden muß.

Diese können nur dann gefunden werden, wenn die Koeffizientendeterminante der Gln. (5.17) Null ist.
Aus dieser Bedingung läßt sich der *Lagrange*sche Multiplikator ϑ, der natürlich die Dimension eines Trägheitsmomentes hat, berechnen. Es gilt

$$\begin{vmatrix} (J_{xx} - \vartheta) & J_{yx} & J_{zx} \\ J_{xy} & (J_{yy} - \vartheta) & J_{zy} \\ J_{xz} & J_{yz} & (J_{zz} - \vartheta) \end{vmatrix} = 0 \tag{5.18}$$

Daraus findet man

$$\begin{aligned} &(J_{xx} - \vartheta)(J_{yy} - \vartheta)(J_{zz} - \vartheta) + 2J_{xy}J_{xz}J_{yz} - (J_{yy} - \vartheta)\,J_{xz}^2 \\ &- (J_{xx} - \vartheta)\,J_{yz}^2 - (J_{zz} - \vartheta)\,J_{xy}^2 = 0 \end{aligned} \tag{5.19}$$

Die Wurzeln dieses Polynoms 3. Grades sollen mit ϑ_1, ϑ_2, ϑ_3 bezeichnet werden. Sie müssen wegen der Symmetrie von Gl. (5.18) reell sein. Sind sie bekannt, können die gesuchten Richtungscosinus aus 2 der Gln. (5.17) und der Nebenbedingung gefunden werden.
Offensichtlich gilt

$$\frac{\bar{\mu}}{\bar{\lambda}} J_{xy} + \frac{\bar{\nu}}{\bar{\lambda}} J_{xz} = (\vartheta - J_{xx})$$

$$\frac{\bar{\mu}}{\bar{\lambda}} (J_{yy} - \vartheta) + \frac{\bar{\nu}}{\bar{\lambda}} J_{yz} = -J_{xy}$$

Daraus findet man

$$\frac{\bar{\mu}}{\bar{\lambda}} = \frac{J_{yz}(\vartheta - J_{xx}) + J_{xy}J_{xz}}{J_{xy}J_{yz} + J_{xz}(\vartheta - J_{yy})} = B \tag{5.20}$$

$$\frac{\bar{\nu}}{\bar{\lambda}} = \frac{-J_{xy}^2 + (J_{yy} - \vartheta)(J_{xx} - \vartheta)}{J_{xy}J_{yz} + J_{xz}(\vartheta - J_{yy})} = D \tag{5.21}$$

Aus der Nebenbedingung folgt die dritte Gleichung

$$\bar{\lambda}^2 + \bar{\mu}^2 + \bar{\nu}^2 = 1$$

$$\bar{\lambda}^2 = \frac{1}{1 + B^2 + D^2} \tag{5.22}$$

Wenn die Wurzeln ϑ_1 ϑ_2 oder ϑ_3 von Gl. (5.19) der Reihe nach eingesetzt werden, dann ist die Lage des Trägheitshauptachsensystems x', y', z' im Ausgangssystem x, y, z bestimmt. Die Größen der Hauptträgheitsmomente J_I, J_{II}, J_{III} lassen sich durch eine einfache geometrische Überlegung finden (vgl. Bild D 5.2). Gemäß

Gl. (5.12) gilt

$$J_I = \frac{C^2}{\overline{OB}^2} \qquad J_{II} = \frac{C^2}{\overline{OC}^2} \qquad J_{III} = \frac{C^2}{\overline{OD}^2} \tag{5.23}$$

Wählt man die Trägheitshauptachsen x', y', z' als Koordinaten, lautet die Gleichung des Ellipsoids allgemein:

$$\frac{x'^2}{b^2} + \frac{y'^2}{c^2} + \frac{z'^2}{d^2} = 1 \tag{5.24}$$

Für den speziellen Fall gilt aber

$$b^2 = \overline{OB}^2 \qquad c^2 = \overline{OC}^2 \qquad d^2 = \overline{OD}^2 \tag{5.25}$$

Setzt man die Gln. (5.23) und (5.25) in Gl. (5.24) ein, ergibt sich

$$J_I x'^2 + J y_{II}'^2 + J_{III} z'^2 = C^2 \tag{5.26}$$

Ein Vergleich von Gl. (5.26) mit Gl. (5.14) zeigt, daß im Trägheitshauptachsensystem die drei Deviationsmomente verschwinden. Es gilt dann für die Berechnung eines Trägheitsmomentes zu einer beliebig durch den Nullpunkt gehenden Achse a

$$J_a = J_{x'x'}\lambda^2 + J_{II} y'^2 + J_{z'z'}\nu^2 \tag{5.27}$$

Betrachtet man nun noch einmal das Gleichungssystem Gl. (5.17), so wird eine Deutung des *Lagrange*schen Multiplikator ϑ möglich. Werden nämlich alle $J_{\text{kl}} = 0$, so sind die Gleichungen nur erfüllt, wenn ϑ_1, ϑ_2, ϑ_3, die drei Wurzeln des Eigenwertpolynoms, den Hauptträgheitsmomenten $J_I = J_{x'x'}$, $J_{II} = J_{y'y'}$, $J_{III} = J_{z'z'}$ entsprechen. Die Berechnung der Hauptträgheitsmomente fällt bei der Ermittlung der Trägheitshauptachsen mit an.

Technische Körper haben oft bestimmte Symmetrieeigenschaften, wodurch die Bestimmung der Trägheitsparameter wesentlich erleichtert wird. Man unterscheidet verschiedene Sonderfälle. Ein wichtiger Sonderfall liegt vor, wenn der Körper eine Symmetrieebene besitzt. Dafür gilt der Satz:

Hat ein Körper eine Symmetrieebene E (z. B. x, y), dann ist jede darauf senkrecht stehende Achse (z. B. z) eine Trägheitshauptachse. Die anderen beiden Hauptachsen befinden sich dann in der Symmetrieebene, und es gilt $J_{xz} = 0$, $J_{yz} = 0$. Folgende Überlegung macht dies deutlich:

Die Symmetrieeigenschaft besagt, daß jedem Massenelement dm im Punkt $(x, y, +z)$ ein gleich großes im Punkt $(x, y, -z)$ entspricht. Für das Deviationsmoment dieses Elementenpaares gilt

$$J_{xz} = -\int x(z - z)\,\mathrm{d}m = 0$$

Ebenso gilt

$$J_{yz} = 0$$

Die Aufgabe vereinfacht sich dann wesentlich. Das räumliche Problem der Bestimmung des Trägheitsellipsoides geht in das ebene Problem einer in der Symmetrieebene liegenden Trägheitsellipse über. Dafür können dann die Beziehungen zur Transformation von Flächenträgheitsmomenten (vgl. 3.2. Festigkeitslehre) benutzt werden.

Weiterhin gelten folgende Sonderfälle:
Hat ein Körper zwei Symmetrieebenen, so ist die Schnittgerade eine Trägheitshauptachse.
Für einen rotationssymmetrischen Körper ist die Symmetrieachse Trägheitshauptachse.
Sind die Hauptträgheitsmomente zweier durch einen Punkt verlaufenden Trägheitshauptachsen gleich groß, so sind alle Achsen in der Ebene dieser beiden Trägheitshauptachsen ebenfalls Trägheitshauptachsen mit dem gleichen Trägheitsmoment.
Sind die Trägheitsmomente dreier durch einen Punkt verlaufender nicht in einer Ebene liegenden Achsen gleich groß, so sind alle durch diesen Punkt verlaufenden Achsen Trägheitshauptachsen mit dem gleichen Trägheitsmoment. Beispiele hierfür sind Schwerpunktachsen von Kugel, Würfel, Tetraeder. Diese Körper nennt man kinetisch äquivalent.

5.1.2. Berechnung von Deviationsmomenten

Soll für einen Körper zu einer gegebenen Achse a das Massenträgheitsmoment berechnet werden, so zerlegt man ihn in Elementarkörper, deren Trägheitsmomente bezüglich ihrer zu a parallelen Schwerachsen bekannt sind, und reduziert diese mit dem Satz von *Steiner* auf die Achse a. Bei vielen maschinendynamischen Problemen ist es dabei möglich, den „Eigenanteil" gegenüber dem „*Steiner*-Anteil" zu vernachlässigen. Für die Berechnung von Deviationsmomenten geht man in gleicher Weise vor. Es soll deshalb zunächst die Reduktion auf Schwerpunktsachsen bezogener Deviationsmomente auf dazu parallele Achsen besprochen werden. Bild D 5.3 zeigt

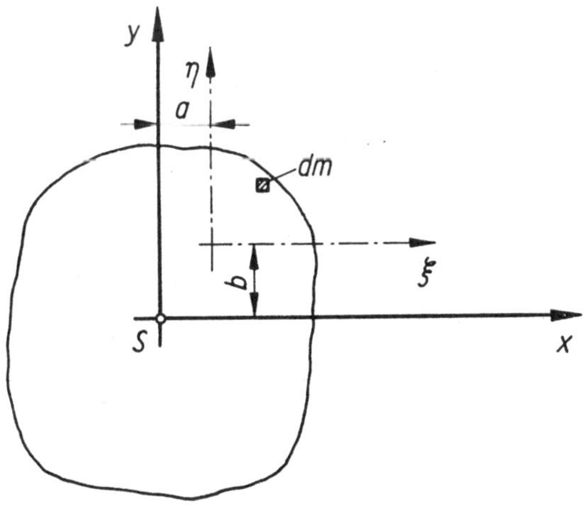

Bild D 5.3

einen Körper, dessen Deviationsmoment J_{xy} bezüglich der Schwerpunktsachsen x, y bekannt sei. Die Reduktion soll auf das Koordinatensystem ξ, η, das die Abstände a, b hat, erfolgen.
Mit

$$\xi = x - a \qquad \eta = y - b \tag{5.28}$$

gilt

$$J_{\xi\eta} = -\int \xi\eta \, \mathrm{d}m = -\int (x - a)(y - b) \, \mathrm{d}m$$

$$J_{\xi\eta} = -\left[\int xy \, \mathrm{d}m - a \int y \, \mathrm{d}m - b \int x \, \mathrm{d}m + ab \int \mathrm{d}m\right] \tag{5.29}$$

Da x, y Schwerpunktsachsen sind, gilt

$$\int y \, \mathrm{d}m = 0 \qquad \int x \, \mathrm{d}m = 0$$

Es wird somit

$$J_{\xi\eta} = J_{xy} - abm \tag{5.30}$$

Entsprechend gilt dies für die Reduktion der Deviationsmomente J_{xz}, J_{yz}. In den meisten Fällen sind die Elementarkörper symmetrisch, so daß ihre Schwerpunktsachsen Trägheitshauptachsen sind. Das diesbezügliche Deviationsmoment (im Bild D 5.3 ist es J_{xy}) wird also Null. Zur Berechnung der Deviationsmomente bleiben dann nur die „*Steiner*-Anteile" übrig.

5.1.3. Beispiele für die Berechnung von Trägheitshauptachsen und Hauptträgheitsmomenten

Beispiel 1:

Bild D 5.4 zeigt ein Blockfundament mit aufgesetzter Maschine. Zur Festlegung der Federangriffspunkte werden die Trägheitshauptachsen (Schwerpunkt ist Koordinatenursprung) und die Hauptträgheitsmomente benötigt.

Gegeben: $m_1 = 33{,}0 \cdot 10^3$ kg, $a_1 = 3{,}55$ m, $b_1 = 2{,}80$ m

$h_1 = 1{,}65$ m

$m_2 = 6{,}0 \cdot 10^3$ kg, $a_2 = 1{,}10$ m, $b_2 = 1{,}20$ m

$h_2 = 1{,}80$ m

Lösung:

Für die Bestimmung des Schwerpunktes wird von einem Hilfskoordinatensystem x^*, y^*, z^* ausgegangen (Bild D 5.5).
Dafür ergibt sich

$$s_x = \frac{m_1 \dfrac{a_1}{2} + m_2 \left(a_1 - \dfrac{a_2}{2}\right)}{m_1 + m_2} \qquad s_x = 1{,}96 \text{ m}$$

$$s_y = \frac{m_1 \dfrac{b_1}{2} + m_2\left(b_1 - \dfrac{b_2}{2}\right)}{m_1 + m_2} \qquad s_y = 1{,}52\ \mathrm{m}$$

$$s_z = \frac{m_1 \dfrac{h_1}{2} + m_2\left(h_1 + \dfrac{h_2}{2}\right)}{m_1 + m_2} \qquad s_z = 1{,}09\ \mathrm{m}$$

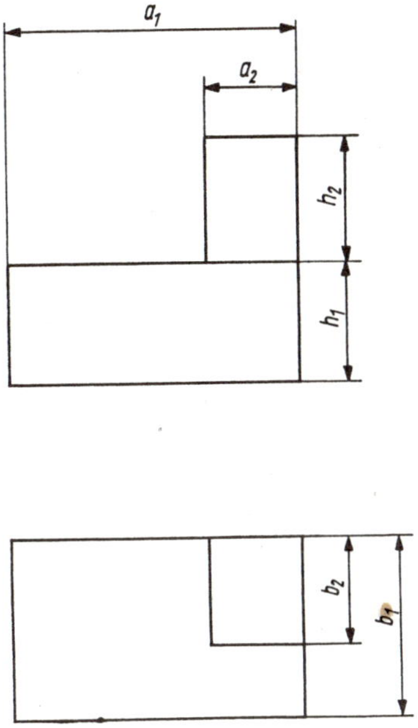

Bild D 5.4

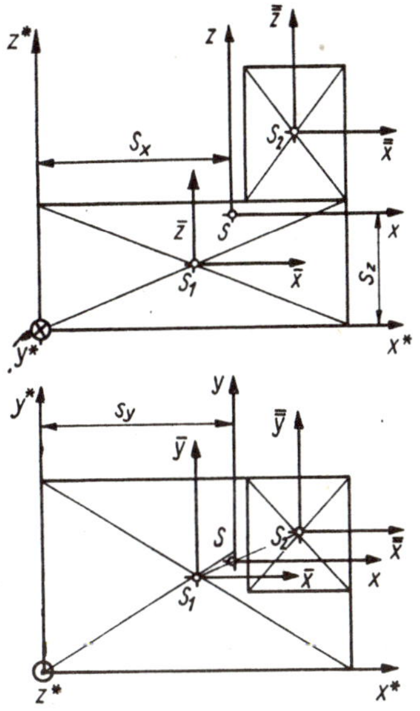

Bild D 5.5

Zunächst werden die Trägheitsmomente der einzelnen Massen bezüglich der in den Schwerpunkten S_1 und S_2 gedachten Koordinatensysteme berechnet. Für die Masse m_1 gilt

$$J_{1\bar{x}\bar{x}} = \frac{m_1(h_1^2 + b_1^2)}{12} \qquad J_{1\bar{x}\bar{x}} = 2{,}905 \cdot 10^4\ \mathrm{kg\ m^2}$$

$$J_{1\bar{y}\bar{y}} = \frac{m_1(a_1^2 + h_1^2)}{12} \qquad J_{1\bar{y}\bar{y}} = 4{,}214 \cdot 10^4\ \mathrm{kg\ m^2}$$

$$J_{1\bar{z}\bar{z}} = \frac{m_1(a_1^2 + b_1^2)}{12} \qquad J_{1\bar{z}\bar{z}} = 5{,}622 \cdot 10^4\ \mathrm{kg\ m^2}$$

Da $\bar{x}, \bar{y}, \bar{z}$ Symmetrieebenen bilden, sind alle diesbezüglichen Deviationsmomente von m_1 Null. Die Reduktion der Trägheitsmomente auf das Koordinatensystem x, y, z erfolgt mit dem Satz von *Steiner*:

$$J_{1xx} = J_{1\bar{x}\bar{x}} + m\left[\left(s_y - \frac{b_1}{2}\right)^2 + \left(s_z - \frac{h_1}{2}\right)^2\right]$$

$$J_{1xx} = 3{,}187 \cdot 10^4\ \mathrm{kg\ m^2}$$

Entsprechend ergibt sich

$$J_{1yy} = 4{,}564 \cdot 10^4 \text{ kg m}^2 \qquad J_{1zz} = 5{,}788 \cdot 10^4 \text{ kg m}^2$$

In der gleichen Weise wird für die Masse m_2 vorgegangen. Man erhält

$$J_{2\bar{\bar{x}}\bar{\bar{x}}} = 0{,}234 \cdot 10^4 \text{ kg m}^2$$

$$J_{2\bar{\bar{y}}\bar{\bar{y}}} = 0{,}222 \cdot 10^4 \text{ kg m}^2$$

$$J_{2\bar{\bar{z}}\bar{\bar{z}}} = 0{,}132 \cdot 10^4 \text{ kg m}^2$$

Die Reduktion auf die Gesamtschwerpunktachsen x, y, z liefert

$$J_{2xx} = J_{2\bar{\bar{x}}\bar{\bar{x}}} + m_2 \left[\left(b_1 - \frac{b_2}{2} - s_y\right)^2 + \left(h_1 + \frac{h_2}{2} - s_z\right)^2\right]$$

$$J_{2xx} = 1{,}787 \cdot 10^4 \text{ kg m}^2$$

und entsprechend

$$J_{2yy} = 2{,}145 \cdot 10^4 \text{ kg m}^2 \qquad J_{2zz} = 1{,}053 \cdot 10^4 \text{ kg m}^2$$

Damit ergeben sich folgende Gesamtträgheitsmomente:

$$J_{xx} = J_{1xx} + J_{2xx} = 4{,}974 \cdot 10^4 \text{ kg m}^2$$

$$J_{yy} = J_{1yy} + J_{2yy} = 6{,}709 \cdot 10^4 \text{ kg m}^2$$

$$J_{zz} = J_{1zz} + J_{2zz} = 6{,}841 \cdot 10^4 \text{ kg m}^2$$

Die Deviationsmomente berechnen sich allein aus den „*Steiner*-Anteilen" der Massen. Es gilt:

$$J_{xy} = -\left[m_1 \left(s_x - \frac{a_1}{2}\right)\left(s_y - \frac{b_1}{2}\right) + m_2 \left(a_1 - \frac{a_2}{2} - s_x\right)\left(b_1 - \frac{b_2}{2} - s_y\right)\right]$$

$$J_{xy} = -0{,}498 \cdot 10^4 \text{ kg m}^2$$

und entsprechend

$$J_{xz} = -1{,}073 \cdot 10^4 \text{ kg m}^2 \qquad J_{yz} = -0{,}701 \cdot 10^4 \text{ kg m}^2$$

Setzt man die so gewonnenen Zahlenwerte in die Eigenwertgleichung Gl. (5.19) ein, so ergibt sich das Polynom zur Bestimmung des *Lagrange*schen Multiplikators

$$\vartheta^3 - \vartheta^2 \cdot 18{,}524 \cdot 10^4 + \vartheta \cdot 111{,}403 \cdot 10^8 - 215{,}674 \cdot 10^{12} = 0$$

Die Wurzeln dieser Gleichung lassen sich nach verschiedenen Verfahren (vgl. z. B. *Bronstein-Semendjajew*, Taschenbuch der Mathematik, BSB B. G. Teubner Verlagsgesellschaft Leipzig) berechnen. Sie entsprechen den Hauptträgheitsmomenten. Man findet

$$J_I = 4{,}255 \cdot 10^4 \text{ kg m}^2 \qquad J_{II} = 6{,}677 \cdot 10^4 \text{ kg m}^2 \qquad J_{III} = 7{,}593 \cdot 10^4 \text{ kg m}^2$$

Setzt man in den Gln. (5.20) und (5.21) $\vartheta = J_I, J_{II}, J_{III}$, so erhält man mit Gl. (5.22) die Richtungscosinus der Trägheitshauptachsen I, II, III bezüglich des x, y, z-Systems. Nach Gl. (5.22) ergeben sich für λ eine positive und eine negative Lösung. Um ein anschauliches Rechtssystem zu erhalten, wird vereinbart, das Vorzeichen so zu wählen, daß der betragsgrößte Wert von $\bar{\lambda}$, $\bar{\mu}$, $\bar{\nu}$ positiv ist.

Es ergibt sich mit $\vartheta = J_I$:

$$\bar{\lambda}_I = 0{,}851 \qquad \bar{\mu}_I = 0{,}296 \qquad \bar{\nu}_I = 0{,}433$$

Mit $\vartheta = J_{II}$ findet man für die Trägheitshauptachse II:

$$\bar{\lambda}_{II} = -0{,}468 \quad \bar{\mu}_{II} = 0{,}803 \quad \bar{\nu}_{II} = 0{,}368$$

und mit $\vartheta = J_{III}$ für die Trägheitshauptachse III:

$$\bar{\lambda}_{III} = -0{,}238 \quad \bar{\mu}_{III} = -0{,}517 \quad \bar{\nu}_{III} = 0{,}822$$

Für die Trägheitshauptachsen betragen somit die Winkel

$$\sphericalangle x'x = 31{,}7^\circ \qquad \sphericalangle x'y = 73^\circ \qquad \sphericalangle x'z = 64^\circ$$

$$\sphericalangle y'x = 118^\circ \qquad \sphericalangle y'y = 36{,}6^\circ \qquad \sphericalangle y'z = 68^\circ$$

$$\sphericalangle z'x = 104^\circ \qquad \sphericalangle z'y = 121^\circ \qquad \sphericalangle z'z = 34{,}7^\circ$$

Bild D 5.6 zeigt eine räumliche Darstellung des Blockfundaments mit den eingetragenen Trägheitshauptachsen. Es sei darauf hingewiesen, daß bei der Berechnung der Richtungscosinus hohe Anforderungen an die Genauigkeit der Ausgangswerte gestellt werden. Für die Berechnung des Eigenwertpolynoms stehen in den Rechenzentren Standardprogramme zur Verfügung. Auch gibt es Rechenprogramme, mit denen die gesamte Berechnung der Hauptträgheitsmomente und der Trägheitshauptachsen erfolgen kann.

Beispiel 2:

Für den Motorgetriebeblock eines PKW wurden die Trägheitsmomente zu drei in der Symmetrieebene liegenden Schwerachsen *1, 2, 3* experimentell ermittelt. Man bestimme die Lage der Trägheitshauptachsen und die Hauptträgheitsmomente (Bild D 5.7).

Gegeben: $J_1 = 76{,}1$ kg cm², $J_2 = 70{,}3$ kg cm², $J_3 = 22{,}8$ kg cm², $\gamma = 38^\circ$

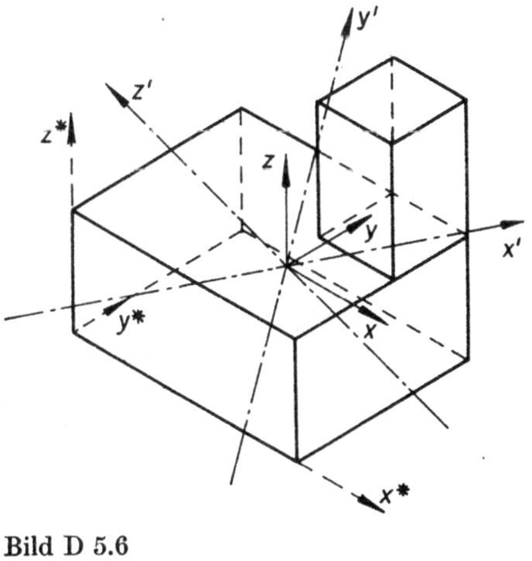

Bild D 5.6

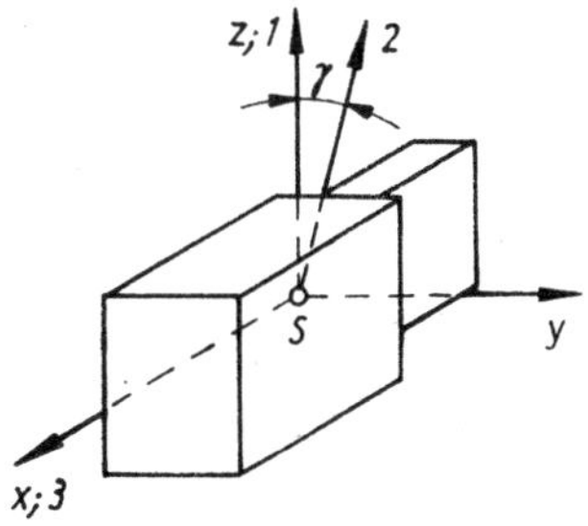

Bild D 5.7

Lösung:

Da das System eine Symmetrieebene hat, ist die y-Achse Trägheitshauptachse. Das Trägheitsellipsoid geht in eine Trägheitsellipse, die in der x,z-Ebene liegt, über. Ihre Gleichung läßt sich bei drei gegebenen Punkten berechnen. Diese Punkte auf der Trägheitsellipse lassen sich mit Hilfe der Abstände ϱ_a nach Gl. (5.12) angeben.
Setzt man den frei wählbaren Faktor

$$C = 1\ \mathrm{kg}^{1/2}\ \mathrm{cm}^2$$

so ergibt sich

$$\varrho_1 = \frac{1}{\sqrt{76{,}1}}\ \mathrm{cm} = 0{,}1146\ \mathrm{cm}$$

$$\varrho_2 = \frac{1}{\sqrt{70{,}3}}\ \mathrm{cm} = 0{,}1195\ \mathrm{cm}$$

$$\varrho_3 = \frac{1}{\sqrt{22{,}8}}\ \mathrm{cm} = 0{,}2094\ \mathrm{cm} \qquad (1)$$

Die drei Punkte der Ellipse haben die Koordinaten (vgl. Bild D 5.8)

$$P_1(0, \varrho_1) \qquad P_2(-\varrho_2 \sin\gamma, \varrho_2, \cos\gamma) \qquad P_3(\varrho_3, 0)$$

Die Mittelpunktgleichung der Ellipse lautet

$$a_{11}x^2 + 2a_{12}xz + a_{22}z^2 = 1 \qquad (2)$$

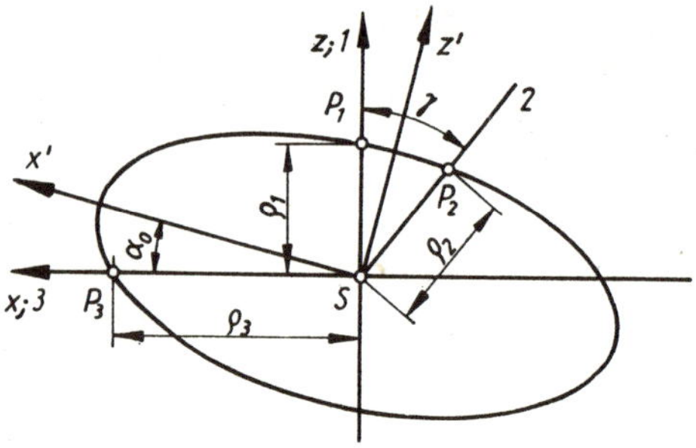

Bild D 5.8

Mit den Koordinaten der Punkte ergeben sich drei Gleichungen für die Unbekannten a_{11}, a_{12}, a_{22}

$$a_{22}\varrho_1^2 = 1$$

$$a_{11}\varrho_2^2 \sin^2\gamma - 2a_{12}\varrho_2^2 \sin\gamma \cos\gamma + a_{22}\varrho_2^2 \cos^2\gamma = 1$$

$$a_{11}\varrho_3^2 = 1 \qquad (3)$$

Daraus ergibt sich eine Gleichung zur Bestimmung von a_{12}

$$\frac{\varrho_2^2}{\varrho_3^2} \sin^2\gamma - 2a_{12}\varrho_2^2 \sin\gamma \cos\gamma + \frac{\varrho_2^2}{\varrho_1^2} \cos^2\gamma = 1$$

Die Zahlenrechnung liefert

$$a_{11} = 22{,}8\ \mathrm{cm}^{-2}$$

$$a_{12} = -14{,}8\ \mathrm{cm}^{-2}$$

$$a_{22} = 76{,}1\ \mathrm{cm}^{-2} \tag{4}$$

Die Normalform der Ellipsengleichung lautet

$$\bar{a}_{11}x'^2 + \bar{a}_{22}z'^2 = 1 \tag{5}$$

Man findet sie durch eine Drehung des Koordinatensystems um den Winkel

$$\tan 2\alpha_0 = \frac{2a_{12}}{a_{11} - a_{22}} \tag{6}$$

Dann gilt

$$\bar{a}_{11} = \frac{1}{2}\left[a_{11} + a_{22} + \sqrt{(a_{11} - a_{22})^2 + (2a_{12})^2}\right]$$

$$\bar{a}_{22} = \frac{1}{2}\left[a_{11} + a_{22} - \sqrt{(a_{11} - a_{22})^2 + (2a_{12})^2}\right] \tag{7}$$

Da weiterhin gilt

$$\frac{x'^2}{\varrho_{II}^2} + \frac{z'^2}{\varrho_I^2} = 1 \tag{8}$$

ist wegen $C = 1\ \mathrm{kg}^{1/2}\ \mathrm{cm}^2$ durch den Vergleich von Gl. (8) mit Gl. (5) unter Beachtung von Gl. (5.12) zu sehen

$$\bar{a}_{11} = J_{II} \qquad \bar{a}_{22} = J_I$$

Mit den Zahlenwerten erhält man schließlich

$$\alpha_0 = 14{,}6° \qquad J_{II} = 79{,}96\ \mathrm{kg\ cm}^2 \qquad J_I = 18{,}95\ \mathrm{kg\ cm}^2$$

5.2. Kinetische Energie, Impuls und Drall des starren Körpers

Wie im Abschn. 2., Kinematik, beschrieben wurde, läßt sich die Bewegung der Punkte eines starren Körpers durch die Translationsbewegung eines körperfesten Bezugspunktes und die Drehung um diesen Punkt beschreiben. Mit den Bezeichnungen aus Bild K 2.4 (Kinematik) läßt sich somit die Geschwindigkeit des Punktes P angeben zu (vgl. Gl. (2.13), Kinematik)

$$\dot{\boldsymbol{r}} = \dot{\boldsymbol{R}} + \boldsymbol{\omega} \times \bar{\boldsymbol{r}} \tag{5.31}$$

oder

$$\boldsymbol{v} = \boldsymbol{v}_0 + \boldsymbol{\omega} \times \bar{\boldsymbol{r}} \tag{5.32}$$

Denkt man sich den Körper in differentielle Massenelemente dm zerlegt, so beträgt seine kinetische Energie

$$T = \frac{1}{2}\int \boldsymbol{v}^2\,\mathrm{d}m = \frac{1}{2}v_0^2\int \mathrm{d}m + \frac{1}{2}\int (\boldsymbol{\omega}\times\bar{\boldsymbol{r}})^2\,\mathrm{d}m + \boldsymbol{v}_0\int(\boldsymbol{\omega}\times\bar{\boldsymbol{r}})\,\mathrm{d}m \tag{5.33}$$

Während die ersten beiden Glieder von Gl. (5.33) als Translations- und Rotationsenergie bezeichnet werden können, enthält das dritte gemischte Anteile.
Führt man den Ortsvektor des Schwerpunktes $\bar{\boldsymbol{r}}_s$ vom Bezugspunkt aus ein, so gilt:

$$\bar{\boldsymbol{r}}_s = \frac{1}{m} \int \bar{\boldsymbol{r}}\, \mathrm{d}m \tag{5.34}$$

Damit kann geschrieben werden

$$\boldsymbol{v}_0 \int (\boldsymbol{\omega} \times \bar{\boldsymbol{r}})\, \mathrm{d}m = m\boldsymbol{v}_0(\boldsymbol{\omega} \times \bar{\boldsymbol{r}}_s) \tag{5.35}$$

Damit ergeben sich nun wichtige Sonderfälle:
1. Wird als Bezugspunkt der Schwerpunkt gewählt, so gilt $\boldsymbol{r}_s = 0$. Die kinetische Energie lautet dann

$$T = \frac{mv_0^2}{2} + \frac{1}{2} \int (\boldsymbol{\omega} \times \bar{\boldsymbol{r}})^2\, \mathrm{d}m \tag{5.36}$$

oder auch

$$T = T_{\text{transl.}} + T_{\text{rot.}}$$

2. Führt der Körper eine reine Drehung aus, ist also $\boldsymbol{v}_0 = 0$, so gilt

$$T = \frac{1}{2} \int (\boldsymbol{\omega} \times \bar{\boldsymbol{r}})^2\, \mathrm{d}m = T_{\text{rot.}} \tag{5.37}$$

Die Rotationsenergie soll näher untersucht werden. Ist die Winkelgeschwindigkeit durch die Komponenten $\omega_{\bar{x}}$, $\omega_{\bar{y}}$, $\omega_{\bar{z}}$ und der Ortsvektor durch $\bar{x}$, $\bar{y}$, $\bar{z}$ festgelegt, so wird aus Gl. (5.37) nach Gl. (2.7), Kinematik

$$T_{\text{rot.}} = \frac{1}{2} \int [(\omega_{\bar{y}}\bar{z} - \omega_{\bar{z}}\bar{y})^2 + (\omega_{\bar{z}}\bar{x} - \omega_{\bar{x}}\bar{z})^2 + (\omega_{\bar{x}}\bar{y} - \omega_{\bar{y}}\bar{x})^2]\, \mathrm{d}m \tag{5.38}$$

Verwendet man die in (5.10) eingeführten Abkürzungen für die Trägheits- und Deviationsmomente, ergibt sich aus Gl. (5.38)

$$T_{\text{rot.}} = \frac{1}{2} [J_{\bar{x}\bar{x}}\omega_{\bar{x}}^2 + J_{\bar{y}\bar{y}}\omega_{\bar{y}}^2 + J_{\bar{z}\bar{z}}\omega_{\bar{z}}^2 + 2J_{\bar{x}\bar{y}}\omega_{\bar{x}}\omega_{\bar{y}} + 2J_{\bar{y}\bar{z}}\omega_{\bar{y}}\omega_{\bar{z}} + 2J_{\bar{z}\bar{x}}\omega_{\bar{z}}\omega_{\bar{x}}] \tag{5.39}$$

Dabei zeigen die überstrichenen Koordinaten an, daß es sich bei den Trägheits- und Deviationsmomenten und den Winkelgeschwindigkeitskomponenten um körperfeste Größen handelt. Natürlich kann man die Rotationsenergie auch auf ein nichtrotierendes Koordinatensystem beziehen, hat dann jedoch zu beachten, daß die Trägheits- und Deviationsmomente bewegungsabhängig, also nicht mehr Konstanten sind. Wählt man als körperfestes Koordinatensystem ein Trägheitshauptachsensystem, so gilt

$$T_{\text{rot.}} = \frac{1}{2} (J_I\omega_I^2 + J_{II}\omega_{II}^2 + J_{III}\omega_{III}^2) \tag{5.40}$$

Der Impuls des starren Körpers läßt sich aus den Überlegungen der Dynamik des Punkthaufens ableiten. Dabei tritt an die Stelle der einzelnen Punktmasse das infinitesimale Massenelement. Es gilt somit

$$\boldsymbol{p} = \int \boldsymbol{v}\, \mathrm{d}m \tag{5.41}$$

Unter Verwendung von Gl. (5.32) wird daraus

$$\boldsymbol{p} = \int \boldsymbol{v}_0\, \mathrm{d}m + \int (\boldsymbol{\omega} \times \overline{\boldsymbol{r}})\, \mathrm{d}m \tag{5.42}$$

oder nach Einführen der Schwerpunktsbeziehung Gl. (5.34)

$$\boldsymbol{p} = m\boldsymbol{v}_0 + m(\boldsymbol{\omega} \times \overline{\boldsymbol{r}}_s) \tag{5.43}$$

Für den wichtigen Sonderfall, daß der Bezugspunkt des Körpers der Schwerpunkt ist, wird $\overline{\boldsymbol{r}}_s = 0$.
Es gilt also dann

$$\boldsymbol{p} = m\boldsymbol{v}_0 = m\boldsymbol{v}_s \tag{5.44}$$

Diese Beziehung wurde schon für den Punkthaufen gefunden, sie besagt, daß zur Berechnung der Translation die Gesamtmasse im Schwerpunkt als Punktmasse vereinigt aufgefaßt werden kann. Der Drall des starren Körpers berechnet sich analog zum Drall des Punkthaufens [Gl. (3.22)] zu

$$\boldsymbol{L} = \int (\boldsymbol{r} \times \boldsymbol{v})\, \mathrm{d}m \tag{5.45}$$

Setzt man in diese Gleichung die Geschwindigkeit nach Gl. (5.32) ein, ist zu beachten, daß nur ein Bezugspunkt für die Berechnung des Dralles möglich ist. Man muß entweder den Bezugspunkt O oder $\overline{O}$ wählen. Bezieht man sich auf $\overline{O}$, so gilt mit Gl. (5.32)

$$\overline{\boldsymbol{L}} = \int (\overline{\boldsymbol{r}} \times \boldsymbol{v})\, \mathrm{d}m = \int [\overline{\boldsymbol{r}} \times (\boldsymbol{v}_0 + \boldsymbol{\omega} \times \overline{\boldsymbol{r}})\, \mathrm{d}m \tag{5.46}$$

Führt man wieder den Schwerpunktsvektor $\overline{\boldsymbol{r}}_s$ nach Gl. (5.34) ein, folgt daraus

$$\overline{\boldsymbol{L}} = m(\overline{\boldsymbol{r}}_s \times \boldsymbol{v}_0) + \int [\overline{\boldsymbol{r}} \times (\boldsymbol{\omega} \times \overline{\boldsymbol{r}})]\, \mathrm{d}m \tag{5.47}$$

Das erste Glied verschwindet, wenn der Schwerpunkt Bezugspunkt ist ($\overline{\boldsymbol{r}}_s = 0$) oder wenn der Bezugspunkt in Ruhe ist ($\boldsymbol{v}_0 = 0$), was die Drehung des Körpers um diesen Punkt bedeutet.
Es gilt dann

$$\overline{\boldsymbol{L}} = \int [\overline{\boldsymbol{r}} \times (\boldsymbol{\omega} \times \overline{\boldsymbol{r}})]\, \mathrm{d}m = \int \boldsymbol{\omega}(\overline{\boldsymbol{r}}\overline{\boldsymbol{r}})\, \mathrm{d}m - \int \overline{\boldsymbol{r}}(\overline{\boldsymbol{r}}\boldsymbol{\omega})\, \mathrm{d}m \tag{5.48}$$

Die Komponenten des Drallvektors lauten somit

$$L_{\bar{x}} = \int (\bar{x}^2 + \bar{y}^2 + \bar{z}^2)\, \omega_{\bar{x}}\, \mathrm{d}m - \int \bar{x}(\bar{x}\omega_{\bar{x}} + \bar{y}\omega_{\bar{y}} + \bar{z}\omega_{\bar{z}})\, \mathrm{d}m$$
$$L_{\bar{y}} = \int (\bar{x}^2 + \bar{y}^2 + \bar{z}^2)\, \omega_{\bar{y}}\, \mathrm{d}m - \int \bar{y}(\bar{x}\omega_{\bar{x}} + \bar{y}\omega_{\bar{y}} + \bar{z}\omega_{\bar{z}})\, \mathrm{d}m$$
$$L_{\bar{z}} = \int (\bar{x}^2 + \bar{y}^2 + \bar{z}^2)\, \omega_{\bar{z}}\, \mathrm{d}m - \int \bar{z}(\bar{x}\omega_{\bar{x}} + \bar{y}\omega_{\bar{y}} + \bar{z}\omega_{\bar{z}})\, \mathrm{d}m$$

Unter Verwendung der Trägheits- und Deviationsmomente ergibt sich

$$L_{\bar{x}} = J_{\bar{x}\bar{x}}\omega_{\bar{x}} + J_{\bar{x}\bar{y}}\omega_{\bar{y}} + J_{\bar{x}\bar{z}}\omega_{\bar{z}}$$

$$L_{\bar{y}} = J_{\bar{y}\bar{x}}\omega_{\bar{x}} + J_{\bar{y}\bar{y}}\omega_{\bar{y}} + J_{\bar{y}\bar{z}}\omega_{\bar{z}}$$

$$L_{\bar{z}} = J_{\bar{z}\bar{x}}\omega_{\bar{x}} + J_{\bar{z}\bar{y}}\omega_{\bar{y}} + J_{\bar{z}\bar{z}}\omega_{\bar{z}} \tag{5.49}$$

Der Zusammenhang zwischen Drall und kinetischer Energie wird deutlich, wenn die erste Gleichung mit $\omega_{\bar{x}}$, die zweite mit $\omega_{\bar{y}}$ und die dritte mit $\omega_{\bar{z}}$ multipliziert und danach alle drei Gleichungen addiert werden.
Es ergibt sich

$$L_{\bar{x}}\omega_{\bar{x}} + L_{\bar{y}}\omega_{\bar{y}} + L_{\bar{z}}\omega_{\bar{z}} = J_{\bar{x}\bar{x}}\omega_{\bar{x}}^2 + J_{\bar{y}\bar{y}}\omega_{\bar{y}}^2 + J_{\bar{z}\bar{z}}\omega_{\bar{z}}^2$$
$$+ 2J_{\bar{x}\bar{y}}\omega_{\bar{x}}\omega_{\bar{y}} + 2J_{\bar{y}\bar{z}}\omega_{\bar{y}}\omega_{\bar{z}} + 2J_{\bar{z}\bar{x}}\omega_{\bar{z}}\omega_{\bar{x}} \tag{5.50}$$

Vergleicht man Gl. (5.50) mit Gl. (5.39), so folgt die Beziehung

$$T_{\text{rot.}} = \frac{1}{2}\,\bar{\boldsymbol{L}}\boldsymbol{\omega} \tag{5.51}$$

Ist das Koordinatensystem $\bar{x}$, $\bar{y}$, $\bar{z}$ ein Hauptachsensystem mit den Hauptträgheitsmomenten J_I, J_{II}, J_{III}, dann verschwinden in Gl. (5.49) die Deviationsmomente.
Die Drallkomponenten bezüglich der Trägheitshauptachsen betragen dann nach Gl. (5.49)

$$L_I = J_I\omega_I \qquad L_{II} = J_{II}\omega_{II} \qquad L_{III} = J_{III}\omega_{III} \tag{5.52}$$

Die Richtung des Drallvektors wird also im allgemeinen anders sein als die des Winkelgeschwindigkeitsvektors. Nur dann, wenn $\boldsymbol{\omega}$ in die Richtung einer Hauptachse fällt, stimmen beide Richtungen überein.

5.3. Bewegung des starren Körpers

5.3.1. Rotation um eine feste Achse

In 2.2. wurde die Drehung eines Rotors um eine feste Achse behandelt.
Die dort gemachten Voraussetzungen sollen jetzt fallen gelassen werden, so daß die Rotation des beliebigen starren Körpers um eine feste Achse zu beschreiben ist. In der Maschinendynamik spielt dieses Problem in der Auswuchttechnik eine große Rolle. Ihre Aufgabe besteht darin, einen rotierenden Körper so zu gestalten, daß keine Kräfte auf die Lagerung ausgeübt werden. Bild D 5.9 zeigt den um die feste, in A und B gelagerte Achse rotierenden Körper. Das Koordinatensystem wird so gelegt, daß die Drehachse mit der z-Achse übereinstimmt, der Koordinatenursprung O liegt auf ihr beliebig und wird durch die Abstände l_a und l_b festgelegt. Man kann dabei sowohl von einem ruhenden als auch einem mit dem Körper rotierenden Koordinatensystem ausgehen, auf die Unterschiede im Ergebnis wird später eingegangen.

Die Winkelgeschwindigkeit der Rotation um die feste Achse sei ω_z, die Winkelbeschleunigung $\alpha_z = \mathrm{d}\omega_z/\mathrm{d}t$. Alle eingeprägten Kräfte sollen zu einer Resultierenden $\boldsymbol{F}_\mathrm{e}$ zusammengefaßt sein, die Reaktionskräfte $\boldsymbol{F}_\mathrm{R}$ wirken in den Lagern. Weiterhin ist die Lage des Schwerpunktes durch $\boldsymbol{r}_S$ bzw. die Schwerpunktskoordinaten x_S; y_S; z_S gegeben. Rotiert das Koordinatensystem mit, so sind sie konstant. Es sollen die Lagerkräfte in A und B berechnet werden. Dazu dient der Schwerpunktsatz nach Gl. (3.7) und der Impulsmomentensatz nach Gl. (3.24) unter Beachtung von Gl. (5.49). Trennt man die äußeren Kräfte nach Gl. (3.7) in eingeprägte Kräfte und Reaktionskräfte, so gilt für den Schwerpunktsatz

$$\boldsymbol{F}_\mathrm{e} + \sum \boldsymbol{F}_\mathrm{R} = m\boldsymbol{a}_S \tag{5.53}$$

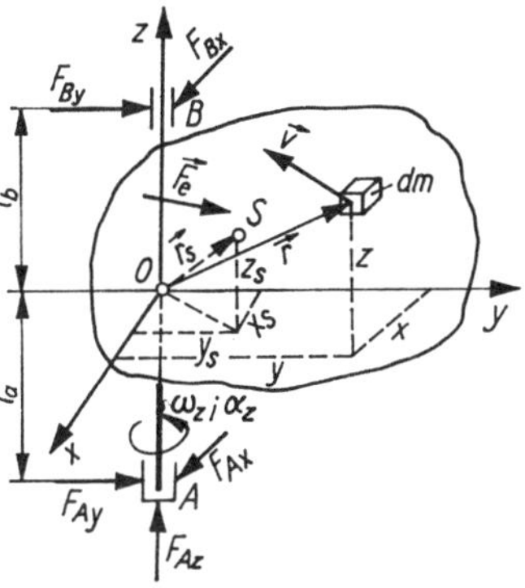

Bild D 5.9

Nach Gl. K (2.4) beträgt die Schwerpunktbeschleunigung

$$\boldsymbol{a}_S = \boldsymbol{e}_z\alpha_z \times \boldsymbol{r}_S + \boldsymbol{e}_z\omega_z^2 \times (\boldsymbol{e}_z \times \boldsymbol{r}_S) \tag{5.54}$$

Dabei gilt $\boldsymbol{e}_\omega = \boldsymbol{e}_z$, $\dot{\omega}_z = \alpha_z$. Führt man die Kreuzprodukte aus, so folgt

$$\boldsymbol{a}_S = \boldsymbol{e}_x(-\omega_z^2 x_S - \alpha_z y_S) + \boldsymbol{e}_y(\alpha_z x_S - \omega_z^2 y_S)$$

Gl. (5.53) lautet nun in Komponentendarstellung:

$$\begin{aligned} F_{ex} + F_{Ax} + F_{Bx} &= -m(\omega_z^2 x_S + \alpha_z y_S) \\ F_{ey} + F_{Ay} + F_{By} &= m(\alpha_z x_S - \omega_z^2 y_S) \\ F_{ez} + F_{Az} &= 0 \end{aligned} \tag{5.55}$$

Dies sind drei Gleichungen für fünf Unbekannte. Es wird also noch der Impulsmomentensatz $\boldsymbol{M} = \mathrm{d}\boldsymbol{L}/\mathrm{d}t$ hinzugenommen. Darin ist $\boldsymbol{M}$ das resultierende Moment aller äußeren Kräfte. Damit in den Gln. (5.55) die Schwerpunktsabstände konstant sind, muß ein mitrotierendes Koordinatensystem x, y, z angenommen werden. Der Drall $\boldsymbol{L}$ wird deshalb auch im rotierenden Koordinatensystem beschrieben, und es gelten seine Koordinaten nach Gl. (5.49).

$$\boldsymbol{L} = \boldsymbol{e}_x J_{xz}\omega_z + \boldsymbol{e}_y J_{yz}\omega_z + \boldsymbol{e}_z J_{zz}\omega_z \tag{5.56}$$

(Auf die Striche in Gl. (5.49) wurde verzichtet.)

Bei der Differentiation des rotierenden Drallvektors sind die in K 3.1. am Beispiel der Relativbewegung gezeigten Schritte zu beachten (vgl. Gl. K (3.6)). Es gilt also

$$\frac{\mathrm{d}\boldsymbol{L}}{\mathrm{d}t} = \boldsymbol{e}_z\omega_z \times \boldsymbol{L} + \frac{\partial \boldsymbol{L}}{\partial t} \tag{5.57}$$

wobei $\partial \boldsymbol{L}/\partial t$ die Differentiation im rotierenden Koordinatensystem darstellt.
Es ergibt sich

$$\boldsymbol{e}_z\omega_z \times \boldsymbol{L} = \begin{vmatrix} \boldsymbol{e}_x & \boldsymbol{e}_y & \boldsymbol{e}_z \\ 0 & 0 & \omega_z \\ L_x & L_y & L_z \end{vmatrix} = \boldsymbol{e}_y L_x \omega_z - \boldsymbol{e}_x L_y \omega_z$$

$$\frac{\partial \boldsymbol{L}}{\partial t} = \boldsymbol{e}_x J_{xz}\dot{\omega}_z + \boldsymbol{e}_y J_{yz}\dot{\omega}_z + \boldsymbol{e}_z J_{zz}\dot{\omega}_z$$

Mit $\dot{\omega}_z = \alpha_z$ und der Gl. (5.56) findet man also aus Gl. (5.57):

$$\frac{\mathrm{d}\boldsymbol{L}}{\mathrm{d}t} = \boldsymbol{e}_x(J_{xz}\alpha_z - J_{yz}\omega_z^2) + \boldsymbol{e}_y(J_{yz}\alpha_z + J_{xz}\omega_z^2) + \boldsymbol{e}_z J_{zz}\alpha_z \tag{5.58}$$

Das Moment der äußeren Kräfte setzt sich aus den Momenten der eingeprägten i Teilkräfte $\boldsymbol{F}_{ei}$ und der Lagerreaktionen zusammen. Somit lautet Gl. (3.24) für den vorliegenden Fall in Komponentendarstellung:

$$\begin{aligned} \sum_i M_{exi} + F_{Ay}l_a - F_{By}l_b &= J_{xz}\alpha_z - J_{yz}\omega_z^2 \\ \sum_i M_{eyi} + F_{Bx}l_b - F_{Ax}l_a &= J_{yz}\alpha_z + J_{xz}\omega_z^2 \\ \sum_i M_{ezi} &= J_{zz}\alpha_z \end{aligned} \tag{5.59}$$

Aus den Gln. (5.55) und (5.59) lassen sich die mit dem Koordinatensystem x, y, z umlaufenden 5 Lagerreaktionskräfte berechnen. Geht die Drehachse durch den Schwerpunkt ($a_S = 0$) und liegt ein Rotor vor (Drehachse ist Symmetrieachse, $J_{xz} = 0$; $J_{yz} = 0$), so bleibt nur die statische Lagerbelastung durch die eingeprägten Kräfte und die Drehbeschleunigungsgleichung gemäß Gl. (2.6) übrig. Geht man von einem raumfesten Koordinatensystem aus, so müssen sowohl die Schwerpunktskoordinaten als auch die Deviationsmomente als Funktionen der Zeit angegeben werden. Die Lagerreaktionen ergeben sich dann mit zeitabhängigen Komponenten.
Aus Gl. (5.59) wird sehr anschaulich der Begriff des Zentrifugalmomentes deutlich. Aus den Gln. (5.55) und (5.59) erkennt man, daß keine dynamischen Lagerkräfte auftreten, wenn der Schwerpunkt in der Drehachse liegt und diese eine Trägheitshauptachse ist. Mit der Erfüllung dieser beiden Forderungen beschäftigt sich das Teilgebiet „Auswuchten" der Maschinendynamik.

5.3.2. Rotation um einen festen Punkt

5.3.2.1. Die Eulerschen Gleichungen

Die *Euler*schen Gleichungen stellen den Impulsmomentensatz in Form dreier skalarer Gleichungen bezogen auf ein mitrotierendes körperfestes Trägheitshauptachsensystem, dessen Koordinatenursprung O entweder raumfest oder mit dem Schwerpunkt S identisch ist, dar. Es wird wieder von Gl. (3.24)

$$\boldsymbol{M} = \frac{\mathrm{d}\boldsymbol{L}}{\mathrm{d}t}$$

ausgegangen. Dabei ist nach Gl. (5.47) für $\boldsymbol{v}_0 = 0$, $\boldsymbol{L} = \overline{\boldsymbol{L}}$. Der Drallvektor in Hauptachsen lautet nach Gl. (5.52)

$$\boldsymbol{L} = \boldsymbol{e}_I J_I \omega_I + \boldsymbol{e}_{II} J_{II} \omega_{II} + \boldsymbol{e}_{III} J_{III} \omega_{III} \tag{5.60}$$

Die Differentiation erfolgt wieder nach Gl. (5.57).
Die Differentiation im bewegten Koordinatensystem ergibt

$$\frac{\partial \boldsymbol{L}}{\partial t} = \boldsymbol{e}_I J_I \dot{\omega}_I + \boldsymbol{e}_{II} J_{II} \dot{\omega}_{II} + \boldsymbol{e}_{III} J_{III} \dot{\omega}_{III} \tag{5.61}$$

Das Vektorprodukt liefert

$$\boldsymbol{\omega} \dot{\times} \boldsymbol{L} = \begin{vmatrix} \boldsymbol{e}_I & \boldsymbol{e}_{II} & \boldsymbol{e}_{III} \\ \omega_I & \omega_{II} & \omega_{III} \\ J_I\omega_I & J_{II}\omega_{II} & J_{III}\omega_{III} \end{vmatrix}$$

$$\begin{aligned} \boldsymbol{\omega} \times \boldsymbol{L} = {} & \boldsymbol{e}_I (J_{III} - J_{II})\, \omega_{II}\omega_{III} + \boldsymbol{e}_{II}(J_I - J_{III})\omega_I\omega_{III} \\ & + \boldsymbol{e}_{III}(J_{II} - J_I)\, \omega_I\omega_{II} \end{aligned} \tag{5.62}$$

Man erhält aus Gl. (5.57)

$$\begin{aligned} \boldsymbol{M} = {} & \boldsymbol{e}_I[J_I\dot{\omega}_I + (J_{III} - J_{II})\, \omega_{II}\omega_{III}] \\ & + \boldsymbol{e}_{II}[J_{II}\dot{\omega}_{II} + (J_I - J_{III})\, \omega_I\omega_{III}] \\ & + \boldsymbol{e}_{III}[J_{III}\dot{\omega}_{III} + (J_{II} - J_I)\, \omega_I\omega_{II}] \end{aligned} \tag{5.63}$$

Der Impulsmomentensatz lautet somit in den drei auf die körperfesten Hauptachsen bezogenen Komponenten

$$\begin{aligned} M_I &= J_I\dot{\omega}_I + (J_{III} - J_{II})\, \omega_{II}\omega_{III} \\ M_{II} &= J_{II}\dot{\omega}_{II} + (J_I - J_{III})\, \omega_I\omega_{III} \\ M_{III} &= J_{III}\dot{\omega}_{III} + (J_{II} - J_I)\, \omega_I\omega_{II} \end{aligned} \tag{5.64}$$

Damit ist man in der Lage, für die Bewegung des starren Körpers um einen festen Punkt die beiden dynamischen Grundaufgaben zu lösen. Die erste Grundaufgabe [vgl. Abschn. 1. (Dynamik)], die in der Berechnung der für eine gegebene Bewegung

erforderlichen Momente der äußeren Kräfte besteht, kann in den meisten Fällen gelöst werden. Die zweite, bei der für ein gegebenes Kraftfeld (Momente sind abhängig von den Winkeln und Winkelgeschwindigkeiten) die Bewegung gesucht wird, erfordert jedoch die Lösung der drei gekoppelten nichtlinearen Dgln. [Gl. (5.64)], was in den meisten Fällen nur numerisch gelingt.
Bei der Lösung technischer Probleme tritt häufig der Sonderfall auf, daß nach dem Moment gefragt wird, das an einem Rotor mit rotationssymmetrischem Querschnitt wirken muß, damit sich eine Drehachse um eine senkrecht dazu stehende Achse dreht. (Erste dynamische Grundaufgabe der Drehung).

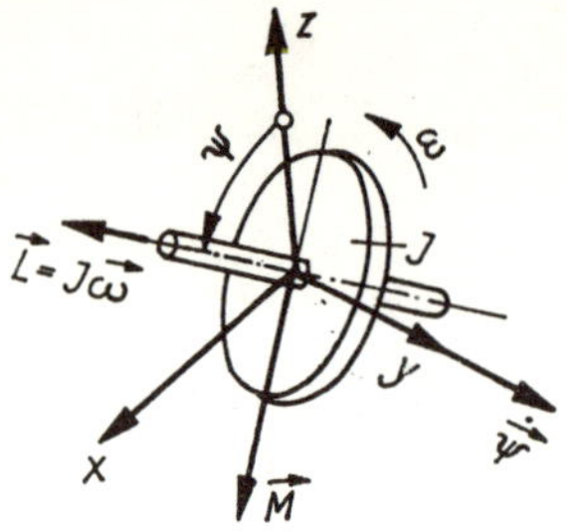

Bild D 5.10

Hierfür ist eine Lösung durch unmittelbare Anwendung des Drallsatzes möglich. Bild D 5.10 zeigt den Rotor, der sich um seine körperfeste Drehachse $\bar{z}$ (auf Grund des rotationssymmetrischen Querschnittes ist es eine Trägheitshauptachse) mit der Winkelgeschwindigkeit $\omega =$ konst. dreht. Die Drehachse $\bar{z}$ dreht sich im raumfesten Koordinatensystem x, y, z in der x,z-Ebene mit der Winkelgeschwindigkeit $\dot{\psi}$. Setzt man voraus, daß $\omega \gg \dot{\psi}_{\max}$ ist, und schreibt man $J_{\bar{z}\bar{z}} = J$, so gilt für den Drallvektor im raumfesten Koordinatensystem

$$\boldsymbol{L} = \boldsymbol{e}_x J\omega \sin \psi + \boldsymbol{e}_z J\omega \cos \psi \tag{5.65}$$

Nach dem Impulsmomentensatz Gl. (3.24) gilt für die Komponenten

$$M_x = \frac{\mathrm{d}L_x}{\mathrm{d}t} = J\omega\dot{\psi} \cos \psi \qquad M_y = 0$$

$$M_z = \frac{\mathrm{d}L_z}{\mathrm{d}t} = -J\omega\dot{\psi} \sin \psi \tag{5.66}$$

Die Größe des Momentes beträgt

$$M = \sqrt{M_x^2 + M_z^2} = J\omega\dot{\psi}$$

Vergleicht man Gln. (5.65) mit Gl. (5.66), so wird deutlich, daß der Momentenvektor senkrecht auf dem Drallvektor steht, so daß sich in Vektorform schreiben läßt

$$\boldsymbol{M} = \dot{\boldsymbol{\psi}} \times J\boldsymbol{\omega} \tag{5.67}$$

Gl. (5.67) stellt das Moment der äußeren Kräfte dar, das auf den Rotor wirken muß, damit er die vorgegebene Bewegung ausübt. Häufig wird nach dem Moment M_{R}

gefragt, was ein bewegter Rotor auf die Rotorlagerungen ausübt. Da gilt $\boldsymbol{M}_{\mathrm{R}} = -\boldsymbol{M}$, kann geschrieben werden:

$$\boldsymbol{M}_{\mathrm{R}} = J\boldsymbol{\omega} \times \dot{\boldsymbol{\psi}} \tag{5.68}$$

Die in 5.3.3. folgenden Beispiele zeigen die Anwendung dieser Beziehung.

5.3.2.2. Der Begriff des Kreisels

Unter einem Kreisel versteht man einen starren Körper, der in einem Punkt drehbar gelagert ist. Er hat somit drei Freiheitsgrade, deren zugehörige Koordinaten zweckmäßigerweise Winkel sind. Die Drehbewegung hängt von den Momenten der äußeren Kräfte und der Massenverteilung, die durch das Trägheitsellipsoid bezüglich des Drehpunktes gekennzeichnet ist, ab. Eine Einteilung kann somit einmal nach der Form des Trägheitsellipsoides und zum anderen nach der Art der Momente erfolgen.
Hat das Trägheitsellipsoid die Form einer Kugel, gilt also

$$J_I = J_{II} = J_{III}$$

so spricht man von einem *Kugelkreisel*. Ein symmetrischer Kreisel liegt vor, wenn das Trägheitsellipsoid rotationssymmetrisch ist. Es müssen dann zwei Hauptträgheitsmomente gleich sein, z. B.

$$J_I = J_{II} \qquad J_I \neq J_{III}$$

Beim *abgeplatteten* Kreisel ist $J_{II} = J_{III} > J_I$, für den *gestreckten* Kreisel gilt

$$J_{II} = J_{III} < J_I$$

Beim *unsymmetrischen* Kreisel hat das Trägheitsellipsoid drei verschiedene Hauptträgheitsmomente. Es gilt somit

$$J_I \neq J_{II} \neq J_{III}$$

Erfolgt die Einteilung nach der Art der Momente der eingeprägten Kräfte, so spricht man vom *kräftefreien* und *schweren* Kreisel. Ein kräftefreier Kreisel liegt vor, wenn der Kreisel im Schwerpunkt unterstützt wird und keine eingeprägten Kräfte am starren Körper angreifen, die ein Moment bezüglich des Schwerpunktes liefern. Es gilt dann

$$\boldsymbol{M} = \frac{\mathrm{d}\boldsymbol{L}}{\mathrm{d}t} = 0$$

und somit

$$\boldsymbol{e}_I J_I \omega_I + \boldsymbol{e}_{II} J_{II} \omega_{II} + \boldsymbol{e}_{III} J_{III} \omega_{III} = \text{konst.}$$

Wenn das Moment Null ist, bedeutet dies jedoch auch, daß Arbeit weder dem Kreisel zugeführt noch seiner Bewegung entnommen wird. Seine kinetische Energie, die durch einen Anfangsdrehstoß eingebracht wurde, bleibt also erhalten. Es gilt somit

$$J_I \frac{\omega_I^2}{2} + J_{II} \frac{\omega_{II}^2}{2} + J_{III} \frac{\omega_{III}^2}{2} = \text{konst.}$$

Ein schwerer Kreisel liegt vor, wenn die Unterstützung außerhalb des Schwerpunktes erfolgt. Es wirkt dann ständig ein Moment der äußeren Kraft durch das Gewicht. Eine vollständige analytische Darstellung der Bewegung beim unsymmetrischen Kreisel stößt auf große Schwierigkeiten. Für den symmetrischen schweren Kreisel existieren Lösungen.
Auf eine weitere Behandlung der sehr speziellen Kreiselprobleme soll hier verzichtet werden. Der Leser findet dies in der Spezialliteratur, z. B. *Magnus, Kurt*: Kreisel, Theorie und Anwendung. — Berlin; Heidelberg; New York: Springer-Verlag, 1971 oder *Peljpor, D. S.*: Giroskopičeskie sistemy, c. I. Vysšaja škola, 1971 (Kreiselsysteme. Bd. I. — Moskau: Verl. Vysšaja škola, 1971).

5.3.3. Beispiele zur technischen Anwendung der Dynamik des starren Körpers

Beispiel 1:

Ein Schiff führt harmonische Schwingungen $\varphi = \varphi_0 \sin \Omega t$ um seine horizontale Querachse aus. Die Periodendauer sei T. Der Läufer der Schiffsturbine steht in Längsrichtung des Schiffes im Schwerpunkt. Von ihm sind die Drehzahl n, die Masse m, die Hauptträgheitsmomente bezüglich des Schwerpunktes J_I, J_{II}, J_{III} und der Lagerabstand l bekannt. Welche Lagerkräfte werden durch die Schiffsschwingungen hervorgerufen?

Gegeben: $T = 10$ s, $\varphi_0 = 9°$, $n = 3000$ min^{-1}, $l = 2$ m, $m = 3500$ kg,
$J_I = J_{III} = 5000$ kg m^2, $J_{II} = 1260$ kg m^2

Lösung:

Neben dem raumfesten Koordinatensystem x, y, z (Bild D 5.11), in dem die Bewegung des Schiffes beschrieben wird, bestehen das schiffsfeste System x', y', z' und das rotorfeste Trägheitshauptachsensystem I, II, III, das natürlich auch ein Rechtssystem sein muß. Bei diesem drehen sich die Achsen I und III mit der Winkelgeschwindigkeit ω, die der Drehzahl des Rotors entspricht. Zur Berechnung der Momente durch die Lagerkräfte, die für den Rotor äußere

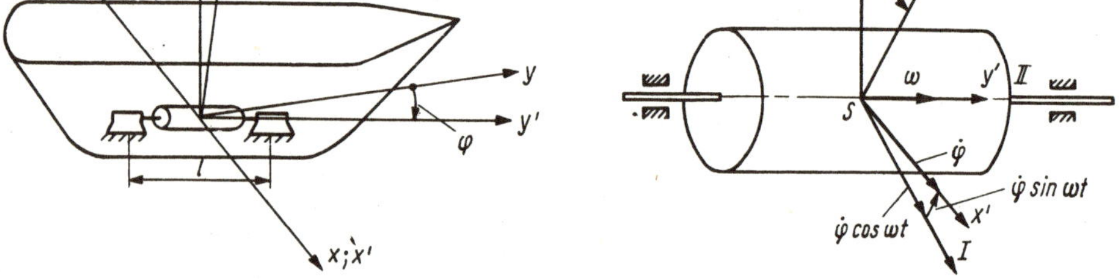

Bild D 5.11

Kräfte darstellen, mit Hilfe der *Euler*schen Gleichungen müssen die Winkelgeschwindigkeitskomponenten in den rotorfesten Trägheitshauptachsen angegeben werden. Die Winkelgeschwindigkeit $\dot{\varphi}$ der Schwingbewegung, deren Vektor in der raumfesten x-Achse liegt, muß also in zwei Komponenten ω_I, ω_{III} zerlegt werden.

$$\begin{aligned} \omega_I &= \dot{\varphi} \cos \omega t & \dot{\omega}_I &= \ddot{\varphi} \cos \omega t - \dot{\varphi}\omega \sin \omega t \\ \omega_{II} &= \omega & \dot{\omega}_{II} &= 0 \\ \omega_{III} &= \dot{\varphi} \sin \omega t & \dot{\omega}_{III} &= \ddot{\varphi} \sin \omega t + \dot{\varphi}\omega \cos \omega t \end{aligned} \tag{1}$$

Wegen der Rotationssymmetrie ist

$$J_I = J_{III}$$

Nach Gl. (5.64) gilt:

$$\begin{aligned} M_I &= J_I(\ddot{\varphi} \cos \omega t - \dot{\varphi}\omega \sin \omega t) + (J_I - J_{II})\, \omega\dot{\varphi} \sin \omega t \\ M_{II} &= 0 \\ M_{III} &= J_I(\ddot{\varphi} \sin \omega t + \dot{\varphi}\omega \cos \omega t) + (J_{II} - J_I)\, \omega\dot{\varphi} \cos \omega t \end{aligned} \tag{2}$$

oder

$$\begin{aligned} M_I &= J_I\ddot{\varphi} \cos \omega t - J_{II}\omega\dot{\varphi} \sin \omega t \\ M_{II} &= 0 \\ M_{III} &= J_I\ddot{\varphi} \sin \omega t + J_{II}\omega\dot{\varphi} \cos \omega t \end{aligned} \tag{3}$$

Diese Momentenkomponenten laufen mit dem Rotor um. Es ist übersichtlicher, wenn sie auf das schiffsfeste System x', y', z' reduziert werden. Dafür gilt mit $M_{II} = 0$:

$$\begin{aligned} M_{x'} &= M_I \cos \omega t + M_{III} \sin \omega t \\ M_{y'} &= 0 \\ M_{z'} &= -M_I \sin \omega t + M_{III} \cos \omega t \end{aligned} \tag{4}$$

Setzt man Gl. (3) in Gl. (4) ein, ergibt sich:

$$\begin{aligned} M_{x'} &= J_I\ddot{\varphi} = \quad J_I\Omega^2\varphi_0 \sin \Omega t \\ M_{y'} &= 0 \\ M_{z'} &= J_{II}\omega\dot{\varphi} = J_{II}\omega\Omega\varphi_0 \cos \Omega t \end{aligned} \tag{5}$$

Gl. (5) zeigt deutlich die beiden Anteile, aus denen sich der Momentenvektor der äußeren Kräfte zusammensetzt. Die Komponente $M_{x'}$ entspricht dem Kippanteil, wie er in Gl. (5.59) zum Ausdruck kommt. Sie ist unabhängig von der Drehzahl und bei höheren Drehzahlen gegenüber dem in der Komponente $M_{z'}$ zum Ausdruck kommenden Kreiselmoment [vgl. Gl. (5.63)] meist klein.

Mit den gegebenen Zahlenwerten erhält man:

$$\Omega = 2\pi/T = 0{,}2\pi\ \mathrm{s}^{-1}; \qquad \hat{\varphi} = \varphi^0\pi/180^\circ = \pi/20$$

$$\omega = \pi n/30 = 100\pi\ \mathrm{s}^{-1}$$

$$M_{x'\max} = -5000 \cdot 0{,}395 \cdot \pi/20\ \mathrm{N\,m} = -310\ \mathrm{N\,m}$$

$$M_{z'\max} = 1260 \cdot \pi \cdot 100 \cdot 0{,}2\pi \cdot \pi/20\ \mathrm{N\,m} = 39068\ \mathrm{N\,m}$$

Man erkennt daraus, daß das Kippmoment gegenüber dem Kreiselmoment vernachlässigt werden kann. Das Kreiselmoment wird über die Rotorlager aufgebracht. Seine Lagerkraft, die in x'-Richtung wirkt, beträgt

$$F_{\max} = \frac{M_{z'\max}}{l} = 19\,534 \text{ N}$$

Gegenüber der durch das Gewicht hervorgerufenen Lagerlast von $F = 17\,168$ N ist dieser Wert nicht zu vernachlässigen. Für die Bewegung des Schiffes bedeutet das Kreiselmoment eine Kopplung der Nickschwingung mit einer Gierbewegung (Drehung um die Hochachse z'). Wegen des sehr großen Trägheitsmomentes des Schiffes um die Hochachse wird der durch die Turbinenlagerkräfte hervorgerufene Gierwinkel jedoch sehr klein sein.

Beispiel 2:

Eine homogene Scheibe mit dem Radius R und der Dicke h rotiert mit konstanter Drehzahl n um eine horizontale Achse. Durch einen Montagefehler sitzt die Scheibe schief auf der Welle (Winkel α), wobei der Scheibenschwerpunkt in der Drehachse bleibt.
Man berechne die Lagerkräfte infolge der Schiefstellung (Bild D 5.12).

Gegeben: $R = 15$ cm, $h = 3$ cm, $\alpha = 0{,}1°$, $n = 3000 \text{ min}^{-1}$, $\varrho = 7{,}85 \text{ kg dm}^{-3}$, $l = 10$ cm

Lösung:

Um die *Euler*schen Gleichungen [Gl. (5.64)] anwenden zu können, werden die Winkelgeschwindigkeiten in Richtung der Hauptachsen benötigt. Wegen der Rotationssymmetrie sind die in der Scheibenebene liegenden Hauptträgheitsmomente J_I und J_{III} gleich. Die Trägheitshauptachse II schließt mit der Drehachse den Winkel α ein (Bild D 5.13). Somit findet man für die Winkelgeschwindigkeitskomponenten in den Hauptachsen

$$\omega_I = \omega \sin \alpha \qquad \omega_{II} = \omega \cos \alpha \qquad \omega_{III} = 0$$

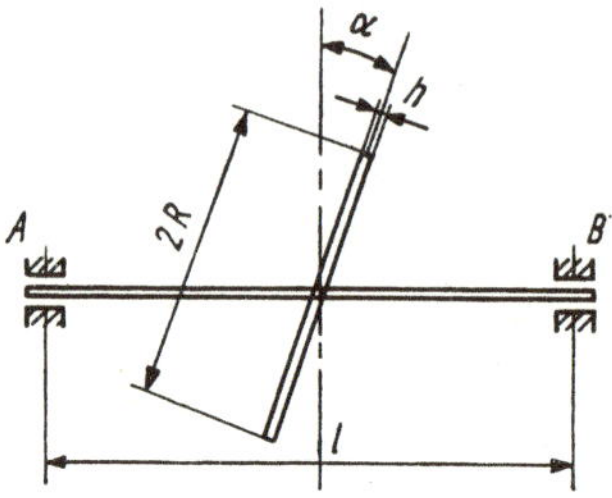

Bild D 5.12

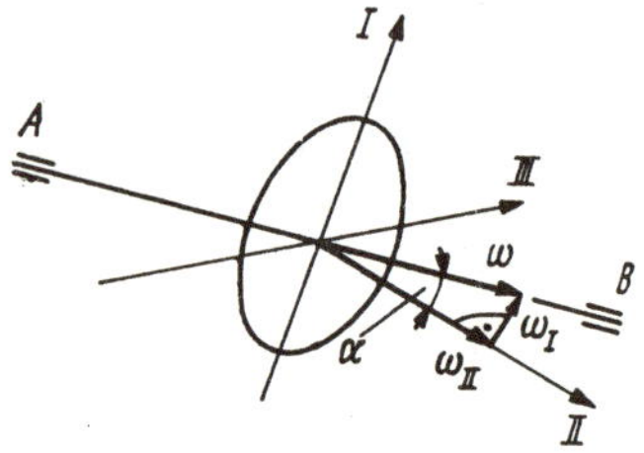

Bild D 5.13

Damit gehen die *Euler*schen Gleichungen über in

$$M_I = 0 \qquad M_{II} = 0 \qquad M_{III} = (J_{II} - J_I)\,\omega^2 \sin \alpha \cos \alpha$$

$$M_{III} = (J_{II} - J_I)\,\omega^2 \frac{\sin 2\alpha}{2}$$

Die Lagerkräfte betragen dann

$$F_A = F_B = \frac{M_{III}}{l}$$

Das Moment und damit auch die Lagerkräfte laufen mit der Kreisfrequenz ω um. Mit den gegebenen Zahlenwerten erhält man

$$\omega = \frac{\pi n}{30} = 100\pi \text{ s}^{-1} \qquad m = R^2 \pi h \varrho = 16{,}65 \text{ kg}$$

$$J_{II} = \frac{m}{2} R^2 = 0{,}187 \text{ kg m}^2$$

$$J_I = \frac{m}{4}\left(R^2 + \frac{h^2}{3}\right) = 0{,}095 \text{ kg m}^2$$

Bei einem kleinen Winkel gilt

$$\alpha = \sin\alpha = \tan\alpha$$

Man setzt

$$\sin 2\alpha = 2\alpha = \frac{2 \cdot 0{,}1 \cdot \pi}{180} = 0{,}00349$$

Damit wird

$$M_{III} = 0{,}092 \cdot \pi^2 \cdot 10^4 \cdot 0{,}00349/2 \text{ N m} = 15{,}84 \text{ N m}$$

$$F_A = -F_B = 15{,}84 \text{ N m}/0{,}1 \text{ m} = 158{,}4 \text{ N}$$

Um diesen Zahlenwert einschätzen zu können, soll eine Schwerpunktsverschiebung e berechnet werden, die für $\alpha = 0$ die gleichen Lagerkräfte zur Folge hätte. Es gilt

$$F_A + F_B = me\omega^2, \qquad F_A = F_B$$

$$e = 2F_A/m\omega^2 = 1{,}93 \cdot 10^{-4} \text{ m}, \qquad e = 0{,}193 \text{ mm}$$

Bei einer Schrägstellung von $\alpha = 0{,}1°$ beträgt der Schlag am Außenradius $2\alpha R = 0{,}524$ mm. Aus dieser Gegenüberstellung erkennt man, daß dem „Rundlauf" eines schnellaufenden Rades die gleiche Aufmerksamkeit wie der „Zentrizität" zu schenken ist.

Beispiel 3:

Eine dünne Platte der Masse m führt eine Drehbewegung um eine starre horizontale Achse mit konstanter Winkelgeschwindigkeit ω aus. Die Plattendicke ist gegenüber den Längen zu vernachlässigen. Die Abmessungen sind Bild D 5.14 zu entnehmen. Wie groß sind die dynamischen Lagerkräfte?

Lösung:

Im Gegensatz zum Beispiel 2 liegt hier der Schwerpunkt nicht auf der Drehachse. Bei der Anwendung der *Euler*schen Gleichungen ist also noch die Translation des Schwerpunktes nach Gl. (5.55) zu berücksichtigen. Legt man den Koordinatenursprung in den Punkt O, den Schnittpunkt einer Symmetrielinie mit der Drehachse, so müssen dafür die Trägheitshauptachsen und Hauptträgheitsmomente bestimmt werden (Bild 5.15).
Die Festlegung der Trägheitshauptachsen geschieht mit Hilfe folgender Überlegung. Alle senkrecht auf der Plattenebene stehenden Achsen sind Hauptachsen, auch die im Punkte O senkrechtstehende Achse *III*. Aus Symmetriegründen ist auch *I* eine Hauptachse. Da die Achse *II* senkrecht auf der Ebene *I*—*III* steht, liegt sie fest.

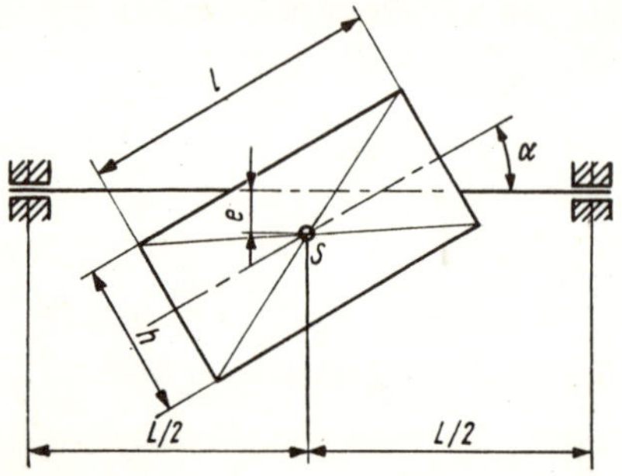

Bild D 5.14

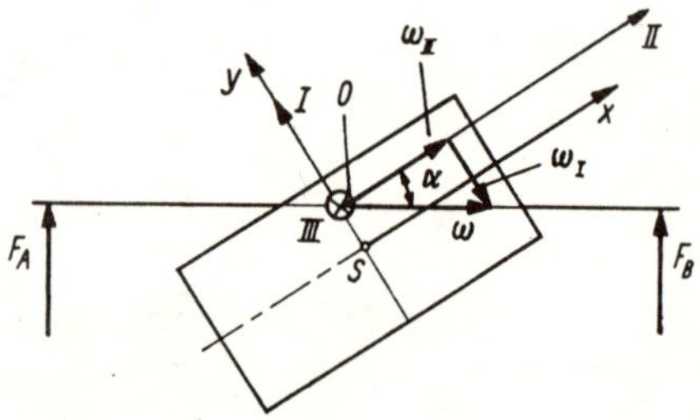

Bild D 5.15

Die Winkelgeschwindigkeiten betragen

$$\omega_I = -\omega \sin \alpha \qquad \dot{\omega}_I = 0 \tag{1}$$

$$\omega_{II} = \omega \cos \alpha \qquad \dot{\omega}_{II} = 0$$

$$\omega_{III} = 0 \qquad \dot{\omega}_{III} = 0$$

Damit wird nach Gl. (5.64)

$$M_I = 0 \qquad M_{II} = 0 \tag{2}$$

$$M_{III} = (J_I - J_{II})\,\omega^2 \frac{\sin 2\alpha}{2}$$

Für die dünne Platte gilt

$$J_I = \frac{1}{12}\,ml^2 \qquad J_{II} = \frac{1}{12}\,mh^2 + m\left(\frac{e}{\cos\alpha}\right)^2 \tag{3}$$

Nimmt man die Richtung der mit umlaufenden Lagerkräfte nach Bild D 5.15 an, so ergibt sich für die Translation:

$$F_A + F_B = me\omega^2 \tag{4}$$

Für die Rotation gilt:

$$M_{III} = F_A\left(\frac{L}{2} - e\tan\alpha\right) - F_B\left(\frac{L}{2} + e\tan\alpha\right) \tag{5}$$

mit

$$M_{III} = \left[\frac{m}{12}\,(l^2 - h^2) - m\left(\frac{e}{\cos\alpha}\right)^2\right]\omega^2 \cdot \frac{\sin 2\alpha}{2} \tag{6}$$

Aus Gl. (4) und Gl. (5) findet man die beiden gesuchten dynamischen Lagerkräfte:

$$F_A = m\omega^2\left[\frac{e}{2} + \frac{l^2 - h^2}{24L}\sin 2\alpha\right] \tag{7}$$

$$F_B = m\omega^2\left[\frac{e}{2} - \frac{l^2 - h^2}{24L}\sin 2\alpha\right]$$

Geht man vom Schwerpunkt als Bezugspunkt für die *Euler*schen Gleichungen aus, so folgt mit den Koordinaten x, y (Bild D 5.15)

$$\omega_x = -\omega \cos \alpha, \qquad \omega_y = -\omega \sin \alpha$$

$$J_I = J_{yy} = \frac{1}{12}\, ml^2, \qquad J_{II} = J_{xx} = \frac{1}{12}\, mh^2$$

Der Schwerpunktsatz behält die Form

$$F_A + F_B = me\omega^2 \tag{8}$$

und an Stelle von Gl. (5) und Gl. (6) tritt:

$$M_z = (F_A - F_B)\, L/2, \qquad M_z = \frac{m}{24}\,(l^2 - h^2)\,\omega^2 \sin 2\alpha \tag{9}$$

Mit den Gln. (8) und (9) kommt man dann wieder auf die Gln. (7).

Beispiel 4:

Das folgende Beispiel beschreibt einen Versuch, der leicht durchgeführt werden kann.
Ein aufgespannter Regenschirm wird auf einem Fingerrücken der linken Hand so gelegt, daß sein Schwerpunkt kurz neben dem Auflagepunkt liegt (Bild D 5.16). Der Schirm würde also ohne zusätzlichen Halt herunterkippen. Jetzt dreht man den Schirm mit der rechten Hand um die Schaftachse. Je nach Drehrichtung beobachtet man eine Drehung des Schirmes um eine vertikale, senkrecht auf der Schirmachse stehende Achse. Man erkläre den Vorgang.

Lösung:

Wählt man die in Bild D 5.16 angegebene Drehrichtung für ω und die dort gezeichnete Schwerpunktslage, so beobachtet man, daß der Schirm nicht herunterkippt, sondern sich in der Richtung $\dot{\psi}$ dreht. Dies läßt sich mit dem Vektordiagramm nach Gl. (5.67) erklären. Darin stellt $\boldsymbol{M}$ das Moment der äußeren Kräfte $M = mge$ dar. Der gesuchte Vektor $\dot{\boldsymbol{\psi}}$ steht senkrecht auf der durch den Drallvektor $J\boldsymbol{\omega}$ und dem Momentenvektor $\boldsymbol{M}$ gebildeten Ebene.

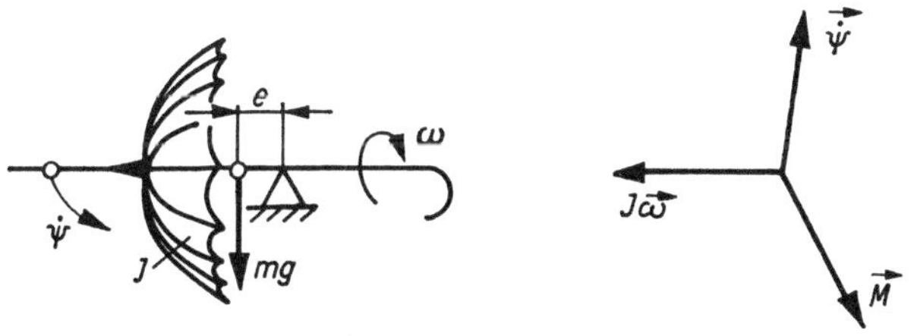

Bild D 5.16

6. SCHWINGUNGEN LINEARER SYSTEME MIT DEM FREIHEITSGRAD 1 UND KONSTANTEN PARAMETERN

Die Schwingungslehre für mechanische Systeme ist ein Teil der Dynamik. Sie beschäftigt sich mit Vorgängen, bei denen physikalische Größen in mechanischen Systemen so von der Zeit abhängen, daß bestimmte Merkmale wiederkehren.
In Schwingungssystemen greifen an den Massen weg- und geschwindigkeitsabhängige eingeprägte Kräfte an, die meist durch elastische Bindungen zwischen den Massen entstehen und entgegengesetzt zur Bewegungsrichtung wirken (Rückstellkräfte). Für die Einführung in das Gebiet ist es günstig, zunächst Systeme mit dem Freiheitsgrad eins und später mit zwei zu behandeln. Auch soll vorausgesetzt werden, daß die beschreibenden Differentialgleichungen konstante Koeffizienten haben und linear sind, was für reale Systeme durchaus nicht immer zutrifft.

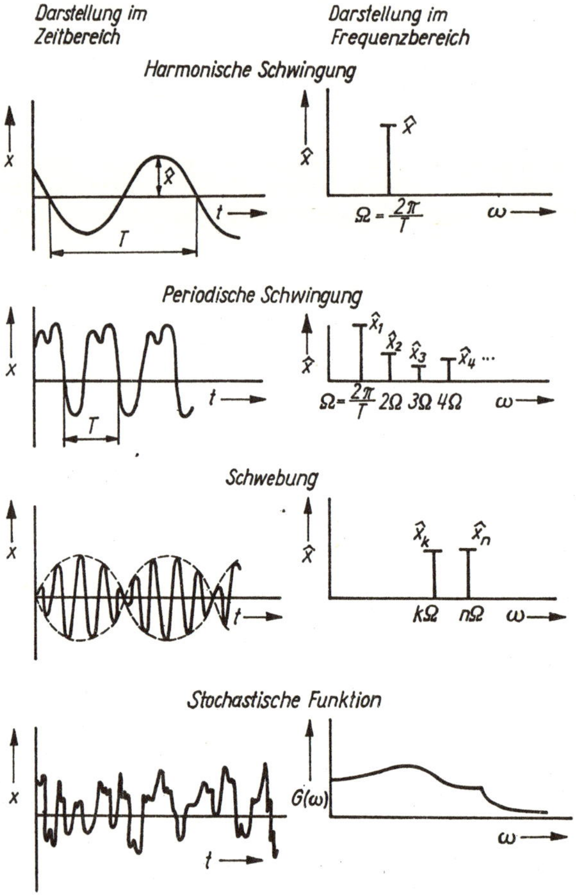

Bild D 6.1

Mehrere Beispiele für Schwingungssysteme sind bereits in den vorhergehenden Abschnitten aufgezeigt worden (vgl. die Bilder D 3.17, D 4.7, D 4.10). Systeme mit dem Freiheitsgrad 1 zeigt Bild D 6.18. Jedem Schwingungssystem muß Energie zugeführt werden, um eine Bewegung zu erreichen. Dies kann in Form von Anfangsbedingungen (zum Beispiel einer Anfangsauslenkung oder einer Anfangsgeschwindigkeit) einmalig passieren oder durch ständige Energiezufuhr während der Bewegung. Im ersten Fall spricht man von *freien Schwingungen*. Durch die Bewegungswiderstände klingen diese mit der Zeit ab. Erfolgt die ständige Energiezufuhr durch zeitabhängige Kräfte oder Bewegungen, so kann sich eine ständige Bewegung des Systems auch bei vorhandenen Bewegungswiderständen einstellen. Man bezeichnet diesen Vorgang als *erzwungene Schwingung*.
Auf die Problematik der Schwingungserregung durch konstantes Energieangebot (selbsterregte Schwingungen) und den Einfluß zeitabhängiger Systemparameter (z. B. Federn mit zeitabhängiger Kennlinie), die sogenannten *parametererregten Schwingungen*, soll hier nicht eingegangen werden.
Sind die erregenden Kräfte Funktionen der Zeit, so werden es auch die Bewegungen sein. Typische Zeitfunktionen sind auf Bild D 6.1 wiedergegeben. Im Rahmen dieser Einführung in die Schwingungslehre sollen nur die periodischen bzw. harmonischen Funktionen verwendet werden. Es ist deshalb sinnvoll, zunächst einige spezielle, in der Schwingungslehre häufig vorkommenden Zeitfunktionen rein kinematisch zu untersuchen. Physikalisch kann es sich dabei um Wege, Drehwinkel, Kräfte, Momente, Geschwindigkeiten und anderes handeln.

6.1. Kinematik der Schwingungen

6.1.1. Harmonische Zeitfunktionen und ihre Synthese

Der einfachste Schwingungsvorgang ist die harmonische Schwingung. Sie kann entweder durch eine Sinus- oder eine Cosinusfunktion beschrieben werden.

$$q = A \sin (\omega t + \varphi) = A \sin \psi(t) \tag{6.1}$$

oder

$$q = A \cos (\omega t + \varphi) = A \cos \psi(t) \tag{6.2}$$

Beide Schwingungen kann man sich veranschaulichen, wenn man einen Zeiger der Länge A mit der Winkelgeschwindigkeit ω um einen festen Punkt rotieren läßt (Bild D 6.2). Ist $(\omega t + \varphi)$ der Winkel, den der Zeiger A mit der waagerechten x-Achse einschließt, so sind $x = A \cos (\omega t + \varphi)$ und $y = A \sin (\omega t + \varphi)$ die Projektionen von A auf die Koordinatenachsen. Beide können zur Beschreibung der Bewegung des rotierenden Zeigers herangezogen werden. Wegen dieses Zusammenhanges zwischen den durch die Gln. (6.1) und (6.2) gegebenen harmonischen Schwingungen und der Drehbewegung des Zeigers A werden die Bestimmungsstücke der harmonischen Schwingung folgendermaßen bezeichnet:

A Amplitude der Schwingung, sie wird auch häufig nach der Koordinate benannt. Man setzt dann $A = \hat{q}$.

$\psi = (\omega t + \varphi)$ Phasenwinkel

ω Winkelgeschwindigkeit der Zeigerdrehung oder kurz Kreisfrequenz

φ Nullphasenwinkel. Er hängt von der Wahl des Nullpunktes der Zeitskale ab, ist deshalb willkürlich und für Einzelschwingungen unwichtig.

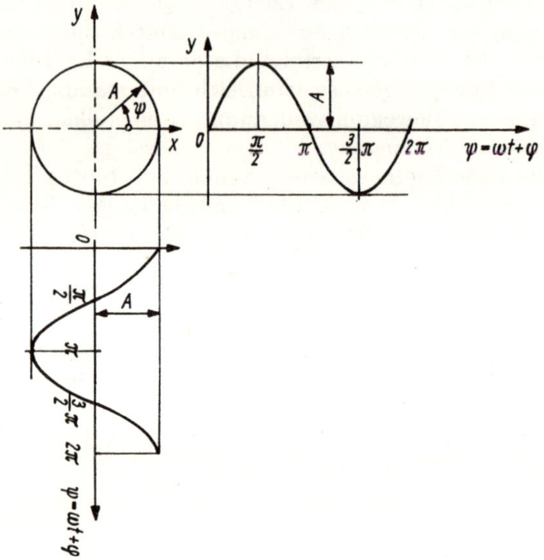

Bild D 6.2

Die Zeit für eine volle Schwingung wird mit Schwingungsdauer, *Periodendauer* oder Schwingungszeit T bezeichnet. Setzt man $\varphi = 0$, so ergibt sich gemäß Bild D 6.2

$$\omega T = 2\pi \qquad T = 2\pi \frac{1}{\omega} \tag{6.3}$$

Die Anzahl der Schwingungen je Sekunde, die Schwingungsfrequenz, ist somit

$$f = \frac{1}{T} = \frac{\omega}{2\pi} \tag{6.4}$$

Kreisfrequenz und Schwingungsfrequenz haben die Einheit s^{-1}. Zur Unterscheidung wird deshalb für die Schwingungsfrequenz die Einheit Hertz (Hz) eingeführt

1 Hz = 1 Schwingung je Sekunde

Vergleicht man die Kreisfrequenz als Winkelgeschwindigkeit mit der Drehzahl n in min^{-1}, so gilt

$$\omega = \frac{\pi n}{30} \qquad f = \frac{n}{60} \tag{6.5}$$

(vgl. 1.3.3., Kinematik).

Beispiel:

Mit welcher Drehzahl muß ein Generator mit einem Polpaar laufen, damit die Netzfrequenz $f = 50$ Hz erzeugt wird; welcher Kreisfrequenz entspricht dies?

Lösung: Drehzahl $n = 60f$, $n = 3000\ \text{min}^{-1}$, Kreisfrequenz $\omega = 2\pi f$, $\omega = 314\ \text{s}^{-1}$

Für die rechnerische Untersuchung von Schwingungsvorgängen ist oft die komplexe Darstellung von Nutzen. Sie ermöglicht neben einer übersichtlichen Berechnung die anschauliche Darstellung der einzelnen Terme linearer Bewegungsgleichungen und wird deshalb in der Elektrotechnik fast ausschließlich verwendet. Stellt man sich das Kreisdiagramm Bild D 6.2 der Schwingung als eine Figur in der komplexen Zahlenebene vor, so läßt sich der Zeigerspitze von A die komplexe Zahl $\tilde{z}$ zuordnen.

$$\tilde{z} = x + \mathrm{j}y = A \cos(\omega t + \varphi) + \mathrm{j}A \sin(\omega t + \varphi)$$

$$= A[\cos(\omega t + \varphi) + \mathrm{j} \sin(\omega t + \varphi)] \qquad \mathrm{j} = \sqrt{-1} \tag{6.6}$$

Nach der *Euler*schen Formel

$$\cos\alpha + \mathrm{j}\sin\alpha = \mathrm{e}^{\mathrm{j}\alpha} \tag{6.7}$$

(e Basis der natürlichen Logarithmen)

kann man Gl. (6.6) in der einfachen Form

$$\tilde{z} = A\ \mathrm{e}^{\mathrm{j}(\omega t + \varphi)} = A\ \mathrm{e}^{\mathrm{j}\varphi}\ \mathrm{e}^{\mathrm{j}\omega t} \tag{6.8}$$

schreiben. Führt man die komplexe Amplitude

$$\tilde{B} = A\ \mathrm{e}^{\mathrm{j}\varphi}$$

ein, so folgt

$$\tilde{z} = \tilde{B}\ \mathrm{e}^{\mathrm{j}\omega t} \tag{6.9}$$

Die Geschwindigkeit in komplexer Darstellung ist dann

$$\frac{\mathrm{d}\tilde{z}}{\mathrm{d}t} = \dot{\tilde{z}} = \tilde{B}\mathrm{j}\omega\ \mathrm{e}^{\mathrm{j}\omega t}$$

Setzt man in Gl. (6.7)

$$\alpha = \frac{\pi}{2}$$

so folgt

$$\mathrm{j} = \mathrm{e}^{\mathrm{j}\frac{\pi}{2}}$$

Somit wird

$$\dot{\tilde{z}} = \tilde{B}\omega\,\mathrm{e}^{\mathrm{j}\frac{\pi}{2}}\ \mathrm{e}^{\mathrm{j}\omega t} = \tilde{B}\omega\,\mathrm{e}^{\mathrm{j}\left(\omega t + \frac{\pi}{2}\right)} \tag{6.10}$$

Für die Beschleunigung gilt analog

$$\ddot{\tilde{z}} = \tilde{B}\omega^2 \, e^{j(\omega t + \pi)} \tag{6.11}$$

Gegenüber dem Amplitudenvektor eilt somit der Geschwindigkeitsvektor um 90° und der Beschleunigungsvektor um 180° voraus.
Sollen zwei harmonische Schwingungen addiert werden,

$$f(t) = a \sin(\omega_1 t + \alpha) + b \sin(\omega_2 t + \beta) \tag{6.12}$$

so richtet sich das Ergebnis nach dem Verhältnis der Kreisfrequenzen ω_1/ω_2.

1. Fall:

$$\frac{\omega_1}{\omega_2} = 1, \qquad \omega_1 = \omega_2 = \omega$$

Werden zwei harmonische Schwingungen gleicher Frequenz addiert, so ergibt sich wieder eine harmonische Schwingung. Dies kann man leicht aus dem komplexen Zeigerdiagramm Bild D 6.3 ablesen. Beide Komponenten $\underline{a}$ und $\underline{b}$ rotieren mit der Winkelgeschwindigkeit ω, d. h. auch der Summenvektor $\underline{c}$.
Somit gilt

$$a \sin(\omega t + \alpha) + b \sin(\omega t + \beta) = c \sin(\omega t + \gamma) \tag{6.13}$$

Die Anwendung des Additionstheorems und ein Koeffizientenvergleich liefern

$$c \cos \gamma = a \cos \alpha + b \cos \beta$$

$$c \sin \gamma = a \sin \alpha + b \sin \beta$$

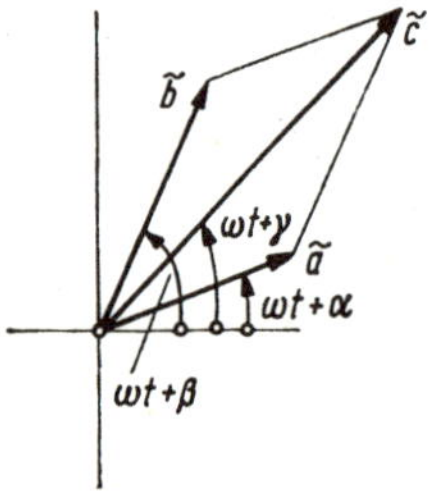

Bild D 6.3

Damit ergibt sich

$$c^2 = a^2 + b^2 + 2ab(\cos \alpha \cos \beta + \sin \alpha \sin \beta) \tag{6.14}$$

$$\tan \gamma = \frac{a \sin \alpha + b \sin \beta}{a \cos \alpha + b \cos \beta}$$

Für den häufig vorkommenden Sonderfall zweier rechtwinklig aufeinanderstehender Komponenten findet man

$$c^2 = a^2 + b^2$$

Für

$$\alpha = \frac{\pi}{2} \qquad \beta = 0$$

gilt:

$$\tan \gamma = \frac{a}{b}$$

für

$$\alpha = 0 \qquad \beta = \frac{\pi}{2}$$

gilt:

$$\tan \gamma = \frac{b}{a} \tag{6.15}$$

Bild D 6.4 zeigt dies in einer Aufnahme am Sichtgerät eines Analogrechners. Man erkennt in der oberen Kurve die Cosinusfunktion, in der mittleren die Sinusfunktion und in der unteren die Summenschwingung als harmonische Schwingung mit einer Phasenverschiebung von 45°, da $a = b$ gesetzt wurde.

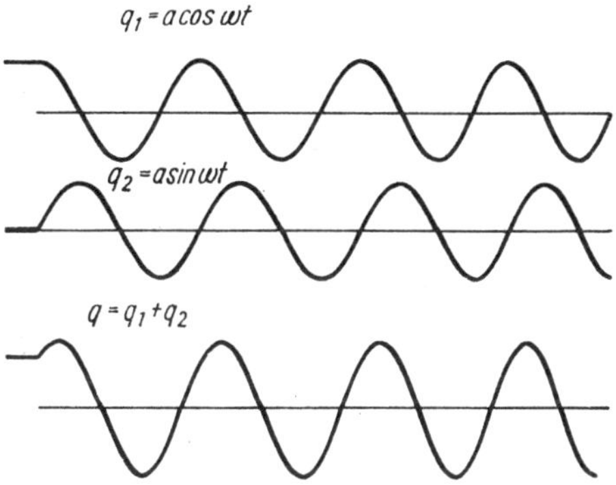

Bild D 6.4

2. Fall:

$$\frac{\omega_1}{\omega_2} = \frac{n}{m} \qquad (n, m \text{ ganze Zahlen})$$

Ist das Frequenzverhältnis zweier harmonischer Schwingungen eine rationale Zahl, so entsteht bei der Addition eine periodische Schwingung.
Es gilt dann

$$\frac{\omega_1}{\omega_2} = \frac{T_2}{T_1} = \frac{n}{m} \qquad mT_2 = nT_1 = T \tag{6.16}$$

wobei T_1 und T_2 die Periodendauer der harmonischen Teilschwingungen und T die Periodendauer der periodischen Summenschwingung bedeutet.
An dem folgenden Beispiel soll dies demonstriert werden.

Beispiel:

Man zeichne mit Hilfe vektorieller Addition die Schwinggrößen-Zeit-Funktion für die Summe

$$q = q_1 + q_2$$

zweier harmonischer Teilschwingungen

$$q_1 = a \sin \omega t$$

$$q_2 = a \sin 2\omega t$$

Lösung:

Aus Bild D 6.5 ist die punktweise Konstruktion für 8 Funktionspunkte zu erkennen. Bild D 6.6 zeigt eine Analogrechneraufnahme von Teilschwingungen und die Summenschwingung für

$$q_1 = a \sin \omega t \qquad q_2 = a \sin 3\omega t$$

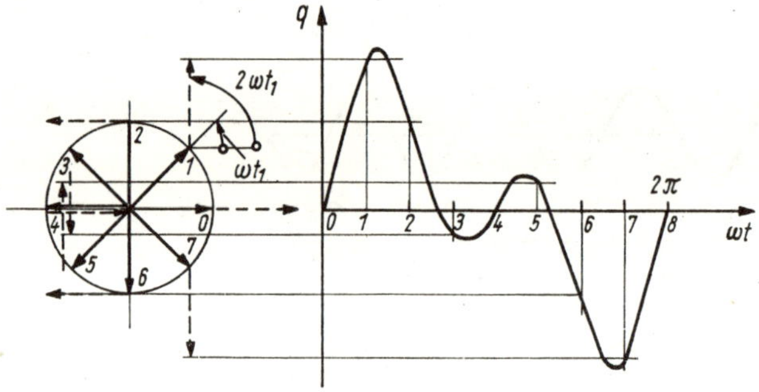

Bild D 6.5

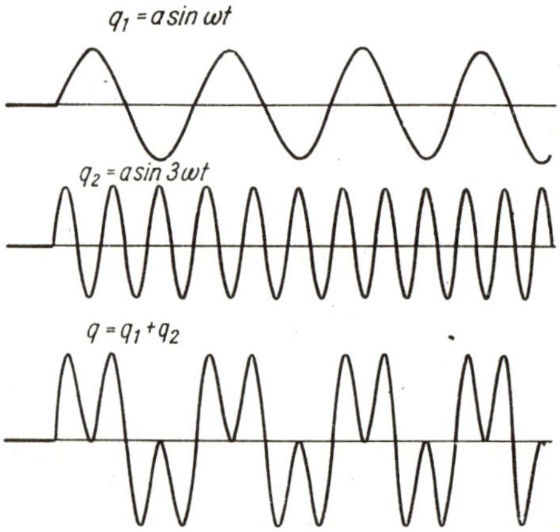

Bild D 6.6

Der Einfluß einer Phasenverschiebung auf das Bild der Summenschwingung wird durch Vergleich der Bilder D 6.6 und D 6.7 deutlich. Bild D 6.7 zeigt die Teilschwingungen und Summenschwingungen für

$$q_1 = a \sin \omega t \qquad q_2 = a \sin \left(3\omega t + \frac{\pi}{4}\right)$$

3. Fall:

$$\frac{\omega_1}{\omega_2} = k \qquad (k \text{ irrationale Zahl})$$

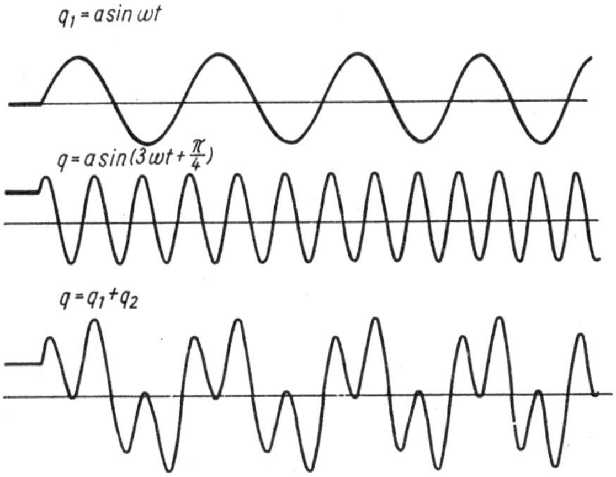

Bild D 6.7

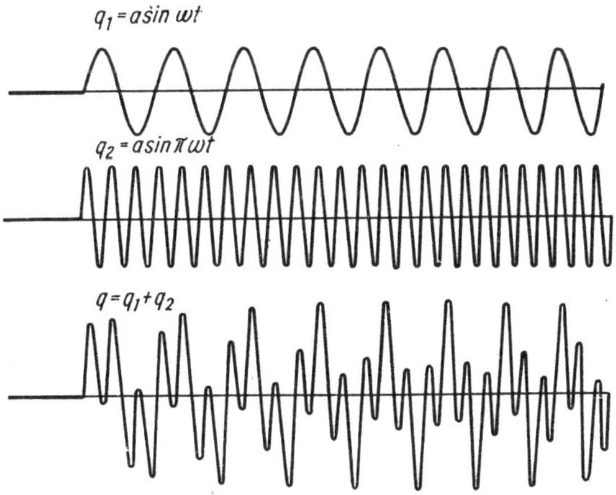

Bild D 6.8

Ist das Frequenzverhältnis zweier harmonischer Schwingungen eine irrationale Zahl, so entsteht bei der Addition eine nichtperiodische Bewegung. Da jede irrationale Zahl jedoch beliebig genau durch ein Verhältnis ganzer Zahlen angenähert werden kann, erscheinen diese Bewegungen *quasiperiodisch*. Die Periodendauer ist jedoch nach Gl. (6.16) dann häufig so groß, daß sich während dieser Zeit die Systemparameter ändern und Schwingungsperioden nicht mehr zu erkennen sind. Derartige Schwingungsbilder können nach Einwirken eines Stoßes auf ein System mit mehrfachem Freiheitsgrad beobachtet werden. Bild D 6.8 zeigt eine Analogrechneraufnahme der Teilschwingungen

$$q_1 = a \sin \omega t \qquad q_2 = a \sin \pi\omega t$$

und der Summenschwingung

$$q = q_1 + q_2$$

4. Fall:

$$\frac{\omega_1}{\omega_2} \approx 1$$

Sind die Frequenzen der beiden zu addierenden Teilschwingungen benachbart, so ergeben sich *Schwebungen*. Schwebungen sind Schwingungserscheinungen, bei denen sich sowohl die Amplitude als auch die Frequenz der *Schwingung* periodisch ändern. An einem einfachen Spezialfall, bei dem die Amplituden der Teilschwingungen gleich groß sind, soll die Amplitudenänderung der Summenschwingung demonstriert werden.

Die Summenschwingung

$$q = q_1 + q_2$$

ist aus den Teilschwingungen

$$q_1 = a \sin \omega_1 t \qquad q_2 = a \sin \omega_2 t \qquad \omega_1 = \omega + \Delta\omega \qquad \omega_2 = \omega$$

$$\Delta\omega \ll \omega$$

zu bilden.

$$q = a \sin \omega_1 t + a \sin \omega_2 t = a(\sin \omega_1 t + \sin \omega_2 t)$$

Es gilt

$$\sin \alpha + \sin \beta = 2 \sin \frac{\alpha + \beta}{2} \cos \frac{\alpha - \beta}{2}$$

Somit

$$q = 2a \cos \frac{\omega_1 - \omega_2}{2}\, t \sin \frac{\omega_1 + \omega_2}{2}\, t$$

$$q = 2a \cos \frac{\Delta\omega}{2}\, t \sin \frac{2\omega + \Delta\omega}{2}\, t \approx 2a \cos \frac{\Delta\omega}{2}\, t \sin \omega t \tag{6.17}$$

Die Summenschwingung hat also eine sich periodisch mit der niedrigen Kreisfrequenz $\frac{\Delta\omega}{2}$, der Schwebungsfrequenz, ändernde Amplitude. Die Schwingungs-Kreisfrequenz ist ω.

Bild D 6.9 zeigt eine Analogrechneraufnahme der Teilschwingungen

$$q_1 = a \sin 5\omega t \qquad q_2 = a \sin 4\omega t$$

und der Summenschwingung

$$q = q_1 + q_2$$

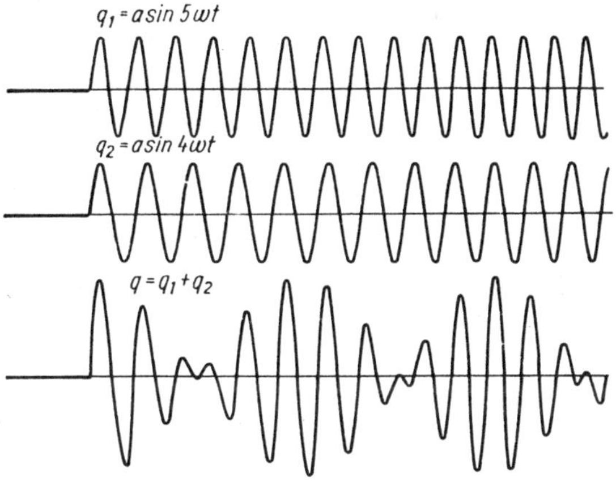

Bild D 6.9

Sind die Amplituden der Teilschwingungen verschieden, ergibt sich auch eine zeitabhängige Frequenz. So findet man für die Summenschwingung

$$q = a_1 \sin(\omega_1 t + \alpha) + a_2 \sin \omega_2 t \tag{6.18}$$

den Ausdruck

$$q = a(t) \sin \Phi(t) \tag{6.19}$$

mit

$$a(t) = \sqrt{a_1^2 + a_2^2 + 2a_1 a_2 \cos[(\omega_1 - \omega_2)\, t + \alpha]} \tag{6.20}$$

und

$$\Phi(t) = \frac{(\omega_1 + \omega_2)\, t + \alpha}{2} + \arctan \frac{a_1 - a_2}{a_1 + a_2} \tan \frac{(\omega_1 - \omega_2)\, t + \alpha}{2} \tag{6.21}$$

Man erkennt daraus, daß sich sowohl die Amplitude als auch die Kreisfrequenz periodisch verändern, wobei diese Änderung wegen $(\omega_1 - \omega_2) \ll (\omega_1 + \omega_2)$ langsam gegenüber den Einzelschwingungen erfolgt. Natürlich geht die Gl. (6.19) für $a_1 = a_2$ und $\alpha = 0$ in Gl. (6.17) über. Bild D 6.10 zeigt eine Analogrechneraufnahme der Teilschwingungen $q_1 = a \sin 5\omega t$, $q_2 = \frac{a}{2} \sin 4\omega t$ und der Summenschwingung $q = q_1 + q_2$. Im Vergleich mit Bild D 6.9 erkennt man deutlich die periodisch veränderliche Kreisfrequenz, die sich in unterschiedlichen Abständen der Nulldurchgänge ausdrückt. Schwebungsdiagramme spielen in der Technik eine große Rolle. So zeigen z. B. viele Torsiogramme an Kolbenmotoren, die bei Drehzahlen zwischen zwei Resonanzstellen aufgenommen werden, Schwebungen.

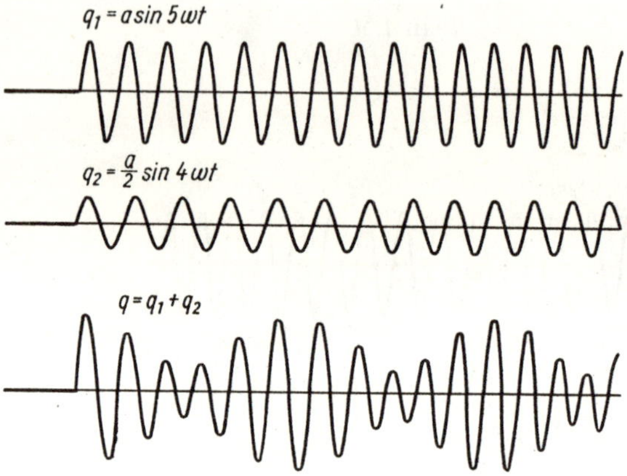

Bild D 6.10

6.1.2. Periodische Zeitfunktionen und ihre Analyse

Eine periodische Schwingung liegt vor, wenn sich die Schwingungsgröße und sämtliche zeitlichen Ableitungen in festen Perioden wiederholen. Harmonische Schwingungen sind ein Spezialfall der periodischen Schwingungen. Bild D 6.11 zeigt eine periodische Schwingung. Die darin eingeführten Abstände werden folgendermaßen bezeichnet:

$q_m = \frac{1}{T} \int\limits_t^{t+T} q \, dt$	zeitlicher Mittelwert über eine Schwingungsperiode (T Periodendauer). Gleichwert
q_1	Gipfelwert
q_2	Talwert
$\xi_1 = q_1 - q_m$	oberer Scheitelwert
$\xi_2 = q_m - q_2$	unterer Scheitelwert
$q_1 - q_2 = \xi_1 + \xi_2$	Schwingungsbreite

Jede periodische Funktion $f(\varphi)$ läßt sich in eine Summe harmonischer Funktionen zerlegen. Dazu dient die *Fourier*-Analyse (auch harmonische Analyse).
Danach gilt

$$f(\varphi) = a_0 + \sum_{k=1}^{\infty} a_k \cos k\varphi + \sum_{k=1}^{\infty} b_k \sin k\varphi \tag{6.22}$$

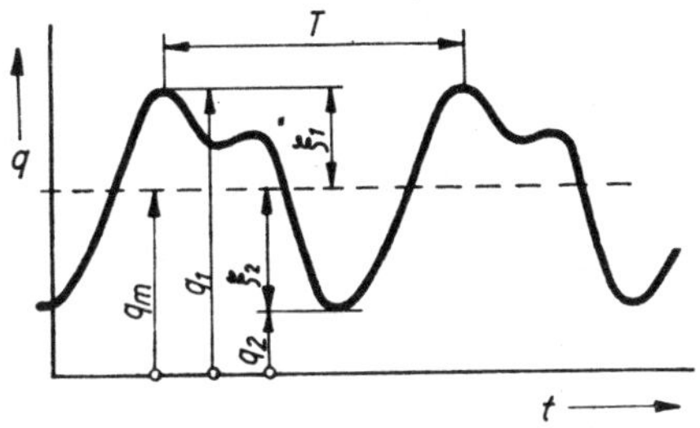

Bild D 6.11

Beachtet man die Gln. (6.15), kann für (6.22) auch geschrieben werden

$$f(\varphi) = c_0 + \sum_{k=1}^{\infty} c_k \sin(k\varphi + \gamma_k) \tag{6.23}$$

mit

$$c_0 = a_0 \qquad c_k^2 = a_k^2 + b_k^2 \qquad \tan \gamma_k = \frac{a_k}{b_k}$$

Die einzelnen Glieder der Gl. (6.23) nennt man die „Harmonischen".
Die Ermittlung der *Fourier*-Koeffizienten a_k und b_k (bzw. c_k, γ_k) richtet sich danach, in welcher Form die Funktion $f(\varphi)$ vorliegt. Man unterscheidet dabei im wesentlichen die analytisch gegebenen Funktionen und die durch Messungen punktweise gegebenen Funktionen.

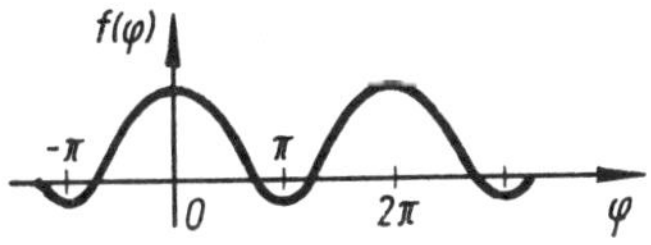

Bild D 6.12

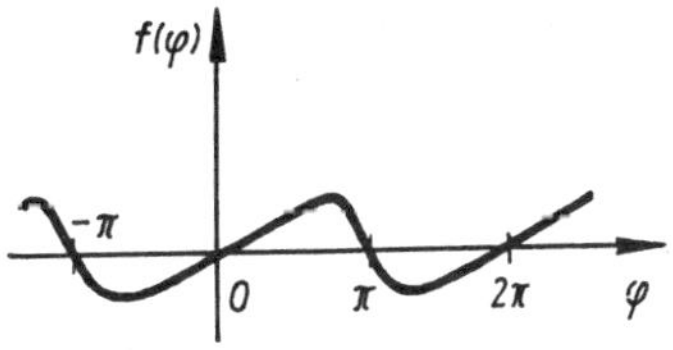

Bild D 6.13

1. Aufgabenstellung

Die Funktion $f(\varphi)$ ist analytisch gegeben. Die *Fourier*-Koeffizienten in Gl. (6.22) berechnen sich nach

$$a_0 = \frac{1}{2\pi} \int_0^{2\pi} f(\varphi)\, d\varphi$$

$$a_k = \frac{1}{\pi} \int_0^{2\pi} f(\varphi) \cos k\varphi\, d\varphi \tag{6.24}$$

$$b_k = \frac{1}{\pi} \int_0^{2\pi} f(\varphi) \sin k\varphi\, d\varphi$$

Nr.	Bild der Funktion	Funktion
1	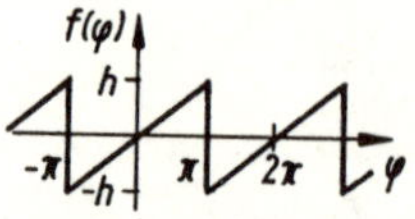	$f(\varphi) = \frac{h}{\pi}\varphi$ $-\pi < \varphi < \pi$
2	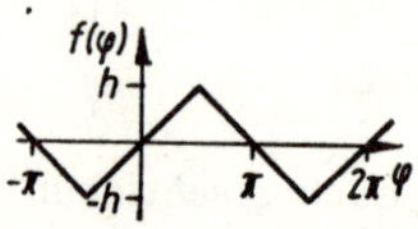	$f(\varphi) = \begin{cases} \frac{2h}{\pi}\varphi; & -\frac{\pi}{2} \leqq \varphi \leqq \frac{\pi}{2} \\ \frac{2h}{\pi}(\pi - \varphi); & \frac{\pi}{2} \leqq \varphi \leqq \frac{3\pi}{2} \end{cases}$
3	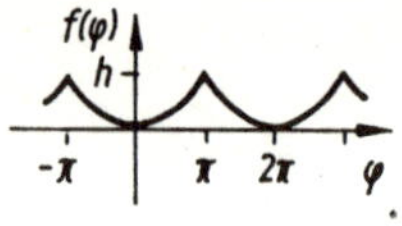	$f(\varphi) = \frac{h}{\pi^2}\varphi^2; \quad -\pi \leqq \varphi \leqq \pi$
4	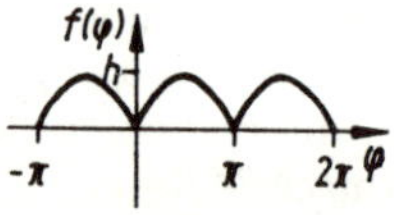	$f(\varphi) = h\,\lvert\sin\varphi\rvert$
5	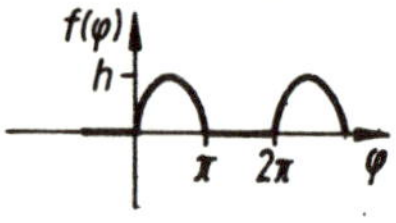	$f(\varphi) = \begin{cases} h\sin\varphi; & 0 \leqq \varphi \leqq \pi \\ 0; & \pi \leqq \varphi \leqq 2\pi \end{cases}$
6	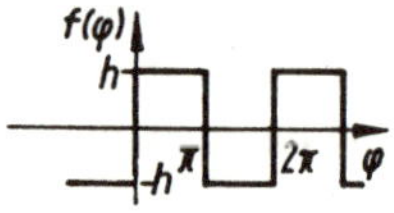	$f(\varphi) = \begin{cases} h; & 0 < \varphi < \pi \\ -h; & \pi < \varphi < 2\pi \end{cases}$
7	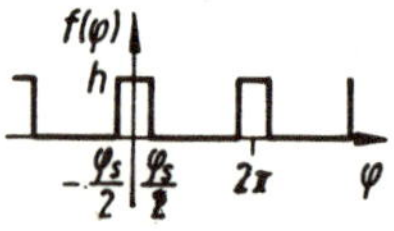	$f(\varphi) = \begin{cases} h; & -\frac{\varphi_2}{2} < \varphi < \frac{\varphi_s}{2} \\ 0; & \frac{\varphi_s}{2} < \varphi < \left(2\pi - \frac{\varphi_s}{2}\right) \end{cases}$
8	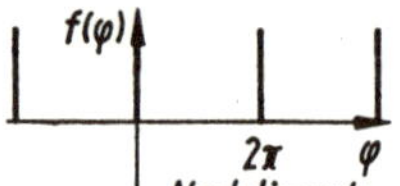 Nadelimpuls	Nr. 7 mit $\varphi_s \to 0$; $h \to \infty$ $h\varphi_s \to J$ (endlicher Wert)

Bild D 6.14

Fourier-Koeffizienten	*Fourier*-Reihe
$a_0 = 0;\ a_k = 0$ $b_k = \pm \frac{2h}{k\pi};\ k = \begin{cases} 1;\ 3;\ 5;\ \ldots \\ 2;\ 4;\ 6;\ \ldots \end{cases}$	$f(\varphi) = \frac{2h}{\pi}\left(\sin\varphi - \frac{1}{2}\sin 2\varphi + \frac{1}{3}\sin 3\varphi - + \cdots\right)$
$a_0 = 0;\ a_k = 0$ $b_2 = b_4 = b_6 = \cdots = 0$ $b_k = \pm \frac{8h}{k^2\pi^2};\ k = \begin{cases} 1;\ 5;\ \ 9;\ \ldots \\ 3;\ 7;\ 11;\ \ldots \end{cases}$	$f(\varphi) = \frac{8h}{\pi^2}\left(\sin\varphi - \frac{1}{3^2}\sin 3\varphi + \frac{1}{5^2}\sin 5\varphi - + \cdots\right)$
$a_0 = \frac{h}{3};\ b_k = 0$ $a_k = \mp \frac{4h}{k^2\pi^2};\ k = \begin{cases} 1;\ 3;\ 5;\ \ldots \\ 2;\ 4;\ 6;\ \ldots \end{cases}$	$f(\varphi) = \frac{h}{3}$ $- \frac{4h}{\pi^2}\left(\cos\varphi - \frac{1}{2^2}\cos 2\varphi + \frac{1}{3^2}\cos 3\varphi - + \cdots\right)$
$b_k = 0;\ a_1 = a_3 = a_5 = \cdots = 0$ $a_0 = \frac{2h}{\pi};\quad a_k = -\frac{4h}{\pi(k^2-1)}$ $k = 2;\ 4;\ 6;\ \ldots$	$f(\varphi) = \frac{4h}{\pi}\left(\frac{1}{2} - \frac{1}{1\cdot 3}\cos 2\varphi\right.$ $\left. - \frac{1}{3\cdot 5}\cos 4\varphi - \frac{1}{5\cdot 7}\cos 6\varphi - \cdots\right)$
$a_1 = a_3 = \cdots = 0;\ a_0 = \frac{h}{\pi}$ $b_k = 0;\ k \neq 1;\ b_1 = \frac{h}{2}$ $a_k = -\frac{2h}{\pi(k^2-1)};\ k = 2;\ 4;\ 6$	$f(\varphi) = \frac{h}{\pi} + \frac{h}{2}\sin\varphi$ $- \frac{2h}{\pi}\left(\frac{1}{1\cdot 3}\cos 2\varphi + \frac{1}{3\cdot 5}\cos 4\varphi + \cdots\right)$
$a_0 = 0;\ a_k = 0$ $b_2 = b_4 = b_6 = \cdots = 0$ $b_k = \frac{4h}{k\pi};\ k = 1;\ 3;\ 5;\ \ldots$	$f(\varphi) = \frac{4h}{\pi}\left(\sin\varphi + \frac{1}{3}\sin 3\varphi + \frac{1}{5}\sin 5\varphi + \cdots\right)$
$a_0 = \frac{h\varphi_s}{2\pi};\ b_k = 0$ $a_k = \frac{2h}{k\pi}\sin k\,\frac{\varphi_s}{2}$	$f(\varphi) = \frac{h\varphi_s}{2\pi} + \frac{2h}{\pi}\left(\sin\frac{\varphi_s}{2}\cos\varphi + \frac{1}{2}\sin\varphi_s\cos 2\varphi\right.$ $\left. + \frac{1}{3}\sin\frac{3\varphi_s}{2}\cos 3\varphi + \cdots\right)$
$a_0 = \frac{J}{2\pi}$ $a_k = \frac{J}{\pi}$	$f(\varphi) = \frac{J}{2\pi} + \frac{J}{\pi}(\cos\varphi + \cos 2\varphi + \cos 3\varphi + \cdots)$

Nr.	Bild der Funktion	Funktion
9	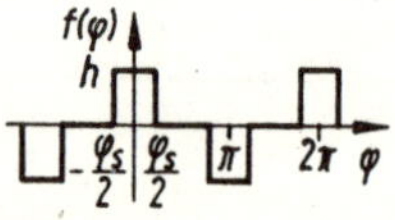	$f(\varphi) = \begin{cases} h; & -\frac{\varphi_s}{2} < \varphi < \frac{\varphi_s}{2} \\ 0; & \frac{\varphi_s}{2} < \varphi < \left(\pi - \frac{\varphi_s}{2}\right) \\ -h; & \left(\pi - \frac{\varphi_s}{2}\right) < \varphi < \left(\pi + \frac{\varphi_s}{2}\right) \\ 0; & \left(\pi + \frac{\varphi_s}{2}\right) < \varphi < \left(2\pi - \frac{\varphi_s}{2}\right) \end{cases}$

Bild D 6.14

Bei verschiedenen Spezialfällen können Symmetrieeigenschaften zur Vereinfachung herangezogen werden.
So gilt für gerade Funktionen (Bild D 6.12)

$$f(-\varphi) = f(\varphi)$$

$$b_k = 0 \qquad a_k = 2\,\frac{1}{\pi}\int\limits_0^{\pi} f(\varphi)\cos k\varphi \,\mathrm{d}\varphi \tag{6.25}$$

$$a_0 = \frac{1}{\pi}\int\limits_0^{\pi} f(\varphi)\,\mathrm{d}\varphi$$

und für ungerade Funktionen (Bild D 6.13)

$$f(-\varphi) = -f(\varphi)$$

$$a_0 = 0 \qquad a_k = 0 \tag{6.26}$$

$$b_k = 2\,\frac{1}{\pi}\int\limits_0^{\pi} f(\varphi)\sin k\varphi \,\mathrm{d}\varphi$$

Auf dem Gebiet der mechanischen Schwingungen liegen selten analytisch gegebene Funktionen vor. Sehr häufig lassen sich aber durch Messung gefundene Zeitverläufe durch bekannte Funktionen annähern. Die Tabelle Bild D 6.14 gibt einige häufig vorkommende Reihen dieser Art an. Ihre Konvergenz ist unterschiedlich gut. Bild D 6.15 zeigt eine Analogrechneraufnahme, in der die ersten *Fourier*-Glieder des Beispiels 2 (Bild D 6.14) und die Summenschwingung dargestellt sind.
An den Unstetigkeitsstellen der gegebenen Funktion konvergiert die *Fourier*-Reihe gegen das arithmetische Mittel der benachbarten Werte. *Fourier*-Reihen von unbe-

Fourier-Koeffizient	*Fourier*-Reihe
$a_0 = 0;\ b_k = 0$ $a_2 = a_4 = \cdots = 0$ $a_k = \frac{2h}{k\pi} \sin k\varphi_s;\ k = 1; 3; \ldots$	$f(\varphi) = \frac{2h}{\pi}\left(\sin\varphi_s \cos\varphi + \frac{1}{3}\sin 3\varphi_s \cos 3\varphi + \frac{1}{5}\sin 5\varphi_s \cos 5\varphi + \cdots\right)$

schränkten Funktionen (Nr. 8 in Bild D 6.14) konvergieren nicht. Dennoch können solche Reihenentwicklungen als Erregerfunktionen von Schwingungssystemen verwendet werden, weil die Schwingungsantwort des Systems im allgemeinen endlich ist.

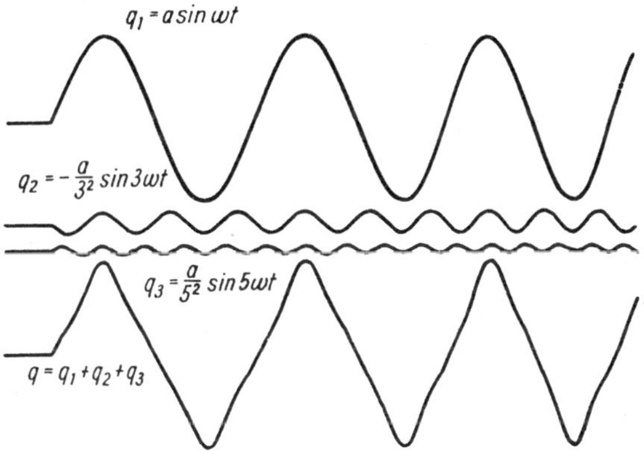

Bild D 6.15

2. Aufgabenstellung

Die Funktion $f(\varphi)$ ist durch eine Anzahl von Funktionswerten punktweise gegeben. Die experimentelle Erfassung periodischer Funktionen spielt eine besondere Rolle bei der Bestimmung von Erregerkräften. So dient zum Beispiel das Indikatordiagramm eines Zylinders zur Ermittlung der Erregung des Torsionsschwingungssystems, das durch die Kurbelwelle mit den Triebwerken, Kupplung, Riemenscheibe usw. gebildet wird. Stehen keine Geräte der digitalen Meßtechnik zur Verfügung, so wird zunächst die Kolbenkraft als Funktion der Zeit mit Hilfe eines Schleifenoszillographen aufgezeichnet. Es muß nun eine punktweise Umrechnung auf die Tangentialkraft am Kurbelzapfen erfolgen, wodurch man das Tangentialkraftdiagramm erhält. Dieses stellt die Erregung auf Grund der Gaskraft eines Triebwerkes dar. (Die Einbeziehung der Massenkräfte erfolgt getrennt analytisch.) Bild D 6.16 zeigt den Tangentialkraftanteil der Gaskraft eines Zylinders. Eine Arbeitsperiode erstreckt sich beim Zweitaktmotor über eine, beim Viertaktmotor über zwei Umdrehungen.

Zur Analysierung derartiger Diagramme wendet man numerische Verfahren an. Dazu wird eine Periode in N gleiche Abschnitte geteilt und die dazugehörigen Ordinatenwerte y_i ausgemessen. Die $\frac{N}{2}$ *Fourier*-Koeffizienten berechnen sich nach

$$\begin{aligned}
a_0 &= \frac{1}{N} \sum_{i=0}^{N-1} y_i \\
a_k &= \frac{2}{N} \sum_{i=0}^{N-1} y_i \cos k\varphi_i \\
a_{N/2} &= \frac{1}{N} \sum_{i=0}^{N-1} (-1)^i\, y_i \qquad (6.27) \\
b_k &= \frac{2}{N} \sum_{i=0}^{N-1} y_i \sin k\varphi_i \\
k &= 1, 2, \ldots, \left(\frac{N}{2} - 1\right), \qquad \varphi_i = 2\pi i/N
\end{aligned}$$

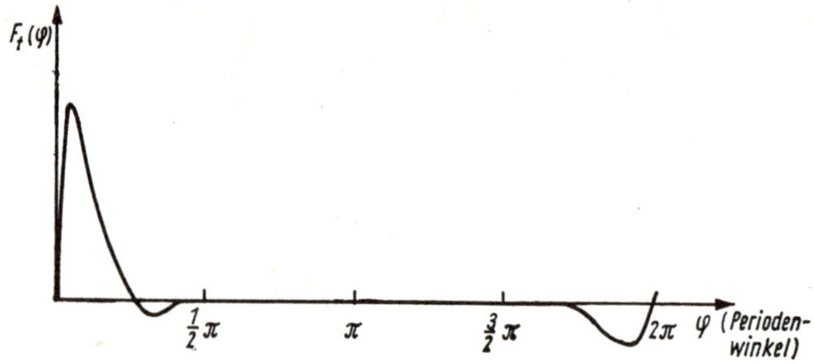

Bild D 6.16

Für die Kontrolle der Ergebnisse kann die Beziehung

$$\begin{aligned}
&2a_0^2 + a_1^2 + a_2^2 + \cdots + a_{(N/2)-1}^2 + 2a_{N/2}^2 \\
&\quad + b_1^2 + b_2^2 + \cdots + b_{(N/2)-1}^2 = \frac{2}{N} \sum_{i=0}^{N-1} y_i^2 \qquad (6.28)
\end{aligned}$$

verwendet werden. Bei der Festlegung der Anzahl N der einzusetzenden Ordinatenwerte ist es vorteilhaft, N als ein Vielfaches von 12 zu wählen. Häufig benutzte Werte sind

$N =$	12	14	36	72
$\Delta\varphi =$	30°	15°	10°	5°

Für die Durchführung der Berechnung der *Fourier*-Koeffizienten nach den Gln. (6.27) stehen Rechenprogramme zur Verfügung, die meist auf dem Verfahren von *Runge* aufbauen. Bei der Festlegung von N ist zu beachten, daß die Genauigkeit der $\left(\frac{N}{2} - 1\right)$ *Fourier*-Koeffizienten mit steigender Ordnung k stark abnimmt. Weiterhin richtet sich N nach dem kleinsten Abstand $\Delta\varphi_z$ zweier benachbarter Extremwerte der Funktion $f(\varphi)$.
Erforderlich ist

$$\Delta\varphi < \Delta\varphi_z$$

Um zu erreichen, daß möglichst die Extremwerte selbst durch die Ordinatenwerte y_i erfaßt werden, kann sich die Festlegung des Nullpunktes nach dem größten Extremwert richten. Setzt man dann

$$\Delta\varphi \leqq \frac{1}{3}\Delta\varphi_z$$

so sind die Ergebnisse verläßlich. Werden diese Überlegungen auf das Tangentialkraftdiagramm Bild D 6.16 angewandt, so findet man $\Delta\varphi_z = 15°$; $\Delta\varphi = 5°$. Das Verfahren von *Runge* müßte mit $N = 72$ Ordinatenwerten durchgeführt werden. Bild D 6.17 zeigt die Abweichung der Amplituden c_k der resultierenden Harmonischen nach Gl. (6.23) über der Ordnung k für ein Tangentialkraftdiagramm, das mit $N = 12$; 24; 36; 48 ausgewertet wurde, gegenüber einer Auswertung mit $N = 72$. Man erkennt daraus, daß die numerische harmonische Analyse nur mit einer der zu analysierenden Funktion entsprechenden Anzahl von Ordinatenwerten sinnvoll ist.

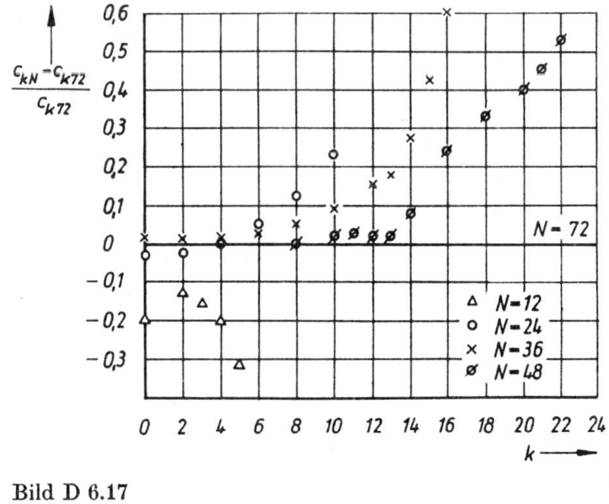

Bild D 6.17

6.1.3. Darstellung im Frequenzbereich

Aus Gl. (6.1) erkennt man, daß eine harmonische Schwingung durch Amplitude und Phase bestimmt sind. Letztere setzt sich aus dem konstanten Nullphasenwinkel und dem zeitabhängigen, von der Kreisfrequenz bestimmten Anteil zusammen. Bei vielen Aufgaben ist der Nullphasenwinkel bedeutungslos, so daß als Bestimmungsstücke die Amplitude und die Kreisfrequenz verbleiben. Trägt man diese Angaben in einem Diagramm auf, so ergeben sich für die einzelnen Verläufe im Zeitbereich entsprechende Angaben im Frequenzbereich. Auf Bild D 6.1 sind sie gegenübergestellt. Man erkennt bei einer periodischen Schwingung das Spektrum der Amplituden, die zu den einzelnen Harmonischen gehören und deren Frequenzen ganzzahlige Verhältnisse bilden. Beim Schwebungsdiagramm treten periodische Schwebungen auf, wenn k und n ganze Zahlen sind. Ist k/n ein irrationales Verhältnis, ist die Schwebung nichtperiodisch. Bei stochastischen Zeitfunktionen (Zufallsschwingungen) tritt an die Stelle der Amplitude die spektrale Leistungsdichte $G(\omega) = \mathrm{d}\bar{q}^2(\omega)/\mathrm{d}\omega$. Hierbei drückt $\bar{q}^2(\omega)$ den quadratischen Mittelwert des zeitabhängigen Signals aus, der alle Frequenzanteile enthält, die eine niedrigere Frequenz als ω haben. Die spektrale Leistungsdichte stellt also den Zuwachs des quadratischen Mittelwertes bei Erhöhung dieser „Grenzfrequenz" von ω auf $\omega + \mathrm{d}\omega$ dar. Im Bild D 6.1 ist die spektrale Leistungsdichte eines breitbandigen Rauschens vorgestellt. Bestimmte Leistungsspektren tragen besondere Bezeichnungen. So spricht man für $G(\omega) =$ konst. von weißem Rauschen und für $G(\omega) \approx 1/\omega$ von rosa Rauschen. Bei einem kontinuierlichen Spektrum erfolgt der Übergang vom Zeit- in den Frequenzbereich mit Hilfe der *Fourier*-Transformation. Darauf soll hier jedoch nicht eingegangen werden.

6.2. Freie Schwingungen von Systemen mit dem Freiheitsgrad 1

6.2.1. Freie Schwingungen ungedämpfter Systeme

Bild D 6.18 zeigt mehrere Schwingungssysteme mit dem Freiheitsgrad 1 und die den Koordinaten entsprechenden Bewegungsgleichungen. Führt man die generalisierte Koordinate q ein, so lassen sich alle Gleichungen auf die Standardform

$$\ddot{q} + \omega^2 q = 0 \tag{6.29}$$

bringen. Zur vollständigen Beschreibung gehören die Anfangsbedingungen. Es soll gesetzt werden:

$$t = 0: q = q_0, \quad \dot{q} = v_0 \tag{6.30}$$

Die Lösung der Dgl. (6.29) kann auf drei verschiedenen Wegen erfolgen.

Nr.	System	Bezeichnung	Art der Rückstellkraft Bewegungsgleichung
I	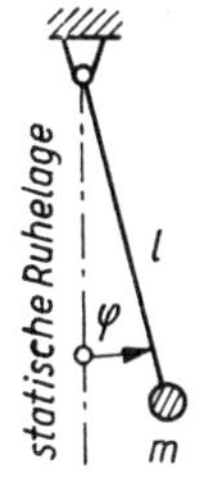	Mathematisches Pendel	Schwerkraftmoment (nur für kleinen Winkel φ linear) $M = -mgl \sin \varphi$ $\ddot{\varphi} + \frac{g}{l}\varphi = 0$
II	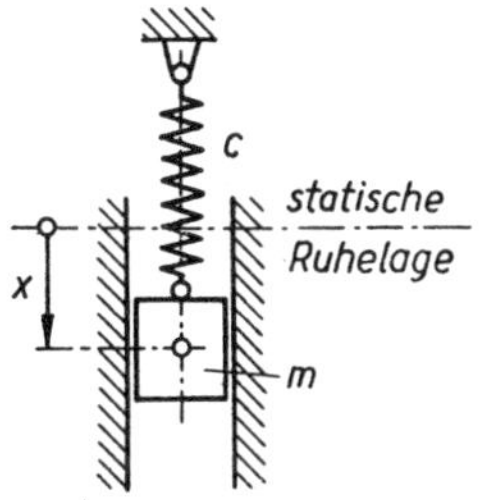	Geführtes Feder-Massesystem	Federkraft $F = -c(x + x_0)$ (x_0 Federverlängerung in der stat. Ruhelage) $\ddot{x} + \frac{c}{m}x = 0$
III	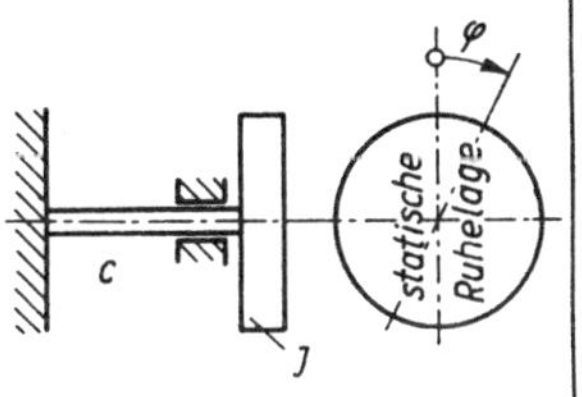	Torsionsschwinger	Federmoment $M = -c\psi$ $\ddot{\varphi} + \frac{c}{J}\varphi = 0$
IV	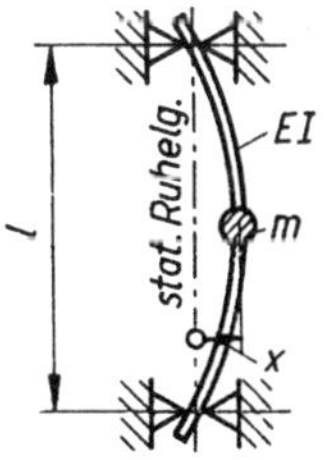	Biegeschwinger	Balkenfederkraft $F = -\frac{1}{\alpha}x$ (α Einflußzahl) $\ddot{x} + \frac{1}{\alpha m}x = 0$

Bild D 6.18

1. Weg: Es soll von der Anschauung ausgegangen werden. Diese sagt, daß die Masse eine Schwingung ausführt, deren einfachstes Gesetz die harmonische Schwingung ist. Da eine Dgl. 2. Ordnung vorliegt, muß der Lösungsansatz zwei Konstanten enthalten, die sich mit Hilfe der Anfangsbedingungen bestimmen lassen. Der Lösungsansatz kann somit lauten

$$q = A \cos(\omega t - \varphi) \tag{6.31}$$

Die Richtigkeit des Ansatzes läßt sich durch Einsetzen von (6.31) in (6.29) überprüfen. Mit

$$\dot{q} = -A\omega \sin(\omega t - \varphi) \qquad \ddot{q} = -A\omega^2 \cos(\omega t - \varphi)$$

ergibt sich

$$-A\omega^2 \cos(\omega t - \varphi) + A\omega^2 \cos(\omega t - \varphi) = 0$$

Der Ansatz erfüllt also die Bewegungsgleichung.
Setzt man die Anfangsbedingungen $t = 0$: $q = q_0$, $\dot{q} = v_0$ in Gl. (6.31) ein, so folgt

$$q_0 = A \cos\varphi \qquad v_0 = A\omega \sin\varphi$$

und daraus durch Quadrieren und Addieren beider Beziehungen:

$$\left(\frac{q_0}{A}\right)^2 + \left(\frac{v_0}{A\omega}\right)^2 = 1 \qquad A = \sqrt{q_0^2 + \left(\frac{v_0}{\omega}\right)^2} \tag{6.32}$$

$$\tan\varphi = \frac{v_0}{q_0\omega}$$

Somit lautet die gesuchte Lösung

$$q = \sqrt{q_0^2 + \left(\frac{v_0}{\omega}\right)^2} \cos\left(\omega t - \arctan\frac{v_0}{q_0\omega}\right) \tag{6.33}$$

Zerlegt man diese harmonische Schwingung in eine Summe zweier harmonischer Teilschwingungen [vgl. Gl. (6.15)], so ergibt sich

$$q = q_0 \cos\omega t + \frac{v_0}{\omega} \sin\omega t \tag{6.34}$$

Die Diskussion dieser Lösung soll im Anschluß an die Darstellung der drei Lösungswege erfolgen.

2. Weg: Es soll das in der Mathematik allgemein zur Lösung linearer Dgln. n-ter Ordnung mit konstanten Koeffizienten übliche Verfahren benutzt werden. Man geht dabei von dem Ansatz aus

$$q = a\,e^{pt} \tag{6.35}$$

Somit

$$\dot{q} = pa\,e^{pt} \tag{6.36}$$

$$\ddot{q} = p^2 a\,e^{pt}$$

Setzt man die Gln. (6.35) und (6.36) in Dgl. (6.29) ein, so ergibt sich die charakteristische Gleichung

$$p^2 + \omega^2 = 0 \tag{6.37}$$

mit der Lösung

$$p_1 = +\mathrm{j}\omega \qquad p_2 = -\mathrm{j}\omega$$

Es gilt

$$\mathrm{j} = \sqrt{-1}$$

Da die Dgl. (6.29) linear ist, läßt sich die Gesamtlösung aus dem Fundamentalsystem unter Hinzufügung von Konstanten, die die Anfangsbedingungen befriedigen müssen, zusammensetzen.
Somit

$$q = a_1\,\mathrm{e}^{\mathrm{j}\omega t} + a_2\,\mathrm{e}^{-\mathrm{j}\omega t} \tag{6.38}$$

$$\dot{q} = \mathrm{j}\omega(a_1\,\mathrm{e}^{\mathrm{j}\omega t} - a_2\,\mathrm{e}^{-\mathrm{j}\omega t})$$

Die Berechnung der Konstanten liefert

$$t = 0 \qquad q = q_0\colon \quad q_0 = a_1 + a_2$$

$$\dot{q} = v_0\colon \quad v_0 = \mathrm{j}\omega(a_1 - a_2)$$

und daraus

$$a_1 = \frac{1}{2}\left(q_0 - \mathrm{j}\,\frac{v_0}{\omega}\right) \qquad a_2 = \frac{1}{2}\left(q_0 + \mathrm{j}\,\frac{v_0}{\omega}\right) \tag{6.39}$$

Setzt man die Gln. (6.39) in Gl. (6.38) ein, so folgt

$$q = q_0\,\frac{\mathrm{e}^{\mathrm{j}\omega t} + \mathrm{e}^{-\mathrm{j}\omega t}}{2} - \frac{v_0}{\omega}\,\frac{\mathrm{j}(\mathrm{e}^{\mathrm{j}\omega t} - \mathrm{e}^{-\mathrm{j}\omega t})}{2}$$

Nach der *Euler*schen Formel gilt

$$\frac{\mathrm{e}^{\mathrm{j}\omega t} + \mathrm{e}^{-\mathrm{j}\omega t}}{2} = \cos\omega t \qquad \mathrm{j}\,\frac{\mathrm{e}^{\mathrm{j}\omega t} - \mathrm{e}^{-\mathrm{j}\omega t}}{2} = -\sin\omega t \tag{6.40}$$

Es ergibt sich wiederum Gl. (6.34)

$$q = q_0\cos\omega t + \frac{v_0}{\omega}\sin\omega t$$

3. Weg: Die beiden bisher behandelten Integrationsverfahren waren nur auf lineare Dgln. anwendbar. Es soll jetzt ein Verfahren vorgestellt werden, das auch bei gewissen nichtlinearen Bewegungsgleichungen zum Ziele führt. Die Integration wird dabei schrittweise durchgeführt. Zerlegt man das Beschleunigungsglied in die Form

$$\ddot{q} = \frac{d\dot{q}}{dt} = \frac{d\dot{q}}{dq}\frac{dq}{dt} = \frac{d\dot{q}}{dq}\dot{q} \tag{6.41}$$

so ergibt sich aus Dgl. (6.29)

$$\frac{d\dot{q}}{dq} + \omega^2 \frac{q}{\dot{q}} = 0 \tag{6.42}$$

Dgl. (6.42) läßt sich durch Trennung der Veränderlichen leicht integrieren.

$$\frac{\dot{q}^2}{2} + \omega^2 \frac{q^2}{2} = C \tag{6.43}$$

Diese Gleichung hätte man mit Hilfe des Energiesatzes sofort hinschreiben können. Setzt man nämlich $q = x$; $\omega^2 = \frac{c}{m}$, folgt aus Gl. (6.43) der Energiesatz

$$\frac{mv^2}{2} + \frac{cx^2}{2} = C^* \tag{6.44}$$

für das einfache Feder-Masse-System.
Der erste Integrationsschritt führt damit zu einer Funktion $\dot{q} = f(q)$, die als Phasenkurve bezeichnet wird.
Für die allgemeinen Anfangsbedingungen $t = 0$: $q = q_0$, $\dot{q} = v_0$ folgt aus Gl. (6.43)

$$\frac{v_0^2}{2} + \omega^2 \frac{q_0^2}{2} = C$$

$$\dot{q} = \frac{dq}{dt} = \sqrt{v_0^2 + \omega^2(q_0^2 - q^2)} \tag{6.45}$$

Der zweite Integrationsschritt führt nun zur Zeitfunktion $q = q(t)$. Führt man als zweite Integrationskonstante den Nullphasenwinkel ein, folgt aus Gl. (6.45)

$$\omega t - \varphi = \int \frac{dq}{\sqrt{\left(\frac{v_0}{\omega}\right)^2 + (q_0^2 - q^2)}} \tag{6.46}$$

$$\omega t - \varphi = -\arccos \frac{q}{\sqrt{q_0^2 + \left(\frac{v_0}{\omega}\right)^2}}$$

Die Anfangsbedingung $t = 0$, $q = q_0$ liefert

$$\cos \varphi = \frac{q_0}{\sqrt{q_0^2 + \left(\frac{v_0}{\omega}\right)^2}}$$

Daraus folgt

$$\tan \varphi = \frac{v_0}{q_0 \omega}$$

Somit

$$q = \sqrt{q_0^2 + \left(\frac{v_0}{\omega}\right)^2} \cos (\omega t - \varphi) \tag{6.47}$$

Dies entspricht aber der bereits gefundenen Lösung (6.34). Die auf verschiedenen Wegen gefundene Lösung in den Formen Gln. (6.33) und (6.34) soll nun diskutiert werden.

Aus Gl. (6.33) erkennt man, daß eine harmonische Schwingung mit der Kreisfrequenz ω vorliegt. Diese Kreisfrequenz ist nur abhängig von den Parametern des Systems und nicht von den Anfangsbedingungen. Sie läßt sich unmittelbar aus der Bewegungsgleichung ablesen. Mit der Kreisfrequenz ist nach Gl. (6.4) auch die Periodendauer gegeben. Diese Aussagen gelten jedoch nur für lineare dämpfungsfreie Systeme. Aus Gl. (6.34) ist zu erkennen, daß sich die harmonische Bewegung bei vorgegebenem Anfangsausschlag und vorgegebener Anfangsgeschwindigkeit aus zwei harmonischen Komponenten gleicher Frequenz zusammensetzt, deren Amplitude von den Anfangsbedingungen bestimmt wird. Es soll jedoch darauf hingewiesen werden, daß nur bei ungedämpften Schwingungen der Anfangsausschlag allein den Cosinusanteil und die Anfangsgeschwindigkeit den Sinusanteil bestimmen.

6.2.2. Freie Schwingungen gedämpfter Systeme

Alle realen Systeme enthalten Bewegungswiderstände. Diese können durch verschiedene Ansätze (vgl. 1.1.2.3.), die meist geschwindigkeitsabhängig sind, berücksichtigt werden. In der Schwingungslehre werden die Bewegungswiderstände als Dämpfungskräfte bezeichnet. Um auf eine lineare Bewegungsgleichung zu kommen, wird am häufigsten ein geschwindigkeitsproportionaler Ansatz gewählt. Bezeichnet man den Proportionalitätsfaktor mit b, so ergibt sich für das System Bild D 6.19

$$m\ddot{x} + b\dot{x} + cx = 0 \tag{6.48}$$

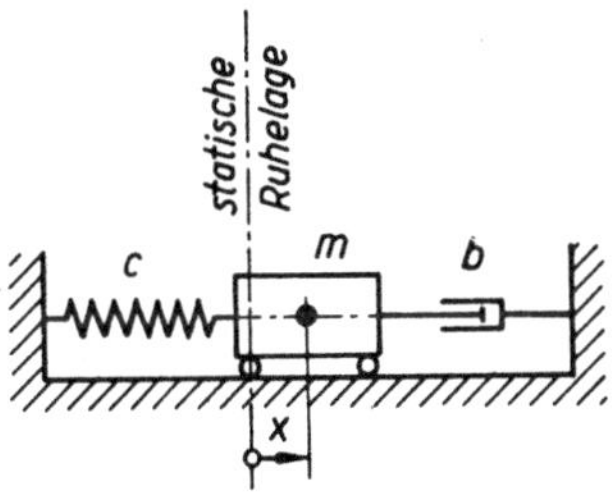

Bild D 6.19

Es wird nun eingeführt

$\omega_0^2 = \frac{c}{m}$ ω_0 Eigenkreisfrequenz des ungedämpften Systems s^{-1}

$2\delta = \frac{b}{m}$ δ Abklingkonstante s^{-1}

Die Bezeichnung wird aus dem folgenden deutlich. Damit gilt

$$\ddot{x} + 2\delta\dot{x} + \omega_0^2 x = 0 \tag{6.49}$$

oder allgemein in generalisierter Koordinate

$$\ddot{q} + 2\delta\dot{q} + \omega_0^2 q = 0 \tag{6.50}$$

Anfangsbedingungen:

$$t = 0: \quad q = q_0 \quad \dot{q} = v_0$$

Bei der Lösung der ungedämpften linearen Schwingungsgleichung waren drei Wege vorgestellt worden. Für die Gl. (6.50) ist der erste Weg, der einen Lösungsansatz gemäß der Anschauung vorsah, nicht geeignet, da der entstehende Abklingvorgang schlecht analytisch eingestuft werden kann.
Der zweite Weg benutzte das allgemein in der Mathematik zur Lösung linearer Dgln. n-ter Ordnung angewendete Verfahren und wird natürlich auch hier zum Ziele führen. Der Energiesatz, der dem dritten Weg zugrunde liegt, ist nicht unmittelbar anwendbar, weil es sich auf Grund der Dämpfung nicht mehr um ein reines Pendeln zwischen potentieller und kinetischer Energie handelt, sondern ständig mechanische Schwingungsenergie in Wärme umgewandelt wird.
Es wird von dem Ansatz

$$q = a\, e^{pt} \tag{6.51}$$

ausgegangen. Setzt man ihn in die Dgl. (6.50) ein, erhält man die charakteristische Gleichung

$$p^2 + 2\delta p + \omega_0^2 = 0 \tag{6.52}$$

mit den Wurzeln

$$p_1 = -\delta + \sqrt{\delta^2 - \omega_0^2} \tag{6.53}$$

$$p_2 = -\delta - \sqrt{\delta^2 - \omega_0^2}$$

Führt man als Integrationskonstanten a_1 und a_2 ein, so lautet damit die Lösung der Dgl. (6.50)

$$q = a_1\, e^{p_1 t} + a_2\, e^{p_2 t} \tag{6.54}$$

$$\dot{q} = p_1 a_1\, e^{p_1 t} + p_2 a_2\, e^{p_2 t}$$

oder nach Einsetzen von Gl. (6.53) in Gl. (6.54)

$$q = e^{-\delta t}\left[a_1\, e^{\sqrt{\delta^2-\omega_0^2}\,t} + a_2\, e^{-\sqrt{\delta^2-\omega_0^2}\,t}\right] \tag{6.55}$$

Die Lösung setzt sich aus zwei Faktoren zusammen. Der erste Faktor $e^{-\delta t}$ geht mit wachsender Zeit t ständig gegen Null, er bestimmt also das Abklingen der durch die Anfangsbedingungen ausgelenkten Schwinggröße. Man bezeichnet deshalb δ als Abklingkonstante. Der Klammerausdruck gibt die Form der Bewegung an. Man erkennt sofort, daß diese wesentlich davon beeinflußt wird, ob der Wurzelausdruck $\sqrt{\delta^2 - \omega_0^2}$ reelle oder komplexe Lösungen hat. Da er dimensionsbehaftet ist, führt man das *Lehr*sche Dämpfungsmaß oder kurz die Dämpfung

$$\vartheta = \frac{\delta}{\omega_0} = \frac{b}{2m\omega_0} = \frac{b}{2\sqrt{mc}} \tag{6.56}$$

ein. Es sei darauf hingewiesen, daß die Dämpfung natürlich nicht als Kennzeichen des Dämpferelementes verwendet werden kann, sondern von den Parametern des ganzen Systems abhängt. Wird sie experimentell an einem System bestimmt, ist die Kenntnis der anderen Systemparameter (m, c) erforderlich, um den das Dämpfungselement charakterisierenden Dämpfungswiderstand b angeben zu können. Mit Gl. (6.56) gilt

$$\sqrt{\delta^2 - \omega_0^2} = \omega_0 \sqrt{\vartheta^2 - 1} \tag{6.57}$$

Die Form der Bewegung wird demnach bestimmt durch die drei Fälle:

$$\begin{aligned} &\vartheta > 1 && \text{starke Dämpfung} \\ &\vartheta = 1 && \text{Grenzfall, kritische Dämpfung} \\ &\vartheta < 1 && \text{schwache Dämpfung} \end{aligned} \tag{6.58}$$

Sie sollen dann einzeln untersucht werden.
Die Integrationskonstanten folgen aus den Anfangsbedingungen

$$\begin{aligned} t = 0{:}\quad q = q_0 \quad &\text{ergibt} \quad q_0 = a_1 + a_2 \\ t = 0{:}\quad \dot{q} = v_0 \quad &\text{ergibt} \quad v_0 = p_1 a_1 + p_2 a_2 \end{aligned} \tag{6.59}$$

Daraus findet man

$$a_1 = \frac{v_0 - p_2 p_0}{p_1 - p_2} \qquad a_2 = \frac{p_1 q_0 - v_0}{p_1 - p_2} \tag{6.60}$$

Für *starke Dämpfung* $\vartheta > 1$ gilt

$$\sqrt{\delta^2 - \omega_0^2} = \mu \qquad p_1 = -\delta + \mu \qquad p_2 = -\delta - \mu \tag{6.61}$$

Setzt man die Gln. (6.61) und (6.60) in Gl. (6.55) ein, so folgt

$$q = e^{-\delta t}\left[q_0 \frac{e^{\mu t} + e^{-\mu t}}{2} + \frac{v_0 + q_0\delta}{\mu}\, \frac{e^{\mu t} - e^{-\mu t}}{2}\right] \tag{6.62}$$

Berücksichtigt man noch den Zusammenhang zwischen den Exponentialfunktionen und den hyperbolischen Funktionen, so gilt

$$q = e^{-\delta t}\left[q_0 \cosh \mu t + \frac{v_0 + q_0 \delta}{\mu} \sinh \mu t\right] \tag{6.63}$$

Da die hyperbolischen Funktionen nicht periodisch sind, liegt für $\vartheta > 1$ keine Schwingung, sondern ein Kriechvorgang vor. Weiterhin kann man im Vergleich mit Gl. (6.34) feststellen, daß die beiden Teilbewegungen nicht einer Anfangsbedingung allein zugeordnet werden können. Zur Darstellung des Verlaufs der Schwinggröße eignet sich eine dimensionslose Schreibweise besser. Es wird deshalb eingeführt

$$\bar{q} = \frac{q}{q_0} \qquad \tau = \omega_0 t \qquad \mu = \omega_0 \sqrt{\vartheta^2 - 1} \qquad \vartheta = \frac{\delta}{\omega_0} \tag{6.64}$$

$$\bar{v}_0 = \frac{v_0}{q_0 \omega_0}$$

Somit ergibt sich aus Gl. (6.63)

$$\bar{q} = e^{-\vartheta\tau}\left[\cosh\left(\sqrt{\vartheta^2 - 1}\,\tau\right) + \frac{\bar{v}_0 + \vartheta}{\sqrt{\vartheta^2 - 1}} \sinh\left(\sqrt{\vartheta^2 - 1}\,\tau\right)\right] \tag{6.65}$$

Bild D 6.20 zeigt den Abklingvorgang für die Dämpfung $\vartheta = 1{,}5$ bei verschiedenen Anfangsbedingungen. Man erkennt daraus, daß nur bei negativer Anfangsgeschwindigkeit ein Überschwingen über die statische Ruhelage erfolgen kann. Die Richtung der Anfangsgeschwindigkeit muß dabei entgegen der Richtung des Anfangsausschlages sein.

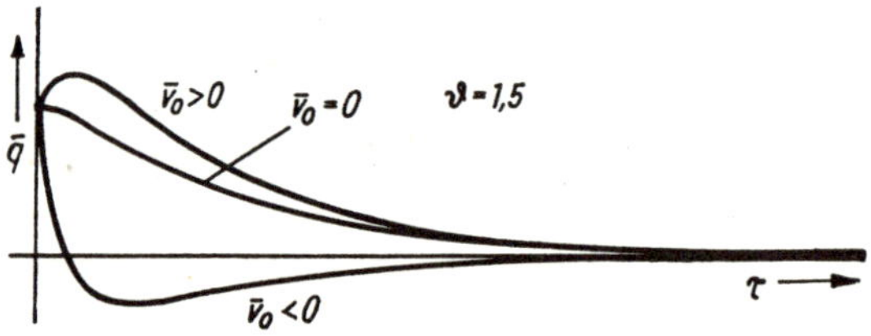

Bild D 6.20

Technisch hat der Fall der starken Dämpfung nur geringe Bedeutung, was erst recht für den Grenzfall $\vartheta = 1$ zutrifft.

Der *Grenzfall* $\vartheta = 1$ soll nur der Vollständigkeit halber mit erwähnt werden. Es gilt

$$\delta^2 = \omega_0^2 \qquad p_1 = p_2 = -\delta$$

Für derartige Doppelwurzeln nimmt die Lösung die Gestalt

$$q = e^{-\delta t}(a_1^* + a_2^* t) \tag{6.66}$$

an.

Unter Berücksichtigung der Anfangsbedingungen $t = 0$: $q = q_0$, $\dot{q} = v_0$ folgt:

$$q = e^{-\delta t}[q_0 + (v_0 + \delta q_0)\, t] \tag{6.67}$$

Auch diese Beziehung stellt einen Kriechvorgang dar.
Die größte Bedeutung hat die *schwache Dämpfung* $\vartheta < 1$. Für sie gilt

$$\sqrt{\delta^2 - \omega_0^2} = j\omega \qquad \omega = \sqrt{\omega_0^2 - \delta^2} = \omega_0 \sqrt{1 - \vartheta^2} \tag{6.68}$$

und somit

$$p_1 = -\delta + j\omega \tag{6.69}$$

$$p_2 = -\delta - j\omega$$

Für die Integrationskonstanten Gl. (6.60) folgt damit

$$a_1 = \frac{v_0 + q_0(\delta + j\omega)}{2j\omega} \qquad a_1 = \frac{q_0}{2} - j\,\frac{(v_0 + q_0\,\delta)}{2\omega} \tag{6.70}$$

$$a_2 = \frac{q_0(j\omega - \delta) - v_0}{2j\omega} \qquad a_2 = \frac{q_0}{2} + j\,\frac{(v_0 + q_0\,\delta)}{2\omega}$$

Setzt man die Gln. (6.69) und Gl. (6.70) in Gl. (6.55) ein, so ergibt sich

$$q = e^{-\delta t}\left[q_0\,\frac{e^{j\omega t} + e^{-j\omega t}}{2} - \frac{(v_0 + q_0\,\delta)}{\omega}\, j\, \frac{e^{j\omega t} - e^{-j\omega t}}{2}\right]$$

oder nach Einführen der trigonometrischen Funktionen

$$q = e^{-\delta t}\left[q_0 \cos \omega t + \frac{v_0 + q_0\,\delta}{\omega} \sin \omega t\right] \tag{6.71}$$

Führt man wieder die dimensionslosen Größen

$$\bar{q} = \frac{q}{q_0} \qquad \tau = \omega_0 t \qquad \bar{v}_0 = \frac{v_0}{q_0 \omega_0}$$

ein, ergibt sich

$$\bar{q} = e^{-\vartheta\tau}\left[\cos\left(\sqrt{1 - \omega^2}\,\tau\right) + \frac{\vartheta}{\sqrt{1 - \vartheta^2}} \sin\left(\sqrt{1 - \vartheta^2}\,\tau\right) + \bar{v}_0\,\frac{1}{\sqrt{1 - \vartheta^2}} \sin\left(\sqrt{1 - \vartheta^2}\tau\right)\right] \tag{6.72}$$

Gl. (6.71) kann man auch durch Zusammenfassen der beiden harmonischen Funktionen gleicher Kreisfrequenz in der folgenden Form schreiben:

$$q = e^{-\delta t} Q \cos(\omega t - \alpha) \tag{6.73}$$

Darin bedeuten

$$Q = \sqrt{q_0^2 + \left(\frac{v_0 + q_0\,\delta}{\omega}\right)^2} \qquad \alpha = \arctan\left(\frac{\delta}{\omega} + \frac{v_0}{q_0\omega}\right)$$

Bild 6.21 zeigt den Ausschwingvorgang für verschiedene Dämpfungen mit $v_0 = 0$. In Maschinensystemen wirken häufig nur geringe Dämpfungen, so daß meist $\vartheta < 0{,}2$ vorliegt. Die in Gl. (6.68) dargestellte Abhängigkeit der Schwingfrequenz von der Dämpfung $\omega = \omega_0\sqrt{1 - \vartheta^2}$ kann deshalb häufig vernachlässigt werden. Sehr anschaulich wird dies in dem Diagramm $\frac{\omega}{\omega_0} = f(\vartheta)$ Bild D 6.22, das ein Kreissegment darstellt. Die Periodendauer des gedämpften Schwingers

$$T = \frac{2\pi}{\omega} = \frac{2\pi}{\omega_0\sqrt{1 - \vartheta^2}} \tag{6.74}$$

weicht somit in den meisten Fällen nur unwesentlich von der des ungedämpften Systems ab.

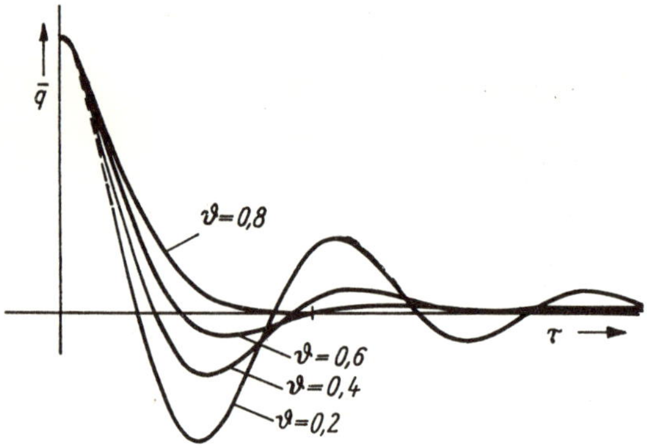

Bild D 6.21

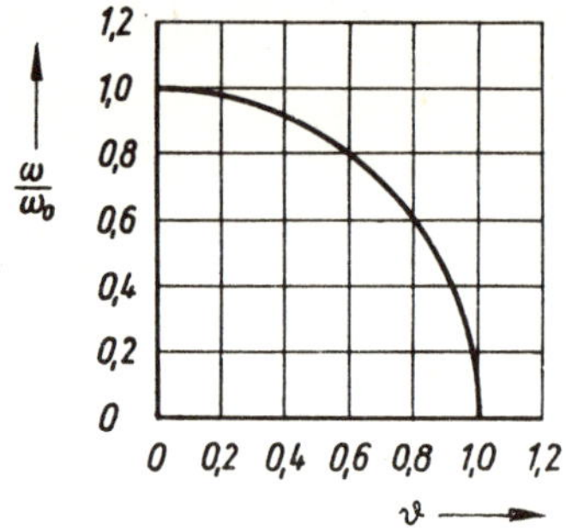

Bild D 6.22

6.2.3. Ermittlung von Systemparametern aus den freien Schwingungen

Sehr häufig besteht die Aufgabe, die Systemparameter Masse, Federkonstante, Dämpfungskonstante experimentell zu bestimmen. Dabei ist die Bestimmung der Massenkennwerte oft einfach. Federkonstante c und Dämpfungskonstante b lassen sich nun experimentell folgendermaßen bestimmen.

Man geht von den Umkehrpunkten der Ausschwingkurve Bild D 6.23 aus. Es sei darauf hingewiesen, daß diese nicht auf der Hüllkurve liegen. Der Scheitelwert q_k trete zur Zeit t_k auf.

Es gilt nach Gl. (6.73)

$$q_k = e^{-\delta t_k} Q \cos(\omega t_k - \alpha) \tag{6.75}$$

Der benachbarte Scheitelwert q_{k+2} tritt dann zur Zeit

$$t_{k+2} = t_k + T = t_k + \frac{2\pi}{\omega}$$

auf. Für ihn gilt

$$q_{k+2} = e^{-\delta\left(t_k + \frac{2\pi}{\omega}\right)} Q \cos(\omega t_k + 2\pi - \alpha) \tag{6.76}$$

Das Verhältnis beider Scheitelwerte ergibt (Bild D 6.23)

$$\frac{q_k}{q_{k+2}} = e^{\delta\frac{2\pi}{\omega}} \tag{6.77}$$

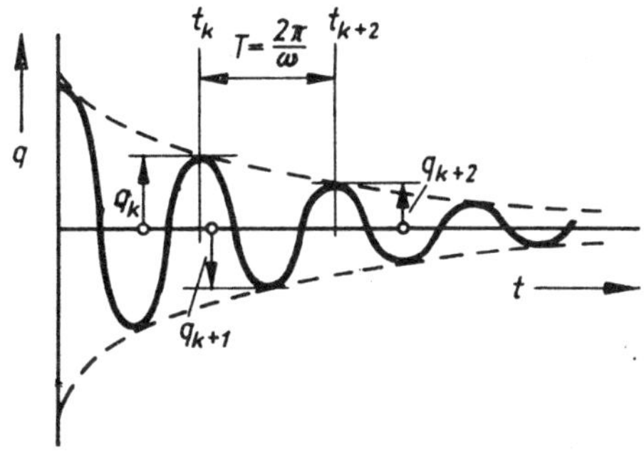

Bild D 6.23

Es ist unabhängig von t_k. Man kann somit daraus den Dämpfungswert δ bestimmen.

$$2\pi\frac{\delta}{\omega} = \ln\left(\frac{q_k}{q_{k+2}}\right)$$

Der Logarithmus des Verhältnisses wird als logarithmisches Dekrement Λ bezeichnet. Es gilt

$$\Lambda = \ln\left(\frac{q_k}{q_{k+2}}\right) = 2\ln\left|\frac{q_k}{q_{k+1}}\right| \tag{6.78}$$

Mit

$$\frac{\delta}{\omega_0} = \vartheta, \qquad \omega = \omega_0\sqrt{1-\vartheta^2}$$

ergibt sich

$$\Lambda = 2\pi\frac{\vartheta}{\sqrt{1-\vartheta^2}} \qquad \vartheta = \frac{\Lambda}{\sqrt{4\pi^2+\Lambda^2}} \tag{6.79}$$

oder bei kleiner Dämpfung $\Lambda = 2\pi\vartheta$.

Man kann aus der Ausschwingkurve zunächst erkennen, ob eine geschwindigkeitsproportionale Dämpfung vorliegt. Es ist dann das Verhältnis zweier aufeinander-

folgender Extremwerte konstant über den ganzen Ausschwingvorgang. Zum anderen kann das *Lehr*sche Dämpfungsmaß des Systems ϑ unmittelbar angegeben werden. Als nächstes folgt die Bestimmung des Federwertes. Dazu wird die Periodendauer T gemessen.
Nach Gl. (6.74) gilt

$$T = \frac{2\pi}{\omega} = \frac{2\pi}{\omega_0 \sqrt{1 - \vartheta^2}} \qquad \omega_0 = \sqrt{\frac{c}{m}}$$

Bei bekannter Masse m ergibt sich damit die Federkonstante zu

$$c = \frac{4\pi^2 m}{T^2(1 - \vartheta^2)} = \frac{m}{T^2}(4\pi^2 + \Lambda^2) \tag{6.80}$$

Für die Berechnung der Dämpfungskonstanten gilt $b = 2m\vartheta\omega_0$. Setzt man die Gln. (6.79) und (6.74) ein, so folgt

$$b = \frac{2m\Lambda}{T} \tag{6.81}$$

6.2.4. Beispiele zu den freien Schwingungen

Beispiel 1:

Für den auf Bild D 6.24 dargestellten Pleuel der Masse m sind die Lage des Schwerpunkts und das Trägheitsmoment bezüglich der senkrecht auf der Ebene stehenden Schwerachse experimentell zu bestimmen.

Lösung:

Zur experimentellen Bestimmung von Massenparametern wird häufig der Pendelversuch verwendet. Der Pleuel wird dabei in einem Pleuelauge, etwa bei A, auf einer Schneide aufgehängt und die Pendelzeit gemessen. Es ergibt sich hierfür folgender Zusammenhang:
Bewegungsgleichung:

$$J_A\ddot{\varphi} + mga \sin\varphi = 0$$

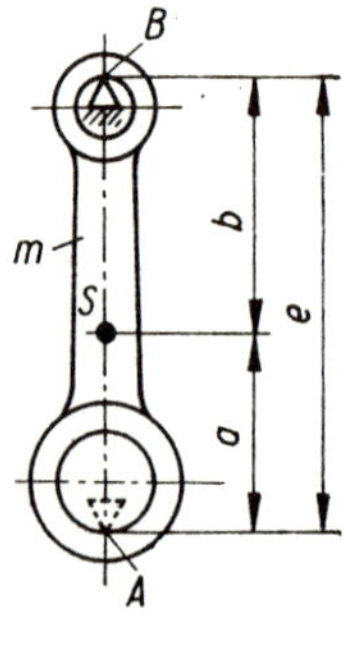

Bild D 6.24

Setzt man kleine Ausschlagswinkel φ voraus, kann diese nichtlineare Gleichung linearisiert werden. Es gilt dann mit $\sin \varphi \approx \varphi$

$$\ddot{\varphi} + \frac{mga}{J_A}\varphi = 0$$

Mit

$$\omega_A^2 = \frac{mga}{J_A}$$

beträgt die Periodendauer

$$T_A = \frac{2\pi}{\omega_A} = 2\pi \sqrt{\frac{J_A}{mga}}$$

Diese Beziehung enthält die beiden Unbekannten J_A und a. Um eine weitere Gleichung zu ihrer Bestimmung zu erhalten, wiederholt man den Versuch mit einem anderen Pendelpunkt, etwa B. Man erhält

$$T_B = 2\pi \sqrt{\frac{J_B}{mgb}}$$

Es bestehen nun folgende Zusammenhänge:

$$a + b = e \qquad J_A = J_s + ma^2 \qquad J_B = J_s + mb^2$$

Damit ergibt sich

$$b = e \frac{T_A^2 - \left(\frac{4\pi^2 e}{g}\right)}{T_A^2 + T_B^2 - 2\left(\frac{4\pi^2 e}{g}\right)}$$

$$J_s = \frac{T_B^2}{4\pi^2} mgb - mb^2$$

Bei der Versuchsdurchführung ist darauf zu achten, daß zur genauen Bestimmung der Pendelzeiten mindestens die Zeit von 10 vollen Schwingungen gemessen werden muß.

Beispiel 2:

Auf Bild D 6.25 ist eine quadratische Platte, die in vertikaler Ebene um Punkt B schwingen kann, in der statischen Ruhelage dargestellt.

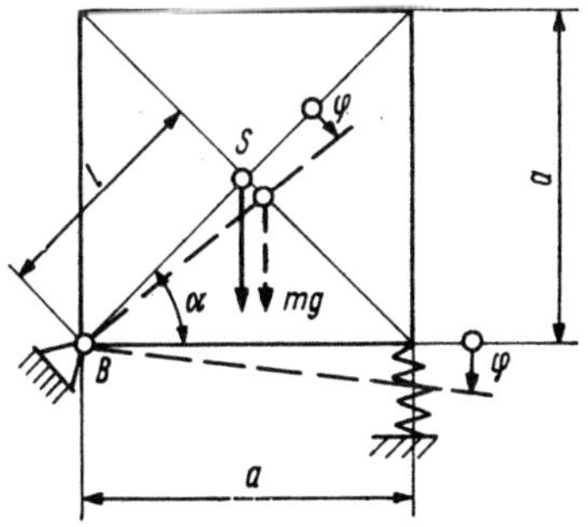

Bild D 6.25

Gegeben: m, a, Federkonstante c

Gesucht: Periodendauer T bei kleinen Ausschlägen

Lösung:

Die Bewegungsgleichung lautet für kleine φ

$$J_B\ddot{\varphi} + ca^2(\varphi_V + \varphi) - mgl\cos(\alpha - \varphi) = 0$$

mit φ_V: Winkel zur Federvorspannung in der statischen Ruhelage

$$l = \frac{\sqrt{2}}{2}a$$

$$J_B = \frac{2}{3}ma^2$$

$$J_B\ddot{\varphi} + ca^2(\varphi_V + \varphi) - mgl[\cos\alpha\cos\varphi + \sin\alpha\sin\varphi] = 0$$

In der statischen Ruhelage gilt

$$ca^2\varphi_V - mgl\cos\alpha = 0$$

für kleine Ausschläge kann gesetzt werden

$$\cos\varphi = 1 \qquad \sin\varphi = \varphi$$

Weiterhin gilt

$$\sin\alpha = \frac{1}{\sqrt{2}}$$

Somit lauten die Bewegungsgleichung

$$\ddot{\varphi} + \frac{3}{2}\left[\frac{c}{m} - \frac{g}{2a}\right]\varphi = 0$$

und die Periodendauer

$$T = 4\pi\sqrt{\frac{ma}{3(2ca - mg)}}$$

Beispiel 3:

Für die beiden auf Bild D 6.26 dargestellten Torsionsschwinger ist die Periodendauer zu berechnen.

Gegeben: c_1, c_2, J

Lösung:

Bild D 6.26a zeigt zwei aneinandergesetzte Torsionsfederstäbe. Beide haben das gleiche Torsionsmoment zu übertragen.
Der Verdrehwinkel der Scheibe setzt sich aus den Teilverdrehwinkeln der Einzelstäbe zusammen

$$\varphi = \varphi_1 + \varphi_2$$

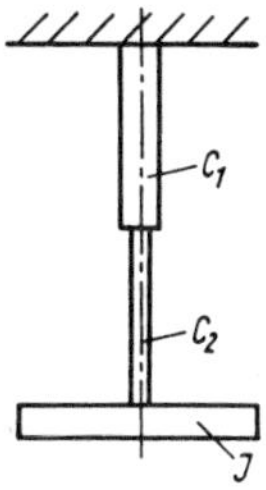

Bild D 6.26a

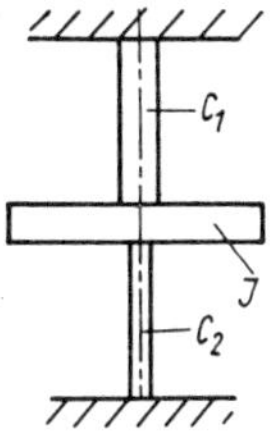

Bild D 6.26b

mit

$$\varphi = \frac{M}{c_{ges}} \qquad \varphi_1 = \frac{M_1}{c_1} \qquad \varphi_2 = \frac{M_2}{c_2}$$

und

$$M = M_1 = M_2$$

ergibt sich für die zusammengesetzte Drehfeder

$$\frac{1}{c_{ges}} = \frac{1}{c_1} + \frac{1}{c_2} \qquad c_{ges} = \frac{c_1 c_2}{c_1 + c_2}$$

Die Bewegungsgleichung lautet somit

$$J\ddot{\varphi} + c_{ges}\varphi = 0$$

und die Periodendauer

$$T = 2\pi \sqrt{\frac{J(c_1 + c_2)}{c_1 c_2}}$$

Auf Bild D 6.26b ist die Drehmasse zwischen den Federn angeordnet. Schneidet man die Masse heraus, so treten als Schnittmomente $M_1 = c_1\varphi$ und $M_2 = c_2\varphi$ auf. Die Bewegungsgleichung lautet:

$$J\ddot{\varphi} + (c_1 + c_2)\,\varphi = 0$$

und die Periodendauer

$$T = 2\pi \sqrt{\frac{J}{(c_1 + c_2)}}$$

Beispiel 4:

Bild D 6.27 zeigt ein Rollpendel, das häufig zur Bestimmung des Trägheitsmoments J_z großer Zylinder mit Hilfe der Periodendauer verwendet wird.

Gegeben: m_1, m_2, l, J_z, r

Gesucht: Periodendauer bei kleinem Ausschlag

Lösung:

Die Bewegungsgleichung soll mit Hilfe der *Lagrange*schen Gleichung gefunden werden. Sie lautet für ein System mit einem Freiheitsgrad, dessen eingeprägte Kräfte Potentialkräfte sind,

$$\left(\frac{\partial L}{\partial \dot{q}}\right) - \frac{\partial L}{\partial q} = 0$$

$L = T - U$ *Lagrange*sche Funktion
T kinetische Energie (die Gefahr der Verwechslung mit der Periodendauer T besteht nicht)
U Potential
q generalisierte Koordinate

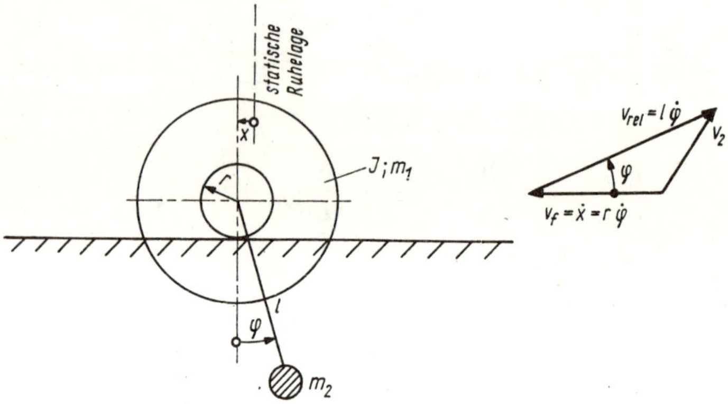

Bild D 6.27

Die kinetische Energie beträgt

$$T = \frac{m_1\dot{x}^2}{2} + \frac{m_2 v_2^2}{2} + \frac{J_z\dot{\varphi}^2}{2}$$

Die beiden Koordinaten sind durch die Zwangsbedingung $x = r\varphi$ verbunden. Als generalisierte Koordinate wird φ festgelegt. Die absolute Geschwindigkeit v_2 der Masse m_2 läßt sich vektoriell mit Hilfe der Führungsgeschwindigkeit $v_f = \dot{x} = r\dot{\varphi}$ und der Relativgeschwindigkeit $v_{rel} = l\dot{\varphi}$ finden (vgl. Bild D 6.27). Man kann ablesen:

$$v_2^2 = (l\dot{\varphi}\cos\varphi - r\dot{\varphi})^2 + l^2\dot{\varphi}^2\sin^2\varphi$$

$$v_2^2 = (l^2 + r^2)\,\dot{\varphi}^2 - 2rl\dot{\varphi}^2\cos\varphi$$

Somit

$$T = \frac{1}{2}\,(J_z + m_1 r^2)\,\dot{\varphi}^2 + \frac{m_2}{2}\,[(l^2 + r^2)\,\dot{\varphi}^2 - 2rl\dot{\varphi}^2\cos\varphi]$$

Das Potential beträgt

$$U = m_2 gl(1 - \cos\varphi)$$

Man erhält die *Lagrange*sche Funktion

$$L = \frac{1}{2}\,\{(J_z + m_1 r^2)\,\dot{\varphi}^2 + m_2[(l^2 + r^2)\,\dot{\varphi}^2 - 2rl\dot{\varphi}^2\cos\varphi]\} + m_2 gl\cos\varphi - m_2 gl$$

Führt man die angegebenen Differentiationsschritte durch, ergibt sich

$$[m_1 r^2 + m_2(l^2 + r^2) - 2m_2 rl\cos\varphi + J_z]\,\ddot{\varphi} + (m_2 gl + m_2 rl\dot{\varphi}^2)\sin\varphi = 0$$

Diese nichtlineare Bewegungsgleichung kann unter der Voraussetzung kleiner Schwingwinkel linearisiert werden. Hierfür gilt

$$\cos\varphi = 1 \qquad \sin\varphi = \varphi$$

Vernachlässigt man außerdem noch das Glied $(m_2 r l \dot{\varphi}^2)$ als klein höherer Ordnung, so kann für die Periodendauer geschrieben werden:

$$T = 2\pi \sqrt{\frac{m_1 r^2 + m_2 (l - r)^2 + J_z}{m_2 g l}}$$

Beispiel 5:

Es soll der Stoßkraftverlauf des elastischen Stoßes einer Masse m, die mit der Geschwindigkeit v auf eine unendlich große Masse stößt, bestimmt werden. Dazu führt man eine Modellfeder mit der Federkonstanten c zwischen den Massen ein (Bild D 6.28). Man gebe den Stoßkraftverlauf und die maximale Stoßkraft an.

Bild D 6.28

Lösung:

Für den Koordinatenursprung wird die Stellung, in der die Feder die Wand berührt und noch nicht gespannt ist, gesetzt. Bezeichnet man die in Richtung der Wand positive Verschiebung von m mit s, so gilt für die Bewegungsgleichung und die Anfangsbedingungen

$$m\ddot{s} + cs = 0, \qquad t = 0, \qquad s = 0, \qquad \dot{s} = v$$

Daraus findet man nach Gl. (6.34):

$$s = \frac{v}{\omega} \sin \omega t; \qquad \omega = \sqrt{c/m}$$

Die Stoßkraft beträgt $F = -cs$

Daraus folgt: $F = -v\sqrt{cm} \sin \omega t, \qquad F_{\max} = v\sqrt{cm}$

Wie in 1.2.5. Beispiel 6 gezeigt wurde, läßt sich die Beziehung für $F_{\max}$ auch mit dem Energiesatz finden. Sie kann zur Abschätzung der Stoßkraft in elastischen Systemen mit Spiel dienen.

Beispiel 6:

Es sollen Federkonstante und Dämpferkonstante für ein Federelement bestimmt werden.
Für eine Masse von $m = 30$ kg wurde aus dem Schrieb des Schleifenoszillographen eine Periodendauer $T = 0{,}05$ s gefunden. Die Amplitude nahm während einer Schwingung auf den halben Wert ab.

Lösung:

Nach Gl. (6.78) gilt

$$\Lambda = \ln\left(\frac{q_k}{q_{k+2}}\right)$$

Dabei ist q_{k+2} der nach der Periodendauer T auf q_k folgende Amplitudenwert.
Es gilt also

$$\Lambda = \ln 2 = 0{,}693$$

Damit wird nach Gl. (6.80)

$$c = \frac{m}{T^2}(4\pi^2 + \Lambda^2) = \frac{30}{25 \cdot 10^{-4}}(39{,}48 + 0{,}48)\ \mathrm{N\,m^{-1}} \tag{1}$$

$$c = 47{,}95 \cdot 10^4\ \mathrm{N\,m^{-1}}$$

Nach Gl. (6.81) gilt

$$b = \frac{2m\Lambda}{T} = \frac{2 \cdot 30 \cdot 0{,}693}{0{,}05} = 832\ \mathrm{N\,s\,m^{-1}}$$

Die Dämpfung beträgt

$$\vartheta = \frac{\Lambda}{\sqrt{4\pi^2 + \Lambda^2}} = 0{,}11$$

Man erkennt aus Gl. (1), daß zur Bestimmung der Federsteifigkeit der Dämpfungseinfluß vernachlässigt werden kann.

Beispiel 7:

Bei der Fundamentierung von Schmiedehämmern kommt es darauf an, daß die Fundamentschwingungen zwischen zwei Schlägen auf ein bestimmtes Verhältnis abgeklungen sind. In erster Näherung wird das System als gedämpfter Schwinger mit dem Freiheitsgrad **1** bei vorgegebener Anfangsgeschwindigkeit betrachtet.

Gegeben: Masse m, Federkonstante c
Schlagzeit (Zeit zwischen zwei Schlägen) T_s
Anfangsgeschwindigkeit v_0
Amplitudenverhältnis

$$\frac{x_{\max}}{x_{\min}} = k$$

Gesucht: Erforderliche Dämpfung ϑ; Maximalausschlag $x_{\max}$

Lösung:

Der Ausschwingvorgang ist auf Bild D 6.29 skizziert. Bei Vorgabe des Amplitudenverhältnisses und der Schlagzeit läßt sich ϑ berechnen. Um die Anzahl der Schwingungen in der Zeit T_s bestimmen zu können, muß die Periodendauer T berechnet werden. Es gilt

$$T = \frac{2\pi}{\omega} \qquad \omega = \omega_0\sqrt{1 - \vartheta^2} \qquad \omega_0^2 = \frac{c}{m}$$

Mit

$$T^* = \frac{2\pi}{\omega_0}$$

und

$$\beta = \frac{1}{\sqrt{1 - \vartheta^2}}$$

folgt

$$T = T^*\beta \tag{1}$$

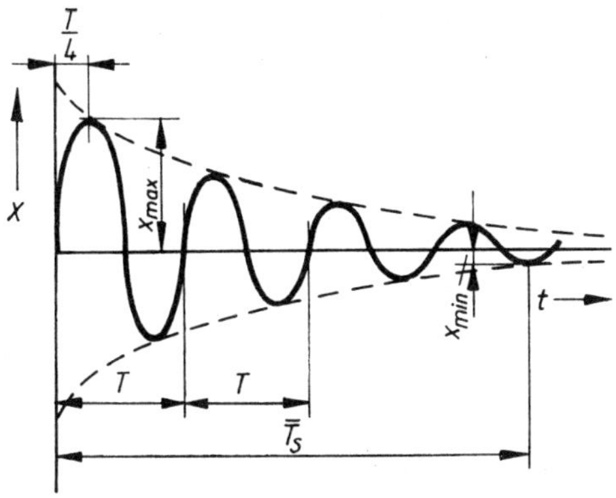

Bild D 6.29

Zur Abschätzung der Anzahl der Schwingungen z kann die Periodendauer des ungedämpften Systems verwendet werden. Der Fehler ist dabei für $\vartheta < 0{,}3$ kleiner als 5%. Da zur Dämpfungsbestimmung auch negative Ausschläge sinnvoll sind, wird $\frac{T^*}{2}$ als Bezugsgröße genommen. Nach Bild D 6.29 gilt somit

$$T_s = \frac{T^*}{4} + \frac{zT^*}{2} = \frac{T^*}{4}(1 + 2z)$$

Somit gilt für die Anzahl der Halbschwingungen

$$z = \frac{1}{2}\left(\frac{4T_s}{T^*} - 1\right)$$

Da Schlagzeit und Periodendauer in keinem ganzzahligen Verhältnis stehen, muß z auf eine ganze Zahl $\bar{z}$ ($\bar{z} = 2, 3, 4, \ldots$) abgerundet werden. Die zugehörige Schlagzeit ist $\bar{T}_s$. Entsprechend den Gln. (6.75), (6.76), (6.77) findet man

$$k = \frac{x_{\max}}{x_{\min}} = \frac{e^{-\delta\frac{T}{4}}}{e^{-\delta\bar{T}_s}} = e^{\delta\frac{T\bar{z}}{2}} \qquad k = e^{\pi\bar{z}\frac{\vartheta}{\sqrt{1-\vartheta^2}}}$$

Somit gemäß Gl. (6.79)

$$\vartheta = \frac{\ln|k|}{\sqrt{\pi^2\bar{z}^2 + (\ln|k|)^2}} \tag{2}$$

Der Ausschlag kann nach Gl. (6.71) mit $q_0 = 0$ berechnet werden. Somit gilt

$$x = \frac{v_0}{\omega}\, e^{-\delta t} \sin \omega t$$

Die Zeit t_e des ersten Extremwertes erhält man aus $\dot{x} = 0$. Mit

$$\dot{x} = v_0\, e^{-\delta t}\left(\cos \omega t - \frac{\delta}{\omega} \sin \omega t\right)$$

und

$$\frac{\delta}{\omega} = \frac{\vartheta}{\sqrt{1 - \vartheta^2}}$$

ergibt die Extremwertbedingung

$$\cos \omega t_e - \frac{\vartheta}{\sqrt{1 - \vartheta^2}} \sin \omega t_e = 0$$

$$\tan \omega t_e = \frac{\sqrt{1 - \vartheta^2}}{\vartheta}$$

$$t_e = \frac{1}{\omega} \arctan \frac{\sqrt{1 - \vartheta^2}}{\vartheta}$$

Mit

$$\sin \omega t_e = \frac{\tan \omega t_e}{\sqrt{1 + \tan^2 \omega t_e}}$$

$$\sin \omega t_e = \sqrt{1 - \vartheta^2}$$

ergibt sich

$$x_{\max} = \frac{v_0}{\omega_0} \exp\left(-\frac{\vartheta}{\sqrt{1 - \vartheta^2}} \arctan \frac{\sqrt{1 - \vartheta^2}}{\vartheta}\right) \quad \exp z = e^z \tag{3}$$

Legt man der gesamten Berechnung die Annahme $\vartheta \ll 1$ zugrunde, so kann die Lage des Extremwertes bei $t_e = T/4$ angenommen werden. Es ergibt sich dann

$$\tilde{x}_{\max} = \frac{v_0}{\omega_0} e^{-\frac{\pi \vartheta}{2}} \tag{4}$$

Für die recht große Dämpfung $\vartheta = 0{,}3$ ergibt sich zur Abschätzung der Genauigkeit von Gl. (4)

$$\frac{x_{\max}}{\tilde{x}_{\max}} = 1{,}076$$

In den meisten Fällen wird es genügen, unter vereinfachenden Annahmen zu rechnen.

6.3. Erzwungene Schwingungen von Systemen mit dem Freiheitsgrad 1

In den bisher behandelten Bewegungsgleichungen kam die Zeit explizit nicht vor. Das Schwingungssystem bewegt sich nach einer durch die Systemparameter und die Anfangsbedingungen festgelegten Zeitfunktion. Wird die Bewegung eines Systems durch äußere Einflüsse (Erregerkräfte, Stützenbewegung) bestimmt, so spricht man von erzwungenen Schwingungen. In den Bewegungsgleichungen tritt dann die Zeit explizit auf, und es handelt sich um inhomogene Differentialgleichungen.
Wie bereits festgestellt, sollen hier nur Bewegungsgleichungen mit konstanten Koeffizienten und periodischer Erregerfunktion behandelt werden.

6.3.1. Berechnung der stationären Bewegung bei harmonischer Erregung

Die Erregung eines mechanischen Schwingungssystems kann durch Kräfte, die an der Masse angreifen, oder Bewegungen der Stützen erfolgen.
Für das Berechnungsmodell Bild D 6.30, bei dem die Erregerkraft konstante Amplitude hat, gilt die Bewegungsgleichung

$$m\ddot{x} + b\dot{x} + cx = \hat{F} \sin \Omega t \quad (6.82)$$

Wird die Erregerkraft durch eine mit der Winkelgeschwindigkeit Ω umlaufende Unwucht $m_u r_u$ erzeugt, gilt (Bild D 6.31)

$$(m + m_u)\, \ddot{x} + b\dot{x} + cx = m_u r_u \Omega^2 \sin \Omega t \quad (6.83)$$

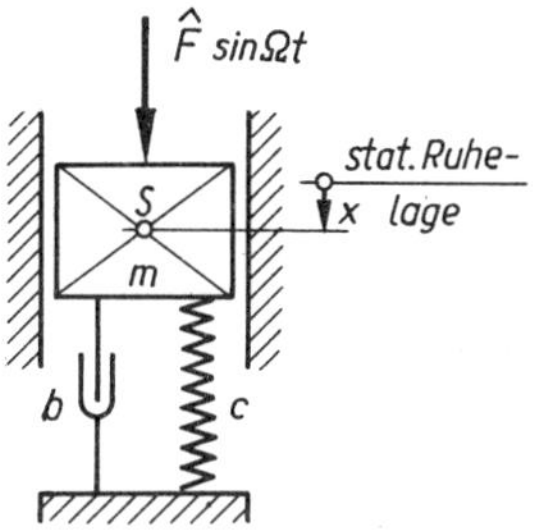

Bild D 6.30

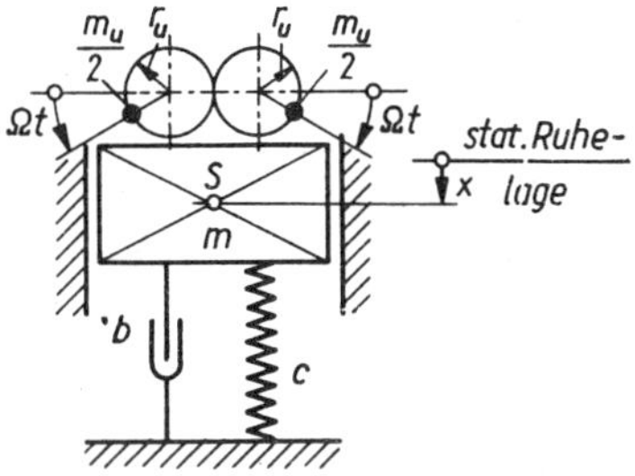

Bild D 6.31

Entsteht die Kraft durch eine Federfußpunktbewegung s (Bild D 6.32), so findet man mit $s = s_0 \sin \Omega t$

$$m\ddot{x} + b\dot{x} + c_1 x + c_2(x - s) = 0$$

$$m\ddot{x} + b\dot{x} + (c_1 + c_2)\, x = c_2 s_0 \sin \Omega t \quad (6.84)$$

Bei der Stützenerregung (Bild D 6.33) kann sowohl die Absolutbewegung x als auch die Relativbewegung $y = x - s$ als Koordinate verwendet werden.
Für die Absolutbewegung gilt mit $s = s_0 \sin \Omega t$

$$m\ddot{x} + b(\dot{x} - \dot{s}) + c(x - s) = 0 \quad (6.85)$$

$$m\ddot{x} + b\dot{x} + cx = b\Omega s_0 \cos \Omega t + c s_0 \sin \Omega t$$

$$m\ddot{x} + b\dot{x} + cx = s_0 \sqrt{(c^2 + b^2\Omega^2)} \sin (\Omega t + \gamma) \quad (6.86)$$

$$\tan \gamma = \frac{2\delta\Omega}{\omega_0^2}, \qquad \omega_0^2 = c/m$$

Für die Relativbewegung findet man aus Gl. (6.85) mit $\ddot{x} = \ddot{y} + \ddot{s}$

$$m\ddot{y} + b\dot{y} + cy = m s_0 \Omega^2 \sin \Omega t \quad (6.87)$$

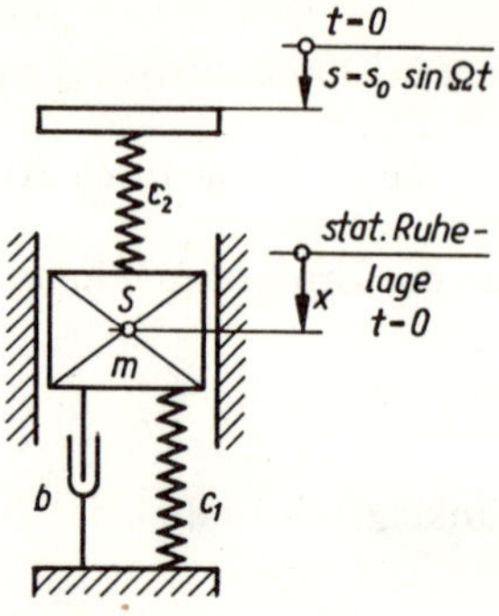

Bild D 6.32

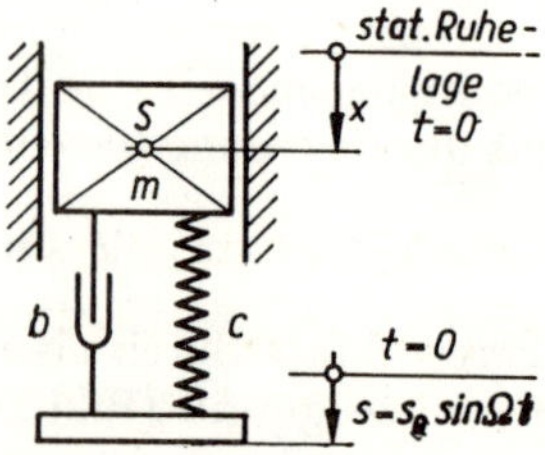

Bild D 6.33

Diese Bewegungsgleichungen lassen sich alle auf die Standardform

$$\ddot{q} + 2\delta\dot{q} + \omega_0^2 q = a \sin \Omega t \tag{6.88}$$

bringen. Es ist eine inhomogene, lineare Dgl., deren Lösung sich aus der Lösung der homogenen Gleichung und dem partikulären Integral zusammensetzt.
Es gilt

$$q = q_{\text{hom.}} + q_{\text{part.}} \tag{6.89}$$

Nach Gl. (6.71) lautet die Lösung der homogenen Gleichung unter Voraussetzung schwacher Dämpfung

$$q_{\text{hom.}} = e^{-\delta t}[D_1 \cos \omega t + D_2 \sin \omega t] \tag{6.90}$$

D_1 und D_2 sind dabei Integrationskonstante, die mit Hilfe der Anfangsbedingungen aus Gl. (6.89) bestimmt werden können. Dazu ist jedoch noch das partikuläre Integral erforderlich.
Es wird über einen Ansatz gefunden, der die Bewegungsgleichung erfüllt und keine freien Konstanten enthält.
Für einen ungedämpften Schwinger ($\delta = 0$) würde der Ansatz $q = A \sin \Omega t$, in die Gl. (6.88) eingesetzt, eine Bestimmungsgleichung für A liefern und damit die Dgl. erfüllen. Für das gedämpfte System ist ein zweites Glied im Ansatz erforderlich, um auch die Cosinusanteile, die durch das Dämpferglied entstehen, zu erfassen.
Es wird gesetzt

$$q_{\text{part.}} = A \cos \Omega t + B \sin \Omega t \tag{6.91}$$

Das Einsetzen in Gl. (6.88) ergibt

$$\begin{aligned} &-A\Omega^2 \cos \Omega t - B\Omega^2 \sin \Omega t - 2\delta\Omega\,(A \sin \Omega t - B \cos \Omega t) \\ &+ \omega_0^2(A \cos \Omega t + B \sin \Omega t) = a \sin \Omega t \end{aligned} \tag{6.92}$$

Ein Koeffizientenvergleich liefert die Bestimmungsgleichungen für A und B

$$A(\omega_0^2 - \Omega^2) + 2\delta\Omega B = 0 \tag{6.93}$$

$$-2\delta\Omega A + B(\omega_0^2 - \Omega^2) = a$$

Daraus ergibt sich

$$A = -\frac{2\delta\Omega}{\omega_0^2\left(1 - \left(\frac{\Omega}{\omega_0}\right)^2\right)} B \tag{6.94}$$

$$B = \frac{a}{\omega_0^2\left[1 - \left(\frac{\Omega}{\omega_0}\right)^2 + \frac{4\delta^2\Omega^2}{\omega_0^4\left(1 - \left(\frac{\Omega}{\omega_0}\right)^2\right)}\right]}$$

Es empfiehlt sich, die folgenden Abkürzungen einzuführen:

$$\vartheta = \frac{\delta}{\omega_0} \qquad \eta = \frac{\Omega}{\omega_0} \qquad \frac{a}{\omega_0^2} = q_{\text{stat.}} \tag{6.95}$$

Damit wird aus Gl. (6.94)

$$A = -\frac{2\vartheta\eta}{1 - \eta^2} B \qquad B = q_{\text{stat.}} \frac{(1 - \eta^2)}{(1 - \eta^2)^2 + 4\vartheta^2\eta^2} \tag{6.96}$$

Faßt man jetzt die beiden harmonischen Teilschwingungen gleicher Frequenz nach Gl. (6.15) zusammen, dann gilt

$$q_{\text{part.}} = A \cos \Omega t + B \sin \Omega t = C \sin (\Omega t + \psi)$$

$$C = \sqrt{A^2 + B^2} = q_{\text{stat.}} \frac{1}{\sqrt{(1 - \eta^2)^2 + 4\vartheta^2\eta^2}}$$

$$\tan \psi = \frac{A}{B} = -\frac{2\vartheta\eta}{1 - \eta^2}$$

Die vollständige Lösung der Standardgleichung (6.88) lautet:

$$q = \mathrm{e}^{-\delta t}(D_1 \cos \omega t + D_2 \sin \omega t) + q_{\text{stat.}} \frac{1}{\sqrt{(1 - \eta^2)^2 + 4\vartheta^2\eta^2}} \sin (\Omega t - \varphi) \tag{6.97}$$

mit

$$\omega = \omega_0 \sqrt{1 - \vartheta^2} \qquad \tan \varphi = \frac{2\vartheta\eta}{1 - \eta^2} \tag{6.98}$$

Die Bestimmung der Integrationskonstanten D_1 und D_2 kann nun nach den Anfangsbedingungen erfolgen. Bild D 6.34 zeigt den Verlauf der Erregerfunktion $a \sin \Omega t$ und der Bewegung q für $\vartheta = 0{,}01$; $\eta = 0{,}2$ bei vorgegebenem Anfangsausschlag. Auf Bild D 6.35 ist der gleiche Vorgang für $\vartheta = 0{,}2$; $\eta = 5$ wiedergegeben. Mit Hilfe dieser Bilder ist es leicht, aus Gl. (6.97) folgendes abzulesen:
Die vollständige Lösung zeigt eine gedämpfte Schwingung mit der Eigenkreisfrequenz, die sogenannte *Eigenschwingung*, und eine stationäre Bewegung mit der Erregerkreisfrequenz Ω. Durch die Dämpfung geht die Eigenbewegung gegen Null.

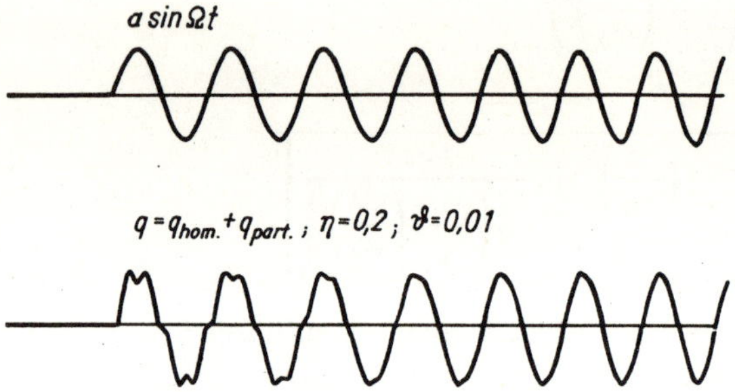

Bild D 6.34

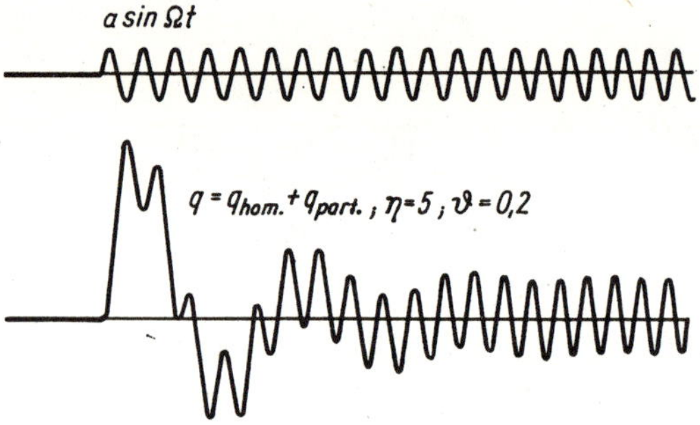

Bild D 6.35

Auf Grund des geschwindigkeitsproportionalen Ansatzes erfolgt dieser Vorgang asymptotisch. Für praktische Aufgaben kann man jedoch feststellen, daß das Abklingen häufig recht schnell erfolgt, da, besonders bei kleinen Ausschlägen, der Dämpfungsansatz nicht voll zutrifft. Die stationäre Bewegung erfolgt somit in der Frequenz der Erregung. Zwischen Bewegung und Erregung liegt eine Phasenverschiebung. Die Bewegung läuft der Erregung um den Phasenwinkel φ nach. Für den Fall $\eta = 1$ beträgt die Phasenverschiebung $\varphi = \frac{\pi}{2}$, unabhängig von der Dämpfung ϑ.

Die Größe der Schwingungsamplitude wird durch die Erregergröße und eine von der Dämpfung und dem Frequenzverhältnis abhängige sogenannte *Vergrößerungsfunktion* bestimmt.

Gleichungs-Nr.	a	Amplitude der stationären Schwingung	Vergrößerungsfunktion	Zeitfunktion und Phasenverschiebung
(6.82)	$\frac{\hat{F}}{m}$	$\frac{\hat{F}}{c} \cdot V_1$	$V_1 = \frac{1}{\sqrt{(1 - \eta^2)^2 + 4\vartheta^2\eta^2}}$ (Bild D 6.37)	$\sin(\Omega t - \varphi)$ $\tan\varphi = \frac{2\vartheta\eta}{1 - \eta^2}$ (Bild D 6.38)
(6.84)	$\frac{c_2 s_0}{m}$	$\frac{c_2}{c_1 + c_2} \cdot s_0 V_1$		
(6.83)	$\frac{m_u r_u}{m + m_u} \Omega^2$	$\frac{m_u r_u}{m + m_u} V_3$	$V_3 = \eta^2 \cdot V_1$ (Bild D 6.39)	
(6.87)	$s_0 \cdot \Omega^2$	$s_0 \cdot V_3$		
(6.86)	$\frac{s_0}{m} \sqrt{c^2 + b^2 \cdot \Omega^2}$ $= s_0\omega_0^2 \sqrt{1 + 4\vartheta^2\eta^2}$	$s_0 \cdot V_2$	$V_2 = \frac{\sqrt{1 + 4\vartheta^2\eta^2}}{\sqrt{(1 - \eta^2)^2 + 4\vartheta^2\eta^2}}$ (Bild D 6.40)	$\sin(\Omega t + \gamma - \varphi)$ $\gamma - \varphi = \varphi^*$ $\tan\varphi^* = \frac{-2\vartheta\eta^3}{1 - \eta^2(1 - 4\vartheta^2)}$ (Bild D 6.41)
		Amplitude der Kraft auf den Boden		
(6.102)	$\frac{\hat{F}}{m}$	$\hat{F} \cdot V_2$		
(6.103)	$\frac{m_u r_u}{m + m_u} \cdot \Omega^2$	$\frac{m_u r_u}{m + m_u} c V_4$	$V_4 = \eta^2 V_2$ (Bild D 6.42)	

Bild D 6.36

Für viele praktische Aufgaben interessiert nur der stationäre Zustand, der durch das partikuläre Integral beschrieben wird. Aus der Lösung der Standardgleichung lassen sich die verschiedenen Lösungen für die Gln. (6.82), (6.83), (6.84), (6.86) und (6.87) ableiten.

Bild D 6.36 zeigt eine Zusammenstellung der Vergrößerungsfunktionen und Phasenverschiebungen für die betrachteten Fälle.

Neben der Bewegung der Masse wird für Fragen der Maschinenaufstellung noch die an den Aufstellungsort übertragene dynamische Kraft benötigt. Für die Modelle der Bilder D 6.30 und D 6.31 berechnet sie sich nach

$$F_B = cx + b\dot{x} \tag{6.99}$$

Betrachtet man wieder nur den stationären Teil der Lösung, ergibt sich

$$F_B = q_{\text{stat.}} \frac{1}{\sqrt{(1-\eta^2)^2 + 4\vartheta^2\eta^2}} [c \sin(\Omega t - \varphi) + b\Omega \cos(\Omega t - \varphi)] \tag{6.100}$$

Die Zusammenfassung der eckigen Klammer führt auf den in Gl. (6.86) angegebenen Wurzelausdruck.

Es gilt

$$F_B = q_{\text{stat.}}\, m\omega_0^2 \frac{\sqrt{1 + 4\vartheta^2\eta^2}}{\sqrt{(1-\eta^2)^2 + 4\vartheta^2\eta^2}} \sin(\Omega t + \gamma - \varphi) \tag{6.101}$$

Für $a = \dfrac{\hat{F}}{m}$ (Bild D 6.30) gilt

$$F_B = \hat{F} V_2 \sin(\Omega t + \gamma - \varphi) \tag{6.102}$$

Für $a = \dfrac{m_u r_u}{(m + m_u)} \Omega^2$ (Bild D 6.31) gilt

$$F_B = \frac{m_u r_u}{(m + m_u)} c V_4 \sin(\Omega t + \gamma - \varphi) \tag{6.103}$$

mit

$$V_4 = \eta^2 V_2 \tag{6.104}$$

Eine Diskussion der Vergrößerungsfunktionen erfolgt an Hand der Beispiele in 6.3.4.

6.3.2. Stationäre Bewegung bei periodischer Erregung

Liegt eine periodische Erregung vor, so kann diese stets in Form einer *Fourier*-Reihe geschrieben werden.

Unter Verwendung von Gl. (6.22) lautet die Standardgleichung Gl. (6.88) für periodische Erregung

$$\ddot{q} + 2\delta\dot{q} + \omega_0^2 q = a_0 + \sum_{k=1}^{\infty} a_k \cos k\Omega t + \sum_{k=1}^{\infty} b_k \sin k\Omega t \tag{6.105}$$

Da es sich auch hierbei um eine lineare Dgl. handelt, setzt sich ihre vollständige Lösung aus der Lösung der homogenen Dgl. und der Partikulärlösung zusammen. Im vorigen Abschnitt wurde gezeigt, daß wegen der Dämpfung die freie Schwingung abklingt. Die stationäre Lösung wird durch die Partikulärlösung gebildet.
Der Ansatz dafür muß gemäß dem Störglied von Gl. (6.105) in Form einer *Fourier*-Reihe erfolgen.

$$q = c_0 + \sum_{k=1}^{\infty} c_k \cos k\Omega t + \sum_{k=1}^{\infty} d_k \sin k\Omega t \tag{6.106}$$

Setzt man Gl. (6.106) in Gl. (6.105) ein, so ergibt sich

$$\begin{aligned}
&\omega_0^2 c_0 + [(\omega_0^2 - \Omega^2)\, c_1 + 2\delta\Omega d_1] \cos \Omega t \\
&+ [(\omega_0^2 - \Omega^2)\, d_1 - 2\delta\Omega c_1] \sin \Omega t \\
&+ \{[\omega_0^2 - (2\Omega)^2]\, c_2 + 2\delta\, 2\Omega d_2\} \cos 2\Omega t \\
&+ \{[\omega_0^2 - (2\Omega)^2]\, d_2 - 2\delta\, 2\Omega c_2\} \sin 2\Omega t \\
&\vdots \\
&+ \cdots \\
&= a_0 + a_1 \cos \Omega t + a_2 \cos 2\Omega t + \cdots + b_1 \sin \Omega t + b_2 \sin 2\Omega t + \cdots
\end{aligned}$$

Vergleicht man die Koeffizienten von $\sin k\Omega t$ und $\cos k\Omega t$, ergibt sich folgendes Gleichungssystem zur Bestimmung der Unbekannten c_0, c_k, d_k:

$$\begin{aligned}
&\omega_0^2 c_0 = a_0 \\
&[\omega_0^2 - (k\Omega)^2]\, c_k + 2\, \delta k\Omega\, d_k = a_k \\
&-2\delta k\Omega c_k + [\omega_0^2 - (k\Omega)^2]\, d_k = b_k
\end{aligned} \tag{6.107}$$

Daraus findet man

$$\begin{aligned}
c_0 &= \frac{a_0}{\omega_0^2} \\
c_k &= \frac{[\omega_0^2 - (k\Omega)^2]\, a_k - 2\delta k\Omega b_k}{[\omega_0^2 - (k\Omega)^2]^2 + 4\delta^2 k^2 \Omega^2} \\
d_k &= \frac{[\omega_0^2 - (k\Omega)^2]\, b_k + 2\delta k\Omega a_k}{[\omega_0^2 - (k\Omega)^2]^2 + 4\delta^2 k^2 \Omega^2}
\end{aligned} \tag{6.108}$$

Um die Amplitude der einzelnen Harmonischen der Bewegung angeben zu können, ist die Zusammenfassung der beiden harmonischen Schwingungen gleicher Frequenz erforderlich.
Wie bereits mehrfach erwähnt, findet man

$$c_k \cos k\Omega t + d_k \sin k\Omega t = e_k \sin (k\Omega t + \gamma_k)$$

$$e_k = \sqrt{c_k^2 + d_k^2}, \qquad \tan \gamma_k = \frac{c_k}{d_k}$$

Um einen Vergleich des Ergebnisses mit den Vergrößerungsfunktionen (Bild D 6.36) durchführen zu können, ist es günstig, dimensionslose Größen einzuführen. Mit den bekannten Beziehungen

$$\vartheta = \frac{\delta}{\omega_0} \qquad \eta = \frac{\Omega}{\omega_0}$$

ergibt sich

$$e_k = \frac{1}{\omega_0^2} \frac{\sqrt{a_k^2 + b_k^2}}{\sqrt{(1 - k^2\eta^2)^2 + 4\vartheta^2 k^2 \eta^2}} \tag{6.109}$$

$$\tan \psi_k = \frac{(1 - k^2\eta^2)\, a_k - 2\vartheta k \eta b_k}{(1 - k^2\eta^2)\, b_k + 2\vartheta k \eta a_k} \tag{6.110}$$

Die stationäre Bewegung läßt sich damit beschreiben durch

$$q = \frac{a_0}{\omega_0^2} + \frac{1}{\omega_0^2} \sum_{k=1}^{\infty} \frac{\sqrt{a_k^2 + b_k^2}}{\sqrt{(1 - k^2\eta^2)^2 + 4\vartheta^2 k^2 \eta^2}} \sin (k\Omega t - \varphi_k) \tag{6.111}$$

$$\tan \varphi_k = \frac{2\vartheta k \eta b_k - (1 - k^2\eta^2)\, a_k}{(1 - k^2\eta^2)\, b_k + 2\vartheta k \eta a_k} \tag{6.112}$$

Obwohl die *Fourier*-Reihen in Gln. (6.105) und (6.106) theoretisch unendlich viele Glieder haben, beschränkt sich ihre Zahl für praktische Aufgaben auf einen endlichen Wert. So rechnet man beispielsweise bei Erregungen von Torsionsschwingungen an Kolbenmaschinen durch die Gaskräfte mit etwa 16 Harmonischen. Man kann deshalb setzen: $k = 1, \ldots, n$.

Aus Gl. (6.109) läßt sich für jede Harmonische eine Vergrößerungsfunktion nach Bild D 6.37 zeichnen, wenn $k\eta$ an Stelle von η gesetzt wird. Man erkennt, daß für kleine Dämpfung ($\vartheta < 0{,}2$) durchaus das Maximum dem Wert $k\eta = 1$ zugeordnet werden kann. Es tritt unter dieser Voraussetzung das Maximum der Amplituden bei folgenden Kreisfrequenzen auf:

$$\Omega = \frac{\omega_0}{k} \tag{6.113}$$

Man nennt diesen Zustand *Resonanz*. Die Resonanzamplitude einer Harmonischen beträgt dann

$$e_k = \frac{\sqrt{a_k^2 + b_k^2}}{2\vartheta\omega^2} \tag{6.114}$$

Setzt man die Eigenfrequenz des schwach gedämpften Systems gleich der des ungedämpften ω, so liegen k Frequenzen der Erregung fest, für die Resonanz auftritt.

Beträgt beispielsweise die der niedrigsten Eigenfrequenz entsprechende Drehzahl eines Motors 12000 min^{-1} und treten im Erregerspektrum die ersten 6 Harmonischen auf, so sind folgende Drehzahlen Resonanzdrehzahlen: 2000 min^{-1}, 2400 min^{-1}, 3000 min^{-1}, 4000 min^{-1}, 6000 min^{-1}, 12000 min^{-1}.

6.3.3. Ermittlung von Systemparametern aus den erzwungenen Schwingungen

Die experimentelle Ermittlung von Feder- und Dämpfungskennwerten spielt für die Lösung praktischer Probleme eine große Rolle. In 6.2.3. wurden bereits Verfahren angegeben, die eine Kennwertermittlung mit Hilfe des Ausschwingversuches ermöglichen. Für die Kennwertermittlung mit Hilfe erzwungener Schwingungen soll von der stationären Lösung nach Gl. (6.97) mit $a = \hat{F}/m$ ausgegangen werden.
Zunächst erfolgt eine Diskussion der zugehörigen Vergrößerungsfunktion V_1 (Bilder D 6.36 und D 6.37).

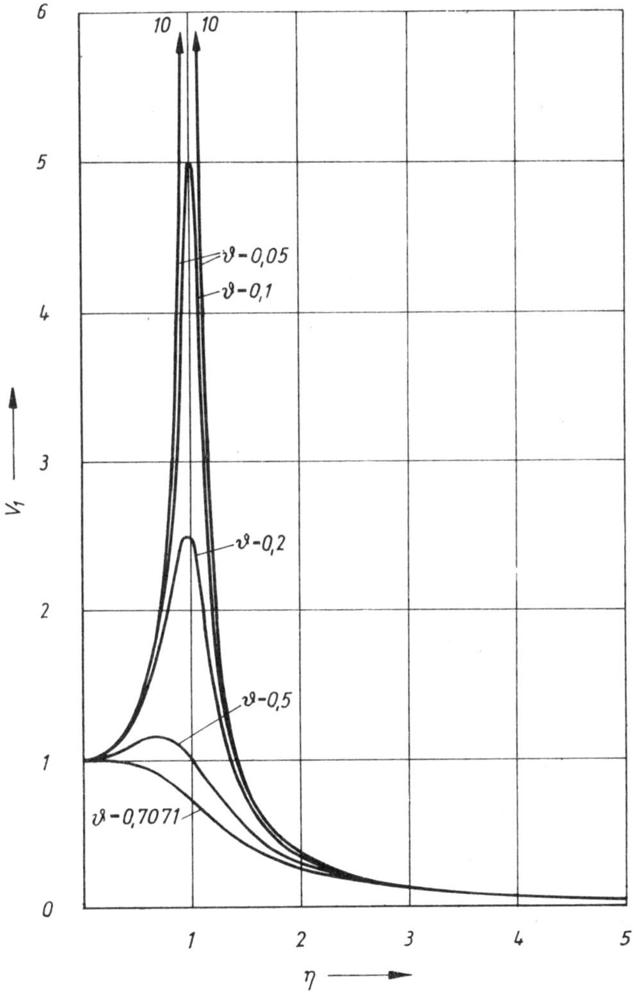

Bild D 6.37

Man erkennt aus Bild D 6.37, daß die Maxima der Vergrößerungsfunktion in Abhängigkeit von ϑ bei verschiedenen Frequenzverhältnissen η liegen.
Die Lage der Extremwerte läßt sich aus

$$\frac{\mathrm{d}V_1}{\mathrm{d}\eta} = 0 \qquad V_1 = [(1 - \eta^2)^2 + 4\vartheta^2\eta^2]^{-1/2}$$

bestimmen. Demnach gilt

$$-2\,\frac{\eta(2\vartheta^2 - 1) + \eta^3}{[(1 - \eta^2)^2 + 4\vartheta^2\eta^2]^{3/2}} = 0 \tag{6.115}$$

Das bedeutet

$$\eta(2\vartheta^2 - 1) + \eta^3 = 0 \tag{6.116}$$

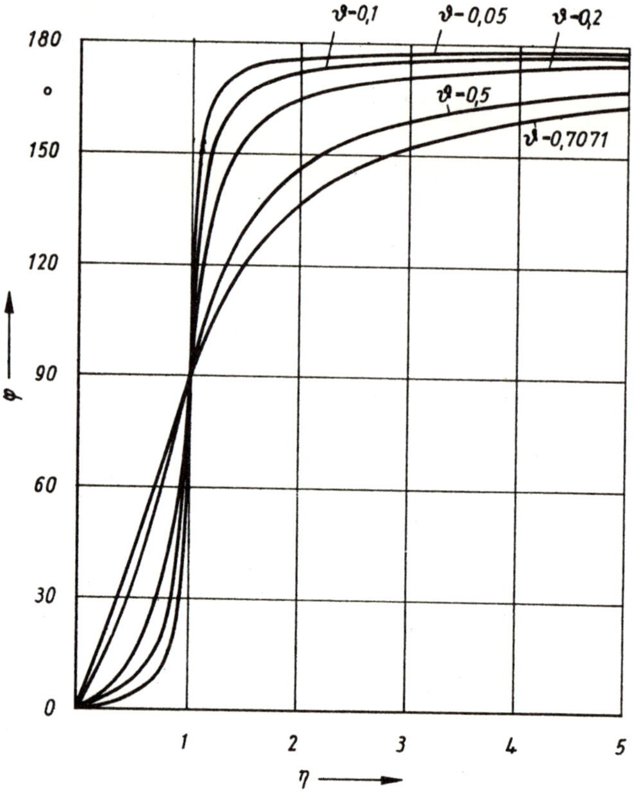

Bild D 6.38

Extremwerte liegen demnach vor für

$$\eta_1 = 0 \qquad \eta_2 = \sqrt{1 - 2\vartheta^2} \tag{6.117}$$

Wie man aus Bild D 6.37 erkennt, liegt bei $\eta_1 = 0$ ein Minimum. Die Tatsache, daß alle Vergrößerungskurven bei $\eta = 0$ eine horizontale Tangente haben, ist für die Konstruktion von Kraftmeßgeräten bedeutungsvoll.

Das Maximum liegt somit bei $\eta_2 = \sqrt{1 - 2\vartheta^2}$, für $\vartheta = \frac{\sqrt{2}}{2} = 0{,}7071$ fällt es in den Punkt $\eta = 0$.

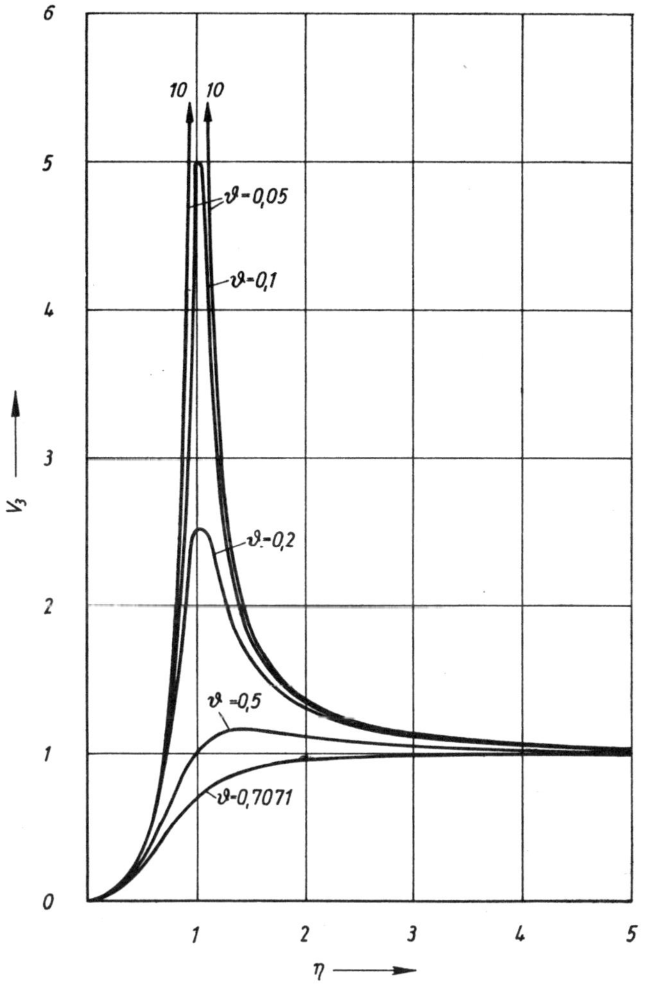

Bild D 6.39

Der zugehörige Maximalwert von V_1 beträgt

$$V_{1\max} = \frac{1}{2\vartheta\sqrt{1-\vartheta^2}} \tag{6.118}$$

oder für kleine Dämpfung $V_{1\max} = \dfrac{1}{2\vartheta}$.

Will man Gl. (6.118) zur Bestimmung der Dämpfung verwenden, kann dies nur über die Messung der Maximalamplitude $\hat{q}_{\max}$ erfolgen. Nach Gl. (6.97) gilt

$$\hat{q}_{\max} = \frac{\hat{F}}{c} V_{1\max} \qquad V_{1\max} = \frac{\hat{q}_{\max} c}{\hat{F}} \tag{6.119}$$

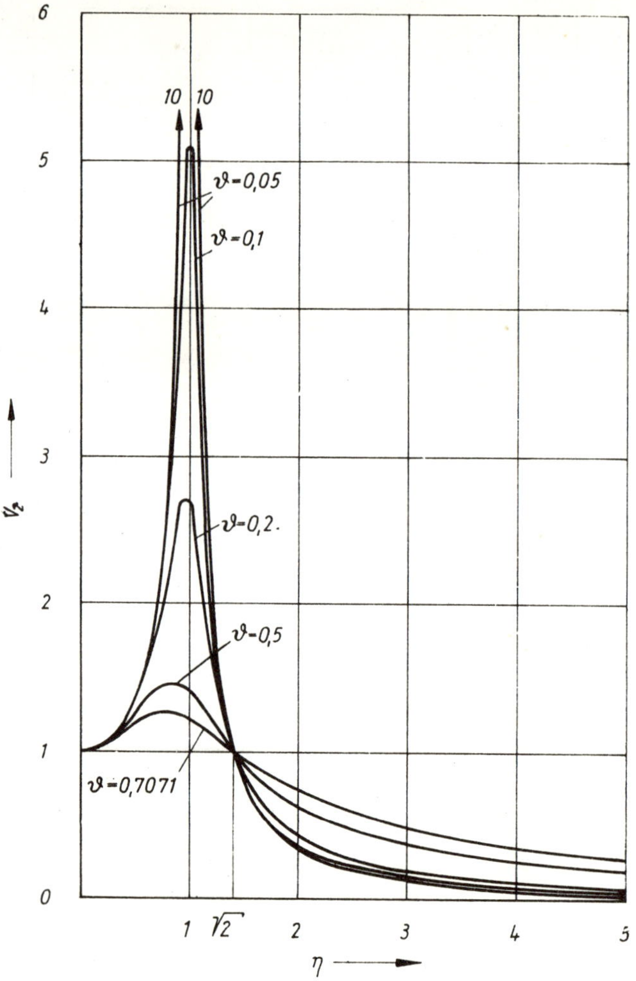

Bild D 6.40

In den meisten Fällen ist jedoch die Erregerkraft $\hat{F}$ nur schwer zu bestimmen, so daß eine direkte Anwendung der Gln. (6.119), (6.118) kaum möglich ist.
Unter der Voraussetzung kleiner Dämpfung kann man die Bestimmung von $\hat{F}$ wie folgt umgehen:
Zunächst wird angenommen, daß für $\vartheta \ll 1$ die Maximalamplitude und damit auch $V_{1\max}$ bei $\eta = 1$ liegen. Man bestimmt nun die Frequenzverhältnisse η_1 und η_2, die zu einem Vergrößerungsfaktor

$$V_{1D} = \frac{V_{1\max}}{\sqrt{2}} \tag{6.120}$$

gehören (Bild D 6.43). Mit

$$V_{1\max} = \frac{1}{2\vartheta}$$

gilt

$$\frac{2}{V_{1\max}^2} = (1 - \eta_{1,2}^2)^2 + \frac{1}{V_{1\max}^2}\,\eta_{1,2}^2 \tag{6.121}$$

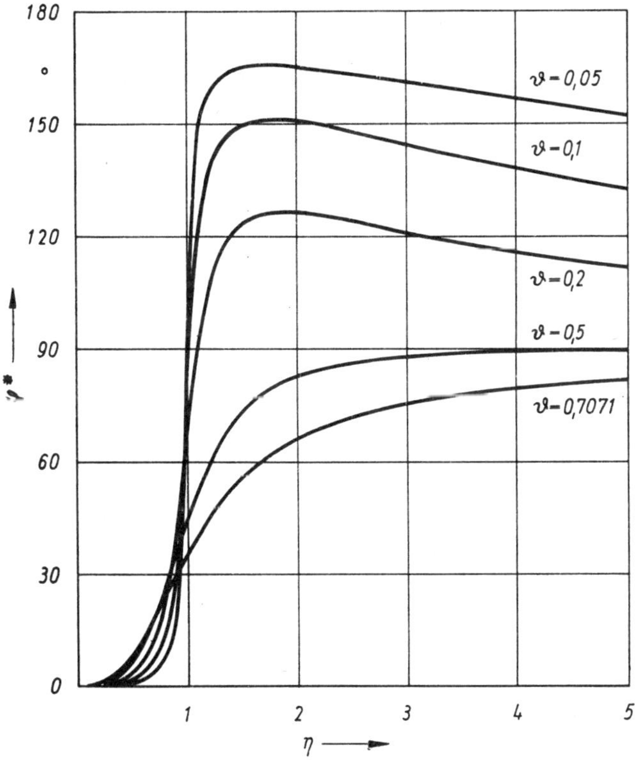

Bild D 6.41

Daraus folgt

$$\eta_{1,2}^2 = 1 - \frac{1}{2V_{1\max}^2} \mp \frac{1}{V_{1\max}} \sqrt{1 + \frac{1}{4V_{1\max}^2}} \tag{6.122}$$

Da $\frac{1}{4V_{1\max}^2} \ll 1$, läßt sich der Wurzelausdruck in eine *Taylor*-Reihe entwickeln. Vernachlässigt man noch alle quadratischen Glieder von $\frac{1}{V_{1\max}}$, so folgt

$$\eta_1^2 = 1 - \frac{1}{V_{1\max}} \qquad \eta_2^2 = 1 + \frac{1}{V_{1\max}}$$

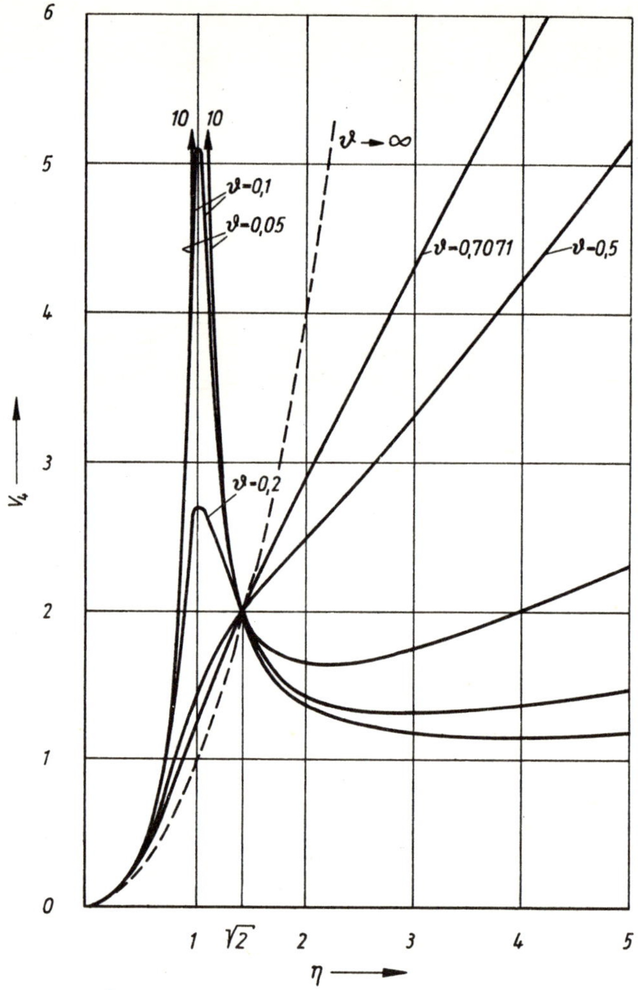

Bild D 6.42

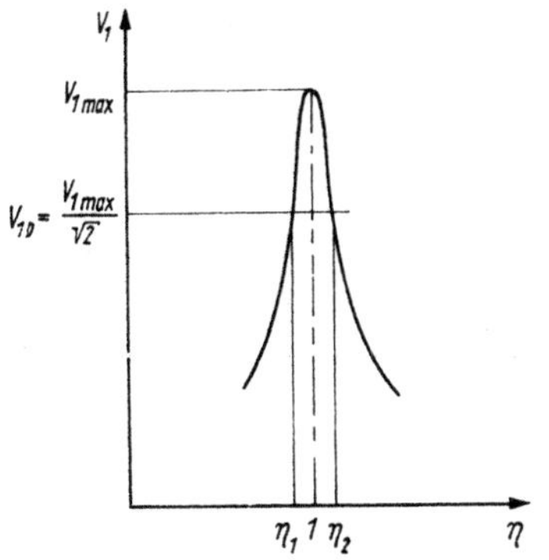

Bild D 6.43

Eine erneute Reihenentwicklung der entstehenden Wurzelausdrücke liefert

$$\eta_1 = 1 - \frac{1}{2V_{1\max}} \qquad \eta_2 = 1 + \frac{1}{2V_{1\max}} \tag{6.123}$$

Eine Differenzbildung liefert

$$\eta_2 - \eta_1 = \frac{2}{2V_{1\max}} \qquad V_{1\max} = \frac{1}{\eta_2 - \eta_1} = \frac{1}{2\vartheta}$$

$$\vartheta = \frac{\eta_2 - \eta_1}{2} \tag{6.124}$$

Bei der Kennwertermittlung geht man folgendermaßen vor: Zunächst wird das Element, dessen Feder- und Dämpfungskennwerte bestimmt werden sollen, durch Anbringen einer bekannten Masse in ein Schwingungssystem einbezogen.
Man bringt dieses System durch eine Erregerkraft (etwa eine Federkrafterregung Bild D 6.32) in Resonanzschwingungen und mißt dabei die Resonanzfrequenz und die Resonanzamplitude $\hat{x}_{\max}$. Die Resonanzfrequenz liefert die Eigenfrequenz, da gilt: $\eta = 1$, $\Omega = \omega_0$. Damit kann bei bekannter Masse der Federwert bestimmt werden $c = \Omega^2 m$.
Danach regelt man die Erregerfrequenz so ein, daß sich eine Amplitude $\hat{x}_{\max}/\sqrt{2}$ einstellt. Die dabei auftretenden, oft nur geringen Verschiebungen der Frequenz nach Ω_1 bzw. Ω_2 lassen sich mit Hilfe bewegter *Lissajous*-Figuren oder mit einem Frequenzzähler bestimmen. Damit ergeben sich der Dämpferkennwert mit Gl. (6.124) und unter Beachtung von $b = 2\vartheta m\omega_0$ zu

$$b = m(\Omega_2 - \Omega_1) \tag{6.125}$$

6.3.4. Darstellung erzwungener Schwingungen in Ortskurven

In 6.3.1. erfolgte die Berechnung der erzwungenen Schwingungen durch Lösen der Bewegungsgleichung im Zeitbereich. Geht man jedoch von komplexen Größen aus, läßt sich die Lösung bedeutend kürzer angeben. Außerdem ergibt sich die Möglichkeit, die beiden charakterisierenden Funktionen, den Amplituden- und Phasenfre-

quenzgang, wie sie beispielsweise auf den Bildern D 6.37 und D 6.38 dargestellt sind, in einer Kurve zu vereinigen.
Ordnet man der Bewegungsgleichung

$$m\ddot{q} + b\dot{q} + cq = F(t)$$

komplexe Größen für die mit der Kreisfrequenz Ω harmonischen Erregerkraft F und der Bewegung q zu, so gilt also

$$F = \tilde{F}\,\mathrm{e}^{\mathrm{j}\Omega t}; \qquad q = \tilde{q}\,\mathrm{e}^{\mathrm{j}\Omega t} \tag{6.126}$$

Dabei sind $\hat{F}$ und $\tilde{q}$ komplexe Amplituden der Kraft und der Bewegung. Aus der Bewegungsgleichung ergibt sich dann

$$\tilde{q}(c - \Omega^2 m + \mathrm{j}b\Omega) = \tilde{F} \tag{6.127}$$

Zählt man die Phasenverschiebung zwischen Erregung und Bewegung von der Erregung aus, so kann $\tilde{F} = \hat{F}$ gesetzt werden.
Es ergibt sich dann mit $\eta = \Omega/\omega_0$, $\omega_0^2 = c/m$, $\vartheta = \dfrac{b}{2m\omega_0}$

$$\tilde{q} = \frac{\hat{F}}{c} \cdot \frac{1}{(1 - \eta^2) + \mathrm{j}2\vartheta\eta} \tag{6.128}$$

Die Trennung in Real- und Imaginärteil ergibt

$$\tilde{q} = \frac{\tilde{F}}{c} \cdot \frac{(1 - \eta^2) - \mathrm{j}2\vartheta\eta}{[(1 - \eta^2) + \mathrm{j}2\vartheta\eta]\,[(1 - \eta^2) - \mathrm{j}2\vartheta\eta]}$$

$$\tilde{q} = \frac{\hat{F}}{c}\left[\frac{(1 - \eta^2)}{(1 - \eta^2)^2 + 4\vartheta^2\eta^2} - \mathrm{j}\,\frac{2\vartheta\eta}{(1 - \eta^2)^2 + 4\vartheta^2\eta^2}\right] \tag{6.129}$$

Den Amplitudenfrequenzgang findet man aus

$$\hat{q} = \sqrt{\mathrm{Re}^2\,(\tilde{q}) + \mathrm{Im}^2\,(\tilde{q})} = \frac{\hat{F}}{c} \cdot \frac{1}{\sqrt{(1 - \eta^2)^2 + 4\vartheta^2\eta^2}} \tag{6.130}$$

und den Phasenfrequenzgang

$$\tan\psi = \frac{\mathrm{Im}\,(\tilde{q})}{\mathrm{Re}\,(\tilde{q})} = -\frac{2\vartheta\eta}{1 - \eta^2} \tag{6.131}$$

Mit $\psi = -\varphi$ entsprechen die Gl. (6.130) und (6.131) den stationären Lösungen in Gl. (6.97) und Gl. (6.98). Stellt man nun Gl. (6.129) in der *Gauß*schen Zahlenebene dar, so geht man davon aus, daß nach Gl. (6.8) $\tilde{q} = \hat{q}\,\mathrm{e}^{-\mathrm{j}\varphi}$ geschrieben werden kann. Es gilt also

$$\frac{\hat{q}c}{\hat{F}}\,\mathrm{e}^{-\mathrm{j}\varphi} = \frac{1 - \eta^2}{(1 - \eta^2)^2 + 4\vartheta^2\eta^2} - \mathrm{j}\,\frac{2\vartheta\eta}{(1 - \eta^2)^2 + 4\vartheta^2\eta^2} \tag{6.132}$$

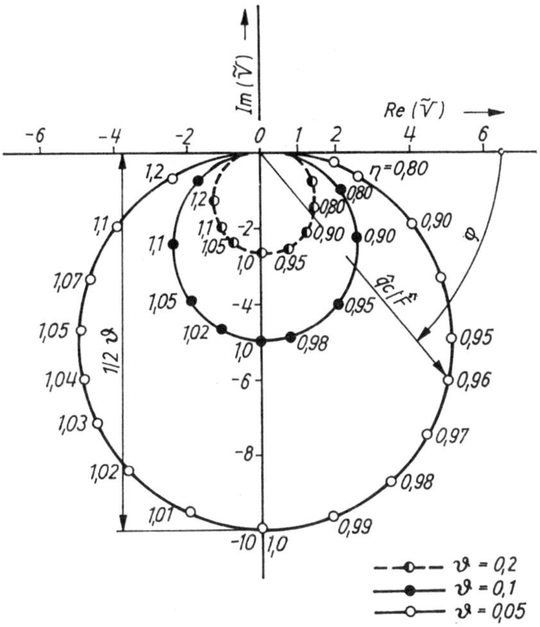

Bild D 6.44

Die Darstellung dieser Beziehung ist eine Ortskurve, wie sie Bild D 6.44 für verschiedene Dämpfungen ϑ zeigt. Dabei gilt für die dynamische Einflußzahl $\tilde{V} = \tilde{q}c/\tilde{F}$. Als Parameter wurde auf diesen Kurven der zu dem Phasenverschiebungswinkel gehörige η-Wert eingetragen.
Derartige Ortskurven lassen sich experimentell finden und daraus die Modellparameter bestimmen. Dabei werden für eine bestimmte Frequenz die Bewegungs- und die Kraftamplituden sowie die Phasenverschiebung gemessen und der so gewonnene Zeiger $\hat{q}c/\hat{F}$ unter dem Winkel φ eingetragen.
Für Re $(V) = 0$ ergibt sich $\eta = 1$. Damit wird Im $(\tilde{V}) = 1/2\vartheta$, der Abstand auf der imaginären Achse ist also ein Maß für die Dämpfung.
Für Im $(\tilde{V}) = 0$ ergibt sich $\eta = 0$. Damit wird Re $(\tilde{V}) = 1$, der Abstand auf der realen Achse ist also ein Maß für den Federwert $c = \hat{F}/\hat{q}$, dabei ist $\hat{q}$ die statische Verschiebung unter einer statischen Last $\hat{F}$. Weitere Ausführungen dazu findet man in dem angegebenen Lehrbuch der Maschinendynamik.

6.3.5. Beispiele zu den erzwungenen Schwingungen

Beispiel 1:

Bild D 6.45 zeigt ein Torsionsschwingungssystem, dessen eine Masse harmonisch bewegt wird: $\varphi_1 = \hat{\varphi}_1 \sin \Omega t$. Wie groß ist im stationären Zustand die Schwingwinkelamplitude. Welche maximalen Torsionswechselbeanspruchungen herrschen in den beiden Wellenabschnitten?

Gegeben: $m = 100$ kg, $R = 20$ cm, $\Omega = 50\ \text{s}^{-1}$, $\hat{\varphi}_1 = 2°$, $l = 50$ cm, $d_1 = 3$ cm, $d_2 = 2$ cm, $G = 8 \cdot 10^6\ \text{N cm}^{-2}$

Lösung:

Die Federsteifigkeiten der Wellenabschnitte betragen

$$c_1 = \frac{GI_{p1}}{l} \qquad c_2 = \frac{GI_{p2}}{l} \qquad I_p = \frac{\pi}{32} d^4$$

Die Gesamtfederkonstante lautet (vgl. 6.2.4., Beispiel 3)

$$c = \frac{c_1 c_2}{c_1 + c_2} = \frac{GI_{p2}}{l} \left(\frac{1}{1 + \frac{I_{p2}}{I_{p1}}} \right)$$

Trägheitsmoment der Scheibe *2*:

$$J_2 = \frac{mR^2}{2}.$$

Bewegungsgleichung:

$$J_2 \ddot{\varphi}_2 + c(\varphi_2 - \varphi_1) = 0 \qquad \ddot{\varphi}_2 + \frac{c}{J_2} \varphi_2 = \frac{c}{J_2} \hat{\varphi}_1 \sin \Omega t$$

Die Bewegungsgleichung entspricht Gl. (6.86).

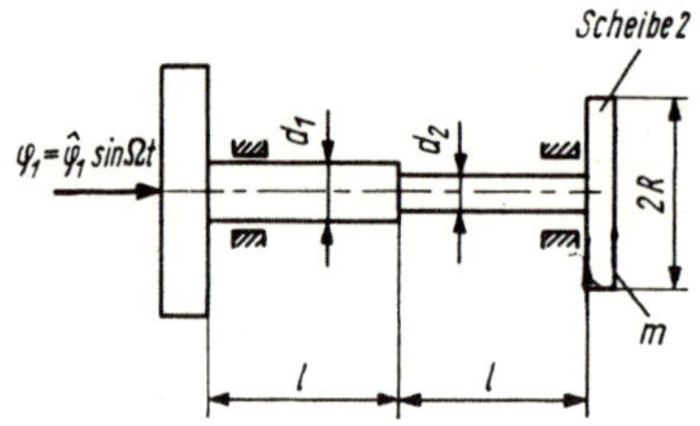

Bild D 6.45

Für das dämpfungsfreie System lautet demnach die Schwingwinkelamplitude der Scheibe *2* (Bild D 6.40):

$$\hat{\varphi}_2 = \hat{\varphi}_1 \qquad V_2 = \hat{\varphi}_1 \frac{1}{1 - \eta^2}$$

$$\eta = \frac{\Omega}{\omega_0} \qquad \omega_0^2 = \frac{c}{J_2}$$

Das in den Wellenstücken zu übertragende Moment beträgt

$$M = c(\varphi_2 - \varphi_1)$$

Die Momentenamplitude

$$\hat{M} = c(\hat{\varphi}_2 - \hat{\varphi}_1) = c\hat{\varphi}_1 \frac{\eta^2}{1 - \eta^2}$$

Die maximalen Torsionsspannungen betragen

$$\tau_1 = \frac{\hat{M} d_1}{2I_{p1}} \qquad \tau_2 = \frac{\hat{M} d_2}{2I_{p2}}$$

Zahlenrechnung:

$$I_{p2} = 1{,}57 \text{ cm}^4 \qquad I_{p1} = 7{,}95 \text{ cm}^4 \qquad J_2 = 2 \text{ kg m}^2$$

$$c = \frac{8 \cdot 10^6 \cdot 1{,}57}{50 \cdot 1{,}197} \text{ N cm} \qquad c = 2{,}1 \cdot 10^5 \text{ N cm}$$

$$c = 2{,}1 \cdot 10^3 \text{ N m}$$

$$\omega_0 = \sqrt{\frac{2{,}1 \cdot 10^3}{2}} \text{ s}^{-1} = 32{,}4 \text{ s}^{-1} \qquad \eta = \frac{50}{32{,}4} = 1{,}54$$

Das System ist tief abgestimmt, da $\eta > 1$. Die Phasenverschiebung beträgt $\varphi = 180°$ ($\vartheta = 0$), es schwingt also φ_2 gegen φ_1.

$$\frac{\hat{\Phi}_2}{\hat{\Phi}_1} = \frac{1}{1-\eta^2} = -0{,}73 \qquad \begin{aligned}\hat{\Phi}_1 &= 0{,}0349 \text{ rad}\\ \hat{\Phi}_2 &= -0{,}0255 \text{ rad}\end{aligned}$$

Somit:

$$\hat{M} = c\hat{\Phi}_1 \left(\frac{\hat{\Phi}_2}{\hat{\Phi}_1} - 1\right) = -2{,}1 \cdot 10^5 \cdot 0{,}0349 \cdot 1{,}73 \text{ N cm}$$

$$\hat{M} = 12{,}7 \cdot 10^3 \text{ N cm}$$

Damit gilt für die Torsionsspannungsamplituden:

$$\tau_1 = 2396 \text{ N cm}^{-2}, \qquad \tau_2 = 8089 \text{ N cm}^{-2}$$

Wie man aus Bild D 6.40 erkennt, ist der Einfluß einer schwachen Dämpfung, wie sie durch die Hysteresewirkung des Werkstoffes entsteht, bei der vorliegenden Abstimmung zu vernachlässigen.

Beispiel 2:

Eine Maschine mit der Gesamtmasse m_M soll auf einer Geschoßdecke aufgestellt werden. Sie bewirkt durch einen mit der Drehzahl n_M umlaufenden Rotor der Masse m_R und der Schwerpunktexzentrizität e_R freie Massenkräfte. Es ist zu überprüfen, ob die durch die Maschine hervorgerufenen Schwingungsamplituden unter dem zulässigen Wert $\hat{x}_{zul}$ bleiben. Zur Bestimmung der dynamischen Parameter der Decke wurde auf dieser an der Stelle, wo die Maschine aufgestellt werden soll, ein Unwuchterreger mit der Unwucht $m_u r_u$ montiert und die skizzierte Resonanzkurve (Bild D 6.46) gemessen. Die Masse des Unwuchterregers ist klein gegenüber der Ersatzmasse der Decke.

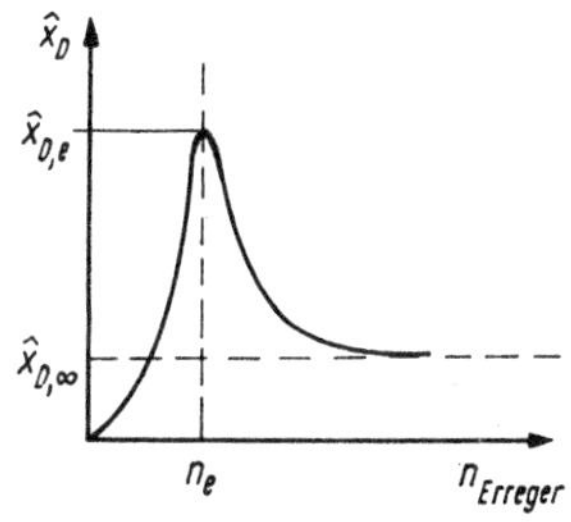

Bild D 6.46

Gegeben:

$m_M = 2000$ kg		$\hat{x}_{zul}$	$= 50\ \mu m$
$m_R = 500$ kg		$\hat{x}_{D,e}$	$= 75\ \mu m$
$e_R = 40\ \mu m$		$\hat{x}_{D,\infty}$	$= 10\ \mu m$
$n_M = 750\ min^{-1}$		$m_u r_u$	$= 1$ kg cm
		n_e	$= 1500\ min^{-1}$

Lösung:

Zuerst müssen Masse, Feder und Dämpfung des Ersatzsystems der Geschoßdecke bestimmt werden. Die gemessene Resonanzkurve für die Bewegung bei Unwuchterregung entspricht der Vergrößerungsfunktion V_3 (Bild D 6.39). Werden mit dem Index D die Werte der Deckenparameter bezeichnet, gilt für die Amplitude der Geschoßdecke

$$\hat{x}_D = \frac{m_u r_u}{m_D} \frac{\eta_D^2}{\sqrt{(1-\eta_D^2)^2 + 4\vartheta_D^2 \eta_D^2}} \tag{1}$$

Da kleine Dämpfung zu erwarten ist, kann angenommen werden, daß die Maximalamplitude bei $\eta_D = 1$ liegt. Daraus folgt

$$\eta_D = 1: \qquad \hat{x}_{D,e} = \frac{m_u r_u}{m_D} \frac{1}{2\vartheta_D} \qquad \omega_{0D}^2 = \frac{c_D}{m_D} \qquad \omega_{0D} = \frac{\pi n_e}{30}$$

$$\eta_D \to \infty: \qquad \hat{x}_{D,\infty} = \frac{m_u r_u}{m_D} \tag{2}$$

Aus den Beziehungen (2) lassen sich die drei Parameter des Ersatzmodells der Geschoßdecke berechnen.

$$m_D = \frac{m_u r_u}{\hat{x}_{D,\infty}} \qquad 2\vartheta_D = \frac{\hat{x}_{D,\infty}}{\hat{x}_{D,e}} \qquad c_D = m_D \left(\frac{\pi n_e}{30}\right)^2 \tag{3}$$

Mit den Zahlenwerten ergibt sich

$$m_D = 1000\ \text{kg} \qquad \vartheta = 0{,}007 \qquad c_D = 2{,}47 \cdot 10^7\ \text{N m}^{-1}$$

Zur Berechnung des Systems Decke — Maschine liegen nun folgende Parameter vor:

Masse $\quad m = m_M + m_D = 3000$ kg

Feder $\quad c = c_D = 2{,}47 \cdot 10^7\ \text{N m}^{-1}$

Dämpfung: Die Dämpfung ϑ_D kann nicht übertragen werden, da sie systemabhängig ist. Übertragbar ist die Dämpfungskonstante b. Mit

$$2\vartheta = \frac{b}{\sqrt{cm}}$$

gilt

$$\frac{2\vartheta}{2\vartheta_D} = \sqrt{\frac{c_D m_D}{cm}} \qquad \vartheta = \vartheta_D \sqrt{\frac{m_D}{m}} = 0{,}04 \tag{4}$$

Bei der Unsicherheit der Dämpfungsbestimmung ist die Angabe rein rechnerisch erhaltener Dezimalen sinnlos.

Da es sich um sehr schwache Dämpfung handelt, kann die Eigenkreisfrequenz des Systems berechnet werden nach

$$\omega_0^2 = \omega^2 = \frac{c}{m} = 8{,}23 \cdot 10^4\ \mathrm{s}^{-2}, \qquad \omega = 90{,}74\ \mathrm{s}^{-1}$$

Damit ergibt sich ein Abstimmungsverhältnis

$$\eta = \frac{\Omega}{\omega_0} = 0{,}866$$

Für die Berechnung der stationären Deckenamplitude gilt nun gemäß Gl. (6.83) und Bild D 6.39:

$$\hat{x} = \frac{m_R e_R}{m} V_3, \qquad V_3 = 2{,}89$$

Für die ermittelten und gegebenen Zahlenwerte ergibt sich

$$\hat{x} = 19{,}3\ \mu\mathrm{m}$$

Die Amplitude der Deckenschwingung wird somit im stationären Betrieb unter dem zulässigen Wert liegen.

Beispiel 3:

Eine Maschine der Masse m_M läuft mit konstanter Drehzahl n. Auf Grund einer Unwucht des Rotors wird eine Kraft $F = \hat{F} \sin \Omega t$ auf den Aufstellungsort übertagen. Die Maschine soll auf ein elastisch gelagertes Fundament gestellt werden, damit die nun an den Aufstellungsort übertragenen Kräfte nur noch 3% der Unwuchtkräfte des Rotors betragen. Weiterhin soll die Schwingungsamplitude des Fundaments nicht größer als $\hat{s} = 2\ \mu\mathrm{m}$ sein. Man bestimmt die Masse des Fundaments m_F und die Federkonstante c_F einer Ersatzfeder, die dann nach einem Federkatalog auf mehrere Einzelfedern verteilt wird. Die Dämpfung soll vernachlässigt werden.

Gegeben: $m_M = 2000\ \mathrm{kg}$ $\quad \hat{F} = 1000\ \mathrm{N}$ $\quad n = 3000\ \mathrm{min}^{-1}$

Lösung:

Für die Berechnung liegt das Modell Bild D 6.30 zugrunde. Die Masse des Systems setzt sich aus Fundament- und Maschinenmasse zusammen, $m = m_M + m_F$. Für $\vartheta = 0$ ergibt sich als Lösung für die Bewegungsgleichung vom Typ Gl. (6.82)

$$\ddot{x} + \frac{c}{m} x = \frac{\hat{F}}{m} \sin \Omega t \qquad \hat{x} = \frac{\hat{F}}{c} \frac{1}{1 - \eta^2} \qquad \omega^2 = \frac{c}{m} \tag{1}$$

Die Amplitude der Kraft auf den Boden (vgl. Gl. (6.102)) beträgt

$$\hat{F}_B = \hat{F} V_2 = -\hat{F} \frac{1}{1 - \eta^2} \tag{2}$$

Aus Bild D 6.40 erkennt man: für $V_2 < 1$ gilt $\eta > 1$.
Das negative Vorzeichen berücksichtigt die Phasenverschiebung im tiefabgestimmten Bereich $\eta > 1$. Aus Gl. (2) läßt sich für das geforderte Verhältnis der Kraftübertragung das Frequenzverhältnis η berechnen

$$\eta^2 = 1 + \frac{\hat{F}}{\hat{F}_B} = 1 + \frac{1}{0{,}03} = \frac{1{,}03}{0{,}03}$$

$$\eta = 5{,}86$$

Aus Gl. (1) läßt sich die Federkonstante bei vorgegebener Schwingungsamplitude $\hat{x} = \hat{s}$ berechnen

$$c = \frac{\hat{F}}{\hat{s}} \frac{1}{\eta^2 - 1} = \frac{\hat{F}}{\hat{s}} \, 0{,}03$$

$$c = \frac{1000 \text{ N}}{2 \cdot 10^{-6} \text{ m}} \cdot 0{,}03 = 15 \cdot 10^6 \text{ N m}^{-1}$$

Bestimmung der Fundamentmasse

$$\eta^2 = \frac{\Omega^2}{\omega^2} \qquad m = \frac{\eta^2 c}{\Omega^2} \qquad \Omega = \frac{\pi n}{30} \qquad \Omega = 314 \text{ s}^{-1}$$

$$m = \frac{34{,}4 \cdot 15 \cdot 10^6}{314^2} \text{ kg} = 5224 \text{ kg}$$

$$m_\text{F} = m - m_\text{M} = 3224 \text{ kg}$$

Beispiel 4:

Bei einem Notstromaggregat sind Kolbenmotor und Generator durch eine elastische Kupplung verbunden. Im stationären Bewegungszustand gibt der Motor ein Moment

$$M = M_0 + M_1 \sin \Omega t + M_2 \sin 2\Omega t$$

ab, während der Generator ein konstantes Gegenmoment M_0 aufnimmt. Das Berechnungsmodell zeigt Bild D 6.47. Wie groß ist das dynamische Moment außerhalb einer Resonanz, das durch die Kupplung übertragen werden muß?

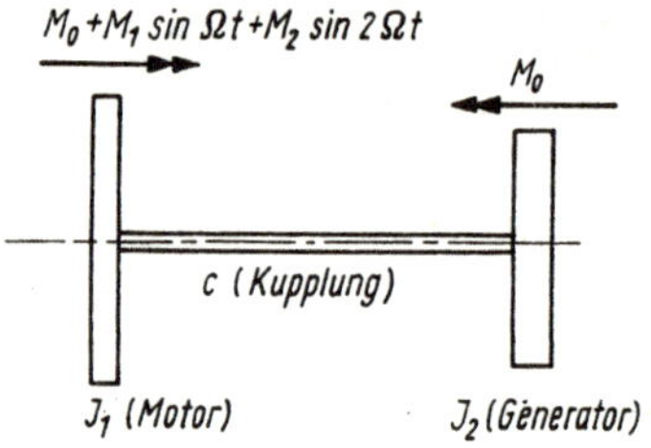

Bild D 6.47

Lösung:

Da keine Resonanzschwingung vorliegt, kann in erster Näherung unter Vernachlässigung der Dämpfung gerechnet werden.
Die Bewegungsgleichungen lauten

$$J_1\ddot{\varphi}_1 + c(\varphi_1 - \varphi_2) = M_0 + M_1 \sin \Omega t + M_2 \sin 2\Omega t$$

$$J_2\ddot{\varphi}_2 - c(\varphi_1 - \varphi_2) = -M_0$$

Da nach dem elastischen Moment in der Kupplung gefragt wird, empfiehlt es sich, die Relativverschiebung $\Delta\varphi = \varphi_1 - \varphi_2$ als Koordinate einzuführen. Wird die erste Gleichung mit J_2 und die zweite mit $(-J_1)$ multipliziert und beide addiert, so ergibt sich

$$\Delta\ddot{\varphi} + \frac{c(J_1 + J_2)}{J_1 J_2} \Delta\varphi = \frac{1}{J_1} M_1 \sin \Omega t + \frac{1}{J_1} M_2 \sin 2\Omega t + M_0 \frac{(J_1 + J_2)}{J_1 J_2} \qquad (1)$$

Diese Bewegungsgleichung entspricht der allgemeinen Gl. (6.105), wenn gesetzt wird:

$$\omega_0^2 = \omega^2 = \frac{c(J_1 + J_2)}{J_1 J_2} \qquad a_0 = M_0 \frac{J_1 + J_2}{J_1 J_2} = \frac{M_0 \omega^2}{c}$$

$$b_1 = \frac{1}{J_1} M_1 \qquad b_2 = \frac{1}{J_1} M_2 \qquad a_k = 0 \qquad \delta = 0 \qquad \eta = \frac{\Omega}{\omega} \tag{2}$$

Damit lautet die stationäre Lösung nach Gl. (6.111) und Gl. (6.112):

$$\Delta\varphi = \frac{M_0}{c} + \frac{M_1}{J_1\omega^2} \frac{1}{(1-\eta^2)} \sin \Omega t + \frac{M_2}{J_1\omega^2} \frac{1}{(1-4\eta^2)} \sin 2\Omega t$$

Bezeichnet man mit $M_{\mathrm{E}} = c\,\Delta\varphi$ das elastische Moment in der Kupplung und das Momentenverhältnis mit $\mu = \frac{M_2}{M_1}$, ergibt sich

$$\frac{M_{\mathrm{E}}}{M_1} \frac{J_1 + J_2}{J_2} = \frac{1}{1-\eta^2} \sin \Omega t + \mu \frac{1}{1-(2\eta)^2} \sin 2\Omega t \tag{3}$$

Bild D 6.48 zeigt den Maximalwert von $\frac{M_{\mathrm{E}}}{M_1} \frac{J_1 + J_2}{J_2}$ für ein Momentenverhältnis $\mu = 1$.

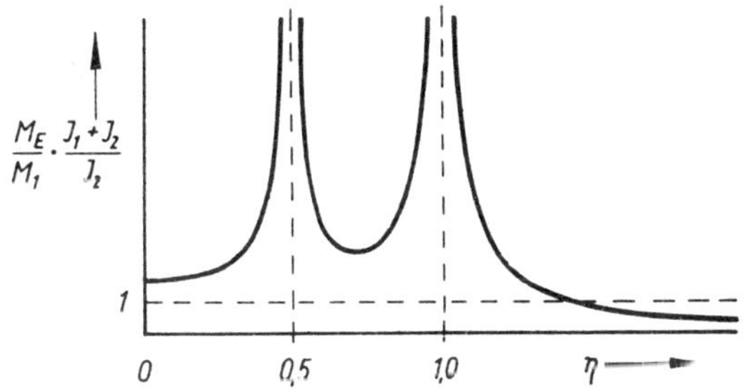

Bild D 6.48

Dabei ist zu beachten, daß er nicht durch Addition der Amplituden beider Harmonischer gefunden wird, sondern eine echte Synthese erfordert. Man erkennt, daß für $\eta = \frac{1}{2}$ und $\eta = 1$ Resonanzen auftreten, die bei dämpfungsfreiem System unendlich große Ausschläge zur Folge haben. Auch bei schwach gedämpften Systemen sind die Ausschläge der in Resonanz befindlichen Harmonischen meist größer als die der außerhalb der Resonanz liegenden. Praktisch treten deshalb bei der Messung von Resonanzschwingungen häufig harmonische Signale auf. Für alle übrigen η-Werte liegen periodische Schwingungen vor, die Dämpfung kann bei genügendem Abstand von einer Resonanz häufig vernachlässigt werden.

7. SCHWINGUNGEN LINEARER SYSTEME MIT DEM FREIHEITSGRAD 2 UND KONSTANTEN PARAMETERN

7.1. Freie Schwingungen von Systemen mit dem Freiheitsgrad 2

Die Behandlung von Schwingungssystemen mit dem Freiheitsgrad 2 enthält die prinzipiellen Überlegungen, die auch für diskrete Systeme mit dem Freiheitsgrad n gelten. Während jedoch beim Freiheitsgrad 2 keine numerischen Probleme auftreten, können diese beim Freiheitsgrad n erheblich sein. Für das prinzipielle Verständnis der Schwingungen von Systemen mit dem Freiheitsgrad n ist deshalb die Behandlung von Systemen mit dem Freiheitsgrad 2 besonders bedeutungsvoll.
Wie in 6.2.2. gezeigt wurde, hat eine schwache Dämpfung, wie sie im Maschinenbau in den meisten Fällen auftritt, einen zu vernachlässigenden Einfluß auf die Eigenfrequenz. Es sollen deshalb bei der Behandlung der freien Schwingungen der Systeme mit dem Freiheitsgrad 2 Berechnungsmodelle ohne Dämpfer verwendet werden. Es sei jedoch darauf hingewiesen, daß diese Annahme nicht für alle Aufgabenstellungen sinnvoll ist. Soll beispielsweise der Ausschwingvorgang eines Fundamentsystems nach einer Stoßbelastung berechnet werden, kann man auf die Dämpfung nicht verzichten.

7.1.1. Bewegungsgleichungen und ihre Kopplung

Es sollen zunächst die Bewegungsgleichungen für verschiedene Schwingungssysteme aufgestellt werden. Für die auf Bild D 7.1 wiedergegebene Schwingungskette gilt

$$m_1\ddot{x}_1 + c_1(x_1 - x_2) = 0 \qquad (7.1)$$

$$m_2\ddot{x}_2 + c_2x_2 - c_1(x_1 - x_2) = 0$$

oder

$$\ddot{x}_1 + \frac{c_1}{m_1}\,x_1 - \frac{c_1}{m_1}\,x_2 = 0 \qquad (7.2)$$

$$\ddot{x}_2 + \frac{c_2 + c_1}{m_2}\,x_2 - \frac{c_1}{m_2}\,x_1 = 0$$

Für das Torsionsschwingungssystem Bild D 7.2 gilt analog

$$\ddot{\varphi}_1 + \frac{c_1}{J_1}\,\varphi_1 - \frac{c_1}{J_1}\,\varphi_2 = 0 \qquad (7.3)$$

$$\ddot{\varphi}_2 + \frac{c_1 + c_2}{J_2}\,\varphi_2 - \frac{c_1}{J_2}\,\varphi_1 = 0$$

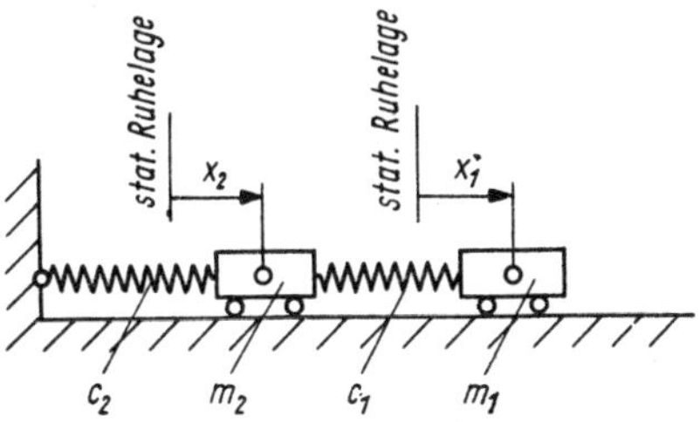

Bild D 7.1

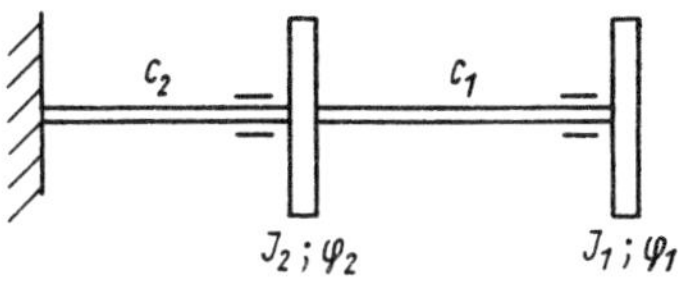

Bild D 7.2

Bild D 7.3 zeigt ein Biegesystem mit Punktmassen und masselosen Biegebalken. Die Bewegungsgleichungen hierfür werden aus Verformungsgleichungen gewonnen. Denkt man sich an den Stellen der Massen Kräfte in Richtung der Durchbiegungen angreifen, so gilt

$$y_1 = \alpha_{11} F_1 + \alpha_{12} F_2 \tag{7.4}$$

$$y_2 = \alpha_{21} F_1 + \alpha_{22} F_2 \tag{7.5}$$

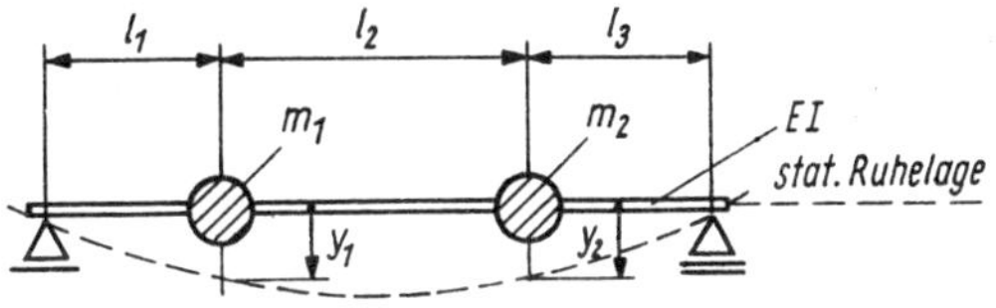

Bild D 7.3

α_{ik} sind dabei die Einflußzahlen, deren Ermittlung in Abschn. 7. (Festigkeitslehre) behandelt wurde. Die durch die bewegten Massen an den Biegestellen auf den Balken übertragenen Kräfte betragen

$$F_1 = -m_1 \ddot{y}_1 \qquad F_2 = -m_2 \ddot{y}_2 \tag{7.6}$$

Die Bewegungsgleichung geht damit in die Form über

$$\alpha_{11} m_1 \ddot{y}_1 + y_1 + \alpha_{12} m_2 \ddot{y}_2 = 0 \tag{7.7}$$

$$\alpha_{22} m_2 \ddot{y}_2 + y_2 + \alpha_{21} m_1 \ddot{y}_1 = 0$$

Man beachte, daß die Bewegung um die statische Ruhelage betrachtet wird. Die Gewichtskräfte werden durch die statische Verformung des Biegebalkens kompensiert.

Die Bewegungsgleichungen des mathematischen Doppelpendels Bild D 7.4 sollen unter Verwendung verschiedener Koordinaten angegeben werden. Man findet sie am günstigsten mit den *Lagrange*schen Gleichungen 2. Art. Benutzt man die Absolutwinkel φ_1 und φ_2 als Koordinaten, dann gilt für kleine Ausschläge

$$(m_1 + m_2)\, s_1^2 \ddot{\varphi}_1 + g(m_1 + m_2)\, s_1 \varphi_1 + m_2 s_1 s_2 \ddot{\varphi}_2 = 0 \tag{7.8}$$

$$m_2 s_1 s_2 \ddot{\varphi}_1 + g m_2 s_2 \varphi_2 + m_2 s_2^2 \ddot{\varphi}_2 = 0$$

oder

$$\frac{s_1}{g}\ddot{\varphi}_1 + \varphi_1 + \frac{m_2 s_2}{g(m_1 + m_2)}\ddot{\varphi}_2 = 0 \tag{7.9}$$

$$\frac{s_2}{g}\ddot{\varphi}_2 + \varphi_2 + \frac{s_1}{g}\ddot{\varphi}_1 = 0$$

Setzt man die Relativwinkel ψ_1 und ψ_2 als Koordinaten ein, wobei natürlich $\psi_1 = \varphi_1$ und $\psi_2 = \varphi_2 - \varphi_1$ gilt, ergibt sich

$$[(m_1 + m_2)\, s_1^2 + m_2 s_1 s_2]\, \ddot{\psi}_1 + g(m_1 + m_2)\, s_1 \psi_1 + m_2 s_1 s_2 \ddot{\psi}_2 = 0$$

$$[m_2 s_1 s_2 + m_2 s_2^2]\, \ddot{\psi}_1 + g m_2 s_2 \psi_1 + g m_2 s_2 \psi_2 + m_2 s_2^2 \ddot{\psi}_2 = 0 \tag{7.10}$$

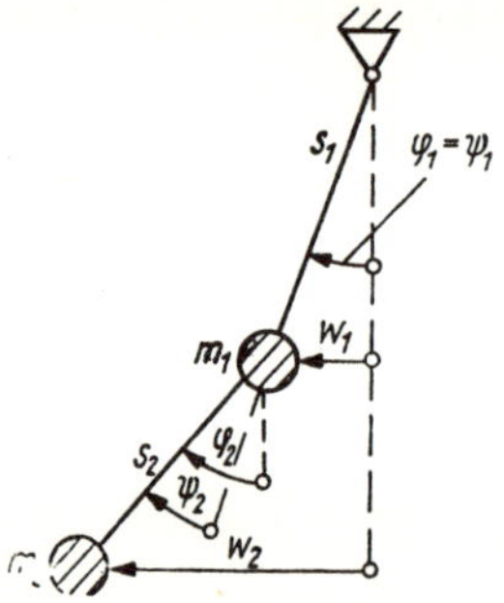

Bild D 7.4

Benutzt man unter Voraussetzung kleiner Ausschläge die horizontalen Verschiebungen der Punktmassen w_1 und w_2 als Koordinaten, so gilt mit

$$w_1 = s_1 \varphi_1 \qquad w_2 = s_1 \varphi_1 + s_2 \varphi_2 \tag{7.11}$$

$$m_1 \ddot{w}_1 + \frac{g}{s_1}(m_1 + m_2)\, w_1 + m_2 \ddot{w}_2 = 0 \tag{7.12}$$

$$m_2 \ddot{w}_2 + \frac{m_2 g}{s_2} w_2 - \frac{m_2 g}{s_2} w_1 = 0$$

Da es sich bei den Gln. (7.8 bis 7.12) um linearisierte Bewegungsgleichungen handelt, können die Gln. (7.10) und (7.12) nicht durch Einsetzen der Beziehungen zwischen den Koordinaten in die Gl. (7.8) gefunden werden. Man geht deshalb stets von der Aufstellung der *Lagrange*schen Funktion in den verschiedenen Koordinaten aus und linearisiert die gewonnenen Bewegungsgleichungen.

Diese verschiedenen Bewegungsgleichungen lassen sich auf drei Standardformen bringen.

Für Gln. (7.2) und (7.3) kann unter Verwendung der generalisierten Koordinate q geschrieben werden

$$\ddot{q}_1 + a_{11} q_1 + a_{12} q_2 = 0 \tag{7.13}$$

$$\ddot{q}_2 + a_{22} q_2 + a_{21} q_1 = 0$$

In Matrizenschreibweise lautet Gl. (7.13)

$$\begin{pmatrix} \ddot{q}_1 \\ \ddot{q}_2 \end{pmatrix} + \begin{pmatrix} a_{11} & a_{12} \\ a_{21} & a_{22} \end{pmatrix} \begin{pmatrix} q_1 \\ q_2 \end{pmatrix} = \begin{pmatrix} 0 \\ 0 \end{pmatrix} \tag{7.14}$$

Die Kopplung der beiden Bewegungsgln. (7.13) wird durch die sogenannten Koppelglieder $a_{12}q_2$, $a_{21}q_1$, also durch Ausschläge, erreicht. Man spricht deshalb von Ausschlagskopplung.
Für die Gln. (7.7) und (7.9) kann geschrieben werden

$$\begin{aligned} b_{11}\ddot{q}_1 + q_1 + b_{12}\ddot{q}_2 &= 0 \\ b_{22}\ddot{q}_2 + q_2 + b_{21}\ddot{q}_1 &= 0 \end{aligned} \tag{7.15}$$

oder in Matrizenschreibweise

$$\begin{pmatrix} q_1 \\ q_2 \end{pmatrix} + \begin{pmatrix} b_{11} & b_{12} \\ b_{21} & b_{22} \end{pmatrix} \begin{pmatrix} \ddot{q}_1 \\ \ddot{q}_2 \end{pmatrix} = \begin{pmatrix} 0 \\ 0 \end{pmatrix} \tag{7.16}$$

Die Kopplung der beiden Bewegungsgleichungen erfolgt hier durch die Beschleunigungsglieder $b_{12}\ddot{q}_2$, $b_{21}\ddot{q}_1$. Man spricht deshalb von Beschleunigungskopplung.
Für Gln. (7.10) und (7.12) läßt sich schließlich als Standardform angeben:

$$\begin{aligned} d_{11}\ddot{q}_1 + c_{11}q_1 + d_{12}\ddot{q}_2 + c_{12}q_2 &= 0 \\ d_{22}\ddot{q}_2 + c_{22}q_2 + d_{21}\ddot{q}_1 + c_{21}q_1 &= 0 \end{aligned} \tag{7.17}$$

oder in Matrizenschreibweise

$$\begin{pmatrix} d_{11} & d_{12} \\ d_{21} & d_{22} \end{pmatrix} \begin{pmatrix} \ddot{q}_1 \\ \ddot{q}_2 \end{pmatrix} + \begin{pmatrix} c_{11} & c_{12} \\ c_{21} & c_{22} \end{pmatrix} \begin{pmatrix} q_1 \\ q_2 \end{pmatrix} = \begin{pmatrix} 0 \\ 0 \end{pmatrix} \tag{7.18}$$

Bei diesem allgemeinen Typ der Bewegungsgleichungen liegt eine gemischte Kopplung vor.

Natürlich lassen sich die verschiedenen Formen der Matrizengleichungen ineinander überführen. Schreibt man Gl. (7.18) in der allgemeinen Form

$$\boldsymbol{M}\ddot{\boldsymbol{q}} + \boldsymbol{C}\boldsymbol{q} = \boldsymbol{O} \tag{7.19}$$

so enthält $\boldsymbol{M}$ nur Massenparameter und $\boldsymbol{C}$ nur Steifigkeitsparameter. Man nennt sie deshalb die Massen- und Steifigkeitsmatrizen. $\boldsymbol{q}$ ist der Koordinaten- und $\ddot{\boldsymbol{q}}$ der Beschleunigungsvektor. Multipliziert man jetzt Gl. (7.19) mit der invertierten Massenmatrix $\boldsymbol{M}^{-1}$ von links, so folgt mit $\boldsymbol{M}^{-1}\boldsymbol{M} = \boldsymbol{E}$ ((Einheitsmatrix)

$$\ddot{\boldsymbol{q}} + \boldsymbol{M}^{-1}\boldsymbol{C}\boldsymbol{q} = \boldsymbol{O} \tag{7.20}$$

Man erhält also die Form der Ausschlagskopplung nach Gl. (7.14). Multipliziert man Gl. (7.19) mit $\boldsymbol{C}^{-1}$, so folgt

$$\boldsymbol{C}^{-1}\boldsymbol{M}\ddot{\boldsymbol{q}} + \boldsymbol{q} = \boldsymbol{O} \tag{7.21}$$

Die invertierte Steifigkeitsmatrix nennt man Nachgiebigkeitsmatrix $\boldsymbol{D}$, es gilt also

$$\boldsymbol{C}^{-1} = \boldsymbol{D} \tag{7.22}$$

Aus Gl. (7.21) wird dann:

$$\boldsymbol{DM\ddot{q}} + \boldsymbol{q} = \boldsymbol{O} \tag{7.23}$$

Dies ist aber die Form der Beschleunigungskopplung nach Gl. (7.16), da die Multiplikation der beiden quadratischen Matrizen $\boldsymbol{D}$ und $\boldsymbol{M}$ wieder eine quadratische Matrix $\boldsymbol{A}$ liefert. Vergleicht man Gl. (7.23) mit Gl. (7.7), so wird deutlich, daß sich bei dem zur Aufstellung der Bewegungsgleichungen gewählten Verfahren unmittelbar die Matrix $\boldsymbol{DM} = \boldsymbol{A}$ einstellt.

$$\begin{pmatrix} \alpha_{11} & \alpha_{12} \\ \alpha_{21} & \alpha_{22} \end{pmatrix} \begin{pmatrix} m_1 & 0 \\ 0 & m_2 \end{pmatrix} = \begin{pmatrix} \alpha_{11}m_1 & \alpha_{12}m_2 \\ \alpha_{21}m_1 & \alpha_{22}m_2 \end{pmatrix} \tag{7.24}$$

Auf Grund des Satzes von *Maxwell-Betti* ist die Nachgiebigkeitsmatrix und damit die Steifigkeitsmatrix symmetrisch (vgl. F 7.2.1.). Die Massenmatrix ist ebenfalls symmetrisch und in vielen Fällen eine Diagonalmatrix. Voraussetzung hierfür ist allerdings, daß die Matrizen aus Energiebetrachtungen gewonnen wurden (vgl. D 4.1.). Aus diesen Überlegungen erkennt man, daß die Art der Kopplung weder von den gewählten Koordinaten noch vom System abhängt. Je nach dem Lösungsverfahren wird die eine oder die andere Form günstig sein. Die im Anhang angegebenen Bücher über Maschinendynamik und Schwingungslehre gehen darauf näher ein.

7.1.2. Eigenfrequenzen und Schwingungsformen gefesselter Systeme

Die auf den Bildern D 7.1 bis D 7.4 dargestellten Schwingungssysteme sind alle über Federn mit einem Festpunkt verbunden. Beim Doppelpendel wird diese Feder durch das Schwerkraft-Rückstellmoment gebildet. Man nennt diese Systeme *gefesselte Systeme.*

Die Berechnung der Eigenfrequenzen soll für die Form der Ausschlagskopplung Gl. (7.13) erfolgen, da alle anderen Formen darauf reduziert werden können.

Es wird von dem System linearer Differentialgleichungen Gl. (7.13)

$$\begin{aligned} \ddot{q}_1 + a_{11}q_1 + a_{12}q_2 &= 0 \\ \ddot{q}_2 + a_{22}q_2 + a_{21}q_1 &= 0 \end{aligned} \tag{7.25}$$

ausgegangen. Die Lösung erfolgt entsprechend dem System mit dem Freiheitsgrad 1 durch Aufbau eines Fundamentalsystems. Mit dem Ansatz

$$\begin{aligned} q_1 &= A_1\,\mathrm{e}^{\mathrm{j}\omega t} \\ q_2 &= A_2\,\mathrm{e}^{\mathrm{j}\omega t} \end{aligned} \tag{7.26}$$

findet man aus Gl. (7.25)

$$\begin{aligned} -A_1\omega^2 + a_{11}A_1 + a_{12}A_2 &= 0 \\ -A_2\omega^2 + a_{22}A_2 + a_{21}A_1 &= 0 \end{aligned} \tag{7.27}$$

Dies sind zwei homogene Gleichungen für die beiden Unbekannten A_1, A_2. Nach der *Cramer*schen Regel haben sie nur dann eine von Null verschiedene Lösung, wenn die

Koeffizientendeterminante Null wird. Somit muß gelten

$$\begin{vmatrix} a_{11} - \omega^2 & a_{12} \\ a_{21} & a_{22} - \omega^2 \end{vmatrix} = 0 \tag{7.28}$$

Daraus ergibt sich das sogenannte Eigenwertpolynom

$$(a_{11} - \omega^2)(a_{22} - \omega^2) - a_{12}a_{21} = 0 \tag{7.29}$$

$$(\omega^2)^2 - \omega^2(a_{11} + a_{22}) + a_{11}a_{22} - a_{12}a_{21} = 0$$

Die Lösung dieser biquadratischen Gleichung lautet

$$\omega_{1,2}^2 = \frac{1}{2}\left[(a_{11} + a_{22}) \pm \sqrt{(a_{11} - a_{22})^2 + 4a_{12}a_{21}}\right] \tag{7.30}$$

Daraus folgen die vier sogenannten Eigenwerte:

$$\omega_{11} = \omega_1 \qquad \omega_{12} = -\omega_1 \qquad \omega_{21} = \omega_2 \qquad \omega_{22} = -\omega_2 \tag{7.31}$$

Die Lösung von Gl. (7.13) wird nun unter Hinzufügen der Integrationskonstanten aus dem Fundamentalsystem gebildet. Es gilt

$$q_1 = B_{11}\,\mathrm{e}^{\mathrm{j}\omega_1 t} + B_{12}\,\mathrm{e}^{-\mathrm{j}\omega_1 t} + B_{13}\,\mathrm{e}^{\mathrm{j}\omega_2 t} + B_{14}\,\mathrm{e}^{-\mathrm{j}\omega_2 t}$$

$$q_2 = B_{21}\,\mathrm{e}^{\mathrm{j}\omega_1 t} + B_{22}\,\mathrm{e}^{-\mathrm{j}\omega_1 t} + B_{23}\,\mathrm{e}^{\mathrm{j}\omega_2 t} + B_{24}\,\mathrm{e}^{-\mathrm{j}\omega_2 t} \tag{7.32}$$

Dieses Gleichungssystem hat acht unbekannte Integrationskonstanten, zu deren Bestimmung jedoch nur vier Anfangsbedingungen

$$t = 0: \quad q_1 = q_{10} \quad \dot{q}_1 = v_{10} \tag{7.33}$$

$$q_2 = q_{20} \quad \dot{q}_2 = v_{20}$$

zur Verfügung stehen.

Die fehlenden vier Gleichungen lassen sich jedoch aus einer der beiden Gln. (7.27) finden, aus deren Ansatz sich die Lösung Gl. (7.32) aufbaut. Da Gl. (7.27) für alle Eigenwerte erfüllt ist, gilt

$$\left(\frac{A_2}{A_1}\right)_{\omega_1^2} = \frac{B_{21}}{B_{11}} = \frac{B_{22}}{B_{12}} = \frac{a_{11} - \omega_1^2}{-a_{12}} = v_{21} \tag{7.34}$$

$$\left(\frac{A_2}{A_1}\right)_{\omega_2^2} = \frac{B_{23}}{B_{13}} = \frac{B_{24}}{B_{14}} = \frac{a_{11} - \omega_2^2}{-a_{12}} = v_{22}$$

Natürlich hätte auch die zweite Gleichung von Gl. (7.27) verwendet werden können.

Damit läßt sich Gl. (7.32) auf vier Konstante gemäß den vier Anfangsbedingungen beschränken.

Es gilt:

$$q_1 = B_{11}\,\mathrm{e}^{\mathrm{j}\omega_1 t} + B_{12}\,\mathrm{e}^{-\mathrm{j}\omega_1 t} + B_{13}\,\mathrm{e}^{\mathrm{j}\omega_2 t} + B_{14}\,\mathrm{e}^{-\mathrm{j}\omega_2 t} \tag{7.35}$$

$$q_2 = v_{21}[B_{11}\,\mathrm{e}^{\mathrm{j}\omega_1 t} + B_{12}\,\mathrm{e}^{-\mathrm{j}\omega_1 t}] + v_{22}[B_{13}\,\mathrm{e}^{\mathrm{j}\omega_2 t} + B_{14}\,\mathrm{e}^{-\mathrm{j}\omega_2 t}]$$

Um dieses weniger anschauliche Ergebnis auf die bekannte Form der trigonometrischen Funktionen zurückzuführen, werden die *Euler*schen Formeln Gl. (6.40) verwendet. Damit erhält man

$$q_1 = A_{11} \cos \omega_1 t + A_{12} \sin \omega_1 t + A_{13} \cos \omega_2 t + A_{14} \sin \omega_2 t \tag{7.36}$$

$$q_2 = v_{21}[A_{11} \cos \omega_1 t + A_{12} \sin \omega_1 t] + v_{22}[A_{13} \cos \omega_2 t + A_{14} \sin \omega_2 t]$$

Nach Gl. (6.13) kann gesetzt werden

$$A_{11} \cos \omega_1 t + A_{12} \sin \omega_1 t = C_1 \sin (\omega_1 t + \gamma_1) \tag{7.37}$$

$$A_{13} \cos \omega_2 t + A_{14} \sin \omega_2 t = C_2 \sin (\omega_2 t + \gamma_2)$$

Die Lösung Gl. (7.36) des Systems Gl. (7.13) setzt sich aus zwei harmonischen Schwingungen mit den Kreisfrequenzen ω_1 und ω_2, den Eigenkreisfrequenzen, zusammen.

Da jedoch im allgemeinen das Verhältnis ω_1/ω_2 keine rationale Zahl ist, zeigt sich bei beliebigen Anfangsbedingungen sowohl bei q_1 als auch q_2 eine nichtperiodische Bewegung (vgl. 6.1.1., 3. Fall).

Interessant ist nun folgende Fragestellung:

> Wie groß müssen die Anfangsauslenkungen an den Massen *1* und *2* sein, damit das System in nur einer Eigenfrequenz schwingt? Die Anfangsgeschwindigkeiten beider Massen sollen Null sein.

Unter Beachtung der Abkürzungen v_{21}, v_{22} aus Gl. (7.34) ergeben sich aus Gl. (7.36) folgende Gleichungen zur Erfüllung der Anfangsgeschwindigkeit:

$$0 = \omega_1 A_{12} + \omega_2 A_{14} \tag{7.38}$$

$$0 = v_{21}\omega_1 A_{12} + v_{22}\omega_2 A_{14}$$

Da es sich bei Gl. (7.38) um kein Eigenwertproblem handelt, ist nur die triviale Lösung

$$A_{12} = 0 \qquad A_{14} = 0 \tag{7.39}$$

möglich.

Die Anfangsauslenkungen werden mit q_{10}, q_{20} bezeichnet. Es gilt

$$q_{10} = A_{11} + A_{13} \tag{7.40}$$

$$q_{20} = v_{21}A_{11} + v_{22}A_{13}$$

Soll das System nur in der Eigenfrequenz ω_1 schwingen, so muß $A_{13} = 0$ sein. Somit gilt

$$\frac{q_{20}}{q_{10}} = v_{21} = \frac{a_{11} - \omega_1^2}{-a_{12}} \tag{7.41}$$

Mit $A_{11} = 0$ ergeben sich die Anfangsbedingungen, bei denen das System nur in der Eigenfrequenz ω_2 schwingt

$$\frac{q_{20}}{q_{10}} = v_{22} = \frac{a_{11} - \omega_2^2}{-a_{12}} \tag{7.42}$$

Man nennt diese Ausschlagsverhältnisse die zu einer Eigenfrequenz gehörige *Schwingungsform* oder auch Schwingform.
Dabei bezieht sich der erste Index von v_{ik} auf die Koordinate, der zweite auf die Eigenkreisfrequenz. Bezieht man auf die erste Koordinate, so gilt also $v_{1k} = 1$.
Es ist bemerkenswert, daß diese Schwingungsform schon mit Hilfe des Fundamentalansatzes Gl. (7.34) gefunden wird, der auch zur Bestimmung der Eigenfrequenzen ausreicht. Wird allein nach den Eigenfrequenzen und Schwingungsformen gefragt, braucht die vollständige Lösung Gl. (7.36) nicht aufgestellt zu werden.
Die Schwingungsform hat Bedeutung für die Abschätzung der Eigenfrequenzen, für die Bestimmung von Resonanzausschlägen erregter Schwingungen und für die Parameterbeeinflussung zur Verschiebung von Eigenfrequenzen.
An einem einfachen Beispiel soll die Schwingform bildhaft dargestellt werden.
Für das auf Bild D 7.2 dargestellte Torsionssystem sollen Eigenfrequenzen und Schwingform für die Verhältnisse

$$\frac{J_1}{J_2} = \mu = 1 \qquad \frac{c_1}{c_2} = \gamma = 2 \qquad \frac{c_2}{J_2} = \omega^{*2}$$

bestimmt werden.
Vergleicht man Gl. (7.3) mit Gl. (7.13) und führt die Abkürzungen ein, so folgt

$$a_{11} = \omega^{*2}\frac{\gamma}{\mu} \qquad a_{22} = \omega^{*2}(1+\gamma)$$

$$a_{12}a_{21} = \omega^{*4}\frac{\gamma^2}{\mu} \qquad a_{12} = -\omega^{*2}\frac{\gamma}{\mu}$$

Aus Gl. (7.30) wird damit

$$\left(\frac{\omega_{1,2}}{\omega^*}\right)^2 = \frac{1}{2}\left[\left(1+\gamma+\frac{\gamma}{\mu}\right) \mp \sqrt{\left(\frac{\gamma}{\mu}-1-\gamma\right)^2 + 4\frac{\gamma^2}{\mu}}\right]$$

Mit den gegebenen Zahlenwerten findet man

$$\left(\frac{\omega_{1,2}}{\omega^*}\right)^2 = \frac{1}{2}\left[5 \pm \sqrt{17}\right]$$

$$\omega_1^2 = 0{,}44\omega^{*2} \qquad \omega_1 = 0{,}66\omega^*$$

$$\omega_2^2 = 4{,}56\omega^{*2} \qquad \omega_2 = 2{,}14\omega^*$$

Die Schwingungsform wird nach Gl. (7.34) berechnet.
Für die erste Eigenfrequenz ω_1, auch *Grundschwingung* genannt, ergibt sich

$$\left(\frac{A_2}{A_1}\right)_{\omega_1} = \frac{a_{11}-\omega_1^2}{-a_{21}} = 0{,}78$$

Für die zweite Eigenfrequenz ω_2, auch *1. Oberschwingung* genannt, gilt

$$\left(\frac{A_2}{A_1}\right)_{\omega_2} = \frac{a_{11}-\omega_2^2}{-a_{12}} = -1{,}28$$

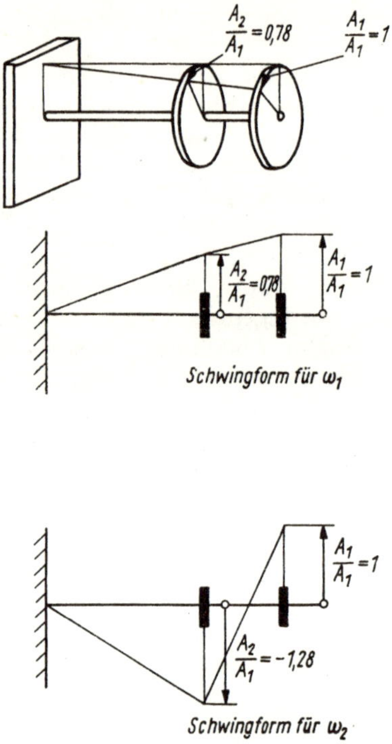

Bild D 7.5

Bild D 7.5 zeigt eine perspektivische Darstellung der Schwingungsform (Grundschwingung) und die ebene Darstellung, bei der die Ausschlagsverhältnisse als Strecken über dem System aufgetragen werden, für beide Schwingungsformen. Dabei ist zu beachten, daß die Schwingungsform nur die Ausschlagsverhältnisse an den Massen angibt. Im vorliegenden Beispiel sind dies Drehwinkelverhältnisse. Für die Auftragung wird deshalb in den meisten Fällen $A_1 = 1$ gesetzt. Über den Verlauf der Schwingungsform zwischen den Massen kann folgende Überlegung Aufschluß geben.

Bei Torsionssystemen und Schwingungsketten (Bild D 7.1) ist, bei masseloser Feder, das Moment bzw. die Kraft über der Feder konstant. Da bei Torsionssystemen das Moment zwischen zwei Wellenquerschnitten berechnet wird aus $M = c\,\Delta\varphi$, muß bei $M =$ konst., $\Delta\varphi =$ konst. gelten. Die Schwingungsform ist ein Geradenzug, der an den Stellen der Massen Knicke aufweist.

Bei Biegeschwingungssystemen verformt sich der masselose Biegebalken nach den Gesetzen der elastischen Linie. Es ergibt sich dabei eine stetige Schwingform, die den Randbedingungen und den Ausschlagsverhältnissen entsprechen muß.

Wie man aus Bild D 7.5 weiter sieht, ergeben sich für die 1. Schwingform eine Stelle und für die 2. zwei Stellen, an denen der Ausschlag Null ist. Man nennt diese Stellen *Schwingungsknoten*. Liegt eine Masse im Schwingungsknoten, so hat sie auf die entsprechende Eigenfrequenz keinen Einfluß.

Die Stelle des größten Ausschlags wird *Schwingungsbauch* genannt. Soll eine bestimmte Eigenfrequenz beeinflußt werden, so hat einen besonders großen Einfluß eine Federänderung im Wellenstück, mit der größten Relativverschiebung, und an der Masse, die sich beim Schwingungsbauch befindet.

7.1.3. Eigenfrequenzen und Schwingungsformen freier Systeme

Auf der Grundlage des vorangegangenen Abschnitts sollen die Sonderheiten ungefesselter Systeme, die man häufig auch *freie Systeme* nennt, besprochen werden. Bild D 7.6 zeigt verschiedene Beispiele. Sie sind dadurch gekennzeichnet, daß keine elastische Bindung zu einem Festpunkt besteht.

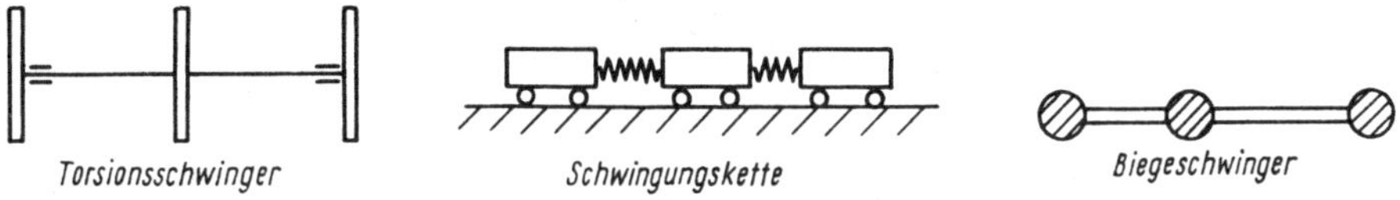

Bild D 7.6

Die Sonderheiten derartiger Systeme sollen an dem Torsionsschwinger in Bild D 7.7 gezeigt werden.

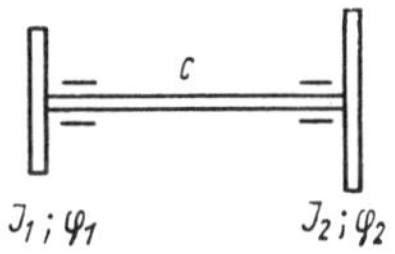

Bild D 7.7

Die Bewegungsgleichungen lauten

$$J_1\ddot{\varphi}_1 + c(\varphi_1 - \varphi_2) = 0 \tag{7.43}$$

$$J_2\ddot{\varphi}_2 - c(\varphi_1 - \varphi_2) = 0$$

oder in der Form von Gl. (7.13)

$$\ddot{\varphi}_1 + \frac{c}{J_1}\varphi_1 - \frac{c}{J_1}\varphi_2 = 0$$

$$\ddot{\varphi}_2 + \frac{c}{J_2}\varphi_2 - \frac{c}{J_2}\varphi_1 = 0$$

Es gilt

$$a_{11} = -a_{12} = \frac{c}{J_1} \tag{7.44}$$

$$a_{22} = -a_{21} = \frac{c}{J_2}$$

Damit geht die Lösung des Eigenwertproblemes Gl. (7.30) über in

$$\omega_{0,1}^2 = \frac{1}{2}\left[(a_{11} + a_{22}) \mp \sqrt{(a_{11} + a_{22})^2}\right] \tag{7.45}$$

Die erste Wurzel wird mit ω_0^2 bezeichnet, da sie Null wird. Es gilt nämlich

$$\omega_0^2 = 0 \qquad \omega_{01} = 0 \qquad \omega_{02} = 0$$

$$\omega_1^2 = a_{11} + a_{22} = c\frac{J_1 + J_2}{J_1 J_2}$$

$$\omega_{11} = \omega_1 \qquad \omega_{12} = -\omega_1$$

Im Gegensatz zur Lösung Gl. (7.31) treten hier zwei gleiche Wurzeln (ω_{01}, ω_{02}) auf.
Für diesen Fall lautet die allgemeine Lösung

$$q_1 = e^{j\omega_0 t}(B_{11} + B_{12}t) + B_{13}\,e^{j\omega_1 t} + B_{14}\,e^{-j\omega_1 t} \tag{7.46}$$

$$q_2 = e^{j\omega_0 t}v_{20}(B_{11} + B_{12}t) + v_{21}(B_{13}\,e^{j\omega_1 t} + B_{14}\,e^{-j\omega_1 t})$$

Beachtet man, daß sich mit Gl. (7.44) für die Werte der Schwingungsform aus Gl. (7.34) ergibt

$$\text{für} \quad \omega_0^2 = 0\colon\ v_{20} = 1$$

$$\text{für} \quad \omega_1^2 = c\,\frac{J_1 + J_2}{J_1 J_2}\colon \quad v_{21} = 1 + \frac{\omega_1^2}{a_{12}} = -\frac{J_1}{J_2}$$

so lautet die allgemeine Lösung

$$q_1 = A_{11} + A_{12}t + A_{13}\cos\omega_1 t + A_{14}\sin\omega_1 t \tag{7.47}$$

$$q_2 = A_{11} + A_{12}t + v_{21}(A_{13}\cos\omega_1 t + A_{14}\sin\omega_1 t)$$

Man erkennt aus Gl. (7.47), daß sich die Bewegung des Systems aus einem für beide Massen gleichen Anteil ($A_{11} + A_{12}t$) und einer harmonischen Schwingung gleicher Frequenz und unterschiedlicher Amplitude zusammensetzt. Der erste Term kann als Bewegung des starr gedachten Systems mit einem Anfangsausschlag A_{11} und einer Winkelgeschwindigkeit A_{12} beider Massen angesehen werden. Dies kommt auch in der Schwingungsform Bild D 7.8 zum Ausdruck. Beide Massen haben für $\omega_0 = 0$ die gleiche Drehung $A_1 = A_2$. Diese Drehung ist aber kein Schwingungsvorgang, deshalb wurde die entsprechende Winkelgeschwindigkeit auch mit ω_0 bezeichnet. Wie man aus der Schwingungsform erkennt, gehört zu ω_1 ein Schwingungsknoten.
Es sei noch darauf hingewiesen, daß die vollständige Lösung Gl. (7.47) einen instabilen Vorgang beschreibt, da die Ausschläge mit der Zeit ständig anwachsen. Soll ein derartiges System mit Hilfe eines Analogrechners behandelt werden, muß vorher der instabile Lösungsanteil abgespalten werden. Man kann dies erreichen, wenn man als Koordinaten die Relativverschiebungen zwischen den Massen einführt. Es ist dann in dem Beispiel nur ein elastischer Freiheitsgrad vorhanden, und man berechnet dafür, wie bereits in Abschn. 6. gezeigt wurde, eine Eigenkreisfrequenz

$$\omega^2 = c\,\frac{J_1 + J_2}{J_1 J_2}$$

die dem ω_1^2 entspricht.

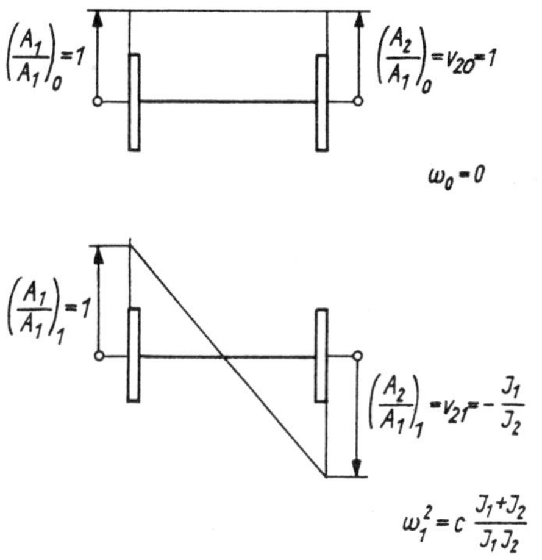

Bild D 7.8

7.1.4. Beispiele zur Berechnung freier Schwingungen

Beispiel 1:

Auf Bild D 7.9 ist ein ebenes Blockfundament in der statischen Ruhelage dargestellt. Der Schwerpunkt liegt in Höhe der Federangriffspunkte. Es sollen die Eigenfrequenzen in Abhängigkeit vom Verhältnis a/b bestimmt werden.

Gegeben: $J_s = 15 \cdot 10^8$ kg cm^2

$m = 5 \cdot 10^4$ kg

$c_y = c = 1 \cdot 10^5$ N cm^{-1}

$c_x = \frac{c}{4}$

$a + b = 400$ cm

Lösung:

Die Aufstellung der Bewegungsgleichungen soll mit Hilfe der *Lagrange*schen Gleichungen geschehen. Dazu ist zunächst die Vorgabe von Bewegungskoordinaten erforderlich.
Da nur die ebene Bewegung untersucht werden soll, sind drei Koordinaten, zwei Verschiebungen und eine Drehung vorzugeben. (x, y seien Trägheitshauptachsen.)
Als Koordinatenursprung wird der Schwerpunkt in der statischen Ruhelage gewählt. Die gewählten Koordinaten sind in Bild D 7.9 eingetragen. Da alle auf die Masse wirkenden eingepräg-

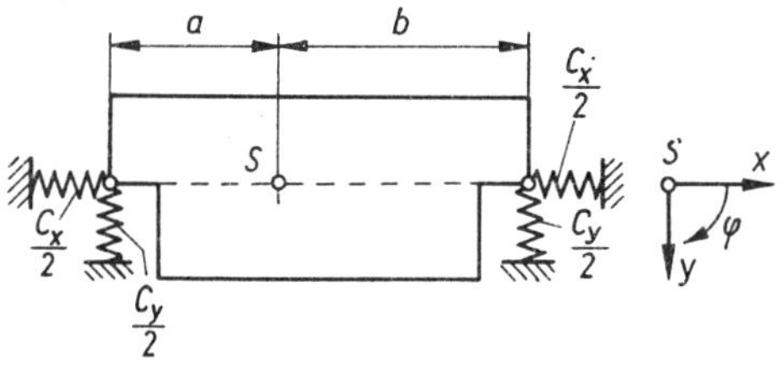

Bild D 7.9

ten Kräfte Potentialkräfte sind, kann mit der *Lagrange*schen Funktion $L = T - U$ gerechnet werden.
Für die kinetische Energie gilt

$$T = \frac{m\dot{x}^2}{2} + \frac{m\dot{y}^2}{2} + \frac{J_s\dot{\varphi}^2}{2} \tag{1}$$

Da sich das Potential von Federvorspannung und Gewicht aufheben, gilt

$$U = \frac{c_y(y - a\varphi)^2}{4} + \frac{c_y(y + b\varphi)^2}{4} + \frac{c_x x^2}{2} \tag{2}$$

Somit ergibt sich

$$\left(\frac{\partial L}{\partial \dot{x}}\right)^{\cdot} - \frac{\partial L}{\partial x} = 0: \quad m\ddot{x} + c_x x = 0 \tag{3}$$

$$\left(\frac{\partial L}{\partial \dot{y}}\right)^{\cdot} - \frac{\partial L}{\partial y} = 0: \quad m\ddot{y} + c_y y - \frac{1}{2}\, c_y a\varphi + \frac{1}{2}\, c_y b\varphi = 0 \tag{4}$$

$$\left(\frac{\partial L}{\partial \dot{\varphi}}\right)^{\cdot} - \frac{\partial L}{\partial \varphi} = 0: \quad J_s\ddot{\varphi} - \frac{1}{2}\, c_y a y + \frac{1}{2}\, c_y b y + \frac{1}{2}\, c_y b^2\varphi + \frac{1}{2}\, c_y a^2\varphi = 0 \tag{5}$$

Man erkennt, daß Gl. (3) mit Gln. (4) und (5) nicht gekoppelt ist. Es kann somit eine Eigenfrequenz unmittelbar angegeben werden.

$$\omega_1 = \sqrt{\frac{c_x}{m}} \tag{6}$$

Sie ist unabhängig von a/b.
Die beiden anderen Eigenfrequenzen findet man aus den Gln. (4) und (5).
Zur Aufstellung des Eigenwertpolynoms sollen folgende Abkürzungen eingeführt werden:

$$J_s = mi^2 \qquad \omega^{*2} = \frac{c}{m} \qquad \overline{\omega}^2 = \frac{\omega^2}{\omega^{*2}} \tag{7}$$

Damit ergibt sich aus den Gln. (4) und (5)

$$\ddot{y} + \omega^{*2} y + \frac{1}{2}\, \omega^{*2}(b - a)\, \varphi = 0$$

$$i^2\ddot{\varphi} + \frac{1}{2}\, \omega^{*2}(b - a)\, y + \frac{1}{2}\, \omega^{*2}(b^2 + a^2)\, \varphi = 0 \tag{8}$$

Mit dem Ansatz

$$y = A\, e^{j\omega t} \qquad \varphi = B\, e^{j\omega t}$$

kommt man auf die Koeffizientendeterminante, die Null gesetzt wird.

$$\begin{vmatrix} 1 - \overline{\omega}^2 & \frac{1}{2}(b - a) \\ \frac{1}{2}(b - a) & \frac{1}{2}(b^2 + a^2) - i^2\overline{\omega}^2 \end{vmatrix} = 0 \tag{9}$$

Somit lautet das Polynom des Eigenwertes $\bar{\omega}^2$

$$(1 - \bar{\omega}^2)\left[\frac{1}{2}(b^2 + a^2) - i^2\bar{\omega}^2\right] - \frac{1}{4}(b - a)^2 = 0$$

$$(\bar{\omega}^2)^2 - \bar{\omega}^2\left[\frac{a^2 + b^2}{2i^2} + 1\right] + \frac{(a + b)^2}{4i^2} = 0$$

Führt man ein

$$a + b = l \qquad \frac{a}{b} = \alpha$$

so folgt:

$$(\bar{\omega}^2)^2 - \bar{\omega}^2\left[\frac{l^2}{2i^2}\frac{(1 + \alpha^2)}{(1 + \alpha)^2} + 1\right] + \frac{l^2}{4i^2} = 0$$

$$\bar{\omega}^2_{2,3} = \frac{1}{2}\left[\frac{l^2}{2i^2}\frac{(1 + \alpha^2)}{(1 + \alpha)^2} + 1\right] \mp \frac{1}{2}\sqrt{\left[\frac{l^2}{2i^2}\frac{(1 + \alpha^2)}{(1 + \alpha)^2} + 1\right]^2 - \frac{l^2}{i^2}} \tag{10}$$

Bild D 7.10 zeigt den Verlauf der relativen Eigenfrequenzen über dem Verhältnis $\alpha = \frac{a}{b}$ für $0 \leqq \alpha \leqq 1$. Für $\alpha = 1$, also $a = b$, erkennt man aus dem Gleichungssystem (8) eine Entkopplung der beiden Bewegungsgleichungen. Es sind in diesem symmetrischen Fall alle Bewegungsgleichungen entkoppelt, und die Eigenfrequenzen liegen am dichtesten beieinander. Diese Tatsache spielt bei bestimmten Fundamentierungsproblemen eine Rolle.

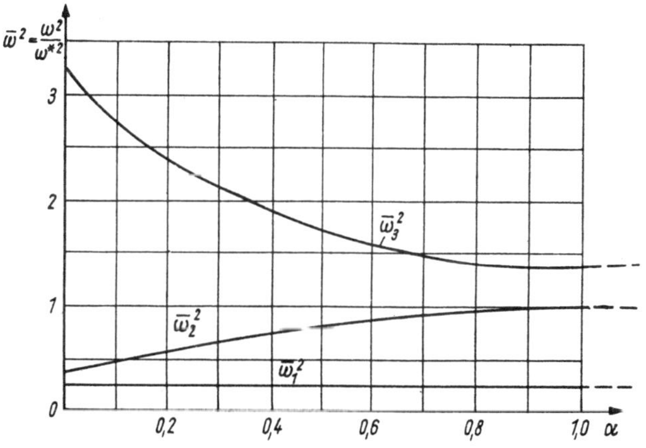

Bild D 7.10

Es sollen noch Werte für die Eigenkreisfrequenzen angegeben werden. Die Bezugsfrequenz beträgt

$$\omega^{*2} = \frac{1 \cdot 10^7 \text{ N m}^{-1}}{5 \cdot 10^4 \text{ kg}} = 200 \text{ s}^{-2}$$

Damit ergibt sich bei $\alpha = 1$ für die Eigenkreisfrequenzen

$$\bar{\omega}_1^2 = 0{,}25 \qquad \bar{\omega}_2^2 = 1{,}00 \qquad \bar{\omega}_3^2 = 1{,}33$$

$$\omega_1 = 7{,}1 \text{ s}^{-1} \qquad \omega_2 = 14{,}1 \text{ s}^{-1} \qquad \omega_3 = 16{,}3 \text{ s}^{-1}$$

Beispiel 2:

Für das auf Bild D 7.11 dargestellte ungefesselte Torsionsschwingungssystem sollen die Eigenfrequenzen und die Schwingungsformen bestimmt werden.
Weiterhin sind die Winkel-Zeit-Funktionen aller Drehmassen für die Anfangsbedingungen

$$t = 0: \quad \varphi_1 = 0 \quad \dot{\varphi}_1 = 0$$
$$\varphi_2 = 0 \quad \dot{\varphi}_2 = 0$$
$$\varphi_3 = \varphi_0 \quad \dot{\varphi}_3 = 0$$

anzugeben.

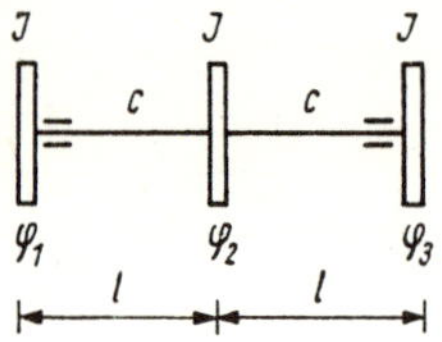

Bild D 7.11

Lösung:

Der erste Teil der Aufgabe läßt sich sowohl rein formal nach 7.1.3. als auch mit Hilfe schwingungstheoretischer Überlegungen lösen.
Zunächst erfolgt die formale Lösung.

Bewegungsgleichungen:

$$J\ddot{\varphi}_1 + c(\varphi_1 - \varphi_2) = 0 \tag{1}$$

$$J\ddot{\varphi}_2 + c(\varphi_2 - \varphi_3) - c(\varphi_1 - \varphi_2) = 0 \tag{2}$$

$$J\ddot{\varphi}_3 - c(\varphi_2 - \varphi_3) = 0 \tag{3}$$

Ansatz:

$$\varphi_1 = A_1\,e^{j\omega t} \qquad \varphi_2 = A_2\,e^{j\omega t} \qquad \varphi_3 = A_3\,e^{j\omega t} \tag{4}$$

Mit

$$\omega^{*2} = \frac{c}{J}$$

ergibt sich

$$A_1(\omega^{*2} - \omega^2) - A_2\omega^{*2} = 0$$

$$-A_1\omega^{*2} + A_2(2\omega^{*2} - \omega^2) - A_3\omega^{*2} = 0$$

$$-A_2\omega^{*2} + A_3(\omega^{*2} - \omega^2) = 0 \tag{5}$$

Daraus die Verhältnisse der Schwingform

$$\frac{A_2}{A_1} = 1 - \frac{\omega^2}{\omega^{*2}} \qquad \frac{A_3}{A_1} = 1 - 3\,\frac{\omega^2}{\omega^{*2}} + \frac{\omega^4}{\omega^{*4}} \tag{6}$$

Eigenwertpolynom:

$$\begin{vmatrix} (\omega^{*2} - \omega^2) & -\omega^{*2} & 0 \\ -\omega^{*2} & (2\omega^{*2} - \omega^2) & -\omega^{*2} \\ 0 & -\omega^{*2} & (\omega^{*2} - \omega^2) \end{vmatrix} = 0$$

$$\omega^2(4\omega^2\omega^{*2} - \omega^4 - 3\omega^{*4}) = 0$$

Daraus folgt:

$$\omega_0 = 0 \qquad \omega_1 = \omega^* \quad , \; \omega_2 = \sqrt{3}\,\omega^* \tag{7}$$

Damit wird

$$\left(\frac{A_2}{A_1}\right)_{\omega_0} = v_{20} = 1 \qquad \left(\frac{A_3}{A_1}\right)_{\omega_0} = v_{30} = 1$$

$$\left(\frac{A_2}{A_1}\right)_{\omega_1} = v_{21} = 0 \qquad \left(\frac{A_3}{A_1}\right)_{\omega_1} = v_{31} = -1$$

$$\left(\frac{A_2}{A_1}\right)_{\omega_2} = v_{22} = -2 \quad \left(\frac{A_3}{A_1}\right)_{\omega_2} = v_{32} = 1 \tag{8}$$

Bild D 7.12 zeigt die Schwingungsformen. Für ω_0 liegt die Drehung der starren Welle vor, für ω_1 ergeben sich ein und für ω_2 zwei Schwingungsknoten.
Die vollständige Lösung lautet:

$$\varphi_1 = A_{11} + A_{12}t + A_{13}\cos\omega_1 t + A_{14}\sin\omega_1 t + A_{15}\cos\omega_2 t + A_{16}\sin\omega_2 t \tag{9}$$

$$\varphi_2 = A_{11} + A_{12}t + v_{21}(A_{13}\cos\omega_1 t + A_{14}\sin\omega_1 t) + v_{22}(A_{15}\cos\omega_2 t + A_{16}\sin\omega_2 t)$$

$$\varphi_3 = A_{11} + A_{12}t + v_{31}(A_{13}\cos\omega_1 t + A_{14}\sin\omega_1 t) + v_{32}(A_{15}\cos\omega_2 t + A_{16}\sin\omega_2 t)$$

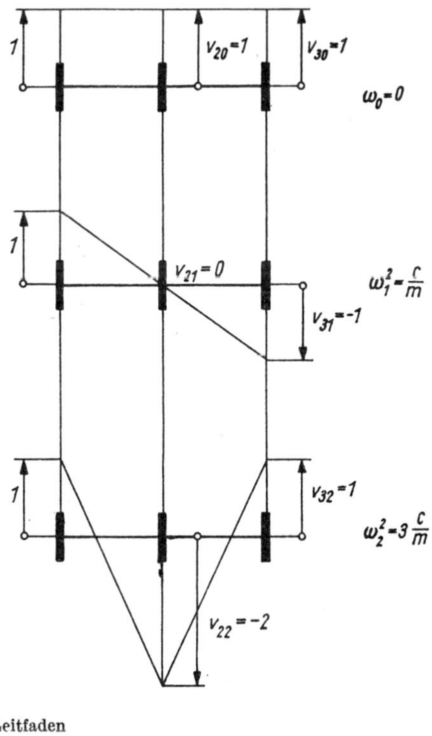

Bild D 7.12

Setzt man die Werte von Gln. (7) und (8) in (9) ein, so liefern die Anfangsbedingungen folgende 6 Bestimmungsgleichungen für die Konstanten:

$$\varphi_1(0) = 0: \quad A_{11} + A_{13} + A_{15} = 0$$

$$\varphi_2(0) = 0: \quad A_{11} - 2A_{15} = 0$$

$$\varphi_3(0) = \varphi_0: \quad A_{11} - A_{13} + A_{15} = \varphi_0$$

$$\dot{\varphi}_1(0) = 0: \quad A_{12} + \omega^* A_{14} + \sqrt{3}\,\omega^* A_{16} = 0$$

$$\dot{\varphi}_2(0) = 0: \quad A_{12} - 2\sqrt{3}\,\omega^* A_{16} = 0$$

$$\dot{\varphi}_3(0) = 0: \quad A_{12} - \omega^* A_{14} + \sqrt{3}\,\omega^* A_{16} = 0$$

Daraus folgt:

$$A_{12} = A_{14} = A_{16} = 0$$

$$A_{11} = \frac{2}{6}\varphi_0 \qquad A_{13} = -\frac{3}{6}\varphi_0 \qquad A_{15} = \frac{1}{6}\varphi_0$$

Die gesuchten Winkel-Zeit-Funktionen sind

$$\varphi_1 = \frac{2}{6}\varphi_0 - \frac{3}{6}\varphi_0 \cos\omega^* t + \frac{1}{6}\varphi_0 \cos\sqrt{3}\,\omega^* t$$

$$\varphi_2 = \frac{2}{6}\varphi_0 - \frac{2}{6}\varphi_0 \cos\sqrt{3}\,\omega^* t$$

$$\varphi_3 = \frac{2}{6}\varphi_0 + \frac{3}{6}\varphi_0 \cos\omega^* t + \frac{1}{6}\varphi_0 \cos\sqrt{3}\,\omega^* t$$

Die Massen 1 und 3 führen nichtperiodische Bewegungen um eine gegenüber der Ausgangslage um den Winkel $\frac{2}{6}\varphi_0$ verdrehte Nullage aus.

Die Eigenfrequenzen und Schwingungsformen können auch mit Hilfe folgender Überlegung berechnet werden.

Da es sich um ein freies System handelt, ist eine Eigenfrequenz Null ($\omega_0 = 0$).

Zur Bestimmung der beiden von Null verschiedenen Eigenfrequenzen geht man von der Abschätzung der Schwingungsform aus.

Wegen der Symmetrie des Systems muß der Knoten der zu ω_1 gehörigen ersten Schwingungsform in der mittleren Masse liegen. Man kann sich aber an der Stelle eines Schwingungsknotens auch eine Einspannung denken. Die Eigenfrequenzen der so entstehenden Teilsysteme sind gleich. Man findet

$$\omega_1^2 = \frac{c}{J} = \omega^{*2}$$

Für die zu ω_2 gehörige Schwingungsform müssen die zwei Schwingungsknoten symmetrisch liegen und deshalb auch die Ausschlagsverhältnisse der Randmassen gleich sein.

Zur Bestimmung des Ausschlagsverhältnisses der mittleren Masse kann man eine Momentenbilanz heranziehen. Es muß beim Schwingen in dieser Schwingungsform gelten

$$J_1 A_1 \omega^2 + J_2 A_2 \omega^2 + J_3 A_3 \omega^2 = 0$$

Daraus wird mit

$$A_1 = A_3 \qquad J_1 = J_2 = J_3 = J$$

$$A_1 + A_2 + A_1 = 0 \qquad \frac{A_2}{A_1} = -2$$

Der Schwingungsknoten liegt im Abstand $\frac{l}{3}$ von der äußeren Masse entfernt, wenn der gegebene Federwert $c = \frac{K}{l}$ gesetzt wird (K ist eine Proportionalitätskonstante).

Denkt man sich wieder die Knoten als Einspannungen, so haben die drei Teilsysteme die Eigenfrequenz

$$\omega_2 = \sqrt{3}\sqrt{\frac{c}{J}} = \sqrt{3}\,\omega^*$$

Man erkennt aus diesen Überlegungen, daß bei vorgegebener Schwingungsform eine Bestimmung der entsprechenden Eigenfrequenz möglich ist. Es gibt deshalb Verfahren, bei denen, ausgehend von einer geschätzten Schwingungsform, ein Näherungswert für die entsprechende Eigenfrequenz gewonnen wird.

7.2. Erzwungene Schwingungen von Systemen mit dem Freiheitsgrad 2

7.2.1. Bewegungsgleichungen und Resonanzfrequenzen

Während zur Berechnung der Eigenfrequenzen die Dämpfung in den meisten Fällen vernachlässigt werden kann, ist dies bei der Berechnung von Amplituden erzwungener Schwingungen in der Nähe von Resonanzen nicht mehr möglich. Das Berechnungsmodell muß deshalb um die Dämpfungsglieder erweitert werden.

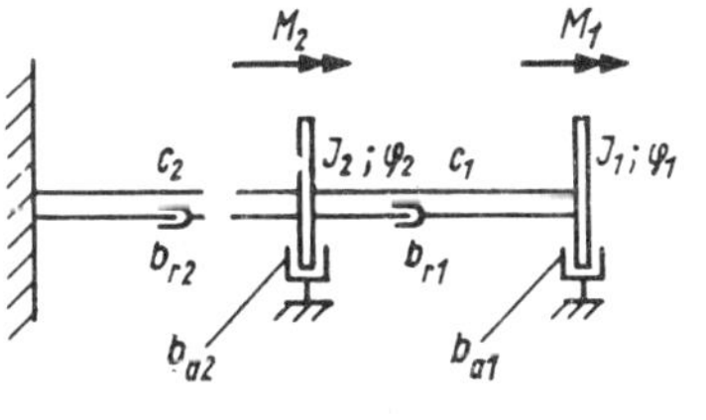

Bild D 7.13

Als Dämpfungsgesetz soll im Rahmen der linearen Schwingungslehre ein geschwindigkeitsproportionaler Ansatz Verwendung finden. Die Dämpfungskraft oder das Dämpfungsmoment kann nun sowohl proportional zur Absolutgeschwindigkeit einer Masse als auch proportional zur Relativgeschwindigkeit zwischen zwei benachbarten Massen sein. Bild D 7.13 zeigt das Berechnungsmodell eines gefesselten Torsionsschwingers mit den Absolutdämpfungen b_{a1} und b_{a2} und den Relativdämpfungen b_{r1} und b_{r2}.

Die Absolutdämpfungen entstehen durch Bewegungswiderstände und Arbeitskräfte, während die Relativdämpfungen als Werkstoffdämpfung bei der Verformung der Federn auftreten. Häufig ist sie gegenüber der Absolutdämpfung klein. In Bild D 7.13

hat die Relativdämpfung durch b_{r2} das festgehaltene Wellenende den Charakter einer Absolutdämpfung, da das Dämpfungsmoment $b_{r2}\dot{\varphi}_2$ beträgt.
Die Momente M_1 und M_2 sollen als periodische Momente gleicher Grundfrequenz angenommen werden, die in Form von *Fourier*-Reihen vorliegen. Es gilt also

$$\begin{aligned} M_1 &= \sum_k \overline{M}_{1k} \cos k\Omega t + \sum_k \overline{\overline{M}}_{1k} \sin k\Omega t \\ M_2 &= \sum_k \overline{M}_{2k} \cos k\Omega t + \sum_k \overline{\overline{M}}_{2k} \sin k\Omega t \end{aligned} \tag{7.48}$$

Der konstante Anteil hat keinen Einfluß auf das Schwingungsverhalten und wurde deshalb außer acht gelassen.
Wie schon in 6.3.2. für das System mit einem Freiheitsgrad gezeigt wurde, können die Einflüsse der einzelnen Harmonischen getrennt berechnet und danach überlagert werden, da es sich um ein lineares Berechnungsmodell handelt.
Die Bewegungsgleichungen des abgebildeten Systems lauten unter diesen Voraussetzungen bei Erregung durch den cos-Anteil der k-ten Ordnung

$$J_1\ddot{\varphi}_1 + b_{a1}\dot{\varphi}_1 + b_{r1}(\dot{\varphi}_1 - \dot{\varphi}_2) + c_1(\varphi_1 - \varphi_2) = \overline{M}_{1k} \cos k\Omega t \tag{7.49}$$

$$J_2\ddot{\varphi}_2 + (b_{a2} + b_{r2})\,\dot{\varphi}_2 + c_2\varphi_2 - c_1(\varphi_1 - \varphi_2) - b_{r1}(\dot{\varphi}_1 - \dot{\varphi}_2) = \overline{M}_{2k} \cos k\Omega t$$

Da es sich um ein lineares Gleichungssystem handelt, setzt sich die vollständige Lösung aus der Lösung des homogenen Gleichungssystems und der Partikulärlösung zusammen.
Für die Betrachtung der stationären Lösung interessiert nur die Partikulärlösung, da die durch die Anfangsbedingungen entstehende freie Schwingung weggedämpft wird.
Die Frequenz der Bewegung ist dann gleich der Frequenz der Erregung. Da jedoch zwischen Erregung und Bewegung auf Grund der Dämpfung eine Phasenverschiebung vorliegt, wählt man den Ansatz

$$\varphi_i = A_i \cos k\Omega t + B_i \sin k\Omega t \tag{7.50}$$

Die vier Konstanten werden nach dem Einsetzen von Gl. (7.50) in Gl. (7.48) durch einen Koeffizientenvergleich ermittelt.
Handelt es sich, wie im Maschinenbau häufig, um ein schwach gedämpftes System, so weichen die Ausschläge außerhalb der Resonanz nur wenig von denen ab, die ohne Dämpfung ermittelt werden.
Es wird deshalb häufig außerhalb einer Resonanz dämpfungsfrei gerechnet und die Dämpfung zum Abschätzen der Resonanzamplitude verwendet. Es ist deshalb wichtig, die Lage der Resonanz zu kennen.
Eine Resonanz tritt auf, wenn eine Eigenfrequenz mit einer Erregerfrequenz zusammenfällt. Besitzt ein System n Eigenfrequenzen ω_m und k Erregerordnungen, so gilt für die Resonanz

$$\omega_m = k\Omega \tag{7.51}$$

Diesen Zusammenhang kann man sich am besten mit einem Resonanzschaubild verdeutlichen. In den meisten Fällen ist die Grundharmonische Ω der Erregung durch die Maschinendrehgeschwindigkeit gegeben. Es lassen sich dann mit dem Resonanzschaubild die Drehzahlen ermitteln, bei denen im Betriebsbereich Resonanzen zu erwarten sind. Ein Beispiel soll dies verdeutlichen.

Beispiel

Für einen Zweitakt-Motorradmotor (Dreimassenmodell) wurde ermittelt:
Eigenkreisfrequenzen

$$\omega_1 = 2301 \text{ s}^{-1}$$

$$\omega_2 = 5360 \text{ s}^{-1}$$

Drehzahlbereich

$$n_{\min} = 2000 \text{ min}^{-1}$$

$$n_{\max} = 6000 \text{ min}^{-1}$$

Wieviel Resonanzen sind möglich und welches ist die niedrigste Resonanzordnung?

Lösung:

Bild D 7.14 zeigt das Resonanzschaubild. In ihm sind auf der Ordinate die Eigenfrequenzen f_e und auf der Abszisse die Drehfrequenzen (bzw. Drehzahlen) aufgetragen. In dieses Diagramm werden die Ordnungsgeraden nach Gl. (7.51) eingetragen. Die Schnittpunkte der Eigenfrequenzgeraden mit den Ordnungsgeraden ergeben die Resonanzdrehzahlen. Man sieht, daß mit der 1. Eigenfrequenz 8 Resonanzen (4. bis 11. Ordnung) und mit der 2. Eigenfrequenz 17 Resonanzen im Drehzahlbereich liegen.

Im folgenden sollen die Berechnung der ungedämpften erregten Systeme und die Bestimmung von Resonanzamplituden behandelt werden. Auf eine Lösung des vollständigen Systems Gl. (7.48) wird verzichtet.

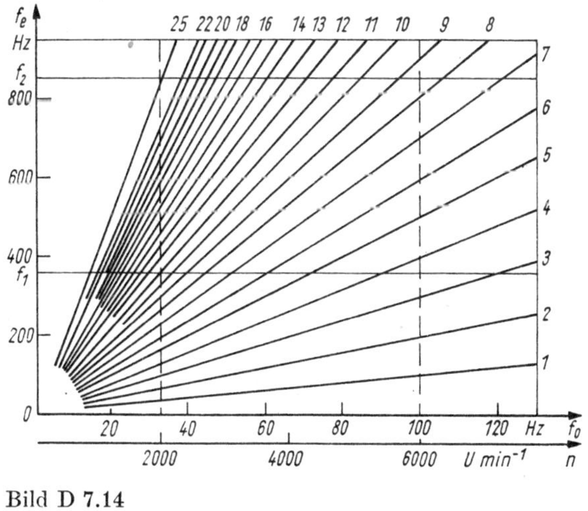

Bild D 7.14

7.2.2. Berechnung der Ausschläge des ungedämpften Systems, der Tilgereffekt

Bild D 7.15 zeigt ein System mit dem Freiheitsgrad, 2 auf dessen eine Masse eine Erregerkraft wirkt. Die Bewegungsgleichungen in den angegebenen Koordinaten lauten

$$m_1\ddot{x}_1 + c_1 x_1 + c_2(x_1 - x_2) = \hat{F} \sin \Omega t \qquad (7.52)$$

$$m_2\ddot{x}_2 - c_2(x_1 - x_2) = 0$$

Für die stationäre Lösung gilt der Ansatz

$$x_1 = A_1 \sin \Omega t \qquad x_2 = A_2 \sin \Omega t \qquad (7.53)$$

Setzt man

$$\lambda_1^2 = \frac{c_1}{m_1} \qquad \lambda_2^2 = \frac{c_2}{m_2} \qquad \frac{c_2}{c_1} = \gamma \qquad \frac{\hat{F}}{c_1} = x_{st} \qquad (7.54)$$

so ergibt sich aus Gl. (7.52) mit Gl. (7.53)

$$A_1\left(1 + \gamma - \frac{\Omega^2}{\lambda_1^2}\right) - A_2\gamma = x_{st}$$

$$-A_1 + A_2\left(1 - \frac{\Omega^2}{\lambda_2^2}\right) = 0 \qquad (7.55)$$

Es soll darauf hingewiesen werden, daß λ_1 und λ_2 willkürliche Abkürzungen sind, die nicht den Eigenkreisfrequenzen entsprechen. Aus Gl. (7.55) findet man die Amplituden der stationären Schwingungen.

$$A_1 = \frac{x_{st.}\left(1 - \frac{\Omega^2}{\lambda_2^2}\right)}{\left(1 + \gamma - \frac{\Omega^2}{\lambda_1^2}\right)\left(1 - \frac{\Omega^2}{\lambda_2^2}\right) - \gamma} \qquad (7.56)$$

$$A_2 = \frac{x_{st.}}{\left(1 + \gamma - \frac{\Omega^2}{\lambda_1^2}\right)\left(1 - \frac{\Omega^2}{\lambda_2^2}\right) - \gamma}$$

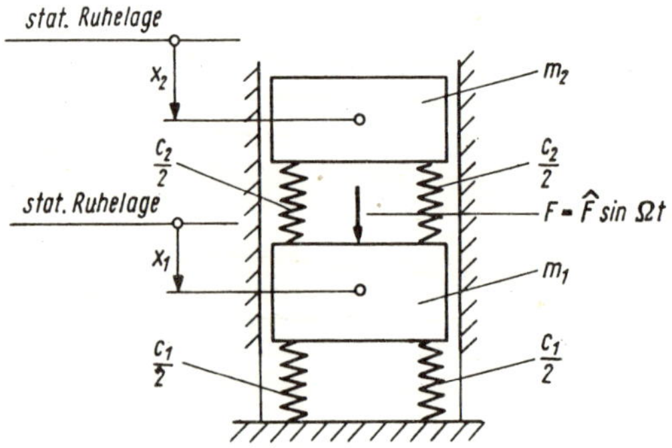

Bild D 7.15

Mit diesem Ergebnis ist nun folgende Diskussion möglich: Setzt man

$$\left(1 - \frac{\Omega^2}{\lambda_2^2}\right) = 0 \qquad \Omega^2 = \lambda_2^2 = \frac{c_2}{m_2}$$

so wird

$$A_1 = 0 \qquad A_2 = -\frac{x_{\text{st.}}}{\gamma} = -\frac{\hat{F}}{c_2}$$

Das bedeutet, daß bei Abstimmung des aufgesetzten Systems (m_2, c_2) auf die Erregerfrequenz die Ausschläge der Masse m_1 zu Null werden und die Ausschläge der Masse m_2 einen endlichen Betrag haben. An dem Vorzeichen bei A_2 erkennt man, daß die Bewegung von m_2 gegen die Richtung von F erfolgt. Man nennt dies den *Tilgereffekt*, mit dem es möglich ist, die Bewegung einer Masse, an der eine Kraft angreift, zu Null werden zu lassen. Das System (m_2, c_2) ist dann der *Tilger*.

Man erkennt weiterhin aus Gl. (7.56), daß beide Amplituden unendlich groß werden, wenn der gemeinsame Nenner Null wird. Dieser Nenner stellt aber die Koeffizientendeterminante von Gl. (7.55) dar. Hätte man zur Berechnung der Eigenfrequenzen für das homogene System von Gl. (7.52) den Ansatz

$$x_1 = A_1^* \, e^{j\omega t} \qquad x_2 = A_2^* \, e^{j\omega t}$$

gemacht, so wäre die gleiche Koeffizientendeterminante mit ω an Stelle von Ω zur Berechnung der Eigenfrequenzen verwendet worden. Setzt man den Nenner Null, so ergeben sich aus der biquadratischen Gleichung zwei Lösungen für Ω^2, die den Eigenfrequenzen ω_1^2 und ω_2^2 entsprechen.

Soll nun ein Tilger dazu dienen, ein in Resonanz oder Resonanznähe schwingendes System so zu beeinflussen, daß die Masse in Ruhe bleibt, so entstehen an Stelle der einen des Ursprungssystems zwei Resonanzen des Systems mit angekoppeltem Tilger, von denen eine unter und eine über der Resonanzfrequenz liegt.

Für die praktische Anwendung des Tilgers ist deshalb zu beachten, daß vor dem Erreichen des Betriebszustandes eine Resonanz durchfahren werden muß. Weiterhin muß darauf aufmerksam gemacht werden, daß der Tilgereffekt nur bei einer bestimmten Frequenz auftritt. Schwankungen in der Erregerfrequenz sind deshalb für ein System mit einem Tilger konstanter Frequenz sehr ungünstig.

Auf den Einsatz von Tilgern, deren Frequenz von der Erregerfrequenz abhängt, soll hier nicht eingegangen werden.

7.2.3. Abschätzung der Resonanzausschläge des gedämpften Systems

Schwingt ein System im stationären Zustand, muß zwischen der von der Erregung zugeführten Energie und der durch den Dämpfer in Wärme umgewandelten, d. h. abgeführten Energie ein Gleichgewicht bestehen. Mit dieser Überlegung lassen sich die Amplituden stationärer Resonanzschwingungen abschätzen.

Dies soll am Beispiel von Torsionsschwingungssystemen gezeigt werden (vgl. Bild D 7.13).

Die Erregerenergie läßt sich durch folgende Überlegung bestimmen. Das an einer Drehmasse j angreifende Erregermoment sei $M_j = \hat{M}_j \sin \Omega t$. Die Masse führt eine

Schwingbewegung $\varphi_j = A_j \sin(\Omega t - \alpha)$ aus. Der Phasenverschiebungswinkel α entsteht durch die im System enthaltene Dämpfung.
Die während einer Schwingungsperiode übertragene Erregerenergie berechnet sich dann nach

$$W_{E,j} = \int_{\varphi(t)}^{\varphi(t+T)} M_j \, \mathrm{d}\varphi_j \tag{7.57}$$

Wird sie für eine Schwingungsperiode angegeben, so läßt sich schreiben mit

$$\frac{\mathrm{d}\varphi_j}{\mathrm{d}(\Omega t)} = A_j \cos(\Omega t - \alpha)$$

$$W_{E,j} = \int_0^{2\pi} \hat{M}_j A_j \sin \Omega t \cos(\Omega t - \alpha) \, \mathrm{d}(\Omega t) \tag{7.58}$$

$$W_{E,j} = \pi \hat{M}_j A_j \sin \alpha \tag{7.59}$$

In Resonanz beträgt die Phasenverschiebung $\alpha = \frac{\pi}{2}$, es gilt also

$$W_{E,j} = \pi \hat{M}_j A_j \tag{7.60}$$

Die Dämpfungsarbeit für einen an der Masse j wirkenden Absolutdämpfer wird mit dem Dämpfermoment

$$M_{\mathrm{Da},j} = -b_{\mathrm{a},j}\dot{\varphi}_j \qquad \dot{\varphi}_j = \Omega A_j \cos(\Omega t - \alpha)$$

gebildet. Damit wird

$$W_{\mathrm{Da},j} = -\int_0^{2\pi} b_{\mathrm{a},j} A_j^2 \Omega \cos^2(\Omega t - \alpha) \, \mathrm{d}(\Omega t) \tag{7.61}$$

$$W_{\mathrm{Da},j} = -\pi b_{\mathrm{a}j} A_j^2 \Omega \tag{7.62}$$

Für die Relativdämpfung gilt mit

$$M_{\mathrm{Dr},j} = -b_{\mathrm{r},j}(\dot{\varphi}_j - \dot{\varphi}_{j+1})$$

$$W_{\mathrm{Dr},j} = -\pi b_{\mathrm{r},j}(A_j - A_{j+1})^2 \, \Omega \tag{7.63}$$

Dabei wird angenommen, daß die Phasenverschiebung aller Massen gleich ist.
Für das Gesamtsystem gilt nun die Energiegleichung

$$\sum_j W_{E,j} + \sum_j W_{\mathrm{Da},j} + \sum_j W_{\mathrm{Dr},j} = 0 \tag{7.64}$$

In dieser einen Gleichung kommen die Ausschläge aller Massen vor, an denen Erregungen oder Dämpfungen wirken. Gesucht sind aber n Gleichungen zur Berechnung der n Ausschläge, die den generalisierten Koordinaten entsprechen. Um die restlichen $(n - 1)$ Gleichungen zu finden, macht man die Annahme, daß die Schwingungsform in der Resonanz gleich der freien Schwingung ist, die zur in Resonanz befindlichen Eigenfrequenz gehört. Diese Annahme ist, zumindest für die niedrigste Eigenfrequenz, meist erfüllt.

Für die Eigenfrequenz ω_i gelten zusätzlich folgende $(n - 1)$ Gleichungen [vgl. Gln. (7.41), (7.42)]

$$\left(\frac{A_j}{A_1}\right)_{\omega_i} = v_{ji} \qquad j = 2, 3, \ldots, n \tag{7.65}$$

Damit lassen sich die Resonanzamplituden A_j berechnen.
An einem Beispiel soll dies erläutert werden.

Beispiel:

Für das auf Bild D 7.16 dargestellte Torsionsschwingungssystem sollen die Schwingungsamplituden der Drehmassen bei Resonanz in beiden Eigenfrequenzen berechnet werden.

Gegeben: $M_2 = \hat{M}_2 \sin \Omega t,\ b_r$

$$\frac{J_1}{J_2} = \mu = 1 \qquad \frac{c_1}{c_2} = \gamma = 2 \qquad \frac{c_2}{J_2} = \omega^{*2}$$

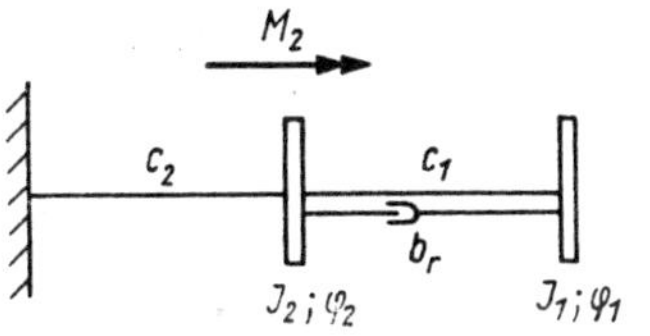

Bild D 7.16

Lösung:

Die Eigenfrequenzen und Schwingungsformen dieses Systems wurden bereits in 7.1.2. berechnet.
Es ergab sich

$$\omega_1^2 = 0{,}44\omega^{*2} \qquad \omega_1 = 0{,}66\omega^*$$

$$\omega_2^2 = 4{,}56\omega^{*2} \qquad \omega_2 = 2{,}14\omega^* \tag{1}$$

$$\left(\frac{A_2}{A_1}\right)_{\omega_1} = v_{21} = 0{,}78 \qquad \left(\frac{A_2}{A_1}\right)_{\omega_2} = v_{22} = -1{,}28 \tag{2}$$

Stellt man nun die Energiegleichung Gl. (7.64) auf, ergibt sich

$$W_{\mathrm{E},2} = \pi A_2 \hat{M}_2 \qquad W_{\mathrm{Dr},1} = -\pi b_r (A_1 - A_2)^2 \Omega$$

$$\pi A_2 \hat{M}_2 = \pi b_r A_1^2 \left(1 - \left(\frac{A_2}{A_1}\right)\right)^2 \Omega \tag{3}$$

Daraus läßt sich zunächst A_1 bestimmen (v_{2i} gilt für ω_1 und ω_2)

$$A_1 = \frac{v_{2i} \hat{M}_2}{(1 - v_{2i})^2 b_r \Omega} \tag{4}$$

Für die Amplitude A_2 ergibt sich aus (2) und (4)

$$A_2 = v_{2i} \cdot A_1 = \frac{v_{2i}^2 \hat{M}_2}{(1 - v_{2i})^2 \, b_r \Omega}$$

Für die Resonanz mit der ersten Eigenfrequenz gilt $\Omega = \omega_1$, $v_{2i} = v_{21}$. Man findet

$$A_1 = 24{,}4 \frac{\hat{M}_2}{b_r \omega^*} \qquad A_2 = 19{,}0 \frac{\hat{M}_2}{b_r \omega^*}$$

Für die Resonanz mit der zweiten Eigenfrequenz gilt $\Omega = \omega_2$, $v_{2i} = v_{22}$. Man findet

$$A_1 = -0{,}115 \frac{\hat{M}_2}{b_r \omega^*} \qquad A_2 = 0{,}147 \frac{\hat{M}_2}{b_r \omega^*}$$

Es ist auffällig, daß die Ausschläge bei Resonanz mit ω_2 bedeutend kleiner sind als die mit ω_1. Betrachtet man jedoch die Schwingungsformen Bild D 7.5, so wird deutlich, daß die für die Dämpfung wesentliche Relativverschiebung für ω_2 größer als für ω_1 ist. Außerdem tritt bei höherer Frequenz erhöhte Geschwindigkeit und damit ein größeres Dämpfermoment auf.

WEITERFÜHRENDE LITERATUR

Blumenauer, H.; Pusch, G.: Technische Bruchmechanik. — Leipzig: Dt. Verl. f. Grundstoffind., 1982

Fischer, U.; Stephan, W.: Prinzipien und Methoden der Dynamik. — Leipzig: Fachbuchverl., 1972

Fischer, U.; Stephan, W.: Mechanische Schwingungen. — 2. Aufl. — Leipzig: Fachbuchverl., 1984; Basel: Birkhäuser, 1981

Fronius, St.; Holzweißig, F. (Hrsg.): Taschenbuch Maschinenbau. Bd. 2. — Berlin: Verl. Technik, 1985

Göldner, H.: Übungsaufgaben aus der Technischen Mechanik. — 14. Aufl. — Leipzig: Fachbuchverl., 1985; Braunschweig: Vieweg, 1985

Göldner, H. [u. a.]: Lehrbuch Höhere Festigkeitslehre. Band 1. — 2. Aufl. — Leipzig: Fachbuchverl., 1984; Weinheim: Physik-Verl., 1979

Göldner, H. [u. a.]: Lehrbuch Höhere Festigkeitslehre. Band 2. — Leipzig: Fachbuchverl., 1985; Weinheim: Physik-Verl., 1985

Göldner, H. [u. a.]: Arbeitsbuch Höhere Festigkeitslehre. — 2. Aufl. — Leipzig: Fachbuchverl., 1981

Göldner, H. [u. a.]: Übungsbuch Höhere Festigkeitslehre. — Weinheim: Physik-Verl., 1978

Holzweißig, F.; Dresig, H.: Lehrbuch der Maschinendynamik. — 2. Aufl. — Leipzig: Fachbuchverl., 1982; Wien [u. a.]: Springer, 1982

Holzweißig, F. [u. a.]: Arbeitsbuch Maschinendynamik/Schwingungslehre. — Leipzig: Fachbuchverl., 1983

Holzweißig, F.; Meltzer, G.: Meßtechnik der Maschinendynamik. — 2. Aufl. — Leipzig: Fachbuchverl., 1978

SACHWORTVERZEICHNIS